CB122303

Química geral aplicada à engenharia

Mark Thiessen/Getty Images

Aspectos da química influenciam quase que qualquer produto que um engenheiro possa projetar. Em alguns casos, isso leva à identidade de uma substância química que aparece no nome do produto. A imagem da capa mostra um desses casos: uma bateria de lítio que foi cortada para revelar seu *design* interno. Este desenho em escala molecular representa a estrutura do óxido de cobalto lítio ($LiCoO_2$), um material que é frequentemente utilizado em baterias de íon lítio. Avanços recentes no *design* de baterias são um exemplo importante da interface entre a química e a engenharia na tecnologia moderna.

Dados Internacionais de Catalogação na Publicação (CIP)
(Câmara Brasileira do Livro, SP, Brasil)

B877q Brown, Lawrence S.
Química geral aplicada à engenharia / Lawrence S. Brown, Thomas A. Holme ; revisão técnica: Robson Mendes Matos. - São Paulo, SP : Cengage, 2019.
670 p. : il.; 28 cm.

Inclui índice e glossário.
Tradução de: Chemistry for engineering students (4. ed.).
ISBN 978-85-221-2866-2

1. Química. 2. Química - Problemas, questões, exercícios. I. Holme, Thomas A. II. Matos, Robson Mendes. III. Título.

CDU 54(076)
CDD 540.2462

Índice para catálogo sistemático:
1. Química : Problemas, questões, exercícios 54(076)
(Bibliotecária responsável: Sabrina Leal Araujo - CRB 8/10213)

Química geral aplicada à engenharia

Tradução da 4ª edição norte-americana

LAWRENCE S. BROWN

Texas A&M University

THOMAS A. HOLME

Iowa State University

Tradução dos trechos novos da 4ª edição norte-americana:

Solange A. Visconte

Revisão técnica

Robson Mendes Matos

D. Phil. – University of Sussex at Brighton – UK
Professor Associado III – Universidade Federal do Rio de Janeiro (UFRJ)
Campus Prof. Aloísio Teixeira – Macaé

CENGAGE

Austrália • Brasil • México • Cingapura • Reino Unido • Estados Unidos

CENGAGE

Química geral aplicada à engenharia
Tradução da 4ª edição norte-americana

3ª edição brasileira

Lawrence S. Brown e Thomas A. Holme

Gerente editorial: Noelma Brocanelli

Editora de desenvolvimento: Gisela Carnicelli

Supervisora de produção gráfica: Fabiana Alencar Albuquerque

Título original: Chemistry for engineering students 4th edition (ISBN 13: 978-0-357-02699-1)

Tradução técnica da 3ª edição norte-americana: Robson Mendes Matos

Tradução dos trechos novos da 4ª edição norte-americana: Solange A. Visconte

Revisão técnica: Robson Mendes Matos

Cotejo e revisão: Fábio Gonçalves, Rosângela Ramos da Silva e Fernanda Batista dos Santos

Diagramação: PC Editorial Ltda.

Capa: Buono Designo

Imagem da capa: Mark Thiessen/National Geographic

Indexação: Priscilla Lopes

ISBN-13: 978-85-221-2866-2
ISBN-10: 85-221-2866-9

Cengage Learning
Condomínio E-Business Park
Rua Werner Siemens, 111 – Prédio 11 – Torre A – Conjunto 12
Lapa de Baixo – CEP 05069-900 – São Paulo – SP
Tel.: (11) 3665-9900 – Fax: (11) 3665-9901
SAC: 0800 11 19 39

Para suas soluções de curso e aprendizado, visite www.cengage.com.br

Impresso no Brasil.
Printed in Brazil.
1ª impressão – 2021

Sobre os autores

Cortesia de Lawrence Brown/foto de Sherry Yennello

Larry Brown é membro do corpo docente da Texas A&M University desde 1988 e, em 2013, recebeu o prêmio Presidential Professor for Teaching Excelence. Ele obteve seu diploma de bacharelado em 1981, pelo Instituto Politécnico de Rensselaer; o mestrado, em 1983; e o doutorado, em 1986, pela Princeton University. Durante a pós-graduação, trabalhou na Alemanha Ocidental. Foi bolsista de pós-doutorado na University of Chicago por dois anos, quando iniciou sua carreira como professor na Texas A&M. Durante esses anos, lecionou química geral para mais de 16 mil alunos, a maioria estudantes de engenharia. Seu talento em ensinar foi reconhecido por meio de prêmios da Associação de Ex-alunos da Texas A&M, tanto no nível do ensino médio quanto universitário. Uma versão da aula de Larry Brown foi transmitida pela KAMU-TV, uma afiliada da PBS. De 2001 a 2004, atuou como representante do Programa para a Educação e Pesquisa Interdisciplinar, na Divisão de Física da Fundação Nacional de Ciência dos Estados Unidos. Também ajudou a estabelecer o programa de química no *campus* da Texas A&M, em Doha, no Catar. Quando não está ensinando química, ele gosta de resolver palavras cruzadas com sua filha Stephanie e vê-la correr.

Cortesia de Thomas Holme/foto de Dennis Salisbury

Tom Holme é professor no departamento de química na Iowa State University e ex-diretor do Instituto de Exame da ACS. Obteve seu bacharelado em 1983, pelo Loras College, e seu doutorado, em 1987, pela Rice University. Holme começou sua carreira de professor como bolsista da Fulbright em Zâmbia, África, e viveu também em Jerusalém, Israel, e Suwon, na Coreia do Sul. É bolsista da American Chemical Society (ACS) e da American Association for the Advancement of Science. Ele ganhou o prêmio Pimentel Award for Chemical Education de 2017, da ACS. Seus interesses de pesquisa estão principalmente no ensino de química e na interação entre humanos e computadores, onde ele estuda como as diferentes interfaces de tecnologia influenciam o aprendizado dos estudantes de química. Atuou no curso de química geral para engenheiros na Iowa State University e na Universidade de Wisconsin-Milwaukee, onde foi membro do Departamento de Química e Bioquímica durante 14 anos. Recebeu diversos subsídios para pesquisa da Fundação Nacional de Ciência para planejar novos métodos de avaliação para a química; a seção *Enfoque na resolução de problemas* deste livro origina-se do projeto citado. Holme atuou como editor ou editor associado em vários projetos de livros, incluindo a enciclopédia *Chemistry Foundations and Applications* e o manual de laboratório para AP Chemistry. Ele tem há muito tempo interesse na divulgação da química, ganhou o prêmio Helen Free for Public Outreach, da ACS, por seus esforços em fazer demonstrações químicas na televisão ao vivo, na região de Milwaukee.

Sumário

Apêndices

Prefácio

O público-alvo deste Livro

Como químicos, vemos conexões entre a química e praticamente tudo. Dessa forma, a ideia de que estudantes de engenharia devem aprender química parece evidente para a maioria dos químicos. Mas a química é apenas uma das muitas ciências com as quais um engenheiro deve estar familiarizado, e o currículo de graduação deve encontrar espaço para muitos tópicos. Consequentemente, os currículos de engenharia na maioria das universidades estão em processo de redução: atualmente, as aulas de química geral tradicional, praticadas em um ano, ocupam um único semestre. Em muitos casos, essas instituições oferecem uma disciplina desenvolvida especificamente para estudantes de engenharia. Quando as escolas – incluindo a nossa – começaram a oferecer essa disciplina, não havia livros no mercado com esse enfoque, e o conteúdo do material didático existente para os dois semestres necessitava sempre de modificação para se encaixar. Apesar de isso ser possível, está longe de ser o ideal. Era imprescindível um livro específico para essa disciplina. *Escrevemos este livro para preencher a lacuna.*

Nosso objetivo é ampliar o papel da química para muitas áreas da engenharia e tecnologia por meio de interação entre as duas áreas em uma variedade de tecnologias modernas. Para muitos estudantes de engenharia, a química é basicamente um pré-requisito para disciplinas que envolvem propriedades dos materiais. Essas disciplinas em geral adotam abordagem fenomenológica dos materiais, em vez de enfatizar a perspectiva molecular da química. O objetivo deste livro é proporcionar conhecimento e valorização dos princípios químicos de estrutura e ligação que suportam a ciência dos materiais. Isso *não* significa que a obra se destine apenas à ciência dos materiais; a intenção é preparar os estudantes para pesquisas futuras na área.

O livro fornece também conhecimento suficiente sobre ciência da química para um profissional tecnicamente habilitado. A engenharia, afinal, é a aplicação criativa e prática de vastíssima gama de princípios científicos, de forma que seus praticantes devem ter uma grande base em ciências naturais.

Conteúdo e organização

O conteúdo completo de química geral tradicional não pode ser ensinado em um semestre, logo, tivemos de decidir qual conteúdo incluir. Há basicamente dois modelos utilizados para condensar o programa de química geral. O primeiro é incluir a abordagem de um livro introdutório e reduzir o aprofundamento da cobertura e o número de exemplos, mas manter quase todo o conteúdo dos tópicos tradicionais. O segundo é tomar as decisões mais difíceis e fundamentais sobre quais tópicos da química são apropriados e relevantes para os leitores, nesse caso, futuros engenheiros. Escolhemos a última abordagem e produzimos um livro de 14 capítulos com base nos fundamentos para satisfazer o que pensamos ser os objetivos da disciplina:

- Fornecer introdução concisa, mas total à ciência da química.
- Fornecer aos estudantes informações consistentes sobre os princípios de estrutura e de ligação, as quais servirão de base para estudos posteriores da ciência dos materiais.
- Mostrar a conexão entre o comportamento molecular e as propriedades físicas observáveis.
- Mostrar as conexões entre a química e as outras matérias estudadas pelos alunos de engenharia, especialmente matemática e física.

Considerados em sua totalidade, os 14 capítulos deste livro provavelmente representam mais material do que poderia ser incluído em disciplina padrão de um semestre. Os departamentos ou os professores, individualmente, necessitarão fazer algumas escolhas adicionais ao conteúdo mais adequado aos seus estudantes. Julgamos que muitos professores não incluirão todo o material sobre equilíbrio do Capítulo 12, por exemplo. Similarmente, incluímos mais tópicos no Capítulo 8, sobre fases condensadas, do que muitos professores esperariam introduzir em suas disciplinas.

Cobertura dos tópicos

A cobertura dos tópicos neste livro reflete o fato de que os químicos constantemente utilizam conceitos múltiplos para entender seu campo; em geral utilizam mais de um modelo simultaneamente. O estudo da química que apresentamos aqui pode ser visto de múltiplas perspectivas: macroscópica, microscópica e simbólica. As duas últimas são enfatizadas nos Capítulos 2 e 3 sobre átomos, moléculas e reações. Nos Capítulos 4 e 5, estabelecemos mais de uma conexão entre o microscópico e o macroscópico no nosso tratamento de estequiometria e gases. Retornamos à perspectiva microscópica para cobrir mais detalhes de estrutura atômica e de ligação química dos Capítulos 6 ao 8. Os aspectos de energia da química, incluindo as importantes consequências macroscópicas, são considerados nos Capítulos 9 e 10, e cinética e equilíbrio, tratados nos Capítulos 11 e 12, respectivamente. O Capítulo 13 lida com eletroquímica e corrosão, importante aplicação da química para muitas disciplinas de engenharia. Finalmente, concluímos com uma discussão sobre química nuclear.

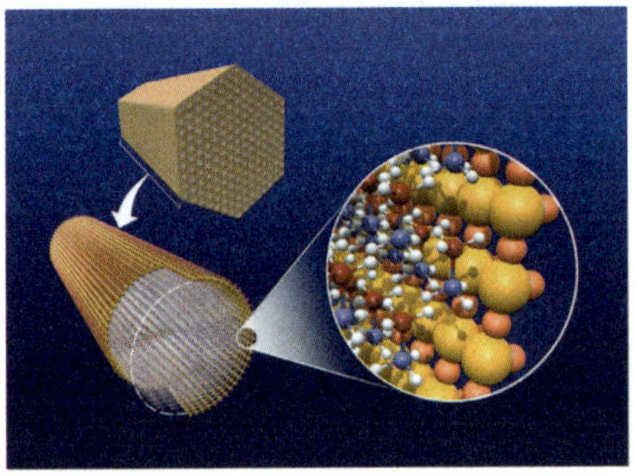

Cobertura de conteúdo específico

Sabemos que existem tópicos específicos na química que são vitais para os futuros engenheiros. Escolhemos tratá-los da seguinte forma:

Química orgânica: A química orgânica é importante em muitas áreas da engenharia, particularmente naquelas relacionadas às propriedades dos polímeros. Em vez de utilizarmos um único capítulo de orgânica, integramos nossa cobertura do assunto por todo o livro, enfocando em polímeros. Introduzimos os polímeros orgânicos na Seção 2.1 e os usamos com seus monômeros em muitos exemplos nesse capítulo. O Capítulo 2 também contém uma rica discussão de estruturas orgânicas lineares e grupos funcionais e termina com uma seção sobre síntese, estrutura e propriedades do polietileno. O Capítulo 4 começa e termina com discussões sobre combustíveis, um tópico ao qual retornamos no Capítulo 9. O Capítulo 8 contém mais sobre carbono e polímeros, e a reciclagem de polímeros fornece o contexto para a consideração da segunda lei da termodinâmica no Capítulo 10.

Química ácido-base: As reações ácido-base representam outra importante área da química com aplicações na engenharia, e de novo integramos nossa cobertura em áreas apropriadas do livro. Inicialmente, definimos ácidos e bases na conjunção com a introdução a soluções no Capítulo 3. A estequiometria simples de soluções é apresentada no Capítulo 4. Por fim, um tratamento mais detalhado da química ácido-base é apresentado no contexto de equilíbrios, no Capítulo 12, e esta seção foi significativamente ampliada nesta edição.

Química nuclear: É incluído um capítulo sobre química nuclear para aqueles que desejam ensinar este tópico. A cobertura inclui fundamentos de reações nucleares, estabilidade e radioatividade nuclear, cinética de decaimento e as consequências energéticas dos processos nucleares.

Matemática: As habilidades matemáticas dos estudantes de engenharia em geral são mais fortes que as de outros alunos, e a maioria dos estudantes, atendendo a uma disciplina do tipo para o qual este livro está direcionado, estará simultaneamente matriculada em uma disciplina introdutória de cálculo. Em razão disso, incluímos referências ao papel do cálculo na seção ***Conexões matemáticas***. Esses ensaios expandem e revisam os conceitos matemáticos à medida que dizem respeito ao tópico específico estudado e aparecem sempre que as ligações entre o tópico em mãos e a matemática parecem especialmente significativas. Essas seções têm a intenção de ser suplementares, de tal forma que os estudantes cursando uma disciplina de pré-cálculo não sejam prejudicados. Não se pretende com a inclusão de cálculo dificultar o material apresentado, mas indicar as conexões naturais entre as várias matérias estudadas.

CONEXÕES MATEMÁTICAS

POR DENTRO DE

Conexões entre química e engenharia

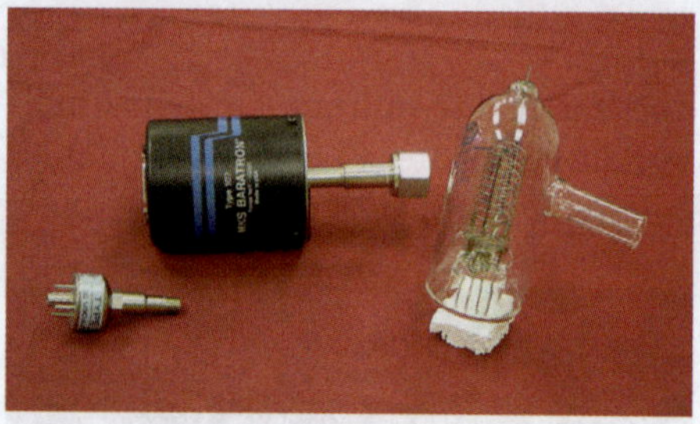

Uma vez que este livro é direcionado a disciplinas desenvolvidas para estudantes de engenharia, esforçamo-nos para apresentar a química nos contextos que realmente lhes interessam. Os vínculos entre química e engenharia são centrais na estrutura do livro. Cada capítulo começa e termina com uma seção ***POR DENTRO DE***, que introduz um modelo ou tema que mostra a interação entre química e engenharia. Essa seção representa apenas o começo das conexões, e o tema introduzido nela aparece regularmente por todo o capítulo.

Optamos por circular nas nossas aplicações de engenharia sempre que possível. Assim, por todo o livro, discutimos as inovações-chave recentes em vários campos. Por exemplo, o Capítulo 5 inclui a discussão sobre fraturamento hidráulico e recuperação de gás natural. No Capítulo 7, descrevemos as nanopartículas de sílica mesoporosa, tópico de pesquisa de ponta que pode ter aplicações importantes na engenharia biomédica no futuro. O Capítulo 8 encerra com uma discussão sobre a fabricação de sistemas microelétricos-mecânicos (MEMS).

Abordagem para a resolução de problemas

PROBLEMA-MODELO
Estratégia
Analise sua resposta
Discussão
Verifique seu entendimento

A resolução de problemas é parte-chave nas disciplinas de química do ensino superior e especialmente importante como habilidade transferida amplamente para os alunos de engenharia. Em razão disso, o livro inclui problemas resolvidos do início ao fim. Todos os Problemas-modelo introduzem a seção *Estratégia* logo após seu enunciado, na qual enfatizamos os conceitos e as relações a serem considerados para trabalhar no problema. Após a solução, em geral consta a seção *Analise sua resposta*, que ajuda os estudantes a aprender a estimar se a resposta obtida é razoável. Em muitos exemplos, nós incluímos a seção *Discussão*, que ajuda a explicar a importância dos conceitos da resolução de problemas ou alertar sobre algumas armadilhas que podem ser evitadas. Finalmente, cada exemplo termina com um problema ou uma pergunta da seção *Verifique seu entendimento* para ajudar o leitor a generalizar ou entender o que aprendeu no Problema-modelo.

Acreditamos que a experiência em química geral ajudará os estudantes de engenharia a desenvolver melhores habilidades na resolução de problemas. Além disso, percebemos que essas habilidades podem ser transferidas para outras matérias no currículo de engenharia mesmo quando o conteúdo de química não está envolvido. Adequadamente, incluímos uma característica única ao final de cada capítulo, a seção ***Enfoque na resolução de problemas***. Nessa seção, as perguntas apresentadas não exigem uma resposta numérica, mas pede-se ao estudante que identifique a estratégia ou o raciocínio a ser utilizado no problema. Em geral, as perguntas propostas exigem que se identifiquem informações que ainda faltam para a resolução do problema. Na maioria dos casos, não é possível chegar a uma resposta numérica final utilizando as informações fornecidas; assim, os leitores são forçados a desenvolver uma solução, em vez de apenas identificar e executar um algoritmo. Os exercícios apresentados no final de cada capítulo incluem problemas adicionais dessa natureza, o que significa que a seção *Enfoque na resolução de problemas* pode ser totalmente incorporada à disciplina. Esse recurso didático é resultado de um projeto de avaliação de resolução de problemas nas aulas de química, financiado pela National Science Foundation (NSF).

ENFOQUE NA RESOLUÇÃO DE PROBLEMAS

Características do texto

Empregamos uma série de recursos, alguns dos quais já citados, que permitirão que os estudantes identifiquem a utilidade da química e entendam as conexões com a engenharia.

Seções *POR DENTRO DE*: Cada capítulo é construído em torno da seção *Por dentro de*, na qual são apresentados temas que abrem e fecham cada capítulo e que mostram as conexões entre engenharia e química. Além de a seção abrir e fechar cada capítulo, os temas apresentados por ela são entrelaçados por todo o capítulo, frequentemente fornecendo o contexto para pontos de discussão ou problemas-modelo. O nome da seção é utilizado para identificar os locais onde as ideias apresentadas na seção de abertura do capítulo são revisitadas no livro.

Seções *Enfoque na resolução de problemas*: Professores de engenharia afirmam unanimemente que os calouros precisam praticar resolução de problemas. Entretanto, é importante fazer uma distinção entre problemas e exercícios. Os exercícios fornecem oportunidade de praticar uma habilidade limitada, enquanto os problemas exigem etapas múltiplas e raciocínio fora do contexto da informação fornecida. A seção *Enfoque na resolução de problemas* oferece aos estudantes a oportunidade de desenvolver e praticar verdadeiras habilidades nessa tarefa. Sempre no final de cada um dos capítulos, ela inclui uma mistura de questões qualitativas e quantitativas que enfocam o *processo* de busca por uma solução para um problema, não a solução em si. Em razão disso, incluímos também problemas similares adicionais no material de fim de capítulo.

Seções Conexões matemáticas: Em nossa experiência, uma peculiaridade que distingue os estudantes de engenharia dos de química geral é o alto nível de intimidade com a matemática. Normalmente, a maioria deles que têm aulas do tipo para o qual este livro foi escrito também terá aula de cálculo. Portanto, parece natural apontarmos os suportes matemáticos de vários dos conceitos da química indicados neste livro, uma vez que permitirá que estudantes moldem conexões mentais entre as matérias cursadas. Ao mesmo tempo, admitimos que quem cursa uma disciplina de matemática de pré-cálculo não pode ser impedido de cursar química. Para tanto, colocamos quaisquer conceitos matemáticos mais avançados na seção *Conexões matemáticas*, os quais são independentes do restante do texto. Com relação aos estudantes familiarizados com a matemática, nosso objetivo é que possam conhecer a origem de tudo que está em nosso entorno e integrar esse conhecimento às leis da velocidade. Quanto àqueles com base menos extensa em matemática, nossa intenção é que, após a leitura deste livro, possam dominar a química apresentada.

Seções Problemas-modelo: Nossos exemplos são desenvolvidos para ilustrar boas práticas de resolução de problemas, enfocando inicialmente o raciocínio por trás da solução antes de partir para qualquer cálculo necessário. Enfatizamos a abordagem do "pensamento inicial" com a seção *Estratégia*, que esboça um plano para a resolução da questão. Muitos estudantes aceitam rapidamente qualquer resposta que sua calculadora mostre. Para combater isso, a maioria das soluções são seguidas da seção *Analise sua resposta*, a qual utiliza estimativa e outras estratégias para que os estudantes confiram suas respostas. Cada exemplo termina com um exercício da seção *Verifique seu entendimento* para permitir que os alunos pratiquem ou estendam a habilidade que acabaram de aprender. As respostas aos exercícios adicionais estão incluídas no Apêndice J, no fim do livro.

Características do final do capítulo: Cada capítulo é concluído com um resumo, destacando os principais pontos discutidos e uma lista de **termos-chave**, com o número da seção onde apareceu primeiro. As definições de todos os termos-chave estão no *Glossário*.

Conjunto de problemas: Cada capítulo inclui aproximadamente 100 problemas e exercícios, abrangendo uma faixa muito grande de dificuldade. A maioria desses exercícios é identificada com seções específicas para fornecer a prática de que muitos estudantes precisam para dominar o assunto da seção. A maior parte dos capítulos também inclui uma série de *Problemas adicionais*, que não estão vinculados a nenhuma seção em particular e que podem incorporar ideias de várias seções. Logo em seguida, como descrito, temos os exercícios da seção *Enfoque na resolução de problemas*. Na maioria dos capítulos, há a seção *Problemas acumulativos*, os quais pedem aos estudantes que sintetizem as informações do capítulo atual com aquelas que aprenderam nos capítulos anteriores para formular a resposta. Para a quarta edição, adicionamos a nova seção *Problemas conceituais*, que enfatiza a visualização da escala molecular e outros exercícios não algorítmicos. As respostas para todos os problemas de numeração ímpar aparecem no final do livro no Apêndice K.

Enfoque na resolução de problemas
Problemas adicionais
Problemas acumulativos
Problemas conceituais

Notas de margem: As notas de margem apontam fatos adicionais, enfatizam mais pontos ou apontam para discussões similares que apareceram antes ou depois no livro. As *Notas de margem* são destacadas com o símbolo ▸ dentro do texto e estão relacionadas à passagem relevante do conteúdo abordado.

Novidades nesta edição

Existem várias mudanças importantes nesta quarta edição. Como fizemos na anterior, substituímos inúmeras seções *Por dentro de* para torná-la mais atual e tentar incluir tópicos que atrairão interesses mais amplos dos leitores. Portanto, introduzimos dois novos tópicos para essas seções na abertura de capítulo: Materiais críticos, no Capítulo 1; Produção de gás natural, no Capítulo 5; e Poluição atmosférica urbana, no Capítulo 11. Também reformulamos o tema da seção *Por dentro de* sobre Polímero, no Capítulo 2, para enfocar mais especificamente a área emergente de polímeros condutores. As seções *Por dentro de* no fechamento dos Capítulos 1 e 11 também foram reescritas, e a seção de fechamento do Capítulo 13 foi atualizada para destacar tópicos com relevância mais atual.

Nesta edição, o revisor técnico da obra, Robson Mendes Matos, escreveu novos apêndices, alguns com aprofundamento em temas importantes – Funções inorgânicas (Apêndice L) e Teoria atômica (Apêndice M) – que irão facilitar seus estudos em disciplinas mais avançadas. Os demais tratam de temas extremamente relevantes e atuais na área química: no Apêndice N tratamos de Radioproteção, uma vez que o uso de fontes radioativas vem crescendo em vários setores. Nos Apêndices O e P abordamos temas relacionados à poluição ambiental. Este é um tema sobre o qual a sociedade, políticos e cientistas em todo o mundo vêm travando importantes debates. No Apêndice O você encontrará uma abordagem sobre as principais fontes de poluição e as reações químicas envolvidas na formação dos principais agentes poluentes. Já no Apêndice P tratamos os aspectos de dois movimentos importantes em busca de um desenvolvimento mais sustentável e menos agressivo ao ambiente – a Química Verde e a Construção Verde. O Apêndice Q traz os principais avanços na área de materiais modernos.

Nesta edição também nos concentramos nas seguintes áreas:

- Em cada uma das seções de problemas de fim de capítulo, acrescentamos mais uma seção rotulada *Problemas conceituais*. Essas seções enfatizam a visualização em nível molecular e a resolução de problemas não algorítmicos, em um esforço para ajudar a promover o entendimento conceitual que vai além da manipulação de equações.
- No Capítulo 1, introduzimos a ideia de pensamento sistêmico, e esse conceito é revisto ao longo do texto.
- Revisamos completamente vários números para torná-los mais úteis aos alunos.
- Sempre que possível, as referências a informações específicas quanto a datas foram atualizadas.
- Atualizamos todas as tabelas periódicas para incluir os nomes recentemente aprovados para elementos pesados e todas as listagens de massa atômica para usar os valores da IUPAC 2015.

Além dessas mudanças em todo o livro, uma lista detalhada de mudanças específicas em cada capítulo é fornecida a seguir.

Capítulo	Resumo das mudanças

1	Principais mudanças
	• Mudou-se a abertura *Por dentro de* e o tema do capítulo para focalizar no conceito de materiais críticos
	  • Inclusão de nova seção de abertura *Por dentro de*
	  • Inclusão de mudanças em vários problemas-modelo
	  • Inclusão de mudanças em diversos pontos no livro em que são feitas referências ao contexto
	  • Inclusão de mudanças em várias Figuras (1.1, 1.2, 1.6, 1.10, 1.11, 1.12)
	  • Inclusão de mudanças nos problemas de final de capítulo relacionados ao tema do contexto
	Outras mudanças
	• Introdução da importância de sistemas e do pensamento sistêmico, que são, então, utilizados quando apropriado em capítulos posteriores
	• Mudança no tema de fechamento do *Por dentro de* para tecnologia *touchscreen*

2	Principais mudanças
	• Mudou-se a abertura *Por dentro de* do enfoque anterior, em polímeros, para um enfoque mais direcionado a novos polímeros condutores
	  • Inclusão de mudanças na seção de abertura *Por dentro de*
	  • Inclusão de mudanças em vários problemas-modelo
	  • Inclusão de mudanças em diversos pontos no livro em que são feitas referências ao contexto

3	• Acréscimo de uma introdução simples à definição de ácidos e bases de Brønsted-Lowry, que também é agora abordada com mais detalhes no Capítulo 12 • Acréscimo de uma nota importante relacionada à alteração proposta na definição de mol feita pela IUPAC.

Capítulo	Mudanças
4	• Descrição restrita de como as relações molares podem ser definidas utilizando a equação química balanceada • O Problema-Modelo 4.7 foi substituído por uma versão atualizada

5	Principais mudanças
	• Mudança na abertura *Por dentro de* e no tema do capítulo para produção de gás natural
	  ◦ Inclusão de nova abertura *Por dentro de* discutindo fraturamento hidráulico e outros aspectos da recuperação e refino de gás natural
	  ◦ Inclusão de mudanças em vários problemas-modelo
	  ◦ Inclusão de mudanças em diversos pontos no livro em que são feitas referências ao contexto
	  ◦ Inclusão de nova Figura 5.1
	  ◦ Inclusão de mudanças nos problemas de final de capítulo relacionados ao tema em contexto

6	• Mudança no tratamento de tamanhos de ânions e cátions do Capítulo 7 para este capítulo, a fim de agrupar esse conceito com tendências em tamanhos atômicos • Trabalhos de arte aprimorados em várias figuras, particularmente aquelas relacionadas a orbitais atômicos
7	• Mudança do material sobre tamanho iônico e tendências em tamanhos iônicos deste capítulo para o Capítulo 6 • Trabalho de arte revisado em várias figuras, particularmente aquelas relacionadas a orbitais
8	• Trabalho de arte revisado em várias figuras • Acréscimo de uma breve discussão sobre vetores dipolares e polaridade molecular na abordagem das forças intermoleculares
9	• Inclusão de uma discussão sobre o pensamento sistêmico no contexto mais amplo da economia energética mundial • Atualização de todos os dados e figuras contendo informações desatualizadas sobre economia de energia
10	• Inclusão de uma discussão sobre o pensamento sistêmico quanto aos recursos e ao uso e descarte de produtos de consumo

11	Principal mudança
	• Mudança na abertura *Por dentro de* e no tema do capítulo para poluição atmosférica urbana e o papel da cinética na formação de poluição
	  ◦ Inclusão de nova abertura *Por dentro de*
	  ◦ Inclusão de mudanças em vários problemas-modelo
	  ◦ Inclusão de mudanças em diversos pontos no livro em que são feitas referências ao contexto
	  ◦ Inclusão de mudanças nas Figuras 11.1, 11.2 e 11.3
	  ◦ Inclusão de mudanças nos problemas de final de capítulo relacionadas ao tema em contexto
	  ◦ Inclusão de uma nova seção *Por dentro de* sobre monitoramento da qualidade do ar

12	Principal mudança • Acréscimo de uma ampla discussão sobre química e equilíbrio ácido-base, incluindo titulações e curvas de titulação
13	• Atualização da seção *Por dentro de* de fechamento para incluir uma discussão das falhas mais recentes em baterias de íons lítio em produtos de consumo
14	• Melhor consistência da notação utilizada para fazer referência a isótopos específicos, especialmente em problemas de final de capítulo

Material de apoio

Estão disponíveis na página deste livro no site da Cengage: Para alunos e professores: slides de PowerPoint com o resumo dos capítulos (em português). Para professores: Manual de soluções (em inglês).

Agradecimentos

Estamos bastante entusiasmados com mais esta edição e somos gratos à ajuda e ao apoio de grande e talentosa equipe de profissionais. Há várias pessoas sem as quais jamais poderíamos ter feito esta obra. Porém, mais importante entre elas estão nossas famílias, a quem este livro é novamente dedicado.

A origem desta obra vem de muitos anos atrás e, à medida que caminhamos para a edição seguinte, gostaríamos de agradecer novamente algumas pessoas que colaboraram para que este projeto se iniciasse. Jennifer Laugier nos uniu para trabalhar em um livro para estudantes de engenharia. O trabalho de Jay Campbell como editora de desenvolvimento para a primeira edição foi tremenda e, sem seus esforços, o livro jamais teria sido publicado. Quando Jay se envolveu, o projeto tinha se enfraquecido por algum tempo e os ganhos subsequentes claramente não foram coincidências. A equipe editorial naquela época, Michelle Julet, David Harris e Lisa Lockwood, também foi crucial para o projeto frutificar. A decisão de lançar uma obra em um segmento de mercado, que, na realidade, não existia, não foi fácil e apreciamos a confiança em nós de cada um dos membros da Brooks/Cole.

Gostaríamos de agradecer à nossa gerente de produto, Lisa Lockwood, cujo apoio contínuo foi sempre apreciado. Nosso Desenvolvedor de Conteúdo para esta edição é Peter McGahey, e ambos, Lisa e Peter, contribuíram enormemente para as discussões que exigiram nossa atenção nesta revisão. Peter trabalhou conosco ao longo de todo o processo de revisão e forneceu várias sugestões que melhoraram a edição finalizada. Stacey Lutkoski e Lynn Lustberg, da MPS Limited, supervisionaram o processo de produção. Pesquisas de foto e texto foram realizadas por uma equipe da Lumina Datamatics. Anne Alexander (Milwaukee School of Engineering) e Dan Collins (Texas A&M University) nos ajudaram a verificar as provas de página, fornecendo comentários valiosos que melhoraram a precisão do texto. O livro em suas mãos realmente reflete os melhores esforços de muitos profissionais que trabalham duro, e somos gratos a todos eles por suas funções neste projeto.

Já se passaram 12 anos desde a publicação da primeira edição norte-americana e, por todo esse tempo, recebemos comentários úteis de inúmeros estudantes e colegas. Muitos dos comentários são informais, incluindo e-mail de alunos ou professores apontando erros que encontraram ou nos informando sobre seções que realmente gostaram. Embora não exista uma maneira de listar todas as pessoas que contribuíram dessa forma, agradecemos sinceramente a todos.

Professores de uma gama enorme de instituições também forneceram comentários mais formais sobre o texto em vários estágios deste desenvolvimento. Agradecemos os seguintes revisores pela sua contribuição para a obra atual.

Nuwan De Silva, *Framingham State University*
Donovan Dixon, *University of Central Florida*
Elizabeth Griffith, *University of Maryland*
Roy Sagar, *New Jersey Institute of Technology*
Kimberly Schurmeier, *Georgia Institute of Technology*
Thomas Sorensen, *University of Wisconsin–Milwaukee*
Todd Windman, *Arizona State University*

Agradecemos também os seguintes revisores pela sua contribuição ao desenvolvimento da edição anterior deste livro.

Darrel Axtell, *Saint Martin's University*
Simon Bolt, *University of Houston*
Patricia Muisener, *University of South Florida*
Diana Phillips, *Kettering University*
Paul A. DiMilla, *Northeastern University*
Walter England, *University of Wisconsin-Milwaukee*
Mary Hadley, *Minnesota State University, Mankato*
Andy Jorgensen, *University of Toledo*
Karen Knaus, *University of Colorado-Denver*
Pamela Wolff, *Carleton University*
Grigoriy Yablonsky, *Saint Louis University*
Robert Angelici, *Iowa State University*
Allen Apblett, *Oklahoma State University*

Jeffrey R. Appling, *Clemson University*
Rosemary Bartoszek-Loza, *The Ohio University*
Danny Bedgood, *Charles Sturt University*
James D. Carr, *University of Nebraska*
Victoria Castells, *University of Miami*
Paul Charlesworth, *Michigan Technological University*
Richard Chung, *San Jose State University*
Charles Cornett, *University of Wisconsin–Platteville*
Robert Cozzens, *George Mason University*
Ronald Evilia, *University of New Orleans*
John Falconer, *University of Colorado*
Sandra Greer, *University of Maryland*
Benjamin S. Hsaio, *State University of New York at Stony Brook*
Gerald Korenowski, *Rensselaer Polytechnic Institute*
Yinfa Ma, *University of Missouri–Rolla*
Gerald Ray Miller, *University of Maryland*
Linda Mona, *Montgomery College*
Michael Mueller, *Rose-Hulman Institute of Technology*
Kristen Murphy, *University of Wisconsin–Milwaukee*
Thomas J. Murphy, *University of Maryland*
Richard Nafshun, *Oregon State University*
Scott Oliver, *State University of New York at Binghamton*
Ao saudoso Robert Paine, *Rochester Institute of Technology*
Steve Rathbone, *Blinn College*
Jesse Reinstein, *University of Wisconsin–Platteville*
Don Seo, *Arizona State University*
Mike Shaw, *Southern Illinois University–Edwardsville*
Joyce Solochek, *Milwaukee School of Engineering*
Jack Tossell, *University of Maryland*
Peter T. Wolczanski, *Cornell University*

Larry Brown
Tom Holme

Introdução ao estudante

Química e engenharia

Ao iniciarmos esta disciplina, as apostas são de que você possa se perguntar: "Por que tenho de estudar química? Na realidade, nunca precisarei dessa disciplina para ser um engenheiro". Gostaríamos de começar oferecendo aos nossos leitores, futuros engenheiros, alguns exemplos das muitas ligações entre nosso campo da química escolhido e os vários ramos da engenharia. Os exemplos mais óbvios, naturalmente, vêm da engenharia química. Muitos engenheiros químicos estão envolvidos com o desenvolvimento ou a otimização de processos na indústria química, o que significa que lidarão com conceitos da química no cotidiano. De maneira similar, os engenheiros civis e ambientais que trabalham com a proteção ou recuperação ambiental devem gastar muito tempo pensando sobre reações químicas que ocorrem no fornecimento de água ou no ar. Mas e os outros campos da engenharia?

Grande número de engenheiros elétricos modernos conta com dispositivos no estado sólido cujas propriedades podem ser adaptadas por meio do controle cuidadoso de suas composições químicas. Apesar de muitos deles não fabricarem regularmente seus próprios *chips*, um entendimento de como funcionam em uma escala atômica é certamente muito útil. À medida que a pressão por novos componentes de circuitos cada vez menores continua, os vínculos entre a química e a engenharia elétrica crescerão ainda mais. Desde diodos emissores de luz (OLED) a transmissores moleculares únicos, novas experiências e novos projetos continuarão a ser desenvolvidos nos laboratórios de química para dispositivos de funcionamento, em velocidade impressionante.

Algumas aplicações da química na engenharia são muito menos óbvias. Nos seus 452 metros, as torres Petronas em Kuala Lampur, Malásia, eram os prédios mais altos do mundo quando sua construção terminou em 1998. Faltava aço na Malásia, logo, os arquitetos das torres decidiram construir as estruturas com algo que fosse abundante no país e com o que os engenheiros estivessem familiarizados: concreto. Mas a impressionante altura das torres exigia concreto excepcionalmente resistente. Os engenheiros optaram então por um material que veio a ser conhecido como concreto de alta resistência, no qual as reações químicas entre os vapores de sílica e o cimento Portland produzem material mais forte, mais resistente à compressão. Esse exemplo ilustra a relevância da química mesmo em campos muito tradicionais da engenharia, e abordaremos alguns aspectos da química do concreto no Capítulo 12, incluindo o desenvolvimento do novo concreto flexível.

Sobre este livro

Nós dois ministramos química geral por muitos anos e estamos familiarizados com as dificuldades que os estudantes encontram no assunto. Talvez mais importante, temos ministrado para estudantes de engenharia o tipo de disciplina de um semestre para o qual este livro foi desenvolvido. A abordagem dos assuntos apresentados aqui foi extraída de ambos os níveis de experiência.

Trabalhamos muito para tornar este livro o mais claro possível e fácil para o estudante. Uma característica que o torna diferente de qualquer outro que pudesse ser utilizado para essa disciplina é que incorporamos conexões entre a química e a engenharia como componente fundamental. Você observará que cada capítulo começa e termina com a seção ***POR DENTRO DE***. Ela é apenas o começo das conexões, e o tema introduzido na abordagem inicial aparece regularmente por todo o capítulo. Esse nome identifica o material que está intimamente relacionado com o tema da seção ***POR DENTRO DE***. Ouvimos muitos estudantes reclamarem sobre o que a química tem a ver com os campos escolhidos por eles, e esperamos que a abordagem adotada aqui possa ajudá-los a ver algumas conexões.

Em geral, os estudantes de engenharia atendem a um razoável conjunto padrão de disciplinas no primeiro ano na universidade, portanto é muito provável que você esteja fazendo disciplinas de cálculo e de física junto com química. Tentamos salientar os pontos em que existem conexões fortes entre esses assuntos e, ao mesmo tempo, fazer isso de maneira vantajosa para um estudante que esteja cursando uma disciplina de matemática de pré-cálculo.

Portanto, podemos nos referir às similaridades entre as equações vistas aqui e aquelas encontradas nos livros de física, mas não presumimos que o leitor já esteja familiarizado com aquelas equações. No caso da matemática, utilizamos uma seção especial, **Conexões matemáticas**, para discutir o uso da matemática, e especialmente o cálculo, na química. Se você está familiarizado com cálculo ou fazendo concomitantemente essa disciplina, o conteúdo da seção o ajudará a entender como algumas das equações utilizadas na química surgem do cálculo. Mas se não for o caso, pode pular essa seção, pois, mesmo assim, será capaz de trabalhar com as equações necessárias.

CONEXÕES MATEMÁTICAS

Embora a nossa intenção primordial seja ajudá-lo a aprender química, acreditamos que este livro e a disciplina para a qual é utilizado podem ajudá-lo a desenvolver um conjunto amplo de habilidades que será útil durante seus estudos e carreira. A principal habilidade é a resolução de problemas. Muito do trabalho dos engenheiros caracteriza-se como resolução de problemas. Os problemas das aulas de química definitivamente são diferentes daqueles examinados na engenharia, na física ou na matemática. No entanto, quando estudados de forma integrada, todos os assuntos o ajudarão a formular abordagem consistente a ser usada na resolução de praticamente qualquer problema. Grande parte de nossos estudantes tende a "pular etapas" e a começar a escrever equações quando se deparam com um problema. Antes disso, é fundamental que haja uma estratégia para resolvê-lo, especialmente se for difícil ou não familiar. Todos os nossos exemplos resolvidos incluem a seção **Estratégia**, na qual esboçamos o caminho para solução antes de começar a calcular qualquer coisa. A seção **Solução** põe então a estratégia em ação. Para muitos exemplos numéricos, seguimos a solução por meio da seção **Analise sua resposta**, em que utilizamos a estimativa ou comparação para valores conhecidos, para confirmar que nossa resposta faz sentido. Encontramos muitos estudantes que acreditam que qualquer valor apresentado por sua calculadora deve ser a resposta correta, mesmo quando é fácil verificar que um erro foi cometido. Diversos exemplos também incluem a seção **Discussão**, na qual abordamos as armadilhas mais comuns a evitar ou como o problema que acabamos de resolver se relaciona com outras ideias já exploradas. Por fim, cada problema-modelo termina com uma pergunta ou problema da seção **Verifique seu entendimento**, que lhe fornece a oportunidade de praticar as habilidades ilustradas no exemplo ou ampliá-las mais rapidamente. As respostas para as perguntas dessa seção estão no Apêndice J.

Estratégia
Solução
Analise sua resposta
Discussão
Verifique seu entendimento

Enquanto estamos pensando sobre os problemas-modelo, algumas palavras sobre arredondamento e algarismos significativos estão no método. Na resolução dos problemas-modelo, empregamos massas atômicas com o número completo de algarismos significativos da tabela periódica no final do livro. Usamos também algarismos significativos disponíveis para constantes, como a velocidade da luz ou a constante universal dos gases. Tentamos escrever os resultados intermediários com o número apropriado de algarismos significativos. Mas quando esses mesmos resultados são utilizados em cálculo subsequente, **não** arredondamos os valores. Em vez disso, mantemos o resultado completo da calculadora. Apenas a resposta final é arredondada. Se você adotar esse procedimento, será capaz de obter as mesmas respostas que nós. (Usamos o mesmo processo para gerar as respostas para os problemas numéricos do Apêndice K.) Para os problemas que envolvem encontrar a inclinação ou a interseção de uma linha, os valores mostrados foram obtidos por meio de regressão linear, utilizando algoritmos construídos em planilha ou em calculadora gráfica.

Uma característica deste livro é a inclusão de uma pergunta na seção **Enfoque na resolução de problemas**, no final de cada capítulo. As perguntas propostas são desenvolvidas para estimulá-lo a pensar sobre o **processo** de resolução do problema, em vez de apenas a obtenção de resposta. Em muitos casos, esses problemas não incluem informações suficientes para permitir que se chegue a uma solução final. Apesar de sabermos que a maioria dos estudantes iniciantes de engenharia pode considerar isso frustrante, percebemos que é uma boa aproximação do tipo de problemas que um engenheiro pode confrontar. Raramente um cliente fornece todos os tipos de informações de que se precisa para resolver o problema.

ENFOQUE NA RESOLUÇÃO DE PROBLEMAS

Uma das perguntas mais comuns dos estudantes é: "Como devo estudar química?". Lamentavelmente, essa questão é feita com mais frequência depois que os estudantes vão mal em uma ou mais provas. Uma vez que pessoas diferentes aprendem melhor de maneira diferente, não existe uma fórmula mágica que assegure que todos se saiam bem em química. Porém, há algumas estratégias e práticas comuns que podemos recomendar. Inicialmente e mais importante, sugerimos que você evite atrasar-se em relação a **qualquer** de suas disciplinas. Aprender toma tempo, e poucas pessoas são capazes de dominar três capítulos de química (ou física, ou matemática, ou engenharia) na noite anterior a uma grande prova. Atrasar-se em uma disciplina inevitavelmente o levará a deixar muitas coisas de lado, logo, deve tentar manter-se em dia desde o começo. Muitos professores estimulam os estudantes a ler o relevante material do livro antes que seja apresentado na aula. Essa é certamente a melhor abordagem, porque uma ideia geral e prévia do conteúdo contribuirá para que você possa aproveitar melhor a aula.

Ao estudar para as provas, deve tentar fazer uma estimativa daquilo que entende e do que não entende. Apesar de ser desconfortável voltar toda a atenção a problemas que não parece ser capaz de resolver, gastar mais tempo estudando itens que já domina provavelmente terá menos impacto na sua nota. Os estudantes de engenharia tendem a focar muito mais atenção em problemas numéricos. Apesar de tais cálculos serem provavelmente muito importantes na sua aula de química, nós o encorajamos também a tentar dominar os conceitos químicos por trás deles. Provavelmente, seu professor o testará também em temas qualitativos ou conceituais.

Por fim, enfatizamos que este livro é rico em informações. Aqui são apresentados vários tópicos que em geral aparecem em uma disciplina de química de graduação com um ano de duração, mas eles são desenvolvidos para uma disciplina que toma apenas um semestre. Para gerenciarmos a tarefa de equiparar o volume de material, deixamos de fora alguns tópicos e encurtamos a discussão de outros. Em todo esse processo de aprendizagem, a internet é uma ferramenta imprescindível, pois por meio dela podem-se encontrar mais informações sobre um assunto de interesse.

Ficamos felizes que este livro tenha chegado às suas mãos. Esperamos que aproveite o seu semestre de aprendizado em química e que esta obra seja parte positiva de sua experiência.

Larry Brown
Tom Holme

Introdução à química

1

Um ferrofluido, que é essencialmente um líquido magnético, pode ser induzido a assumir uma estrutura pela presença de um forte campo magnético. Nesta foto, a forma é criada por um poderoso ímã de neodímio, e as cores são reflexos de luzes coloridas.

Em um futuro não muito distante, os engenheiros devem projetar e montar dispositivos mecânicos e eletrônicos em miniatura, engrenagens e outras peças fabricadas em escala atômica. As decisões desses profissionais serão guiadas pelo conhecimento dos tamanhos e das propriedades dos átomos de diferentes elementos. Tais dispositivos poderão ser construídos átomo por átomo: cada um seria especificado com base em critérios de *design* relevante e manobrado para a posição com a utilização da nanociência. ▸ Essas nanomáquinas serão montadas não por parafusos ou rebites, mas pelas forças de atração entre os diferentes átomos, ou seja, por meio de ligações químicas. Evidentemente, esses engenheiros do futuro terão de compreender os átomos e as forças que os ligam, isto é, terão de entender a química.

A nanociência trabalha com objetos cujos tamanhos são similares àqueles de átomos e moléculas. Faça uma busca na internet por "nanociência" ou "máquinas moleculares" para saber mais.

Por enquanto, essa engenharia relacionada aos átomos permanece ainda como uma possibilidade a ser concretizada no futuro. E em relação aos engenheiros de hoje? Quanto de suas decisões depende do conhecimento da química? Como estudante de engenharia, quais são os motivos para você estudar química?

O Conselho de Atribuição para Engenharia e Tecnologia (*Accreditation Board for Engineering and Technology* – ABET) é uma organização profissional que supervisiona o ensino de engenharia. De acordo com a definição da ABET, "engenharia é a profissão cujo conhecimento das ciências matemáticas e naturais obtido por meio de estudos, experiências e prática é aplicado com bom senso para o desenvolvimento de maneiras de utilizar, economicamente, os materiais e as forças da natureza em benefício da humanidade". Logo, como uma das ciências, a química está claramente incluída no campo de conhecimento de um engenheiro. Ainda assim, os estudantes de engenharia nem sempre reconhecem o papel da química na profissão que escolheram. Dessa forma, um dos principais objetivos deste livro é inspirar uma avaliação do papel da química em muitas áreas da engenharia e tecnologia, bem como uma interação entre a química e a engenharia, em uma variedade de tecnologias modernas.

O estudo da química envolve um vasto número de conceitos e habilidades. A filosofia deste livro é apresentar algumas ideias básicas e aplicá-las aos aspectos da engenharia em que a química é importante. Cada capítulo começará com um exemplo da química relacionada à engenharia. Alguns desses exemplos, como a queima de combustíveis, envolverão aplicações bem claras de princípios químicos e reações. Em outros casos, o papel da química pode não ser tão aparente. No Capítulo 10, por exemplo, consideraremos a reciclagem de plásticos e examinaremos alguns fatores que limitam tanto a exequibilidade quanto a lucratividade da reciclagem. Outros temas envolverão o projeto e a seleção de materiais para diversos usos e como pequenas variações na composição podem influenciar as propriedades de ligas que são frequentemente usadas nos projetos de engenharia. Todas essas seções de abertura de capítulo são marcadas com um ícone ***POR DENTRO DE***, pois fornecem algumas dicas sobre aplicações da química. As questões encontradas nas seções "Por dentro de" guiarão nossa exploração dos fundamentos relevantes da química apresentados ao longo deste capítulo. Nosso primeiro caso considera problemas potenciais de oferta e demanda que afetam vários elementos químicos que desempenham papéis importantes na tecnologia moderna.

Objetivos do capítulo

Após dominar o assunto deste capítulo, você será capaz de:

- explicar o que se entende pelo termo *materiais críticos*.
- explicar a utilidade das perspectivas macroscópica, microscópica e simbólica na compreensão dos sistemas químicos.
- desenhar figuras para ilustrar fenômenos químicos simples (como as diferenças entre sólidos, líquidos e gases) em escala molecular.
- explicar, com suas próprias palavras, a diferença entre o raciocínio indutivo e o dedutivo.
- utilizar proporções adequadas para a conversão de medidas de uma unidade em outra.
- expressar os resultados de cálculos com o número correto de algarismos significativos.

POR DENTRO DE

1.1 Materiais críticos

Mesmo um escritor de ficção científica provavelmente diria que estamos vivendo uma era surpreendente para a nova tecnologia. Se você quisesse definir diferenças entre as épocas, observar o tamanho da tecnologia que surge pode ser um bom ponto de partida. Os ícones da Revolução Industrial eram objetos grandes e poderosos, incluindo locomotivas a vapor e transatlânticos gigantes. Hoje, os avanços são muito mais prováveis de serem feitos no extremo oposto, já que agora valorizamos a capacidade de miniaturizar nossas ferramentas. O que pode ser menos aparente, no entanto, é como essas diferentes direções afetam os tipos de materiais que precisamos extrair da Terra para fazer as coisas que construímos.

O ferro e o aço, o cobre, o níquel, o chumbo e o zinco eram materiais de vital importância para os avanços no início da Revolução Industrial e continuam sendo importantes *commodities* econômicas hoje em dia. Ao mesmo tempo, novas tecnologias, como *smartphones*, são feitas de componentes que contêm mais da metade dos elementos que ocorrem naturalmente na tabela periódica. ◂ Com tantos elementos necessários para construir os dispositivos que utilizamos diariamente, não é de surpreender que alguns desses materiais sejam encontrados em relativamente poucos lugares no planeta.

A tabela periódica é discutida brevemente no Capítulo 2 e mais detalhadamente no Capítulo 6.

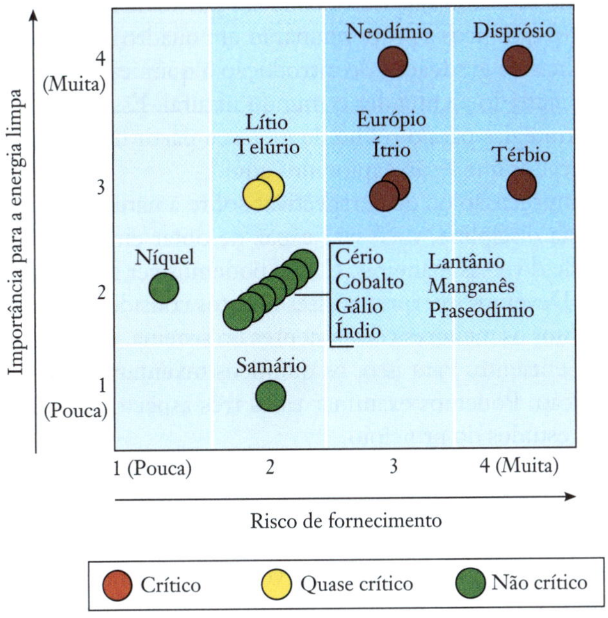

Figura 1.1 O Departamento de Energia dos EUA determina regularmente a condição crítica de vários elementos importantes em tecnologias relacionadas à energia. A avaliação mostrada na figura refere-se ao período 2015-2025.

Preocupações quanto à disponibilidade de materiais necessários não são novas ou exclusivas de tecnologias modernas. Por décadas, os governos identificaram certos materiais como de vital importância e, coletivamente, essas substâncias são muitas vezes referidas como **materiais críticos**. Os materiais críticos apresentam propriedades químicas e físicas únicas que lhes permitem desempenhar papéis cruciais na tecnologia, mas, ao mesmo tempo, podem estar vulneráveis a interrupções em sua disponibilidade por algum motivo.

Entre as agências governamentais preocupadas com a importância dos materiais está o Departamento de Energia dos EUA (DOE, em inglês). As tecnologias emergentes empregadas em aplicações como energia eólica ou carros elétricos se baseiam em alguns dos elementos observados na **Figura 1.1**, que categoriza vários elementos quanto a sua importância e até que ponto sua oferta é considerada risco de interrupção. Alguns dos elementos dessa figura parecem mais familiares que outros, mas as aplicações em que eles são utilizados provavelmente são bastante familiares.

Por exemplo, o lítio aparece como "quase crítico" nesta avaliação, em grande parte, por causa de seu uso em baterias de lítio, que alimentam muitos dos dispositivos que utilizamos. Embora não faça parte do nome, o cobalto também é necessário para uma bateria de lítio, e também está presente na Figura 1.1, apesar de sua importância ser avaliada como um pouco menor que a do lítio, em grande parte, porque é necessário menos cobalto para fazer uma bateria. Ao mesmo tempo, mais de 50% da produção anual mundial de cobalto vem de um país: a República Democrática do Congo (anteriormente denominada Zaire). Interrupções antes associadas a distúrbios políticos nesse país causaram picos de preços de até 600% no início da década de 1980. Com esse tipo de incerteza potencial para um material necessário em produtos que usamos todos os dias, não é surpresa que químicos e engenheiros trabalhem juntos para melhorar a eficiência do uso de cobalto e, ao mesmo tempo, considerar formas de substituir esse material crítico por outro elemento que pode ser menos propenso a perturbações.

Como esse tipo de exploração funciona? Para examinar essa questão, recorreremos à abordagem comumente adotada na ciência. O termo **método científico** tem várias definições possíveis, e veremos esse conceito mais adiante na Seção 1.4. Mas agora, vamos considerá-lo como uma abordagem de compreensão que começa com a observação da natureza, continua com a hipótese ou construção de modelo em resposta a essa observação e, por fim, inclui experimentos adicionais que reforçam ou refutam a hipótese. Nesta definição, a *hipótese* é um palpite sobre maneiras de explicar a natureza. Neste capítulo, veremos como esse método se relaciona com a química em geral e também com questões relativas a materiais como o lítio ou o cobalto e seu uso na sociedade.

1.2 O estudo da química

A química é chamada de "ciência central" porque ela é importante para muitos outros campos do estudo científico. Mesmo que você nunca tenha feito um curso de química, é bem possível que já tenha visto alguma coisa sobre o assunto. Este livro e a disciplina na qual ele está sendo utilizado ajudarão a conectar partes de informações que você já obteve, aumentarão sua compreensão dos conceitos químicos e proporcionarão um quadro mais coerente e sistemático da química. O objetivo principal das disciplinas de graduação de introdução à química é auxiliá-lo a avaliar o ponto de vista químico e a forma como ele pode ajudá-lo a entender o mundo natural. Esse tipo de perspectiva habilita os químicos e engenheiros a planejarem estratégias para o refino de metais a partir de seus minérios, bem como a abordarem os muitos outros problemas aplicados que serão explorados aqui.

Esse quadro coerente envolve três níveis de compreensão ou de perspectivas sobre a natureza da química: macroscópico, microscópico e simbólico. Ao final desta disciplina, você será capaz de optar entre essas perspectivas para examinar problemas que envolvem a química de diversas maneiras. O que podemos ver sobre as substâncias e suas reações fornece a **perspectiva macroscópica**. Devemos interpretar esses eventos considerando a **perspectiva microscópica (ou "particulada")**, na qual focalizamos os menores componentes do sistema. Finalmente, devemos ser capazes de transmitir esses conceitos de forma eficiente. Para isso, os químicos inventaram uma **perspectiva simbólica** que nos permite realizar essa comunicação. Podemos examinar esses três aspectos da química inicialmente para obter uma referência que molde nossos estudos do princípio.

A perspectiva macroscópica

Quando observamos as reações químicas no laboratório ou no mundo à nossa volta, percebemos a matéria no nível macroscópico. **Matéria** é qualquer coisa que tenha massa e possa ser observada. Estamos tão em contato com a matéria que tendemos a aceitar nossa percepção intuitiva de sua existência como uma definição adequada. No entanto, ao estudarmos química, precisamos estar conscientes de que nem tudo que observamos na natureza é matéria. A luz, por exemplo, não é considerada matéria porque não tem massa.

POR DENTRO DE Quando observamos atentamente a matéria, como o cobalto ou o lítio, surgem várias questões. Como a maioria dos metais, o cobalto e o lítio são encontrados na natureza combinados com outros elementos em vários minérios. Tais minérios são frequentemente misturas complicadas de substâncias químicas, mas podem ser refinados para fornecer barras de cobalto essencialmente puro. O metal resultante pode ser incorporado em ligas fortes, adequadas para uso em pás de turbinas e substituições de juntas. No entanto, o cobalto também é encontrado em vários pigmentos comuns, conferindo uma cor azul às cerâmicas e a outros itens. A **Figura 1.2** mostra algumas das diversas formas nas quais podemos encontrar o cobalto. É evidente que os itens da figura não são parecidos, mas todos têm características que dependem do mesmo elemento – o cobalto. A capacidade de transformar um único elemento em formas adequadas para diversas aplicações se baseia na ciência da química, que, por sua vez, é baseada em inúmeras observações feitas ao longo dos séculos. Que tipos de observações nos permitiram descobrir tal diversidade de funções para esse material?

Uma das maneiras mais comuns de observar a matéria é permitir que ela se modifique de alguma forma. Duas variações podem ser distinguidas: físicas e químicas. As substâncias envolvidas em uma variação física não perdem suas identidades químicas. As **propriedades físicas** são variáveis que podemos medir sem alterar a identidade da substância que está sendo observada. Massa e densidade são propriedades físicas familiares. A massa é medida por meio da comparação do objeto dado com algum padrão, geralmente uma balança. A **densidade** é uma razão entre massa e volume (às vezes, essa variável é chamada **densidade de massa**). Para determinar a densidade, tanto a massa

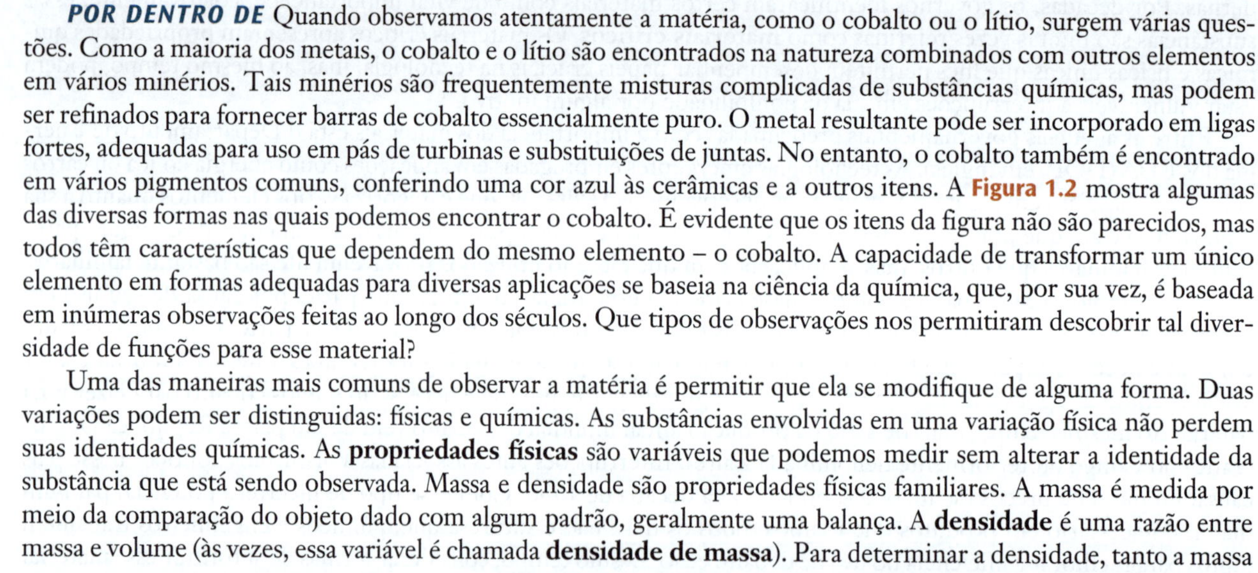

Figura 1.2 O cobalto é encontrado na natureza em combinação com outros elementos, como o arsênio e o enxofre no minério chamado cobaltita (à esquerda). Uma série de etapas de refinamento produz o metal puro (centro), que é utilizado em muitas aplicações. O cobalto também tem sido utilizado há séculos em pigmentos azuis, como se vê aqui em um par de potes azuis de Delft, um tipo de artefato de cerâmica de origem holandesa (à direita).

quanto o volume devem ser medidos. Esses valores podem ser obtidos sem alterar o material; logo, a densidade é uma propriedade física. Outros exemplos familiares de propriedades físicas incluem a cor, a viscosidade, a resistência e a temperatura. Algumas propriedades físicas, que serão definidas mais tarde, incluem capacidade de calor, ponto de ebulição, ponto de fusão e volatilidade.

As **propriedades químicas** estão associadas aos tipos de variações químicas que uma substância sofre. Por exemplo, alguns materiais queimam facilmente, enquanto outros não. A queima na presença de oxigênio é uma reação química chamada **combustão**. A corrosão, que é a degradação de metais na presença de ar e umidade, é outra variação química comumente observada. ▸ O tratamento de um metal com algum outro material, como tinta, pode frequentemente evitar o dano causado pela corrosão. Desse modo, uma importante propriedade química da tinta é sua resistência à corrosão. As propriedades químicas podem ser determinadas apenas pela observação de como uma substância altera sua identidade nas reações químicas.

Abordaremos a corrosão e sua prevenção com mais detalhes no Capítulo 13.

POR DENTRO DE As propriedades químicas e físicas dos materiais desempenham seu papel na forma como os produtos são feitos. Por exemplo, o invólucro de uma bateria de íons de lítio é geralmente feito de alumínio. O alumínio é um material estrutural útil porque pode ser moldado nas formas desejáveis, o que requer que seja maleável. A **maleabilidade** é uma medida da capacidade de um material de ser enrolado ou moldado em chapas finas, e os metais são valiosos, em parte, devido à sua maleabilidade. ▸ Esta é uma propriedade física porque a substância permanece intacta – ainda é o mesmo metal, apenas em uma forma diferente. O papel do lítio na bateria, por outro lado, depende das propriedades químicas desse elemento. O lítio forma partículas carregadas, chamadas íons, com bastante facilidade, e é o movimento desses íons dentro da bateria que permite armazenar energia elétrica e, por fim, liberar elétrons, fornecendo a corrente que alimenta nossos dispositivos. A tendência de o lítio ionizar e formar grupos estáveis de produtos químicos chamados íons complexos é uma propriedade química fundamental para o projeto e o uso de baterias de íons de lítio. Assim, uma bateria de lítio comum ilustra como o conhecimento das propriedades químicas e físicas pode ser importante para os engenheiros que projetam os produtos que compramos e usamos.

O alumínio é normalmente o segundo na classificação de maleabilidade, ficando atrás só do ouro.

Quando observamos macroscopicamente reações químicas, encontramos três formas comuns, ou **fases**, da matéria: sólida, líquida e gasosa. ▸ No nível macroscópico, os **sólidos** são rígidos e não alteram sua forma facilmente. Quando um sólido é colocado em um recipiente, ele conserva seu perfil, em vez de assumir a forma do recipiente. Mesmo um sólido em pó demonstra esse traço, uma vez que as partículas individuais ainda mantêm sua forma, apesar de o conjunto delas poder tomar a forma do recipiente.

Os outros dois estados da matéria são os plasmas e os condensados de Bose--Einstein, que não existem em temperaturas normais.

Os **líquidos** podem ser diferenciados dos sólidos macroscopicamente, uma vez que, diferentemente dos primeiros, se adaptam à forma do recipiente no qual são colocados. Eles podem não preencher o volume por inteiro, mas a porção que eles ocupam tem sua forma definida pelo recipiente. Os **gases** podem ser diferenciados macroscopicamente tanto dos líquidos quanto dos sólidos em razão de sua propriedade de expandir-se para ocupar todo o volume de seu recipiente. Apesar de muitos gases serem invisíveis, a observação do preenchimento do volume disponível é uma experiência comum; quando andamos, por exemplo, numa sala grande, não ficamos preocupados em encontrar um espaço sem ar.

O alumínio em um invólucro de bateria é um sólido, mas, durante o processo de refino, torna-se fundido ou líquido. O manuseio do metal derretido, sua colocação em recipientes e a separação de impurezas fornecem tanto desafios químicos quanto de engenharia para aqueles que projetam indústrias de produção de alumínio.

Frequentemente, as propriedades químicas e físicas são difíceis de serem diferenciadas no nível macroscópico. Podemos garantir que a ebulição da água é uma variação física, mas, se você não fizer nada além de observar que a água fervendo em uma panela desaparece, como saberá se ela sofreu uma variação química ou física? Para responder a esse tipo de pergunta, precisamos considerar as partículas que formam a água, ou o que quer que observemos, e aquilo que ocorre no nível microscópico.

A perspectiva microscópica ou particulada

O princípio mais fundamental da química é que toda matéria é composta por átomos e moléculas. É por isso que os químicos tendem a pensar em tudo como "uma substância química" de um tipo ou outro. Em muitos casos, a matéria que encontramos é uma mistura complexa de substâncias químicas e nos referimos a cada componente individual como uma substância química. Definiremos esses termos mais extensivamente à medida que nosso estudo da química se desenvolver, mas aqui utilizaremos definições básicas. Toda matéria compreende um número limitado de "blocos construtivos", chamados **elementos**. Frequentemente, os elementos são associados à tabela periódica, mostrada no fim deste livro e decerto pendurada na sala onde você tem aula de química. **Átomos** são partículas inimaginavelmente pequenas que não podem se tornar menores e ainda se comportam como um sistema químico. ◂ Quando estudamos a matéria em níveis menores que um átomo, passamos para a física de partículas elementares ou nucleares. Mas os átomos são as menores partículas que podem existir e mantêm a identidade química de qualquer elemento que seja. **Moléculas** são grupos de átomos mantidos unidos de tal maneira que formem uma unidade cuja identidade é distintamente diferente do átomo isolado. Finalmente, veremos como as forças chamadas *ligações químicas* são responsáveis por manter os átomos unidos nessas moléculas.

A palavra átomo vem do grego "átomos", que significa indivisível.

A perspectiva particulada fornece uma visão mais detalhada sobre a distinção entre as variações químicas e físicas. Como os átomos e as moléculas são pequenos demais para serem observados diretamente ou fotografados, normalmente utilizaremos desenhos esquemáticos simplificados para representá-los neste livro. Em geral, átomos e moléculas serão desenhados como círculos para representá-los e avaliar suas variações.

Se considerarmos sólidos, líquidos e gases, como eles se diferem no nível particulado? A **Figura 1.3** apresenta uma ilustração bem simples, porém útil. Observe que os átomos em um sólido são empacotados bem próximos, e isso é representado como mantendo sua forma – aqui como um tijolo ou naco. A fase líquida também tem suas partículas constituintes empacotadas bem próximas umas às outras, mas elas são mostradas como se preenchessem a base do recipiente, em vez de manterem sua forma. Finalmente, o gás é mostrado com distâncias bem maiores entre as partículas, que se movimentam livremente pelo volume inteiro do recipiente. Essas figuras foram inferidas de experimentos conduzidos durante muitos anos. Vários sólidos, por exemplo, têm estruturas bem ordenadas chamadas cristais; em geral e consequentemente, a perspectiva particulada de sólidos inclui esse sentido de ordem.

Como podemos distinguir uma variação química de uma física nessa perspectiva? A diferença é denotada facilmente nesse nível, apesar de nem sempre ser mais óbvia à observação. Se um processo é uma variação física, os átomos e as moléculas em si não variam. Para examinarmos essa ideia, utilizaremos uma molécula "famosa": a água. Mesmo as muitas pessoas que nunca estudaram química sabem que a fórmula da água é "H dois O". Representamos essas moléculas com a utilização de círculos de diferentes tamanhos; o círculo maior representa o oxigênio e os círculos menores representam o hidrogênio. Na **Figura 1.4** vemos que, quando a água ferve, a composição das moléculas individuais é a mesma na fase líquida e na fase gasosa. A composição da água não foi alterada, e esse fato é característico de uma variação física.

Para representar corretamente as densidades relativas de um gás e um líquido, seria necessário muito mais espaço entre as partículas em um gás que o mostrado na Figura 1.3.

Figura 1.3 Visões no nível particulado das fases sólida, líquida e gasosa da matéria. ◂ Em um sólido, as moléculas mantêm uma estrutura ordenada, por isso a amostra mantém seu tamanho e sua forma. Em um líquido, as moléculas permanecem próximas entre si, mas o arranjo ordenado se quebra. No nível macroscópico, isso permite que o líquido flua e adquira a forma do recipiente onde se encontra. Na fase gasosa, as moléculas estão amplamente separadas e se movimentam independentemente umas das outras, o que permite que o gás preencha o volume disponível do recipiente.

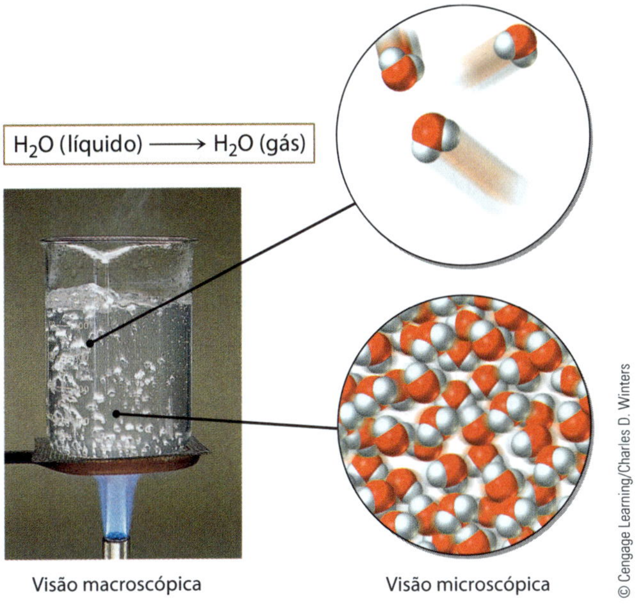

Figura 1.4 A ebulição da água é uma variação física na qual a água líquida é convertida em um gás. Tanto a fase líquida quanto a fase gasosa são formadas por moléculas de água; cada uma contém dois átomos de hidrogênio e um de oxigênio. As inserções em escala particulada nesta figura enfatizam esse fato e também mostram que a separação entre as moléculas de água é bem maior no gás que no líquido.

Contraste isso com a **Figura 1.5**, que representa um processo chamado eletrólise no nível particulado. A eletrólise ocorre quando a água é exposta a uma corrente elétrica. Observe que as moléculas se alteram nessa representação à medida que as moléculas de água são convertidas em moléculas de hidrogênio e de oxigênio. Aqui, então, temos uma variação química.

Se observarmos macroscopicamente essas duas reações, o que veremos e como saberemos a diferença? Em ambos os casos, notaremos a formação de bolhas. Somente em um caso as bolhas conterão vapor de água (gás) e, no outro, hidrogênio ou oxigênio. Apesar dessa semelhança, podemos fazer observações no nível macroscópico para distinguir essas duas possibilidades. O Problema-modelo 1.1 propõe um experimento que poderia ser realizado para fazer tal observação.

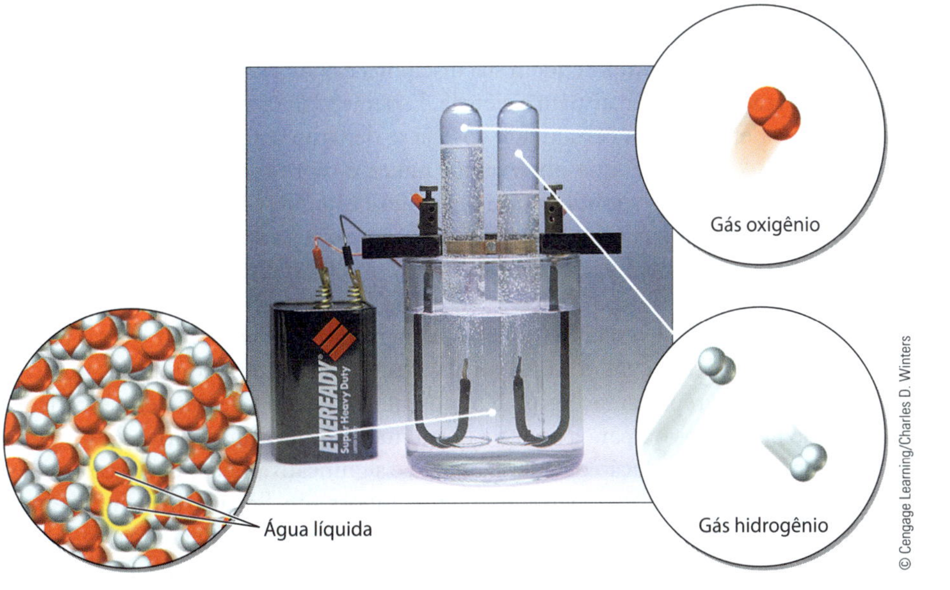

Figura 1.5 Se uma corrente elétrica adequada passar através da água líquida, ocorre uma variação química conhecida como eletrólise. Nesse processo, as moléculas de água são convertidas em moléculas de gases de hidrogênio e oxigênio, como mostrado nas inserções em escala particulada na figura.

PROBLEMA-MODELO ◀ 1.1

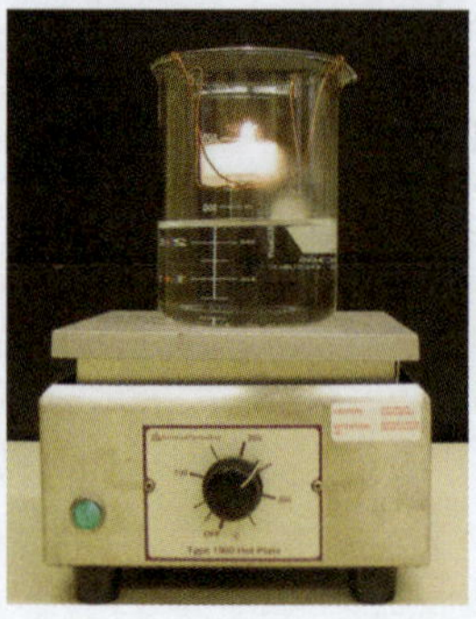

Thomas Holme and Keith Krumnow

Considere a montagem experimental mostrada na foto ao lado. Essa montagem poderia ser utilizada para testar uma hipótese sobre a composição química do gás nas bolhas que surgem da água em ebulição. Qual seria a observação se as bolhas fossem compostas por (a) água, (b) hidrogênio ou (c) oxigênio?

Estratégia Este problema pede que você pense sobre o que espera observar em um experimento e as alternativas para diferentes hipóteses. Nessa etapa, você deverá realizar uma pesquisa para responder a essa questão, que é descobrir como o gás hidrogênio se comporta quimicamente na presença de uma chama. Você deve também lembrar alguns fatos básicos sobre o fogo que viu em aulas de ciências. Para ser mantido, o fogo requer tanto um combustível como um oxidante, geralmente o oxigênio do ar. Para uma vela acesa, o combustível é a cera da vela e o oxidante é o oxigênio do ar circundante.

Solução

(a) Se as bolhas que saem do líquido contêm água, esperava-se que a chama diminuísse de tamanho ou fosse extinta. A água não mantém a reação química de combustão (como o oxigênio faz); logo, se as bolhas forem de água, a chama não deve queimar tão vivamente.

(b) Ao examinar o hidrogênio, você deve ter descoberto (na internet, por exemplo) que ele tende a queimar explosivamente. Se as bolhas que saem da água fossem de gás hidrogênio, o que se esperaria era ver a chama inflamar o gás com algum tipo de explosão (pequena, espera-se).

(c) Se as bolhas fossem de oxigênio, a chama deveria queimar mais vivamente. A quantidade de combustível permaneceria a mesma, mas as bolhas aumentariam a quantidade de oxigênio presente e tornariam a reação mais intensa.

Verifique seu entendimento Ponha em prática, com seus colegas ou com seu professor, a montagem desse experimento e veja se suas observações confirmam ou não qualquer uma das hipóteses apresentadas. Faça um desenho representando uma explicação no nível particulado para o que você observar.

Representação simbólica

O terceiro modo pelo qual os químicos compreendem sua disciplina é com a utilização de símbolos para representar os átomos, as moléculas e as reações que constituem a ciência. Esperaremos os próximos dois capítulos para introduzir essa perspectiva com mais detalhes, mas certamente você já se deparou com símbolos químicos em seus estudos anteriores. A famosa molécula "H dois O" que observamos nunca é representada como fizemos entre aspas aqui. Em vez disso, você já viu a representação simbólica da água como H_2O. No Capítulo 2, examinaremos as fórmulas químicas e, no Capítulo 3, veremos como utilizá-las para descrever reações usando equações químicas. No momento, apenas observamos que esse nível simbólico de compreensão é muito importante, já que ele fornece um meio de abordar algumas das partes mais abstratas da química. Precisamos pensar sobre átomos e moléculas, e a representação simbólica proporciona um modo conveniente para nos mantermos informados sobre essas partículas que nunca realmente veremos. Esses símbolos serão um dos meios-chave para interagirmos com ideias no nível particulado.

POR DENTRO DE Como essas representações podem nos ajudar a pensar nos materiais críticos que são necessários para os produtos que utilizamos ou para a energia que alimenta nossos dispositivos? A Figura 1.1 enumerou o neodímio como importante para a produção de energia limpa e significativamente em risco de ter sua disponibilidade afetada, o que faz dele um material crítico particularmente importante. Seu uso principal é em ímãs permanentes fortes, que os engenheiros utilizam no projeto de discos rígidos, turbinas eólicas, e outras coisas. ◀ Ao contrário do símbolo químico relativamente simples para a água, no entanto, esses ímãs contêm vários elementos, e ter a proporção ótima dos elementos é crucial para sua função. Assim, o estágio de processamento de materiais para fazer magnetos fortes começa com óxido de neodímio e termina com uma mistura de

O papel do vento e de outras fontes alternativas de energia é parte da discussão sobre os recursos energéticos globais no Capítulo 9.

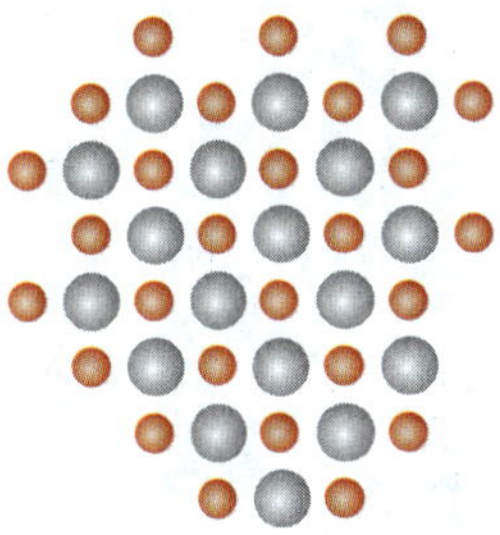

Óxido de neodímio
Nd_2O_3

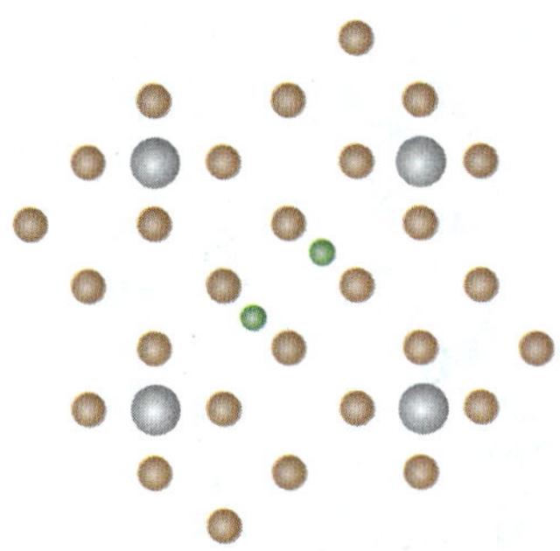

Íma de neodímio
$Nd_2Fe_{14}B$

Figura 1.6 Uma representação no nível de partículas de óxido de neodímio (à esquerda) e do ímã de neodímio (à direita). As esferas representam átomos individuais e são codificadas pelas seguintes cores: cinza para neodímio, vermelho para oxigênio, marrom para ferro e verde para boro.

neodímio, ferro e boro. Uma maneira de visualizar esse tipo de diferença é com desenhos em escala de partículas, que representam os diferentes átomos presentes nos materiais, como mostra a **Figura 1.6**. Embora os desenhos da figura não tentem descrever o arranjo geométrico real dos átomos nos respectivos sólidos, eles mostram claramente quais elementos estão presentes em quais proporções numéricas. A Figura 1.6 também inclui a representação simbólica dos materiais mostrados: suas fórmulas químicas. As fórmulas aqui são um pouco mais complicadas do que as da água, e veremos esse tipo de simbolismo mais de perto no Capítulo 2.

1.3 A ciência da química: observações, modelos e sistemas

A química é uma ciência empírica. Em outras palavras, os cientistas que estudam química fazem-no por meio da medida de propriedades de substâncias químicas e da observação de reações químicas. Uma vez que as observações tenham sido feitas, modelos são criados para ajudar a organizar e a explicar os dados. Em muitos casos, é útil organizar nosso pensamento em termos de sistemas, que podem incluir várias reações ou componentes. Essa estrutura de observações, modelos e sistemas fornece o pano de fundo da ciência que exploraremos neste livro. Embora tanto os cientistas quanto os engenheiros confiem nos seus conhecimentos, intelectos e criatividades, existem diferenças nos frutos de seus esforços. Os cientistas geralmente se esforçam para criar modelos para o entendimento da natureza, enquanto os engenheiros utilizam ou restringem a natureza para atingir algum propósito específico. Ambas as áreas devem começar pela observação da natureza.

As observações na ciência

As observações na química são realizadas em ampla variedade de modos e razões. Em alguns casos, as observações são feitas porque os materiais com determinadas propriedades são necessários. Por exemplo, recipientes que contêm líquidos como refrigerantes devem ser fortes o suficiente para mantê-los, mas, ao mesmo tempo, leves para não aumentar muito o custo de transporte do produto. ▸ Antes de as latas de alumínio serem muito utilizadas, as latas de aço eram os recipientes mais empregados. Contudo, o peso do aço incentivou a busca por um material diferente para o acondicionamento. Cientistas e engenheiros trabalharam em parceria para reunir observações que confirmassem as vantagens do alumínio para esse fim.

Uma única lata de alumínio pode ter a massa de aproximadamente 14 gramas ou, aproximadamente, metade de uma onça.

Na maioria dos casos, observações da natureza envolvem algum nível de incerteza. Como analogia, considere o público de uma partida de futebol. Podemos contar com precisão quantas pessoas usam ingressos para assistir a uma partida de futebol, o que nos dá o público pagante. Mas isso não reflete o número real de pessoas presentes, uma vez que ele não inclui membros da imprensa, vendedores, equipes técnicas, entre outros. Esse exemplo aponta uma característica importante ao fazer observações: devemos ser cuidadosos na definição do que pretendemos observar. A definição cuidadosa da medida a ser realizada, no entanto, não elimina todas as fontes de incerteza. Praticamente, qualquer medida científica deve ser realizada mais de uma vez para se tornar válida.

Como não é possível observar a natureza com certeza absoluta, precisamos estabelecer os tipos de incerteza que encontramos ao fazermos observações. Para isso, dois termos são usados: exatidão e precisão. Apesar de essas palavras poderem ser sinônimas na linguagem casual, cada uma tem seu significado próprio no uso científico ou de

(a) Precisão e exatidão precárias (b) Boa precisão e exatidão precária (c) Boa precisão e exatidão

Figura 1.7 Os alvos ilustram os conceitos de precisão e exatidão e mostram a diferença entre os dois termos. A mosca no alvo representa o valor verdadeiro de uma quantidade e cada dardo representa uma medida daquela quantidade. Os dardos no quadro à esquerda estão bem dispersos e distantes do alvo; isso não é preciso nem exato. No quadro central, os dardos estão proximamente agrupados, mas não estão próximos ao alvo; isso significa boa precisão, mas baixa exatidão. No quadro à direita, vemos boa precisão e boa exatidão, uma vez que os dardos estão agrupados e próximos ao alvo.

engenharia. **Exatidão** indica quão próximo o valor observado está do valor "verdadeiro". **Precisão** é a propagação nos valores obtidos da medida. Uma observação precisa tem diversas medições com valores próximos. A **Figura 1.7** ilustra os conceitos de exatidão e precisão na medida e mostra como os dois termos diferem entre si.

O erro na medida é inevitável e suas características entram em categorias. O **erro aleatório** é fundamental em qualquer medida. Ele pode levar a medida para muito alto ou para muito baixo e está associado às limitações do equipamento com o qual a medida é realizada. O **erro sistemático** torna as medições consistentemente altas demais ou baixas demais. Esse tipo de erro é geralmente associado à existência de alguma tendência desconhecida no equipamento de medida. As impurezas nos metais fornecem um exemplo de possíveis fontes de erro. Suponha que uma liga de alumínio contenha quantidades muito pequenas de outro elemento, como o lítio. Se tentarmos determinar a quantidade de lítio em uma amostra, poderemos obter um erro significativo na medida se a impureza não estiver uniformemente distribuída. Isso será verdadeiro se medirmos somente uma pequena amostra. Os erros sistemáticos também são possíveis. Imagine o que aconteceria se estimássemos a densidade do alumínio utilizando latas de refrigerante e não considerássemos a fina camada de polímero que é aplicada no interior da lata para evitar que o alumínio reaja com o refrigerante. Uma vez que a densidade do revestimento polimérico é diferente da densidade do alumínio, a medida estaria sistematicamente incorreta.

Interpretando as observações

Nem todos os experimentos fornecem informações diretas sobre as questões que eles pedem. Em muitos casos, devemos inferir respostas com base nos dados que são obtidos. Dois tipos de raciocínio úteis são o indutivo e o dedutivo.

O **raciocínio indutivo** começa com uma série de observações específicas e tentativas de generalizações para uma conclusão maior, mais universal. Declaramos que todos os gases se expandem para ocupar todo o volume de seus recipientes. Chegou-se primeiramente a essa conclusão universal por meio de raciocínio indutivo baseado em observações de diversos gases sob várias condições diferentes. Uma vez que não observamos todos os gases em todos os possíveis recipientes sob quaisquer conjuntos de condições, seria possível argumentar que algum contraexemplo poderia ser encontrado mais cedo ou mais tarde.

O **raciocínio dedutivo** toma duas ou mais afirmações ou declarações e as combina para que se possa chegar a uma conclusão clara e irrefutável. Esse processo pode ser sintetizado com a abordagem "Se A e B, então C", que é estudada em detalhes em cursos de lógica formal.

Uma das principais razões pelas quais cientistas e engenheiros precisam usar o raciocínio indutivo e dedutivo é que os problemas que eles buscam resolver ocorrem dentro de sistemas maiores, muitas vezes complexos.

A abordagem utilizada nesses casos geralmente é denominada pensamento sistêmico. No **pensamento sistêmico**, quase sempre há três níveis a serem considerados:

- Quais são os componentes envolvidos?
- Como esses componentes interagem ou se conectam uns aos outros?
- Qual é a função final de todo o sistema?

POR DENTRO DE Materiais críticos fornecem um excelente exemplo da necessidade de sistemas de pensamento em ciência e engenharia. Se um químico ou engenheiro de materiais cria um novo material que pode funcionar melhor em uma bateria em miniatura, por exemplo, mas a disponibilidade das matérias-primas é incerta e cara, o produto pode não ser viável, embora tenha algumas características positivas. O sistema de matérias-primas, processamento e, por fim, descarte, uma vez que o produto tenha sido utilizado, é parte fundamental do raciocínio que precisa ser empregado quando a química e a engenharia interagem. ▸

A engenharia de sistemas é uma subdisciplina dentro da engenharia, que examina o projeto e a operação de sistemas complexos de engenharia.

Modelos na ciência

O número de observações realizadas na história da ciência é imenso. Para organizar essa vasta quantidade de informações, os cientistas criam modelos e teorias para dar sentido a uma série de observações. As palavras "modelo" e "teoria" são às vezes utilizadas indistintamente, apesar de alguns cientistas considerarem que as diferenças entre elas sejam importantes. Em geral, o termo **modelo científico** se refere a uma descrição amplamente empírica, tal como o fato de que a pressão gasosa é proporcional à temperatura. A palavra **teoria científica**, por sua vez, refere-se mais a uma explicação que é baseada em algum princípio ou hipótese mais fundamental sobre o comportamento de um sistema. Na conexão entre pressão gasosa e temperatura, por exemplo, a teoria cinética de gases utiliza argumentos da física para explicar por que a natureza molecular dos gases leva à proporcionalidade observada. ▸ Os modelos são importantes por uma série de razões. Em primeiro lugar, eles permitem resumir um grande número de observações de forma concisa. Em segundo, esses modelos ajudam a *prever* comportamentos em circunstâncias com as quais não tenhamos nos deparado anteriormente. Em terceiro lugar, representam exemplos de pensamento criativo e de solução de problemas. Finalmente, a construção e o aprimoramento de modelos podem nos levar, em última instância, a uma compreensão mais fundamental de um problema.

Exploraremos gases e teoria cinética no Capítulo 5.

Os modelos geralmente levam tempo para serem desenvolvidos. Confrontado com algumas observações iniciais, um cientista criativo tentará explicar a existência de alguns padrões. A explanação pode ser qualitativa ou incluir um componente matemático que permita testes ou previsões quantitativas. Essa visão é considerada experimental até que observações adicionais amparem a hipótese. O modo como a ciência se desenvolve, consequentemente, implica um processo cíclico. Dados são obtidos, uma hipótese é desenvolvida e mais dados são adicionados para sustentar ou refutar a hipótese. Uma explicação rejeitada pode ser descartada ou modificada para adequar-se aos novos dados e ser testada outra vez. Esse processo de proposição de explanações e testes sobre as implicações daquelas propostas leva a uma teoria que explica alguma faceta da natureza. Os modelos ou teorias são frequentemente dinâmicos e evoluem à medida que novas informações são obtidas. Os cientistas sempre aceitam a possibilidade de uma teoria ser derrubada por novas observações que invalidem suas explicações sobre a natureza. As teorias e os modelos que abordaremos neste livro, no entanto, são amparados por um número substancial de medições experimentais e geralmente têm sido adequados por muitos anos. Apesar de ouvirmos, em conversas casuais ou mesmo em discussões sobre políticas públicas, frases do tipo "é apenas uma teoria", os cientistas utilizam o termo para descrever um modelo mais bem estabelecido.

Algumas teorias se tornam tão refinadas, testadas e amplamente aceitas que viram **leis**. Uma vez que algumas dessas leis são aceitas por milhares de anos, elas podem parecer evidentes em si mesmas. Sem muito questionamento, por exemplo, aceitamos o fato de que a massa é conservada. ▸ Contudo, a lei de conservação da massa originou-se de observações experimentais de variações químicas e físicas realizadas por antigos cientistas. Como em toda teoria, um pesquisador cuidadoso está, ao menos implicitamente, aberto à possibilidade de um princípio visto como uma lei poder ser refutado por algum

A massa é conservada em reações químicas normais. Nas reações nucleares, que abordaremos no Capítulo 14, a massa e a energia podem ser interconvertidas.

experimento inesperado. Porém, normalmente, se encontramos uma lei, podemos esperar que ela sintetize a natureza confiavelmente o bastante para que não precisemos nos preocupar com o fato de ela ser "revogada".

O processo há pouco descrito é comumente chamado método científico, como o definimos na seção deste capítulo "Por dentro de". A palavra "método" implica uma abordagem mais estruturada do que realmente existe na maior parte do desenvolvimento científico. Muitos dos avanços da ciência acontecem coincidentemente como produtos do acaso. As pausas e os inícios que são características do desenvolvimento científico, no entanto, são guiados pelo processo de formação de hipótese e de observação da natureza. O ceticismo é um componente-chave desse processo. Explicações são aceitas somente após serem submetidas a observações experimentais.

Os modelos que são utilizados para construir baterias novas e melhores, ímãs mais poderosos ou telas sensíveis ao toque mais confiáveis, geralmente começam com uma compreensão de como os átomos interagem entre si na ligação química. Revisaremos esse tópico nos capítulos 6 e 7 e veremos como os modelos de ligação química foram desenvolvidos.

1.4 Números e medições na química

Podemos observar o mundo de diversas formas. É possível, por exemplo, ver um jogador profissional de basquete e comentar que ele é alto, uma declaração de fato razoável. Se considerarmos essa mesma pessoa na quadra de basquete, no entanto, podemos desejar saber *quão* alta ela é. Nesse caso, a resposta à pergunta poderia ser "6-10". Para um torcedor de basquete nos Estados Unidos, essa resposta faz sentido, uma vez que ela atribui um significado adicional à resposta, especificamente por que os números estão no sistema imperial: 6 pés e 10 polegadas. Um torcedor de outro país poderia não encontrar nenhum sentido nos dois números, seis e dez, já que eles não fariam sentido em unidades métricas. Afinal, ninguém tem 6 metros de altura. ◂

As unidades podem ter consequências muito mais importantes que essa confusão sobre a altura. A Nasa atribuiu a perda de uma sonda de Marte em 1999 a erros associados com a confusão de unidades usadas no projeto.

O exemplo do jogador de basquete fornece uma boa ilustração da diferença entre informação qualitativa e quantitativa e aponta também para a necessidade de sermos específicos na forma como comunicamos as informações. A ciência e a engenharia são consideradas profissões quantitativas e geralmente essa reputação é correta. Entretanto, os cientistas também examinam o mundo à nossa volta de modo geral e semelhante à avaliação de que o jogador é "alto". Essas observações genéricas ou qualitativas podem ser cruciais para o estabelecimento de uma compreensão sistemática da natureza. À medida que essa compreensão é aprofundada, no entanto, invocamos medições e modelos quantitativos ou numéricos. Ao abordarmos a química, qualitativa ou quantitativamente, é sempre importante comunicarmos nossas observações e nossos resultados o mais claramente possível. Nas observações quantitativas, isso geralmente significa nos certificarmos de que definimos cuidadosamente os termos que utilizamos. À medida que avançarmos neste livro, você encontrará muitos exemplos de "palavras comuns" que adquirem significados bem mais específicos quando utilizadas em um contexto científico. De maneira semelhante, ao falarmos sobre medições numéricas, precisamos ser muito cuidadosos em relação à forma como usamos números e unidades.

Unidades

O possível mal-entendido entre torcedores de basquete de diferentes países com relação à altura de um jogador fornece uma analogia a uma realidade desastrosa do estudo da ciência e engenharia. A ciência se desenvolveu ao longo dos séculos com contribuições de várias culturas e indivíduos. O legado de séculos de desenvolvimento é a existência de um grande número de **unidades** para praticamente toda medida básica na ciência. A energia, por exemplo, em razão de sua importância para a humanidade, exigiu a criação de diversas unidades de medida. As grandezas de distância e massa também têm sido medidas por, literalmente, milênios.

A internacionalização da ciência e da engenharia levou ao estabelecimento de um sistema padrão que forneça a flexibilidade necessária para a manipulação de um vasto leque de observações. No Sistema Internacional de Unidades (*Système International d'Unités*, ou SI), *unidades* cuidadosamente definidas são combinadas com um conjunto de *prefixos* que designam potências de dez. Isso nos permite relatar e entender grandezas de qualquer tamanho, como ilustrado na **Figura 1.8**.

Quando as observações são relatadas nesse sistema, a unidade básica designa o tipo de grandeza mensurado. Podemos, por exemplo, reconhecer de imediato qualquer grandeza relatada em metros (m) como uma distância.

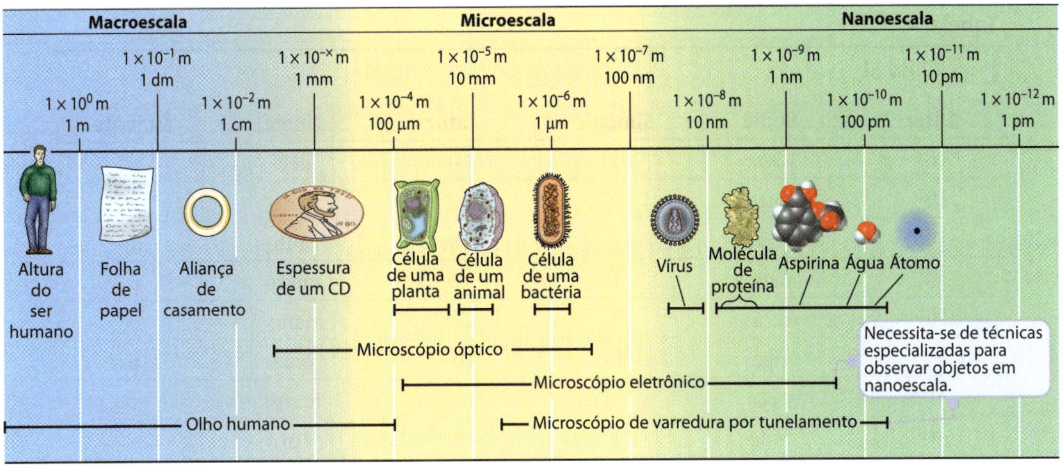

Figura 1.8 As dimensões típicas dos objetos mostrados se estendem a diversas ordens de grandeza e ajudam a apontar a utilidade dos prefixos no SI.

A **Tabela 1.1** mostra as unidades básicas para uma variedade de grandezas que os químicos possam desejar medir. Essas unidades básicas, no entanto, nem sempre são combinadas convenientemente ao tamanho da grandeza a ser mensurada. Quando consideramos os tamanhos de átomos ou moléculas individuais, veremos que estão na ordem de 0,0000000001 metro. Lidar com tantos algarismos decimais é um convite à confusão, portanto é preferível escolher uma unidade que seja mais bem combinada com a escala da grandeza. A maneira padronizada para fazer isso é utilizar prefixos que alteram o "tamanho" de qualquer unidade básica dada. Um exemplo familiar é o conceito da unidade "quilo". Um quilômetro são 1.000 metros e um quilobyte, unidade muito comum na tecnologia da computação, corresponde a aproximadamente 1.000 *bytes*. ▸ O prefixo *quilo*- implica a existência de 1.000 unidades básicas. Prefixos como esses existem para números grandes e pequenos e são fornecidos na **Tabela 1.2**. A distância de 0,0000000001 metro poderia ser tanto 0,1 nm como 100 pm. As medidas de tempo fornecem outro exemplo interessante de unidades. Experimentos com *laser* podem mensurar o progresso de reações químicas em uma escala de tempo de 10^{-15} s. Artigos científicos que relatam tais experimentos utilizam femtossegundos, fs, para relatar tempo.

Uma vez que potências de 2 são importantes na ciência da computação, um quilobyte é na realidade definido como 1.024 bytes *(1.024 = 2^{10}).*

Naturalmente, nem todas as grandezas podem ser mensuradas diretamente com apenas as sete unidades mostradas na Tabela 1.1. Algumas compreendem combinações dessas unidades básicas e recebem a denominação de *unidades derivadas*. A unidade SI para energia, por exemplo, é o joule (J) e 1 J é definido como 1 kg m^2 s^{-2}.

Em princípio, qualquer grandeza poderia ser expressa em termos de combinações apropriadas das unidades básicas do SI. Mas, na prática, muitas outras unidades estão tão enraizadas que permanecem no uso comum. Um

Tabela ▪ 1.1

Grandezas básicas do SI

Propriedade	Unidade, com abreviatura
Massa	quilograma, kg ▸
Tempo	segundo, s
Comprimento	metro, m
Intensidade de corrente elétrica	ampère, A
Temperatura termodinâmica	kelvin, K
Quantidade de matéria	mol, mol
Intensidade luminosa	candela, cd

O quilograma é considerado a unidade básica de massa, mas seus nomes são derivados com a colocação dos prefixos em grama. Um quilograma são 1.000 gramas.

Tabela ▪ 1.2

Prefixos do SI

Fator	Nome	Símbolo	Fator	Nome	Símbolo
10^{24}	yotta	Y	10^{-1}	deci	d
10^{21}	zetta	Z	10^{-2}	centi	c
10^{18}	exa	E	10^{-3}	mili	m
10^{15}	peta	P	10^{-6}	micro	µ
10^{12}	tera	T	10^{-9}	nano	n
10^{9}	giga	G	10^{-12}	pico	p
10^{6}	mega	M	10^{-15}	femto	f
10^{3}	quilo	k	10^{-18}	atto	a
10^{2}	hecto	h	10^{-21}	zepto	z
10^{1}	deca	da	10^{-24}	yocto	y

exemplo simples é a medida de períodos mais longos que segundos. Minutos, dias e anos são utilizados nessas circunstâncias em vez de quilossegundos, e assim por diante. Em laboratórios de química e nos recipientes de refrigerantes, os volumes são mais relatados em litros (L) ou mililitros (mL), em vez da unidade SI de metros cúbicos (m^3). Os químicos também usam grande variedade de unidades para descrever concentração, que mede quanto de uma substância em particular está presente em uma mistura. Os metais geralmente contêm impurezas secundárias, e, em alguns casos, as unidades utilizadas são simplesmente porcentagens; outras unidades usadas incluem **partes por milhão (ppm)** e **partes por bilhão (ppb)**. A unidade ppm diz quantas partículas de uma substância estão presentes para cada um milhão de partículas na amostra. Em ppb, o tamanho da amostra é de um bilhão de partículas. ◂ Concentrações de impureza na ordem de até mesmo poucos ppm podem causar problemas em algumas aplicações, ou elas podem ser adicionadas intencionalmente para expandir alguma propriedade desejada. Mais à frente neste capítulo, retomaremos a questão da conversão de medida de uma unidade em outra, como se faz frequentemente necessário em cálculos científicos e de engenharia.

No Capítulo 6, abordaremos técnicas de análise de traços que podem ser usadas para medir a composição de materiais abaixo do nível ppm ou ppb.

Apesar de muitas dessas unidades SI terem encontrado seu caminho gradualmente no uso diário, as unidades para temperatura podem ser as menos familiares. Você provavelmente está acostumado a ver temperaturas em graus Fahrenheit ou graus Celsius, mas normalmente, mesmo em países que adotam "completamente" o sistema métrico, o serviço de meteorologia não utiliza a escala Kelvin para temperatura. Em geral, as **escalas de temperatura** surgem da escolha de dois pontos de referência padrão que podem ser utilizados para calibrar a temperatura com o uso de um termômetro. A escala Fahrenheit optou originalmente pela temperatura corporal como uma referência e a estabeleceu em 100°F. (A exatidão da medida claramente não era uma prioridade quando essa escala de temperatura foi proposta.) O segundo ponto de referência foi a temperatura mais fria que se poderia obter com a adição de sal à água gelada, prática que diminui o ponto de fusão do gelo. Isso estabelecia o 0°F e a faixa de temperatura entre os dois pontos foi dividida em 100 unidades iguais. A escala é agora definida estabelecendo-se o ponto de congelamento da água em 32°F e o ponto de ebulição da água em 212°F.

A escala Celsius foi desenvolvida de modo similar, porém com o ponto de congelamento da água pura estabelecido em 0°C e o ponto de ebulição da água em 100°C. A **Figura 1.9** mostra a relação entre essas escalas. As conversões entre as duas escalas são dadas pelas seguintes expressões: ◂

A conversão entre escalas de temperatura é diferente de outras conversões de unidade porque a temperatura é a única grandeza para a qual o significado de zero depende de qual unidade estamos usando.

$$°F = (1{,}8 \times °C) + 32 \tag{1.1}$$

$$°C = (°F - 32)/1{,}8 \tag{1.2}$$

Usos científicos da temperatura exigem ainda outra escala. A escolha da escala Kelvin como padrão reflete mais conveniência matemática que familiaridade. A escala

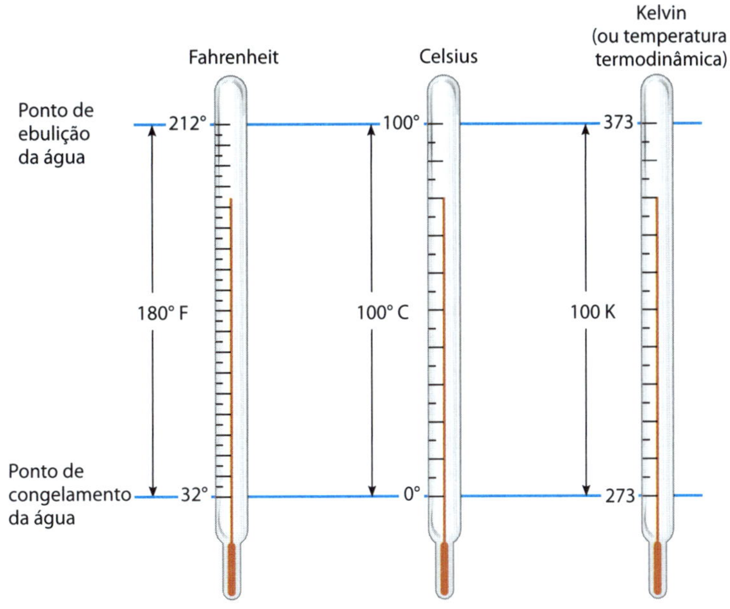

Figura 1.9 As escalas de temperatura Fahrenheit, Celsius e Kelvin são comparadas. O ponto de congelamento da água pode ser expresso como 32°F, 0°C ou 273K. O ponto de ebulição da água é 212°F, 100°C ou 373K.

Kelvin é semelhante à Celsius, mas retira sua utilidade do fato de a temperatura mais baixa teoricamente possível ser zero Kelvin. As leis da natureza são violadas caso ultrapasse abaixo de 0K, como veremos no Capítulo 10. A importância matemática dessa definição é que nos certificamos de que não dividiremos por zero ao utilizarmos uma fórmula que tenha a temperatura no denominador de uma expressão. As conversões entre graus Celsius e Kelvins são comuns na ciência e também mais diretas.

$$K = °C + 273{,}15 \quad (1.3)$$

$$°C = K - 273{,}15 \quad (1.4)$$

Os engenheiros, em algumas disciplinas, utilizam a escala de temperatura Rankine (°R), uma escala absoluta cujos graus têm o mesmo tamanho daqueles da escala Fahrenheit.

Números e algarismos significativos

Frequentemente nos deparamos com números muito pequenos e muito grandes em problemas de química. A produção de pesticidas no mundo, por exemplo, excede milhões de toneladas, enquanto os resíduos que podem prejudicar animais ou seres humanos podem ter massas tão pequenas quanto nanogramas. Para qualquer tipo de número, a **notação científica** é útil. Os números são escritos com o fator de notação científica, sem as potências de dez e dispostos separadamente. Assim, o número 54.000 é grafado $5{,}4 \times 10^4$. Essa notação é equivalente a $5{,}4 \times 10.000$, que é, claramente, 54.000. Números pequenos também podem ser escritos em notação científica com potências de dez negativas, uma vez que 10^{-x} é idêntico a $1/10^x$. O número 0,000042 é $4{,}2 \times 10^{-5}$ na notação científica.

Quando números são derivados de observações da natureza, precisamos relatá-los com o número correto de algarismos significativos. Os **algarismos significativos** são usados para indicar a quantidade de informação que é confiável ao discutir uma medida. Números "puros" podem ser manipulados em um sentido matemático sem considerar quanta informação é confiável. Quando dividimos o número inteiro 5 pelo número inteiro 8, por exemplo, a resposta é *exatamente* 0,625, sem arredondá-lo para 0,6. No entanto, quando são utilizados números associados a uma observação, devemos ser mais cuidadosos com os dígitos. Para entender por que, analise se aceitaria ou não uma aposta sobre alguma medida.

Por exemplo, um site registra a população do Canadá com 36.286.378 habitantes. Suponha que um estudo tenha concluído que 22% das pessoas que moram nesse país falem francês. Com base apenas nessa informação, a aposta é de que 7.983.003 canadenses falem francês. Devemos aceitar? E se a aposta foi de que aproximadamente 8 milhões de canadenses falem francês? Seria melhor? Esse cenário mostra a importância dos algarismos significativos. O número 7.983.003 não é confiável porque não sabemos realmente se 22% é *exatamente* 22,000000%. Ele poderia ser 21,95%, e a resposta correta seria então 7.964.860. Ambas as respostas poderiam ser qualificadas como "aproximadamente 8 milhões", uma resposta com um número mais razoável de algarismos significativos.

Esse tipo de raciocínio foi formalizado em regras para algarismos significativos (dígitos) em números relatados com base em observações científicas. Quando uma medida é relatada numericamente, em geral consideramos que cada dígito fornecido seja conhecido com exatidão, com uma exceção importante. Há regras especiais para o zero de tal forma que ele é às vezes significativo e às vezes não. Quando um zero estabelece a casa decimal no número, ele não é significativo. ◂ Desse modo, a medida 51.300 m tem dois zeros que não são significativos, bem como a medida 0,043 g. Um zero é significativo quando ele é o dígito final *após* uma casa decimal ou quando ele está *entre* outros dígitos significativos. Logo, os zeros tanto em 4,30 mL quanto em 304,2 kg são significativos. Quando números são escritos de maneira adequada em notação científica, todos os dígitos fornecidos são significativos. O Problema-modelo 1.2 fornece uma prática adicional na determinação do número de algarismos significativos em medições.

A notação científica fornece uma vantagem aqui porque quaisquer dígitos mostrados no número são significativos. Não há necessidade de zeros para marcar a casa decimal.

POR DENTRO DE

PROBLEMA-MODELO ◂ 1.2

Suponha que um determinado ímã de neodímio-ferro-boro contém 1,05% de boro. Quantos algarismos significativos são informados nesse valor?

Estratégia Use a regra para algarismos significativos: dígitos relatados são significativos a não ser que sejam zeros cujo único propósito seja posicionar a casa decimal.

Solução Nesse caso, todos os dígitos relatados são significativos, logo há três algarismos significativos no número.

Verifique seu entendimento Quantos algarismos significativos são relatados em cada uma das seguintes medições? (a) 0,000403 s (b) 200.000 g

Precisamos também levar em consideração os algarismos significativos na determinação dos valores que obtemos de cálculos. O princípio geral é que um valor calculado deve ser informado com um número de algarismos significativos que seja consistente com os dados utilizados no cálculo. Nosso exemplo sobre o número de canadenses que falam francês fornece uma visão nessa questão também. A aposta de que aproximadamente 8 milhões dessas pessoas moram no Canadá foi a mais atrativa. A razão 8 milhões tem o mesmo número de algarismos significativos que o valor 22%, logo ele fornece uma qualidade semelhante de informação. Três regras básicas serão necessárias para determinar o número de algarismos significativos nos resultados dos cálculos.

Regra 1: Para a multiplicação e a divisão, o número de algarismos significativos em um resultado deve ser o fator com o menor número de algarismos significativos. Quando 0,24 kg é multiplicado por 4.621 m, o resultado 1.109,04 aparece na calculadora, mas se os algarismos significativos são informados corretamente, o resultado será $1,1 \times 10^3$ kg m. O valor 0,24 kg tem apenas dois algarismos significativos, logo o resultado também deve ter apenas dois algarismos significativos.

Regra 2: Para a adição e a subtração, as regras para os algarismos significativos são centradas na posição do primeiro dígito duvidoso, e não no número de algarismos significativos. O resultado (uma soma ou subtração) deve ser arredondado para que o último dígito mantido seja o primeiro dígito incerto. Se os números adicionados ou subtraídos estiverem em notação científica com a mesma potência de 10, isso significa que o resultado deve ter o mesmo número de dígitos à direita da vírgula de decimal como na medida em que tem o menor número de dígitos à direita da vírgula de decimal. O número 0,3 m adicionado a 4,882 m resulta em 5,182 em uma calculadora, mas deve ser relatado como 5,2 m. O primeiro dígito incerto nos valores adicionados é o "3" em 0,3 m, logo o resultado deve ser arredondado para uma casa decimal.

Dessa forma, o último dígito permitido foi "arredondado" porque o primeiro dígito não significativo, 8, era maior que 5. Há duas convenções possíveis para o arredondamento nesses casos. Neste livro, arredondaremos para baixo os números 4 e menores e arredondaremos para cima para os números 5 e acima. O Problema-modelo 1.3 fornece uma prática no trabalho com algarismos significativos.

PROBLEMA-MODELO ◂ 1.3

Relate o resultado para as operações aritméticas indicadas utilizando o número correto de algarismos significativos. Considere que todos os valores são medições.

(a) $4{,}30 \times 0{,}31$ (b) $4{,}033 + 88{,}1$ (c) $5{,}6/1{,}732 \times 10^4$

Estratégia Verifique as regras para algarismos significativos quando necessário e determine quais delas se aplicam. Realize os cálculos e expresse o resultado com o número correto de algarismos significativos.

Solução

(a) $4{,}30 \times 0{,}31 = 1{,}3$ (b) $4{,}033 + 88{,}1 = 92{,}1$

(c) $5{,}6/(1{,}732 \times 10^4) = 3{,}2 \times 10^{-4}$

Verifique seu entendimento Determine o valor das seguintes expressões utilizando o número correto de algarismos significativos:

(a) 7,10 m + 9,003 m (b) 0,004 g × 1,13 g

As regras anteriormente apresentadas se aplicam a quaisquer números que resultem da maioria das medidas que possivelmente façamos. Porém, no caso especial de objetos contáveis, devemos também considerar uma regra adicional.

Regra 3: Quando contamos objetos discretos, não há ambiguidade no resultado. Tais medições utilizam números exatos, por isso eles efetivamente têm infinitos algarismos significativos. Desse modo, se precisamos utilizar informações tais como quatro quartos em um galão ou dois átomos de hidrogênio em uma molécula de água, não há limitação sobre algarismos significativos. Observe que essa regra também se aplica quando trabalhamos com os diversos prefixos no SI. Há *exatamente* 100 centímetros em um metro, portanto o fator de 100 nunca limitaria o número de algarismos significativos em um cálculo.

1.5 Soluções de problemas na química e na engenharia

Os cálculos têm papel importante na prática da química e em sua aplicação a questões e problemas do mundo real. Na engenharia, os projetos se baseiam rotineiramente em um número tremendo de cálculos. Os tipos de exercícios que apresentaremos neste livro, apesar de focados na química, propiciarão uma prática com técnicas que podem também ser usadas em aplicações da engenharia. Para um químico, as questões associadas ao minério de alumínio exigem um exame da natureza da ligação química e de como superar a estabilidade de ligações fortes entre o alumínio e o oxigênio. Para um engenheiro, os problemas a serem tratados no refino do minério podem focalizar no modo de empregar eletricidade suficiente quando e onde ela for necessária. Ambas as disciplinas, no entanto, necessitam do uso cuidadoso de raciocínio quantitativo ou numérico.

Utilizando proporções

Encontramos e utilizamos proporções regularmente. Discutimos a velocidade de carros em milhas por hora e a compra de frutas a \$ 1,09 a libra. A maioria de nós utiliza proporções intuitivamente. Se examinarmos o modo como o fazemos, podemos deduzir um conjunto formal de regras para aplicação nas observações e situações químicas. Digamos que sua conta no mercado indica que você pagou \$ 4,45 por um pacote de 5 libras de maçãs. Quanto você pagou por libra? Apesar de talvez não pensar nisso, você obtém a resposta ao criar uma proporção adequada e completar alguma aritmética simples.

$$\text{Preço} = \frac{\$\ 4{,}45}{5\ \text{libras}} = \$\ 0{,}89\ \text{por libra}$$

A notação "por" significa para cada uma das unidades especificadas. O preço por libra é o custo de *uma* libra. Milhas por hora fala da distância percorrida em *uma* hora. Isso é útil porque um é um número conveniente na multiplicação. Obtemos esse tipo de informação criando e simplificando uma proporção.

Com as informações que temos sobre o pacote de maçãs, temos outra opção de criarmos uma proporção. Poderíamos obter o número de libras de maçãs por dólar.

$$\frac{5\ \text{libras}}{\$\ 4{,}45} = 1{,}1\ \text{libra de maças por dólar}$$

Para esse exemplo, tal manipulação pode não ser particularmente útil, pois a loja provavelmente não vende pacotes de 1,1 libra de maçãs. Ainda assim, ela fornece uma compreensão útil. Quando formamos a razão e realizamos os cálculos aritméticos indicados, o resultado nos mostra quanto do numerador é equivalente a uma unidade do denominador. Portanto, em geral, dadas duas quantidades equivalentes A = B, podemos escrever qualquer uma de duas razões:

A/B (mostra quanto de A existe em uma unidade de B)

e

B/A (mostra quanto de B existe em uma unidade de A)

O Problema-modelo 1.4 mostra como esse tipo de manipulação se encaixa em uma estratégia de solução de problema com exemplos fora da química antes de a examinarmos dentro de um contexto químico.

PROBLEMA-MODELO ◀ 1.4

Camarões são geralmente marcados com uma "contagem" que indica o número médio de unidades por libra. Quanto maior o camarão, menor a contagem. Suponha que o supermercado que você frequenta ofereça camarões de contagem 20 por $ 5,99 por libra. Quanto você esperaria pagar por uma dúzia de camarões?

Estratégia Podemos determinar o custo médio por camarão e então multiplicar pelo número de camarões necessário para chegarmos ao preço total.

Solução

$$\frac{\$\ 5{,}99}{20\ \text{camarões}} \times 12\ \text{camarões} = \$\ 3{,}59$$

Analise sua resposta Quando calculamos um resultado numérico, geralmente é uma boa ideia fazer uma pausa e examinar se a resposta faz sentido. Tal exame pode detectar erros que surgiriam de algum equívoco ao apertar a tecla da calculadora ou mesmo erros no modo como formulamos o cálculo. Nesse caso, descobrimos que o custo de 12 camarões era de $ 3,59, o que é um pouco mais que a metade do preço de $ 5,99 por 20 camarões. Uma vez que 12 é um pouco mais que a metade de 20, isso parece lógico.

Verifique seu entendimento Um fazendeiro compra pesticida em barris de 5 galões que custam $ 23,00 cada. Se 65 galões do pesticida são aplicados em um campo, qual foi o custo total? Como a situação poderia ser mais complicada se a quantidade necessária não fosse um múltiplo de 5 galões?

Para alguns problemas em química, as unidades de medida podem ser usadas para determinar proporção adequada. No exemplo anterior, ao considerarmos as unidades em um senso algébrico, os "camarões" (com o *20*) no denominador são "cortados" pela mesma unidade (com o *12*) no numerador:

$$\frac{\$\ 5{,}99}{20\ \cancel{\text{camarões}}} \times 12\ \cancel{\text{camarões}} = \$\ 3{,}59$$

Esse tipo de raciocínio é chamado **análise dimensional** ou **método fator-marca** para cálculo. Em alguns casos, as dimensões podem fornecer dicas quanto à proporção a ser definida. Chamaremos a atenção para esse tipo de raciocínio em problemas em que ele pode ser utilizado.

Proporções em cálculos químicos

Utilizamos proporções em uma variedade de cálculos comuns na química. Uma necessidade que você, sem dúvida, também encontrará na engenharia é a da conversão entre unidades de tamanhos diferentes. O Problema-modelo 1.5 apresenta esse tipo de manipulação.

PROBLEMA-MODELO ◀ 1.5

A luz visível é comumente descrita em termos de seu comprimento de onda, em geral dado em nanômetros. Em cálculos subsequentes, essa medida normalmente precisa ser expressa em metros. Se considerarmos a luz laranja com comprimento de onda de 615 nm, qual será o comprimento em metros?

Estratégia Precisamos estabelecer uma proporção que relaciona nanômetros e metros. Podemos, então, usar a proporção para determinar a resposta.

Solução

$$1\ \text{m} = 1 \times 10^9\ \text{nm}$$

Podemos escrever isso como uma proporção. Uma vez que queremos converter nm *em* m, precisaremos do m no numerador e o nm no denominador.

$$\frac{1\ \text{m}}{10^9\ \text{nm}}$$

Então, apenas completamos o cálculo:

$$615\ \text{nm} \times \frac{1\ \text{m}}{10^9\ \text{nm}} = 6{,}15 \times 10^{-7}\ \text{m}$$

Analise sua resposta Expressar as unidades em todas as grandezas envolvidas nos ajuda a garantir se utilizamos a proporção correta. Mesmo se não estivermos familiarizados com os comprimentos de onda típicos da luz, ainda assim podemos verificar se a resposta faz sentido. Uma vez que nanômetros são bem menores que metros, o fato de termos obtido um número menor para nossa resposta parece correto. Observe que as conversões entre unidades SI são entre números exatos, ao considerarmos algarismos significativos.

Verifique seu entendimento Grandes quantidades de energia elétrica, medidas em watts (W), são utilizadas na produção do alumínio com base no minério. Se uma usina de produção utiliza 4,3 GW em determinado período, quantos W são usados?

Outro tipo comum de problema que utiliza proporções ocorre quando duas grandezas são relacionadas entre si através de alguma propriedade química ou física. Uma dessas propriedades é a densidade de massa. A densidade de massa é definida como a massa de uma substância por unidade de volume. Essa definição é em si uma proporção que nos permite fazer a conversão entre massa e volume, como mostrado no Problema-modelo 1.6.

PROBLEMA-MODELO 1.6

A densidade de massa da água a 25°C é 0,997 g por mL. Uma piscina infantil contém 346 L de água a essa temperatura. Qual é a massa de água na piscina?

Estratégia Queremos utilizar a densidade como uma proporção, mas primeiro temos que expressar o volume em unidades adequadas. Podemos converter o volume da piscina de litros em mililitros e então utilizar a densidade como foi dada.

Solução Uma vez que 1 L = 1.000 mL, logo 1.000 mL/1 L fornece uma conversão de L em mL. A densidade fornecida é 0,997 g/1 mL e isso proporciona a conexão entre volume e massa.

$$346 \text{ L} \times \frac{1.000 \text{ mL}}{1 \text{ L}} \times \frac{0{,}997 \text{ g}}{1 \text{ mL}} = 3{,}45 \times 10^5 \text{ g}$$

Analise sua resposta Pode ser difícil ter uma intuição quanto à magnitude de uma resposta. Mas 346 L representariam aproximadamente 100 galões de água, o que seria uma massa bem grande. Uma libra é equivalente a 454 g, logo a resposta que encontramos ($3{,}45 \times 10^5$ g) é mais que 700 libras, e isso é, no mínimo, plausível. Se tivéssemos invertido a proporção usada para converter mL em L, por exemplo, teríamos obtido uma resposta de apenas 0,345 g, ou menos que um grama. Sem dúvida, essa seria pequena demais até mesmo para uma piscina minúscula, consequentemente teríamos tido uma chance para encontrar e corrigir o erro.

Discussão Aqui escrevemos nossa solução como um processo simples de duas etapas no qual primeiro convertemos o volume de litros em mililitros e então usamos a densidade para encontrarmos a massa. Alguns estudantes sentem-se mais confortáveis ao quebrar essas etapas em cálculos separados; poderíamos ter encontrado o volume explicitamente como 346.000 mL e então o multiplicado pela densidade. Contanto que as operações sejam realizadas corretamente, o resultado será o mesmo. Se você escolher desdobrar os cálculos em partes menores, tome cuidado para não arredondar suas respostas até chegar ao resultado final. Observe também que a ordem de nossas etapas não é realmente importante. Poderíamos ter convertido a densidade em 997 gL^{-1} e então multiplicado pelo volume.

Verifique seu entendimento Um pesticida líquido tem uma densidade de 1,67 g por mL. Qual é a massa de líquido em um recipiente de 20,0 L cheio?

Os cálculos em química utilizam proporções com frequência. O Problema-modelo 1.6 também mostra como elas são utilizadas em combinações. A compreensão de como realizar essas manipulações sequenciais será uma parte fundamental da solução de muitos dos problemas que encontraremos em química. Uma dica que geralmente ajuda a determinar como construir a proporção adequada é observar as unidades utilizadas. Por exemplo, a igualdade entre 1.000 mL e 1 L leva a duas maneiras de expressar a proporção: 1.000 mL/1 L ou 1 L/1.000 mL. De qual proporção precisamos? Uma vez que começamos com litros, precisamos da primeira proporção, com 1 L no denominador. Frequentemente, incluiremos discussões sobre as proporções que formamos na parte "estratégia" dos problemas-modelo.

A densidade de massa também é importante na determinação de poder de flutuação porque objetos menos densos flutuam naqueles mais densos.

POR DENTRO DE A densidade de massa, mais que um meio conveniente de definir uma proporção para os cálculos, é também uma característica importante dos materiais. Existem vários materiais que podem ser utilizados para fazer ímãs fortes e permanentes, por exemplo. Os ímãs de neodímio que estamos discutindo são frequentemente comparados aos ímãs de samário-cobalto, e uma característica que os engenheiros consideram ao escolher um imã para um projeto particular é a densidade do material. Os ímãs de neodímio são aproximadamente 15% menos densos que os ímãs de samário-cobalto, e a diferença de peso que surge para peças de tamanhos semelhantes pode ser muito importante nas decisões dos engenheiros de projeto. Os consumidores geralmente valorizam dispositivos menores e mais leves, por exemplo, e o uso de materiais menos densos é uma maneira importante de ajudar a minimizar o peso total.

Problemas de química conceitual

Apesar de os cálculos numéricos serem sempre um importante componente da química, eles são apenas parte do campo. Algumas vezes, para certificarmo-nos de que os conceitos envolvidos em química foram compreendidos, trabalharemos também problemas que focalizam na representação particulada e outros conceitos. Frequentemente, as estratégias empregadas nesse tipo de questão são diferentes daquelas que acabamos de descrever.

Quando tentamos visualizar um conceito químico com o uso de desenhos, começaremos das convenções que foram apresentadas para a perspectiva particulada da química na Seção 1.2. Para esse tipo de problema, considere, por exemplo, desenhar um diagrama que represente o que acontece com as moléculas quando o vapor se condensa em água líquida. O Problema-modelo 1.7 ilustra esse tipo de pensamento.

PROBLEMA-MODELO ◂ 1.7

O gelo seco é composto de dióxido de carbono sólido e tem esse nome pelo fato de mudar do estado sólido para o gasoso sem passar pelo estado líquido em condições normais. Faça um desenho que mostre qual aparência as moléculas de dióxido de carbono podem ter antes e depois desse processo.

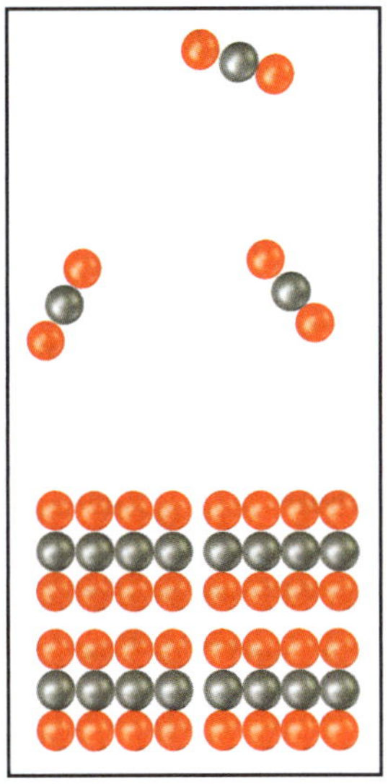

Estratégia Para resolver questões conceituais como esta, devemos representar as diferenças entre as duas fases. Nosso desenho pode ser esquemático, mas ele deve conter, claramente, as diferenças. Nesse caso, sabemos que um sólido terá moléculas proximamente unidas, enquanto um gás exibirá espaços significativos entre as partículas.

Solução Nosso desenho mostra diversas coisas. Em primeiro lugar, incluímos algumas informações sobre a composição química das moléculas utilizando duas cores diferentes para os círculos que representam os átomos. Em segundo, o sólido é indicado abaixo e é distinguível, uma vez que as moléculas são mostradas bem proximamente ligadas em um arranjo ordenado. Por fim, o gás é representado apenas por algumas poucas moléculas e elas estão amplamente espaçadas.

Discussão Obviamente, as soluções para questões conceituais como essas são menos exatas que as respostas numéricas. Logo, seu desenho pode parecer um pouco diferente e ainda assim estar "correto". Nem o gás nem o sólido precisam parecer exatamente com o desenho que fizemos, mas o desenho deve fornecer os conceitos essenciais que precisamos entender quando pensamos sobre a perspectiva particulada desse processo.

Verifique seu entendimento Faça um desenho que mostre uma vista em escala molecular do vapor condensando em água líquida.

Continuaremos a utilizar problemas conceituais ao longo do livro com o propósito de ajudar na prática do raciocínio sobre o comportamento de moléculas e átomos.

A visualização na química

POR DENTRO DE Uma área em que a compreensão conceitual na química é diferente daquela na maior parte das atividades de engenharia é o modo como visualizamos sistemas. A química fornece múltiplos e simultâneos caminhos para a visualização de problemas, incluindo a perspectiva completamente abstrata de átomos e moléculas que nunca serão observados diretamente. Os métodos para a visualização desse nível da química fornecem uma importante ferramenta ao modo como essa disciplina é ensinada e aprendida. Podemos examinar esse aspecto do aprendizado da química com o processo de refino do cobalto.

O minério de cobalto mais comum é a cobaltita, que consiste principalmente do composto CoAsS. Mas o cobalto geralmente ocorre em associação com outros metais – principalmente, cobre e níquel – e esses metais ocorrem naturalmente como compostos de enxofre. Assim, a maior parte do cobalto é, na verdade, obtido como subproduto da mineração de cobre e níquel. Vamos considerar o refino de um minério rico em níquel e cobalto. O processo global de refino é representado na **Figura 1.10**.

O minério é, primeiramente, tratado com ácido para separar os metais-alvo do restante do minério, o que pode incluir uma variedade de outros elementos e compostos, deixando uma mistura de sulfatos de cobalto e níquel. Este é então tratado com amônia (NH_3) em alta temperatura e pressão, em um processo conhecido como "lixiviação". A lixiviação resulta em uma solução líquida que inclui a maior parte do cobalto e níquel do minério, agora em compostos nos quais cada átomo de metal está ligado a um pequeno número de moléculas de amônia. Essa solução pode então ser separada de quaisquer sólidos remanescentes para processamento adicional. A fim de separar o cobalto do níquel, as condições são ajustadas para que a porção da solução contendo cobalto seja convertida em um sólido

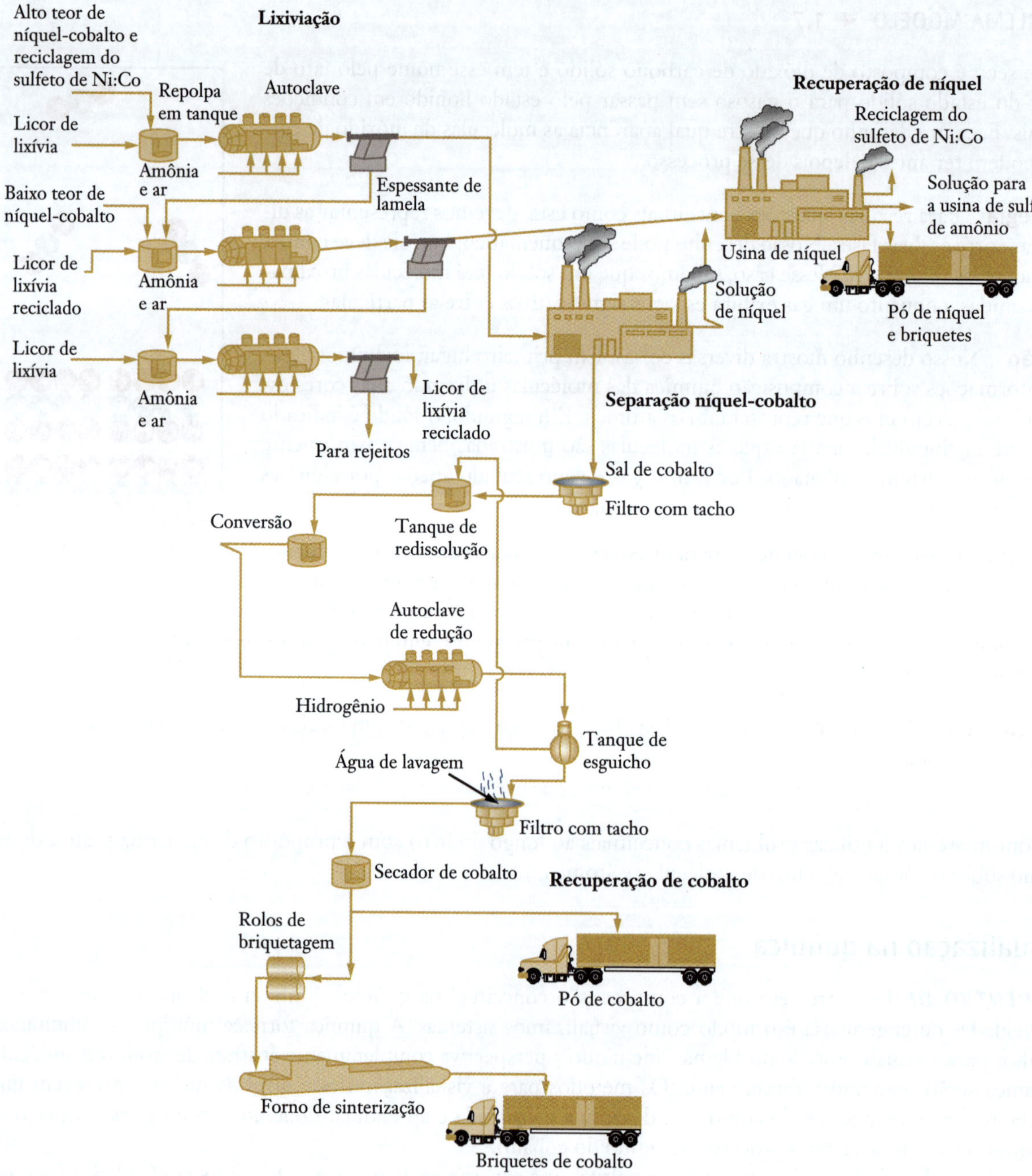

Figura 1.10 Etapas importantes no refino de cobalto a partir de minério rico em cobalto e níquel são ilustradas neste diagrama.

cristalino enquanto o níquel permanece em solução. Uma vez separado do níquel, o composto de cobalto pode ser redissolvido e depois tratado com hidrogênio para produzir cobalto puro. Processos desse tipo, nos quais um componente de uma mistura é seletivamente dissolvido ou um componente de uma solução é seletivamente cristalizado, são ferramentas comuns da química. Esses mesmos tipos de processos são frequentemente utilizados em processos de engenharia para obter os materiais necessários, visando produzir uma ampla gama de produtos de consumo.

Do ponto de vista macroscópico, o processo de refinamento que estamos descrevendo é um processo industrial em larga escala, mas também podemos pensar sobre ele em perspectiva microscópica. Observando a **Figura 1.11**, podemos tentar visualizar o processo de refinamento no nível microscópico. ▸ Para simplificar, começamos com uma mistura de sulfetos de cobalto e níquel. Ao serem tratados com amônia, os sólidos se dissolvem quando os metais se combinam com as moléculas de amônia. O cobalto é então convertido seletivamente em uma forma sólida, permitindo que seja separado do níquel. Por fim, o complexo de cobalto-amônia é tratado com hidrogênio para dar cobalto puro.

Observe que os desenhos conceituais na Figuras 1.11 são esquemáticos. A finalidade deles não é a de dar detalhe molecular, mas a de ajudar a fornecer uma percepção das partículas envolvidas no processo químico.

As técnicas de visualização apresentadas nesta seção vão nos ajudar a desenvolver uma compreensão em nível de partículas de muitos conceitos que encontramos ao longo do livro. Agora, vamos reservar um tempo para analisar uma aplicação para a qual novos materiais foram desenvolvidos especificamente – uma tela sensível ao toque.

POR DENTRO DE

1.6 Tecnologia *touchscreen*

Na última década, as telas do tipo *touchscreen* se tornaram uma característica comum em nossas vidas diárias. De telefones celulares e *tablets* a caixas eletrônicos e até quiosques de informações em museus ou *shoppings*, geralmente interagimos com esses dispositivos. Mas a maioria de nós provavelmente não pensa sobre quais materiais são importantes no *design* e no funcionamento de uma tela sensível ao toque. Embora haja uma evolução contínua na tecnologia, a grande maioria dos dispositivos *touchscreen* conta com um material chamado óxido de estanho e índio (ITO) para fornecer a sensibilidade ao toque dependente da posição, que lhes permite trabalhar. Eles também precisam de uma superfície de vidro resistente, como o Gorilla® Glass, da Corning, para serem funcionais. Qual é a química por trás desses dois componentes principais em um produto notável, como uma tela sensível ao toque?

Embora outros esquemas sejam possíveis, a grande maioria dos *smartphones* utiliza a tecnologia de detecção capacitiva para gerar um sinal dependente da posição quando você toca na tela. Os componentes essenciais para este sistema estão representados na **Figura 1.12**. Existe uma pequena voltagem elétrica aplicada em cada canto da tela. Quando esta é tocada, há uma mudança local na capacitância no ponto de contato, e isso faz com que pequenas quantidades de corrente fluam nas camadas do ITO. Cada camada de ITO tem um padrão que se parece com um

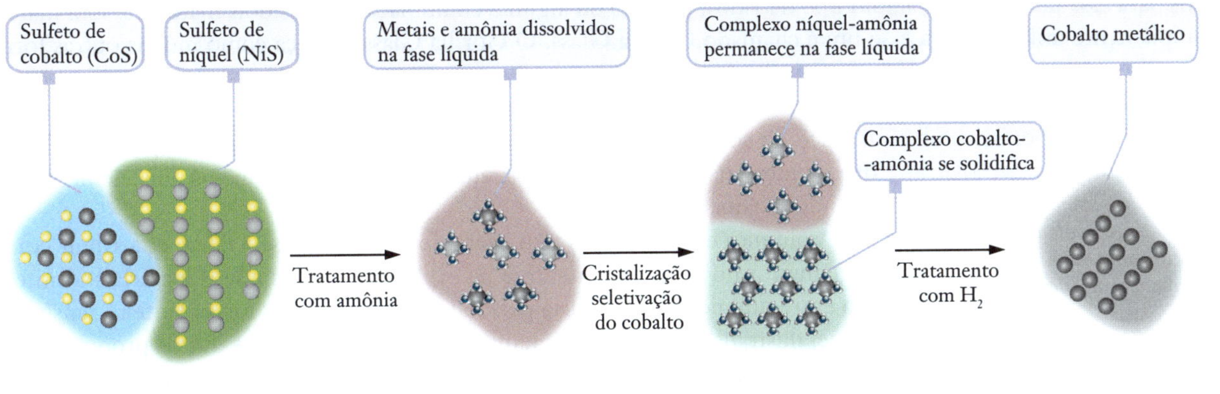

Figura 1.11 Quando uma mistura de sulfetos de cobalto e níquel é tratada com amônia, os metais se ligam a moléculas de amônia e se dissolvem na fase líquida, separando-os de quaisquer outros materiais que possam estar presentes. O ajustamento das condições da solução faz com que o complexo de cobalto-amônia solidifique, deixando o níquel em solução. Por fim, o complexo de cobalto sólido é tratado com hidrogênio para produzir cobalto metálico.

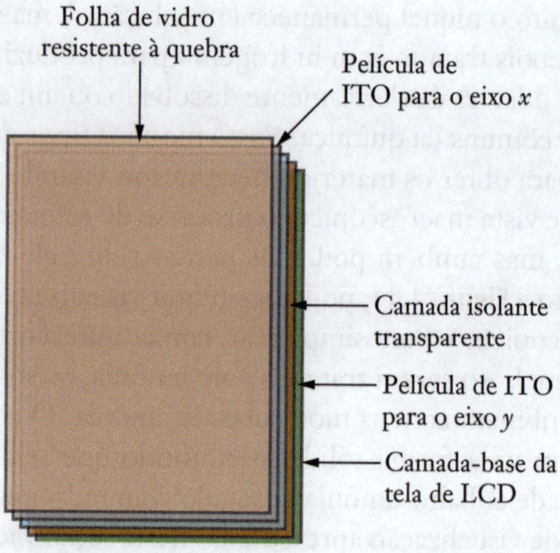

Figura 1.12 Uma típica tela sensível ao toque consiste de várias camadas empilhadas. A tela de LCD na parte inferior da pilha produz a imagem. Duas camadas finas e transparentes de óxido de índio e estanho (ITO) são separadas por uma camada isolante transparente. Quando a tela é tocada, uma folha de ITO localiza a coordenada x e a outra localiza a coordenada y. Toda a montagem é coberta por uma lâmina de vidro projetada para resistir à quebra.

tabuleiro de damas. Existem duas dessas camadas, separadas por uma fina película eletricamente isolante, de modo que uma direção x e uma direção y possam ser detectadas separadamente. Quando você move seu dedo, o ponto específico nos tabuleiros de xadrez ITO muda, e as mudanças resultantes na corrente podem ser detectadas e processadas para produzir um sinal sensível à posição.

Há um número significativo de considerações sobre *design* que os engenheiros precisam fazer ao criar um produto com uma tela sensível ao toque. Coisas como custo e disponibilidade, por exemplo, estão ligadas à ideia de materiais críticos, que tem sido o tema organizador deste capítulo. Vamos, no entanto, nos concentrar aqui apenas nos aspectos químicos de duas das camadas deste projeto aqui.

A utilidade do ITO surge de duas características importantes. Primeiro, é um exemplo de um semicondutor dopado, ◂ que é necessário para que a corrente seja detectável. Em segundo lugar, ele é oticamente transparente, o que significa que não interfere com a luz que passa pela tela sensível ao toque e gera as imagens que você vê – e desliza ou aperta. As camadas finas de ITO são, na maioria das vezes, feitas por um processo chamado **deposição de vapor**, em que vapores de óxido de índio e óxido de estanho se condensam em uma superfície para fazer crescer o material. Uma típica camada fina de ITO tem aproximadamente 90% de óxido de índio e 10% de óxido de estanho. O processo de deposição pode ser cuidadosamente controlado para produzir padrões que tornam possível o *design* do tabuleiro de damas para a detecção de posição.

Um semicondutor dopado teve impurezas intencionalmente adicionadas para fornecer condutividade elétrica específica. Os semicondutores dopados serão discutidos no Capítulo 8.

Uma potencial desvantagem das finas camadas de ITO é que elas tendem a ser frágeis. Quando combinada com a necessidade de fabricar um produto de consumo confiável, essa característica física das camadas de ITO significa que é muito importante ter uma camada externa mais forte e oticamente transparente. Os materiais candidatos lógicos para essa tarefa seriam algum tipo de vidro, plástico ou alguma combinação desses dois materiais. Um material amplamente utilizado para esse fim é chamado Gorilla Glass. O Gorilla Glass começa como muitas outras formas de vidro, e quimicamente inicia a partir de vidro de silicato de alumina. O que o torna resistente à quebra é que ele é tratado em um segundo processo chamado *troca iônica*. Como esse nome sugere, algo é trocado nesse processo. Nesse caso, o potássio substitui parte do sódio no vidro. Essa alteração química relativamente pequena faz com que o vidro seja resistente a danos, em grande parte, porque os dois elementos têm átomos de tamanhos diferentes. ◂

Os átomos de potássio são muito maiores que os átomos de sódio. Discutiremos os fatores que regem o tamanho atômico no Capítulo 6.

A química e os químicos têm exercido um papel essencial ao contribuir com os engenheiros no desenvolvimento e na exploração desses novos materiais. A interseção entre química e engenharia pela bateria de lítio, ímãs fortes ou telas sensíveis ao toque, ilustrada neste capítulo, também é visível em muitos outros produtos. Neste livro, examinaremos as aplicações em que a química que aprendemos tem um impacto nos projetos de engenharia. Nesse ponto, sabemos o suficiente para dizer que, se você precisa de um imã forte e permanente, por exemplo, um imã de neodímio estará dentre os candidatos a serem considerados. No Capítulo 2, daremos o segundo passo e examinaremos com mais detalhes átomos e moléculas. Além disso, apresentaremos os polímeros, outra importante classe de materiais da engenharia.

ENFOQUE NA RESOLUÇÃO DE PROBLEMAS

Estudantes de engenharia geralmente se perguntam se seus cursos de química na graduação serão úteis mais tarde em suas carreiras. Com as seções "Por dentro de", na abertura e no fechamento dos capítulos deste livro, faremos conexões entre o conteúdo do curso de química e as aplicações de engenharia em que esse conteúdo é relevante. Porém, esse tipo de conexão não é o único exemplo em que as coisas aprendidas em cursos de química ajudam os futuros engenheiros.

Uma vez que a engenharia é uma disciplina de resolução de problemas, a exposição a técnicas de solução de problemas em cursos como este ajudam os estudantes a desenvolver e diversificar suas habilidades. Enfatizaremos essa conexão após cada um dos capítulos deste livro em uma seção especial como esta. Nestas seções "Enfoque na resolução de problemas", examinaremos problemas químicos relacionados ao capítulo que acabamos de apresentar. A diferença é que a resposta "correta" não será um número, mas a identificação de uma estratégia adequada para a solução do problema.

Questão Descreva como você determinaria qual tem a maior massa: uma esfera de liga de ferro com raio de 4 mm ou um cubo de níquel com aresta de 4 mm. Quais fórmulas são necessárias e que outras informações teriam de ser consultadas?

Estratégia Como muitos problemas "do mundo real", essa questão não tem informações suficientes para propiciar uma resposta. Para planejarmos uma estratégia, então, temos de pensar sobre o que precisamos para comparar os dois materiais – nesse caso, o ferro e o níquel. Além disso, pede-se que comparemos as massas dos dois materiais, o que, consequentemente, nos fornece uma dica. Os dados dimensionais apresentados, juntamente com fórmulas que são familiares ou podem ser consultadas, trazem informações sobre volume. Massa e volume foram relacionados neste capítulo pela densidade, e valores de densidade para materiais comuns podem ser facilmente encontrados.

Solução Para encontrarmos a resposta para esse problema, primeiro precisamos consultar as densidades tanto do ferro como do níquel. Então, utilizaremos os dados fornecidos para determinar o volume de cada amostra. Para um cubo, podemos calcular o volume tomando a medida dada para a aresta (a) e elevá-la ao cubo (a^3). O volume de uma esfera é dado por $(4/3)\pi r^3$. Multiplicando-se a densidade pelo volume, temos a massa; logo, com os dados que pesquisamos para densidade e os volumes calculados, podemos responder à questão.

Resumo

A química é a ciência da matéria; como os projetos de engenharia envolvem matéria, as pontes entre a química e a engenharia são muitas. Começamos a explorar o papel dos materiais na engenharia considerando os fatores que tornam certos elementos especialmente fundamentais para as economias nacional e global.

Um traço comum de um químico com experiência é a habilidade de considerar determinada situação com base em um número de perspectivas. Tanto as propriedades físicas quanto químicas das substâncias podem ser consideradas no nível macroscópico ou microscópico (particulado), dependendo da natureza da questão ou do problema considerado. Além disso, os químicos frequentemente utilizam representações simbólicas para mostrar o que está acontecendo em sistemas químicos. Tornar-se familiarizado com essas três perspectivas pode dar aos estudantes a margem de superioridade no entendimento de muitos problemas de química.

A química é uma ciência empírica. Ela se baseia em observações experimentais para desenvolver a compreensão da matéria. As observações para a compreensão do universo normalmente envolvem várias etapas, contando com o raciocínio indutivo ou dedutivo, ou ambos. A aplicação das habilidades de raciocínio sobre a observação resulta em modelos para o entendimento de fenômenos químicos. Então esses modelos são refinados e adaptados com o tempo. As ideias que exploraremos neste livro envolvem muitos modelos ou teorias que foram desenvolvidos por meio de método científico.

Muitas observações da natureza que são utilizadas para o desenvolvimento de teorias e modelos precisam ser quantitativas – isto é, elas devem calcular o que está sendo observado com algum nível de detalhe numérico. A necessidade de observações numéricas ao longo do desenvolvimento da química (e de outras ciências) suscitou modos sistemáticos de comunicar esses dados. Um número sozinho não é suficiente para conceder todo o significado de uma medida; espera-se que observações experimentais incluam unidades de medidas. Uma importante habilidade no estudo de química ou de outras ciências quantitativas é a habilidade de manipular informações numéricas – incluindo as unidades ligadas a ela. A utilização de proporções para converter medidas em uma unidade e as informações desejadas em outra unidade relacionada representa uma habilidade essencial para a solução de problemas na química. O método de análise dimensional, algumas vezes chamado método de fator-marca, fornece um meio comum de realizar essas transformações em problemas de química.

Construiremos essas ideias fundamentais ao prosseguirmos no estudo da química. A habilidade para examinar problemas de diversas perspectivas, de extrair e manipular dados numéricos e, finalmente, obter uma compreensão ampla dos princípios químicos que estão por trás do comportamento do universo propiciará um desafio interessante quando visualizarmos as conexões entre a química e a engenharia neste livro.

Termos-chave

algarismos significativos (1.4)
análise dimensional ou método fator-marca (1.5)
átomos (1.2)
combustão (1.2)
densidade (1.2)
densidade de massa (1.2)
deposição de vapor (1.6)
elementos (1.2)
erro aleatório (1.3)
erro sistemático (1.3)
escalas de temperatura (1.4)
exatidão (1.3)
fases (1.2)
gases (1.2)
leis (1.3)
líquidos (1.2)
maleabilidade (1.2)
matéria (1.2)
materiais críticos (1.1)
método científico (1.1)
modelo científico (1.3)
moléculas (1.2)
notação científica (1.4)
partes por bilhão (ppb) e partes por milhão (ppm) (1.4)
pensamento sistêmico (1.3)
perspectiva macroscópica (1.2)
perspectiva microscópica ou "particulada" (1.2)
perspectiva simbólica (1.2)
precisão (1.3)
propriedades físicas (1.2)
propriedades químicas (1.2)
raciocínio dedutivo (1.3)
raciocínio indutivo (1.3)
sólidos (1.2)
teoria científica (1.3)
unidades (1.4)

Problemas e exercícios

POR DENTRO DE Materiais críticos

1.1 Os elementos designados como materiais críticos são todos raros? Explique sua resposta.

1.2 Em que país a maior parte do cobalto do mundo é extraído? Quais eventos naquele país afetaram drasticamente o preço do cobalto?

1.3 Em que tipos de tecnologia os elementos designados como materiais críticos geralmente desempenham papéis importantes?

1.4 Com base nas informações da Figura 1.1, quais três elementos você acha que são os mais críticos entre os "materiais críticos"? Justifique sua resposta.

1.5 Em que parte da tabela periódica a maioria dos elementos enumerados como materiais críticos foi encontrada?

1.6 Qual agência do governo dos EUA é responsável por identificar um elemento como um material crítico? Quais tipos de aplicações são a principal preocupação dessa agência?

O estudo da química

1.7 Quando fazemos observações no laboratório, que perspectiva da química normalmente utilizamos?

1.8 Quais dos seguintes itens são matéria e quais não? **(a)** uma lanterna, **(b)** luz do sol, **(c)** um eco, **(d)** o ar no nível do mar e **(e)** o ar no topo do Monte Everest.

1.9 Quais características macroscópicas diferenciam sólidos, líquidos e gases? (Faça uma lista com o maior número possível de características.)

1.10 Os termos *elemento* e *átomo* significam a mesma coisa? Se não, como diferem entre si?

1.11 Identifique quais desses processos descrevem variações físicas e variações químicas: **(a)** ferrugem de uma ponte de ferro, **(b)** fusão do gelo, **(c)** queima de um pedaço de madeira, **(d)** digestão de uma batata assada, **(e)** dissolução de açúcar em água.

1.12 Por que as propriedades físicas têm papel importante na química se elas não envolvem nenhuma variação química?

1.13 As propriedades físicas podem mudar em razão da variação química. Por exemplo, a cor da "clara" de ovo, por exemplo, muda de transparente para branca por causa de uma variação química quando é cozida. Pense em outra situação comum na qual uma variação química também apresente uma variação física.

1.14 Qual parte das seguintes descrições de um composto ou elemento refere-se às suas propriedades físicas e quais às suas propriedades químicas?

(a) O carbonato de cálcio é um sólido branco com densidade de 2,71 g cm^{-3}. Ele reage facilmente com um ácido para produzir dióxido de carbono gasoso.

(b) O zinco metálico cinza em pó reage com o iodo violeta para fornecer um composto branco.

A ciência da química: observações, modelos e sistemas

1.15 Utilizamos o exemplo do público que assiste a um jogo de futebol para enfatizar a natureza das observações. Descreva outra situação em que a decisão sobre o modo de "contar" os objetos de interesse poderia afetar a observação.

1.16 Complete a seguinte afirmativa: Dados que têm grande erro aleatório, mas que caem em uma faixa estreita, são **(a)** exatos, **(b)** precisos ou **(c)** nenhuma das alternativas.

1.17 Complete a seguinte afirmativa: Dados que têm grande erro sistemático podem ainda ser **(a)** exatos, **(b)** precisos ou **(c)** nenhuma das alternativas.

1.18 Dois jogadores de golfe praticam lançamentos em um pequeno campo sem obstáculos. Cada jogador faz 20 lançamentos. O jogador 1 tem 7 lançamentos a 1 metro do buraco e outros 13 lançamentos estão espalhados pela grama. O jogador 2 tem 17 lançamentos que vão para dentro de uma armadilha de areia perto do gramado e 3 apenas na grama perto da armadilha. Qual jogador é mais preciso? Qual é mais exato?

1.19 Explique com suas próprias palavras a diferença entre raciocínio dedutivo e indutivo.

1.20 Suponha que você esteja esperando por um ônibus em uma esquina. Três rotas diferentes passam por ali. Você vê os ônibus passando das duas rotas pelas quais não está interessado. Quando você pensa "Meu ônibus deve ser o próximo", que tipo de raciocínio (dedutivo ou indutivo) está utilizando? Explique sua resposta.

1.21 Quando uma cientista olha para um experimento e prevê os resultados de outros experimentos relacionados, que tipo de raciocínio ela está usando? Explique sua resposta.

1.22 Qual é a diferença entre uma hipótese e uma pergunta?

1.23 As palavras *teoria* e *modelo* devem ser usadas indiferentemente no contexto da ciência? Defenda sua resposta com informações obtidas na internet.

1.24 O que é uma lei da natureza? Todas as leis científicas são exemplos de leis da natureza?

Números e medições na química

1.25 Descreva uma falha de comunicação que pode surgir quando as unidades não são incluídas como parte da informação.

1.26 Qual é a diferença entre uma medida qualitativa e uma quantitativa?

1.27 Identifique quais das seguintes unidades são unidades básicas no SI: gramas, metros, joules, litros, ampères.

1.28 O que é uma unidade "derivada"?

1.29 Classifique os seguintes prefixos em ordem crescente de tamanho do número que eles representam: centi-, giga-, nano- e quilo-.

1.30 Os maiores computadores incluem agora espaço em disco de armazenagem medido em *petabytes*. Quantos *bytes* há em um *petabyte*? (Lembre-se de que, em terminologia computacional, o prefixo é apenas "próximo" do valor que ele indica no sistema métrico.)

1.31 Historicamente, algumas diferenças de unidade refletiam a crença de que a quantidade medida era diferente quando se revelou, mais tarde, tratar-se de uma entidade única. Utilize a internet para encontrar as origens das unidades de energia *erg* e *caloria* e descreva como elas representam um exemplo desse tipo de desenvolvimento histórico.

1.32 Utilize a internet para determinar como o BTU foi estabelecido inicialmente. Para as aplicações da engenharia em que essa unidade ainda é utilizada, por que ela é uma unidade sensata?

1.33 Quantos microgramas são iguais a um grama?

1.34 Converta o valor 0,120 ppb em ppm.

1.35 Como a escala de temperatura Fahrenheit foi calibrada? Descreva como esse processo de calibração reflete os erros de medida que eram evidentes quando a escala de temperatura foi inventada.

1.36 Os supercondutores são materiais que não têm resistência ao fluxo de eletricidade e constituem uma grande promessa em muitas aplicações de engenharia. Mas até hoje a supercondutividade foi observada apenas em situações criogênicas. Desde 2016, temperatura mais alta na qual a supercondutividade foi observada é 203K. Converta essa temperatura para °C e °F.

1.37 Expresse cada uma das seguintes temperaturas em Kelvins: **(a)** –10°C, **(b)** 0,00°C, **(c)** 280°C, **(d)** $1,4 \times 10^{3}$°C.

1.38 Expresse **(a)** 275°C em K, **(b)** 25,55 K em°C, **(c)** –47°C em °F e **(d)** 100°F em K.

1.39 Expresse cada um dos seguintes números em notação científica: **(a)** 62,13, **(b)** 0,000414, **(c)** 0,0000051, **(d)** 871.000.000 e **(e)** 9.100.

1.40 Quantos algarismos significativos estão presentes em cada um dos seguintes itens? **(a)** 0,136 m, **(b)** 0,0001050 g, **(c)** $2,700 \times 10^{-3}$ nm, **(d)** 6×10^{-4} L, **(e)** 56.003 cm^3.

1.41 Quantos algarismos significativos estão presentes em cada uma das seguintes medidas experimentais? **(a)** 1.374 kg, **(b)** 0,00348 s, **(c)** 5,619 mm, **(d)** $2,475 \times 10^{-3}$ cm, **(e)** 33,1 mL.

1.42 Realize estes cálculos e forneça a resposta com o número apropriado de algarismos significativos.

(a) (4,850 g – 2,34 g)/1,3 mL
(b) $V = \pi r^3$, onde $r = 4,112$ cm
(c) $(4,66 \times 10^{-3}) \times 4,666$
(d) 0,003400/65,2

1.43 Calcule os seguintes itens com o número correto de algarismos significativos. Suponha que todos estes números sejam medidas.

(a) $x = 17{,}2 + 65{,}18 - 2{,}4$

(b) $x = 13{,}0217/17{,}10$

(c) $x = (0{,}0061020)(2{,}0092)(1200{,}00)$

(d) $x = 0{,}0034 + \dfrac{\sqrt{(0{,}0034)^2 + 4(1{,}000)(6{,}3 \times 10^{-4})}}{(2)(1{,}000)}$

1.44 Em uma tentativa de determinar a velocidade de uma pessoa em uma bicicleta, um observador usa um cronômetro e descobre o período que ela leva para cobrir 25 "quarteirões" em um passeio. A bicicleta leva 4,82 segundos para fazer esse percurso. Uma medida de um dos quarteirões mostra que ele tem comprimento de 1,13 m. Qual velocidade, em m s^{-1}, o observador deve relatar?

1.45 Um estudante descobre que a massa de um objeto é de 4,131 g e seu volume é de 7,1 mL. Qual densidade deve ser relatada em g mL^{-1}?

1.46 Medidas indicam que 23,6% dos residentes de uma cidade com uma população de 531.314 são estudantes universitários. Se considerarmos os algarismos significativos, podem ser estimados quantos universitários vivendo nessa cidade?

1.47 Uma estudante pesa 10 moedas de quartos de dólar e descobre que a massa total delas é de 56,63 gramas. O que ela deve informar como a massa média de um quarto com base em seus dados?

1.48 Uma rocha é colocada em uma balança e sua massa é determinada como 12,1 g. Quando a rocha é então colocada em um cilindro graduado que originalmente contém 11,3 mL de água, o novo volume é de aproximadamente 17 mL. Como a densidade da rocha deve ser relatada?

Soluções de problemas na química e na engenharia

1.49 Um pacote com oito maçãs tem massa igual a 1,00 kg. Em média, qual é a massa de uma maçã em gramas?

1.50 Se um pacote de 1,00 kg com oito maçãs custa $ 1,48, quanto custa uma maçã? Qual massa de maçãs que custa $ 1,00?

1.51 Uma pessoa mede 173 cm de altura. Qual é sua altura em metros? E em pés e polegadas?

1.52 A distância entre dois átomos em uma molécula é de 148 pm. Qual é sua distância em metros?

1.53 Faça as seguintes conversões de unidades: **(a)** $3{,}47 \times 10^{-6}$ g em μg, **(b)** $2{,}73 \times 10^{-4}$ L em mL, **(c)** 725 ns em s, **(d)** 1,3 m em km.

1.54 Faça as seguintes conversões de unidades: **(a)** 25,5 m em km, **(b)** 36,3 km em m, **(c)** 487 kg em g, **(d)** 1,32 L em mL, **(e)** 55,9 dL em L, **(e)** 6.251 L em cm^3.

1.55 Converta 22,3 mL em **(a)** litros, **(b)** polegadas cúbicas e **(c)** quartos.

1.56 Se um veículo está viajando a 92 m s^{-1}, qual é sua velocidade em milhas por hora? (0,62 milhas = 1,00 km).

1.57 Um carregamento de asfalto pesa 254 lb e ocupa um volume de 55,0 L. Qual é a densidade desse asfalto em g L^{-1}?

1.58 Uma milha contém exatamente 640 acres. Quantos metros quadrados tem um acre?

1.59 Uma amostra de óleo não refinado tem densidade de 0,87 g mL^{-1}. Qual volume em litros uma amostra de 3,6 kg desse óleo ocupa?

1.60 O mercúrio tem densidade de 13,6 g mL^{-1}. Qual é a massa de 4,72 L de mercúrio?

1.61 A área de 48 estados contínuos é $3{,}02 \times 10^6$ mi^2. Suponha que eles sejam completamente planos (sem montanhas ou vales). Qual volume de água, em litros, cobriria esses estados com uma chuva de duas polegadas?

1.62 As dimensões do papel-alumínio em uma caixa para a venda em supermercados são $66\frac{2}{3}$ jardas por 12 polegadas. A massa do papel é 0,83 kg. Se a densidade é 2,70 g cm^{-3}, então qual é a espessura do papel em polegadas?

1.63 O titânio é usado nas estruturas de aviões porque ele é forte e leve. Ele possui densidade de 4,55 g cm^{-3}. Se um cilindro de titânio de 7,75 cm de comprimento tem uma massa de 153,2 g, calcule o diâmetro do cilindro. ($V = \pi r^2 h$, em que V é o volume do cilindro, r é o raio e h é a altura.)

1.64 Fios são geralmente vendidos em bobinas de libra de acordo com o número de calibre. Esse número se refere ao diâmetro do fio. Quantos metros tem uma bobina de 10 lb de um fio de alumínio de calibre 12? Um fio de calibre 12 tem um diâmetro de 0,0808 in e o alumínio tem uma densidade de 2,70 g cm^{-3}. ($V = \pi r^2 l$)

1.65 Um engenheiro industrial projeta um processo de fabricação de projéteis. A massa de cada projétil deve ter 0,25% de 150 grãos. Qual faixa de massas de projéteis, em mg, atingirá esta tolerância? (1 grão = 64,79891 mg)

1.66 Um engenheiro trabalha com arqueologistas para criar uma vila romana realística em um museu. O plano para uma balança em um mercado invoca 100 pedras de granito, cada uma pesando 10 denários. (O denário era uma unidade romana de massa: 1 denário = 3,396 g.) O processo de fabricação para as pedras removerá 20% do material. Se o granito tem uma densidade de 2,75 g cm^{-3}, qual é o volume mínimo de granito que o engenheiro deve pedir?

1.67 Em média, a crosta terrestre contém aproximadamente 8,1% de alumínio em massa. Se uma lata de refrigerante de 12 onças contém aproximadamente 15,0 g de alumínio, quantas latas poderiam ser feitas com uma tonelada da crosta terrestre?

1.68 À medida que a velocidade de um computador aumenta, é necessário que os engenheiros elevem o número de elementos de circuitos empacotados em determinada área. Os elementos de circuitos individuais são geralmente conectados usando-se pequenos "fios" de cobre depositados diretamente na superfície do *chip*. Em alguns processadores geradores de corrente, estas interconexões têm aproximadamente 32 nm de largura. Qual massa de cobre estaria presente em tal interconexão de 1 mm de comprimento, supondo uma seção transversal quadrada? (A densidade do cobre é 8,96 g cm^{-3}.)

1.69 A "Pedra Ocidental" em Jerusalém é um dos maiores blocos de construção de pedra já usada. Essa pedra tem uma massa de 517 toneladas métricas e mede 13,6 m de comprimento, 3,00 m de altura e 3,30 m de largura.

Qual é a densidade dessa pedra em g cm^{-3}? (1 tonelada métrica = 1.000 kg)

1.70 Um carregamento de bauxita tem uma densidade de 3,15 g cm^{-3}. Se a massa do carregamento é 115 toneladas métricas, quantos caminhões, cada um com uma capacidade de 12 jardas cúbicas, serão necessários para arrastar o carregamento inteiro?

POR DENTRO DE Tecnologia *touchscreen*

1.71 A tecnologia *touchscreen* é mais bem descrita como um *design* simples ou como um sistema mais complexo? Explique sua resposta.

1.72 O que ITO significa nas películas de ITO em telas sensíveis ao toque?

1.73 Por que duas camadas de ITO separadas são necessárias em uma tela sensível ao toque?

1.74 Quais são as duas propriedades do ITO que fazem com que ele funcione em aplicativos *touchscreen*?

1.75 O que significa que as películas de ITO são feitas por deposição? Em que fase os materiais começam e em que fase terminam?

1.76 Como o Gorilla Glass difere do vidro de silicato de alumina, mais comumente encontrado?

Problemas conceituais

1.77 Como pode um líquido ser diferenciado de um pó fino? Que tipo de experimento ou observação poderia ser realizado?

1.78 Alguns agricultores utilizam amônia (NH_3) como fertilizante e armazenam-na em forma líquida. Utilize a perspectiva particulada para mostrar a transição da amônia líquida para amônia gasosa.

1.79 Utilize uma descrição molecular para explicar por que os gases são menos densos que os líquidos ou sólidos.

1.80 Todas as moléculas se atraem em alguma extensão, e a atração diminui à medida que a distância entre as partículas aumenta. Com base nessa ideia, qual é o estado da matéria que tem as interações mais fortes entre as partículas: sólido, líquido ou gasoso?

1.81 Faça um desenho de escala molecular para mostrar como um cristal difere de um líquido.

1.82 Qual dos seguintes diagramas em escala molecular representa melhor um composto puro? Explique sua resposta.

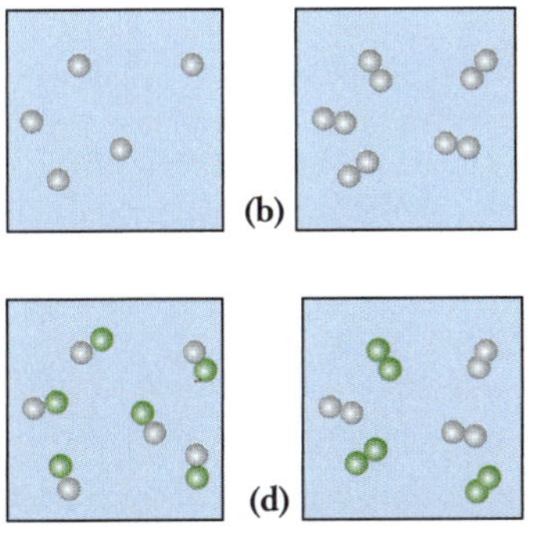

(a) (b) (c) (d)

1.83 Que tipo de transição é representada na ilustração a seguir, em escala molecular?

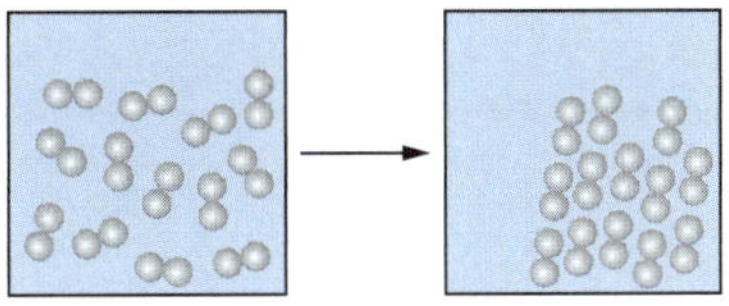

Exercícios de enfoque na resolução de problemas

1.84 Um estudante recebeu dois cubos de metal que pareciam semelhantes. Um tinha 1,05 cm de aresta e massa de 14,32 gramas; o outro, com 2,66 cm de lado, tinha massa de 215,3 gramas. Como o estudante pode determinar se esses dois cubos de metal são do mesmo material utilizando apenas os dados fornecidos?

1.85 O ácido de bateria tem densidade de 1,285 g mL^{-1} e contém 38,0% em massa de ácido sulfúrico. Descreva como você determinaria a massa de ácido sulfúrico puro em uma bateria de carro, observando qual(is) item(ns) teriam de medir ou pesquisar.

1.86 O suco de uva não fermentado utilizado para fazer vinho é chamado "mosto". O teor de açúcar do mosto determina se o vinho será seco ou doce e é encontrado pela medida da densidade do mosto. Se a densidade é menor que 1,070 g mL^{-1}, então se adiciona xarope de açúcar até que a densidade chegue a 1,075 g mL^{-1}. Suponha que você tenha uma amostra tirada de um mosto cuja massa é de 47,28 g e o volume 44,60 mL. Descreva como você determinaria se é ou não necessária a adição de xarope de açúcar e, se for, como calcularia quanto deve ser adicionado.

1.87 Uma solução de etanol em água tem volume de 54,2 mL e massa de 49,6 g. Quais informações você precisaria buscar e como determinaria a porcentagem de etanol nessa solução?

1.88 Conta a lenda que Arquimedes, famoso cientista da Grécia antiga, recebeu uma vez a ordem do rei de determinar se uma coroa que ele recebera era de ouro puro ou de uma liga de ouro e prata. Não lhe seria permitido, no entanto, danificar a coroa (retirando um pedaço, por exemplo). Se você fosse incumbido da mesma tarefa, o que precisaria saber sobre o ouro e sobre a prata e como faria uma medida que lhe informasse se a coroa era de ouro puro?

1.89 Imagine que você coloca uma rolha com as medidas de 1,30 cm × 4,50 cm × 3,00 cm em uma panela com água. Em cima dessa rolha, você coloca um pequeno cubo de chumbo com 1,15 cm de aresta. Descreva como determinaria se a combinação da rolha e do cubo de chumbo ainda flutuaria na água. Anote quaisquer informações que precise pesquisar para solucionar o problema.

1.90 Um frasco calibrado foi preenchido até a marca de 25,00 mL com álcool etílico, e descobriu-se que sua massa era de 19,7325 g. Em um segundo experimento, 25,0920 g de pérolas de metal foram colocadas dentro do recipiente e o frasco foi mais uma vez preenchido até a marca de 25,00 mL. A massa total do metal mais o álcool era de 43,0725 g. Descreva como determinar a densidade da amostra de metal.

2

Átomos e moléculas

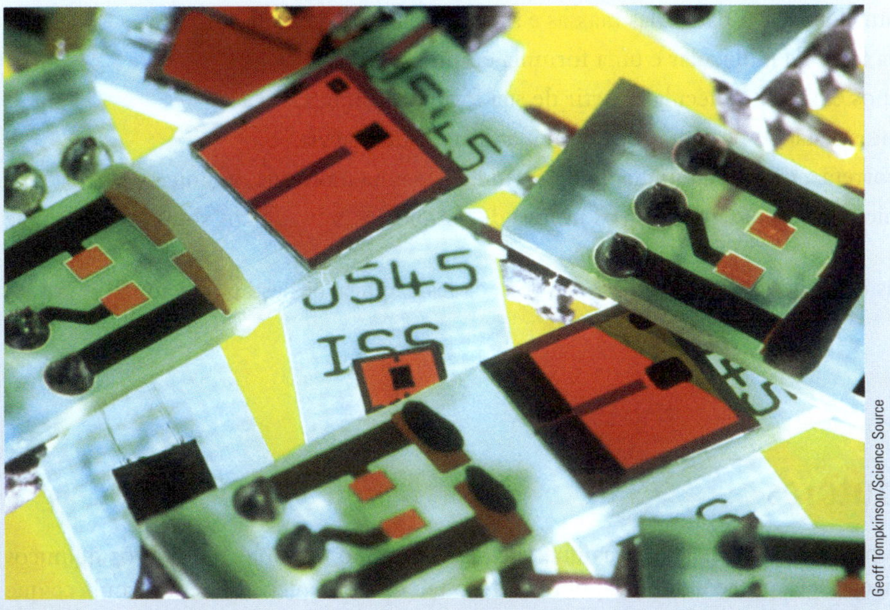

Geoff Tompkinson/Science Source

Uma aplicação de polímeros condutores em sensores químicos, como os mostrados aqui. Tais dispositivos são projetados de modo que sua condutividade mude em resposta à concentração de uma determinada substância na fase líquida ou de vapor.

Átomos e moléculas são os blocos construtivos da química. Como é bem provável que já tenha aprendido isso no ensino médio, a existência de átomos é algo que você possivelmente não questionará ou desafiará. No entanto, são raras as chances de você pensar em átomos e moléculas quando se depara com esses itens em seu dia a dia. Quando os químicos querem entender algum aspecto do mundo ao redor, direcionam suas atenções aos átomos e às moléculas. Assim, uma importante parte nos estudos da química é aprender a interpretar a natureza e pensar sobre o que os átomos e as moléculas fazem naquele exato instante. Certamente, pode levar algum tempo para que você se sinta confortável com esse tipo de pensamento. Como não é fácil observar átomos e moléculas de forma individual, devemos frequentemente inferir suas ações com base em uma evidência indireta. ▸ A química amadureceu muito durante o século passado em virtude do crescente entendimento dos mecanismos dos átomos e moléculas. Introduziremos aqui alguns dos conceitos básicos sobre eles e refinaremos essas ideias à medida que progredirmos na leitura deste livro.

Uma variedade de técnicas conhecidas como microscopia de sonda de varredura pode produzir imagens de átomos únicos sob determinadas condições.

Objetivos do capítulo

Após dominar o assunto deste capítulo, você será capaz de:

- dar nome, no mínimo, a três polímeros comuns e fornecer exemplos do uso deles.
- definir os termos *átomo*, *molécula*, *isótopo*, *íon*, *composto*, *polímero*, *monômero* e *grupo funcional* com suas próprias palavras.
- descrever o modelo nuclear para o átomo e identificar os números de prótons, elétrons e nêutrons em um isótopo específico a partir de seu símbolo químico.
- calcular a massa atômica de um elemento a partir das massas e abundâncias de seus isótopos.
- explicar a diferença entre uma fórmula molecular e uma fórmula empírica.
- determinar o número de átomos em uma molécula a partir de sua fórmula química.
- descrever o arranjo dos elementos na tabela periódica e explicar a utilidade dessa tabela.
- obter uma fórmula química correta a partir de um diagrama de linhas de uma molécula orgânica.
- utilizar a nomenclatura química padrão para deduzir os nomes de compostos inorgânicos simples a partir de suas fórmulas ou vice-versa.
- descrever as diferentes formas do polietileno e como suas propriedades e aplicações estão relacionadas às suas estruturas moleculares.

POR DENTRO DE

2.1 Polímeros condutores

Ao longo de sua vida, os muitos plásticos e fibras sintéticas que você encontra são exemplos do que os químicos chamam de **polímeros**. As propriedades e aplicações desses polímeros são tão diversas que você nem reconhece que elas têm algo em comum. Plásticos duros e duráveis são rotineiramente usados como materiais estruturais para coisas como gabinetes de computador e móveis casuais. Plásticos flexíveis e mais macios nos dão embalagens plásticas para sanduíches e embalagens Saran™. Outros polímeros compõem o náilon e o raiom, que são encontrados em nossos tapetes e roupas. Para ver o que todos esses polímeros têm em comum, precisaremos considerá-los no nível molecular.

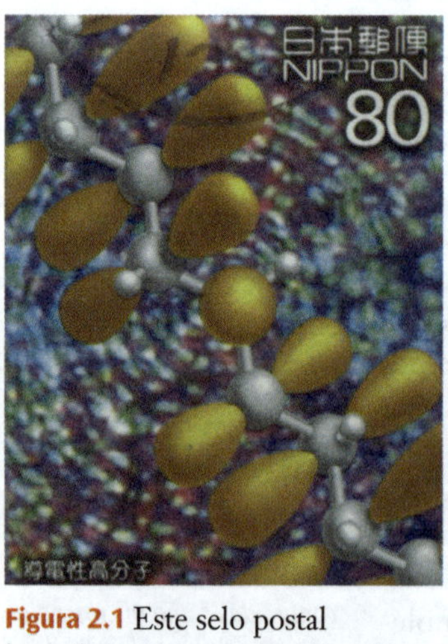

rook76/Shutterstock.com

Figura 2.1 Este selo postal japonês mostra a representação da estrutura do poliacetileno, feita por um artista. O selo foi emitido em homenagem a Hideki Shirakawa, um dos três cientistas que receberam o Prêmio Nobel de Química pela descoberta de polímeros condutores.

O primeiro polímero sintético, chamado baquelite, foi fabricado por Leo Baekeland e anunciado em 1909. A pesquisa sobre polímeros nunca diminuiu desde então, e embora os plásticos e polímeros já sejam uma classe importante de materiais de engenharia, novas descobertas e usos surgem regularmente como resultado dessa pesquisa. Um dos focos da pesquisa atual é o impulso para criar polímeros e plásticos que exibem condutividade elétrica, um traço mais frequentemente associado com metais do que com compostos derivados principalmente de carbono e hidrogênio. A promessa de polímeros condutores não é particularmente nova – o Prêmio Nobel de Química em 2000 foi concedido a três cientistas por sua descoberta de que alterar o poliacetileno com um processo chamado dopagem poderia tornar o material condutor. A dopagem do poliacetileno introduz pequenas quantidades de outros elementos, como iodo ou bromo. Mas o caminho da pesquisa fundamental para a tecnologia comercial pode levar tempo, e muitos químicos e cientistas de materiais continuam trabalhando para produzir polímeros condutores úteis.

Cada vez mais, os avanços nos polímeros, inclusive melhorando sua condutância elétrica, encontram uso em nova tecnologia eletrônica. A diversidade de propriedades do polímero é verdadeiramente impressionante. E, no entanto, se seguirmos a abordagem do químico e voltarmos nossa atenção para o nível atômico e molecular, como mostra a ilustração do selo japonês da **Figura 2.1**, veremos que todos esses polímeros têm muito em comum.

Remontando às suas origens gregas, a palavra *polímero* significa literalmente "muitas partes". Essa definição nos oferece uma pista sobre o que essas substâncias aparentemente díspares têm em comum. Todos os polímeros são moléculas muito grandes, compostas de muitas moléculas menores, ligadas de ponta a ponta. Uma típica molécula de polímero pode conter centenas ou mesmo milhares dessas moléculas constituintes menores, chamadas **monômeros**. ▸ Se olharmos mais profundamente a composição dos polímeros, descobriremos que esses monômeros são constituídos de uniões de átomos. Contudo, uma vez que as moléculas poliméricas são tão grandes, geralmente pode ser útil pensar nelas como cadeias de monômeros, em vez de coleções de átomos.

Uma vez que essas moléculas são tão grandes, os polímeros também são chamados de macromoléculas.

As propriedades macroscópicas de qualquer polímero dependem da identidade de seus monômeros constituintes, do número de monômeros presentes e da maneira como eles estão unidos entre si. Para ilustrar como as propriedades de um polímero podem depender significativamente de sua composição, vamos considerar três itens comuns e descobrir os polímeros dos quais eles são feitos. As garrafas plásticas, nas quais leite, suco ou xampus estão contidos, geralmente são produzidas de um plástico chamado polietileno. ▸ As moléculas de polietileno são compostas de apenas dois elementos: carbono e hidrogênio. Os átomos de carbono são unidos entre si em uma longa cadeia chamada **espinha dorsal polimérica** da molécula de polímero, com dois átomos de hidrogênio ligados a cada carbono. O modelo molecular no topo da **Figura 2.2** mostra uma parte de uma molécula de polietileno. Se um ou dois átomos de hidrogênio ligados em cada átomo de carbono forem substituídos por um átomo de cloro, como mostrado no meio da Figura 2.2, teremos o cloreto de polivinila, polímero comumente chamado PVC. Os canos plásticos fabricados

Outros usos do polietileno são abordados na Seção 2.7 no final deste capítulo.

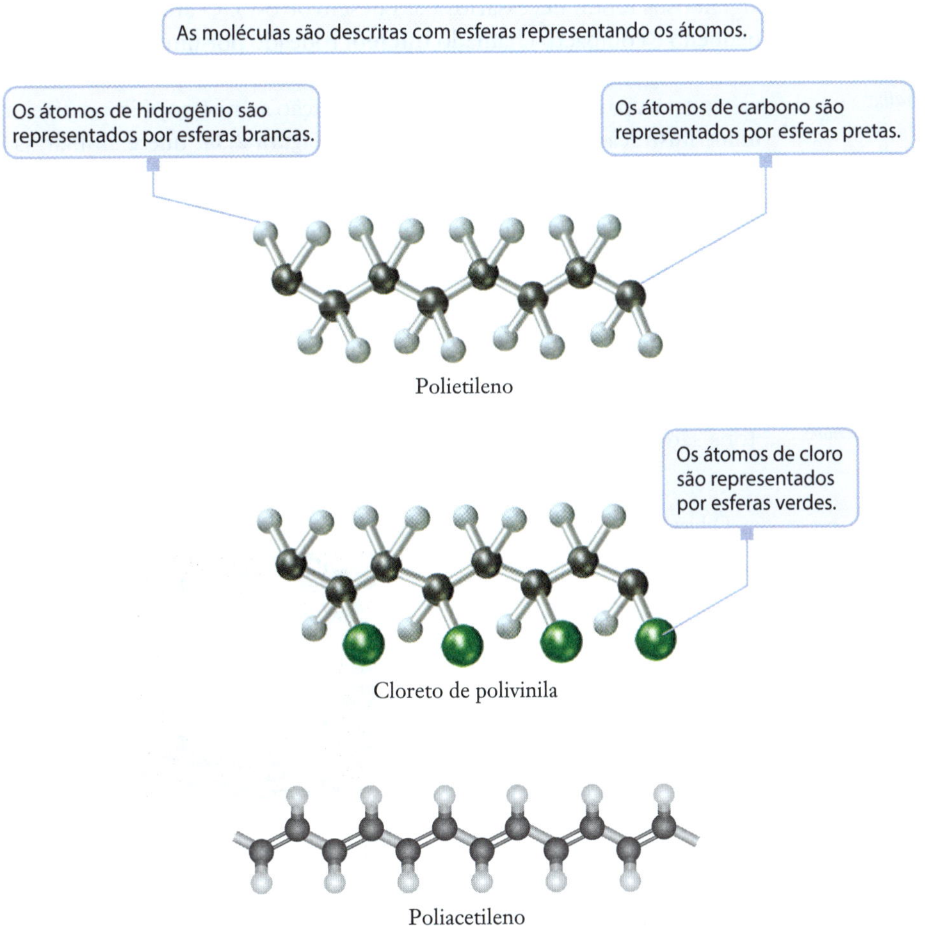

Figura 2.2 Modelos que mostram como os átomos são arranjados nas moléculas de polietileno, de cloreto de polivinila e de poliacetileno.

com esse material têm sido muito utilizados em tubulações por anos. Você provavelmente já os deve ter visto em sua casa ou em uma loja de materiais de construção. Como pode imaginar, o PVC utilizado em canos é muito mais duro e resistente que o polietileno das garrafas de refrigerantes. Mesmo assim, as composições químicas e as estruturas desses dois materiais são muito parecidas. Suponha que, em vez de substituir um átomo de hidrogênio por cloro, o átomo de hidrogênio seja completamente removido. Isso resulta na terceira estrutura da figura, o poliacetileno, que foi o primeiro polímero orgânico mostrado como capaz de ter condutividade elétrica.

Esses três exemplos comuns demonstram como as propriedades físicas de um polímero são fortemente influenciadas por suas composições químicas. Para começar a explorar sistematicamente o mundo dos polímeros, precisamos saber um pouco mais sobre os átomos, que são as unidades fundamentais dessas moléculas gigantes.

2.2 Estrutura atômica e massa

A comparação do polietileno, do cloreto de polivinila e do poliacetileno demonstra que a identidade dos átomos em uma molécula pode ter um significativo impacto em suas propriedades. Vamos começar nossa exploração examinando a estrutura dos átomos, de tal forma que possamos tratar a questão de como um átomo de cloro difere de um de hidrogênio. Para fazer isso, precisaremos nos aproximar de mais um nível, aquele do domínio das partículas subatômicas.

Conceitos fundamentais do átomo

Nosso modelo atual da estrutura dos átomos tem sido aceito por aproximadamente um século, mas muita criatividade e muitos experimentos engenhosos foram necessários para desenvolvê-lo. O átomo é composto por um cerne pequeno e compacto chamado **núcleo**, rodeado por uma nuvem dispersa de **elétrons**. ◂ O núcleo é composto por dois tipos de partículas: **prótons** e **nêutrons**. Como os elétrons ocupam mais espaço em comparação ao núcleo, é impossível mostrar em uma única ilustração em escala. Considere a **Figura 2.3a**, que é similar às ilustrações que você viu na química do ensino médio ou nos livros de ciências físicas. A figura mostra as posições relativas dos prótons, nêutrons e elétrons. Mas, se os prótons e nêutrons fossem realmente do tamanho mostrado, então os elétrons estariam a centenas de metros a distância. Outro mal-entendido promovido por esse tipo de ilustração é a figura dos elétrons seguindo órbitas regulares em torno do núcleo. Um modelo melhor da estrutura atômica visualiza os elétrons como nuvens de carga negativa que circundam o núcleo, em oposição às partículas que orbitam em torno dele de uma maneira ordenada (**Figura 2.3b**).

Examinaremos a estrutura dos átomos em mais detalhes no Capítulo 6.

Voltemos agora nossa atenção aos números de prótons, nêutrons e elétrons no átomo. ◂ A carga elétrica fornece uma importante restrição nesses números. Os prótons são carregados positivamente, os elétrons são carregados negativamente e os

Os prótons e nêutrons são constituídos de partículas menores, conhecidas como quarks.

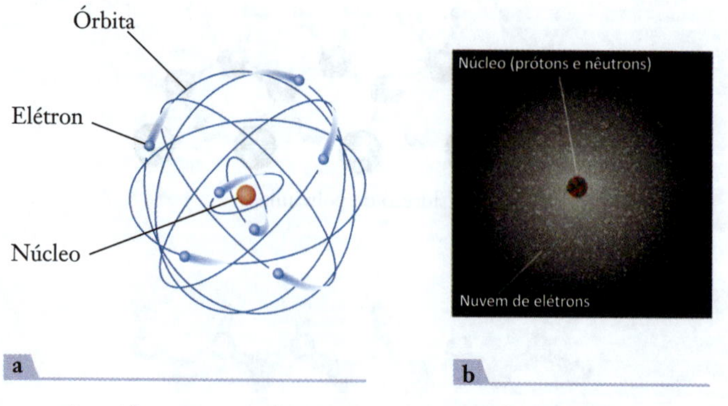

Figura 2.3 Geralmente, os átomos têm sido representados como o sistema solar: o núcleo é o centro e os elétrons orbitam em torno dele, como visto aqui em **(a)**. Apesar de essas figuras ajudarem a enfatizar a maneira como prótons, nêutrons e elétrons estão distribuídos no átomo, elas não podem ilustrar com exatidão o modelo de estrutura atômica atualmente aceito. Em vez disso, representamos os elétrons como nuvens de carga negativa rodeando o núcleo, como mostrado em **(b)**. Nessas figuras, a densidade dos pontos pequenos está relacionada com a probabilidade de encontrar um elétron em uma localização particular.

nêutrons são neutros. Os átomos também são eletricamente neutros, portanto o número de prótons e elétrons presentes deve ser de tal forma que suas cargas se anulem entre si. Como base no que já aprendeu em física, você deve saber que a unidade do SI para carga é o coulomb (C). Os experimentos mostram que as cargas elétricas em um próton e em um elétron são iguais e opostas. Cada elétron carrega uma carga de $-1{,}602 \times 10^{-19}$ C, enquanto cada próton carrega uma carga de $+1{,}602 \times 10^{-19}$ C. ▸ Dessa forma, para um átomo permanecer neutro, os números de elétrons e prótons devem ser iguais. Uma vez que os nêutrons não têm carga, o número de nêutrons presentes não está restrito por essa exigência de neutralidade elétrica. Para muitos elementos, o número de nêutrons pode variar de um átomo para outro, como veremos adiante.

Geralmente representamos as cargas em unidades da carga elétrica, de tal forma que a carga de um elétron é escrita como 1– e a do próton como 1+.

Número atômico e número de massa

O número de prótons em um átomo específico, chamado **número atômico**, identifica o elemento. Como os átomos de carbono constituem a espinha dorsal de aproximadamente todos os polímeros, vamos analisá-los primeiro. O número atômico do carbono é seis, o que nos diz que um átomo de carbono neutro tem seis prótons. A neutralidade elétrica exige que os átomos de carbono também tenham seis elétrons. A grande maioria dos átomos de carbono – aproximadamente 99% – também tem seis nêutrons, mas alguns deles contêm sete ou até oito. Os átomos do mesmo elemento que têm diferentes números de nêutrons são chamados **isótopos**. Como os prótons e elétrons controlam praticamente tudo das importantes propriedades químicas dos átomos, os isótopos não podem ser separados quimicamente. No entanto, a existência e até a abundância relativa dos isótopos podem ser provadas por meio de exames cuidadosos da massa dos átomos.

Os prótons e nêutrons têm massas parecidas. Cada um possui aproximadamente 2 mil vezes mais massa que o elétron. Portanto, a massa de qualquer átomo está concentrada no seu núcleo. Os átomos individuais são tão pequenos e leves que relatar suas massas em unidades convencionais como quilogramas ou gramas não é conveniente. Em vez disso, utilizamos uma unidade que é apropriada à escala atômica: a **unidade de massa atômica** ou **u**: ▸

A unidade de massa atômica é também chamada de dalton e, por vezes, abreviada como Da ou u.

$$1 \text{ u} = 1{,}6605 \times 10^{-24} \text{ g}$$

Tanto o nêutron quanto o próton têm massas muito próximas a uma u. A massa de um nêutron é 1,009 u e a de um próton é 1,007 u. A massa de um elétron, em contraste, é de apenas 0,00055 u. Assim, para muitos propósitos práticos, podemos determinar a massa de um átomo simplesmente pela contagem do número de prótons e nêutrons. Aquele número será a massa em u, para uma aproximação absolutamente razoável. Por causa disso, a combinação total de prótons e nêutrons é chamada **número de massa** do átomo. Uma vez que os isótopos são átomos do mesmo elemento com diferentes números de nêutrons, eles terão o mesmo número atômico, mas diferentes números de massa.

Isótopos

Como sabemos que esses isótopos existem? Instrumentos experimentais modernos chamados espectrômetros de massas fornecem evidência direta da diferença. A primeira função importante de um espectrômetro de massa é tomar um fluxo de partículas microscópicas – átomos ou moléculas – e "classificá-las" de acordo com as massas. (A **Figura 2.4** ilustra como o instrumento faz isso.) Uma vez que as partículas foram separadas pela massa, a segunda função-chave do espectrômetro é medir precisamente o número de partículas com determinadas massas. Os dados são geralmente apresentados como um "espectro de massas". Sempre que nos referimos a um espectro, será nada mais nada menos que uma medida que é feita em uma faixa de valores de alguma variável. Nesse caso em que a variável é a massa, o espectro de massas é na realidade apenas um gráfico que mostra o número de partículas detectadas como uma função das massas. Quando um pico é visto em uma massa em particular, significa que a amostra analisada tem algum componente com aquela massa.

A **Figura 2.5** mostra tal espectro de massas para uma amostra de carbono. Quando observamos o gráfico, vemos imediatamente um grande pico centrado na massa 12. Isso representa o isótopo chamado carbono-12, cujo núcleo

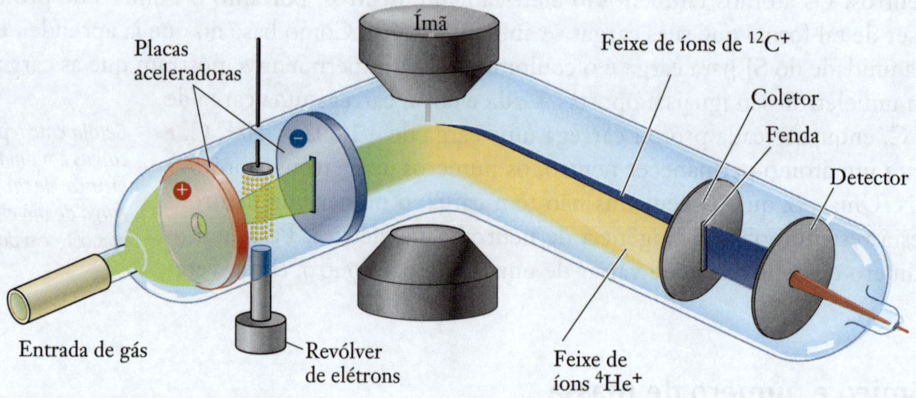

Figura 2.4 O diagrama esquemático mostrado aqui ilustra os princípios fundamentais no funcionamento de um espectrômetro de massas. Um fluxo de gás a ser analisado entra à esquerda, e um feixe de elétrons faz que alguns átomos percam um elétron e formem partículas carregadas chamadas *íons*. Esses íons são então acelerados para a direita por um campo elétrico, de tal forma que o feixe de íons passa através de um campo magnético. Esse campo desvia os íons, e a extensão desse desvio depende da relação entre a carga e a massa de cada íon. Para determinada carga, partículas mais leves são desviadas mais severamente que as mais pesadas. Assim, se a amostra contivesse íons tanto $^{4}He^{+}$ quanto $^{12}C^{+}$, mostrado aqui, os íons de hélio seriam desviados mais que os íons de carbono. Isso permite que uma fenda selecione os íons com determinada relação entre carga e massa, que então se chocam com um detector. A corrente nesse detector produz um sinal que é proporcional ao número de íons encontrados com a relação carga-massa desejada, que, por sua vez, está relacionada à quantidade da molécula gasosa mãe que entrou no espectrômetro.

contém seis prótons e seis nêutrons. O isótopo é na realidade utilizado para definir a u: um átomo de carbono-12 tem uma massa de *exatamente* 12 u. Mas, se observarmos o espectro de massas mais de perto, veremos também um pico muito menor centrado próximo à massa 13. Isso significa que existe uma pequena quantidade de um segundo isótopo, o carbono-13, que tem sete nêutrons. ◂ Se compararmos os tamanhos relativos dos dois picos, podemos determinar que o carbono-12 responde por aproximadamente 99% dos átomos de carbono. Medidas mais exatas fornecem um valor de 98,93%, com apenas 1,07% de carbono-13. É possível também determinar que a massa exata do isótopo de carbono-13 é 13,003355 u. As porcentagens que descrevem as quantidades relativas de cada isótopo são chamadas **abundâncias isotópicas**.

Conhece-se também um número de isótopos radiativos do carbono. O mais comum é o ^{14}C. Sua abundância é medida na datação de carbono de objetos arqueológicos.

Símbolos atômicos

Todas as informações sobre a estrutura do átomo que acabamos de abordar podem ser escritas em abreviaturas científicas por meio de símbolos. O símbolo atômico completo para um determinado isótopo pode ser escrito como:

$$^{A}_{Z}X$$

Figura 2.5 Esboço do espectro de massas de carbono elementar. O pico grande é do ^{12}C, e o menor à direita é do ^{13}C. O tamanho do pico de ^{13}C aqui é um pouco exagerado; na realidade, ele seria apenas 1/99 do tamanho do pico de ^{12}C.

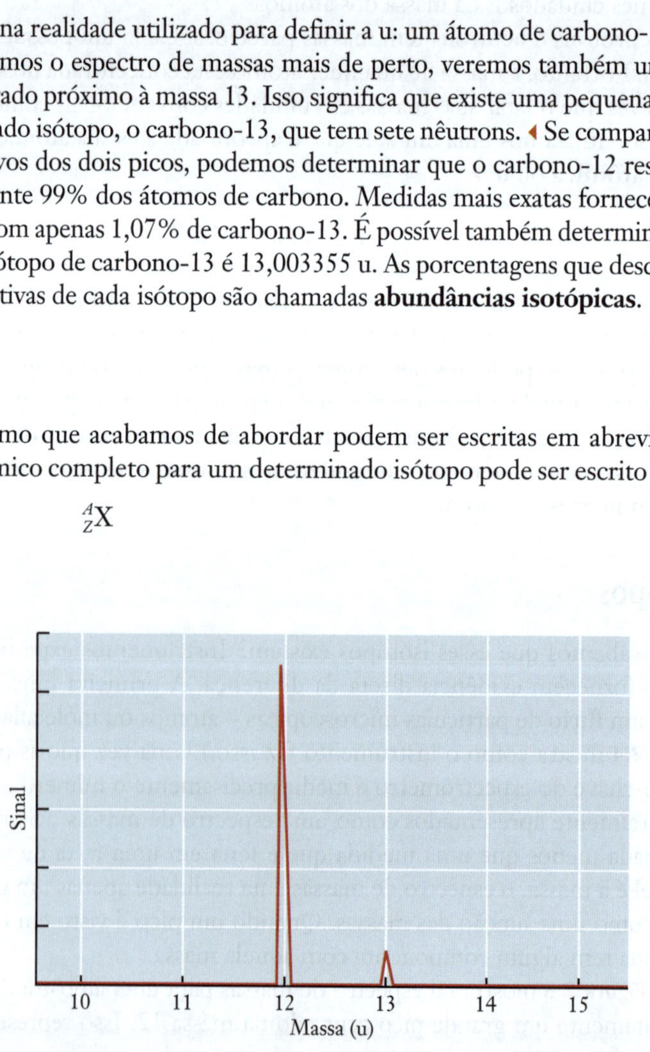

O X representa o símbolo atômico para o elemento em questão, o índice superior *A* é o número de massa e o índice inferior *Z* indica o número atômico. O símbolo para o carbono-12, por exemplo, é $^{12}_{6}C$. Quando não se discute um isótopo específico, é utilizado o símbolo sozinho, como C para carbono.

Muitos símbolos atômicos são derivados do nome do elemento, como o uso de C para o carbono no nosso exemplo. Para outros elementos, o símbolo é baseado no nome em latim. O símbolo do ferro, por exemplo, é Fe, que deriva da palavra latina *ferrum*. ▸ Um átomo de ferro com 26 prótons e 30 nêutrons é representado como $^{56}_{26}Fe$. Uma lista de alguns elementos comuns cujos símbolos não são coincidentes com seus nomes em português é fornecida na **Tabela 2.1**. Uma lista completa dos elementos e seus símbolos pode ser encontrada no **Apêndice A**, no final deste livro.

O termo "metais ferrosos" se refere ao ferro ou a ligas, como o aço que contém significativas quantidades de ferro.

Tabela ▪ 2.1

Nomes e símbolos atômicos, e símbolos de alguns elementos que não coincidem com seus nomes em português

Nome	Símbolo (origem do nome)
Ouro	Au (*aurum*)
Chumbo	Pb (*plumbum*)
Mercúrio	Hg (*hydrargyrum*)
Prata	Ag (*argentum*)
Sódio	Na (*natrium*)

Massas atômicas

Ao olhar um registro na tabela periódica, você vê algumas informações que acabamos de definir, como o símbolo atômico e o número atômico. Muitas tabelas periódicas também incorporam informações adicionais. Quase sempre a massa atômica é dada. Esse número fornece a massa média em u de um átomo do elemento. Se você procurar pelo carbono na tabela periódica no final do livro, encontrará o quadro mostrado na **Figura 2.6**. A massa atômica aparece abaixo do símbolo: 12,011. Mas já dissemos que a massa de um átomo de carbono-12 é exatamente 12 u e que a do carbono-13 é 13,003355 u. Portanto, o valor de 12,011 não parece ser a massa de *nenhum* átomo individual de carbono. Então, como as massas atômicas são definidas e determinadas?

A massa atômica é definida como a massa *média* de um átomo de determinado elemento. O carbono tem dois isótopos estáveis com massas de 12,000000 e 13,003355 u, respectivamente. Portanto, por que a massa média é 12,011, e não algo próximo de 12,5? A resposta é a seguinte: quando tomamos a massa média, devemos levar em conta a abundância relativa de cada isótopo. Suponha que medimos a massa de uma amostra com 100 átomos de carbono. Com base nas abundâncias isotópicas, esperaríamos ter 99 átomos de carbono-12 e apenas um único átomo de carbono-13. Em qualquer amostra que possa na realidade ser pesada, o número de átomos será muito maior que 100. Mesmo que se utilize a melhor balança de laboratório disponível, a menor quantidade de matéria que pode ser pesada é aproximadamente um nanograma, ou 10^{-9} g. Um nanograma de carbono conteria mais de 10^{13} átomos. Para números de átomos grandes como esse, é mais seguro supor que a fração de cada isótopo presente será determinada pelas abundâncias naturais. Para o carbono, o fato de que precisamos considerar apenas dois isótopos

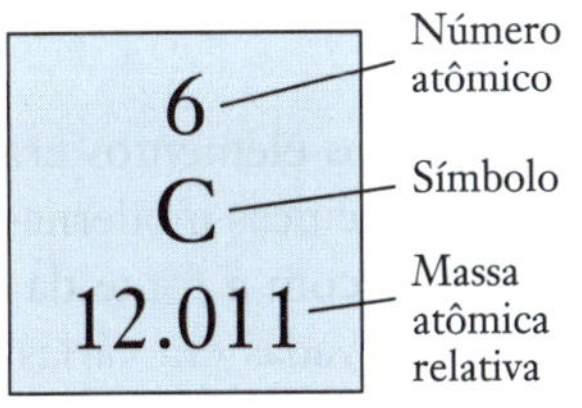

Figura 2.6 Registro para o carbono em uma tabela periódica. O número atômico (6) e a massa atômica (12,011) são mostrados com o símbolo para o elemento (C). Algumas tabelas podem exibir informações adicionais e a aparência pode variar de uma para outra. Uma vez que você esteja familiarizado com a tabela, será fácil interpretar quaisquer dados que sejam mostrados.

estáveis faz com que o cálculo seja razoavelmente simples. Podemos multiplicar a massa pela abundância fracionária para ponderar a contribuição de cada isótopo na massa atômica:

Carbono-12 = 12,000000 × 0,9893 = 11,87
Carbono-13 = 13,003355 × 0,0107 = 0,139
Massa média ponderada = 11,87 + 0,139 = 12,01

O valor 12,011 encontrado na tabela periódica é obtido com os algarismos significativos adicionais nos números das abundâncias isotópicas. O Problema-modelo 2.1 explora mais esse tipo de cálculo.

PROBLEMA-MODELO ◂ 2.1

O cloro presente no PVC tem dois isótopos estáveis. O ^{35}Cl com massa de 34,97 u constitui 75,77% do cloro encontrado na natureza. Outro isótopo é o ^{37}Cl cuja massa é 36,95 u. Qual é a massa atômica do cloro?

Estratégia Para determinar a massa atômica, devemos calcular a massa média ponderada pela abundância fracionária de cada isótopo de cloro. Uma vez que existem apenas dois isótopos estáveis, suas abundâncias devem perfazer 100%. Portanto, podemos calcular a abundância do ^{37}Cl com base na abundância fornecida para o ^{35}Cl.

Solução Inicialmente, calculamos a abundância do isótopo cloro-37:

Abundância do ^{37}Cl = 100% – 75,77% = 24,23%

Agora, podemos calcular a contribuição de cada isótopo para a massa atômica:

^{35}Cl: 34,97 × 0,7577 = 26,50
^{37}Cl: 36,95 × 0,2423 = 8,953
Massa média ponderada = 26,50 + 8,953 = 35,45

Portanto, a massa atômica do cloro é 35,45 u.

Analise sua resposta Com base nas porcentagens, seríamos capazes de decidir se essa resposta faz sentido. Os isótopos individuais têm massas aproximadas de 35 e 37, logo uma proporção 50/50 levaria a uma massa média de aproximadamente 36. Mas a abundância real do isótopo ^{35}Cl é maior que a do ^{37}Cl, então a massa média deveria estar mais próxima de 35. Portanto, nossa resposta de 35,45 parece razoável. E facilmente podemos conferir a resposta consultando uma tabela periódica.

Discussão Alguns elementos têm vários isótopos estáveis, mas podemos sempre fazer o mesmo tipo de cálculo representando a massa e a abundância fracionária de cada isótopo.

Verifique seu entendimento Existem três isótopos naturais do elemento silício, que é muito utilizado na produção de *chips* de computadores. Dadas as massas e as abundâncias adiante, calcule a massa atômica do silício.

Isótopo	Abundância	Massa
^{28}Si	92,2%	27,977 u
^{29}Si	4,67%	28,977 u
^{30}Si	3,10%	29,974 u

Até recentemente, as abundâncias isotópicas e as massas atômicas de todos os elementos eram considerados como constantes da natureza. Mas algumas medidas cuidadosas elaboradas com técnicas modernas mostraram que as abundâncias isotópicas de um número de elementos podem variar de acordo com a fonte da amostra. Para o carbono, as massas atômicas com variações de 12,0096 a 12,0116 têm sido observadas em várias amostras. A International Union of Pure and Applied Chemistry (IUPAC) é responsável por estabelecer os valores oficialmente reconhecidos para as massas atômicas. A mais recente edição da tabela de massas atômicas reconhece a variação na massa atômica para amostras diferentes e lista as faixas de valores para dez elementos, como mostrado na **Tabela 2.2.** ▸ Os números entre colchetes são derivados das massas atômicas máxima e mínima que foram observados para cada elemento. Você pode ver que em muitos casos essas faixas são razoavelmente estreitas. A IUPAC define também um conjunto do que agora são chamadas massas atômicas "convencionais" para os doze elementos listados na Tabela 2.2. Neste livro, escolhemos listar esses valores convencionais na tabela periódica e usaremos tais valores para os cálculos que exigem massas atômicas.

Pequenas variações nas massas atômicas em virtude de diferentes abundâncias isotópicas têm um papel importante na análise de amostras centrais de gelo usadas no estudo da variação climática.

Tabela ▪ 2.2

Elementos com massas atômicas variadas
Faixas de valores de massa atômica observadas para elementos selecionados

Elemento	Faixa de massa atômica	Massa atômica convencional
Hidrogênio	[1,00784; 1,00811]	1,008
Lítio	[6,938; 6,997]	6,94
Boro	[10,806; 10,821]	10,81
Carbono	[12,0096; 12,0116]	12,011
Nitrogênio	[14,00643; 14,00728]	14,007
Oxigênio	[15,99903; 15,99977]	15,999
Magnésio	[24,304; 24,307]	24,305
Silício	[28,084; 28,086]	28,085
Enxofre	[32,059; 32,076]	32,06
Cloro	[35,446; 35,457]	35,45
Bromo	[79,901; 79,907]	79,904
Tálio	[204,382; 204,385]	204,38

2.3 Íons

Ao desenvolver as ideias sobre a composição de átomos na seção anterior, utilizamos o fato de que átomos são eletricamente neutros para concluir que os números de prótons e elétrons devem ser iguais. Quando os números de prótons e elétrons não batem, o resultado é uma espécie com uma carga líquida chamada **íon**. Tais espécies não são mais átomos, e o comportamento delas é marcadamente diferente daquele dos átomos.

A operação do espectrômetro de massas, ilustrada na Figura 2.4, depende da habilidade do instrumento em converter um átomo em um íon. A separação das partículas por massa é geralmente baseada no comportamento das partículas carregadas em um campo magnético, e normalmente o detector que conta as partículas detecta apenas íons, mas não átomos neutros. Os íons podem também ter papéis importantes em muitos processos químicos, incluindo na produção de polímeros em larga escala.

Quando um íon deriva de um único átomo, ele é chamado **íon monoatômico**. Quando grupos de átomos contêm uma carga, eles são chamados **íons poliatômicos**. Os íons monoatômicos ou poliatômicos podem conter cargas negativas ou positivas. Os íons carregados negativamente são chamados **ânions** e contêm mais elétrons que prótons. De maneira similar, uma partícula com mais prótons que elétrons tem uma carga positiva e é chamada **cátion**.

Escrevemos os símbolos dos íons de maneira análoga à dos átomos, com a carga nas espécies como um índice superior à direita do símbolo atômico. Para íons monoatômicos, o número de prótons ainda especifica o elemento cujo símbolo utilizamos. A **Tabela 2.3** fornece alguns exemplos de íons monoatômicos. Observe que os ânions monoatômicos têm os nomes terminados em *-eto*, enquanto os cátions simplesmente têm "íon" adicionado antes do nome do elemento.

Tabela ▪ 2.3
Íons monoatômicos comuns

Nome do cátion	Símbolo	Nome do ânion	Símbolo
Íon sódio	Na^+	Íon fluoreto	F^-
Íon lítio	Li^+	Íon cloreto	Cl^-
Íon potássio	K^+	Íon brometo	Br^-
Íon magnésio	Mg^{2+}	Íon sulfeto	S^{2-}
Íon alumínio	Al^{3+}	Íon nitreto	N^{3-}

O comportamento e a interação de cargas elétricas são importantes tópicos na física, mas eles também fornecem uma base para pensar sobre muitos aspectos da química. Para os nossos interesses atuais, apontaremos apenas duas ideias fundamentais sobre a carga elétrica. A primeira é que *cargas opostas se atraem e cargas semelhantes se repelem*. E a segunda é que *a carga elétrica é conservada*. Essas duas ideias têm implicações importantes para a formação de íons em processos químicos. Uma vez que a carga é conservada, podemos dizer que, caso converta um átomo ou uma molécula neutra em um íon, uma partícula com uma carga contrária – muito provavelmente um elétron ou outro íon – deve ser produzida ao mesmo tempo. Além disso, uma vez que cargas opostas se atraem, uma entrada de energia é sempre necessária para converter um átomo ou uma molécula neutra em um par de partículas com cargas opostas.

Descrição matemática

A afirmativa de que "opostos se atraem e semelhantes se repelem" pode ser quantificada matematicamente. A **lei de Coulomb**, da qual você deve se lembrar das aulas de física, descreve a interação de partículas carregadas. A atração de cargas opostas e a repulsão de cargas semelhantes são ambas descritas matematicamente por uma simples equação:

$$F = \frac{q_1 q_2}{4\pi\varepsilon_0 r^2} \tag{2.1}$$

Aqui q_1 e q_2 representam as cargas, ε_0 é uma constante chamada permissividade do vácuo e r é a distância entre as cargas. Já F é a força que os objetos exercem um no outro como um resultado de suas cargas. De acordo com essa equação, quando ambas as cargas têm o mesmo sinal – positiva ou negativa –, o valor resultante para a força é um número positivo. Quando as cargas são opostas, o valor é negativo. Isso está consistente com as convenções normais de sinais utilizadas na química e na física para força e energia; um valor negativo de F da Equação 2.1 indica uma força atrativa, e um valor positivo, uma força repulsiva.

Considere agora o efeito de variar a distância, r, entre os dois íons. Se duas partículas carregadas positivamente estão, de início, bem distantes (efetivamente distância infinita), o valor do termo r^2 no denominador da Equação 2.1 será muito grande. Isso por sua vez significa que a força F será muito pequena e então as partículas não irão interagir entre si de forma significativa. À medida que as duas cargas se aproximam, o termo r^2 no denominador diminui e a força (positiva) torna-se maior: as partículas se repelem. Se de alguma maneira forçamos as partículas a se aproximarem, a força repulsiva continuará a crescer. Essa dependência da distância na força coulombiana é ilustrada na **Figura 2.7**.

Íons e suas propriedades

Existem muitos cátions e ânions monoatômicos. Esses íons podem existir na fase gasosa e muitos são importantes na química atmosférica. Mas encontramos íons frequentemente quando lidamos com a química de substâncias dissolvidas na água. Por exemplo, os átomos de sódio *perdem* um elétron de maneira relativamente fácil para formar o cátion sódio, Na^+. Uma vez que ele ainda tem 11 prótons, esse íon retém o símbolo do sódio, contudo ele não se comporta de forma alguma como um átomo de sódio. Considere uma porção de batatas fritas. Você deve ter ouvido notícias sobre a grande quantidade de sódio em uma porção de fritas e as preocupações em relação aos possíveis efeitos à saúde do sódio em demasia na nossa alimentação. Essa afirmação pode ser confusa, porque aqui

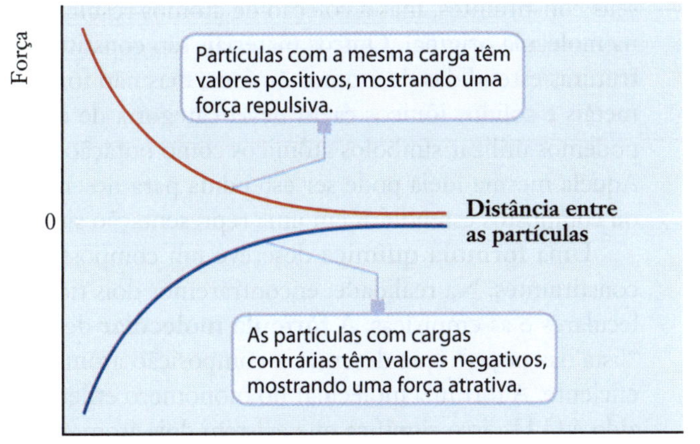

Figura 2.7 A figura mostra como a força coulombiana (Equação 2.1) varia com a distância *r* entre as duas partículas com cargas opostas ou semelhantes. Quando as cargas têm os mesmos sinais, as partículas se repelem, portanto o valor da força é positivo. Se as cargas têm sinais opostos, as partículas se atraem e o valor da força é negativo.

a palavra "sódio" não se refere ao sódio metálico. Na realidade, se colocarmos sódio metálico na nossa batata frita, o metal irá se incendiar! O sódio que ouvimos nas histórias de alimentação e saúde é na realidade o íon sódio, que é adicionado às batatas fritas quando nelas salpicamos sal. Muito sal pode ainda ser uma preocupação com a saúde, mas certamente não nos preocupamos com o fato de o sal se incendiar. Existe uma grande diferença entre íons e átomos, pelo menos nesse caso.

Em contraste ao sódio, o cloro *ganha* facilmente um elétron extra e forma um ânion, Cl^-. Novamente, existe uma diferença marcante entre o íon e o átomo de cloro. O sal de cozinha citado no parágrafo anterior é o cloreto de sódio, que contém ânions cloreto. Exatamente como o sódio, esses íons estão presentes na batata frita ou em qualquer outro alimento salgado. Os átomos de cloro, por sua vez, combinam-se em pares para formar o gás verde-amarelado, Cl_2, que irrita os pulmões e pode ser tóxico. ▸ O comportamento do íon é claramente muito diferente daquele do átomo ou da molécula neutra.

O gás cloro liberado em um acidente de trem em janeiro de 2005 na Carolina do Sul causou nove mortes e por dias forçou muitos moradores a abandonar suas casas. Como o cloro tem muitas aplicações importantes, ele é transportado em grandes quantidades e esses acidentes não são incomuns.

POR DENTRO DE Os polímeros normalmente não contêm íons. Mas os íons são importantes nas reações químicas utilizadas para produzir muitos plásticos comuns. Como resultado da sua carga elétrica, os íons são muito mais reativos que os átomos ou as moléculas neutras. Dessa forma, pequenas quantidades de íons geralmente são usadas para iniciar as reações químicas que unem os monômeros para formar os polímeros. O processo de dopagem utilizado para aumentar a condutividade do poliacetileno também introduz íons no material.

2.4 Compostos e ligações químicas

Uma concepção básica dos átomos é um ponto de partida para o entendimento das propriedades dos polímeros. Para começar a ver como as propriedades observáveis do polímero podem estar relacionadas à sua constituição atômica e molecular, precisaremos considerar as conexões entre os átomos. Quais átomos estão na realidade ligados a quem? E que tipos de conexões – ou **ligações químicas** – estão envolvidos? Começaremos novamente a estabelecer um vocabulário que nos ajude a entender os compostos e as ligações químicas que os mantêm juntos.

Fórmulas químicas

Um **composto químico** é uma substância pura constituída de átomos de dois ou mais elementos unidos por ligações químicas. Em qualquer composto, os átomos se combinam em proporções fixas de números inteiros. Em combinações desse tipo, a substância resultante comporta-se diferentemente dos átomos isolados. Em muitos compostos, os átomos combinam-se para formar partículas distintas chamadas **moléculas**. As moléculas podem ser quebradas em

Etileno, C_2H_4

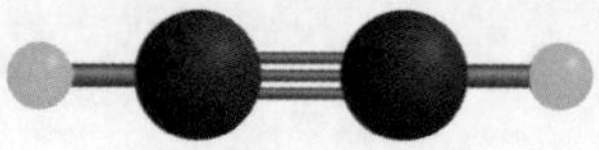

Acetileno, C_2H_2

seus constituintes, mas a coleção de átomos resultante não mais se comporta como na molécula original. Outros materiais são constituídos de um vasto arranjo ou estruturas estendidas de átomos ou íons, mas não formam moléculas distintas. Ligas, metais e sólidos iônicos caem nessa categoria de compostos químicos. Vimos que podemos utilizar símbolos atômicos como notação abreviada para designar átomos. Aquela mesma ideia pode ser estendida para descrever a composição de moléculas ou compostos estendidos em uma representação simbólica simples.

Uma **fórmula química** descreve um composto em termos de seus elementos constituintes. Na realidade, encontraremos dois tipos distintos de fórmulas: as moleculares e as empíricas. A **fórmula molecular** de um composto é uma espécie de "lista das peças", que descreve a composição atômica de uma molécula de maneira eficiente. A fórmula molecular do monômero etileno da qual o polietileno é produzido é C_2H_4; isso significa que existem dois átomos de carbono e quatro átomos de hidrogênio por molécula. A **fórmula empírica** fornece apenas a proporção relativa entre os números de átomos de diferentes elementos presentes. ◂ Vamos novamente considerar o etileno. A proporção de átomos de carbono em relação ao hidrogênio é 1:2. Logo, a fórmula empírica é CH_2. Ao lidar com uma fórmula empírica, é importante perceber que ela não diz quão grande ou pequena uma molécula individual do composto seria; ela fornece apenas os números de átomos de cada elemento. Geralmente, enfatizamos esse fato escrevendo um índice inferior "*n*" na fórmula total. Para o etileno, isso daria $(CH_2)_n$, o que significa que cada molécula deve conter um número inteiro de unidades CH_2. Para o acetileno, a fórmula molecular é C_2H_2 e a fórmula empírica é $(CH)_n$. Assim, embora ambos os compostos contenham apenas carbono e hidrogênio, suas fórmulas moleculares e empíricas revelam diferenças em suas estruturas.

Na Seção 3.5, aprenderemos a encontrar a fórmula empírica para um composto com base em dados experimentais.

POR DENTRO DE As fórmulas empíricas, ou uma variação secundária delas, são especialmente comuns quando lidamos com moléculas de polímeros. Uma vez que as moléculas de polímero são muito grandes, o número exato de unidades monoméricas em uma molécula geralmente não é muito importante. E, de fato, quase sempre o comprimento exato das cadeias de polímeros não é o mesmo para todas as moléculas em determinada amostra. Em vez disso, há normalmente uma faixa de comprimentos que existirão, dependendo de como o polímero é na realidade produzido. Desde que as cadeias estejam em uma faixa de comprimentos razoáveis, as propriedades macroscópicas do polímero não serão afetadas substancialmente. ◂ Logo, as fórmulas de polímeros são quase sempre escritas como fórmulas empíricas. A unidade repetidora com que cada molécula de monômero contribui é escrita entre parênteses ou colchetes, e um índice inferior *n* é utilizado para enfatizar que um grande número dessas unidades será encontrado em qualquer molécula individual. Para o polietileno, escreveríamos a fórmula $—[CH_2CH_2]_n—$. Os travessões foram adicionados para reforçar que essas unidades estão ligadas de ponta a ponta para construir a longa cadeia do polímero. Para as formas mais comuns de polietileno, o número de unidades monoméricas (isto é, o valor de *n*) é dezenas de milhares. Poderíamos escrever fórmulas similares para outros polímeros mencionados na seção de abertura.

Na seção "Por dentro de" de fechamento deste capítulo, veremos com mais detalhes a maneira como grandes variações no comprimento da cadeia influenciam as propriedades do polietileno.

Cloreto de polivinila: $—[CH_2CHCl]_n—$

Poliacetileno: $—[CHCH]_n—$

Existem quatro regras que nos permitem escrever a maioria das fórmulas de que precisaremos neste livro.

1. Indique os tipos de átomos na substância e seus símbolos atômicos.
2. O número de cada átomo no composto é indicado por um índice inferior à direita do símbolo atômico. Por exemplo, a fórmula química do etileno, C_2H_4, fornece que cada molécula contém dois átomos de carbono e quatro átomos de hidrogênio.
3. Grupos de átomos podem ser indicados com parênteses. Os índices inferiores fora dos parênteses significam que *todos* aqueles átomos entre os parênteses estão multiplicados pelo valor indicado no índice inferior.
4. As moléculas de água associadas a determinados compostos chamados **hidratos** são indicadas separadamente do resto do composto.

O Problema-modelo 2.2 mostra como interpretar fórmulas químicas invertendo algumas dessas regras.

POR DENTRO DE

PROBLEMA-MODELO ◀ 2.2

Um polímero não pode ser produzido geralmente por meio da mistura de uma grande amostra dos monômeros desejados. Em vez disso, compostos adicionais, chamados *iniciadores* ou *catalisadores*, são quase sempre necessários para iniciar uma polimerização. Um catalisador de polimerização é o cloreto de dietilalumínio, $Al(C_2H_5)_2Cl$. Quantos de cada tipo de átomos estão na molécula desse composto?

Estratégia Os índices inferiores em uma fórmula indicam quantos átomos de cada tipo estão na molécula. Os parênteses indicam um grupo de átomos e o índice inferior associado aos parênteses multiplica cada átomo no grupo.

Solução Em cada molécula de $Al(C_2H_5)_2Cl$, existem um átomo de alumínio, um átomo de cloro e dois grupos de C_2H_5. Cada um dos grupos C_2H_5 contém dois átomos de carbono e cinco átomos de hidrogênio. Multiplicamos esses números por dois, uma vez que existem dois grupos C_2H_5 presentes; logo temos quatro átomos de carbono e dez átomos de hidrogênio.

Discussão Seria mais fácil ver o número de átomos presentes se escrevêssemos essa fórmula como $AlC_4H_{10}Cl$. Pode parecer mais fácil, mas, quando a escrevemos como $Al(C_2H_5)_2Cl$, transmitimos na realidade algumas informações adicionais sobre a maneira como os átomos estão ligados entre si. Especificamente, mostramos que os átomos de carbono e hidrogênio estão arranjados como dois grupos C_2H_5 e que cada um desses grupos está ligado ao átomo de alumínio. Mais tarde aprenderemos que uma unidade C_2H_5 é chamada *grupo etila*.

Verifique seu entendimento Um composto com o nome bastante imponente de 2,2'-azo-bis-isobutironitrila é utilizado como iniciador do crescimento de alguns polímeros, como o cloreto de polivinila. Se a fórmula molecular é $C_8H_{12}N_4$, quantos de cada tipo de átomo estão em uma molécula do composto? Qual é a fórmula empírica desse composto?

Ligação química

Os átomos se combinam para produzir compostos pela formação de ligações químicas. Vários tipos diferentes de ligações químicas são possíveis, e ao aprendermos a reconhecê-las, nos ajudarão a entender algumas das propriedades de diversas substâncias.

Todas as ligações químicas compartilham duas características. Primeiro, todas as ligações envolvem troca ou compartilhamento de elétrons. Voltaremos a esse conceito quando investigarmos as reações químicas e as propriedades das moléculas. Depois, essa troca ou compartilhamento de elétrons resulta na diminuição da energia do composto em relação aos átomos separados. Uma ligação química não se formará, ou terá apenas uma ligeira existência, se ela pelo menos não diminuir a energia total da coleção de átomos envolvidos.

As ligações químicas podem ser divididas em três amplas categorias: iônica, covalente e metálica. Alguns compostos são constituídos de coleções de íons com cargas opostas que formam um extenso arranjo chamado **rede**. A ligação nesses compostos é denominada **ligação iônica**. Para formar os íons que constituem o composto, uma substância perde um elétron para se tornar um cátion, enquanto outra ganha um elétron para se transformar em um ânion. Podemos visualizar isso como a transferência de um elétron de uma espécie para outra. A **Figura 2.8** mostra esse conceito para um composto iônico, o NaCl.

Os compostos iônicos formam sistemas estendidos ou redes de cargas negativas e positivas alternadas, o que pode ser visto na **Figura 2.9.** ▸ Apesar de a fórmula NaCl indicar corretamente que o sódio e o cloro estão presentes em uma proporção de 1:1, não podemos na realidade identificar uma "molécula" individual de NaCl. Para enfatizar essa distinção, algumas vezes nos referimos a uma **fórmula unitária**, em vez de uma molécula, quando falamos sobre compostos iônicos. A fórmula unitária é a proporção de átomos em um composto iônico com os menores números inteiros.

As redes em geral são representadas em formas essencialmente cúbicas. Contudo, há 17 formas geométricas diferentes, só que nem todas são cúbicas.

Os metais representam outro tipo de sistema estendido, mas aqui a ligação química é totalmente diferente. Nos metais, os átomos estão novamente arranjados em uma rede, mas as espécies com cargas negativas e positivas não estão alternadas. Em vez disso, os núcleos e algumas frações de seus elétrons

Água, H_2O

Dióxido de carbono, CO_2

Propano, C_3H_8

compreendem um "cerne" carregado positivamente localizado nos pontos de rede, e outros elétrons movem-se mais ou menos livremente em toda a rede. Isso se chama **ligação metálica**. Ela leva à condutividade elétrica porque os elétrons podem mover-se facilmente através do material volumoso. A **Figura 2.10** mostra uma ilustração esquemática do conceito de ligação metálica.

Quando os elétrons são compartilhados entre pares de átomos, em vez de doados de um átomo para o outro, ou movem-se ao longo de uma rede inteira, temos **ligações covalentes**. Nessas ligações, os elétrons geralmente são compartilhados em pares. Dois elétrons (e algumas vezes quatro ou seis) estão localizados entre dois núcleos, e o compartilhamento leva a uma atração entre esses núcleos. As longas cadeias em todos os polímeros são formadas por ligações covalentes nas quais os elétrons estão compartilhados entre átomos de carbono adjacentes. Moléculas mais familiares e muito menores, como a água, o dióxido de carbono e o propano, são exemplos mais simples. Todos os três tipos de ligações químicas serão abordados com mais detalhes nos Capítulos 7 e 8.

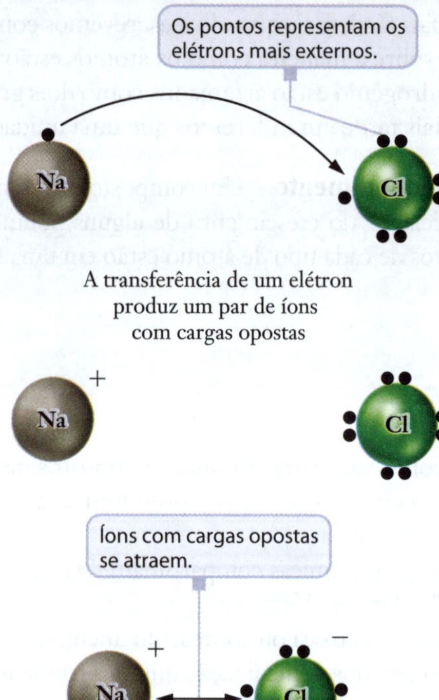

Figura 2.8 Uma ilustração conceitual mostra a transferência de um elétron do átomo de sódio para um átomo de cloro com a formação de um par de íons (Na^+ e Cl^-). Assim que ocorre a transferência de elétron, a força coulombiana puxa os íons para próximo um do outro.

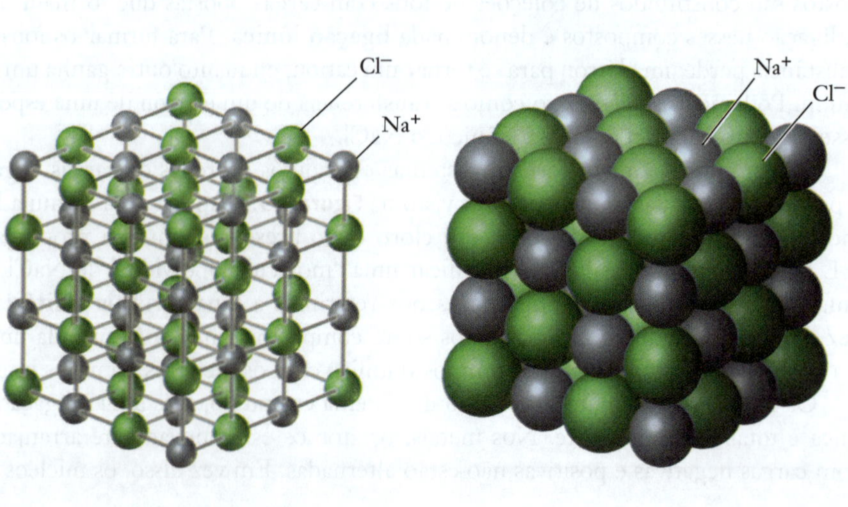

Figura 2.9 Duas representações diferentes da estrutura cristalina do NaCl. Em cada caso, as esferas verdes representam os ânions de cloro e as esferas cinza indicam os cátions sódio. A visualização à esquerda enfatiza as posições dos íons e a da direita ilustra melhor os tamanhos relativos. Em um cristal de sal macroscópico, íons adicionais simplesmente estendem essa estrutura e repetem o mesmo padrão alternante.

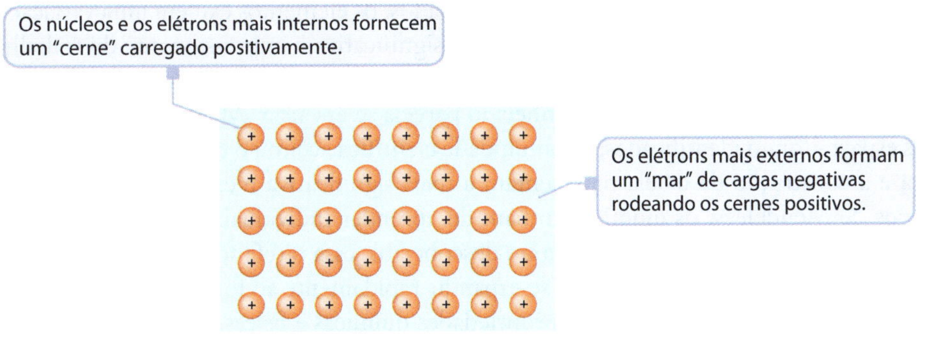

Figura 2.10 Nessa representação conceitual simplificada de ligação metálica, cada átomo metálico contribui com um ou mais elétrons para um "mar de elétrons" móvel. A habilidade dos elétrons para se moverem livremente através desse "mar" permite que o metal conduza eletricidade. Aqui a área clara representa esses elétrons móveis (ou "deslocalizados"), e os círculos indicam os "cernes", carregados positivamente, dos átomos individuais.

As moléculas de polímeros são construídas pela adição sucessiva de monômeros para formar espinhas dorsais de cadeia longa características. As ligações que unem os monômeros entre si, bem como as ligações entre os átomos dentro de cada unidade monomérica, são ligações covalentes. A ligação iônica é importante em muitos compostos que são utilizados para iniciar ou manter as reações necessárias para crescer um polímero.

POR DENTRO DE Dissemos que os metais são condutores elétricos porque contêm elétrons móveis. Isso deve fazer sentido, pois uma corrente elétrica é realmente apenas um fluxo de elétrons. Assim, a fim de produzir um polímero condutor, precisaríamos de um material cuja estrutura permita que os elétrons se movam com facilidade. Como veremos no Capítulo 7, uma maneira de conseguir isso é utilizar uma estrutura na qual a "espinha dorsal" do carbono consiste em alternar ligações simples e duplas. De modo a atingir níveis úteis de condutividade, geralmente, também é necessário introduzir vestígios de outros elementos no polímero.

2.5 A tabela periódica

Uma das mais reconhecidas ferramentas da química é a tabela periódica. Ela é exibida em praticamente todas as salas de aula de química, e muitos químicos possuem camisetas, gravatas ou canecas em que a tabela periódica aparece como uma insígnia de honra. Por que os químicos têm tanta consideração com essa tabela? Desde que você esteja familiarizado, ela resume uma riqueza de informações sobre o comportamento dos elementos, organizando-os simultaneamente em ordem crescente de número atômico e em grupos de acordo com o comportamento químico. Um químico experiente pode obter uma ideia preliminar das propriedades de um elemento simplesmente pela localização dele na tabela.

Podemos hoje comprar ou obter na internet versões artísticas da tabela periódica, codificadas por cores para exibir as propriedades de interesse específico para diferentes aplicações. Mas como muitos desenvolvimentos na ciência, o aparecimento do que hoje aceitamos como a tabela periódica foi acompanhado por algum grau de controvérsia. Muitos cientistas planejaram vários esquemas para arranjar os elementos. Essas tentativas de organizar o entendimento dos elementos, entretanto, não foram muito bem recebidas. ▸ Uma proposta de John Newlands em 1866 agruparia os elementos de maneira similar às oitavas musicais. Com risos, essa ideia foi literalmente desprezada durante um encontro científico, em que um crítico sarcasticamente perguntou se ele havia tentado uma ordem alfabética, pois "qualquer arranjo apresentaria coincidências ocasionais".

Uma das dificuldades que persistiu no desenvolvimento da tabela periódica foi a controvérsia sobre atribuir as massas atômicas. Sem uma escala única para elas, os cientistas tiravam diferentes conclusões de como arranjar os elementos "em ordem".

Apesar do ceticismo da comunidade científica do século XIX, esforços para organizar os elementos persistiram. Numerosas observações sugeriam uma regularidade, ou **periodicidade**, no comportamento dos elementos conhecidos até então. Em 1869, o cientista russo Dmitri Mendeleev publicou a sua primeira tabela periódica e enumerou a **lei periódica**: quando apropriadamente arranjados, os elementos exibem uma variação regular e periódica nas suas propriedades químicas. A característica mais significativa e impressionante do trabalho de Mendeleev foi a previsão que ele fez sobre a existência de elementos ainda não descobertos. Em sua tabela proposta, ele deixou lacunas nas posições onde nenhum elemento conhecido parecia se encaixar. Mais tarde, quando os elementos para preencher esses espaços foram identificados, a comunidade científica aceitou o trabalho de Mendeleev. A descoberta da lei periódica e a construção da tabela representam a mais significativa e criativa visão na história da química. Antes dos tempos de Mendeleev, os químicos tinham de aprender individualmente as propriedades de cada elemento. E à medida que mais e mais elementos eram descobertos, essa tarefa tornava-se cada vez mais assustadora. A tabela periódica ajudou o estudo da química a se expandir rapidamente ao fornecer uma maneira simples e visual para organizar os elementos em termos de suas propriedades químicas e físicas.

Períodos e grupos

A tabela periódica moderna arranja os elementos simultaneamente em duas importantes maneiras: as linhas horizontais, chamadas **períodos**, e as colunas verticais, chamadas **grupos**. O termo "período" é usado para as linhas porque muitas propriedades importantes dos elementos variam sistematicamente à medida que avançamos ao longo da linha. A **Figura 2.11** mostra um gráfico da densidade dos elementos, todos em seu estado sólido, como uma função do número atômico. Com o gráfico, é claro que a densidade varia de acordo com um padrão razoavelmente regular que vai por uma série de mínimo e máximo. São utilizadas diferentes cores para demonstrar os dados apontados nesse gráfico e como a variação na densidade está relacionada com a posição na tabela periódica. Cada cor representa um período (linha) na tabela. Uma vez que os elementos na tabela periódica estão arranjados em ordem crescente de número atômico, avançar ao longo de cada segmento do gráfico corresponde a avançar da esquerda para a direita ao longo da linha correspondente da tabela periódica. Você pode ver rapidamente que, à medida que movemos ao longo de um período dessa maneira, a densidade dos elementos é inicialmente pequena, aumenta até passar através de um máximo e então diminui de novo. A **Figura 2.12** mostra os mesmos dados, com a densidade representada pelo sombreamento de cada caixa de elemento. Essa representação mostra claramente como a densidade dos elementos varia regularmente ao longo de cada período da tabela. As linhas na tabela são numeradas de 1 a 7, sequencialmente, de cima para baixo.

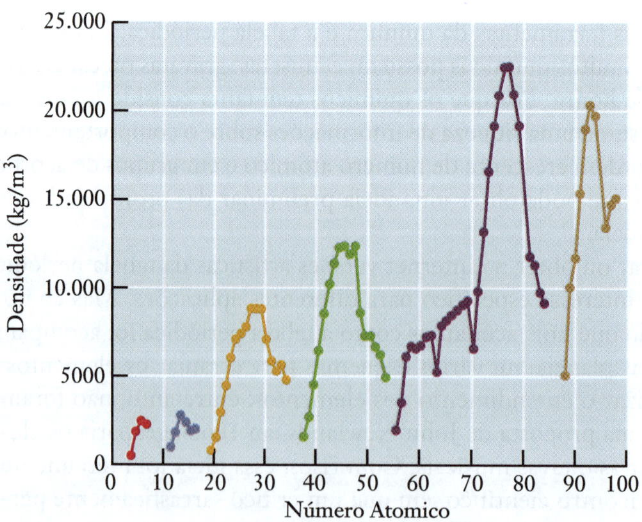

Figura 2.11 A densidade dos elementos nos seus estados sólidos é colocada no gráfico como uma função do número atômico. Aqui a densidade está em unidades de kg m^{-3}. As várias cores representam os diferentes períodos (linhas) na tabela periódica. Observe como o mesmo padrão geral se repete à medida que avançamos ao longo de cada linha: a densidade é baixa na ponta à esquerda da linha (grupo 1), aumenta até um máximo e, então, diminui à medida que continuamos a avançar da esquerda para a direita ao longo da tabela. (Apenas aqueles elementos que existem como sólidos sob condições normais são mostrados.)

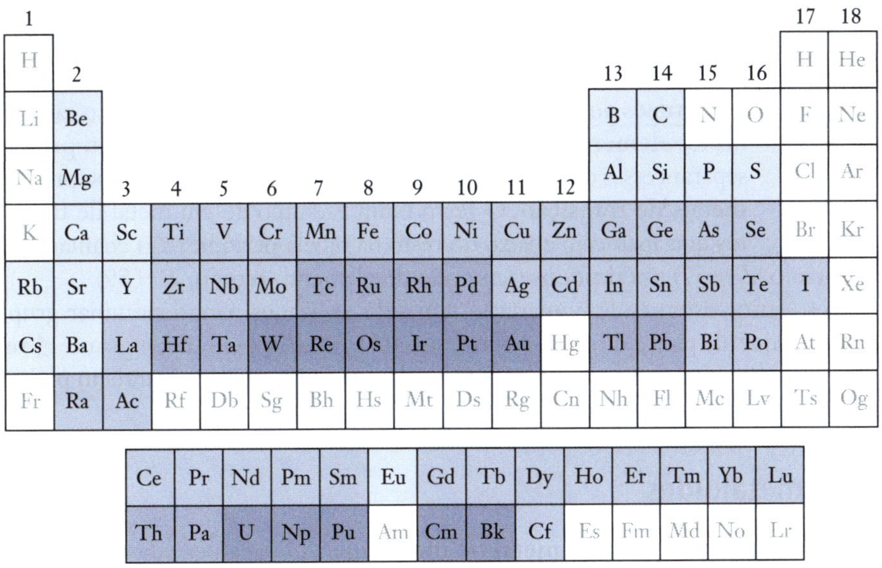

Figura 2.12 Os dados da Figura 2.11 são apresentados aqui de uma forma diferente. O sombreamento dos quadrinhos na tabela periódica representa a densidade de cada elemento; o sombreamento mais escuro indica densidade mais alta. As tendências gerais na densidade são aparentes à medida que você olha ao longo de uma linha ou de cima para baixo em uma coluna.

Apesar de as propriedades dos elementos variarem extensamente ao longo de um período, cada coluna junta elementos que têm propriedades químicas similares. O gráfico da **Figura 2.13** mostra o número de átomos de hidrogênio com o qual cada elemento se combinará e a variação regular demonstra claramente que essa é uma propriedade periódica. Os elementos em um grupo (coluna) combinam-se com o mesmo número de átomos de hidrogênio. Por exemplo, o flúor, o cloro e o bromo se combinam com um átomo de hidrogênio, e todos estão no mesmo grupo.

Esses tipos de similaridades químicas estavam entre as evidências que levaram ao desenvolvimento da tabela periódica e é por isso que alguns dos grupos existem desde antes da aceitação da tabela. A esses grupos foram atribuídos nomes, os quais permaneceram com eles. Assim, os elementos na coluna bem na extremidade esquerda da tabela periódica (Li, Na, K, Rb e Cs) são conhecidos coletivamente como **metais alcalinos**. De maneira similar, Be, Mg, Ca, Sr e Ba são chamados **metais alcalinos terrosos**; e F, Cl, Br e I são chamados **halogênios**. Os elementos He, Ne, Ar, Kr e Xe, denominados **gases raros ou nobres**, foram descobertos muito tempo depois da maioria dos

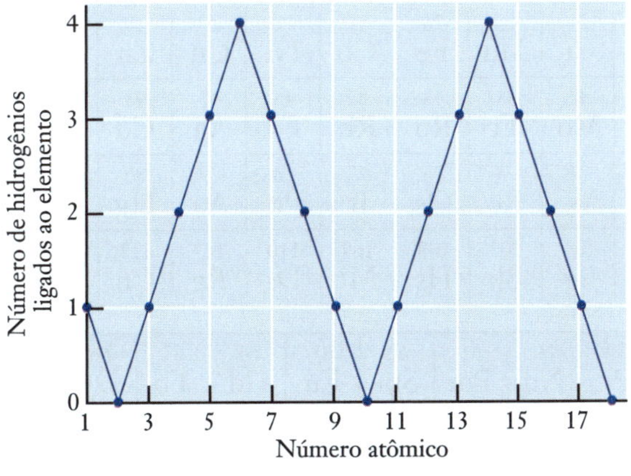

Figura 2.13 O gráfico mostra o número de átomos de hidrogênio com o qual um átomo individual de vários elementos se combina. A periodicidade dessa propriedade química está evidente no gráfico cíclico.

Os elementos dos gases nobres eram chamados de gases inertes porque se considerava que eles eram completamente não reativos. Atualmente, são conhecidos vários compostos de gases nobres e por isso o termo inerte *não é mais usado.*

outros elementos. ◂ Outros grupos também são denominados, mas como são menos utilizados, não serão mencionados aqui.

Existem também nomes para as diferentes regiões da tabela. Os elementos nos dois grupos do lado esquerdo e os seis grupos do lado direito são coletivamente chamados **elementos representativos ou elementos do grupo principal**. Aqueles que separam essas duas partes dos grupos representativos no corpo principal são chamados **metais de transição**. O ferro é um exemplo de um metal de transição. Os elementos que aparecem abaixo do resto da tabela periódica são chamados **lantanídeos** (por causa do elemento lantânio, Z = 57) e **actinídeos** (em razão do elemento actínio, Z = 89).

Além desses nomes, vários sistemas de numeração têm sido utilizados para denominar grupos. A convenção atual impõe numerar da esquerda para a direita do número 1 até o 18. Por exemplo, o grupo 14 refere-se ao grupo que contém C, Si, Ge, Sn e Pb. Usaremos esses números 1-18 neste livro, mas você também pode encontrar esquemas descritivos mais antigos em outros lugares.

Metais, ametais e metaloides

Outra maneira de classificação é a de **metal**, **ametal** ou **metaloide**. A tabela periódica arranja convenientemente os elementos de tal forma que uma pessoa pode colocá-los facilmente dentro dessas categorias. ◂

À medida que nos movemos pela tabela periódica, as propriedades atômicas variam gradualmente, em vez de forma abrupta. As vizinhanças entre as categorias são ambíguas em algumas formas.

A maioria dos elementos é composta por metais. Na tabela periódica, geralmente eles se localizam à esquerda e embaixo, o que pode ser visto no sombreamento da tabela, na **Figura 2.14**. Os metais compartilham um número de similaridades nas propriedades químicas e físicas. Fisicamente, são lustrosos, maleáveis e dúcteis (o que significa que podem ser transformados em fios). Eles podem também conduzir eletricidade, razão pela qual os fios são sempre feitos de metais. As propriedades químicas também podem ser utilizadas para distinguir os metais. Os elementos metálicos tendem a formar cátions na maioria de seus compostos, por exemplo.

Os ametais ocupam a parte superior à direita da tabela periódica. Existem menos ametais que metais. Quando consideramos a importância relativa dos elementos, os ametais têm seus próprios destaques por causa do papel que

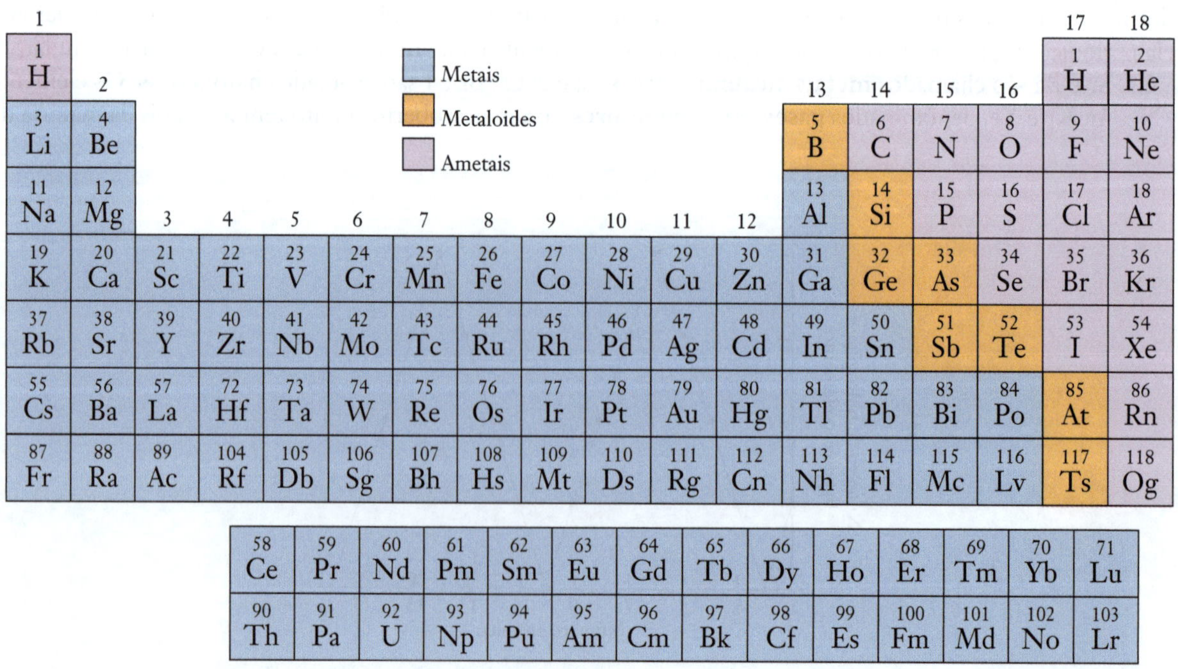

Figura 2.14 As cores nesta tabela periódica identificam cada elemento como metal, ametal ou metaloide. Observe como os metais são agrupados em direção à esquerda e embaixo da tabela e os ametais estão no sentido da direita superior.

desempenham na química dos seres vivos. A maioria das moléculas que constituem o corpo humano consiste predominante ou exclusivamente em elementos ametálicos, como carbono, hidrogênio, oxigênio, nitrogênio, enxofre e fósforo. Como os exemplos até aqui podem levá-lo a supor, os polímeros também consistem quase exclusivamente em elementos ametálicos. Em contraste aos metais, os ametais não são lustrosos, maleáveis ou dúcteis, nem são bons condutores de eletricidade. Podemos então distinguir os metais dos ametais por meio dessas propriedades físicas. Quimicamente, os ametais tendem a formar ânions, e não cátions.

Determinar se um elemento é metal ou ametal parece ser simples com base nas propriedades físicas citadas anteriormente. Contudo, alguns elementos não podem ser assim classificados. A pergunta sobre o fato de uma substância conduzir ou não eletricidade, por exemplo, nem sempre apresenta um sim ou um não como resposta. Não há ainda uma maneira confiável de traçar um limite claro entre as duas categorias e os cientistas geralmente têm escolhido se referir aos casos intermediários como metaloides ou **semimetais**. Na tabela periódica, os metaloides estão alocados ao longo de um caminho diagonal, como mostra a Figura 2.14. Essa categorização fornece uma flexibilidade útil e também enfatiza que as propriedades variam de forma gradual, em vez de abruptamente, à medida que atravessamos ou descemos na tabela periódica.

POR DENTRO DE Todas as moléculas poliméricas que mencionamos são baseadas em carbono, assim como inteiramente seus esqueletos. Como os elementos em um mesmo grupo da tabela periódica têm comportamento químico similar, você pode estar se perguntando se polímeros similares poderiam ser produzidos com base no silício, que aparece logo abaixo do carbono no grupo 14. Os polímeros baseados em silício, conhecidos como silicones, existem, mas eles se diferem daqueles de carbono de várias formas importantes. As ligações covalentes podem ser formadas entre os átomos de silício, mas elas não são tão fortes como aquelas entre os átomos de carbono. Assim, as cadeias de átomos de silício tornam-se instáveis acima de um comprimento em torno de dez átomos, e os análogos de silício de alguns polímeros como o polietileno não podem ser produzidos. Em vez de silício puro, as cadeias da espinha dorsal dos polímeros de silício consistem em átomos de silício e de oxigênio alternados. ▸ A ligação Si–O é forte o suficiente para permitir que essas cadeias cresçam de forma bem longa. Átomos ou grupos de átomos adicionais ligados ao silício influenciam as propriedades do polímero. A variedade de polímeros que podem ser produzidos não é nem aproximadamente tão diversa quanto para o carbono, mas os polímeros de silicone são muito utilizados em aplicações, incluindo graxas, materiais de calefação, repelentes de água e tensoativos. Como os silicones podem suportar temperaturas altas, também são largamente utilizados em utensílios de cozinha e panelas.

As proteínas são polímeros naturais cujas espinhas dorsais incluem carbono, oxigênio e nitrogênio. O arranjo específico desse tipo de espinha dorsal é chamado ligação peptídica.

2.6 Química inorgânica e orgânica

Da mesma forma que é possível dividir a engenharia em várias especialidades, a química também pode ser vista como uma coleção de subáreas. As duas mais fundamentais são a **química orgânica** e a **química inorgânica**. ▸ Esses nomes surgiram do fato de que a química orgânica teria sido definida como a química dos seres vivos. Uma definição mais moderna é que a química orgânica é o estudo de compostos do elemento carbono. Como vimos, isso inclui moléculas biológicas naturais e também aproximadamente todos os polímeros sintéticos. A química inorgânica é o estudo de todos os outros elementos e seus compostos. À primeira vista, isso pode parecer uma distinção grotesca em razão de o carbono ser apenas um elemento entre mais de 100 na tabela periódica. Mas a química do carbono é tão rica, diversa e importante que os químicos orgânicos, na realidade, excedem em número os químicos inorgânicos. Como este livro planeja apresentar uma visão geral dos importantes princípios químicos, focaremos mais nossa atenção no comportamento de moléculas que na investigação dos detalhes de uma das subáreas. Nesta seção, descreveremos rapidamente algumas similaridades e diferenças importantes entre as químicas orgânica e inorgânica e apresentaremos a terminologia e a notação de que necessitaremos à medida que progredirmos na leitura do livro.

A divisão da química em subdisciplinas é um artifício histórico. Muito da pesquisa moderna em química ocorre na interface de duas ou mais subdisciplinas.

Química inorgânica – grupos representativos principais e metais de transição

Muitos compostos inorgânicos existem como moléculas relativamente pequenas cujos átomos estão unidos por ligações covalentes. Um deles é o tetracloreto de silício, $SiCl_4$, que tem importantes utilizações na produção de semicondutores.

Figura 2.15 Essa figura apresenta três representações do $SiCl_4$. No desenho à esquerda, cada átomo é representado por seu símbolo e as linhas entre os símbolos representam ligações químicas. No centro do quadro está um modelo de "esfera e palito", em que cada átomo é uma esfera e as ligações são mostradas como palitos unindo as esferas. À direita, está um modelo de "preenchimento de espaço", em que os átomos são mostrados como esferas que se superpõem fortemente entre si. Cada tipo de modelo é normalmente utilizado e apresenta vantagens e desvantagens.

Os triângulos sólidos e pontilhados na estrutura à esquerda indicam que um dos átomos de cloro estaria na frente do plano da página e o outro atrás do plano.

A **Figura 2.15** apresenta algumas representações visuais do $SiCl_4$, ajudando a ilustrar como os seus átomos estão na realidade arranjados dentro da molécula. Quatro átomos de cloro rodeiam um átomo central de silício e cada cloro compartilha um par de elétrons com o silício.

Estudaremos detalhadamente ligação química e formas moleculares no Capítulo 7.

O silício e o cloro são elementos do grupo representativo e encontrados nos grupos 14 e 17 da tabela periódica, respectivamente. Como mencionado na seção anterior, os elementos do mesmo grupo tendem a exibir propriedades químicas similares. Assim, uma vez que sabemos que o $SiCl_4$ existe, poderíamos esperar que outros pares de elementos dos mesmos grupos formem compostos similares. E essa previsão está correta: compostos como $SnCl_4$ e CF_4 existem e têm estruturas e ligações análogas àquelas da Figura 2.15 para o $SiCl_4$.

Outros compostos dos elementos do grupo representativo formam estruturas iônicas prolongadas, como aquelas do NaCl na Figura 2.9. Mas, apesar das diferenças nos tipos de ligações químicas empregadas, podemos ainda prever facilmente que compostos similares devem existir para outros pares de elementos de mesmos grupos. Na tabela periódica, vemos que o sódio está no grupo 1 e o cloro no grupo 17. Podemos, então, esperar que outros pares de elementos dessas colunas da tabela também formarão sólidos iônicos. Novamente, nossa previsão está correta: compostos como LiCl, NaF e KBr têm estruturas análogas àquela do NaCl. A razão para a existência desses compostos similares é simples. Todos os metais do grupo 1 formam cátions com uma carga 1^+ e todos os elementos do grupo 17 formam ânions com uma carga 1^-. Quaisquer desses cátions podem combinar com quaisquer desses ânions em uma proporção de 1:1 para formar compostos neutros.

A química dos metais de transição é um pouco mais complicada que aquela dos elementos do grupo representativo, uma vez que muitos metais de transição podem formar múltiplos cátions com cargas diferentes. O ferro normalmente forma dois cátions monoatômicos diferentes: Fe^{2+} e Fe^{3+}. Como resultado, o ferro pode formar um conjunto mais diverso de compostos que os metais do grupo 1. Ele pode se combinar com o cloro para formar $FeCl_2$ ou $FeCl_3$, compostos com propriedades físicas diferentes (**Figura 2.16**). Em razão de poderem formar múltiplos

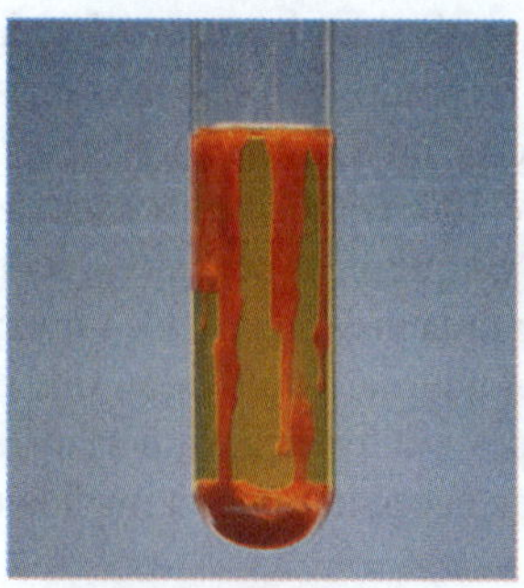

Cloreto de ferro (III), $FeCl_3$
(Em formato sólido no fundo do tubo de ensaio)
Cor laranja-escuro
Densidade 2,90 g cm^{-3}
Funde a 306 °C

Cloreto de ferro (II), $FeCl_2$
Cor amarelo-esverdeado
Densidade 3,16 g cm^{-3}
Funde a 670 °C

Figura 2.16 Os metais de transição normalmente formam mais de um tipo de cátion, o que lhes confere uma química muito diversificada. O ferro, por exemplo, forma cátions com cargas tanto 2+ quanto 3+ e isso permite criar dois compostos iônicos diferentes com o cloro. O $FeCl_2$ e o $FeCl_3$ têm aparências e propriedades diferentes.

cátions, a química dos metais de transição não varia nitidamente de grupo para grupo. Independentemente da posição na tabela periódica, por exemplo, a maioria dos metais de transição pode formar cátions com uma carga 2+. Assim, previsões baseadas simplesmente no número do grupo não são confiáveis aqui como o são para os elementos representativos. Quando se consideram metais de transição e seus compostos, devemos confiar mais no conhecimento da química específica de cada elemento.

Química orgânica

Todos os compostos orgânicos consistem em "esqueletos" de carbono similares àqueles que vimos na introdução aos polímeros. Outros elementos frequentemente encontrados nos compostos orgânicos são hidrogênio, oxigênio e nitrogênio. Apesar dessa pequena lista, existem mais de 18 milhões de compostos orgânicos. Esse vasto número de compostos surge de alguns aspectos não usuais da química do carbono propriamente dita. Mais importante, os átomos de carbono ligam-se facilmente entre si para formar cadeias que podem crescer bastante. Muitas das moléculas de polímeros abordadas neste capítulo contêm milhares de átomos de carbono. Além disso, algumas dessas cadeias são retas, enquanto outras são ramificadas em um ou mais lugares. Por fim, qualquer par de átomos de carbono pode se ligar entre si de três maneiras diferentes, compartilhando um, dois ou três pares de elétrons. Quando tomados conjuntamente, esses fatores permitem ao carbono formar um vasto conjunto de compostos.

A diversidade dos compostos orgânicos apresenta alguns desafios. Não é raro que vários compostos orgânicos diferentes tenham a mesma fórmula molecular, por exemplo, mas é possível que exibam diferentes propriedades, o que dependerá exatamente de como os átomos se arranjam dentro das moléculas. (Compostos diferentes com a mesma fórmula molecular são chamados *isômeros*.) Dessa forma, os químicos orgânicos devem representar as moléculas não apenas por meio de suas fórmulas, mas por alguma maneira que também transmita informações importantes sobre o arranjo dos átomos. Isso pode ser feito com a utilização de fórmulas estruturais do tipo que vimos na Figura 2.15. No entanto, como os químicos orgânicos lidam com compostos muito grandes e estruturas complexas, essa opção é algo de difícil manejo. Uma notação abreviada conhecida como **estrutura de linhas** surgiu como o método mais comum para descrever compostos orgânicos de forma simples e clara. A estrutura de linhas é uma versão modificada da fórmula estrutural, em que linhas são usadas para representar as ligações entre os átomos. Em um desenho de linha, muitos dos símbolos dos elementos são omitidos. Por definição, um composto orgânico é baseado em átomos de carbono. Assim, para diminuir a desordem em um desenho de linha, os símbolos "C" para os átomos de carbono não são escritos. Além disso, como os compostos orgânicos quase sempre contêm muitos átomos de hidrogênio, o símbolo "H" para qualquer átomo de hidrogênio que esteja ligado diretamente ao átomo de carbono também não é escrito. Os símbolos são escritos para quaisquer outros elementos diferentes do carbono e do hidrogênio, bem como para quaisquer átomos de hidrogênio que não estejam diretamente ligados ao carbono. Podemos ilustrar a relação entre uma fórmula estrutural e o desenho de linha no Problema-modelo 2.3.

POR DENTRO DE

PROBLEMA-MODELO ◂ 2.3

O metacrilato de polimetila é largamente conhecido como Plexiglas®. A fórmula estrutural para o monômero, metacrilato de metila, é mostrada adiante. Escreva a estrutura de linhas correspondente para o metacrilato de metila:

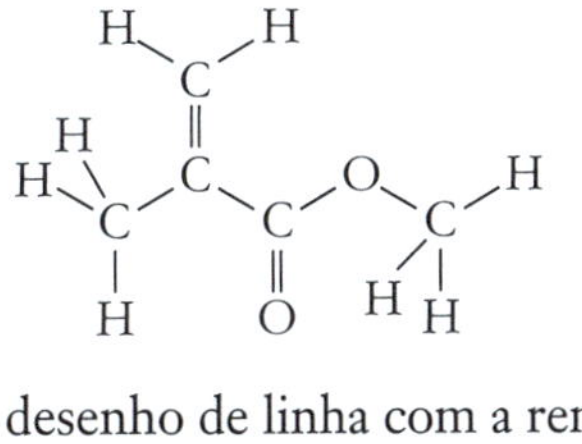

Estratégia Convertemos a estrutura em um desenho de linha com a remoção dos símbolos para todos os átomos de carbono e para os átomos de hidrogênio diretamente ligados aos carbonos. As ligações com ou entre os átomos de carbono permanecem, de tal forma que as posições do átomo de carbono tornam-se interseções entre linhas ou pontas de linhas. As ligações entre os átomos de carbono e hidrogênio são omitidas.

Solução Inicialmente, removeremos os símbolos e as ligações com todos os átomos de hidrogênio, uma vez que eles estão todos ligados diretamente ao carbono:

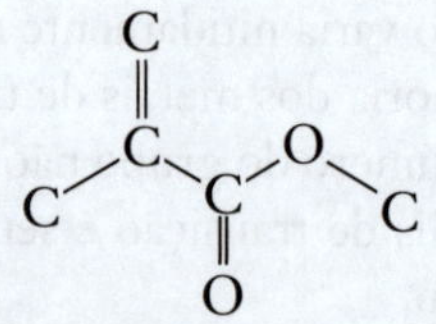

Em seguida, removemos os símbolos para os átomos de carbono, deixando intactas as linhas que representam as ligações restantes. Isso nos fornece a estrutura de linhas final:

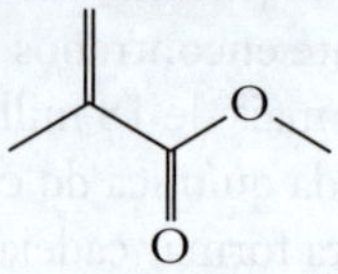

Discussão A estrutura de linhas é muito mais compacta que a fórmula estrutural original. Um químico experiente reconhece rapidamente onde estão os átomos não mostrados.

Verifique seu entendimento A fórmula estrutural para o estireno, que é o monômero para o plástico comum poliestireno, é mostrada adiante. Converta-a em um desenho de linha.

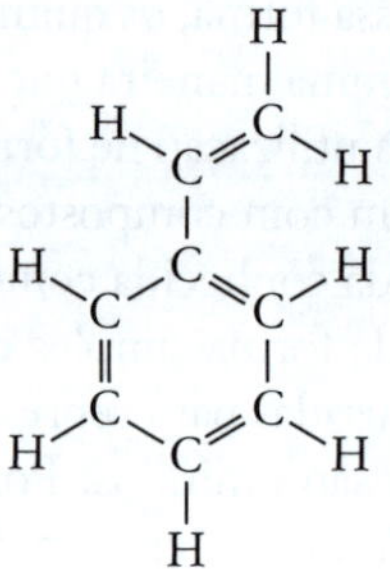

Utilizaremos essas estruturas de linhas no livro todo. Você pode encontrá-las também em outros lugares, como em bulas de medicamentos. Em muitos casos, será necessário interpretar o desenho de linha para determinar a fórmula molecular. Você deve desenvolver uma maneira de executar essa função sistematicamente. Além das regras que utilizamos antes para transformar um diagrama estrutural em um desenho de linhas, precisaremos introduzir duas generalizações importantes sobre ligação química:

1. Um átomo de hidrogênio em uma molécula orgânica pode formar apenas uma ligação covalente com outro átomo.
2. Cada átomo de carbono em uma molécula orgânica sempre forma exatamente quatro ligações covalentes.

Combinados, esses dois fatos nos permitem preencher todos os átomos de carbono e hidrogênio que não estão explicitamente escritos em uma estrutura de linhas. Adicionamos então átomos de hidrogênio, o que é necessário para fazer com que cada átomo de carbono perfaça o número de até quatro ligações. O Problema-modelo 2.4 ilustra esse processo.

POR DENTRO DE

PROBLEMA-MODELO ◂ 2.4

Um plástico resistente à temperatura chamado óxido de polifenileno é um componente-chave de resinas como a Noryl® da GE, que é largamente utilizada em gabinetes de computadores e painéis automotivos. A estrutura de linhas, apresentada a seguir, representa o 2,6-dimetilfenol, que é o monômero do qual o óxido de polifenileno é fabricado. Qual é a fórmula molecular para o 2,6-dimetilfenol?

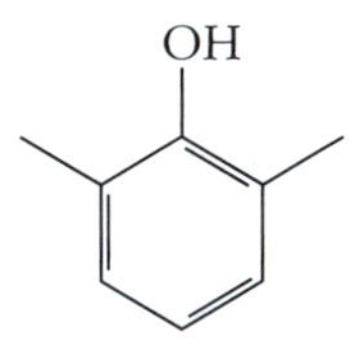

Estratégia Inicialmente, podemos desenhar os átomos de carbono nas posições apropriadas. Então, adicionaremos os átomos de hidrogênio necessários. Uma vez que os átomos foram identificados, será fácil contá-los para produzir a fórmula exigida.

Solução Colocamos um átomo de carbono na ponta de uma linha ou na interseção entre elas:

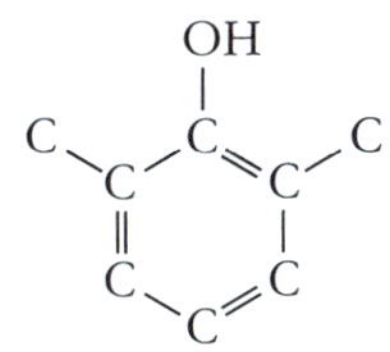

Em seguida, contamos os números de ligações mostradas para cada carbono. Se o número for três ou menos, adicionaremos os átomos de hidrogênio necessários para perfazer quatro:

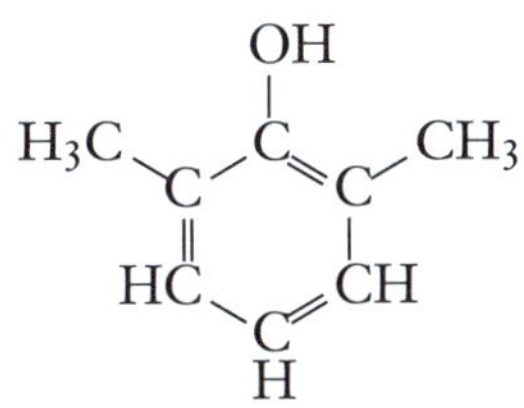

Agora todos os átomos são mostrados explicitamente. Contando-os, chegaremos à fórmula molecular $C_8H_{10}O$.

Discussão As linhas duplas no anel nessa estrutura representam ligações duplas, em que dois pares de elétrons estão compartilhados entre dois átomos. Observe que, ao localizarmos os átomos de carbono, tratamos as linhas duplas da mesma forma que fizemos com as linhas simples: cada interseção representa um átomo de carbono, não importando quantas linhas se encontram.

Verifique seu entendimento O polímero polivinilpirrolidona era utilizado na fabricação de laquês. Atualmente, é o material que mantém unidas as placas de compensado. A estrutura para o monômero vinilpirrolidona é mostrada adiante. Encontre a fórmula molecular correspondente.

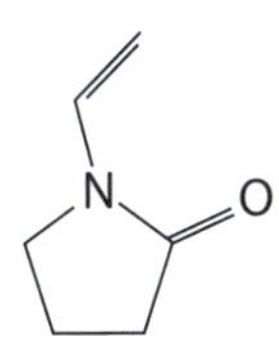

Grupos funcionais

Dado o vasto número de compostos orgânicos, é necessário entender de forma sistemática a química deles. Um dos conceitos mais importantes para um químico orgânico é a ideia de que determinados arranjos de átomos tendem a exibir propriedades químicas semelhantes quando eles aparecem juntos. Esse arranjo de átomos é chamado **grupo funcional**. Um dos grupos funcionais mais simples e central para muitas reações de polimerização é um par de átomos de carbono unido por uma ligação dupla. Se a ligação dupla é convertida em uma ligação simples, cada átomo de carbono pode formar uma nova ligação com outro átomo. Dessa forma, a reação característica de uma ligação dupla carbono-carbono é uma **reação de adição**, na qual os novos átomos ou grupo de átomos são ligados a uma molécula.

O papel das reações de adição na produção de polímeros será examinado na Seção 2.8.

◂As estruturas de linhas facilitam a identificação de qualquer grupo C═C em uma molécula e também a localização das posições nas quais as reações de adição são factíveis.

Os compostos orgânicos mais simples são os **hidrocarbonetos**, moléculas que contêm apenas átomos de carbono e hidrogênio. Podemos imaginar a formação de moléculas mais complicadas substituindo um ou mais átomos de hidrogênio de um hidrocarboneto por um grupo funcional. Os compostos nos quais um átomo de hidrogênio é substituído por um grupo —OH, por exemplo, são coletivamente denominados álcoois. ◂ A presença do grupo —OH transfere determinadas propriedades a essa classe de moléculas, como a habilidade de misturar-se com água em uma extensão muito maior que os correspondentes hidrocarbonetos. Geralmente, a noção de grupos funcionais influencia a maneira que escolhemos para escrever fórmulas químicas. Se a fórmula química para um álcool é escrita de tal forma que o grupo —OH é enfatizado, será mais fácil reconhecer que esse grupo está presente. Logo, a fórmula para o álcool mais simples, o metanol, é frequentemente escrita como CH_3OH, em vez de CH_4O. De forma similar, o etanol é geralmente escrito como C_2H_5OH, em vez de C_2H_6O. Outros grupos funcionais comuns estão listados na **Tabela 2.4**.

Nem todos os compostos orgânicos que contêm -OH são álcoois. Os ácidos carboxílicos contêm um grupo funcional -COOH, por exemplo.

Tabela ▪ 2.4

Alguns grupos funcionais comuns

Grupo funcional	Classe de compostos	Exemplo
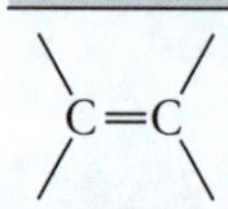	Alcenos	Etileno
—C≡C—	Alcinos	Acetileno ◂
—X (X = F, Cl, Br, I)	Haletos orgânicos	Cloreto de metila
—OH	Álcoois, fenóis	Etanol, fenol
C—O—C	Éteres	Éter dietílico
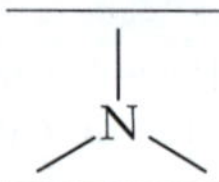	Aminas	Metilamina
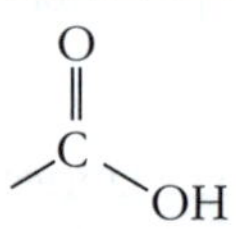	Ácidos carboxílicos	Ácido acético
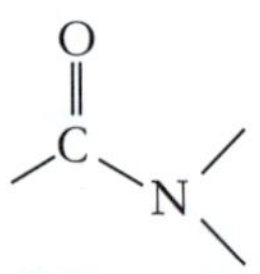	Amidas	Acetanilida
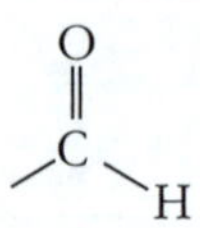	Aldeídos	Formaldeído
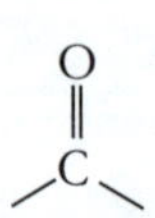	Cetonas	Metiletilcetona

Quando o poliacetileno condutor é sintetizado a partir de monômeros de acetileno, as ligações triplas são convertidas em ligações duplas.

2.7 Nomenclatura química

Apesar de existir apenas um limitado número de elementos, a quantidade de compostos que podem ser formados desses elementos é virtualmente ilimitada. Dado o vasto número de moléculas que podem ser construídas, precisamos de uma maneira sistemática para atribuir nomes aos compostos químicos. Esse sistema deve ser suficientemente bem-definido para que uma pessoa que conheça as regras possa desenhar a estrutura de qualquer composto e indicar seu nome sistemático. Esse processo de nomeação das moléculas é conhecido como **nomenclatura química**. Estabeleceremos agora algumas premissas básicas desse sistema e suplementaremos sempre que necessário esse conjunto inicial de regras à medida que encontrarmos novas situações e tipos de compostos.

Sistemas binários

Os compostos que contêm apenas dois elementos são chamados **compostos binários**. O Fe_2O_3, por exemplo, é um composto binário. Existem muitos desse tipo que podem ser convenientemente agrupados de acordo com suas tendências de ligação. É comum encontramos regras um pouco diferentes quando damos nome às moléculas binárias mantidas juntas por ligações covalentes daquelas quando atribuímos nomes aos compostos iônicos. Isso significa que é importante aprender a reconhecer, a partir de sua fórmula, se um composto é iônico ou covalente. Isso se tornará mais fácil à medida que você estiver mais familiarizado com as fórmulas químicas. Um bom início é começar a reconhecer os elementos como metais ou ametais. Quando dois ametais se combinam, formam geralmente um composto covalente. No entanto, quando metais e ametais se combinam, frequentemente formam compostos iônicos. É também conveniente aprender a reconhecer íons poliatômicos comuns, como os listados nas **Tabelas 2.5** e **2.6**. A presença desses íons é um sinal de que o composto é iônico.

Tabela ▪ 2.5

Cátions comuns

Íon sódio	Na^+	Íon potássio	K^+
Íon magnésio	Mg^{2+}	Íon cálcio	Ca^{2+}
Íon ferro (II)	Fe^{2+}	Íon cobre (I)	Cu^+
Íon ferro (III)	Fe^{3+}	Íon cobre (II)	Cu^{2+}
Íon prata	Ag^+	Íon zinco	Zn^{2+}
Íon amônio	NH_4^+	Íon hidrônio	H_3O^+

Tabela ▪ 2.6

Ânions comuns

Haletos	F^-, Cl^-, Br^-, I^-	Sulfato	SO_4^{2-}
Nitrato	NO_3^-	Hidróxido	OH^-
Fosfato	PO_4^{3-}	Cianeto	CN^-
Carbonato	CO_3^{2-}	Óxido	O^{2-}

Nomeando compostos covalentes

Em alguns casos, determinado par de elementos pode formar compostos de inúmeras maneiras. O nitrogênio e o oxigênio, por exemplo, formam NO, N_2O, NO_2, N_2O_3, N_2O_4 e N_2O_5, que são estáveis o suficiente para serem observados. Portanto, é importantíssimo que nosso sistema de nomenclatura distinga essas diferentes moléculas. Para realizar isso, o sistema utiliza um prefixo para especificar o número de cada elemento presente. Os primeiros dez prefixos, que surgem de raízes gregas para os números, estão listados na **Tabela 2.7**.

Em um composto binário, o elemento que aparece por último na fórmula aparece primeiro no nome. O primeiro elemento mantém seu nome completo, enquanto o segundo é descrito substituindo-se a terminação de seu nome original pelo sufixo *-eto*,[1] *seguido da palavra* "de". *Ambos os elementos são precedidos por um prefixo designador*

Tabela ▪ 2.7

Prefixos numéricos

Número	Prefixo
Um	Mono-
Dois	Di-
Três	Tri-
Quatro	Tetra-
Cinco	Penta-
Seis	Hexa-
Sete	Hepta-
Oito	Octa-
Nove	Nona-
Dez	Deca-

[1] A exceção é o oxigênio, que recebe o nome de óxido quando sua carga é 2^-. (NRT)

(a) Monóxido de dinitrogênio, N_2O (b) Monóxido de nitrogênio, NO (c) Dióxido de nitrogênio, NO_2

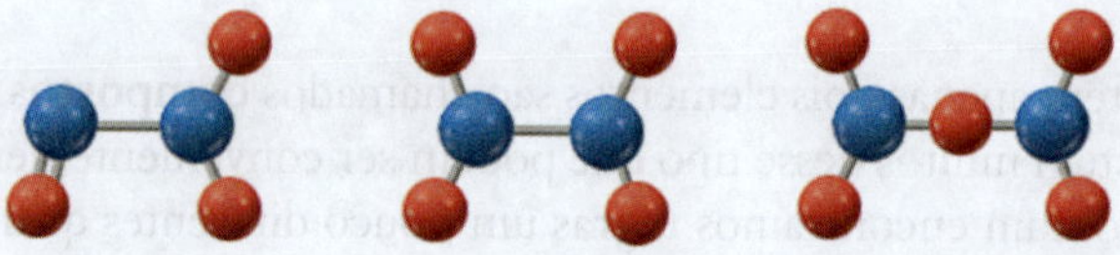

(d) Trióxido de dinitrogênio, N_2O_3 (e) Tetróxido de dinitrogênio, N_2O_4 (f) Pentóxido de dinitrogênio, N_2O_5

O nitrogênio forma vários compostos binários com o oxigênio. ◂

O a *no final do prefixo é normalmente descartado para simplificar a pronúncia como em* tetraóxido de dinitrogênio *no* pentóxido de dinitrogênio

de número, ***exceto*** *quando existe apenas um átomo do primeiro elemento na fórmula; nesse caso, o primeiro elemento não recebe o prefixo* mono-. Um exemplo desse procedimento é fornecido no Problema-modelo 2.5.

PROBLEMA-MODELO ◂ 2.5

Quais são os nomes sistemáticos dos seguintes compostos? (a) N_2O_5, (b) PCl_3 e (c) P_4O_6?

Estratégia O primeiro elemento listado mantém seu nome e adiciona-se um prefixo quando mais de um átomo está no composto. O segundo elemento manterá apenas a raiz do seu nome, seguida por *-eto*, toma também um prefixo para indicar o número de átomos e é seguido pela palavra "de".

Solução (a) N_2O_5: pentóxido de dinitrogênio, (b) PCl_3: tricloreto de fósforo (*lembre-se*: esse elemento não é chamado de tricloreto de *mono*fósforo), (c) P_4O_6: hexóxido de tetrafósforo. (O *a* no *hexa-* é retirado para facilitar a pronúncia.)

Verifique seu entendimento Quais são os nomes dos seguintes compostos? (a) CS_2, (b) SF_6 e (c) Cl_2O_7?

Nomeando compostos iônicos

Os cloretos de ferro mostrados anteriormente na Figura 2.16 são exemplos de compostos iônicos binários. Como os compostos iônicos têm de ser neutros, as cargas positivas e negativas dos íons devem se anular e apenas uma fórmula unitária é possível. Consequentemente, caso uma das cargas seja especificada no nome, toda a fórmula será conhecida. As regras de nomenclatura exigem que a espécie carregada positivamente, o cátion, seja especificada com informação suficiente sobre sua carga para indicar a fórmula completa. Infelizmente, para novatos em química, alguns grupos da tabela periódica têm apenas uma carga catiônica, enquanto outros (como o grupo 8, que contém o ferro) têm mais de uma possibilidade.

Os cátions mais comuns estão resumidos na Tabela 2.5. Observe que os cátions de todos os metais do grupo 1 têm uma carga de 1+, e aqueles do grupo 2, uma carga de 2+. Como o sistema de nomenclatura foi desenvolvido por químicos para ser utilizado por químicos, pressupõe-se que conheçamos esse tipo de informação factual. O sistema de nomenclatura não fornece indicação da carga para grupos que sempre têm a mesma carga. No entanto, quando olhamos as cargas nos metais de transição, observamos que frequentemente formam dois cátions e, algumas vezes, até mais de dois. Quando encontramos tal situação, indicamos a carga do cátion no nome com algarismos romanos entre parênteses logo em seguida ao nome do elemento. Assim, o Fe^{2+} tem o nome ferro (II), e o Fe^{3+}, ferro (III). Um sistema mais antigo distinguia esses dois nomes pelo uso de sufixo. A menor carga formava um nome terminando em *-oso* (ferroso para o Fe^{2+}; nesse caso a raiz *ferr* deriva da palavra em latim para ferro), e a carga maior terminava em *-ico* (férrico para Fe^{3+}). Não utilizaremos esse sistema neste livro, mas você ainda pode ver nomes antigos em alguns laboratórios químicos.

Vimos alguns exemplos de elementos que formam ânions monoatômicos. Os mais comuns são os halogênios. Existem vários ânions poliatômicos que encontraremos frequentemente neste livro. ▸ Aqueles listados na Tabela 2.6 são os ânions mais comuns que veremos por todo este livro.

Geralmente, as ligações entre os átomos em um íon poliatômico são covalentes.

A convenção para atribuir nomes aos íons monoatômicos é semelhante àquela adotada para moléculas covalentes, demonstrada anteriormente: o nome de um ânion monoatômico é a raiz do nome do elemento com a adição do sufixo *-eto*.[2] Assim, o Cl^- é cloreto, Br^- é brometo e assim por diante. Podemos agora dar nome ao $FeCl_2$ e $FeCl_3$ como cloreto de ferro (II) e cloreto de ferro (III), respectivamente.

Muitos compostos contêm ânions poliatômicos, incluindo aqueles mostrados na Tabela 2.6. Frequentemente, os nomes dos íons poliatômicos são memorizados, em vez de serem obtidos por meio de uma regra de nomenclatura sistemática. Entretanto, existe um sistema para ânions poliatômicos que contêm oxigênio e outros elementos, os **oxiânions**. O nome-base do oxiânion é fornecido pelo elemento diferente do oxigênio. Se existem dois agrupamentos possíveis para o elemento com o oxigênio, aquele com mais átomos de oxigênio utiliza o sufixo *-ato*, e aquele com menos oxigênio utiliza o sufixo *-ito*. Quando existem quatro oxiânions possíveis, adicionamos os prefixo *per-* ao prefixo *-ato* para o maior número de oxigênios e um prefixo *hiper-* ao sufixo *-ito* para aquele com menos oxigênios.[3] O cloro é um exemplo clássico de um elemento que forma quatro oxiânions, cujos nomes são fornecidos na **Tabela 2.8**.

Tabela ▪ 2.8

Oxiânions do cloro	
ClO^-	Hipoclorito
ClO_2^-	Clorito
ClO_3^-	Clorato
ClO_4^-	Perclorato

Uma vez que sabemos como dar nomes a ambos os íons, um composto iônico recebe seu nome simplesmente pela combinação dos dois nomes. O cátion é listado, inicialmente, na fórmula unitária e depois no nome precedido pela palavra "de". O Problema-modelo 2.6 fornece alguns exemplos de como determinar o nome de um composto iônico.

PROBLEMA-MODELO ◂ 2.6

Determine o nome dos seguintes compostos iônicos: (a) Fe_2O_3, (b) Na_2O e (c) $Ca(NO_3)_2$.

Estratégia Devemos inicialmente determinar os nomes dos íons constituintes. Os ânions fornecerão uma dica sobre as cargas dos cátions se necessitarmos delas.

Solução

(a) Fe_2O_3: Como observado na Tabela 2.6, o oxigênio é sempre um íon 2– nesses compostos. Logo, existe uma carga total de 6– nos três íons óxido na fórmula unitária. Consequentemente, os dois íons ferro devem ter uma carga total de 6+, exigindo 3+ para formar cada íon. Portanto, o nome é óxido de ferro (III).

(b) Na_2O: O sódio é do grupo 1 e sempre tem carga 1+ e o oxigênio sempre 2–. Consequentemente, o nome é óxido de sódio. Não é necessário o algarismo romano para o sódio, porque ele tem apenas uma carga iônica comum.

(c) $Ca(NO_3)_2$: O íon cálcio está no grupo 2 e sempre carrega uma carga 2+. O NO_3^- é um ânion poliatômico comum chamado nitrato. O nome é nitrato de cálcio.

Verifique seu entendimento Dê o nome de cada um dos seguintes compostos iônicos: (a) $CuSO_4$, (b) Ag_3PO_4 e (c) V_2O_5.

Neste livro, às vezes encontraremos novas classes de compostos que exigirão mais regras para a determinação de seus nomes. Quando isso for necessário, introduziremos esses sistemas de nomenclatura.

[2] Novamente fazemos a ressalva para o caso do oxigênio ao utilizarmos óxido para indicar sua presença, quando ele possui carga 2^-. (NRT)

[3] Alternativamente, quando o elemento agrupado com o oxigênio possui mais de uma carga, aquele com a maior carga recebe o sufixo *-ato* e o com a menor carga recebe o sufixo *-ito*. Quando existem quatro cargas, o sufixo *per-* é adicionado ao oxiânion do elemento com a maior de todas as cargas e o sufixo *-hipo*, àquele que possui a menor de todas as cargas. (NRT)

POR DENTRO DE

2.8 Polietileno

Embora tenham começado a encontrar algumas aplicações, os polímeros condutores que discutimos neste capítulo são uma área de pesquisa e desenvolvimento ativos. Outros polímeros, por outro lado, se tornaram opções bem conhecidas como materiais de engenharia. Para fecharmos este capítulo, abordaremos os aspectos relacionados ao polietileno, que é provavelmente o polímero mais comum em todo o mundo. Em 2016, a produção doméstica dos Estados Unidos de todas as formas de polietileno totalizou mais de 40 bilhões de libras. Em suas várias formas, o polietileno pode ser encontrado em muitos itens, como sacolas de supermercado, brinquedos de crianças, tanques de gasolina de automóveis e coletes à prova de bala. Vamos partir do início e entender como o polietileno é produzido.

Na Seção 2.4 deste capítulo, salientamos que o polietileno é constituído a partir de um monômero chamado etileno, cuja fórmula molecular é C_2H_4. Observamos também que a fórmula para o polietileno é frequentemente escrita como —$[CH_2CH_2]_n$—. Para entender como os monômeros podem ser combinados para formar o polímero, precisamos conhecer a fórmula estrutural para o etileno, que será mostrada adiante.

Com base em nossa discussão sobre as estruturas de linhas, sabemos que cada átomo de carbono em uma molécula sempre forma um total de quatro ligações covalentes. Para os átomos de carbono no etileno, duas dessas ligações são com os átomos de hidrogênio, e outras duas constituem a ligação dupla entre os dois átomos de carbono. Para unir os monômeros e formar o polímero, precisaremos então converter essa ligação dupla em uma ligação simples e deixar cada carbono com uma ligação disponível para unir-se ao próximo monômero na cadeia. A reação de polimerização começa com a adição de uma pequena quantidade de uma molécula iniciadora, que se quebra facilmente e produz fragmentos muito reativos chamados **radicais livres.** (O radical livre é representado, a seguir, como "R·", em que o "·" representa um elétron desemparelhado.) Um desses radicais livres ataca uma única molécula de etileno, abre sua ligação livre e deixa uma ponta não ligada:

Os radicais livres são reativos onde quer que se formem. Alguns processos fisiológicos, como o envelhecimento, têm sido ligados à sua presença e por isso sua importância varia muito.

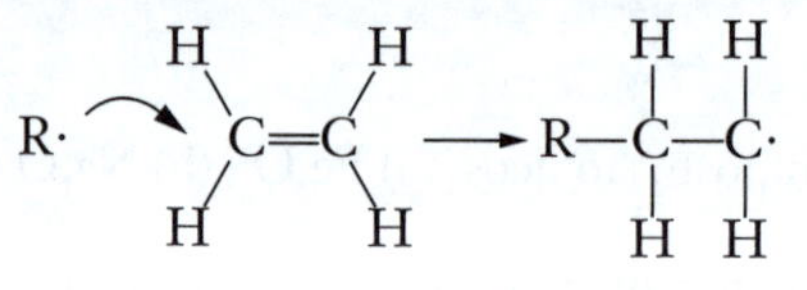

A ponta não ligada do etileno agora toma o papel do radical livre, ataca um segundo monômero de etileno e liga-se a ele para fazer a cadeia crescer. O polímero pode continuar a crescer dessa maneira desde que o número de monômeros de etileno disponível permaneça grande.

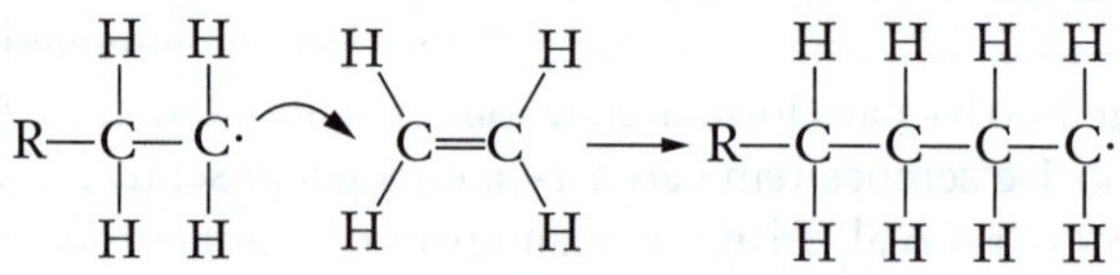

A união de milhares de monômeros dessa maneira geraria uma única molécula de polietileno, cuja fórmula estrutural é semelhante à apresentada a seguir, apenas se estendendo em uma cadeia muito maior:

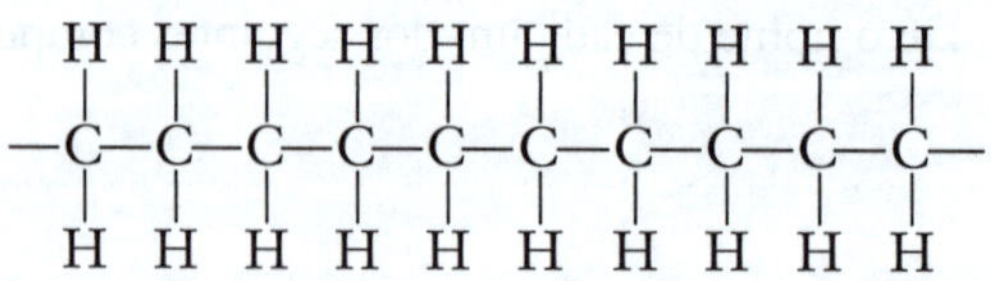

Eventualmente, a ponta de radical livre se encontrará com outro radical livre de uma molécula iniciadora ou de outra cadeia em crescimento. Nessa condição, a cadeia para de crescer. Quando a unidade monomérica cresce de ponta a ponta, como mostrado anteriormente, o resultado é conhecido como um polietileno linear, em razão de todos os átomos de carbono se localizarem ao longo de uma espinha dorsal mais ou menos reta.

É possível também aumentar um polietileno sob condições que levem a cadeias ramificadas, nas quais alguns dos átomos de hidrogênio ao longo da espinha dorsal são substituídos por cadeias semelhantes ao polietileno. As formas contrastantes das moléculas lineares e ramificadas são mostradas na **Figura 2.17**.

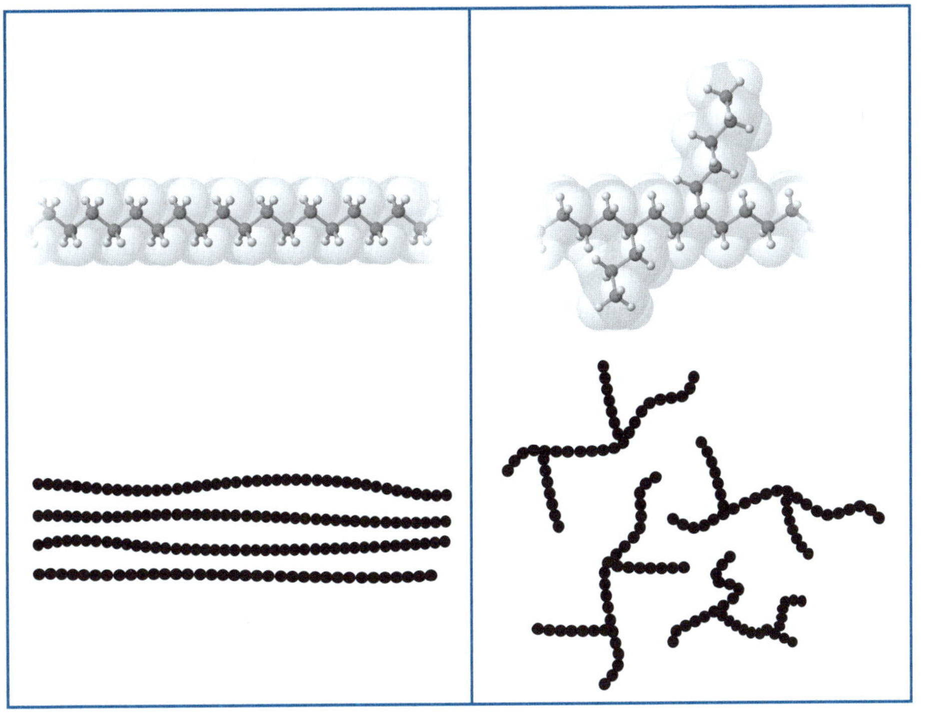

Polietileno linear
(alta densidade)

Polietileno ramificado
(baixa densidade)

Figura 2.17 Diferenças entre o polietileno linear e ramificado. O painel da esquerda mostra o polietileno linear ou de alta densidade, e o da direita, a forma ramificada ou de baixa densidade. Em cada caso, o diagrama superior ilustra a estrutura molecular para parte de uma cadeia polimérica. Os diagramas inferiores mostram de que forma as cadeias poliméricas se empacotariam para formar o plástico sólido. (Os átomos de hidrogênio foram omitidos nesses desenhos para mais clareza.) As cadeias ramificadas não podem se aproximar bastante uma das outras, logo o material resultante tem uma densidade muito mais baixa.

Apesar de o polietileno linear ser conceitualmente mais simples, o polietileno ramificado é na realidade mais barato e mais fácil de produzir. Talvez, surpreendentemente, as formas lineares e ramificadas de polietileno sejam na realidade polímeros com propriedades macroscópicas significativamente diferentes. Quando arranjadas lado a lado, as longas moléculas lineares de polietileno podem se empacotar muito proximamente e produzir um plástico relativamente denso conhecido como **polietileno de alta densidade (PEAD)**. Trata-se de um material forte e duro, utilizado em garrafas, utensílios de cozinha e componente estrutural em muitos brinquedos infantis. A impossibilidade de esticamento das cadeias moleculares do polietileno ramificado impede que elas sejam empacotadas de forma tão próximas como as do polietileno linear. Esse empacotamento mais frouxo produz um plástico com uma densidade muito mais baixa conhecido como **polietileno de baixa densidade (PEBD)**. O PEBD é normalmente utilizado em aplicações em que relativamente pouca força é necessária, como em filmes plásticos, sacos de sanduíche e garrafas *squeeze*.

Os avanços recentes na tecnologia de polimerização têm possibilitado o crescimento de cadeias lineares de polietileno extremamente longas, que se estendem em centenas de milhares de unidades monoméricas. Como as moléculas individuais são relativamente grandes e pesadas, esse tipo de polietileno é denominado **polietileno de ultra-alta massa molecular (PEUAMM)**. As cadeias muito longas são tão fortes que esse tipo de material tem substituído o Kevlar® (outro polímero) como o enchimento padrão para coletes à prova de balas. O PEUAMM pode também ser formado em folhas grandes, utilizadas em substituição ao gelo nas pistas de patinação.

Essas rápidas considerações sobre algumas das muitas formas e usos do polietileno mostram como as propriedades observáveis dos polímeros estão intimamente ligadas à estrutura química das moléculas individuais. Verificou-se também como a interação entre a química e a engenharia pode permitir que os polímeros sejam produzidos seletivamente conforme especificações de projeto.

ENFOQUE NA RESOLUÇÃO DE PROBLEMAS

Questão O boro é muito utilizado na produção de esmaltes e vidros. O boro natural tem uma massa atômica média de 10,811 u. Se os únicos isótopos presentes são ^{10}B e ^{11}B, descreva como você determinaria as abundâncias relativas deles. Inclua em sua descrição qualquer informação que precisaria procurar.

Estratégia Esse problema é similar àqueles utilizados no capítulo sobre a determinação de massas atômicas, que eram casos em que tínhamos duas incógnitas e duas equações. Aqui devemos trabalhar com base na massa atômica média para encontrar as abundâncias naturais. Uma vez que existem dois isótopos, temos duas incógnitas. Logo precisaremos escrever duas equações que relacionem as porcentagens ou frações de ^{10}B e ^{11}B. Precisamos também conhecer a massa de cada isótopo, mas presumivelmente poderemos procurá-las.

Solução As abundâncias dos dois isótopos devem totalizar 100%. Isso nos dá uma primeira equação:

$$(\text{Fração de } ^{10}\text{B}) + (\text{fração de } ^{11}\text{B}) = 1{,}00$$

O fato de a massa atômica média ser 10,81 fornece outra equação:

$$(\text{Fração de } ^{10}\text{B}) \times (\text{massa de } ^{10}\text{B}) + (\text{fração de } ^{11}\text{B}) \times (\text{massa de } ^{11}\text{B}) = 10{,}81 \text{ u}$$

Supondo que somos capazes de encontrar os valores para as massas dos dois isótopos, temos agora duas equações e duas incógnitas, logo o problema pode ser resolvido. (Poderíamos obter uma aproximação grosseira supondo que ^{10}B tem uma massa de 10 u e ^{11}B, uma massa de 11 u, mas essa suposição não nos levaria a um resultado muito exato.)

Resumo

A descrição de um átomo como um núcleo massivo, positivamente carregado e rodeado por elétrons mais leves, movendo-se mais rapidamente, é baseada nos resultados de muitos experimentos engenhosos. Vários detalhes desse modelo são importantes na construção de nosso conhecimento da química. O número de prótons em um núcleo concede a identidade química de um átomo e iguala o número de elétrons de tal forma que o átomo seja eletricamente neutro. Se esses números não forem iguais, o resultado é uma partícula carregada chamada íon. Por causa de sua carga elétrica, os íons comportam-se de maneira bastante diferente dos átomos neutros. O sódio em nossa alimentação, por exemplo, é composto invariavelmente de íons de sódio, não átomos de sódio.

O papel da carga elétrica na estrutura atômica e molecular tem importância na determinação da estrutura tanto de átomos quanto de moléculas. A atração de partículas com cargas contrárias e a repulsão de partículas com cargas semelhantes, como descritas pela lei de Coulomb, são centrais para nosso entendimento sobre ligação química. Os vários tipos de ligações químicas (covalente, metálica e iônica) podem ser entendidos nas interações entre cargas negativas e positivas.

Uma vez que estabelecemos que os átomos se unirão para formar compostos químicos, deparamo-nos com a obrigação de resumir um vasto número de tais compostos. Muitos esquemas de classificação foram desenvolvidos para nos ajudar a organizar grandes volumes de dados sobre ampla faixa de substâncias químicas. A tabela periódica é o instrumento mais comum e importante para tais propósitos. Ela resume sucintamente muitas propriedades dos elementos, principalmente suas tendências químicas. Além disso, ela nos ajuda a entender química, pois fornece um modelo para as tendências. Podemos lembrar também que os elementos metálicos são encontrados próximos à esquerda e na base da tabela, e os ametais, à direita superior. No entanto, sem a tabela periódica, lembrar quais elementos estão em cada categoria seria algo desafiador.

Outras categorizações também ajudam a organizar nosso estudo da química. Em alguns casos, categorias amplas como química orgânica *versus* inorgânica são úteis. A nomenclatura química, por exemplo, sistema que utilizamos para dar nome aos compostos, é diferente para esses dois ramos da química. A forma como fornecemos simbolicamente a informação sobre as moléculas também varia. Na química orgânica, como o carbono está envolvido em todas as moléculas, utilizamos o fato de ele formar sempre quatro ligações químicas para simplificar a representação de moléculas como estruturas de linhas. Para a química inorgânica, em que frequentemente encontramos compostos químicos binários, podemos delinear um sistema de nomenclatura razoavelmente amplo baseado em um número pequeno de regras. Aprender esse sistema é uma etapa importante na comunicação química.

Termos-chave

abundâncias isotópicas (2.2)
actinídeos (2.5)
ametal (2.5)
ânion (2.3)
cátion (2.3)
compostos binários (2.7)
composto químico (2.4)
elementos representativos ou elementos do grupo principal (2.5)
elétrons (2.2)
espinha dorsal polimérica (2.1)
estrutura de linhas (2.6)
fórmula empírica (2.4)
fórmula molecular (2.4)
fórmula química (2.4)
fórmula unitária (2.4)
gases raros ou nobres (2.5)
grupo funcional (2.6)
grupos (2.5)
halogênios (2.5)
hidratos (2.4)
hidrocarbonetos (2.6)
íon (2.3)
íon monoatômico (2.3)
íons poliatômicos (2.3)
isótopos (2.2)
lantanídeos (2.5)
lei de Coulomb (2.3)
lei periódica (2.5)
ligação iônica (2.4)
ligação metálica (2.4)
ligações covalentes (2.4)
ligações químicas (2.4)
metal (2.5)
metais alcalinos (2.5)
metais alcalinos terrosos (2.5)
metais de transição (2.5)
metaloide (2.5)
moléculas (2.4)
monômeros (2.1)
nêutrons (2.2)
nomenclatura química (2.7)
núcleo (2.2)
número atômico (2.2)
número de massa (2.2)
oxiânions (2.7)
periodicidade (2.5)
períodos (2.5)
polietileno de alta densidade (PEAD) (2.8)
polietileno de baixa densidade (PEBD) (2.8)
polietileno de ultra-alta massa molecular (PEUAMM) (2.8)
polímeros (2.1)
prótons (2.2)
química inorgânica (2.6)
química orgânica (2.6)
radicais livres (2.8)
reação de adição (2.6)
rede (2.4)
semimetais (2.5)
unidade de massa atômica ou u (2.2)

Problemas e exercícios

POR DENTRO DE Polímeros condutores

2.1 Defina os termos *polímero* e *monômero* com suas próprias palavras.

2.2 Como os polímeros se comparam aos seus respectivos monômeros?

2.3 Olhe à sua volta e identifique vários objetos que você imagina que sejam feitos de polímeros.

2.4 Qual elemento forma a espinha dorsal de praticamente todos os polímeros comuns? Que outros elementos são também encontrados em polímeros domésticos?

2.5 O fato de as propriedades físicas dos polímeros dependerem da sua composição atômica é muito importante na fabricação desses materiais tão úteis. Por que você acha que isso é importante?

2.6 Uma aplicação de polímeros condutores é em células solares fotovoltaicas. Tais dispositivos têm sido tradicionalmente baseados em silício. Quais as possíveis vantagens que os polímeros condutores podem oferecer?

2.7 A maioria dos polímeros tem densidades ligeiramente inferiores a 1 g cm^{-3}. Como isso se compara às densidades dos metais, como mostra a Figura 2.11? O que essa comparação implica para dispositivos em que polímeros condutores podem substituir fios de metal ou outros componentes?

Estrutura atômica e massa

2.8 Em uma ilustração típica de átomo como aquela da Figura 2.3, quais características provocam entendimentos equivocados sobre a estrutura dos átomos? Quais fornecem importantes informações?

2.9 Por que o número de prótons é chamado de número atômico?

2.10 Qual isótopo em cada par contém mais nêutrons? **(a)** ^{35}Cl ou ^{33}S, **(b)** ^{19}F ou ^{19}Ne, **(c)** ^{63}Cu ou ^{65}Zn, **(d)** ^{126}I ou ^{127}Te.

2.11 Defina o termo *isótopo*.

2.12 Escreva o símbolo atômico completo para cada um dos seguintes isótopos: **(a)** carbono-13, **(b)** fósforo-31, **(c)** sódio-23 e **(d)** boro-10.

2.13 Quantos prótons, nêutrons e elétrons estão presentes em átomos neutros dos seguintes isótopos? **(a)** ^{24}Mg, **(b)** ^{119}Sn, **(c)** ^{232}Th, **(d)** ^{13}C, **(e)** ^{63}Cu, **(f)** ^{205}Bi

2.14 Considere os símbolos nucleares seguintes. Quantos prótons, nêutrons e elétrons cada um dos elementos tem? Quais elementos R, T e X representam?

(a) $^{30}_{14}R$ **(b)** $^{89}_{39}T$ **(c)** $^{133}_{55}X$

2.15 O mercúrio é 16,716 vezes mais pesado que o ^{12}C. Qual é a massa atômica do mercúrio? Lembre-se de expressar sua resposta com o número correto de algarismos significativos.

2.16 O elemento gálio, utilizado nos semicondutores de arseneto de gálio, tem uma massa atômica média de 69,72 u. Existem apenas dois isótopos do gálio, o ^{69}Ga, com uma massa de 68,9257 u, e o ^{71}Ga, com uma massa de 70,9249 u. Quais são as abundâncias isotópicas do gálio?

O gálio funde um pouco acima da temperatura ambiente.

2.17 A massa atômica média do cobre é 63,55 u. Existem apenas dois isótopos de cobre, o ^{63}Cu, com uma massa de 62,93 u, e o ^{65}Cu, com massa de 64,93 u. Qual é a abundância percentual de cada um desses dois isótopos?

2.18 A tabela a seguir apresenta as abundâncias e as massas dos isótopos do zinco. Qual é a massa atômica do zinco?

Isótopo	Abundância	Massa
^{64}Zn	48,6%	63,9291 u
^{66}Zn	27,9%	65,9260 u
^{67}Zn	4,10%	66,9271 u
^{68}Zn	18,8%	67,9249 u
^{70}Zn	0,60%	69,9253 u

2.19 O urânio natural consiste em dois isótopos, cujas massas e abundâncias estão mostradas a seguir.

Isótopo	Abundância	Massa
^{235}U	0,720%	235,044 u
^{238}U	99,275%	238,051 u

Apenas o ^{235}U pode ser usado como combustível em um reator nuclear. Assim, o urânio para uso na indústria nuclear deve ser enriquecido nesse isótopo. Se uma amostra enriquecida de urânio tem uma massa atômica média de 235,684 u, qual é a porcentagem de ^{235}U presente?

Íons

2.20 Defina o termo *íon* com suas próprias palavras.

2.21 Qual é a diferença entre cátions e ânions?

2.22 Forneça os símbolos dos seguintes íons monoatômicos, dado o número de prótons e elétrons em cada um: **(a)** 8 prótons, 10 elétrons; **(b)** 20 prótons, 18 elétrons; **(c)** 53 prótons, 54 elétrons; **(d)** 26 prótons, 24 elétrons.

2.23 Quantos prótons e elétrons estão presentes em cada um dos seguintes íons? **(a)** Na^+, **(b)** Al^{3+}, **(c)** S^{2-} e **(d)** Br^-.

2.24 Identifique cada uma das seguintes espécies como um ânion, um cátion ou uma molécula: **(a)** CO_3^{2-}, **(b)** CO_2, **(c)** NH_4^+, **(d)** N^{3-} e **(e)** CH_3COO^-.

2.25 Escreva o símbolo atômico para o elemento cujo íon tem uma carga 2⁻, mais 20 nêutrons que elétrons e número de massa de 126.

2.26 Em qual região da tabela periódica é mais provável que você encontre elementos que formam mais de um íon estável?

2.27 Dê o símbolo, incluindo a carga correta, para cada um dos seguintes íons: **(a)** íon bário, **(b)** íon titânio (IV), **(c)** íon fosfato, **(d)** íon hidrogenocarbonato, **(e)** íon sulfito, **(f)** íon perclorato, **(g)** íon cobalto (II), **(h)** íon sulfato.

2.28 Um engenheiro está projetando uma unidade de amaciamento de água com base na troca iônica. Use a internet para descobrir quais íons normalmente são "trocados" em tais sistemas. Sabendo que o trocador de íons não pode armazenar uma carga positiva grande, o que você pode concluir sobre os números relativos dos vários íons envolvidos?

2.29 Utilize a internet para encontrar um catalisador para uma reação de polimerização que usa um íon. Quais são as vantagens aparentes da utilização desse catalisador para criar o polímero?

2.30 Utilizando a lei de Coulomb, explique como a diferença entre interações atrativas e repulsivas entre íons é expressa matematicamente.

Compostos e ligações químicas

2.31 Quantos átomos de cada elemento estão representados na fórmula $Ba(OH)_2$?

2.32 Qual das seguintes fórmulas contém mais átomos de hidrogênio: C_2H_6, $(NH_4)_2CO_3$, H_2SO_4 ou $Fe(OH)_3$?

2.33 Quando falamos sobre a fórmula de um composto iônico, por que normalmente nos referimos a uma fórmula unitária e não a uma molécula?

2.34 Qual fórmula apresentada a seguir está correta para um composto iônico? O que está errado em relação às outras? **(a)** $AlO_{3/2}$, **(b)** Ca_2Br_4, **(c)** $Mg(PO_4)_{3/2}$, **(d)** $BaCO_3$.

2.35 Explique as diferenças entre ligação iônica e ligação metálica.

2.36 Explique a diferença entre uma fórmula molecular e uma fórmula empírica.

2.37 Por que as fórmulas empíricas são as preferidas para descrever moléculas poliméricas?

2.38 A fórmula molecular para o monômero do etileno é C_2H_4. Qual é a sua fórmula empírica?

2.39 O polibutadieno é um elastômero sintético, ou seja, borracha. O monômero correspondente é o butadieno, cuja fórmula molecular é C_4H_6. Qual é a fórmula empírica do butadieno?

A tabela periódica

2.40 Qual trabalho diferenciado de Mendeleev fez com que os cientistas aceitassem seu conceito da tabela periódica, já que outros antes dele não tiveram crédito?

2.41 Como a tabela periódica ajuda a tornar o estudo da química mais sistemático?

2.42 O que é um período na tabela periódica? De onde o seu nome deriva?

2.43 Dê o nome do grupo ao qual cada um dos seguintes elementos pertence: **(a)** K, **(b)** Mg, **(c)** Ar e **(d)** Br.

2.44 Quais são algumas das propriedades físicas que distinguem metais de ametais?

2.45 Identifique a área da tabela periódica onde você esperaria encontrar cada um dos seguintes tipos de elementos: **(a)** um metal, **(b)** um ametal, **(c)** um metaloide.

2.46 Por que os ametais são importantes, mesmo eles respondendo por uma fração muito pequena dos elementos na tabela periódica?

2.47 O que é um metaloide?

2.48 Um engenheiro de materiais entrou com um pedido de patente para uma nova liga para ser usada em cabeças de tacos de golfe. A composição em massa varia de 25 a 31% de manganês, 6,3 a 7,8% de alumínio, 0,65 a 0,85% de carbono e 5,5 a 9,0% de cromo, com o restante sendo ferro. Quais são as possíveis porcentagens máxima e mínima de ferro nessa liga? Use a Figura 2.12 para fazer uma previsão de como a densidade dessa liga se compararia com a do ferro. Justifique sua previsão.

2.49 Classifique os seguintes elementos como metais, metaloides ou ametais: **(a)** Si, **(b)** Zn, **(c)** B, **(d)** N, **(e)** K e **(f)** S.

2.50 Um engenheiro de materiais quer fazer um novo material substituindo uma fração dos átomos de silício puro por outros átomos que tenham propriedades químicas similares. Com base na tabela periódica, quais elementos devem provavelmente ser testados primeiro?

Química inorgânica e orgânica

2.51 A química de elementos do grupo representativo é geralmente mais simples que aquela dos metais de transição. Qual é a razão disso?

2.52 O cálcio e o flúor combinam-se para produzir fluoreto de cálcio iônico, CaF_2. Use a tabela periódica para prever no mínimo dois outros compostos que você esperaria ter estruturas similares àquela do CaF_2.

2.53 O que se quer dizer com a expressão *química orgânica*?

2.54 Com base no que aprendeu neste capítulo, você classificaria a química de polímeros como orgânica ou inorgânica? Por quê?

2.55 O que é um *grupo funcional*? Como o conceito de grupo funcional ajuda a tornar o estudo da química orgânica mais sistemático?

2.56 A molécula a seguir é responsável pelo cheiro da pipoca. Escreva a fórmula molecular correta para esse composto.

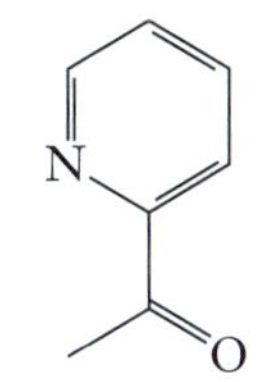

2.57 Nem todos os polímeros são formados simplesmente pela união de monômeros idênticos. O poliuretano, por exemplo, pode ser formado pela reação entre os dois dos compostos mostrados adiante. Escreva as fórmulas moleculares e empíricas para cada uma dessas duas substâncias.

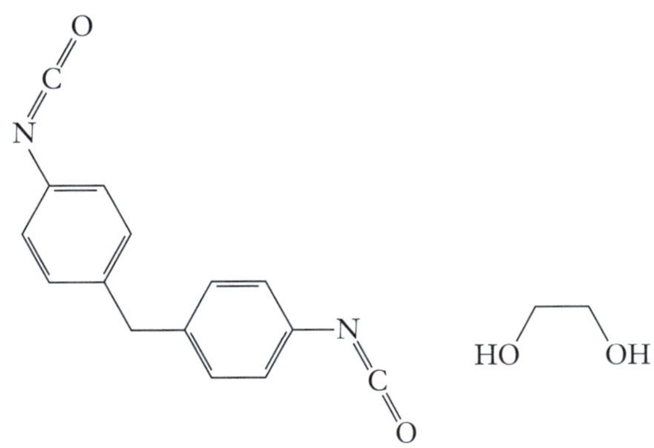

2.58 O composto mostrado a seguir forma um sólido amorfo (um vidro) em temperatura ambiente e tem sido utilizado como um meio para armazenar holograficamente informações. Escreva a fórmula molecular correta para essa molécula.

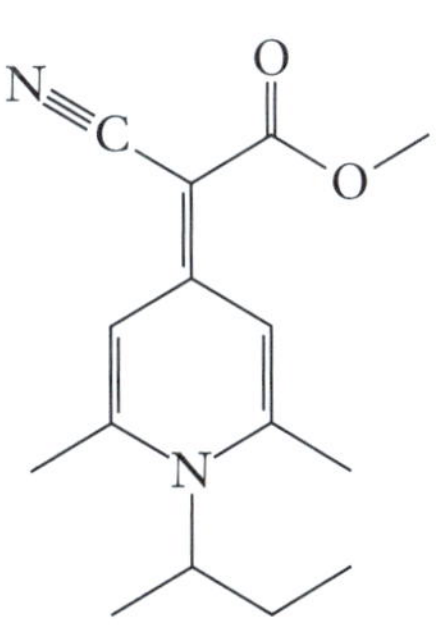

2.59 A figura a seguir mostra a estrutura do ácido gama-aminobutanoico ou GABA. Essa molécula é um neurotransmissor. Alguns dos efeitos do consumo de álcool são decorrentes da interação entre o etanol e o GABA. Escreva a fórmula molecular correta para esse composto.

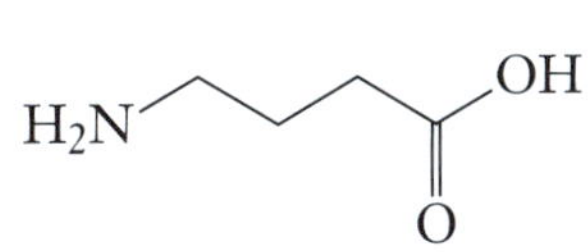

2.60 A figura a seguir mostra a estrutura da molécula de adrenalina. Escreva a fórmula molecular correta para essa substância.

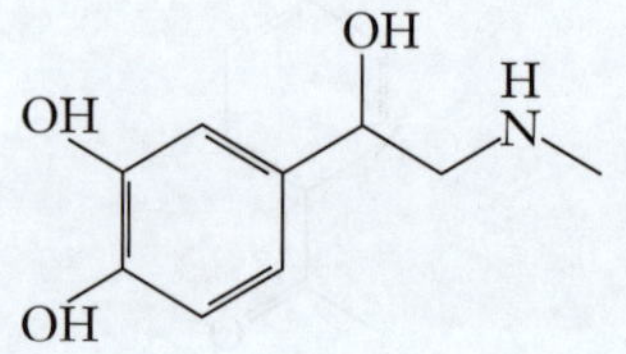

Nomenclatura química

2.61 Dê nome aos seguintes compostos covalentes: **(a)** N_2O_5, **(b)** S_2Cl_2, **(c)** NBr_3 e **(d)** P_4O_{10}.

2.62 Escreva a fórmula molecular para cada um dos seguintes compostos covalentes: **(a)** dicloreto de enxofre, **(b)** pentóxido de dinitrogênio, **(c)** tetracloreto de silício e **(d)** trióxido de diboro (comumente chamado de óxido bórico).

2.63 Escreva a fórmula molecular para cada um dos seguintes compostos covalentes: **(a)** hexafluoreto de enxofre, **(b)** pentafluoreto de bromo, **(c)** dicloreto de dienxofre e **(d)** tetranitreto de tetraenxofre.

2.64 Dê nome aos seguintes compostos iônicos: **(a)** K_2S, **(b)** $CoSO_4$, **(c)** $(NH_4)_3PO_4$ e **(d)** $Ca(ClO)_2$.

2.65 Dê nome aos seguintes compostos: **(a)** $MgCl_2$, **(b)** $Fe(NO_3)_2$, **(c)** Na_2SO_4, **(d)** $Ca(OH)_2$ **(e)** $FeSO_4$.

2.66 Escreva as fórmulas unitárias dos seguintes compostos iônicos: **(a)** carbonato de amônio, **(b)** iodeto de cálcio, **(c)** brometo de cobre (II), **(d)** fosfato de alumínio, **(e)** acetato de prata (I).

2.67 Dê nome aos seguintes compostos: **(a)** PCl_5, **(b)** Na_2SO_4, **(c)** Ca_3N_2, **(d)** $Fe(NO_3)_3$, **(e)** SO_2, **(f)** Br_2O_5.

POR DENTRO DE Polietileno

2.68 O que é um radical livre? Como os radicais livres são importantes na formação do polietileno?

2.69 Qual é a diferença entre as moléculas do polietileno de baixa densidade e as do polietileno de alta densidade? Como essas diferenças de escala de massa molecular explicam as diferenças nas propriedades macroscópicas desses materiais?

2.70 Por que você acha que uma molécula iniciadora é necessária para induzir a polimerização do etileno?

2.71 Use a internet para determinar a quantidade de polietileno de baixa densidade e de polietileno de alta densidade produzida anualmente nos Estados Unidos. Quais usos predominam nas aplicações desses dois materiais?

Problemas conceituais

2.72 Como um elemento pode ter uma massa atômica que não é um número inteiro?

2.73 Explique o conceito de uma média "ponderada" em suas próprias palavras.

2.74 A tabela a seguir fornece a identidade de dois isótopos naturais para quatro elementos e as massas atômicas médias para esses elementos. (Em cada caso, os dois isótopos diferem no número de massa por dois.) Qual elemento tem o espectro de massas mostrado? Justifique sua resposta.

Isótopos	Massa atômica média (u)
^{121}Sb, ^{123}Sb	121,8
^{185}Re, ^{187}Re	186,2
^{191}Ir, ^{193}Ir	192,2
^{203}Tl, ^{205}Tl	204,4

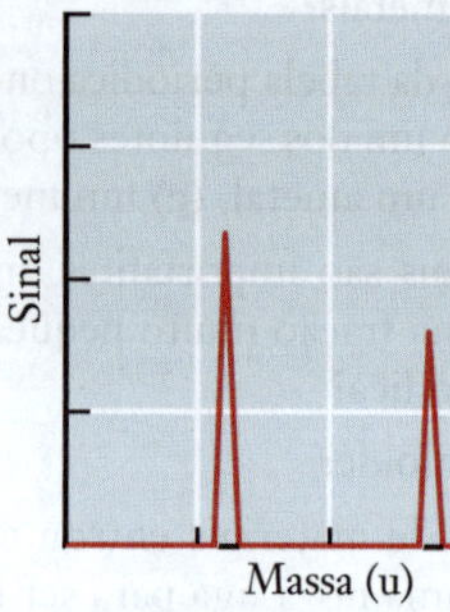

2.75 O cloro possui dois isótopos, um com massa 35 e o outro com massa 37. Um está presente em aproximadamente 75% de abundância e a massa atômica média do cloro em uma tabela periódica é 35,45. Qual deve ser o espectro de massas correto para o cloro?

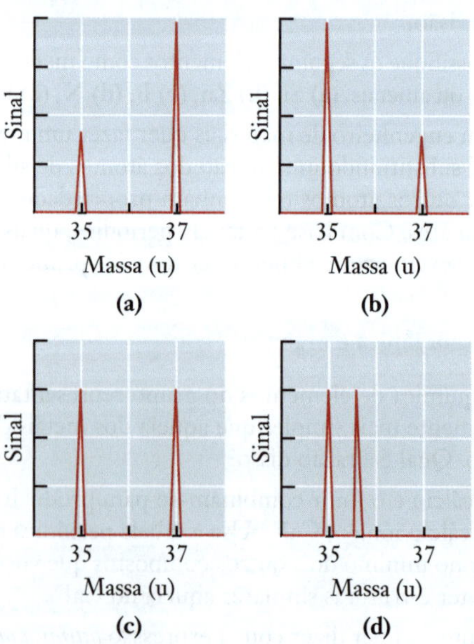

2.76 Qual é a diferença entre uma ligação iônica e uma ligação covalente?

2.77 Em geral, quantos elétrons estão envolvidos na ligação química?

2.78 A condução de corrente elétrica geralmente envolve o movimento de elétrons. Com base no conceito de ligação metálica, explique por que os metais são bons condutores de eletricidade.

2.79 Descreva como uma molécula ligada covalentemente é diferente dos compostos que são iônicos ou metálicos.

2.80 Dos seguintes elementos, quais dois você esperaria exibir as maiores similaridades nas propriedades físicas e químicas? Cl, P, S, Se, Ti. Justifique sua escolha.

2.81 Como os compostos binários com hidrogênio ilustram o conceito de periodicidade?

2.82 Quais combinações binárias de elementos são mais prováveis de fornecer substâncias iônicas?

2.83 Por que existem diferentes regras para atribuir nomes aos compostos binários covalentes e iônicos?

2.84 As primeiras tentativas de organizar os elementos muitas vezes focalizavam a massa atômica. Mendeleev considerou uma série de propriedades além da massa atômica, então ele percebeu que alguns elementos pareciam fora de lugar quando ordenados por massa atômica. Usando a tabela periódica moderna, identifique os elementos para os quais Mendeleev deve ter precisado mudar a ordem para obter a sequência correta de elementos.

2.85 Descreva como o ditado "os opostos se atraem" corresponde à representação matemática da lei de Coulomb, mostrada na Equação 2.1. Lembre-se de que forças atrativas têm valores negativos e forças repulsivas têm valores positivos.

2.86 Para alguns usos, a abundância relativa de isótopos deve ser manipulada. Por exemplo, uma técnica médica chamada terapia de captura de nêutrons de boro precisa de uma fração maior de ^{10}B do que ocorre naturalmente para alcançar sua melhor eficiência. O que aconteceria com a massa atômica de uma amostra de boro enriquecida em ^{10}B? Explique sua resposta em termos do conceito de média ponderada.

2.87 Qual é o elemento mais pesado que tem uma massa atômica que é aproximadamente duas vezes o seu número atômico? O que isso sugere deve ser verdade sobre os núcleos de átomos com números atômicos mais altos?

Exercícios de enfoque na resolução de problemas

2.88 Descreva como você pode identificar o isótopo X neste quebra-cabeça: o núcleo contém um nêutron a mais que próton e o número de massa é nove vezes maior que a carga no íon X^{3+}.

2.89 Muitos metais de transição produzem mais de um íon. O ferro, por exemplo, tem íons com cargas 2+ e 3+, ambos comuns. Como você usaria os compostos de um metal de transição com oxigênio para determinar a carga do íon metálico? Utilize o ferro como exemplo.

2.90 O európio natural tem uma massa atômica média de 151,964 u. Se os únicos isótopos do európio presentes são ^{151}Eu e ^{153}Eu, descreva como você determinaria a abundância relativa dos dois isótopos. Inclua em sua descrição quaisquer informações que precisariam ser procuradas.

2.91 O estrôncio tem quatro isótopos estáveis. O estrôncio-84 tem uma abundância natural muito baixa, mas o ^{86}Sr, o ^{87}Sr e o ^{88}Sr são razoavelmente abundantes. Sabendo que a massa atômica média do estrôncio é 87,62, qual dos isótopos mais abundantes predomina?

2.92 Uma fábrica produz bombons recheados com cerejas. Apesar de todos os produtos parecerem aproximadamente iguais, 3% deles não possuem cerejas. A massa do bombom com a cereja é 18,5 g; aqueles que não as possuem pesam apenas 6,4 g. **(a)** Como você computaria a massa média de uma caixa de 100 bombons desse fabricante? **(b)** De que maneira essa pergunta é análoga para a determinação das massas atômicas?

2.93 Dois óxidos comuns de ferro são o FeO e o Fe_2O_3. Com base nessa informação, indique como você preveria dois compostos comuns de ferro e cloro.

Problemas acumulativos

2.94 Use uma descrição de nível molecular para distinguir PEBD de PEAD.

2.95 Engenheiros que projetam quadros de bicicletas são familiarizados com as densidades do alumínio (2,699 g cm^{-3}), aço (7,87 g cm^{-3}) e titânio (4,507 g cm^{-3}). Como essa informação se compara com a Figura 2.12 e o que você sugeriria de mudanças nessa figura se mais sobreamentos fossem usados para o código de cores de densidade? (O ferro é o principal componente do aço.)

2.96 Use a internet para procurar a densidade de diferentes formas de aço, tais como o aço inoxidável ou o aço magnético e discuta se as diferenças nas densidades seguem o que poderia ser previsto olhando as propriedades periódicas dos elementos.

2.97 O PEBD tem uma densidade na faixa de 0,915-0,935 g cm^{-3} e o PEAD, 0,940-0,965 g cm^{-3}. Você recebe de um fabricante de polietileno um pequeno disco de 2,0 cm de espessura com diâmetro de 6,0 cm sem o rótulo. Você mede a massa do disco e descobre que ela é 53,8 g. Esse material é PEAD ou PEBD?

Moléculas, mols e equações químicas

3

SimplyCreativePhotography/Getty Images

Usinas de álcool como esta são comuns no meio-oeste dos Estados Unidos. Tais instalações são normalmente construídas próximas aos cinturões de milho, beterraba ou outros grãos para minimizar os custos com transporte.

Atualmente, são conhecidos aproximadamente 20 milhões de compostos químicos. Enquanto você lê este texto, são descobertos ou criados mais compostos. Apesar de a nomenclatura química fornecer uma maneira sistemática para facilitar a discussão dessa diversidade de substâncias, esta é apenas uma pequena etapa em direção ao entendimento da química. Muito da ciência da química tem como objetivo entender as reações que produzem ou consomem substâncias químicas. Embora você não as perceba, as reações químicas são centrais para muitas das tecnologias utilizadas. As reações químicas em baterias produzem eletricidade, por exemplo, para iPhone®, *notebook* e para a queima de hidrocarbonetos que movimenta seu carro. Outras reações, como aquelas desenvolvidas para sintetizar os compostos filtradores de luz utilizados nos monitores de LCD de computadores, têm papéis menos visíveis na tecnologia. No decorrer deste livro exploraremos muitos aspectos das reações químicas e analisaremos também um número de exemplos para mostrar como as reações químicas podem ser úteis por meio de engenharia inteligente. Uma tecnologia promissora para a engenharia está na utilização de reações naturais que ocorrem na Terra por eras – usando a biomassa para gerar combustíveis.

Objetivos do capítulo

Após dominar o assunto deste capítulo, você será capaz de:

- descrever os processos químicos usados na produção de biomassa e na conversão em biocombustíveis.
- explicar o balanceamento de uma equação química como uma aplicação da lei de conservação de massa.
- listar, no mínimo, três grandezas que devem ser conservadas nas reações químicas.
- escrever equações químicas balanceadas para reações simples, desde que seja fornecida uma equação balanceada ou uma descrição verbal.
- explicar, com suas próprias palavras, o conceito de mol.
- interpretar equações químicas tanto em mols quanto em moléculas.
- interconverter massa, número de moléculas e quantidade de matéria.
- determinar uma fórmula química partindo da análise elementar (isto é, da composição em porcentagem).
- definir a concentração de uma solução e calcular a concentração em quantidade de matéria de soluções com base em dados apropriados.
- calcular a concentração em quantidade de matéria de soluções preparadas pela diluição ou calcular as quantidades necessárias para realizar uma diluição para preparar uma solução de uma concentração especificada.
- distinguir entre eletrólitos e não eletrólitos e explicar a diferença entre suas soluções.
- descrever as espécies que possam estar presentes (íons, moléculas etc.) em várias soluções simples.
- reconhecer ácidos e bases fortes comuns.
- escrever equações moleculares e iônicas para reações de neutralização ácido-base.

POR DENTRO DE

3.1 Engenharia de biomassa e biocombustíveis

Pode ser difícil imaginar que significativas fontes de energia para o futuro dependem da química existente desde o início da vida na Terra. Mas essa é uma maneira de ver o papel crescente da biomassa na forma que pensamos sobre energia. O termo **biomassa** normalmente se refere ao material biológico dos vegetais. O potencial da biomassa surge do fato de grandes quantidades de energia do sol atingirem o solo a cada segundo. Independentemente da crescente importância de várias tecnologias solares, a maioria dessa energia não é usada. E o mecanismo mais proeminente para a captura química da radiação solar é a fotossíntese nos vegetais. Os vegetais usam a luz solar para criar açúcares durante o crescimento e nesse processo podemos pensar na energia sendo armazenada nas moléculas de açúcar. Mas a experiência comum demonstra que não podemos usar esses açúcares diretamente para fornecer energia para veículos. Portanto, se quisermos entender o papel potencial da biomassa para atender às necessidades mundiais de energia, precisaremos considerar tanto o crescimento dos vegetais quanto os desafios da engenharia em transformar a biomassa vegetal em combustíveis usáveis.

Como todos os seres vivos, os vegetais são constituídos em grande parte por água. Se ignorarmos esse componente, a maioria da massa dos vegetais será referente ao carbono. E o carbono é obtido do dióxido de carbono no ar. Assim, a produção de biomassa pelos vegetais é principalmente um processo no qual as moléculas que contêm um único átomo de carbono, CO_2, são transformadas em moléculas de carboidratos com cinco ou seis átomos de carbono. ◂ Os vegetais obtêm a energia necessária para completar esse objetivo armazenando luz solar. O resultado líquido da fotossíntese é que dióxido de carbono e água são transformados em açúcares e oxigênio. Existem inúmeras etapas nesse processo, mas podemos perguntar se existem ou não maneiras mais simples de representar esses resultados. Para discutir as reações químicas, teremos de representar aquelas reações de uma maneira sucinta e que seja facilmente entendida. Para considerar o papel potencial da biomassa como fonte de energia, precisaremos também analisar essas reações quantitativamente. Quanto de biomassa é produzido anualmente e como ela se afunila para a economia humana? A **Figura 3.1** fornece alguns números sobre a escala desse processo no mundo inteiro. O influxo de energia solar é aproximadamente 86 petawatts (PW).

As moléculas de carboidrato contêm carbono, hidrogênio e oxigênio em proporções que frequentemente parecem ser números inteiros simples de C e H_2O, que são a origem histórica do nome.

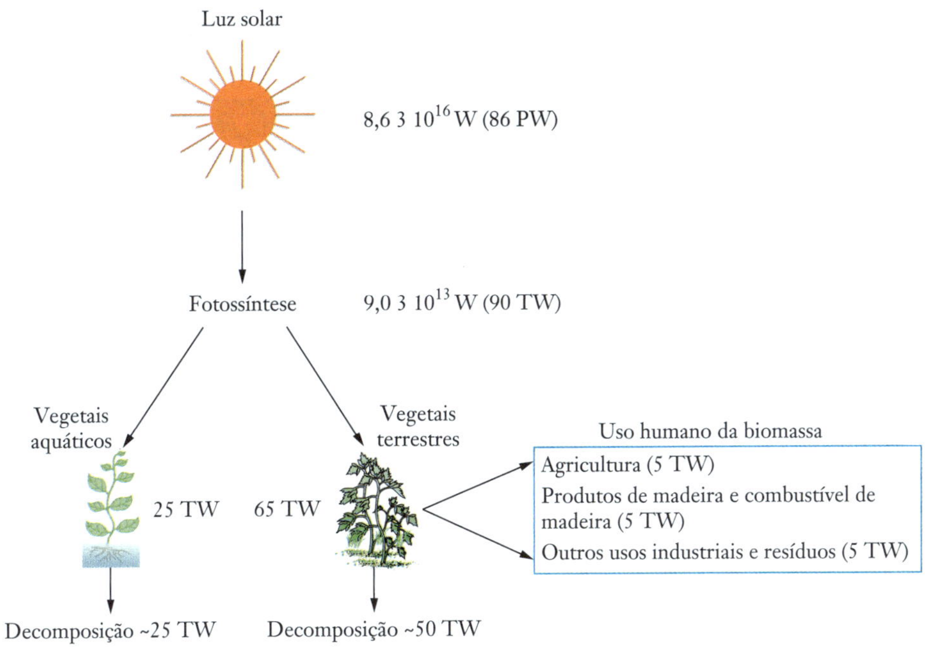

Figura 3.1 A luz solar que atinge a Terra fornece 86 PW de energia, e 90 TW dela é tomada durante a fotossíntese de vegetais terrestres e aquáticos. O uso humano atual da biomassa responde por aproximadamente 15 TW.

▸ A biomassa produzida pela fotossíntese tem um potencial para fornecer 90 terawatts (1 TW = 10^{12} W) de energia e o uso humano atual de biomassa responde por 15 TW.

1 W = 1 Js^{-1}. E vimos na Tabela 1.2 que peta- é o prefixo correspondente a 10^{15}.

A base química de produção de biomassa vegetal é a formação fotossintética de açúcares. Entretanto, isso não significa que a produção em escala industrial de biomassa só possa contar com os vegetais e a luz do sol. Os métodos agrícolas modernos podem melhorar significativamente a quantidade de biomassa produzida por meio do uso apropriado de fertilizantes e pesticidas nos grãos. Como os químicos e engenheiros agrícolas sabem quais produtos químicos são necessários para esse objetivo? Quais as quantidades de produtos químicos necessárias para a produção em escala industrial? De novo, para começar a responder a essas perguntas, precisamos aprender mais sobre reações químicas.

Outro obstáculo para a utilidade da biomassa como uma solução energética de longo prazo está na conversão da biomassa de vegetais em combustíveis que possam ser usados para a produção de energia na sociedade. Se pararmos para pensar sobre a natureza dos combustíveis, tanto a habilidade de refiná-los quanto a de transportá-los para localidades onde eles possam ser usados representam aspectos vitais de qualquer combustível economicamente viável. Certamente é possível queimar madeira, o mais antigo uso de um combustível da biomassa, mas a tecnologia moderna normalmente requer combustível tanto com maior densidade de energia quanto com ciclo de uso mais limpo que a queima de madeira carregada de fuligem. ▸ Consequentemente, um considerável esforço de pesquisa está sendo feito para explorar maneiras de converter biomassa em combustíveis cujas moléculas são similares àquelas obtidas de combustíveis fósseis tradicionais minerados e refinados. Tais combustíveis derivados da biomassa são chamados coletivamente de **biocombustíveis**. Exatamente quais são as escolhas químicas disponíveis para a conversão de biomassa e como as entendemos? De novo, precisaremos considerar uma variedade de reações químicas para começar a responder a essas perguntas.

A densidade de energia leva em consideração tanto a energia que pode ser produzida de um combustível quanto a massa de combustível. Exploraremos mais isso no Capítulo 9.

Finalmente, temos também de reconhecer que a infraestrutura para o uso de energia com base em combustível fóssil está estabelecida por mais de um século. Qualquer novo conceito de colheita de energia deve ser capaz de competir economicamente com essa infraestrutura existente para ser uma alternativa viável. A energia baseada na biomassa não é exceção a essa regra fundamental da economia moderna. A **Figura 3.2** representa alguns dos fatores econômicos importantes no processo global de produção de biocombustível. É claro, observando essa figura, que há um grande número de insumos no processo de produção de biocombustível. Os desafios de engenharia para fazer esse processo mais eficiente são vitais para as perspectivas de longo prazo do uso significativo de biocombustível. A conexão entre as reações químicas necessárias para crescer a biomassa e convertê-la em biocombustíveis e as

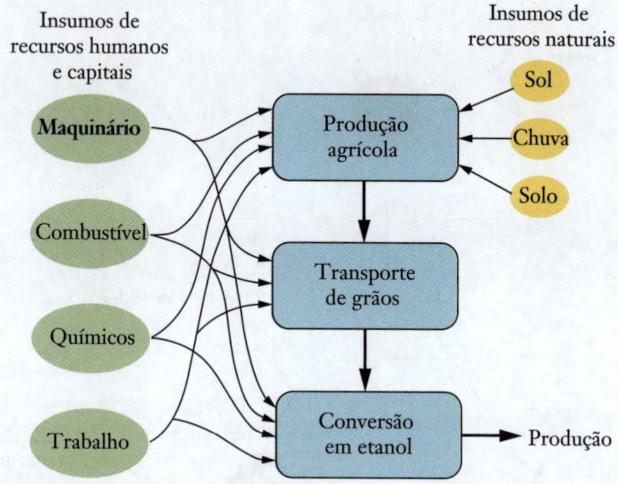

Figura 3.2 Este diagrama esquemático mostra as considerações importantes na avaliação econômica dos biocombustíveis. Para oferecer uma alternativa viável aos combustíveis fósseis, o custo total dos biocombustíveis deve ser competitivo. Os fatores que precisam ser levados em conta incluem os custos de produção dos cultivos que fornecem a biomassa (terra, irrigação, fertilizante, trabalho etc.), os custos para a conversão dos grãos em biocombustível utilizável e os custos de transporte.

soluções de engenharia exigidas para tornar esse processo confiável em grandes escalas fornecem questões importantes à medida que visualizamos as reações químicas com mais detalhes.

3.2 Fórmulas e equações químicas

Apesar de as possíveis rotas de biomassa para biocombustível variarem consideravelmente, todas envolvem reações químicas. Uma descrição realística da química envolvida na conversão de biomassa nos exigiria considerar muitas reações individuais. Para abordar a ciência por trás desses processos, devemos saber descrever uma reação química resumidamente. No Capítulo 2, já vimos como as fórmulas químicas fornecem uma maneira resumida de representar compostos químicos; agora, descreveremos como as equações químicas são construídas nesse processo para atingir o mesmo objetivo para as reações químicas.

Escrevendo equações químicas

As **equações químicas** destinam-se a representar a transformação de uma ou mais espécies químicas em novas substâncias. Para certificar-se de que os significados delas estão claros, ao escrever equações químicas seguimos um conjunto de convenções. Cada equação química tem dois lados, e normalmente visualizamos a reação ocorrendo da esquerda para a direita. Os materiais originais são chamados **reagentes** e aparecem no lado esquerdo da equação. Os compostos formados a partir dos reagentes são chamados **produtos** e aparecem no lado direito da equação. Uma seta é usada para representar as variações que ocorrem durante a reação. Então podemos escrever perfeitamente uma equação química genérica:

$$\text{Reagentes} \rightarrow \text{Produtos}$$

Geralmente, essa equação é lida como “reagentes indo para produtos” ou “reagentes fornecendo produtos”.

Utilizamos as fórmulas químicas para identificar os reagentes e produtos específicos. Normalmente, os estados físicos dos compostos são designados do seguinte modo: (s) indica um sólido, (ℓ) um líquido, (*g*) um gás e (*aq*) uma substância dissolvida em água. ◂ Podemos escrever a reação de hidrogênio com oxigênio, que geralmente é demonstrada em aula, como um exemplo simples:

Quando uma substância se dissolve em água, o resultado é chamado de solução aquosa e “aq” é a abreviatura para aquosa.

$$2\ H_2(g) \rightarrow O_2(g) + 2\ H_2O(g)$$

Todas as substâncias envolvidas nessa equação são gases, como indicado pela notação “(*g*)”. Uma característica dessa reação é que ela ocorrerá apenas a altas temperaturas. Como pode ser visto nas fotos da **Figura 3.3**, a mistura

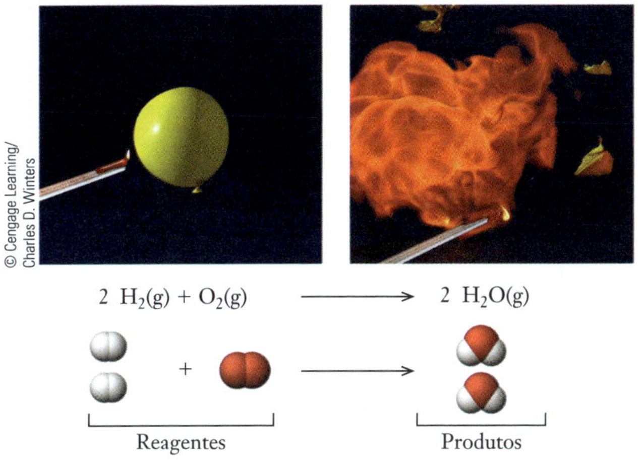

Figura 3.3 Um balão cheio com uma mistura de H_2 e O_2 explode em uma demonstração em aula. A mistura gasosa no balão é estável até que seja incendiada por uma chama de vela. Uma vez incendiado, o balão explode em uma bola de chama à medida que a reação ocorre. A ilustração, em escala microscópica, mostra as espécies moleculares presentes antes e depois da reação.

de H_2 e O_2 é estável, a menos que seja incendiada. Se nossas equações escritas descrevem completamente os processos que elas representam, então precisamos de maneiras para indicar tais condições em adição à identificação dos compostos químicos envolvidos. Geralmente, isso é feito colocando um símbolo sobre a seta. Aqui introduziremos dois desses símbolos: um para aquecimento e outro para luz. Uma reação que exige calor (ou altas temperaturas) é indicada com um Δ (a letra grega delta maiúscula) acima da seta, e aquela que é iniciada por energia luminosa é designada com um $h\nu$. ▸ A seguir, mostramos dois exemplos desses símbolos.

O símbolo $h\nu$ é usado porque ele representa a energia da luz, como aprenderemos no Capítulo 6.

$$2\ H_2(g)\ +\ O_2(g) \xrightarrow{\Delta} 2\ H_2O(g)$$

$$H_2(g)\ +\ Cl_2(g) \xrightarrow{h\nu} 2\ HCl(g)$$

A primeira equação é uma descrição mais completa da reação entre o hidrogênio e o oxigênio. Na segunda equação, a energia luminosa é utilizada para iniciar a reação de hidrogênio com cloro, produzindo cloreto de hidrogênio. Tal processo induzido por luz é chamado **reação fotoquímica**.

Balanceando equações químicas

Se você observar cuidadosamente as reações escritas, perceberá mais do que apenas fórmulas e estados das substâncias na equação. A informação numérica sobre as quantidades relativas das substâncias envolvidas também está evidente. Por exemplo, incluímos o número "2" na frente de $H_2(g)$ e de $H_2O(g)$ na equação para a reação entre o hidrogênio e o oxigênio. Por que esses números estão lá e o que eles significam? Se você já estudou química no ensino médio, provavelmente se lembra de que esses coeficientes são necessários para *balancear* uma equação química.

A premissa fundamental da equação química é que ela é uma representação escrita de uma reação química. Logo, qualquer representação razoável deve ser coerente com todas as nossas observações da reação real. Uma das leis mais fundamentais da natureza é a **lei de conservação da matéria**: a matéria não é criada nem destruída. Se especificamente excluímos as reações nucleares de nossa consideração, essa lei pode ser expressa de maneira mais específica. Os átomos de um elemento não são criados ou destruídos em uma reação química. ▸ Uma reação química simplesmente rearranja os átomos presentes em novos compostos. Na sua representação escrita da natureza, consequentemente, a equação química não deve "criar ou destruir" átomos. Para confirmar essa condição, devemos ter o mesmo número de átomos de cada elemento em ambos os lados da equação química (veja a **Figura 3.4**). Uma equação que não atende a essa condição não pode representar corretamente a reação química observada e diz-se que ela está *não balanceada*.

Se considerarmos também as reações nucleares, devemos reconhecer que matéria e energia podem ser interconvertidas. A química nuclear é abordada no Capítulo 14.

Em muitos casos, a maneira mais eficiente de balancear a equação é "por tentativa", que na realidade significa tentativa e erro. Entretanto, mesmo quando esse método exploratório é utilizado, algumas estratégias sistemáticas podem ajudar a tornar o processo de balanceamento mais fácil. Em todos os casos, a maneira de obtermos o balanceamento é introduzir números na frente das fórmulas apropriadas na equação.

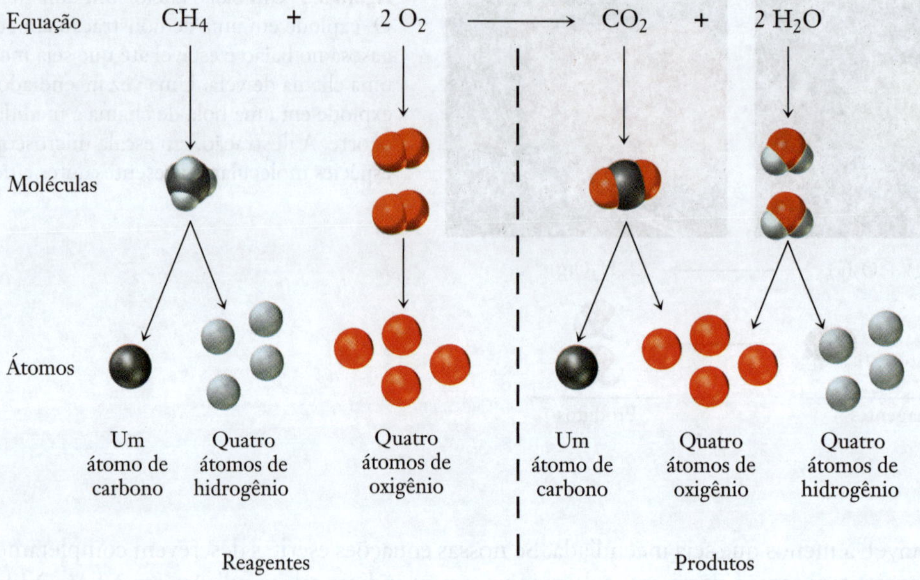

Figura 3.4 A reação química para a queima do metano (CH_4) com oxigênio ilustra o conceito de balanceamento de átomo para equações químicas. A equação é mostrada inicialmente na forma simbólica, com cada composto representado por sua fórmula química. As moléculas individuais são desenhadas na linha do meio e então são quebradas em seus átomos constituintes. O número de átomos de cada elemento é o mesmo dos lados esquerdo e direito.

Os químicos utilizam o termo **estequiometria** para se referir às várias relações quantitativas entre reagentes e produtos em uma reação química. Logo, os números usados para balancear uma equação química são chamados **coeficientes estequiométricos**. O coeficiente estequiométrico multiplica o número de átomos de cada elemento na fórmula unitária do composto que ele precede. O Problema-modelo 3.1 apresenta uma estratégia para balancear uma classe comum de reações, a queima de combustíveis de hidrocarbonetos.

PROBLEMA-MODELO ◂ 3.1

O propano, C_3H_8, é usado como combustível para churrasqueiras, onde ele queima de maneira controlada. Por causa de seu grande uso, tem sido feita muita pesquisa para desenvolver maneiras de produzir propano a partir da biomassa. Quando o propano se queima, ele se combina com o oxigênio, O_2, para formar dióxido de carbono e água. Escreva uma equação química balanceada dessa reação.

Estratégia Esse problema requer duas etapas. Inicialmente, devemos ler o problema e determinar quais substâncias são reagentes e quais são produtos. Isso nos permitirá escrever uma equação "esqueleto" não balanceada. Então, devemos passar ao balanceamento da equação, assegurando que o mesmo número de átomos de cada elemento apareça em ambos os lados.

Solução

Etapa 1: De acordo com o problema, o propano queima-se ao combinar-se com o oxigênio. Os reagentes são, portanto, C_3H_8 e O_2. Sabemos também que os produtos são CO_2 e H_2O. Logo, temos informação suficiente para escrever uma equação não balanceada. (Aqui deixaremos "espaços em branco" na frente de cada fórmula para enfatizar que ainda precisamos determinar os coeficientes.)

$$\_\_C_3H_8 + \_\_O_2 \longrightarrow \_\_CO_2 + \_\_H_2O$$

Etapa 2: Fazer algumas observações ajuda a balancear uma equação como essa. Nesse caso, tanto o carbono quanto o hidrogênio aparecem em apenas um lugar de cada lado da equação. Nossos primeiros passos serão balancear esses dois elementos, porque não haverá outra maneira de ajustá-los. Vamos começar com o carbono. (Essa escolha é arbitrária.) Para atingir o balanceamento necessário, podemos utilizar coeficientes estequiométricos, um para o C_3H_8 e três para o CO_2, fornecendo três átomos de carbono de cada lado da equação. Nesse ponto, temos:

$$1\ C_3H_8 + \_\_\_O_2 \longrightarrow 3\ CO_2 + \_\_\_H_2O$$

(O coeficiente um na frente do propano normalmente seria omitido, mas está explicitamente escrito aqui para enfatizar.) Em seguida, balancearemos o hidrogênio. O propano já tem seu coeficiente acertado quando trabalhamos o carbono, portanto ele impõe que existam oito átomos de H a serem contabilizados para a molécula de água no lado do produto da equação. Precisamos inserir um coeficiente quatro para atingir esse balanceamento.

$$1\ C_3H_8 + \_\_\_O_2 \longrightarrow 3\ CO_2 + 4\ H_2O$$

Com isso, sobra apenas o oxigênio para ser balanceado. Deixamos isso por último porque ele aparece em três compostos, em vez de em dois, e também porque aparece como um elemento, em vez de um composto no lado esquerdo da equação, o que faz com que seja mais fácil ajustar o número de átomos de oxigênio sem desordenar o balanceamento dos outros elementos. Como existem dez átomos de O no lado do produto na equação, precisamos de dez no lado do reagente. Podemos atingir facilmente isso utilizando $10/2 = 5$ para o coeficiente estequiométrico do reagente O_2. Isso nos fornece a equação química balanceada:

$$1\ C_3H_8 + 5\ O_2 \longrightarrow 3\ CO_2 + 4\ H_2O$$

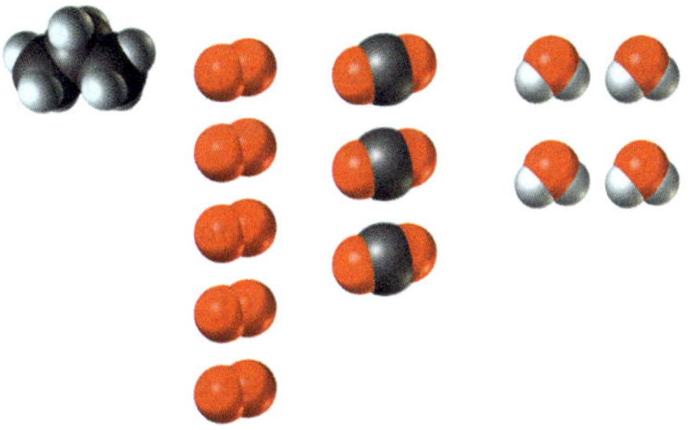

Normalmente, essa equação seria escrita sem mostrar o coeficiente um na frente do propano:

$$C_3H_8 + 5\ O_2 \rightarrow 3\ CO_2 + 4\ H_2O$$

Analise sua resposta Nossa equação final tem três átomos de carbono, oito de hidrogênio e dez de oxigênio em cada lado, logo ela está balanceada.

Verifique seu entendimento A reação escrita anteriormente descreve a "combustão completa" do propano. No entanto, em muitas condições, tanto os hidrocarbonetos como o propano podem não se queimar de maneira limpa e completa, e outros produtos podem ser formados. Uma possível reação desse tipo é a formação de formaldeído (CH_2O) e água. Escreva uma equação química balanceada para uma reação na qual o propano e o gás oxigênio formam CH_2O e H_2O como produtos.

Conexões matemáticas

Normalmente, balanceamos equações químicas em parte por abordagem sistemática, em parte por abordagem de tentativa e erro apresentada no Problema-modelo 3.1. Mas é razoavelmente simples transformar esse processo em uma forma mais matemática. Quando se adota esse procedimento, é possível enfatizar a conexão entre o balanceamento de equações e as leis de conservação da matéria. Vamos ilustrar a abordagem matemática reconsiderando a equação que balanceamos no Problema-modelo 3.1.

$$\_\_\_\_C_3H_8 + \_\_\_\_O_2 \rightarrow \_\_\_\_CO_2 + \_\_\_\_H_2O$$

Será útil atribuir variáveis a cada um dos coeficientes na equação balanceada:

$$a\,C_3H_8 + b\,O_2 \rightarrow c\,CO_2 + d\,H_2O$$

Quando os valores corretos dos coeficientes (a, b, c, d) são inseridos, sabemos que o número de átomos de cada elemento deve ser o mesmo em ambos os lados da equação. Podemos expressar essa ideia com uma equação para cada elemento envolvido. Vamos começar com o carbono. No lado esquerdo, temos 3 átomos de carbono para cada molécula de C_3H_8, para um total de $3a$ átomos de carbono. No lado direito, temos c átomos de carbono. Logo, podemos igualar esses dois termos.

$$3a = c$$

Em seguida, podemos escrever equações similares para os outros elementos. Considerando o hidrogênio, obtemos:

$$8a = 2d$$

E para o oxigênio, temos:

$$2b = 2c + d$$

Nesse ponto, temos três equações para quatro coeficientes desconhecidos, então parece que não estamos em condição de resolver. A saída mais simples para essa resolução é simplesmente ajustar um coeficiente arbitrariamente como sendo um. Se escolhermos definir $a = 1$, obteremos o seguinte:

$$c = 3a = 3$$

$$2d = 8a = 8, \text{ e assim } d = 4$$

$$2b = 2c + d = 6 + 4 = 10, \text{ e assim } b = 5$$

Inserindo esses elementos na equação original, obtemos uma equação balanceada:

$$C_3H_8 + 5\,O_2 \rightarrow 3\,CO_2 + 4\,H_2O$$

Uma vez que todos os valores dos coeficientes resultantes são inteiros, encontramos os coeficientes com os menores números inteiros que balanceiam a equação, e nosso resultado é idêntico àquele que encontramos no Problema-modelo 3.1. Se tivéssemos obtido quaisquer coeficientes fracionários, simplesmente multiplicaríamos todos por uma constante para obter números inteiros. Essa abordagem é bastante geral e, apesar de ela não ser particularmente popular entre os químicos, tem sido usada para escrever algoritmos de computadores para balancear equações químicas.

Para a maioria das pessoas, o melhor caminho para aprender a balancear equações químicas é apenas praticar até ganhar confiança. As regras encontradas para balancear equações geralmente são listas de etapas proibidas, em vez de mapas para serem seguidos. Para qualquer reação, existe mais de uma maneira de obter a equação balanceada, apesar de alguns métodos serem mais difíceis que outros. Observar algumas dificuldades comuns encontradas pelos estudantes novatos no balanceamento de equações químicas pode ser útil no desenvolvimento de estratégias bem-sucedidas.

Um método que pode fornecer um caminho à equação química balanceada é trocar as fórmulas das moléculas envolvidas. Considere, por exemplo, o formaldeído (CH_2O) que pode ser formado durante a queima da biomassa ou da combustão incompleta de um hidrocarboneto como o propano. Desde que ainda exista oxigênio disponível, qualquer formaldeído que seja formado durante o percurso pode também se queimar. Se o CH_2O se queimar incompletamente, formar-se-ão monóxido de carbono (CO) e água.

$$CH_2O + O_2 \rightarrow CO + H_2O$$

A contagem do número de átomos em cada lado da equação revela que precisamos de mais oxigênio no lado do produto. Muitos estudantes acham tentador escrever:

$$CH_2O + O_2 \rightarrow CO_2 + H_2O$$

Essa é, indiscutivelmente, uma equação química balanceada. No entanto, ao fazer essa troca, todo o significado da equação foi alterado. Apesar de essa ser uma equação balanceada, ela não representa a mesma equação que mostramos para descrever. O monóxido de carbono não é mais apresentado como um produto, portanto esse *não é* um caminho válido para balancear a equação. De maneira similar, não podemos escrever o oxigênio como O em vez de O_2, uma vez que o formaldeído está reagindo com *moléculas* de oxigênio e não com *átomos* de oxigênio. Não podemos trocar os reagentes químicos envolvidos em uma equação, mas apenas seus coeficientes estequiométricos. Assim, vamos observar outro exemplo de equação correta, mas não balanceada:

$$CH_2O + O_2 \rightarrow CO + H_2O$$

Ainda temos dois átomos de O à direita e três à esquerda. Uma maneira de balancear essa equação é multiplicar o regente O_2 por ½, pois, dessa forma, haverá dois átomos de oxigênio de cada lado:

$$CH_2O + \frac{1}{2}O_2 \rightarrow CO + H_2O$$

Geralmente, evita-se o uso de coeficientes fracionários porque eles podem ser interpretados no sentido da existência de moléculas fracionárias. Mas podemos eliminar facilmente quaisquer frações multiplicando toda a equação por um fator que as remova. Nesse caso, multiplicando por 2 resolverá o assunto, convertendo ½ em 1. Isso nos leva a uma forma final da equação balanceada:

$$2\,CH_2O + O_2 \rightarrow 2\,CO + 2\,H_2O$$

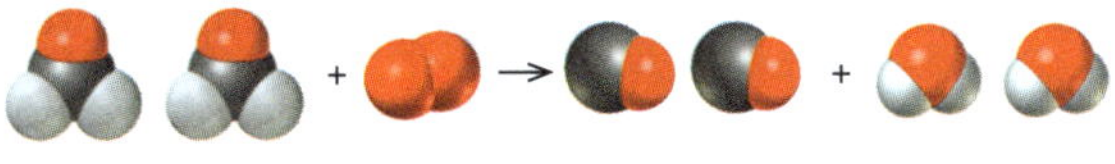

Observe que devemos multiplicar *todos* os coeficientes estequiométricos por 2, *não* apenas o coeficiente ½ na frente do oxigênio. De outro modo, o balanceamento a ser estabelecido seria destruído. Algumas dessas ideias estão representadas na **Figura 3.5**.

3.3 Soluções aquosas e equações iônicas líquidas

Para uma reação química ocorrer, os reagentes envolvidos devem ser capazes de entrar em contato entre si. Na fase gasosa ou líquida, as moléculas que constituem os reagentes movem-se rapidamente, permitindo que esse contato ocorra. Na fase sólida, entretanto, tal movimento é anormal e as reações ocorrem muito lentamente, quando

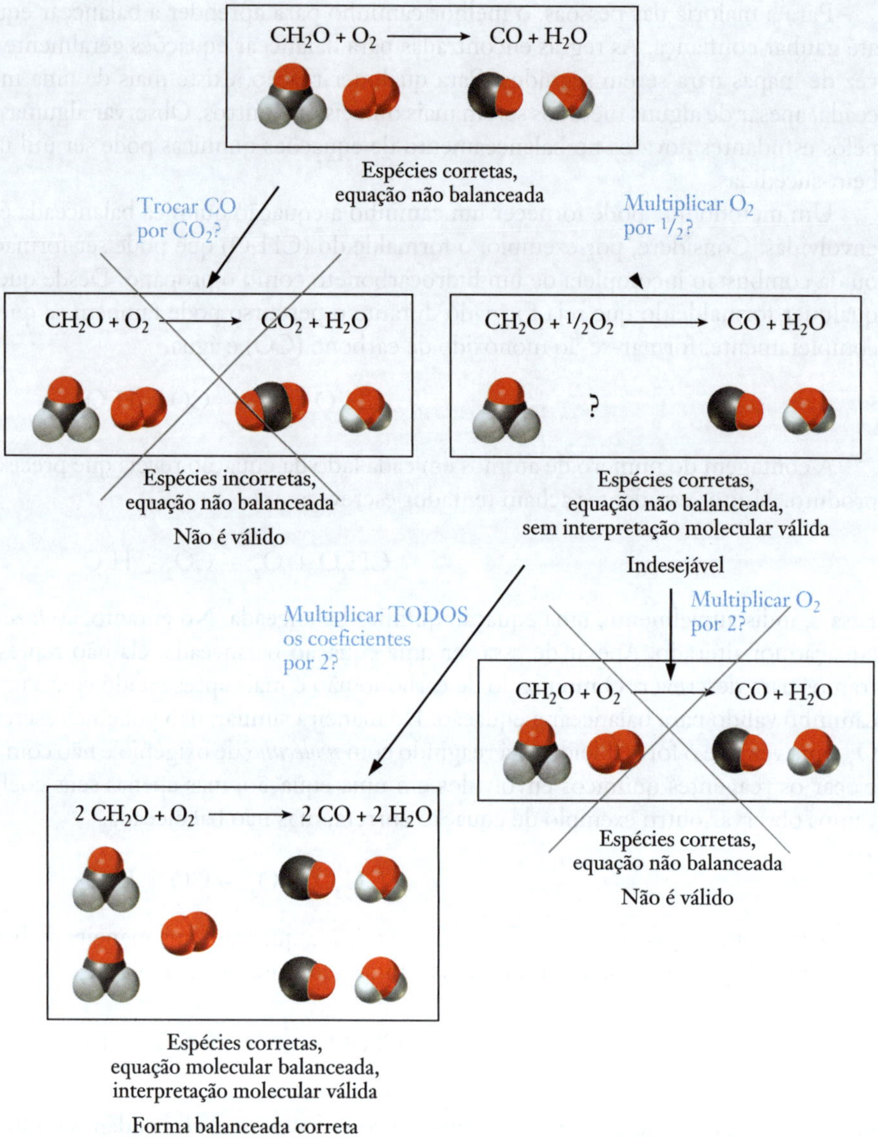

Figura 3.5 Os desenhos moleculares representados ilustram alguns erros comuns no balanceamento de equações.

ocorrem. Uma maneira de possibilitar o necessário contato entre os reagentes que são sólidos em condições normais é dissolvê-los. A água é o meio mais comum para produzir tais soluções. Dizemos que as reações que ocorrem em água o fazem em **solução aquosa**. Para descrever esse importante grupo de reações químicas, precisamos inicialmente definir alguns termos-chave.

Soluções, solventes e solutos

Apesar de a água responder pela grande maioria de todas as moléculas em solução aquosa, ela não é nem um reagente nem um produto em muitas reações aquosas. A água simplesmente serve como um meio no qual a reação ocorre. O líquido como um todo é chamado **solução**, que é uma mistura homogênea de duas ou mais substâncias. Em qualquer solução, o componente presente em quantidades maiores – normalmente em quantidades muito maiores – é chamado **solvente**. Em soluções aquosas, a água é o solvente. Os componentes minoritários da solução são chamados **solutos**. A característica principal de uma solução é que os solutos *dissolvem-se* no solvente. Quando uma substância se dissolve, suas partículas são dispersas no solvente e normalmente muitas moléculas deste circundarão qualquer molécula ou íon individual do soluto. Apesar de a água ser o solvente mais comum, ela não é o único. Nem todas as soluções são líquidas. As mesmas ideias podem ser aplicadas às misturas homogêneas de gases e sólidos. O ar é um bom exemplo de uma solução gasosa, e tanto as ligas como o bronze podem ser descritos como soluções sólidas.

Se quisermos descrever uma substância pura, precisaremos especificar sua identidade. Se pegarmos uma garrafa em um laboratório de química que tem escrito no rótulo "água destilada", por exemplo, saberemos exatamente o que há no recipiente. No entanto, se no rótulo do mesmo recipiente apenas indicar que contém uma solução de sal (NaCl) dissolvido em água, você pode não ter certeza do seu conteúdo. Especificamente, você quer saber alguma coisa a mais sobre as quantidades relativas de sal e água que foram misturadas para preparar a solução. Portanto, precisamos especificar pelo menos outra informação fundamental: a **concentração**. Se existe a presença de muitas partículas de soluto, diz-se que a solução é *concentrada*. Quando existem poucas partículas de soluto, a solução é chamada de *diluída*. A **Figura 3.6** mostra duas soluções de $CuSO_4$ com distintas concentrações, na qual você pode ver facilmente a diferença de cor dessas duas soluções. Na Seção 3.5, abordaremos várias unidades que podem ser usadas para relatar as concentrações de solução.

Alguns solutos podem ser dissolvidos em água para produzir soluções muito concentradas, enquanto outras substâncias não se dissolvem em qualquer extensão mensurável. Assim, podemos caracterizar vários compostos conforme suas **solubilidades** em água. Aqueles compostos que se dissolvem facilmente em água são denominados **solúveis**, e os que não se dissolvem significativamente são chamados **insolúveis**. ▸ Os químicos geralmente usam uma série de *regras de solubilidade* para prever se um composto em particular se dissolverá ou não em água. As regras mais comuns estão resumidas na **Tabela 3.1** e o Problema-modelo 3.2 ilustra o uso delas.

No Capítulo 12, veremos que a solubilidade não é um processo "se/ou", mas uma variabilidade contínua. Essas regras resumem as principais tendências quantitativas que aprenderemos.

Figura 3.6 Nesta sequência de fotos, um dos autores prepara soluções aquosas de $CuSO_4$. Na foto superior à esquerda, o $CuSO_4$ sólido – o soluto – é transferido para o balão. Na foto superior à direita, a água – o solvente – é adicionada. O balão é agitado para acelerar a dissolução (inferior à esquerda). A foto final mostra duas soluções de $CuSO_4$ de concentrações diferentes. A solução à esquerda tem maior concentração, como pode ser visto pela sua cor mais escura.

Tabela ▪ 3.1

Guias de solubilidade para compostos iônicos em água, em temperatura ambiente

Geralmente solúvel	Exceções
Cátions do grupo 1 (Li^+, Na^+, K^+, Rb^+, Cs^+), amônio (NH_4^+)	Sem exceções comuns
Nitratos (NO_3^-), nitritos (NO_2^-)	Moderadamente solúvel: $AgNO_2$
Cloretos, brometos, iodetos (Cl^-, Br^-, I^-)	Insolúveis: $AgCl$, Hg_2Cl_2, $PbCl_2$, $AgBr$, Hg_2Br_2, $PbBr_2$, AgI, Hg_2I_2 e PbI_2
Fluoretos (F^-)	Insolúveis: MgF_2, CaF_2, SrF_2, BaF_2, PbF_2
Sulfatos (SO_4^{2-})	Insolúveis: $BaSO_4$, $PbSO_4$, $HgSO_4$ Moderadamente solúveis: $CaSO_4$, $SrSO_4$, Ag_2SO_4
Cloratos (ClO_3^-), percloratos (ClO_4^-)	Sem exceções comuns
Acetatos (CH_3COO^-)	Moderadamente solúvel: $AgCH_3COO$
Geralmente insolúvel	**Exceções**
Fosfatos (PO_4^{3-})	Solúveis: $(NH_4)_3PO_4$, Na_3PO_4, K_3PO_4
Carbonatos (CO_3^{2-})	Solúveis: $(NH_4)_2CO_3$, Na_2CO_3, K_2CO_3
Hidróxidos (OH^-)	Solúveis: $LiOH$, $NaOH$, KOH, $Ba(OH)_2$ Moderadamente solúveis: $Ca(OH)_2$, $Sr(OH)_2$
Sulfetos (S^{2-})	Solúveis: $(NH_4)_2S$, Na_2S, K_2S, MgS, CaS

PROBLEMA-MODELO ◂ 3.2

Quais dos seguintes compostos podem, em temperatura ambiente, ser solúveis em água? (a) $KClO_3$, (b) $CaCO_3$, (c) $BaSO_4$, (d) $KMnO_4$.

Estratégia Os guias de solubilidade para íons comuns estão dados na Tabela 3.1. Logo, identificaremos os íons em cada composto e consultaremos a tabela quando necessário para determinar as solubilidades.

Solução

(a) O $KClO_3$ é clorato de potássio. Com base nos guias de solubilidade na Tabela 3.1, vemos que os compostos contendo K^+ e ClO_3^- tendem a ser solúveis e que não são mencionadas exceções. Prevemos que o $KClO_3$ deve ser solúvel.

(b) O $CaCO_3$ é o carbonato de cálcio. Ao consultar a tabela novamente, vemos que os carbonatos em geral são insolúveis e que o $CaCO_3$ não está listado entre as exceções. Portanto, o $CaCO_3$ deve ser insolúvel.

(c) O $BaSO_4$ é o sulfato de bário. Apesar de a maioria dos sulfatos ser solúvel, o $BaSO_4$ está listado na tabela como uma exceção à regra. Consequentemente, esperamos que o $BaSO_4$ seja insolúvel.

(d) O $KMnO_4$ é o permanganato de potássio. Apesar de o íon permanganato (MnO_4^-) não estar listado nos guias de solubilidade, a Tabela 3.1 informa que todos os compostos de K^+ são solúveis. Portanto, prevemos que o $KMnO_4$ seja solúvel.

Discussão Aqui simplesmente consultamos a tabela para conferir a solubilidade de cada composto. Os químicos geralmente adquirem familiaridade com muitas dessas regras de solubilidade e aprendem a reconhecer sais solúveis e insolúveis sem consultar uma tabela desse tipo. Verifique com seu professor se há necessidade de decorar qualquer uma dessas regras.

Verifique seu entendimento Quais dos seguintes compostos seriam, em temperatura ambiente, solúveis em água? (a) NH_4Cl, (b) KOH, (c) $Ca(CH_3COO)_2$, (d) $Ba_3(PO_4)_2$.

Apesar de essas regras sugerirem que a solubilidade é uma questão de sim ou não, a realidade é mais complicada que isso. Dizer que um composto é solúvel não significa que você poderá dissolver quantidades ilimitadas dele em um pequeno béquer de água. Se continuarmos adicionando mais soluto, eventualmente observaremos que o material adicionado não se dissolverá mais. Quando isso ocorre, estabelecemos uma solução *saturada*. A concentração na qual uma solução torna-se saturada depende da identidade do soluto, portanto é útil ter uma medida quantitativa da solubilidade. ▸ Para partículas soluto e solvente, a solubilidade também depende da temperatura. As unidades utilizadas para relatar esse número podem variar, mas uma escolha comum é a massa de soluto por 100 g de solvente. Por exemplo, a solubilidade do sal de cozinha em água em temperatura ambiente é 35,7 g de NaCl/100 g de H_2O. Isso corresponde a aproximadamente um terço de uma xícara de sal em uma xícara de água. Observe que a solubilidade fornece uma razão, a qual pode ser utilizada da mesma maneira que fizemos com a densidade no Problema-modelo 1.6.

Para um determinado soluto e solvente, a solubilidade também depende da temperatura.

Uma observação final a se fazer sobre soluções é que muitos compostos iônicos se dissociarão em íons individuais quando dissolvidos em água. Portanto, na realidade, a solução de sal apresentada anteriormente contém íons Na^+ e Cl^-, e não moléculas de NaCl. A disponibilidade de cargas se movendo livremente permite que essas soluções conduzam eletricidade. Qualquer substância que se dissolve em água para produzir uma solução aquosa que conduz eletricidade é chamada **eletrólito**. Substâncias cujas soluções não conduzem eletricidade são chamadas **não eletrólitos**. Podemos dividir os eletrólitos em mais dois grupos. Os **eletrólitos fortes** dissociam-se completamente, de tal forma que apenas íons individuais estão presentes na solução, com quase nenhuma molécula intacta. Em contraste, os **eletrólitos fracos** dissociam-se apenas parcialmente; suas soluções contêm tanto moléculas intactas quanto íons individuais em quantidades mensuráveis. A Figura 3.7 mostra as diferenças entre essas classes de solutos.

Equações químicas para reações aquosas

Podemos descrever o processo pelo qual um composto dissolve-se em água por meio de uma equação química. Quando um material ligado covalentemente como o açúcar dissolve-se em água, as moléculas permanecem intactas:

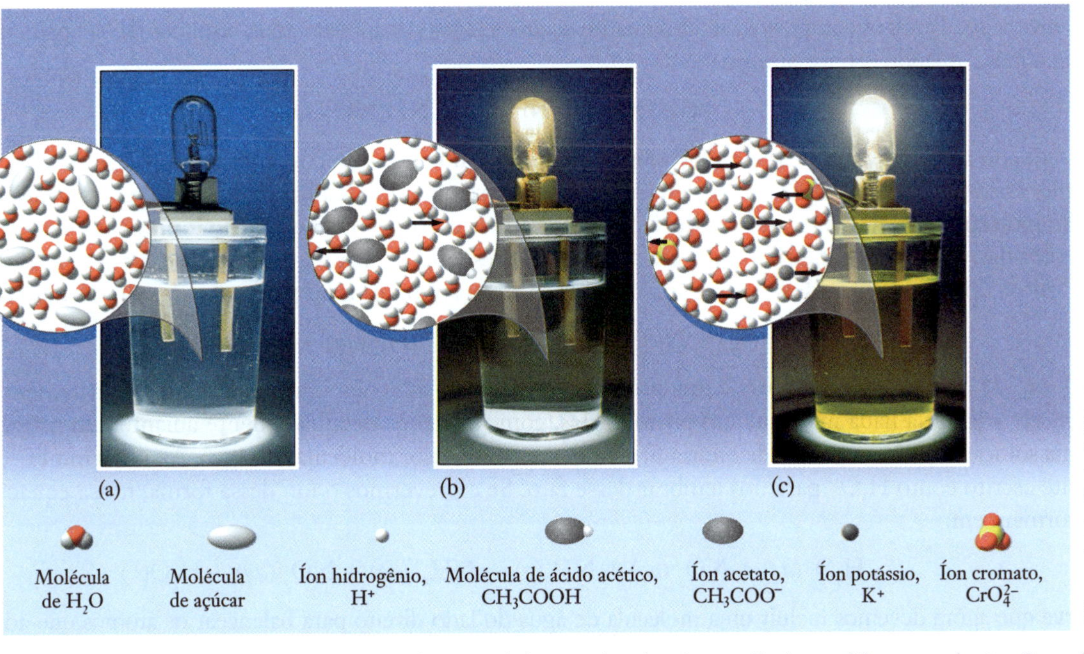

Figura 3.7 As fotos são uma demonstração de aula na qual um par de bastões de cobre é mergulhado em diferentes soluções. Se a solução conduz eletricidade, o circuito é fechado e a lâmpada acende. **(a)** O açúcar comum ($C_{12}H_{22}O_{11}$) é um não eletrólito, logo a solução de açúcar dissolvido em água não conduz eletricidade. **(b)** O ácido acético (CH_3COOH) é um eletrólito fraco. Uma solução de ácido acético contém concentrações baixas de íons e conduz eletricidade o suficiente para acender bem fraca a lâmpada. **(c)** O cromato de potássio (K_2CrO_4) é um eletrólito forte. Uma solução de cromato de potássio contém concentrações de íons mais altas e conduz eletricidade o suficiente para deixar a lâmpada bem brilhante.

$$C_6H_{12}O_6(s) \rightarrow C_6H_{12}O_6(aq)$$

No entanto, quando um sólido iônico se dissolve em água, ele se quebra em seus íons constituintes. Esse processo é denominado **reação de dissociação**. A dissolução de cloreto de sódio abordada anteriormente é um exemplo comum desse processo:

$$NaCl(s) \rightarrow Na^+(aq) + Cl^-(aq)$$

Em ambas as equações químicas, as moléculas de água não são mostradas explicitamente, contudo a presença delas é indicada por "(*aq*)" ao lado do produto. Essa omissão reflete a tendência geral de um solvente dissolver um soluto, mas não reagir quimicamente com ele. Quando a água aparece em uma equação química, a reação envolve água como um reagente ou como um produto.

Além dessas reações razoavelmente simples, por meio das quais descrevemos compostos dissolvendo-se em água, muitas reações importantes ocorrem em água. As equações químicas indicadas para descrever essas reações podem ser escritas em qualquer forma entre três; a escolha da equação é baseada principalmente no contexto no qual a equação é utilizada. Ilustraremos esses três tipos de equações para a síntese do nitrato de amônio a partir de amônia e ácido nítrico. Essa reação é importante na produção de fertilizantes contendo nitrogênio, e tais fertilizantes são importantes contribuintes para o aumento da produção de biomassa a partir da agricultura.

O nitrato de amônio é o fertilizante de nitrogênio preferido para aplicação na superfície, com o benefício de não alterar muito a acidez (ou pH) do solo. Infelizmente, por ter considerável potencial explosivo, o nitrato de amônio também pode ser usado para gerar explosivos. ◂ Esse potencial do nitrato de amônio tem sido explorado em bombas, como no ataque de 1995 ao Prédio Federal Murrah, em Oklahoma. Por conta desse mau uso do nitrato de amônio, existem mais regras restritivas para a sua compra que para outros fertilizantes contendo nitrogênio.

A explosão de cerca de 30 toneladas de nitrato de amônio em uma fábrica de fertilizantes em West, Texas, em 2013, deixou 15 mortos e danificou ou destruiu mais de 150 edifícios próximos.

Na preparação comercial do nitrato de amônio, a amônia pura (NH_3) na fase gasosa é combinada com o ácido nítrico aquoso concentrado (HNO_3). Essa combinação produz uma solução aquosa de nitrato de amônio altamente concentrada, que é então seca e transformada em pequenos grânulos (chamados *prills*). A **equação molecular** mostra a fórmula completa de cada composto envolvido. Tanto os compostos intactos quanto os dissociados são apresentados, seguidos de (*aq*) para indicar uma solução aquosa, quando isso for apropriado:

$$HNO_3(aq) + NH_3(g) \rightarrow NH_4NO_3(aq)$$

Frequentemente, os compostos envolvidos na química aquosa são iônicos, como o HNO_3 e o NH_4NO_3 nesse exemplo. Esses compostos iônicos dissociam-se ou ionizam-se quando dissolvidos em água, logo a solução real não contém moléculas intactas deles. Essa dissociação é realçada se escrevermos a **equação iônica total** em vez da equação molecular. Essa forma enfatiza o que realmente está presente na mistura de reação ao escrevermos compostos dissociados como íons separados na solução. Portanto, a equação iônica total para nossa reação-modelo é:

$$H^+(aq) + NO_3^-(aq) \rightarrow NH_3(g) + NH_4^+(aq) + NO_3^-(aq)$$

O íon H^+ é muito especial porque está presente em todas as soluções aquosas de ácidos. Estritamente falando, um íon H^+ não seria nada mais que um próton. Mas, como veremos detalhadamente adiante, um próton exposto em uma solução aquosa na realidade estaria firmemente rodeado por moléculas de água. Assim, o íon H^+ é frequentemente escrito como H_3O^+ para nos lembrar desse fato. Se escrevermos o íon dessa forma, nossa equação total se transformará em:

$$H_3O^+(aq) + NO_3^-(aq) + NH_3(g) \rightarrow NH_4^+(aq) + NO_3^-(aq) + H_2O(\ell)$$

Observe que agora devemos incluir uma molécula de água do lado direito para balancear os átomos que adicionamos quando trocamos nossa representação do íon H^+ para H_3O^+.

A inspeção cuidadosa dessa equação mostra que um íon, o $NO_3^-(aq)$, aparece em ambos os lados. Portanto, ele não é o participante ativo na reação. Os íons que não estão envolvidos na química são chamados **íons espectadores**. Em muitos casos, não nos preocupamos com esses íons espectadores e não precisamos incluí-los na equação química. ◂ Quando os íons espectadores são deixados de fora, o resultado é uma **equação iônica líquida**. Usando a mesma reação como exemplo, temos:

O processo de remoção dos íons espectadores da equação é similar ao que faríamos se encontrássemos uma equação algébrica que tivesse o mesmo termo em ambos os lados.

$$H^+(aq) + NH_3(g) \rightarrow NH_4^+(aq)$$

ou

$$H_3O^+(aq) + NH_3(g) \rightarrow NH_4^+(aq) + H_2O(\ell)$$

Isso depende se escolhermos escrever H^+ ou H_3O^+ para representar o cátion do ácido nítrico. Ao removermos os ânions de ambos os lados da equação, teremos uma carga líquida de 1+ em cada lado. Esta é uma maneira de reconhecer que você está olhando para uma equação iônica líquida: se existe uma carga líquida diferente de zero em cada lado da equação. No entanto, se a equação está apropriadamente balanceada, a carga líquida deve ser a mesma. Essa regra reflete o fato de que a carga elétrica deve ser conservada.

Nesse ponto, você provavelmente deve estar se perguntando: Dessas equações, qual é a correta? A resposta é a seguinte: todas essas formas fornecem descrições válidas da reação, então nenhuma é intrinsecamente "melhor" que outra. Nesse caso em particular, provavelmente não escolheríamos a equação iônica líquida porque a identidade do ânion (NO_3^-) é importante se o nosso objetivo for produzir o nitrato de amônio sólido como fertilizante. Mas, em muitos casos, podemos ter pouco ou nenhum interesse na identidade de um íon espectador, de tal forma que a equação iônica líquida pode se tornar atrativa. A equação iônica total é mais cansativa e menos utilizada.

Reações ácido-base

Duas categorias de soluções aquosas importantes são os ácidos e as bases. Exemplos delas são facilmente encontrados no nosso dia a dia e na indústria química. Para os nossos propósitos atuais, podemos definir um **ácido** como qualquer substância que se dissolve em água para produzir íons H^+ (ou H_3O^+), e uma **base** como qualquer substância que se dissolve em água para produzir íons OH^-. A **Tabela 3.2** lista alguns ácidos e bases comuns. Da mesma forma que outros solutos, os ácidos e as bases podem ser eletrólitos fortes ou fracos. Os ácidos ou as bases fortes dissociam-se ou ionizam-se completamente em água, de tal forma que a solução resultante não contém basicamente moléculas de soluto intactas. Podemos escrever as seguintes equações químicas para a dissociação do HCl e do NaOH:

$$\text{Ácido forte: } HCl(g) + H_2O(\ell) \rightarrow H_3O^+(aq) + Cl^-(aq)$$

$$\text{Base forte: } NaOH(s) \rightarrow Na^+(aq) + OH^-(aq)$$

Diferentemente dos íons H^+, os íons hidróxido não são representados como tendo sido combinados com a água do solvente, portanto a água não aparece na equação para uma base forte.

Os únicos ácidos e bases fortes comuns são aqueles mostrados na Tabela 3.2.

Tabela ▪ 3.2 Ácidos e bases comuns

Ácidos e bases fortes e fracos

Ácidos fortes		**Bases fortes**	
HCl	Ácido clorídrico	LiOH	Hidróxido de lítio
HNO_3	Ácido nítrico	NaOH	Hidróxido de sódio
H_2SO_4	Ácido sulfúrico	KOH	Hidróxido de potássio
$HClO_4$	Ácido perclórico	$Ca(OH)_2$	Hidróxido de cálcio
HBr	Ácido bromídrico	$Ba(OH)_2$	Hidróxido de bário
HI	Ácido iodídrico	$Sr(OH)_2$	Hidróxido de estrôncio
Ácidos fracos		**Bases fracas**	
H_3PO_4	Ácido fosfórico	NH_3	Amônia
HF	Ácido fluorídrico	CH_3NH_2	Metilamina
CH_3COOH	Ácido acético		
HCN	Ácido cianídrico		

Observação: *Todos* os ácidos e as bases fortes comuns são apresentados, mas estão listados apenas exemplos representativos de ácidos e bases fracos.

Os ácidos e as bases fracos sofrem apenas ionização parcial, portanto a solução deles contém moléculas intactas e íons dissociados. Quando escrevemos as equações para a dissolução de eletrólitos fracos como esses, usamos uma seta "dupla" que enfatiza que a reação não se completou da esquerda para a direita. Para ácidos fracos comuns, é relativamente fácil escrever a equação de ionização necessária. Muitos ácidos fracos contêm o grupo funcional —COOH, e o átomo de hidrogênio desse grupo tende a ser perdido em solução. O ácido acético é um bom exemplo:

Revisitaremos os conceitos de ácidos e bases no Capítulo 12, no qual forneceremos mais detalhes.

$$\text{Ácido fraco: } CH_3COOH(aq) + H_2O(\ell) \leftrightharpoons H_3O^+(aq) + CH_3COO^-(aq)$$

Para bases fracas, a situação é um pouco menos óbvia. Diferentemente das bases fortes listadas na Tabela 3.2, a maioria das bases fracas não contém grupos –OH. Portanto, pode não ser óbvio que a dissolução delas produzirá íons hidróxido em solução (isto é, que na realidade elas sejam bases). A base fraca mais comum é a amônia (NH_3), que reage em água, de acordo com a seguinte equação:

$$\text{Base fraca: } NH_3(aq) + H_2O(\ell) \leftrightharpoons NH_4^+(aq) + OH^-(aq)$$

Novamente, utilizamos a seta dupla para mostrar que tanto moléculas intactas de NH_3 quanto íons NH_4^+ e OH^- estão presentes na solução. Muitas outras bases fracas são aminas. Elas podem ser imaginadas como derivadas da amônia, em que um ou mais átomos de H foram substituídos por grupos metila ou cadeias mais longas de hidrocarboneto.

Se observarmos a equação para a dissolução da amônia, vemos que uma maneira de descrever a reação é como a transferência de um íon H^+ — um próton — da molécula de água para a molécula de amônia. Essa transferência converte a água em um íon hidróxido e a amônia em íon amônio. Essa descrição leva a um esquema alternativo para definir ácidos e bases. Sob a definição de Brønsted-Lowry, ácidos e bases são definidos com base em como eles reagem uns com os outros. Um ácido é um doador de prótons e uma base é um receptor de prótons, de maneira que quando um ácido reage com uma base, um próton é transferido do ácido para a base.

Comparado com a definição de Arrhenius, o esquema de Brønsted-Lowry é mais geral.

Como muitas soluções ácidas e básicas ocorrem na natureza, observações sobre ácidos e bases datam de centenas de anos atrás. Uma das observações mais importantes é que uma solução não pode ser ao mesmo tempo ácida e básica. A mistura de um ácido com uma base leva a uma reação conhecida como **neutralização**, na qual a solução resultante não é ácida nem básica. Para entender as origens da neutralização, devemos começar com as definições de ácidos e bases. As soluções ácidas contêm íons H_3O^+ e as básicas, íons OH^-. Portanto, para uma solução ser simultaneamente ácida e básica, ela deverá conter as duas espécies. Quando se observam esses íons, é fácil entender por que a combinação das duas espécies não é plausível. Íons hidrônio e íons hidróxido combinam-se rapidamente para formar água:

$$H_3O^+(aq) + OH^-(aq) \rightarrow 2\ H_2O(\ell)$$

Essa reação ocorrerá sempre que um ácido e uma base forem combinados, o que evitará que uma solução seja simultaneamente ácida e básica. O Problema-modelo 3.3 mostra como escrever equações para uma reação de neutralização.

PROBLEMA-MODELO 3.3

Quando soluções aquosas de ácido acético e hidróxido de potássio são combinadas, ocorrerá uma reação de neutralização. Escreva as equações molecular, iônica total e iônica líquida para esse processo.

Estratégia Essa é a reação de um ácido fraco com uma base forte. A reação entre um ácido e uma base sempre produz água como produto, junto a um composto iônico formado dos íons remanescentes. (O segundo produto é geralmente chamado de **sal**.) Podemos começar usando essa ideia para escrever a equação molecular. Para gerar as equações iônicas, consideraremos então a dissociação dos eletrólitos fortes em seus íons constituintes.

Solução Um átomo de hidrogênio do ácido e o íon hidróxido da base produzirão água. Os íons restantes serão um íon acetato (CH_3COO^- do ácido) e um íon potássio (K^+ da base). A combinação desses elementos fornece o acetato de potássio, KCH_3COO, o que nos permite escrever a seguinte equação molecular:

$$CH_3COOH + KOH \rightarrow H_2O + KCH_3COO$$

Para produzir a equação iônica total, devemos determinar quais dessas espécies escreveremos como íons dissociados. De acordo com a Tabela 3.2, o ácido acético é um ácido fraco, o que significa que ele está apenas parcialmente dissociado em solução. Em razão disso, ele será indicado como uma molécula intacta. O KOH, por sua vez, é uma base forte e, portanto, se dissociará completamente. Logo, escrevemos isso como um par de íons K^+ e OH^-. De acordo com a Tabela 3.1, tanto os íons potássio quanto os íons acetato tendem a produzir compostos solúveis. Assim, o KCH_3COO será solúvel e consequentemente se dissociará em seus íons constituintes. Colocando tudo junto, podemos escrever a seguinte equação iônica total:

$$CH_3COOH(aq) + K^+(aq) + OH^-(aq) \rightarrow H_2O(\ell) + K^+(aq) + CH_3COO^-(aq)$$

Nessa equação, observamos os íons potássio em ambos os lados. Dessa forma, o potássio é um íon espectador e pode ser apagado para fornecer a equação iônica líquida:

$$CH_3COOH(aq) + OH^-(aq) \rightarrow H_2O(\ell) + CH_3COO^-(aq)$$

Verifique seu entendimento Escreva as equações molecular, iônica total e iônica líquida para a reação entre o ácido clorídrico e o hidróxido de cálcio.

Todos os produtos disponíveis comercialmente para eliminar derramamentos ácidos se baseiam no conceito de neutralização. Normalmente, emprega-se uma mistura de compostos, como carbonato de cálcio, óxido de magnésio, carbonato de sódio e um corante que muda de cor quando o derramamento ácido for neutralizado.

A neutralização é apenas um exemplo da química de reação aquosa. Outro tipo comum é a **reação de precipitação**, na qual se forma um sólido (chamado precipitado), que sai da solução como mostrado na Figura 3.8. O Problema-modelo 3.4 demonstra um exemplo das três formas de equações químicas para as reações de precipitação.

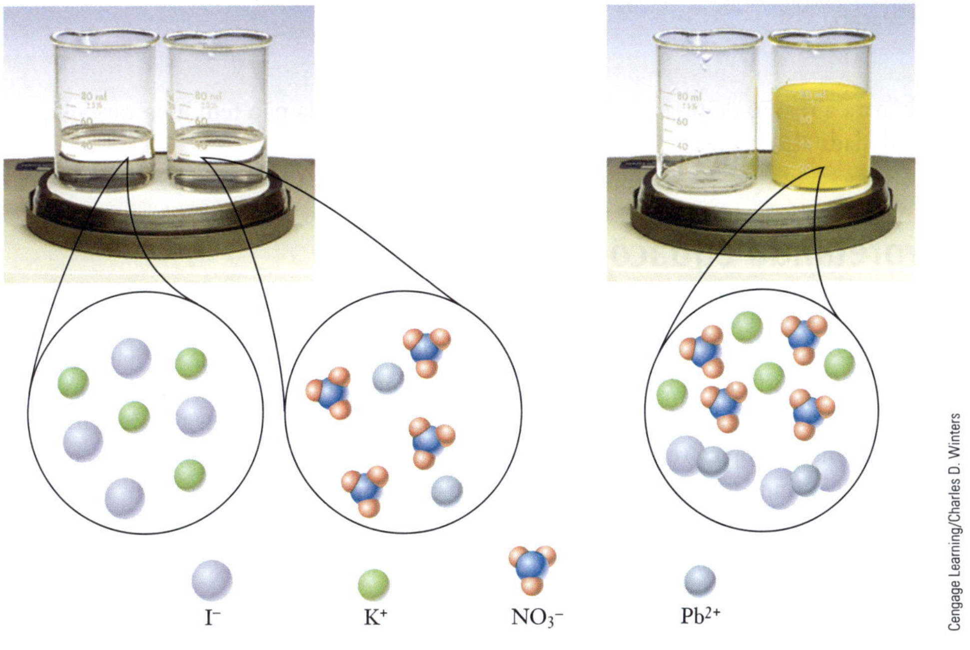

Figura 3.8 As fotos apresentam uma demonstração na qual soluções límpidas e sem cor de KI e $Pb(NO_3)_2$ são misturadas e reagem para formar um precipitado de PbI_2. (O precipitado é amarelo.) A ilustração que acompanha as fotos mostra uma representação em escala molecular das soluções reagentes individuais e o produto final.

PROBLEMA-MODELO ◀ 3.4

Quando o carbonato de cálcio aquoso é adicionado ao cloreto de bário, a solução torna-se branca e turva com o carbonato de bário sólido. Escreva as equações molecular, iônica e iônica líquida para essa reação.

Estratégia Inicialmente, usaremos as regras de nomenclatura que apresentamos no Capítulo 2 para escrever as fórmulas de todos os compostos envolvidos. Então, construiremos uma equação química balanceada usando as fórmulas unitárias completas. Em seguida, devemos identificar quaisquer compostos iônicos que estejam presentes e escrevê-los como íons dissociados, para fornecer a equação iônica total. Finalmente, para obtermos a equação iônica líquida, devemos eliminar quaisquer íons espectadores em ambos os lados da equação.

Solução As fórmulas para as substâncias listadas são Na_2CO_3, $BaCl_2$ e $BaCO_3$. Apesar de o $BaCO_3$ ser o único produto listado no enunciado do problema, os átomos de sódio e de cloro também devem aparecer em algum lugar do lado direito da nossa equação. Portanto, o NaCl também será formado como produto. Escrevemos os reagentes do lado esquerdo e os produtos do lado direito para compor a equação molecular:

$$Na_2CO_3(aq) + BaCl_2(aq) \rightarrow BaCO_3(s) + 2\ NaCl(aq)$$

Em seguida, reconhecemos que as três substâncias simbolizadas como "(*aq*)" na equação existirão como íons dissociados, e não como moléculas intactas, o que nos leva à seguinte equação iônica total:

$$2\ Na^+(aq) + CO_3^{2-}(aq) + Ba^{2+}(aq) + 2\ Cl^-(aq) \rightarrow BaCO_3(s) + 2\ Na^+(aq) + 2\ Cl^-(aq)$$

Finalmente, podemos cancelar os íons sódio e cloreto porque eles aparecem em números iguais em ambos os lados da equação. Isso nos leva à seguinte equação iônica líquida:

$$CO_3^{2-}(aq) + Ba^{2+}(aq) \rightarrow BaCO_3(s)$$

Verifique seu entendimento Quando o sulfato de sódio, Na_2SO_4, reage com o nitrato de chumbo, $Pb(NO_3)_2$, os produtos são o sulfato de chumbo sólido e o nitrato de sódio aquoso. Escreva as equações molecular, iônica e iônica líquida para essa reação.

Observe que, para a reação de precipitação, a equação iônica líquida não tem uma carga líquida nem do lado do reagente nem do lado do produto.

3.4 Interpretando equações e mol

As equações químicas que aprendemos a escrever são descrições simbólicas das reações químicas. No entanto, para interpretar essas equações, devemos considerar outro ponto de vista em termos das substâncias reais e do processo que elas representam. Como frequentemente acontece na química, podemos fazer isso no nível microscópico ou macroscópico. A interpretação utilizada até aqui é a microscópica, que visualiza as reações entre moléculas individuais. A interpretação macroscópica retrata as reações entre quantidades grandes. Nenhuma das duas perspectivas é melhor que outra, então simplesmente usamos o ponto de vista mais adequado às circunstâncias que estamos considerando. Para fazer a conexão entre os dois mundos, precisamos entender como os químicos contam as moléculas em uma amostra grande.

Interpretando equações químicas

Para escrever e balancear uma equação química, adotamos uma maneira de olhar para reações que parece natural. Falamos de uma molécula reagindo com outra molécula para formar algum novo composto que chamamos de produto. Entretanto, as reações químicas reais raramente envolvem apenas uma ou duas moléculas, portanto precisaremos pensar também nas equações químicas em termos de grandes quantidades. Retomemos o nosso primeiro exemplo, a reação explosiva entre hidrogênio e oxigênio para produzir água:

$$2\ H_2(g) + O_2(g) \rightarrow 2\ H_2O(g)$$

Essa equação química é lida assim: "duas moléculas de H_2 reagem com uma molécula de O_2 para formar duas moléculas de H_2O". Suponha que comecemos a mesma reação com 20 moléculas de H_2, em vez de duas. A equação balanceada indica que precisamos de uma molécula de oxigênio para cada duas moléculas de H_2. Assim, nesse caso, diríamos que 20 moléculas de H_2 reagem com 10 moléculas de O_2 para formar 20 moléculas de H_2O.

Duas características-chave desses enunciados devem ser enfatizadas. Primeira, ambos os enunciados estão corretos porque eles usam as proporções estabelecidas pelos coeficientes estequiométricos. Existem duas vezes mais moléculas de hidrogênio que de oxigênio em cada caso. Segunda, ambos os enunciados referem-se aos *números de partículas*. Quando interpretamos uma reação química, devemos lembrar que os coeficientes estequiométricos *sempre* se referem aos números de partículas. No exemplo que acabamos de considerar, os números eram 2 e 1 ou 20 e 10. Poderíamos tão facilmente ter dito 2.000.000 e 1.000.000 ou 91.200.000 e 45.600.000. Desde que usemos números que satisfaçam a proporção estequiométrica correta, sempre teremos uma descrição razoável de uma reação química real.

Número de Avogadro e o mol

Quando começamos a considerar reações químicas com quantidades macroscópicas de materiais, os números de moléculas envolvidas tornam-se muito grandes. Normalmente, as pessoas não gostam de trabalhar com números enormes, pois é mais difícil desenvolver uma intuição sobre eles. Para lidar com uma amostra real que contém um número quase absurdo de moléculas, os cientistas inventaram uma maneira para administrar essa quantidade. Trata-se de simplesmente contar as moléculas em termos de alguma quantidade grande, em vez de individualmente. A grandeza específica que os químicos escolheram para contar é chamada **mol**. Um mol é definido como o número de átomos contidos em *exatamente* 12 gramas de ^{12}C. Esse número refere-se também ao **número de Avogadro**, e seu valor é $6{,}022 \times 10^{23}$. ▸ Quando os químicos querem contar moléculas, eles o fazem por mols, pois é mais fácil trabalhar com os números resultantes.

Por causa de sua importância fundamental, o número de Avogadro tem sido medido cuidadosamente. O valor internacionalmente aceito na atualidade é $6{,}022140857 \times 10^{23}$.

Existem várias razões pelas quais esse número é útil na química. Em primeiro lugar, ele é um número grande que fornece uma unidade útil para contar partículas tão pequenas quanto os átomos. Nesse sentido, o mol está para o químico da mesma forma que uma dúzia está para o padeiro. Em segundo lugar, um mol é o mesmo número de partículas, independentemente da substância. Portanto, um mol de H_2 contém o mesmo número de partículas que um mol de manose ($C_6H_{12}O_6$), um açúcar simples encontrado nos vegetais; cada um tem $6{,}022 \times 10^{23}$ moléculas. As massas ou volumes de um mol variarão de uma substância para outra, como mostrado na **Figura 3.9**, mas o número de partículas presentes é o mesmo em cada caso.

Você pode estar imaginando que o valor do número de Avogadro parece uma escolha peculiar para uma unidade de contagem. Por que não simplesmente igualá-lo a 10^{23}, por exemplo, e simplificar alguns cálculos? ▸ A resposta é que o valor escolhido para o número de Avogadro produz uma conexão muito conveniente entre a massa de um átomo ou molécula e a massa de um mol daqueles átomos ou moléculas. Segundo nossa definição, um mol de ^{12}C tem uma massa de exatamente 12 g. Anteriormente, dissemos que um átomo de ^{12}C tem uma massa de exatamente 12 u, o que não é meramente uma coincidência, mas uma decisão deliberada. Uma vez que definimos u e grama independentemente, o número de Avogadro é fixado como a quantidade de u em um grama. Pode ser útil visualizarmos um experimento hipotético: considere que se tivéssemos uma balança capaz de medir exatamente a massa de átomos individuais e uma maneira de colocar os átomos, um de cada vez, na balança. Poderíamos, então, determinar o número de Avogadro colocando na balança átomos de carbono-12, um a um, até que lêssemos exatamente a massa 12 g. Naturalmente, nenhum experimento desse tipo é possível, logo o número de Avogadro foi medido por métodos indiretos.

A massa de $6{,}022 \times 10^{23}$ átomos de qualquer elemento é a **massa molar** daquele elemento, e seu valor em gramas por mol é dado na maioria das tabelas periódicas. A massa molar do silício, por exemplo, é maior que a do

Figura 3.9 São mostradas amostras de 1 mol de vários elementos. No fundo (da esquerda para a direita): bromo, alumínio, mercúrio e cobre. Na frente (da esquerda para a direita): enxofre, zinco e ferro.

carbono porque um átomo de silício é mais pesado que um átomo de carbono. E a massa molar de cada elemento leva em consideração as abundâncias isotópicas naturais. Assim, a massa molar do carbono é 12,011 g mol^{-1}, refletindo a média ponderada entre as massas de ^{12}C e ^{13}C, como apontado no Capítulo 2.

O mol é a chave para a interpretação macroscópica de uma equação química. Considere a mesma equação abordada até aqui:

$$2\ H_2(g) + O_2(g) \rightarrow 2\ H_2O(g)$$

Se quisermos ler essa equação em mols, poderemos afirmar que "dois mols de H_2 e um mol de O_2 reagem para formar dois mols de H_2O". Como cada mol contém o mesmo número de moléculas, a **proporção molar** 2:1 entre os reagentes é a mesma proporção de 2:1 para o número de moléculas. As equações químicas e seus coeficientes estequiométricos sempre fornecem proporções de número de partículas, *não de massas*.

Determinando a massa molar

Como as equações químicas balanceadas são sempre expressas em números de partículas, é conveniente ter uma maneira fácil de determinar o número de partículas em uma amostra de substância. No entanto, não existe um instrumento simples de laboratório que possa medir diretamente a quantidade de matéria em uma amostra. Em vez disso, normalmente determinamos de forma indireta a quantidade de matéria a partir da massa de uma amostra.

A união entre a massa de uma amostra e a quantidade de matéria presente é a massa molar da substância em questão. Para determinar a massa molar de um composto, podemos explorar a ideia da conservação da massa. Considere um mol de água como exemplo. Sabemos que um mol do composto deve conter o número de Avogadro de moléculas de H_2O. Além disso, cada uma daquelas moléculas deve conter um átomo de O e dois átomos de H. O número de Avogadro de átomos de oxigênio é um mol, e sabemos da tabela periódica que um mol de átomos de O tem uma massa de 16,0 g. Como cada molécula contém dois átomos de hidrogênio, toda a amostra de um mol conterá dois mols de átomos de H. De novo, consultando a tabela periódica, vemos que um mol de átomos de H tem uma massa de 1,0 g, logo dois mols devem ter uma massa de 2,0 g. ◂ As massas dos átomos de H e O devem ser iguais à massa de um mol de H_2O, então podemos simplesmente somá-las para obter 18,0 g como a massa de um mol de H_2O. Em outras palavras, a massa molar de H_2O é 18,0 g mol^{-1}. Podemos adotar o mesmo procedimento para qualquer composto: a soma das massas molares de todos os átomos é a massa molar do composto. No Problema-modelo 3.5, determinamos a massa molar de vários compostos.

Por razões de simplicidade, usamos aqui números inteiros para as massas de hidrogênio e oxigênio. Em geral, você deve usar as massas molares com tantos algarismos significativos quantos os dos dados reais do problema que você está resolvendo.

POR DENTRO DE

PROBLEMA-MODELO ◀ 3.5

Determine a massa molar de cada um dos seguintes compostos, os quais são utilizados como fertilizantes para a produção de biomassa: (a) sulfato de cálcio, $CaSO_4$, (b) ureia, $CO(NH_2)_2$, (c) carnalita, $H_{12}Cl_3KMgO_6$.

Estratégia Devemos determinar a massa com que cada elemento contribui e então somá-las para calcular a massa molar. Quando aparecem parênteses na fórmula, cada átomo dentro dos parênteses deve ser multiplicado pelo seu próprio índice inferior *e* pelo índice inferior que aparece após o parêntese da direita.

Solução

(a) $CaSO_4$:	1 mol de Ca:	$1 \times 40{,}078$	g mol^{-1}	=	40,078	g mol^{-1}
	1 mol de S:	$1 \times 32{,}06$	g mol^{-1}	=	32,06	g mol^{-1}
	4 mol de O:	$4 \times 15{,}999$	g mol^{-1}	=	63,996	g mol^{-1}
			Massa molar	=	136,13	g mol^{-1}
(b) $CO(NH_2)_2$:	1 mol de C:	$1 \times 12{,}011$	g mol^{-1}	=	12,011	g mol^{-1}
	1 mol de O:	$1 \times 15{,}999$	g mol^{-1}	=	15,999	g mol^{-1}
	4 mol de H:	$4 \times 1{,}008$	g mol^{-1}	=	4,032	g mol^{-1}
	2 mol de N:	$2 \times 14{,}007$	g mol^{-1}	=	28,014	g mol^{-1}
			Massa molar	=	60,056	g mol^{-1}
(c) $H_{12}Cl_3KMgO_6$:	12 mol de H:	$12 \times 1{,}008$	g mol^{-1}	=	12,096	g mol^{-1}
	3 mol de Cl:	$3 \times 35{,}45$	g mol^{-1}	=	106,35	g mol^{-1}
	1 mol de K:	$1 \times 39{,}0983$	g mol^{-1}	=	39,0983	g mol^{-1}
	1 mol de Mg:	$1 \times 24{,}305$	g mol^{-1}	=	24,305	g mol^{-1}
	6 mol de O:	$6 \times 15{,}999$	g mol^{-1}	=	95,994	g mol^{-1}
			Massa molar	=	277,84	g mol^{-1}

Analise sua resposta Observando esses três compostos, constatamos que a ureia tem menor massa molar que o sulfato de cálcio, mesmo ela contendo mais átomos por molécula. Isso faz sentido? O fator-chave é que tanto o cálcio quanto o enxofre são elementos significativamente mais pesados que aqueles encontrados na ureia, então não é surpresa que a ureia seja a menos massiva dessas três moléculas. A carnalita tem a maior massa molar porque cada molécula contém vários átomos relativamente pesados.

Discussão O número de algarismos significativos por meio dos quais as massas molares dos elementos são conhecidas varia de um elemento para outro, como você pode examinar na tabela periódica no final deste livro. Logo, o número de algarismos significativos nas massas molares varia de acordo com os elementos em cada molécula.

Verifique seu entendimento Quais são as massas molares dos seguintes compostos que podem ser obtidos do refinamento da biomassa? (a) ácido xilárico, $C_5H_8O_7$, (b) ácido difenólico, $C_4H_7(C_6H_5O)_2COOH$, (c) ácido aspártico, $C_2H_5N(COOH)_2$.

3.5 Cálculos utilizando mols e massas molares

Vimos a importância do conceito de mol[1] quando se trata de reações químicas que envolvem quantidades macroscópicas de material. Mas, em geral, não é possível medir diretamente a quantidade de matéria em uma amostra,

[1] A redefinição do quilograma forçou uma revisão na definição do mol. Assim, desde maio de 2019, a definição é: "o mol, simbolizado por mol, é a unidade de quantidade de matéria. Um mol contém exatamente $6{,}02214076 \times 10^{23}$ entidades elementares. Este número é o valor numérico fixo da constante de Avogadro quando expressa em mol^{-1} e é chamado de **número de Avogadro**" (MARQUARDT, R.; MEIJA, J.; MESTER, Z.; TOWNS, M.; WEIR, R.; DAVIS R.; STOHNER, J. Pure Appl. Chem., 90, 175-180, 2018). (NRT)

porque, para fazer isso, teríamos de contar as moléculas. As massas molares fornecem uma conexão crucial que nos permite transformar massas, as quais podemos medir com facilidade, em quantidade de matéria. A massa e a quantidade de matéria são na realidade apenas duas maneiras diferentes de expressar a mesma informação – a quantidade de uma substância presente. A massa molar funciona como uma unidade de conversão entre elas, o que nos permite ir de massa para quantidade de matéria e de quantidade de matéria para massa. O Problema-modelo 3.6 ilustra um uso de massa molar.

POR DENTRO DE

PROBLEMA-MODELO ◂ 3.6

Ácido glutâmico, $C_5H_9NO_4$

Uma amostra de 245,3 g de ácido glutâmico, $C_5H_9NO_4$, é recuperada de um experimento usando a fermentação para converter a biomassa. Qual é a quantidade de matéria de $C_5H_9NO_4$ presente nessa amostra? Quantas moléculas isso representa?

Estratégia Pede-nos para converter massa em quantidade de matéria. Logo, devemos determinar a massa molar da substância e então usá-la para realizar a conversão. Uma vez conhecida a quantidade de matéria, podemos facilmente encontrar o número de moléculas, desde que saibamos que um mol contém o número de Avogadro de moléculas.

Solução Inicialmente, calculamos a massa molar do ácido glutâmico.

$C_5H_9NO_4$:				
	5 mol de C:	$5 \times 12{,}011$ g mol^{-1}	=	60,055 g mol^{-1}
	9 mol de H:	$9 \times 1{,}008$ g mol^{-1}	=	9,072 g mol^{-1}
	1 mol de N:	$1 \times 14{,}007$ g mol^{-1}	=	14,007 g mol^{-1}
	4 mol de O:	$4 \times 15{,}999$ g mol^{-1}	=	63,996 g mol^{-1}
		Massa molar	=	147,130 g mol^{-1}

Agora, podemos usar a massa molar para converter massa em quantidade de matéria:

$$245{,}3 \text{ g } C_5H_9NO_4 \times \frac{1 \text{ mol } C_5H_9NO_4}{147{,}130 \text{ g } C_5H_9NO_4} = 1{,}667 \text{ mol } C_5H_9NO_4$$

Finalmente, podemos converter quantidade de matéria em moléculas usando o número de Avogadro:

$$1{,}667 \text{ mol } C_5H_9NO_4 \times \frac{6{,}022 \times 10^{23} \text{ moléculas } C_5H_9NO_4}{1 \text{ mol } C_5H_9NO_4}$$
$$= 1{,}004 \times 10^{24} \text{ moléculas } C_5H_9NO_4$$

Analise sua resposta Reconhecidamente, é difícil ter uma intuição sobre o número de moléculas em qualquer amostra. Ao estimarmos nossa resposta, podemos começar observando que é um número muito grande, o que faz sentido porque estamos calculando o número de moléculas em uma quantidade macroscópica de ácido glutâmico. ◂ Poderíamos também conferir mais rigorosamente observando a etapa intermediária na qual descobrimos a quantidade de matéria. Como a massa molar do ácido glutâmico é ligeiramente menor que 150 g mol^{-1}, devemos ter alguma coisa menor que 2 mols em uma amostra de 245 g. Isso está consistente com o valor que encontramos.

Um erro comum dos estudantes nesse tipo de cálculo é dividir pelo número de Avogadro em vez de multiplicar. Isso leva a um valor numérico muito pequeno. Um número de moléculas menor que um é com certeza um sinal de erro nos cálculos.

Discussão A massa dessa amostra corresponde a um pouco mais que meia libra, logo a amostra provavelmente seria do tamanho de uma bola de tênis. Observe o enorme número de moléculas nessa quantidade razoavelmente pequena de material.

Verifique seu entendimento Embora o etanol possa ser o biocombustível mais conhecido, grandes esforços têm sido feitos para produzir o butanol, C_4H_9OH, também a partir de biomassa. Qual é a quantidade de matéria presente em 1,00 galão de butanol puro, o qual tem uma densidade de 0,810 g mol^{-1}?

Em alguns casos, podemos calcular a quantidade de matéria de uma substância necessária em uma reação específica. Então, se quisesse realizar aquela reação, você precisaria saber qual a massa de amostra a ser preparada. Podemos inverter facilmente os processos anteriormente apresentados para converter quantidade de matéria em massa, como mostrado no Problema-modelo 3.7.

POR DENTRO DE

PROBLEMA-MODELO ◀ 3.7

Um objetivo da conversão da biomassa é o desenvolvimento de insumos, produtos químicos que podem ser facilmente convertidos em matéria-prima para processos químicos como a síntese de polímeros. Uma molécula de insumo importante que pode ser derivada da biomassa é o 2-propanol, C_3H_7OH. Se são necessários 423 mols do composto para a reação, quantas libras de C_3H_7OH devem ser usadas?

Estratégia Pede-nos para converter quantidade de matéria em massa. Sabemos que a união entre essas duas grandezas é a massa molar do composto, portanto podemos começar fazendo esse cálculo. Uma vez conhecida a massa molar, podemos usá-la para encontrar a massa de 2-propanol necessária. Assim, podemos converter facilmente aquele resultado de gramas em libras.

Solução Precisaremos calcular a massa molar do composto.

C_3H_7OH:	3 mol de C:	$3 \times 12{,}011$	g mol^{-1}	=	36,033	g mol^{-1}
	8 mol de H:	$8 \times 1{,}008$	g mol^{-1}	=	8,064	g mol^{-1}
	1 mol de O:	$1 \times 15{,}999$	g mol^{-1}	=	15,999	g mol^{-1}
			Massa molar	=	60,096	g mol^{-1}

Agora, podemos usar a massa molar e a quantidade de matéria necessária para encontrar a massa apropriada:

$$423 \text{ mol } C_3H_7OH \times \frac{60{,}096 \text{ g } C_3H_7OH}{1 \text{ mol } C_3H_7OH} = 2{,}54 \times 10^4 \text{ g } C_3H_7OH$$

Finalmente, podemos converter este de gramas em libras:

$$2{,}54 \times 10^4 \text{ g } C_3H_7OH \times \frac{1 \text{ lb}}{453{,}59 \text{ g}} = 56{,}0 \text{ lb } C_3H_7OH \text{ necessária}$$

Analise sua resposta Podemos estimar a razoabilidade dessa resposta comparando-a com o Problema-modelo 3.6. Nesse problema, a massa de 2-propanol é aproximadamente 100 vezes maior que a massa de ácido glutâmico no problema anterior. A quantidade de matéria de 2-propanol é aproximadamente 250 vezes maior. Por que a diferença? A massa molar do 2-propanol é menos que a metade daquela do ácido glutâmico, logo devemos esperar que a proporção entre as quantidades de matéria seja maior que as proporções entre as massas.

Verifique seu entendimento Aproximadamente 80 bilhões de mols de nitrato de amônio (NH_4NO_3) foram produzidos globalmente em 2008. Quantas toneladas de nitrato de amônio isso representa?

Análise elementar: determinando as fórmulas empíricas e moleculares

Quando uma nova molécula é sintetizada, faz-se rotineiramente uma **análise elementar** para ajudar na sua identidade. Esse teste, que mede a porcentagem de massa de cada elemento no composto, também é frequentemente feito como parte do processo de identificação de qualquer substância cuja composição é desconhecida. As porcentagens em massa descrevem a composição do composto, e, dessa forma, ela deve estar relacionada com a sua fórmula química. Mas os dados obtidos da análise elementar descrevem a composição em termos da *massa* de cada elemento, enquanto a fórmula descreve a composição em termos do *número de átomos* de cada elemento. Portanto, trata-se de duas representações diferentes de informações muito similares, e a massa molar dos elementos fornece uma conexão entre elas. O processo de obtenção da fórmula empírica de um composto a partir da sua composição em porcentagem de massa é ilustrado no Problema-modelo 3.8.

POR DENTRO DE

PROBLEMA-MODELO ◀ 3.8

A substituição de combustíveis fósseis por biomassa é importante para muitos usos além da produção de energia. Compostos derivados da biomassa podem ser úteis como materiais de partida para muitos processos químicos. A nitroanilina foi observada em experimentos na biomassa de agulhas de pinheiros e pode ser usada como um precursor de medicamentos. Ela contém 52,17% de carbono, 4,38% de hidrogênio, 20,28% de nitrogênio e 23,17% de oxigênio em massa. Determine a fórmula empírica da nitroanilina.

Estratégia A fórmula empírica é baseada nas proporções em mol entre os elementos no composto, e os dados fornecidos estão em termos de massa. A massa molar fornece a união entre massa e quantidade de matéria, como sempre. Podemos começar escolhendo uma massa conveniente do composto – geralmente 100 g – e usar as porcentagens dadas para encontrar a massa de cada elemento naquela amostra. Então, converteremos aquelas massas em quantidade de matéria de cada elemento. As proporções entre essas quantidades de matéria devem ser as mesmas para *qualquer* amostra do composto. Finalmente, precisaremos converter essas proporções em números inteiros para escrever a fórmula empírica.

Solução Considere uma amostra de 100 g de nitroanilina. A partir das porcentagens fornecidas, essa amostra conterá 52,17 g de C, 4,38 g de H, 20,28 g de N e 23,17 g de O. Converteremos essas massas em quantidade de matéria:

$$52{,}17 \text{ g C} \times \frac{1 \text{ mol C}}{12{,}011 \text{ g C}} = 4{,}344 \text{ mol de C em 100 g de nitroanilina}$$

$$4{,}38 \text{ g H} \times \frac{1 \text{ mol H}}{1{,}008 \text{ g H}} = 4{,}35 \text{ mol de H em 100 g de nitroanilina}$$

$$20{,}28 \text{ g N} \times \frac{1 \text{ mol N}}{14{,}007 \text{ g N}} = 1{,}448 \text{ mol de N em 100 g de nitroanilina}$$

$$23{,}17 \text{ g O} \times \frac{1 \text{ mol O}}{15{,}999 \text{ g O}} = 1{,}448 \text{ mol de O em 100 g de nitroanilina}$$

Esses números nos indicam as proporções de C:H:N:O no composto. Podemos ficar tentados a escrever uma fórmula de $C_{4,344}H_{4,35}N_{1,448}O_{1,448}$, mas sabemos que a fórmula empírica correta exige números inteiros de cada elemento. Nesse caso, pode ser mais fácil ver as proporções corretas, mas precisamos abordar tal problema sistematicamente. A estratégia normal é dividir todas as quantidades de matéria já obtidas pela menor quantidade de matéria, o que garante que o menor número resultante sempre seja um. Nesse caso, dividiremos todas as quatro quantidades de matéria por 1,448, porque esse é o menor número dos quatro.

$$\frac{4{,}344 \text{ mol C}}{1{,}448} = 3{,}00$$

$$\frac{4{,}35 \text{ mol H}}{1{,}448} = 3{,}00$$

$$\frac{1{,}448 \text{ mol N}}{1{,}448} = 1$$

$$\frac{1{,}448 \text{ mol O}}{1{,}448} = 1$$

O resultado é uma proporção de número inteiro pequeno: 3 mol de C: 3 mol de H: 1 mol de N: 1 mol de O. Portanto, a fórmula empírica é C_3H_3NO. Os dados de porcentagem em massa permitem determinar apenas a fórmula empírica, e não a fórmula molecular, porque não temos nenhuma informação sobre quão grande ou pequena uma molécula do composto pode ser.

Analise sua resposta Sabemos que os coeficientes em uma fórmula química devem ser números inteiros. O fato de que todos os quatro coeficientes que encontramos estão muito próximos de inteiros significa que nossa fórmula proposta é plausível.

Discussão Ao trabalhar com esse tipo de problema, é uma boa ideia usar massas molares exatas para os elementos e carregar tantos algarismos significativos quanto possível por todo o cálculo. Isso garante que nenhum erro grande de arredondamento ocorra e facilita decidir se os coeficientes finais obtidos são números inteiros.

As etapas utilizadas produzem números inteiros para todos os elementos apenas se pelo menos um dos índices inferiores for um. Caso contrário, o resultado para um ou mais elementos ainda não será um número inteiro. Em aproximadamente todos os casos, entretanto, tais resultados fracionários serão imediatamente identificados como frações racionais (por exemplo, 1,5 ou 2,33). Podemos obter valores integrais multiplicando *todos* os coeficientes por um inteiro apropriado, o que é demonstrado a seguir, em "Verifique seu entendimento".

Verifique seu entendimento Um composto chamado criptomeridiol está entre os princípios ativos das ervas usadas na tradicional medicina chinesa. Ele contém 74,95% de C, 11,74% de H e 13,31% de O. Determine a fórmula empírica desse composto.

Sabendo-se também a massa molar do composto, o processo usado no exemplo anterior pode facilmente ser estendido para permitir a determinação da fórmula molecular.

A conexão entre a massa e a quantidade de matéria pode também ser aplicada de outras maneiras. Os cientistas de materiais normalmente descrevem a composição em termos de porcentagem em massa (%m) ou porcentagem em mol (%mol). ▸ A conversão entre essas duas unidades envolve o uso da massa molar, como mostrado no Problema-modelo 3.9.

Uma liga é uma solução na qual tanto o soluto quanto o solvente são sólidos. Os engenheiros de materiais podem escolher ou projetar ligas para terem propriedades para uma aplicação específica.

PROBLEMA-MODELO ◂ 3.9

Ligas de paládio e níquel são frequentemente usadas na fabricação de conectores eletrônicos. Uma dessas ligas contém 70,8%mol de Pd e 29,2%mol de Ni. Expresse a composição dessa liga em porcentagem de massa.

Estratégia Para começarmos, precisamos escolher uma quantidade de liga. Embora qualquer quantidade funcione, 1 mol pode ser conveniente. Como especificamos a quantidade de matéria, podemos usar as massas molares para determinar a massa de cada metal e a massa total. E a partir delas podemos calcular as porcentagens em massa.

Solução As massas molares do paládio e do níquel são 106,42 g mol^{-1} e 58,69 g mol^{-1}, respectivamente. A partir das porcentagens em mol fornecidas, sabemos que 1 mol de liga conteria 0,708 mol de Pd e 0,292 mol de Ni. Podemos usar esses valores para determinar a massa de cada componente em 1 mol de liga:

$$m_{Pd} = 0{,}708 \text{ mol Pd} \times \frac{106{,}42 \text{ g Pd}}{1 \text{ mol Pd}} = 75{,}4 \text{ g Pd}$$

$$m_{Ni} = 0{,}292 \text{ mol Ni} \times \frac{58{,}69 \text{g Ni}}{1 \text{ mol Ni}} = 17{,}1 \text{ g Ni}$$

Logo, a massa total de 1 mol de liga é exatamente

$$75{,}4 \text{ g de Pd} + 17{,}1 \text{ g de Ni} = 92{,}5 \text{ g de liga}$$

Finalmente, calculamos a porcentagem em massa de cada metal:

$$\%\text{m (Pd)} = \frac{75{,}4 \text{ g Pd}}{92{,}5 \text{ g de liga}} \times 100\% = 81{,}5\%\text{m de Pd}$$

$$\%\text{m (Ni)} = \frac{17{,}1 \text{ g Ni}}{92{,}5 \text{ g de liga}} \times 100\% = 18{,}5\%\text{m de Ni}$$

Analise sua resposta Faz sentido a porcentagem em massa do paládio ser maior que a porcentagem em mol porque o paládio tem maior massa molar que o níquel.

Discussão Não há nada de especial sobre a hipótese de mol nesse problema. Ela foi escolhida por fornecer números mais compreensíveis para as massas. Se o problema fosse em outra direção (de %m para %mol), deveríamos ter escolhido 100 g como a quantidade de material para usar no cálculo.

Uma unidade adicional às vezes usada para a composição de liga é a porcentagem atômica (%at). A conversão entre a %at e a %m envolve as mesmas etapas que a conversão entre %mol e %m nesse problema.

Verifique seu entendimento O ouro 18 quilates normalmente contém 75% de ouro, 16% de prata e 9% de cobre em massa. Expresse essa composição em termos de porcentagem em mol.

Concentração em quantidade de matéria[2]

A massa molar é útil para cálculos químicos porque ela fornece uma conexão entre uma grandeza que é facilmente medida (massa) e outra que é conceitualmente importante (quantidade de matéria). Outra grandeza facilmente medida é o volume. Quando trabalhamos com soluções aquosas, frequentemente usamos volume nos cálculos, em vez de massa. Consequentemente, não deve ser uma surpresa que queiramos definir grandezas que nos ajudem a relacionar uma medida de volume à quantidade de matéria.

Foram desenvolvidas várias maneiras diferentes de expressar a concentração de um soluto. Para definir qualquer unidade de concentração, devemos saber tanto a quantidade de soluto quanto a quantidade de solvente na solução.

A concentração em quantidade de matéria é outra razão entre variáveis não relacionadas – similar à densidade de massa. Ela pode ser usada nos cálculos da mesma maneira que a densidade.

A unidade de concentração mais utilizada na química é a **concentração em quantidade de matéria** ou **concentração molar**. A concentração em quantidade de matéria, representada pelo símbolo *c*, é definida como a quantidade de matéria de soluto por litros de solução: ◂

$$\text{Concentração em quantidade de matéria } (c) = \frac{\text{(quantidade de matéria de soluto)}}{\text{(volume da solução em litros)}} \quad (3.1)$$

A definição de concentração em quantidade de matéria aponta para as maneiras nas quais ela pode ser usada. Ela fornece uma relação entre três coisas: concentração molar, quantidade de matéria do soluto e litros de solução. Se conhecemos duas dessas grandezas, podemos determinar a grandeza desconhecida que resta. Podemos medir o volume de uma solução no laboratório. A multiplicação desse volume (expresso em litros) pela concentração em quantidade de matéria nos fornece prontamente a quantidade de matéria.

A mesma relação também nos permite encontrar a quantidade de matéria de soluto presente se sabemos tanto o volume quanto a concentração de qualquer solução. Se usamos n para representar a quantidade de matéria, V para volume e c para a concentração em quantidade de matéria, podemos simplesmente rearranjar a definição de concentração em quantidade de matéria:

$$n = c \times V \quad (3.2)$$

O Problema-modelo 3.10 ilustra o cálculo da concentração em quantidade de matéria.

POR DENTRO DE

PROBLEMA-MODELO ◂ 3.10

Já foram tentadas várias maneiras de produzir biocombustíveis, com algumas mais bem-sucedidas que outras. Um método que não funcionou é tratar a biomassa bacteriana com soluções aquosas de hipoclorito de sódio (NaClO) para tentar digerir as biomoléculas complexas presentes. Em uma tentativa para pesquisar mais esse processo, uma solução é preparada dissolvendo-se 45,0 g de NaClO em água suficiente para produzir exatamente 750 mL de solução. Qual é a concentração em quantidade de matéria da solução?

---

[2] Alguns poucos autores ainda utilizam o termo molaridade quando se referem a esse tipo de concentração, contrariando recomendação da IUPAC. (NRT)

Estratégia Para obter a concentração em quantidade de matéria, precisamos de duas grandezas – quantidade de matéria do soluto e litros de solução. Nenhuma dessas duas grandezas é fornecida diretamente na pergunta, mas ambas podem ser obtidas rapidamente da informação dada. Devemos usar a massa molar do NaClO para converter massa em quantidade de matéria e o volume de mililitros em litros. Então, podemos usar a definição de concentração em quantidade de matéria para obter a concentração da solução.

Solução Inicialmente, calculamos a quantidade de matéria de soluto.

$$45{,}0 \text{ g NaClO} \times \frac{1{,}00 \text{ mol NaClO}}{74{,}44 \text{ g NaClO}} = 0{,}605 \text{ mol de NaClO}$$

Então, convertemos o volume da solução de mL em L:

$$750 \text{ mL} \times \frac{1{,}00 \text{ L}}{100 \text{ mL}} = 0{,}750 \text{ L}$$

Finalmente, calculamos a concentração em quantidade de matéria:

$$\text{Concentração em quantidade de matéria } (c) = \frac{(\text{quantidade de matéria de soluto})}{(\text{volume da solução em litros})} =$$

$$= \frac{0{,}605 \text{ mol}}{0{,}750 \text{ L}} = 0{,}806 \text{ mol L}^{-1} \text{ NaClO}$$

Analise sua resposta Nossa resposta é um pouco menor, mas razoavelmente próxima de 1 mol L^{-1}. Esse resultado faz sentido? A quantidade de NaClO era em torno de 2/3 de um mol e o volume da solução era 3/4 de um litro. A proporção entre 2/3 e 3/4 é 8/9, isto é, muito próxima, mas um pouco menor que 1, portanto nosso resultado parece razoável.

Discussão Como sempre, esse problema poderia também ser montado como um único cálculo incluindo as conversões. Independentemente da abordagem escolhida, você deve sempre conferir para ter certeza de que as unidades funcionam corretamente. Aqui temos as unidades de mol L^{-1} para nossa resposta, a qual é apropriada para concentração em quantidade de matéria. A confirmação disso nos ajuda a evitar erros por falta de cuidado.

Verifique seu entendimento Uma importante área de pesquisa em biomassa é a possível conversão da folhagem de milho (as folhas e os caules que permanecem após a colheita), além dos sabugos. Um método promissor usa ácido sulfúrico diluído para parte do processo. Qual a quantidade de matéria de H_2SO_4 estaria presente em 45,0 L de H_2SO_4 0,150 mol L^{-1}?

Diluição

Um dos procedimentos mais comuns encontrados em qualquer laboratório de ciências é a **diluição**, processo no qual é adicionado solvente a uma solução para diminuir a concentração do soluto. Na diluição, a quantidade de soluto não varia. *A quantidade de matéria de soluto é a mesma antes e depois da diluição.* Como já sabemos que a quantidade de matéria de soluto é igual ao produto da concentração em quantidade de matéria pelo volume, podemos escrever a seguinte equação, na qual os índices inferiores denominam os valores iniciais (i) e finais (f) das grandezas envolvidas: ▸

$$c_i \times V_i = c_f \times V_f \qquad (3.3)$$

Esta fórmula de diluição pode ser usada quando existe apenas um soluto presente. Se estiver ocorrendo uma reação, isso deve ser abordado como um problema de estequiometria, que veremos no Capítulo 4.

A simplicidade de equações como essa é fascinante. Um dos erros mais comuns cometidos pelos estudantes na química é usar essa relação em situações onde ela não é válida. *O único local para usar essa relação é no processo de diluição ou concentração de uma solução.* O Problema-modelo 3.11 ilustra uma situação comum de laboratório em que essa equação é válida e útil.

PROBLEMA-MODELO ◀ 3.11

Um químico precisa de ácido clorídrico 1,5 mol L^{-1} HCl, para uma série de reações. A única solução disponível é HCl 6,0 mol L^{-1}. Qual é o volume de HCl 6,0 mol L^{-1} que deve ser diluído para obtermos 5,0 L de HCl 1,5 mol L^{-1}?

Estratégia Inicialmente, precisamos reconhecer que esta é uma diluição da solução concentrada para preparar a solução desejada. O conceito fundamental que devemos utilizar é aquele de que a quantidade de matéria de HCl será a mesma antes e depois da diluição, e isso significa que podemos usar a Equação 3.3. Sabemos a concentração em quantidade de matéria desejada e o volume final, bem como a concentração em quantidade de matéria inicial. Portanto, podemos achar o volume inicial necessário.

Solução

Concentração inicial de HCl: $c_i = 6{,}0$ mol L^{-1}

Concentração final de HCl: $c_f = 1{,}5$ mol L^{-1}

Volume final da solução: $V_f = 5{,}0$ L

A incógnita é o volume inicial, V_i. Rearranjando a Equação 3.3,

$$V_\text{i} = \frac{c_\text{f} \times V_\text{f}}{c_\text{i}}$$

Inserindo as quantidades conhecidas no lado direito,

$$V_\text{i} = \frac{1{,}5 \text{ mol L}^{-1} \times 5{,}0 \text{ L}}{6{,}0 \text{ mol L}^{-1}} = 1{,}3 \text{ L}$$

Para obter a quantidade desejada de HCl diluído, o químico deve começar com 1,3 L da solução concentrada e adicionar água o suficiente para que o volume atinja 5,0 L.[3]

Analise sua resposta Como estamos lidando com um problema de diluição, uma maneira de ter certeza que a resposta faz sentido é pensar sobre qual solução é concentrada e qual é diluída. Você sempre precisará de volumes menores da solução concentrada. Obtivemos certo desta vez? Parece que sim: pediram para calcular quanto da solução concentrada precisaríamos, então o volume que calculamos deve ser o menor dos dois volumes envolvidos no problema.

Verifique seu entendimento Se 2,70 mL de NaOH 12,0 mol L^{-1} são diluídos para um volume de 150,0 mL, qual é a concentração final?

POR DENTRO DE

3.6 Sequestro de carbono

Algo que você deve ter observado à medida que trabalhamos os exemplos neste capítulo é que os produtos de reação para a combustão de biocombustíveis, ou combustíveis fósseis no que diz respeito ao assunto, geralmente são dióxido de carbono e água. Embora o trabalho em escala de laboratório em reações como essas produza quantidades desprezíveis de produtos, a economia humana queima grandes quantidades de combustíveis todo ano. De fato,

[3] Para preparar uma solução de ácido, deve ser sempre adicionado o ácido sobre a água, e não a água sobre o ácido. (NRT)

durante os últimos 150 anos, a concentração de CO_2 na atmosfera tem claramente aumentado. Como o CO_2 é um gás de efeito estufa, existe evidência considerável de que esse aumento de concentração é uma contribuição clara para a mudança climática. ▸ Enquanto as consequências potenciais da mudança climática são menos certas que o fato de o planeta ter esquentado, existem apelos para considerar maneiras de combater o aumento contínuo na concentração de CO_2 na atmosfera. Uma área onde a química e a engenharia podem atuar nessas ações é no **sequestro de carbono**, processo de remoção de carbono da atmosfera ou de gases (como os gases de chaminés) que estão entrando na atmosfera.

Um gás de efeito estufa absorve radiação no infravermelho e consequentemente pode aprisionar energia que de outra forma poderia libertar-se na atmosfera.

Embora o conceito de sequestro de carbono seja razoavelmente simples, a escala global do problema apresenta sérios desafios de engenharia. Como podemos ver na **Figura 3.10**, a quantidade de carbono presente na Terra e a quantidade que se movimenta entre os vários reservatórios em um ano são grandes o suficiente para serem medidas em petagramas (Pg). Examinando esses números, muitos dos fluxos anuais (representados pelas setas) estão geralmente no equilíbrio. O carbono flui entre os oceanos e a atmosfera em ambos os sentidos, por exemplo, com quantidades ligeiramente maiores em direção aos oceanos. Similarmente, a fotossíntese fixa aproximadamente 120 Pg ano^{-1}, mas a respiração dos vegetais e dos solos equilibra essa quantidade. Assim, a queima de combustíveis fósseis, apesar de contribuir apenas com uma quantidade relativamente pequena de 7,0 Pg ano^{-1}, é o suficiente para perturbar o equilíbrio e levar a um aumento constante na quantidade de carbono no reservatório atmosférico.

Existem atualmente várias maneiras de o sequestro de carbono ser realizado. A produção de biomassa, como ela aumentaria potencialmente a quantidade de carbono capturada via fotossíntese, é algumas vezes considerada um método biótico para a redução do fluxo líquido de carbono para a atmosfera. Do ponto de vista de um engenheiro, propostas para métodos abióticos para aprisionar o CO_2 provavelmente exigem ideias e projetos mais criativos para se tornarem práticos em grande escala. Um método amplo para capturar o carbono, chamado de injeção, é baseado na ideia de que o CO_2 poderia de alguma forma ser bombeado em um ambiente onde as reações químicas o aprisionariam. Na injeção oceânica, o CO_2 é liberado em águas profundas onde possa reagir ou, por causa das pressões muito altas no fundo do oceano, formar reservatórios estáveis de CO_2 líquido. A pesquisa em injeção oceânica tem

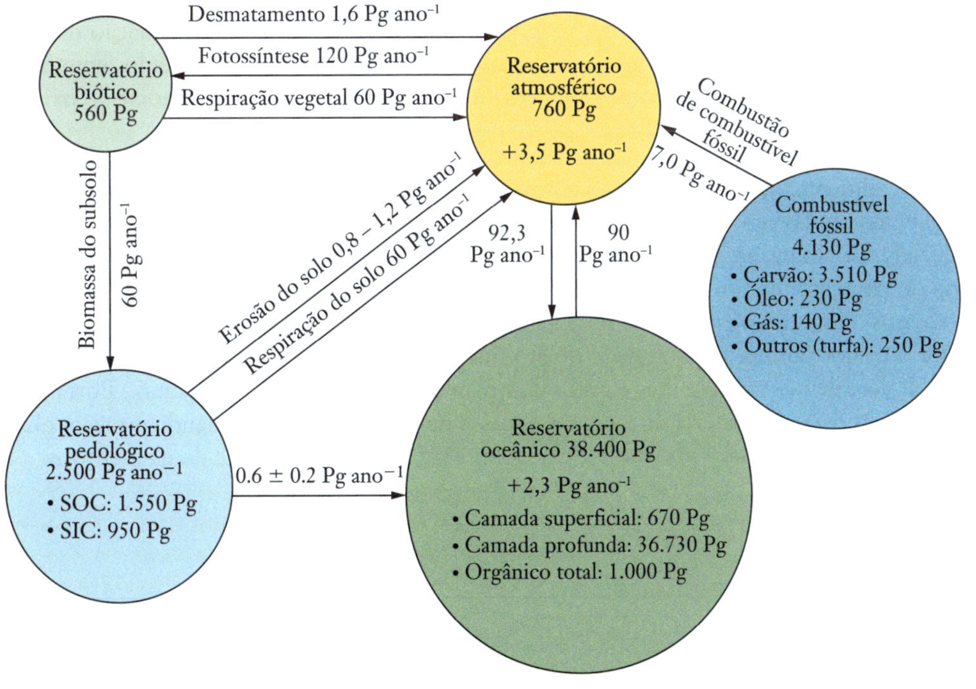

Figura 3.10 O fluxo de carbono entre vários reservatórios é mostrado esquematicamente. Os maiores fluxos de carbono são em razão dos processos naturais semelhantes à fotossíntese. Embora o fluxo de carbono na atmosfera por causa da queima de combustíveis fósseis seja pequeno em comparação ao conteúdo total de carbono atmosférico, ele ainda é suficiente para descontrolar o balanço entre os reservatórios de carbono. O sequestro de carbono oferece uma maneira de tentar tratar esse desequilíbrio.

sido feita por décadas, mas permanecem desafios significativos relacionados à garantia de que consequências não intencionais do processo não prejudiquem a vida oceânica.

Outra forma de injeção é chamada de injeção geológica. A ideia básica é recuperar o CO_2 de processos industriais e bombeá-lo em formações rochosas onde possa reagir para formar carbonatos estáveis. Uma reação-modelo é a formação do mineral magnesita (basicamente $MgCO_3$) do mineral olivina (basicamente Mg_2SiO_4):

$$Mg_2SiO_4 + 2\ CO_2(g) \rightarrow 2\ MgCO_3 + SiO_2$$

Uma vantagem em potencial para o desenvolvimento da engenharia necessária para esse trabalho é a utilização do CO_2 para melhorar a recuperação de óleo (EOR) de formações geológicas por muitos anos. No caso de EOR, o CO_2 ou outros gases são bombeados para dentro de reservatórios, onde a recuperação do óleo tem diminuído para empurrar de maneira eficaz o óleo dentro da perfuração para trazê-lo para a superfície. Enquanto essa tecnologia responde por aproximadamente 60% de EOR nos Estados Unidos, ela ainda está em uma escala muito menor que o necessário para usar a injeção geológica como um componente principal de estratégias de sequestro de carbono no futuro. Portanto, permanecem muitas questões para os químicos e engenheiros solucionarem antes que essa tecnologia possa ser largamente empregada. Existe pouca dúvida de que a economia global necessite de energia para continuar crescendo, logo a pesquisa em ciência e engenharia precisa desenvolver maneiras para aliviar as possíveis consequências ambientais do aumento do consumo de combustível.

ENFOQUE NA RESOLUÇÃO DE PROBLEMAS

Questão Quando aquecido no ar, determinado elemento, *X*, reage com o oxigênio presente para formar um óxido com a fórmula química X_2O_3. Se uma amostra de 0,5386 g desse elemento desconhecido produz um óxido com uma massa de 0,7111 g, descreva como você determinaria a massa atômica do elemento.

Estratégia As fórmulas químicas são expressas em termos de números de partículas. Nesse problema, temos de começar com massas e de alguma forma inferir informações sobre os números de partículas. Fizemos um problema similar neste capítulo: a determinação de uma fórmula empírica com base nos dados de porcentagem em massa. Nesse caso, com o experimento descrito, podemos determinar a informação de massa para cada elemento no composto desconhecido – fornecendo o mesmo tipo de dado que tivemos com base nos cálculos de porcentagem em massa. Então, como sabemos a fórmula empírica e a massa molar do oxigênio, podemos determinar a massa molar do elemento desconhecido.

Solução Inicialmente, determinaríamos a composição em massa. A quantidade do elemento *x* na amostra de óxido deve ser assumida como 0,5386 g, que foi usada para gerar o óxido. Subtraindo esse valor de 0,7111 g da amostra de óxido, é obtida, então, a massa de oxigênio. A massa de oxigênio pode ser convertida em quantidade de matéria de oxigênio usando a massa molar do oxigênio (que deve ser procurada se você não a conhece). Então, podemos usar a razão em mol da fórmula empírica fornecida no problema para declarar que, independentemente do valor obtido, a quantidade de átomos do elemento *x* representa dois terços desse resultado. (Isso deriva do fato de que existem dois átomos de *x* para cada três átomos de oxigênio.) Portanto, teríamos um valor para a quantidade de matéria de *x* e para a massa de *x* na amostra – tomando a razão, obtemos a massa molar, para a qual podemos usar uma tabela periódica para achar a identidade do elemento *x*.

Resumo

As reações químicas são os eventos mais importantes nos sistemas químicos. Logo, a habilidade para comunicar, de maneira sucinta, dados sobre reações é vital para o estudo de química. Essa comunicação centra-se na equação química balanceada, uma representação escrita da reação que reflete de modo exato o fato de que a matéria não é criada nem destruída.

Uma exigência para que uma reação ocorra é a de que os reagentes envolvidos devem ser capazes de misturar e interagir entre si. Portanto, o estado físico dos reagentes pode ser importante. Com frequência, usa-se uma solução aquosa como meio para uma reação. Para descrever reações na fase aquosa de maneira efetiva, geralmente precisamos especificar a concentração molar das soluções utilizadas. Temos também opções de como escrever a reação química em si – como uma equação molecular, por exemplo, ou como uma equação iônica líquida. Várias classes de reações químicas, como reações de precipitação ou neutralizações ácido-base, são suficientemente comuns para que definições adicionais sejam estabelecidas para melhorar nossa habilidade de comunicá-las.

Por fim, a informação numérica é frequentemente almejada, de forma que os químicos projetaram uma maneira de contar os enormes números de partículas envolvidas em reações em escala laboratorial ou industrial. A unidade que os químicos usam para contar nessas circunstâncias é o mol, descrito pelo número de Avogadro $6{,}022 \times 10^{23}$. A massa molar de um elemento pode ser obtida facilmente da tabela periódica, e aquela de um composto pode ser encontrada somando-se as massas molares dos seus átomos constituintes. Como é possível determinar a massa molar de praticamente qualquer substância química, podemos converter facilmente uma massa (que pode ser medida de forma rápida) em quantidade de matéria de partículas (que pode ser usada em cálculos químicos). As concentrações molares fornecem uma habilidade similar para converter entre uma quantidade mensurável (nesse caso, volume de solução) e quantidade de matéria.

Existem vários tipos de cálculos que podem ser tentados, desde que reconheçamos que um mol é simplesmente uma maneira de contar partículas. Podemos determinar a fórmula empírica de um composto químico com base na análise da porcentagem em massa de seus elementos. Podemos também determinar a concentração molar de soluções preparadas pela dissolução de uma massa conhecida de soluto ou pela diluição de uma solução concentrada.

Termos-chave

ácido (3.3)
análise elementar (3.5)
base (3.3)
biocombustíveis (3.1)
biomassa (3.1)
coeficientes estequiométricos (3.2)
concentração (3.3)
concentração em quantidade de matéria (3.5)
concentração molar (3.5)
diluição (3.5)
eletrólito (3.3)
eletrólitos fortes (3.3)
eletrólitos fracos (3.3)
equação iônica líquida (3.3)
equação iônica total (3.3)
equação molecular (3.3)
equações químicas (3.2)
estequiometria (3.2)
insolúveis (3.3)
íons espectadores (3.3)
lei de conservação da matéria (3.2)
massa molar (3.4)
mol (3.4)
não eletrólitos (3.3)
neutralização (3.3)
número de Avogadro (3.4)
produtos (3.2)
proporção molar (3.4)
reação de dissociação (3.3)
reação de precipitação (3.3)
reação fotoquímica (3.2)
reagentes (3.2)
sal (3.3)
sequestro de carbono (3.6)
solubilidades (3.3)
solução (3.3)
solução aquosa (3.3)
solutos (3.3)
solúveis (3.3)
solvente (3.3)

Problemas e exercícios

POR DENTRO DE Engenharia de biomassa e biocombustíveis

3.1 Com base na Figura 3.1, determine **(a)** a porcentagem de luz que é capturada pela fotossíntese, **(b)** a porcentagem de fotossíntese que ocorre nos vegetais terrestres e a porcentagem que ocorre nos vegetais aquáticos e **(c)** a porcentagem de energia capturada por todos os vegetais que é eventualmente liberada quando as plantas morrem.

3.2 Quais são os produtos químicos da fotossíntese? Quais desses compostos químicos são usados para gerar etanol a partir da biomassa?

3.3 Creditam a Jan Baptist van Helmont ter repudiado a ideia de as árvores ganharem suas massas do solo. Em um experimento realizado em 1648, ele cultivou um salgueiro em um vaso com a quantidade de solo mantida constante. Depois de cinco anos, a árvore ganhou aproximadamente 74 kg. Embora Van Helmont tenha concluído que a massa ganha era da água e não do solo, sabemos atualmente que é do CO_2 e da H_2O obtida por meio da fotossíntese. Use $C_6H_{12}O_6$ como uma fórmula representativa para o carboidrato produzido e escreva uma equação simplificada para o processo global da fotossíntese.

3.4 Um artigo de jornal afirma que a biomassa tem atualmente sido usada como uma fonte de energia por toda a história humana. Você concorda ou discorda dessa afirmação? Defenda sua resposta.

3.5 A Figura 3.2 mostra a produção de etanol como uma "produção econômica" de biocombustíveis. Use a internet para pesquisar se esse é o único produto economicamente viável do processo.

Fórmulas e equações químicas

3.6 Defina os termos *reagentes* e *produtos* e explique como eles se aplicam às reações químicas.

3.7 Quais símbolos são usados para indicar sólidos, líquidos, gases e soluções aquosas nas equações químicas?

3.8 Como a adição de calor é simbolizada em uma equação química? E a adição de energia luminosa?

3.9 Qual lei da natureza suporta o conceito de uma equação química balanceada?

3.10 Defina o termo *coeficiente estequiométrico*.

3.11 Faça o balanceamento destas equações:
(a) $Al(s) + O_2(g) \rightarrow Al_2O_3(s)$
(b) $N_2(g) + H_2(g) \rightarrow NH_3(g)$
(c) $C_6H_6(\ell) + O_2(g) \rightarrow H_2O(\ell) + CO_2(g)$

3.12 Faça o balanceamento das seguintes equações:
(a) $CaC_2(s) + H_2O(\ell) \rightarrow Ca(OH)_2(s) + C_2H_2(g)$
(b) $(NH_4)_2Cr_2O_7(s) \rightarrow Cr_2O_3(s) + N_2(g) + H_2O(g)$
(c) $CH_3NH_2(g) + O_2(g) \rightarrow CO_2(g) + N_2(g) + H_2O(g)$

3.13 Um explosivo cuja fórmula química é $C_3H_6N_6O_6$ produz água, dióxido de carbono e nitrogênio gasoso quando detonado em oxigênio. Escreva a equação química para a reação de detonação desse explosivo.

3.14 Vários compostos são usados no cimento e ocorrem reações entre eles quando se adiciona água. Em uma, o CaO reage com Al_2O_3 para formar $Ca_3Al_2(OH)_{12}$. Escreva uma equação química balanceada para essa reação.

3.15 O etanol, C_2H_5OH, é na atualidade encontrado misturado à gasolina em muitas partes da América do Norte. Escreva uma equação química balanceada para a combustão do C_2H_5OH para formar CO_2 e H_2O.

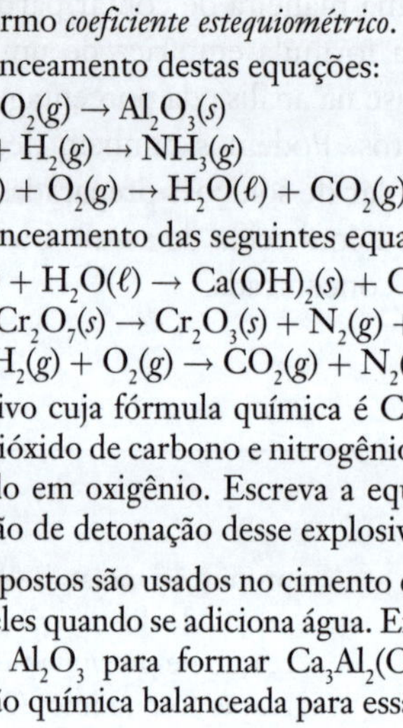

Etanol, C_2H_5OH

3.16 Faça o balanceamento das seguintes equações.
(a) reação para produzir o fertilizante "superfosfato":

$$Ca_3(PO_4)_2(s) + H_2SO_4(aq) \rightarrow Ca(H_2PO_4)_2(aq) + CaSO_4(s)$$

(b) reação para produzir o diborano, B_2H_6:

$$NaBH_4(s) + H_2SO_4(aq) \rightarrow B_2H_6(g) + H_2(g) + Na_2SO_4(aq)$$

(c) reação para produzir o tungstênio metálico a partir do óxido de tungstênio (VI):

$$WO_3(s) + H_2(g) \rightarrow W(s) + H_2O(\ell)$$

(d) decomposição do dicromato de amônio:

$$(NH_4)_2Cr_2O_7(s) \rightarrow N_2(g) + H_2O(\ell) + Cr_2O_3(s)$$

3.17 Escreva equações químicas balanceadas para as seguintes reações.
(a) produção da amônia, $NH_3(g)$, pela combinação de $N_2(g)$ e $H_2(g)$;
(b) produção do metanol, $CH_3OH(\ell)$, pela combinação do $H_2(g)$ e $CO(g)$;
(c) produção do ácido sulfúrico pela combinação de enxofre, oxigênio e água.

3.18 Na década de 1950, propuseram o diborano e compostos relacionados como combustíveis de foguete. Uma reação representativa dessa classe de moléculas é aquela do B_2H_6 com O_2 para formar B_2O_3 e água. Escreva a equação química balanceada para esse processo.

3.19 O nitrito de silício, Si_3N_4, é usado como uma fibra de reforço em materiais de construção. Ele pode ser sintetizado a partir do tetracloreto de silício e amônia. O outro produto é o cloreto de amônio. Escreva a reação química balanceada para esse processo.

Soluções aquosas e equações iônicas líquidas

3.20 Quando uma substância se dissolve, ocorre uma reação química? O que acontece se isso não é uma reação?

3.21 Defina os termos *solução*, *soluto* e *solvente*.

3.22 Defina o termo *solução saturada*.

3.23 O que é uma solução concentrada? E uma solução diluída?

3.24 Classifique os seguintes compostos como eletrólitos ou não eletrólitos: **(a)** cloreto de potássio, KCl, **(b)** peróxido de hidrogênio, H_2O_2, **(c)** metano, CH_4, **(d)** nitrato de bário, $Ba(NO_3)_2$.

3.25 Os seguintes compostos são solúveis em água. Quais íons são produzidos por composto em solução aquosa? **(a)** KOH, **(b)** K_2SO_4, **(c)** $LiNO_3$, **(d)** $(NH_4)_2SO_4$.

3.26 Decida se cada um dos seguintes compostos é solúvel em água. Caso seja solúvel, indique quais íons são produzidos. **(a)** Na_2CO_3, **(b)** $CuSO_4$, **(c)** NiS, **(d)** $BaBr_2$.

3.27 A solubilidade do NaCl em água é 35,7 g de NaCl/100 g de H_2O. Suponha que você tenha 500 g de NaCl. Qual é o mínimo de água que você precisaria para dissolver todo o sal? (Considere que a densidade da água seja 1,0 g mL^{-1}.)

3.28 Um engenheiro de desenvolvimento de embalagens está trabalhando em um novo projeto para pacotes frios. Uma câmara de rompimento no pacote conterá 14,0 mL de água, que será liberada e usada para dissolver o nitrato de amônio. **(a)** Se a solubilidade do NH_4NO_3 é 190 g/100 g de H_2O, qual deve ser a massa desse composto a ser usada com essa quantidade de água? **(b)** As especificações do projeto indicam que esses produtos químicos não podem compreender mais de 35% da massa do produto. Quanto o produto deveria pesar se ele atender exatamente essas especificações do projeto?

3.29 Classifique cada uma das seguintes espécies em ácido ou base. Quais são fortes e quais são fracos? Quais íons são produzidos quando cada uma é dissolvida em água? **(a)** KOH, **(b)** $Mg(OH)_2$, **(c)** HClO, **(d)** HBr, **(e)** LiOH, **(f)** H_2SO_3.

3.30 Defina o termo *íon espectador*.

3.31 Qual é a diferença entre uma equação iônica total e uma equação iônica líquida?

3.32 Faça o balanceamento das seguintes equações e, então, escreva a equação iônica líquida.
(a) $(NH_4)_2CO_3(aq) + Cu(NO_3)_2(aq) \rightarrow CuCO_3(s) + NH_4NO_3(aq)$
(b) $Pb(OH)_2(s) + HCl(aq) \rightarrow PbCl_2(s) + H_2O(\ell)$
(c) $BaCO_3(s) + HCl(aq) \rightarrow BaCl_2(aq) + H_2O(\ell) + CO_2(g)$
(d) $CH_3CO_2H(aq) + Ni(OH)_2(s) \rightarrow Ni(CH_3CO_2)_2(aq) + H_2O(\ell)$

3.33 Faça o balanceamento das seguintes equações e, então, escreva a equação iônica líquida.
(a) $Zn(s) + HCl(aq) \rightarrow H_2(g) + ZnCl_2\ (aq)$
(b) $Mg(OH)_2(s) + HCl(aq) \rightarrow MgCl_2(aq) + H_2O(\ell)$
(c) $HNO_3(aq) + CaCO_3(s) \rightarrow Ca(NO_3)_2(aq) + H_2O(\ell) + CO_2(g)$
(d) $(NH_4)_2S(aq) + FeCl_3(aq) \rightarrow NH_4Cl(aq) + Fe_2S_3(s)$

3.34 Em tese, é possível projetar o aprisionamento de dióxido de carbono por meio de reação de precipitação com $Ca(OH)_2$ para formar carbonato de cálcio e água. Escreva as equações molecular, iônica total e iônica líquida para essa reação.

Interpretando equações e mol

3.35 Explique, com suas próprias palavras, o conceito de mol.

3.36 Quantas entidades estão presentes em:
(a) 3,21 mols de átomos de argônio;
(b) $1,3 \times 10^{-12}$ mol de bolinhas de gude;
(c) 3×10^6 mols de moléculas de água;
(d) $7,63 \times 10^{-18}$ mols de bolas de basquete.

3.37 Se um típico grão de areia ocupa um volume de $1,3 \times 10^{-4}$ cm³, qual é o volume (em cm³) de um mol de areia (ignorando o espaço entre os grãos)? Qual é o volume em litros?

3.38 Estime o tamanho de uma partícula de 1 mol que preencheria seu quarto.

3.39 Determine a massa molar dos seguintes compostos: **(a)** Fe_2O_3, óxido de ferro (III), **(b)** BCl_3, tricloreto de boro e **(c)** $C_6H_8O_6$, ácido ascórbico (vitamina C).

3.40 Calcule as massas molares (em gramas por mol) de cada um dos seguintes itens: **(a)** cana-de-açúcar, $C_{12}H_{22}O_{11}$, **(b)** gás hilariante, N_2O e **(c)** vitamina A, $C_{20}H_{30}O$.

3.41 Calcule a massa molar de cada um dos seguintes compostos e a porcentagem em massa de cada elemento. **(a)** PbS, sulfeto de chumbo (II), galena, **(b)** C_2H_6, etano, um combustível de hidrocarboneto, **(c)** CH_3COOH, ácido acético, um importante ingrediente do vinagre, **(d)** NH_4NO_3, nitrato de amônio, um fertilizante.

3.42 Quando o *air bag* de um automóvel se abre, a azida de sódio sólida se decompõe rapidamente para produzir nitrogênio gasoso, e este gás infla o *air bag*. Qual é a massa da azida de sódio (NaN_3)?

3.43 Calcule a massa molar dos seguintes compostos: **(a)** fosfato de magnésio, **(b)** sulfeto de sódio e **(c)** tetróxido de dinitrogênio.

3.44 Calcule a massa molar dos seguintes materiais cerâmicos: **(a)** HfN, **(b)** ThO_2, **(c)** $BaTiO_3$.

Cálculos utilizando mols e massas molares

3.45 Um químico precisa de exatamente 2 mols de KNO_3 para preparar uma solução. Qual a massa de KNO_3 deve ser usada?

3.46 Qual a massa de ozônio (O_3) que fornece 4,5 mols da substância?

Ozônio, O_3

3.47 Calcule a massa em gramas de cada um dos seguintes itens: **(a)** 2,5 mols de alumínio, **(b)** $1,25 \times 10^{-3}$ mol de ferro, **(c)** 0,015 mol de cálcio, **(d)** 653 mols de neônio.

3.48 Calcule a massa em gramas de 13,5 mols de **(a)** cloreto de vinila, C_2H_3Cl, o material de partida para um plástico, **(b)** capsaicina, $C_{18}H_{27}NO_3$, a substância que torna a pimenta-vermelha "ardida" e **(c)** ácido esteárico, $C_{18}H_{36}O_2$, usado em sabões.

3.49 Qual é a quantidade de matéria presente nas quantidades de explosivos fornecidas? **(a)** 358,1 g de trinitrotolueno (TNT), $C_7H_5N_3O_6$, **(b)** 82,6 g de nitrometano, CH_3NO_2, **(c)** 1,68 kg de RDX, $C_3H_6N_6O_6$.

3.50 Um teste da exaustão do motor de um automóvel revelou que foram emitidos 3,7 g de NO_2 em 10 minutos de operação. Qual a quantidade de matéria de NO_2 que esse motor liberaria se fosse usado em uma trajetória de 45 minutos, supondo que o número medido é representativo da emissão em todas as circunstâncias?

3.51 Instrumentos modernos podem medir uma massa tão pequena quanto 5 nanogramas. Se um instrumento observou 5,0 ng de CO_2, quantas moléculas foram medidas?

3.52 Quantos átomos de H estão presentes em 7,52 g de propano, C_3H_8?

Propano, C_3H_8

3.53 Quantos átomos de O estão presentes em 214 g de manose ($C_6H_{12}O_6$)?

3.54 Uma amostra de $H_2C_2O_4 \cdot 2\ H_2O$ com 3,35 g de massa é aquecida para retirar a água de hidratação (indicada separadamente na fórmula química). Que massa de $H_2C_2O_4$ permanece se a água tiver sido removida por aquecimento?

3.55 Uma pessoa de tamanho médio inala aproximadamente 2,5 g de O_2 em um minuto. Quantas moléculas de oxigênio são inaladas em **(a)** 1 minuto, **(b)** 1 hora, **(c)** 1 dia por uma pessoa média?

3.56 Uma grande família de compostos de boro com hidrogênio tem a fórmula geral B_xH_y. Um membro dessa família contém 88,5% de B; o restante é hidrogênio. Qual é a sua fórmula empírica?

3.57 O ácido mandélico é um ácido orgânico composto de carbono (63,15%), hidrogênio (5,30%) e oxigênio (31,55%). Sua massa molar é 152,14 g mol^{-1}. Determine as fórmulas empírica e molecular do ácido.

3.58 Determine as fórmulas mais simples dos seguintes compostos: **(a)** o que melhora o sabor de alimentos glutamato monossódico (MSG), que tem a composição de 35,51% de C, 4,77% de H, 37,85% de O, 8,29% de N e 13,60% de Na, **(b)** zircônia, um mineral parecido com o diamante, que tem a composição de 34,91% de O, 15,32% de Si e 49,76% de Zr, **(c)** a nicotina, que tem a composição de 74,0% de C, 8,65% de H e 17,4% de N.

3.59 A composição de materiais como as ligas pode ser descrita em termos de porcentagem em mol (%mol), porcentagem atômica (%at) ou porcentagem em massa (%m). Faça as seguintes conversões entre estas unidades: **(a)** 60%m de Cu e 40%m de Al para %at, **(b)** 25%mol de NiO e 75%mol de MgO para %m, **(c)** 40%m de MgO e 60%m de FeO para %mol.

3.60 O cobre tem resistência ao uso melhorada se está em uma liga com alumina cerâmica, Al_2O_3. Se uma liga de cobre tem 8,5%m de Al_2O_3, qual é sua composição em %mol?

3.61 Calcule a concentração em quantidade de cada uma das seguintes soluções:

(a) 1,45 mol de HCl em 250,0 mL de solução;
(b) 14,3 mols de NaOH em 3,4 L de solução;
(c) 0,341 mol de KCl em 100,0 mL de solução;
(d) 250 mols de $NaNO_3$ em 350 L de solução.

3.62 Qual é a concentração em quantidade de matéria de cada íon presente nas soluções aquosas preparadas pela dissolução de 20,00 g dos seguintes compostos em água para perfazer 4,50 L de solução? **(a)** cloreto de cobalto (III), **(b)** sulfato de níquel (II), **(c)** permanganato de sódio, **(d)** brometo de ferro (II).

3.63 Qual é a quantidade de matéria de soluto presente em cada uma destas soluções?

(a) 48,0 mL de H_2SO_4 3,4 mol L^{-1}
(b) 1,43 mL de KNO_3 5,8 mol L^{-1}
(c) 3,21 L de NH_3 0,034 mol L^{-1}
(d) $1,9 \times 10^3$ L de NaF $1,4 \times 10^{-5}$ mol L^{-1}

3.64 Quantos gramas de soluto estão presentes em cada uma destas soluções?

(a) 37,2 mL de HBr 0,471 mol L^{-1}
(b) 113,0 L de Na_2CO_3 1,43 mol L^{-1}
(c) 21,2 mL de CH_3COOH 6,8 mol L^{-1}
(d) $1,3 \times 10^{-4}$ L de H_2SO_3 1,03 mol L^{-1}

3.65 Determine a concentração em quantidade de matéria final para as seguintes dissoluções:

(a) 24,5 mL de solução 3,0 mol L^{-1} diluída para 100,0 mL;
(b) 15,3 mL de solução 4,22 mol L^{-1} diluída para 1,00 L;
(c) 1,45 mL de solução 0,034 mol L^{-1} diluída para 10,0 mL;
(d) 2,35 L de solução 12,5 mol L^{-1} diluída para 100,0 L.

3.66 Determine o volume inicial necessário (em mL) para gerar, por diluição, as soluções desejadas:

(a) 10,0 L de solução 0,45 mol L^{-1} a partir de uma solução 3,0 mol L^{-1};
(b) 1,50 L de solução 1,0 mol L^{-1} a partir de uma solução 11,7 mol L^{-1};
(c) 100,0 mL de solução 0,025 mol L^{-1} a partir de uma solução 1,15 mol L^{-1};
(d) 50,0 mL de solução $3,3 \times 10^{-4}$ mol L^{-1} a partir de uma solução 0,25 mol L^{-1}.

3.67 O ácido sulfúrico concentrado comercial é H_2SO_4 18,0 mol L^{-1}. Calcule o volume de ácido sulfúrico concentrado necessário para preparar 2,50 L de uma solução de H_2SO_4 1,50 mol L^{-1}.

3.68 O magnésio é mais leve que outros metais estruturais, portanto ele é cada vez mais importante no desenvolvimento de veículos mais eficientes. Os íons Mg^{2+} estão presentes na água do mar, e o metal é geralmente preparado pela "colheita" desses íons e por sua conversão em Mg metálico. O teor médio de magnésio dos oceanos é de aproximadamente 1.270 g de Mg^{2+} por tonelada de água do mar, e a densidade da água do mar é aproximadamente de 1,03 g mL^{-1}. Qual é a concentração em quantidade de matéria de íons Mg^{2+} na água do mar? O projeto para um carro-conceito precisa de 103 quilogramas de magnésio por veículo. Quantos galões de água do mar seriam necessários para fornecer magnésio suficiente para construir esse carro?

POR DENTRO DE Sequestro de carbono

3.69 O dióxido de carbono é apenas um dos muitos gases de efeito estufa na atmosfera. Qual propriedade torna o gás de efeito estufa?

3.70 A produção e uso da biomassa é um pequeno componente no aumento do CO_2 na atmosfera. **(a)** Qual é a principal fonte do aumento de CO_2 na atmosfera? **(b)** De que maneira essa fonte é similar ao uso de combustíveis de biomassa?

3.71 O que significa o termo *reservatório de carbono*? Quais são os dois maiores reservatórios de carbono para o nosso planeta?

3.72 O que significa o termo *sequestro de carbono*?

3.73 Explique como a queima de combustíveis fósseis, que contribui com apenas 7,0 Pg ano^{-1} para o estoque atmosférico de carbono, pode perturbar o equilíbrio de carbono na atmosfera se a fotossíntese fixa 120 Pg ano^{-1}.

3.74 As muitas propostas para realizar o sequestro de carbono são baseadas em propriedades químicas ou físicas do CO_2? Defenda sua resposta.

Problemas conceituais

3.75 As figuras a seguir apresentam uma visão em escala molecular de uma reação química entre os compostos AB_2 e B_2. (Os átomos A em azul, e os átomos B em branco.) O quadro à esquerda representa os reagentes no instante da mistura, e o quadro à direita mostra o que é deixado assim que a reação chega ao fim. Escreva uma equação química balanceada para essa reação. Como sempre, sua equação deve usar os menores coeficientes inteiros possíveis para todas as substâncias.

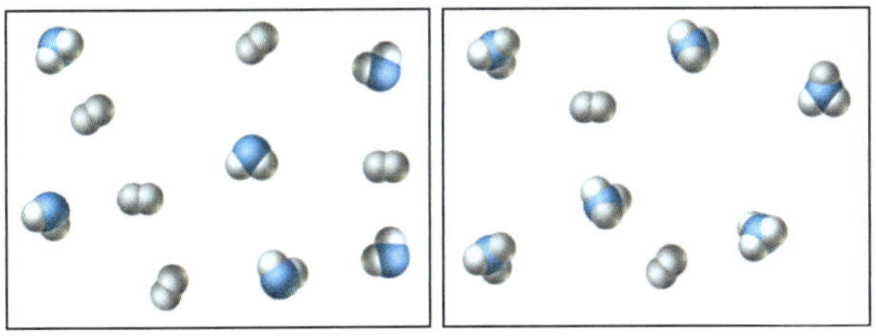

3.76 O que é um eletrólito? Como você pode diferenciar experimentalmente um eletrólito fraco de um eletrólito forte. Dê um exemplo de cada.

3.77 Responda às seguintes perguntas. Observe que nenhuma delas exige cálculos difíceis.

(a) Quantas moléculas estão presentes em 1 mol de octano (C_8H_{18})?

(b) Qual é a quantidade de matéria de átomos de flúor presente em 4 mols de C_2F_6?

(c) Qual é a massa aproximada (até o grama mais próximo) de 3×10^{23} átomos de carbono?

3.78 Considere duas amostras de líquido: um mol de água (H_2O) e um mol de etanol (C_2H_5OH). Responda às seguintes perguntas. Observe que nenhuma delas exige cálculos significativos.

(a) Qual amostra contém mais átomos?

(b) Qual amostra contém mais moléculas?

(c) Qual amostra tem a maior massa?

3.79 Considere duas amostras. A amostra A contém 2 mols de N_2 e 1 mol de O_2 e a Amostra B contém 1 mol de N_2O_5.

(a) Qual amostra contém mais moléculas?

(b) Qual amostra contém mais átomos de oxigênio?

(c) Qual amostra contém mais átomos de nitrogênio?

3.80 Qual das seguintes amostras metálicas provavelmente não poderia existir? Justifique sua resposta.

(a) um pedaço de folha de ouro com espessura de 10^{-6} m

(b) 5 mg de platina

(c) 10^{-24} mol de alumínio

(d) um fio de cobre com diâmetro de 0,1 mm

3.81 O desenho de partículas em escala mostrado aqui representa os produtos de uma reação entre moléculas de H_2 e O_2. **(a)** Desenhe uma representação semelhante para os reagentes que devem estar presentes antes que a reação tenha ocorrido. **(b)** Escreva uma equação química balanceada para a reação, utilizando os menores coeficientes inteiros possíveis.

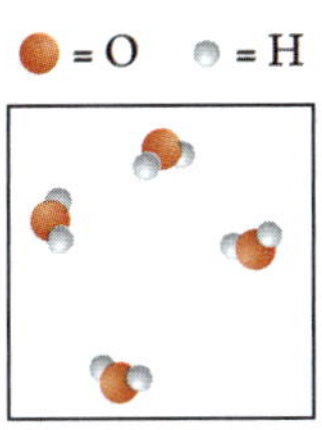

3.82 O desenho de partículas em escala mostrado aqui representa os produtos de uma reação entre as moléculas de N_2 e O_2. **(a)** Desenhe uma representação semelhante para os reagentes que devem estar presentes antes que a reação tenha ocorrido. **(b)** Escreva uma equação química balanceada para a reação, utilizando os menores coeficientes inteiros possíveis.

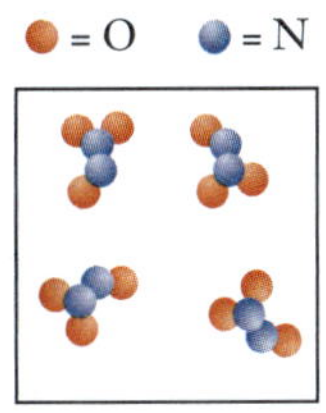

3.83 Para a reação entre nitrogênio, N_2, e hidrogênio, H_2, para formar amônia, NH_3, um aluno está tentando desenhar um diagrama de partículas, como mostrado abaixo. O aluno desenhou uma representação correta da reação? Se não, qual foi o erro que o aluno cometeu?

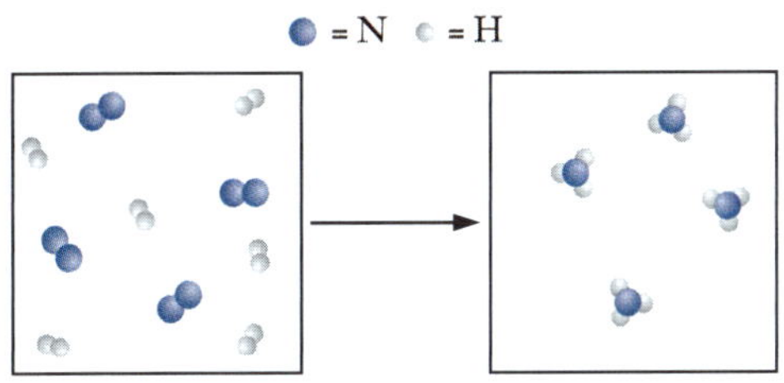

3.84 A figura mostrada retrata as espécies presentes no início de uma reação de combustão entre metano, CH_4, e oxigênio, O_2. **(a)** Desenhe o estado resultante após este conjunto de reagentes ter reagido o máximo possível. **(b)** Utilize os desenhos para explicar a estequiometria representada na equação química balanceada para a combustão do metano.

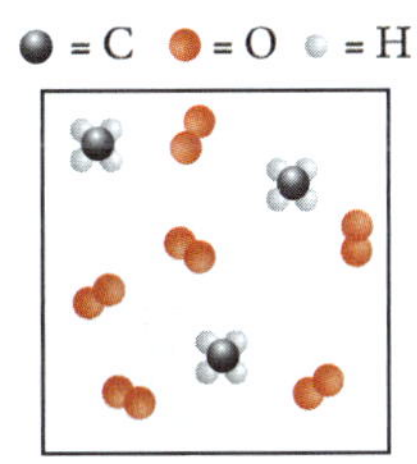

3.85 O desenho particulado mostrado representa uma solução aquosa de um ácido HA, onde A pode representar um átomo ou grupo de átomos. HA é um ácido forte ou um ácido fraco? Explique como você pode dizer isso com base na figura.

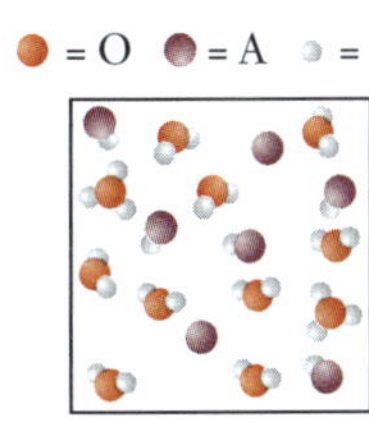

3.86 Quando uma solução é diluída, o solvente é adicionado, mas o soluto não é. Explique como essa ideia leva à equação frequentemente utilizada em cálculos de diluição, $C_1V_1 = C_2V_2$.

Problemas adicionais

3.87 O ácido nítrico (HNO_3) pode ser produzido pela reação do dióxido de nitrogênio (NO_2) e água. O óxido nítrico (NO) é também formado como produto. Escreva uma equação química balanceada para essa reação.

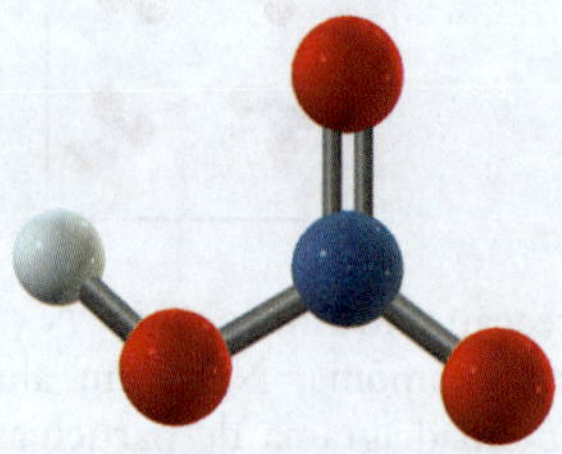

Ácido nítrico, HNO_3

3.88 Uma etapa no enriquecimento do urânio para o uso em usinas nucleares envolve a reação do UO_2 com solução de ácido fluorídrico (HF). Os produtos são UF_4 sólido e água. Escreva uma equação química balanceada para essa reação.

3.89 A piridina tem a fórmula molecular C_5H_5N. Quando ela reage com O_2, os produtos são CO_2, H_2O e N_2. Escreva uma equação química balanceada para essa reação.

3.90 O pirrol tem a fórmula molecular C_4H_5N. Quando o pirrol reage com O_2, os produtos são CO_2, H_2O e N_2. Escreva uma reação química balanceada para essa reação.

3.91 O cianeto de hidrogênio (HCN) é extremamente tóxico, mas ele é utilizado na produção de vários plásticos importantes. No método mais comum para a produção de HCN, a amônia (NH_3) e o metano (CH_4) reagem com o oxigênio (O_2) para fornecer HCN e água. Escreva uma equação química balanceada para essa reação.

Cianeto de hidrogênio, HCN

3.92 Muitas reações químicas ocorrem no conversor catalítico de um carro. Em uma dessas reações, o óxido nítrico (NO) reage com a amônia (NH_3) para fornecer nitrogênio (N_2) e água. Escreva uma equação química balanceada para essa reação.

3.93 O ácido adípico é usado na produção do náilon, portanto ele é fabricado em grandes quantidades. O método mais comum para a preparação do ácido adípico é a reação do cicloexano com oxigênio. Faça o balanceamento da equação esquelética mostrada a seguir.

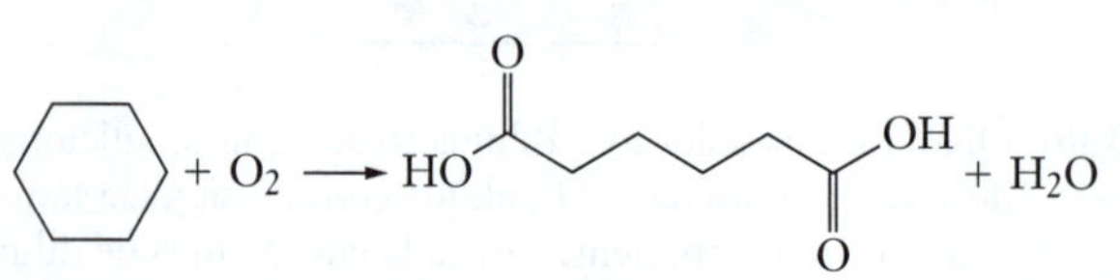

cicloexano ácido adípico

3.94 O carbonato de cálcio (calcário, $CaCO_3$) dissolve-se em ácido clorídrico produzindo água e dióxido de carbono. Uma equação iônica líquida *não balanceada* para essa reação é fornecida a seguir. Faça seu balanceamento.

$$CaCO_3(s) + H_3O^+(aq) \rightarrow H_2O(\ell) + CO_2(g) + Ca^{2+}(aq)$$

3.95 O cumeno é um hidrocarboneto, o que significa que ele contém apenas carbono e hidrogênio. Se esse composto tem 89,94% em massa de C e sua massa molar é 120,2 g mol^{-1}, qual é sua fórmula molecular?

3.96 O cianoacrilato de metila é o nome químico para a substância vendida como Super Glue, e ele tem a fórmula $C_5H_5NO_2$. Calcule o número de moléculas dessa substância em um tubo de 1,0 onça de Super Glue, supondo que a cola tenha 80% de massa de cianoacrilato de metila.

3.97 Uma forma inferior de ferro é chamada de taconita, e o ferro no minério está na forma de Fe_3O_4. Se uma amostra de 2,0 toneladas de pelotas de taconita produz 1.075 libras de ferro quando ela é refinada, qual é a porcentagem em massa de Fe_3O_4 na taconita?

3.98 O cheiro característico de carne em decomposição é decorrente da presença de vários compostos com nitrogênio. Um desses compostos, chamado putrescina, foi analisado, e encontraram-se 54,49% de carbono, 13,72% de hidrogênio e 31,78% de nitrogênio em massa. Sabendo que a massa molar da putrescina está entre 85 e 105, qual é sua fórmula molecular?

3.99 As ligas de ferro-platina podem ser úteis como materiais de gravação de alta densidade por causa de suas propriedades magnéticas. Essas ligas têm sido preparadas com uma larga faixa de composição, de 34% de Pt até 81,8% de Pt. Expresse essa faixa em %mol.

3.100 Algumas ligas de alumínio-lítio exibem propriedade de superplasticidade, significando que elas suportam deformação tensional por grandes quantidades (1.000 vezes ou mais) sem quebrar. Se tal liga tem 4%m de Li, qual é a sua composição em %mol? Explique as grandezas relativas da porcentagem em mol e da porcentagem em massa com base nas massas molares de alumínio e lítio.

3.101 Quais (se algum) dos seguintes compostos são eletrólitos? **(a)** glicose, $C_6H_{12}O_6$, **(b)** etanol, C_2H_5OH, **(c)** sulfeto de magnésio, MgS, **(d)** hexafluoreto de enxofre, SF_6.

3.102 Classifique os seguintes compostos como ácidos ou bases, fracos ou fortes: **(a)** ácido perclórico, **(b)** hidróxido de césio, **(c)** ácido carbônico, H_2CO_3, **(d)** etilamina, $C_2H_5NH_2$.

3.103 Qual a massa em gramas de soluto em 250 mL de uma solução de $KMnO_4$ 0,0125 mol L^{-1}?

3.104 Qual o volume, em mL, de NaOH 0,123 mol L^{-1}, que contém 25,0 g de NaOH?

3.105 O ácido nítrico é frequentemente vendido como uma solução aquosa concentrada de 16 mol L^{-1}. Quantos galões dessa solução seriam necessários para conter toda a produção de 2,1 × 10^9 libra de HNO_3 produzida nos Estados Unidos anualmente?

3.106 Vinte e cinco mL de uma solução de Na_2SO_4 0,388 mol L^{-1} são misturados com 35,3 mL de Na_2SO_4 0,229 mol L^{-1}.

Qual é a concentração em quantidade de matéria da solução resultante? Suponha que os volumes sejam aditivos.

3.107 À medida que a velocidade do processador de computador aumenta, é necessário que os engenheiros aumentem o número de elementos de circuito empacotados em determinada área. Elementos individuais de circuito são frequentemente conectados usando "fios" de cobre muito pequenos depositados diretamente na superfície do chip. Em processadores geradores de corrente, esses interconectores de cobre têm aproximadamente 22 nm de largura. Quantos átomos de cobre estariam em um interconector de 1 mm de comprimento, supondo uma seção transversal quadrada? (A densidade do cobre é 8,96 g cm^{-3}.)

3.108 À medida que a velocidade do chip aumenta, a largura dos interconectores descritos no Problema 3.107 deve ser reduzida. Um limite hipotético para esse processo seria atingido se o interconector fosse apenas da largura de um átomo de cobre. Use a densidade do cobre (8,96 g cm^{-3}) para estimar o diâmetro de um átomo de cobre. (Estão sendo desenvolvidos interconectores óticos nessa aplicação nos últimos anos.)

3.109 Os engenheiros de materiais frequentemente criam novas ligas para melhorar as propriedades de um material existente. Os semicondutores baseados em ZnO mostram-se promissores em aplicações como diodos emissores de luz, mas seu desempenho pode ser melhorado pela adição de pequenas quantidades de cádmio. Um material que tem sido estudado pode ser representado pela fórmula $Zn_{0,843}Cd_{0,157}O$. (Esses materiais são soluções sólidas e logo eles podem ter composições variadas. Os coeficientes decimais não implicam átomos fracionados.) Expresse a composição dessa liga em termos de **(a)** %at, **(b)** %mol e **(c)** %m.

Exercícios de enfoque na resolução de problemas

3.110 A proteína que transporta o oxigênio no sangue é chamada hemoglobina. Ela tem 0,335% de Fe em massa. Sabendo que uma molécula de hemoglobina contém quatro átomos de ferro, descreva como você pode calcular a massa molar da hemoglobina. Serão necessárias mais informações para resolver esse problema?

3.111 A molécula de clorofila responsável pela fotossíntese nos vegetais tem 2,72% de Mg em massa. Existe apenas um átomo de Mg por molécula de clorofila. Como você pode determinar a massa molar da clorofila com base nessa informação?

3.112 Em um experimento, a queima de 0,614 g de enxofre produziu 1,246 g de dióxido de enxofre como seu único produto. Em um segundo experimento realizado para verificar o resultado do primeiro, uma amostra foi queimada e 0,813 g de dióxido de enxofre foi obtido, mas o estudante que fez o experimento esqueceu-se de determinar a massa inicial de enxofre queimado. Descreva como os dados já obtidos poderiam ser usados para calcular a massa inicial do enxofre queimado no segundo experimento.

3.113 O $MgCl_2$ é frequentemente encontrado como uma impureza no sal de cozinha (NaCl). Caso seja descoberta uma amostra de 0,05200 g de sal de cozinha que contém 61,10% de Cl em massa, descreva como você determinaria a porcentagem de $MgCl_2$ na amostra.

3.114 De acordo com o Clean Air Act (legislação norte-americana sobre a poluição do ar), as empresas podem comprar o direito de emitir determinados poluentes daquelas que emitem menos. Suponha que o custo para comprar um crédito de poluentes para 1 tonelada de dióxido de enxofre seja $ 300. Descreva como você determinaria quantas moléculas de SO_2 poderiam ser emitidas por dólar norte-americano a esse preço.

3.115 Uma pessoa média exala 1,0 kg de dióxido de carbono em um dia. Descreva como você estimaria o número de moléculas de CO_2 exalado por respiro para essa pessoa "média".

3.116 A fórmula química aproximada mais simples para o corpo humano poderia ser escrita como $C_{728}H_{4.850}O_{1.970}N_{104}Ca_{24}P_{16}K_4S_4Na_3Cl_2Mg$. Com base nessa fórmula, descreva como você pode determinar pela massa os dez elementos mais abundantes no corpo humano.

3.117 Para os óxidos de ferro, FeO, Fe_2O_3 e Fe_3O_4, descreva como você determinaria qual deles tem a maior porcentagem em massa de oxigênio. Serão necessárias mais informações para resolver esse problema?

Problemas acumulativos

3.118 Considere os açúcares comuns como a glicose ($C_6H_{12}O_6$) e sacarose ($C_{12}H_{22}O_{11}$). Que tipo de ligação química você esperaria encontrar nesses produtos químicos?

3.119 Para os compostos que geralmente sofrem reações de precipitação, que tipo de ligação química é esperado?

3.120 Se você tem 32,6 g de carbonato de sódio que são dissolvidos para fornecer 2,10 L de solução, qual é a concentração em quantidade de matéria da solução? Qual é a concentração em quantidade de matéria de íons sódio?

3.121 Se você tem 21,1 g de nitrato de ferro (II) que são dissolvidos em 1,54 L de solução, qual é a concentração em quantidade de matéria da solução? Qual é a concentração em quantidade de matéria de íons nitrato?

3.122 Qual tipo de raciocínio estávamos usando quando desenvolvemos a equação para diluição, $c_i \times V_i = C_f \times V_f$?

3.123 A maioria das tabelas periódicas fornece massas molares com quatro ou cinco algarismos significativos para os elementos. Com qual exatidão você deve medir a massa de uma amostra de aproximadamente 100 g para fazer um cálculo da quantidade de matéria do produto químico para ter seus algarismos significativos limitados pelo cálculo da massa molar, em vez da medida da massa?

Estequiometria

4

SpaceX/Alamy Stock Photo

Reações químicas iniciadas no foguete Falcon 9, da SpaceX, lançam a espaçonave Dragon em uma missão para reabastecer a Estação Espacial Internacional (ISS).

Existe um grande número de compostos químicos na natureza que sofrem incontáveis reações. Pela construção e exploração de entendimento sistemático de reatividade, os químicos também produziram impressionante arranjo de compostos sintéticos. Os polímeros que encontramos no Capítulo 2 são exemplos acessíveis, bem como a maioria dos medicamentos modernos. Outras aplicações práticas da química envolvem o desenvolvimento de novas rotas para sintetizar compostos naturais existentes. Como você pode imaginar, tornar quaisquer dessas sínteses comercialmente exequíveis exige entendimento minucioso e *quantitativo* das reações envolvidas. O lucro de qualquer processo químico obviamente depende das quantidades de cada reagente necessárias para produzir determinada quantidade de produto. Para processos realizados em escala industrial, mesmo pequenas mudanças na eficiência podem provocar enormes impactos na rentabilidade. As relações quantitativas entre as quantidades de reagentes e produtos em uma reação química são chamadas de estequiometria. Neste capítulo, usaremos uma variedade de reações químicas associadas a vários combustíveis para ilustrar conceitos estequiométricos importantes.

Objetivos do capítulo

Após dominar o assunto deste capítulo, você será capaz de:

- descrever a composição química da gasolina.
- escrever equações químicas balanceadas para a queima de combustíveis.
- calcular a quantidade de produto esperada para uma reação química, dadas as quantidades de reagentes usados.
- calcular as quantidades de reagentes necessárias em uma reação química para produzir quantidade específica de produto.
- identificar um reagente limitante e calcular a quantidade de produto formado a partir de uma mistura não estequiométrica de reagentes.
- calcular o rendimento percentual de uma reação química.
- identificar no mínimo dois aditivos comuns na gasolina e explicar por que são usados.

POR DENTRO DE

4.1 Gasolina e outros combustíveis

A gasolina é o combustível mais largamente utilizado na nossa sociedade: seu consumo diário nos Estados Unidos é em média maior que 380 milhões de galões. Para explorarmos a química da gasolina, devemos começar examinando sua composição. O combustível que conhecemos como gasolina é na realidade muito mais uma mistura complexa, que contém em geral mais de 100 diferentes produtos químicos. A composição exata da gasolina varia pouco, já que depende de fatores como o teor, a localização geográfica e o período do ano. Mas os compostos predominantes são os **hidrocarbonetos**, moléculas que contêm apenas átomos de carbono e de hidrogênio. A maioria das moléculas de hidrocarbonetos na gasolina são de **alcanos**, compostos cujos átomos se unem por ligações simples. Muitos dos alcanos na gasolina contêm entre 6 e 11 átomos de carbono.

A **Tabela 4.1** relaciona os nomes e as fórmulas de vários alcanos pequenos, junto com os modelos moleculares que mostram suas estruturas. A fórmula geral para qualquer alcano é C_nH_{2n+2}, onde n é um número inteiro.

Para os alcanos com quatro ou mais átomos de carbono, há múltiplas estruturas possíveis que apresentam a mesma fórmula. As estruturas da Tabela 4.1 são conhecidas como formas de cadeia linear, porque todos os átomos de carbono estão unidos de uma ponta a outra, em uma única cadeia. Outras formas envolvem cadeias ramificadas, similares àquelas vistas na Seção 2.8 para o polietileno. Duas ou mais estruturas com a mesma fórmula são denominadas **isômeros**. Para C_5H_{12}, existem três isômeros possíveis. Além da forma de cadeia linear indicada na Tabela 4.1, há também duas formas de cadeia ramificada, as quais são apresentadas adiante. À medida que aumenta o número de carbonos na cadeia, o número de possíveis isômeros aumenta rapidamente. Para o $C_{10}H_{22}$, são 75 isômeros possíveis.

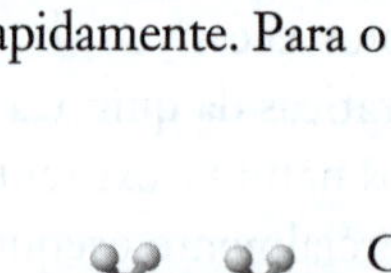

$CH_3CH_2CH_2CH_2CH_3$

Pentano

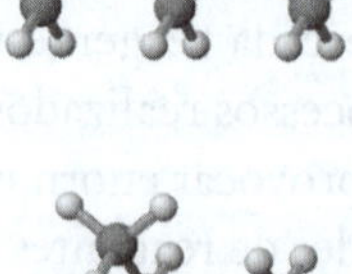

CH_3
|
$CH_3CHCH_2CH_3$

2-Metilbutano

CH_3
|
H_3CCCH_3
|
CH_3

2,2-Dimetilpropano

Isômeros estruturais de pentano, C_5H_{12}

Os nomes 2-metilbutano e 2,2-dimetilpropano são exemplos de nomenclatura sistemática da IUPAC usada para compostos orgânicos. Os números indicam as posições nas quais vários grupos funcionais são encontrados.

Tabela ▪ 4.1

Os primeiros dez alcanos

Composto	Fórmula	Estrutura
Metano	CH_4	
Etano	C_2H_6	
Propano	C_3H_8	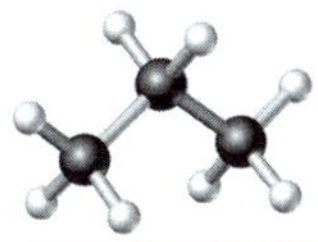
Butano	C_4H_{10}	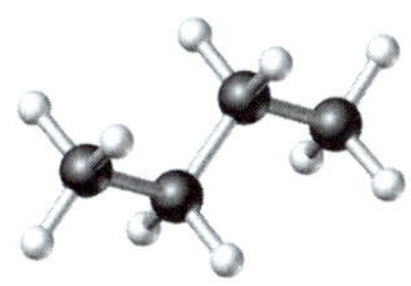
Pentano	C_5H_{12}	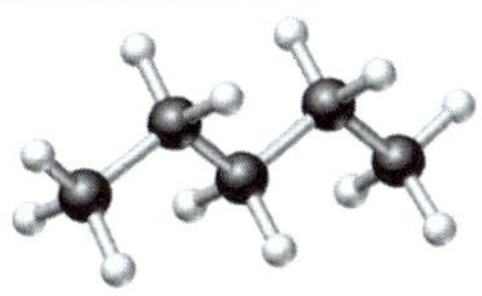
Hexano	C_6H_{14}	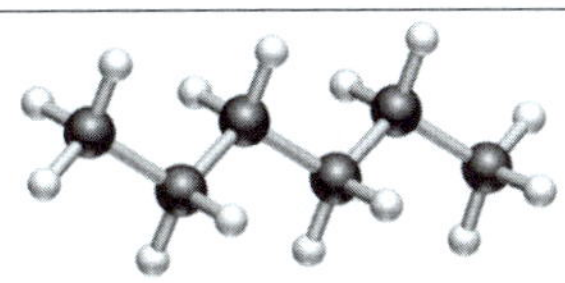
Heptano	C_7H_{16}	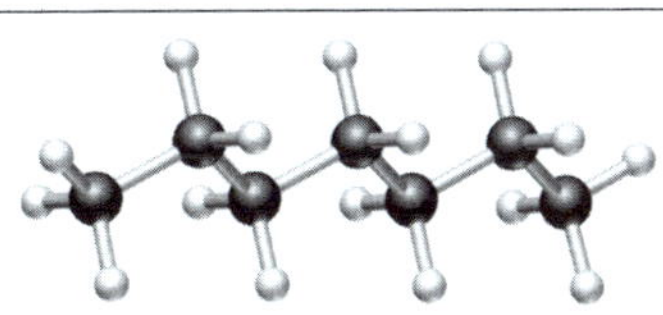
Octano	C_8H_{18}	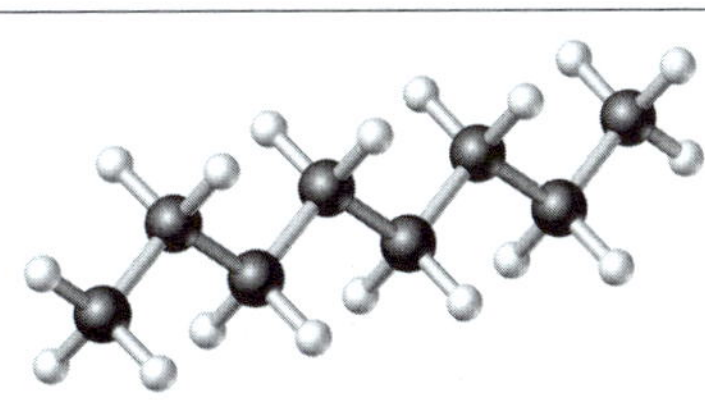
Nonano	C_9H_{20}	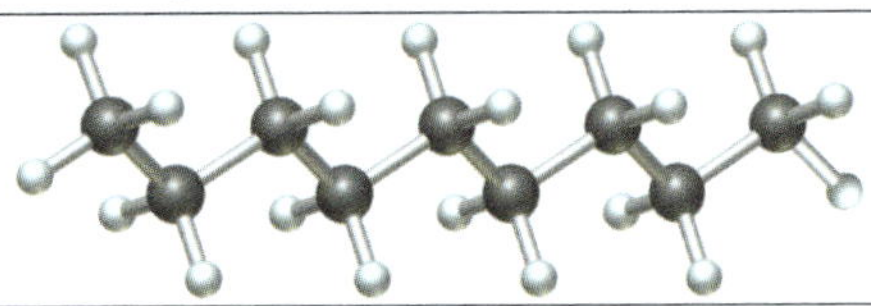
Decano	$C_{10}H_{22}$	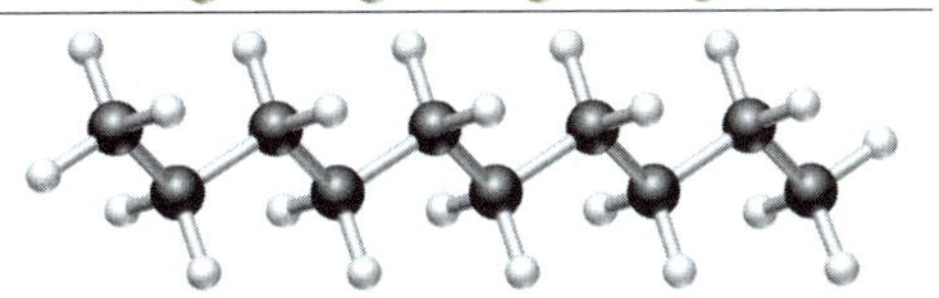

Quando a gasolina é queimada em um motor, todos esses vários compostos sofrem combustão simultaneamente, reagindo com o oxigênio do ar. Como você pode imaginar, uma descrição acurada da combustão de uma mistura complexa de compostos seria bastante desafiadora. Portanto, para nossos propósitos atuais, será útil utilizar um modelo simplificado. O modelo mais simples possível consiste em um único composto usado para representar

A gasolina na realidade contém vários isômeros diferentes do octano, e as equações que escrevemos aplicam-se a quaisquer destas substâncias.

a mistura de gasolina, e a escolha mais comum é o octano, C_8H_{18}. ◂ Se começarmos supondo que a gasolina possa ser representada razoavelmente pelo octano, será razoavelmente fácil escrever e balancear uma equação química para sua combustão. Se, além disso, considerarmos uma combustão completa, nossa equação deverá mostrar octano e oxigênio como reagentes e dióxido de carbono e água como produtos.

$$2\ C_8H_{18} + 25\ O_2 \rightarrow 16\ CO_2 + 18\ H_2O$$

Uma vez que fizemos duas suposições significativas, essa equação é um modelo altamente idealizado para a combustão da gasolina. O uso do octano para representar todos os hidrocarbonetos na gasolina é principalmente por simplicidade. Se escolhêssemos assim, não seria muito difícil escrever equações de combustão similares para cada hidrocarboneto realmente presente. Mas a suposição de combustão completa é mais significativa. Você provavelmente sabe que a descarga típica de automóveis contém inúmeros de compostos além do dióxido de carbono e do vapor d'água. Muitos estados norte-americanos exigem testes de emissão periódicos para medir os níveis de monóxido de carbono e hidrocarbonetos em uma descarga de carro, e outros estados ou áreas locais também exigem testes adicionais para outros tipos de compostos. Como esses compostos não aparecem entre os compostos da equação anteriormente apresentada, a presença deles implica que nosso modelo simples não mostra a imagem completa. Quais fatores adicionais poderíamos considerar para obter descrição mais completa da química do motor?

Sabemos que a própria gasolina contém grande gama de hidrocarbonetos. Logo, a presença de hidrocarbonetos na exaustão muito provavelmente indica que parte da gasolina passou pelo motor e pelo fluxo da exaustão sem se queimar. Isso poderia significar que algumas moléculas de hidrocarboneto simplesmente não reagiram antes de deixar o motor ou ainda que moléculas maiores se quebraram em fragmentos menores e que alguns fragmentos passaram pela exaustão. E sobre a presença de monóxido de carbono? Escrevemos nossa equação original baseada na suposição de combustão completa. Isso significa que todos os átomos de carbono foram convertidos em CO_2. Se houver oxigênio insuficiente nos cilindros do motor, a combustão será incompleta, então se produz CO em vez de CO_2. ◂

São possíveis também produtos adicionais da combustão incompleta. Estes incluem formaldeído (CH_2O) e fuligem (partículas de carbono).

As **figuras 4.1** e **4.2** mostram as visualizações em escala molecular das reações para combustão completa e incompleta de octano. Comparando as duas figuras, você verá que escrevemos duas equações químicas com os mesmos reagentes, mas produtos diferentes. Como as moléculas "sabem" qual reação sofrer? Na maioria das condições, ambas as reações ocorrerão em alguma extensão, mas a importância relativa de cada reação dependerá das condições em que esta ocorre. A proporção de combustível em relação ao oxigênio é de particular importância e é monitorada de perto pelo sistema de injeção nos motores dos carros modernos. Outros fatores, como a temperatura do motor, também são importantes. Um motor apropriadamente regulado assegura que a combustão completa seja maximizada, limita as emissões do venenoso CO e também melhora o consumo de gasolina por quilômetro.

As equações que escrevemos nos fornecem bom ponto de partida em nossa consideração da química da gasolina ou de outros combustíveis de hidrocarboneto. No entanto, muitas das importantes perguntas em torno da química de combustíveis são quantitativas. Quanto de oxigênio é necessário para permitir que a combustão completa ocorra? Como a quantidade de CO_2 emitido se relaciona à quantidade de combustível queimado? Para respondermos a essas perguntas, precisaremos considerar a estequiometria das reações químicas fundamentais.

4.2 Fundamentos de estequiometria

A palavra estequiometria deriva das palavras gregas: stoicheion *(que significa "elemento") e* metron *(que significa "medida").*

Estequiometria ◂ é o termo usado para descrever as relações quantitativas na química. Qualquer questão de química sobre "quanto" de uma substância em particular será consumida ou formada em determinada reação química é um problema de estequiometria. No coração de cada problema de estequiometria, sempre encontraremos uma equação química balanceada.

Já vimos que as equações químicas são sempre escritas em termos de números das partículas envolvidas. Independentemente de você interpretá-las em termos de moléculas individuais ou mols de moléculas, os coeficientes estequiométricos que fazem o balanceamento de uma equação química referem-se ao

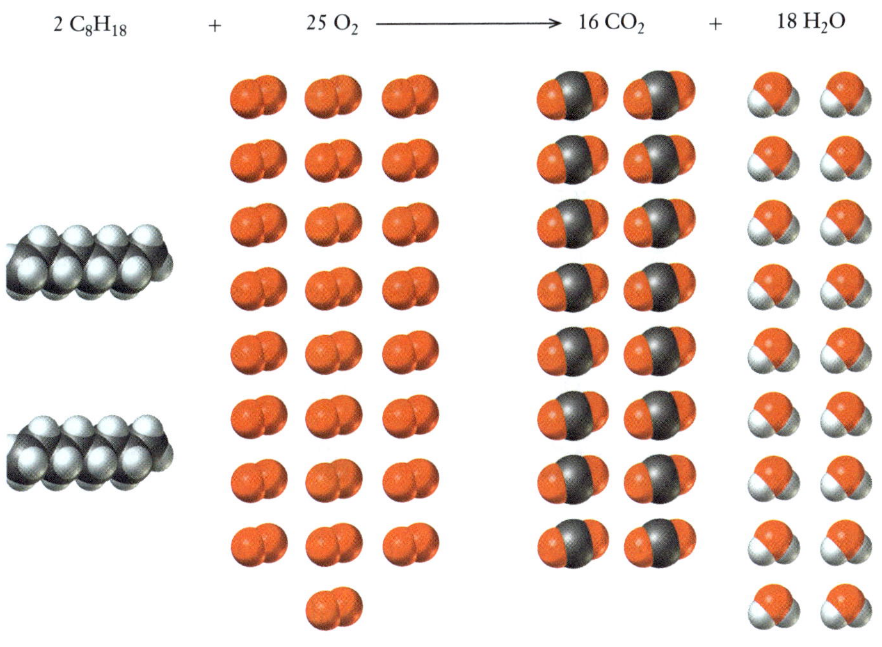

Figura 4.1 Esta figura em escala molecular da combustão do octano para produzir dióxido de carbono e água mostra o número relativo de moléculas de cada composto envolvido.

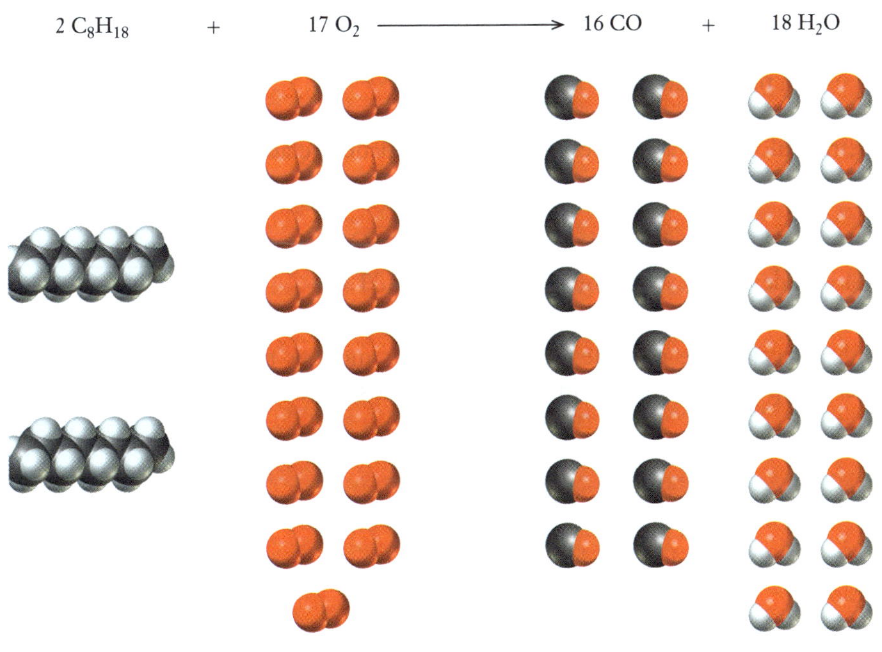

Figura 4.2 Aqui mostramos o mesmo tipo de figura molecular da Figura 4.1, mas, desta vez, para a combustão incompleta do octano, para dar monóxido de carbono e água. Observe que ambas as equações estão balanceadas, mas elas claramente mostram estequiometrias diferentes.

número de partículas, e não às massas. Em geral, não podemos medir o número de partículas diretamente no laboratório; as massas e os volumes de líquidos são as quantidades mais prováveis de serem medidas. Portanto, se quisermos fazer cálculos quantitativos para uma reação química, com frequência precisaremos realizar a conversão entre o valor de uma massa ou volume medido e o valor desejado de uma quantidade de matéria. Uma vez que tais cálculos são comuns e importantes, os químicos desenvolveram uma abordagem padrão para superar esse "desacordo de variável". Apesar de você poder pensar nessa abordagem como um algoritmo para resolver uma classe específica de problemas de química, é fundamental entender seus suportes conceituais. O conceito-chave é o uso da equação química balanceada para estabelecer proporções entre as quantidades de matéria dos vários materiais na reação.

Obtendo proporções a partir de uma equação química balanceada

O hidrocarboneto combustível mais simples – e consequentemente um dos mais simples de todos os combustíveis – é o metano, CH_4. Logo, a combustão do metano fornecerá bom local para começarmos nossa exploração de estequiometria de reação. Começamos escrevendo uma equação química balanceada:

O estado físico da água formada na combustão dependerá das condições da reação.

$$CH_4(g) \quad + \quad 2\,O_2(g) \longrightarrow CO_2(g) \quad + \quad 2\,H_2O(\ell)$$

No Capítulo 3, já consideramos como poderíamos ler essa equação química. Como abordado na Seção 3.4, os coeficientes em uma equação química podem ser interpretados como relações molares e moleculares. Portanto, podemos dizer que a equação mostra que um mol de metano reage com dois mols de oxigênio para produzir um mol de dióxido de carbono e dois mols de água. Com base na equação química, podemos escrever o seguinte conjunto de **proporções molares**:

$$\begin{gathered}1 \text{ mol de } CH_4 : 2 \text{ mol de } O_2\\ 1 \text{ mol de } CH_4 : 1 \text{ mol de } CO_2\\ 1 \text{ mol de } CH_4 : 2 \text{ mol de } H_2O\\ 2 \text{ mol de } O_2 : 2 \text{ mol de } H_2O\end{gathered}$$

Poderíamos também escrever a última proporção como 1:1.

Quando fazemos cálculos estequiométricos, as proporções molares são escritas muito frequentemente como frações. Elas são usadas de maneira análoga aos fatores de conversão de unidades, relacionando a quantidade de uma substância com outra:

$$\frac{1 \text{ mol de } CH_4}{2 \text{ mol de } O_2} \quad \frac{1 \text{ mol de } CH_4}{1 \text{ mol de } CO_2} \quad \frac{1 \text{ mol de } CH_4}{2 \text{ mol de } H_2O} \quad \frac{2 \text{ mol de } O_2}{2 \text{ mol de } H_2O} \quad \left(\text{ou } \frac{1 \text{ mol de } O_2}{1 \text{ mol de } H_2O}\right)$$

Exatamente como fatores de conversão de unidade, essas proporções molares podem ser invertidas quando necessário para realizar um cálculo específico. O Problema-modelo 4.1 mostra como usar as proporções molares em um problema de estequiometria.

Problema-modelo 4.1

Na combustão do metano, qual é a quantidade de matéria de O_2 necessária para que 6,75 mols de CH_4 sejam completamente consumidos na reação?

Estratégia Começamos com a equação química balanceada e usamos os coeficientes estequiométricos para estabelecer a proporção molar entre o metano e o oxigênio. Então, podemos usar essa proporção para relacionar a quantidade de metano na reação com a quantidade de oxigênio necessária.

Solução A equação balanceada foi fornecida anteriormente no capítulo:

$$CH_4(g) + 2\,O_2(g) \rightarrow CO_2(g) + 2\,H_2O(\ell)$$

Os coeficientes dessa equação nos fornecem a proporção entre CH_4 e O_2, que pode ser expressa em uma das seguintes formas:

$$\frac{1 \text{ mol de } CH_4}{2 \text{ mol de } O_2} \quad \text{ou} \quad \frac{2 \text{ mol de } O_2}{1 \text{ mol de } CH_4}$$

Para calcularmos a quantidade desejada de O_2 a partir da quantidade conhecida de CH_4, devemos usar a segunda forma. Isso nos fornece o resultado necessário:

$$6{,}75 \text{ mol de } CH_4 \times \frac{2 \text{ mol de } O_2}{2 \text{ mol de } CH_4} = 13{,}5 \text{ mol de } O_2$$

Discussão A resposta obtida refere-se a um resultado direto da proporção molar 2:1 e, portanto, é razoavelmente intuitiva. Você pode pensar na escolha da forma da proporção molar como aplicação da análise dimensional. Muitos problemas de estequiometria parecem mais complicados que isso, porque a quantidade conhecida em geral não está em mols. Mas o simples uso da proporção molar ilustrada aqui é sempre a etapa fundamental em qualquer cálculo de estequiometria.

Verifique seu entendimento Qual é a quantidade de matéria de H_2O formada na reação apresentada anteriormente?

A equação química balanceada fornece todas as proporções molares necessárias para relacionar as quantidades de compostos em uma reação. No entanto, para realizar a reação no laboratório, quase sempre usamos uma balança para medir os materiais necessários, a qual nos fornece medida de massa em gramas. As proporções da equação química são em números de moléculas ou em quantidade de matéria. Portanto, precisamos ser capazes de converter gramas em mols. Como visto, a massa molar fornece a maneira de realizar esse processo.

O uso das proporções para converter uma unidade em outra é mais complicado em estequiometria do que em medidas físicas simples. A diferença importante, no entanto, é que, em muitos problemas de estequiometria, as proporções são usadas três ou mais vezes. Cada uso individual da proporção segue princípios que já conhecemos. Se mantiver isso em mente, você será capaz de encontrar o seu próprio caminho até nos mais complexos problemas de estequiometria. O principal desafio é determinar qual proporção usar e quando usá-la. Uma maneira de se manter informado sobre as etapas necessárias é criar um fluxograma usando blocos para indicar quando a informação é derivada de uma relação, como da equação química balanceada ou da massa molar.

Na **Figura 4.3**, pode-se notar que, se começarmos com a massa de uma espécie na reação e quisermos saber a massa de algumas outras espécies consumidas ou produzidas, teremos de usar três proporções: uma proporção que usa a massa molar da substância fornecida, uma proporção molar da equação química balanceada e uma proporção que utiliza a massa molar da substância cuja massa desejamos encontrar. A maneira mais simples e confiável de identificar qual proporção usar para cada etapa é escrever todas as quantidades com suas unidades completas vinculadas. Ao montarmos o cálculo simples no Problema-modelo 4.1, escrevemos a quantidade inicial com as unidades de "mol de CH_4", e isso nos ajudou a escolher a forma correta da proporção molar para o cálculo. Naturalmente, manter as unidades apropriadas vinculadas a todas as quantidades em um cálculo é *sempre* aconselhável, independentemente de ser um problema de estequiometria química ou um cálculo de engenharia. Os Problemas-modelo 4.2 e 4.3 aplicam essa ideia a cálculos estequiométricos um pouco mais comuns, em que as quantidades são medidas em massa, e não em quantidade de matéria.

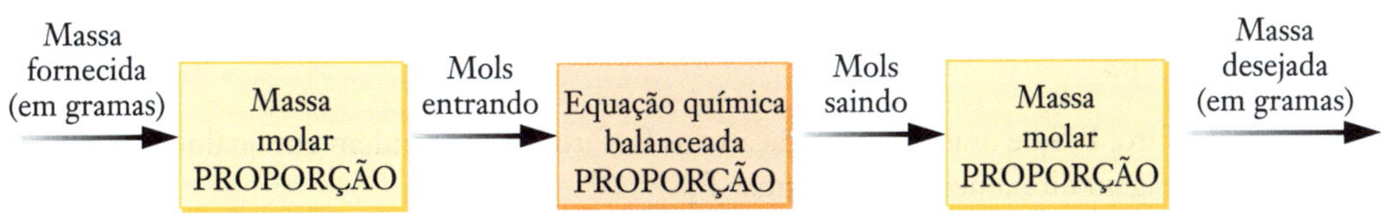

Figura 4.3 Este fluxograma ilustra as várias etapas envolvidas na resolução de um problema típico de estequiometria de reação.

Problema-modelo ◂ 4.2

Na Seção 3.2, consideramos a reação entre o hidrogênio e o oxigênio para formar água. Quantos gramas de água podem ser produzidos se o hidrogênio suficiente reage com 26,0 g de oxigênio?

Estratégia Inicialmente, será útil reconhecer que este é um problema de estequiometria de reação. Dois sinais disso são que ele pergunta "quanto" e obviamente existe uma reação química envolvida. Isso posto, devemos reconhecer imediatamente que precisamos de uma equação química balanceada para fornecer a proporção molar entre a água produzida e o oxigênio que reagiu. Converteremos a massa de oxigênio fornecida em quantidade de matéria de oxigênio, usaremos a proporção molar entre oxigênio e água para fornecer quantidade de matéria de água e usaremos a massa molar da água para encontrar a massa molar de água produzida.

Solução Recorde-se de que tanto hidrogênio quanto o oxigênio são gases diatômicos. Logo, a equação química balanceada é

$$2\ H_2(g) + O_2(g) \rightarrow 2\ H_2O(g)$$

A massa molar do oxigênio é 32,0 g mol^{-1}, e a massa molar da água é 18,0 g mol^{-1}. Usando o diagrama da Figura 4.3, é possível escrever proporções sequenciais, começando com a massa de oxigênio fornecida e considerando que a resposta deve ser em gramas de água:

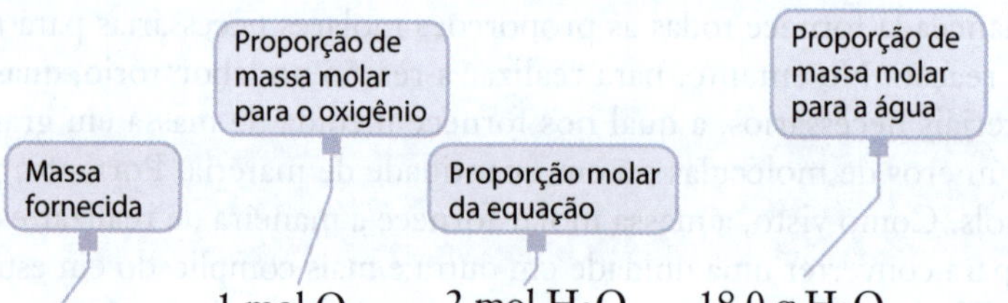

$$26{,}0\ g\ O_2 \times \frac{1\ mol\ O_2}{32{,}0\ g\ O_2} \times \frac{2\ mol\ H_2O}{1\ mol\ O_2} \times \frac{18{,}0\ g\ H_2O}{1\ mol\ H_2O} = 29{,}3\ g\ H_2O$$

Analise sua resposta As duas massas – para o reagente O_2 e para o produto H_2O – são similares. Essa afirmação faz sentido? Na equação, é possível notar que todos os átomos de oxigênio terminam nas moléculas de água. Uma vez que o hidrogênio é um elemento tão leve, a massa de água formada não será muito maior que a massa de oxigênio reagindo. Nossa resposta de 29,3 g de H_2O é ligeiramente maior que os 26,0 g de oxigênio anteriormente apresentados, o que parece razoável. (Observe que essa similaridade entre as massas do reagente e do produto não será sempre frequente.)

Discussão Observe que começamos com a substância cuja quantidade foi dada (26,0 g de O_2). A primeira e a última etapas são apenas conversões entre massa e quantidade de matéria, com as quais você deve estar familiarizado. O uso da proporção molar da equação balanceada é o único conceito novo aqui.

Esse cálculo também pode ser realizado de maneira mais gradativa, na qual você deve inicialmente converter os 26,0 g de O_2 em 0,813 mol de O_2 e assim por diante. O resultado será o mesmo, desde que todos os cálculos sejam realizados corretamente.

Verifique seu entendimento Calcule a massa de hidrogênio necessária para produzir 39,2 quilogramas de água.

Problema-modelo ◂ 4.3

O trissulfeto de tetrafósforo, P_4S_3, é usado na fabricação dos fósforos que "acendem em qualquer lugar". O fósforo e o enxofre elementares reagem diretamente para formar P_4S_3:

$$8\ P_4 + 3\ S_8 \rightarrow 8\ P_4S_3$$

Se tivermos 153 g de S_8 e um excesso de fósforo, que massa de P_4S_3 poderá ser produzida por essa reação?

Estratégia O coração de qualquer problema de estequiometria é a equação química balanceada, que fornece a proporção molar de que precisamos. Para utilizarmos essa proporção, é necessário converter massas em quantidades de matéria: inicialmente para o reagente, S_8, e no final do problema para o produto, P_4S_3. A massa molar é usada para fornecer os fatores de conversão necessários. A expressão "excesso de fósforo" significa que temos P_4 mais que suficiente para consumir completamente 153 g de S_8.

Solução A massa molar do S_8 é 256,5 g mol^{-1}, e a do P_4S_3, 220,1 g mol^{-1}. Junto com a equação balanceada, essas massas nos permitem montar as relações necessárias:

$$153 \text{ g de } S_8 \times \frac{1 \text{ mol de } S_8}{256{,}5 \text{ g de } S_8} \times \frac{8 \text{ mol de } P_4S_3}{3 \text{ mol de } S_8} \times \frac{220{,}1 \text{ g de } P_4S_3}{1 \text{ mol de } P_4S_3} = 3{,}50 \times 10^2 \text{g de } P_4S_3$$

Verifique seu entendimento O cheiro de um fósforo queimado é causado pela formação de óxidos de enxofre. Podemos representar a reação relevante como $S + O_2 \rightarrow SO_2$. Se 4,8 g de enxofre são queimados dessa forma, qual será a massa de dióxido de enxofre produzida?

POR DENTRO DE Agora, podemos relacionar a quantidade de dióxido de carbono emitida por um motor de automóvel com a quantidade de gasolina queimada. Qual será a massa de CO_2 produzida para cada galão de gasolina usado? Embora essa questão possa soar muito diferente de um típico problema de estequiometria de livro de química, isso é exatamente o que é. Inicialmente, suponha que nosso modelo simples, em que se usa a combustão completa do octano para representar a queima da gasolina, seja correto. A equação química balanceada é aquela que vimos anteriormente:

$$2\ C_8H_{18} + 25\ O_2 \rightarrow 16\ CO_2 + 18\ H_2O$$

Precisaremos saber a massa de um galão de gasolina, o que dependerá da composição exata da gasolina em análise. Mas, como estamos baseando nosso cálculo no octano, deve ser razoável usar a densidade do octano, que é 0,7025 g mL^{-1}. Utilize essa densidade e alguns fatores de conversão de unidades para encontrar a massa em gramas de um galão de octano:

$$1 \text{ galão} \times \frac{3{,}7854 \text{ L}}{1 \text{ galão}} \times \frac{1.000 \text{ mL}}{1 \text{ L}} \times \frac{0{,}7025 \text{ g de octano}}{\text{mL}} = 2.659 \text{ g}$$

Agora, reduzimos a questão proposta a algo que se parece muito mais com os exemplos apresentados anteriormente: qual é a massa de CO_2 produzida pela combustão completa de 2.659 g de C_8H_{18}? Utilize as massas molares e a proporção molar da equação balanceada para montar o cálculo:

$$2.659 \text{ g de } C_8H_{18} \times \frac{1 \text{ mol de } C_8H_{18}}{114{,}23 \text{ g de } C_8H_{18}} \times \frac{16 \text{ mol de } CO_2}{2 \text{ mol de } C_8H_{18}} \times \frac{44{,}010 \text{ g}}{1 \text{ mol de } CO_2} = 8.196 \text{ g de } CO_2$$

Para colocar isso em unidades mais familiares, use o fato de que uma libra é aproximadamente 454 g. Nosso cálculo então diz que a queima de um galão de gasolina produzirá 18 libras de dióxido de carbono. Apesar de termos feito algumas suposições para a simplificação, nosso resultado com certeza deve ser uma estimativa razoável.

4.3 Reagentes limitantes

Quando realizamos reações químicas, o suprimento disponível de um reagente é com frequência exaurido antes de outros reagentes. Logo que um dos reagentes acaba, a reação para. O reagente consumido completamente determinou até onde a reação pode ir, limitando a quantidade de produto produzido. Dizemos que o reagente consumido completamente na reação é o **reagente limitante**.

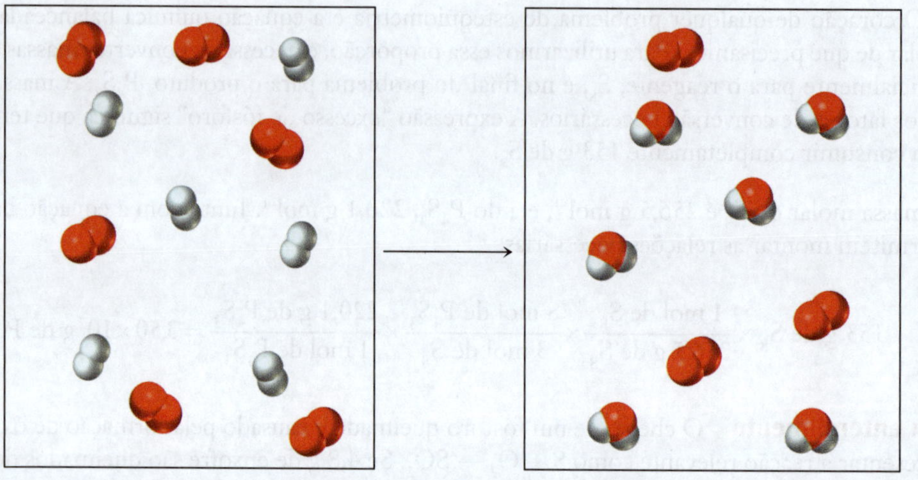

Figura 4.4 Esta figura em escala molecular ilustra o conceito de reagente limitante. O quadro à esquerda representa a mistura de reagentes em nosso experimento hipotético: seis moléculas de H_2 (mostradas em branco) e seis moléculas de O_2 (em vermelho). O lado direito mostra as moléculas formadas após a reação ter se completado: seis moléculas de H_2O e três de O_2 que não reagiram. Nesse caso, o H_2 foi o reagente limitante. Uma vez que não há mais moléculas de H_2 disponíveis, não é possível que haja mais reações.

Para ilustrarmos esse importante conceito, vamos imaginar que de alguma forma podemos fazer um experimento envolvendo apenas algumas poucas moléculas. Suponha que comecemos com seis moléculas de H_2 e seis de O_2 e deixemos que elas reajam. Quanto de água pode ser formado? Conhecemos a equação para essa reação do Problema-modelo 4.2:

$$2\ H_2(g) + O_2(g) \rightarrow 2\ H_2O(g)$$

A **Figura 4.4** mostra com o que tal experimento pode se parecer. A reação ocorrerá até que ambos os reagentes estejam presentes. Mas, após seis moléculas de água terem sido formadas, todo o H_2 terá sido consumido. Mesmo restando mais três moléculas de oxigênio, elas não podem reagir. Logo, a quantidade de produto formada é limitada pela quantidade de hidrogênio que estava disponível, e dizemos que o hidrogênio era o reagente limitante.

Em muitos casos, manipulamos as quantidades de reagentes para ter certeza de que um composto é o reagente limitante. Se a síntese de um composto ou material específico envolver um reagente escasso ou caro, o engenheiro de processos mais inteligente muito provavelmente constatará que se trata de reagente limitante usando grandes excessos dos outros reagentes. As reações de combustão como a queima da gasolina em um motor de carro fornecem um exemplo imediato. Um grande excesso de oxigênio está sempre disponível porque ele pode simplesmente ser retirado do ar. Seu carro pode ficar sem gasolina, mas não é provável que ele fique sem oxigênio. Logo, em qualquer cálculo relacionado ao consumo de combustível ou às emissões de exaustão, será razoável supor que a gasolina seja sempre o reagente limitante.

Em outras circunstâncias, a identidade do reagente limitante pode não ser tão óbvia. Em um experimento de laboratório, podemos apenas misturar as quantidades de substâncias convenientemente disponíveis para começar a estudar a reação delas. A determinação do reagente limitante exige comparar a quantidade de cada reagente presente. Como sempre, devemos ter em mente que as equações químicas balanceadas nos fornecem as proporções nas quais as quantidades de matéria de uma substância reagem com as quantidades de matéria de outra. Portanto, não podemos comparar as massas para determinar o reagente limitante; devemos fazer comparações usando as proporções molares relevantes. Os Problemas-modelo 4.4 e 4.5 mostram como podemos determinar qual substância está em excesso e qual é o reagente limitante.

Problema-modelo ◄ 4.4

Uma solução de HCl(aq) contém 5,22 g de HCl. Quando se deixa ela reagir com 3,25 g de K_2CO_3 sólido, os produtos são KCl, CO_2 e H_2O. Qual reagente está em excesso?

Estratégia Como para qualquer problema de estequiometria de reação, devemos começar com uma equação balanceada. Uma maneira de proceder a partir dessa informação é calcular a quantidade de um reagente que se combinaria com a quantidade fornecida do segundo reagente. A comparação desta com a quantidade realmente disponível revelará o reagente limitante. ▸

Existe uma variedade de estratégias possíveis para identificar um reagente limitante.

Solução Conhecemos os reagentes e produtos, logo podemos escrever facilmente um esqueleto para a equação:

$$HCl + K_2CO_3 \rightarrow KCl + CO_2 + H_2O$$

O balanceamento desta nos fornece a equação química de que precisamos para o nosso cálculo de estequiometria:

$$2\ HCl + K_2CO_3 \rightarrow 2\ KCl + CO_2 + H_2O$$

Vamos usar a quantidade de HCl fornecida e calcular a quantidade de K_2CO_3 que reagiria completamente com ele:

$$5{,}22 \text{ g de HCl} \times \frac{1 \text{ mol de HCl}}{36{,}46 \text{ g de HCl}} \times \frac{1 \text{ mol de } K_2CO_3}{2 \text{ mol de HCl}} \times \frac{138{,}2 \text{ g de } K_2CO_3}{1 \text{ mol de } K_2CO_3} = 9{,}89 \text{ g de } K_2CO_3$$

Assim, a quantidade de HCl fornecida (5,22 g) necessita de 9,89 g de K_2CO_3, mas temos apenas 3,25 g de K_2CO_3 disponível. A reação irá parar assim que todo o K_2CO_3 for consumido. O K_2CO_3 é o reagente limitante, e o HCl está em excesso.

Analise sua resposta É difícil adquirir um sentimento intuitivo para os reagentes limitantes, razão pela qual é importante aprender esse tipo de cálculo. Existem dois fatores que determinam o reagente limitante – as massas molares relativas e as proporções molares de estequiometria. Nesse caso, a massa molar de K_2CO_3 é aproximadamente três vezes maior que a de HCl, portanto não nos surpreende o fato de as massas similares dos dois reagentes levarem o K_2CO_3 a ser o reagente limitante.

Verifique seu entendimento A amônia é largamente utilizada na produção de fertilizantes e também é o precursor de um número de polímeros importantes. Assim, a formação de amônia a partir de seus elementos é uma das reações químicas industriais mais importantes:

$$N_2 + 3\ H_2 \rightarrow 2\ NH_3$$

Esse processo é em geral realizado por meio de um excesso de hidrogênio. Se um recipiente de reação contém $1{,}5 \times 10^3$ mols de N_2, quanto de hidrogênio seria necessário para garantir que ele esteja em excesso?

Problema-modelo ◂ 4.5

No Problema-modelo 4.3, usamos a reação que produz P_4S_3, um dos reagentes na combustão de um fósforo:

$$8\ P_4 + 3\ S_8 \rightarrow 8\ P_4S_3$$

Se deixarmos 28,2 g de P_4 reagir com 18,3 g de S_8, qual reagente é o limitante?

Estratégia Podemos escolher qualquer reagente e determinar quanto do outro é necessário para consumi-lo inteiramente. A comparação da quantidade calculada com a quantidade fornecida no problema nos permitirá determinar qual reagente é o limitante.

Solução Vamos começar com o P_4:

$$28{,}2 \text{ g de } P_4 \times \frac{1 \text{ mol de } P_4}{123{,}9 \text{ g de } P_4} \times \frac{3 \text{ mol de } S_8}{8 \text{ mol de } P_4} \times \frac{256{,}5 \text{ g de } S_8}{1 \text{ mol de } S_8} = 21{,}9 \text{ g de } S_8$$

Portanto, 28,2 de P_4 necessitam de 21,9 g de S_8 para reagir completamente. Temos apenas 18,3 g de S_8, logo não há S_8 suficiente para reagir com todo o P_4. Consequentemente, o S_8 é o reagente limitante.

Verifique seu entendimento Para se convencer de que você pode começar com qualquer um dos reagentes, refaça o exemplo começando com a quantidade fornecida de S_8.

A determinação do reagente limitante é normalmente apenas um pedaço de um grande quebra-cabeça. Na maioria dos problemas estequiométricos de reagentes limitantes, o objetivo real é determinar quanto de produto poderia ser formado de uma mistura de reagentes. Talvez a primeira etapa crítica em tal problema seja reconhecer corretamente o fato de que esta é uma situação de reagente limitante. Uma vez que sabemos qual substância acaba primeiro, terminamos com um cálculo estequiométrico comum para resolver o problema. O Problema-modelo 4.6 mostra como esse tipo de questão pode ser abordada.

POR DENTRO DE

Problema-modelo ◂ 4.6

Abordaremos o uso de tais aditivos na seção que encerra este capítulo.

O MTBE (éter *tert*-butilmetílico) tem sido usado como aditivo na gasolina. ◂ O composto é produzido pela reação do metanol com o isobuteno, de acordo com a seguinte equação:

$$\underset{\text{Metanol}}{CH_3OH} + \underset{\text{Isobuteno}}{(CH_3)_2C{=}CH_2} \rightarrow \underset{\text{MTBE}}{(CH_3)_3COCH_3}$$

Se deixarmos 45,0 kg de metanol reagir com 70,0 kg de isobuteno, qual é a massa máxima de MTBE que podemos obter?

Estratégia São fornecidas as quantidades de dois reagentes diferentes (metanol e isobuteno). Devemos compreender que esta é uma situação de reagente limitante potencial. Podemos identificar o reagente limitante como nos exemplos anteriores: escolher um reagente e encontrar a quantidade do outro que seria necessária para reagir com ele. Comparando esse resultado com a quantidade fornecida, podemos determinar qual dos reagentes é o limitante. Feito isso, o cálculo da quantidade de produto esperada será direto.

Solução Precisaremos das massas molares de todos os três compostos. Tomando cuidado ao interpretarmos corretamente os parênteses nas fórmulas moleculares, encontramos o seguinte:

$$\text{Metanol } (CH_3OH)\text{: } 32{,}042 \text{ g mol}^{-1}$$
$$\text{Isobuteno } ((CH_3)_2C{=}CH_2)\text{: } 56{,}108 \text{ g mol}^{-1}$$
$$\text{MTBE } ((CH_3)_3COCH_3)\text{: } 88{,}150 \text{ g mol}^{-1}$$

Para identificarmos o reagente limitante, podemos calcular a massa de isobuteno que reagiria com 45,0 kg (ou 45.000 g) de metanol.

$$45.000 \text{ g de metanol} \times \frac{1 \text{ mol de metanol}}{32{,}042 \text{ g de metanol}} \times \frac{1 \text{ mol de isobuteno}}{1 \text{ mol de metanol}} \times \frac{56{,}108 \text{ g de isobuteno}}{1 \text{ mol de isobuteno}}$$
$$= 7{,}88 \times 10^4 \text{ g de isobuteno} = 78{,}8 \text{ kg de isobuteno}$$

Isso significa que, para usar 45,0 kg de metanol, precisamos de no mínimo 78,8 kg de isobuteno. Mas temos apenas 70,0 kg de isobuteno. Portanto, a quantidade de isobuteno disponível determinará a quantidade de MTBE que pode ser formada. O isobuteno é o reagente limitante e o metanol está em excesso.

Agora o problema é reduzido a um cálculo estequiométrico mais simples começando com a massa do isobuteno disponível:

$$70.000 \text{ g de isobuteno} \times \frac{1 \text{ mol de isobuteno}}{56{,}107 \text{ g de isobuteno}} \times \frac{1 \text{ mol de MTBE}}{1 \text{ mol de isobuteno}} \times \frac{88{,}150 \text{ g de MTBE}}{1 \text{ mol de MTBE}}$$
$$= 1{,}10 \times 10^5 \text{ g de MTBE} = 1{,}10 \times 10^2 \text{ kg de MTBE}$$

Analise sua resposta Esse valor é maior que a quantidade original de ambos os reagentes. Isso faz sentido? Se olharmos mais de perto essa reação, perceberemos que se trata de uma síntese em que as duas moléculas transformam-se em uma. Se nossa resposta tivesse sido maior que a soma das duas massas de reagentes, esse resultado nos preocuparia. Mas esse valor certamente é plausível porque todo o isobuteno e a maior parte do metanol reagiram para formar o MTBE.

Discussão Este problema combina dois tipos de cálculos vistos em exemplos anteriores. A primeira etapa é identificar o reagente limitante, e o segundo é o cálculo estequiométrico real. Observe aqui que o isobuteno foi o reagente limitante, apesar de a massa de isobuteno disponível ser maior que a de metanol. Isso é um lembrete de que os cálculos estequiométricos de reações devem sempre ser manipulados em termos de quantidade de matéria, não de massas.

Verifique seu entedimento Certa vez, o composto diborano, B_2H_6, foi proposto para ser usado como um propelente de foguete. Ele pode ser produzido pela seguinte reação

$$3 \text{ LiBH}_4 + \text{BF}_3 \rightarrow 2 \text{ B}_2\text{H}_6 + 3 \text{ LiF}$$

Se 24,6 g de $LiBH_4$ são combinados com 62,4 g de BF_3, qual é a massa de diborano que pode ser formada?

POR DENTRO DE O conceito de reagentes limitantes apresenta algumas implicações importantes para as aplicações de engenharia em que as reações químicas estão envolvidas. Já mencionamos que um bom projeto para um processo químico garantiria que uma substância escassa ou cara fosse o reagente limitante, assim nada deste seria desperdiçado. Existe uma situação bem diferente para o projeto de motores de foguetes. Aqui a massa total do foguete é uma consideração maior, logo, o objetivo seria provavelmente usar a massa mínima de combustível que poderia fornecer o impulso necessário. Muitos motores de foguete contam com as chamadas misturas de combustíveis de dois componentes, em que a energia é liberada à medida que se deixa os dois compostos reagir. O projeto ideal para um foguete desse tipo em geral garantiria a presença dos dois compostos em uma mistura estequiométrica, sem que nenhum deles estivesse em excesso. O Problema-modelo seguinte ilustra como tal mistura pode ser escolhida.

POR DENTRO DE

Problema-modelo ◄ 4.7

Os propulsores Draco na nave espacial Dragon, da SpaceX, são baseados na seguinte reação entre monometil-hidrazina (CH_6N_2) e tetróxido de dinitrogênio (N_2O_4):

$$4\text{CH}_6\text{N}_2(\ell) + 5\text{N}_2\text{O}_4(\ell) \rightarrow 12\text{H}_2\text{O}(\ell) + 4\text{CO}_2(\text{g}) + 9\text{N}_2(\text{g})$$

Se um dos reagentes estiver em excesso, será adicionada massa desnecessária ao ônibus, logo se deseja uma mistura estequiométrica. Qual massa de cada reagente deve ser usada para cada quilograma da mistura combustível?

Estratégia Queremos aqui garantir que não haverá excesso de nenhum dos reagentes. Uma vez que nos pediram a composição "para cada quilograma" de combustível, devemos começar supondo que a massa total de combustível será de 1.000 g, o que pode ser escrito como uma equação com duas incógnitas:

$$m_{\text{CH}_6\text{N}_2} + m_{\text{N}_2\text{O}_4} = 1.000 \text{ g}$$

Uma vez que temos duas incógnitas, precisaremos de uma segunda relação entre as duas massas. A equação química balanceada nos mostra que a proporção *molar* entre os dois reagentes pode ser 4:5. Podemos usar as massas molares para converter esta em uma proporção em termos de *massas*, e então usar essa proporção como uma segunda equação para resolver o problema.

Solução A massa molar de CH_6N_2 é 46,07 g mol^{-1}, e a do N_2O_4 é 92,01 g mol^{-1}. Para garantir uma mistura estequiométrica, será necessário igualar as quantidades molares de cada reagente. Assim, para usar 4 mols de CH_6N_2, serão necessários 5 mols de N_2O_4. Expresso em termos de massa, isso significa que precisamos de 184,28 g de CH_6N_2 para cada 460,05 g de N_2O_4. Podemos escrever isto como uma equação:

$$\frac{m_{CH_6N_2}}{m_{N_2O_4}} = \frac{184{,}28\ g}{460{,}05\ g} = 0{,}40057$$

E apesar de nossas quantidades presentes precisarem ser maiores que as da equação, essa proporção de massas ainda assim estará correta. Agora temos duas equações para as duas massas desconhecidas, e podemos resolvê-las utilizando um pouco de álgebra. Nossas duas equações são

$$m_{CH_6N_2} + m_{N_2O_4} = 1.000\ g$$
$$m_{CH_6N_2} = 0{,}40057\ m_{N_2O_4}$$

Substituindo o lado direito da segunda equação na primeira equação, obtemos:

$$0{,}40057\ m_{N_2O_4} + m_{N_2O_4} = 1.000\ g$$

Simplificando esse processo e resolvendo a equação, obtemos a massa de alumínio necessária para cada quilograma da mistura combustível:

$$1{,}40057\ m_{N_2O_4} = 1.000\ g$$
$$m_{N_2O_4} = \frac{1.000\ g}{1{,}40057} = 714\ g$$

Dessa forma, é mais fácil obter a massa de CH_6N_2:

$$m_{CH_6N_2} = 1.000\ g - m_{N_2O_4}$$
$$= 1.000\ g - 714\ g = 286\ g$$

Assim, cada quilograma de combustível deve compreender 286 g de CH_6N_2 e 714 g de N_2O_4.

Discussão A massa de combustível necessária para o motor de um ônibus espacial certamente seria maior que um quilograma, mas esse resultado poderia facilmente ser aumentado em escala para a massa necessária. Como para a maioria dos problemas, existe uma variedade de outras abordagens que poderiam ser utilizadas para resolvê-los. A estratégia específica que utilizamos é baseada na ideia geral de que, se temos duas quantidades desconhecidas (como as duas massas indicadas aqui), precisamos encontrar duas relações separadas entre elas para resolver o problema.

Verifique seu entedimento Uma mistura combustível compreendendo 600,0 g de N_2O_4 e 400,0 g de CH_6N_2 é usada em um teste de um protótipo em escala de laboratório de um motor do propulsor Draco. Quando o motor para de queimar, sobra algum combustível não usado. Qual é a substância desse combustível não queimado, e que massa deve ser encontrada?

4.4 Rendimentos teóricos e percentuais

Para reações químicas e especialmente para reações que levam a produtos comerciais, optamos em geral por reações mais eficientes, que sejam capazes de produzir o máximo possível dos produtos desejados e de minimizar produtos laterais indesejáveis. Por que isso é importante? Em muitas situações industriais, a principal razão é o lucro. Caso possa aumentar a quantidade de produto obtida de determinada quantidade de reagentes, o negócio torna-se mais lucrativo. Muitos fatores, como a temperatura da reação, a possibilidade de **reações laterais** ou a reação adicional do produto para formar alguma outra coisa, podem diminuir a quantidade obtida do produto desejado. Minimizar essas reações indesejáveis poderia reduzir a quantidade de lixo produzido, consequentemente diminuindo os impactos ambientais e custos associados.

Pode-se avaliar a eficiência de uma reação pelo cálculo de quanto produto se formaria sob condições perfeitas ou ideais; então compara-se o resultado real medido com o ideal. A quantidade ideal de produto é chamada de **rendimento teórico**, o qual é obtido trabalhando um problema de estequiometria. A medida da quantidade do produto formado nos fornece o **rendimento real**. A partir da razão entre o rendimento real e o teórico, podemos calcular o **rendimento percentual**.

$$\text{Rendimento percentual} = \left(\frac{\text{rendimento real}}{\text{rendimento teórico}}\right) \times 100\% \tag{4.1}$$

O Problema-modelo 4.8 mostra o uso dessa equação para encontrar o rendimento percentual para uma reação. Aumentar o rendimento percentual é um dos objetivos primordiais para um engenheiro químico que trabalha com processos industriais.

Problema-modelo ◂ 4.8

O processo de Solvay é importante na produção comercial do carbonato de sódio (Na_2CO_3), usado na fabricação de muitos vidros. A última etapa no processo de Sovay é a conversão do $NaHCO_3$ (bicarbonato de sódio) em Na_2CO_3 por meio de aquecimento.

$$2\ NaHCO_3(s) \xrightarrow{\Delta} Na_2CO_3(s) + CO_2(g) + H_2O(g)$$

Em experimento de laboratório, um estudante aqueceu 42,0 g de $NaHCO_3$ e determinou que 22,3 g de Na_2CO_3 são formados. Qual é o rendimento percentual dessa reação?

Estratégia Sabemos o rendimento real desse experimento. Para calcular o rendimento percentual, precisamos inicialmente encontrar o rendimento teórico, o que pode ser feito calculando a quantidade máxima de produto que poderia se formar, sempre com base na estequiometria da reação. Como já temos o rendimento teórico e o real, encontrar o rendimento percentual é direto.

Solução Começamos trabalhando o problema estequiométrico:

$$42{,}0\ \text{g} \times \frac{1\ \text{mol de NaHCO}_3}{84{,}0\ \text{g de NaHCO}_3} \times \frac{1\ \text{mol de Na}_2\text{CO}_3}{2\ \text{mol de NaHCO}_3} \times \frac{106{,}0\ \text{g de Na}_2\text{CO}_3}{1\ \text{mol de Na}_2\text{CO}_3} = 26{,}5\ \text{g de Na}_2\text{CO}_3$$

Em seguida, calculamos o rendimento percentual:

$$\begin{aligned}\text{Rendimento percentual} &= \frac{\text{rendimento real}}{\text{rendimento teórico}} \times 100\% \\ &= \frac{22{,}3\ \text{g}}{26{,}5\ \text{g}} \times 100\% \\ &= 84{,}2\%\end{aligned}$$

Analise sua resposta Uma estimativa rápida da resposta pode nos dizer que fizemos a estequiometria correta. Uma vez que 42 é a metade de 84, temos 0,5 mol de $NaHCO_3$. A partir da equação, a proporção molar de $NaHCO_3$ em relação ao Na_2CO_3 é 2:1, logo esperaríamos obter 0,25 mol de Na_2CO_3. Um quarto de 106 é aproximadamente 26, assim sabemos que a estequiometria está correta. Uma vez que o rendimento real é menor que o rendimento teórico, uma resposta menor que 100% é plausível. (Podemos algumas vezes ver rendimentos maiores que 100% para reações como essa, mas isso indica que o produto não está completamente seco ou contém algumas impurezas.)

Discussão Podemos nos perguntar se esse é ou não um "bom" rendimento percentual. Não é possível ajustar um alvo numérico absoluto para os rendimentos percentuais. Se uma reação leva a um produto altamente desejado (isto é, caro) para o qual não existe fonte alternativa, um rendimento percentual menor poderia ser considerado adequado. No presente caso, a reação é bastante simples, e o produto, relativamente barato. Portanto, um rendimento percentual mais alto provavelmente seria necessário para uma fábrica economicamente viável.

Verifique seu entendimento No "Verifique seu entendimento" do Problema-modelo 4.6, você considerou uma reação para produzir o diborano. Uma opção para esse propelente é mostrada a seguir:

$$3\ NaBH_4 + 4\ BF_3 \rightarrow 2\ B_2H_6 + 3\ NaBF_4$$

Se 173,2 g de BF_3 reagem com um excesso de $NaBH_4$ para fornecer 28,6 g de B_2H_6, qual é o rendimento percentual?

POR DENTRO DE Como a ideia do rendimento percentual se aplica à química de combustíveis? Para um hidrocarboneto como a gasolina, a combustão completa libera mais energia que a incompleta ou outras reações laterais. A combustão completa também reduz os níveis de vários compostos potencialmente nocivos, incluindo o CO e a fuligem. Portanto, podemos definir a eficiência em termos da extensão da combustão completa. Se quiséssemos monitorar esse processo experimentalmente, uma opção seria monitorar a quantidade de CO_2 no fluxo da exaustão. De maneira similar, a presença de CO, CH_2O ou outros compostos contendo carbono na exaustão nos permitiria monitorar a extensão de várias reações laterais. Tais medidas são rotineiramente realizadas em teste de motores para determinar as condições ideais de operação.

4.5 Estequiometria de solução

Nos problemas de estequiometria apresentados até aqui, as quantidades de matéria envolvidas foram obtidas por meio de proporções estabelecidas pelas massas molares das substâncias. Agora será possível expandir a faixa de problemas por meio da Equação 3.2, para determinar a quantidade de matéria das substâncias quando são medidos os volumes em vez das massas. Entretanto, o âmago do problema de estequiometria permanece o mesmo. A equação química balanceada ainda fornece as proporções críticas entre as quantidades de matéria das várias espécies na reação. De novo, um fluxograma para resolver um problema de estequiometria mostra as manipulações que precisamos considerar (**Figura 4.5**).

Quando se consideram reações em solução, a única complicação é a necessidade de relacionar três variáveis, em que se utiliza a Equação 3.2, em vez de duas, usando a proporção de massa molar. O Problema-modelo 4.9 mostra como esses problemas de estequiometria de solução podem ser abordados.

POR DENTRO DE

Problema-modelo ◄ 4.9

A hidrazina combustível, N_2H_4, pode ser produzida pela reação das soluções de hipoclorito de sódio e amônia. A equação química relevante é

$$NaClO(aq) + 2\ NH_3(aq) \rightarrow N_2H_4(aq) + NaCl(aq) + H_2O(\ell)$$

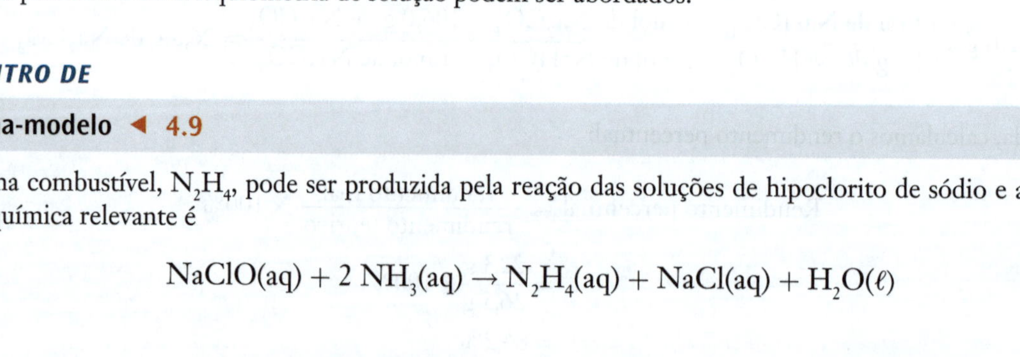

Figura 4.5 Este fluxograma mostra as etapas importantes em um típico cálculo estequiométrico de solução.

Se 750,0 mL de NaClO 0,806 mol L^{-1} forem misturados com excesso de amônia, que quantidade de matéria de hidrazina poderá ser formada? Se o volume final da solução resultante for 1,25 L, qual será a concentração em quantidade de matéria de hidrazina?

Estratégia O problema pede que encontremos a quantidade esperada de um produto, o que significa que se trata de um problema de estequiometria de reação. Quando se afirma que o NH_3 está em excesso, sabemos que o NaClO será o reagente limitante. Portanto, usaremos o volume e a concentração fornecidos para encontrar a quantidade de matéria de NaClO que está reagindo. Então, pelo uso da proporção molar a partir da equação balanceada, é possível encontrar a quantidade de matéria de N_2H_4 que pode ser formada. Por fim, podemos usar essa quantidade de matéria e o volume final fornecidos para obter a concentração em quantidade de matéria de N_2H_4.

Solução Converta 750,0 mL em 0,7500 L e determine a quantidade de matéria de NaClO que está reagindo:

$$n_{\text{NaClO}} = c \times V = 0{,}806 \text{ mol L}^{-1} \times 0{,}7500 \text{ L} = 0{,}605 \text{ mol de NaClO}$$

Alie a esse procedimento a proporção molar 1:1 da equação balanceada para encontrar a quantidade de matéria correspondente de hidrazina:

$$0{,}605 \text{ mol de NaClO} \times \frac{1 \text{ mol de N}_2\text{H}_4}{1 \text{ mol de NaClO}} = 0{,}605 \text{ mol de N}_2\text{H}_4$$

Para responder à segunda parte do problema, precisamos apenas usar a quantidade de matéria junto com o volume final fornecido para encontrar a concentração em quantidade de matéria:

$$c = \frac{n}{V} = \frac{0{,}605 \text{ mol de N}_2\text{H}_4}{1{,}25 \text{ L}} = 0{,}484 \text{ mol L}^{-1} \text{ de N}_2\text{H}_4$$

Discussão Observe que o cálculo estequiométrico é feito usando a proporção molar da equação balanceada, exatamente como em todos os exemplos anteriores. Apenas as conversões em e de quantidade de matéria mudaram, pois se trata de uma reação em solução.

Verifique seu entendimento Qual é o volume (em mililitros) de HCl 0,150 mol L^{-1} necessário para reagir completamente com 0,503 g de Na_2CO_3 seco?

Uma técnica de laboratório comum, chamada **titulação**, requer o entendimento de estequiometria em solução. Uma reação na fase de solução é realizada sob condições controladas para que a quantidade de um reagente possa ser determinada com alta precisão. Determinada quantidade medida cuidadosamente é colocada em um béquer ou frasco. Um corante chamado **indicador** pode ser adicionado à solução. ▸ O segundo reagente é adicionado de maneira controlada, normalmente usando-se uma bureta (**Figura 4.6**). Ao completar-se a reação, o indicador muda de cor. Quando o indicador troca de cor pela primeira vez, temos uma mistura estequiométrica de reagentes. Conhecemos a quantidade de matéria do primeiro reagente (ou a concentração em quantidade de matéria e o volume) e o volume do segundo reagente usado. Desde que saibamos a equação balanceada para a reação, podemos encontrar a concentração desconhecida do segundo reagente, como mostrado no Problema-modelo 4.10.

O ponto em que o indicador muda de cor é conhecido como ponto final ou ponto de equivalência.

Problema-modelo ◂ 4.10

Muitas titulações comuns envolvem a reação de um ácido com uma base. Se 24,75 mL de solução de NaOH 0,503 mol L^{-1} forem usados para titular uma amostra de 15,00 mL de ácido sulfúrico, H_2SO_4, qual será a concentração do ácido?

Figura 4.6 A sequência de fotos mostra algumas das etapas em uma titulação típica. Uma solução de reagente é colocada em uma bureta no quadro à esquerda. A solução do segundo reagente, contendo também um indicador, é colocada em um erlenmeyer, e a bureta é posicionada acima do frasco no segundo quadro. A torneira da bureta permite a adição controlada de solução e a forma do erlenmeyer permite misturar facilmente por rotação. No último quadro, a solução no frasco torna-se cor-de-rosa ao atingir o ponto final (detalhe).

Estratégia Um problema de titulação é um problema de estequiometria aplicado, portanto precisaremos de uma equação química balanceada. Como conhecemos a concentração em quantidade de matéria e o volume para a solução de NaOH, poderemos encontrar a quantidade de matéria que reage. A proporção molar da equação balanceada nos permite calcular a quantidade de matéria de H_2SO_4 a partir da quantidade de matéria de NaOH. Uma vez que sabemos o volume da solução original de H_2SO_4, poderemos descobrir sua concentração em quantidade de matéria.

Solução A reação ácido-base produzirá sulfato de sódio e água. A equação balanceada é

$$H_2SO_4(aq) + 2\ NaOH(aq) \rightarrow Na_2SO_4(aq) + 2\ H_2O(\ell)$$

Determine a quantidade de matéria de NaOH a partir da concentração em quantidade de matéria e volume fornecidos:

$$0{,}02475 \text{ L de solução} \times \frac{0{,}503 \text{ mol de NaOH}}{1 \text{ L de solução}} = 0{,}0124 \text{ mol de NaOH}$$

Use a equação química balanceada para determinar a quantidade de matéria de H_2SO_4:

$$0{,}0124 \text{ mol de NaOH} \times \frac{1 \text{ mol de } H_2SO_4}{2 \text{ mol de NaOH}} = 6{,}22 \times 10^{-3} \text{ mol de } H_2SO_4$$

Determine a concentração de H_2SO_4:

$$c = \frac{6{,}22 \times 10^{-3} \text{ mol de } H_2SO_4}{0{,}01500 \text{ L de solução}} = 0{,}415 \text{ mol L}^{-1} \text{ de } H_2SO_4$$

Analise sua resposta A concentração em quantidade de matéria que encontramos para o ácido sulfúrico é menor que aquela obtida para o hidróxido de sódio. Essa afirmação faz sentido? É importante lembrar que a estequiometria fornece a proporção molar 2:1. Embora o volume de NaOH usado seja maior que o do ácido, ele não é duas vezes o volume, portanto nossa concentração em quantidade de matéria de H_2SO_4 deve ser menor.

Discussão Geralmente, os estudantes erram este tipo de problema, sobretudo se utilizarem a fórmula de diluição (Equação 3.3) por engano. A fórmula de diluição não inclui a proporção molar da equação química balanceada, e, nesse caso, a proporção 2:1 resultaria em erro por um fator de 2 se fosse usada a Equação 3.3.

Verifique seu entendimento A análise de uma solução de NaOH mostrou que foram necessários 42,67 mL de HNO_3 0,485 mol L^{-1} para titular uma amostra de 25,00 mL de NaOH. Qual é a concentração da solução de NaOH?

POR DENTRO DE

4.6 Combustíveis alternativos e aditivos de combustível

Na seção "Por dentro de" de abertura, apontamos que a gasolina é uma mistura bastante complexa de compostos químicos. Muitos dos hidrocarbonetos são de um tipo ou de outro, cujas origens podem ser rastreadas ao petróleo do qual a gasolina foi refinada. Na gasolina que você compra, é provável que haja uma gama de **aditivos de combustível**. As razões que justificam o uso desses aditivos são: melhorar o desempenho do motor, reduzir emissões indesejáveis do motor ou reduzir a dependência de produtos de petróleo importados. Alguns aditivos podem atingir mais de um desses objetivos simultaneamente.

Inicialmente, examinemos como os aditivos podem melhorar o desempenho. Na indústria da gasolina, graus diferentes de combustíveis em geral são descritos em termos de suas octanagens. Espera-se que maiores octanagens gerem melhor desempenho do motor. A octanagem é uma medida de quão altamente a gasolina pode ser comprimida no cilindro do motor antes de ela ser incendiada espontaneamente. Esse processo permite que um motor opere em compressão mais alta sem as indesejadas "pancadas", que ocorrem se a mistura de combustível em um cilindro se incendeia prematuramente. Alguns fabricantes de carros recomendam que se use apenas gasolina aditivada porque os motores são projetados para rodar em taxas de compressão mais altas do que o normal. O termo "octanagem" tem sua origem no fato de que o octano em si é altamente compressível. Uma maneira de atingir maior octanagem é aumentar a fração de octano em um tipo específico de gasolina. No entanto, o mais importante nesse processo é a compressibilidade da gasolina, e não a quantidade de octano presente. Existem várias formas de melhorar a compressibilidade que são mais fáceis e mais baratas do que impulsionar o teor de octano atual.

O primeiro aditivo largamente utilizado foi o tetraetilchumbo, que tem a estrutura mostrada na **Figura 4.7**. A partir da década de 1920 e até a década de 1970, quase toda a gasolina vendida nos Estados Unidos continha aditivos de chumbo. Mas o aumento do desempenho e a redução do custo dos combustíveis tiveram seu preço. A maior parte do chumbo (que é tóxico) introduzido na gasolina foi, no final, emitida para atmosfera e se assentou no solo e na água. Embora essas preocupações com a saúde sejam conhecidas desde sempre, elas não receberam a devida atenção até que os elevados interesses ambientais começaram em 1970. O golpe final na gasolina com chumbo veio com a introdução dos conversores catalíticos nos anos 1970. ▸ Como você deve saber, o conversor catalítico é projetado para reduzir a emissão de monóxido de carbono e outros poluentes. A química importante do conversor ocorre em uma superfície metálica de platina, mas as partículas microscópicas de chumbo no fluxo da exaustão "envenenam" a superfície de platina, ligando-se a ela tão fortemente que a reação catalítica não pode ocorrer. Assim, a gasolina "sem chumbo" foi introduzida e gradualmente tomou o mercado. Desde 1996, é ilegal vender, nos Estados Unidos, gasolina contendo aditivos de chumbo.

Abordaremos catálise e conversores catalíticos no Capítulo 11.

Outros aditivos foram introduzidos com o propósito de aumentar a octanagem anteriormente ocupada pelo tetraetilchumbo. O mais largamente utilizado na atualidade nos Estados Unidos é o etanol. Uma vez que a adição de etanol aumenta o teor de oxigênio da gasolina, geralmente nos referimos a ele como **oxigenado**, e a gasolina contendo etanol é conhecida como **combustível oxigenado**. O oxigênio adicionado na gasolina ajuda a garantir combustão mais completa e por conseguinte reduz a emissão de monóxido de carbono, hidrocarbonetos e fuligem. ▸ A gasolina que contém no

As formulações de gasolina são tipicamente sazonais. Isso ajuda a explicar o aumento comumente observado nos preços da gasolina no final da primavera, quando as refinarias estão mudando de formulações de inverno para formulações de verão e a demanda ultrapassa a oferta durante a transição.[1]

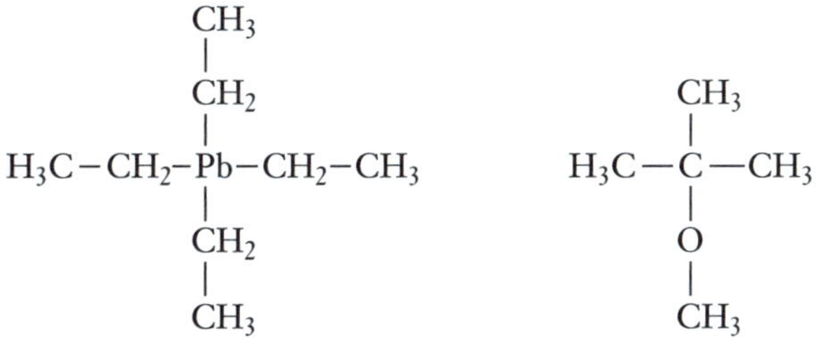

Tetraetilchumbo   MTBE

Figura 4.7 Fórmulas estruturais do tetraetilchumbo e MTBE.

[1] Esse tipo de observação é muito mais voltada para os países do hemisfério norte. (NRT)

mínimo 2% de oxigênio em massa é conhecida como **gasolina reformulada (RFG)**, e o uso de tais combustíveis é obrigatório em algumas áreas onde os problemas de poluição são severos. O etanol para uso como um aditivo de combustível é produzido a partir da biomassa, como aprendemos no Capítulo 3. Como os insumos são agrícolas, a produção de etanol não depende de produtos importados de petróleo. A gasolina contendo até 10% de etanol pode ser queimada em qualquer automóvel moderno, e misturas com até 85% de etanol podem ser usadas em motores especialmente projetados.[2] Quando utilizado em níveis altos, o etanol deve ser considerado um combustível alternativo, e não um aditivo da gasolina. O uso do etanol, no caso dos Estados Unidos, é mais comum no Meio-Oeste.

Outro aditivo, o MTBE (**éter *tert*-butilmetílico**, $(CH_3)_3COCH_3$), foi largamente usado no final dos anos 1990. (Veja o Problema-modelo 4.6.) Como o etanol, o MTBE aumenta tanto a octanagem quanto o teor de oxigênio da gasolina, e combustíveis com até 15% de MTBE podem ser usados em qualquer motor moderno. Depois da aprovação do Clean Air Act de 1990 (legislação norte-americana sobre poluição do ar), o uso de MTBE aumentou significativamente. A lei obrigou o uso de combustíveis oxigenados, e a indústria de combustíveis percebeu que o MTBE oferecia vantagens sobre o etanol nos custos de produção e de transporte. Assim, a informação disponível à época sugeria que a introdução do MTBE fazia sentido tanto em termos ambientais quanto econômicos. ◂ Mais recentemente, preocupações com a saúde em relação ao MTBE colocaram essa opção em dúvida. Existem especulações de que o MTBE seja cancerígeno, isto é, ele pode causar algumas formas de câncer. À medida que o uso de MTBE na gasolina aumentou, relatórios de níveis detectáveis do composto no solo também se tornaram mais comuns. Acredita-se que a fonte desse MTBE seja em geral de vazamentos de oleodutos e tanques de armazenamento. (Diferentemente do chumbo, o MTBE e o etanol sofrem combustão junto com outros componentes da gasolina, assim não são encontrados níveis significativos desses aditivos nos fluxos de exaustão de veículos.) Apesar de a extensão dos impactos na saúde ainda ser algo incerto, a gasolina contendo quantidades significativas de MTBE não é vendida nos EUA desde 2006.

Uma decisão na introdução de novo composto semelhante ao MTBE em largo uso é sempre feita com base em informação incompleta. Os engenheiros e cientistas devem confiar nos melhores dados disponíveis quando a decisão está sendo tomada.

ENFOQUE NA RESOLUÇÃO DE PROBLEMAS

Em muitos problemas de estequiometria, começamos com uma equação balanceada nos mostrando as apropriadas proporções de reação. Mas algumas vezes a estequiometria detalhada pode não ser conhecida e podemos usar dados experimentais para determinar essas proporções de reação. Uma tática que pode ser usada é o *método de variação contínua* e ele também ilustra a utilidade de métodos gráficos na resolução de problema.

Questão Suponha que você esteja trabalhando em um laboratório e encontre uma garrafa rotulada simplesmente com "cloreto de cobre 0,1 mol L^{-1}", mas você não tem certeza se a solução contém cloreto de cobre(I) (CuCl) ou cloreto de cobre(II) ($CuCl_2$). Como determinaria qual composto está na realidade presente?

Estratégia Uma maneira de abordar este problema seria examinar a estequiometria que a solução sofre em uma reação. O tratamento da solução com íons fosfato, por exemplo, levaria à precipitação do cobre como um sal de fosfato, e se você pudesse determinar a fórmula do sal, então saberia qual íon cobre estava presente. O método da variação contínua fornece uma maneira de determinar esta fórmula graficamente.

Suponha que você prepare uma solução de Na_3PO_4 0,10 mol L^{-1}, em que a concentração é escolhida para combinar com aquela da solução de cloreto de cobre. Você poderia então realizar uma série de experimentos nos quais usaria um volume total fixo – digamos, 60 mL – das duas soluções, mas variasse o volume de cada reagente. O primeiro experimento envolveria 10 mL da solução de cobre e 50 mL da solução de fosfato, por exemplo, seguido de 20 mL e 40 mL e assim por diante. Para cada mistura de reação, você poderia determinar a quantidade de precipitado formado.

Solução Se você colocar em gráfico a quantidade de precipitado em função dos volumes de cada solução, pode obter um resultado semelhante àquele mostrado na **Figura 4.8**.

[2] Os automóveis brasileiros, mesmo sem motores com tecnologia Flex, funcionam bem com a adição à gasolina de até 25% de etanol. (NRT)

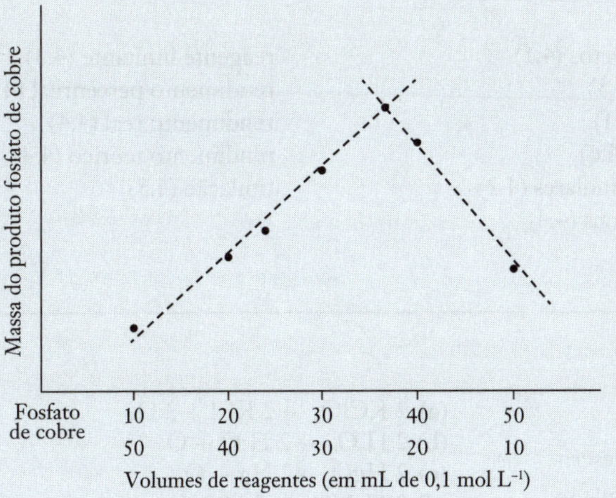

Figura 4.8 Gráfico com o rendimento de um produto para a reação de sais de cobre com fosfato de sódio, utilizando método de variações contínuas.

No lado esquerdo do gráfico, existe um excesso de íons fosfato e os íons cobre são o reagente limitante. Movendo-se da esquerda para a direita, a quantidade de cobre aumenta, logo o rendimento do precipitado também aumenta. No lado direito do gráfico, há um excesso de íons cobre e os íons fosfato são o reagente limitante. No ponto onde a quantidade de precipitado formado é máxima, os dois íons estão presentes na proporção estequiométrica correta. Aqui é quando a proporção de volume é 36 mL:24 mL ou 3:2. E como as concentrações das duas soluções reagentes eram iguais, essa proporção de volume deve também ser a proporção molar correta na mistura estequiométrica. Portanto, a proporção de íons cobre em relação aos íons fosfato é de 3:2, e o precipitado deve ser $Cu_3(PO_4)_2$. A solução original contém cloreto de cobre(II), $CuCl_2$. A equação para a reação de precipitação é

$$3\,CuCl_2(aq) + 2\,Na_3PO_4(aq) \rightarrow Cu_3(PO_4)_2(s) + 6\,NaCl(aq)$$

Resumo

As relações quantitativas associadas às reações químicas são de importância vital para muitas aplicações da química – incluindo a engenharia de motores de combustão interna e os combustíveis que os impulsionam. Uma equação química balanceada é a chave para qualquer entendimento quantitativo de uma reação. Referimo-nos aos cálculos quantitativos para reações como problemas estequiométricos, e a ideia mais importante neste capítulo é que o coração de todo problema desse tipo é a equação química balanceada.

A equação química balanceada fornece as proporções molares para todos os reagentes e produtos. Para usar essas proporções, em geral temos de converter informações de algo que podemos medir facilmente – como massa ou volume de um reagente ou produto – em quantidade de matéria. Esse fato estabelece o principal padrão para resolução de problemas estequiométricos. Inicialmente, devemos observar as informações que temos sobre um reagente ou produto e convertê-las em quantidade de matéria daquela substância. Utilizamos a equação química balanceada e as proporções molares contidas nela para converter a quantidade molar conhecida de uma substância em quantidade de matéria da substância sobre a qual queremos saber algo. Por fim, convertemos quantidade de matéria em massa (ou volume) da substância desconhecida.

Todos os problemas estequiométricos podem ser abordados com esse padrão geral. Entretanto, em alguns casos, cálculos adicionais podem ser necessários. Por exemplo, se nos são fornecidas (ou somos capazes de medir) quantidades conhecidas de dois ou mais reagentes, devemos determinar qual deles será completamente consumido (o reagente limitante). De novo, as proporções molares na equação balanceada contêm a chave. Outro tipo de cálculo que pode ser considerado em um problema de estequiometria é a determinação do rendimento percentual de uma reação. Nesse caso, a quantidade de produto determinada no problema representa o rendimento teórico da reação – um valor que com frequência não é obtido quando uma reação é realizada no laboratório ou na indústria. Se o rendimento real pode ser medido em separado, a razão entre o rendimento real e o teórico fornece o rendimento percentual.

Termos-chave

aditivos de combustível (4.6)
alcanos (4.1)
combustível oxigenado (4.6)
estequiometria (4.2)
éter *tert*-butilmetílico (MTBE) (4.6)
gasolina reformulada (RFG) (4.6)
hidrocarbonetos (4.1)
indicador (4.5)
isômeros (4.1)
oxigenado (4.6)
proporções molares (4.2)
reações laterais (4.4)
reagente limitante (4.3)
rendimento percentual (4.4)
rendimento real (4.4)
rendimento teórico (4.4)
titulação (4.5)

Problemas e exercícios

POR DENTRO DE Gasolina e outros combustíveis

4.1 Aponte no mínimo dois fatores que dificultam a descrição exata da combustão da gasolina. Quais suposições podem ser feitas para tratar essas complicações?

4.2 O que é um *alcano*?

4.3 Explique a diferença entre combustão completa e incompleta.

4.4 A exaustão de automóveis frequentemente contém traços de formaldeído (CH_2O), que é outro produto possível da combustão incompleta. Escreva uma equação química balanceada para a formação de formaldeído durante a combustão do octano. (A água também será formada como um produto.)

4.5 O metano, o etano e o propano também são hidrocarbonetos, mas não são componentes principais da gasolina. O que os impede de ser parte dessa mistura?

4.6 Use a internet para pesquisar preços de gasolina na bomba para consumidores, em sua cidade, durante o último ano. Encontre também informações sobre o preço do petróleo para o mesmo período. Discuta as correlações observadas por você entre os dois preços.

Fundamentos de estequiometria

4.7 Para as seguintes reações, escreva as proporções que podem ser estabelecidas entre as quantidades molares dos vários compostos:

(a) $2\ H_2 + O_2 \rightarrow 2\ H_2O$
(b) $2\ H_2O_2 \rightarrow 2\ H_2O + O_2$
(c) $P_4 + 5\ O_2 \rightarrow P_4O_{10}$
(d) $2\ KClO_3 \rightarrow 2\ KCl + 3\ O_2$

4.8 Em experimento realizado sob pressão muito baixa, $1{,}3 \times 10^{15}$ moléculas de H_2 reagem com acetileno, C_2H_2, para formar etano, C_2H_6, na superfície de um catalisador. Escreva a equação química balanceada para esta reação. Quantas moléculas de acetileno são consumidas?

4.9 O enxofre, S_8, combina-se com o oxigênio em temperaturas elevadas para formar o dióxido de enxofre. **(a)** Escreva uma equação química balanceada para esta reação. **(b)** Se 200 moléculas de oxigênio são usadas nesta reação, quantas moléculas de enxofre reagirão? **(c)** Quantas moléculas de dióxido de enxofre serão formadas no item (b)?

4.10 Qual quantidade de matéria de oxigênio pode ser obtida pela decomposição de 7,5 mols de reagente em cada uma das seguintes reações?

(a) $2\ KClO_3 \rightarrow 2\ KCl + 3\ O_2$
(b) $2\ H_2O_2 \rightarrow 2\ H_2O + O_2$
(c) $2\ HgO \rightarrow 2\ Hg + O_2$
(d) $2\ NaNO_3 \rightarrow 2\ NaNO_2 + O_2$
(e) $KClO_4 \rightarrow KCl + 2\ O_2$

4.11 O MTBE, $C_5H_{12}O$, é um dos aditivos que substituíram o tetraetilchumbo para aumentar o desempenho na gasolina. (Veja o Problema-modelo 4.6 e a Seção 4.6.) Qual é a quantidade de matéria de O_2 necessária para a combustão completa de 1,50 mol de MTBE?

4.12 No refino do petróleo, os hidrocarbonetos são frequentemente manipulados e passam a reagir com $H_2(g)$. Se o hexeno, C_6H_{12}, reage com hidrogênio para formar hexano, C_6H_{14}, qual é a quantidade de matéria de hidrogênio necessária para reagir com 453 mols de hexeno?

4.13 Para as seguintes reações, determine o valor de x.

(a) $4\ C + S_8 \rightarrow 4\ CS_2$
3,2 mols de S_8 produzem x mols de CS_2
(b) $CS_2 + 3\ O_2 \rightarrow CO_2 + 2\ SO_2$
1,8 mol de CS_2 produz x mols de SO_2
(c) $N_2H_4 + 3\ O_2 \rightarrow 2\ NO_2 + 2\ H_2O$
7,3 mols de O_2 produzem x mols de NO_2
(d) $SiH_4 + 2\ O_2 \rightarrow SiO_2 + 2\ H_2O$
$1{,}3 \times 10^{-3}$ mols de SiH_4 produzem x mols de H_2O

4.14 A combustão de cloroetileno líquido, C_2H_3Cl, produz dióxido de carbono, vapor e cloreto de hidrogênio gasoso. **(a)** Escreva uma equação balanceada para a reação. **(b)** Qual a quantidade de matéria necessária para reagir com 35,00 g de cloroetileno? **(c)** Se 25,00 g de cloroetileno reagem com um excesso de oxigênio, quantos gramas de cada produto serão formados?

4.15 Que massa do composto desconhecido é formada nas seguintes reações? (Suponha que os reagentes para as quantidades não fornecidas estejam presentes em excesso.)

(a) $C_2H_4 + H_2 \rightarrow C_2H_6$
3,4 g de C_2H_4 reagem para produzir x g de C_2H_6
(b) $CS_2 + 3\ Cl_2 \rightarrow CCl_4 + S_2Cl_2$
5,78 g de Cl_2 reagem para produzir x g de S_2Cl_2
(c) $PCl_3 + 3\ H_2O \rightarrow H_3PO_3 + 3\ HCl$
3,1 mg de PCl_3 reagem para produzir x mg de HCl
(d) $B_2H_6 + 3\ O_2 \rightarrow B_2O_3 + 3\ H_2O$
4,6 kg de B_2H_6 reagem para produzir x kg de B_2O_3

4.16 Muitos metais reagem com halogênio para fornecer haletos metálicos. Por exemplo, o ferro reage com o cloro para fornecer cloreto de ferro(II), $FeCl_2$:

$$Fe(s) + Cl_2(g) \rightarrow FeCl_2(s)$$

Começando com 10,0 g de ferro, qual é a massa de Cl_2, em gramas, necessária para a reação completa? Qual é a quantidade de $FeCl_2$, em mols e em gramas, esperada?

4.17 O fosgênio é um gás altamente tóxico, muito utilizado como arma química em épocas passadas. Hoje é muito útil na fabricação de policarbonatos, usados em CDs e lentes plásticas de óculos. O fosgênio é produzido pela reação $CO + Cl_2 \rightarrow COCl_2$. Dado um excesso de monóxido de carbono, qual massa de gás cloro deve reagir para formar 4,5 g de fosgênio?

4.18 Um gás é CH_4 ou C_2H_6. Uma amostra de 1,00 g desse gás produz 1,80 g de água quando queimado com excesso de O_2. Supondo combustão completa em CO_2 e H_2O, obtém-se que gás?

4.19 Quantas toneladas de carbono são necessárias para reduzir 7,83 toneladas de Fe_2O_3 de acordo com a seguinte reação?

$$2\ Fe_2O_3 + 3\ C \rightarrow 3\ CO_2 + 4\ Fe$$

Quantas toneladas de ferro são produzidas?

4.20 Supondo que um briquete de carvão seja composto inteiramente de carbono, qual será a massa de oxigênio necessária para queimar completamente um briquete de 37,3 g?

4.21 O nitrato de amônio, NH_4NO_3, se decompõe explosivamente para formar N_2, O_2 e H_2O, um fato explorado nos bombardeios terroristas. Qual a massa de nitrogênio formada pela decomposição de 2,6 kg de nitrato de amônio?

Reagentes limitantes

4.22 Geralmente, um excesso de O_2 é necessário para a reação $Sn + O_2 \rightarrow SnO_2$. Qual é a quantidade de matéria mínima de oxigênio necessária para oxidar 7,3 mols de estanho?

4.23 Na reação de arsênio com bromo, o $AsBr_5$ será formado apenas quando estiver presente um excesso de bromo. Escreva uma equação química balanceada para esta reação. Determine a quantidade de matéria mínima de bromo necessária se estão presentes 9,6 mols de arsênio.

4.24 A amônia gasosa pode ser preparada pela reação

$$CaO(s) + 2\ NH_4Cl(s) \rightarrow$$
$$2\ NH_3(g) + H_2O(g) + CaCl_2(s)$$

Se 112 g de CaO reagem com 224 g de NH_4Cl, qual a quantidade de matéria de reagentes e produtos quando a reação chega ao final?

4.25 Quando o octano é queimado com oxigênio inadequado, pode-se formar monóxido de carbono. A queima de 100 g de octano com 200 g de O_2 é condição suficiente para a formação de monóxido de carbono?

4.26 A equação para uma das reações no processo de transformar o minério de ferro em metal é

$$Fe_2O_3(s) + 3\ CO(g) \rightarrow 2\ Fe(s) + 3\ CO_2(g)$$

Se começarmos com 2,00 kg de cada reagente, qual é a massa máxima de ferro que pode ser produzida?

4.27 O cobre reage com ácido sulfúrico de acordo com a seguinte equação:

$$2\ H_2SO_4 + Cu \rightarrow CuSO_4 + 2\ H_2O + SO_2$$

Quantos gramas de dióxido de enxofre são criados por essa reação se 14,2 g de cobre reagem com 18,0 g de ácido sulfúrico?

4.28 Uma das etapas na fabricação do ácido nítrico é a oxidação da amônia nesta equação:

$$4\ NH_3(g) + 5\ O_2(g) \rightarrow 4\ NO(g) + 6\ H_2O(g)$$

Se 43,0 kg de NH_3 reagem com 35,4 kg de O_2, qual é a massa de NO formada?

4.29 Quando o $Al(OH)_3$ reage com ácido sulfúrico, ocorre a seguinte reação:

$$2\ Al(OH)_3 + 3\ H_2SO_4 \rightarrow Al_2(SO_4)_3 + 6\ H_2O$$

Se $1{,}7 \times 10^3$ g de $Al(OH)_3$ são combinados com 680 g de H_2SO_4, quanto de alumínio pode ser formado?

4.30 O cobre reage com ácido nítrico na seguinte equação:

$$3\ Cu(s) + 8\ HNO_3(aq) \rightarrow$$
$$3\ Cu(NO_3)_2(aq) + 2\ NO(g) + 4\ H_2O(\ell)$$

Qual é a massa de NO(g) formada quando 10,0 g de Cu reagem com 115 g de HNO_3?

4.31 Quanto de HNO_3 pode ser formado na seguinte reação se 3,6 kg de NO_2 gasoso são borbulhados através de 2,5 kg de água?

$$3\ NO_2(g) + H_2O(\ell) \rightarrow 2\ HNO_3(aq) + NO(g)$$

4.32 Hidrogênio e oxigênio reagem, e a água formada é coletada a 25°C, numa densidade de 0,997 g mL^{-1}. Se 36,8 g de H_2 e 168 g de O_2 reagem, quantos mL de água são coletados?

4.33 O carbeto de silício, um abrasivo, é produzido pela reação do dióxido de silício com grafite (carbono sólido):

$$SiO_2 + C \xrightarrow{\Delta} SiC + CO \text{ (balanceada?)}$$

Misturamos 150,0 g de SiO_2 com 101,5 g de C. Se a reação prossegue até o mais longe possível, qual reagente sobra? Quanto deste reagente permanece?

Rendimentos teóricos e percentuais

4.34 Defina a expressão *rendimento teórico*.

4.35 Quais tipos de eventos acontecem nas reações químicas que levam a rendimentos percentuais menores que 100%?

4.36 Algumas vezes, os estudantes em laboratórios de química determinam rendimentos percentuais maiores que 100%. Supondo que não haja erro de cálculo, como isso pode acontecer?

4.37 O rendimento teórico e o real para várias reações são fornecidos a seguir. Determine os rendimentos percentuais correspondentes.

	Rendimento teórico	Rendimento real
Reação 1	35,0 g	12,8 g
Reação 2	9,3 g	120 mg
Reação 3	3,7 toneladas	1.250 kg
Reação 4	40,0 g	41,0 g

4.38 Há relatos de que uma reação que produz 4,8 mg de taxol, uma droga anticancerígena, tem um rendimento de 38%. Qual foi o rendimento teórico?

4.39 O metanol, CH_3OH, é usado nas corridas de carro porque é um combustível de queima limpa. Ele pode ser produzido por esta reação:

$$CO(g) + 2\,H_2(g) \rightarrow CH_3OH(\ell)$$

Qual é o rendimento percentual se $5,0 \times 10^3$ g de H_2 reage com excesso de CO para formar $3,5 \times 10^4$ g de CH_3OH?

4.40 Quando o ferro reage com vapor em altas temperaturas, ocorre a seguinte reação:

$$3\,Fe(s) + 4\,H_2O(g) \rightarrow Fe_3O_4(s) + 4\,H_2(g)$$

Quanto de ferro deve reagir com excesso de vapor para formar 897 g de Fe_3O_4 se a reação tem um rendimento de 69%?

4.41 O rendimento percentual da seguinte reação é consistentemente 87%.

$$CH_4(g) + 4\,S(g) \rightarrow CS_2(g) + 2\,H_2S(g)$$

Quantos gramas de enxofre seriam necessários para obter 80,0 g de CS_2?

4.42 O hexafluoreto de enxofre é um gás muito estável e útil em geradores e interruptores elétricos. É formado pela síntese direta a partir dos elementos.

$$S(s) + 3\,F_2(g) \rightarrow SF_6(g)$$

Se 92 g de SF_6 são produzidos da reação de 115 g de enxofre em excesso de flúor, qual é o rendimento percentual?

Hexafluoreto de enxofre, SF_6

4.43 O nitrito de magnésio se forma em uma reação lateral quando o magnésio metálico se queima no ar. Essa reação pode também ser realizada em nitrogênio puro.

$$3\,Mg(s) + N_2(g) \rightarrow Mg_3N_2(s)$$

Se 18,4 g de Mg_3N_2 são formados da reação de 20,0 g de magnésio com excesso de nitrogênio, qual é o rendimento percentual?

4.44 A produção industrial de hidrogênio gasoso usa a reação apresentada a seguir. Se 1,00 tonelada de propano reagindo com excesso de água produz 270 kg de H_2, qual é o rendimento percentual?

$$C_3H_8(g) + 3\,H_2O(\ell) \rightarrow 3\,CO(g) + 7\,H_2(g)$$

4.45 Se 21 g de H_2S são misturados com 38 g de O_2 e formam-se 31 g de SO_2, qual é o rendimento percentual?

$$2\,H_2S + 3\,O_2 \rightarrow 2\,SO_2 + 2\,H_2O$$

4.46 Uma mistura de 10,0 g de NO e 14,0 g de NO_2 resulta na produção de 8,52 g de N_2O_3. Qual é o rendimento percentual?

$$NO(g) + NO_2(g) \rightarrow N_2O_3(\ell)$$

4.47 O carbeto de silício é um abrasivo usado na fabricação de esmeris. Uma companhia está investigando se eles podem ser mais eficientes na construção de tais esmeris fabricando seu próprio SiC via a reação

$$SiO_2 + 3\,C \rightarrow SiC + 2\,CO$$

(a) Se esta reação consistentemente tem um rendimento de 85%, qual é a quantidade mínima tanto de dióxido de silício quanto de carbono necessária para produzir 3.400 g de SiC para a fabricação de esmeris de corte? **(b)** O dióxido de silício deve ser obtido de areia e o carbono é derivado do carvão. Se a areia disponível tem 95% em massa de SiO_2 e o carvão tem 73% em massa de C, qual é a massa de carvão necessária para cada tonelada de areia usada?

4.48 O fósforo elementar é usado na indústria de semicondutores. Ele pode ser obtido de um minério chamado fluoroapatita via a reação com SiO_2 e C:

$$4\,Ca_5(PO_4)_3F + 18\,SiO_2 + 30\,C \rightarrow$$
$$3\,P_4 + 30\,CO + 18\,CaSiO_3 + 2\,CaF_2$$

Suponha que uma indústria de produção de um semicondutor em particular necessite de 1.500 kg de P_4. Se a recuperação de P_4 desta reação tem 73% de eficiência, qual é a massa de fluoropatita necessária?

Estequiometria de solução

4.49 Pequenas quantidades de hidrogênio gasoso podem ser preparadas pela seguinte reação:

$$Zn(s) + H_2SO_4(aq) \rightarrow ZnSO_4(aq) + H_2(g)$$

Quantos gramas de H_2 podem ser preparados a partir de 25,0 mL de H_2SO_4 6,0 mol L^{-1} e excesso de zinco?

4.50 O hidróxido de alumínio pode ser dissolvido em ácido clorídrico para formar cloreto de alumínio e água. Escreva uma equação química balanceada para esta reação. Quantos mL de HCl 3,37 mol L^{-1} são necessários para reagir com 10,0 g de $Al(OH)_3$?

4.51 Qual é o papel de um indicador em uma titulação?

4.52 Qual é o volume de HCl 0,812 mol L^{-1}, em mililitros, necessário para titular 1,45 g de NaOH até o ponto de equivalência?

$$NaOH(aq) + HCl(aq) \rightarrow H_2O(\ell) + NaCl(aq)$$

4.53 Qual é o volume, em mililitros, de NaOH 0,512 mol L^{-1} necessário para reagir completamente com 25,0 mL de H_2SO_4 0,234 mol L^{-1}?

4.54 Qual é a concentração em quantidade de matéria de uma solução de ácido nítrico se é necessário 0,216 g de hidróxido de bário para neutralizar 20,00 mL de ácido nítrico?

4.55 A hidrazina, N_2H_4, é uma base fraca e pode reagir com um ácido como o ácido sulfúrico:

$$2\,N_2H_4(aq) + H_2SO_4(aq) \rightarrow 2\,N_2H_5^{+}(aq) + SO_4^{-2}(aq)$$

Qual a massa de hidrazina que pode reagir com 250,0 mL de H_2SO_4 0,225 mol L^{-1}?

4.56 Uma metalúrgica precisa dispor de $2,74 \times 10^3$ galões de dejeto de ácido sulfúrico cuja concentração foi determinada como 1,53 mol L^{-1}. As normas ambientais exigem que se neutralize o dejeto antes de jogá-lo no esgoto, e eles escolheram fazer isso com cal apagada, $Ca(OH)_2(s)$. A reação de neutralização é

$$H_2SO_4(aq) + Ca(OH)_2(s) \rightarrow CaSO_4(s) + 2\ H_2O(\ell)$$

Se a cal apagada custa $ 0,52 por libra, quanto custará para neutralizar o dejeto de ácido sulfúrico?

4.57 Muitas operações de mineração produzem resíduos que podem ser oxidados para formar ácidos, incluindo o ácido sulfúrico. Um produto químico que reage dessa maneira é a calcopirita, $CuFeS_2$, cuja oxidação líquida pode ser descrita pela seguinte equação:

$$4\ CuFeS_2(s) + 17\ O_2(g) + 10\ H_2O(\ell) \rightarrow 4\ Fe(OH)_3(s) + 4\ CuSO_4(aq) + 4\ H_2SO_4(aq)$$

Em um experimento de laboratório para estudar degradação de rochas, um engenheiro de minas colocou uma amostra de 2,3 kg de $CuFeS_2(s)$ próximo a um contêiner vazio de 40 L. Os experimentos de degradação de rochas simulados foram conduzidos e o escoamento, coletado, levando a 35,8 L de solução. Uma alíquota de 25,00 mL dessa solução foi analisada com NaOH(aq) 0,0100 mol L^{-1}. A titulação precisou de 38,1 mL para atingir o ponto de equivalência. **(a)** Qual era a concentração do ácido sulfúrico? **(b)** Supondo que o único ácido no contêiner veio da calcopirita, qual é a massa da calcopirita que reagiu? **(c)** Qual a porcentagem da calcopirita que reagiu nesse experimento?

4.58 Um estudante dissolve 17,3 g de uma mistura de Na_2O e BaO em água. Para tentar determinar a quantidade de bário presente, usa uma pipeta volumétrica para adicionar 10,00 mL de ácido sulfúrico 0,550 mol L^{-1}, que faz com que se forme um precipitado de sulfato de bário. O estudante então seca e pesa o precipitado. Se a mistura continha 50% em massa de BaO, esse experimento dará uma boa estimativa? Explique sua resposta e sugira como o procedimento pode ser melhorado.

4.59 O alumínio dissolve-se em HCl, de acordo com a equação escrita a seguir, enquanto o cobre não.

$$2\ Al(s) + 6\ HCl(aq) \rightarrow 2\ AlCl_3(aq) + 3\ H_2(g)$$

Uma amostra de 35,0 g de uma liga de cobre-alumínio é jogada dentro de 750 mL de HCl 3,00 mol L^{-1} e a reação acima prossegue tão longe quanto possível. Se a liga contém 77,1% em massa de Al, qual massa de hidrogênio gasoso seria produzida?

POR DENTRO DE Combustíveis alternativos e aditivos de combustível

4.60 Por que são usados aditivos de combustível?

4.61 O que é na realidade medido pela octanagem de diferentes graus de gasolina?

4.62 Dê uma explicação sobre como os combustíveis oxigenados podem aumentar a extensão da combustão.

4.63 Faça uma pesquisa na internet para descobrir quais restrições (se houver alguma) no uso do MTBE na gasolina podem existir, por exemplo, na sua cidade.

4.64 Pesquise na internet informações sobre a quantidade de chumbo no ambiente durante os últimos 50 anos. Relacione o que você observa com a presença ou ausência do tetraetilchumbo na gasolina.

4.65 Usando a internet, descubra como o chumbo "envenena" o catalisador em um conversor catalítico.

Problemas conceituais

4.66 Se 3,4 mols de Al são misturados com 1,5 vezes mais mols de Fe_2O_3, qual é o reagente limitante?

$$2\ Al + Fe_2O_3 \rightarrow Al_2O_3 + 2\ Fe$$

4.67 Se 8,4 mols de dissilano, Si_2H_6, são combinados com 3 vezes mais mols de O_2, qual é o reagente limitante?

$$2\ Si_2H_6 + 7\ O_2 \rightarrow 4\ SiO_2 + 6\ H_2O$$

4.68 As figuras apresentadas a seguir mostram uma visão em escala molecular de uma reação química entre os compostos AB_2 e B_2. (As bolas verdes representam os átomos B e as bolas em laranjas são os átomos A.) O quadro à esquerda representa os reagentes no instante da mistura, e o quadro à direita mostra o que sobra assim que a reação se completa.

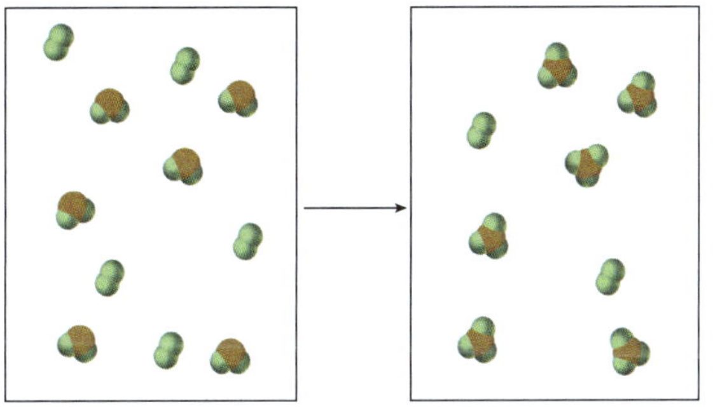

Há um reagente limitante nessa reação? Em caso positivo, qual é? Escreva uma equação química balanceada para essa reação. Como sempre, sua equação deve usar os menores coeficientes inteiros possíveis para todas as substâncias.

4.69 As figuras apresentadas a seguir mostram uma visão em escala molecular de uma reação química entre o H_2 e o CO para produzir metanol, CH_3OH. O quadro à esquerda representa os reagentes no instante da mistura, e o quadro à direita mostra o que sobrou assim que a reação se completou.

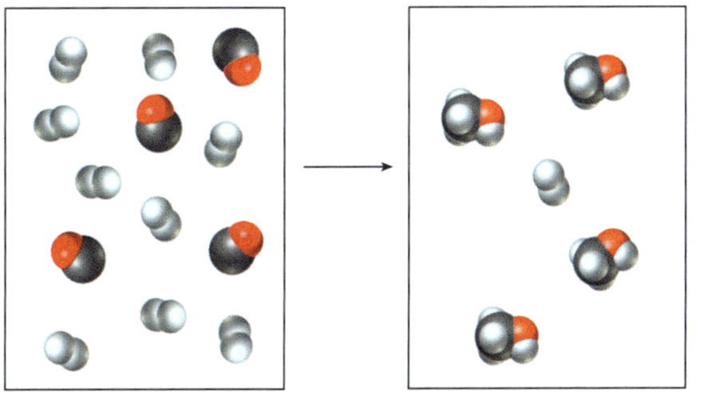

Há um reagente limitante nessa reação? Em caso positivo, qual é? Escreva uma equação química balanceada para essa reação. Como sempre, sua equação química deve usar os menores coeficientes inteiros possíveis para todas as substâncias.

4.70 O desenho em escala de partículas aqui mostrado representa os produtos de uma reação entre moléculas de H_2 e O_2. **(a)** Desenhe uma representação semelhante para os reagentes que devem estar presentes antes que a reação tenha ocorrido. **(b)** Escreva uma equação química balanceada para a reação, utilizando os menores coeficientes inteiros possíveis. **(c)** Identifique o reagente limitante e explique como as imagens permitem que você o faça.

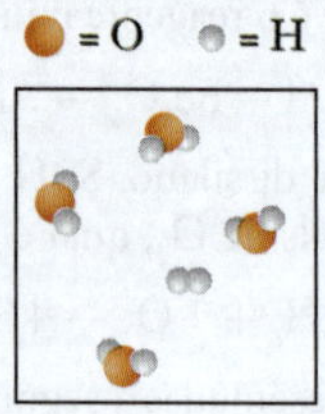

4.71 O desenho em escala de partículas aqui mostrado representa os produtos de uma reação entre as moléculas de N_2 e O_2. **(a)** Desenhe uma representação semelhante para os reagentes que devem estar presentes antes que a reação tenha ocorrido. **(b)** Escreva uma equação química balanceada para a reação, utilizando os menores coeficientes inteiros possíveis. **(c)** Identifique o reagente limitante e explique como as imagens permitem que você o faça.

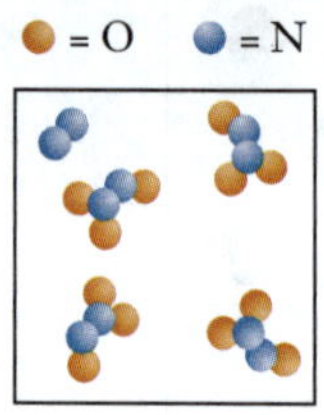

4.72 A figura mostrada retrata as espécies presentes no início de uma reação de combustão entre metano, CH_4, e oxigênio, O_2. **(a)** Qual é o reagente limitante? **(b)** Desenhe o estado resultante após este conjunto de reagentes ter reagido o mais possível.

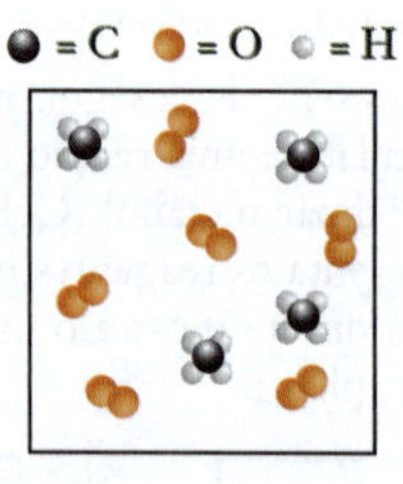

4.73 Novos estudantes de química às vezes tentam utilizar a equação de diluição, $C_1 \times V_1 = C_2 \times V_2$ para resolver problemas de estequiometria da solução. **(a)** Que conceito está sendo negligenciado por um aluno que adota essa abordagem? **(b)** Existem circunstâncias sob as quais esta equação dá uma resposta correta por coincidência? Em caso positivo, quais são essas circunstâncias?

4.74 Descreva as características mais importantes que um composto precisa ter para funcionar como um indicador em uma titulação ácido-base.

4.75 O gás oxigênio foi descoberto no século XIX por Joseph Priestley quando ele utilizou a luz solar para aquecer uma amostra de óxido de mercúrio(II). Qual é a relação geral que define a massa de oxigênio que ele poderia produzir a partir de uma determinada massa de HgO?

Problemas adicionais

4.76 Estime a massa de CO_2 emitida por um automóvel normal em um ano.

4.77 Você tem uma amostra de 0,954 g de um ácido desconhecido H_2A, que reage com NaOH de acordo com a equação balanceada

$$H_2A(aq) + 2\ NaOH(aq) \rightarrow Na_2A(aq) + 2\ H_2O(\ell)$$

Se são necessários 36,04 mL de NaOH 0,509 mol L^{-1} para titular o ácido até o ponto de equivalência, qual é a massa molar do ácido?

4.78 Neste capítulo, usamos uma equação simplificada para a combustão da gasolina. No entanto, os produtos gerados na operação de motores de automóveis reais incluem vários óxidos de nitrogênio, e é desejável remover esses compostos do fluxo de exaustão, em vez de lançá-los na atmosfera. Atualmente isso é feito pelo "conversor catalítico", mas outras tecnologias estão sendo exploradas. Um possível método envolve o uso de ácido isociânico, HNCO, que reage com o NO_2 para produzir N_2, CO_2 e H_2O, como mostra a seguinte equação:

$$8\ HNCO + 6\ NO_2 \rightarrow 7\ N_2 + 8\ CO_2 + 4\ H_2O$$

Qual seria a massa de HNCO necessária para reagir completamente com os estimados $1{,}0 \times 10^{10}$ kg de NO_2 produzidos a cada ano pelos automóveis dos Estados Unidos? Como o fato de a reação apresentada produzir CO_2 poderia afetar sua exequibilidade para esta aplicação?

4.79 O ácido fosfórico (H_3PO_4) é importante na produção tanto de fertilizantes quanto de detergentes. Ele é distribuído comercialmente como uma solução com concentração de aproximadamente 14,8 mol L^{-1}. Cerca de $2{,}1 \times 10^9$ galões dessa solução concentrada de ácido fosfórico são produzidos por ano só nos Estados Unidos. Supondo que todo esse H_3PO_4 seja produzido pela reação abaixo, qual massa do mineral fluorapatita ($Ca_5(PO_4)_3F$) seria necessária por ano?

$$Ca_5(PO_4)_3F + 5\ H_2SO_4 \rightarrow 3\ H_3PO_4 + 5\ CaSO_4 + HF$$

4.80 A reação apresentada a seguir é usada para destruir o Freon-12 (CF_2Cl_2), a fim de evitar que seja lançado na atmosfera. Qual massa de NaF será formada se 250,0 kg de CF_2Cl_2 e 400,0 kg de $Na_2C_2O_4$ forem aquecidos e deixados reagir até o final?

$$CF_2Cl_2 + 2\ Na_2C_2O_4 \rightarrow 2\ NaF + 2\ NaCl + C + 4\ CO_2$$

4.81 Os níveis de álcool no sangue em geral são relatados em porcentagem em massa: um nível 0,10 significa que 0,10 g de álcool (C_2H_5OH) estava presente em 100 g de sangue. Essa é apenas uma maneira de expressar a concentração de álcool dissolvido no sangue. Outras unidades de concentração poderiam ser usadas. Encontre a concentração em quantidade de matéria de álcool no sangue de uma pessoa com um nível de álcool de 0,12. (A densidade do sangue é 1,2 g mL^{-1}.)

4.82 Uma maneira de determinar os níveis de álcool no sangue é realizando titulação em amostra de sangue. Nesse processo, o álcool do sangue é oxidado pelos íons dicromato ($Cr_2O_7^{2-}$) de acordo com a seguinte equação:

$C_2H_5OH + 2\ Cr_2O_7^{2-} + 16\ H^+ \rightarrow$
$2\ CO_2 + 4\ Cr^{3+} + 11\ H_2O$

Uma amostra de 10,00 g de sangue foi colhida de um paciente e foram necessários 13,77 mL de $K_2Cr_2O_7$ 0,02538 mol L^{-1} para titular o álcool. Qual era o nível de álcool no sangue do paciente? (Veja o problema anterior para a definição de nível de álcool no sangue. O $K_2Cr_2O_7$ é um eletrólito forte, logo ele se dissocia completamente em solução.)

4.83 O sulfato de amônio ($(NH_4)_2SO_4$) é um fertilizante comum que pode ser produzido pela reação da amônia (NH_3) com ácido sulfúrico (H_2SO_4). A cada ano aproximadamente 1×10^{10} kg de sulfato de amônio são produzidos no mundo. Quantos quilogramas de amônia seriam necessários para gerar essa quantidade de $(NH_4)_2SO_4$? (Suponha que a reação se complete e nenhum outro produto seja formado.)

4.84 O cloreto de alumínio ($AlCl_3$) é usado como um catalisador na produção do poli-isobutileno, usado em pneus de automóveis. Fragmentos de alumínio metálico reagem com cloro gasoso (Cl_2) para produzir $AlCl_3$. Suponha que 2,70 g de Al e 7,10 g de Cl_2 sejam misturados. Qual é a massa máxima de $AlCl_3$ que poderá ser formada?

4.85 Na vulcanização a frio da borracha, o dicloreto de dienxofre (S_2Cl_2) é usado como fonte de átomos de enxofre, os quais formam "pontes", ou ligações cruzadas, entre as cadeias poliméricas. O S_2Cl_2 pode ser produzido pela reação de enxofre fundido ($S_8(\ell)$) com cloro ($Cl_2(g)$). Qual é a massa máxima de S_2Cl_2 que pode ser produzida pela reação de 32,0 g de enxofre com 71,0 g de cloro?

4.86 O estireno, os blocos fundamentais do poliestireno, é um hidrocarboneto. Se 0,438 g do composto é queimado e produz 1,481 g de CO_2 e 0,303 g de H_2O, qual é a fórmula empírica do composto?

4.87 A criolita (Na_3AlF_6) é usada na produção comercial de alumínio a partir do minério. A criolita em si é produzida pela seguinte reação:

$$6\ NaOH + Al_2O_3 + 12\ HF \rightarrow 2\ Na_3AlF_6 + 9\ H_2O$$

Uma mistura contendo 800,0 kg de NaOH, 300,0 kg de Al_2O_3 e 600,0 kg de HF é aquecida a 950°C e reage até o final. Qual é a massa máxima de Na_3AlF_6 formada?

4.88 Um técnico em controle de qualidade precisa determinar a porcentagem de arsênio (As) em um pesticida específico. O pesticida é dissolvido, e todo o arsênio presente é convertido em íons arsenato (AsO_4^{3-}). Então, a quantidade de AsO_4^{3-} é determinada pela titulação com uma solução contendo íons prata (Ag^+). A prata reage com o arsenato de acordo com a seguinte reação iônica líquida:

$$3\ Ag^+(aq) + AsO_4^{3-}(aq) \rightarrow Ag_3AsO_4(s)$$

Quando uma amostra de 1,22 g de pesticida foi analisada dessa forma, ela precisou de 25,0 mL de solução de Ag^+ 0,102 mol L^{-1} para precipitar todo o AsO_4^{3-}. Qual era a porcentagem em massa de arsênio no pesticida?

4.89 O carbonato de cálcio (calcário, $CaCO_3$) dissolve-se em ácido clorídrico, produzindo água e dióxido de carbono, como mostrado na seguinte equação iônica líquida *não balanceada*.

$$CaCO_3(s) + H_3O^+(aq) \rightarrow H_2O(\ell) + CO_2(g) + Ca^{2+}(aq)$$

Suponha que 5,0 g de $CaCO_3$ sejam adicionados a 700,0 mL de HCl 0,10 mol L^{-1}. Qual é a massa máxima de CO_2 que poderia ser formada? Qual seria a concentração final de íons Ca^{2+}? (Suponha que o volume final da solução ainda seja 700 mL.)

4.90 O ferro metálico pode ser refinado do mineral hematita (Fe_2O_3). Uma maneira de converter o mineral em ferro é promover uma reação com monóxido de carbono, como mostrado a seguir:

$$Fe_2O_3 + 3\ CO \rightarrow 2\ Fe + 3\ CO_2$$

Uma vez que a hematita é obtida de vários minerais, normalmente não está na forma pura. Suponha que um fabricante de ferro tenha $2{,}00 \times 10^5$ kg de minério disponível, e o minério tenha 93% em massa de Fe_2O_3. (Não existe ferro nos 7% restantes.) Qual a quantidade de matéria de Fe_2O_3 presente nesse minério? Suponha que o processo tenha rendimento de 100% e que esteja disponível um excesso de CO.

4.91 O sulfato de cálcio é o componente essencial de gesso calcinado e rochas em folha. O rejeito de sulfato de cálcio pode ser convertido em cal viva, CaO, pela reação com carbono em altas temperaturas. As duas reações a seguir representam uma sequência de reações que podem ocorrer:

$$CaSO_4(s) + 4\ C(s) \rightarrow CaS(\ell) + 4\ CO(g)$$
$$CaS(\ell) + 3\ CaSO_4(s) \rightarrow 4\ CaO(s) + 4\ SO_2(g)$$

Qual a massa de dióxido de enxofre que poderia ser formada a partir de 1,250 kg de sulfato de cálcio?

4.92 As ligas de ferro-alumínio são úteis em algumas aplicações porque se tornam magnetizadas em campo magnético, mas são facilmente desmagnetizadas quando o campo é removido. A composição de uma liga de ferro-alumínio pode ser determinada quimicamente reagindo-a com ácido clorídrico:

$$2\ Al(s) + 6\ HCl(aq) \rightarrow 2\ AlCl_3(aq) + 3\ H_2(g)$$
$$Fe(s) + 2\ HCl(aq) \rightarrow FeCl_2(aq) + H_2(g)$$

Quando uma amostra de 7,264 g de uma liga de ferro-alumínio em particular foi dissolvida em um excesso de ácido clorídrico, produziu-se 0,3284 g de $H_2(g)$. Qual era a porcentagem em massa de alumínio na liga?

4.93 Uma mistura de metano (CH_4) e propano (C_3H_8) tem uma massa total de 29,84 g. Quando a mistura é queimada completamente em excesso de oxigênio, os produtos CO_2 e H_2O têm uma massa combinada de 142,97 g. Calcule a massa de metano na amostra original.

4.94 Uma mistura de ácidos clorídrico e sulfúrico é preparada de tal forma que contenha HCl 0,100 mol L^{-1} *e* H_2SO_4 0,200 mol L^{-1}. Qual o volume de NaOH

0,250 mol L^{-1} seria necessário para neutralizar completamente *todo* o ácido em 425 mL desta solução?

4.95 Uma solução contém tanto íons Ca^{2+} quanto Pb^{2+}. Uma amostra de 50,0 mL dessa solução foi tratada com NaF 0,528 mol L^{-1} e foi necessário 53,8 mL da solução de NaF para precipitar todo o Ca^{2+} e todo o Pb^{2+} como $CaF_2(s)$ e $PbF_2(s)$. O precipitado foi seco e pesado e tinha uma massa total de 3,141 g. Qual a concentração de Ca^{2+} na solução original?

Exercícios de enfoque na resolução de problemas

4.96 O dióxido de carbono exalado pelos astronautas deve ser removido do ar. Uma maneira de fazer isso é através do uso de "depuradores" de CO_2 baseados em hidróxidos metálicos. O CO_2 reage com o hidróxido para formar o correspondente carbonato metálico e água. Uma vez que esses depuradores precisam ser enviados para o espaço, o peso é uma preocupação significativa no projeto deles. Se o objetivo é minimizar a massa do hidróxido metálico necessário para remover determinada quantidade de CO_2 do ar, o que você recomendaria usar: hidróxido de sódio, hidróxido de magnésio ou hidróxido de alumínio? Justifique sua resposta usando argumentos baseados na estequiometria.

4.97 Você está projetando um processo para instalação de tratamento de esgoto com a intenção de remover HCl da entrada de água. Várias bases estão sendo consideradas para o uso e seus custos estão listados na tabela a seguir. Se o custo é a principal preocupação, qual base você recomendaria usar? Use argumentos estequiométricos para justificar sua resposta.

Material	$CaCO_3$	$Ca(OH)_2$	NH_3	NaOH
Custo por tonelada	\$ 270	\$ 165	\$ 255	\$ 315

4.98 Os íons de ferro(II) reagem com a fenantrolina ($C_{12}H_8N_2$) para formar um íon complexo com a fórmula geral $Fe_x(C_{12}H_8N_2)_y^{2x+}$. Um estudante usa o método da variação contínua para determinar o número de moléculas de fenantrolina ligadas a cada íon de ferro (isto é, os valores de x e y na fórmula). O íon complexo é colorido, portanto sua concentração pode ser monitorada por meio de um espectrômetro. Trabalhando-se com soluções $2,4 \times 10^{-3}$ mol L^{-1} tanto de Fe^{3+} quanto de $C_{12}H_8N_2$, foram obtidos os dados mostrados no gráfico a seguir. Qual é a fórmula correta do íon complexo?

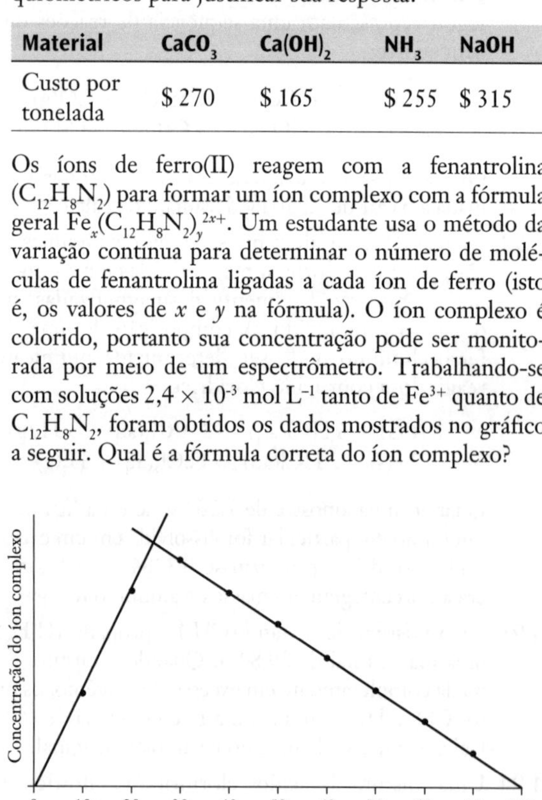

4.99 O cromo metálico é encontrado nos minérios como um óxido, Cr_2O_3. Esse minério pode ser convertido em Cr metálico pelo processo de Goldschmidt, $Cr_2O_3(s) + 2Al(s) \rightarrow 2\ Cr(\ell) + Al_2O_3(s)$. Suponha que você tenha 4,5 toneladas de óxido de cromo (III). Descreva como determinaria a quantidade necessária de alumínio metálico para realizar esse processo. Relacione quaisquer informações que tenha de procurar.

4.100 O ácido clorídrico reage com muitos metais para formar hidrogênio gasoso, H_2. Se você precisasse produzir hidrogênio como uma fonte de combustível em algum projeto, como determinaria qual metal – Mg, Al ou Zn – produziria a maior quantidade de hidrogênio por grama de metal? Descreva as etapas necessárias no processo de tomada de decisão.

4.101 Quando aquecido ao ar, um elemento X reage com oxigênio para formar um óxido com a fórmula química X_2O_3. Se uma amostra de 0,5386 g desse elemento desconhecido produz um óxido com uma massa de 0,7111 g, descreva como determinaria a massa atômica do elemento.

4.102 Os clorofluorocarbonetos foram usados por muitos anos como refrigerantes. Uma molécula desse tipo, $C_2Cl_2F_2$, é sintetizada a partir da reação de CCl_4 com HF. Suponha que você tenha 150 toneladas de tetracloreto de carbono como um ponto de partida para essa reação, mostre como determinaria a quantidade mínima de HF necessária para realizar a reação.

4.103 O seleneto de bismuto, Bi_2Se_3, é usado na pesquisa de semicondutor. Ele pode ser preparado diretamente a partir de seus elementos pela reação $2\ Bi + 3\ Se \rightarrow Bi_2Se_3$. Suponha que você precise de 5 kg de seleneto de bismuto para um protótipo de sistema com o qual está trabalhando. Você encontra um frasco grande de bismuto metálico, mas com apenas 560 g de selênio. Descreva como pode calcular se existe selênio suficiente para realizar a reação ou se você precisa pedir mais.

4.104 Quando 2,750 g de óxido de chumbo Pb_3O_4 são aquecidos a uma temperatura alta, esse elemento se decompõe para produzir 0,0640 g de oxigênio gasoso e 2,686 g de algum composto novo de óxido de chumbo. Como você pode usar esses dados para determinar a fórmula do novo composto?

4.105 A melhor maneira de gerar pequenas quantidades de oxigênio gasoso em uma montagem de laboratório é pela decomposição do permanganato de potássio:

$$2\ KMnO_4(s) \rightarrow K_2MnO_4 + MnO_2 + O_2$$

Suponha que você esteja testando novo combustível para automóveis e queira gerar quantidades específicas de oxigênio com essa reação. Para um teste, você precisa de exatamente 500 g de oxigênio. Descreva como determinaria a massa de permanganato de potássio necessária para obter essa quantidade de oxigênio.

4.106 Uma amostra de minério com uma massa de 670 kg contém 27,7% de carbonato de magnésio, $MgCO_3$. Se todo o carbonato de magnésio nessa amostra de minério é decomposto para formar dióxido de carbono, descreva como determinar a massa de CO_2 emitida durante o processo.

4.107 Estoques existentes do refrigerante Freon–12, CF_2Cl_2, devem ser destruídos sob os termos do Protocolo de Montreal, pelo seu potencial em danificar a camada de ozônio. Um método para realizar esse processo envolve a reação com oxalato de sódio:

$$CF_2Cl_2 + 2\ Na_2C_2O_4 \rightarrow 2\ NaF + 2\ NaCl + C + 4\ CO_2$$

Se você tivesse 150 toneladas de Freon–12, descreva como saberia a quantidade de oxalato necessária para fazer a conversão.

Freon-12, CF_2Cl_2

Problemas acumulativos

4.108 A análise elementar é algumas vezes realizada por meio da combustão da amostra. Para um hidrocarboneto, os únicos produtos formados são CO_2 e H_2O. Se uma amostra de 1,36 g de um hidrocarboneto desconhecido é queimada e 2,21 g de H_2O são produzidos junto com 4,07 g de CO_2, qual é a fórmula empírica do hidrocarboneto?

4.109 O benzopireno é um hidrocarboneto conhecido por causar câncer. A análise por combustão (veja o Problema 4.108) de uma amostra de 2,44 g desse composto mostra que a combustão produz 8,54 g de CO_2 e 1,045 g de H_2O. Qual é a fórmula empírica do benzopireno?

4.110 Escreva a equação química balanceada para a combustão do etano, C_2H_6, e responda às seguintes perguntas. **(a)** Quantas moléculas de oxigênio se combinariam com 14 moléculas de etano nessa reação? **(b)** Se 13,0 mols de oxigênio são consumidos em uma reação, qual é a quantidade de matéria de água produzida? **(c)** Quantos gramas de etano são queimados se $4{,}20 \times 10^{22}$ moléculas de CO_2 são produzidas?

4.111 O alumínio metálico reage com ácido sulfúrico para formar hidrogênio gasoso e sulfato de alumínio. **(a)** Escreva a equação química balanceada para essa reação. **(b)** Suponha que uma amostra de 0,792 g de alumínio que contém impureza reaja com excesso de ácido sulfúrico e se colete 0,0813 g de H_2. Supondo que nenhuma impureza reagiu com o ácido sulfúrico para produzir hidrogênio, qual é a porcentagem de alumínio na amostra?

4.112 Uma metalúrgica deseja dispor de 1.300 galões de resíduo de ácido sulfúrico cuja concentração em quantidade de matéria é de 1,37 mol L^{-1}. Antes de ser jogado fora, o ácido reagirá com hidróxido de cálcio (cal hidratada), que custa \$ 0,23 por libra. **(a)** Escreva a equação química balanceada para esse processo. **(b)** Determine o custo que a empresa terá por esse custo de cal hidratada.

5

Gases

Rich LaSalle/Getty Images

O uso generalizado de equipamentos de fraturamento hidráulico, como o que foi mostrado aqui, causou um *boom* na produção de gás natural dos Estados Unidos.

Em muitos aspectos, a essência da química é considerar as coisas em nível atômico e molecular. Essa ideia aplica-se quando estudamos reações químicas e examinamos as propriedades da matéria. Assim, à medida que observarmos a matéria e os materiais pela perspectiva de um químico, concentraremos nossa atenção na maneira como as propriedades da matéria estão relacionadas às propriedades e ao comportamento de suas moléculas constituintes. Os gases fornecem excelente ponto de partida para isso porque as propriedades macroscópicas observáveis são resultados muito diretos do comportamento das moléculas individuais dentro deles.

A maioria das primeiras pesquisas sobre as propriedades dos gases foi realizada usando o ar. As razões para tanto são claras: o ar está facilmente disponível e é, obviamente, importante para a nossa vida. Mas outros gases também têm papéis importantes a desempenhar em nossa sociedade. Um exemplo é o gás natural, um combustível cuja importância para os Estados Unidos e para as economias globais aumentou acentuadamente nos últimos anos. Uma exploração da composição e propriedades do gás natural, bem como os novos métodos de extração que revolucionaram a indústria de gás natural, formarão o pano de fundo para o nosso estudo de gases.

Objetivos do capítulo

Após dominar o assunto deste capítulo, você será capaz de:

- descrever as propriedades físicas dos gases.
- descrever o processo de fraturamento hidráulico para a recuperação de gás natural.

- usar a lei de gás ideal para calcular variações nas condições de um gás.
- usar o conceito de pressão parcial para trabalhar com misturas de gases.
- realizar cálculos estequiométricos para reações que envolvem gases como reagentes ou produtos.
- enunciar os postulados da teoria cinética de gases.
- descrever qualitativamente como os postulados da teoria cinética explicam o comportamento observado dos gases.
- descrever a distribuição de velocidades de Maxwell-Boltzmann e os efeitos da temperatura e da massa molar na velocidade molecular.
- identificar condições sob as quais os gases podem não se comportar como ideal.
- usar a equação de van der Waals para realizar cálculos para gases sob condições não ideais.
- descrever os princípios de operação de alguns dispositivos de medida de pressão.

POR DENTRO DE

5.1 Produção de gás natural

Nos últimos dois capítulos, vimos vários exemplos de maneiras pelas quais a química nos permite aproveitar de modo previsível e explorar o conteúdo energético de vários combustíveis. Nossa capacidade contínua de usar qualquer combustível depende, em última instância, da localização de uma fonte apropriada e da descoberta de maneiras de extraí-la. Durante o último século ou mais, as principais fontes de energia química para a civilização ocidental foram os combustíveis fósseis. Como a energia é tão importante para a economia mundial, quando novas fontes de combustíveis fósseis são encontradas, ou quando novas tecnologias são inventadas para melhorar a eficiência de sua recuperação, o impacto desses desenvolvimentos pode ser significativo. ◂ Você já pode ter ouvido falar de novos métodos de obtenção de um combustível fóssil – o gás natural – que se tornou importante na última década. Quais são esses métodos e como a natureza do gás natural afeta a química e a engenharia necessárias para utilizá-los?

A interação entre energia e economia será vista com mais detalhes no Capítulo 9.

Assim como a maioria dos materiais encontrados na natureza, o gás natural é uma mistura de compostos químicos, e não uma substância pura. Você pode pensar que o gás natural é a mesma coisa que o metano, e isso faz algum sentido, mas não é completamente preciso. Como pode ser visto na **Tabela 5.1**, o principal componente do gás natural, não importa onde seja encontrado, é o metano. Mas quando o gás natural é extraído pela primeira vez, há sempre outros gases presentes, e as quantidades variam dependendo da localização do poço de gás natural. Assim, uma coisa que acontece entre a mineração de gás natural e seu uso é a remoção de alguns dos outros gases presentes, de modo que quando você liga um fogão a gás, o gás que é queimado é principalmente metano. Como o fato de estarmos lidando com outros gases influencia a separação e remoção de alguns dos componentes da mistura?

Tabela ▪ 5.1

A composição aproximada do gás natural

Gás	Fórmula	Intervalo
Metano	CH_4	70–90%
Etano, propano, butano	C_2H_6, C_3H_8, C_4H_{10}	0–20%
Dióxido de carbono	CO_2	0–8%
Sulfeto de hidrogênio	H_2S	0–5%
Nitrogênio	N_2	0–5%
Oxigênio	O_2	0–0,2%
Gases nobres	He, Ne, Ar, Xe	Vestígio

Na Seção 1.5, vimos que a obtenção de cobalto metálico a partir de minérios requer uma série complicada de etapas envolvendo química e engenharia. Como o gás natural encontrado em reservas subterrâneas contém mais do que apenas gás metano, um processo semelhante deve ocorrer antes que o gás seja entregue em nossas casas, embora talvez com menos etapas. Como é verdade em qualquer processo de mineração, há etapas para remover impurezas como areia ou outros materiais imediatamente após o gás ser retirado do solo, mas vários tratamentos adicionais precisam ser feitos antes que o gás possa ser utilizado comercialmente. Há muitas escolhas possíveis que os engenheiros fazem ao decidir como processar gás natural, mas geralmente o gás limpo preliminarmente viaja em tubulações de "coleta" com pressão relativamente baixa para uma usina de processamento. Essa etapa indica uma das primeiras coisas que os engenheiros que trabalham com gases devem considerar: Qual é a pressão do gás? Por que, então, a pressão é importante e como calculamos e explicamos a pressão de um gás? Essas estão entre as primeiras questões que consideraremos neste capítulo.

Outra etapa importante no processamento do gás natural é a remoção de hidrocarbonetos que não o metano, incluindo etano, propano e butano. A indústria de gás natural se refere a estes como **líquidos de gás natural (LGN)**, embora possam ser gases à temperatura ambiente. Como essas moléculas também podem ser úteis como produtos químicos para a construção de polímeros ou como combustíveis por si só, essa separação precisa não apenas removê-las do gás natural, mas capturá-las para outros usos. Esse objetivo duplo é frequentemente realizado em um processo de duas etapas em que o gás natural é enviado através de um óleo que absorve seletivamente os componentes do LGN e, em seguida, o óleo é aquecido a temperaturas em que apenas os compostos de LGN fervem. O resultado geral é que o metano se torna essencialmente o único hidrocarboneto deixado no gás natural, e os LGNs são removidos e vendidos para outros usos. Como os químicos e engenheiros descrevem essas misturas em vários estágios do processo?

Uma etapa adicional de processamento que sempre fez parte do tratamento do gás natural é ainda mais importante agora com novas técnicas de extração. A produção de petróleo e gás natural se expandiu significativamente nos Estados Unidos nos últimos 10 anos, em grande parte, porque o uso do **fraturamento hidráulico**, ou *fracking*, se tornou generalizado. Esse processo é outra combinação impressionante de ciência e engenharia e é ilustrado na **Figura 5.1**. O principal avanço da engenharia foi a invenção dos métodos de perfuração horizontal, em que a perfuração começa a descer, mas depois de atingir o nível onde o gás ou o óleo pode ser encontrado, faz uma volta de 90° e continua na horizontal. Além disso, fluidos de alta pressão, que são principalmente água – mas com aditivos, incluindo areia –, são bombeados para dentro do poço. O xisto ou outra rocha onde o gás está preso racha e se quebra devido à pressão desse fluido. Bolsões de gás natural que poderiam ser irrecuperáveis são liberados e podem ser forçados para a superfície.

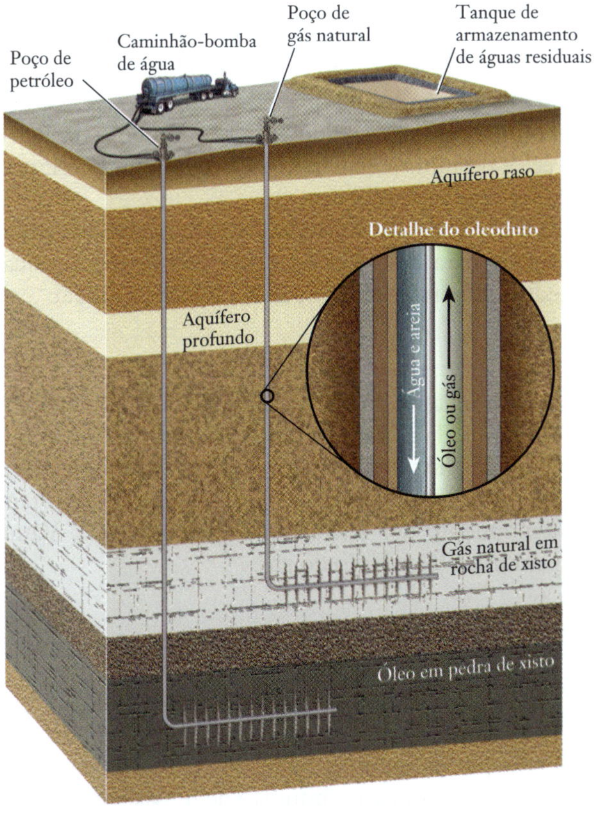

Figura 5.1 A perfuração horizontal e o fraturamento hidráulico são utilizados para liberar grandes quantidades de óleo e gás natural que são mantidas firmemente em formações rochosas subterrâneas de xisto. Os elementos importantes de uma operação de fraturamento são ilustrados aqui.

O gás natural obtido por fraturamento é "molhado", o que significa que contém vapor de água devido à água presente no fluido de fraturamento. As formas pelas quais os cientistas e engenheiros medem e descrevem a quantidade de vapor de água presente são outro tópico importante que exploraremos neste capítulo. Nas usinas de processamento de gás natural, é possível colocar o gás úmido por meio de materiais que seletivamente absorvem água, e isso é feito independentemente de o gás ter sido adquirido via *fracking* ou não. Se você estiver fazendo experimentos com gases no laboratório de química, no entanto, é provável que tenha vapor de água presente que precisará explicar, e talvez você não tenha tempo ou o equipamento para removê-lo.

Por fim, pelo fato de o gás natural ser inflamável e explosivo, uma importante etapa de segurança consiste em adicionar um odorante ao gás para que pequenas quantidades possam ser detectadas para alertar as pessoas quanto ao perigo de um vazamento de gás. Como o enxofre e seus compostos tendem a ter odores muito fortes, uma série de moléculas contendo enxofre pode ser utilizada para atender a essa importante função de segurança. O metano pode ser explosivo se atingir uma mistura de 5% com o ar, portanto, as diretrizes para odores são criadas a fim de garantir que seja possível sentir o cheiro de uma mistura de metano e ar até atingir 1%, bem abaixo do limiar explosivo.

Mesmo nesta breve visão geral, vemos que o que parece ser um gás simples levanta várias considerações químicas e de engenharia que devem ser abordadas para a mineração e o uso com segurança. Antes de explorar mais essas questões, precisamos examinar as propriedades de gases, misturas de gases e reações químicas envolvendo gases.

Propriedades dos gases

Várias propriedades observáveis são comuns a todos os gases e os distinguem dos sólidos e líquidos:

- Os gases se expandem para preencher o volume de qualquer recipiente.
- Os gases têm densidades muito mais baixas que os sólidos e líquidos.
- Os gases têm densidades altamente variáveis, dependendo das condições.
- Os gases se misturam entre si fácil e totalmente.
- Os gases alteram o volume de modo significativo com a variação de temperatura.

Algumas dessas propriedades explicam por que a perfuração e o processamento de gás natural podem ser uma tarefa difícil. Por exemplo, o fato de os gases se expandirem para preencher o volume disponível significa que o metano que escapa em qualquer ponto do processo se dispersará na atmosfera. ◂ Quando um gás se dispersa na atmosfera, sua concentração será bastante baixa, então, métodos para separá-lo do ar, já uma mistura de gases, serão difíceis de conceber.

O metano é um exemplo de um gás de efeito estufa, o que significa que ele é capaz de absorver a radiação no infravermelho. Assim, existem razões para tentar limitar sua liberação mesmo que a concentração permaneça bem abaixo do limiar explosivo.

À medida que trabalhamos para desenvolver um modelo exato para o comportamento do gás, vamos querer ter certeza de que ele explique todas essas observações. Vamos querer que nosso modelo seja baseado em entendimento do nível molecular com o qual o gás se pareça e permitir a realização de previsões numéricas exatas sobre como o gás responderá a diferentes condições.

Você provavelmente já conhece uma importante parte quantitativa do modelo que usamos mais frequentemente para descrever os gases. Se existe uma equação de que você se lembra de suas aulas de química do ensino médio, esta provavelmente será a **lei de gás ideal**:

$$PV = nRT \tag{5.1}$$

em que P é a pressão do gás, V o volume, n a quantidade de matéria do gás presente e T a temperatura. A constante de proporcionalidade é R, chamada **constante universal dos gases**, porque seu valor (0,08206 atm mol^{-1} K^{-1}) é o mesmo para qualquer gás. ◂ Essa familiar equação formará a base de muito da nossa abordagem neste capítulo, portanto é importante que você tenha um completo entendimento dos termos que aparecem nela. Vamos começar pelo significado e a origem física da pressão do gás.

R também pode ser expresso em outras unidades, como abordado na Seção 5.3.

5.2 Pressão

Das instruções de calibragem do pneu de carros ou de bicicletas à previsão do tempo, regularmente encontramos a palavra pressão, portanto com certeza você tem noção do que ela significa. Mas, para pesquisarmos cientificamente o comportamento dos gases, precisamos transformar nosso entendimento intuitivo de pressão em algo mais formal.

A **pressão** é definida como uma força exercida por unidade de área:

$$P = \frac{F}{A} \tag{5.2}$$

A pergunta óbvia que surge dessa definição é a seguinte: Que força provoca a pressão de um gás?

Para a pressão atmosférica, a força pode ser atribuída ao peso das moléculas de ar atraídas para a superfície do planeta pela gravidade. A existência da pressão atmosférica pode não ser aparente, mas pode facilmente ser demonstrada removendo-se o ar de um recipiente. Mesmo um recipiente aparentemente robusto desmorona sob a pressão da atmosfera quando o ar contido não está mais suportando as paredes do recipiente. Uma vez que o peso total das moléculas aumenta à medida que o número de moléculas se torna maior, a pressão atmosférica varia como uma função da altitude. Ao nível do mar, 20.320 pés de atmosfera a mais estão sobre nós que no cume do Monte McKinley, e a pressão atmosférica ao nível do mar é muito maior que no topo da montanha. A variação da pressão com a altitude é apresentada na **Figura 5.2**.

O que dizer sobre um gás aprisionado em um recipiente? Podemos pensar sobre isso considerando o ar em um balão. Ele exerce pressão de forma uniforme em todas as paredes do balão, independentemente da direção. É evidente que isso não é decorrente da gravidade. Como um gás exerce força nas paredes de seu recipiente? Para respondermos a essa questão, precisamos atentar para o nível molecular exibido na **Figura 5.3**, em que é possível observar as moléculas individuais de gás colidindo com as paredes e expulsando-as para fora. Cada colisão molecular

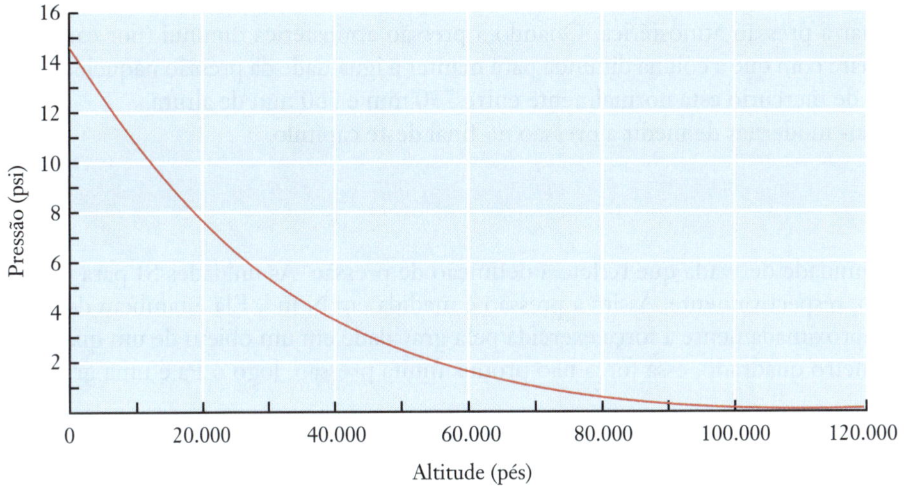

Figura 5.2 A pressão atmosférica varia como uma função da altitude. A pressão é dada aqui em unidades de libras por polegada quadrada. Outras unidades de pressão são abordadas adiante.

Figura 5.3 A inserção nesta figura mostra uma escala microscópica "vista de perto" das moléculas de gás em um balão. À medida que as moléculas se movem pelo volume do balão, ocasionalmente colidem com as paredes de borracha. Em cada uma dessas colisões, as moléculas de gás exercem pequena força na parede do balão, empurrando-a para a frente. Quando somadas sobre um grande número de moléculas de gás presentes, essas pequenas forças dão origem à pressão observada do gás e são responsáveis pela forma do balão.

concede uma pequena força ao recipiente. E quando essas forças minúsculas são somadas por todo o vasto número de moléculas de gás presentes, elas podem produzir a força macroscópica que leva à pressão do gás. Mais adiante veremos como várias propriedades observáveis dos gases podem facilmente ser explicadas, considerando o comportamento das moléculas de gás em uma escala microscópica.

Medindo a pressão

Uma vez que a pressão é uma das importantes propriedades mensuráveis de um gás, várias maneiras diferentes para medi-la foram desenvolvidas, começando com o **barômetro**. A característica essencial de um barômetro padrão é um tubo longo fechado em uma ponta e cheio de mercúrio. (O mercúrio é usado porque tem densidade alta e não reage quimicamente com os gases.) Quando o tubo cheio de mercúrio é invertido em um reservatório de mercúrio, parte do líquido, mas não todo, sai do tubo. A parte fechada do tubo está sob o vácuo, o que significa que a pressão naquela região é enormemente reduzida. ◂ Se essa ponta do tubo é aberta, todo o mercúrio sai. O que evita o movimento do mercúrio quando o tubo está fechado? Podemos entender como a pressão do ar é responsável nos referindo à **Figura 5.4**.

Os cientistas usam a palavra "vácuo" para se referir a qualquer região de pressão reduzida, não apenas ao caso idealizado de pressão zero.

O reservatório de mercúrio está exposto à atmosfera e consequentemente sofre a pressão do ar pesando sobre ele. A coluna de mercúrio no tubo tem um vácuo sobre si e, portanto, também não tem pressão pesando sobre si. Agora considere um ponto na boca do tubo no reservatório de mercúrio. Esse ponto sofre pressão de dois lugares, a pressão atmosférica sobre a piscina *e* o peso do mercúrio da coluna. Quando essas duas pressões são iguais, a altura do mercúrio suspenso no tubo permanece constante e fornece uma maneira de determinar a pressão atmosférica. Quando a pressão atmosférica diminui (por causa das variações do tempo), essa redução fará com que a coluna diminua para manter a igualdade da pressão naquele ponto. Próximo ao nível do mar, a coluna de mercúrio está normalmente entre 730 mm e 760 mm de altura.

Veremos algumas maneiras mais modernas de medir a pressão no final deste capítulo.

Unidades de pressão

A unidade SI para pressão é uma unidade derivada que reflete a definição de pressão. As unidades SI para força e área são newton e metro quadrado, respectivamente. Assim a pressão é medida em N m^{-2}. Ela é também denominada **pascal, (Pa)**. Um newton é aproximadamente a força exercida pela gravidade em um objeto de um quarto de libra. Quando espalhada por um metro quadrado, essa força não produz muita pressão, logo o Pa é uma grandeza

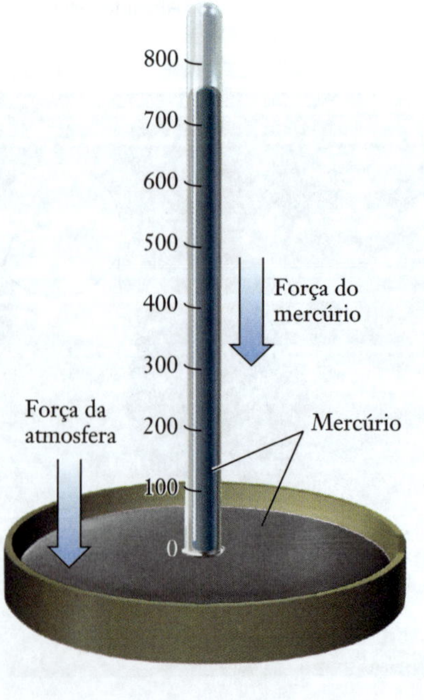

Figura 5.4 Um diagrama esquemático das forças atuando em um barômetro de mercúrio. A pressão atmosférica exerce uma força para baixo na superfície do mercúrio e tende a empurrar a coluna de mercúrio no barômetro mais para cima no tubo. A força decorrente do peso do mercúrio na coluna tende a empurrar a coluna de mercúrio mais para baixo no tubo. Quando as duas forças são iguais, a altura da coluna permanece constante.

relativamente pequena. As pressões atmosféricas típicas são na ordem de 10^5 Pa. Uma unidade mais prática é kPa, usada nas previsões do clima em muitos países que empregam o sistema métrico.

A construção do barômetro influenciou as unidades normalmente utilizadas para relatar as pressões. Muitas previsões de clima nos Estados Unidos relatam a pressão em polegadas (polegadas de mercúrio). A maioria dos barômetros nos laboratórios escolares fornece medidas em milímetros de mercúrio (mm de Hg). Ambas as unidades parecem expressar a pressão como um comprimento, o que pode ser confuso porque definimos pressão como força por unidade de área. A explicação dessa contradição vem do barômetro. A altura da coluna de mercúrio em um barômetro é diretamente proporcional à pressão aplicada; logo, quanto maior for a pressão exercida pela atmosfera, maior será a coluna de mercúrio. Como resultado, tornou-se comum relatar a pressão diretamente em termos da altura medida. Apesar dessa confusão, a unidade mm de Hg ainda é largamente utilizada e recebeu um nome adicional, **torr.** ▸ Podemos considerar equivalentes essas duas unidades:

O torr recebeu este nome em homenagem a Evangelista Torricelli (1608-1647), a primeira pessoa a sugerir a construção de um barômetro de mercúrio.

$$1 \text{ torr} = 1 \text{ mm de Hg}$$

Uma outra unidade de pressão surge da importância da atmosfera. A pressão média ao nível do mar é próxima de 760 torr. A observação comum de uma pressão média aparente levou à definição de uma unidade chamada **atmosfera (atm)**, definida como 760 torr. Embora a ciência tenha se tornado mais precisa em medi-la, essa equivalência ainda permanece:

$$1 \text{ atm} = 760 \text{ torr (exatamente)}$$

A definição da unidade atm, no entanto, mudou desde então para refletir as unidades SI. Ela é agora definida em termos de pascal:

$$1 \text{ atm} = 101{,}\ 325 \text{ Pa (exatamente)}$$

A combinação das duas últimas relações fornece também uma definição formal de torr:

$$760 \text{ torr} = 101{,}325 \text{ Pa (exatamente)}$$

As três unidades que usaremos com mais frequência neste livro são atm, torr e kPa. Em algumas áreas da engenharia, você provavelmente encontrará também outras unidades, incluindo libras por polegada quadrada. Nenhuma dessas deve provocar dificuldades específicas, desde que se tenha cuidado de levar em conta as unidades usadas em quaisquer cálculos que sejam feitos.

POR DENTRO DE Podemos perguntar como a pressão do gás desempenha um papel na recuperação e no processamento do gás natural. A pressão geralmente é baixa nos tubos de coleta em uma operação de mineração. Mas ao transportar gás de uma área do país para outra, a pressão mais alta melhorará muito a eficiência reduzindo o volume do gás. A relação entre pressão e volume é descrita pela lei dos gases ideais, que iremos explorar mais adiante na próxima seção. ▸

As pressões nos gasodutos interestaduais variam de pouco menos de 14 atm a pouco mais de 100 atm.

5.3 História e aplicação da lei dos gases

Diferentemente dos sólidos e líquidos, os gases mudam de maneira significativa quando se alteram as condições nas quais são encontrados. A variação da temperatura, da pressão ou do volume de um recipiente de gás resulta em resposta significativa dele. Todos os gases respondem a essas variações físicas da mesma forma, independentemente de suas diferenças químicas, e a equação da lei dos gases permite calcular o impacto de uma variação específica. Historicamente, o estudo dos gases precede a maioria das descobertas da química moderna. As relações entre as propriedades físicas dos gases resumidas pela equação da lei de gás ideal basearam-se no início em observações empíricas e, em geral, ainda recebem o nome do pesquisador que pela primeira vez caracterizou a relação.

No início do século XIX, Jacques Charles pesquisou a relação entre a temperatura e o volume. Ao colocar em um gráfico o volume *versus* a temperatura para as diferentes quantidades de gás, Charles observou que as linhas resultantes convergiam para a mesma temperatura no volume zero (veja a **Figura 5.5**). Usou-se esse fato para estabelecer a escala de temperatura Kelvin. Desde que a temperatura seja expressa na escala Kelvin, o volume e a temperatura são diretamente proporcionais, uma observação agora conhecida como a **lei de Charles**.

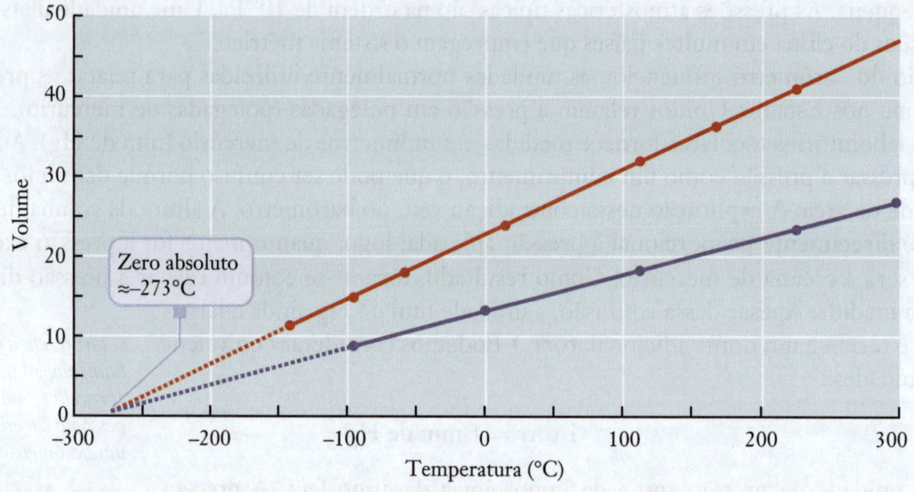

Figura 5.5 O gráfico mostra o volume como uma função da temperatura para duas amostras diferentes de gás. A amostra representada pela linha mais clara superior contém mais gás que aquela representada pela linha mais escura inferior. Deve-se observar que, para ambas as amostras, a relação entre o volume e a temperatura é claramente linear. Quando ambas as linhas são extrapoladas de volta para baixas temperaturas, elas têm a mesma intercepção *x* em –273,15°C. Essa extrapolação define a então chamada temperatura de "zero absoluto" ou 0K.

Outros cientistas examinaram as conexões entre pares de variáveis de gás e elaboraram as leis de gases para expressar as observações feitas. Robert Boyle estudou a relação entre a pressão do gás e o volume e notou que, para qualquer amostra de gás, quando a pressão aumenta, o volume diminui, ou, quando o volume aumenta, a pressão diminui. Portanto, segundo a **lei de Boyle**, a pressão e o volume em temperatura constante são inversamente proporcionais. Por sua vez, a **lei de Avogadro** afirma que o volume de um gás é proporcional ao número de moléculas (ou quantidade de matéria) de gás presente.

Essas leis são em geral usadas para calcular o efeito de alguma variação específica nas condições do gás. Felizmente, não precisaremos memorizar equações específicas para todas essas leis individuais, porque estão todas incorporadas na lei de gás ideal. Desde que conheçamos a equação de gás ideal e saibamos como trabalhar com ela, podemos facilmente resolver problemas que poderiam também ser abordados usando-se qualquer uma dessas leis "individuais" de gases. Para tanto, precisamos apenas identificar todos os parâmetros da lei de gás – P, V, T ou n – que *não* variam. (R é uma constante universal, logo nunca varia!) Então rearranjamos a equação de gás ideal para isolar todos aqueles termos do mesmo lado, deixando os que *variam* do outro lado. Por exemplo, se a pressão e o volume variam enquanto a quantidade de matéria e a temperatura permanecem constantes, obtemos

$$PV = nRT = \text{constante}$$

Uma vez que o produto nRT permanece constante, sabemos que PV também deve ser constante. Isso demonstra que o produto de P vezes V deve ser o mesmo antes e depois da variação, logo escrevemos

$$P_1V_1 = P_2V_2 \tag{5.3}$$

Aqui os índices inferiores "1" e "2" indicam as condições antes e depois que a variação ocorre. Agora se conhecemos três dessas quatro grandezas, podemos achar a desconhecida, como visto no seguinte Problema-modelo 5.1.

POR DENTRO DE

Problema-modelo ◀ 5.1

Para casas ou empresas em algumas áreas rurais, gasodutos de gás natural podem não estar disponíveis. Em tais casos, o metano pode ser obtido em um cilindro de gás comprimido. Um cilindro de laboratório de metano, por exemplo, tem um volume de 49,0 L e é cheio a uma pressão de 154 atm. Suponha que todo esse CH_4 do cilindro seja liberado e expanda-se até sua pressão cair para 1,00 atm. Qual volume o CH_4 ocuparia?

Estratégia O problema envolve uma variação nas condições, aqui pressão e volume, de uma amostra de gás. Queremos usar a equação da lei de gás ideal porque ela é o nosso modelo que relaciona as várias propriedades de um gás com o outro. Logo, começamos supondo que o gás obedece à lei de gás ideal tanto sob as condições iniciais quanto finais. ▸ Além disso, supomos que a temperatura seja constante porque não foram fornecidos dados que sugerissem o contrário. Uma vez que estamos trabalhando com a mesma amostra de gás o tempo todo, sabemos também que a quantidade de matéria (n) é constante. Isolamos os termos constantes e trabalhamos em uma resolução.

Na Seção 5.6, examinaremos os gases que não se comportam de forma ideal.

Solução Nesse caso, n e T são constantes, e R é sempre constante. Portanto,

$$PV = nRT = \text{constante}$$

Desse modo,

$$P_1V_1 = P_2V_2$$

A resolução dessa equação para o volume final (V_2) fornece

$$V_2 = \frac{P_1V_1}{P_2}$$

Conhecemos todos os três termos à direita: $P_1 = 154$ atm, $V_1 = 49{,}0$ L e $P_2 = 1{,}00$ atm. Inserimos estes na equação anterior e resolvemos:

$$V_2 = \frac{(154 \text{ atm})(49{,}0 \text{ L})}{(1{,}00 \text{ atm})} = 7550 \text{ L}$$

Analise sua resposta Nosso resultado está em litros, que é uma unidade apropriada para volume. O valor atual é muito maior que o inicial, portanto devemos nos perguntar se isso parece sensato. Quando observamos as condições iniciais e finais, diminuímos a pressão em um fator grande, e isso leva a um volume muito maior. Logo nossa resposta parece plausível.

Discussão Por causa da pressão inicial muito alta, a suposição de que o gás se comporte de maneira ideal pode não ser exata. Examinaremos essa suposição adiante, no Problema-modelo 5.8.

Verifique seu entendimento Uma pequena amostra de gás é gerada em um laboratório. Em um frasco de 125 mL, ela exerce 115 torr de pressão. Então, a válvula é aberta e o gás se expande até que seu volume seja 175 mL. Se a temperatura é constante durante todo o processo, qual é a nova pressão do gás?

Em outras situações, devemos descobrir que V e T variam, enquanto n e P são constantes. Isso nos levaria a escrever a seguinte relação:

$$\frac{V}{T} = \frac{nR}{P} = \text{constante}$$

Isso, por sua vez, leva à Equação 5.4:

$$\frac{V_1}{T_1} = \frac{V_2}{T_2} \tag{5.4}$$

O Problema-modelo 5.2 ilustra a relação.

Problema-modelo ◂ 5.2

Enche-se um balão com hélio, e seu volume é de 2,2 L a 298K. Afunda-se o balão em uma garrafa térmica contendo nitrogênio líquido. Quando o hélio no balão se esfriar até a temperatura do nitrogênio líquido (77K), qual será o volume do balão?

Estratégia Inicialmente, devemos reconhecer essa situação como uma variação nas condições para o gás e imaginar que vamos querer usar a lei de gás ideal. Supomos que o gás irá comportar-se de maneira ideal tanto sob as condições iniciais quanto finais. Admitiremos ainda que a pressão é constante, uma vez que não nos foram fornecidos dados que sugerissem o contrário. E desde que o balão esteja completamente amarrado, podemos supor que n é constante. Isolamos os termos constantes e trabalhamos uma solução.

Solução Como na discussão já apontada, temos

$$\frac{V}{T} = \frac{nR}{P} = \text{constante}$$

Logo,

$$\frac{V_1}{T_1} = \frac{V_2}{T_2}$$

Resolvendo para o volume final (V_2):

$$V_2 = \frac{V_1 T_2}{T_1}$$

Uma vez que os três termos à direita são conhecidos, podemos apenas inserir os valores e resolver:

$$V_2 = \frac{(2{,}2\text{ L})(77\text{K})}{(298\text{K})} = 0{,}57\text{ L}$$

Analise sua resposta Diminuímos a temperatura de 298K para 77K, o que significa que ela é aproximadamente 4 vezes menor. Isso levaria a um volume que é também aproximadamente 4 vezes menor. Portanto, nossa resposta provavelmente está correta.

Verifique seu entendimento O balão do exemplo irá estourar se seu volume exceder 2,3 L. A qual temperatura você esperaria que o balão estourasse?

Para *qualquer* variação nas condições de uma amostra de gás, devemos sempre ser capazes de empregar a mesma ideia isolando os parâmetros constantes daqueles que variam. Uma vez que seja muito pouco provável que você se esqueça da lei de gás ideal, essa abordagem é mais confiável que tentar lembrar uma lista de equações cobrindo todas as possíveis combinações de variáveis.

Unidades e a lei de gás ideal

Suponha que tivéssemos expressado a temperatura em °C em vez de em kelvins no exemplo anterior. Convencer que a equação utilizada não é verdadeira certamente dará apenas um pouco mais de trabalho. A variação da temperatura de 10 para 20°C, por exemplo, não dobrará seu volume. A lei de gás ideal em si só é válida quando usamos uma escala de **temperatura termodinâmica**, em que $T = 0$ corresponde à temperatura de zero absoluto. ◀ Para entender por que isso ocorre, deve-se introduzir $T = 0$ na lei de gás, o que implica que P ou V ou ambos serão também zero, isto é, não há gás presente. Isso acarreta que não pode estar correto para $T = 0$°C ou $T = 0$°F. Ou seja, porque a temperatura no inverno atinge esses níveis em muitas áreas, e mesmo assim o ar na atmosfera obviamente não desaparece. O zero absoluto (0K) é uma temperatura muito especial, e é razoável que devam existir consequências peculiares se realmente resfriarmos um gás a esse nível.

Embora o zero absoluto seja um conceito razoavelmente abstrato, as temperaturas bem abaixo de 1K podem ser atingidas rotineiramente em muitos laboratórios.

Em contraste à temperatura, que *deve* ser expressa em uma escala termodinâmica, podemos usar *quaisquer* unidades convenientes para pressão e volume, desde que ajustemos as unidades nessas grandezas com aquelas para a constante dos gases, R. Por que essa diferença ocorre? As escalas de temperatura comuns são fundamentalmente diferentes de outros tipos de unidades pelo fato de a conversão entre elas envolver não apenas a multiplicação por um fator de conversão, mas também a adição ou subtração. Isso, por sua vez, resulta do fato de que distintas escalas de temperatura (K,°C ou °F) têm diferentes pontos de zero. ▸ Em todas as outras grandezas com as quais trabalhamos, o significado do "zero" é o mesmo, independentemente das unidades utilizadas. Se você disser que a massa de uma amostra é zero, por exemplo, na realidade não importa muito com qual unidade você a mediu – não existe nada lá. Mas, para a temperatura, as diferenças entre 0°C, 0°F e 0K são óbvias. Em algumas áreas da engenharia, você pode encontrar a escala Rankine de temperatura (°R) que também é termodinâmica, significando que 0°R = 0K. Contudo, um grau na escala Rankine tem o mesmo tamanho que 1°F. Uma vez que ambas as escalas são termodinâmicas, as temperaturas Rankine e Kelvin podem ser interconvertidas utilizando-se um fator unitário multiplicativo: 1K = 1,8°R.

Não se usa símbolo de grau quando escrevemos temperaturas em Kelvin.

Se você examinar uma tabela como aquela no Apêndice B deste livro, encontrará valores para R em várias combinações de unidades.

$$\begin{aligned} R &= 0{,}08206 \text{ L atm mol}^{-1}\text{ K}^{-1} \\ &= 8{,}314 \text{ J mol}^{-1}\text{ K}^{-1} \\ &= 62{,}37 \text{ L torr mol}^{-1}\text{ K}^{-1} \end{aligned}$$

Os estudantes perguntam muito como decidir qual desses valores é "o R correto" para usar em determinada situação. A resposta é que todos são na realidade a mesma quantidade, apenas expressos em diferentes unidades. (Se estiver curioso, faça as conversões de unidade para verificar por si mesmo.) Se a pressão é dada em atm e o volume em L, será conveniente usar R como 0,08206 L atm mol^{-1} K^{-1}, por exemplo. Mas, se as pressões são dadas em torr, pode ser mais fácil inserir 62,37 L torr mol^{-1} K^{-1} para R. Ou, se você sempre preferir usar o mesmo valor de R, poderá apenas converter as pressões em quaisquer outras unidades em atm antes de fazer os cálculos. Não importa qual conjunto de unidades escolhemos, desde que tenhamos cuidado em conciliá-las em todo o cálculo. O Problema-modelo 5.3 aborda o uso da lei de gás com quantidades em algumas unidades não usuais.

POR DENTRO DE

Problema-modelo ◂ 5.3

Cerca de 60% da produção anual de etano dos Estados Unidos é recuperada durante o processamento do gás natural. Uma amostra de gás etano (C_2H_6) tem um volume de 575 cm^3 a 752 torr e 72°F. Qual é a massa de etano nesta amostra?

Estratégia Estamos tentando encontrar a massa de uma amostra de gás. Se soubéssemos a quantidade de matéria de C_2H_6 presente, poderíamos facilmente usar a massa molar para encontrar a massa da amostra. E desde que o problema envolva um gás, podemos tentar usar a lei de gás ideal para encontrar a quantidade de matéria. Forneceram-nos os valores para V, P e T, logo seremos capazes de achar n. Algumas das unidades fornecidas não são usuais, então precisaremos ter cuidado para manuseá-las apropriadamente.

Solução Podemos começar convertendo algumas das informações fornecidas em unidades mais usadas para gases:

$$T = (72 - 32) \times 5/9 = 22°\text{C} = 295\text{K}$$

$$V = 575 \text{ cm}^3 = 575 \text{ mL} = 0{,}575 \text{ L}$$

Para P, usaremos o valor em torr e escolheremos o correspondente para R. Poderíamos também converter torr em atm, obviamente.

$$n = \frac{PV}{RT} = \frac{(752 \text{ torr})(0{,}575 \text{ L})}{(62{,}37 \text{ L torr mol}^{-1}\text{ K}^{-1})(295\text{K})} = 0{,}0235 \text{ mol}$$

O gás na nossa amostra é o C_2H_6, com uma massa molar de 30,070 g mol^{-1}, logo

$$0{,}0235 \text{ mol} \times \frac{30{,}070 \text{ g}}{\text{mol}} = 0{,}707 \text{ g } C_2H_6$$

Analise sua resposta A temperatura e a pressão são próximas às condições ambientes típicas, e o volume é um pouco maior que meio litro. Logo, isso corresponderia a um pequeno balão cheio de C_2H_6. Com menos de um grama, a massa que encontramos é pequena, mas parece razoável para o gás em um balão tão pequeno.

Verifique seu entendimento Encontre o volume em ft^3 de 1,0 mol de um gás ideal a –25°C e 710 torr.

5.4 Pressão parcial

POR DENTRO DE Com a lei de gás ideal, podemos determinar muitas propriedades de um gás individual. No entanto, em muitos casos, encontramos situações interessantes com mais de um gás presente. Nossa consideração sobre a produção de gás natural é um exemplo óbvio. Embora muitas vezes pensemos no gás natural como metano, quando ele é recuperado pela primeira vez do solo, vimos que é uma mistura de gases. Sem considerar a possibilidade de reações químicas, como as propriedades observáveis de um gás se diferem daquelas dos gases puros?

A resposta a essa pergunta é na realidade sugerida pela lei dos gases. Em particular, observe que nenhum dos termos na equação de lei dos gases depende da identidade do gás. Considere uma amostra de gás natural de um poço que produz quase que exclusivamente metano, CH_4, com pequenas quantidades de etano, C_2H_6. ◂ Considerando que o gás natural se comporta idealmente, sua pressão pode ser expressa usando a lei dos gases:

Um gás dessa composição seria chamado de "gás seco" por um engenheiro da indústria de petróleo e gás.

$$P = \frac{nRT}{V}$$

Aqui n é a quantidade de matéria total de gás natural presente. Mas essa quantidade de matéria total será apenas a soma das quantidades de matéria de cada um dos componentes:

$$n_{\text{total}} = n_{CH_4} + n_{C_2H_6}$$

Podemos inserir essa informação na expressão anterior e obter

$$P = \frac{nRT}{V} = \frac{(n_{CH_4} + n_{C_2H_6})RT}{V} = \frac{n_{CH_4}RT}{V} + \frac{n_{C_2H_6}RT}{V}$$

Cada um desses dois últimos termos nRT/V tem um significado especial. São as pressões que veríamos se apenas um dos componentes da mistura de gases estivesse presente. Se o nitrogênio fosse o único gás presente, $n_{C_2H_6}$, seria zero, e ficaríamos com

$$P = P_{CH_4} = \frac{n_{CH_4}RT}{V}$$

Se apenas o etano estivesse presente, escreveríamos um resultado similar para $P_{C_2H_6}$. Para uma mistura, a pressão observada é a soma das **pressões parciais** hipotéticas dos gases individuais.

Esse conceito, estabelecido por John Dalton, é algumas vezes chamado **lei de Dalton das pressões parciais**: *A pressão de uma mistura de gases é a soma das pressões parciais dos gases componentes.* ◂ Em termos simples, a pressão parcial é o que a pressão seria se apenas um componente estivesse presente. Desde que os gases se comportem idealmente e na realidade não reajam entre si, essa relação se empregará para qualquer mistura de gás.

John Dalton é também conhecido pelo seu modelo propondo a existência e a natureza dos átomos.

Para uma mistura de gás arbitrária, podemos escrever a pressão parcial de cada componente como

$$P_i = \frac{n_iRT}{V} \tag{5.5}$$

onde o índice, i, indica de qual gás estamos falando (para uma mistura de quatro gases, i variaria de 1 a 4, produzindo P_1, P_2, P_3 e P_4) e n_i é a quantidade de matéria do componente i. A pressão total da mistura, P, é a soma dessas pressões parciais:

$$P = \sum_i P_i = \sum_i n_i \frac{RT}{V} \quad (5.6)$$

A letra grega maiúscula sigma (Σ) é usada para indicar a soma de um número de termos similares.

A quantidade de matéria total é a soma das quantidades de matéria dos componentes individuais:

$$P = n_{\text{total}} \frac{RT}{V} \quad (5.7)$$

Essas expressões sugerem outra maneira de entender as pressões parciais. Poderíamos expressar a concentração de cada gás componente em termos de sua **fração em quantidade de matéria**, definida como

$$X_i = \frac{n_i}{n_{\text{total}}} \quad (5.8)$$

Para um gás puro, $n_i = n_{\text{total}}$ e a fração em quantidade de matéria é um. Qualquer mistura terá $n_i < n_{\text{total}}$, portanto o valor da fração em quantidade de matéria varia de zero a um. Se tomarmos a razão entre uma pressão parcial em relação à pressão total, usando as Equações 5.7 e 5.8,

$$\frac{P_i}{P} = \frac{n_i(RT/V)}{n_{\text{total}}(RT/V)} = \frac{n_i}{n_{\text{total}}} = X_i \quad (5.9)$$

Portanto, a pressão parcial é dada pela fração em quantidade de matéria vezes a pressão total:

$$P_i = X_i P \quad (5.10)$$

Esse conjunto de equações fornece o significado numérico para usarmos as pressões parciais, como mostram os Problemas-modelo 5.4 e 5.5.

Problema-modelo ◂ 5.4

Os poços de gás natural não são a única fonte de gases emergentes da Terra. Os vulcões, por exemplo, são uma fonte natural de vários gases. Um cientista tenta gerar uma mistura de gases semelhantes aos encontrados em um vulcão, introduzindo 15,0 g de vapor de água, 3,5 g de SO_2 e 1,0 g de CO_2 em um vaso de 40,0 L mantido a 120,0°C. Calcule a pressão parcial de cada gás e a pressão total.

Estratégia Como sempre, começaremos supondo que todos os gases se comportam idealmente. Então podemos tratar cada gás em separado para determinar sua pressão parcial. Por fim, somamos essas pressões parciais para calcular a pressão total.

Solução Para todos os gases, $T = 120°C = 393K$ e $V = 40{,}0$ L.

$$H_2O\text{: } 15{,}0 \text{ g } H_2O \times \frac{1 \text{ mol } H_2O}{18{,}0 \text{ g } H_2O} = 0{,}833 \text{ mol}$$

$$P_{H_2O} = \frac{(0{,}833 \text{ mol})(0{,}08206 \text{ L atm mol}^{-1} \text{ K}^{-1})(393\text{K})}{40{,}0 \text{ L}} = 0{,}672 \text{ atm}$$

$$SO_2\text{: } 3{,}5 \text{ g } SO_2 \times \frac{1 \text{ mol } SO_2}{64{,}1 \text{ g } SO_2} = 0{,}055 \text{ mol}$$

$$P_{SO_2} = \frac{(0{,}055 \text{ mol})(0{,}08206 \text{ L atm mol}^{-1} \text{ K}^{-1})(393\text{K})}{40{,}0 \text{ L}} = 0{,}044 \text{ atm}$$

$$CO_2\text{: } 1{,}0 \text{ g } CO_2 \times \frac{1 \text{ mol } CO_2}{44{,}0 \text{ g } CO_2} = 0{,}023 \text{ mol}$$

$$P_{CO_2} = \frac{(0{,}023 \text{ mol})(0{,}08206 \text{ L atm mol}^{-1} \text{ K}^{-1})(393\text{K})}{40{,}0 \text{ L}} = 0{,}018 \text{ atm}$$

A pressão total é a soma das pressões:

$$P_{total} = P_{H_2O} + P_{SO_2} + P_{CO_2} = 0{,}672 + 0{,}044 + 0{,}018 = 0{,}734 \text{ atm}$$

Observe que poderíamos também usar a quantidade de matéria total para encontrar P_{total} e, então, utilizar as frações em quantidade de matéria para achar as pressões parciais.

Analise sua resposta É possível ter uma intuição das grandezas como a pressão e a quantidade de matéria se você trabalhar bastante com esses problemas. Nesse caso, temos cerca de 1 mol de gás em um volume de 40 L, e a temperatura é bem alta. Nosso resultado de 0,7 atm não é irracional.

Verifique seu entendimento Uma mistura contendo 13,5 g de oxigênio e 60,4 g de N_2 exerce uma pressão de 2,13 atm a 25°C. Qual é o volume do recipiente? Quais são as pressões parciais de cada gás?

POR DENTRO DE

Problema-modelo ◀ 5.5

Um experimento é projetado para testar um componente em uma usina de processamento de gás natural. Para imitar o gás natural bruto, uma mistura é preparada com as frações molares dadas na tabela a seguir.

Gás	CH_4	CO_2	C_2H_6	C_3H_8
Fração molar	0,865	0,029	0,072	0,034

Se a pressão total desejada for 750,0 torr, quais serão as pressões parciais? Se o gás deve estar em um frasco de 15,0 L mantido a 30°C, qual é a quantidade de matéria necessária de cada substância?

Estratégia Sabemos as frações em quantidade de matéria e a pressão total desejada. Logo, podemos calcular as pressões parciais usando a relação definida na Equação 5.10. A partir da pressão total e do volume, podemos calcular a quantidade de matéria total e a quantidade de matéria de cada gás.

Solução

$$P_i = X_i P_{total}$$

$$P_{CH_4} = (0{,}865)(750 \text{ torr}) = 649 \text{ torr}$$

$$P_{CO_2} = (0{,}029)(750 \text{ torr}) = 22 \text{ torr}$$

$$P_{C_2H_6} = (0{,}072)(750 \text{ torr}) = 54 \text{ torr}$$

$$P_{C_3H_8} = (0{,}035)(750 \text{ torr}) = 26 \text{ torr}$$

A pressão total desejada de 750,0 torr também pode ser expressa como 0,987 atm. Portanto,

$$n_{total} = \frac{PV}{RT} = \frac{(0{,}987 \text{ atm})(15{,}0 \text{ L})}{(0{,}08206 \text{ L atm mol}^{-1} \text{ K}^{-1})(303\text{K})} = 0{,}595 \text{ mol}$$

$$n_i = X_i n_{total}$$

$$n_{N_2} = (0{,}865)(0{,}595) = 0{,}515 \text{ mol}$$

$$n_{O_2} = (0{,}029)(0{,}595) = 1{,}7 \times 10^{-2} \text{ mol}$$
$$n_{H_2O} = (0{,}072)(0{,}595) = 4{,}3 \times 10^{-2} \text{ mol}$$
$$n_{SO_2} = (0{,}034)(0{,}595) = 2{,}0 \times 10^{-2} \text{ mol}$$

Verifique seu entendimento Uma mistura de $C_2H_6(g)$ e $C_3H_8(g)$ deve ser preparada com uma pressão total de 1,4 atm. Se as frações em quantidade de matéria dos gases forem 0,70 e 0,30, respectivamente, quais serão as pressões parciais? Se a mistura ocupar 2,50 L a 27°C, qual será a massa necessária de cada gás?

5.5 Estequiometria de reações envolvendo gases

Quando abordamos aspectos quantitativos das reações químicas no Capítulo 4, enfatizamos a importância das proporções de quantidade de matéria. A lei de gás ideal fornece relação entre a quantidade de matéria de um gás e algumas propriedades facilmente mensuráveis: pressão, volume e temperatura. Quando os gases estão envolvidos em uma reação química, a lei de gás ideal em geral fornece a melhor maneira de determinar a quantidade de matéria. O uso da lei de gás ideal em um problema de estequiometria realmente não envolve nenhuma ideia nova. Apenas combina dois tipos de cálculo já realizados neste livro. Ainda faremos os cálculos estequiométricos em termos de proporções molares, como sempre, e usaremos a lei dos gases para conectar a quantidade de matéria de um gás com a sua temperatura, pressão e volume. O Problema-modelo 5.6 demonstra essa abordagem.

POR DENTRO DE

Problema-modelo ◂ 5.6

O sulfeto de hidrogênio, H_2S, está presente em muitos produtos derivados de petróleo, incluindo o gás natural de muitas fontes. A remoção desta molécula contendo enxofre envolve várias etapas, incluindo a seguinte reação: ▸

O processo geral é chamado de processo Claus.

$$2H_2S(g) + SO_2(g) \rightarrow 3S(s) + 2H_2O(g)$$

Estudar esta reação em laboratório requer precauções extras de segurança por causa da toxicidade de alguns dos gases reagentes. Se 19,6 L de H_2S a 722 torr e 17°C reagissem com excesso de SO_2, que massa de enxofre sólido poderia ser produzida?

Estratégia Precisamos encontrar a massa de um produto da reação, então este é um problema de estequiometria de reação. Como nos é informado que o excesso de SO_2 está presente, sabemos que o H_2S deve ser o reagente limitante. Portanto, devemos começar encontrando a quantidade de matéria de H_2S que reagem. A única novidade aqui é que, em vez de conhecermos a massa de H_2S, conhecemos P, V e T. Se assumirmos que o gás se comporta de maneira ideal, podemos facilmente utilizar a lei dos gases para obter a quantidade de matéria de H_2S que reagem. Uma vez que sabemos que é possível utilizar a equação balanceada para a reação podemos identificar a proporção molar correta e resolver.

Solução Use a lei dos gases ideais para encontrar a quantidade de matéria de H_2S que reagem. Como sempre, precisamos nos lembrar de converter a temperatura de °C em K e ter cuidado com as unidades de pressão e volume.

$$n = \frac{PV}{RT} = \frac{(722 \text{ torr})\,(19{,}6 \text{ L})}{(62{,}37 \text{ L torr mol}^{-1}\text{K}^{-1})\,(290\text{K})} = 0{,}782 \text{ mol } H_2S$$

Agora siga o plano normal para resolver o problema de estequiometria:

$$0{,}782 \text{ mol } H_2S \times \frac{3 \text{ mol S}}{2 \text{ mol } H_2S} \times \frac{32{,}06 \text{ g}}{1 \text{ mol S}} = 37{,}6 \text{ g S}$$

Analise sua resposta Você pode não ter muita intuição sobre a quantidade de matéria de H_2S contida em 19,6 L, que é aproximadamente do tamanho de uma pequena bola de praia. Por isso, pode ser mais fácil comparar nosso ponto de partida e responder com relação à quantidade de matéria. Começamos com um pouco menos de um mol de H_2S e descobrimos que poderíamos produzir algo mais que um mol de enxofre. Dada a proporção molar 3:2 na equação balanceada, esses números parecem fazer sentido. Em seguida, veremos uma maneira de relacionar quantidade de matéria e volumes de gás.

Verifique seu entendimento Se o SO_2 consumido na reação desse problema-modelo estivesse a 1,06 atm e 23,5°C, que volume ele ocuparia?

Condições padrão de temperatura e pressão

Da nossa discussão até aqui, deve estar óbvio que, para descrever uma quantidade de gás apropriadamente, precisamos especificar sua temperatura, volume e pressão. Se queremos comparar várias quantidades de gás, é conveniente usar algum conjunto de condições padrão. Para estabelecer um padrão para um gás ideal, devemos especificar uma temperatura e uma pressão. Dessa forma, o volume será diretamente proporcional à quantidade de matéria de gás. As escolhas convencionais para **temperatura e pressão padrão** de um gás, ou **CNTP**, são uma temperatura de 0°C ou 273,15K e uma pressão de 1 atm. Inserindo esses valores na equação de gás ideal, encontramos o volume molar (ou volume de um mol) de um gás ideal na CNTP: ◂

Este volume molar padrão fornece uma maneira útil de estimar as propriedades do gás ou ajudar a julgar a razoabilidade de um valor calculado.

$$V = \frac{nRT}{P} = \frac{(1\ \text{mol})(0{,}08206\ \text{L atm mol}^{-1}\ \text{K}^{-1})(273{,}15\text{K})}{(1\ \text{atm})} = 22{,}41\ \text{L}$$

Esse número fornece um fator de conversão para problemas estequiométricos que incluem gases, *desde que as condições NTP sejam mantidas.* O Problema-modelo 5.7 mostra esse tipo de questão.

Problema-modelo ◂ 5.7

Uma maneira de reduzir a poluição do ar é remover os gases poluentes em potencial de um fluxo de exaustão antes que sejam liberados para o ar. O dióxido de carbono pode ser removido de um fluxo de gás, reagindo-o com óxido de cálcio para formar carbonato de cálcio. Se reagirmos 5,50 L de CO_2 na CNTP com excesso de CaO, qual será a massa de carbonato de cálcio formada?

Estratégia Você deve identificar este problema como de estequiometria de reação porque está sendo pedido quanto de $CaCO_3$ será produzido. Como para qualquer problema estequiométrico, você deve escrever uma equação química balanceada para a reação. Então, convertemos o volume de gás em quantidade de matéria e prosseguimos como sempre. Uma vez que o volume de gás fornecido está na CNTP, podemos usar o volume molar que calculamos anteriormente como fator de conversão.

Solução

$$CO_2(g) + CaO(s) \rightarrow CaCO_3(s)$$

$$5{,}50\ \text{L de}\ CO_2 \times \frac{1\ \text{mol}\ CO_2}{22{,}41\ \text{L}\ CO_2} \times \frac{1\ \text{mol}\ CaCO_3}{1\ \text{mol}\ CO_2} \times \frac{100{,}1\ \text{g}\ CaCO_3}{1\ \text{mol}\ CaCO_3} = 24{,}6\ \text{g}\ CaCO_3$$

Analise sua resposta A partir do volume molar na CNTP, podemos ver que 5,5 L seriam aproximadamente um quarto de um mol de CO_2. Logo, deveríamos produzir cerca de um quarto de mol de $CaCO_3$, e nossa resposta está de acordo com isso.

Discussão Observe que o fator de conversão de 22,4 L = 1 mol é válido *apenas* quando o gás em questão está na CNTP. Você deve ter muito cuidado para não usar esse volume molar para qualquer condição! Poderíamos também ter resolvido o problema por meio da lei de gás ideal para achar o volume de CO_2, utilizando a temperatura e a pressão apropriadas para CNTP.

Nesse exemplo, um gás é convertido em produto sólido em vez de ser emitido no ar. Quais implicações deve ter para o projeto de engenharia? Você pode pensar sobre as situações nas quais esse tipo de esquema de controle de poluição poderia causar problemas?

Verifique seu entendimento O SO_2 pode ser gerado no laboratório pelo aquecimento de ZnS com O_2. (O outro produto é o óxido de zinco.) Se 14,5 L de oxigênio nas CNTP reagem com excesso de sulfeto de zinco, qual seria o volume gerado de SO_2 nas CNTP?

Até esse ponto vimos como realizar uma gama de cálculos envolvendo gases, todos baseados na lei de gás ideal. Apesar de termos apontado repetidamente que "iremos supor que o gás se comporte idealmente", não observamos ainda o que essa afirmação significa em termos de comportamento molecular. Ainda não consideramos também as muitas circunstâncias práticas nas quais poderemos cometer erros grandes supondo um comportamento de gás ideal. Abordaremos esses desafios na próxima seção.

5.6 Teoria cinética molecular e gases ideais *versus* gases reais

A habilidade para modelar numericamente o comportamento de gases foi uma importante conquista que ampliou a aplicabilidade em muitas áreas da ciência e da engenharia. A similaridade do comportamento de diferentes gases comumente encontrados no laboratório permitiu a construção de modelos para descrever como as moléculas devem se comportar. Mas em muitos cenários práticos importantes os gases nem sempre se comportam de maneira ideal. Portanto, os cálculos simples da lei de gás ideal que temos feito podem nem sempre ser um modelo exato da realidade. O comportamento não ideal é com frequência visto nos gases a pressões muito altas e também no cilindro de um motor ou em uma usina de processamento industrial. Uma perspectiva atômica desenvolvida para gases ideais pode ajudar a explicar esses casos do mundo real? Talvez mais importante, um modelo melhorado pode definir métodos quantitativos para lidar com gases reais como aqueles encontrados em um motor em funcionamento? Nesta seção, desenvolveremos um modelo muito útil chamado **teoria cinética molecular,** ▸ que fornece conexões entre as propriedades macroscópicas observadas dos gases, a equação da lei dos gases e o comportamento das moléculas de gás em uma escala microscópica. Assim que compreendermos esse modelo, poderemos usá-lo para entendermos como os gases em alta pressão podem se desviar do comportamento ideal.

A teoria cinética molecular é também chamada de teoria cinética dos gases ou apenas de teoria cinética.

Postulados do modelo

Uma vez que a observação de moléculas de gás individuais em geral não é plausível, devemos começar com postulados aceitos como razoáveis quando construímos um modelo. Para a teoria cinética molecular dos gases, os seguintes postulados formam um fundamento do modelo:

1. Um gás é constituído de um vasto número de partículas, as quais estão em constante movimento aleatório.
2. As partículas em um gás são infinitamente pequenas e não ocupam volume.
3. As partículas em um gás movem-se em linhas retas, exceto quando colidem com outras moléculas ou com as paredes do recipiente. As colisões entre si e com as paredes do recipiente são elásticas, de tal forma que a energia cinética das partículas é conservada.
4. As partículas em um gás interagem entre si apenas quando as colisões ocorrem.
5. A energia cinética média das partículas em um gás é proporcional à temperatura termodinâmica do gás e não depende da identidade do gás.

À medida que considerarmos as implicações desses postulados, comentaremos também suas validades ou condições sob as quais não são particularmente exatos. A lei de gás ideal deriva desses postulados. Apesar de tal resultado ser um grande exemplo da sinergia entre a teoria científica e as observações experimentais, ele está um pouco além do nosso objetivo aqui. Em vez disso, consideremos as conexões entre os postulados da teoria cinética e nossa experiência prática com gases. Como esses postulados ajudam a explicar o comportamento observado de vários gases?

O enunciado de que um gás consiste em um grande número de partículas ratifica o que sabemos sobre o tamanho das moléculas individuais. E o postulado de que as moléculas estão em constante movimento aleatório é compatível com a observação de que os gases se expandem rapidamente para preencher seus recipientes. Os postulados também estão consistentes com o que dissemos no começo deste capítulo sobre a origem da pressão dos gases. As moléculas em um gás exercem força quando colidem com a parede do recipiente, e isso explica a relação entre a pressão e o volume. À medida que o volume do recipiente aumenta, as paredes se movem para mais distante, e assim cada molécula baterá na parede com menos frequência. Portanto, cada molécula exercerá menos força na parede em determinado intervalo de tempo, reduzindo a pressão. Logo, a teoria cinética é coerente com a relação inversa entre P e V vista na equação da lei de gás.

Como a teoria cinética pode explicar o efeito das variações de temperatura? A situação aqui é um pouco mais complicada. Precisamos considerar o postulado número 5 cuidadosamente: *A energia cinética das partículas em um gás é proporcional à temperatura termodinâmica do gás e não depende da identidade do gás.* Sabemos da física que a energia cinética está relacionada à velocidade e à massa: $EC = \frac{1}{2} mv^2$. Logo, se a energia cinética depende da temperatura, como exposto no postulado, a velocidade das moléculas deve ser uma função da temperatura. Mais especificamente, o aumento da temperatura deve aumentar a velocidade das moléculas. Quando as moléculas se movem mais rapidamente, elas se chocarão com as paredes do recipiente mais frequentemente e também exercerão uma força maior na parede durante cada colisão. Ambos os efeitos levarão a um aumento na pressão do gás com aumento da temperatura, como previsto pela lei dos gases.

Se você prestar mais atenção ao enunciado do postulado número 5, certamente questionará a inclusão da palavra "média" em "energia cinética média". O termo está incluído porque algumas moléculas em uma coleção de moléculas de gás movem-se muito rapidamente de maneira aleatória, enquanto outras estão praticamente paradas em determinado instante. Num momento posterior, a identidade de partículas de movimentos rápidos e lentos pode ter mudado por causa das colisões, mas existirão ainda ambos os tipos. Não é correto pensar que as moléculas tenham velocidade específica. Devemos, sim, afirmar que a velocidade molecular média aumenta com a elevação da temperatura. Essa situação é mais bem abordada usando a **função de distribuição** para descrever a faixa de velocidades.

As funções de distribuição são dispositivos matemáticos comuns usados em ciência, economia, ciências sociais e educação. Seus pontos percentis no SAT[1] e outros testes padronizados são atribuídos a uma função de distribuição para os estudantes que fizeram o exame. Se você alcançou o 85º percentil, por exemplo, espera-se que tenha marcado mais que 85% do que aqueles que fizeram o exame. Suponha-se que essa classificação se mantenha independentemente do número de estudantes que na realidade fez o teste, de tal forma que seu percentil não seja revisado toda vez que outra rodada dos testes seja aplicada a mais estudantes.

A função de distribuição que descreve as velocidades de uma coleção de partículas de gás é conhecida como **distribuição de Maxwell-Boltzmann** de velocidades. ◂ Essa função, que originalmente se derivou de uma consideração detalhada dos postulados da teoria cinética, prevê a fração de moléculas em um gás que se move a uma velocidade específica. Ela foi verificada desde então por meio de uma variedade de experimentos inteligentes que permitem medir a distribuição de velocidade no laboratório.

Uma vez que não nos preocupamos em qual sentido as partículas estão indo, nossa discussão aqui é baseada na rapidez e não na velocidade. A rapidez não depende do sentido e é sempre positiva.

Vamos examinar um gráfico da distribuição de Maxwell-Boltzmann para uma amostra de CO_2 gasoso em várias temperaturas, como mostra a **Figura 5.6.** Como com qualquer gráfico não familiar, você deve inicialmente observar o que está colocado em cada eixo. Aqui o eixo x mostra uma grandeza razoavelmente familiar: velocidade em metros por segundo. O eixo y

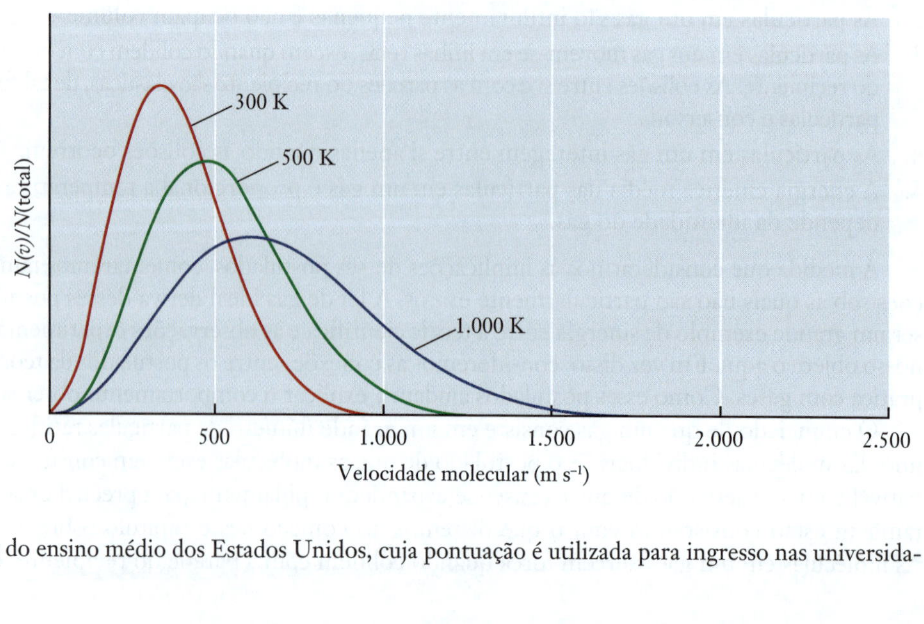

Figura 5.6 As distribuições das velocidades moleculares para as moléculas de C_3H_8 em três temperaturas diferentes estão apresentadas. A grandeza no eixo y é a fração de moléculas de gás movimentando-se com velocidade específica. Observe que, à medida que a temperatura aumenta, a fração de moléculas movimentando-se com velocidades mais altas aumenta.

[1] Teste realizado para os alunos do ensino médio dos Estados Unidos, cuja pontuação é utilizada para ingresso nas universidades. (NRT)

é um pouco menos óbvio. Ele mostra a fração de todas as moléculas que estariam se movendo com velocidade específica sob as condições fornecidas. (A forma matemática real da função de distribuição é abordada no quadro Conexões matemáticas, adiante.) Já estabelecemos que a distribuição de velocidades deve ser uma função da temperatura, e a figura confirma isso. A temperaturas mais altas, vemos que o pico na distribuição se desloca para velocidades mais altas. Isso está totalmente coerente com o postulado número 5, que exprime que a energia cinética das moléculas deve aumentar com a temperatura.

Além disso, o postulado número 5 também informa que a energia cinética não depende da identidade do gás, mas a massa das moléculas de gás claramente depende de suas identidades. Para a energia cinética permanecer fixa à medida que a massa varia, a distribuição de velocidade deve também ser uma função da massa. A **Figura 5.7** ilustra isso ao mostrar a distribuição de velocidade para vários gases em uma mesma temperatura. Você pode ver que em média as moléculas mais leves movimentam-se mais rapidamente que as moléculas mais pesadas.

Conexões matemáticas

A equação real para a distribuição de Maxwell-Boltzmann de velocidades é um pouco complicada, mas consiste inteiramente em termos nas formas que você pode identificar a partir das suas aulas de matemática.

$$\frac{N(v)}{N_{\text{total}}} = 4\pi(M/2\pi RT)^{3/2}v^2e^{-Mv^2/2RT} \tag{5.11}$$

onde $N(v)$ é o número de moléculas movendo-se a uma velocidade v e $v + \Delta v$, onde Δv é um pequeno aumento de velocidade. N_{total} é o número total de moléculas. Assim, no lado esquerdo está a fração das moléculas que têm velocidade v, que é também a grandeza colocada no eixo y nas Figuras 5.6 e 5.7. Nessa equação, M é a massa molar do gás, R é a constante dos gases e T, a temperatura. (Como na lei dos gases, esta deve ser uma escala termodinâmica.) As unidades para todas essas grandezas devem ser escolhidas consistentemente, com cuidado especial para garantir que o expoente ($-Mv^2/2RT$) não tenha unidades. Agora observe novamente a Figura 5.6 ou 5.7 e note que a variável independente no eixo x é a velocidade. Portanto, precisamos pensar no lado direito da função de distribuição como uma função elaborada da velocidade, v. Vemos dois termos contendo v. O primeiro é exatamente v^2, que obviamente aumentará à medida que v aumenta. O termo exponencial, no entanto, varia como e^{-v^2}, o qual diminuirá à medida que v aumenta. Assim, o formato total da função de distribuição reflete uma competição entre esses dois termos. Em valores pequenos de v, o termo v^2 domina e a função de distribuição aumenta. Em valores maiores de v, o termo exponencial assume e a função como um todo diminui. Portanto, entre esses dois limites, a função de distribuição atinge um máximo.

A velocidade na qual ocorre o pico no gráfico é conhecida como **velocidade mais provável**, por razões quase óbvias: mais moléculas movimentando-se com essa velocidade que qualquer outra. Embora não façamos a dedução aqui, a velocidade mais provável será dada pela Equação 5.12:

(continua)

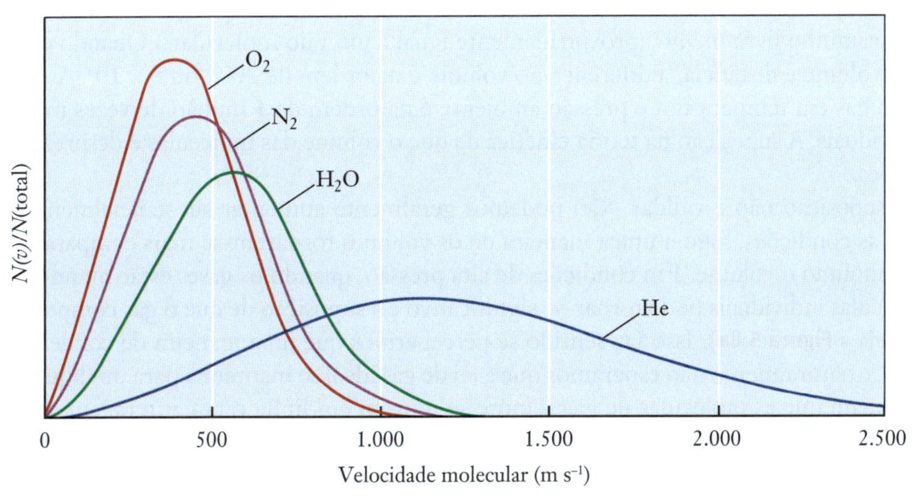

Figura 5.7 Distribuições das velocidades moleculares para quatro gases diferentes na mesma temperatura (300K). Como na Figura 5.6, a grandeza no eixo y é a fração das moléculas de gás movimentando-se com velocidade específica. Observe que, à medida que a massa molecular diminui, a fração das moléculas movendo-se com velocidades mais altas aumenta.

$$v_{mp} = \sqrt{\frac{2RT}{M}} \tag{5.12}$$

Se você sabe um pouco de cálculo, pode fazer a dedução. Lembre-se de que a velocidade mais provável é o máximo na função de distribuição. Para encontrar esse máximo, você deve igualar a zero a derivada da Equação 5.11.

Você pode querer também descrever nossa distribuição utilizando a **velocidade média**. Uma vez que a função de distribuição não é simétrica, a velocidade mais provável e a velocidade média não serão as mesmas. Em particular, a existência do "rabo" na curva de distribuição em velocidades mais altas puxa a média para uma velocidade mais alta que o valor provável. Verifica-se que a velocidade média na realidade é 1,128 vez a velocidade mais provável.

Por fim, algumas vezes caracterizamos a distribuição falando sobre algo chamado de **velocidade média quadrática**. Esse valor é na realidade a raiz quadrada do valor médio de v^2. À primeira vista, pode parecer similar à velocidade média, mas, para a distribuição de Boltzmann, a velocidade média quadrática é na realidade 1,085 vez a velocidade média. (Se isso lhe parece errado, tente um teste simples. Escolha alguns números aleatoriamente e calcule a média entre eles. Então, eleve todos ao quadrado e calcule a média dos quadrados desses números. Por fim, calcule a raiz quadrada desse resultado e verá que é maior que a média dos números originais.) A velocidade quadrática média é útil se estamos interessados na energia cinética, porque a energia cinética média é dada por

$$KE_{\text{avg}} = \frac{1}{2} m v_{\text{rms}}^2 \tag{5.13}$$

Gases reais e limitações da teoria cinética

Em todos os cálculos realizados até aqui, supomos inicialmente que qualquer gás ou mistura de gases comporte-se idealmente. Mas os postulados da teoria cinética – e a própria lei dos gases – são estritamente verdadeiros apenas para gases hipotéticos puramente ideais. Quão boa é a suposição de que os gases se comportam idealmente? Sobre quais tipos de condições devemos questionar essa suposição? As respostas a essas perguntas podem nos ajudar a desenvolver ainda mais nosso entendimento dos gases no nível molecular. Ao aprendermos como os gases reais se desviam do comportamento ideal, entenderemos melhor a natureza da teoria cinética molecular. Começaremos adotando um olhar mais crítico sobre alguns dos postulados da teoria.

A afirmação de que as moléculas de gás não ocupam nenhum volume pode parecer em desacordo com a realidade, porque sabemos que toda matéria ocupa espaço. O que na realidade esse postulado quer dizer? A ideia essencial é que, comparado ao volume do "espaço vazio" entre as partículas, o volume das partículas em si não é significativo. Uma maneira de avaliar a validade dessa afirmativa é definir o caminho livre médio das partículas. O **caminho livre médio** é a distância média que uma partícula se movimenta entre as colisões com outras partículas. No ar, em temperatura ambiente e pressão atmosférica, o caminho livre médio é de aproximadamente 70 nm, um valor 200 vezes maior que o raio normal de uma molécula pequena como N_2 ou O_2. (Para comparação, as moléculas em um líquido em geral têm um caminho livre médio aproximadamente igual a um raio molecular.) Quando consideramos a relação cúbica entre volume e distância, a diferença no volume é na ordem de 200^3, ou 8×10^6. Assim, o volume do espaço vazio em um gás em temperatura e pressão ambiente é na ordem de 1 milhão de vezes maior que o volume das moléculas individuais. A suposição na teoria cinética de que o volume das moléculas é desprezível parece razoável sob essas condições.

Em que circunstâncias essa suposição não é válida? Não podemos geralmente aumentar substancialmente o tamanho das moléculas variando as condições, logo a única maneira de os volumes tornarem-se mais comparáveis é "comprimir" as moléculas, diminuindo o volume. Em condições de alta pressão, quando os gases estão altamente comprimidos, o volume das moléculas individuais pode tornar-se significativo e a suposição de que o gás comporta-se idealmente não se justifica (veja a **Figura 5.8a**). Isso faz sentido se percebermos que uma maneira de condensar um gás em líquido é comprimi-lo, e naturalmente não esperamos que a lei de gás ideal se mantenha para um líquido.

Os postulados também informam que as moléculas de gás sempre se movem em linha reta e interagem entre si apenas por meio de colisões perfeitamente elásticas. Outra maneira de dizer isso é falar que as moléculas nem se atraem nem se repelem. Se isso fosse estritamente verdadeiro, as moléculas nunca se manteriam juntas, e seria

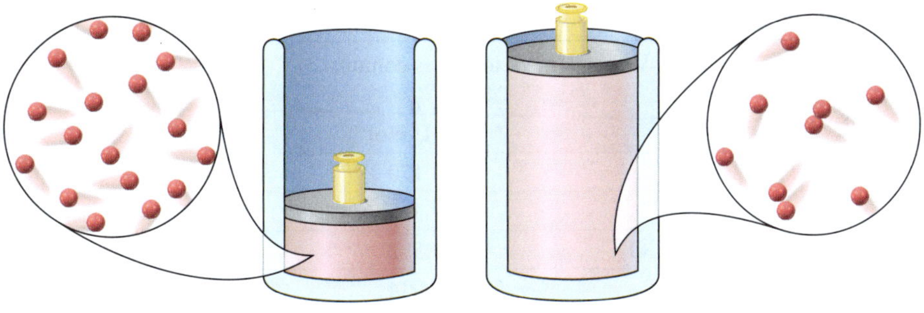

(a) Alta pressão (b) Baixa temperatura

Figura 5.8 O modelo de gás ideal não se justifica em pressões mais altas e baixas temperaturas. **(a)** Em altas pressões, a distância média entre as moléculas diminui, e a suposição de que o volume das moléculas em si seja desprezível torna-se menos válida. **(b)** Em temperaturas baixas, as moléculas movimentam-se mais lentamente e as forças atrativas entre as moléculas podem provocar colisões "grudentas", como mostrado aqui pelas moléculas emparelhadas.

impossível condensar um gás em líquido ou sólido. Evidentemente, devem haver algumas forças atrativas entre as moléculas, um tópico que exploraremos em mais detalhes no Capítulo 8. O modelo de gás ideal funciona porque, em muitas condições, essas forças atrativas são desprezivelmente pequenas se comparadas à energia cinética das próprias moléculas. O fato de as forças provocarem a formação de líquidos e sólidos aponta para as condições sob as quais elas se tornam importantes. Sabemos que os gases se condensarão se diminuirmos suficientemente a temperatura. A razão para isso é que, em temperaturas mais baixas, a energia cinética das moléculas diminui, e eventualmente a intensidade das forças atrativas entre as moléculas se tornará comparável à energia cinética. Nesse ponto, as moléculas começarão a sofrer colisões "grudentas", como mostra a **Figura 5.8b**. Isso significa que pares ou pequenos aglomerados de moléculas podem ficar em contato por um curto período, em vez de sofrerem simples colisões de "bolas de sinuca". Essa tendência para as moléculas se manterem juntas, mas de forma transitória, reduzirá o número de vezes em que as moléculas colidem com as paredes do recipiente, logo a pressão do gás será menor que a prevista pela equação de gás ideal.

Corrigindo a equação de gás ideal

Quando os postulados da teoria cinética não são válidos, o gás observado não obedecerá à equação de gás ideal. Em muitos casos, incluindo uma variedade de aplicações de engenharia importantes, os gases precisam ser tratados como não ideais, e descrições matemáticas empíricas devem ser desenvolvidas. ▸ Existem muitas equações que podem ser usadas para descrever o comportamento de gás ideal. A mais utilizada é provavelmente a **equação de van der Waals**:

Uma equação empírica contém um ou mais parâmetros ajustáveis encontrados a partir dos melhores ajustes aos dados observados em vez de um modelo teórico.

$$\left(P + \frac{an^2}{V^2}\right)(V - nb) = nRT \tag{5.14}$$

Aqui, a e b são chamados de constantes de van der Waals. Diferentemente da constante de gás ideal (R), os valores dessas constantes devem ser ajustados para cada gás específico. Se um gás se comporta idealmente, tanto a quanto b são zero, e a equação de van der Waals se reverte na equação de gás ideal. Quando se analisa mais detalhadamente a conexão dessa equação com a equação de gás ideal, observa-se que o termo envolvendo a responde pela atração entre as partículas no gás. O termo envolvendo b ajusta para o volume ocupado pelas partículas de gás. A **Tabela 5.2** fornece os valores das constantes de van der Waals para alguns gases. Observe que moléculas maiores têm valores superiores para b, consistente com o seu papel em explicar o volume das próprias moléculas. O maior valor de a relacionado é para o HF. Isso significa que, quando comparadas a outros gases, as moléculas de HF interagem mais entre si e exigem correções maiores em relação ao comportamento ideal. Quando considerarmos ligação química nos próximos capítulos, começaremos a entender por que isso é verdadeiro. O Problema-modelo 5.8 demonstra o uso da equação de van der Waals.

Tabela ▪ 5.2

Constantes de van der Waals para vários gases comuns

Gás	*a* (atm L² mol⁻²)	*b* (L mol⁻¹)
Amônia, NH_3	4,170	0,03707
Argônio, Ar	1,345	0,03219
Dióxido de carbono, CO_2	3,592	0,04267
Hélio, He	0,034	0,0237
Hidrogênio, H_2	0,2444	0,02661
Fluoreto de hidrogênio, HF	9,433	0,0739
Metano, CH_4	2,253	0,04278
Nitrogênio, N_2	1,390	0,03913
Oxigênio, O_2	1,360	0,03183
Dióxido de enxofre, SO_2	6,714	0,05636
Água, H_2O	5,464	0,03049

Problema-modelo ◂ 5.8

No Problema-modelo 5.1, consideramos o CH_4 armazenado em um cilindro com um volume de 49,0 L. Quando vazio, o cilindro tem uma massa de 55,85 kg e, quando cheio, sua massa é de 62,07 kg. Calcule a pressão de CH_4 no tanque a uma temperatura ambiente de 21°C, usando tanto a equação de gás ideal quanto a equação de van der Waals. Qual é a correção percentual alcançada por meio do uso mais realístico da equação de van der Waals?

Estratégia Usaremos dois modelos diferentes para descrever o mesmo gás, e cada modelo será representado pela sua própria equação. Logo, faremos dois cálculos independentes, achando *P* em cada caso. Podemos encontrar a massa de CH_4 a partir dos dados fornecidos e converter a massa em quantidade de matéria usando a massa molar. A constante de van der Waals para o CH_4 pode ser encontrada na Tabela 5.2. Para calcularmos a diferença percentual, dividiremos a diferença entre os dois números pelo valor para o caso do gás ideal.

Solução

$$\text{Massa de CH}_4 = \text{massa do cilindro cheio} - \text{massa do cilindro vazio}$$

$$= 62{,}07 \text{ kg} - 55{,}85 \text{ kg} = 6{,}22 \text{ kg} = 6.220 \text{ g}$$

$$\text{Quantidade de matéria de gás} = 6.220 \text{ g CH}_4 \times \frac{1 \text{ mol CH}_4}{16{,}04 \text{ g CH}_4} = 388 \text{ mol CH}_4$$

Gás ideal:

$$P = \frac{nRT}{V} = \frac{(388 \text{ mol})(0{,}08206 \text{ L atm mol}^{-1} \text{ K}^{-1})(294\text{K})}{49{,}0 \text{ L}} = 191 \text{ atm}$$

van der Waals:

$$a = 2{,}253 \text{ L}^2 \text{ atm mol}^{-2}, b = 0{,}04278 \text{ L mol}^{-1}$$

$$P = \frac{nRT}{V - nb} - \frac{n^2 a}{V^2}$$

$$= \frac{(388 \text{ mol})(0{,}08206 \text{ L atm mol}^{-1} \text{ K}^{-1})(294\text{K})}{49{,}0 \text{ L} - (388 \text{ mol})(0{,}0428 \text{ L mol}^{-1})}$$

$$- \frac{(388 \text{ mol})^2(2{,}25 \text{ L}^2 \text{ atm mol}^{-2})}{(49{,}0 \text{ L})^2}$$

$$= 148 \text{ atm}$$

Correção percentual:

$$\frac{191 - 148}{191} \times 100\% = 23\%$$

Discussão A correção aqui é bem significativa. Se você observar as pressões calculadas, perceberá que são bem altas. Recorde-se que a lei de gás ideal funciona melhor em pressões baixas e temperaturas altas. Neste exemplo, a pressão é suficientemente alta e o modelo de gás ideal é uma descrição bem pobre do comportamento real do gás. Não obstante, a simplicidade da lei de gás ideal a transforma em bom ponto de partida para muitos cálculos. Em uma aplicação prática, seria crucial para um engenheiro reconhecer as condições sob as quais a suposição de comportamento de gás ideal pode não ser razoável.

Verifique seu entendimento Sob condições menos extremas, as correções para o comportamento não ideal são menores. Calcule a pressão de 0,500 mol de metano ocupando 15,0 L a 25,7°C, usando tanto a equação da lei de gás ideal quanto a equação de van der Waals. Compare a correção percentual com aquela calculada no exemplo anterior.

POR DENTRO DE O fogão a gás em sua cozinha conta com um sistema que inclui mais de 3.200.000 quilômetros de dutos trabalhando juntos para fornecer o recurso de energia de que você precisa. Utilizando o pensamento sistêmico, podemos identificar as pressões presentes em várias etapas ao longo do caminho, como forma de enquadrar a discussão sobre gases reais *versus* ideais. Quando você acende o fogão, a pressão do gás natural é de aproximadamente 0,25 psi. ▸ Em muitos locais, isso é próximo da pressão nas linhas de gás que entram no seu prédio. Mas em outros, a pressão da linha pode ser maior, de modo que os fogões a gás têm reguladores de pressão para garantir que ocorra a queima apropriada e segura. Os gasodutos interestaduais de transporte de gás natural, no entanto, operam a pressões que variam de 200 a 1.500 psi, então os engenheiros geralmente tratam os gases que fluem através deles como gases reais, em vez de ideais. Um aspecto importante do sistema é chamado de "City Gate", que é conectado aos dutos de transporte, mas reduz a pressão para entrega a clientes comerciais e residenciais. Como é frequentemente verdade onde a química e a engenharia se fundem, pensar no sistema geral apresenta desafios e oportunidades importantes para aplicar os princípios fundamentais.

Este é um exemplo do que é chamado de pressão manométrica, significando que a pressão é na verdade 0,25 psi maior que a pressão atmosférica.

POR DENTRO DE

5.7 Sensores de gás

A Agência de Proteção Ambiental (EPA), dos Estados Unidos, enumera mais de 180 substâncias como poluentes atmosféricos tóxicos e especifica níveis aceitáveis. Para alguns poluentes, concentrações aceitáveis podem ser inferiores a uma **parte por milhão (ppm)**, o que significa uma molécula por milhão. Para rastrearmos os efeitos dos poluentes em níveis de traços, inicialmente devemos ser capazes de medir de forma confiável suas concentrações. Uma maneira de descrever a concentração de um gás é relatar a sua pressão ou pressão parcial. Apesar de um barômetro de mercúrio bastante similar a um que deve ter sido usado centenas de anos atrás permitir monitorar o clima, ele não será muito útil aqui. Em vez disso, precisaremos contar com instrumentos mais modernos que oferecem vantagens fundamentais sobre os barômetros. Com uma variedade de dispositivos atuais, é possível medir pressões ou variações na pressão excessivamente pequenas. Alguns podem também medir seletivamente a pressão parcial de um componente específico em uma mistura de gases. Nesta seção, observaremos alguns exemplos representativos e tentaremos mostrar como os seus projetos inteligentes exploram as propriedades básicas dos gases para fazer medidas incrivelmente sensíveis.

Manômetro de capacitância

O termo manômetro *refere-se a qualquer dispositivo para medir pressão.*

Um sensor usado frequentemente para medir a pressão no laboratório é o **manômetro de capacitância.** Esse tipo de calibrador de pressão, mostrado na **Figura 5.9**, explora diretamente o fato de que a pressão é força por unidade de área.

Como você deve saber das suas aulas de física, o capacitor é um componente eletrônico. Uma maneira de criar um capacitor é posicionar duas placas metálicas em paralelo com um espaço entre elas. Em tal arranjo, a distância entre as placas determina a capacitância. Um manômetro de capacitância é baseado no capacitor no qual uma dessas placas é na realidade um diafragma metálico fino, e o outro é fixo e rígido. O espaço entre as placas é mantido sob o vácuo. Conectamos o sensor de tal modo que o outro lado do diafragma está exposto ao gás cuja pressão queremos medir. A pressão do gás produz uma força no diafragma, fazendo com que ele se dobre em direção à segunda placa (fixa) do capacitor. Esta, por sua vez, muda a capacitância do dispositivo. Se construirmos um circuito elétrico no qual o capacitor é um componente, poderemos medir uma voltagem naquele circuito que estará relacionado à pressão aplicada ao diafragma. Para fazer um sensor fácil de usar, o circuito deverá ser projetado de tal maneira que possamos medir uma única voltagem cujo valor é diretamente proporcional à pressão. O monitoramento da voltagem permite ver quaisquer variações na pressão.

Os manômetros de capacitância são mais usados para medir pressões na faixa de 0,001-1000 torr. Essa faixa inclui níveis moderados de vácuo bastante encontrados em laboratório. Uma vantagem desse tipo de calibrador é que praticamente não tem partes móveis. Desde que o diafragma não seja danificado, o calibrador deve funcionar com confiabilidade por períodos de tempo muito longos.

Calibrador termoacoplado

Tanto o barômetro quanto o manômetro de capacitância respondem de forma razoável diretamente à força exercida pelas moléculas de gás. Mas nem todos os sensores de pressão funcionam desse modo. Um dispositivo útil de medir pressão pode ser baseado em qualquer propriedade do gás que varie previsivelmente com a pressão.

As pressões entre 0,01 e aproximadamente 1,0 torr, por exemplo, são frequentemente medidas por um calibrador termoacoplado (**Figura 5.10**). Um filamento fino é aquecido passando-se uma corrente elétrica fixa através dele, e a temperatura do filamento é medida por meio de um dispositivo chamado termoacoplador. Então, como essa medida informa alguma coisa sobre a pressão? O filamento está em contato com o gás cuja pressão queremos determinar. À medida que as moléculas naquele gás colidem com o filamento quente, tendem a levar alguma energia, reduzindo a temperatura do filamento. Quanto maior for a pressão, mais moléculas colidirão com o filamento, e menor será a temperatura do filamento. O termoacoplador produz uma voltagem relacionada à temperatura do filamento e, por conseguinte, à pressão do gás. Um dispositivo de leitura conectado ao calibrador "traduz" a voltagem de saída em unidades de pressão.

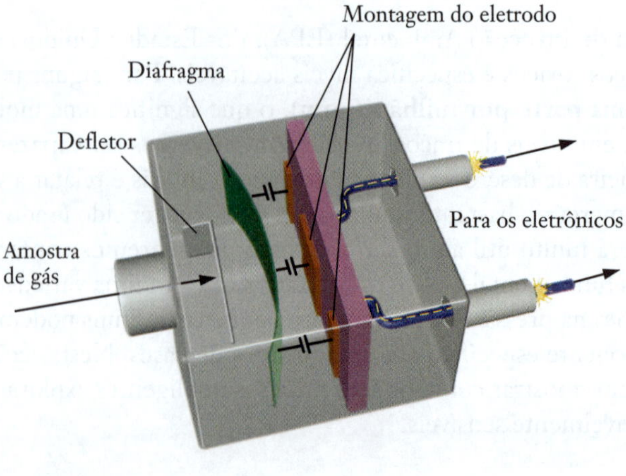

Figura 5.9 Diagrama de um manômetro de capacitância. O tubo à esquerda está conectado à amostra de gás cuja pressão deve ser medida. À medida que as moléculas de gás batem no diafragma, a força das colisões determina o espaço entre o diafragma e as montagens de eletrodo fixo.

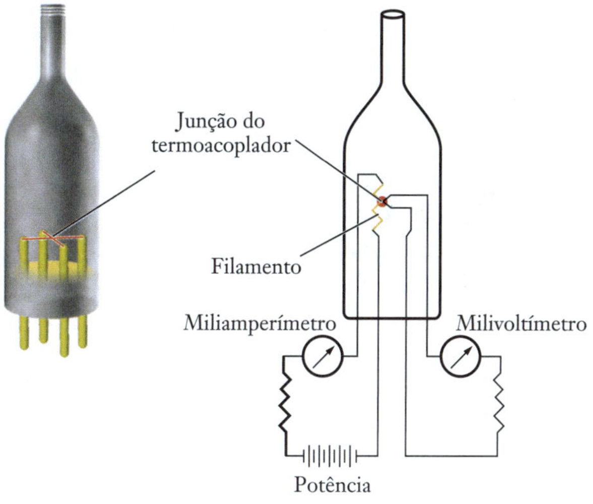

Figura 5.10 Diagrama de um calibrador termoacoplado. Uma corrente elétrica aquece o filamento, e um termoacoplador monitora a temperatura do filamento. As moléculas de gás colidem com o filamento e o esfriam. Quanto maior for a pressão, menor será a temperatura do filamento. Um circuito de leitura normalmente converte a temperatura medida do filamento em unidades de pressão para o visor.

Calibrador de ionização

Os manômetros de capacitância podem ser eficazes para pressões tão baixas quanto 0,001 torr. Trata-se de uma pressão muito baixa, quase acima de um milionésimo de atmosfera. Mas, em determinados tipos de experimentos, como estudos de superfícies metálicas extremamente limpas, vácuos de laboratório tão baixos como 10^{-11} torr são necessários. ▸ Em pressões tão baixas, não é mais factível medir a força produzida pelas colisões moleculares, logo outros tipos de calibradores são necessários. O mais comum deles é o **calibrador de ionização**, da **Figura 5.11**.

As pressões na ordem de 10^{-14} torr são encontradas no espaço.

Uma corrente elétrica fixa flui através do filamento do calibrador de ionização, aquecendo-o até que fique vermelho. Nessas altas temperaturas, os átomos metálicos no filamento emitem elétrons. Alguns desses elétrons colidem com as moléculas de gás, e o impacto resultante pode arrancar um elétron da molécula, produzindo um íon positivo. Suponha que parte ou todo o gás presente seja N_2. Os elétrons do filamento então produziriam íons N_2^+ por meio de um processo assim descrito:

$$e^- + N_2 \rightarrow N_2^+ + 2\,e^-$$

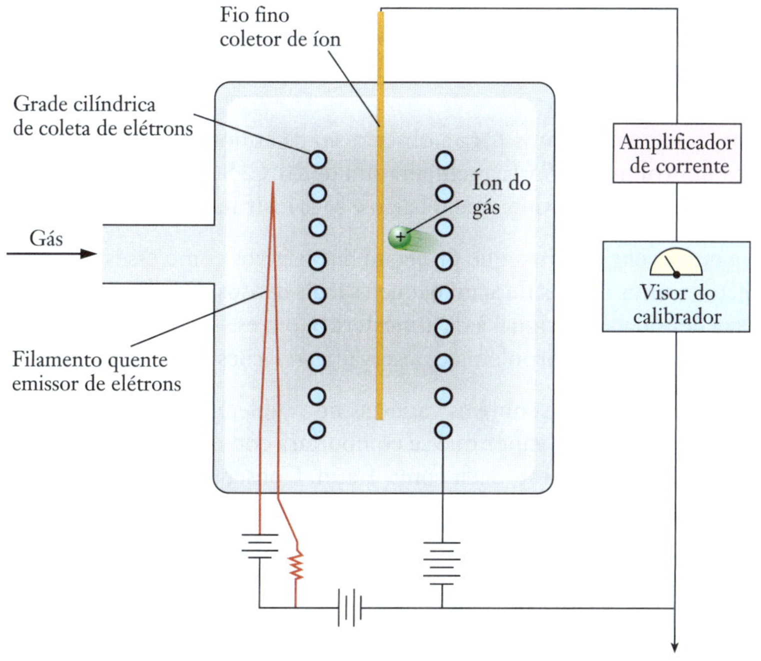

Figura 5.11 Diagrama de um calibrador de ionização. Os elétrons emitidos do filamento quente colidem com as moléculas de gás e arrancam um elétron. Os cátions resultantes são coletados no centro do calibrador, e a corrente que produzem é uma medida da pressão do gás. (O desenho não está em escala e exagera muito o tamanho do íon gasoso.)

A foto mostra (da esquerda para a direita) um calibrador termoacoplado, um manômetro de capacitância e um calibrador de ionização. A eletrônica necessária para operar os calibradores não são apresentadas.

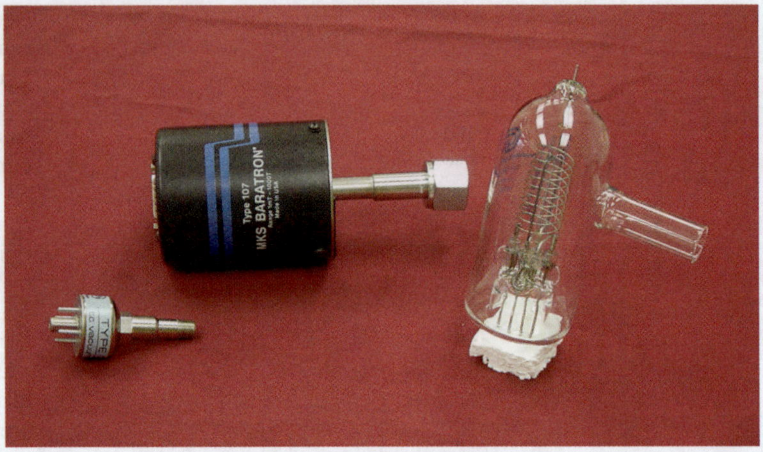

Os íons positivos resultantes são então coletados por uma grade. A medida da corrente que flui para a grade mostrará quantos íons foram coletados. O número de íons formados será proporcional ao número de moléculas de gás na região do calibrador: mais gás permitirá que mais íons sejam formados. Por fim, é necessário compreender que o número de moléculas presentes é proporcional à pressão. Na prática, o mesmo dispositivo eletrônico que lê a corrente também será calibrado de tal forma que possa mostrar diretamente a leitura como pressão.

Espectrômetro de massas

Tanto o manômetro de capacitância quanto o calibrador de ionização medem a pressão total de um gás. No entanto, se quisermos medir o nível de um poluente no ar, por exemplo, será necessário conhecer sua pressão parcial. Pode-se medir a pressão parcial com um espectrômetro de massas, visto anteriormente na Figura 2.4. Como ocorre no calibrador de ionização, as moléculas de gás são convertidas em íons positivos pelo bombardeamento de elétrons. Mas, antes de os íons serem coletados, são enviados através de um campo magnético que serve como filtro de massas e classifica o fluxo de íons pela massa. Nesse arranjo, a corrente medida consiste apenas em íons com uma massa escolhida. Esse processo permite monitorar a pressão parcial de um gás e observar os íons de massa correspondente. Os controles eletrônicos permitem que esses instrumentos varram uma faixa de massas e indiquem a pressão parcial de um número de componentes na mesma mistura de gases.

ENFOQUE NA RESOLUÇÃO DE PROBLEMAS

Questão Um balão deve ser usado para que instrumentos para a observação da atmosfera superior flutuem no ar. No nível do mar, esse balão ocupa um volume de 95 L a temperatura de 20°C. Se o gás hélio for usado para encher o balão, como você determinará a altura máxima que o balão e seus instrumentos atingirão?

Estratégia Trata-se de uma questão a que os engenheiros que projetam dispositivos como esses devem responder. A lei da natureza aqui é que objetos menos densos flutuam naqueles mais densos. O balão flutuará para cima até que atinja uma altura em que sua densidade seja igual à da atmosfera. Com esse entendimento, é possível definir as variáveis necessárias para a resolução do problema e observar as relações entre essas variáveis.

Solução Inicialmente, deve-se identificar o que se sabe sobre as variáveis no problema. No caso, temos um gás que estará a pressões mais baixas, portanto podemos supor que se comportará como um gás ideal. Lançaremos o balão ao nível do mar, onde a pressão pode ser estimada como 1 atm. Consequentemente, podemos estabelecer a pressão, o volume e a temperatura iniciais. Conhecemos também a massa molar do hélio.

A relação-chave é fornecida pela lei de gás ideal que permite a habilidade de calcular a densidade. Para tanto, pense sobre n/V como a quantidade de matéria por unidade de volume. Isso é igual à densidade (massa) dividida pela massa molar. Substituindo n/V por essa relação, temos uma lei de gás em termos de densidade:

$$P = \frac{\rho RT}{MM}, \text{ ou } \rho = \frac{MM \cdot P}{RT}$$

Quando se observa esse conjunto de equações, verifica-se que a importância da temperatura e da pressão é aparente.

Uma vez que a condição-chave é o ponto no qual a densidade do hélio no balão é igual àquela da atmosfera, devemos procurar ou determinar a densidade da atmosfera como uma função da altitude. A fonte dessa informação pode também fornecer a temperatura e a pressão da atmosfera como uma função da altitude.

Com T e P, é possível obter a densidade do hélio a várias altitudes, por meio da equação indicada anteriormente. Para obtermos a densidade da atmosfera como uma função da altitude, podemos encontrar a altitude na qual esse cálculo se iguala ao valor encontrado para estimar a altura máxima que pode ser atingida pelo balão. Devemos reconhecer, no entanto, que a massa dos instrumentos deve ser considerada se quisermos uma resposta exata para este tipo de problema.

Resumo

O estudo dos gases foi extremamente importante no desenvolvimento de uma descrição molecular da matéria e ainda nos oferece um vislumbre das conexões entre comportamento molecular e propriedades macroscopicamente observáveis.

Para entendermos os gases, precisamos pensar em geral em termos de quatro variáveis-chave: pressão, temperatura, volume e quantidade. A pressão pode ser medida em faixas grandes por vários dispositivos, desde os tradicionais barômetros até os modernos espectrômetros de massas. Para entender a origem da pressão dos gases, é fundamental compreender que as moléculas no gás exercem força quando colidem com os objetos. Apesar de qualquer colisão molecular individual conceder apenas uma força minúscula, o grande número de tais colisões em uma amostra macroscópica de gás é o suficiente para obter valor mensurável.

Para muitas aplicações, a lei de gás ideal, $PV = nRT$, fornece o instrumental necessário para o entendimento quantitativo dos gases. Essa equação inclui a constante universal dos gases, R, em adição às quatro variáveis que acabamos de observar. Essa equação pode ser utilizada de diversas maneiras, e uma característica importante para qualquer uma delas é observar cuidadosamente as unidades usadas. A própria equação só é válida em uma escala termodinâmica, normalmente a escala Kelvin. Apesar de a pressão e o volume poderem ser expressos em quaisquer unidades convenientes, devemos expressar R em unidades que sejam compatíveis com as outras variáveis. A lei de gás ideal pode ser usada para determinar variações em uma variável para um único gás – basicamente recriando leis de gases históricas, como as leis de Boyle ou de Charles. Ela também permite estender nossa metodologia aos problemas estequiométricos para incluir reações envolvendo gases. Ao aplicarmos a lei de gás ideal a cada componente das misturas de gases, podemos entender o conceito de pressão parcial e calcular a contribuição de cada gás na mistura.

Os postulados da teoria cinética molecular fornecem uma explicação em escala molecular do significado para um gás do que é ser ideal. Um exame cuidadoso desses postulados também aponta para as condições nas quais os gases são mais prováveis de desviar do comportamento ideal: altas pressões e baixas temperaturas. Nessas condições, as equações empíricas, como a de van der Waals, podem responder pelos observáveis desvios do comportamento ideal.

Termos-chave

atmosfera (atm) (5.2)
barômetro (5.2)
calibrador de ionização (5.7)
caminho livre médio (5.6)
constante universal dos gases (R) (5.1)
distribuição de Maxwell-Boltzamann (5.6)
equação de van der Waals (5.6)
fração em quantidade de matéria (5.4)
fraturamento hidráulico (5.1)
função de distribuição (5.6)
lei de Avogadro (5.3)
lei de Boyle (5.3)
lei de Charles (5.3)
lei de Dalton das pressões parciais (5.4)
lei dos gases ideais (5.1)
líquidos de gás natural (L6N) (5.1)
manômetro de capacitância (5.7)
parte por milhão (5.7)
pascal (Pa) (5.2)
pressão (5.2)

pressões parciais (5.4)
temperatura e pressão padrão (CNTP) (5.5)
temperatura termodinâmica (5.3)
teoria cinética molecular (5.6)
torr (5.2)
velocidade mais provável (5.6)
velocidade média (5.6)
velocidade média quadrática (5.6)

Problemas e exercícios

POR DENTRO DE Produção de gás natural

5.1 As pessoas às vezes usam os termos gás natural e metano de forma intercambiável. Explique por que isso não está completamente correto.

5.2 Quais gases, além do metano, podem mais provavelmente ser encontrados no gás natural quando são recuperados pela primeira vez nas operações de mineração?

5.3 Quais usos possíveis existem para os líquidos de gás natural que são removidos do gás natural durante seu processamento?

5.4 Como o fraturamento hidráulico difere das técnicas utilizadas anteriormente para a recuperação do gás natural da Terra?

5.5 O que se entende por *perfuração horizontal* e como ela difere dos métodos tradicionais de perfuração para recuperação de gás natural e petróleo?

5.6 Use a internet para determinar quais áreas dos Estados Unidos fizeram uso mais amplo do fraturamento hidráulico. A produção atual de gás natural dessas áreas é menor, maior ou igual à de cinco anos atrás?

5.7 Uma propriedade observável dos gases é a variabilidade da densidade baseada nas condições padrão. Use esta observação para explicar por que os balões de ar quente sobem.

Pressão

5.8 Se você está martelando um prego e erra, o martelo pode marcar a madeira, mas não penetrá-la. Use o conceito de pressão para explicar essa observação.

5.9 Como os gases exercem pressão atmosférica?

5.10 Por que os alpinistas precisam usar aparelhos de respiração nos topos das montanhas mais altas, como em Denali, no Alasca?

5.11 Se você tivesse um líquido cuja densidade fosse metade da do mercúrio, qual teria de ser a altura necessária de um barômetro construído com esse líquido para medir a pressão atmosférica em um local onde a pressão recorde registrada foi de 750 mm de Hg?

5.12 A água tem uma densidade 13,6 vezes menor que a do mercúrio. Qual teria de ser a altura de uma coluna de água necessária para medir uma pressão de 1 atm?

5.13 A água tem uma densidade 13,6 vezes menor que a do mercúrio. Se um submarino desce 1,5 km, qual a pressão em atm que a água exerce?

5.14 O vácuo acima do mercúrio na coluna de um barômetro afeta a leitura que ele fornece? Justifique sua resposta.

5.15 As pressões dos gases podem ser expressas em unidades de mm de Hg, atm, torr e kPa. Converta esses valores de pressão. **(a)** 722 mm de Hg em atm, **(b)** 1,25 atm em mm de Hg, **(c)** 542 mm de Hg em torr, **(d)** 745 mm de Hg em kPa, **(e)** 708 kPa em atm

5.16 Se a pressão atmosférica é de 97,4 kPa, qual é o valor em mm de Hg? E em atm?

5.17 Por que os ouvidos "estalam" quando se está nadando em águas profundas?

História e aplicação da lei dos gases

5.18 Quando o hélio escapa de um balão, o volume deste diminui. Baseado na sua intuição sobre borracha elástica, explique como essa observação é coerente com a lei dos gases.

5.19 Uma amostra de CO_2 tem uma pressão de 56,5 mm de Hg em um frasco de 125 mL. A amostra é transferida para um novo frasco, onde ele tem uma pressão de 62,3 mm de Hg na mesma temperatura. Qual é o volume do novo frasco?

5.20 Um gás tem um volume inicial de 39 mL a uma pressão desconhecida. Se a mesma amostra ocupa 514 mL a 720 torr, qual era a pressão inicial?

5.21 Quando você compra um balão de Mylar[MR] nos meses de inverno, em locais mais frios, o lojista frequentemente lhe dirá para não se preocupar com o fato de ele perder a forma quando o levar para casa (do lado de fora), porque retornará à forma original dentro de casa. Qual comportamento dos gases é responsável por esse fenômeno?

5.22 Calcule as variáveis faltantes em cada conjunto.

$V_1 = 2{,}0$ L, $T_1 = 15°C$, $V_2 = ?$, $T_2 = 34°C$

$V_1 = ?$, $T_1 = 149°C$, $V_2 = 310$ mL, $T_2 = 54°C$

$V_1 = 150$ L, $T_1 = 180K$, $V_2 = 57$ L, $T_2 = ?$

5.23 Uma bolha de gás forma-se dentro de um barril contendo um líquido quente. Se a bolha está originalmente a 68°C e a uma pressão de 1,6 atm com um volume de 5,8 mL, qual será seu volume se a pressão cair para 1,2 atm e a temperatura baixar para 31°C?

5.24 Enche-se um pneu de bicicleta até uma pressão de 3,74 atm a 15°C. Se o pneu for aquecido para 35°C, qual será a pressão sobre ele? Suponha que o volume do pneu não varie.

5.25 Um balão cheio de hélio tem um volume de $1{,}28 \times 10^3$ L ao nível do mar, onde a pressão é de 0,998 atm e a temperatura é de 31°C. O balão é levado para o topo de uma montanha, onde a pressão é de 0,753 atm e a temperatura é de –25°C. Qual é o volume do balão no topo da montanha?

5.26 Qual é a quantidade de matéria de um gás ideal se o volume do gás é 158 L a 14°C e a pressão é 89 de kPa?

5.27 Um gás recentemente descoberto tem densidade de 2,39 g L^{-1} a 23,0°C e 715 mm de Hg. Qual a massa molar desse gás?

5.28 Calcule a massa de cada gás na CNTP: **(a)** 1,4 L de SO_2, **(b)** 3,5 × 10^5 L de CO_2.

5.29 Quais são as densidades dos seguintes gases na CNTP? **(a)** CF_2Cl_2, **(b)** CO_2, **(c)** HCl.

5.30 Um cilindro contendo 15,0 L de gás hélio a uma pressão de 165 atm deve ser usado para encher balões de festa. Cada balão deve ser enchido com um volume de 2,0 L a uma pressão de 1,1 atm. Qual o número máximo de balões que podem ser enchidos? Suponha que o gás no cilindro esteja na mesma temperatura que os balões cheios. (Dica: O cilindro "vazio" ainda conterá hélio a 1,1 atm.)

5.31 Enche-se um cilindro com o gás tóxico COS a uma pressão de 800,0 torr a 24°C. De acordo com as especificações do fabricante, o cilindro pode se romper se a pressão exceder 35 psi (libras por polegada quadrada; 1 atm = 14,7 psi). Em que temperatura máxima o cilindro pode ser aquecido sem exceder a essa taxa de pressão?

5.32 Os cilindros de gases comprimidos são frequentemente rotulados para mostrar quantos "SCF" ou "pés cúbicos padrão" de gás eles contêm. Um SCF de gás ocupa um volume de 1 $pé^3$ a uma temperatura e pressão padrão de 0°C e 1 atm. Um cilindro específico pesa 122 lb quando vazio e 155 lb quando cheio de gás criptônio a 26°C. Quantos SCF de Kr esse cilindro contém?

Pressão parcial

5.33 Defina *pressão parcial.*

5.34 Defina *fração molar.*

5.35 Como a fração molar se relaciona com a pressão parcial?

5.36 Qual é a pressão total (em atm) exercida por uma mistura de 1,50 g de H_2 e 5,00 g de N_2 em um recipiente de 5,00 L a 25°C?

5.37 Qual é a pressão total (em atm) de um recipiente de 15,0 L a 28,0°C, que contém 3,5 g de N_2, 4,5g de O_2 e 13,0 g de Cl_2?

5.38 Para uma amostra de gás cuja pressão total é de 740 torr, quais são as pressões parciais se as quantidades de matéria de gases presentes são 1,3 mol de N_2, 0,33 mol de O_2 e 0,061 mol de Ar?

5.39 Uma amostra contendo apenas NO_2 e SO_2 tem uma pressão total de 120,0 torr. As medidas mostram que a pressão parcial de NO_2 é 43 torr. Se o recipiente tem um volume de 800,0 mL e a temperatura é de 22,0°C, qual é a quantidade de matéria de cada gás presente?

5.40 Uma amostra de gás é constituída exclusivamente de dióxido de carbono e água, e existem 259 mols de CO_2 e 513 mols de água. Se a pressão total da amostra é de 21 atm, qual é a pressão parcial de cada gás?

5.41 Uma amostra de emissão de uma chaminé foi coletada em um recipiente de 1,25 L a 752 mm de Hg e analisada. A análise mostrou 92% de CO_2, 3,6% de NO, 1,2% de SO_2 e 4,1% de H_2O em massa. Qual é a pressão parcial exercida por cada gás?

5.42 O ar é frequentemente modelado como "ar seco", ignorando a água presente. As frações molares do nitrogênio e do oxigênio no ar seco são de 0,7808 e 0,2095, respectivamente. Se a pressão atmosférica fora da água é de 0,944 atm e a pressão associada à água é de 0,039 atm, quais são as pressões parciais de nitrogênio e oxigênio?

5.43 Em um experimento, uma mistura de gases ocupa um volume de 30 L a uma temperatura de 122,5°C. A mistura contém 14,0 g de água, 11,5 g de oxigênio e 37,3 g de nitrogênio. Calcule a pressão total e a parcial de cada gás.

5.44 Um experimento está sendo realizado para testar a remoção do dióxido de enxofre dos gases liberados de uma usina de energia. A amostra inicial, que contém apenas dióxido de carbono e dióxido de enxofre, ocupa um volume de 35 L a uma temperatura de 41°C e uma pressão de 715 torr. Depois de todo o SO_2 ter sido removido, a amostra ocupa um volume de 23,5 L a uma temperatura de 29°C e uma pressão de 715 torr. Determine as pressões parciais tanto do CO_2 quanto do SO_2 na amostra inicial.

5.45 Use a internet para determinar a faixa de pressões parciais que os sensores de oxigênio devem medir no cano de descarga de motores de automóveis. Por que é importante para um engenheiro saber a quantidade de oxigênio em um fluxo de exaustão?

5.46 Use a internet para pesquisar os tipos de mistura de combustível em relação ao ar existentes em automóveis dirigidos por consumidores comuns. Calcule as pressões parciais dos gases presentes com base nas informações obtidas.

Estequiometria de reações envolvendo gases

5.47 O HCl(*g*) reage com o gás amônia, NH_3(*g*), para formar cloreto de amônio sólido. Se uma amostra de amônia ocupando 250 mL a 21°C e uma pressão de 140 torr reagir com o excesso de HCl, que massa de NH_4Cl se formará?

5.48 O gás hidrogênio é gerado quando ácidos entram em contato com determinados metais. Quando o excesso de ácido clorídrico reage com 2,5 g de Zn (o produto do metal é Zn^{2+}), qual volume de gás hidrogênio é coletado a uma pressão de 0,93 atm e a uma temperatura de 22°C?

5.49 Se você precisar de 400,0 mL de gás hidrogênio para realizar um experimento a 20,5°C e 748 torr, quantos gramas de Zn devem reagir com o excesso de HCl para que essa quantidade de gás seja obtida?

5.50 A primeira etapa no processamento do zinco metálico a partir de seu minério, ZnS, é fazê-lo reagir com O_2 de acordo com a reação,

$$2\ ZnS(s) + 3\ O_2(g) \rightarrow 2\ ZnO(s) + 2\ SO_2(g)$$

Se 620 kg de ZnS devem reagir, qual volume de oxigênio a 0,977 atm e 34,0°C é necessário (no mínimo) para realizar essa reação?

5.51 Qual volume de oxigênio a 24°C e 0,88 atm é necessário para reagir completamente via combustão com 45 g de gás metano?

5.52 Se o tetraborano, B_4H_{10}, é tratado com oxigênio, ele se queima para fornecer B_2O_3 e H_2O:

$$2\ B_4H_{10}(s) + 11\ O_2(g) \rightarrow 4\ B_2O_3(s) + 10\ H_2O(g)$$

Se uma amostra de 0,050 g de hidreto de boro se queima completamente em O_2, qual será a pressão da água gasosa em um frasco de 4,25 L a 30,0°C?

5.53 O N_2O_5 é um gás instável que se decompõe de acordo com a reação:

$$2\ N_2O_5(g) \rightarrow 4\ NO_2(g) + O_2(g)$$

Qual seria a pressão total dos gases presentes se um recipiente de 10,0 L a 22,0°C começasse com 0,400 atm de N_2O_5 e o gás se decompusesse completamente?

5.54 Uma maneira de gerar oxigênio é aquecer clorato de potássio, $KClO_3$ (o outro produto é o cloreto de potássio). Se 386 mL de oxigênio a 41°C e 97,8 kPa são gerados por essa reação, qual é a massa mínima necessária de $KClO_3$ a ser usada?

5.55 A amônia não é o único fertilizante possível. Outros incluem a ureia que pode ser produzida pela reação

$$CO_2(g) + 2\ NH_3(g) \rightarrow CO(NH_2)_2(s) + H_2O(g).$$

Um cientista tem 75 g de gelo-seco para fornecer o dióxido de carbono. Se 4,50 L de amônia a 15°C e uma pressão de 1,4 atm são adicionadas, qual reagente é limitante? Que massa de ureia será formada?

5.56 Considere a seguinte reação:

$$6\ NiO(s) + 4\ ClF_3(g) \rightarrow 6\ NiF_2(s) + 2\ Cl_2(g) + 3\ O_2(g)$$

Qual é a massa de NiO que reagirá com uma amostra de gás ClF_3, que tem uma pressão de 250 torr em um frasco de 2,5 L a 20°C?

5.57 Qual é o volume de hidrogênio gasoso produzido, em litros, pela reação de 3,43 g de ferro metálico com 40,0 mL de HCl 2,43 mol L^{-1}? O gás é coletado em 2,25 atm de pressão e 23°C. O outro produto é $FeCl_2$.

5.58 O magnésio queima-se no ar para formar tanto Mg_3N_2 quanto MgO. Que massa de cada produto seria encontrada se a queima completa de uma amostra de 3,11 g produzisse um total combinado de 5,09 g dos dois produtos?

5.59 Durante uma colisão os *air bags* automotivos enchem-se com o N_2 gasoso formado pela decomposição explosiva da azida de sódio, NaN_3:

$$2\ NaN_3(s) \rightarrow 2\ Na(s) + 3\ N_2(g)$$

Qual a massa de azida de sódio necessária para encher um *air bag* de 30,0 L a uma pressão de 1,40 atm a 25,0°C?

5.60 Os fabricantes de automóveis estão sempre pesquisando reações alternativas para a geração de gás para encher os *air bags*, em parte porque o sódio produzido na decomposição do NaN_3 (veja o Problema 5.59) apresenta preocupações de segurança. Um sistema que tem sido considerado é a oxidação da grafita pelo nitrato de estrôncio, $Sr(NO_3)_2$, como mostra a equação seguinte:

$$5\ C(s) + 2\ Sr(NO_3)_2(s) \rightarrow 2\ SrO(s) + 2\ N_2(g) + 5\ CO_2(g)$$

Suponha que um sistema esteja sendo projetado com essa reação, e o objetivo seja gerar *gás* suficiente para encher um *air bag* de 61 L e 1,3 atm a 23°C. Qual é a massa mínima de grafita a ser usada no projeto desse sistema?

5.61 Como uma etapa na sua purificação, o níquel metálico reage com o monóxido de carbono para formar um composto chamado tetracarbonilníquel, $Ni(CO)_4$, um gás a temperaturas acima de aproximadamente 316K. Enche-se um frasco de 2,00 L com gás CO para uma pressão de 748 torr a 350,0K, e então 5,00 g de Ni são adicionados. Se a reação descrita ocorrer e for até o final a uma temperatura constante, qual será a pressão final no frasco?

5.62 A dinitramida de amônio (ADN), $NH_4N(NO_2)_2$, está sendo considerada um possível substituto do cloreto de alumínio como oxidante nos foguetes impulsionadores de combustível sólido usados para lançar o ônibus espacial. Quando detonada por uma faísca, a ADN se decompõe rapidamente para produzir uma mistura gasosa de N_2, O_2 e H_2O. (*Não* se trata de uma reação de combustão. A ADN é o único reagente.) A reação libera muito calor, logo os gases são inicialmente formados em altas temperatura e pressão. O impulso do foguete resulta principalmente da expansão dessa mistura de gases. Suponha que uma amostra de 2,3 kg de ADN seja detonada e decomponha-se completamente para fornecer N_2, O_2 e H_2O. Se a mistura de gás resultante se expandir até que atinja uma temperatura de 100,0°C e uma pressão de 1,00 atm, que volume ela ocupará? A sua resposta é consistente com o uso proposto da ADN como um combustível de foguete?

5.63 Nuvens de moléculas de hidrogênio têm sido detectadas nas profundezas do espaço estelar. Estima-se que essas nuvens contenham aproximadamente 1×10^{10} moléculas de hidrogênio por m^3, com uma temperatura de apenas 25K. Usando esses dados, encontre a pressão aproximada em tal nuvem.

Nuvens de hidrogênio interestelares vistas do Telescópio Espacial Hubble

Teoria cinética molecular e gases ideais *versus* gases reais

5.64 Expresse os postulados da teoria cinética dos gases.

5.65 Coloque estes gases em ordem crescente de velocidade molecular média a 25°C: Kr, CH_4, N_2, CH_2Cl_2.

5.66 Defina *caminho médio livre*.

5.67 Existem dois parâmetros na equação de van der Waals para gases reais. Qual parâmetro corrige o volume das moléculas de gás? Use a equação para explicar sua resposta.

5.68 Calcule a pressão de 15,0 g de gás metano em um recipiente de 1,50 L a 45,0°C, usando **(a)** a lei de gás ideal e **(b)** a equação de van der Waals, considerando as constantes da Tabela 5.2.

5.69 Você quer armazenar 165 g de CO_2 gasoso em um cilindro de 12,5 L na temperatura ambiente (25°C). Calcule a pressão que o gás teria usando **(a)** a lei de gás ideal e **(b)** a equação de van der Waals. (Para o CO_2, a = 3,59 atm L^2 mol^{-2} e b = 0,0427 L mol^{-1}.)

POR DENTRO DE Sensores de gás

5.70 Os cientistas usam rotineiramente vários tipos diferentes de calibradores de pressão, e algumas vezes uma única câmara de vácuo pode ser equipada com mais de um tipo de calibrador. Por que você supõe que isso é feito?

5.71 O que é realmente medido em um sensor de pressão de calibrador de ionização? Como a medida real se relaciona com a pressão?

5.72 Use a internet para encontrar qual tipo de sensor é usado para determinar a pressão de oxigênio no cano de descarga de motores de automóveis com sistema de injeção de combustível.

5.73 Faça uma pesquisa na internet para descobrir algo sobre pelo menos outro tipo de sensor de pressão não descrito neste capítulo. Descreva como o calibrador funciona de forma que seu colega de classe possa entender.

Problemas conceituais

5.74 Por que a temperatura sempre deve ser convertida em kelvins quando trabalhamos com gases na resolução de problemas?

5.75 Qual evidência deu origem ao estabelecimento da escala de temperatura termodinâmica?

5.76 Um balão cheio até a sua capacidade máxima em uma noite fria, em um parque de diversões, estoura sem ser tocado quando levado para dentro de casa. Explique esse acontecimento.

5.77 Por que é perigoso armazenar cilindros de gás comprimido em locais que podem se tornar muito quentes?

5.78 Dos postulados da teoria cinética dos gases, quais poderão ser invalidados em condições de alta pressão dentro de vulcões?

5.79 Sob quais condições os postulados da teoria cinética dos gases deixam de ter validade?

5.80 Use a teoria cinética para explicar o que acontece à pressão exercida por um gás à medida que sua temperatura é aumentada.

5.81 A figura seguinte mostra a distribuição de velocidades para duas amostras de gás N_2. Uma amostra está a 300K e a outra a 1.000K. Qual é qual?

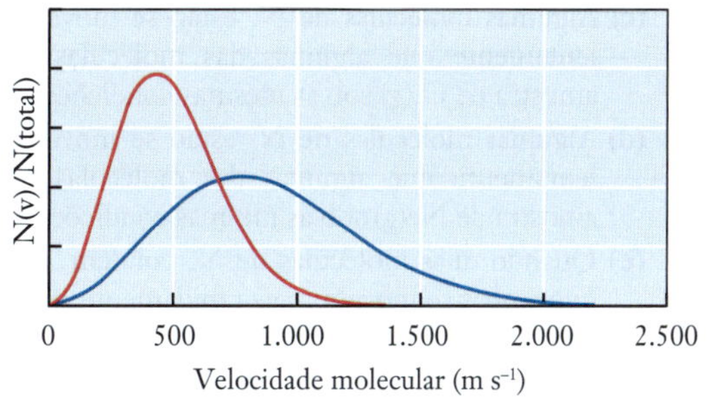

5.82 Por que os gases mais pesados se movem mais lentamente que os gases mais leves na mesma temperatura?

5.83 Suponha que as distribuições de velocidade para cada um dos seguintes gases foram adicionadas à Figura 5.7. Qual dos quatro gases na figura original mais lembrariam cada um desses? Explique sua resposta. **(a)** Ar **(b)** Ne **(c)** CH_4

5.84 Considere uma amostra de um gás ideal com n e T mantidos constantes. Qual dos gráficos a seguir representa a relação apropriada entre P e V? Como seria um gráfico para uma amostra com uma quantidade de matéria maior?

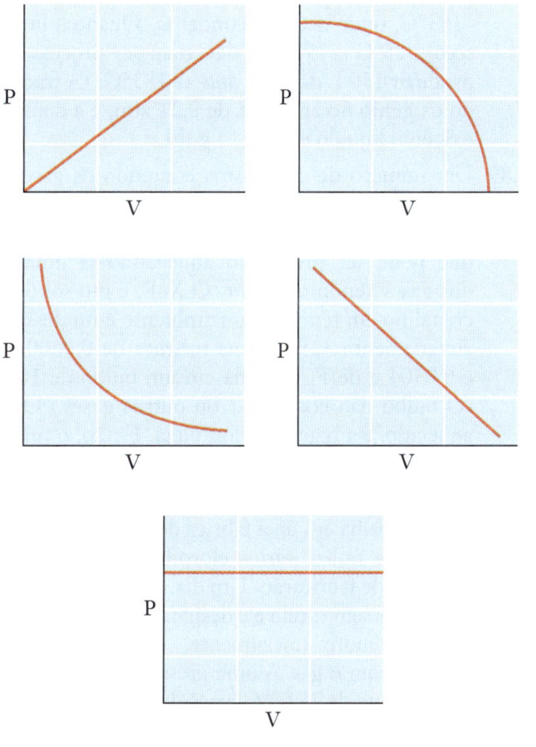

5.85 Considere uma amostra de N_2 gasoso sob condições nas quais ela obedece exatamente a lei de gás ideal. Quais destas afirmativas são verdadeiras?

(a) Uma amostra de Ne(g) sob as mesmas condições deve obedecer exatamente a lei de gás ideal.

(b) A velocidade na qual uma molécula específica de N_2 está se movimentando varia de tempo em tempo.

(c) Algumas moléculas de N_2 estão se movendo mais lentamente que algumas das moléculas em uma amostra de $O_2(g)$ sob as mesmas condições.

(d) Algumas moléculas de N_2 estão se movendo mais lentamente que algumas das moléculas em uma amostra de Ne(*g*) sob as mesmas condições.

(e) Quando duas moléculas de N_2 colidem, é possível que ambas se movam mais rapidamente após a colisão do que se moviam antes.

Problemas adicionais

5.86 Você tem quatro amostras de gás:

1. 1,0 L de H_2 na CNTP
2. 1,0 L de Ar na CNTP
3. 1,0 L de H_2 a 27ºC e 760 mm de Hg
4. 1,0 L de He a 0ºC e 900 mm de Hg

(a) Qual amostra contém o maior número de partículas de gás (átomos ou moléculas)?

(b) Qual amostra contém o menor número de partículas de gás?

5.87 Uma mistura de gás contém 10,0% de CH_4 e 90,0% de Ar em quantidade de matéria. Descubra a densidade desse gás a 250,0°C e 2,50 atm.

5.88 O oxigênio líquido para uso como combustível de foguete pode ser produzido pelo resfriamento do ar seco a –183°C, onde o O_2 se condensa. Quantos litros de ar seco a 25°C e 750 torr deveriam ser processados para produzir 150 L de O_2 *líquido* a –183°C? (A fração molar do oxigênio no ar seco é de 0,21 atm, e a densidade do oxigênio líquido é de 1,14 g mL^{-1}.)

5.89 Um número de compostos contendo os gases nobres mais pesados, especialmente xenônio, tem sido preparado. Um deles é o hexafluoreto de xenônio (XeF_6), que pode ser preparado aquecendo-se uma mistura dos gases xenônio e flúor. O XeF_6 é um sólido branco cristalino em temperatura ambiente e funde-se a aproximadamente 325K. Uma mistura de 0,0600 g de Xe e 0,0304 g de F_2 é selada em um bulbo de 100,0 mL. (O bulbo não contém ar ou outros gases.) O bulbo é aquecido, e a reação se completa. Então, o tubo selado é resfriado a 20,0°C. Qual será a pressão final no bulbo, expressa em torr?

5.90 Você trabalha em uma fábrica de produção de semicondutor que utiliza vários clorofluorocarbonetos no seu processo de fabricação. Um dia, você encontra um cilindro de gás sem rótulo e é designado para descobrir o que está no cilindro. Inicialmente, você enche um frasco de 1,000 L com o gás. A uma pressão de 250,0 torr e uma temperatura de 25,00°C, você determina que a massa do gás no frasco é de 2,2980 g. Então, envia o frasco a um laboratório para que seja feita uma análise elementar. De acordo com os profissionais do laboratório, o gás contém 14,05% de C, 44,46% de F e 41,48% de Cl em massa. Descubra a fórmula molecular desse gás.

5.91 Uma amostra de 0,2500 g de uma liga de Al-Zn reage com HCl para formar hidrogênio gasoso:

$$2\,Al(s) + 6\,H^+(aq) \rightarrow 2Al^{3+}(aq) + 3\,H_2(g)$$

$$Zn(s) + 2\,H^+(aq) \rightarrow Zn^{2+}(aq) + H_2(g)$$

O hidrogênio produzido tem um volume de 0,147 L a 25°C e 755 mm de Hg. Qual é a porcentagem de zinco na liga?

5.92 Uma mistura de Ar (0,40 mol), O_2 (0,50 mol) e CH_4 (0,30 mol) exerce uma pressão de 740 mm de Hg. Se o metano e o oxigênio forem incendiados e ocorrer uma combustão completa, qual é a pressão final de Ar, CO_2, H_2O e o restante do reagente em excesso? Qual é a pressão total do sistema?

5.93 A combustão completa do octano pode ser usada como modelo para a queima da gasolina:

$$2\,C_8H_{18} + 25\,O_2 \rightarrow 16\,CO_2 + 18\,H_2O$$

Supondo que essa equação forneça um modelo razoável do processo de combustão real, qual volume de ar a 1 atm e 25°C deve ser tomado para dentro do motor para queimar 1 galão de gasolina? (A pressão parcial de oxigênio no ar é de 0,21 atm, e a densidade do octano líquido é de 0,70 g mL^{-1}.)

5.94 Os engenheiros de minas frequentemente têm de lidar com gases quando planejam a escavação de carvão. Alguns desses gases, incluindo metano, podem ser capturados e usados como combustível para dar suporte à operação de mineração. Para uma mina específica, 2,4 g de CH_4 estão presentes para cada 100,0 g de carvão que são extraídos. Se 45,6% do metano podem ser capturados e a produção diária da mina é de 580 toneladas de carvão, qual a quantidade de matéria de metano que poderia ser obtida por dia?

5.95 Alguns projetos de engenharia pedem o uso de ar comprimido para trabalhos subterrâneos. Se estiver presente água com íons de ferro (II), o oxigênio no ar comprimido pode reagir de acordo com a seguinte equação iônica líquida não balanceada:

$$Fe^{2+} + H^+ + O_2 \rightarrow Fe^{3+} + H_2O$$

(a) Escreva a equação iônica líquida balanceada. Lembre-se de que as quantidades de cada substância e de cargas devem estar balanceadas. **(b)** Suponha que todo o oxigênio do ar comprimido de 650 L a 15°C e 6,5 atm seja perdido pela reação. Qual a massa de água que seria produzida? (A fração em mol de oxigênio no ar é de 0,21.) **(c)** Qual será a pressão final depois da perda do oxigênio?

5.96 Você está projetando um sistema de alarme para uma unidade de fabricação de semicondutores que deve ter menos de 1.000 moléculas de oxigênio por cm^3 para operar com sucesso. Ao pesquisar as possíveis opções de projeto, descobre um novo sensor que pode detectar pressões parciais de oxigênio na faixa de 1–2 μbar. Esse sensor poderia ser usado como base para o seu sistema de alarme? Justifique sua resposta.

5.97 As casas nas áreas rurais onde o serviço de gás encanado não está disponível normalmente fazem uso de propano como combustível para o fogão. O propano é armazenado como um líquido e o gás a ser queimado é produzido à medida que o líquido evapora. Suponha que um arquiteto o contratou como consultor para a escolha de um cilindro de propano para uma nova casa. O *gás* propano consumido em 1,0 hora por uma boca de calibre normal em alta potência ocuparia aproximadamente 165 L a 25°C e 1,0 atm e a faixa escolhida pelo cliente será de seis bocas. Se o cilindro em consideração suporta 500,0 galões de propano *líquido*, qual é o número mínimo de horas que levaria, para, nessa faixa de consumo, consumir o cilindro de propano cheio? A densidade do propano *líquido* é de 0,5077 kg L^{-1}.

5.98 Considere o aparelho mostrado a seguir, no qual dois bulbos de 1,00 L estão inicialmente separados um do outro por uma torneira fechada. Um bulbo está cheio com 500 torr de dióxido de enxofre e o outro com 400 torr de oxigênio e todo o aparelho está a uma temperatura inicial de 27°C.

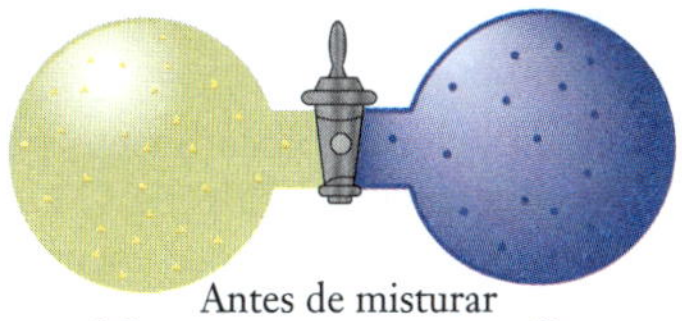

Antes de misturar

SO_2	O_2
V 5 1,00 L	V 5 1,00 L
P 5 5,00 3 10^2 torr	P 5 4,00 3 10^2 torr
T 5 27°C	T 5 278C

A torneira separando os bulbos é aberta de tal forma que os gases se misturam, todo o recipiente é aquecido e os dois gases reagem para produzir a quantidade máxima possível de SO_3. Se o recipiente estiver em uma temperatura final de 600K quando a reação chegar ao fim, qual é a pressão total?

5.99 O dióxido de nitrogênio (NO_2) gasoso puro não pode ser obtido, porque o NO_2 *dimeriza*, ou combina-se com ele mesmo, para produzir uma mistura de NO_2 e N_2O_4. Uma mistura específica de NO_2 e N_2O_4 tem uma densidade de 2,39 g L^{-1} a 50°C e 745 torr. Qual é a pressão parcial de NO_2 na mistura?

5.100 Um dos gases nobres (grupo 18 na tabela periódica) tem a densidade de 1,783 g L^{-1} a 0°C e 1 atm. Qual é esse gás nobre?

5.101 Uma mistura de $CH_4(g)$ e $C_3H_8(g)$ com uma pressão total de 425 torr é preparada em um recipiente de reação. Adiciona-se $O_2(g)$ exatamente suficiente para completar a combustão dos dois hidrocarbonetos. A mistura gasosa é incendiada e a mistura resultante de $CO_2(g)$ e $H_2O(g)$ é resfriada de volta para a temperatura inicial. Se a pressão total dos produtos é de 2,38 atm, qual é a fração molar de C_3H_8 na mistura original?

5.102 Uma mistura dos gases hélio e neônio tem uma densidade de 0,285 g L^{-1} a 31,0°C e 374 torr. Encontre a fração molar do neônio na mistura.

5.103 Os engenheiros aeroespaciais algumas vezes escrevem a lei dos gases em termos da massa de gás em vez da quantidade de matéria:

$$PV = mR_{\text{espec.}}T$$

Em tal formulação, a massa molar do gás deve ser incorporada ao valor da constante do gás, o que significa que a constante de gás difere de um gás para outro. (Escrevemos a constante dos gases aqui como $R_{\text{espec.}}$ para enfatizar esse ponto. Muitos textos de engenharia usam notações diferentes para distinguir entre as constantes universal e específica dos gases.) **(a)** Sugira uma razão do porquê essa abordagem pode ser particularmente atraente para a engenharia aeroespacial. **(b)** Suponha que a fração molar do O_2 e do N_2 no ar seja 0,21 e 0,79, respectivamente. Calcule a massa molar média do ar (isto é, a massa de um mol de ar). **(c)** Use seu resultado de (b) para determinar o valor de $R_{\text{espec.}}$ para o ar e expresse-o em unidades SI de $m^2\ s^{-2}\ K^{-1}$.

5.104 Quando uma amostra de 0,817 g de um óxido de cobre é aquecida com excesso de gás hidrogênio, ocorre uma reação e 0,187 g de água são formados. Qual é a fórmula aparente do óxido de cobre?

5.105 A decomposição do tiocianato de mercúrio (II) produz uma estranha e delgada massa marrom tão incomum que o processo era usado em fogos de artifício. Na realidade ocorrem várias reações quando o $Hg(SCN)_2$ sólido é incendiado:

$$2\ Hg(SCN)_2(s) \rightarrow 2\ HgS(s) + CS_2(s) + C_3N_4(s)$$
$$CS_2(s) + 3\ O_2(g) \rightarrow CO_2(g) + 2\ SO_2(g)$$
$$2\ C_3N_4(s) \rightarrow 3\ (CN)_2(g) + N_2(g)$$
$$HgS(s) + O_2(g) \rightarrow Hg(l) + SO_2(g)$$

Uma amostra de 42,4 g de $Hg(SCN)_2$ é colocada em um frasco de 2,4 L a 21°C. O frasco também contém ar a uma pressão de 758 torr. O frasco é selado e a mistura incendiada, fazendo com que a sequência de reação acima ocorra. Uma vez que a reação se completa, o recipiente é resfriado de volta à temperatura original de 21°C. **(a)** Sem fazer cálculos numéricos, preveja se a pressão final no frasco será maior, menor ou igual à pressão inicial. Justifique sua resposta. **(b)** Calcule a pressão final e compare com o resultado da sua previsão. (Suponha que a fração molar do O_2 no ar seja de 0,21.)

Exercícios de enfoque na resolução de problemas

5.106 Antes da introdução da gasolina sem chumbo, a quantidade de chumbo em episódios graves de poluição no ar podia ser medida em níveis de 2,85 μg m^{-1}. Descreva como você determinaria o número de átomos de chumbo no espaço ativo de seus pulmões (o ar que é ativamente trocado durante um respiro) se o volume desse espaço fosse de 120 cm^3. O que precisaria ser procurado?

5.107 Um rótulo de lata de refrigerante indica que o volume da bebida que ela contém é de 12 oz ou 355 mL. Provavelmente existe algum espaço vazio no topo da lata. Descreva o que você pode medir e como essa medida permite determinar a densidade real do refrigerante.

5.108 A melhor maneira de gerar pequenas quantidades de gás oxigênio em uma montagem de laboratório é pela decomposição do permanganato de potássio, 2 $KMnO_4$(s) → K_2MnO_4(s) + MnO_2(s) + O_2(g).

Suponha que você esteja realizando um experimento para o qual precise exatamente de 2,00 L de oxigênio. Descreva como determinaria a massa de permanganato de potássio necessária para obter essa quantidade de oxigênio. O que você teria de medir em seu experimento além dessa massa?

5.109 Uma amostra de minério com uma massa de 670 kg contém 27,7% de carbonato de magnésio, $MgCO_3$. Se todo o carbonato de magnésio nessa amostra de minério for decomposto para formar dióxido de carbono, descreva como determinar qual o volume de CO_2 liberado durante o processo. O que teria de ser medido para prever antecipadamente o volume necessário?

5.110 Suponha que você deve coletar gás H_2 produzido de uma reação de um ácido com um metal como o zinco. Essa reação libera calor, portanto a temperatura da solução aumentará à medida que a reação ocorrer. Será necessário saber a pressão parcial do H_2 que você gera de forma tão precisa quanto possível. O que deverá ser considerado no seu cálculo? Quais itens precisará medir para fazer cálculos exatos? Quais informações precisará procurar?

Problemas acumulativos

5.111 Considere uma sala que tenha 14 pés × 20 pés com uma altura de 8 pés. **(a)** Quantas moléculas de ar estão presentes nessa sala a 20°C e 750 torr? **(b)** Se um poluente estiver presente a 2,3 ppm, quantas moléculas do poluente estão nessa sala?

5.112 O ácido nítrico pode ser preparado borbulhando-se pentóxido de dinitrogênio em água.

$$N_2O_5(g) + H_2O(\ell) \rightarrow 2\ H^+(aq) + 2\ NO_3^-(aq)$$

(a) Qual a quantidade de matéria de H^+ obtida quando 1,50 L de N_2O_5 a 25°C e 1,00 atm de pressão é borbulhado em água?

(b) A solução obtida em (a) após a reação finalizar tem um volume de 437 mL. Qual é a concentração molar do ácido nítrico obtido?

5.113 Uma amostra de 0,0125 g de um gás com uma fórmula mínima CHF_2 é colocada em um frasco de 165 mL. Ela tem uma pressão de 13,7 mm de Hg a 22,50°C. Qual é a fórmula do composto?

5.114 A análise de um clorofluorocarboneto gasoso, $C_xCl_yF_z$, mostra que ele contém 11,79% de C e 69,57% de Cl. Em um outro experimento, você encontra que 0,107 g do composto preenche um frasco de 458 mL a 25°C com uma pressão de 21,3 mm de Hg. Qual é a fórmula molecular do composto?

A tabela periódica e a estrutura atômica

6

Nasa/JPL-Caltech/MSSS

Autorretrato realizado em maio de 2016 por câmeras a bordo do Mars Science Laboratory Curiosity da Nasa em um local de amostragem na superfície de Marte. O rover contém uma impressionante rede de instrumentos científicos, incluindo instrumentos de fluorescência de raios X para realizar análises de traços e determinar a composição química de rochas e de solo marciano.

Dos combustíveis que impulsionam as aeronaves e os carros à formação e ao controle de poluição do ar, as reações químicas são fundamentais para nossa existência. O que conduz essas reações que são grande parte do que somos e do que fazemos? Como podemos prever quais reações têm probabilidade de ocorrer? Para respondermos a essas perguntas, é fundamental compreender as ligações químicas que unem átomos a moléculas. Para entendermos as ligações entre os átomos, inicialmente temos de refinar nossas descrições dos átomos em si. Felizmente, há ferramentas que nos permitem observar átomos e outras que nos auxiliam a organizar o que observamos e aprendemos. Nenhuma ferramenta é mais importante na construção de nossa compreensão da química que a tabela periódica. Sua estrutura está intimamente relacionada à natureza dos átomos. A compreensão da estrutura atômica, por sua vez, influenciou o desenvolvimento de incontáveis tecnologias modernas, incluindo métodos sensíveis de análise química.

Objetivos do capítulo

Após dominar o assunto deste capítulo, você será capaz de:

- descrever a análise de traços e explicar seu papel no teste de materiais.
- descrever ondas em termos de frequência, comprimento de onda e amplitude.
- fazer interconversões entre frequência e comprimento de onda da luz.
- relacionar a frequência, o comprimento de onda e a amplitude da luz com características tais como cor e brilho.
- descrever o efeito fotoelétrico e explicar que tipo de experimento está envolvido e quais resultados são observados.
- explicar como os resultados do experimento do efeito fotoelétrico são coerentes com um modelo de fóton de luz.
- utilizar a equação de Planck para calcular a energia de um fóton a partir de seu comprimento de onda ou frequência.
- utilizar ideias sobre conservação de energia para explicar como a observação de espectros atômicos sugere que os átomos têm energias quantizadas.
- usar um diagrama de níveis de energia para prever os comprimentos de onda ou as frequências da luz que um átomo absorverá ou emitirá, ou utilizar os comprimentos de onda ou as frequências observadas para determinar os níveis de energia permitidos.
- descrever similaridades e diferenças entre o modelo de Bohr e o modelo da mecânica quântica de estrutura atômica.
- reconhecer como os números quânticos surgem como uma consequência do modelo ondulatório.
- definir o termo orbital.
- identificar um orbital (como 1*s*, 3*p* etc.) a partir de seus números quânticos ou vice-versa.
- listar o número de orbitais de cada tipo (1*s*, 3*p* etc.) em um átomo.
- esboçar as formas de orbitais *s* e *p* e reconhecer os orbitais com base em suas formas.
- classificar diversos orbitais quanto ao tamanho e energia.
- utilizar o princípio de exclusão de Pauli e a regra de Hund para escrever configurações eletrônicas para átomos e íons de elementos do grupo principal.
- explicar a conexão entre configurações eletrônicas de valência e a tabela periódica.
- definir as seguintes propriedades dos átomos: raio atômico, energia de ionização e afinidade eletrônica.
- afirmar como essas propriedades variam com a posição na tabela periódica.

POR DENTRO DE

6.1 Análises de traços

O papel da química na produção de novos e aprimorados materiais é uma conexão visível com a engenharia. Entretanto, não é o único lugar onde a química e a ciência de materiais se superpõem. Talvez tão crítico quanto o desenvolvimento de novas ligas, por exemplo, seja a análise química de ligas rotineiramente usadas para propósitos de garantia de qualidade (GQ), confirmando que os itens estão de acordo com suas especificações. Em outros casos, a análise é feita para determinar a causa de falhas, particularmente em ambientes de fabricação. ◂ Com bastante frequência, para entender o motivo de um material em particular, como uma liga, ter tido falha durante a fabricação ou uso de um produto, requer-se a **análise de traços** para detectar produtos químicos presentes em níveis extremamente baixos na liga.

Existem muitos componentes que não passam na análise, mas nos concentraremos naqueles relacionados à análise química.

Um número de técnicas pode ser usado para realizar análises e determinar a composição de uma liga. Muitos desses métodos analíticos exigem que a amostra a ser analisada seja decomposta quimicamente. Outros, chamados coletivamente de **teste não destrutivo**, podem ser realizados sem a necessidade de decompor ou danificar a amostra. Embora o teste não destrutivo algumas vezes seja mais difícil de realizar, há vantagens óbvias em ser capaz de analisar uma amostra sem ter de destruí-la no processo. Muitas técnicas de análise de traços dependem da microscopia ou espectroscopia e tiram vantagem do fato de que os átomos de diferentes

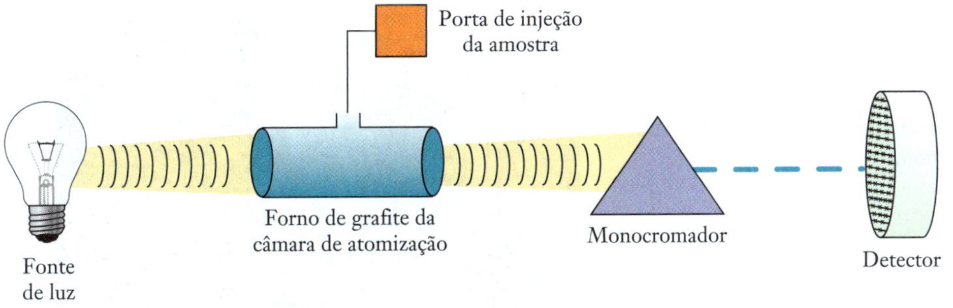

Figura 6.1 São mostrados os componentes importantes de um aparelho de espectroscopia de absorção atômica. A amostra a ser analisada é colocada em um forno de grafite, onde é aquecida em temperaturas muito altas. A amostra se decompõe em átomos individuais na fase gasosa, e a luz de uma lâmpada especial é passada através desse gás atômico. A luz então passa através de um monocromador que a separa em comprimentos de onda ou frequências individuais, e o detector mede a intensidade da luz em cada comprimento de onda para determinar quanto da luz foi absorvida.

elementos têm propriedades específicas e características. Um esquema de análise bem-sucedida pode nos dizer não apenas o que está presente, mas também quanto de cada elemento ou composto está presente. Quais características de um átomo podem ser exploradas para atingir esses objetivos?

Existem muitas maneiras possíveis para fazer análise de traços no laboratório, mas nos concentraremos em apenas duas. O primeiro método, que exige a digestão da amostra, é chamado **espectroscopia de absorção atômica (EAA)**, apresentado esquematicamente na **Figura 6.1**. Para materiais sólidos como ligas, uma amostra é colocada dentro de um forno de grafite em que ela é atomizada ou decomposta em átomos e, então, uma luz ultravioleta ou visível é focada através da amostra e coletada. Os átomos da amostra absorverão luz, mas apenas em frequências específicas. As frequências particulares absorvidas dependem da identidade química dos átomos e revelam a composição química da liga. A quantidade de luz absorvida em cada frequência também fornece informação sobre a quantidade de cada elemento presente. Para entendermos a EAA, devemos primeiro tratar algumas questões-chave neste capítulo. Por que os átomos absorvem luz apenas em frequências selecionadas? E como as frequências absorvidas se relacionam com a estrutura do átomo?

Para muitas aplicações de engenharia, a atomização exigida para a EAA não é plausível. Se a informação sobre a composição elementar de um item usado em um projeto de construção é requerida, o item não pode ser destruído para determinar sua composição. Uma ferramenta importante para a análise não destrutiva de traços nessas circunstâncias é a **fluorescência de raios X (FRX)**, técnica desenvolvida até o ponto que possa ser realizada por meio de unidades portáteis semelhantes àquela mostrada na **Figura 6.2**.

Na FRX, a amostra a ser examinada é inicialmente iluminada com raios X. Os átomos na amostra absorvem os raios X e no processo são excitados para estados de alta energia. Em tais estados, os átomos devem perder o excesso de energia e podem fazer isso emitindo luz. A luz reemitida é chamada fluorescência e, de novo, átomos diferentes apresentam fluorescências em frequências diferentes, permitindo a identificação dos átomos presentes. ▸ A intensidade da fluorescência pode também ser medida, indicando quanto de determinado elemento está presente. Exatamente como na EAA, a utilidade da FRX origina-se no fato de que átomos de um elemento em particular interagem com a luz de maneira que são características de cada elemento. À medida que desenvolvermos nosso entendimento sobre estrutura atômica, começaremos a entender por que diferentes elementos absorvem ou emitem diferentes frequências de luz. Mas primeiro examinaremos as propriedades da luz em si.

Uma vez que essas frequências são únicas, elas são algumas vezes chamadas de impressão digital atômica, uma analogia à ideia de que as impressões digitais em humanos são também singulares.

6.2 Espectro eletromagnético

A **luz visível** é a expressão mais precisa para o que em geral chamamos de "luz". A luz que nossos olhos podem detectar compreende apenas uma pequena porção do **espectro eletromagnético** possível e responde por apenas uma pequena porção da emissão da maior parte das lâmpadas. Outras formas familiares de radiação eletromagnética

Figura 6.2 A instrumentação para análise de fluorescência de raios X tem evoluído a ponto de instrumentos portáteis como este serem usados rotineiramente em muitas aplicações.

incluem ondas de rádio, micro-ondas e raios X. A origem da palavra *eletromagnético* está na natureza da luz. Historicamente, a luz tem sido descrita como uma onda viajando através do espaço. Um componente é o campo elétrico e outro é o campo magnético (**Figura 6.3**). Para entender a natureza ondulatória da luz, é preciso familiarizar-se com as características gerais das ondas.

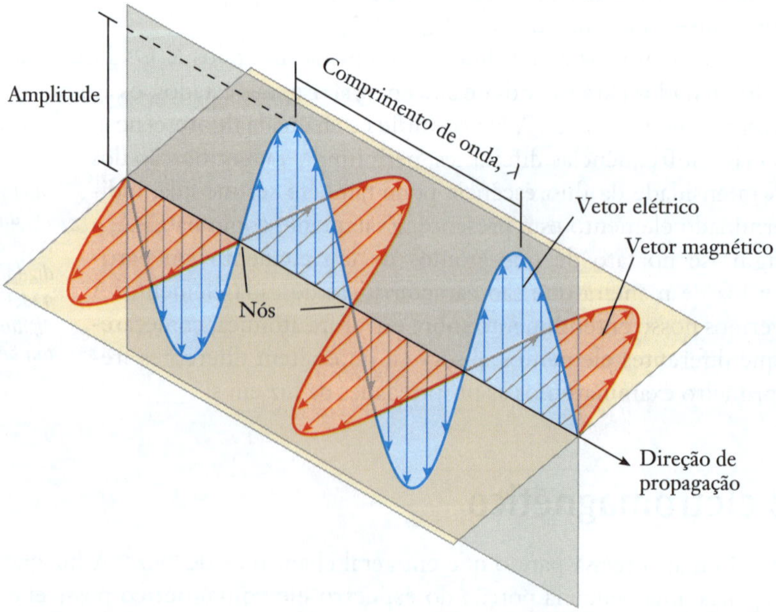

Figura 6.3 A luz é uma forma de radiação eletromagnética que consiste em campos elétricos e magnéticos oscilatórios.

A natureza ondulatória da luz

Muitas das características da luz que encontramos podem ser explicadas como propriedades de ondas. As características importantes de uma onda podem ser definidas por meio de quatro variáveis: comprimento de onda, frequência, velocidade e amplitude. A **Figura 6.4** ilustra a definição desses termos. O **comprimento de onda**, seja ela qual for, é a distância entre pontos correspondentes de ondas adjacentes. Na ilustração, por exemplo, o comprimento de onda (designado como λ e medido em unidades de comprimento) é definido como a distância entre picos. ▸ Poderíamos também definir o comprimento de onda como a distância entre vales, e o valor seria o mesmo. A **amplitude** é o tamanho ou a "altura" da onda. A onda mais baixa na Figura 6.4 tem uma amplitude maior que a onda mais alta. A **frequência** é o número de ciclos completos da onda passando por determinado ponto por segundo. A frequência é em geral designada como v e medida em unidades de 1/s ou hertz (Hz). ▸ A frequência e o comprimento de onda não são independentes entre si. A velocidade da luz no vácuo (designada por c é expressa em unidades de distância/tempo) é uma constante da natureza que foi medida com precisão impressionante e é agora definida para ter um valor exato:

λ é a letra grega lambda.

ν é a letra grega ni.

$$c = 2{,}99792458 \times 10^8 \text{ m s}^{-1}$$

Uma vez que a velocidade da luz é uma constante, o número de ondas que passará por determinado ponto no tempo estará inversamente relacionado ao comprimento de onda. Comprimentos de onda grandes terão menos ciclos "passando" em um segundo, logo terão frequências mais baixas (Figura 6.4). Essa relação é expressa matematicamente na Equação 6.1:

$$c = \lambda\nu \qquad (6.1)$$

Conexões matemáticas

Se quisermos descrever a forma detalhada de uma onda, precisaremos escrever uma equação matemática para ela. Consideremos um exemplo bem simples, no qual a onda segue a forma de uma função senoidal. (Isso é verdadeiro para muitas ondas naturais.) Imagine que tiramos uma "foto" da onda em um instante específico e a representamos como um gráfico $x - y$. A onda origina-se em $x = 0$ e tem seu percurso ao longo do eixo x.

(continua)

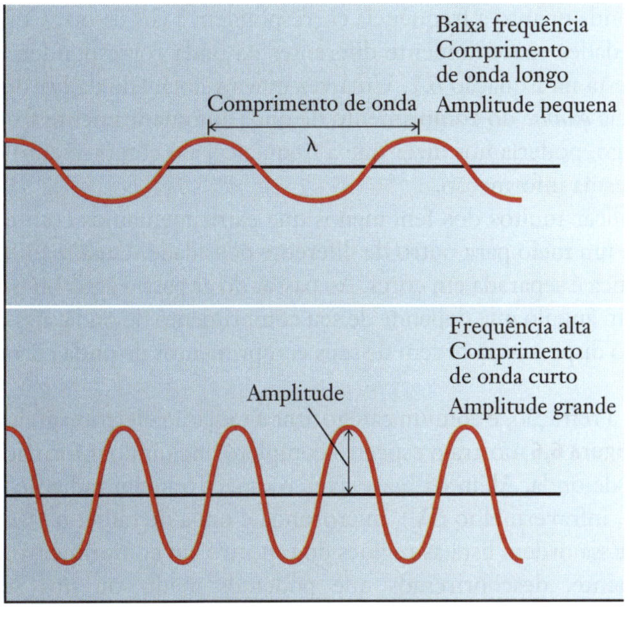

Figura 6.4 Duas ondas senoidais são mostradas, e os significados de alguns termos importantes, ilustrados. Uma vez que a luz tem uma velocidade fixa, sua frequência e comprimento de onda estão sempre inversamente relacionados. A amplitude é independente da frequência. A escolha de qual dessas ondas teria maior amplitude foi feita arbitrariamente.

Os valores de y representam a altura da onda em cada ponto. Poderíamos escrever uma equação bem geral para essa onda:

$$y = A \text{ sen } (bx)$$

Sabe-se que A é claramente a amplitude da onda, mas e quanto a b? Consideremos que queiramos avaliar a função senoidal em termos de radianos. Isso significa que a grandeza bx não deve ter nenhuma unidade. Uma vez que x é a distância a partir da origem, ele teria unidades de comprimento. Logo, o b em nossa equação deve ter unidades de 1/comprimento. Se sabemos o comprimento de onda – o qual podemos deduzir pela leitura do gráfico –, então podemos também fixar o valor de b. O comprimento de onda da função sen (x) é 2π. Suponha então que o comprimento de nossa onda seja 450 nm na faixa de luz azul. Para nossa equação se igualar à onda, devemos ter

$$b \times 450 \text{ nm} = 2\pi$$

ou

$$b = 2\pi/450 \text{ nm}$$

Mais genericamente, podemos ver que o b em nossa equação deve ser sempre $2\pi/\lambda$.

$$y = A \text{ sen}\left(\frac{2\pi x}{\lambda}\right)$$

Se quiséssemos descrever uma onda mais complicada, poderíamos utilizar uma combinação de diversas funções senoidais (ou de cosseno), cada uma da mesma forma geral como vimos aqui, mas com diferentes comprimentos de onda. Ao combinarmos suficientes funções como esta, poderíamos descrever uma forma de onda de complexidade arbitrária. Se quiséssemos descrever uma onda como uma função de tempo em vez de posição, poderíamos proceder de maneira similar.

Velocidade, comprimento de onda, frequência e amplitude são características que podem descrever qualquer onda. Mas, uma vez que estamos interessados na luz, pode ser útil compararmos essas grandezas com algumas propriedades familiares da luz. Se alguém pedir que você compare duas luzes diferentes, uma das coisas que provavelmente considerará é o brilho de cada uma delas. De que modo isso se relaciona aos parâmetros de onda que definimos? No modelo ondulatório para a luz, a amplitude determina o brilho da luz: quanto maior for a amplitude da onda, mais brilho terá a luz. ◂ Outra propriedade que você obviamente considerará ao comparar duas luzes é a cor. No modelo de onda, tanto o comprimento de onda quanto a frequência correspondem à cor da luz. Como podem essas duas propriedades aparentemente diferentes da onda corresponderem, ambas, à cor? A resposta está na Equação 6.1. Uma vez que a velocidade da luz deve permanecer constante, a especificação *tanto* da frequência *quanto* do comprimento de onda automaticamente fixa o valor de *ambas* as propriedades de uma onda de luz. Logo, poderíamos dizer que a frequência e o comprimento de onda são apenas dois meios diferentes de expressar a mesma informação.

A intensidade de um comprimento de luz é na realidade proporcional ao quadrado de sua amplitude.

A natureza ondulatória da luz também ajuda a explicar muitos dos fenômenos que experimentamos com ela. A **refração** é a inclinação de uma onda quando passa de um meio para outro de diferente densidade. Uma manifestação comum de refração é o arco-íris, no qual a luz branca é separada em cores. Ao passar do ar para a água ou para o vidro, a velocidade da luz varia, e a luz inclina-se em um ângulo que depende de seu comprimento de onda. Assim, o espectro visível é separado em suas cores, e as cores são dispersas na ordem de seus comprimentos de onda correspondentes. A **Figura 6.5** ilustra esse fenômeno.

Por causa de fenômenos parecidos com onda, como a refração, é comum categorizar a radiação eletromagnética quanto ao seu comprimento de onda ou frequência. A **Figura 6.6** mostra o espectro completo, incluindo informação tanto sobre a frequência quanto sobre o comprimento de onda. Além da luz visível, o espectro inclui radiação de raios X, ultravioleta (UV), infravermelho (IV), micro-onda e onda de rádio; o visível fica entre o UV e o IV. ◂ Essa ordem lista as regiões do espectro em comprimento de onda crescente. Comumente, descobriremos que podemos medir ou nos será

Os raios X usados na análise de FRX têm comprimentos de onda relativamente curtos.

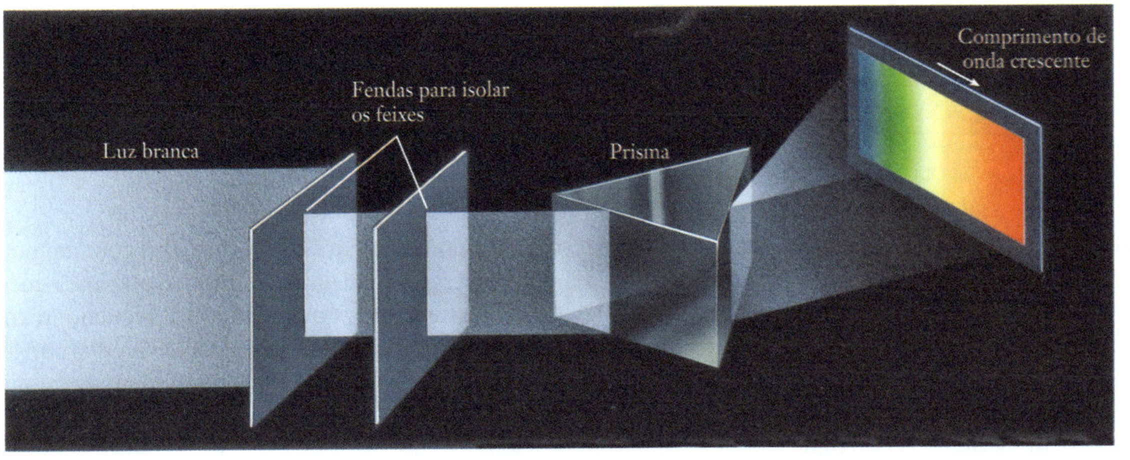

Figura 6.5 Quando a luz branca passa através de um prisma, ela é separada nas suas cores constituintes pela refração.

fornecido o comprimento de onda da luz, mas precisaremos expressá-lo como frequência. O Problema-modelo 6.1 mostra esse tipo de conversão.

Problema-modelo ◂ 6.1

O carbono pode ser detectado em um experimento de fluorescência de raios X através do monitoramento da emissão em um comprimento de onda de 4,47 nm. Qual é a frequência desta luz?

Estratégia Sabemos que o comprimento de onda e a frequência estão relacionados através da Equação 6.1. Ao usarmos essa equação, teremos de ser cuidadosos com as unidades. Pelo fato de o comprimento de onda ser dado em nanômetros, nós o converteremos em metros de forma que esteja consistente com os metros por segundo da velocidade da luz.

Solução

$$4{,}47 \text{ nm} \times \frac{1 \text{ m}}{1 \times 10^{9} \text{ nm}} = 4{,}47 \times 10^{-9} \text{ m}$$

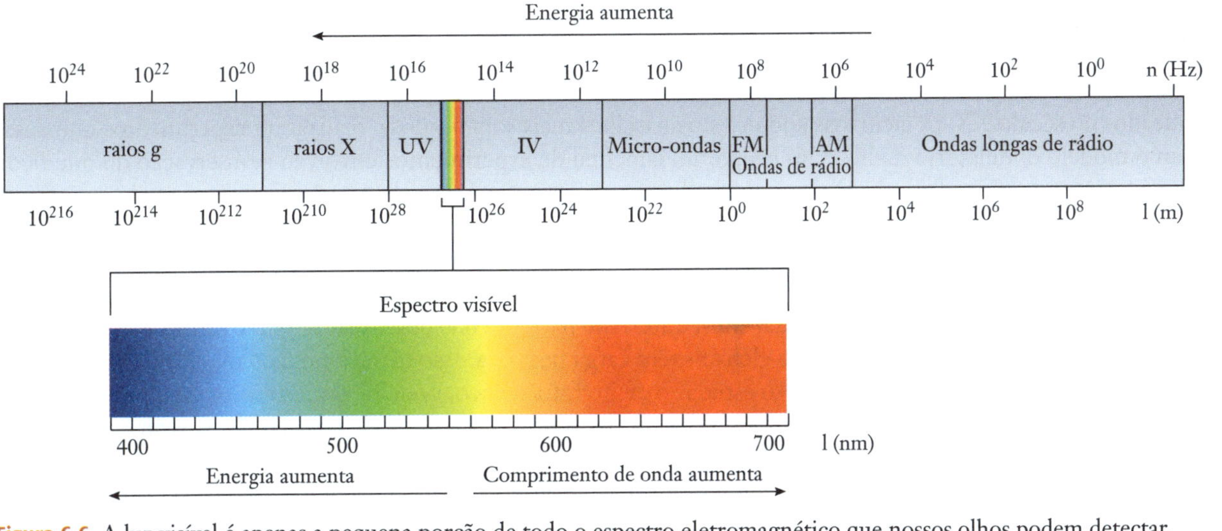

Figura 6.6 A luz visível é apenas a pequena porção de todo o espectro eletromagnético que nossos olhos podem detectar. Outras regiões são usadas em muitas aplicações tecnológicas, incluindo controle remoto, telefones celulares e redes sem fio.

Sabemos que $c = \lambda\nu$, logo, rearranjando, $\nu = \frac{c}{\lambda}$. Então substituímos os valores para a velocidade da luz e o comprimento de onda na equação:

$$\nu = \frac{2{,}998 \times 10^{8}\,\text{m s}^{-1}}{4{,}47 \times 10^{-9}\,\text{m}} = 6{,}71 \times 10^{16}\,\text{s}^{-1}$$

Analise sua resposta É difícil ter uma intuição física sobre algo como a frequência da luz. Mas com um pouco de prática podemos desenvolver uma ideia da ordem de grandeza esperada. Inicialmente, observe que, para encontrar a frequência, usamos um número grande (a velocidade da luz) e o dividimos por um número pequeno (o comprimento de onda). Portanto, devemos esperar uma resposta numérica grande. É também útil familiarizar-se com as magnitudes típicas de algumas quantidades. Uma olhada rápida na Figura 6.6, por exemplo, mostrará que essa frequência está na faixa entre a radiação UV e de raios X, logo nossa resposta parece plausível. Esses tipos de conferência podem ser úteis porque muitos erros comuns em problemas como este envolvem a manipulação inadequada das unidades, levando a resultados que podem estar bem fora por várias ordens de grandeza.

Verifique seu entendimento As quantidades de traços de silício são frequentemente encontradas nas ligas de aço. A detecção por fluorescência de raios X foca em um comprimento de onda de 712,6 pm. Qual é a frequência desta radiação?

POR DENTRO DE A palavra "luz" em geral implica luz visível, mas vimos que o espectro eletromagnético inclui radiação de muitas regiões. A análise química pode tirar vantagem dos tipos específicos de radiação encontrados nessas diferentes regiões. As técnicas de análise de traços que examinamos até aqui, FRX e EAA, apoiam-se na luz de raios X e visível, respectivamente. Mas existem outras técnicas que empregam outras regiões do espectro também. A radiação no infravermelho (IV) é largamente utilizada na análise química. Entretanto, diferentemente da FRX e da EAA, a espectroscopia no IV não determina diretamente quais elementos estão presentes em uma amostra. Em vez disso, um instrumento chamado espectrômetro de infravermelho com transformada de Fourier (FTIR) detecta a presença de grupos funcionais específicos em sistemas de moléculas. ◀ Por ter sensibilidade molecular em vez de elementar, o FTIR é em geral usado para análise de traços em polímeros, tintas e adesivos cujas propriedades dependem de quais compostos estão presentes, e não apenas de quais elementos. Além disso, para a análise química, muitos produtos de consumo também usam diferentes partes do espectro. Fornos de micro-ondas, rádios, televisões, telefones celulares e redes de computadores sem fios funcionam explorando a radiação de regiões específicas do espectro eletromagnético.

Você já deve ter ouvido falar de transformada de Fourier em alguma aula de matemática. Na espectroscopia, ela permite medir um sinal como uma função do tempo e o transforma de tal maneira que ele possa ser expresso em termos de frequência.

A natureza particulada da luz

O modelo de onda da radiação eletromagnética pode explicar muitas propriedades observadas da luz. Entretanto, em meados do século XX, os cientistas adquiriram aparelhos mais sofisticados e realizaram experimentos que desafiaram o modelo ondulatório da luz. Um grupo fundamental de experimentos envolveu a observação do que ficou conhecido como o **efeito fotoelétrico**, no qual a luz incide em um pedaço de metal e faz com que elétrons sejam expelidos. A **Figura 6.7** é um diagrama de um típico experimento de efeito fotoelétrico. No coração do experimento, está a luz brilhando em um pedaço de metal. Se o metal estiver envolvido em um recipiente sob o vácuo de modo que não haja muitas moléculas de gás no entorno para interferir, podemos, então, detectar elétrons emitidos do metal sob determinadas condições. (O metal em si é aterrado para que não desenvolva grande carga positiva durante o processo.) Como vimos na Seção 2.2, os elétrons têm carga negativa. Isso torna bem fácil medir quantos elétrons são expelidos e até com qual velocidade. Ao estudar o efeito fotoelétrico, podem-se variar a cor ou a intensidade da luz e examinar como o número de elétrons emitidos ou sua energia cinética podem variar. O experimento poderia também ser repetido com a utilização de diferentes metais.

Como esse efeito fotoelétrico pode ser entendido? A explicação mais simples é que a energia da luz é transferida aos elétrons no metal. Se um elétron consegue bastante energia, ele pode se "liberar" da superfície do metal. Quanto mais energia é dada ao elétron, mais rapidamente se moverá após deixar o metal.

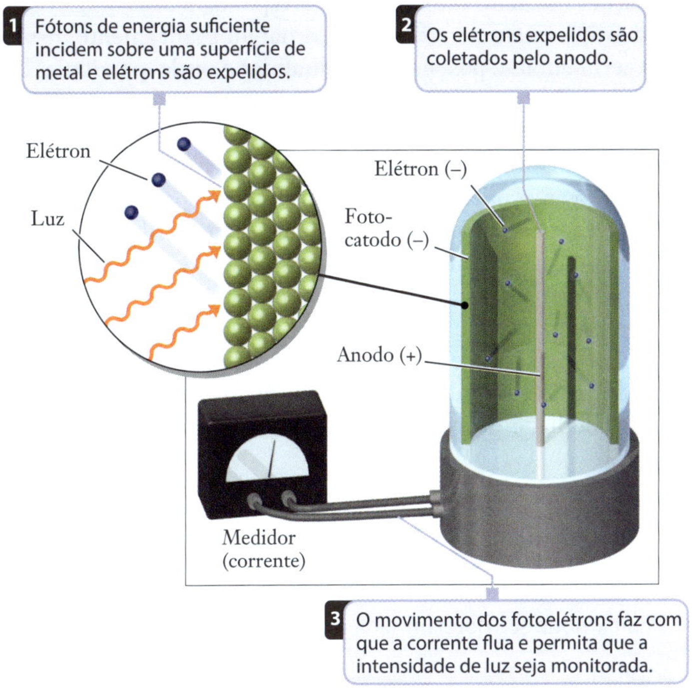

Figura 6.7 No efeito fotoelétrico, a luz incide sobre a superfície de um metal e os elétrons são expelidos, o que é mostrado na inserção. Isso é explorado nas células fotoelétricas: a luz incide sobre uma superfície chamada fotocatodo, e um fio (o anodo) coleta os elétrons emitidos. (Uma voltagem positiva aplicada ao anodo garante que os elétrons se movam na direção desejada.) A corrente resultante pode ser facilmente medida e está relacionada à intensidade da luz incidente.

A **Figura 6.8** resume os tipos de resultados obtidos nesses experimentos. Um exame desses gráficos revela que as observações detalhadas não são o que esperaríamos com base no modelo de onda para a luz. Na descrição de onda de uma fonte de luz, a amplitude da onda ou a intensidade da luz determina a energia. Quando a luz fica mais brilhante, a energia cinética dos elétrons que saem deveria aumentar. Mas a Figura 6.8(d) mostra que a energia cinética dos elétrons é, na verdade, independente da intensidade da luz que entra. Apenas o número de elétrons detectado torna-se maior quando a intensidade aumenta (gráfico b). No entanto, a energia cinética não depende da frequência ou cor da luz utilizada (gráfico c). Isso também contradiz o modelo ondulatório. Logo, esses experimentos (e outros) fizeram com que os cientistas reexaminassem a natureza da luz.

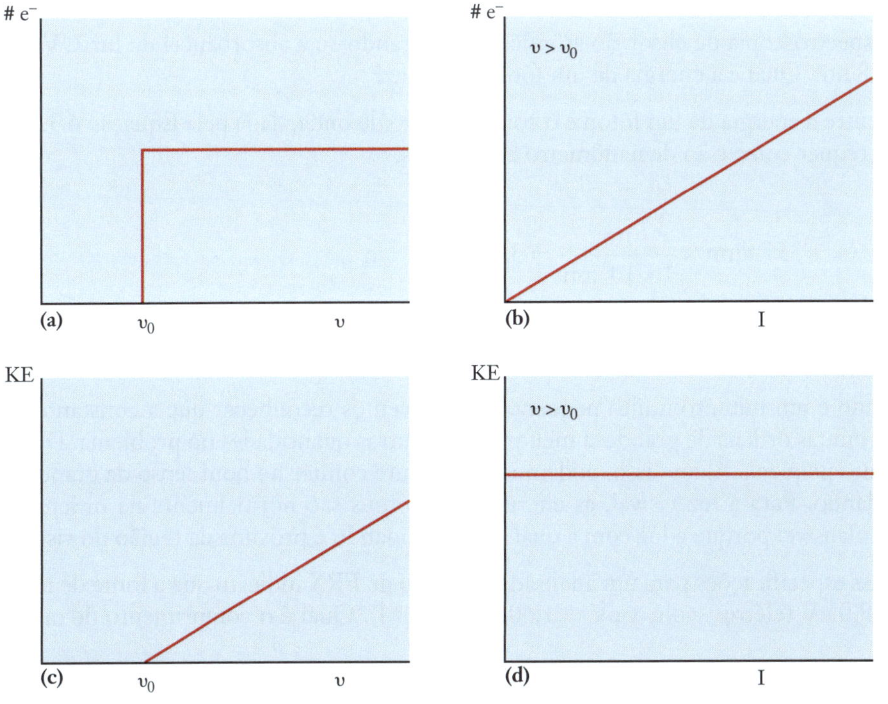

Figura 6.8 Os gráficos representados mostram as observações mais importantes com base em experimentos sobre o efeito fotoelétrico. Abaixo de algum limiar de frequência (υ_0), nenhum fotoelétron é emitido. Para frequências maiores que υ_0, o número de elétrons emitidos independe da frequência (gráfico a), mas torna-se maior com o aumento da intensidade de luz (gráfico b). A energia cinética dos elétrons emitidos, por sua vez, aumenta linearmente com a frequência (gráfico c), mas é independente da intensidade (gráfico d).

Apesar de esforços elaborados para que essas observações do efeito fotoelétrico correspondam aos conceitos de onda existentes, explicações coerentes para a luz baseadas unicamente em ondas se tornaram praticamente insuficientes. O único modo de explicar todos os resultados experimentais é pela noção de **dualidade onda-partícula**. De acordo com essa dualidade, em algumas situações a luz é mais descrita como uma onda, enquanto, em outros casos, uma descrição de partícula funciona melhor. É importante notar que isso não significa que há "dois tipos diferentes de luz", mas que nem o modelo ondulatório nem o de partícula fornecem uma descrição precisa de todas as propriedades da luz. Logo, em determinada situação, utilizamos o modelo que funcionar melhor para descrever as propriedades nas quais estamos interessados. Um dia, talvez, os avanços em nosso entendimento da luz possam produzir novo modelo que harmonize o conflito onda-partícula. No entanto, até que isso aconteça, faremos uma abordagem pragmática e utilizaremos o modelo que se encaixe melhor ao problema em mãos.

O contexto no qual normalmente pensamos a luz como uma partícula é quando ela está concedendo energia a outro objeto. Albert Einstein propôs que a luz poderia comportar-se como uma coleção de pacotes de energia, chamados **fótons**, quando ela tem consequências energéticas. A luz brilhante tem muitos fótons, enquanto a luz fraca tem poucos. Mostrou-se que a energia de um fóton de luz é proporcional à sua frequência, levando a uma equação simples:

Lembre-se de que no Capítulo 3 usamos $h\nu$ para indicar que é necessário luz em uma reação fotoquímica.

$$E = h\nu \qquad (6.2)$$

Aqui, E representa a energia do fóton, e ν é a frequência da luz. O termo h é uma constante, chamada constante de Planck, em homenagem ao cientista alemão Max Planck. A constante de Planck pode ser determinada experimentalmente e seu valor é

$$h = 6{,}626070040 \times 10^{-34}\ \text{J s}.$$

Já que a frequência está relacionada com o comprimento de onda, podemos substituí-la por v nessa equação, utilizando a Equação 6.1:

$$E = \frac{hc}{\lambda} \qquad (6.3)$$

Desse modo, se soubermos o comprimento de onda ou a frequência da radiação, poderemos determinar a energia de um fóton daquela radiação, como mostra o Problema-modelo 6.2.

POR DENTRO DE

Problema-modelo 6.2

O cromo pode ser detectado na espectroscopia de absorção atômica monitorando-se a absorbância de luz UV em um comprimento de onda de 357,8 nm. Qual é a energia de um fóton dessa luz?

Estratégia Sabemos a conexão entre a energia de um fóton e o comprimento de onda, dada pela Equação 6.3. De novo, cuidado com a unidade que requer conversão de nanômetro em metros.

Solução

$$357{,}8\text{nm} \times \frac{1\text{m}}{1 \times 10^{9}\text{nm}} = 3{,}578 \times 10^{-7}\text{m}$$

$$E = \frac{hc}{\lambda} = \frac{6{,}626 \times 10^{-34}\text{Js} \times 2{,}998 \times 10^{8}\text{ms}^{-1}}{3{,}578 \times 10^{-7}\text{m}} = 5{,}552 \times 10^{-19}\text{J}$$

Analise sua resposta O resultado é um número muito pequeno. Mas devemos reconhecer que a constante de Planck é incrivelmente pequena – muitas ordens de grandeza menor que as outras quantidades no problema. Desse modo, é provável uma energia muito pequena. Além disso, podemos novamente confiar no bom senso da grandeza da quantidade que estamos calculando. Para a luz visível, as energias dos fótons são normalmente na ordem de 10^{-19} J, o que torna nossa resposta plausível porque a luz com a qual estamos lidando é próxima da região do visível.

Verifique seu entendimento As especificações para um analisador portátil de FRX indicam que a fonte de raios X emite com uma energia de 8048,0 eV (elétron-volt; 1 eV = $1{,}6022 \times 10^{-19}$ J). Qual é o comprimento de ondas desses raios X?

A ideia de que a luz é feita de uma coleção de partículas, ou "pedaços de energia", não parece coerente com nossa experiência cotidiana. Para entendermos o porquê, veja a grandeza da energia do fóton calculada no Problema-modelo 6.2: 10^{-19} J. Compare-a com a quantidade de energia emitida por uma lâmpada comum. Até mesmo uma lâmpada modesta de 60 watts emite 60 J de energia a cada segundo. Logo, todas as luzes com as quais você está familiarizado consistem em vastos números de fótons. À medida que a luz se torna mais brilhante, o número de fótons emitidos por segundo aumenta. ▸ Mas, uma vez que cada fóton é uma quantidade adicional pequena de energia, parece-nos que a energia originária da lâmpada varia continuamente em vez de ser em incrementos ou etapas discretas.

Tenha cuidado para não confundir a energia do fóton com a intensidade ou brilho da luz. Se você se lembrar de que a energia do fóton é uma outra maneira de especificar a cor da luz, verá que ela independe da intensidade.

Apesar de não ser facilmente discernível para nós, a energia de um único fóton pode ser muito significativa na perspectiva atômica ou molecular. Afinal, átomos e moléculas são muito pequenos, o que ocorre também com suas energias típicas. Considere os resultados apresentados anteriormente para o experimento do efeito fotoelétrico. Como o conceito de fótons pode nos ajudar a explicar essas observações? Imagine que poderíamos realizar o experimento atirando um único fóton no metal. Isso significa que estaríamos fornecendo quantidade de energia (igual a $h\nu$) ao metal. Se essa energia for suficiente para superar a força que os átomos do metal exercem para segurar seus elétrons, então, quando o metal absorve o fóton, ele será capaz de expelir um elétron. Se a energia do fóton é menor que a **energia de ligação** ▸ que segura os elétrons ao metal, então nenhum elétron pode ser emitido. O fato de haver um limiar de frequência (ν_0 na Figura 6.8), abaixo do qual nenhum elétron é detectado, evidencia que o processo fotoelétrico se realiza por fótons individuais. Abaixo do limiar de frequência, um fóton não tem energia suficiente para superar a energia de ligação e expelir um elétron. Por que a energia cinética do elétron depende da frequência da luz? Essa é realmente uma questão de conservação de energia. Para um metal específico, a energia de ligação do elétron é fixa. Para qualquer frequência acima de ν_0, uma porção da energia do fóton absorvido será utilizada para superar a energia de ligação. Qualquer que seja a energia restante, ela será transferida para o elétron como energia cinética. À medida que a frequência aumenta, a energia do fóton aumenta. Isso nos leva a um aumento na energia cinética observada para os elétrons expelidos. O Problema-modelo 6.3 mostra como podemos usar o efeito fotoelétrico para medir a energia de ligação do elétron ao metal.

Os livros de física costumam usar o termo função de trabalho *para o que estamos chamando de* energia de ligação.

Problema-modelo ◂ 6.3

Em um experimento de efeito fotoelétrico, uma luz ultravioleta com um comprimento de 337 nm foi direcionada para a superfície de um pedaço de potássio metálico. A energia cinética dos elétrons expelidos foi medida como $2{,}30 \times 10^{-19}$ J. Qual é a energia de ligação do elétron ao potássio?

Estratégia Sabemos que a energia deve ser conservada e podemos utilizar essa ideia para estabelecer uma equação que relacione a energia do fóton às energias cinética e de ligação. Uma vez que o fóton é absorvido nesse processo, devemos ser capazes de explicar sua energia. Parte dessa energia serve para superar a energia de ligação do elétron, e o resto aparece como a energia cinética do elétron expelido. Podemos escrever isso como uma equação simples:

$$E_{\text{fóton}} = E \text{ de Ligação} + E \text{ Cinética}$$

Sabemos como encontrar a energia do fóton a partir do comprimento de onda e conhecemos a energia cinética, logo podemos encontrar a resposta para a energia de ligação. Como sempre, devemos ter cuidado com as unidades em todas as grandezas envolvidas.

Solução Inicialmente, encontre a energia do fóton.

$$337 \text{ nm} \times \frac{1 \text{ m}}{10^9 \text{ nm}} = 3{,}37 \times 10^{-7} \text{ m}$$

$$E_{\text{fóton}} = \frac{hc}{\lambda} = \frac{(6{,}626 \times 10^{-34} \text{ J s})(2{,}998 \times 10^{8} \text{ m s}^{-1})}{3{,}37 \times 10^{-7} \text{ m}} = 5{,}89 \times 10^{-19} \text{ J}$$

Então, use a relação de conservação de energia para encontrar a energia de ligação desejada:

$$E_{\text{fóton}} = E \text{ de Ligação} + E \text{ Cinética}$$

Logo,

$$E \text{ de Ligação} = E_{\text{fóton}} - E \text{ Cinética}$$
$$= 5{,}89 \times 10^{-19}\text{ J} - 2{,}30 \times 10^{-19}\text{ J} = 3{,}59 \times 10^{-19}\text{ J}$$

Analise sua resposta O comprimento de onda utilizado aqui é um pouco menor que aqueles para a luz visível, então a energia do fóton na faixa média para alta de 10^{-19} J parece razoável. A energia de ligação que encontramos é menor que a energia do fóton, como deve ser. Então parece que fizemos os cálculos corretamente.

Verifique seu entendimento A energia de ligação do elétron ao cromo metálico é $7{,}21 \times 10^{-19}$ J. Encontre a energia cinética máxima na qual os elétrons podem ser expelidos do cromo em um experimento de efeito fotoelétrico usando luz a 266 nm.

POR DENTRO DE Nossa discussão do efeito fotoelétrico pode nos ajudar a começar a entender como a análise de traços funciona. Quando exposto à mesma fonte de luz, diversos metais emitirão diferentes fotoelétrons com distintas energias cinéticas porque os metais têm diferentes energias de ligação aos elétrons. Veremos em breve que esse tipo de comportamento é visto não apenas em grandes coleções de átomos como na superfície de um metal. Mesmo átomos únicos têm energias de ligação características para a atração entre seus núcleos e elétrons. Métodos como FRX e EAA exploram esse fato para obter as impressões digitais singulares para os átomos de um elemento em particular. Para analisar com mais detalhes, consideraremos agora o que acontece quando um átomo individual absorve ou emite luz. Com apenas um próton e um elétron, o hidrogênio é o sistema atômico mais simples possível, logo ele é um bom local para iniciarmos. Uma vez que tenhamos compreendido a conexão entre a estrutura de um átomo e a maneira que o átomo interage com a luz, seremos capazes de melhor entender como as técnicas de análise de traços como a FRX e EAA revelam a composição dos materiais.

6.3 Espectros atômicos

Na descrição das técnicas de análise de traços na Seção 6.1, observamos que tanto a EAA quanto a FRX são baseadas na premissa de que cada elemento tem suas próprias maneiras características de absorver e emitir luz. Agora que sabemos um pouco mais sobre a luz, podemos analisar esta ideia e começar a ver como podemos explicá-la. Já que estamos interessados na interação da luz com átomos individuais, o modelo de fóton terá um papel fundamental em nossa explicação.

O padrão específico dos comprimentos de onda absorvidos e emitidos pelo mercúrio é denominado **espectro atômico**. A existência de tais espectros é conhecida há mais de um século. O que é mais peculiar é que os átomos excitados de qualquer elemento em particular emitem somente frequências específicas. Pelo fato de essas frequências tenderem a ser bem separadas, diz-se que os espectros são *discretos*. Esse comportamento é bem distinto da luz emitida pelo Sol ou por uma lâmpada incandescente, que contém uma faixa contínua de comprimentos de onda.

Algumas observações surpreendentes emergiram das investigações dos espectros emitidos por diversos átomos. Todos os elementos apresentam espectros discretos, com relativamente poucos comprimentos de onda aparecendo. Os comprimentos de onda emitidos variam de um elemento para outro. Os espectros discretos foram primeiramente observados no final do século XIX e representaram enorme desafio para os cientistas interpretarem. Apesar de terem sido agrupados dados de muitos elementos, incluindo do mercúrio, o espectro do hidrogênio foi o que teve o papel mais importante. O gás hidrogênio pode ser excitado em um tubo de vidro pela passagem de um arco elétrico através do tubo (**Figura 6.9**). A energia do arco quebra as moléculas de H_2 em átomos individuais de hidrogênio e excita alguns desses átomos. Os átomos de hidrogênio excitados emitem, então, luz à medida que relaxam no sentido de estados de energia mais baixa. A luz emitida parece azul e, quando passa por um prisma, revela quatro linhas visíveis aos olhos.

Quais conclusões podem ser tiradas do fato de o hidrogênio (ou qualquer outro átomo) emitir apenas determinados comprimentos de onda de luz? Quando um átomo emite luz, está liberando energia para o ambiente externo. Podemos pensar nessa situação em termos da conservação de energia. Quando a luz é emitida, o átomo vai de um estado mais alto de energia para um mais baixo, e o fóton emitido leva a energia perdida pelo átomo. O fato de apenas

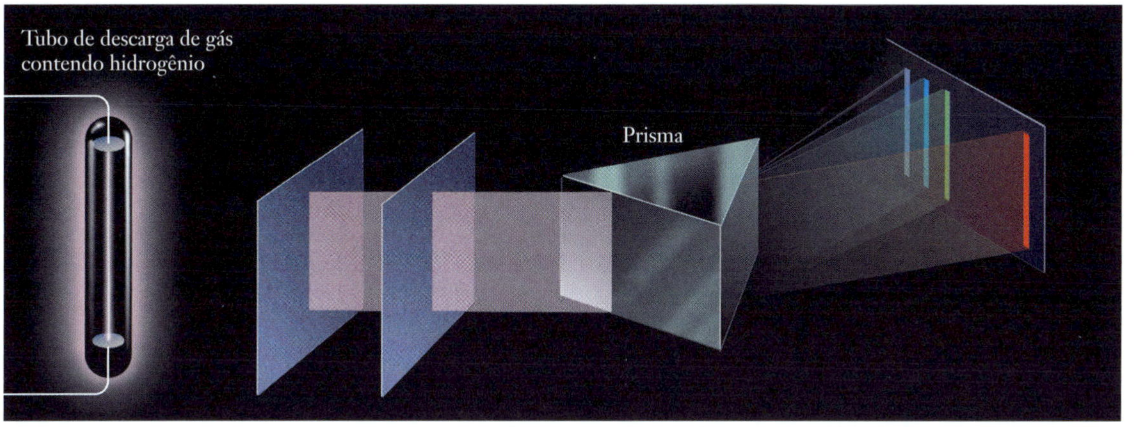

Figura 6.9 Quando uma descarga elétrica é aplicada a uma amostra de hidrogênio gasoso, as moléculas de H_2 se dissociam em átomos e estes emitem luz. A luz passa através de um conjunto de fendas para criar um feixe de luz estreito, que então passa através de um prisma. O prisma separa a luz em suas cores constituintes e mostra que são emitidos apenas alguns comprimentos de onda discretos.

uns poucos comprimentos de onda de luz serem emitidos de um átomo em particular é evidência direta de que o átomo pode existir em apenas uns poucos estados com energias muito específicas. Para certificar-se de que isso deve ser verdadeiro, imagine o que aconteceria se o átomo pudesse assumir qualquer energia arbitrária. Nesse caso, esperaríamos ver um espectro contínuo de comprimentos de onda emitidos, uma vez que cada átomo poderia perder quantidade arbitrária de energia. A noção de que um átomo poderia tomar apenas determinadas energias permitidas é extremamente contraintuitivo, porque nenhum objeto macroscópico comum parece se comportar de forma semelhante. Para explicar os espectros de emissão discreta observados, os cientistas tiveram de desenvolver um modelo para o comportamento de átomos fundamentalmente diferente do modo como descrevemos objetos macroscópicos.

O Problema-modelo 6.4 mostra como os diferentes comprimentos de onda de luz emitida por um átomo estão relacionados à separação entre os níveis de energia.

Problema-modelo ◄ 6.4

A seguir, os primeiros quatro níveis de energia para o átomo de hidrogênio são mostrados em um diagrama. O estado de energia mais baixo é rotulado como E_1, e os estados mais altos são rotulados como E_2, E_3 e E_4, respectivamente. Quando um átomo de hidrogênio sofre uma transição de E_3 para E_1, ele emite um fóton com $\lambda = 102{,}6$ nm. De modo similar, se o átomo sofre uma transição de E_3 para E_2, ele emite um fóton com $\lambda = 656{,}3$ nm. Encontre o comprimento de onda de luz emitido por um átomo que faz a transição de E_2 para E_1.

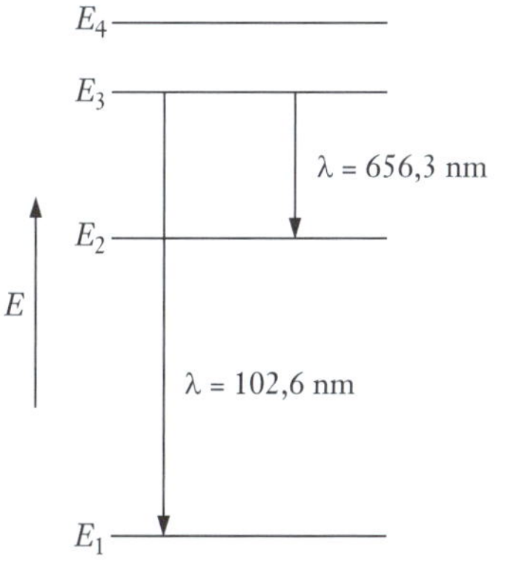

Estratégia O diagrama de níveis de energia mostra a relação entre os vários níveis de energia envolvidos. A direção vertical no diagrama é energia. Se representarmos cada transição por uma seta, como mostrado, o comprimento daquela seta será proporcional à energia perdida pelo átomo naquela transição. Pelo diagrama, podemos ver que a soma dos comprimentos das setas da transição de E_3 para E_2 e da transição de E_2 para E_1 deve ser igual ao comprimento da seta da transição de E_3 para E_1. (Outro modo de pensar sobre isso é que um átomo que vai do estado E_3 para o estado E_1 deve perder a mesma quantidade de energia parando ou não em E_2 durante seu trajeto.) Já que conhecemos os comprimentos de onda para duas das transições, podemos obter as energias dos fótons correspondentes. Isso nos permitirá encontrar a energia para a terceira transição, e então poderemos convertê-la em comprimento de onda.

Solução Inicialmente, convertemos os comprimentos de onda dados em energias. Para a transição $E_3 \rightarrow E_1$:

$$E_{3\rightarrow1} = \frac{hc}{\lambda} = \frac{(6{,}626 \times 10^{-34}\ \text{J s})(2{,}998 \times 10^{8}\ \text{m s}^{-1})}{102{,}6\ \text{nm}} \times \frac{10^{9}\,\text{nm}}{1\ \text{m}} = 1{,}936 \times 10^{-18}\ \text{J}$$

Para a transição $E_3 \rightarrow E_2$:

$$E_{3\rightarrow2} = \frac{hc}{\lambda} = \frac{(6{,}626 \times 10^{-34}\ \text{J s})(2{,}998 \times 10^{8}\ \text{m s}^{-1})}{656{,}3\ \text{nm}} \times \frac{10^{9}\ \text{nm}}{1\ \text{m}} = 3{,}027 \times 10^{-19}\ \text{J}$$

Pelo diagrama, podemos ver que

$$E_{3\rightarrow1} = E_{3\rightarrow2} + E_{2\rightarrow1}$$

Logo,

$$E_{2\rightarrow1} = E_{3\rightarrow1} - E_{3\rightarrow2} = 1{,}936 \times 10^{-18}\ \text{J} - 3{,}027 \times 10^{-19}\ \text{J} = 1{,}633 \times 10^{-18}\ \text{J}$$

Agora, precisamos apenas converter energia em comprimento de onda para chegar à resposta desejada.

$$\lambda_{2\rightarrow1} = \frac{hc}{E_{2\rightarrow1}} = \frac{(6{,}626 \times 10^{-34}\ \text{J s})(2{,}998 \times 10^{8}\ \text{ms}^{-1})}{1{,}633\ \text{nm} \times 10^{-18}\ \text{J}} = 1{,}216 \times 10^{-7}\,\text{m}$$

Pelo fato de sabermos que os comprimentos de onda são mais frequentemente dados em nanômetros, devemos optar por converter o resultado em 121,6 nm.

Analise sua resposta Nosso resultado se encontra entre dois comprimentos de onda que nos foram originalmente fornecidos, o que está coerente com o espaçamento dos níveis de energia no diagrama.

Verifique seu entendimento Um átomo de hidrogênio que sofre transição do nível E_4 para o nível E_3 emite um fóton com um comprimento de onda de 1,873 μm. Encontre o comprimento de onda da luz emitida por um átomo que faz a transição de E_4 para E_1.

Mas por que os átomos têm diferentes níveis de energia? Os cientistas começaram a fazer essa pergunta quando foram observados os espectros atômicos como esse do hidrogênio. Encontrar uma resposta levou algum tempo e, com a maneira que os modelos eram propostos, tal procedimento tornou-se parcialmente correto. Desses, o modelo proposto por Niels Bohr teve a maior influência em nossa subsequente compreensão do átomo. ◂

Bohr recebeu o Prêmio Nobel de Física em 1922.

O átomo de Bohr

À medida que a estrutura de átomos estava sendo deduzida, experimentos sugeriam que o núcleo do átomo era carregado positivamente, enquanto os elétrons em torno da parte externa teriam carga negativa. Você provavelmente aprendeu esse modelo do átomo logo no início de seus tempos de estudante, talvez até no ensino médio, e deve aceitá-lo sem questionar. No entanto, quando proposto, era desconcertante. Em particular, a atração entre partículas carregadas opostamente parecia indicar que os elétrons deviam entrar em colapso com o núcleo carregado positivamente. Bohr tratou desse assunto e de outros mais sutis ao imaginar seu modelo para o átomo. Sua contribuição mais criativa foi sugerir que os elétrons ocupam órbitas estáveis das quais não podem se desviar sem primeiro absorver ou emitir energia na forma de luz. Um efeito dessa suposição é que a energia de um elétron é **quantizada**, ou restrita a determinados valores permitidos. Se apenas determinadas distâncias entre os elétrons e o núcleo são permitidas, a lei de Coulomb sugeriria que apenas certas energias seriam permitidas. ▸ A suposição de tais órbitas nunca tinha sido feita antes, mas, por meio desse modelo, Bohr foi capaz de explicar as observações que nenhuma hipótese anterior pôde. A influência do modelo de Bohr é evidente na sociedade moderna, pois o átomo ainda é comumente representado com elétrons girando em volta do núcleo.

Para moléculas, os conceitos de energias quantizadas e estados excitados podem ser estendidos para movimentos vibracionais e rotacionais. Mas consideraremos apenas os níveis eletrônicos de energia.

Agora sabemos que o modelo de Bohr para o átomo não é completamente correto, mas fornece uma noção útil, além de conveniente meio de visualizar o processo de "excitar" um átomo. Em qualquer átomo, os elétrons e os prótons com cargas contrárias atraem-se. Consequentemente, quanto mais próximo do núcleo está um elétron, mais forte é a atração e menor a energia. Para um elétron se mover de uma órbita mais interna para uma mais externa, como demonstrado na **Figura 6.10**, energia deve ser absorvida. A nova distribuição ou configuração de elétrons consiste em um agrupamento que não está na energia mais baixa possível e é então referido como **estado excitado**. Uma das forças motrizes mais poderosas na natureza é a tendência ao movimento em direção a estados de menor energia. Logo, um estado excitado de um átomo não pode existir indefinidamente. Ele retornará ao estado de menor energia, ou **estado fundamental**, pela emissão de radiação. Tanto o processo de excitação quanto o de emissão são compreensíveis quanto ao **modelo de Bohr**. Esse modelo tem alguma utilidade, apesar de não ser realmente uma representação exata da estrutura atômica.

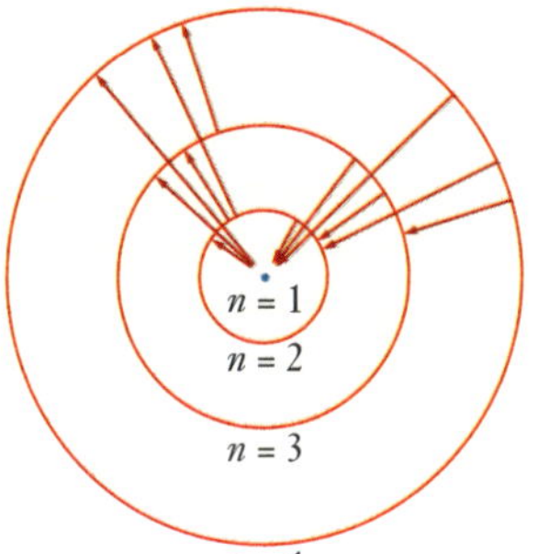

Figura 6.10 No modelo de Bohr, os elétrons se movem entre órbitas permitidas quando um átomo absorve ou emite luz. Elementos importantes desse modelo, inclusive a ideia de trajetórias fixas de orbitais, não são corretos. Porém, ele teve um papel essencial no desenvolvimento de nossa compreensão da estrutura atômica. Note a similaridade entre esta figura e o diagrama de níveis de energia que utilizamos no Problema-modelo 6.4. Ambos refletem o conceito de que os elétrons nos átomos estão restritos a determinadas energias permitidas.

6.4 Modelo atômico da mecânica quântica

A observação de espectros atômicos e o desenvolvimento do modelo de Bohr foram avanços importantes na compreensão dos átomos. No entanto, experimentos posteriores no início do século XX revelaram propriedades ainda mais inesperadas dos átomos, e limitações importantes do modelo de Bohr se tornaram aparentes. Logo, esforços para o desenvolvimento de um modelo mais robusto do átomo continuaram. Apesar de esses esforços terem sido dirigidos inicialmente por curiosidade científica, acabaram facilitando muitas aplicações práticas importantes. O desenvolvimento de fontes modernas de luz como o diodo emissor de luz (LED) e o laser não seria possível sem modelos aperfeiçoados de átomos. A figura que surgiu para possibilitar tais avanços tecnológicos é o modelo da mecânica quântica do átomo. Como veremos no Capítulo 7, esse novo modelo permite também descrever as ligações químicas com mais precisão, o que, por sua vez, leva ao projeto de materiais aperfeiçoados.

Como a figura da mecânica quântica do átomo é tanto complexa quanto não intuitiva, começamos chamando a atenção para algumas comparações-chave entre o modelo quântico e o de Bohr, mais familiar. No modelo de Bohr, os elétrons são vistos como partículas movendo-se por órbitas circulares de raios fixos. No modelo quântico, os elétrons são vistos como ondas em vez de partículas, e essas ondas são consideradas espalhadas por uma região do espaço chamada **orbital**. A semelhança mais importante entre os dois modelos é que em ambos os casos a energia de um elétron é quantizada, o que significa que é restrita a determinados valores permitidos. Um tratamento detalhado do modelo da mecânica quântica está muito além de nosso alcance aqui, mas no restante desta seção apresentaremos algumas das ideias conceituais e matemáticas a partir das quais o modelo surge. Isso ajudará muito se você tiver em mente a simples comparação com o átomo de Bohr que fizemos aqui.

A característica essencial e peculiar do modelo atômico da mecânica quântica repousa em sua descrição dos elétrons como ondas em vez de partículas. É bem mais intuitivo pensarmos nos elétrons como partículas, remetendo talvez a minúsculas bolas de gude, do que imaginá-los como ondas. Porém, do mesmo modo que vimos para a luz, as observações experimentais levaram à ideia de que os elétrons podem apresentar comportamento ondulatório. A primeira evidência da natureza ondulatória dos elétrons veio de experimentos de difração em 1927. A **difração** já era um fenômeno ondulatório bem conhecido, logo a observação da difração de elétrons sugeriu fortemente a necessidade de um tratamento do elétron baseado em onda. ▸

As técnicas de difração de elétron são atualmente bastante usadas para provar as estruturas de superfícies de sólidos.

Uma descrição matemática de uma onda em geral começa com uma função que descreve o comportamento periódico. Tal função é chamada **função de onda**, por razões óbvias. As mais simples dessas funções são sen x e cos x, que podem ser utilizadas para descrever movimentos oscilatórios simples. Apesar de as funções que descrevem as ondas do elétron tenderem a ser mais complicadas, a ideia é a mesma. A noção da utilização da matemática ondulatória para o tratamento dos elétrons foi inicialmente apresentada por Erwin Schrödinger. A então denominada **equação de Schrödinger** é resumida assim:

$$H\psi = E\psi \tag{6.4}$$

mas essa forma é enganosamente simples. Isso porque o termo H é um **operador** que indica uma série complicada de operações matemáticas a serem realizadas. Na equação, E é a energia e ψ (a letra grega psi) representa a função de onda para o elétron. Se escrevermos o operador H inteiro, descobriremos que a equação de Schrödinger é uma equação diferencial de segunda ordem. (Veja o quadro Conexões matemáticas.) Na maioria dos casos, a equação não pode ser resolvida exatamente, então o estudo de mecânica quântica envolve, invariavelmente, técnicas de aproximação. Por causa da complexidade da matemática envolvida, não tentaremos solucionar essa equação, mas descreveremos os resultados de sua solução e examinaremos o modo como formam o princípio de nossa compreensão moderna dos átomos. O conceito da função de onda, em particular, é essencial ao modelo da mecânica quântica do átomo. A função de onda contém todas as informações que poderíamos saber sobre o elétron, se for possível determinar o meio pelo qual extrair as informações.

Conexões matemáticas

Escrita como $H\psi = E\psi$, a equação de Schrödinger parece enganosamente simples. Se escrevermos por extenso o operador H para um átomo de hidrogênio, obteremos a seguinte forma:

$$-\frac{h^2}{8\pi^2\mu}\left\{\frac{\partial^2\psi}{\partial x^2}+\frac{\partial^2\psi}{\partial y^2}+\frac{\partial^2\psi}{\partial z^2}\right\}+V(x,y,z)\psi = E\psi$$

Embora essa equação seja complicada, podemos relacioná-la a coisas com as quais você provavelmente esteja familiarizado. Inicialmente, devemos perceber que o propósito dessa equação é descrever a energia total de um elétron ao mover-se através do espaço tridimensional em volta do núcleo do átomo. Uma vez que o núcleo é o centro do átomo, faz sentido definir isso como a origem para nosso sistema de coordenadas x, y, z. Nossa expectativa é que haja termos para a energia cinética e para a energia potencial, e de fato há. O termo $V(x,y,z)$ responde pela energia potencial, a qual é quase sempre uma função da posição. O outro termo do lado esquerdo responde pela energia cinética. A equação de Schrödinger expressa a energia total como a soma da energia cinética e da energia potencial.

Agora, examinemos os termos que aparecem. Se você estiver familiarizado com cálculo, pode reconhecer a notação "$\partial^2/\partial x^2$" como uma derivada. Aqui ela está escrita com deltas (∂) em vez de d, porque x (ou y ou z) é apenas uma de diversas variáveis das quais depende nossa função de onda ψ. Os índices superiores 2 indicam que se trata de uma segunda derivada. Logo, para $\partial^2\psi/\partial x^2$, calcularíamos a derivada de ψ em relação a x e então a derivada do resultado em relação também a x. Contanto que saibamos calcular derivadas, poderemos avaliar o termo da energia cinética. O termo de energia potencial é também compreensível. Para um elétron em um átomo, a energia potencial resulta basicamente da atração entre a carga positiva no núcleo e a carga negativa no elétron. Assim, a função V na equação representaria a maneira como o potencial varia à medida que a posição do elétron se altera. Da física, você deve conhecer isso como o potencial de Coulomb, que depende da distância entre as cargas.

Não se espera que você trabalhe diretamente com a equação de Schrödinger em sala neste nível. Mas, se pensarmos nela passo a passo, você deve começar a observar as conexões entre essa complicada equação e as ideias com as quais trabalha em suas aulas de matemática e física.

Energia potencial e orbitais

A equação de onda de Schrödinger descreve a energia dos elétrons. Como para qualquer objeto ou partícula, a energia total inclui tanto a contribuição da energia cinética quanto a contribuição da energia potencial. Porém, a potencial é a mais importante na descrição da estrutura dos átomos. A energia potencial dos elétrons nos átomos está associada à atração coulômbica entre o núcleo carregado positivamente e os elétrons carregados negativamente, bem como à repulsão entre os elétrons de mesma carga. ▸ A natureza periódica das ondas permite muitas soluções para a equação de onda para qualquer interação potencial dada. A equação de Schrödinger é frequentemente escrita como

Introduzimos o potencial de Coulomb na Seção 2.3.

$$H\psi_n = E_n\psi_n \tag{6.5}$$

para enfatizar o fato de que podem existir múltiplas soluções. Aqui, n é um índice que marca as diferentes soluções. As funções de onda, ψ_n, que fornecem soluções para essa equação para um átomo podem ser escritas com dois componentes: um componente radial, dependendo apenas da distância do elétron ao núcleo, e um componente angular, que pode depender do sentido ou da orientação do elétron em relação ao núcleo. Do mesmo modo que a simples função sen x, essas funções de onda podem ter sinais positivos e negativos em diferentes regiões. O modo mais significativo fisicamente de interpretar uma função de onda é examinar seu quadrado, ψ^2. Essa grandeza é sempre positiva e indica a probabilidade de encontrarmos um elétron em um ponto específico. A interpretação de probabilidade lhe parecerá estranha, mas é porque você está mais acostumado a lidar com objetos (ou partículas) discretos em vez de ondas. Se pensar na onda perpendicular que existe em uma corda de guitarra vibrando, perceberá que ela não está em nenhum ponto definido ao longo da corda. A onda é "encontrada" por toda a corda simultaneamente. É essa mesma ideia que precisamos aplicar aos elétrons no modelo da mecânica quântica.

O sistema de indexação representado pelo índice inferior "n" na Equação 6.5 fornece uma linguagem importante para a discussão da estrutura atômica. O índice é tipicamente escrito para conter tanto um número quanto uma letra, e essas marcas identificam soluções para a equação de onda. Por causa de sua correspondência histórica à posição de elétrons nas órbitas propostas por Bohr, cada solução é denominada um orbital. Um orbital é o equivalente quântico da mecânica de "localização" de um elétron. Porém, uma vez que estamos tratando o elétron como uma onda, essa localização é na verdade uma região do espaço, e não um ponto específico. É bem possível que você já tenha ouvido os nomes desses orbitais: 1*s*, 2*s*, 2*p*, 3*s*, 3*p*, 3*d*, 4*s*, 4*p*, 4*d*, 4*f* etc. Qual é a origem desses "nomes" de orbitais e que informações fornecem?

Números quânticos

Apesar de não precisarmos de tratamentos detalhados de mecânica quântica para entender a maioria dos conceitos químicos mais introdutórios, o vocabulário estabelecido pela teoria é importante. Por exemplo, os nomes vinculados aos orbitais atômicos vêm das funções que solucionam as equações de onda. Coletivamente, são denominados **números quânticos**.

Antes de examinar os números quânticos específicos, é preciso descrever um orbital atômico. Examinaremos um problema mais simples que pode ajudar a mostrar de onde vêm esses números. Tomemos como exemplo uma corda de guitarra. Prendemos ambas as extremidades para impedir que se movam e então imaginamos que tipos de onda poderão ser produzidos se puxarmos a corda para que vibre (veja a **Figura 6.11**). No caso mais simples, o comprimento da corda seria apenas a metade do comprimento de onda de uma função seno. Em termos matemáticos, poderíamos escrever a seguinte equação para essa onda (A é a amplitude da onda; x, a posição ao longo da corda e L, o comprimento da corda):

$$\psi(x) = A\,\text{sen}\frac{\pi x}{L} \tag{6.6}$$

Outras ondas são também possíveis sem movermos as extremidades da corda. Se um guitarrista quer tocar o que é chamado de harmônico, um dedo é colocado muito levemente no ponto médio da corda. A corda pode ainda vibrar em ambos os lados do ponto médio, então agora podemos formar uma onda senoidal em que o comprimento da corda é um comprimento de onda completo, como representado pela seguinte equação:

$$\psi(x) = A\,\text{sen}\frac{2\pi x}{L} \tag{6.7}$$

Essa onda tem uma frequência mais alta, e a ouviríamos como uma nota mais alta. Nosso guitarrista poderia também produzir ondas adicionais de diferentes frequências pressionando posições apropriadas ao longo da corda. A restri-

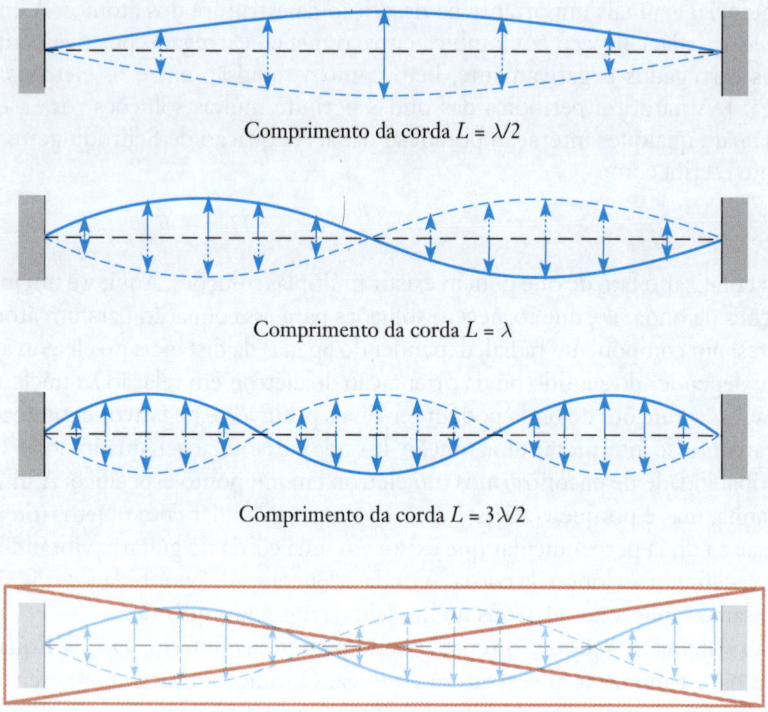

Figura 6.11 Uma corda fixa em ambas as extremidades – como em uma guitarra – é um exemplo de como múltiplas ondas podem satisfazer um conjunto particular de condições. Na figura ao alto, o comprimento da corda é igual à metade do comprimento de onda da própria onda. Em outros casos, o comprimento da corda é igual a um comprimento de onda ou a um comprimento e meio. Uma onda perpendicular pode ser formada desde que o comprimento da corda seja igual a um múltiplo inteiro de meio comprimento de onda. Porém, as ondas que não satisfazem essa condição não são possíveis, uma vez que violariam a condição de que as extremidades da corda se mantenham presas.

ção importante é que as extremidades da corda devem permanecer presas, o que significa que seu comprimento deve conter um múltiplo inteiro de meios comprimentos de onda.

Suponha que quiséssemos escrever uma equação geral para as ondas que podem ser formadas em nossa corda. Ao trabalhar com os dados já apresentados, você obterá:

$$\psi_n(x) = A \text{ sen } \frac{n\pi x}{L} \tag{6.8}$$

onde n deve ser um número inteiro positivo. Esse n é um número quântico. Se substituirmos um valor permitido (número inteiro positivo) por n na equação geral, obteremos uma equação para uma onda específica que pode existir na corda.

Quando solucionamos a equação de Schrödinger para um átomo, as funções de onda resultantes são bem mais complicadas que as ondas senoidais. Para escrevermos as equações matemáticas para as funções de onda dos orbitais atômicos, precisaremos utilizar três números quânticos diferentes que serão descritos mais adiante: o **número quântico principal** (denominado $\boldsymbol{n}$), o **número quântico secundário** (denominado $\boldsymbol{\ell}$) e o **número quântico magnético** (denominado $\boldsymbol{m_\ell}$). No entanto, como no problema da corda vibrando, esses números quânticos são uma consequência natural da matemática da equação de onda. Além disso, quando resolvemos a equação de onda para os orbitais atômicos, constatamos que os valores que esses três números quânticos podem assumir estão inter-relacionados. Como veremos, isso tem consequências significativas para os tipos de orbitais existentes.

O número quântico principal define o **nível** em que um orbital em particular é encontrado e deve ser um número inteiro positivo ($n = 1, 2, 3, 4, 5,...$). Quando $n = 1$, estamos descrevendo o primeiro nível; quando $n = 2$, o segundo nível, e assim por diante. Uma vez que há apenas um elétron no hidrogênio, todos os orbitais no mesmo nível têm a mesma energia, como previsto pelo modelo de Bohr. No entanto, quando átomos têm mais de um elétron, as cargas negativas nos elétrons se repelem. Essa repulsão entre elétrons causa diferenças de energia entre orbitais em um nível. Tal dificuldade foi uma das justificativas para substituir o modelo de Bohr.

O número quântico secundário fornece um meio de indexar diferenças de energia entre orbitais no mesmo nível de um átomo. Da mesma forma que o número quântico principal, ele assume valores inteiros, mas pode ser zero e está restrito a um valor máximo de $n - 1$: $\ell = 0, 1, 2,..., n - 1$. O número quântico secundário especifica **subníveis**, grupos menores de orbitais dentro de um nível. Quando $n = 1$, o único valor possível de ℓ é zero, logo há apenas um subnível. Quando $n = 2$, ℓ pode ser zero ou um, logo há dois subníveis. Cada nível contém tantos subníveis quanto for seu valor de n.

O número quântico secundário também fornece a chave para a designação de letras dos orbitais. A **Tabela 6.1** apresenta a designação de letra dos primeiros cinco valores do número quântico ℓ.

Tabela ▪ 6.1

Denominações de letras para nomes orbitais

Valor de ℓ	0	1	2	3	4
Designação de letra	*s*	*p*	*d*	*f*	*g*

Essas letras originam-se da linguagem usada para descrever as linhas vistas em estudos anteriores de espectros atômicos: *s* era *sharp* (pronunciado), *p* "principal", *d* "difuso" e *f* "fundamental". Além do *f*, as designações de letras prosseguem em ordem alfabética. Não é conhecido átomo que tenha elétrons em nenhum subnível acima de *f* quando ele está em seu estado fundamental, mas orbitais mais altos podem ser ocupados em estados excitados, e elementos "superpesados" adicionais nos quais esses orbitais sejam povoados podem ainda ser descobertos.

Para átomos sob condições normais, as energias dos orbitais são especificadas completamente usando apenas os números quânticos n e ℓ. No laboratório, é possível colocar átomos em campos magnéticos e observar seus espectros. Quando isso é feito, algumas das linhas de emissão se dividem em três, cinco ou sete componentes. Essa observação indica a necessidade de um terceiro número quântico. O índice, chamado número quântico magnético, é rotulado por m_ℓ e também é um número inteiro. Ele pode ser tanto positivo quanto negativo, e seu valor absoluto deve ser menor ou igual ao valor de ℓ para aquele orbital. Assim, quando $\ell = 0$, m_ℓ é também zero. Quando $\ell = 1$, m_ℓ pode ser −1, 0 ou +1; e quando $\ell = 2$, m_ℓ pode ser −2, −1, 0, +1 ou +2. As relações entre os três números quânticos são resumidas na **Tabela 6.2** e ilustradas no Problema-modelo 6.5.

Tabela ▪ 6.2 Combinações de números quânticos permitidas

Relações entre os valores dos diferentes números quânticos são ilustradas. Essa tabela permite-nos fazer outra observação sobre os números quânticos. Se contarmos o número total de orbitais em cada nível, ele será igual ao quadrado do número quântico principal, n^2.

Valor de n	Valores para ℓ (designação por letra)	Valores para m_ℓ	Número de orbitais
1	0 (*s*)	0	1
2	0 (*s*)	0	1
	1 (*p*)	−1, 0, 1	3
3	0 (*s*)	0	1
	1 (*p*)	−1, 0, 1	3
	2 (*d*)	−2, −1, 0, 1, 2	5
4	0 (*s*)	0	1
	1 (*p*)	−1, 0, 1	3
	2 (*d*)	−2, −1, 0, 1, 2	5
	3 (*f*)	−3, −2, −1, 0, 1, 2, 3	7

Problema-modelo ◀ 6.5

Escreva todos os conjuntos de números quânticos (n, ℓ e m_ℓ) permitidos para um orbital 3*p*.

Estratégia A designação 3*p* aponta os valores dos números quânticos n e ℓ, e podemos utilizar a relação entre ℓ e m_ℓ para determinar os valores possíveis de m_ℓ.

Solução O "3" em "3*p*" indica que o orbital deve ter $n = 3$, e o "*p*" mostra que $\ell = 1$. Os valores possíveis para m_ℓ variam de $-\ell$ a $+\ell$; nesse caso, isso nos fornece $\ell = -1$, 0 ou +1. Logo, temos três conjuntos de números quânticos possíveis para um orbital 3*p*: $n = 3$, $\ell = 1$, $m_\ell = -1$; $n = 3$, $\ell = 1$, $m_\ell = 0$; e $n = 3$, $\ell = 1$, $m_\ell = 1$.

Verifique seu entendimento Um orbital tem números quânticos de $n = 4$, $\ell = 2$, $m_\ell = -1$. Que tipo de orbital (1*s* etc.) é esse?

Visualização de orbitais

A **Tabela 6.3** lista as funções de onda reais para os primeiros poucos orbitais de um átomo de hidrogênio. (Não é necessário memorizar essas funções! O objetivo da tabela é mostrar como são construídas a partir de diversas funções matemáticas padrão com as quais você já está familiarizado.) Como há sempre expectativa de que o átomo seja esférico, costuma-se escrever essas funções em coordenadas esféricas polares, com o núcleo do átomo localizado na origem. Você provavelmente está familiarizado com coordenadas polares bidimensionais, em que um ponto em um plano é especificado por um raio (r) e um ângulo (θ). Coordenadas polares esféricas são os equivalentes tridimensionais. Para especificarmos um ponto em um espaço tridimensional, precisamos de um raio (r) e dois ângulos (θ e ϕ), como consta na **Figura 6.12**. Os termos que contêm r determinam o tamanho do orbital, e aqueles que contêm θ ou ϕ determinam a forma.

O a_0 que aparece nessas equações é uma constante chamada raio de Bohr, com um valor de 53 pm.

Tabela ▪ 6.3 Funções de onda do átomo de hidrogênio

Funções de onda para os níveis $n = 1$ e $n = 2$ de um átomo de hidrogênio. Não é necessário memorizá-las, o objetivo é mostrar como são construídas a partir de termos matemáticos comuns.

Orbital	Função de onda
1*s*	$\psi_{1s} = \pi^{-1/2} a_0^{-3/2} e^{-(r/a_0)}$
2*s*	$\psi_{2s} = (4\pi)^{-1/2}(2a_0)^{-3/2}\left(2 - \frac{r}{a_0}\right)e^{-(r/2a_0)}$
$2p_x$	$\psi_{2p_x} = (4\pi)^{-1/2}(2a_0)^{-3/2}\frac{r}{a_0}e^{-(r/2a_0)}\,\text{sen}\,\theta\cos\phi$
$2p_y$	$\psi_{2p_y} = (4\pi)^{-1/2}(2a_0)^{-3/2}\frac{r}{a_0}e^{-(r/2a_0)}\,\text{sen}\,\theta\,\text{sen}\,\phi$
$2p_z$	$\psi_{2p_z} = (4\pi)^{-1/2}(2a_0)^{-3/2}\frac{r}{a_0}e^{-(r/2a_0)}\cos\theta$

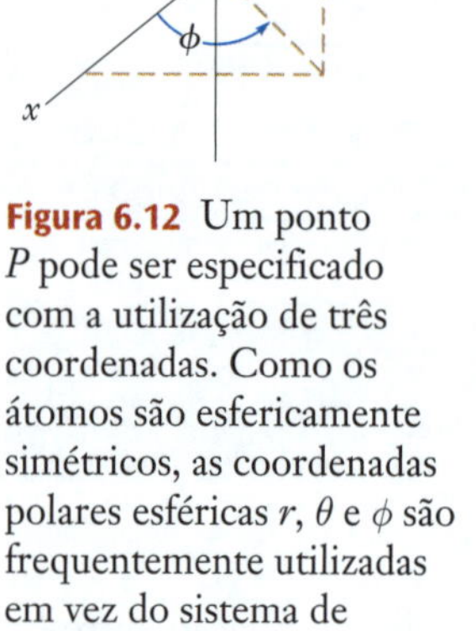

Figura 6.12 Um ponto *P* pode ser especificado com a utilização de três coordenadas. Como os átomos são esfericamente simétricos, as coordenadas polares esféricas r, θ e ϕ são frequentemente utilizadas em vez do sistema de coordenadas x, y, z mais comum.

Geralmente, a maioria dos químicos pensa em orbitais em termos de gravuras, e não como funções matemáticas e números quânticos. A representação por figuras dos orbitais requer decisão arbitrária. A função de onda fornece informações sobre a probabilidade de encontrar um orbital em dada região do espaço. Se a intenção é obter uma probabilidade de 100% de encontrar um elétron, a quantidade de espaço necessária é bem grande e, portanto, torna-se ineficiente para fornecer a percepção sobre a tendência de aquele elétron estar envolvido em ligação química. Por convenção, o espaço dentro do qual há uma probabilidade de 90% de encontrar um elétron é escolhido como limite para a representação dos orbitais. Por essa convenção, um gráfico da parte angular da função de onda mostrará a forma do orbital correspondente. A **Figura 6.13** apresenta imagens de modelos de orbitais *s*, *p* e *d*.

O orbital *s* é esférico, enquanto o orbital *p* tem dois lóbulos, e o orbital *d*, quatro. Os dois lóbulos do orbital *p* são separados por um plano, no qual não existe probabilidade de encontrar um elétron. Esse plano é chamado de **nó** ou plano nodal. O orbital *d* tem dois nós. Esses nós dão origem a uma das mais intrigantes

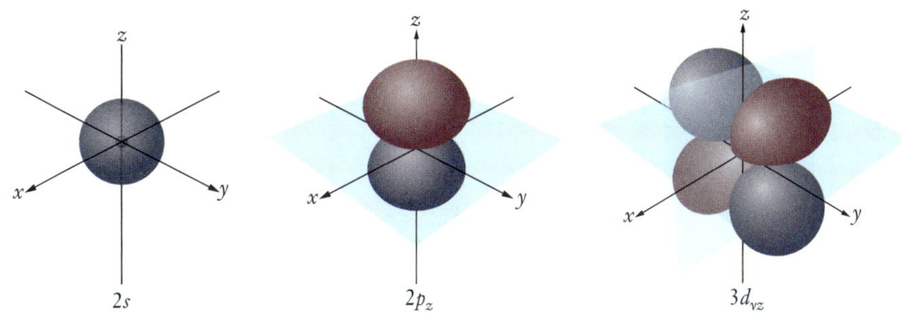

Figura 6.13 Formas (da esquerda para a direita) dos orbitais 2*s*, 2*p* e 3*d*. Apesar de algumas vezes pensarmos em figuras como estas como "ilustrações", elas são obtidas pelo esboço das funções de onda correspondentes, como descrito no texto. As diferenças nas tonalidades das cores indicam regiões nas quais as funções de onda têm sinais contrários.

questões filosóficas da ciência. Se o elétron pode estar em qualquer um dos lados do nó, mas nunca no plano nodal, como vai de um lado para o outro? Podemos sugerir uma resposta a essa pergunta de dois modos. Primeiro, é fundamental lembrar que os elétrons se comportam como ondas, e mesmo o movimento clássico de onda como na corda de uma guitarra pode ter nós. Segundo, a mais técnica versão da resposta repousa em um conceito peculiar de mecânica quântica chamado **princípio da incerteza**. Tal conceito, elaborado por Werner Heisenberg, expressa a dificuldade de observação de um elétron. Em outras palavras, o princípio da incerteza informa que é impossível determinar tanto a posição quanto o momento de um elétron simultaneamente e com total precisão. ▸ Esse princípio impõe um limite fundamental na observação do mundo microscópico e nos força a aceitar a ideia de que os orbitais não fornecem nada mais que uma probabilidade de encontrar um elétron.

O grau real de incerteza exigido pelo princípio da incerteza é extremamente pequeno, logo seu efeito não é detectável para objetos macroscópicos.

As formas na Figura 6.13 não informam nada sobre o modo como a probabilidade de encontrar o elétron varia com a distância do núcleo. Para tanto, temos de considerar a parte radial da função de onda. Fazer tal representação enquanto se considera a porção angular pode ser um pouco desafiador. A **Figura 6.14** mostra "fatias" em corte transversal para três orbitais *s* diferentes, correspondendo aos números quânticos principais $n = 1$, 2 e 3. Observe que há nós na porção radial da função de onda do mesmo modo que há em muitas das funções angulares (orbitais *p*, *d* e *f*). Há um nó a menos do que o valor do número quântico.[1] Assim, há um nó no orbital 2*s*, dois no orbital 3*s* e assim por diante. Alguns orbitais *p* e *d*, como 3*p*, 4*p* e 4*d*, também têm nós radiais. A **Figura 6.15** mostra ilustrações dos orbitais no nível $n = 3$.

POR DENTRO DE Apesar da sua complexidade inerente, o modelo quântico do átomo é largamente aceito, pois fornece boa maneira de entender a origem dos níveis de energia nos átomos. E o modelo quântico e seus orbitais fornecem a estrutura de que precisamos para entender como a fluorescência de raios X ocorre e como identifica quais elementos estão presentes. Na Seção 6.1, dissemos que a primeira etapa na FRX é aquela na qual a radiação de raios X de alta energia é dirigida para a amostra. Essa radiação tem energia suficiente para excitar um elétron não

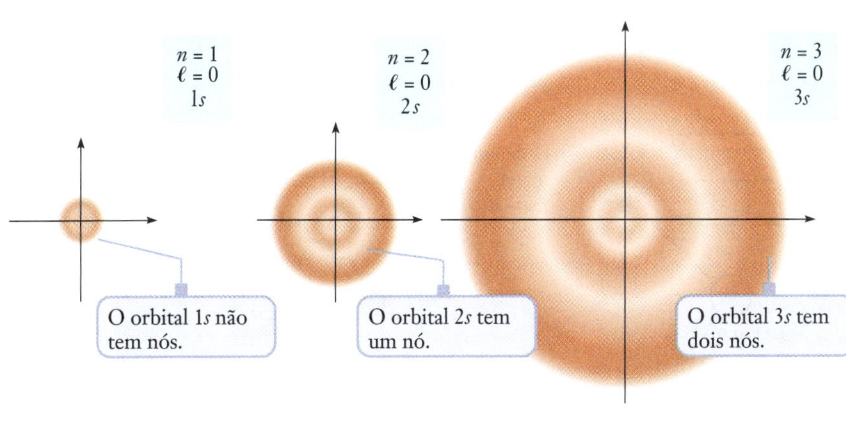

Figura 6.14 Cortes transversais dos orbitais 1*s*, 2*s* e 3*s*. Neste tipo de ilustração, a densidade da mancha indica a probabilidade de encontrar um elétron. A maior densidade de elétrons será vista nas áreas mais escuras; as regiões brancas entre os orbitais 2*s* e 3*s* representam os nós.

[1] Alguns autores consideram a existência de um nó entre o núcleo e o infinito. Dessa forma, o número de nós é igual ao valor de *n*. (NRT)

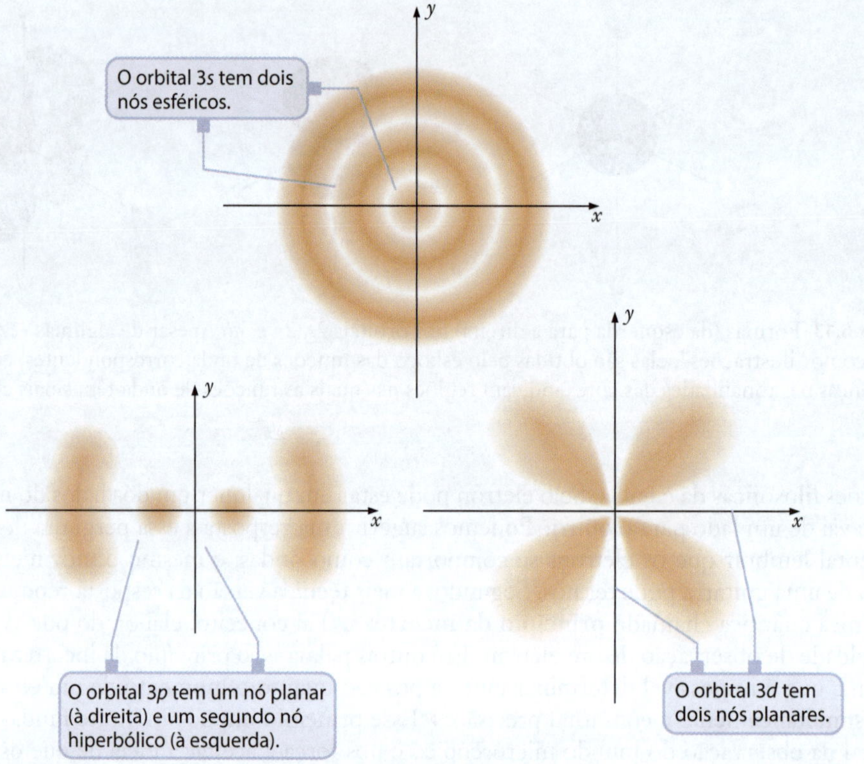

Figura 6.15 Gráficos de densidade eletrônica para os orbitais 3*s*, 3*p* e 3*d* mostram os nós em cada orbital. Apesar de a figura ser um esboço, gráficos precisos podem ser calculados a partir das funções de onda.

apenas de um orbital de mais alta energia, mas também de níveis de mais baixa energia em um nível mais interno também. Quando está faltando um elétron em um nível mais interno, os elétrons dos níveis de mais alta energia tenderão a descer para preencher a vaga. ◂ Como vimos para os espectros atômicos, quando um elétron se move para um nível de energia mais baixo, o átomo deve liberar o excesso de energia como radiação. O processo de duas etapas está representado na **Figura 6.16**.

A radiação de raios X é algumas vezes rotulada de acordo com o nível que o elétron em relaxamento caiu. A radiação K envolve o preenchimento de uma vaga no primeiro nível e a radiação L envolve o preenchimento de uma vaga no segundo nível.

Os níveis específicos de energia variam de um elemento para outro. A quantidade de energia emitida à medida que um elétron move de um nível de energia mais alto para um mais baixo também irá variar. E do mesmo modo que a energia varia, também varia os raios X emitidos. Os dados na **Tabela 6.4** mostram os comprimentos de onda de raios X emitidos por alguns elementos de traços comumente encontrados no aço. Embora os comprimentos de onda possam parecer não tão diferentes, podem ser facilmente distinguidos pelos detectores usados nos espectrômetros de FRX, portanto é possível identificar quais elementos estão presentes na amostra.

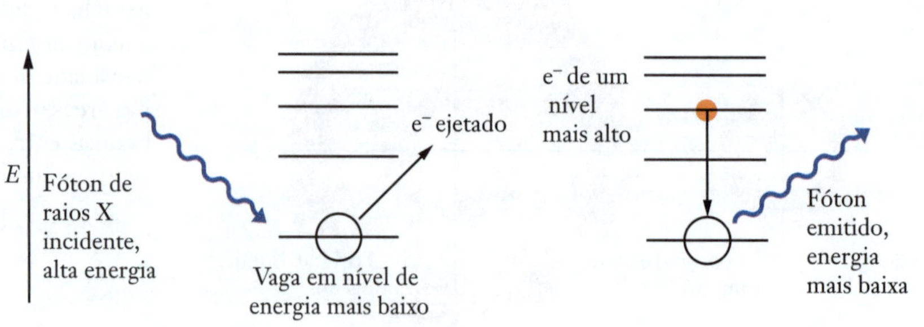

Figura 6.16 A fluorescência de raios X envolve transições entre vários níveis. Os raios X incidentes têm energia suficiente para remover um elétron de um nível mais interno, normalmente do nível 1*s*. Isso cria uma vaga em orbital de baixa energia, logo um elétron de um nível de mais alta energia perderá energia e cairá na vaga. A energia perdida pelo elétron é emitida como um fóton, e a energia desse fóton revela a identidade do átomo que a emitiu.

Tabela ▪ 6.4 Comprimentos de onda de FRX

Comprimentos de onda de raios X para detectar alguns elementos na análise de FRX

Elemento	Comprimento de onda de FRX (nm)
Al	0,834
Co	0,1789
Cu	0,1541
Mo	0,07094
Mn	0,2102
Nb	0,07462
Si	0,7126
Ti	0,2749
V	0,2504
W	0,1476

6.5 Princípio da exclusão de Pauli e as configurações eletrônicas

De acordo com o modelo da mecânica quântica da estrutura dos átomos, cada elétron em um átomo pode ser descrito como ocupando um orbital específico. Para tentarmos entender o comportamento químico dos átomos de diferentes elementos, devemos compreender como os elétrons são distribuídos nos orbitais. Comecemos com uma pergunta básica: Quantos elétrons podem ocupar um orbital? A resposta exige a introdução de mais um número quântico, o **número quântico de *spin*** (denominado m_s).

Ao serem colocados em um campo magnético forte, como aqueles utilizados em imagem por ressonância magnética (IRM), os elétrons se comportam como minúsculos magnetos. ▸ Quando as cargas elétricas se movimentam em circuito elétrico fechado, criam campos magnéticos. Com base nisso, os cientistas postularam que os elétrons (carregados negativamente) devem estar girando. Essa proposição fez surgir a ideia e o nome do número quântico de *spin*. Pelo fato de nosso modelo moderno descrever os elétrons como uma onda "deslocalizada", a ilustração de uma partícula girando não é mais considerada literalmente correta. Porém, as propriedades magnéticas dos elétrons são coerentes com a noção de que estão girando em um de dois sentidos, e frequentemente nos referimos aos elétrons como "*spin* para cima" ou "*spin* para baixo". Usamos o número quântico m_s para distinguir entre esses dois *spins* possíveis, assim ele pode assumir dois valores possíveis, +1/2 ou −1/2. ▸ Com esse número quântico, podemos especificar qualquer elétron em um átomo usando um conjunto de quatro números quânticos.

Na IRM, os "magnetos" são prótons nos átomos de hidrogênio em vez de elétrons.

Os valores específicos +1/2 ou −1/2 estão relacionados com a magnitude do momento magnético do elétron.

Ficamos restritos, no entanto, ao modo como podemos especificar os números quânticos. Já vimos que os valores de n, ℓ e m_ℓ devem obedecer a certas regras que determinam quais orbitais existem. Com a introdução do número quântico m_s, precisamos também de uma restrição adicional. O **princípio da exclusão de Pauli** informa que *não há dois elétrons em um átomo que possam ter o mesmo conjunto de quatro números quânticos.* (De forma mais ampla, o equivalente ondulatório refere-se ao pressuposto de que duas partículas não podem ocupar o mesmo espaço.) Se dois elétrons têm os mesmos valores para n, ℓ e m_ℓ, então devem ter números quânticos de *spin* diferentes (m_s). A principal consequência desse princípio é que não mais que dois elétrons podem ocupar qualquer orbital. Se dois elétrons ocupam o mesmo orbital, devem estar emparelhados em *spin*, um com *spin* para cima e o outro com *spin* para baixo. Agora que sabemos que os orbitais podem ter dois elétrons, como identificar quais orbitais em determinado átomo estão ocupados?

Energias de orbitais e configurações eletrônicas

Já vimos que, no estado fundamental de um átomo, os elétrons ocuparão os orbitais disponíveis de mais baixa energia. Como identificar quais orbitais têm menor energia? Que processo ocorre para que tenham menos energia? Essas questões devem ser consideradas em duas partes. Em primeiro lugar, é fundamental saber que um elétron carregado negativamente é atraído por um núcleo carregado positivamente. Em segundo, elétrons em orbitais menores são mantidos mais firmemente ao núcleo, logo têm menor energia. De acordo com a Figura 6.14, o tamanho dos orbitais tende a aumentar à medida que o valor de n aumenta. Juntando essas duas ideias, podemos concluir que a energia dos orbitais atômicos ficará maior com o aumento do valor do número quântico n.

Para o átomo de hidrogênio, essa é a história completa. Mas, para os átomos com múltiplos elétrons, devemos ir mais além quanto a essa interação. A primeira diferença é o tamanho da carga nuclear. Ela será maior para outros elementos que para o hidrogênio. Cargas nucleares maiores exercem forças atrativas mais fortes sobre os elétrons, logo o tamanho dos orbitais tenderá a diminuir para números atômicos maiores. O mais importante é que os elétrons nos orbitais interagem com outros elétrons, e não apenas com o núcleo carregado positivamente. Para elétrons em orbitais maiores, no entanto, a carga que "sentem" é uma combinação da carga nuclear real e da carga de compensação dos elétrons localizados em orbitais menores próximos ao núcleo. O mascaramento da carga nuclear por outros elétrons é chamado **blindagem**. Em vez de interagir com toda a carga nuclear, os elétrons em átomos polieletrônicos interagem com uma **carga nuclear efetiva**, menor que a carga total por causa dos efeitos de blindagem.

Na **Figura 6.17**, podemos observar como o conceito de carga nuclear efetiva permite entender a demanda de energia dos orbitais. Os gráficos mostram a probabilidade de encontrar um elétron como uma função da distância do núcleo para cada subnível até $n = 3$. É óbvio que há diferenças substanciais de tamanho entre os níveis, tanto que 1*s* é notadamente menor que 2*s* e 2*p*, que, por sua vez, são menores que 3*s*, 3*p* e 3*d*. Isso está totalmente coerente com o argumento apresentado de que a energia do orbital deve aumentar quando n aumenta. Quando consideramos subníveis, as distinções são mais sutis. Compare as funções de onda 2*s* e 2*p*. Apesar de os tamanhos globais desses orbitais serem semelhantes, a função de onda 2*s* mostra um local de máximo pequeno próximo ao núcleo. Tal característica não aparece na função de onda 2*p*. Isso significa que um elétron 2*s* tem maior probabilidade de ser encontrado bem perto do núcleo, e um elétron mais próximo ao núcleo sofrerá uma carga nuclear efetiva maior. Como resultado, o orbital 2*s* tem menos energia que os orbitais 2*p*. De maneira semelhante, o orbital 3*s*, em média, interage com uma carga maior por causa da probabilidade de estar próximo ao núcleo. Mesmo que os primeiros dois lóbulos da função de onda radial sejam pequenos, eles fornecem a oportunidade para que os elétrons no orbital 3*s*

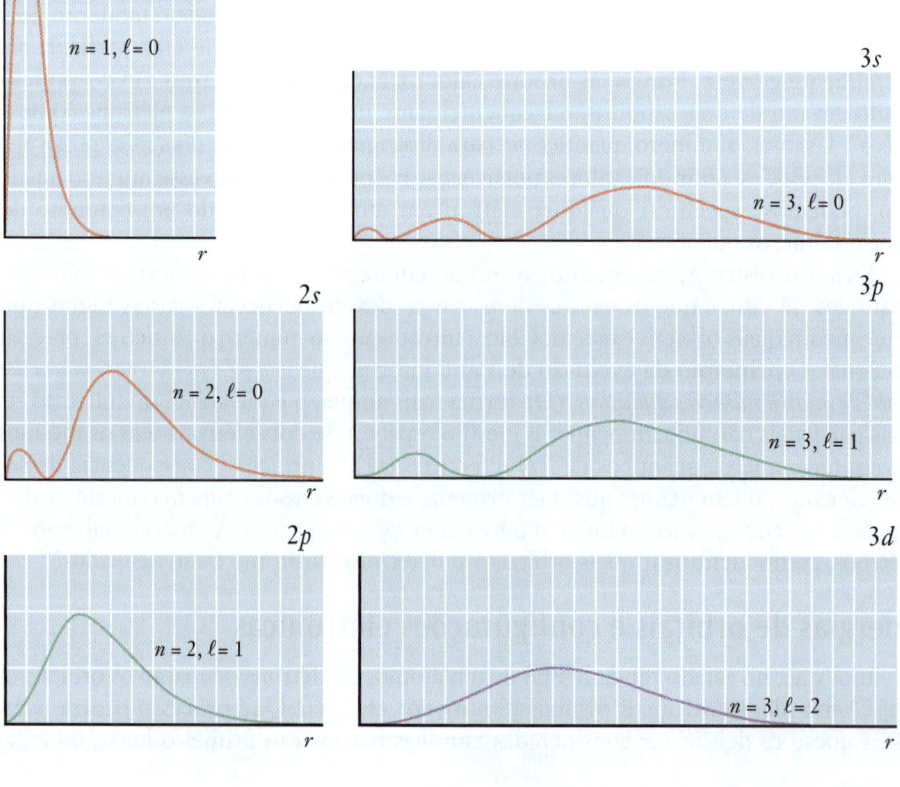

Figura 6.17 Gráficos da função de probabilidade radial para os orbitais do hidrogênio com $n = 1, 2$ e 3. O aumento no tamanho do orbital com o crescimento de n é óbvio. Variações mais sutis para orbitais com o mesmo valor de n são também importantes para a compreensão da sequência de energias dos orbitais. As linhas de grade ao longo do eixo x nestes gráficos estão em unidades do raio de Bohr, a_0.

"penetrem" a blindagem de outros elétrons. Isso torna a energia do orbital 3*s* mais baixa que aquela dos orbitais 3*p* e 3*d*. Uma penetração similar nos orbitais 3*p* diminui sua energia em comparação aos orbitais 3*d* não penetráveis.

Ao chegarmos ao quarto nível de orbitais, a comparação do tamanho do orbital com a probabilidade de penetração se torna ainda mais difícil. Não tentaremos ir mais além no raciocínio conceitual, mas cálculos detalhados podem ser realizados para determinar a ordenação. A ordem aceitável de energias dos orbitais que surge desses cálculos é 1*s*, 2*s*, 2*p*, 3*s*, 3*p*, 4*s*, 3*d*, 4*p*, 5*s*, 4*d*, 5*p*, 6*s*, 4*f*, 5*d*, 6*p*, 7*s*, 5*f*, 6*d* e 7*p*. Não há elementos conhecidos atualmente cujo estado fundamental tenha elétrons que ocupem orbitais com energia acima de 7*p*. Você deve ter aprendido algum artifício para se lembrar dessa sequência de orbitais. Iremos reforçar esse ordenamento na próxima seção ao relacionar-lhe a estrutura da tabela periódica. Agora que estabelecemos a sequência de energia dos diversos subníveis, estamos prontos para decidir quais orbitais devem ser ocupados em cada elemento. Consideraremos as regras para determinarmos essas **configurações eletrônicas**.

Regra de Hund e o princípio da edificação (*Aufbau*)

O processo de decidirmos quais orbitais têm elétrons em um átomo requer que "preenchamos" orbitais começando com o de mais baixa energia e prosseguindo para o de mais alta energia. De alguma forma, esse conceito lembra a construção de um edifício a partir do solo, e ele é chamado de **princípio da edificação (*Aufbau*)**. ▸ Esse processo não é complicado para os primeiros átomos.

Aufbau *vem da palavra alemã "edificação".*

O átomo de hidrogênio tem um elétron e ocupa o orbital 1*s*. O hélio tem dois elétrons. Ambos podem ocupar o orbital 1*s*, contanto que sejam de *spin* emparelhados. O lítio tem três elétrons. Apenas dois podem ocupar o orbital 1*s*, e um elétron deve ir para o próximo orbital mais baixo em energia, o 2*s*. Uma maneira abreviada de denominar essa ocupação de orbitais é escrever o nome do orbital seguido por um índice superior que indica o número de elétrons no orbital. O lítio tem uma configuração eletrônica de $1s^2 2s^1$. O berílio é o próximo elemento, e seus átomos contêm quatro elétrons. O orbital 2*s* também pode ter dois elétrons, e o quarto elétron é colocado ali para fornecer uma configuração de $1s^2 2s^2$. Com cinco elétrons, o boro também preencherá completamente tanto o orbital 1*s* quanto o orbital 2*s*, mas devemos levar em consideração o elétron adicional. O quinto elétron vai para o próximo orbital disponível, 2*p*, para fornecer $1s^2 2s^2 2p^1$.

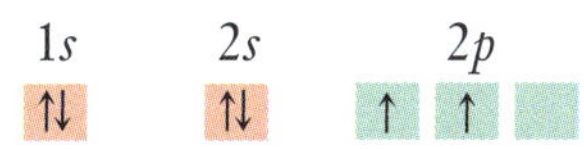

Figura 6.18 As configurações eletrônicas são algumas vezes representadas por diagramas do tipo mostrado aqui para o carbono. Tais diagramas enfatizam a presença de elétrons desemparelhados e podem ser úteis até que você se familiarize com as configurações eletrônicas.

Ao chegarmos ao carbono, defrontamo-nos com uma escolha. Há três orbitais 2*p* diferentes, todos com energia igual. Logo, dois elétrons poderiam emparelhar-se e ocupar um único orbital 2*p*, ou poderiam ocupar dois orbitais 2*p* diferentes com um elétron em cada um. A "escolha" correta é motivada pelo fato de que todos os elétrons são partículas carregadas negativamente. Dois elétrons carregados negativamente devem se repelir, portanto a configuração energeticamente mais favorável ocuparia os orbitais separados a fim de que pudessem ficar bem distantes um do outro. O conceito é resumido na **regra de Hund**, segundo a qual, dentro de um subnível, os elétrons ocupam orbitais individualmente e com *spins* paralelos sempre que possível. ▸ Para representarmos esse tipo de distinção na configuração eletrônica, necessitamos de um dispositivo mais detalhado do que a representação utilizada para os primeiros cinco elementos. Uma possível escolha é usarmos diagramas com quadros representando os orbitais, como consta na **Figura 6.18**. Uma outra opção é identificarmos orbitais individuais com índices inferiores, como p_x, p_y e p_z. Porém, uma vez familiarizados com as configurações eletrônicas, a simples notação $1s^2 2s^2 2p^2$ para o carbono será suficiente. O conhecimento da regra de Hund permitirá a quem quer que leia essa configuração a visualização correta da ocupação do orbital imediatamente fornecida por representações mais detalhadas. A prática desse conceito está no Problema-modelo 6.6.

Evidência de que esta regra está correta pode ser encontrada examinando as propriedades magnéticas dos átomos.

POR DENTRO DE

Problema-modelo ◂ 6.6

A presença do enxofre nas ligas de aço pode ter efeito negativo na ductibilidade e outras propriedades. Desse modo, a análise de traços é normalmente usada para monitorar o nível de enxofre presente. Qual é a configuração eletrônica de um átomo de enxofre?

Estratégia Utilizamos a ordenação de energia e o número de orbitais para cada subnível, para chegarmos à configuração eletrônica global. Com a utilização da regra de Hund, podemos prever a configuração eletrônica detalhada para um átomo de enxofre.

Solução O enxofre tem 16 elétrons, portanto podemos colocar dois em 1*s*, dois em 2*s*, seis em 2*p*, dois em 3*s* e quatro em 3*p* para obtermos os 16 elétrons. A configuração eletrônica é $1s^22s^22p^63s^23p^4$.

Para a configuração detalhada, devemos considerar como distribuir os quatro elétrons no subnível 3*p*. Imaginemos o seguinte: coloca-se cada um dos primeiros três elétrons em orbitais 3*p* separados e preenche-se um dos orbitais adicionando o quarto elétron. A configuração resultante é mostrada a seguir:

1*s*	2*s*	2*p*	3*s*	3*p*
↑↓	↑↓	↑↓ ↑↓ ↑↓	↑↓	↑↓ ↑ ↑

Verifique seu entendimento O silício é encontrado em alguns aços, e sua presença pode torná-los mais duros para serem moldados. Qual é a configuração eletrônica de um átomo de silício?

Os elementos na mesma coluna da tabela periódica terão configurações eletrônicas muito similares. Para ilustrarmos, vamos considerar o argônio e o criptônio, ambos encontrados entre os gases nobres no grupo 18. Quais são as configurações eletrônicas desses dois elementos? O argônio é $1s^22s^22p^63s^23p^6$ e o criptônio é $1s^22s^22p^63s^23p^6 4s^23d^{10}4p^6$. Esses dois elementos são quimicamente semelhantes (ambos basicamente inertes) precisamente porque têm configurações eletrônicas similares. Em cada caso, o "último elétron" preenche o subnível *p*. Essa correspondência entre inércia química e um subnível *p* preenchido fornece a motivação para uma notação abreviada para as configurações eletrônicas.

Abordaremos as conexões entre configuração eletrônica e ligação química em detalhes no próximo capítulo.

A notação abreviada realiza duas coisas. Primeiramente, torna a escrita das configurações eletrônicas de manejo menos difícil. Mais importante, introduz um conceito fundamental que relaciona a estrutura eletrônica com a ligação química. ◂ Os elétrons nos subníveis mais externos ocupados dão origem à reatividade química de um elemento. Os elétrons em subníveis mais baixos preenchidos terão pouco impacto sobre as propriedades químicas de um elemento. Os elétrons mais internos, que ficam mais próximos ao núcleo, são chamados **elétrons centrais**. Eles podem ser representados pelo símbolo atômico do gás nobre que tem a configuração eletrônica correspondente. Desse modo, apesar de a configuração eletrônica completa para o potássio ser $1s^22s^22p^63s^23p^64s^1$, o elétron do $4s^1$ mais externo determina as propriedades químicas do potássio. Podemos enfatizar o fato escrevendo a configuração como $[Ar]4s^1$. De maneira semelhante, o estanho (Sn) pode ser escrito como $[Kr]5s^24d^{10}5p^2$. Os elétrons explicitamente mencionados nessa notação ocupam orbitais mais distantes do núcleo. Apesar de ser apropriadamente descritivo para designá-los como elétrons mais externos, são em geral chamados **elétrons de valência**. Quando iniciarmos o estudo das ligações químicas no Capítulo 7, veremos quão importante é conhecer a configuração eletrônica de valência dos elementos. Por enquanto, o Problema-modelo 6.7 fornece alguma prática no uso da notação simplificada que acabamos de definir.

Problema-modelo ◂ 6.7

Reescreva a configuração eletrônica para o enxofre (Problema-modelo 6.6) por meio da notação abreviada apresentada anteriormente.

Estratégia Encontramos a configuração eletrônica no Problema-modelo 6.6. Agora precisamos apenas identificar os elétrons centrais e substituí-los pelo símbolo para o gás nobre correspondente.

Solução A configuração eletrônica completa do enxofre é $1s^22s^22p^63s^23p^4$. Os elétrons de valência ocupam os orbitais com $n = 3$, e os elétrons centrais preenchem os níveis $n = 1$ e $n = 2$. O neônio é o gás nobre cuja configuração eletrônica é $1s^22s^22p^6$. Logo, podemos abreviar a configuração para o enxofre como $[Ne]3s^23p^4$.

Verifique seu entendimento As quantidades de traço do arsênio são algumas vezes encontradas no aço. Utilize a notação abreviada para escrever a configuração eletrônica para o arsênio.

6.6 Tabela periódica e as configurações eletrônicas

Observados como membros do mesmo grupo na tabela periódica, o argônio e o criptônio terão configurações eletrônicas similares. E observações similares podem ser feitas para os halogênios ou quaisquer dos outros grupos. Quando nos deparamos pela primeira vez com esses grupos, foi em combinação com a tabela periódica (na Seção 2.5). A relação entre a configuração eletrônica prevista pelo modelo da mecânica quântica do átomo e a tabela periódica foi vital para a aceitação da mecânica quântica como uma teoria. Aproveitaremos essa importante correlação entre as configurações eletrônicas e a tabela periódica para lembrarmos com relativa facilidade as configurações para o estado fundamental de qualquer elemento.

O esboço da tabela periódica na **Figura 6.19** inclui os elementos que são quase sempre colocados em separado na parte de baixo da tabela. A variação de cores das regiões nessa figura divide a tabela em quatro blocos de elementos. Os elementos em cada bloco são semelhantes em relação ao fato de o elétron no orbital de mais alta energia vir do mesmo subnível. Assim, todos os elementos na seção à margem esquerda da tabela têm seu elétron de mais alta energia em um orbital *s*. Eles são algumas vezes chamados de bloco *s*. A seção à direita da tabela é o bloco *p* porque, de acordo com o princípio da edificação, o último orbital ocupado é um orbital *p*. Os metais de transição são elementos do bloco *d* (mostrados em lilás) e os lantanídeos e actinídeos compõem o bloco *f* (mostrados na cor amarela).

Por causa dessa estrutura, podemos utilizar a tabela periódica para determinar as configurações eletrônicas para a maioria dos elementos. (Algumas poucas exceções surgem, principalmente entre os metais de transição.) Encontramos o elemento de interesse na tabela periódica e escrevemos seus elétrons centrais usando a notação abreviada com o gás nobre anterior. Determinamos, então, os elétrons de valência marcando onde o elemento fica dentro do seu próprio período na tabela. O Problema-Modelo 6.8 demonstra esse procedimento.

Problema-modelo ◂ 6.8

As ligas de tungstênio são com frequência usadas em itens que devem suportar temperaturas altas. Utilize a tabela periódica para determinar a configuração eletrônica do tungstênio (W).

Estratégia Comece encontrando o tungstênio na tabela periódica. Use o gás nobre do período anterior para abreviar os elétrons centrais. Determine a configuração eletrônica de valência correta, contando ao longo do período no qual o tungstênio está localizado.

Solução O gás nobre que precede o tungstênio é o xenônio. Ao contar os elétrons de valência, não se esqueça dos elementos do bloco *f*. A configuração correta é [Xe] $6s^2 4f^{14} 5d^4$.

Verifique seu entendimento Pode-se formar um número de "superligas" resistentes à corrosão combinando-se o níquel com quantidades variadas de outros metais, incluindo o tungstênio. Use a tabela periódica para determinar a configuração eletrônica do níquel (Ni).

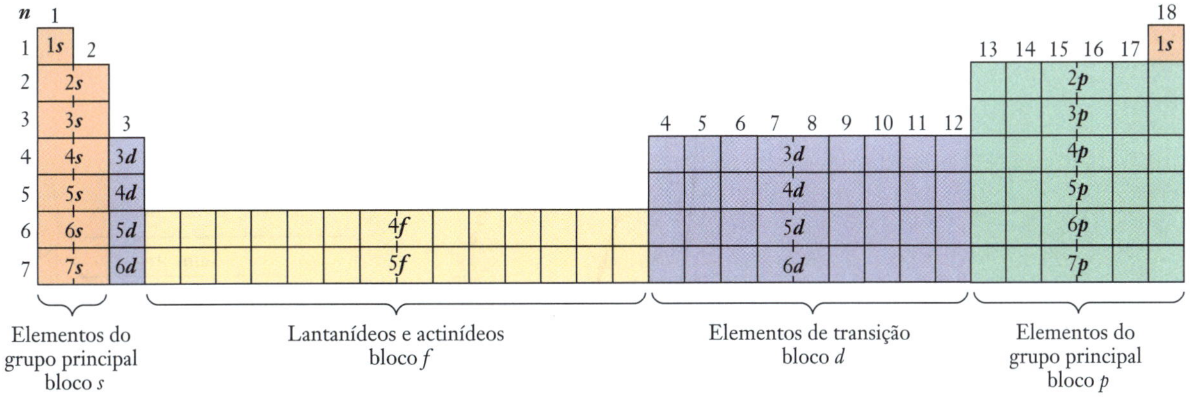

Figura 6.19 O formato da tabela periódica pode ser dividido em blocos, de acordo com o tipo de orbital ocupado pelo elétron de mais alta energia no estado fundamental de cada elemento. Os elementos do bloco *f* são geralmente tirados da tabela e exibidos em separado na parte de baixo. Aqui os colocamos no corpo da tabela para enfatizar a sequência na qual os diversos orbitais são preenchidos.

6.7 Tendências periódicas nas propriedades atômicas

Quando apresentamos o conceito da tabela periódica pela primeira vez, apontamos que diversas observações sobre o comportamento dos átomos levaram ao seu desenvolvimento. A reatividade dos halogênios e a inércia dos gases nobres são exemplos da lei periódica. Com base nos conceitos sobre os orbitais e a estrutura atômica, é possível tratar algumas dessas variações periódicas com mais detalhes. Essas propriedades atômicas serão úteis na compreensão da reatividade em capítulos posteriores.

Tamanho atômico

Uma importante característica dos átomos é o seu tamanho. A medida do tamanho atômico é às vezes complicada, porque os átomos não têm limites muito bem definidos. Mas técnicas computacionais permitem-nos determinar os tamanhos dos diferentes átomos de maneira consistente e os resultados desses cálculos estão resumidos na **Figura 6.20**. Há duas maneiras de explorar as tendências na tabela periódica: dentro de um grupo e dentro de um período. Ao descermos em um grupo, observamos um aumento no tamanho atômico. Ao atravessarmos um período, observamos uma diminuição. Um modo fácil de lembrar essa tendência é desenhar algo como eixos coordenados *x,y* à direita na parte inferior da tabela periódica. Um aumento no sentido *x* ou *y* nesses eixos corresponde à diminuição do tamanho atômico. Como entendemos essa tendência?

O tamanho do átomo é determinado em grande parte por seus elétrons de valência, uma vez que ocupam os orbitais mais externos. Dois fatores são importantes: (1) o nível no qual os elétrons de valência são encontrados e (2) a força da interação entre o núcleo e os elétrons de valência. Ao descermos em um grupo em uma tabela, o primeiro desses fatores está agindo. O tamanho dos orbitais de valência aumenta com *n*, ou seja, o tamanho do átomo aumenta ao descermos de período. A tendência na movimentação ao longo do período é menos intuitiva. Já abordamos o conceito de carga nuclear efetiva na Seção 6.5. A distância entre um elétron de valência e o núcleo tenderá a ser maior se houver uma carga nuclear efetiva pequena. Ao longo de um período, adicionamos elétrons ao mesmo

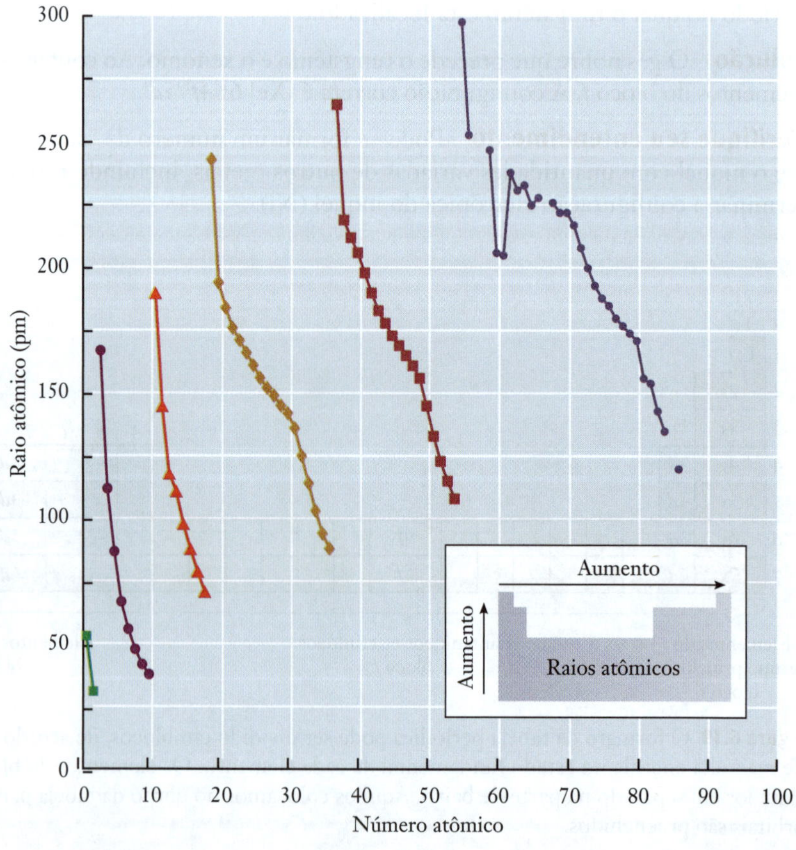

Figura 6.20 O gráfico mostra o raio atômico como uma função do número atômico. As diferentes cores e símbolos de pontos de dados representam os diferentes períodos na tabela periódica. A diminuição do tamanho da esquerda para a direita ao longo de cada período é vista claramente. (Raios calculados, extraídos de E. Clementi, Raimondi, D. L. e Reinhardt, W. P. *The Journal Chemical Physics*, n. 38, p. 2686, 1963.)

subnível. Esses elétrons não blindam uns aos outros muito bem, e a carga nuclear efetiva aumenta porque cada incremento no número atômico adiciona um próton carregado positivamente ao núcleo. A carga nuclear efetiva mais alta produz uma atração mais forte entre os elétrons e o núcleo. Logo, os elétrons de valência são puxados para mais perto do núcleo e o tamanho do átomo diminui. O Problema-modelo 6.9 mostra como aplicar essas ideias para classificar os átomos por tamanho.

Problema-modelo ◂ 6.9

Utilizando apenas a tabela periódica, classifique os seguintes elementos em ordem crescente de tamanho: Fe, K, Rb, S e Se.

Estratégia Queremos ordenar os elementos do menor para o maior. Comece encontrando cada elemento na tabela periódica. Use as tendências gerais para o tamanho atômico para colocá-los na ordem pedida.

Solução O raio atômico aumenta de cima para baixo ou da direita para a esquerda na tabela periódica. O enxofre e o selênio estão no grupo 16. Uma vez que o enxofre está acima do selênio, ele será menor. De maneira semelhante, as posições do rubídio e do potássio no grupo 1 informam que o potássio é o menor dos dois. Por fim, o potássio, o ferro e o selênio estão no quarto período. O selênio é o que está mais à direita dos três, desse modo ele será o menor, seguido pelo ferro e pelo potássio. Reunindo todos esses fatos, obteremos a ordem pedida: S < Se < Fe < K < Rb.

Verifique seu entendimento Por meio da tabela periódica, classifique os seguintes elementos em ordem crescente de tamanho: Cr, Cs, F, Si e Sr.

Que tendência devemos esperar para os raios de cátions e ânions? A perda de um elétron para formar um cátion diminui a repulsão elétron-elétron, deixando os elétrons restantes mais ligados ao núcleo. Portanto, esperamos que os íons positivos sejam menores que seus respectivos átomos "pais". Por outro lado, adicionar um elétron para formar um ânion levará ao aumento da repulsão entre os elétrons de valência. Portanto, os ânions devem ser maiores que seus átomos neutros correspondentes. Os raios iônicos podem ser determinados com muita precisão medindo o espaçamento em redes cristalinas, e os dados são consistentes com essas expectativas. Com um raio iônico de 102 pm, o Na^+ é significativamente menor que o átomo de sódio, que tem um raio atômico de 186 pm. E o raio iônico de 133 pm do F^- é significativamente maior que o raio atômico de 72 pm do flúor neutro.

A **Figura 6.21** mostra raios atômicos e iônicos para vários elementos, e as tendências observadas são claras. Quando comparamos íons carregados de forma similar em um grupo, o tamanho iônico aumenta da mesma maneira que vimos para o tamanho atômico. ◂ Para os cátions, a tendência em tamanho iônico ao longo de um período

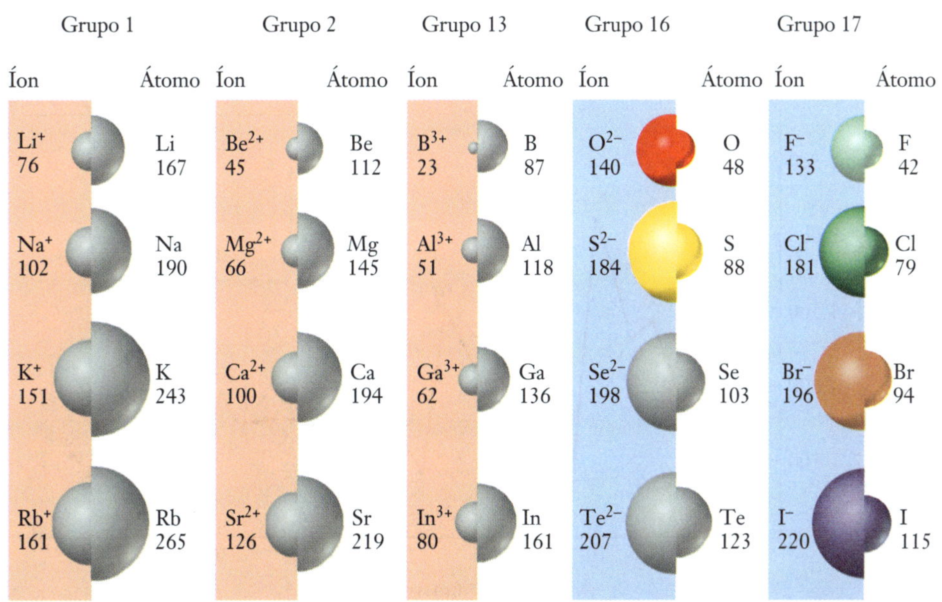

Figura 6.21 As esferas aninhadas na figura ilustram como os tamanhos dos íons indicados se comparam aos átomos neutros correspondentes. Metais e seus cátions são mostrados à esquerda, e não metais e seus ânions, à direita. Todos os raios são dados em picômetros. (Radii de Clementi, E.; Raimondi, D. L.; Reinhart, W. P. *J. Chem. Phys.*, v. 38, p. 2686, 1963, e Shannon, R. D. *Acta Cryst.*, v. A32, p. 751, 1976).

Essas tendências no tamanho iônico ajudam a explicar por que a substituição de íons de sódio por íons de potássio maiores altera as propriedades do Gorilla Glass.

também imita a tendência que vimos para os átomos neutros – diminuindo à medida que vamos da esquerda para a direita. Isso é facilmente entendido. Considerando Na^+ e Mg^{2+}, por exemplo, vemos que ambos os íons têm a mesma configuração eletrônica. Mas o Mg^{2+} tem um próton adicional em seu núcleo, então ele irá manter seus elétrons mais firmes, levando a um íon menor. Para os ânions comuns no bloco *p*, no entanto, observamos a tendência oposta. Podemos explicar essa diferença observando um par específico de ânions. O íon óxido, O^{2-}, e o íon fluoreto, F^-, têm a mesma configuração eletrônica. Mas o flúor tem um próton adicional em seu núcleo, então é o íon menor. Da mesma forma, Cl^- é um pouco menor que S^{2-}.

Energia de ionização

Outra propriedade dos átomos que tem papel importante no modo como interagem na formação das ligações químicas é a facilidade com que perdem elétrons. Essa propriedade, chamada **energia de ionização**, pode ser medida por um experimento semelhante àquele que descrevemos anteriormente para o efeito fotoelétrico. A energia de ionização é definida como a quantidade de energia que teríamos de fornecer para induzir a seguinte reação:

$$X(g) \rightarrow X^+(g) + e^-$$

Para sermos mais precisos, a energia necessária para essa reação é a *primeira* energia de ionização. A energia requerida para a remoção de um elétron adicional do cátion X^+, formando X^{2+}, seria a *segunda* energia de ionização e assim por diante. Utilizaremos a expressão "energia de ionização" para a primeira energia de ionização.

As conexões entre a periodicidade e a estrutura atômica podem ser vistas pelo exame do modo como a energia de ionização varia ao longo dos períodos e dentro dos grupos da tabela. Lembre-se de nossa discussão sobre tamanho atômico: ao longo de um período, a carga nuclear efetiva aumenta. De modo nada surpreendente, a energia de ionização também em geral aumenta ao longo de um período. Ao descermos em um grupo, os elétrons de valência ocupam orbitais cada vez maiores. À medida que os elétrons de valência ficam mais distantes do núcleo, eles se tornam mais fáceis de serem removidos. Consequentemente, a energia de ionização diminui ao descermos uma coluna na tabela periódica. Ao subirmos em direção à direita da tabela periódica, a energia de ionização aumenta, como mostra a **Figura 6.22**.

Outras dicas sobre estrutura atômica são reveladas pelas exceções às tendências na energia de ionização. Se examinarmos a Figura 6.22, veremos que do nitrogênio para o oxigênio há uma pequena *diminuição* na energia de ionização, em vez do aumento esperado com base na tendência periódica. Essa observação pode ser justificada considerando o emparelhamento de elétrons. O nitrogênio tem um subnível *p* parcialmente preenchido, com um elétron em cada orbital 2*p*. Para acomodar sua configuração p^4, o oxigênio deve emparelhar dois elétrons em um dos orbitais 2*p*. A remoção de um elétron deixa apenas elétrons desemparelhados em todos os três orbitais 2*p*. Tal mudança provoca menos repulsão elétron-elétron, suficiente para a energia de ionização do oxigênio ser menor que a do nitrogênio.

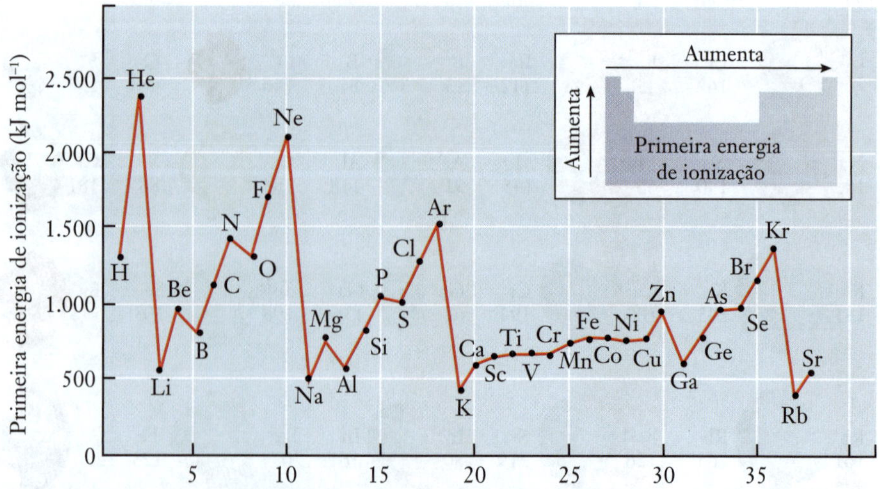

Figura 6.22 O gráfico mostra a primeira energia de ionização (em kJ mol^{-1}) *versus* o número atômico para os primeiros 38 elementos na tabela periódica. A inserção na parte superior direita enfatiza a tendência periódica geral: a energia de ionização aumenta da esquerda para a direita e de baixo para cima na tabela periódica.

Exceções semelhantes às tendências são vistas para o enxofre no terceiro período e selênio no quarto. O Problema--modelo 6.10 mostra como usar a tabela periódica para classificar os átomos pela energia de ionização.

Problema-modelo ◂ 6.10

Usando apenas a tabela periódica, classifique os seguintes elementos em ordem crescente de energia de ionização: Br, F, Ga, K e Se.

Estratégia Queremos ordenar os elementos da menor energia de ionização para a maior. Comece encontrando cada elemento na tabela periódica. Use as tendências gerais para a energia de ionização para colocá-los na ordem pedida.

Solução A energia de ionização aumenta ao subirmos ou irmos para a direita na tabela periódica. A partir de nossa lista de elementos, todos, com exceção do flúor, estão no quarto período. Esperamos que suas energias de ionização aumentem da esquerda para a direita: K < Ga < Se < Br. Por fim, o flúor fica acima do bromo no grupo 17, portanto terá a maior energia de ionização. Isso nos fornece a ordem requerida: K < Ga < Se < Br < F.

Verifique seu entendimento Usando apenas a tabela periódica, classifique os seguintes elementos em ordem crescente de energia de ionização: He, Mg, N, Rb e Si.

Podemos também compreender melhor a estrutura atômica examinando sucessivas energias de ionização para o mesmo elemento, como resumido na **Tabela 6.5**. Para o sódio, a primeira energia de ionização está entre as menores, mas a segunda é bem maior que aquela para qualquer átomo neutro. Para o magnésio, a situação é diferente.

Tabela ▪ 6.5 Energias de ionização

A primeiras quatro energias de ionização (todas em kJ mol^{-1}) para os elementos dos três primeiros períodos. Aquelas ionizações com valores mostrados em células sombreadas e escritas em negrito envolvem a remoção do último elétron de um nível em particular. A ionização adicional requer a remoção de um elétron de um nível preenchido mais estável, e isso leva a um aumento muito grande da energia de ionização.

Z	Elemento	EI_1	EI_2	EI_3	EI_4
1	H	**1.312**	—	—	—
2	He	2.372	**5.250**	—	—
3	Li	**520,2**	7.298	11.815	—
4	Be	899,4	**1.757**	14.848	21.007
5	B	800,6	2.427	**3.660**	25.026
6	C	1.086	2.353	4.620	**6.223**
7	N	1.402	2.856	4.578	7.475
8	O	1.314	3.388	5.300	7.469
9	F	1.681	3.374	6.050	8.408
10	Ne	2.081	3.952	6.122	9.370
11	Na	**495,6**	4.562	6.912	9.544
12	Mg	737,7	**1.451**	7.733	10.540
13	Al	577,6	1.817	**2.745**	11.578
14	Si	786,4	1.577	3.232	**4.356**
15	P	1.012	1.908	2.912	4.957
16	S	999,6	2.251	3.357	4.564
17	Cl	1.251	2.297	3.822	5.158
18	Ar	1.520	2.666	3.931	5.771

A segunda ionização é ainda maior que a primeira porque a carga nuclear efetiva sofrida por um elétron de valência é maior no íon que no átomo neutro. Porém, a mais significativa variação em energia de ionização fica entre a segunda e a terceira ionizações. O ponto no qual esse grande salto ocorre para cada elemento é realçado por toda a tabela. Em cada caso, o maior aumento na energia de ionização ocorre quando um elétron é removido de um subnível *p* completamente preenchido. Com base nessa observação, podemos ver a incomum estabilidade daquele subnível *p* preenchido e começar a avaliar a razão de os elementos de gás nobre não serem nem um pouco reativos. Subníveis preenchidos de elétrons são difíceis de quebrar, e, como veremos, esse fato nos ajudará a entender as ligações químicas.

Afinidade eletrônica

A energia de ionização é definida como a energia necessária para remover um elétron de um átomo, formando um cátion carregado positivamente. Porém, sabemos também que alguns átomos pegarão, rotineiramente, um elétron para formar um ânion carregado negativamente.

$$X(g) + e^- \rightarrow X^-(g)$$

Podemos definir uma propriedade chamada **afinidade eletrônica** como a quantidade de energia que precisaríamos fornecer para induzir essa reação. A remoção de um elétron de um átomo neutro sempre requer absorção de energia, porque o átomo não irá apenas expelir elétrons por si só. Logo, as energias de ionização são sempre positivas. Porém, os valores de afinidade eletrônica podem ser positivos ou negativos. Se o ânion resultante é estável, a energia será liberada quando o elétron for adicionado. Mas nossa definição de afinidade eletrônica afirma que esta é a quantidade de energia que deve ser *fornecida* para formar o ânion. Se a energia está sendo liberada, poderíamos dizer que devemos "fornecer uma quantidade negativa de energia", portanto o valor da afinidade eletrônica será negativo. Se a afinidade eletrônica é positiva, isso significa que o ânion formado não é estável. Nesse caso, precisaríamos fornecer energia para forçar o átomo a aceitar o elétron. A maior parte dos valores de afinidade eletrônica é negativa.

Essa definição de afinidade eletrônica pode parecer um pouco esquisita, uma vez que está em desacordo com o significado comum da palavra "afinidade". Segundo nossa definição, se o átomo "quer" o elétron, o valor de sua afinidade eletrônica é negativo. Definimos os sinais dessa maneira porque é coerente com as convenções em geral seguidas quando se discute energia em química, física e engenharia. ◂ A energia adicionada a um átomo é positiva, e a energia liberada por um átomo é negativa.

O estudo de variações de energia em reações químicas é chamado termodinâmica e é apresentado nos Capítulos 9 e 10.

Os valores de afinidades eletrônicas apresentam tendências periódicas com base na configuração eletrônica, do mesmo modo como as outras propriedades já vistas até aqui. A conclusão mais imediata a partir da **Figura 6.23** poderia ser que os valores de afinidades eletrônicas variam mais desordenadamente que as energias de ionização. Porém, deve ficar evidente pela figura que, ao movermos da parte inferior para a parte superior ou da esquerda para a direita na tabela periódica, a

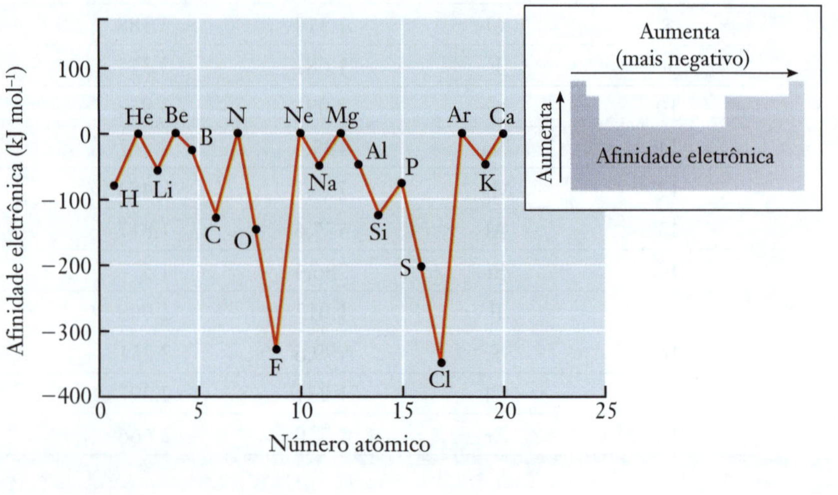

Figura 6.23 O gráfico mostra a afinidade eletrônica (em kJ mol^{-1}) *versus* o número atômico para os primeiros 20 elementos da tabela periódica. A inserção na parte superior direita enfatiza a tendência periódica geral: a afinidade eletrônica "aumenta" – o que significa que o valor se torna mais negativo – da esquerda para a direita e de baixo para cima na tabela periódica.

afinidade eletrônica tende a se tornar mais negativa. Quanto ao esquema *x,y* que temos utilizado para lembrarmos das tendências gerais, a afinidade eletrônica se torna mais negativa com o aumento de *x* ou *y*, bem parecido com a energia de ionização. É comum pensarmos sobre a tendência em afinidade eletrônica desse modo, apesar de o valor estar se tornando algebricamente menor à medida que ele fica mais negativo. Isso ocorre porque quanto mais negativa a afinidade eletrônica se tornar, mais estável o ânion será.

Um exame mais minucioso dos valores da afinidade eletrônica revela que há exceções nas tendências associadas ao emparelhamento de elétrons, do mesmo modo que há para a energia de ionização. O nitrogênio não tem uma afinidade eletrônica negativa porque a adição de um elétron forçaria o emparelhamento de elétrons no orbital *p*, processo que aumenta substancialmente a repulsão elétron-elétron.

POR DENTRO DE Há outras tendências periódicas nas propriedades dos elementos, incluindo a variação na densidade observada na Seção 2.5. As linhas de emissão de raios X usadas para identificar elementos na FRX variam de maneira previsível. Considere os primeiros cinco metais de transição. Observando a fluorescência que surge dos elétrons caindo de volta no subnível 1*s* (nível K na notação de raios X), os respectivos comprimentos de onda são 30,32; 27,50; 25,05; 22,91; e 21,03 nm para escândio (Sc), titânio (Ti), manganês (Mn), vanádio (V) e cromo (Cr). A tendência da diminuição dos comprimentos de onda continua ao longo dos elementos do bloco *d*. Para explicá-la, precisamos perceber que a atração entre os elétrons do 1*s* e o núcleo torna-se mais forte à medida que o número de prótons no núcleo aumenta. Portanto, o nível de energia 1*s* fica mais baixo à medida que vamos da esquerda para a direita na tabela periódica. As energias dos níveis mais externos são afetadas menos por causa da blindagem, pois a diferença de energia entre o 1*s* e os níveis mais externos aumentará à medida que movemos ao longo de um período.

POR DENTRO DE

6.8 Fontes modernas de luz: LEDs e lasers

Em muitos casos, a análise de traços é usada para detectar pequenos níveis de contaminantes indesejáveis que podem degradar o desempenho de um material. É muito provável, entretanto, que a engenharia moderna introduza intencionalmente pequenos níveis de um elemento para ajustar as propriedades de um material. Um exemplo é o desenvolvimento de materiais para produzir os **diodos emissores de luz (LEDs)** e o **laser**. Essas fontes modernas de luz devem suas existências ao aperfeiçoamento de nossa compressão da estrutura atômica que emergiu durante o século XX.

Como a luz produzida por um LED ou um laser se difere daquela produzida por uma lâmpada incandescente ou fluorescente? E quais atributos específicos desses dispositivos e da luz que emitem os fazem tão adequados para tarefas específicas?

Você pode certamente encontrar diodos emissores de luz em muitos dos aparelhos que utiliza diariamente. Os indicadores de força em tudo, dos aparelhos celulares às TVs e aos mostradores de diversos relógios despertadores digitais e fornos de micro-ondas, são apenas alguns dos vários exemplos do uso comum dos LEDs. Ao pensar sobre algumas das aplicações nas quais são utilizados, você talvez perceba uma das características dos LEDs: cada LED emite luz de uma cor específica. Apesar de você poder comprar lâmpadas incandescentes coloridas, elas se baseiam em algum tipo de filtro que reveste a superfície da lâmpada. Ainda assim, o filamento emite luz branca, logo o filtro colorido reduz em muito a eficiência da lâmpada. Em um LED, a luz emitida é em geral **monocromática**, o que significa que é restrita a um único comprimento de onda ou cor. ▸ Consequentemente, os LEDs fornecem um meio fácil de produzir luz colorida, e essa é uma das razões para que sejam tão amplamente utilizados como indicadores em aparelhos eletrônicos.

Alguns LEDs emitem dois ou mais comprimentos de onda simultaneamente, mas normalmente são tão próximos que o olho humano não pode separá-los.

Outro importante contraste entre um LED e uma pequena lâmpada incandescente é a durabilidade: as lâmpadas se quebram ou queimam, mas os LEDs duram quase indefinidamente sob condições normais. As lâmpadas incandescentes queimam porque seus filamentos gradualmente se quebram nas altas temperaturas de funcionamento necessárias para produzir luz. Um LED, no entanto, não requer alta temperatura de funcionamento. Ele funciona enquanto passar uma pequena corrente elétrica através de si. Isso dá ao LED vida útil longa e também reduz a quantidade de energia consumida e de calor desprendido, ambas sendo considerações importantes em projetos de equipamentos eletrônicos modernos. Por perderem muito pouca energia como o calor, os LEDs podem funcionar com alta eficiência, convertendo quase toda a energia em luz. Isso é especialmente importante para os pequenos aparelhos portáteis, como celulares ou MP3 *players*, em que a vida útil da bateria é de suma importância. A mesma combinação de vida útil longa e alta eficiência atualmente tem sido explorada em lâmpadas de LED para uso na iluminação doméstica, com vários esquemas empregados para produzir um espectro de cores apropriado a fim de simular a iluminação natural.

Os LEDs são um exemplo dos chamados "dispositivos no estado sólido", nos quais o componente primário é apenas um pedaço de algum material sólido (**Figura 6.24**). As propriedades funcionais importantes de tais dispositivos são determinadas principalmente pela composição do material sólido – e aí é onde a química entra. A cor da luz emitida por um LED depende dos detalhes das ligações químicas entre os átomos no sólido. Como você pode supor, essas ligações dependem da identidade dos átomos envolvidos. Logo, o ajuste da composição do sólido pode alterar a cor da luz emitida. Examinaremos alguns dos detalhes por trás disso na Seção 8.3. Porém, a implicação prática é que podemos produzir um LED que emite luz de quase todas as cores do infravermelho até o ultravioleta próximo.

Os lasers compartilham alguns traços com os LEDs: produzem luz monocromática e o comprimento de onda da luz depende das propriedades específicas do laser. Porém, também possuem outras importantes propriedades. A luz emitida por um laser é altamente direcional e emerge como um feixe bem definido. Você certamente já viu apontadores de laser ou outros lasers, então deve saber que o feixe em geral nem é visível quando visto de lado, porque toda a luz está viajando na mesma direção. A luz do laser é também coerente, o que significa que todas as suas ondas estão perfeitamente em fase e passam juntas por máximo e mínimo. Muitas variedades de lasers são conhecidas, de pequenos aparelhos utilizados em CD *players*, impressoras a laser e leitores de preços em supermercados até sistemas altamente potentes usados em maquinário industrial.

A invenção do laser é o resultado direto da emergência do modelo de mecânica quântica do átomo. A luz a laser é emitida à medida que átomos ou moléculas passam de um nível de mais alta energia para um nível de energia mais baixa, assim como vimos em espectros atômicos. Todo projeto de laser é, no final das contas, baseado em compreensão detalhada dos níveis de energia disponíveis para os átomos ou moléculas no que é chamado de meio de laser. O funcionamento do laser geralmente se baseia em fenômeno chamado emissão estimulada, o qual se torna importante quando a população de um nível de energia se torna maior que a população de um nível de energia mais baixa. Muitos dos lasers mais comuns, como aqueles em aparelho de CD, são dispositivos de estado sólido no qual essa "inversão de população" é estabelecida para os elétrons em um sólido. Em outros lasers, os átomos ou as moléculas em um gás ou em solução emitem a luz. Os desafios primários da engenharia no projeto de um laser são identificar um meio que possa emitir o comprimento de onda de luz desejado e então imaginar um modo de estabelecer e manter a inversão de população. Portanto, uma compreensão dos níveis de energia envolvidos é claramente essencial.

À medida que novas tecnologias de iluminação emergem no século XXI, as conexões entre a química e a engenharia continuam a ter papel importante. Aperfeiçoamentos recentes nas telas de cristal líquido utilizadas em monitores de computador com tela plana, por exemplo, se devem, em parte, ao desenvolvimento de novos compostos químicos cujas propriedades de absorção de luz são talhadas para suas tarefas. Pesquisas em diodos orgânicos emissores de luz (OLEDs) estão progredindo rapidamente, e telas de OLED estão galopando como a próxima etapa na tecnologia de televisão. Avanços em todas essas áreas requerem a cooperação estreita de pesquisadores de química e engenheiros de projeto.

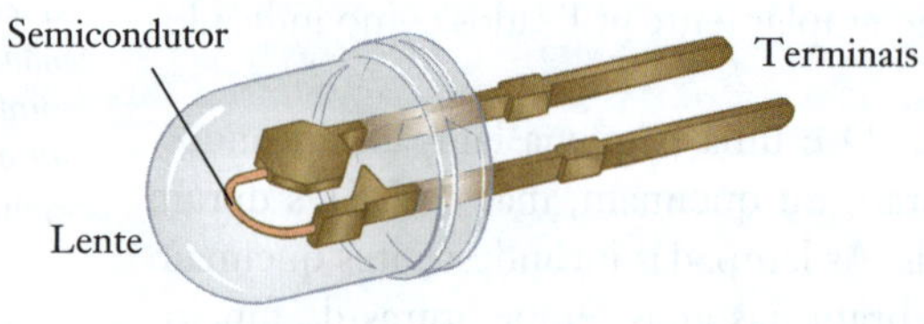

Figura 6.24 O projeto padrão de um LED é extremamente simples. Terminais metálicos permitem que uma corrente passe através de um pequeno pedaço de material semicondutor, que então emite luz. Um invólucro de plástico serve tanto como lente quanto como capa para o dispositivo. A cor da luz emitida é determinada pela composição química do semicondutor. Uma vez que os LEDs são superiores às lâmpadas incandescentes em eficiência e durabilidade, agora são rotineiramente utilizados em semáforos, como o mostrado aqui.

Os diodos emissores de luz orgânicos (OLEDs) evoluíram do laboratório para muitos produtos de consumo, incluindo monitores para celulares, monitores de computador e televisores.

ENFOQUE NA RESOLUÇÃO DE PROBLEMAS

Questão (a) Com base em sua compreensão de átomos e seus espectros, reflita sobre a razão de os postes de rua que utilizam lâmpadas de sódio terem luz amarela/laranja. **(b)** Qual aparelho ou instrumento poderia ser usado para fazer uma medição que testaria sua hipótese para o item (a)?

Estratégia Essas questões envolvem solução conceitual de problemas. Para responder a essas questões, é fundamental saber que tipo de informação molecular deve ser inferido. Precisamos pensar que tipo de medição ou experimento pode fornecer a necessária informação atômica ou molecular para confirmar ou não nossa ideia.

Resposta (a) As palavras-chave nesta questão são "lâmpada de sódio". Essa descrição implica que há algo importante sobre a lâmpada que está relacionado ao elemento sódio. Vimos neste capítulo que os átomos têm espectros distintos, logo é razoável supor que, no caso dos átomos de sódio, várias cores estão faltando para a cor remanescente parecer amarela/laranja. **(b)** Poderíamos testar essa hipótese usando um espectrômetro para visualizarmos a luz da lâmpada. Se nossa afirmativa estiver correta, o espectro deverá mostrar linhas na região do amarelo-laranja, e não em outras partes do espectro visível.

Resumo

Para desenvolvermos uma compreensão da matéria no nível microscópico, inicialmente devemos ter um modelo confiável para a estrutura dos átomos. Grande parte de nossa compreensão atual dos átomos provém de estudos da interação dos átomos com radiação eletromagnética ou luz. Muitas propriedades da luz podem ser explicadas por meio de um modelo de onda, no qual a frequência ou o comprimento de onda define a cor da luz, e a amplitude define sua intensidade. Somente podemos compreender alguns aspectos da interação da luz com os átomos utilizando um modelo particulado, no qual pensamos na luz se comportando como fótons de energia. Desse modo, encontramos o conceito da dualidade onda-partícula pela primeira vez quando consideramos a natureza da luz.

A conexão mais direta entre átomos e luz é a observação do espectro atômico discreto. Nesse contexto, discreto significa que, quando átomos absorvem ou emitem luz, eles o fazem apenas em algumas poucas frequências, em vez de fazê-lo por todo o espectro. Essa observação leva à afirmativa de que os elétrons em um átomo podem ocupar apenas um número limitado de níveis de energia. Essa é uma hipótese de que a energia dos átomos é quantizada. Através dos tempos, diversos modelos foram apresentados e aperfeiçoados para responder pela natureza quantizada da energia dos átomos. Nosso melhor modelo atual é a teoria da mecânica quântica do átomo.

Na teoria quântica, os elétrons são tratados como ondas que podem ser descritas por meio de funções matemáticas de onda. (Trata-se de outro caso de dualidade onda-partícula.) A matemática detalhada do modelo da mecânica quântica é responsável por muito do vocabulário que utilizamos para descrever a estrutura atômica. Assim, os elétrons ocupam orbitais caracterizados por números quânticos. Para o propósito da compreensão da química, há dois aspectos importantes que devem ser lembrados sobre esse modelo: primeiro, os orbitais têm tamanhos e formas que podem ser relacionados ao esquema de rotulação derivado dos números quânticos; segundo, quanto aos átomos sob condições normais, podemos atribuir os elétrons aos orbitais de mais baixa energia disponíveis.

Essas duas ideias levam ao conceito das configurações eletrônicas para os átomos – conceito que basicamente nos ajudará a adquirir uma compreensão das ligações químicas. Nesse ponto, já vimos que o modelo quântico e a configuração eletrônica podem explicar muitas facetas da estrutura da tabela periódica. Por exemplo, o formato familiar da tabela periódica surge do fato de os elementos do bloco *s* nos grupos 1 e 2 terem configurações eletrônicas nas quais o elétron de mais alta energia está em um orbital *s*. De maneira semelhante, os grupos 13-18 compreendem os elementos do bloco *p*, uma vez que o elétron de mais alta energia está em um orbital *p*. Além dessa estrutura global da tabela periódica, as tendências em propriedades atômicas como tamanho ou energia de ionização podem também ser explicadas considerando o modelo da mecânica quântica do átomo e as configurações eletrônicas que surgem a partir dele.

Termos-chave

afinidade eletrônica (6.7)
amplitude (6.2)
análise de traços (6.1)
blindagem (6.5)
carga nuclear efetiva (6.5)
comprimento de onda (6.2)
configurações eletrônicas (6.5)
difração (6.4)
diodos emissores de luz (LEDs) (6.8)
dualidade onda-partícula (6.2)
efeito fotoelétrico (6.2)
elétrons centrais (6.5)
elétrons de valência (6.5)
energia de ionização (6.7)
energia de ligação (6.2)
equação de Schrödinger (6.4)
espectro atômico (6.3)
espectro eletromagnético (6.2)
espectroscopia de absorção atômica (EAA) (6.1)
estado excitado (6.3)
estado fundamental (6.3)
fluorescência de raios X (FRX) (6.1)
fótons (6.2)
frequência (6.2)
função de onda (6.4)
laser (6.8)
luz visível (6.2)
modelo de Bohr (6.3)
monocromática (6.8)
nível (6.4)
nó (6.4)
número quântico de *spin* (m_s) (6.5)
número quântico magnético (m_ℓ) (6.4)
número quântico principal (n) (6.4)
número quântico secundário (ℓ) (6.4)
números quânticos (6.4)
operador (6.4)
orbital (6.4)
princípio da edificação (*Aufbau*) (6.5)
princípio da exclusão de Pauli (6.5)
princípio da incerteza (6.4)
quantizada (6.3)
refração (6.2)
regra de Hund (6.5)
subníveis (6.4)
teste não destrutivo (6.1)

Problemas e exercícios

POR DENTRO DE Análises de traços

6.1 A análise de traço pode ser realizada via teste não destrutivo. Como esse difere dos outros tipos de análises de traço? Dê um exemplo de situação em que a análise não destrutiva deve ser importante.

6.2 Diferentemente da FRX, a EAA não pode ser usada para teste não destrutivo. Explique o porquê.

6.3 Na análise por espectroscopia de absorção atômica, os comprimentos de onda da luz sendo absorvidos revelam a identidade dos elementos presentes na amostra. Qual informação é usada para determinar as quantidades relativas dos diferentes elementos?

6.4 Um instrumento de fluorescência de raios X deve incluir uma fonte de raios X de alta energia. Explique o papel desses raios X no processo de fluorescência.

6.5 A fluorescência emitida na FRX também está na faixa de raios X do espectro, mas é sempre de energias mais baixas que os raios X usados para iniciar o processo. Explique por que tal afirmação deve ser verdadeira.

6.6 Como parte das capacidades analíticas, o rover *Curiosity* carregou um novo instrumento chamado ChemCam. Pesquise na internet e descubra o que o ChemCam faz e como funciona e escreva um parágrafo curto comparando o ChemCam com um instrumento de EAA semelhante àquele na Figura 6.1.

Espectro eletromagnético

6.7 Coloque as seguintes regiões do espectro eletromagnético em ordem crescente de frequência: IV, UV, onda de rádio, visível.

6.8 Calcule os comprimentos de onda, em metros, de radiação das seguintes frequências. **(a)** $5{,}00 \times 10^{15}\ s^{-1}$ **(b)** $2{,}11 \times 10^{14}\ s^{-1}$ **(c)** $5{,}44 \times 10^{12}\ s^{-1}$.

6.9 Se uma sequência de luzes decorativas incluir lâmpadas com comprimentos de onda de 480, 530, 580 e 700 nm, quais são as frequências das luzes? Utilize a Figura 6.6 para determinar quais cores estão no conjunto.

6.10 Defina *refração*.

6.11 Defina *fóton*.

6.12 Encontre a energia de um fóton com cada uma das seguintes frequências: **(a)** 15,3 THz, **(b)** 1,7 EHz (veja a Tabela 1.2, se necessário), **(c)** $6{,}22 \times 10^{10}$ Hz.

6.13 Coloque estes tipos de radiação em ordem crescente de energia por fóton. **(a)** luz verde de uma lâmpada de mercúrio, **(b)** raios X de raios X dentários, **(c)** micro-ondas de um forno de micro-ondas, **(d)** uma estação de rádio FM transmitindo em 89,1 MHz.

6.14 Para os fótons com as seguintes energias, calcule o comprimento de onda e identifique a região do espectro de onde se originam: **(a)** $3{,}5 \times 10^{-20}$ J, **(b)** $8{,}7 \times 10^{-26}$ J, **(c)** $7{,}1 \times 10^{-17}$ J, **(d)** $5{,}5 \times 10^{-27}$ J.

6.15 Para fótons com as seguintes energias, calcule o comprimento de onda e identifique a região do espectro de onde se originam: **(a)** $6{,}0 \times 10^{-19}$ J, **(b)** $8{,}7 \times 10^{-22}$ J, **(c)** $3{,}2 \times 10^{-24}$ J, **(d)** $1{,}9 \times 10^{-28}$ J.

6.16 Vários *drives* de disco ótico baseiam-se na operação com lasers em comprimentos de onda diferentes, com comprimentos de ondas mais curtos permitindo maior densidade de armazenamento de dados. Para cada um dos seguintes tipos de drive, encontre a energia de um único fóton no comprimento de onda especificado. **(a)** CD, $\lambda = 780$ nm, **(b)** DVD, $\lambda = 650$ nm, **(c)** Disco blu-ray®, $\lambda = 405$ nm.

6.17 O laser, na maioria das leitoras de códigos de barra de supermercados, opera a 632,8 nm. Qual é a energia de um único fóton emitido por tal laser? Qual é a energia de um mol desses fótons?

6.18 Suponha que um forno de micro-ondas opere a uma frequência de $1{,}00 \times 10^{11}\ s^{-1}$. **(a)** Qual é o comprimento dessa radiação em metros? **(b)** Qual é a energia em joules por fóton? **(c)** Qual é a energia por mol de fótons?

6.19 Preencha as lacunas a seguir para completar uma descrição do experimento do efeito fotoelétrico. (Você deve ser capaz de fazer isso com apenas uma ou duas palavras em cada lacuna.)

Um feixe de ________ atinge ________, fazendo com que ___________ seja emitido.

6.20 Quando a luz com um comprimento de onda de 58,5 nm atinge a superfície de estanho metálico, os elétrons são ejetados com uma energia cinética máxima de $2{,}69 \times 10^{-18}$ J. Qual é a energia de ligação desses elétrons ao metal?

6.21 A energia de ligação dos elétrons ao cobre metálico é $7{,}18 \times 10^{-19}$ J. Encontre o maior comprimento de onda de luz que poderia ejetar elétrons do cobre em um experimento de efeito fotoelétrico.

Espectros atômicos

6.22 O que havia de novo no modelo do átomo de Bohr?

6.23 Descreva como o modelo do átomo de Bohr explica o espectro do átomo de hidrogênio.

6.24 De acordo com o modelo atômico de Bohr, o que acontece quando um átomo absorve energia?

6.25 Defina *estado fundamental*.

6.26 A figura a seguir representa os primeiros níveis energéticos em um átomo de hidrogênio. As três transições mostradas com setas emitem luz no ultravioleta e ocorrem em comprimentos de onda de 121,566 nm, 102,583 nm e 97,524 nm, respectivamente. Encontre a frequência de luz que seria emitida em uma transição do estado rotulado como $n = 4$ para o estado rotulado como $n = 3$.

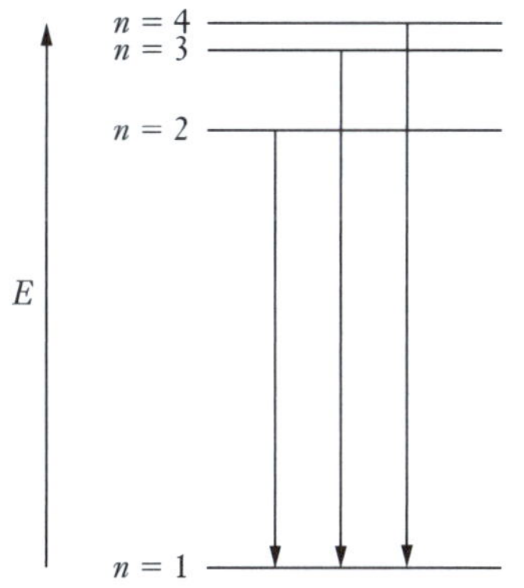

6.27 Com base no diagrama de níveis de energia do Problema 6.26, encontre o comprimento de onda da luz que seria emitida quando o átomo de hidrogênio sofrer uma transição do estado indicado como $n = 4$ para o estado indicado como $n = 2$. Dê sua resposta em nm.

6.28 Um átomo de neônio emite luz em muitos comprimentos de onda, dois dos quais são em 616,4 e 638,3 nm. Ambas as transições são para o mesmo estado final. **(a)** Qual é a diferença de energia entre os dois estados para cada transição? **(b)** Se uma transição entre os dois estados de energia mais altos pudesse ser observada, qual seria a frequência da luz?

6.29 Um átomo de mercúrio emite luz em muitos comprimentos de onda, dois dos quais são em 435,8 e 546,1 nm. Ambas as transições são para o mesmo estado final. **(a)** Qual é a diferença de energia entre os dois estados para cada transição? **(b)** Se uma transição entre os dois estados de energia mais altos pudesse ser observada, qual seria a frequência da luz?

Modelo atômico da química quântica

6.30 Como a observação da difração de elétrons afetou o desenvolvimento do modelo atômico da mecânica quântica?

6.31 Por que utilizamos função de onda para descrever os elétrons?

6.32 Quais são as origens matemáticas dos números quânticos?

6.33 Quais são os valores permitidos para o número quântico principal? E para o número quântico secundário?

6.34 Quais dos seguintes conjuntos representam números quânticos válidos? Para um conjunto que seja inválido, explique brevemente por que não estão corretos. **(a)** $n = 3, \ell = 3, m_\ell = 0$; **(b)** $n = 2, \ell = 1, m_\ell = 0$; **(c)** $n = 6, \ell = 5, m_\ell = -1$; **(d)** $n = 4, \ell = 3, m_\ell = -4$.

6.35 Um orbital em particular tem $n = 4$ e $\ell = 2$. Qual deve ser esse orbital? **(a)** $3p$, **(b)** $4p$, **(c)** $5d$ ou **(d)** $4d$.

6.36 Por que não há orbitais $2d$?

6.37 Qual é o número máximo de elétrons em um átomo que tem os seguintes números quânticos? **(a)** $n = 2$; **(b)** $n = 3$ e $\ell = 1$; **(c)** $n = 3, \ell = 1$ e $m_\ell = 0$; **(d)** $n = 3, \ell = 1, m_\ell = -1$ e $m_s = -1/2$

6.38 Quantos orbitais correspondem a cada uma das seguintes designações? **(a)** $3p$, **(b)** $4p$, **(c)** $4p_x$, **(d)** $6d$, **(e)** $5d$, **(f)** $5f$, **(g)** $n = 5$, **(h)** $7s$.

6.39 Defina o termo *plano nodal* (ou *nó*).

6.40 Com base na Figura 6.15, desenhe um orbital $4p$, mostrando todos os seus nós.

6.41 Considere o orbital $3d$. **(a)** Quais são os valores permitidos para os números quânticos de um orbital $3d$ n e ℓ, para um orbital $3d$? **(b)** Quais são os valores permitidos para o número quântico m_ℓ para um orbital $3d$? **(c)** Qual é o número máximo de orbitais $3d$ que podem estar presentes em qualquer átomo? **(d)** Qual é o número máximo de elétrons que podem ocupar um único orbital $3d$?

Princípio da exclusão de Pauli e as configurações eletrônicas

6.42 O fato de o quarto número quântico ser chamado de número quântico de *spin* prova que os elétrons estão girando? Que observações deram origem a esse nome?

6.43 Defina *emparelhamento de spin*.

6.44 Em que o princípio da exclusão de Pauli coloca um limite?

6.45 Defina *blindagem*.

6.46 O que é carga nuclear efetiva e como ela influencia o tamanho de um orbital?

6.47 Represente duas maneiras de colocar elétrons nos orbitais $2p$ para um átomo de nitrogênio. Qual representação está correta de acordo com a regra de Hund?

6.48 Escreva a configuração eletrônica do estado fundamental para os seguintes elementos: **(a)** B, **(b)** Ba, **(c)** Be, **(d)** Bi, **(e)** Br.

6.49 Quais destas configurações são para átomos no estado fundamental? E no estado excitado? Quais são possíveis? **(a)** $1s^2 2s^1$, **(b)** $1s^2 2s^2 2p^3$, **(c)** $[Ne]3s^2 3p^3 4s^1$, **(d)** $[Ne]3s^2 3p^6 4s^3 3d^2$, **(e)** $[Ne]3s^2 3p^6 4f^4$ **(f)** $1s^2 2s^2 2p^4 3s^2$.

6.50 Com base na lista de átomos e íons dada, identifique quaisquer pares que tenham as mesmas configurações eletrônicas e escreva esta configuração: Na^+, S^{2-}, Ne, Ca^{2+}, Fe^{2+}, Kr, I^-.

Tabela periódica e as configurações eletrônicas

6.51 Lâmpadas de halogênio contam com a química previsível dos elementos de halogênio. Compare as configurações eletrônicas de três halogênios e utilize essa comparação para justificar a semelhança da química desses elementos.

6.52 Faça a distinção entre *elétrons centrais* e *elétrons de valência*.

6.53 Se outros 50 elementos fossem descobertos, como seria a aparência da tabela periódica?

6.54 Quais blocos da tabela periódica compreendem os elementos do grupo principal?

6.55 Explique por que o bloco *s* da tabela periódica contém apenas duas colunas, o bloco *p* contém seis colunas e o bloco *d* contém dez colunas.

6.56 Examine a tabela de configurações eletrônicas no Apêndice C. Quais elementos têm configurações que são exceções ao princípio da edificação? Proponha uma razão para esses elementos serem essas exceções.

6.57 As propriedades magnéticas dos átomos fornecem evidências de que a regra de Hund leva à configuração eletrônica correta. Átomos que contêm um ou mais elétrons desemparelhados apresentam uma forma fraca de magnetismo e são considerados paramagnéticos. Considere os elementos na segunda linha da tabela periódica e forneça o número de elétrons desemparelhados encontrados em cada um deles.

6.58 Quanto mais elétrons desemparelhados um átomo contém, mais fortemente paramagnético ele é. (Veja o Problema 6.57.) Dentre os elementos do terceiro período da tabela periódica, qual deve ser o mais fortemente paramagnético?

Tendências periódicas nas propriedades atômicas

6.59 De que modo a carga nuclear efetiva ajuda a explicar as tendências no tamanho atômico ao longo de um período da tabela periódica?

6.60 Utilize a configuração eletrônica dos metais alcalinos e seus conhecimentos sobre orbitais e números quânticos para explicar a tendência no tamanho atômico dos átomos dos metais alcalinos.

6.61 Usando apenas a tabela periódica como um guia, coloque cada uma das seguintes séries de átomos em ordem crescente de tamanho. **(a)** Na, Be, Li, **(b)** P, N, F, **(c)** I, O, Sn.

6.62 Defina *energia de ionização*. Qual é a diferença entre a primeira e a segunda energia de ionização?

6.63 Em qual ionização para o cloro você esperaria o primeiro grande salto na energia de ionização? Este seria o único grande salto em energia se você continuasse a ionizar o cloro?

6.64 Coloque os seguintes átomos em ordem crescente de energia de ionização: Li, K, C e N.

6.65 Como explicamos o fato de a energia de ionização do oxigênio ser menor que a do nitrogênio?

6.66 Qual elemento você esperaria ter a maior segunda energia de ionização, Na, C ou F? Por quê?

6.67 Responda a cada uma das seguintes questões. **(a)** Dos elementos S, Se e Cl, qual tem o maior raio atômico? **(b)** Qual tem o maior raio, Br ou Br^-? **(c)** Qual deve ter a maior diferença entre a primeira e a segunda energia de ionização: Si, Na, P, ou Mg? **(d)** Qual tem a maior energia de ionização: N, P ou As? **(e)** Qual dos seguintes tem o maior raio: O^{2-}, N^{3-} ou F^-?

6.68 Indique qual espécie em cada par tem a afinidade eletrônica mais favorável (isto é, a mais negativa)? Justifique sua resposta. **(a)** Cl ou S, **(b)** S ou P **(c)** Br ou As.

6.69 Compare os elementos Na, B, Al e C em relação às seguintes propriedades. **(a)** Qual tem o maior raio atômico? **(b)** Qual tem a afinidade eletrônica mais negativa? **(c)** Coloque os elementos em ordem crescente de energia de ionização.

6.70 Classifique as seguintes espécies em ordem decrescente de energia de ionização: Cl, F, Ne^+, S, S^-.

POR DENTRO DE Fontes modernas de luz: LEDs e lasers

6.71 Diversos estados excitados do átomo de neônio são importantes no funcionamento de um laser de hélio-neônio. Nesses estados excitados, um elétron do átomo de neônio é promovido do nível $2p$ para um orbital de energia mais alta.

Um átomo de neônio excitado com uma configuração eletrônica $1s^22s^22p^55s^1$ pode emitir um fóton com um comprimento de onda de 3.391 nm ao fazer uma transição para um estado de menor energia com uma configuração eletrônica $1s^22s^22p^54p^1$. Outras transições são também possíveis. Se um átomo de neônio excitado com uma configuração eletrônica $1s^22s^22p^55s^1$ faz uma transição para um estado de menor energia com uma configuração eletrônica $1s^22s^22p^53p^1$, ele emite um fóton com um comprimento de onda de 632,8 nm. Encontre o comprimento de onda do fóton que seria emitido em uma transição da configuração eletrônica $1s^22s^22p^54p^1$ para a configuração eletrônica $1s^22s^22p^53p^1$. (Facilitará, se você começar desenhando um diagrama de nível de energia.)

6.72 As lâmpadas de LED oferecem alternativa de iluminação e provavelmente terão grande impacto na iluminação doméstica. Elas combinam a eficiência energética das tradicionais lâmpadas fluorescentes com o pequeno tamanho, luz "mais quente" e ofuscando a habilidade das lâmpadas incandescentes. Embora as lâmpadas de LED sejam caras, os fabricantes alegam que a economia futura ultrapassará os custos iniciais. Analise o custo relativo da iluminação incandescente *versus* a iluminação com LED, considerando que as informações na tabela seguinte são precisas. As alegações da indústria em relação à economia de custo são justificadas?

	LED	Incandescente
Custo inicial	\$ 4,00	\$ 0,75
Consumo de eletricidade	8 watts	60 watts
Custo da eletricidade	\$ 0,04 Kwh^{-1}	\$ 0,04 Kwh^{-1}
Vida útil	25.000 horas	1.500 horas

6.73 Quanto de energia pode ser economizado a cada ano substituindo-se as lâmpadas incandescentes por lâmpadas de LED? Considere que seis lâmpadas de 60 watts são acesas por uma média de três horas por noite e que são substituídas por lâmpadas de LED de 8 watts. (Veja o Problema 6.72.)

Problemas conceituais

6.74 Qual das ondas representadas aqui tem a maior frequência? Justifique sua resposta.

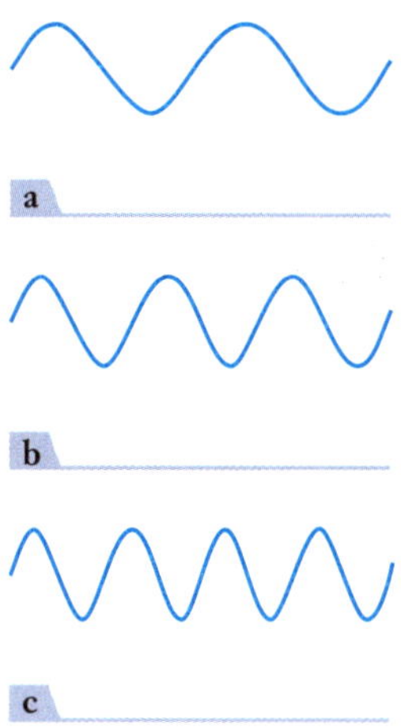

6.75 Qual é a relação entre o número de fótons e a intensidade de luz?

6.76 Qual é a diferença entre espectro contínuo e discreto?

6.77 Os orbitais *p* e *d* são algumas vezes chamados direcionais. Compare-os com orbitais *s* para explicar essa terminologia.

6.78 Por que o tamanho de um orbital tem efeito em sua energia?

6.79 Como a carga dos elétrons fornece alguma base lógica para a regra de Hund?

6.80 Descreva como as configurações eletrônicas de valência explicam algumas das semelhanças nas propriedades químicas dos elementos dentro de um grupo.

6.81 Por que não há nenhum elemento imediatamente à direita do magnésio na tabela periódica?

6.82 Um determinado elemento tem os seguintes valores para as suas primeiras quatro energias de ionização: 900, 1.760, 14.850 e 21.000 kJ mol^{-1}. Sem consultar uma tabela de valores para as energias de ionização, determine a qual grupo na tabela periódica este elemento pertence.

6.83 O gráfico a seguir mostra as três primeiras energias de ionização para o sódio, o magnésio e o alumínio. Sem consultar nenhuma tabela de valores, determine qual curva no gráfico corresponde a cada um dos elementos.

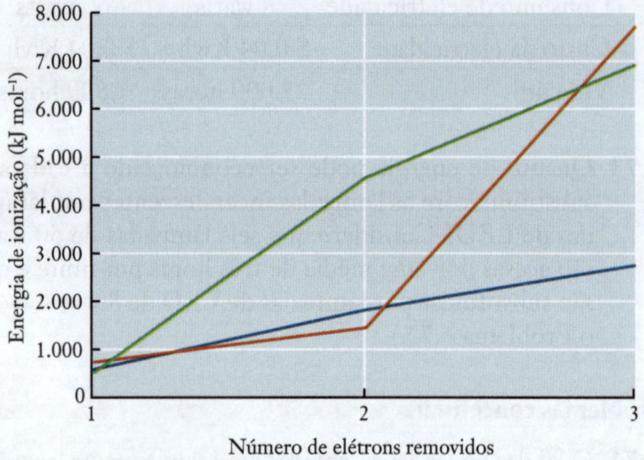

6.84 Qual gráfico representa corretamente a primeira energia de ionização dos três elementos nos grupos 14 (linha pontilhada) e 17 (linha cheia)? Explique o raciocínio usado para a sua escolha.

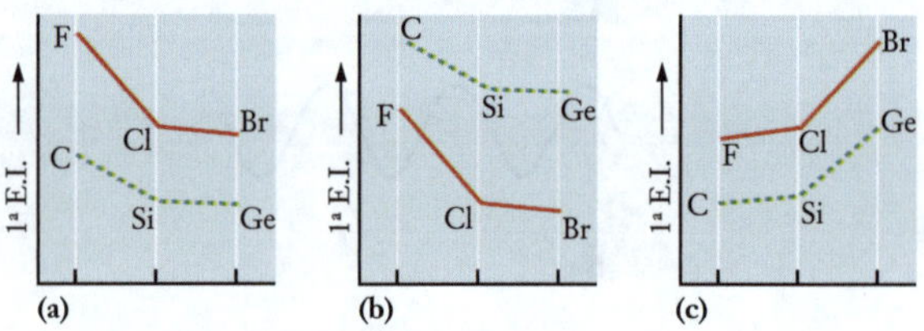

6.85 As linhas visíveis no espectro de emissão do átomo de hidrogênio surge das transições com um estado final com $n = 2$. Em qual região espectral você esperaria encontrar as transições que têm um estado final de $n = 1$. Explique o seu raciocínio usando um diagrama de níveis similar àquele no Problema 6.26.

6.86 Um íon excitado de He+ retorna para o estado fundamental emitindo uma série de três fótons, com comprimentos de onda de 26 nm, 469 nm e 1014 nm. O processo é representado no nível de energia a seguir. Qual seta (A, B ou C) no diagrama representa a luz de 104 nm?

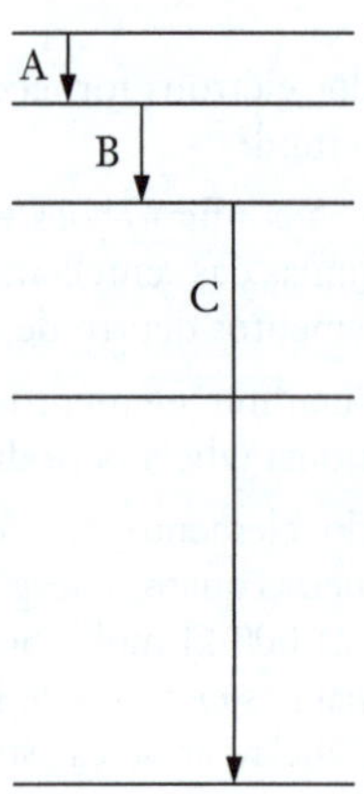

6.87 Por que os elétrons de valência sofrem uma carga nuclear efetiva menor que a carga total do núcleo?

6.88 Por que a existência dos espectros de linhas implica no fato de os elétrons ocuparem níveis de energia quantizados no átomo?

6.89 O íon Rb^+ tem, por coincidência, aproximadamente o mesmo tamanho do íon Cl^-. O significado deste fato deve ser verdadeiro sobre os tamanhos relativos dos átomos de Rb e Cl?

6.90 Como a análise dos elétrons centrais se comparam com a análise dos elétrons de valência em um átomo?

6.91 Qual é o único gás nobre que não tem uma configuração eletrônica *ns2np6*? Como ele pode ser um gás nobre sem esta configuração eletrônica?

Problemas adicionais

6.92 O efeito fotoelétrico pode ser utilizado para medir o valor da constante de Planck. Suponha que um experimento de efeito fotoelétrico tenha sido realizado utilizando-se luz com $\nu = 7{,}50 \times 10^{14}\ s^{-1}$ e detectaram-se elétrons ejetados com uma energia cinética de $2{,}50 \times 10^{-11}$ J. O experimento foi então repetido utilizando-se luz com $\nu = 1{,}00 \times 10^{15}\ s^{-1}$ e o *mesmo alvo metálico*, e os elétrons foram ejetados com energia cinética de $5{,}00 \times 10^{-11}$ J. Use esses dados para encontrar o valor para a constante de Planck. Dicas: Os dados são fictícios e fornecerão resultado bem diferente do valor real da constante de Planck. O valor real da constante de Planck *não* deve ser utilizado em nenhum dos cálculos propostos. Pode ser útil pensar como se calcularia a energia de ligação do metal se a constante de Planck já tivesse sido descoberta.

6.93 Um átomo de mercúrio está inicialmente em seu nível de energia mais baixo possível (ou estado fundamental). O átomo absorve um fóton com um comprimento de onda de 185 nm e então emite um fóton com frequência de $4{,}924 \times 10^{14}$ Hz. Ao final dessa série de transições, o átomo ainda estará em um nível de energia acima do estado fundamental. Faça um diagrama de nível de energia para esse processo e encontre a energia do estado de excitação resultante, considerando que é atribuído um valor de $E = 0$ ao estado fundamental. (A opção por $E = 0$ *não* é usual, mas simplificará seus cálculos.)

6.94 Quando foi realizado um experimento de efeito fotoelétrico utilizando-se um metal "M" e luz com comprimento de onda λ_1, elétrons com energia cinética de $1{,}6 \times 10^{-19}$ J foram emitidos. Reduziu-se o comprimento de onda para a metade de seu valor original e repetiu-se o experimento (ainda com o mesmo alvo metálico). Dessa vez, emitiram-se elétrons com energia cinética de $6{,}4 \times 10^{-19}$ J. Encontre a energia de ligação dos elétrons ao metal M. (Os comprimentos de onda reais utilizados não foram registrados, mas mesmo assim é possível encontrar a energia de ligação.)

6.95 Sabe-se que uma amostra metálica é composta de bário, césio, lítio ou prata. As energias de ligação dos elétrons com esses metais estão listadas a seguir.

Metal	Energia de ligação do elétron (J)
Bário	$4,30 \times 10^{-19}$
Césio	$3,11 \times 10^{-19}$
Lítio	$3,94 \times 10^{-19}$
Prata	$7,59 \times 10^{-19}$

Uma maneira de identificar o elemento poderia ser por meio de experimento de efeito fotoelétrico. Realizou-se o experimento três vezes, e em cada situação utilizou-se um laser diferente como a fonte de luz. Os resultados estão resumidos a seguir. (A energia cinética dos fotoelétrons ejetados não foi medida.)

Comprimento de onda do laser	Fotoelétrons vistos?
532 nm	Não
488 nm	Sim
308 nm	Sim

Com base nessas informações, quais conclusões podem ser tiradas sobre a identidade do metal?

6.96 Quando um átomo de hélio absorve luz a 58,44 nm, um elétron é promovido do orbital 1*s* para o orbital 2*p*. Dado que a energia de ionização (estado fundamental) do hélio é 2.372 kJ mol^{-1}, encontre o maior comprimento de onda da luz que poderia ejetar um elétron a partir do estado excitado do átomo de hélio.

6.97 Coloque os membros de cada um dos conjuntos em ordem crescente de raios iônicos: **(a)** K^+, Ca^{2+}, Ga^{3+}, **(b)** Ca^{2+}, Be^{2+}, Ba^{2+}, Mg^{2+}, **(c)** Al^{3+}, Sr^{2+}, Rb^+, Na^+, **(d)** K^+, Ca^{2+}, Rb^+.

6.98 Coloque os seguintes ânions em ordem crescente de raios iônicos: **(a)** Cl^-, S^{2-}, P^{3-}, **(b)** O^{2-}, S^{2-}, Se^{2-}, **(c)** N^{3-}, S^{2-}, Br^-, P^{3-}, **(d)** Cl^-, Br^-, I^-.

Exercícios de enfoque na resolução de problemas

6.99 O efeito fotoelétrico pode ser usado nos projetos de engenharia para aplicações práticas. Por exemplo, os óculos utilizados em aplicações de visão noturna têm materiais que fornecem sinal elétrico com a exposição a luz IV de comprimento de onda relativamente longo. Se a energia necessária para gerar o sinal é $3,5 \times 10^{-20}$ J, qual é o comprimento de onda mínimo e a frequência da luz que pode ser detectada?

6.100 Algumas aeronaves usam motores de propulsão. Eles criam impulsão ionizando átomos e então os acelerando e expelindo-os. De acordo com as leis de Newton, isso leva ao impulso no sentido oposto. Minimizar a massa é sempre importante para aplicações espaciais. Discuta quais as tendências periódicas que precisaria considerar para escolher um material a ser ionizado para projetos de engenharia com esta aplicação.

6.101 Soldagem a laser é uma técnica na qual um feixe de laser firmemente focado é usado para depositar energia suficiente para soldar itens metálicos. Uma vez que todo o processo pode ser automatizado, ele é comumente utilizado em muitas indústrias de grande escala, incluindo a fabricação de automóveis. Para atingir a qualidade de solda desejada, os itens de aço sendo unidos devem absorver energia a uma taxa de 10^4 W mm^{-2}. (Lembre-se de que 1 W = 1 J s^{-1}.) Uma soldagem a laser em particular emprega um laser de Nd:YAG operando em um comprimento de onda de 1,06 μm. Nesse comprimento de onda, o aço ainda absorve 80% dos fótons incidentes. Se o feixe de laser é focado para iluminar um ponto circular de 0,02 polegada, qual é a potência mínima (em watts) que o laser deve emitir por segundo para atingir o limiar de 10^4 W mm^{-2}? A quantos fótons por segundo isto corresponde? (Para simplificar, suponha que a energia do laser não penetre no metal em profundidade significativa.)

6.102 Controladores de ionização para medida de pressão (veja a Seção 5.7) podem ser manipulados variando-se a voltagem da grade coletora de íons (veja a Figura 5.11). Com base na Tabela 6.5, se a voltagem é ajustada para produzir energias de elétrons de 1.200 kJ mol^{-1}, determine quais elementos o controlador *não* seria capaz de detectar. Dada a habilidade de variar essa energia, descreva como projetaria um aparelho que pudesse distinguir entre os átomos de sódio e magnésio.

6.103 A espectroscopia de absorção atômica é baseada nos espectros atômicos dos elementos que estão sendo estudados. Ela pode ser usada para determinar as impurezas em uma amostra metálica. Se um elemento está presente, a luz no comprimento de onda apropriado é absorvida. Você está trabalhando para uma empresa de estampagem de metal, e o aço laminado que utiliza para formar painéis para portas de automóveis está apresentando falhas a uma taxa alarmante. Existe alguma possibilidade de que o problema esteja relacionado a níveis inaceitavelmente altos de manganês no aço. Dado que o espectro atômico do manganês tem três linhas próximas a 403 nm, como você poderia utilizar um espectrômetro para determinar a quantidade de manganês no aço?

6.104 A cor vermelha nos fogos de artifício é o resultado de sais com estrôncio presentes na bomba desses dispositivos. De maneira semelhante, as cores verde/azul, algumas vezes vistas em fogos de artifício, surgem dos sais de cobre. Com base em seu conhecimento sobre espectros atômicos e sobre as cores dos fogos de artifício, descreva qual átomo, o cobre ou o estrôncio, tem níveis de energia mais amplamente separados.

Problemas acumulativos

6.105 Quando dizemos que a existência de espectros atômicos informa que os átomos têm níveis de energia específicos, estamos usando raciocínio dedutivo ou indutivo?

6.106 Quando Bohr imaginou seu modelo para o átomo, ele estava usando o raciocínio dedutivo ou indutivo? Justifique sua resposta.

6.107 A reação fotoquímica que inicia a produção de *smog* envolve a decomposição de moléculas de NO, e a energia necessária para quebrar a ligação N-O é de $1{,}04 \times 10^{-18}$ J. **(a)** Qual comprimento de onda de luz é necessário? **(b)** Quantos fótons são necessários para decompor 0,32 mg de NO?

7

Ligação química e estrutura molecular

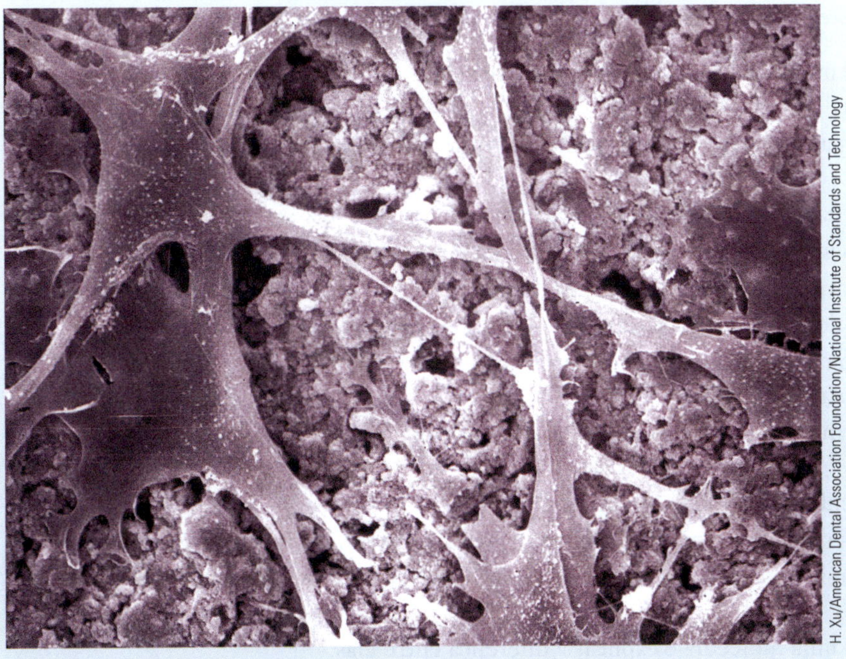

H. Xu/American Dental Association Foundation/National Institute of Standards and Technology

Os biomateriais são projetados para uso nos sistemas vivos, portanto as interações entre tais materiais e células vivas são importantes. Nesta imagem de microscópio, o biomaterial é um tipo de cimento usado para reparar os ossos. As estruturas lisas consistem em células de osso que aderiram ao cimento mais recortado. Aqui, esta adesão é o efeito desejado. Mas, em outros casos, as interações fortes entre células e materiais podem ter sérias consequências negativas.

O estudo da estrutura atômica no Capítulo 6 forneceu interessante desvio para a física moderna, e não há dúvida de que os paradoxos da mecânica quântica são intelectualmente intrigantes. Mas bem distante da curiosidade científica pura, os conceitos que desenvolvemos para a estrutura atômica oferecem importantes visões internas de algumas das questões mais fundamentais na química. Como e por que os átomos se combinam para formar moléculas? Com o que essas moléculas na realidade se parecem e que fatores determinam seus arranjos? Na nossa sociedade tecnológica, as respostas a essas perguntas aparentemente abstratas podem ter tremenda importância prática e econômica. Saber como controlar ou explorar seletivamente a formação das ligações químicas tem tido papel fundamental no desenvolvimento de muitos materiais e dispositivos.

Muitas facetas de novos materiais poderiam fornecer exemplos de comportamento de ligação química, mas aqui salientaremos o desenvolvimento de materiais para uso em aplicações biomédicas. Uma vez que esses materiais são projetados para uso dentro do corpo humano, devem obedecer a importantes restrições para funcionar de maneira apropriada. Virtualmente todas essas restrições estão associadas à natureza química dos materiais. Neste capítulo, examinaremos as razões pelas quais os átomos formam ligações entre si, os diferentes tipos de ligações químicas e as conexões entre ligação e arranjo molecular. Identificar essas características permite compreender como funcionam as propriedades de muitas substâncias, e é crucial entender como as moléculas interagem e reagem entre si. Melhoraremos também nossa conexão entre as visões microscópicas e simbólicas da química à medida que nos tornarmos capazes de visualizar o arranjo tridimensional da molécula com base na sua fórmula.

Objetivos do capítulo

Após dominar o assunto deste capítulo, você será capaz de:

- listar alguns fatores que influenciam a biocompatibilidade de materiais e explicar como esses fatores estão relacionados com a ligação química.
- usar as configurações eletrônicas para explicar por que os metais tendem a formar cátions, enquanto os ametais formam ânions.
- descrever as variações de energia na formação de uma ligação iônica.
- definir a eletronegatividade e explicar como varia com a posição na tabela periódica.
- identificar ou prever ligações polares, apolares e iônicas por meio da comparação das eletronegatividades.
- escrever as estruturas eletrônicas de Lewis para moléculas ou íons.
- descrever ligação química usando modelo baseado na superposição de orbitais atômicos e compreender algumas das limitações desse modelo simples.
- explicar como a hibridização harmoniza arranjos moleculares observados com o modelo de superposição de orbital.
- prever a geometria de uma molécula com base na estrutura de Lewis.
- usar modelos (reais ou programas de computador) para ajudar a visualizar arranjos moleculares comuns.
- explicar a formação de ligações múltiplas em termos de superposição de uma combinação de orbitais atômicos hibridizados e não hibridizados.
- identificar ligações sigma e pi em uma molécula e explicar a diferença entre elas.

POR DENTRO DE

7.1 Materiais para a engenharia biomédica

Da substituição de juntas da bacia até válvulas do coração e novas lentes para os olhos, a colaboração entre a química e a engenharia fornece anualmente milagres médicos para milhões de pacientes que precisam substituir tecidos desgastados ou danificados. Os materiais usados no corpo humano devem ser capazes de muitas coisas, inclusive ter propriedades físicas que são no mínimo similares aos materiais biológicos, como ossos, que eles estão substituindo. Entretanto, tão importante quanto é a **biocompatibilidade**, a habilidade dos materiais de interagir com os materiais biológicos sem disparar uma resposta do sistema imune.

O entendimento da biocompatibilidade começa com a compreensão de como as moléculas e materiais são colocados juntos. Para aplicações biomédicas, os sistemas devem ser construídos para fornecer os atributos físicos necessários, como força e durabilidade, enquanto também permitem que o material se emaranhe com tecidos de ossos e músculos. Existem várias estratégias para atingir a biocompatibilidade. Em alguns casos, a chave necessária é cimento forte. Os primeiros cimentos de ossos usados eram poli(metacrilato de metila) (PMMA). ◂ A reação de polimerização, que ocorre até a finalização depois que o cimento foi aplicado, faz com que o cimento endureça. Mais recentemente, têm sido desenvolvidos cimentos baseados em fosfato de cálcio ou um compósito de fosfato de cálcio e silicato de cálcio. De que maneiras esses materiais são similares e como se diferem quanto suas químicas? Um melhor entendimento de ligação química pode nos ajudar a tratar dessas questões.

O metacrilato de metila foi um dos exemplos usados para introduzir as estruturas de linhas no Capítulo 2.

Em alguns casos, os materiais que poderiam fornecer propriedade física desejada podem não oferecer um nível aceitável de biocompatibilidade. Entretanto, o engenheiro moderno não precisa abandonar tais materiais, porque é possível estabelecer revestimentos biocompatíveis. Um número de possíveis métodos começa com moléculas menores aplicadas como precursoras e reagem entre si ou com a superfície do objeto a ser revestido. A escolha apropriada dos precursores para reações de revestimento exige conhecimento de ligação química não apenas desses materiais de partida, mas também do revestimento resultante.

A importância de superfícies aponta para o fato de que os engenheiros biomédicos devem também entender como os biomateriais interagem com as células no organismo. A adesão de célula, como a mostrada na foto de abertura do capítulo, depende criticamente da natureza das cargas elétricas nas superfícies, propriedade chamada **polaridade**. A polaridade é importante não apenas na superfície de sistemas estendidos, mas também em pequenas moléculas no organismo, particularmente a água. Podemos entender os fundamentos de polaridade examinando a natureza da ligação química nesses sistemas.

A biocompatibilidade é um exemplo de como o pensamento sistêmico requer que os engenheiros considerem aspectos da química no projeto de dispositivos médicos. O projeto e a implementação de biomateriais claramente envolvem muitos fatores complicados. Contudo, o básico de ligação química explorado neste capítulo nos permitirá explorar muitas das questões e desafios apresentados neste campo emergente da engenharia.

7.2 Ligação iônica

Todas as ligações químicas surgem da interação entre partículas de cargas opostas. O exemplo mais simples é encontrado em uma **ligação iônica**, formada através de interações eletrostáticas entre dois íons de cargas opostas. Muitas aplicações de bioengenharia incluem substâncias iônicas, como os cimentos de fosfato de cálcio ou de silicato de cálcio, já mencionados. Os compostos iônicos também podem agir como precursores para o crescimento de revestimentos cerâmicos. Para entender esses sistemas, precisamos examinar as forças que ditam quais íons irão formar-se e como interagem entre si.

Os compostos iônicos binários sempre se formam entre um metal e um ametal e, quanto mais diferentes dois elementos forem em relação às suas propriedades metálicas, haverá maior probabilidade de que o composto formado desses elementos seja iônico. Portanto, os compostos iônicos em geral consistem em elementos que estão muito separados na tabela periódica: um metal do lado esquerdo e um ametal do lado direito. À medida que se adquire melhor entendimento dos compostos iônicos, é fundamental considerar algumas questões.

- Na Seção 2.5, observamos que os elementos metálicos formam cátions, enquanto os ametais, ânions. Por que isso ocorre?
- Como a energia de atração entre os íons compensa o custo de energia da formação do íon?
- Como o raio iônico afeta a força da ligação entre um ânion e um cátion?

Formação de cátions

Já aprendemos que existem variações de energia na formação de íons, como representado pelas energias de ionização e afinidades eletrônicas. ▸ Sabemos também como essas variações de energia variam à medida que exploramos a tabela periódica. Essas tendências se correlacionam muito bem com a localização dos metais e ametais na tabela, e essa correlação explica as observações de que os metais formam cátions e os ametais, ânions. Em cada caso, os íons que encontramos nos compostos são aqueles cuja formação não implica custo muito alto de energia.

Lembre-se de que a energia de ionização é a quantidade de energia necessária para remover um elétron e formar um cátion. A afinidade eletrônica é a quantidade de energia necessária para adicionar um elétron e formar um ânion. Veja a Seção 6.7.

Quando se observa além da primeira energia de ionização, podemos ver também por que alguns metais formam cátions +1, enquanto outros têm cargas mais altas. Como apontamos na nossa discussão da Tabela 6.5, há um grande salto na energia de ionização sempre que a remoção de um elétron adicional perturba uma configuração eletrônica que termina em np^6. Esse grande salto na energia de ionização explica se o cátion formado terá uma carga de 1+, 2+ etc. Por exemplo, o sódio é encontrado na natureza apenas com uma carga única Na^+. Quando observamos a tendência nas energias de ionização para o sódio, isso não é uma surpresa. A primeira, a segunda e a terceira energias de ionização para o sódio são 496, 4.562 e 6.912 kJ mol^{-1}, respectivamente. Ao constatar a enorme quantidade de energia necessária para retirar um segundo ou terceiro elétron de um átomo de sódio, entende-se por que a natureza escolheu parar em apenas um! O Problema-modelo 7.1 explora a relação entre os cátions metálicos e as energias de ionização.

PROBLEMA-MODELO ◀ 7.1

Utilizando os dados da Tabela 6.5, preveja os íons que o magnésio e o alumínio são capazes de formar.

Estratégia Examine cuidadosamente as energias de ionização para cada elemento a fim de encontrar um ponto onde a remoção de um elétron adicional provoca aumento significativo no valor. Não é provável que haja energia suficiente para compensar um aumento tão grande na energia de ionização, logo o íon formado será decretado pelo número de elétrons perdidos antes do salto na energia de ionização.

Solução Para o magnésio, o primeiro salto significativo ocorre entre a segunda (1.451 kJ mol^{-1}) e a terceira (7.733 kJ mol^{-1}) energia de ionização. Esperamos que dois elétrons sejam removidos e que o íon mais comumente encontrado seja o Mg^{2+}. Para o alumínio, a terceira energia de ionização é 2.745 kJ mol^{-1}, enquanto a quarta é 11.578 kJ mol^{-1}. Esperamos que ocorram três ionizações, logo o alumínio deve formar Al^{3+}.

Discussão Este tipo de questão é elaborado para ajudá-lo a visualizar o raciocínio por trás de alguns dos fatos que talvez já conheça. Em muitos casos, aprendemos química por meio de informações obtidas de fatos e então descobrimos a razão de serem evidentes. Nos exemplos deste problema, as respostas são consistentes com a ideia de que o íon formado é imposto pelo número de elétrons perdidos antes do salto na energia de ionização. Elas também são consistentes com fatos que você talvez já conheça, por exemplo, o magnésio formará um íon 2+ porque é um elemento alcalino terroso no grupo 2 da tabela periódica.

Verifique seu entendimento O cálcio no fosfato de cálcio existe como íons Ca^{2+}. Com base nesse fato, qual seria sua previsão qualitativa para os valores das energias de ionização sucessivas para o cálcio?

A ideia de blocos s, p, d *e* f *na tabela periódica foi introduzida na Figura 6.19.*

Como nossos exemplos mostram, o cátion mais comum para os metais nos blocos *s* ou *p* da tabela periódica é geralmente um com configuração np^6. ◀ No entanto, essa ideia não é adequada para os metais de transição. Como observamos no Capítulo 2,vários metais de transição formam mais de um cátion estável. Os metais de transição têm subníveis *d* parcialmente preenchidos, mas a ionização em geral ocorre pela perda de elétrons do subnível *s*. Quando o ferro forma Fe^{2+}, por exemplo, a configuração eletrônica varia de $1s^2 2s^2 2p^6 3s^2 3p^6 4s^2 3d^6$ no átomo neutro para $1s^2 2s^2 2p^6 3s^2 3p^6 3d^6$ no íon. A perda de um elétron adicional de um orbital *d* deixa o Fe^{3+} com um subnível *d* preenchido pela metade. Esse subnível preenchido pela metade é um arranjo razoavelmente estável, logo tanto o íon Fe^{2+} quanto o Fe^{3+} são estáveis. ◀ Com diversos metais de transição, a situação pode se tornar bastante complicada, e não exploraremos isso em detalhes.

Se um nível está preenchido pela metade, não existem elétrons emparelhados em quaisquer orbitais. O emparelhamento de elétrons é permitido (com spins *opostos), mas ele mesmo assim aumenta as repulsões elétron--elétron.*

Formação de ânions

Se observarmos as tendências periódicas para a afinidade eletrônica (Figura 6.23), veremos que elas são similares àquelas para as energias de ionização. Lembre-se de que a afinidade eletrônica é a variação de energia para a formação de um ânion a partir de um átomo neutro na fase gasosa:

$$X(g) + e^- \rightarrow X^-(g)$$

Esse processo é muito favorecido energeticamente, o que significa que a energia é liberada quando o ânion é formado. A quantidade de energia liberada quando os átomos adquirem elétrons adicionais tende a aumentar à medida que vamos da esquerda para a direita ao longo da tabela periódica. Os átomos que ganham elétrons mais facilmente também precisariam perder grandes números de elétrons para produzir cátions com configurações eletrônicas np^6. Portanto, os ametais tendem a formar ânions em vez de cátions.

Para a formação de ânions a partir de ametais, não identificamos nenhuma das complexidades constatadas nos metais de transição, pois todos os ametais pertencem aos grupos principais e não têm subníveis *d* parcialmente preenchidos. Eles comportam-se de maneira semelhante aos metais do grupo principal e tendem a adquirir configurações eletrônicas com subníveis *p* preenchidos. A diferença principal é que fazem isso ganhando, e não perdendo, elétrons. Portanto, todos os halogênios formam ânions com carga única (1–), o que resulta em configurações eletrônicas np^6. De maneira similar, o oxigênio e o enxofre formam ânions com uma carga 2–, resultando a mesma configuração np^6.

A formação de íons isolados, obviamente, não constitui ligação iônica. Na realidade, quando se inicia esse processo com um átomo metálico e um ametálico, ambos neutros, normalmente significará *custo* de energia para formar um par iônico (isto é, um cátion e um ânion). As energias de ionização são sempre positivas, e a energia fornecida para produzir um cátion a partir de um metal não é compensada pela energia liberada quando um ânion é formado de um ametal. Uma vez formados, os íons com cargas opostas irão atrair-se, levando a uma significativa diminuição de sua energia global. Como vimos na Seção 2.3, de acordo com a lei de Coulomb, a *força* entre duas cargas é proporcional ao produto da grandeza das suas cargas dividido pelo quadrado da distância entre elas.

$$F \propto \frac{q_1 q_2}{r^2} \tag{7.1}$$

F é a força, q_1 e q_2 são as cargas e r é a distância entre elas (nesse caso, a distância entre os núcleos dos dois íons). Pode também ser mostrado que a *energia potencial*, V, do sistema é dada por

$$V = k\frac{q_1 q_2}{r} \tag{7.2}$$

Aqui k é uma constante de proporcionalidade, cujo valor é $1{,}389 \times 10^5$ kJ pm mol^{-1} se as cargas são expressas em unidades de carga elétrica.

Vamos examinar um caso específico de variação de energia na formação de um par iônico NaF ligado a partir de átomos isolados de sódio e flúor. A energia de ionização do sódio é de 496 kJ mol^{-1}, e a afinidade eletrônica do flúor é –328 kJ mol^{-1}. Assim, precisamos fornecer 496 kJ mol^{-1} para ionizar o sódio, mas 328 kJ mol^{-1} serão liberados na formação do íon fluoreto. Combinando esses dois números, veremos que a formação dos íons individuais *custa* 168 kJ mol^{-1} (496 – 328 = 168). Em seguida, precisamos usar a Equação 7.2 para determinar a energia liberada pela atração coulômbica entre ânion e cátion. Os raios do Na^+ e do F^- são 102 pm e 133 pm, respectivamente, logo a distância internuclear seria de 235 pm. Inserindo esse valor na Equação 7.2 como r e resolvendo-a, obtemos a energia de atração entre esses íons:

$$V = \left(1{,}389 \times 10^5 \frac{\text{kJ pm}}{\text{mol}}\right)\frac{(+1)(-1)}{(235\ \text{pm})} = -591\ \text{kJ mol}^{-1}$$

O sinal negativo indica que essa energia é liberada. Observe que a grandeza da energia coulômbica excede em muito o custo energético da formação dos dois íons, logo todo o processo que descrevemos libera energia. A mudança de energia líquida é de 168 – 591 = –323 kJ mol^{-1} significando que 323 kJ mol^{-1} seriam liberados.

No entanto, antes de tomarmos essa como uma conclusão final, devemos considerar dois caminhos nos quais nosso cálculo não é realístico. Inicialmente, começamos com átomos de sódio e flúor isolados. Se fôssemos reagir sódio e flúor elementar, não iniciaríamos o processo com átomos isolados na fase gasosa. Sob quaisquer condições razoáveis, o sódio seria um sólido metálico, e o flúor, um gás diatômico. Portanto, haveria algum fornecimento de energia adicional necessária para produzir os átomos individuais com os quais começamos. Na outra ponta do nosso cálculo, encontramos a energia coulômbica para um único par iônico. Mas, se realmente formássemos fluoreto de sódio, produziríamos uma rede cristalina volumosa constituída de muitos íons. Em tal rede iônica, os íons são atraídos por outros íons de cargas opostas. Ao mesmo tempo, os de carga semelhante se repelem entre si. Quanto mais afastado um íon está do outro, menor a atração ou repulsão (**Figura 7.1**).

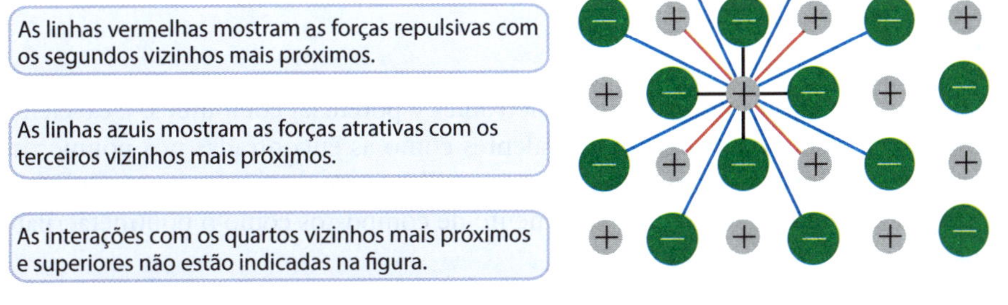

Figura 7.1 Em uma rede sólida, qualquer íon tem um grande número de interações com outros íons, algumas atrativas e outras repulsivas. Essa representação bidimensional de uma rede mostra as interações dos vizinhos mais próximos, dos segundos e terceiros vizinhos mais próximos.

Por fim, a **energia de rede** de um cristal contém contribuições de todas essas atrações e repulsões. No NaF, cada íon sódio está rodeado por seis íons fluoreto, e cada íon fluoreto tem seis átomos de sódio vizinhos. Para obtermos uma indicação acurada da energia coulômbica da rede, precisaríamos levar em conta a interação de cada íon com seus muitos vizinhos. ◂ Portanto, apesar de o início com átomos isolados nos levar a superestimar a energia liberada na formação da ligação iônica, o uso de um único par em vez de uma rede estendida subestima enormemente a energia. A energia realmente liberada na reação entre o sódio metálico e o gás diatômico de flúor para produzir o fluoreto de sódio sólido é de 577 kJ mol^{-1}.

O resultado global de todas as forças atrativas e repulsivas em um cristal iônico é estimado pelo cálculo da constante de Madelung, uma série matemática que leva em conta todas as interações em uma geometria cristalina específica.

Com base na forma da Equação 7.2, podemos ver que os íons pequenos altamente carregados tenderão a formar compostos iônicos com grandes energias de rede, e íons grandes com cargas pequenas tenderão a formar compostos com energias de rede pequenas. O Problema-modelo 7.2 explora essa conexão.

PROBLEMA-MODELO ◂ 7.2

Em cada um dos seguintes pares de sólidos iônicos, os íons estão arranjados em redes similares. Qual tem a maior energia de rede: **(a)** CaO ou KF, **(b)** NaF ou CsI?

Estratégia Questões desse tipo exigem alguma base para comparação. No caso, os fatores associados com a energia de rede estão relacionados com os íons que constituem o composto. Temos dois fatores para considerar. Íons menores tendem a ter interações coulômbicas mais fortes, uma vez que a distância entre os núcleos é menor, e os íons com cargas maiores têm interações mais fortes. Uma análise desses dois fatores pode nos fornecer alguma informação sobre qual substância tem a maior energia de rede.

Solução

(a) No CaO, o cálcio existe como Ca^{2+}, e o oxigênio como o íon óxido, O^{2-}. No KF, os íons constituintes são K^+ e F^-. Pelo fato de ambos serem de elementos no mesmo período da tabela periódica, os tamanhos dos dois cátions não devem ser muito diferentes. O mesmo é verdade para os ânions, logo, à primeira vista, podemos descontar o fator tamanho. O CaO deve ter uma energia de rede maior porque as cargas em seus íons são maiores que as cargas nos íons no KF. (Se quiséssemos olhar mais de perto os tamanhos, esperaríamos que o K^+ fosse ligeiramente maior que o Ca^{2+}, e o O^{2-} seria ligeiramente maior que o F^-. Porque o cátion maior está no KF e o ânion maior no CaO, nossa suposição de que o tamanho não seria importante parece boa.)

(b) Todos os íons deste problema têm carga única, assim a diferença de tamanho deve ser o item-chave. O Na^+ e o F^- são menores que o Cs^+ e o I^-, logo, o espaçamento no NaF deve ser menor. Consequentemente, o NaF deve ter a maior energia de rede.

Discussão Para começarmos, precisamos determinar as identidades dos íons envolvidos. Uma maneira de fazê-lo é considerar o salto na energia de ionização que exploramos no Problema-modelo 7.1. Entretanto, com apenas um pouco de prática, é fácil determinar as prováveis cargas para a maioria dos elementos do grupo principal, com base na sua localização na tabela periódica. A carga e o raio iônico foram levados em consideração, com base nas posições dos íons na tabela periódica. O uso desse "raciocínio periódico" aponta a importância de aprender as tendências na tabela periódica. No entanto, observe que, para realizar as comparações neste problema, as estruturas de rede dos compostos em questão devem ser similares.

Verifique seu entendimento Dos três compostos, CaF_2, KCl e RbBr, qual tem a menor energia de rede? Por quê?

7.3 Ligação covalente

POR DENTRO DE A consideração de energia de ionização, afinidade eletrônica e potencial coulômbico é excelente para compostos iônicos. Mas o que dizer a respeito das ligações covalentes como as encontradas nos polímeros? Observamos na Seção 2.4 que as **ligações covalentes** são baseadas no compartilhamento de elétrons entre dois átomos. Como a ligação covalente ocorre e como influencia o comportamento de compostos como o poli(metacrilato de metila) usado nos cimentos de ossos?

Ligações químicas e energia

Quando se formam ligações químicas entre elementos ametálicos, os elétrons de valência são compartilhados, em vez de transferidos. Mas, exatamente como ocorre com os íons, a força diretiva por trás da formação da ligação deve ser a diminuição da energia global. A vantagem energética de formação de uma ligação covalente pode ser ilustrada considerando-se como a energia potencial variaria em um experimento no qual dois átomos se aproximam. Se os átomos estiverem suficientemente distantes, não irão exercer nenhuma força apreciável entre si. (Você pode dizer que nenhum deles sabe que o outro está lá.) No entanto, à medida que os átomos começam a se aproximar, eventualmente os elétrons de um átomo podem tornar-se atraídos pelo núcleo carregado positivamente do outro átomo. Essa atração adicional diminui a energia potencial do sistema. Obviamente, os dois núcleos irão repelir-se, assim como os elétrons, portanto os núcleos não podem chegar muito próximos um do outro. Em algum ponto, ocorrerá equilíbrio entre essas atrações e repulsões, e a energia do sistema será minimizada (**Figura 7.2**). Esse ponto de energia mínima corresponde à formação de uma ligação covalente. A energia liberada quando átomos isolados formam ligação covalente é chamada **energia de ligação**, e a distância entre os núcleos dos átomos ligados é denominada **comprimento de ligação.** ▸

É importante lembrar que a formação de uma ligação SEMPRE libera energia.

Quando os elétrons estão compartilhados entre dois átomos, a distribuição deles é diferente daquela que ocorre nos átomos individuais. Na **Figura 7.3**, pode-se observar como a densidade eletrônica em uma molécula difere da distribuição simetricamente esférica vista nos átomos isolados. Em uma molécula ligada covalentemente, existe um acúmulo de densidade eletrônica ou uma concentração de carga negativa na região entre os dois átomos ligados. O aumento na densidade eletrônica não precisa ser particularmente grande; um pequeno aumento de carga negativa nessa região diminui a energia potencial do sistema e pode estabilizar a molécula.

A formação de uma ligação química *sempre* libera energia. Uma vez que a ligação é formada, essa mesma quantidade de energia – a energia de ligação – deve ser fornecida para separar a ligação. A grandeza dessa energia de ligação depende dos átomos envolvidos. Por exemplo, quando dois mols de átomos de flúor se combinam para formar um mol de flúor molecular, 156 kJ por mol são necessários. Desse modo, dizemos que a energia de ligação F—F é de 156 kJ. Comparado a muitas outras moléculas, o F_2 é mantido junto por meio de uma ligação covalente relativamente fraca. O fluoreto de hidrogênio, por exemplo, tem uma energia de ligação de 565 kJ mol^{-1}. Isso significa que a sua ligação é três vezes mais forte. Por ser exigida mais energia para separar os seus átomos, dizemos que a ligação no HF é mais estável que a ligação no F_2. Ao estimarmos a estabilidade de um composto, algumas ideias gerais sobre os diferentes tipos de ligações presentes são úteis.

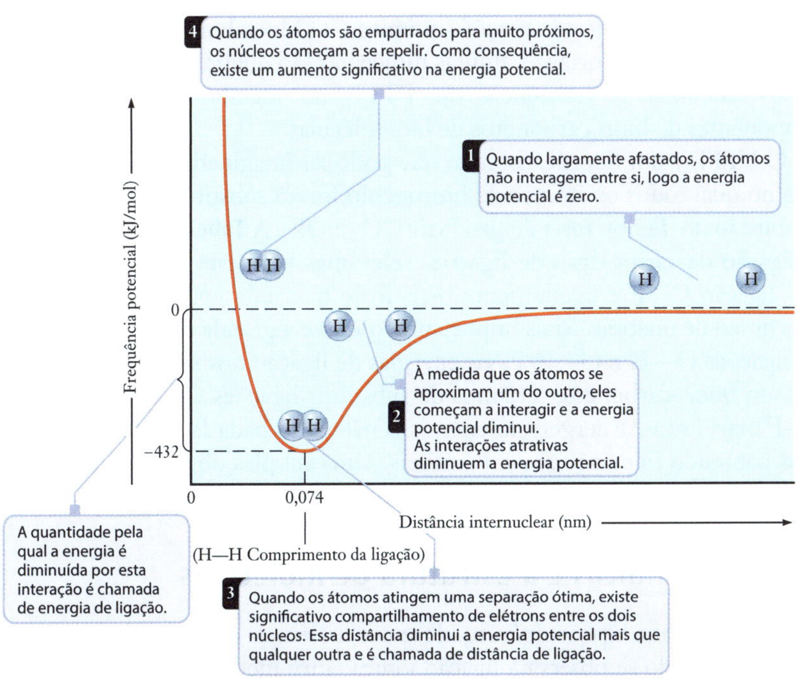

Figura 7.2 O gráfico mostra como a energia potencial de um par de átomos pode variar à medida que os átomos se aproximam entre si e formam ligação covalente. O mínimo nesse "poço potencial" corresponde ao comprimento e à energia de ligação normais da molécula diatômica.

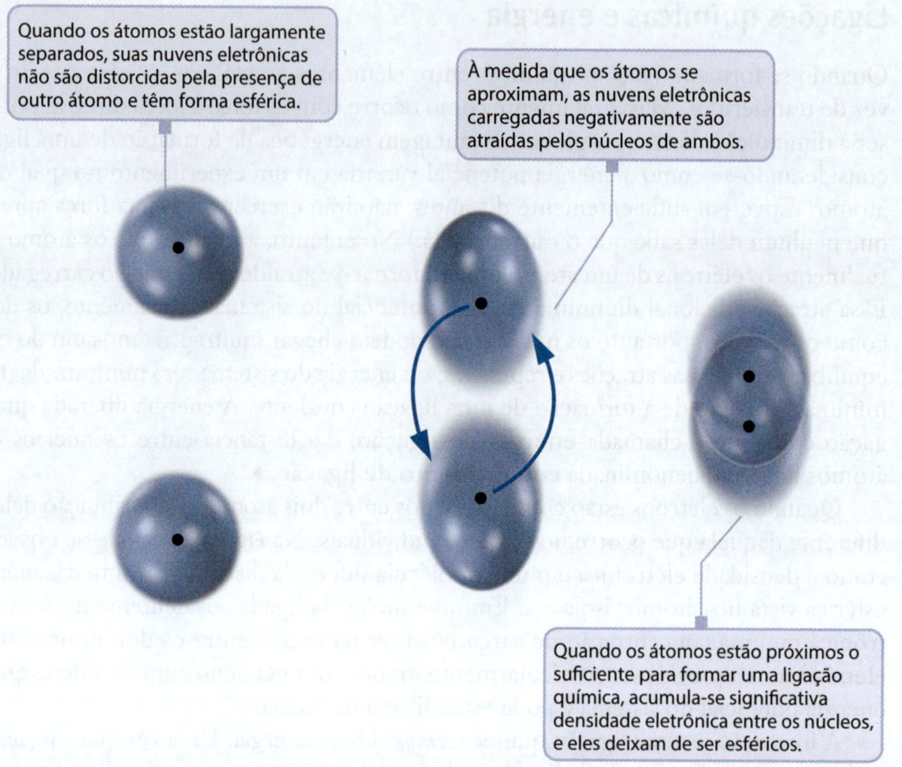

Figura 7.3 Quando dois átomos se aproximam um do outro, as nuvens eletrônicas carregadas negativamente são atraídas pelo núcleo carregado positivamente do outro átomo. Essa interação potencial atrativa é enormemente responsável pela redução de energia na formação de uma ligação química.

Ligações químicas e reações

POR DENTRO DE As reações químicas envolvem rearranjo de ligações, assim os reagentes são transformados em produtos. Uma reação será energeticamente favorecida se a energia necessária para quebrar as ligações for menor que a energia liberada na formação de novas ligações. Alguns biomateriais, como uma malha de Teflon usada para reforçar a parede abdominal depois de uma cirurgia, são planejados para substituir ou fortalecer tecidos. Claramente, é importante que esses materiais não sejam consumidos por reações metabólicas no organismo. O Teflon é a marca registrada do politetrafluoroetileno (PTFE), e uma propriedade-chave do PTFE é a sua resistência às reações químicas. ◂ O metabolismo é razoavelmente similar à combustão. Portanto, muitas moléculas são quebradas em H_2O e CO_2. Podemos examinar a resistência do PTFE ao metabolismo com aquela dos componentes de hidrocarbonetos de biomoléculas.

O uso familiar do Teflon em utensílios de cozinha mostra que o PTFE tende a não reagir mesmo em temperaturas relativamente altas.

O PTFE é um fluorocarboneto que pode ser imaginado como um hidrocarboneto no qual todos os átomos de hidrogênio foram substituídos por flúor. Logo, a combustão do Teflon teria de produzir CO_2 e OF_2. A **Tabela 7.1** mostra as energias de ligação de vários tipos de ligações relevantes para esta discussão. Observe que uma ligação C—F é ligeiramente mais forte que uma ligação C—H e, portanto, mais difícil de quebrar. Mais importante, observe a grande diferença entre as forças das ligações O—H e O—F. Essas energias de ligação nos mostram que, para queimar um fluorocarboneto, teríamos de substituir ligações C—F fortes por ligações O—F mais fracas. Energeticamente, isso não é em nada favorável, e muitas moléculas contendo flúor não são inflamáveis. Uma simples observação nas energias de ligação pode ajudar a explicar a natureza não reativa do Teflon.

Tabela ▪ 7.1 Energias de ligação

Energias de ligação de alguns tipos de ligações importantes na combustão de hidrocarbonetos e fluorcarbonetos

Tipo de ligação	Energia de ligação ($kJ\ mol^{-1}$)
C—F	485
C—H	415
O—F	190
O—H	460

Ligações químicas e a estrutura de moléculas

Para explicarmos a ligação química, devemos ir além da discussão de energia da seção anterior. Quando se observa a ligação iônica entre metais e ametais, verifica-se que a formação de cátions e ânions é consistente com a obtenção de configurações eletrônicas np^6, que se assemelham àquelas dos gases nobres. Para átomos ametálicos, uma configuração de gás nobre pode ser atingida pelo ganho de elétrons dos átomos metálicos, levando a ligações iônicas. No entanto, quando ametais interagem com outros ametais, eles compartilham elétrons, efetivamente fornecendo a cada átomo acesso a todos os elétrons compartilhados (ligantes). Portanto, por meio do compartilhamento de um número adequado de elétrons, um átomo pode atingir uma configuração eletrônica que se assemelha àquela de um gás nobre. Para muitas moléculas constituídas de elementos dos grupos principais, essa característica leva a oito elétrons de valência em torno de cada átomo. Essa observação é a base para o que é conhecido como a **regra do octeto**: *Um átomo formará ligações covalentes para atingir um complemento de oito elétrons de valência*. Lembre-se de que um átomo de gás nobre tem uma configuração de nível de valência de ns^2np^6, com um total de oito elétrons de valência. O hidrogênio é uma exceção à regra do octeto e pode compartilhar apenas dois elétrons, uma vez que não tem orbitais *p* no seu $n = 1$. Existem também outras exceções que serão abordadas à medida que surgirem.

O conceito básico da regra do octeto pode ser convenientemente representado com a utilização de um **símbolo de pontos de Lewis**, como desenvolvido pelo químico americano G. N. Lewis no início do século XX. Esses símbolos nos ajudam a manter o rastro dos elétrons de valência, tornando mais fácil prever as ligações nas moléculas. São particularmente úteis para compostos dos elementos do grupo principal. Para desenharmos um símbolo de Lewis para um elemento, usamos seu símbolo atômico e colocamos pontos em torno dele nos quatro lados, a fim de representar o número de elétrons de valência. À medida que atravessamos um período nos grupos principais, os primeiros quatro pontos são colocados desemparelhados em torno do símbolo. Começando com o quinto ponto, eles são emparelhados. ▸ Assim, os elementos no segundo período teriam os seguintes símbolos de Lewis:

Os símbolos de pontos de Lewis ajudam a explicar a valência dos elementos. A definição original de valência foi deduzida do número de ligações químicas que um elemento formaria. A contagem dos elétrons desemparelhados no símbolo de Lewis fornece a valência dos elementos nos blocos s *e* p *da tabela periódica.*

·Li ·Be· ·Ḃ· ·Ċ· ·N̈· ·Ö· :F̈· :N̈e:

Pelo fato de os elementos no mesmo grupo terem o mesmo número de elétrons de valência, os símbolos de Lewis para os períodos subsequentes são idênticos, com exceção da identidade dos elementos. Por exemplo, os símbolos de pontos de Lewis para o carbono, o silício e o germânio são os seguintes:

·Ċ· ·Ṡi· ·Ġe·

Os símbolos de Lewis para os elementos do grupo principal estão na **Figura 7.4**.

Esses símbolos para os átomos individuais são de uso razoavelmente pequeno, mas as representações similares para moléculas são muito mais poderosas. Quando desenhamos as representações de pontos de Lewis de moléculas,

Grupo	1	2	13	14	15	16	17	18
Número de elétrons no nível de valência	1	2	3	4	5	6	7	**8 (exceto o He)**
Período 1	H·							He:
Período 2	Li·	·Be·	·Ḃ·	·Ċ·	·N̈·	·Ö·	:F̈·	:N̈e:
Período 3	Na·	·Mg·	·Ȧl·	·Ṡi·	·P̈·	·S̈·	:C̈l·	:Är:
Período 4	K·	·Ca·	·Ġa·	·Ġe·	·Äs·	·S̈e·	:B̈r·	:K̈r:
Período 5	Rb·	·Sr·	·İn·	·S̈n·	·S̈b·	·T̈e·	:Ï·	:Ẍe:
Período 6	Cs·	·Ba·	·Ṫl·	·Ṗb·	·B̈i·	·P̈o·	:Ät·	:R̈n:
Período 7	Fr·	·Ra·						

Figura 7.4 Símbolos de Lewis para os elementos do grupo principal da tabela periódica. Observe as similaridades entre os elementos no mesmo grupo. As estruturas de Lewis ajudam a manter o rastro dos elétrons envolvidos nas ligações químicas.

H· + ·H ⟶ H:H ou H—H

Figura 7.5 Quando compartilham o elétron de cada átomo, os dois átomos de hidrogênio podem formar uma ligação química. Ao fazerem, cada átomo tem elétrons de valência suficientes em torno dele para atingir um nível $n = 1$ preenchido.

:F̤̈· + ·F̤̈: ⟶ :F̤̈:F̤̈: ou :F̤̈—F̤̈:

Figura 7.6 Quando dois átomos de flúor se combinam, formam uma ligação química estável. As estruturas de Lewis para os átomos de F mostram por que se forma apenas uma ligação. Ao compartilharem um par de elétrons, cada átomo está rodeado por oito elétrons de valência.

Energias de ligação carbono-carbono

Tipo de ligação	Energia de ligação (kJ mol^{-1})
C—C	346
C═C	602
C≡C	835

Esta reação de polimerização é análoga à da formação do polietileno, abordada na Seção 2.8.

adicionamos um nível de simbolismo para designar ligações entre átomos. Uma linha entre dois símbolos atômicos representa um par compartilhado de elétrons formando uma ligação, portanto, ao contarmos os elétrons, uma linha é equivalente a dois pontos. A **Figura 7.5** apresenta o símbolo de Lewis para o átomo de hidrogênio e a estrutura de Lewis da molécula mais simples, H_2.

Uma **estrutura de Lewis** mostra como os elétrons estão compartilhados em uma molécula. A estrutura de Lewis para o F_2 está na **Figura 7.6**. O compartilhamento de elétrons para formar uma ligação fornece efetivamente a cada átomo de flúor um octeto completo de elétrons. Quando o flúor é parte de um sistema ligado de modo covalente, ele praticamente forma sempre uma ligação simples pelo compartilhamento de um par de elétrons, satisfazendo a regra do octeto. Um par de elétrons compartilhado por dois átomos é chamado de **par ligante**. Os outros elétrons emparelhados que estão associados a um único átomo são chamados de elétrons não ligantes ou **pares solitários**. Uma molécula de flúor tem um par ligante e seis pares solitários.

Naturalmente, a maioria das moléculas é mais complicada que H_2 ou F_2 e conterá mais de um par de elétrons compartilhados. Se dois átomos de oxigênio compartilham um único par de elétrons, por exemplo, nenhum dos átomos tem um octeto de elétrons de valência. No entanto, se *dois pares* de elétrons são compartilhados, ambos os átomos de oxigênio obedecem à regra do octeto. Para o nitrogênio diatômico, *três pares* de elétrons devem ser compartilhados para satisfazer a regra do octeto. As ligações múltiplas resultam do compartilhamento de mais de um par de elétrons. Quando dois pares de elétrons são compartilhados, o resultado é uma **ligação dupla**, e três pares compartilhados resultam em uma **ligação tripla**. As ligações duplas são mais fortes que as simples, e as triplas são mais fortes que as duplas. No entanto, uma ligação dupla, apesar de mais forte que uma simples, em geral não é duas vezes mais forte. As energias de ligação indicadas a seguir para as ligações carbono-carbono fornecem um bom exemplo.

As forças relativas das ligações múltiplas têm consequências importantes. A polimerização do metacrilato de metila para formar o PMMA fornece um bom exemplo. ◂ O monômero de metacrilato de metila contém uma ligação dupla carbono-carbono. Na reação de polimerização, dois dos elétrons que formam essa ligação dupla são usados para criar uma ligação com uma segunda unidade monomérica. O resultado final é que a ligação dupla no reagente é transformada em duas ligações simples no produto. Uma vez que a energia liberada na formação de duas ligações simples é maior que a energia necessária para quebrar uma ligação dupla, a reação para formar PMMA é um processo energeticamente favorável. Isso é verdadeiro para muitas reações similares nas quais um reagente com uma ligação dupla é convertido em um produto com duas ligações simples, o que explica por que a reação comum do grupo funcional C = C é a adição. O mesmo é verdadeiro para as ligações triplas, apesar de serem muito menos comuns.

7.4 Eletronegatividade e polaridade da ligação

POR DENTRO DE Tendo considerado tanto a ligação iônica quanto a covalente, podemos começar a entender as propriedades químicas tanto de polímeros quanto de cerâmicas. Um biomaterial importante é a hidroxiapatita, $Ca_{10}(PO_4)_6(OH)_2$, que envolve tanto ligação iônica quanto covalente. Como podemos prever quais interações de ligação serão iônicas e quais serão covalentes?

O compartilhamento de elétrons para formar ligações covalentes e a transferência total de elétrons que ocorre na ligação iônica representam dois extremos de uma série contínua de ligação. Para descrevermos os compostos cujas ligações caem em algum ponto dessa série contínua, introduzimos dois conceitos adicionais: eletronegatividade e polaridade de ligação.

Eletronegatividade

Vimos que a ligação iônica se forma entre um metal e um ametal, com um ou mais elétrons sendo transferidos do metal para o ametal. Comparados com os metais, os ametais são relativamente "vorazes" por elétrons. Mesmo nas ligações covalentes, o pequeno tamanho e a alta afinidade eletrônica de muitos ametais significa que os elétrons tendem a ser fortemente atraídos para esses átomos. A atração pelo átomo dos elétrons compartilhados em uma ligação covalente é chamada **eletronegatividade.**

Apesar de parecer simples, a quantificação desse conceito é muito difícil. Diferentemente da energia de ionização ou da afinidade eletrônica, a eletronegatividade não é uma variação de energia que pode ser determinada de modo experimental. Pelo contrário, os valores de eletronegatividade são estabelecidos considerando um número de fatores, como tamanho atômico, afinidade eletrônica e energia de ionização. Nesse processo, escolhe-se uma escala de unidades arbitrárias. A **Figura 7.7** apresenta os valores resultantes para a eletronegatividade da maioria dos elementos. ▸ Quanto maior o valor da eletronegatividade, mais provável será um elemento atrair densidade eletrônica extra quando formar compostos químicos. A eletronegatividade tende a crescer à medida que subimos em um grupo (diminuindo o número atômico) ou ao longo de um período da esquerda para a direita. Portanto, as tendências na eletronegatividade se comparam àquelas da afinidade eletrônica.

Nós não definimos valores de eletronegatividade para os gases nobres porque eles geralmente não formam compostos.

Ao flúor, elemento mais eletronegativo, é atribuído um valor de 4,0. O oxigênio e o nitrogênio também têm eletronegatividades relativamente altas. Quando esses elementos fazem parte de uma ligação covalente, tendem a tomar "mais que a parte justa deles" do par de elétrons ligante. Quais são as implicações para uma molécula quando os elétrons são compartilhados de maneira desigual?

Polaridade da ligação

A alta eletronegatividade do flúor tem papel importante em inúmeros processos. A fluoração do dente, por exemplo, é uma das manipulações mais antigas de biomateriais e envolve a substituição de um grupo –OH na hidroxiapatita por um átomo de flúor para formar a fluoropatita. Para entender como o flúor participa nas ligações químicas covalente a iônica, um ponto de partida conveniente é comparar a distribuição eletrônica ao redor dos átomos em uma molécula com a distribuição em torno de átomos isolados.

Metais / Ametais / Metaloides

	1	2	3	4	5	6	7	8	9	10	11	12	13	14	15	16	17	18
1	1 H 2.1																	2 He
2	3 Li 1.0	4 Be 1.5											5 B 2.0	6 C 2.5	7 N 3.0	8 O 3.5	9 F 4.0	10 Ne
3	11 Na 1.0	12 Mg 1.2											13 Al 1.5	14 Si 1.8	15 P 2.1	16 S 2.5	17 Cl 3.0	18 Ar
4	19 K 0.9	20 Ca 1.0	21 Sc 1.3	22 Ti 1.4	23 V 1.5	24 Cr 1.6	25 Mn 1.6	26 Fe 1.7	27 Co 1.7	28 Ni 1.8	29 Cu 1.8	30 Zn 1.6	31 Ga 1.7	32 Ge 1.9	33 As 2.1	34 Se 2.4	35 Br 2.8	36 Kr
5	37 Rb 0.9	38 Sr 1.0	39 Y 1.2	40 Zr 1.3	41 Nb 1.5	42 Mo 1.6	43 Tc 1.7	44 Ru 1.8	45 Rh 1.8	46 Pd 1.8	47 Ag 1.6	48 Cd 1.6	49 In 1.6	50 Sn 1.8	51 Sb 1.9	52 Te 2.1	53 I 2.5	54 Xe
6	55 Cs 0.8	56 Ba 1.0	57 La 1.1	72 Hf 1.3	73 Ta 1.4	74 W 1.5	75 Re 1.7	76 Os 1.9	77 Ir 1.9	78 Pt 1.8	79 Au 1.9	80 Hg 1.7	81 Tl 1.6	82 Pb 1.7	83 Bi 1.8	84 Po 1.9	85 At 2.1	86 Rn
7	87 Fr 0.8	88 Ra 1.0	89 Ac 1.1	104 Rf	105 Db	106 Sg	107 Bh	108 Hs	109 Mt	110 Ds	111 Rg	112 Cn	113 Nh	114 Fl	115 Mc	116 Lv	117 Ts	118 Og

58 Ce 1.1	59 Pr 1.1	60 Nd 1.1	61 Pm 1.1	62 Sm 1.1	63 Eu 1.1	64 Gd 1.1	65 Tb 1.1	66 Dy 1.1	67 Ho 1.1	68 Er 1.1	69 Tm 1.1	70 Yb 1.0	71 Lu 1.2
90 Th 1.2	91 Pa 1.3	92 U 1.5	93 Np 1.3	94 Pu 1.3	95 Am 1.3	96 Cm 1.3	97 Bk 1.3	98 Cf 1.3	99 Es 1.3	100 Fm 1.3	101 Md 1.3	102 No 1.3	103 Lr 1.5

Figura 7.7 Valores de eletronegatividade para os elementos mostrados. Observe como os valores aumentam para a direita e para cima na tabela periódica.

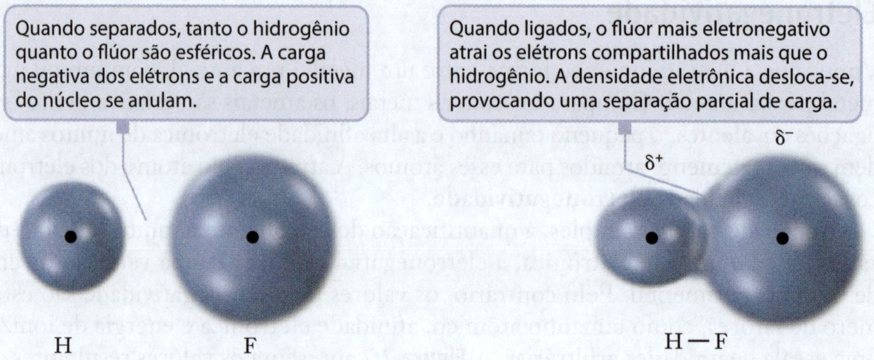

Figura 7.8 O átomo de flúor altamente eletronegativo atrai os elétrons de maneira mais intensa que o hidrogênio. Os dois formam uma ligação covalente polar.

Quando observamos um átomo de flúor a distância, ele parece ser eletricamente neutro, porque as cargas nuclear e eletrônica se anulam. Uma vez que o flúor é o elemento mais eletronegativo, quando um átomo de flúor participa de uma ligação covalente com outro elemento, como o hidrogênio, mais da metade da distribuição eletrônica do par de elétrons ligantes está associada ao átomo de flúor. O resultado é que o átomo de flúor torna-se um centro de carga parcial negativa. Ao mesmo tempo, o átomo de hidrogênio no extremo oposto da ligação toma uma carga parcial positiva porque tem densidade eletrônica insuficiente para balancear sua carga nuclear (**Figura 7.8**). Portanto, a ligação covalente entre átomos de eletronegatividades diferentes resulta em uma ligação na qual existe separação de centros de cargas positiva e negativa. Uma vez que a molécula tem uma região de carga positiva e outra de carga negativa, a molécula tem um campo elétrico associado a ela. Esses dois pontos de carga positiva e negativa constituem um **dipolo**, e tal ligação é chamada de **ligação polar**. Como os elétrons ainda estão compartilhados e não são transferidos, essas ligações são em geral chamadas de ligações covalentes polares.

A ligação covalente polar completa a série contínua de ligação química. A polaridade das ligações covalentes varia de completamente apolar (como no F_2 e H_2), passando por vários graus intermediários de polaridade (como no HF), até completamente iônica (como no NaF). O tipo de ligação formada depende da diferença de eletronegatividade entre os átomos ligados. *Quanto maior a diferença na eletronegatividade, mais polar será a ligação*. Em algum ponto, em geral quando a diferença de eletronegatividade excede aproximadamente 2,0, a ligação é classificada como iônica. ◂ Com base nos valores de eletronegatividade listados na Figura 7.8, vemos que o NaF, com uma diferença de eletronegatividade de 3,0, é claramente iônico. A ligação C—F em um fluorocarboneto como o Teflon é covalente polar (diferença de eletronegatividade = 1,5), e a ligação F—F é completamente covalente (diferença de eletronegatividade = 0). O Problema-modelo 7.3 explora em mais detalhes esse conceito.

A relação entre a diferença de eletronegatividade e o caráter iônico de uma ligação é na realidade contínua, mas usando um corte para marcar uma ligação como iônica ou polar simplesmente torna a linguagem mais tratável.

PROBLEMA-MODELO ◂ 7.3

Qual ligação é a mais polar: C—H, O—H ou H—Cl? Para cada uma dessas ligações, determine qual átomo tem carga positiva parcial.

Estratégia A polaridade da ligação depende da diferença na eletronegatividade entre os dois átomos ligados. Podemos procurar os valores de eletronegatividade e subtraí-los para encontrar a diferença em cada caso. Os elétrons carregados negativamente são puxados mais intensamente em direção a um átomo com eletronegatividade maior, logo o átomo menos eletronegativo tem uma carga parcial positiva.

Solução Na Figura 7.7, descobrimos as seguintes eletronegatividades: H = 2,1, C = 2,5, O = 3,5, Cl = 3,0. As diferenças de eletronegatividade são, consequentemente, C—H = 0,4, O—H = 1,4 e H—Cl = 0,9. Logo, a ligação O—H é a mais polar das três. Em cada uma das três ligações consideradas aqui, o H é o átomo menos eletronegativo, logo ele sustenta a carga positiva.

Discussão Essa questão pode parecer simples, pois estamos usando valores e diferenças de eletronegatividade de maneira direta. Independentemente dessa simplicidade, o resultado pode fornecer importante visão mais detalhada das propriedades de materiais. Agora nosso foco está voltado às moléculas únicas, mas, invariavelmente, nas observações de laboratório no mundo real, encontramos grandes coleções de moléculas. A maneira como essas amostras de moléculas se comportam é em geral bastante influenciada pela polaridade da ligação nas moléculas individuais. Consequentemente, entender um dipolo de ligação e prever sua presença usando a eletronegatividade será útil à medida que avançamos no nosso estudo da química.

Verifique seu entendimento Qual ligação deve ser apolar: C—N, N—Cl ou H—Br?

POR DENTRO DE A polaridade de ligação tem um papel importante em vários aspectos dos biomateriais, particularmente em relação à biocompatibilidade. Os materiais que irão lutar nos seres vivos sempre interagem com esses sistemas. Um exemplo-chave é a interação dos biomateriais com o sangue. As ligações polares nas moléculas com as paredes mais externas das células sanguíneas ajudam a permitir que o sangue interaja com a água. Aquelas mesmas ligações polares podem também interagir com biomateriais e influenciar na biocompatibilidade.

A sílica amorfa é composta de grande número de unidades de sílica, SiO_4. A maioria da areia é sílica, e normalmente não pensamos na areia como tóxica, mas a sílica amorfa não é biocompatível. Em particular, quando esse material foi testado para compatibilidade, descobriu-se que destruía as células, principalmente permitindo que a hemoglobina que transporta oxigênio vazasse. ▸ Uma explicação para esse comportamento pode residir no fato de que a superfície da sílica amorfa tem um grande número de ligações polares Si—O. Tais ligações são capazes de interagir fortemente com as cargas positivas na superfície dos glóbulos vermelhos, como mostra a **Figura 7.9**. A interação é tão forte que a partícula de sílica permanece próxima às células do sangue através de choque mecânico e, finalmente, fura a membrana celular, destruindo a célula.

O termo usado para descrever a abertura dos glóbulos vermelhos é hemólise.

7.5 Mantendo o rastro da ligação: estruturas de Lewis

Já examinamos alguns aspectos importantes da ligação química e obtivemos um entendimento de um número de conceitos-chave. Se quisermos entender um pouco mais sobre as conexões entre ligação e propriedades dos compostos, precisaremos identificar não apenas quais ligações foram formadas, mas também *quantas* e entre quais elementos. As estruturas de Lewis introduzidas na Seção 7.3 fornecem ferramenta poderosa para isso. Quando desenhamos as estruturas de Lewis para moléculas muito simples como o H_2 e o F_2, desenhamos cada átomo separadamente e, então, os colocamos juntos para formar uma ligação. Essa abordagem, obviamente, indica que sabemos quais átomos estarão ligados entre si. A escolha é óbvia quando lidamos com uma molécula diatômica, mas pode se tornar problemática para moléculas maiores. Se nossa intenção for desenhar estruturas de Lewis para moléculas ou íons mais complicados, deveremos utilizar uma abordagem de algoritmo. Por meio da aplicação cuidadosa de tal

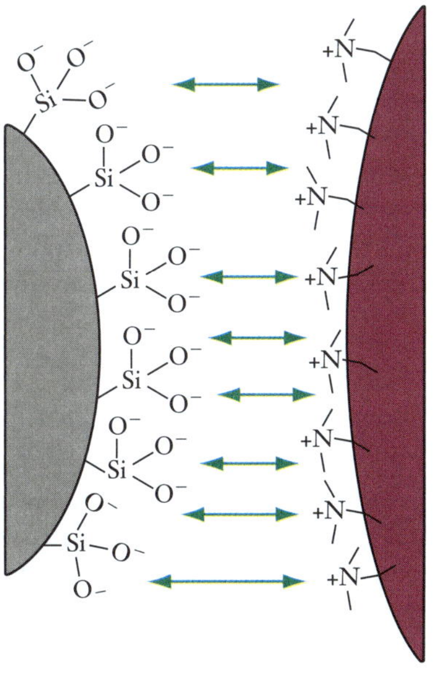

Figura 7.9 As células normalmente têm ligações polares no seu exterior porque interagem com moléculas polares de água. Uma substância como a sílica amorfa (à esquerda) que também tem a superfície polar pode interagir fortemente com as ligações polares nas superfícies de uma célula como as do sangue, representadas à direita. Essas fortes interações podem levar à danificação da célula, provocando problemas de biocompatibilidade.

algoritmo, é possível prever quais ligações podem ser formadas, examinando e comparando as estruturas para uma molécula específica.

À medida que utilizamos nosso algoritmo para desenhar estruturas de Lewis, será fundamental usar uma molécula simples para ilustrar cada etapa. Poderíamos escolher a água, mas o fato de o hidrogênio não seguir a regra do octeto significa que ela não é o melhor exemplo. Em vez dela, usaremos uma molécula muito similar, o difluoreto de oxigênio (OF_2), como nosso primeiro exemplo.

Etapa 1: *Conte o número total de elétrons de valência na molécula ou íon.* ◄
Podemos fazer isso somando os números de elétrons de valência para cada átomo na molécula. (Se estamos tentando desenhar a estrutura para um íon poliatômico, precisaremos também contabilizar a carga do íon, como veremos no Problema-modelo 7.5.) Para o OF_2, cada átomo de flúor tem sete elétrons de valência, e o átomo de oxigênio, seis. Portanto, teremos um total de 20 elétrons de valência na molécula.

Embora possa parecer rotina após um pouco de prática, é sempre importante realizar a Etapa 1 deste processo. O uso do número errado de elétrons de valência está entre os erros mais comuns que os estudantes cometem ao desenhar estruturas de Lewis.

$$\begin{aligned} \text{F} \quad 2 \times 7 &= 14 \\ \text{O} \quad 1 \times 6 &= 6 \\ \hline \text{Total} &= 20 \end{aligned}$$

Etapa 2: *Desenhe a "estrutura do esqueleto" da molécula.*
Aqui, podemos nos apoiar em algumas regras. O elemento escrito primeiro na fórmula normalmente é o átomo central na molécula, exceto quando o hidrogênio está listado primeiro. (O hidrogênio nunca pode ser um átomo central porque pode formar apenas uma ligação!) Em geral, o átomo central é o menos eletronegativo. Algumas vezes, pode-se desenhar mais de um esqueleto possível. Em tais casos, devemos nos valer da intuição química para escolher as alternativas prováveis. Ou poderíamos também desenhar várias estruturas prováveis e avaliá-las para ver qual parece a mais plausível. No OF_2, o oxigênio está escrito primeiro e é o elemento menos eletronegativo, logo ele é o átomo central. Escrevemos os dois átomos de flúor rodeando o oxigênio. (Não é importante neste ponto saber quais dos dois lados do símbolo de oxigênio escolhemos para colocar os átomos de flúor.)

F O
  F

Etapa 3: *Coloque ligações simples entre todos os átomos conectados na estrutura, desenhando linhas entre eles.*
Não sabemos ainda quantas ligações devem ser necessárias na nossa molécula, mas sabemos que é preciso no mínimo uma ligação para ligar cada um dos átomos externos de flúor ao átomo central de oxigênio, a fim de evitar que a molécula "se desfaça". Logo, continuamos e desenhamos duas ligações simples:

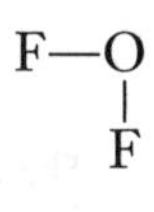

Etapa 4: *Coloque os elétrons de valência restantes não contabilizados na Etapa 3 nos átomos individuais até que a regra do octeto seja satisfeita. Coloque elétrons como pares solitários sempre que possível.*
Em geral, é melhor começar colocando elétrons nos átomos mais externos, deixando o(s) átomo(s) central(is) por último. Lembre-se de que cada ligação contém dois elétrons, logo, quando desenhamos duas ligações, contabilizamos quatro elétrons. Nossa molécula tem 20 elétrons, portanto sobram 16 a serem adicionados na nossa estrutura. Colocando seis desses elétrons em torno de cada átomo de flúor, chegamos a 16, e, colocando os quatro restantes no átomo central de oxigênio, contabilizamos todos os 20 elétrons disponíveis. Todos esses 16 elétrons devem ser desenhados como pares solitários:

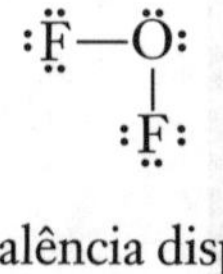

Neste ponto, sabemos que todos os elétrons de valência disponíveis aparecem em algum lugar na estrutura. Para decidir se esse é o arranjo ideal dos elétrons de valência, devemos verificar se cada átomo satisfaz a regra do octeto. Para o OF_2, nossa estrutura agora tem um octeto de elétrons completo em cada átomo, portanto é a estrutura final. Em outros casos, devemos encontrar um ou mais átomos que tinham menos de um octeto completo; então, faremos uma etapa adicional.

Etapa 5: *Crie ligações múltiplas deslocando pares solitários para posições de ligação como necessário para quaisquer átomos que não tenham um octeto completo de elétrons de valência.*

Nossa estrutura para o OF_2 já satisfaz a regra do octeto, desse modo não são necessárias ligações múltiplas nessa molécula. Trabalharemos com essa etapa adicional em estruturas futuras.

Os Problemas-modelo 7.4, 7.5 e 7.6 ilustrarão mais o nosso algoritmo. Obviamente, a melhor maneira de se familiarizar com essas etapas é desenhar estruturas de Lewis.

PROBLEMA-MODELO ◂ 7.4

Os clorofluorocarbonetos foram usados como substâncias refrigerantes desde os anos 1930, mas a sua utilização está diminuindo agora no mundo inteiro por causa da destruição do ozônio atmosférico. Desenhe a estrutura de Lewis do diclorodifluorometano, CF_2Cl_2, também conhecido como Freon-12 da DuPont.

Estratégia Use o algoritmo para desenhar as estruturas de Lewis.

Solução

Etapa 1: *Conte o número total de elétrons de valência:* carbono tem 4, flúor tem 7 e cloro tem 7:

C	$1 \times 4 =$	4
F	$2 \times 7 =$	14
Cl	$2 \times 7 =$	14
	Total =	32

Etapa 2: *Desenhe a estrutura do esqueleto da molécula.* O carbono está listado primeiro na fórmula e é o menos eletronegativo, assim o usamos como átomo central:

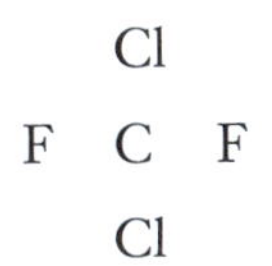

Etapa 3: *Coloque ligações simples entre todos os átomos conectados:*

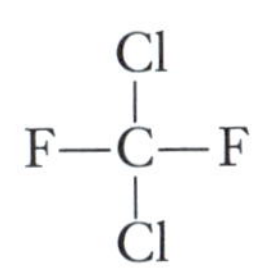

Etapa 4: *Coloque os elétrons de valência restantes não contabilizados na Etapa 3 nos átomos individuais até que a regra do octeto seja satisfeita.* Foram desenhadas quatro ligações simples, e elas precisam de oito elétrons de valência. Temos um total de 32 elétrons disponíveis, logo sobram $32 - 8 = 24$, o que fornece a cada um dos quatro átomos de halogênio três pares solitários (6 elétrons):

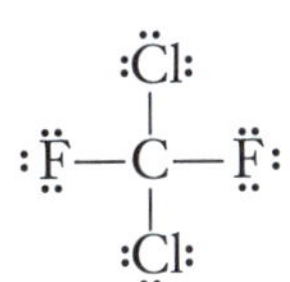

Etapa 5: *Crie ligações múltiplas para quaisquer átomos que não tenham um octeto completo de elétrons de valência.* Certifique-se de que cada átomo tem um octeto de oito elétrons. O carbono tem quatro pares ligantes ou oito elétrons. Cada átomo de halogênio tem um par ligante e três pares solitários, ou seja, eles também têm octetos. As ligações múltiplas não são necessárias, e a estrutura final é aquela a que chegamos após a Etapa 4.

Discussão Por usarmos um algoritmo para desenhar essas estruturas, é importante que cada etapa seja realizada corretamente, porque qualquer erro pode ser propagado pelo resto do processo. A primeira etapa é a mais crítica.

Se perdermos o rastro do número de elétrons de valência que precisamos incluir, teremos poucas chances de chegar à estrutura correta. Muitos estudantes erram questões de prova porque adicionam pares solitários de elétrons que "não existiam", em vez de fazerem ligações múltiplas.

Verifique seu entendimento Desenhe a estrutura de Lewis para o C_2H_6.

POR DENTRO DE

PROBLEMA-MODELO ◀ 7.5

O fosfato de cálcio é um importante precursor para a formação de revestimentos de biocerâmica. Desenhe a estrutura de Lewis do íon fosfato, PO_4^{3-}.

Estratégia Siga as etapas do algoritmo da estrutura de Lewis. Uma vez que o íon fosfato é um ânion, precisaremos contabilizar sua carga ao determinar o número de elétrons de valência.

Solução

Etapa 1: *Conte o número total de elétrons de valência.* O átomo de fósforo tem cinco elétrons de valência, e cada átomo de oxigênio tem seis. O íon como um todo sustenta uma carga de 3–, significando que deve conter três elétrons adicionais:

P	1 × 5 =	5
O	4 × 6 =	24
+3	é extras =	3
	Total =	32

Etapa 2: *Desenhe a estrutura do esqueleto do íon.* O fósforo é o átomo menos eletronegativo e aparece primeiro na fórmula, logo deve ser o átomo central. Desenharemos colchetes em torno do íon todo e indicaremos sua carga:

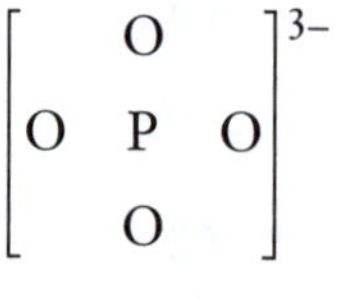

Etapa 3: *Coloque ligações simples entre todos os átomos conectados:*

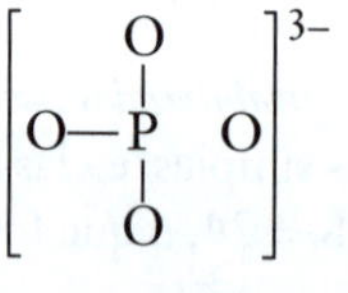

Etapa 4: *Coloque os elétrons de valência restantes não contabilizados na Etapa 3 nos átomos individuais até que a regra do octeto seja satisfeita.* Ao desenharmos ligações com o átomo de fósforo, contabilizamos 8 dos 32 elétrons, e restam 24 para serem atribuídos. Colocando três pares solitários em torno de cada átomo de oxigênio, contabilizaremos todos os elétrons disponíveis:

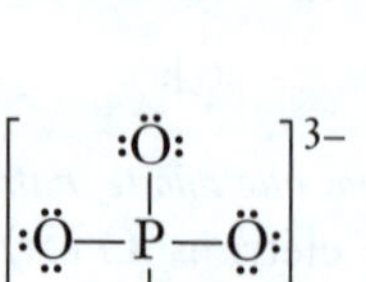

Etapa 5: *Crie ligações múltiplas para quaisquer átomos que não tenham um octeto completo de elétrons de valência.* Satisfizemos a regra do octeto e contabilizamos todos os elétrons disponíveis. As ligações múltiplas não são necessárias nesse íon.

Discussão Este problema é similar aos já apresentados, mas o fato de estarmos trabalhando com um íon exige cuidado extra na determinação de quantos elétrons de valência devem ser incluídos.

Verifique seu entendimento Desenhe a estrutura de Lewis para os íons NH_4^+ e ClO_2^-.

POR DENTRO DE

PROBLEMA-MODELO ◀ 7.6

O poli(álcool vinílico) é usado em várias aplicações de biomateriais, incluindo suturas cirúrgicas. Desenhe a estrutura de Lewis do álcool vinílico, CH_2CHOH, o monômero a partir do qual o poli(álcool vinílico) é fabricado.

Estratégia Siga as etapas do algoritmo da estrutura de Lewis. Uma vez que temos dois átomos de carbono, teremos dois átomos "centrais".

Solução

***Etapa 1**: Conte o número total de elétrons de valência.* Cada átomo de carbono tem quatro e cada átomo de hidrogênio tem um, e o átomo de oxigênio tem seis. Portanto existem 18 elétrons de valência:

$$\text{Número de elétrons de valência} = 2(4) + 4(1) + 1(6) = 18$$

***Etapa 2**: Desenhe a estrutura do esqueleto da molécula.* Este é um composto orgânico e nosso conhecimento sobre química orgânica sugere que os átomos de carbono estarão no centro da molécula e estarão ligados por uma ligação química. Portanto, colocaremos os átomos de carbono no meio, rodeados pelos átomos restantes. Vimos também no Capítulo 2 que os álcoois contêm o grupo funcional –OH, logo devemos esperar que o álcool vinílico apresente essa característica. E sabemos que o hidrogênio é sempre um átomo mais externo, formando apenas uma ligação química. Combinando essas ideias, deveremos ter três átomos de hidrogênio e um grupo –OH ligados aos átomos de carbono. A maneira que a fórmula é escrita no enunciado nos diz que precisamos de dois hidrogênios ligados a um átomo de carbono e então um hidrogênio e um grupo hidroxila ligado ao outro.

```
    H   H

H   C   C   O   H
```

***Etapa 3**: Coloque ligações simples entre todos os átomos conectados.* Para mantermos a molécula junta, precisamos de no mínimo uma ligação entre os pares de átomos adjacentes.

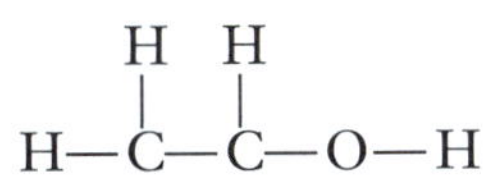

***Etapa 4**: Coloque os elétrons de valência restantes não contabilizados na Etapa 3 nos átomos individuais até que a regra do octeto seja satisfeita.* Fazer 6 ligações exige 12 elétrons, logo ainda temos 18 – 12 = 6 elétrons disponíveis. Não podemos atribuir pares solitários aos átomos de hidrogênio. O oxigênio é mais eletronegativo que o carbono, desse modo começamos atribuindo dois pares solitários ao átomo de oxigênio de tal forma que ele tenha um octeto. Existem dois elétrons de valência restantes, colocados, por enquanto, em um dos átomos de carbono. (Neste ponto, a escolha de qual carbono fica com estes elétrons é arbitrária.)

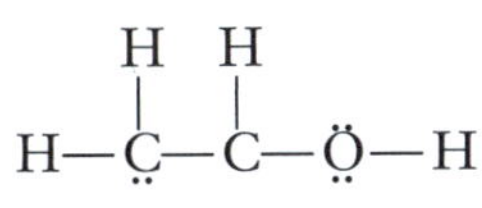

***Etapa 5**: Crie ligações múltiplas para quaisquer átomos que não tenham um octeto completo de elétrons de valência.* O átomo de carbono que não recebeu o par solitário na última etapa não tem um octeto. Logo, precisaremos converter um par solitário de um átomo adjacente em um par ligante, criando uma ligação dupla. Mas essa ligação dupla deve ser formada entre os dois átomos de carbono ou entre o átomo de carbono e o átomo de oxigênio? No mínimo, dois fatores apontam no sentido da escolha de carbono-carbono. Em primeiro lugar, o carbono frequentemente forma

A ligação dupla C = C também leva a uma estrutura na qual cada átomo de carbono forma quatro ligações, consistente com as regras que aprendemos no Capítulo 2 para escrever estruturas de linhas.

ligações múltiplas. Em segundo, colocar uma ligação dupla entre os dois átomos de carbono dá à molécula uma estrutura muito mais simétrica, e tais arranjos em geral são preferíveis: ◂

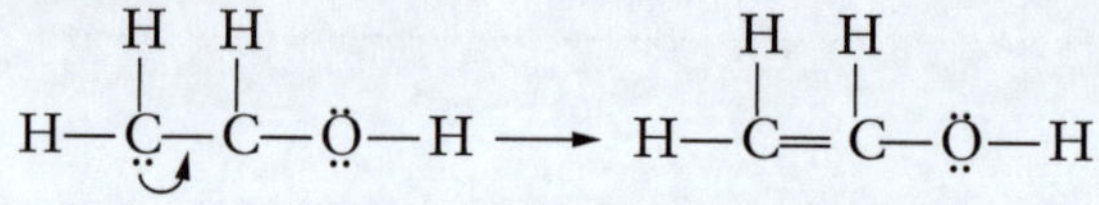

Discussão Este exemplo mostra que o uso de nosso algoritmo para obter uma estrutura de Lewis ainda leva à necessidade de tomar uma decisão ocasional. À medida que ganhamos mais experiência na química, decisões como onde colocar uma ligação dupla tornam-se mais fáceis. Com frequência, você pode procurar por dicas, como fizemos nesse caso. O carbono forma rotineiramente ligações duplas (ou até triplas). Além disso, sabemos que a presença da ligação dupla carbono-carbono permite a reação de adição que será necessária para produzir o polímero a partir do monômero. Mas o que acontece quando a escolha é menos óbvia? Tal situação é abordada mais adiante.

Verifique seu entendimento Desenhe a estrutura de Lewis para o dióxido de carbono.

Os químicos são muito apaixonados pelas estruturas de Lewis, e a razão para tanto é clara. As estruturas em geral são simples de desenhar e, quase sempre, podem fornecer visões poderosas da ligação dentro da molécula. De vez em quando, no entanto, quando realizamos a etapa final do nosso algoritmo, a escolha de onde colocar uma ligação dupla parece totalmente arbitrária. O conceito de ressonância foi desenvolvido para ajudar a descrever a ligação em tais moléculas dentro da armação das estruturas de Lewis.

Ressonância

Vamos considerar o dióxido de enxofre, que muitas vezes é formado como um subproduto da queima do carvão. Como deve ser sua estrutura de Lewis? Tanto o enxofre quanto o oxigênio têm seis elétrons de valência, portanto temos um total de 18 elétrons de valência. O enxofre aparece primeiro na fórmula e é o menos eletronegativo, logo o colocamos no centro da estrutura de esqueleto:

O S O

Em seguida, colocamos os pares ligantes entre o átomo de enxofre e cada átomo de oxigênio:

O—S—O

Ainda temos 14 elétrons de valência para adicionar, começando com os átomos de oxigênio. Quando colocamos todos os 14 elétrons na estrutura como pares solitários, temos a seguinte estrutura:

:Ö̤—S̈—Ö̤:

Verificando os octetos, descobrimos que ambos os átomos de oxigênio preencheram os octetos, mas o enxofre tem apenas seis elétrons. São necessários mais dois que podem ser obtidos formando uma ligação dupla. Mas em qual lado devemos colocar essa ligação dupla? Diferentemente do Problema-modelo 7.6, aqui nos confrontamos com duas escolhas equivalentes para a posição da ligação dupla. Poderíamos desenhar uma das duas estruturas:

:Ö═S̈—Ö̤: ⟷ :Ö̤—S̈═Ö:

Cada uma dessas estruturas tem a mesma fraqueza essencial: ela implica que o átomo de enxofre central de algum modo interage mais fortemente com um átomo de oxigênio que com o outro. A explicação para essa contradição é que a estrutura da molécula não pode ser acuradamente representada por uma única estrutura de Lewis. Em vez disso, dizemos que a estrutura "real" corresponde a uma média de todas as estruturas de Lewis válidas e chamamos essa média de **híbrido de ressonância** das estruturas de Lewis contribuintes. É muito importante enfatizar que a seta de cabeça dupla *não* significa que as estruturas se alternam entre as duas possibilidades. Ela indica que as duas estruturas mostradas para o SO_2 são **estruturas de ressonância**, contribuindo para um híbrido de ressonância. *Nas estruturas de ressonância, as posições de todos os átomos são idênticas, apenas as posições dos elétrons diferem.*

O ponto-chave a enfatizar aqui é que um híbrido de ressonância tem uma estrutura que é a média das estruturas de ressonância contribuintes. Para explicarmos melhor essa afirmação, vamos dar outra olhada nas duas estruturas possíveis para o SO_2 mostradas anteriormente. Qualquer uma das estruturas tomada sozinha sugeriria que uma molécula de SO_2 contém uma ligação simples e uma ligação dupla. Se isso fosse verdade, uma ligação (a simples) deveria ser maior que a outra (a dupla). Mas os comprimentos de ligação são medidos experimentalmente, e os dados mostram muito bem que as duas ligações são idênticas no comprimento. Além disso, os comprimentos de ligação medidos para o SO_2 são intermediários entre aqueles normalmente vistos para uma ligação simples S—O e uma ligação dupla S=O. Esses resultados experimentais confirmam a ideia de que nenhuma estrutura de ressonância sozinha fornece uma boa figura da molécula de SO_2 e reforçam a visão de que a molécula real é mais bem imaginada como uma média das formas de ressonância possíveis. *Quando podemos desenhar estruturas de ressonância, a estrutura real é um híbrido, uma média das estruturas contribuintes, e NÃO uma mistura delas.* As ligações podem ser imaginadas como "espalhadas" ou deslocalizadas sobre a molécula. Assim para o SO_2, podemos pensar como tendo duas "uma e meia ligações", em vez de uma ligação simples e uma ligação dupla. ▸ Dada a sua simplicidade, não é de surpreender que o modelo de pontos de Lewis não possa descrever adequadamente toda molécula que encontramos. O conceito de ressonância pode ser imaginado como um "remendo" que tenta racionalizar os fatos experimentais, enquanto preserva a maior parte da simplicidade do modelo de Lewis.

As ligações no SO_2 podem ser descritas como tendo uma ordem de ligação *de 1,5.*

Consideramos as implicações estruturais de ressonância, mas existem também consequências energéticas da ressonância. Isso significa que as moléculas com estruturas de ressonância comportam-se diferentemente do que seria esperado com base nas estruturas individuais de ressonância, que mostram uma combinação de ligações simples e duplas. O benzeno é o exemplo clássico de uma substância que exibe ressonância, e na realidade o conceito de ressonância originou-se de uma necessidade de explicar a química do benzeno. O benzeno, C_6H_6, é um líquido volátil obtido do alcatrão do carvão. Na última metade do século XIX aceitou-se que o benzeno era um composto cíclico, cujos átomos de carbono formam um anel de seis membros. No entanto, as únicas estruturas que poderiam ser desenhadas para ele tinham ligações simples e duplas alternadas (**Figura 7.10**). Se essas estruturas realmente representassem a estrutura do benzeno, a substância deveria mostrar as reações de adição típicas de compostos com ligações C=C. No entanto, o benzeno é, na realidade, muito menos reativo que os alcenos, o que significa que a molécula é mais estável que qualquer estrutura de Lewis preveria. Com o tempo, tornou-se aparente pelo exame de muitos compostos que esse resultado é mais geral: quando uma molécula pode ser representada por múltiplas estruturas de ressonância, ela é mais estável (isto é, tem menor energia e é menos reativa) do que seria previsto com base em qualquer uma das estruturas de ressonância contribuinte. Há maneiras de entender essa redução de energia com base na mecânica quântica, mas não as apresentaremos aqui.

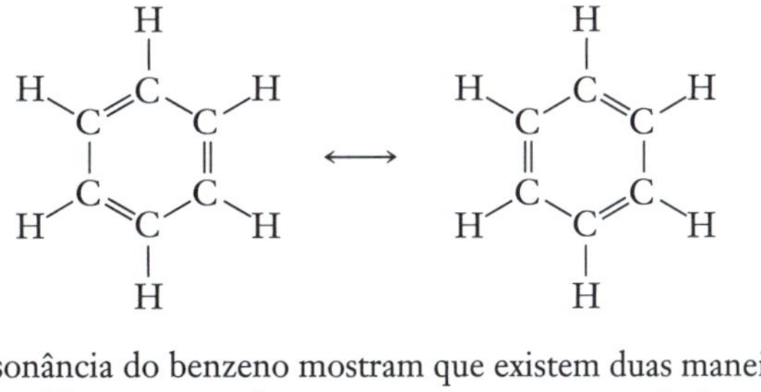

Figura 7.10 As duas estruturas de ressonância do benzeno mostram que existem duas maneiras de distribuir três ligações duplas entre os seis átomos de carbono. No entanto, o benzeno não se comporta quimicamente como um composto com três ligações duplas, uma vez que a verdadeira estrutura é uma média entre essas duas estruturas de ressonância.

7.6 Superposição de orbitais e ligação química

As estruturas de Lewis fornecem uma maneira conveniente de obter alguma visualização das ligações da molécula. Entretanto, não dizem muito sobre *como* as ligações químicas devem ser formadas, a não ser pela noção de compartilhamento de elétrons. A curiosidade científica nos leva a querer saber mais sobre ligações covalentes, bem como um senso de que o entendimento de ligações valerá a pena nas aplicações práticas. Uma vez que reconhecemos os

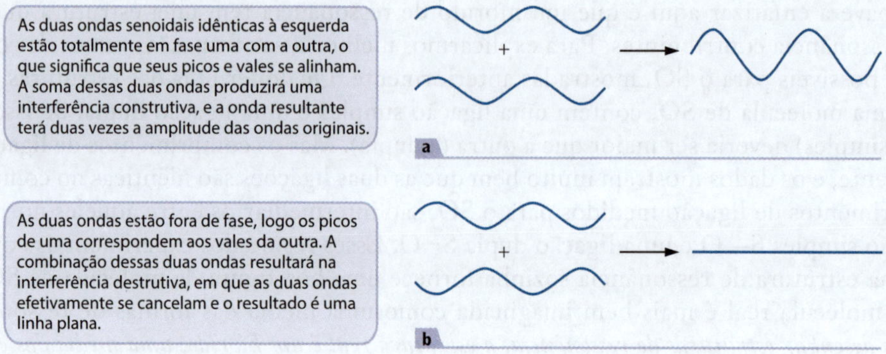

Figura 7.11 Ondas senoidais simples ilustram o conceito de interferência entre ondas.

elétrons compartilhados como a "cola" que mantém as ligações covalentes, poderíamos esperar que qualquer explicação mais profunda se concentrasse nos elétrons. No Capítulo 6, aprendemos que o melhor modelo atual do átomo vê os elétrons como ondas deslocalizadas, descritas pelos orbitais. Se os elétrons se comportam como ondas, então, para explicar como os elétrons formam ligações entre os átomos, devemos considerar como as ondas interagem entre si.

Para explicar como duas ondas – ou dois orbitais – devem interagir entre si, precisaremos invocar o conceito de interferência, que fornece um contraste claro entre ondas e partículas. Quando duas partículas ocupam o mesmo espaço, elas colidem; mas, quando duas ondas ocupam o mesmo espaço, elas se interferem. Como você pode ter aprendido em uma disciplina de física ou de ciências físicas no ensino médio, essa interferência pode ser construtiva ou destrutiva. Na interferência construtiva, duas ondas que interagem se reforçam e formam uma onda maior. Na destrutiva, as duas ondas que interagem se contrabalançam ou se "cancelam" para produzir uma onda menor ou nenhuma onda. Tanto a interferência construtiva quanto a destrutiva estão na **Figura 7.11**.

No modelo da mecânica quântica, os elétrons são simplesmente um tipo de onda, e podemos descrever a formação de ligações químicas como um exemplo de interferência construtiva entre as ondas eletrônicas. Mas, para as ondas eletrônicas de diferentes átomos interagirem, devem inicialmente ocupar a mesma região do espaço. Uma outra maneira de dizer isso é que os átomos devem se posicionar de tal forma que os orbitais de valência de um átomo devem se superpor com aqueles do outro átomo se uma ligação tiver de ser formada. Essa ideia forma a base para o **modelo de ligação de valência** da ligação química, no qual todas as ligações são vistas como o resultado de superposição de orbitais atômicos. ◂ Vamos examinar essa ideia de **superposição de orbital** observando a molécula mais simples possível, o H_2.

O nome modelo de ligação de valência *surge do fato de que são considerados apenas os elétrons de valência.*

Os átomos de hidrogênio têm um único elétron de valência em um orbital 1*s*. Para formarem uma molécula diatômica de hidrogênio, os orbitais 1*s* de dois átomos de hidrogênio diferentes devem se superpor. A **Figura 7.12** mostra a aparência dessa superposição e como a interferência entre as funções de onda dos dois elétrons produz uma ligação entre os átomos. Observe que, pelo fato de os orbitais 1*s* serem esféricos, não existe uma direção de aproximação preferida. No entanto, quando os orbitais *p* estão envolvidos, suas formas mais complexas levarão a diferentes geometrias para a interação do orbital. Essas podem ser usadas para distinguir os tipos de ligações químicas.

Figura 7.12 A ligação covalente no hidrogênio molecular pode ser descrita em termos de superposição entre os orbitais 1*s* de dois átomos de H. O diagrama superior na figura mostra essa superposição colocando em um gráfico as funções de onda para os orbitais 1*s*. A interferência construtiva entre essas duas funções de ondas na região entre os núcleos resulta na formação da ligação. O diagrama inferior usa o sombreamento para representar o mesmo acúmulo de densidade eletrônica.

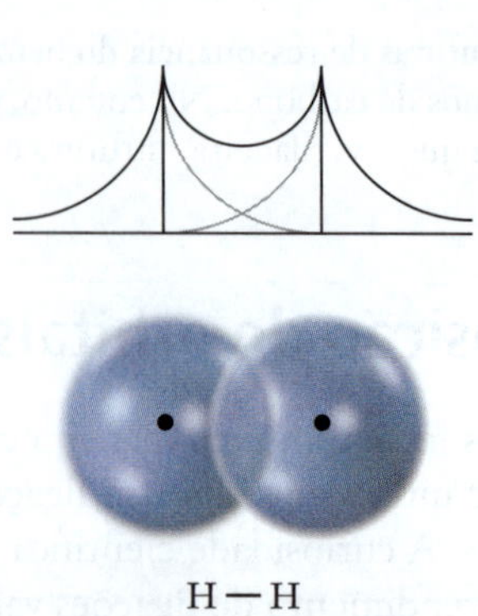

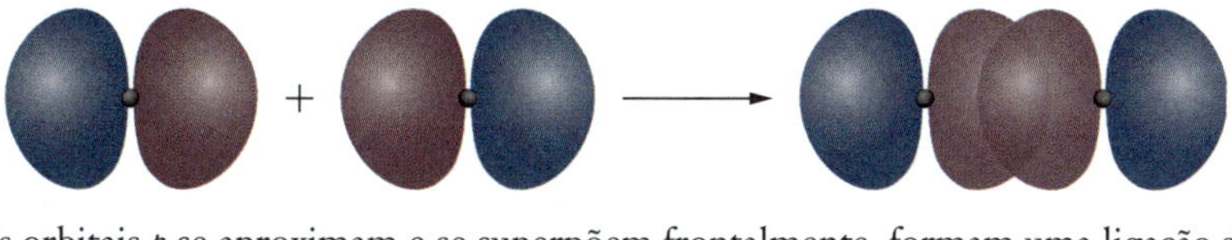

Figura 7.13 Quando dois orbitais *p* se aproximam e se superpõem frontalmente, formam uma ligação sigma. (Esta é frequentemente representada pela letra grega minúscula sigma: σ.)

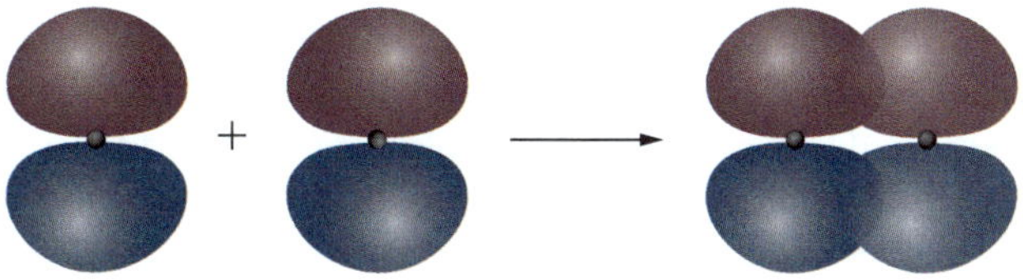

Figura 7.14 Quando dois orbitais *p* se aproximam e se superpõem lateralmente, eles formam uma ligação pi. (Esta é frequentemente representada pela letra grega minúscula pi: π.) No exemplo mostrado, a superposição de orbitais produzirá um acúmulo de densidade eletrônica acima e abaixo da linha definida pelos dois núcleos.

Com as estruturas de pontos de Lewis, podemos mostrar facilmente que o N_2, por exemplo, deve ter uma ligação tripla entre os dois átomos de nitrogênio:

$$:N{\equiv}N:$$

Embora esse grande acúmulo de densidade de carga negativa entre os núcleos permita atração muito forte entre eles, também suscita uma pergunta: Como seis elétrons ocupam a mesma região do espaço sem se repelirem fortemente? Podemos responder a essa pergunta considerando a forma dos orbitais envolvidos e seus arranjos à medida que a superposição ocorre. A configuração dos elétrons de valência para um átomo de nitrogênio é $2s^2 2p^3$. Uma vez que os orbitais $2p$ estão ocupados por apenas um elétron, a superposição de um orbital $2p$ de um átomo com o correspondente orbital $2p$ do outro deve permitir a formação da ligação. Mas, por causa de suas formas, os orbitais *p* podem se superpor com diferentes orientações.

Lembre-se de que os três orbitais $2p$ de qualquer átomo podem ser descritos como posicionados ao longo dos eixos *x*, *y* e *z*. (Veja a Figura 6.13) Vamos supor que os dois átomos de nitrogênio se aproximem ao longo do eixo *z*. Como visto na **Figura 7.13**, os orbitais $2p_z$ podem se superpor frente a frente. Isso leva a um acúmulo de densidade eletrônica ao longo de uma linha desenhada entre os dois núcleos, exatamente como vimos para o H_2. Esse tipo de interferência construtiva produz as **ligações sigma**. O acúmulo de densidade eletrônica em uma ligação sigma situa-se ao longo da linha, conectando os dois núcleos. Esse tipo de superposição pode também ocorrer nas ligações nas quais um orbital *s* se superpõe com um orbital *p* ou quando dois orbitais *s* se superpõem.

Agora consideremos os orbitais $2p_x$ e $2p_y$ dos átomos de nitrogênio. À medida que os núcleos se aproximam, esses orbitais podem se superpor com uma orientação lateral, como mostra a **Figura 7.14**. De novo, a superposição leva a uma interferência construtiva, o que permite o acúmulo de densidade eletrônica entre os núcleos, condição crucial para a ligação química. No entanto, quando ocorre essa superposição lateral, o acúmulo de densidade eletrônica não estará localizado ao longo da linha entre os núcleos. Como mostra a Figura 7.14, a densidade eletrônica está localizada acima e abaixo ou em frente e atrás dessa linha. Tais ligações são chamadas de **ligações pi**. Na molécula de N_2, podemos visualizar uma ligação pi formada pela superposição dos orbitais $2p_x$ de cada átomo e uma outra ligação pi formada pela superposição dos orbitais $2p_y$. A ligação tripla compreende uma ligação sigma e duas ligações pi.

A ideia de que a ligação envolve a superposição e a interação de orbitais de átomos diferentes é um conceito básico importante para um entendimento mais detalhado da ligação química. Por essa razão, o modelo de ligação de valência continua a ter um papel importante na maneira como os cientistas visualizam a ligação. Entretanto, encontramos sérias dificuldades em descrever a ligação por meio da superposição de orbitais atômicos. Já que os orbitais *p* formam ângulos de 90° entre si, poderíamos prever que muitas moléculas, dentre elas H_2O e OF_2, tivessem ângulos de ligação de 90°. Mas tais ângulos de 90° são bem raros. Além disso, com base na configuração eletrônica do carbono, poderíamos esperar que compostos como CH_2 ou CF_2 fossem estáveis e comuns. Em vez disso, encontramos CH_4 e CF_4, e a superposição simples de orbitais atômicos não pode nos ajudar a racionalizar esse processo. Logo, devemos estender nosso modelo de ligação de valência para permitir interações mais extensivas entre os orbitais.

7.7 Orbitais híbridos

Nossa noção de orbitais surgiu do tratamento pela mecânica quântica de átomos individuais. Apesar dos desafios conceituais óbvios que a mecânica quântica possui, aceitamos a existência dos orbitais *s*, *p*, *d* e *f* porque, entre outros fatores, fornece maneira razoável de entender a forma da tabela periódica. No entanto, quando os átomos se combinam para formar moléculas, as observações anteriormente apresentadas sugerem que, com frequência, esses mesmos orbitais não podem explicar os fatos observados. A expectativa era de que os elétrons nos orbitais *p* levariam a um ângulo de ligação H—O—H de 90° na água, por exemplo, o que não está de acordo com a geometria observada para a molécula. Além disso, a relativa simplicidade da ideia de que essas ligações resultam da superposição de orbitais continua fascinante. Isso nos leva à introdução do conceito de **hibridização** de orbitais, que pretende contemplar a noção de superposição de orbital com uma ampla faixa de observações em arranjos e estruturas moleculares. No seu cerne, a ideia de hibridização reconhece o fato de que, quando dois ou mais átomos se aproximam perto o suficiente para formar ligações químicas, as interações podem ser fortes o bastante para dar uma nova forma aos orbitais nesses átomos. O composto binário estável mais simples formado por carbono e hidrogênio é o CH_4, cuja estrutura de Lewis é apresentada a seguir com um modelo molecular:

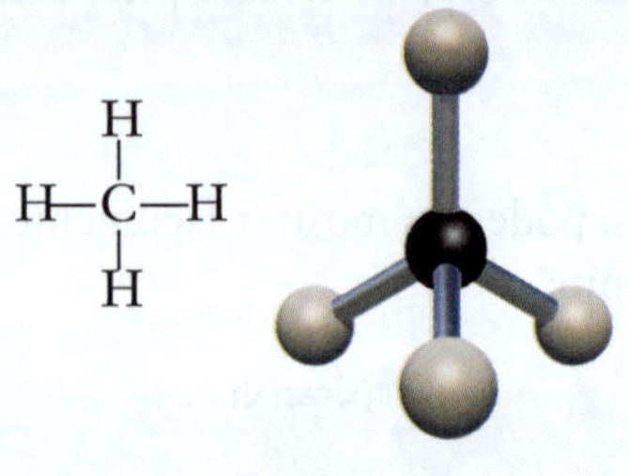

Os comprimentos e as forças de ligação podem ser medidas experimentalmente, e tais medidas mostram claramente que todas as quatro ligações C—H no CH_4 são idênticas. Além disso, os arranjos moleculares também podem ser medidos observando-se a rotação das moléculas. Tais medidas mostram que os ângulos de ligação H—C—H no CH_4 são todos de 109,5°, como indica o modelo molecular apresentado anteriormente. Esses dados sugerem que, se quiséssemos descrever as ligações no CH_4 quanto à superposição de orbitais, precisaríamos de quatro orbitais idênticos no átomo de carbono, os quais deveriam estar arranjados com ângulos de 109,5° entre si. Quando introduzimos a ideia de orbitais, observamos que eles são matemáticos na origem. Em matemática, podemos manipular funções e transformá-las de acordo com regras aceitáveis. As funções de onda para os orbitais atômicos também podem ser manipuladas da mesma maneira. Não precisamos nos preocupar com todos os detalhes de tais manipulações, mas uma regra será importante: o número de orbitais que temos não pode variar em função da manipulação. Se começamos com dois orbitais, deveremos ter dois orbitais quando terminarmos. Entre outros, esse aspecto garante que podemos ainda acomodar todos os elétrons necessários. Se temos combinações lineares de orbitais atômicos, podemos planejar novos orbitais que podem ser usados como a base para um modelo de ligação. ◂ Os orbitais resultantes são chamados **orbitais híbridos** porque são misturas de dois ou mais orbitais atômicos.

A teoria do orbital começou como modelo. Desde que os ajustes, como a invenção de orbitais híbridos, não mudem a premissa do modelo, tais mudanças podem ser feitas – e vale a pena fazê-las se fornecerem novas visões.

Uma maneira de visualizar esse processo é usar caixas para representar os orbitais, como fizemos no Capítulo 6, quando introduzimos as configurações eletrônicas. A **Figura 7.15** mostra isso para a hibridização de um átomo de carbono. O orbital *s* e os três orbitais *p* são misturados para formar quatro novos orbitais híbridos, todos com a mesma energia. O nome dado a esses orbitais é sp^3, em que o índice superior indica que estão incluídos três orbitais *p*. Colocar os elétrons nesses quatro orbitais sp^3

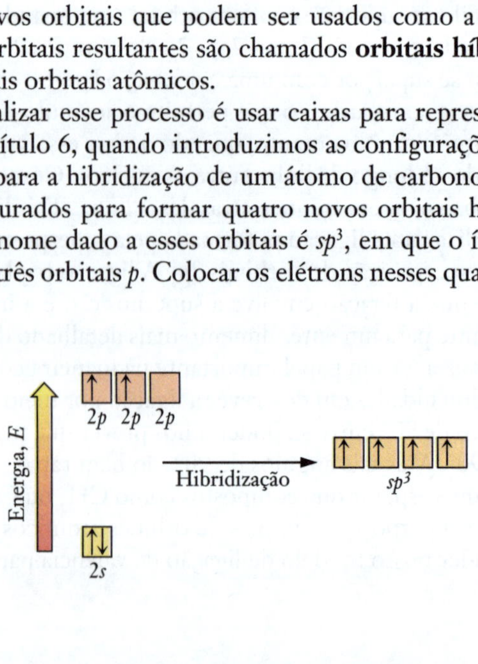

Figura 7.15 O diagrama de caixas representa a energia da hibridização sp^3. Os orbitais híbridos sp^3 têm energia mais baixa que os *p* originais, mas energia maior que os orbitais *s* originais.

Tabela ▪ 7.2 Hibridização de orbital

Três esquemas comuns de hibridização são apresentados. Os nomes para esses orbitais híbridos são derivados do tipo e do número de orbitais que se combinam para formá-los. Assim, os híbridos sp^2 resultam da combinação de um orbital s com um par de orbitais p. As geometrias dos orbitais mostradas na coluna da direita dão origem aos arranjos moleculares apresentados na próxima seção.

Orbitais combinados	Hibridização	Geometria do orbital ▸
s, p	sp	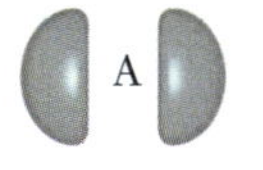
s, p, p	sp^2	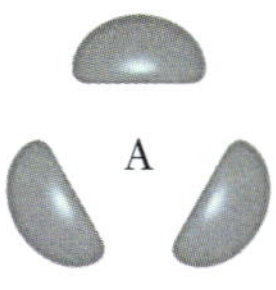
s, p, p, p	sp^3	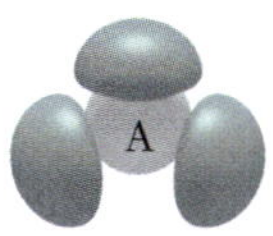

Nas figuras mostradas aqui, cada lóbulo representa um orbital híbrido diferente. Isto é um contraste importante aos orbitais p não hibridizados, em que cada orbital consiste de dois lóbulos de densidade eletrônica.

equivalentes significa que cada um deles será ocupado por apenas um elétron. Assim, esses orbitais explicam facilmente a habilidade do carbono em formar quatro ligações idênticas. Se fôssemos examinar os detalhes matemáticos, descobriríamos também que cada um desses orbitais sp^3 está fortemente orientado em uma direção específica com ângulos de 109,5° entre eles. Esses orbitais híbridos, portanto, fazem com que seja fácil explicar as observações para o CH_4. A superposição de um orbital sp^3 de um carbono e um orbital s do hidrogênio forma cada uma das quatro ligações C—H.

Outros esquemas de hibridização também são possíveis, como mostra a **Tabela 7.2**. Quando apenas um orbital p é incluído no esquema, formamos átomos com hibridização sp; e quando dois orbitais p são incluídos, os orbitais híbridos são sp^2. Todos esses esquemas podem ser usados para explicar a ligação em moléculas covalentes.

7.8 Arranjos das moléculas

Apesar de as estruturas de Lewis permitirem explicar o número de ligações em uma molécula e mostrar o padrão de ligação (quais átomos estão unidos e por quantas ligações), fornecem uma figura bidimensional incompleta da estrutura molecular. Se estendermos nossa análise da estrutura molecular para três dimensões, precisaremos examinar a ordem na qual os átomos estão unidos uns aos outros e também como eles estão arranjados no espaço – em outras palavras, o **arranjo molecular**. Além de serem importantes do ponto de vista teórico, os arranjos das moléculas são fundamentais porque afetam as propriedades moleculares, incluindo a reatividade. Ser capaz de prever os arranjos das moléculas é crucial para o entendimento das propriedades e da reatividade de um polímero como o PMMA, as proteínas poliméricas e os ácidos nucleicos, que são os sistemas operacionais nos seres vivos, os catalisadores usados nos processos industriais e as moléculas sintetizadas para medicamentos e bens de consumo. Uma característica que separa os químicos experientes dos estudantes iniciantes é a habilidade de ler a fórmula molecular e visualizar sua aparência na escala microscópica.

Para chegar ao entendimento dos arranjos moleculares, é necessário analisar as estruturas de Lewis mais detalhadamente, o que pode ser feito pela **teoria de repulsão do par de elétrons no nível de valência (RPENV)**. De acordo com essa teoria, *as moléculas assumem o arranjo que lhes permite minimizar as repulsões entre os pares de elétrons no nível de valência do átomo central*. As estruturas de Lewis enfatizam a importância dos pares de elétrons em torno dos átomos como pares ligantes ou solitários. Se considerarmos que esses pares ocupam regiões localizadas do espaço, esperaremos que as várias regiões estejam tão afastadas uma das outras quanto possível. Afinal de contas, essas regiões são centros de carga negativa, e cargas semelhantes se repelem. Una essa *repulsão de par eletrônico* ao fato de que as estruturas de Lewis incluem apenas elétrons no *nível de valência*, e a origem do nome RPENV está aparente. A teoria fornece uma visão muito simplista dos elétrons nas moléculas, mas leva a previsões surpreendentemente acuradas das geometrias moleculares.

O modelo de RPENV é uma aplicação dos conceitos de geometria. Em particular, queremos responder a esta pergunta: Se os comprimentos de ligação são fixos, quais arranjos geométricos permitem que as regiões de carga negativa representadas pelos vários pares de elétrons estejam o mais afastadas possível umas das outras? A resposta depende do número de pares de elétrons que circundam o átomo. A **Tabela 7.3** mostra a geometria básica para distribuir de dois até seis pares de elétrons para minimizar as repulsões. Ao examinar essa tabela, você perceberá que a

Tabela ▪ 7.3 Formas moleculares baseadas na teoria de RPENV

Cada um dos arranjos geométricos desta tabela minimiza as repulsões de par de elétrons para o número indicado de pares de elétrons. Para visualizar os arranjos das moléculas, é essencial que você tenha uma figura imaginária perfeita de cada uma dessas geometrias.

Número de pares de elétrons	Nome da geometria	Ângulos de ligação	Diagrama
2	Linear	180°	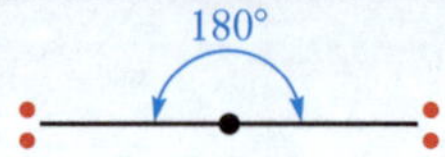 **2: Linear**
3	Trigonal plana	120°	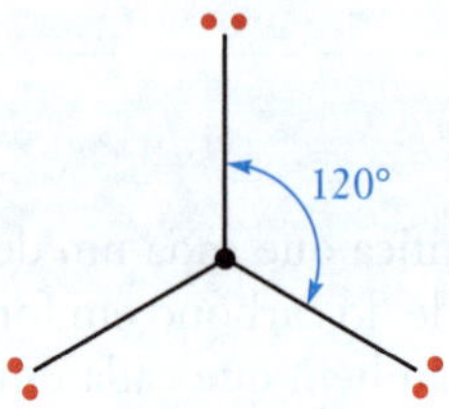 **3: Trigonal plana**
4	Tetraédrica	109,5°	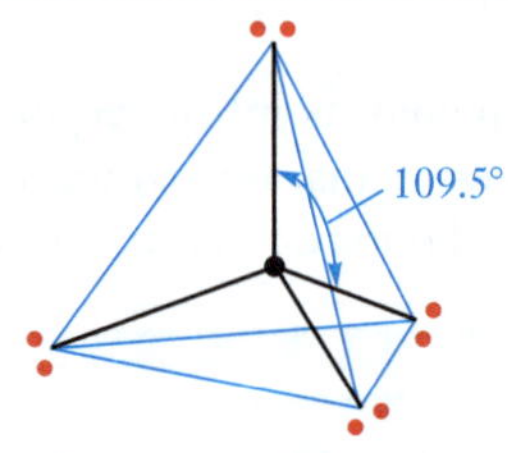 **4: Tetraédrica**
5	Bipirâmide trigonal	120°, 90°	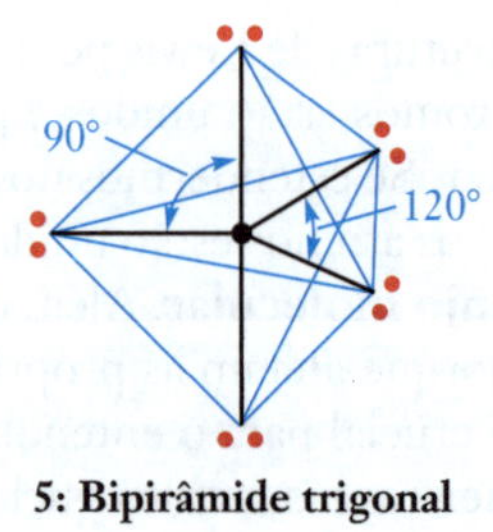 **5: Bipirâmide trigonal**
6	Octaédrica	90°, 180°	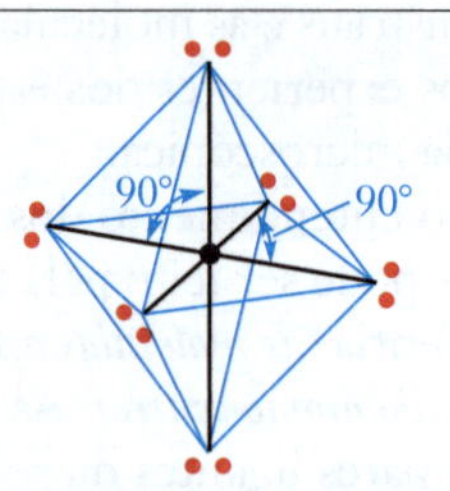 **6: Octaédrica**

maioria dos arranjos envolvidos é razoavelmente simples. Deve ser intuitivamente claro que, quando estão presentes duas regiões de densidade eletrônica, por exemplo, um arranjo linear maximizaria a separação deles. De todos os arranjos mostrados, os tetraédricos e de bipirâmide trigonal são provavelmente os menos familiares. É imprescindível um entendimento real da aparência dessas geometrias. (Modelos – físicos ou computacionais – podem ser muito úteis.) ▸ A maioria dos arranjos de ligação que encontraremos pode ser analisada quanto aos cinco arranjos básicos mostrados aqui.

Se você não tiver acesso a modelos moleculares, pode construir o seu próprio usando pequenos balões e amarrando-os. Os balões devem ficar longe uns dos outros, de forma análoga às repulsões eletrônicas.

Podemos prever sistematicamente as geometrias moleculares. Uma vez que nossa abordagem foca no arranjo dos pares de elétrons em torno do átomo central, sempre começaremos desenhando a estrutura de Lewis. Feito isso, basta contar o número de pares de elétrons ligantes e não ligantes em torno do átomo central. Começaremos com os exemplos mais diretos, nos quais os elétrons em torno do átomo central estão nas ligações simples. Então, descobriremos como determinar a geometria molecular quando existem também pares não ligantes e ligações múltiplas envolvidas.

Se o átomo central está rodeado por ligações simples, o processo de determinação da geometria molecular é bastante simples. Contamos o número de ligações simples provenientes do átomo central e usamos a informação da Tabela 7.3 para correlacionar esse número de pares de elétrons com a geometria prevista pelo RPENV, o que descreve o arranjo da molécula.

PROBLEMA-MODELO ◂ 7.7

Determine o arranjo de cada uma das seguintes moléculas: (a) PO_4^{3-} e (b) PCl_5.

Estratégia Desenhe as estruturas de Lewis. Cada uma dessas moléculas tem apenas ligações simples em torno de seu átomo central. Logo, podemos contar o número de pares ligantes em torno do átomo central e atribuir a geometria consultando a Tabela 7.3 de acordo com a necessidade.

Solução

(a) A estrutura de Lewis do PO_4^{3-}, que desenhamos no Problema-Modelo 7.5, é

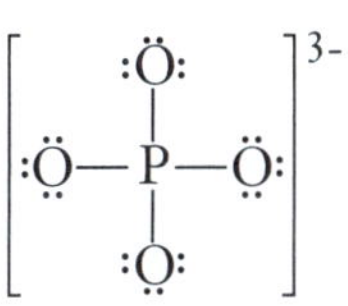

O átomo de fósforo central tem um octeto completo de elétrons, cedidos por quatro pares de elétrons ligantes. Os quatro pares de elétrons têm interação mínima quando apontam em direção aos vértices de um tetraedro. O arranjo das moléculas é *tetraédrico* (Tabela 7.3).

(b) A estrutura de Lewis do PCl_5 é algo incomum porque o átomo de fósforo central tem mais que um octeto em torno dele. Existem inúmeras moléculas com essa propriedade que servem como exemplos úteis para estruturas no RPENV.

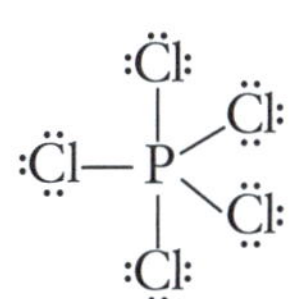

O átomo de fósforo central tem um octeto expandido no nível de valência com 10 elétrons arranjados em cinco pares ligantes. Os cinco pares de elétrons ocupam os vértices de uma *bipirâmide trigonal* (Tabela 7.3). Observe que, diferentemente dos átomos de oxigênio na molécula tetraédrica que analisamos em (a), todos os átomos na bipirâmide trigonal não estão em posições equivalentes. Existe um espaçamento de 120° entre os átomos de flúor arranjados no triângulo horizontal (as posições equatoriais), enquanto os dois átomos acima e abaixo do plano do triângulo (posições axiais) formam um ângulo de 90° com o plano do triângulo.

Discussão Esses exemplos podem ser difíceis de entender só com texto. Os *kits* de modelo ou modelos computacionais podem ajudar a visualizar a natureza tridimensional dos arranjos descritos aqui. Neste exemplo, não tivemos escolha a não ser desenhar mais que oito elétrons ao redor do átomo de fósforo. Se não tivéssemos pelo menos uma ligação com cada um dos átomos de cloro, a molécula não se manteria junta. Tais estruturas nunca acontecem nos átomos do segundo período da tabela periódica.

Verifique seu entendimento Preveja o arranjo da molécula de SF_6.

Sempre que mencionamos a geometria ou o arranjo de uma molécula, referimo-nos às posições de seus átomos, o que parece óbvio em casos como os do Problema-modelo 7.7, em que não existem pares solitários no átomo central. No entanto, a mesma ideia se mantém mesmo que existam pares solitários envolvidos. As posições dos átomos definem o arranjo de uma molécula. Entretanto, os pares solitários também contribuem para a repulsão global entre os pares de elétrons e, portanto, *influenciam* a geometria das moléculas. Quando o átomo central está rodeado por pares de elétrons tanto ligantes quanto não ligantes, podemos escolher uma "geometria base" da lista indicada na Tabela 7.3, contando o número total de regiões de alta densidade eletrônica – pares ligantes pares solitários. Para determinarmos a geometria molecular real, visualizamos qual seria a aparência do arranjo se as posições ocupadas pelos pares solitários estivessem "vazias". Em alguns casos, mais de um arranjo pode ser possível. Quando isso acontece, a premissa guia do RPENV é que o arranjo correto será aquele que minimizar a repulsão global entre os pares de elétrons. Para decidir qual é a estrutura, a ordem de interações repulsivas é par solitário–par solitário > par solitário–par ligante > par ligante–par ligante. Essa ordem pode ser explicada pelo fato de os pares solitários serem atraídos apenas por um núcleo, o que significa que um par solitário está menos firmemente localizado, logo, ocupa um espaço maior. Os exemplos das várias geometrias possíveis estão na **Tabela 7.4**. A determinação da geometria de uma molécula com elétrons ligantes e não ligantes é mais bem ilustrada no Problema-modelo 7.8.

Tabela ■ 7.4 Formas moleculares comuns

Os arranjos moleculares resultantes de várias combinações do número total de pares de elétrons em torno do átomo central e o número de pares solitários ◂

Observe que, desde que se tenha uma boa compreensão das geometrias básicas (Tabela 7.3), não é necessário decorar esta extensa lista. Em vez disso, você deve ser capaz de começar da geometria básica para o número de pares de elétrons presentes e visualizar a geometria resultante de "esvaziar" um número de posições correspondentes aos pares solitários.

Número de pares de elétrons	Número de pares solitários	Geometria	Modelo de bola e palito
3	0	Trigonal plana	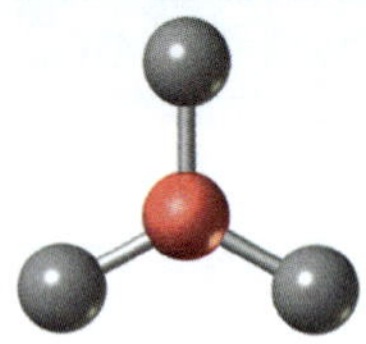
3	1	Angular (120°)	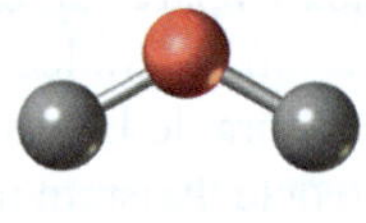
4	0	Tetraédrica	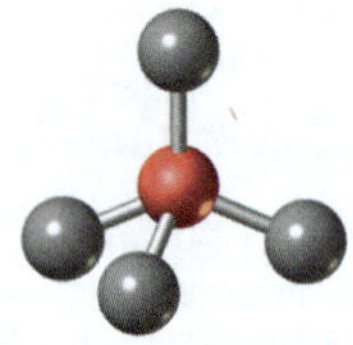
4	1	Pirâmide trigonal	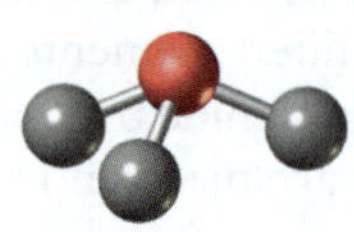
4	2	Angular (109,5°)	

(*continua*)

Tabela ▪ 7.4 Formas moleculares comuns

Os arranjos moleculares resultantes de várias combinações do número total de pares de elétrons em torno do átomo central e o número de pares solitários

Número de pares de elétrons	Número de pares solitários	Geometria	Modelo de bola e palito
5	0	Bipirâmide trigonal	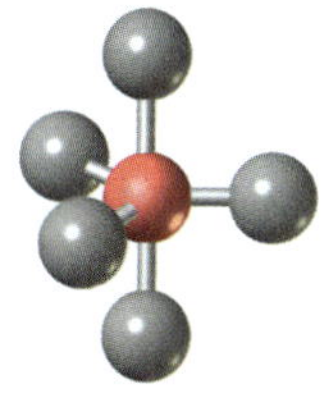
5	1	Gangorra	
5	2	Em T	
5	3	Linear	
6	0	Octaédrica	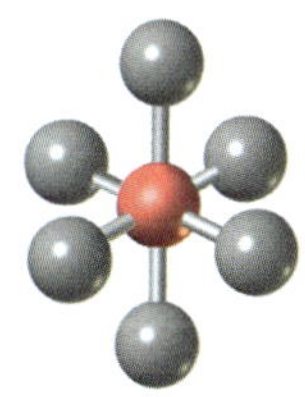
6	1	Pirâmide quadrática	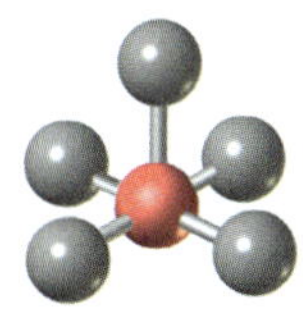
6	2	Quadrática plana	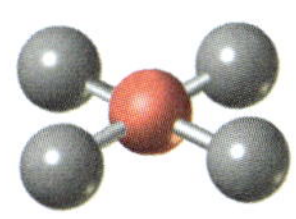
6	3	Em T	
6	4	Linear	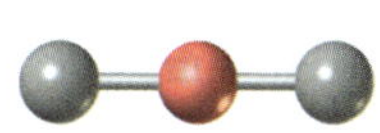

PROBLEMA-MODELO ◄ 7.8

Determine a geometria das seguintes moléculas usando a teoria de RPENV: (a) SF_4 e (b) BrF_5.

Estratégia Como sempre, começamos desenhando as estruturas de Lewis. Depois, contamos o número de pares de elétrons em torno do átomo central e determinamos o arranjo espacial dos pares eletrônicos, consultando a Tabela 7.3 quando necessário. Coloque os pares de elétrons nas posições onde as repulsões eletrônicas são minimizadas e descreva o arranjo geométrico dos átomos.

Solução

(a) A estrutura de Lewis do SF_4:

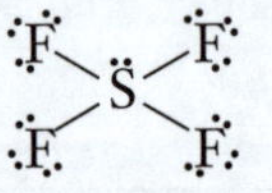

Existem cinco pares de elétrons em torno do enxofre, logo o arranjo com a interação mínima é uma bipirâmide trigonal. Diferentemente do exemplo anterior, aqui o átomo de enxofre central tem um par solitário. As cinco posições de uma bipirâmide trigonal não são equivalentes, desse modo precisamos determinar a melhor localização para o par solitário. Os pares de elétrons no plano do triângulo (posições equatoriais) têm dois vizinhos mais próximos com um ângulo de 120° e dois com 90°. Portanto, existe "mais espaço" para os pares de elétrons nas posições equatoriais. A repulsão par solitário–par ligante é maior que a repulsão par ligante–par ligante, ou seja, o par solitário deverá ocupar uma posição equatorial, reduzindo as interações repulsivas globais. (Apenas os dois pares ligantes mais próximos estão separados por 90°. Se o par ligante estivesse na posição axial, haveria três pares ligantes separados por 90°.)

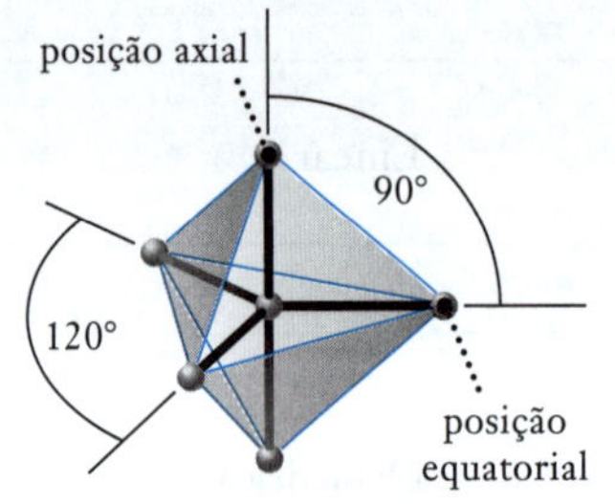

A geometria resultante é em geral descrita como uma gangorra. Se essa ideia não está ainda clara para você, observe o modelo.

(b) A estrutura de Lewis do BrF_5:

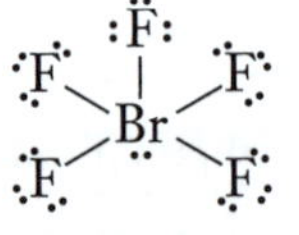

Existem seis pares de elétrons em torno do átomo de bromo central, logo a distribuição de elétrons é baseada em um octaedro. Um par solitário ocupa uma das seis posições, logo devemos considerar onde colocá-lo. Mas, uma vez que um octaedro é completamente simétrico e todos os seus vértices são equivalentes, o par solitário ocupa qualquer vértice. A geometria resultante da molécula é uma pirâmide quadrada.

Discussão Para muitos estudantes, a parte confusa deste tipo de problema situa-se na aparência que se considera para um par de elétrons solitário para parte do problema, mas não para todo ele. Dois aspectos devem ser lembrados: (1) A geometria de uma molécula é determinada pelas posições de seus átomos, o que resulta nas formas como medimos as geometrias. Uma vez que os núcleos são muito mais maciços que os elétrons, nossos experimentos os detectam mais facilmente, e, portanto, consideramos a geometria como definida pelas posições dos núcleos. (2) Estando ou não envolvido na ligação, cada par eletrônico na estrutura de Lewis constitui uma região no espaço onde existe concentração relativamente alta de carga negativa. O conceito-chave da teoria de RPENV é que essas regiões carregadas negativamente se repelirão entre si e devem ser arranjadas o mais afastadas possível. Os elétrons impõem a geometria de uma molécula, mas elas não são medidas diretamente. Por isso temos um processo no qual parece que os consideramos em algumas etapas, mas não em outras.

Verifique seu entendimento Quais são as geometrias das seguintes moléculas? (a) ClF_3, (b) XeF_2.

Ao determinar a geometria das moléculas pelo RPENV, as ligações múltiplas são tratadas como uma única região de densidade eletrônica. Isso é intuitivamente razoável porque a posição de maior densidade eletrônica para uma ligação múltipla situa-se na região entre os dois átomos ligantes, exatamente como para uma ligação simples. Em outras palavras, não faria sentido dizer que os pares de elétrons que constituem uma ligação dupla ou tripla apontariam em direções totalmente diferentes um do outro. Para os propósitos de determinação de arranjos moleculares, quaisquer ligações duplas ou triplas comportam-se como se fossem um único par de elétrons. O Problema-modelo 7.9 mostra como determinar a geometria de uma molécula contendo uma ligação dupla ou tripla.

PROBLEMA-MODELO ◂ 7.9

Use a teoria de RPENV para determinar a geometria da molécula de NOF.

Estratégia De novo, começamos desenhando as estruturas de Lewis. Então, contamos o número de regiões de densidade eletrônica em torno do átomo central, considerando nessa contagem quaisquer ligações duplas e triplas como uma única região. Determine o arranjo espacial dos pares de elétrons, consultando a Tabela 7.3 quando necessário. Coloque quaisquer pares solitários nas posições onde as repulsões eletrônicas são minimizadas e descreva o arranjo geométrico dos átomos.

Solução A escolha do átomo central talvez seja menos óbvia aqui que em alguns casos já vistos. Mas o nitrogênio é o átomo menos eletronegativo nessa molécula, logo ele estará no centro. Começando com um esqueleto F—N—O, a estrutura de Lewis será:

Existem três regiões de densidade eletrônica em torno do átomo de nitrogênio, logo o arranjo com interação mínima é o trigonal plano. O átomo de nitrogênio central tem um par solitário. Na geometria trigonal plana, todas as três posições são equivalentes, logo não faz diferença qual delas o par solitário ocupa. A molécula será angular, com um ângulo O—N—F de aproximadamente 120°. Uma vez que os pares solitários fornecem repulsão mais forte, o ângulo real será ligeiramente menor que 120°.

Discussão Muito mais semelhante à situação que vimos para os pares solitários, as ligações duplas podem provocar confusão para muitos estudantes. Quando contamos o número de elétrons de valência para desenhar a estrutura de Lewis, é imprescindível contar a ligação dupla como quatro elétrons. (E uma ligação tripla, se ela está presente, seria contada como seis elétrons.) No entanto, na determinação do arranjo, tratamos a ligação dupla (ou tripla) como uma única região de densidade eletrônica. Pode ser útil perceber que ambas as ligações na ligação dupla devem "apontar na mesma direção" porque elas unem o mesmo par de átomos.

Verifique seu entendimento Quais são as geometrias das seguintes moléculas? (a) COF_2 e (b) COS.

POR DENTRO DE Aplicando os mesmos princípios utilizados para moléculas menores, a teoria de RPENV pode também ser usada para prever a geometria de moléculas maiores. Ao prevermos a estrutura de uma molécula com mais de um átomo "central", observamos cada átomo na espinha dorsal da molécula e a ligação em torno daquele átomo, usando os mesmos procedimentos que acabamos de esboçar. ▸ Por exemplo, vamos ver o que acontece quando aplicamos a teoria de RPENV à estrutura do álcool vinílico, $H_2C = CHOH$. A estrutura de Lewis que desenhamos no Problema-modelo 7.6 é um bom lugar para começar:

A ordem na qual observamos os diferentes átomos centrais não é importante.

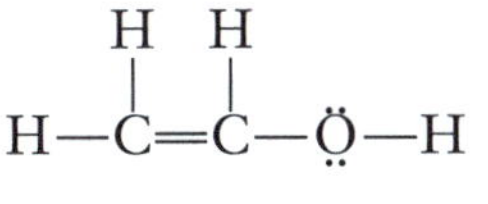

Cada um dos dois átomos de carbono está ligado a três outros átomos e não tem pares solitários, implicando uma geometria trigonal plana. Em seguida, precisamos perguntar se as duas extremidades trigonais planas da molécula são ou não coplanares. Aqui, é útil invocar a hibridização e pensar sobre os orbitais envolvidos na formação da ligação dupla. Cada átomo de carbono pode ser descrito como usando orbitais híbridos sp^2. Em cada caso, dois desses orbitais híbridos irão superpor-se com orbitais dos átomos de hidrogênio e oxigênio, e o terceiro se superpõe com um orbital sp^2 do outro carbono. Isso nos fornece uma ligação simples entre os átomos de carbono até agora. Mas cada carbono ainda tem um orbital p não hibridizado que é perpendicular ao plano dos híbridos sp^2, como

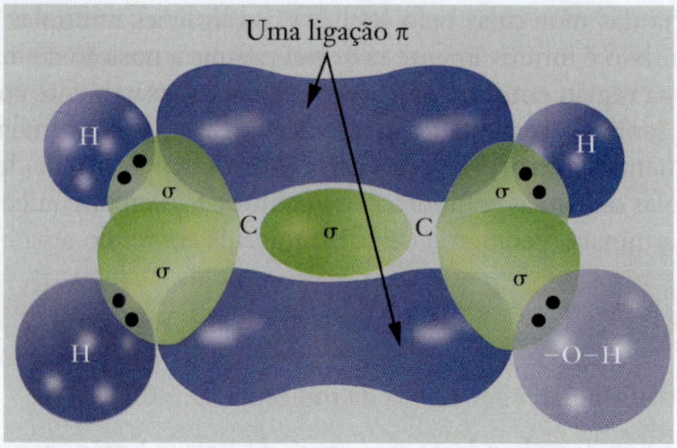

Figura 7.16 São mostrados os orbitais envolvidos na ligação no $H_2C{=}CHOH$. A estrutura da ligação σ resulta da superposição de orbitais híbridos sp^2 nos átomos de carbono **(a)** entre si, **(b)** com orbitais s nos átomos de hidrogênio e **(c)** com um orbital sp^3 no oxigênio. A ligação π é devida à superposição dos orbitais p restantes não hibridizados dos átomos de carbono. Portanto, a densidade eletrônica na ligação π estaria acima e abaixo do plano da molécula. A geometria de cada átomo de carbono é trigonal plano e os átomos de carbono e os três átomos de hidrogênio ligados a eles sempre se localizam no mesmo plano. Embora não esteja na figura, a geometria em torno do átomo de oxigênio é angular e o átomo de hidrogênio no grupo OH está livre para girar fora do plano da molécula.

mostra a **Figura 7.16**. Se esses orbitais p estão alinhados paralelamente entre si, serão capazes de se superpor lateralmente, formando uma ligação π. Isso explica a existência da ligação dupla e também nos diz que toda a molécula deve ser plana. Se uma extremidade da molécula fosse girar em relação à outra, os orbitais p não mais estariam na orientação correta para formar uma ligação π.

POR DENTRO DE

7.9 Engenharia em escala molecular para a entrega de medicamentos

Por todo este capítulo, vimos inúmeras maneiras nas quais os aspectos da ligação química são fatores importantes no projeto de materiais para aplicações de engenharia biomédica. É possível, cada vez mais, considerar a realização de um projeto de engenharia no nível molecular e uma área ativa concentrar-se na entrega de medicamentos para benefícios terapêuticos.

Muitos medicamentos, especialmente aqueles usados no tratamento do câncer por meio da quimioterapia, têm efeitos colaterais significativos. Uma razão de ocorrerem esses efeitos colaterais é porque as moléculas do medicamento afetam células saudáveis, bem como as doentes. Portanto, a estratégia que usa novos biomateriais para liberar medicamentos exclusivamente nas localizações desejadas (em células de tumor, por exemplo) representaria importante avanço na engenharia biomédica. Isso deve ser realizado dentro das restrições da biocompatibilidade enfatizada neste capítulo.

A nanotecnologia será abordada no Capítulo 8.

Um método promissor para este tipo de sistema de entrega de medicamentos usa um material chamado nanopartículas de sílica mesoporosa (MSN). ◂ Como visto, a sílica é constituída de redes de unidades de SiO_4 e estas podem formar uma estrutura de casa de abelhas como mostra a **Figura 7.17**. Um MSN é simplesmente uma partícula muito pequena com esse arranjo de casa de abelhas. Em virtude dessa estrutura, as partículas têm enormes proporções superfície-volume: um grama do material tem aproximadamente a mesma área que um campo de futebol. Além do mais, os poros em um MSN podem ser usados para armazenar as moléculas de medicamento. Uma vez carregados com os agentes terapêuticos desejados, o poro pode ser tampado com uma outra molécula, e a nanopartícula inteira é entregue ao alvo.

Anteriormente observamos que as partículas amorfas de sílica podem destruir os glóbulos vermelhos e, assim, não são biocompatíveis. À luz do nosso conhecimento, pode parecer surpreendente que esses MSNs pudessem ser compatíveis. A diferença surge da estrutura de casa de abelhas dos MSNs. Embora a área superficial total seja muito

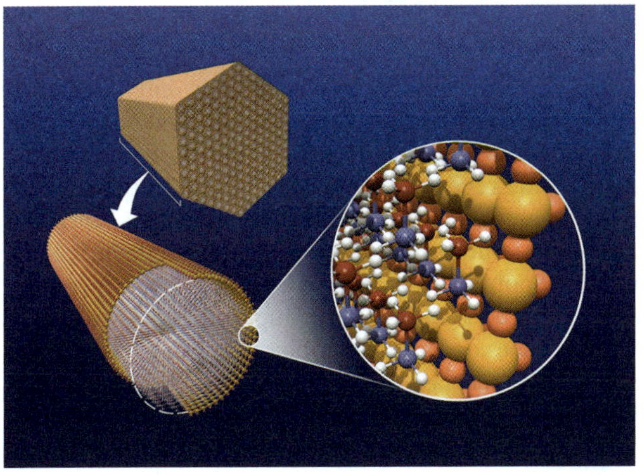

Figura 7.17 Este desenho mostra a estrutura de casa de abelhas encontrada na sílica mesoporosa. A estrutura de casa de abelhas global é formada a partir de uma rede de poros individuais tubulares como aquela mostrada na parte inferior à esquerda da figura. A inserção à direita da figura mostra como um poro individual pode ser carregado com pequenas moléculas em uma aplicação de entrega de medicamentos.

grande, a maioria dela na realidade representa as paredes internas dos poros de casa de abelha. E uma vez que os poros são menores que os glóbulos vermelhos, aqueles grupos de SiO_4 revestindo as paredes internas dos poros não podem danificar os glóbulos vermelhos.

O desenvolvimento de nanopartículas como esses MSNs para a entrega de medicamentos representa um projeto de engenharia na escala molecular. Talvez o elemento mais crítico nesse projeto seja como encapsular as moléculas na extremidade dos poros e mantê-las no lugar. Os materiais escolhidos para essa tarefa devem ser capazes de permanecer no lugar até que um agente na célula-alvo de alguma maneira quebre a ligação. Para fazer esse tipo de trabalho, biólogos, engenheiros e químicos trabalham juntos para ajustar o tipo de força de ligação a ser usada, mostrando de novo como a colaboração entre especialistas em diferentes áreas faz com que a tecnologia moderna avance.

ENFOQUE NA RESOLUÇÃO DE PROBLEMAS

Questão Um sólido desconhecido é dissolvido em água para produzir uma solução límpida e incolor que conduza eletricidade. Uma segunda solução é adicionada e forma-se um precipitado. Assim que o precipitado se assenta, o líquido sobrenadante não conduz eletricidade de forma perceptível. O que esse experimento informa sobre a ligação no sólido inicial e no precipitado e de que maneira?

Estratégia Esta questão é outro exemplo da resolução de problema conceitual. Vimos três tipos de ligação química neste capítulo e, com base no comportamento observável deste experimento, precisamos inferir qual ligação é importante no sólido desconhecido. A outra parte da informação que precisamos incluir envolve o que permite que a solução conduza eletricidade, como abordado no Capítulo 3.

Resposta Para qualquer substância conduzir eletricidade, ela deve permitir que uma carga se movimente. As partículas carregadas na solução em geral são íons, logo esse fluxo de cargas surge do movimento de íons, o que sugere que o sólido original estava ligado ionicamente. Como esse processo explica as observações? Quando o sólido iônico está dissolvido, seus íons constituintes estão dispersos em solução, fazendo que a solução conduza eletricidade. A adição da segunda solução forma um precipitado. Nesse processo, dois aspectos devem ser considerados. Inicialmente, uma vez que o precipitado foi formado a partir de duas soluções, ele deve ser um composto iônico insolúvel. Além disso, os íons constituintes no precipitado devem vir de ambas as soluções. Se o ânion veio da primeira solução, o cátion deve ter vindo da segunda. Podemos também observar que, como a solução final não mais conduz eletricidade, ela não deve conter concentrações significativas de qualquer íon, o que aponta para poucas possibilidades. Cada uma das soluções deveria conter tanto ânions quanto cátions para ser eletricamente neutra. Quando as duas soluções foram misturadas, esses íons devem ter se recombinado para formar dois produtos: o cátion da primeira solução combinou-se com o ânion da segunda e vice-versa. Portanto, temos dois produtos para considerar. Uma possibilidade é que dois precipitados diferentes podem ter sido formados, removendo todos os íons. Como alternativa, o segundo produto poderia ser a água, formada de uma reação de neutralização entre um ácido e uma base.

Resumo

Ao construirmos nosso entendimento sobre a estrutura atômica, estabelecemos uma imagem melhor de como os átomos "se juntam" nas ligações químicas. As forças envolvidas são aquelas entre partículas carregadas, como é mais facilmente visto na ligação iônica. Quando um átomo metálico forma um cátion e um ametal, um ânion, não é surpresa que essas partículas com cargas contrárias se atraiam e produzam o que é chamado ligação iônica. Podemos aprofundar nosso entendimento de ligações iônicas visualizando a formação de ligação como uma série de etapas. A formação de um cátion exige uma entrada de energia igual à energia de ionização, e a formação de um ânion geralmente libera energia, como indicado pela afinidade eletrônica negativa. Por fim, o arranjo das partículas com cargas opostas em uma rede resulta em forças atrativas significativamente mais fortes que as repulsivas, logo os metais e os ametais rotineiramente formam compostos iônicos.

Quando se formam ligações entre átomos de ametal, os elétrons são compartilhados em vez de totalmente transferidos para formar íons. Esse compartilhamento de pares de elétrons é chamado ligação covalente. Os diferentes átomos possuem capacidades variantes de atrair elétrons em uma ligação covalente, como é medido pela eletronegatividade. Portanto, a distribuição dos elétrons compartilhados nem sempre é simétrica e leva à ideia de ligações polares. Existe uma série contínua de comportamento, desde igualmente compartilhados (como entre átomos iguais) nas ligações covalentes até compartilhamento desigual para formar ligações covalentes polares e transferência completa de elétrons para formar ligações iônicas.

A tendência dos átomos em compartilhar elétrons pode ser resumida visualmente na estrutura de Lewis. Seguindo um conjunto razoavelmente simples de regras, podemos desenhar estruturas de Lewis para qualquer íon ou molécula. Podemos, então, usar essas estruturas para prever a natureza da ligação envolvida, pois elas nos ajudam a entender se um par de elétrons precisa ou não ser compartilhado – levando a previsões de ligações simples *versus* duplas ou triplas para as moléculas.

Além de prever quais tipos de ligações estão presentes em uma molécula, entretanto, a estrutura de Lewis nos fornece poucas informações sobre os detalhes de uma ligação química. Para entendermos exatamente como os elétrons são compartilhados, devemos compreender que se comportam como ondas, as quais, quando se superpõem, se interferem. Quando as ondas "aumentam", diz-se que se interferiram construtivamente e a implicação química é a formação de uma ligação química. A superposição pode ser atingida de mais de uma maneira, de tal forma que podemos caracterizar tipos de ligações como ligações sigma ou pi.

Finalmente, além de apenas representar um par de elétrons compartilhado, uma ligação química tem também implicações estruturais. Uma vez que os elétrons são carregados negativamente, quando existem várias ligações distintas, eles tenderão a estar fisicamente separados um do outro. Essa ideia é a base para um método cuja função é prever a geometria das moléculas, a teoria de repulsão do par de elétrons no nível de valência (RPENV). Com essa teoria, o arranjo geral das moléculas e íons pode ser previsto.

Termos-chave

arranjo molecular (7.8)
biocompatibilidade (7.1)
comprimento de ligação (7.3)
dipolo (7.4)
eletronegatividade (7.4)
energia de ligação (7.3)
energia de rede (7.2)
estrutura de Lewis (7.3)
estruturas de ressonância (7.5)
hibridização (7.7)
híbrido de ressonância (7.5)
ligação dupla (7.3)
ligação iônica (7.2)
ligação polar (7.4)
ligação tripla (7.3)
ligações covalentes (7.3)
ligações pi (7.6)
ligações sigma (7.6)
modelo de ligação de valência (7.6)
orbitais híbridos (7.7)
par ligante (7.3)
pares solitários (7.3)
polaridade (7.1)
regra do octeto (7.3)
símbolo de pontos de Lewis (7.3)
superposição de orbital (7.6)
teoria de repulsão do par de elétrons no nível de valência (RPENV) (7.8)

Problemas e exercícios

POR DENTRO DE Materiais para a engenharia biomédica

7.1 Defina o termo *biocompatibilidade*.

7.2 Liste algumas das propriedades associadas com biomateriais usados para a substituição de juntas.

7.3 Descreva como o PMMA funciona como cimento de ossos. Como a química atua neste processo?

7.4 As fórmulas do fosfato de sódio e do ortossilicato de sódio são Na_3PO_4 e Na_4SiO_4, respectivamente. Quais são as fórmulas químicas do fosfato de cálcio e do silicato de cálcio?

7.5 Por que os engenheiros biomédicos algumas vezes precisam usar revestimentos em materiais que empregam? Quando os revestimentos são gerados, quais são os materiais usados, chamados de reagentes?

7.6 Use o conceito de polaridade da água e a composição básica do corpo para explicar por que a polaridade dos biomateriais é importante.

Ligação iônica

7.7 Por que o íon Na^{2+} não é encontrado na natureza?

7.8 Por que os ametais tendem a formar ânions em vez de cátions?

7.9 Selecione o menor membro de cada um dos seguintes pares: **(a)** N e N^{3-}, **(b)** Ba e Ba^{2+}, **(c)** Se e Se^{2-}, **(d)** Co^{2+} e Co^{3+}.

7.10 Coloque os membros de cada um dos seguintes conjuntos de cátions em ordem crescente de raios iônicos: **(a)** K^+, Ca^{2+}, Ga^{3+}, **(b)** Ca^{2+}, Be^{2+}, Ba^{2+}, Mg^{2+}, **(c)** Al^{3+}, Sr^{2+}, Rb^+, K^+, **(d)** K^+, Ca^{2+}, Rb^+.

7.11 Coloque os conjuntos de ânions a seguir em ordem crescente de raios iônicos: **(a)** Cl^-, P^{3-}, S^{2-}, **(b)** S^{2-}, O^{2-}, Se^{2-}, **(c)** Br^-, N^{3-}, S^{2-}, **(d)** Br^-, Cl^-, I^-.

7.12 Qual par formará um composto com a maior energia de rede: Na e F ou Mg e F? Por quê?

7.13 A Figura 7.2 representa as interações de um íon com seus primeiros vizinhos mais próximos, segundos vizinhos mais próximos e terceiros vizinhos mais próximos em uma rede. **(a)** As interações com os quartos vizinhos mais próximos seriam atrativas ou repulsivas? **(b)** Com base na lei de Coulomb, quais os tamanhos relativos dos termos se comparariam se a energia potencial fosse expressa como $V = V_1 + V_2 + V_3 + V_4$?

Ligação covalente

7.14 Descreva a diferença entre ligação covalente e ligação iônica.

7.15 Compostos covalentemente ligados tendem a ter pontos de fusão e ebulição muito menores que compostos iônicos. Como podem as diferenças entre a ligação iônica e a covalente explicar essa observação?

7.16 Considerando a energia potencial de partículas se interagindo, como a ligação covalente diminui a energia de um sistema?

7.17 As forças coulômbicas frequentemente são usadas para explicar a ligação iônica. Essas forças também estão envolvidas na ligação covalente? Explique.

7.18 Quanto às forças das ligações covalentes envolvidas, por que as reações de combustão são exotérmicas?

7.19 Se a formação das ligações químicas sempre libera energia, por que todos os elementos não formam dezenas de ligações com cada átomo?

7.20 Desenhe o símbolo de pontos de Lewis para cada um dos seguintes átomos: **(a)** boro, **(b)** flúor, **(c)** selênio e **(d)** índio.

7.21 Modelos teóricos para a estrutura do núcleo atômico preveem a existência de elementos superpesados que ainda não foram descobertos e sugerem que tais elementos podem ser razoavelmente estáveis se puderem ser produzidos. Portanto, pesquisadores estão atualmente tentando sintetizar esses elementos superpesados para testar tais teorias. Suponha que o elemento 117 tenha sido sintetizado e recebido o símbolo atômico Ts. Qual seria o símbolo de pontos de Lewis para esse novo elemento?

7.22 Use os símbolos de pontos de Lewis para explicar por que o cloro forma apenas uma ligação com um átomo de hidrogênio.

7.23 Defina *par solitário*.

7.24 Quantos elétrons estão compartilhados entre dois átomos em **(a)** uma ligação simples covalente, **(b)** uma ligação dupla covalente e **(c)** uma ligação tripla covalente.

7.25 Como a energia de ligação de uma ligação dupla se compara àquela de duas ligações simples entre os mesmos elementos? Como essa relação explica os tipos de reações que os compostos com ligação dupla sofrem?

Eletronegatividade e polaridade da ligação

7.26 Como é definida a eletronegatividade?

7.27 Distinga afinidade eletrônica de eletronegatividade.

7.28 Determinados elementos da tabela periódica mostrada na Figura 7.7 não têm valor para a eletronegatividade. Baseado na definição de eletronegatividade e na identidade desses elementos, elabore uma suposição do porquê eles não têm valor definido para a eletronegatividade.

7.29 Quando dois átomos com eletronegatividades diferentes formam uma ligação covalente, qual é a aparência da distribuição eletrônica?

7.30 Diz-se que a ligação HF é polar. Para isso ser verdade, o hidrogênio deve ter menos de um elétron em torno dele. Porém, a estrutura de pontos de Lewis do HF atribui dois elétrons ao hidrogênio. Desenhe uma figura da densidade eletrônica para o HF e use-a para descrever como o átomo de hidrogênio pode sustentar uma carga parcial positiva. Como esses dois modelos da ligação do HF (a densidade eletrônica e a estrutura de Lewis) parecem tão diferentes e mesmo assim descrevem a mesma coisa?

7.31 Por que uma ligação entre dois átomos com eletronegatividades diferentes é chamada de ligação polar?

7.32 Com base na posição da tabela periódica dos seguintes pares de elementos, preveja se a ligação entre os dois seria principalmente iônica ou covalente. Justifique suas respostas. **(a)** Ca e Cl, **(b)** P e O, **(c)** Br e I, **(d)** Na e I, **(e)** Si e Br, **(f)** Ba e F.

7.33 Em cada grupo de três ligações, qual ligação é provavelmente a mais polar? Qual será menos polar? **(a)** C—H, O—H, S—H; **(b)** C—Cl, Cl—Cl, H—Cl; **(c)** F—F, O—F, C—F; **(d)** N—H, N—O, N—Cl.

7.34 Considerando as tendências na eletronegatividade mostradas na Figura 7.7, explique por que as ligas que se formam entre dois ou mais metais de transição não são substâncias iônicas.

7.35 Qual dos seguintes contém *tanto* ligações iônicas *quanto* covalentes? **(a)** $BaCO_3$, **(b)** $MgCl_2$, **(c)** BaO, **(d)** H_2S, **(e)** SO_4^{2-}.

7.36 Suponha que você queira fazer uma molécula diatômica usando dois átomos de halogênio diferentes. Qual combinação de halogênios seria a menos polar? E qual seria a mais polar?

Mantendo o rastro da ligação: estruturas de Lewis

7.37 Desenhe a estrutura de Lewis para cada uma das seguintes moléculas: **(a)** CO, **(b)** H_2S, **(c)** SF_6, **(d)** NCl_3.

7.38 Desenhe a estrutura de Lewis para cada uma das seguintes moléculas: **(a)** CS_2, **(b)** BF_4^-, **(c)** HNO_2 (onde as ligações estão na ordem HONO), **(d)** $OSCl_2$ (onde o S é o átomo central).

7.39 Desenhe a estrutura de Lewis para estas moléculas: **(a)** Tetrafluoroetileno, C_2F_4, a molécula da qual o Teflon é feito, **(b)** Acrilonitrila, CH_2CHCN, a molécula da qual o Orlon® é feito.

7.40 Por que é impossível para o hidrogênio ser o átomo central na estrutura de Lewis de uma molécula poliatômica?

7.41 No contexto das estruturas de Lewis, o que é ressonância?

7.42 Desenhe estruturas de ressonância para **(a)** NO_2^-, **(b)** NNO e **(c)** HCO_2^-.

7.43 Como a estrutura de uma molécula que exibe ressonância justifica o uso da expressão *híbrido de ressonância*?

7.44 Desenhe a estrutura de Lewis de duas formas de ressonância para o ozônio, O_3. Qual a previsão que você faz sobre os comprimentos relativos das ligações O—O?

7.45 Como a existência de estruturas de ressonância para uma molécula como o benzeno explica seu comportamento não reativo incomum?

7.46 Considere os comprimentos de ligação nitrogênio-oxigênio no NO_2^+, NO_2^- e NO_3^-. Em qual íon se prevê que a ligação será a mais longa? Em qual se prevê a ligação mais curta? Explique brevemente.

7.47 Quais das moléculas relacionadas têm uma estrutura de Lewis com apenas um par solitário de elétrons: F_2, CO_3^{2-}, CH_4 ou PH_3?

7.48 Identifique o que está incorreto nas estruturas de Lewis apresentadas para o BBr_3 e o SO_2.

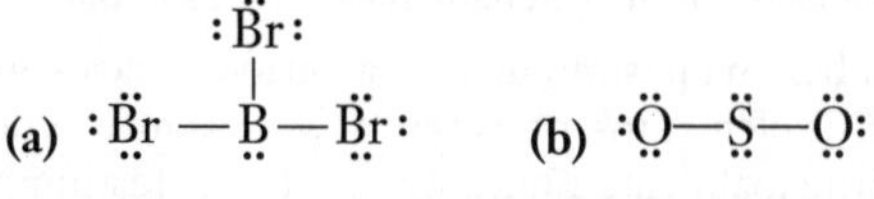

7.49 Identifique o que está incorreto nas estruturas de Lewis apresentadas para o O_3 e o XeF_4.

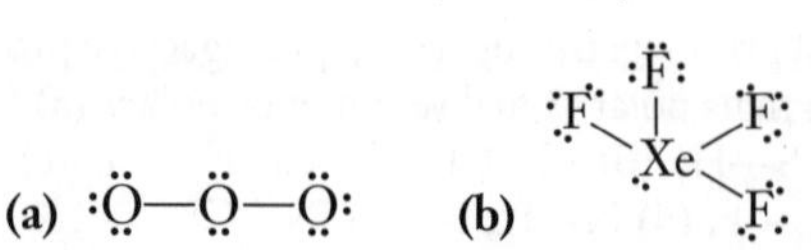

7.50 Diz-se que as espécies químicas são *isoeletrônicas* se têm a mesma estrutura de Lewis (independentemente da carga). Considere estes íons e escreva uma estrutura para uma molécula neutra que seja isoeletrônica com elas: **(a)** CN^-, **(b)** NH_4^+ e **(c)** CO_3^{2-}.

Superposição de orbitais e ligação química

7.51 Explique o conceito de interferência de onda com suas próprias palavras.

7.52 Como a superposição explica o acúmulo de densidade eletrônica entre os núcleos em uma ligação química?

7.53 Como as ligações sigma e pi se diferem? Qual é a similaridade entre elas?

7.54 As espécies CO, CO_2, CH_3OH e CO_3^{2-} contêm ligações carbono-oxigênio. Desenhe as estruturas de Lewis para essas moléculas e íons. Dado que ligações duplas são mais fortes que ligações simples e ligações triplas são mais fortes que ligações duplas, coloque as quatro espécies em ordem crescente de força da ligação C—O.

7.55 Desenhe as estruturas de pontos de Lewis das seguintes espécies e identifique o número de ligações pi em cada uma delas: **(a)** CS_2, **(b)** CH_3Cl, **(c)** NO_2^- e **(d)** SO_2.

7.56 Desenhe as estruturas de pontos de Lewis dos seguintes compostos e identifique o número de ligações pi em cada uma delas: **(a)** Cl_2O, **(b)** H_2CCH_2, **(c)** HCCCN e **(d)** SiO_2.

Orbitais híbridos

7.57 Qual observação sobre moléculas nos obriga a considerar a existência da hibridização de orbitais atômicos?

7.58 O número de orbitais híbridos formados deve sempre ser igual ao número de orbitais atômicos combinados. Sugira uma razão que torne verdadeira essa afirmação.

7.59 Que tipo de orbital híbrido é gerado pela combinação do orbital de valência *s* e todos os três orbitais de valência *p* de um átomo? Quantos orbitais híbridos são obtidos?

7.60 Que tipo de hibridização seria esperada para o átomo central X em cada uma das seguintes estruturas de Lewis?

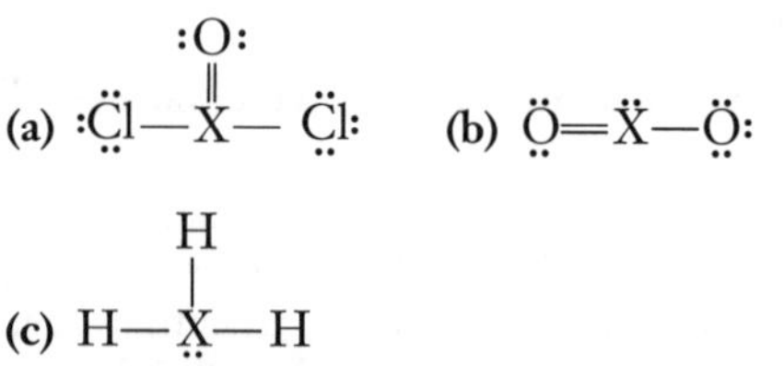

7.61 Quais orbitais híbridos você esperaria para o átomo central em cada uma das seguintes moléculas? **(a)** $GeCl_4$, **(b)** PBr_3, **(c)** BeF_2, **(d)** SO_2.

7.62 Que tipo de hibridização você esperaria para o átomo de carbono em cada uma das seguintes espécies: **(a)** CO, **(b)** CO_2, **(c)** H_2CO e **(d)** CH_2F_2?

Arranjos das moléculas

7.63 Qual conceito físico forma a premissa da teoria de RPENV?

7.64 Preveja a geometria de cada uma das seguintes moléculas ou íons: **(a)** SO_2, **(b)** $BeCl_2$, **(c)** $SeCl_4$ e **(d)** PCl_5.

7.65 Preveja a geometria de cada uma das seguintes moléculas ou íons: **(a)** IF_3, **(b)** ClO_3^-, **(c)** TeF_4 e **(d)** XeO_4.

7.66 Preveja a geometria de cada uma das seguintes moléculas ou íons: **(a)** PH_4^+, **(b)** OSF_4, **(c)** ClO_2^- e **(d)** I_3^-.

7.67 Quais destas moléculas seriam lineares e quais têm pares solitários em torno do átomo central: **(a)** XeF_2, **(b)** CO_2, **(c)** BeF_2 e **(d)** OF_2.

7.68 Dê os valores aproximados para os ângulos de ligação indicados. **(a)** Cl — S — Cl no SCl_2, **(b)** N — N — O no N_2O, **(c)** os ângulos de ligação marcados como 1, 2 e 3 na estrutura do álcool vinílico a seguir:

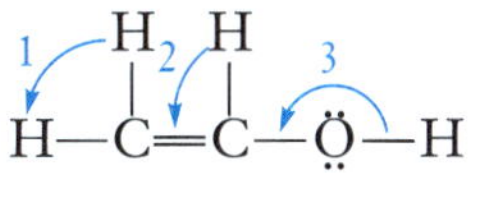

7.69 O propeno tem a fórmula química $H_2C = CH—CH_3$. Descreva o arranjo global da molécula considerando a geometria em torno de cada átomo de carbono.

POR DENTRO DE Engenharia em escala molecular para a entrega de medicamentos

7.70 Descreva por que os tratamentos como a quimioterapia para pacientes com câncer frequentemente têm sérios efeitos colaterais. Qual é a estratégia que poderia diminuir tais efeitos?

7.71 Use a estrutura fundamental das nanopartículas de sílica mesoporosa (MSNs) para explicar por que têm uma área superficial grande.

7.72 Como uma MSN se difere da sílica amorfa de tal forma que ela tenha a biocompatibilidade melhorada?

7.73 Desenhe uma figura esquemática de uma MSN sendo usada como um projeto de engenharia molecular para um veículo seletivo de entrega de medicamento. Rotule todos os componentes-chave do projeto.

Problemas conceituais

7.74 Em uma rede, um íon positivo em geral está rodeado por oito íons negativos. Consequentemente, poderíamos raciocinar que a energia de rede estaria relacionada a oito vezes o potencial de interação entre essas partículas com cargas opostas. Por que esse raciocínio é tão simples?

7.75 Use o conceito de energia de rede para racionalizar por que o fluoreto de sódio se dissolve em água, enquanto o fluoreto de cálcio, não. Você esperaria que o fluoreto de magnésio fosse solúvel?

7.76 Que tipo de ligação provavelmente se forma entre um elemento com baixa energia de ionização e outro elemento com alta afinidade eletrônica? Justifique sua resposta.

7.77 Esboce um gráfico da energia potencial de dois átomos como uma função da distância entre eles. No seu gráfico, indique como a energia e a distância de ligação são definidas.

7.78 Quando uma ligação covalente se forma, a energia é absorvida ou liberada? Explique como sua resposta está relacionada ao gráfico que você esboçou na questão anterior.

7.79 Os átomos de flúor podem alguma vez sustentar uma carga parcial positiva em uma molécula? Justifique sua resposta.

7.80 Como o conceito de superposição de orbitais está relacionado à natureza ondutatória dos elétrons?

7.81 Considerando apenas orbitais atômicos *s* e *p*, liste todos os tipos possíveis de orbitais híbridos que podem ser usados na formação de **(a)** ligações simples, **(b)** duplas e **(c)** triplas.

7.82 Descreva por que um átomo central com quatro pares ligantes e um par solitário terá o par solitário na posição equatorial e não na axial.

7.83 Descreva o que acontece ao arranjo em torno dos átomos de carbono quando uma ligação dupla C = C sofre uma reação de adição na qual ela é convertida em uma ligação simples C—C.

7.84 Qual das seguintes moléculas tem menor probabilidade de existir: OF_4, SF_4, SeF_4 ou TeF_4? Por quê?

7.85 Considere a molécula cuja estrutura é mostrada a seguir. **(a)** Quantos átomos de carbono tem hibridização sp^3? **(b)** Qual é a forma da molécula em torno do átomo de carbono marcado com A? **(c)** Qual é a forma da molécula em torno do átomo de carbono marcado com B?

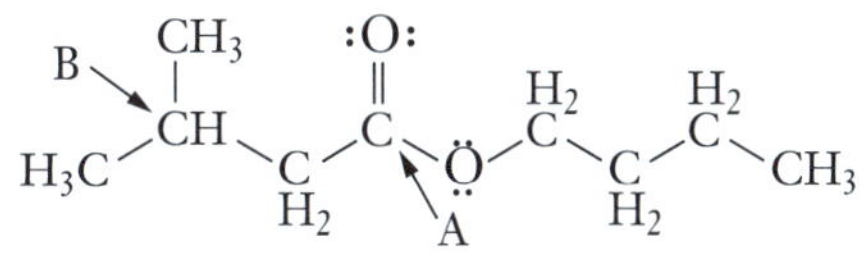

7.86 O triiodeto de nitrogênio, $NI_3(s)$, é instável e explodirá espontaneamente para formar uma nuvem roxa brilhante de nitrogênio e gases de iodo acompanhados de um "estrondo" alto, o que sugere uma liberação de energia. Considerando as ligações envolvidas, explique por que essa reação provavelmente liberará energia.

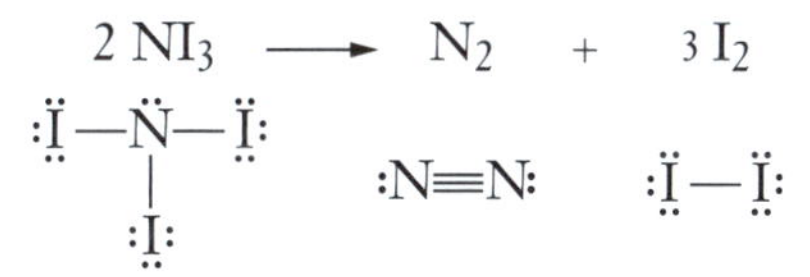

7.87 O nitrogênio é capaz de formar ligações simples, duplas ou triplas, e a figura a seguir mostra a energia potencial em função da distância interna para cada um desses tipos de ligações. Combine as três curvas na figura (A, B e C) com os três tipos de ligações. Explique seu raciocínio.

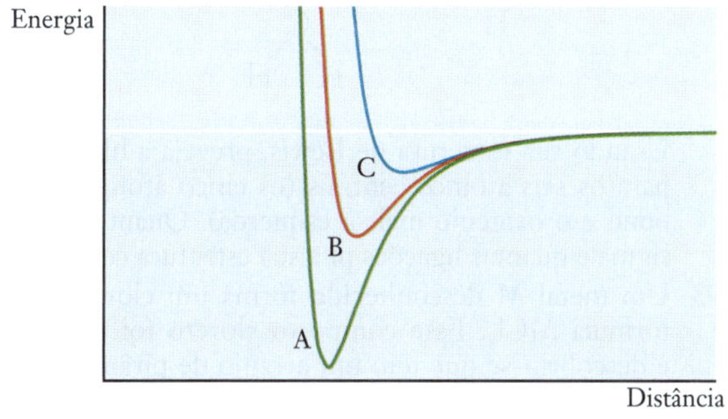

Problemas adicionais

7.88 O cátion N_5^+ foi sintetizado e estudado. Considere a possível estrutura de Lewis a seguir. Indique a hibridação esperada para cada átomo de nitrogênio e os ângulos de ligação esperados.

$$:N{\equiv}N{-}\ddot{N}{-}N{\equiv}N:$$

Assumindo que a estrutura mostrada acima esteja correta, quantos dos cinco átomos de nitrogênio *sempre* estarão no mesmo plano?

7.89 As seguintes moléculas têm fórmulas similares, mas cada uma com um arranjo diferente. Desenhe as estruturas de Lewis para esses compostos e determine a geometria molecular: **(a)** SiF_4, **(b)** KrF_4 e **(c)** SeF_4.

7.90 Considere a estrutura de Lewis apresentada a seguir. Trata-se de um íon? Caso seja, qual é a sua carga?

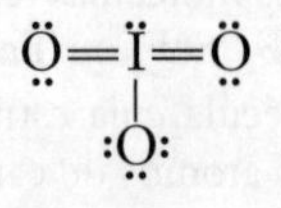

7.91 A seguir, apresenta-se uma estrutura de Lewis para o íon oxalato. (Uma ou mais outras formas de ressonância também são possíveis.)

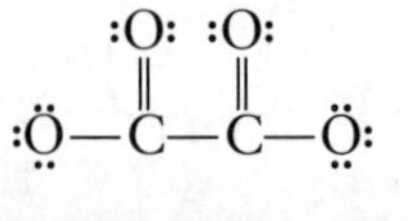

Qual é a carga correta no íon oxalato? Que tipo de hibridização é esperada para cada um dos átomos de carbono nessa estrutura? Quantas ligações sigma e quantas ligações pi a estrutura contém?

7.92 O cianoacrilato de metila, $C_5H_5NO_2$, é o composto comumente vendido como "supercola". A cola funciona por meio de um processo chamado polimerização, no qual as moléculas do cianoacrilato de metila formam ligações químicas fortes entre si e com as superfícies que estão sendo coladas. Esse processo é iniciado por traços de água nas superfícies.

O arranjo do esqueleto dos átomos no cianoacrilato é mostrado a seguir. Complete a estrutura de Lewis do composto adicionando pares solitários de elétrons ou ligações múltiplas onde isso for apropriado.

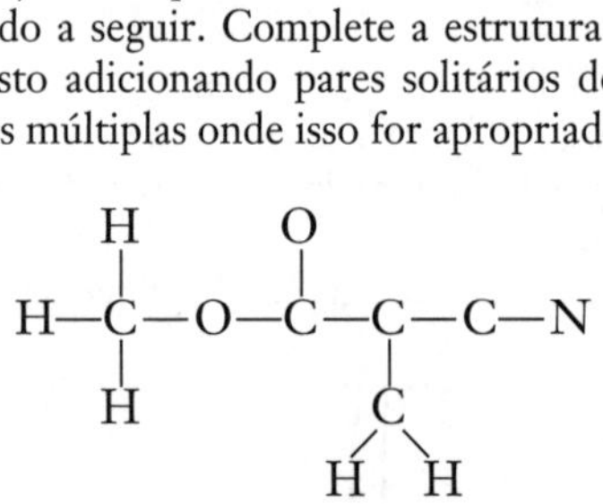

Usando sua estrutura de Lewis, preveja a hibridização para os seis átomos centrais (os cinco átomos de carbono e o oxigênio mais à esquerda). Quantas ligações sigma e quantas ligações pi a sua estrutura contém?

7.93 Um metal M desconhecido forma um cloreto com a fórmula MCl_3. Esse composto cloreto foi examinado e descobriu-se que tem um arranjo de pirâmide trigonal. Desenhe uma estrutura de Lewis para o MCl_3 que seja consistente com essa geometria molecular. Use sua estrutura para propor uma identidade para o metal e explique como você fez sua escolha.

7.94 Aproximadamente todos os outros elementos formam compostos binários com o hidrogênio. Com base nos valores de eletronegatividade da Figura 7.7, com qual categoria de elementos o hidrogênio formará ligações nas quais o átomo de hidrogênio possui uma carga parcial negativa? Com qual categoria de elementos o hidrogênio formará ligações nas quais o átomo de hidrogênio possui uma carga parcial positiva? Como o valor da eletronegatividade do hidrogênio ajuda a explicar a sua habilidade em formar ambos os tipos de ligação?

7.95 Embora classifiquemos as ligações entre um metal e um ametal como iônica, nem todas essas ligações têm o mesmo grau de caráter iônico. Considere a série de haletos de estanho (IV): SnF_4, $SnCl_4$, $SnBr_4$ e SnI_4. Classifique esses compostos quanto ao caráter iônico esperado, do mais iônico para o menos iônico. Qual propriedade você precisa considerar para essa classificação?

7.96 Considere os hidrocarbonetos cujas estruturas estão mostradas adiante. Quais destas moléculas seriam planas, no sentido de que todos os átomos devem estar no mesmo plano? Explique sua resposta em termos da hibridização de orbitais.

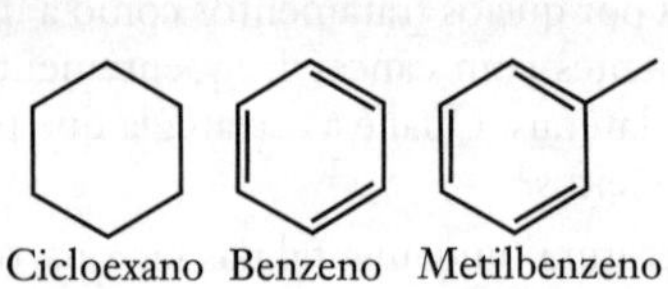

Cicloexano Benzeno Metilbenzeno

7.97 Considere a estrutura para o N_2O_3 mostrada a seguir, bem como quaisquer outras estruturas de ressonância importantes.

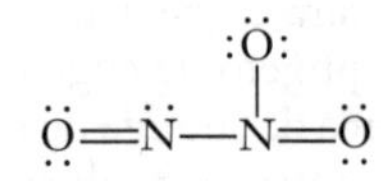

(a) Qual é o ângulo de ligação O–N–O esperado para essa estrutura? **(b)** A molécula N_2O_3 contém ligações N–O de dois comprimentos diferentes. Quantas ligações N–O *mais curtas* estão presentes?

Exercícios de enfoque na resolução de problemas

7.98 Os engenheiros elétricos usam frequentemente o niobato de lítio, $LiNbO_3$, nos projetos para filtros de ondas acústicas superficiais em dispositivos como telefones celulares. Qual(is) tipo(s) de ligação(ões) você esperaria estar(em) presente(s) nesse composto?

7.99 Um dos "grandes desafios" para a engenharia identificado pela U.S. National Academy of Engineering é a captura de dióxido de carbono produzido pela queima de combustíveis fósseis. Embora o carbono e o oxigênio tenham eletronegatividades significativamente diferentes, o CO_2 não pode ser separado facilmente do ar aplicando-se uma voltagem nas chaminés de usinas onde é gerado. Como a geometria do dióxido de carbono explica essa observação?

7.100 Outro "grande desafio" para a engenharia é gerenciar o ciclo de nitrogênio. O uso da natureza da ligação química na molécula diatômica de nitrogênio explica por que qualquer gerenciamento é necessário para esse ciclo biogeoquímico. Com tanto nitrogênio disponível na atmosfera, por que as soluções de engenharia são necessárias para gerenciar o nitrogênio para a agricultura?

7.101 Os nanocristais de seleneto de chumbo podem fornecer um avanço na engenharia de painéis solares para serem eficientes o suficiente como uma fonte econômica de eletricidade. O selênio é em geral considerado um ametal enquanto o chumbo, um metal. Essa distinção é suficiente para sugerir que o composto seria iônico? Justifique sua resposta.

7.102 Tanto o ozônio, O_3, quanto o oxigênio, O_2, absorvem luz UV na atmosfera superior. No entanto, o ozônio absorve comprimentos de onda ligeiramente maiores de luz UV – comprimentos que, do contrário, atingiriam a superfície do planeta. **(a)** Como as estruturas de Lewis podem ajudar a explicar a diferença de ligação entre o ozônio e o oxigênio que originam a diferença no comprimento de onda de absorção? **(b)** Qual a relação ou relações entre luz e energia que você precisa saber para entender essa aplicação fotoquímica das estruturas de Lewis?

7.103 O nitrogênio é o componente principal da nossa atmosfera. Ele também é usado como um reagente inerte para encher recipientes de reagentes químicos que poderiam reagir com o oxigênio do ar. Desenhe uma estrutura de Lewis para o nitrogênio e utilize-a para ajudar a explicar por que o nitrogênio não reage facilmente com outras moléculas.

7.104 A azida de hidrogênio, HN_3, é um líquido que explode violentamente quando submetido a impactos. Na molécula de HN_3, um comprimento de ligação nitrogênio-nitrogênio foi medido em 112 pm e o outro com 124 pm. Desenhe uma estrutura de Lewis que justifique essas observações. Explique como a sua estrutura reflete tais fatos experimentais.

7.105 Se terminais são ligados aos lados opostos de um cloreto de sódio cristalino, este não conduz eletricidade. A água destilada também não conduz eletricidade. Porém, se o cloreto de sódio cristalino é dissolvido em água destilada, a solução resultante conduz eletricidade. Utilize figuras no nível molecular de detalhes para descrever por que isso ocorre.

Problemas acumulativos

7.106 Como a eletronegatividade se relaciona com as tendências periódicas de propriedades atômicas? Como a carga nuclear efetiva, o conceito invocado para entender essas tendências, também ajuda a explicar as tendências na eletronegatividade?

7.107 Como os símbolos de Lewis para C, Si e Ge refletem a similaridade nas suas configurações eletrônicas?

7.108 Utilize símbolos de Lewis para descrever como ocorre a polimerização por radical livre.

7.109 Quando ocorre a polimerização por radical livre, como a hibridização varia nos átomos de carbono envolvidos?

Moléculas e materiais

8

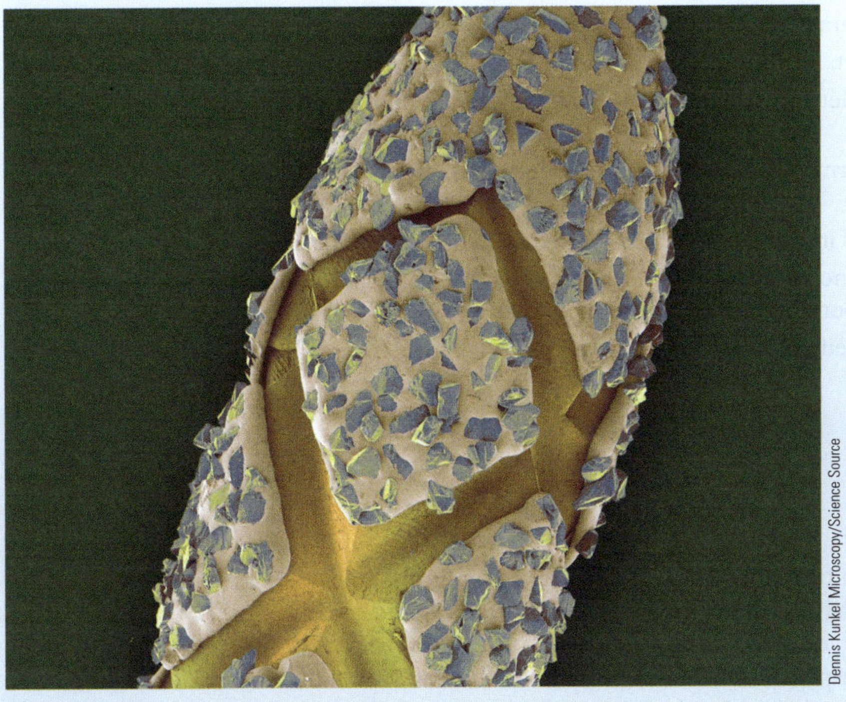

Dennis Kunkel Microscopy/Science Source

A excepcional dureza do diamante é explorada em muitas aplicações. Os pequenos pedaços de diamante nesta broca odontológica oferecem apenas um exemplo. Brocas de diamante muito maiores são amplamente utilizadas nas indústrias de petróleo e gás.

A ligação química é claramente um dos conceitos unificadores na química, e nossa compreensão das ligações continua a se aperfeiçoar. Desde que se descobriu que os átomos se ligam para formar moléculas, os cientistas têm continuamente refinado os modelos que utilizamos para descrever as ligações. Campos ativos em pesquisas modernas da química incluem tanto a modelagem por computador de ligações quanto os esforços experimentais para manipular ligações individuais de modo altamente seletivo. As ligações químicas são uma espécie de "cola" que mantém as moléculas unidas e também o conceito que unifica o estudo da química.

Os conceitos de ligações químicas que apresentamos até aqui podem parecer bem separados das propriedades dos materiais utilizados em projetos de engenharia. Para fazermos uma ponte entre moléculas isoladas e esses materiais, nossa perspectiva deve ser estendida. Neste capítulo, examinaremos materiais como polímeros e metais e veremos como ideias relacionadas às ligações químicas podem ser aplicadas para a compreensão das importantes propriedades de engenharia. Começamos considerando as várias formas do carbono, um elemento que tem papel importante em muitos desses materiais.

Objetivos do capítulo

Após dominar este capítulo, você será capaz de:

- descrever as estruturas do grafite e do diamante e explicar como as propriedades de cada substância surgem a partir de sua estrutura.
- descrever o arranjo dos átomos nas redes cristalinas cúbicas comuns e calcular a eficiência de empacotamento para uma rede.
- usar a teoria de bandas para descrever ligações em sólidos.
- desenhar diagramas de bandas para metais, isolantes e semicondutores (incluindo materiais do tipo *n* e *p*).
- identificar um material como metal, isolante ou semicondutor com base em seu diagrama de bandas.
- explicar como as propriedades elétricas dos metais, isolantes e semicondutores estão relacionadas às ligações químicas.
- identificar os tipos de forças intermoleculares prováveis de serem as mais importantes para uma substância em particular.
- explicar a conexão entre as forças intermoleculares e propriedades como ponto de ebulição e pressão de vapor.
- descrever o crescimento de polímeros através das reações de adição e condensação e prever quais desses processos é provavelmente mais importante para um dado monômero.
- descrever a conexão entre propriedades dos polímeros e estrutura molecular.

POR DENTRO DE

8.1 Carbono

Quando você pensa nos elementos na tabela periódica, provavelmente supõe que conhece quase tudo sobre eles. Por décadas, livros de química diziam que havia duas formas do elemento carbono: grafite e diamante. Em 1985, esse quadro mudou da noite para o dia. Um grupo de químicos da Universidade Rice descobriu nova forma do carbono, cujos 60 átomos formavam uma moldura que se parece com uma minúscula bola de futebol. Como a estrutura desse carbono era parecida com os domos geodésicos popularizados pelo arquiteto Buckminster Fuller, a ele foi dado o esquisito nome *buckminsterfulereno*. A descoberta do C_{60} e de outras moléculas relacionadas, agora conhecidas coletivamente como os fulerenos, ajudou a prenunciar nova forma de carbono e também novo ramo da ciência – a nanotecnologia. ◂ Novas estruturas de carbono certamente não é a única área em que a pesquisa da nanotecnologia está florescendo, mas a história do C_{60} é um excelente exemplo do modo como o estudo da química afeta o desenvolvimento de novos materiais. Formas mais tradicionais do carbono também têm sido muito utilizadas como materiais em importantes aplicações.

O Prêmio Nobel de Química foi concedido aos professores Curl, Kroto e Smalley pela descoberta do C_{60}.

As propriedades físicas do diamante, por exemplo, levaram a uma grande variedade de usos. Dentre elas, a aparência impressionante de diamantes lapidados é responsável por seu uso mais comum em joias. Pela perspectiva da engenharia, no entanto, a resistência do diamante provavelmente representa propriedade mais significativa. Brocas de diamante encontram uso em muitas áreas, incluindo a perfuração de poços de petróleo em algumas localidades. (A escolha de brocas depende da natureza da rocha que deve ser perfurada.) A resistência dos diamantes é tão útil que processos industriais para a conversão de grafite em pequenos diamantes foram almejados por muitos anos. Apesar de uma variedade de processos para a produção de diamantes sintéticos para algumas aplicações ser agora viável, seu uso permanece bem limitado. Considerando o custo dos diamantes naturais, isso sugere, imediatamente, que a produção de diamantes deve ser tanto difícil quanto onerosa.

A **Figura 8.1** indica por que é tão difícil produzir um diamante. Ela mostra o que é conhecido como **diagrama de fases** para o carbono. Trata-se de um mapa que apresenta qual estado do elemento será mais estável em determinada combinação de temperatura e pressão. Se você prestar bastante atenção às unidades da escala vertical, verá que o diamante se torna a forma preferida do elemento somente em pressões extraordinariamente altas – acima de 20.000 atm! Felizmente, o processo pelo qual o diamante seria convertido em grafite é tão lento que chega a ser essencialmente inexistente, logo o diagrama não implica que nossos diamantes existentes serão rapidamente convertidos em grafite, mas indica que, para convertermos uma massa de grafite em diamante, precisaremos alcançar

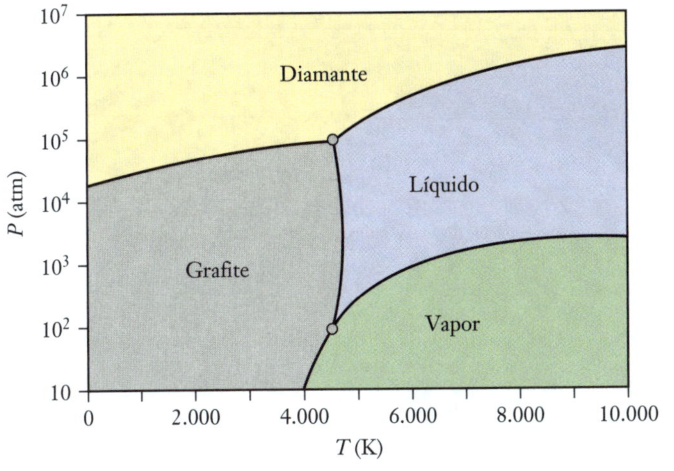

Figura 8.1 Este diagrama de fases para o carbono mostra qual forma do elemento é mais estável como uma função da temperatura e pressão. Observe que a pressão é apresentada em uma escala logarítmica. Fica claro que o grafite é a forma favorecida em todas as combinações comuns de temperatura e pressão e que a formação de diamantes requer pressão extremamente alta.

pressões muito altas. ▸ (Verifica-se que altas temperaturas são também necessárias para acelerar o processo de conversão a uma velocidade conveniente.) O processo para gerar e manter essas altas temperaturas e pressões é difícil, caro e perigoso, e é por isso que não vemos diamantes sintéticos em joalherias. Ao explorarmos as ligações nos sólidos, iremos examinar algumas questões fundamentais sobre a razão para essas condições extremas serem necessárias para formar diamantes. De que modo a forma de um elemento está relacionada a variáveis como pressão e temperatura? De que maneira o grafite e o diamante se diferem para que uma transformação observável de um para o outro possa ser afetada?

Os filmes e as placas de diamante também podem ser criados em pressão muito baixa chamada deposição por vapor químico (DVQ).

Obviamente, o grafite não é apenas uma matéria-prima para a produção de diamantes; ele, por si só, tem importantes aplicações. Quando você faz anotações na margem deste livro com um lápis, está usando grafite. Quais são as propriedades do grafite que permitem que seja útil em um lápis e como as ligações no grafite produzem tais propriedades? O grafite também é utilizado como lubrificante. Como funcionam os lubrificantes e qual é seu impacto em projetos de engenharia?

Outros materiais modernos também se baseiam no grafite como um componente-chave. Diversos materiais de fibra de carbono oferecem combinação atraente de resistência e baixo peso e são cada vez mais populares em equipamentos esportivos. As hastes de grafite em tacos de golfe ou as fibras de carbono em esquis de neve confirmam a durabilidade e a flexibilidade desse material. É difícil imaginar fazer um taco de golfe com um monte de grafites de lápis. Então, o que é necessário para a conversão do grafite em um material que pode ser usado nessa aplicação? Quando temos um material complexo como as fibras de carbono, quais decisões devem ser tomadas para controlar as propriedades?

Passando do prático para o possível, o que novas descobertas sobre o C_{60} guardam para os materiais utilizados por engenheiros no século XXI? Apesar de a pequena esfera de C_{60} talvez não apresentar utilidade imediata, a manipulação de condições experimentais permite o desenvolvimento de tubos de carbono, chamados **nanotubos**, como demonstra a **Figura 8.2**. Esses materiais ainda não são viáveis para projetos de *design* em larga escala, mas têm propriedades extraordinárias. Sua força elástica é significativamente mais alta que a do aço, e cientistas já começaram a contemplar seu potencial para coisas tão especulativas quanto elevadores espaciais. Nanotubos de carbono desenvolvidos com um elemento metálico incluso neles podem representar um meio de construir fios que tenham a largura de uma molécula. As implicações para a miniaturização de aparelhos eletrônicos estão entre as mais imediatas e excitantes oportunidades que a nova nanotecnologia promete. Portanto, cientistas e engenheiros estão explorando ativamente questões fundamentais relacionadas à nanotecnologia. De que modo a inclusão de átomos metálicos em um nanotubo fornece as propriedades que podem levar a um fio molecular? Essa pergunta aponta para a necessidade de compreender a natureza das ligações também em amostras volumosas de metais.

As conexões entre as características do nível molecular e as propriedades macroscópicas dos materiais não são sempre fáceis de discernir, mas pesquisas recentes em ciência de materiais e modelagem computacional estão aprimorando nossa habilidade para realizar tais interações. Neste capítulo, apresentaremos ideias que podem ser usadas para inferir explicações no nível molecular do porquê os materiais se comportam da maneira que observamos. No decorrer do

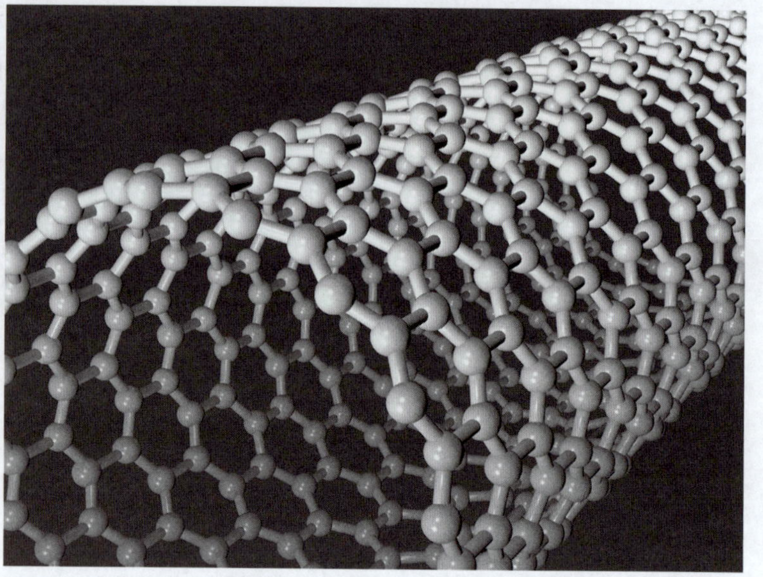

Figura 8.2 A estrutura de um nanotubo de carbono de parede única é mostrada aqui. As propriedades mecânicas, térmicas e elétricas incomuns de nanotubos são todas áreas de pesquisa ativas, e está surgindo uma ampla gama de aplicações.

caminho, seremos capazes de responder a algumas das questões que têm surgido sobre materiais baseados no carbono e o emergente campo da nanotecnologia.

8.2 Fases condensadas – sólidos

As várias formas do carbono que acabamos de descrever compartilham importante propriedade física – todas são sólidas em temperatura e pressão normais de laboratório. Os elementos, em sua maioria, são sólidos sob tais condições. Quais fatores contribuem para a estabilidade das fases condensadas? ◂ As forças entre os átomos e as moléculas certamente têm papel importante na resposta a essa questão, mas a estrutura básica das fases condensadas também contribui para a compreensão de sua estabilidade. Começaremos nosso tratamento dessa perspectiva estrutural.

A expressão fases condensadas *refere-se a sólidos e líquidos.*

No Capítulo 1, em nossa primeira descrição da visão microscópica da matéria, observamos que os átomos ou as moléculas em um sólido ou um líquido se unem mais intensamente do que ocorreria em um gás. Quando consideramos como esses átomos ou moléculas são arranjados em um sólido, há duas grandes categorias. Muitas substâncias assumem arranjos regulares, repetitivos e geométricos e são chamadas estruturas cristalinas. Outras substâncias solidificam-se em arranjos aleatórios, conhecidas como estruturas amorfas. Apesar de ambas as categorias incluírem importantes exemplos, conhece-se muito mais sobre materiais cristalinos, porque seus arranjos regulares e periódicos podem ser estudados facilmente com as ferramentas experimentais disponíveis. Neste capítulo, abordaremos os sólidos cristalinos.

Uma vez que os átomos podem ser imaginados como esferas, seu arranjo em sólidos cristalinos é vagamente análogo a colocar um monte de bolas em uma caixa.◂ É bem claro intuitivamente que não importa como organizemos as bolas na caixa, sempre haverá espaços entre elas; as esferas nunca podem preencher completamente o volume da caixa. Porém, também deve estar claro que a quantidade de espaço vazio entre as bolas poderia ser minimizada se arranjadas cuidadosamente. Podemos ilustrar as diferenças na maneira em que as bolas – ou os átomos – podem ser empacotadas utilizando um modelo bidimensional, como o da **Figura 8.3** com bolas de gude. É fácil ver que os espaços podem ser reduzidos se as linhas de bolas de gude forem compensadas entre si. Essa ideia é possível de ser quantificada com base na **eficiência de empacotamento** de uma estrutura, que representa a porcentagem de espaço ocupada em um dado arranjo. Deixaremos os cálculos desse resultado para um problema ao final do capítulo, mas a estrutura compensada tem eficiência de empacotamento de 90,7%, enquanto a estrutura na qual as linhas ficam lado a lado tem eficiência de empacotamento de 78,5%.

As moléculas não esféricas também podem ser empacotadas em cristais, mas limitaremos nossa discussão aos átomos esféricos por questão de simplicidade.

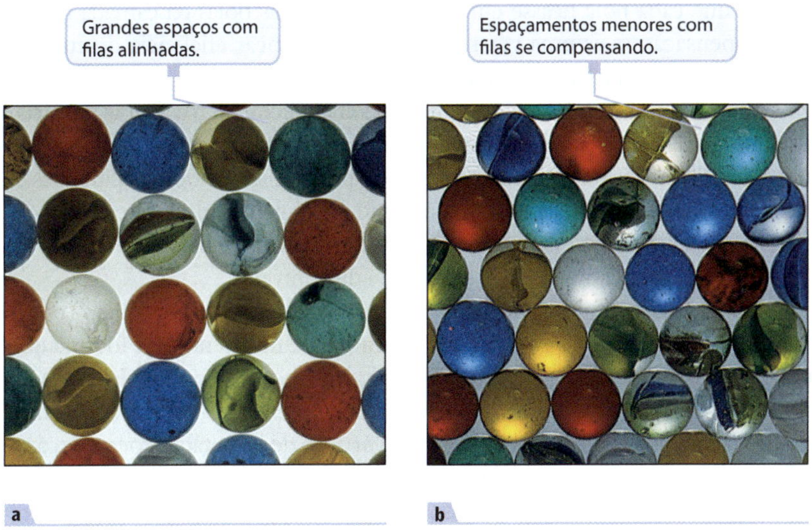

Figura 8.3 As bolas de gude na figura da esquerda estão arranjadas em um padrão muito ordenado, mas permanecem espaçamentos significativos. Se nosso objetivo fosse colocar o maior número possível de bolas de gude em determinada área, faríamos melhor alternando as filas, como mostra o quadro da direita. Ambas as figuras têm o mesmo tamanho, mas o arranjo da direita permite encaixar mais bolas de gude naquela área.

Deixemos de lado o exemplo das bolas de gude e passemos aos átomos. A eficiência de empacotamento dos átomos estará claramente relacionada à densidade de um material, uma vez que um aumento na eficiência de empacotamento colocará mais átomos dentro do mesmo volume. Experimentos com estruturas cristalinas mostram que muitos elementos se condensam em sólidos que preenchem os espaços tão completamente quanto possível. Tais arranjos são chamados de estruturas densamente empacotadas e são equivalentes tridimensionais das filas alternadas de bolas de gude na Figura 8.3(b).

No entanto, ao passarmos de círculos em duas dimensões para esferas em três dimensões, teremos algumas escolhas adicionais a fazer. Continuemos com a analogia de colocar bolas de gude ou bolas em uma caixa e vamos supor que tenhamos completado uma única camada de bolas no arranjo de empacotamento denso da Figura 8.3(b). Quando uma segunda camada de bolas fosse adicionada (**Figura 8.4**), poderíamos colocá-la diretamente sobre as bolas da primeira

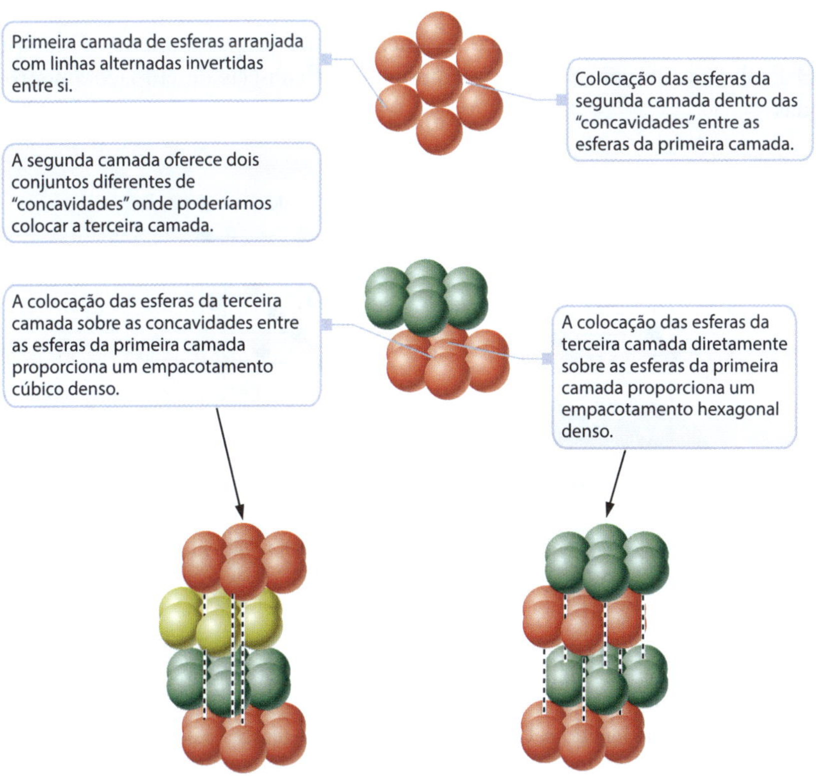

Figura 8.4 A colocação de esferas oferece duas maneiras de atingir a densidade de empacotamento máxima. A estrutura da esquerda é chamada de empacotamento cúbico denso, e a da direita é denominada empacotamento hexagonal denso. Os dois arranjos diferem no modo como as camadas se alinham umas com as outras. Diz-se que a estrutura cúbica é característica de um padrão de empacotamento "*a,b,c,a,b,c...*", enquanto a estrutura hexagonal tem um padrão "*a,b,a,b,...*".

camada ou mais uma vez alterná-la, de modo que cada bola ficasse em um espaço entre as bolas da camada de baixo. Talvez esteja claro que essa escolha pela compensação mais uma vez nos permitiria alcançar eficiência de empacotamento mais alta e faria com que coubessem mais bolas na caixa. Quando a segunda camada de bolas estiver completa e contemplarmos onde colocar uma terceira camada, confrontaremos com uma escolha adicional. Mais uma vez, iremos querer alternar a terceira camada com a segunda, mas agora há duas maneiras possíveis de fazer isso. A terceira camada de bolas poderia ser colocada diretamente acima daquelas na primeira camada, ou poderia ser colocada acima das concavidades entre as bolas da primeira camada. Se a terceira camada está diretamente em cima da primeira camada, diz-se que a estrutura tem *empacotamento hexagonal denso* (ehd), enquanto a terceira camada alternada resulta em *empacotamento cúbico denso* (ecd). Essas duas estruturas ocupam aproximadamente 74% do espaço disponível.

A estrutura com empacotamento cúbico denso é em geral denominada **cúbica de faces centradas (cfc)** por razões que estão aparentes quando observamos a estrutura da direita na **Figura 8.5**. Um átomo está localizado em cada vértice do cubo, e átomos adicionais, no centro de cada uma das seis faces do cubo. (Reconhecidamente, é difícil perceber que se trata do mesmo arranjo visto na Figura 8.4. A melhor forma de identificá-lo é construir modelos com algumas bolinhas de gude ou pequenas bolas.) Os átomos nos quatro vértices de uma face "tocam" o átomo no centro daquela face. Para "encaixar" um átomo no centro da face, o comprimento da aresta do cubo deve ser maior que o diâmetro dos átomos, logo os átomos nos vértices não se tocam entre si. O único cubo que mostramos na Figura 8.5 é conhecido como a **célula unitária** para a estrutura cúbica de faces centradas. ◂ É o menor grupo de átomos que mostra todas as características dessa estrutura. Para passarmos dessa célula unitária para a estrutura de uma amostra real de um metal com cfc, precisaríamos estender a rede cristalina, repetindo a célula unitária em todas as direções.

Como você provavelmente descobrirá em disciplina subsequente de ciência dos materiais, nem todas as células unitárias são cúbicas, mas restringiremos nossa discussão aqui àquelas que são.

Algumas substâncias não ocupam espaço com o nível de eficiência propiciado pelas estruturas de empacotamento denso. Por exemplo, alguns metais assumem uma estrutura **cúbica de corpo centrado (ccc)**, como demonstra a Figura 8.5. Mais uma vez, temos átomos nos vértices de um cubo, mas agora um átomo é colocado no centro do cubo, e não no centro de cada face. Os átomos dos vértices tocam o átomo do centro, porém não se tocam entre si, de modo semelhante à estrutura de face centrada. A eficiência de empacotamento nessa estrutura é menor, já que os átomos ocupam somente cerca de 68% do espaço. Em raros casos, o átomo central nessa estrutura ccc está faltando, o que significa que o comprimento da aresta do cubo se torna igual ao diâmetro de um átomo, permitindo que os átomos dos vértices se toquem. A estrutura resultante é chamada **cúbica simples (cs)**. ◂ Apesar de ela ser o arranjo de aparência mais simples, é também o meio menos eficiente de preencher espaço. A eficiência de empacotamento é de apenas 52%. O Problema-modelo 8.1 ilustra como essas eficiências de empacotamento são calculadas.

A rede cúbica simples é algumas vezes chamada de "cúbica primitiva".

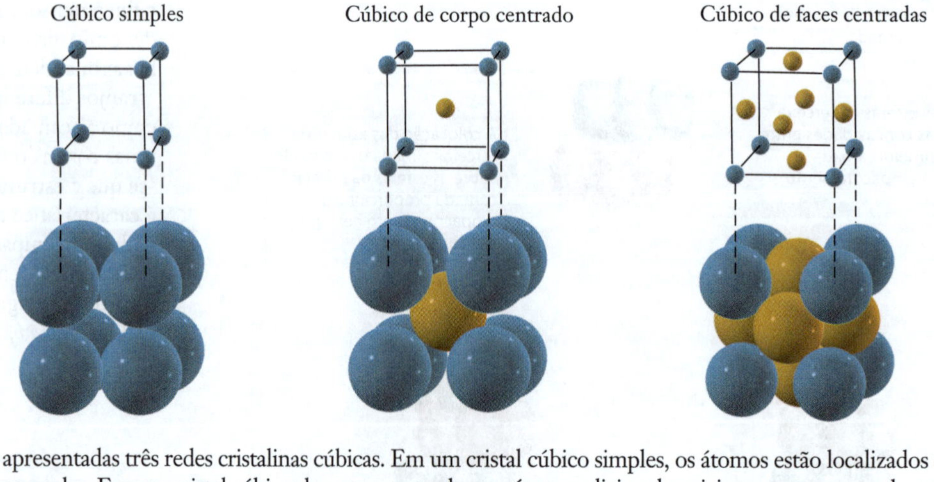

Figura 8.5 São apresentadas três redes cristalinas cúbicas. Em um cristal cúbico simples, os átomos estão localizados em cada um dos vértices de um cubo. Em um cristal cúbico de corpo centrado, um átomo adicional posiciona-se no centro do cubo, e, no cristal cúbico de faces centradas, os átomos são encontrados no centro de cada face do cubo. Cada um desses arranjos se repete por todo o cristal. Todos os átomos em cada uma dessas estruturas são idênticos. Cores diferentes são utilizadas apenas para ajudá-lo a ver as diferentes posições na rede.

PROBLEMA-MODELO ◄ 8.1

Demonstre que a eficiência de empacotamento da estrutura cúbica de faces centradas é realmente de 74%, como afirmamos ateriormente.

Estratégia Este é um problema essencialmente geométrico que requer o entendimento da localização e do espaçamento entre os átomos na rede cfc. Para encontrarmos a eficiência de empacotamento, precisaremos comparar o volume dos átomos na célula unitária cfc e o volume da própria célula. Talvez seja útil começarmos com um bom diagrama da estrutura. Aqui nos basearemos não apenas em parte da Figura 8.5, mas também utilizaremos um diagrama mais simples de uma única face do cubo, já que as estruturas cristalinas tridimensionais podem ser difíceis de desenhar e de interpretar.

Solução Antes de calcularmos o volume dos átomos em uma célula unitária, temos de responder a uma pergunta bem básica: Quantos átomos estão contidos na célula unitária? Para responder a essa questão, precisamos reconhecer que um átomo individual é frequentemente "compartilhado" por múltiplas células unitárias, como é mostrado aqui:

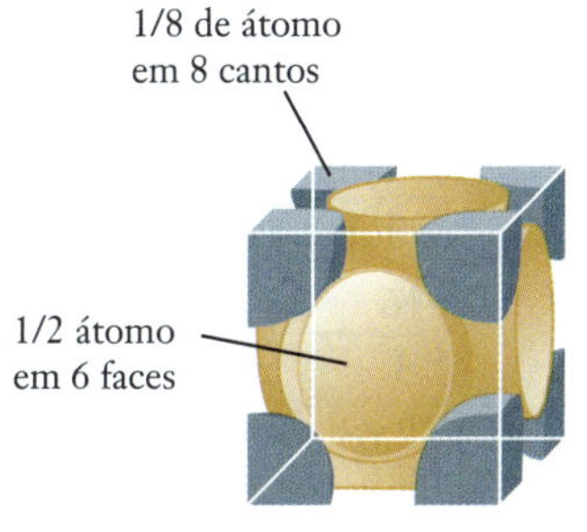

Os átomos em suas faces, por exemplo, estarão na célula unitária que estivermos observando, bem como naquela adjacente. Cada um dos átomos dos vértices aparecerá em um total de oito células unitárias, uma vez que os vértices de oito cubos se encontrariam se empilhássemos as células unitárias como blocos. Esse processo nos fornece o seguinte resultado:

$$\text{n}^{\text{o}} \text{ de átomos por célula unitária} = \frac{1}{2}\left(\begin{array}{c}\text{n}^{\text{o}} \text{ de átomos} \\ \text{centrados nas faces}\end{array}\right) + \frac{1}{8}\left(\begin{array}{c}\text{n}^{\text{o}} \text{ de átomos} \\ \text{nos vértices}\end{array}\right)$$

Um cubo tem oito vértices e seis faces, fornecendo-nos seis átomos centrados nas faces e oito átomos nos vértices.

$$\text{n}^{\text{o}} \text{ de átomos por célula unitária} = \frac{1}{2}(6) + \frac{1}{8}(8) = 4$$

Logo, cada célula unitária conterá quatro átomos completos. Se considerarmos r o raio de um átomo, o volume de cada átomo será $\frac{4}{3}\pi r^3$. Portanto, o volume total ocupado pelos próprios átomos é o número de átomos multiplicado pelo volume de cada átomo:

$$4 \text{ átomos} \times \left(\frac{4}{3}\pi r^3\right) = \frac{16}{3}\pi r^3$$

Agora precisamos apenas encontrar o volume da célula unitária em termos do raio dos átomos. Neste ponto, um desenho de uma das faces do cubo será conveniente.

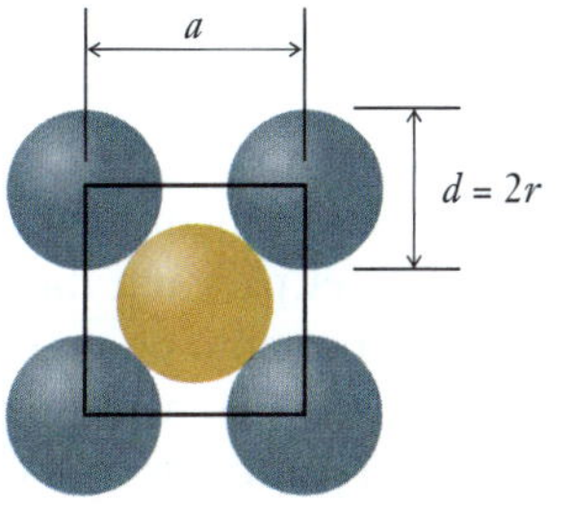

Os círculos representam os átomos, e o quadrado mostra a face do cubo da célula unitária. O diâmetro de um átomo (*d*) é 2*r*, e o comprimento da aresta do cubo é *a*. A partir da figura, podemos ver que uma linha diagonal através do centro de uma face do cubo terá um comprimento de 2*d*, uma vez que ela inclui o diâmetro completo do átomo do centro e o raio de dois átomos dos cantos. Já que a face do cubo é um quadrado, também sabemos que a linha diagonal forma um ângulo de 45° com os lados. Portanto, lembrando um pouco a trigonometria, podemos escrever a seguinte relação.

$$\frac{a}{2d} = \text{sen } 45° = \frac{1}{\sqrt{2}} = 0{,}707$$

Logo,

$$a = 1{,}414\, d = 2{,}828\, r$$

O volume do cubo é a^3, e agora podemos expressar isso em termos de *r*:

$$V_{\text{célula unitária}} = a^3 = (2{,}828\, r)^3 = 22{,}63\, r^3$$

Combine isso com o volume preenchido por átomos com base na equação anterior:

$$\text{Eficiência de empacotamento} = \frac{\text{volume de 4 átomos}}{\text{volume da célula unitária}} \times 100\%$$

$$= \frac{\frac{16}{3}\pi r^3}{22{,}63\, r^3} \times 100\% = \frac{16{,}76}{22{,}63} \times 100\% = 74{,}05\%$$

O resultado dessa equação confirma o número citado no texto.

Analise sua resposta Já que confirmamos o resultado que fornecemos anteriormente, é fácil concluir que resolvemos o problema corretamente. Se não soubéssemos a resposta previamente, como poderíamos avaliar nosso resultado? Inicialmente, estamos calculando a eficiência de empacotamento, logo o resultado deve ser menor que 100% para ter significado físico. A eficiência de 74% das estruturas de empacotamento denso é na realidade um limite superior. Portanto, se fizéssemos o mesmo cálculo para uma rede diferente, deveríamos esperar um resultado menor que 74%.

Discussão Esse cálculo simples ajuda a salientar a importância de visualizar estruturas cristalinas quando se trabalha com sólidos. Por termos construído um diagrama preciso, o cálculo aqui exigiu apenas a geometria do ensino médio.

Verifique seu entendimento Calcule as eficiências de empacotamento para as estruturas cúbica simples e cúbica de corpo centrado. Verifique suas respostas comparando-as com a p. 254.

A eficiência de empacotamento não é o único fator importante associado às estruturas sólidas. Pela perspectiva das ligações, um conceito igualmente importante é o **número de coordenação** – o número de átomos imediatamente adjacentes a qualquer determinado átomo. Quando se examinam as estruturas apresentadas até aqui, verifica-se que uma estrutura cúbica simples tem um número de coordenação igual a 6, uma estrutura cúbica de corpo centrado tem um número de coordenação igual a 8 e as estruturas de empacotamento denso (tanto ecd quanto ehd) têm números de coordenação igual a 12. Isso sugere um motivo para as estruturas de empacotamento denso serem muito mais comuns: ao aumentarem os números de coordenação, permitem que cada átomo na rede interaja com os átomos vizinhos mais próximos. As forças atrativas dessas interações são, no final das contas, responsáveis por manter o cristal unido.

A tabela periódica na **Figura 8.6** mostra a rede cristalina preferida para a fase sólida de cada elemento. Examinando essa tabela, vemos que os metais normalmente assumem uma das três estruturas: ccc, ecd ou ehd. Não há padrão discernível sobre qual estrutura é mais provável para um metal em particular. Todavia, o conhecimento da estrutura que um metal assume pode ser muito importante no desenvolvimento de novos materiais. O aço, por exemplo, é predominantemente ferro, mas, quando se adicionam quantidades relativamente pequenas de outros elementos, podem-se ajustar suas propriedades com precisão. Decidir quais átomos poderiam convenientemente se

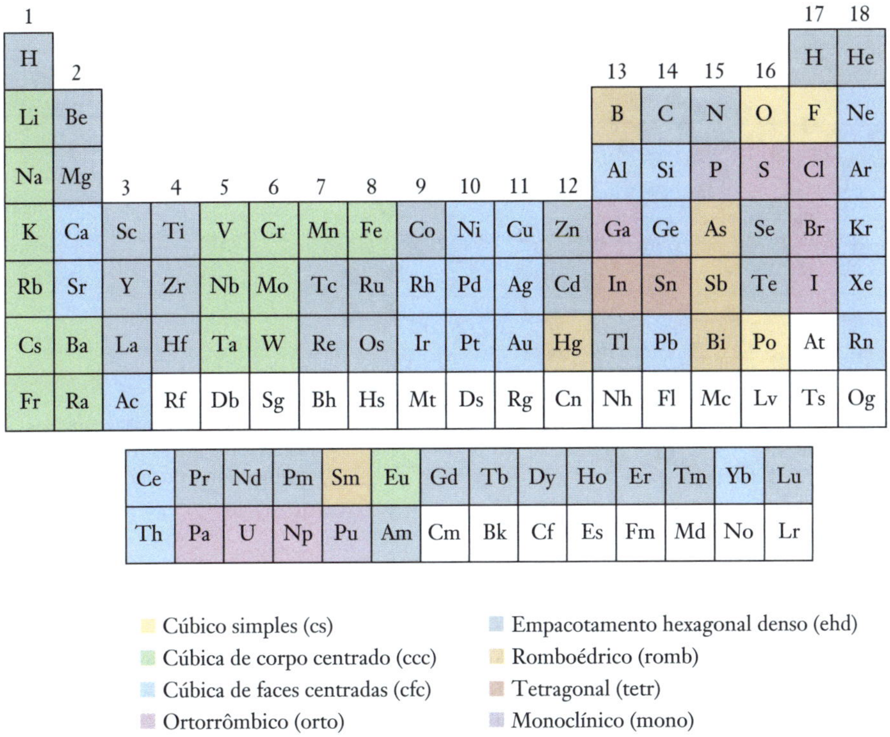

Figura 8.6 O sombreamento nesta tabela periódica indica a estrutura cristalina mais estável para o estado sólido dos elementos. A maior parte dos elementos apresenta uma das estruturas que abordamos, porém se conhecem também alguns poucos arranjos cristalinos menos comuns.

combinar dentro da estrutura sólida do ferro requer dos engenheiros de materiais saber qual é a estrutura e como poderia ser alterada trocando-se os átomos de ferro por aqueles de um outro elemento.

POR DENTRO DE Alguns elementos, incluindo o carbono, formam mais de uma fase sólida. (A estrutura mostrada na Figura 8.6 representa a forma mais estável.) As formas conhecidas do diamante e do grafite para o carbono têm propriedades físicas significativamente diferentes, e essas propriedades estão muito diretamente relacionadas às diferenças na estrutura cristalina. As estruturas cristalinas do diamante e do grafite são ambas muito incomuns, em grande parte porque se baseiam em um ou outro grau nas ligações covalentes. A estrutura do diamante, ilustrada na **Figura 8.7**, é consistente com o que já sabemos sobre ligações em compostos de carbono. Como vimos na Seção 7.7, um átomo de carbono com quatro ligações simples terá uma estrutura tetraédrica. Se essa geometria é estendida em todas as direções, o resultado é a estrutura do diamante, na qual cada átomo de carbono está ligado a quatro átomos vizinhos. A Figura 8.7 enfatiza a geometria tetraédrica local para um átomo de carbono. O fato de cada átomo de carbono ser mantido no lugar por quatro ligações C—C fortes explica por que o diamante é um material

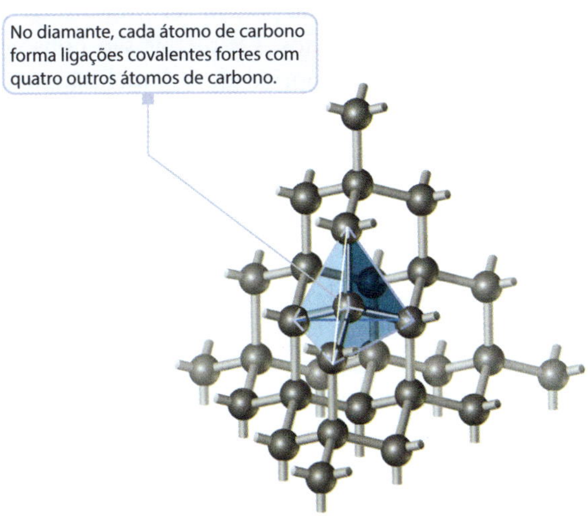

Figura 8.7 Os átomos de carbono no diamante são unidos por ligações covalentes, e cada átomo apresenta a mesma geometria tetraédrica que vimos no Capítulo 7 para moléculas como o metano. A fratura de um cristal de diamante requer a quebra de muitas ligações covalentes, o que explica a resistência excessivamente alta do diamante.

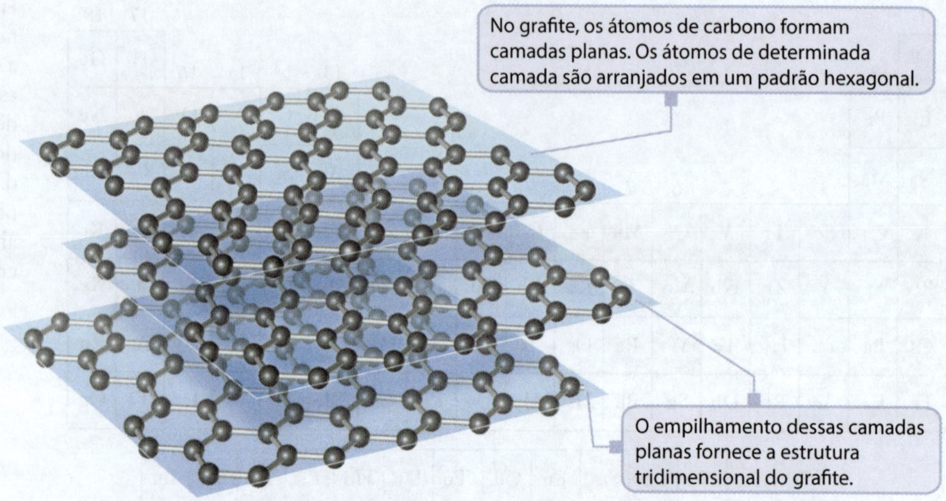

Figura 8.8 O grafite tem uma estrutura de camadas. Os átomos de carbono dentro de cada camada plana são unidos por ligações covalentes, porém forças bem mais fracas unem as diferentes camadas. Como veremos na Seção 8.4, muitas das propriedades úteis do grafite provêm do fato de as camadas poderem deslizar entre si.

tão resistente. Para quebrarmos um diamante, temos de quebrar muitas ligações covalentes, o que exigiria grande e proibitiva quantidade de energia. O silício também apresenta a estrutura do diamante.

Como já observamos na abertura da seção "Por dentro de", o diamante não é a única forma do carbono sólido, tampouco a forma mais comum. O grafite obviamente não compartilha a resistência do diamante, logo sua estrutura deve ser muito diferente. A estrutura em camadas do grafite (**Figura 8.8**) é um pouco mais complicada que a do diamante. No grafite, a distância entre os átomos de carbono dentro de um único plano é relativamente pequena – na mesma escala do comprimento das ligações covalentes carbono-carbono. Entre os planos (ou camadas), no entanto, as distâncias são bem maiores – mais que o dobro daquela dentro da camada. Na Seção 8.4, veremos que essa distinção surge de diferenças fundamentais nas forças que operam dentro de uma camada *versus* aquelas que ocorrem entre as camadas, e isso ajuda a explicar as propriedades físicas incomuns e úteis do grafite.

As estruturas geométricas dos sólidos são um tópico de estudo muito rico, no entanto aqui abordaremos o assunto de forma superficial. Como estudante de engenharia, você deverá ter uma disciplina inteira para explorar as estruturas e as propriedades dos materiais. Para nossos propósitos atuais, queremos apresentar os conceitos estruturais associados aos sólidos, para que possamos estender nosso conhecimento de ligações químicas e utilizá-lo para compreender melhor os sólidos.

8.3 Ligações nos sólidos: metais, isolantes e semicondutores

As propriedades físicas dos metais que levam ao seu uso difundido em incontáveis projetos podem ser facilmente listadas. Você provavelmente está familiarizado com as propriedades básicas dos metais pelas aulas de ciências desde, no mínimo, o ensino médio. Os metais são **maleáveis**, o que significa que podem ser produzidos em formas ou lâminas convenientes. Eles são **dúcteis**, pois podem ser esticados em fios. Os metais são bons condutores de eletricidade e calor. Como a ligação nos metais ajuda a explicar essas propriedades? A inclusão de átomos de metal em um nanotubo pode fornecer as mesmas propriedades? Ao examinarmos um modelo de ligação metálica, podemos obter uma compreensão significativa dessas questões.

Modelos de ligação metálica

Com base no que sabemos sobre elementos metálicos, podemos começar pelas tendências periódicas observadas no Capítulo 6. Quando se examinam os metais em geral e os metais de transição em particular, verifica-se que há pouca diferença de eletronegatividade de elemento para elemento. Metais e ligas não são aptos a experimentar ligações iônicas. Também não têm subníveis preenchidos, logo exigiriam número significativo de ligações covalentes para alcançar octetos completos. A experiência obtida até aqui sugere que esse expressivo número de ligações covalentes não poderá ser formado por átomos individuais de metal. Se não podemos esperar ligações iônicas nem covalentes de um metal, quais modelos podem explicar o fato de os átomos de metais se ligarem uns aos outros?

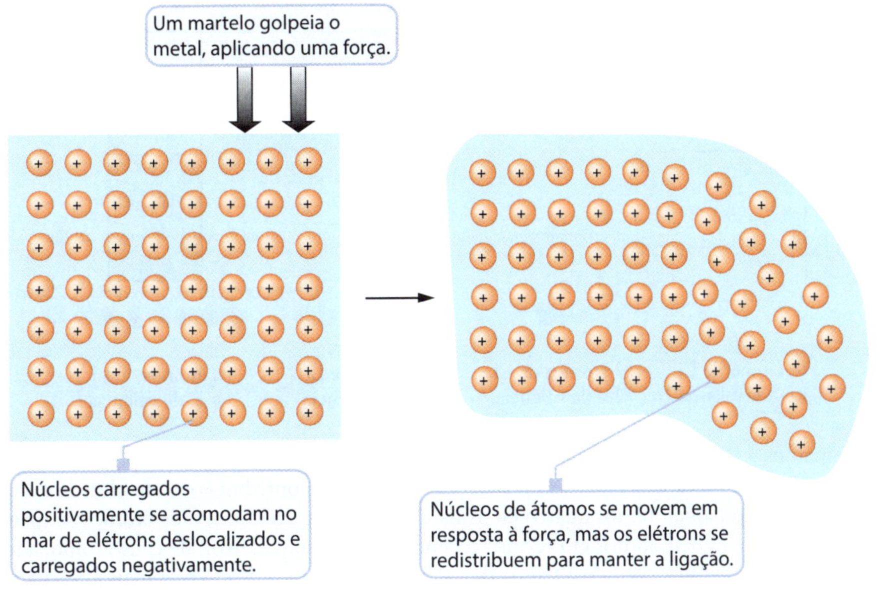

Figura 8.9 O modelo de "mar de elétrons" das ligações metálicas é um pouco imperfeito, mas responde pela maleabilidade e pela ductilidade dos metais, bem como por sua condutividade elétrica. A área sombreada representa os elétrons de valência deslocalizados (e carregados negativamente), espalhados por todo um pedaço de metal. Os círculos representam os núcleos dos átomos de metal carregados positivamente. Na ilustração à esquerda, os átomos são arranjados de forma regular. Uma força é aplicada como indicado pelas grandes setas – talvez golpeando o metal com um martelo. Os núcleos dos átomos de metal se movem em resposta a essa força, e a amostra é deformada como mostra a ilustração à direita. Mas o fluxo livre de elétrons mantém a ligação por todo o processo. Um argumento semelhante poderia ser feito para o processo de transformação de um metal em fio.

A primeira e mais simples explicação para a ligação metálica é geralmente chamada de **modelo de mar de elétrons.** ▸ A característica fundamental desse modelo é que os elétrons de valência dos átomos de metal estão deslocalizados e se movem livremente por todo o sólido, em vez de estarem amarrados a um átomo específico, como demonstra a **Figura 8.9**. Esse modelo explica diversas propriedades observadas nos metais. Para compreender a maleabilidade, considere o que aconteceria no nível atômico se um metal fosse tocado por um martelo. Ao menos alguns dos átomos responderiam a essa força movendo-se em relação aos outros. Se os elétrons estão se movendo livremente, como postulado no modelo de mar de elétrons, eles podem se ajustar à nova posição dos átomos, e as ligações não são, relativamente, afetadas. De modo semelhante, transformar um metal em um fio altera as posições dos átomos, mas os elétrons deslocalizados podem se ajustar e manter a ligação metálica. Por fim, os elétrons deslocalizados podem se mover em resposta a qualquer campo elétrico aplicado, logo a condutividade dos metais também pode ser compreendida com base no modelo.

Introduzimos este modelo inicialmente na Seção 2.4.

O modelo de mar de elétrons proporciona entendimento qualitativo, mas há também modelos quantitativos para as ligações metálicas. O mais importante desses modelos é a **teoria de bandas**, e podemos usar nosso exemplo da colocação dos átomos de metal em um nanotubo de carbono para explicarmos as origens dessa teoria.

POR DENTRO DE Se você pudesse colocar átomos de lítio em um nanotubo de dimensões adequadas, poderia fazer com que os átomos de metal se alinhassem em um "fio" com largura de apenas um átomo. (Utilizamos o lítio pela simplicidade da superposição do orbital *s*, e não porque esta seja a escolha mais prática.) Uma vez que a configuração eletrônica de valência do lítio é $2s^1$, qualquer interação de ligações entre os átomos de metal terá de ser baseada nos orbitais $2s$. Esses orbitais, obviamente, são ondas, e assim podemos usar o conceito de interferência de onda para pensarmos sobre o modo como irão interagir uns com os outros. Começaremos com o caso mais simples: dois átomos de lítio colocados perto o suficiente para que seus orbitais $2s$ se superponham e interajam. Agora, lembre-se de que ondas podem interferir construtiva ou destrutivamente. Se o par de orbitais $2s$ interagir em fase um com o outro, a interferência será construtiva. A onda resultante que terá aumentada a amplitude (ou densidade eletrônica) entre os núcleos é chamada **orbital molecular ligante**. Por outro lado, se o par de orbitais $2s$ interagir fora de fase um com o outro, a onda resultante terá um nó entre os núcleos, o que é conhecido como

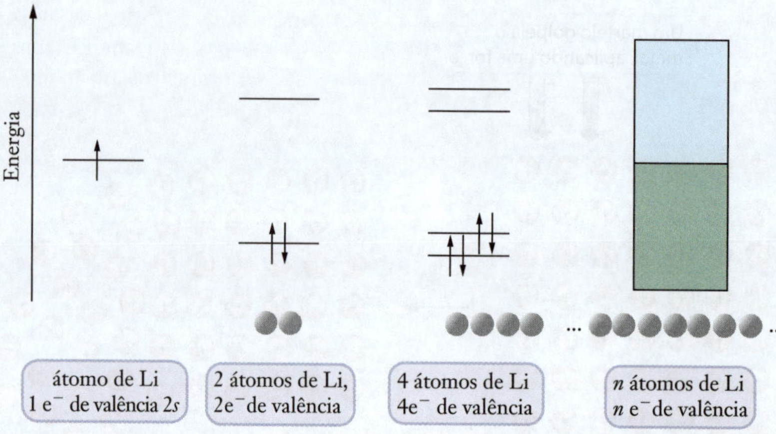

Figura 8.10 Aqui examinamos a ligação em uma linha unidimensional de átomos de lítio, que poderia ser montada em um nanotubo. No segundo painel, temos apenas dois átomos de lítio, cada qual contribui com um elétron de valência. Com quatro átomos, como no terceiro painel, temos quatro elétrons. À medida que o número de átomos se torna muito grande, os orbitais disponíveis se empilham bem juntos em termos de energia. Com um elétron de cada átomo, a metade inferior dos orbitais disponíveis será preenchida, criando a banda de valência. Os estados de energia mais altos na banda de condução permanecem vazios.

O termo antiligante *é usado porque os elétrons nesse orbital irão, na realidade, enfraquecer a ligação entre os átomos.*

orbital molecular antiligante. ◂ Em vez de estarem associados a cada átomo individualmente, esses novos orbitais moleculares podem ser considerados pertencentes conjuntamente ao par de átomos de lítio. A **Figura 8.10** mostra como as energias desses orbitais moleculares estão relacionadas àquela dos orbitais 2*s* originais. Examinando a Figura 8.10, podemos imaginar o que aconteceria se mais e mais átomos de lítio fossem carregados no nanotubo. Com dois átomos, haveria um orbital ligante e um orbital antiligante. Com quatro átomos de lítio, haveria dois orbitais ligantes e dois antiligantes, como mostra o quadro central da Figura 8.10. (Com um número ímpar de átomos, seria formado um orbital não ligante, com números idênticos de orbitais ligantes e antiligantes.) Ao prosseguirmos para números muito altos de átomos, o número de orbitais moleculares formados se torna tão grande que não há, virtualmente, nenhuma diferença de energia de um orbital para o outro. Nesse ponto, os orbitais foram absorvidos em uma banda de níveis de energia permitidos, e esta é a origem da expressão *teoria de bandas*. Apesar de nossa apresentação aqui ser inteiramente qualitativa, é importante observar que um desenvolvimento mais completo dessas ideias leva a um modelo quantitativo.

Nesse desenvolvimento, utilizamos átomos de lítio dentro de um nanotubo, pois isso proporcionou um sistema dimensional plausível. No caso de um metal tridimensionalmente volumoso, o processo é um pouco mais complicado. O modo como os orbitais irão combinar-se depende de alguma forma da estrutura do sólido. Para metais com elétrons de valência acima do subnível *s*, os orbitais que ao final formam bandas incluirão os orbitais *p* ou *d*. Estes formarão bandas adicionais, e a energia das bandas *s*, *p* ou *d* resultantes podem se superpor entre si. Para compreendermos propriedades como condutividade, a estrutura de bandas do material fornece modelo poderoso.

Teoria de banda e condutividade

A estrutura de bandas de um material tem o mesmo papel que os níveis de energia dos orbitais atômicos tiveram para os átomos no Capítulo 6. Do mesmo modo que o princípio da edificação indica que os elétrons ocupam os orbitais de menor energia, os elétrons em materiais volumosos preenchem as bandas começando pelas de menor energia. A maior energia com ocupação de elétrons e o espaço de energia entre esse nível de energia e a próxima banda disponível proporcionam um meio de compreender a condutividade elétrica de um material. Os elétrons carregam uma corrente movendo-se através do material, e esse movimento pode ser considerado em relação aos elétrons movendo-se de um orbital para outro. Porém, elétrons em uma banda preenchida não podem se mover facilmente para conduzir eletricidade. Para termos elétrons móveis, será necessária uma banda não preenchida ou parte de uma banda que esteja próxima em energia a uma banda preenchida ou parte dela.

Consideremos essas ideias para o diagrama de bandas para o lítio mostrado no lado direito da Figura 8.10. A banda ocupada por elétrons de valência é chamada de **banda de valência**, e a não ocupada acima dela é conhecida

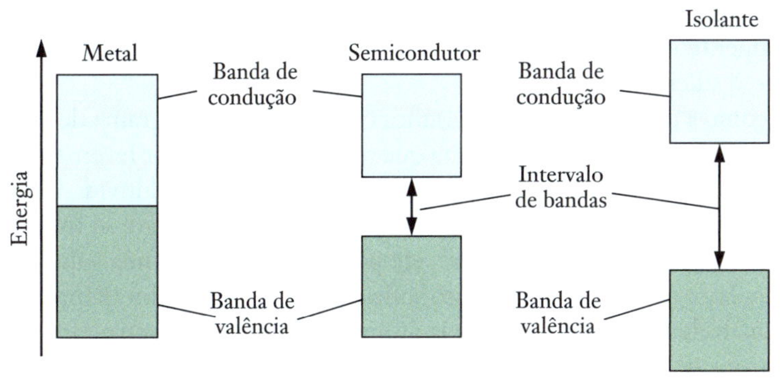

Figura 8.11 Estes diagramas de bandas de energia apontam as diferenças fundamentais entre metais, isolantes e semicondutores. As partes sombreadas mais escuras representam os níveis de energia preenchidos com elétrons, e as partes sombreadas mais claras representam níveis de energia não ocupados. As diferenças em condutividade podem ser explicadas quanto ao espaço na banda e da relativa dificuldade de promover elétrons de níveis preenchidos para níveis não preenchidos.

como **banda de condução**. A banda de condução fica diretamente acima da de valência em energia, e o nível de energia mais alta ocupado fica na fronteira entre essas duas bandas. ▸ Logo, um elétron que está no topo da banda de valência precisa ganhar apenas uma pequena quantidade de energia para se mover para a banda de condução, o que significa que o lítio deve ser um bom condutor elétrico, e isso ele é.

A energia abaixo da qual um nível de energia é provável de estar preenchido é chamada nível de Fermi. Para um metal, o nível de Fermi está no topo da banda de valência.

A **Figura 8.11** apresenta algumas características gerais das bandas para três diferentes classes de materiais: metais, semicondutores e **isolantes**. Para os metais, vemos a situação que acabamos de descrever, na qual a adição de uma quantidade mesmo que infinitesimal de energia pode promover um elétron para a banda de valência. O ametal, por sua vez, tem um grande espaço de energia entre a banda de valência preenchida e a banda de condução vazia. Consequentemente, ele gasta quantidade significativa de energia para alcançar aquela banda vazia, onde o movimento de elétrons seria permitido. Em circunstâncias normais, os elétrons não terão energia suficiente para superar esse grande **espaço de bandas**, logo os ametais não conduzem e são chamados de isolantes. A forma de diamante do carbono é excelente exemplo de material não condutor.

O caso intermediário é um semicondutor, mostrado no quadro central da figura. O nível de mais alta energia preenchido está no topo da banda, mas a próxima banda é apenas modestamente mais alta em energia. Nos semicondutores, alguns elétrons têm energia térmica suficiente para alcançar a banda superior mesmo em temperatura ambiente e, portanto, têm ao menos condutividade elétrica limitada. Se a temperatura é aumentada, mais elétrons devem ocupar a banda superior, e a condutividade dos semicondutores aumenta em altas temperaturas. O silício, do mesmo grupo do carbono, é o exemplo prototípico de um elemento puro que se comporta como um semicondutor.

Semicondutores

Como estudante de engenharia, você, sem dúvida, tem consciência da difundida importância dos semicondutores em nossa vida no século XXI. A tecnologia dos semicondutores está no coração da indústria eletrônica. Agora que os microprocessadores encontraram seu caminho dentro dos nossos carros e aparelhos, o objetivo dessa indústria nunca foi mais amplo. O surgimento do semicondutor é excelente exemplo da interação entre a visão em escala atômica da química e o pensamento em escala macroscópica da engenharia. É justo dizer que a revolução do semicondutor não poderia ter ocorrido sem o engenhoso desenvolvimento de inúmeros novos materiais não encontrados na natureza.

O silício puro proporciona interessante exemplo de semicondutor para um livro, mas não é muito útil na maioria das aplicações. Para gerarmos condutividade significativa no silício puro, de algum modo precisamos promover elétrons da banda de valência para a banda de condução. (Essa é a origem da expressão *banda de condução*.) Isso significa que temos de adicionar energia, o que poderá ser feito por meio da exposição do silício a significativo calor ou permitindo que absorva luz com energia de fóton suficiente para excitar os elétrons através do intervalo de bandas. Nenhuma das alternativas seria fácil de realizar ou manter na maioria dos aparelhos eletrônicos. No entanto, o exame de outras partes da tabela periódica não oferece, realmente, opções melhores. Há relativamente poucos elementos que podem ser classificados como semicondutores, e nenhum deles é adequado para uso extensivo em sua forma pura. A indústria de semicondutores baseia-se na ideia de que, se combinarmos elementos de forma inteligente, poderemos produzir materiais com as propriedades específicas de semicondução desejadas para uma aplicação específica. Uma forma de fazer isso é por meio de um processo chamado **dopagem**, no qual quantidades mínimas cuidadosamente controladas de um outro elemento são incorporadas a um semicondutor como o silício. ◂

Vimos outro exemplo de dopagem de um material para produzir propriedades úteis em nossa discussão sobre polímeros condutores no Capítulo 2.

Para entender como a dopagem funciona, vamos começar com o diagrama de bandas do silício à esquerda na **Figura 8.12**. Suponha que queiramos aumentar levemente a condutividade do silício puro. Com base no que aprendemos sobre a condutividade dos metais, podemos colocar alguns elétrons na banda de condutividade. Logo, se tivéssemos uma maneira de "injetar" um elétron extra, ele poderia entrar na banda superior. Então, poderia mover-se naquela banda. Se pudéssemos adicionar um número suficiente de elétrons, obteríamos um bom condutor. O que devemos fazer para adicionar elétrons ao silício? Cada átomo de silício tem quatro elétrons de valência. Para aumentarmos o número de elétrons de valência, devemos tentar adicionar pequena quantidade de um elemento com mais de quatro elétrons de valência. Suponha que tenhamos uma amostra de silício sólido puro e que, de algum modo, substituímos um átomo de silício por um átomo de fósforo. Uma vez que alteramos apenas um átomo, podemos considerar que a estrutura cristalina global e seu diagrama de bandas não devem ser desorganizados, mas agora temos um elétron extra. Como a banda de valência está preenchida, aquele elétron adicional deve ir para um orbital de energia mais alta. Já que esse orbital está associado ao átomo de fósforo, mais do que com o silício, ele terá uma energia levemente mais baixa que aquela da banda de condução do silício. Dizemos que a presença do átomo de fósforo introduz um **nível doador** que fica próximo à energia da banda de condução. Como o espaço entre esse nível doador e a banda de condução é pequeno, o elétron do nível doador pode ser promovido para a banda de condução facilmente. Nesse experimento imaginário, a adição de um átomo de fósforo em nosso cristal de silício irá impulsionar sua condutividade mesmo que ligeiramente.

Não é possível realizar tal substituição de um único átomo, naturalmente. Mesmo se fosse, a alteração resultante na condutividade seria imensuravelmente pequena. Porém, a mesma ideia se confirmará se adicionarmos mais átomos de fósforo. O quinto elétron de valência de cada átomo de fósforo irá para uma nova banda semelhante ao nível doador que apresentamos anteriormente. Logo, os elétrons do nível doador podem ser promovidos para a banda de condução, levando a um diagrama de bandas como aquele à direita na Figura 8.12. O nível doador dos átomos de fósforo fornece fonte de densidade eletrônica próxima à banda de condução que leva a maior condutividade. Além disso, a extensão daquela condutividade pode ser ajustada pelo controle da quantidade de fósforo presente, o que produz o que chamamos de **semicondutor do tipo *n***. Ele recebe esse nome porque adicionamos mais elétrons, cada um deles com uma carga negativa. (Observe que a rede global permanece neutra porque cada átomo de fósforo também tem um próton extra comparado ao átomo de silício que ele substitui.) Esses elétrons carregados negativamente permitem que o semicondutor transporte uma corrente.

Um semicondutor do tipo *n* típico pode conter fósforo na ordem de 0,00001% adicionados ao cristal de silício. (Observe que, para isso ser possível, o silício deve estar extraordinariamente puro.) Dizemos que o silício está dopado com fósforo, e essa dopagem em geral ocorre à medida que o material é desenvolvido. Uma vez que os átomos dopantes estão dispersos aleatoriamente por todo o sólido, o efeito global sobre a estrutura cristalina será mínimo. Outros elementos com mais de quatro elétrons de valência também poderiam ser utilizados, mas o fósforo é uma

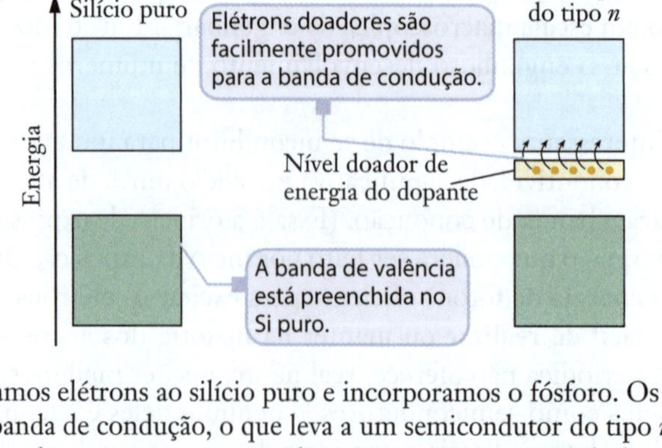

Figura 8.12 Imagine que adicionamos elétrons ao silício puro e incorporamos o fósforo. Os elétrons adicionados ocuparão um nível doador logo abaixo da banda de condução, o que leva a um semicondutor do tipo *n*. Os elétrons doadores não precisam atravessar o espaço da banda para serem promovidos para níveis não preenchidos da banda de condução, então eles aumentam a condutividade. Podemos controlar o número desses elétrons doadores ajustando a extensão da dopagem.

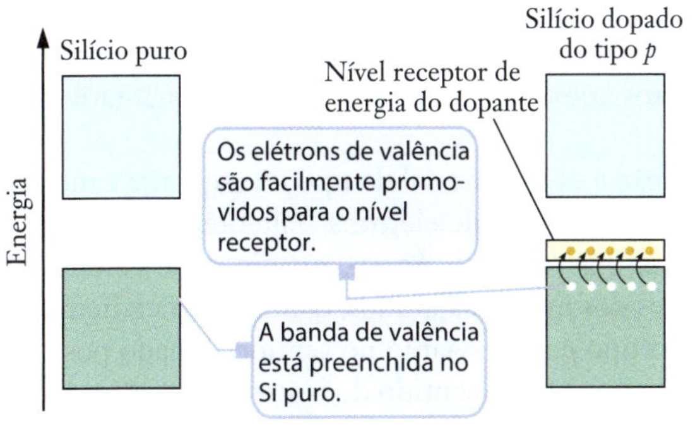

Figura 8.13 Em um semicondutor do tipo *p*, a adição de átomos dopantes deficientes em elétrons fornece nível receptor logo acima do topo da banda de valência. Os elétrons podem ser promovidos para esse nível, deixando vagas ou "buracos" na banda de valência.

escolha conveniente, já que tem um raio atômico próximo àquele do silício, logo ele não desorganizará a rede cristalina significativamente. ▸

Para uma analogia macroscópica da importância do tamanho, pense em uma pilha de laranjas em uma loja. Se você fosse substituir uma laranja próxima à parte debaixo e ainda manter a pilha, o que seria mais fácil usar – uma tangerina (aproximadamente o mesmo tamanho) ou uma grapefruit grande?

Um segundo esquema de dopagem leva ao **semicondutor do tipo *p***. A ideia aqui é proporcionar um meio de diminuir o número de elétrons na banda de valência, para que a condutividade possa ser alcançada sem a necessidade de promover elétrons através do intervalo de bandas. A estratégia é semelhante ao que descrevemos para o tipo *n*, com a exceção de que agora queremos usar um dopante com *menos* de quatro elétrons de valência. Isso introduz um **nível receptor** ligeiramente mais alto em energia que o topo da banda de valência. Nesse caso, a escolha mais comum para o dopante é o alumínio, e a **Figura 8.13** mostra como o diagrama de bandas se alterará à medida que o material é dopado. Os elétrons da banda de valência podem ser facilmente promovidos para o nível receptor, deixando vagas ou "buracos" na banda de valência. Esses buracos se comportam como se tivessem carga positiva, por isso os engenheiros elétricos chamam-nos de material do tipo *p*. A extensão da dopagem controla o nível de condutividade alcançado, do mesmo modo que para o tipo *n*. O Problema-modelo 8.2 examina algumas combinações possíveis de elementos usados nesses materiais dopados.

PROBLEMA-MODELO ◂ 8.2

Apesar de bem menos comum que os dispositivos de silício, os semicondutores à base de germânio também podem ser fabricados. Que espécie de material (tipo *n* ou *p*) resultaria se o germânio puro fosse dopado com (a) gálio, (b) arsênio ou (c) fósforo?

Estratégia Do mesmo modo que o silício, o germânio tem quatro elétrons de valência por átomo. Logo, um dopante com menos de quatro elétrons de valência produzirá um material do tipo *p*, enquanto um dopante com mais de quatro elétrons de valência fornecerá um material do tipo *n*. Podemos usar a tabela periódica para encontrar o número de elétrons de valência em cada elemento.

Solução

(a) O gálio está no grupo 13, logo tem três elétrons de valência. O germânio dopado com gálio será um semicondutor do tipo *p*.
(b) O arsênio está no grupo 15, logo tem cinco elétrons de valência. O germânio dopado com arsênio será um semicondutor do tipo *n*.
(c) O fósforo está no grupo 15, logo o germânio dopado com fósforo será um semicondutor do tipo *n*, como no item (b).

Verifique seu entendimento Um engenheiro de materiais precisa obter um semicondutor do tipo *n* feito de silício. Quais átomos podem ser usados como dopantes? Esboce um diagrama de bandas para o material resultante.

Com base no que foi apontado até aqui, provavelmente não esteja claro o motivo de precisarmos dos dois tipos de materiais ou como poderíamos produzir quaisquer dispositivos úteis a partir deles. Na prática, todas as funções de circuito importantes em um *chip* ocorrem nas junções entre diferentes tipos de materiais. O ponto no qual um pedaço de material do tipo *p* encontra um pedaço de material do tipo *n* é chamado **junção *p*-*n***. O fluxo de elétrons através dessa junção pode ser regulado facilmente pela aplicação de voltagem de uma bateria ou outra fonte de energia. Grupos dessas junções podem ser produzidos para funcionar como interruptores e portais de variados graus de complexidade. Não aprofundaremos esses aspectos aqui, mas podemos descrever qualitativamente como uma junção *p-n* simples funciona.

A **Figura 8.14** apresenta um diagrama de uma junção *p-n*. O material do tipo *p* à esquerda é mostrado com alguns "buracos positivos" ilustrados. Lembre-se de que se trata apenas de elétrons "faltantes". O material do tipo *n* à direita apresenta seus elétrons "extras". Agora, imagine que conectamos uma bateria através das extremidades dos materiais unidos, como mostra o item (b) da figura. ◂ Os elétrons do material do tipo *p* se desviarão no sentido do lado positivo da bateria, ao passo que os buracos se moverão no sentido do lado negativo. (Os buracos se comportam como se tivessem cargas positivas.) Isso significa que a corrente flui através da junção quando a bateria é conectada dessa forma. Suponha que conectamos a voltagem no outro sentido, como no item (c) da figura. Agora, os elétrons e os buracos são ambos removidos da junção, nenhuma corrente flui através da fronteira. Nossa junção pode servir como interruptor controlado por voltagem: podemos ligar ou desligar a corrente através da junção, aplicando a voltagem no sentido certo. Essa ideia simples pode ser aplicada para o desenvolvimento de circuitos de grande complexidade. Para que isso seja feito, é necessário que haja grande número de diversos tipos de junções e um tanto de habilidade em projeto. Muitos de vocês atenderão a disciplinas sobre propriedades de materiais de engenharia, nos quais provavelmente verão essas ideias por uma perspectiva diferente. No entanto, para nossos propósitos aqui, o objetivo principal é mostrar como as importantes propriedades como um todo podem ser manipuladas por meio do ajuste da composição atômica de um sólido.

Para um tipo de dispositivo comum – o transistor de efeito de campo semicondutor de óxido metálico (MOSFET) –, a voltagem necessária é na faixa de 1–3 V.

As características dos condutores, semicondutores e isolantes metálicos apontadas neste capítulo se aplicam não apenas às formas elementares das substâncias, mas também a outras. Ligas são combinações de elementos metálicos (com um componente minoritário ocasional que é um ametal), e suas ligações lembram o que acabamos de descrever para os metais. Os semicondutores são em geral feitos também de combinações de elementos. O arseneto de gálio é um exemplo particularmente importante. Os isolantes também são frequentemente feitos com base em combinações de elementos, e muitos materiais cerâmicos são isolantes.

Nem todos os materiais têm ligações químicas responsáveis por manter um sólido unido. Agora, veremos outras forças que têm papel importante na matéria condensada.

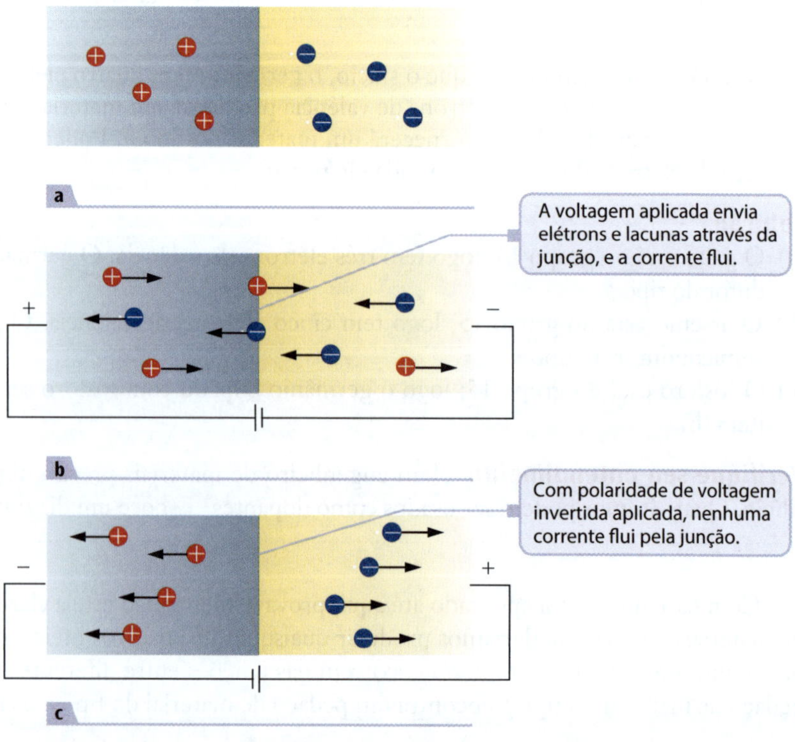

Figura 8.14 Uma junção *p-n* pode servir como um simples interruptor, permitindo que a corrente passe quando uma voltagem com a polaridade correta é aplicada. Essa simples funcionalidade pode ser explorada para construir uma variedade de complexas funções de circuito.

8.4 Forças intermoleculares

No Capítulo 7, vimos que a formação das ligações químicas é sempre governada pela minimização da energia dos átomos envolvidos. Ao voltarmos nossa atenção para as estruturas dos sólidos, veremos que o mesmo princípio ainda se aplica. A estrutura de qualquer sólido, cristalino ou amorfo, é determinada pelo equilíbrio de forças atrativas e repulsivas entre os átomos ou moléculas envolvidos. Nesta seção, estudaremos a natureza das **forças intermoleculares** – as forças entre moléculas.

Forças entre moléculas

No Capítulo 7, aprendemos como as interações entre átomos levam a ligações que mantêm as moléculas unidas. Não há dúvida de que essas interações são uma faceta extremamente importante da química. Porém, a compreensão das ligações químicas ainda nos deixa aquém do entendimento de muitos aspectos da estrutura da matéria. As forças *entre* as moléculas também são importantes. Apesar de normalmente bem mais fracas que as forças nas ligações químicas, essas forças intermoleculares são em grande parte responsáveis pela determinação da estrutura e das propriedades das fases condensadas. Logo, são especialmente importantes do ponto de vista da engenharia. ▸ Examinaremos diversos tipos de forças intermoleculares.

As forças intermoleculares são também criticamente importantes nos sistemas bioquímicos, incluindo vários dos biomateriais que consideramos no Capítulo 7.

Forças de dispersão[1]

As **forças de dispersão**, às vezes chamadas de forças de London, são comuns a todas as moléculas. São também denominadas *forças dipolo-dipolo induzido*. Essa expressão bem complicada aponta a origem dessas forças; então, consideremos cada parte do nome em separado. Antes de começarmos, lembre-se de que um dipolo existe sempre que temos dois pontos ou objetos com cargas opostas separados por alguma distância.

A imagem da mecânica quântica do átomo e, consequentemente, nossas ilustrações de diversos orbitais surgem de ideias de probabilidade e posição média. Porém, para entendermos a noção de um dipolo instantâneo, precisaremos nos distanciar desse ponto de vista. Será necessário considerar as posições ou distribuições eletrônicas em um único instante. Para um elétron em um orbital *s*, por exemplo, as ideias apresentadas no Capítulo 6 apontam que a probabilidade de encontrarmos aquele elétron a alguma distância do núcleo é esfericamente simétrica. Imagine agora que pudéssemos tirar uma "foto" do elétron. Provavelmente, você começará a pensar que seja mais provável encontrar o elétron de um "lado" do núcleo. (Uma foto semelhante, momentos mais tarde, poderia mostrar o elétron do outro lado, logo a posição média ainda estará consistente com a forma esférica que atribuímos ao orbital.) Essa oscilação dinâmica na distribuição de elétrons também é a mesma para as moléculas. Em um instante, podemos encontrar mais elétrons em uma extremidade de uma molécula que em outra, mesmo que, em média, eles estejam uniformemente dispersos por toda a molécula. Sempre que tal oscilação ocorre, há uma assimetria momentânea de carga: uma extremidade da molécula terá uma carga negativa transitória pequena, e a outra apresentará uma carga positiva transitória pequena. Esse processo implica, imediatamente, uma separação de carga momentânea, a qual produz um momento dipolo. Esse dipolo difere-se daqueles descritos anteriormente em nossa abordagem de ligações polares porque dura apenas aquele instante em que os elétrons ficam distribuídos de forma não uniforme. Portanto, é chamado de *dipolo instantâneo*. A duração desse dipolo instantâneo é curta, e ele logo desaparece apenas para se formar outra vez quando a distribuição momentânea de elétrons tornar-se, mais uma vez, assimétrica.

Essa distribuição dinâmica de elétrons não é o único meio de conseguir uma distribuição uniforme de densidade eletrônica. Como os elétrons têm muito pouca massa e são carregados, podem também ser influenciados por campos elétricos externos à molécula, como os de um dipolo em uma molécula vizinha. Quando uma molécula encontra um campo elétrico externo, os elétrons carregados negativamente tenderão a migrar do polo negativo do campo aplicado. Essa resposta estabelece novo dipolo dentro da própria molécula. Desse modo, o campo externo forçou a existência de um dipolo onde ele não existia anteriormente; ele *induziu* o dipolo. Esse processo é mostrado de forma esquemática na **Figura 8.15**.

Agora, combinaremos as ideias dos dipolos instantâneos e induzidos. Considere duas moléculas separadas por uma pequena distância. Uma molécula experimenta flutuação em sua densidade eletrônica, criando um dipolo

[1] As forças de dispersão são também conhecidas como forças de van der Waals. (NRT)

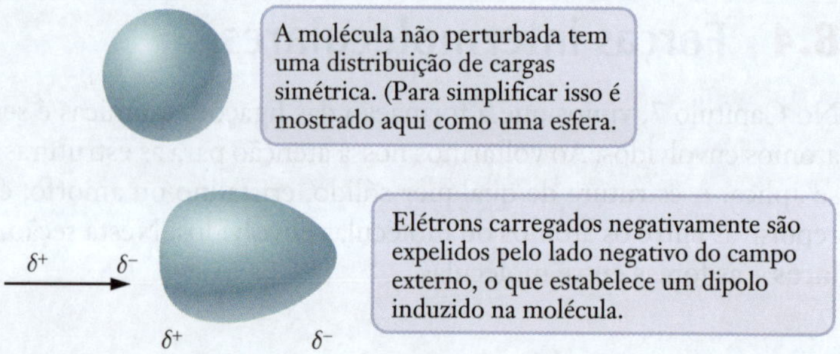

Figura 8.15 Um campo elétrico externo distorce a forma da nuvem eletrônica em volta de uma molécula ou de um átomo, criando um dipolo transitório ou induzido. A molécula distorcida pode agir como um campo externo sobre uma molécula próxima, propagando o efeito. As forças de dispersão resultam das atrações mútuas entre tais dipolos induzidos em um conjunto de moléculas.

instantâneo. A segunda molécula experimentará aquele dipolo como um campo elétrico externo, criando um dipolo induzido na segunda molécula. Essa combinação é a interação ou dispersão dipolo-dipolo induzido. Uma vez que os dipolos emparelhados dessa maneira estão alinhados para que a extremidade positiva de um esteja próxima à extremidade negativa do outro, as forças de dispersão são atrativas. Você deve estar pensando que tais forças momentâneas entre pares de moléculas devam ser incrivelmente fracas – e se estiver, está certo. Porém, já que amostras macroscópicas contêm moléculas na ordem do número de Avogadro, a soma de todas essas interações fracas pode ser uma quantidade significativa de energia. Essa energia mantém muitos líquidos e alguns sólidos unidos. ◂

Muitos polímeros, incluindo o polietileno, formam sólidos nos quais as forças de dispersão respondem pelas mais importantes atrações intermoleculares.

Como é calculado o tamanho relativo das forças de dispersão para diferentes materiais? O conceito-chave necessário para responder a essa questão é a **polarizabilidade**. O termo indica quão suscetível é uma molécula a ter sua distribuição de cargas perturbada por um campo externo. Essa característica das moléculas pode ser quantificada experimentalmente medindo-se as forças de interações entre elas, e há algumas conclusões gerais a que podemos chegar. A mais importante é que as moléculas grandes tendem a ser mais polarizáveis que as pequenas. Como a interação entre núcleos carregados positivamente e os elétrons carregados negativamente diminui à medida que a distância aumenta, faz sentido que as moléculas grandes sejam mais polarizáveis. Os elétrons estão presos menos firmemente e assim são influenciados com mais facilidade pelo campo externo. O fato de as moléculas maiores serem mais polarizáveis significa que tendem a experimentar forças de dispersão mais fortes.

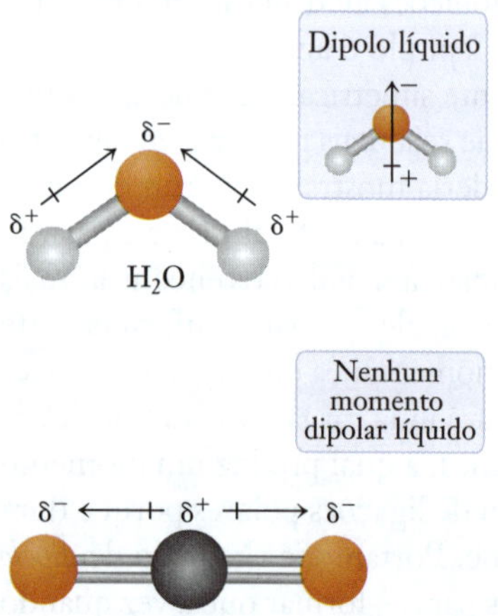

Figura 8.16 Os dipolos de ligação são adicionados como vetores, portanto, as formas moleculares são importantes para determinar se uma molécula tem um momento de dipolo. Em H_2O, a soma vetorial não é zero, então a molécula tem um momento dipolar permanente. Em uma molécula mais simétrica, como o CO_2, os dipolos de ligação somam zero e não há dipolo permanente.

Forças dipolo-dipolo

Embora qualquer molécula experimente forças de dispersão decorrentes de dipolos instantâneos, muitas moléculas têm momentos dipolares permanentes. E esses dipolos permanentes dão origem a **forças dipolo-dipolo** mais fortes entre as moléculas. Vimos na Seção 7.4 que as ligações químicas polares dão origem a dipolos. Esses dipolos de ligação são na verdade vetores, o que significa que eles têm uma magnitude e uma direção associadas a eles. Se os vetores dipolo da ligação em uma molécula não somam zero, então a molécula terá um momento dipolar permanente. Uma molécula de água é talvez o exemplo mais importante. O átomo de oxigênio mais eletronegativo atrai a densidade eletrônica para si e para longe dos átomos de hidrogênio. Isso significa que temos dois vetores dipolo de ligação, cada um apontando de um átomo de H para o átomo de O. Por causa da forma curvada da molécula de água, esses dois vetores não somam zero, como mostra a **Figura 8.16**. Isso significa que uma molécula de água tem um momento dipolar permanente. Como esse dipolo permanente influenciará as interações intermoleculares?

Quando moléculas que têm dipolos permanentes interagem entre si, há uma tendência de que estes se alinhem. Esse alinhamento, particularmente em um líquido, não é rígido, mas a região positiva de uma molécula prefere estar próxima à extremidade negativa das outras moléculas, e vice-versa. A carga nesses polos, no entanto, é raramente mais que uma fração da carga de um elétron. Dessa maneira, apesar de a extensão da atração de cargas opostas ou da repulsão de cargas iguais ser maior que aquela nas forças de dispersão, ela é bem modesta se comparada à força das ligações químicas. Se ocorrerem apenas pequenas atrações e repulsões, o alinhamento dos dipolos não será absoluto. A qualquer momento, pares ou grupos de moléculas em um material sofrerão interações repulsivas, mas haverá mais interações atrativas. A **Figura 8.17** mostra essa situação para uma "foto" de uma amostra de 50 moléculas. Cada molécula interagirá com seus vários vizinhos mais próximos. Se as extremidades com cargas opostas dos dois dipolos se aproximam umas das outras, a interação será de atração. Se as extremidades com cargas similares dos dois polos se aproximam umas das outras, a interação será repulsiva. Como resultado, as moléculas tenderão a favorecer os arranjos que maximixam as atrações e minimizam as repulsões. Embora as posições das moléculas individuais estejam constantemente mudando, as interações atrativas consistentemente superarão as repulsivas. Uma vez que são baseadas em dipolos permanentes em vez de transitórios, essas interações dipolo-dipolo são tipicamente mais fortes que as forças de dispersão.

Ligação de hidrogênio

A interação intermolecular que resta está entre os termos mais precariamente rotulados em toda a ciência. Apesar de serem frequentemente chamadas "ligações de hidrogênio", as interações de **ligação de hidrogênio** não são realmente ligações. Elas não envolvem uma ligação química no mesmo sentido formal no qual usamos esse termo no Capítulo 7. Pelo contrário, trata-se de uma forma especialmente forte de interações dipolo-dipolo observadas quando determinadas combinações de elementos estão presentes nos compostos. A ligação de hidrogênio é normalmente a mais forte de todas as interações intermoleculares. Uma vez que as ligações de hidrogênio têm papel proeminente na química biológica, essas interações têm efeito profundo sobre a vida como a conhecemos. ▸ Há alguns critérios específicos para que as interações de ligação de hidrogênio se formem.

Entre os muitos papéis da ligação de hidrogênio, talvez o mais importante esteja na união de duas fitas de DNA em dupla hélice.

O "hidrogênio" na ligação de hidrogênio é sempre um átomo de hidrogênio ligado a um átomo altamente eletronegativo, normalmente N, O ou F. O átomo altamente

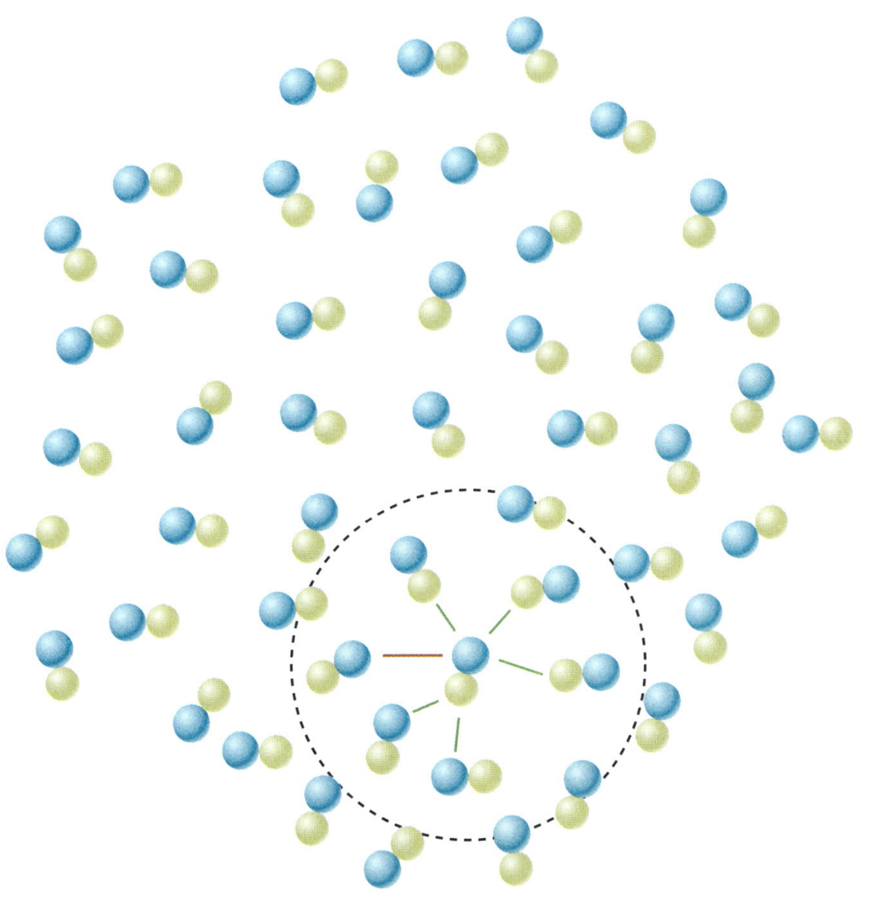

Figura 8.17 Este desenho mostra um arranjo de 50 moléculas polares, como poderia ser encontrado em uma "foto" de um líquido. O círculo destaca as interações entre uma molécula e seus vizinhos mais próximos. Algumas dessas interações serão de atração, como mostram as linhas verdes. Outras serão de repulsão, como mostra a linha vermelha. O número e a força das atrações têm valores superiores àqueles das repulsões, logo há uma força de rede que mantém as moléculas unidas.

eletronegativo tenderá a atrair o par de elétrons que ele compartilha com o hidrogênio, e então o átomo de hidrogênio receberá uma carga parcial positiva. Como o hidrogênio não tem outros elétrons de valência, essa carga positiva estará "exposta" especialmente a outras moléculas. Se um átomo com uma carga parcial negativa e um par de elétrons solitário disponível se aproxima dessa carga positiva exposta, o resultado será uma forte atração baseada em dipolo. A lista de átomos mais capazes de fornecer essa fonte de densidade eletrônica é a mesma mencionada anteriormente: N, O e F. Em quase todos os seus compostos, esses elementos tendem a ter um ou mais pares de elétrons solitários disponíveis, os quais podem ser, pelo menos, parcialmente compartilhados com um átomo de hidrogênio próximo de uma outra molécula.

Os casos mais simples de ligação de hidrogênio envolvem compostos puros cujas moléculas contêm tanto o átomo de hidrogênio quanto o átomo altamente eletronegativo com o qual irá interagir. Desse modo, no fluoreto de hidrogênio, o átomo de H de uma molécula pode ser atraído para o átomo de F de uma segunda molécula. Situação semelhante existe para a água, onde os átomos de oxigênio fornecem os pares solitários para os quais os átomos de hidrogênio serão atraídos. É de importância crucial lembrar que essas atrações de ligações de hidrogênio são bem mais fracas que as ligações químicas em uma única molécula. As ligações de hidrogênio na água, por exemplo, são responsáveis por manter as moléculas unidas umas às outras nas fases sólida ou líquida. Quando a água líquida é aquecida, as ligações de hidrogênio se quebram, o que não ocorre com as ligações químicas. À medida que a água ferve, o vapor expelido é ainda formado por moléculas de H_2O. (Lembre-se do Problema-modelo 1.1) Em casos mais complicados, incluindo muitos que surgem em moléculas biológicas, as ligações de hidrogênio podem ocorrer entre diferentes moléculas ou mesmo entre diferentes partes de grandes moléculas como proteínas. A veia comum em todos esses casos é a presença de átomos de hidrogênio ligados a átomos altamente eletronegativos. O Problema-modelo 8.3 examina os tipos de forças intermoleculares presentes em alguns compostos simples.

PROBLEMA-MODELO ◂ 8.3

Qual(is) tipo(s) de forças intermoleculares precisa(m) ser superado(s) para a conversão de cada um dos seguintes líquidos em gases: (a) CH_4, (b) CH_3F e (c) CH_3OH?

Estratégia As forças de dispersão existirão para qualquer substância, mas serão as mais importantes apenas na ausência de interações mais fortes dipolo-dipolo ou de ligação de hidrogênio. Para certificarmo-nos de que essas forças mais fortes são possíveis, precisaremos examinar a estrutura de cada composto. Podemos começar usando as estruturas de Lewis para estabelecer as geometrias moleculares. Nesse caso, estamos lidando com o metano, cuja estrutura conhecemos bem, e dois compostos intimamente relacionados.

Solução

(a) Estamos bem familiarizados com a estrutura do CH_4, do Capítulo 7: ela é uma molécula tetraédrica com quatro ligações C—H idênticas:

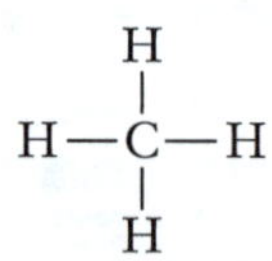

Uma vez que a estrutura é totalmente simétrica, não são possíveis forças dipolo-dipolo. Já que os átomos de H no CH_4 não estão ligados a N, O ou F, nenhuma ligação de hidrogênio é possível. Somente as forças de dispersão precisam ser superadas para a vaporização do metano líquido.

(b) O fluoreto de metila é também tetraédrico, mas um dos átomos de hidrogênio no metano foi substituído pelo flúor.

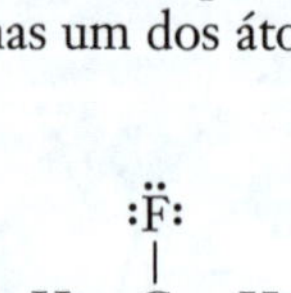

Com apenas um átomo de flúor presente, a molécula não é mais simétrica. A ligação C—F é altamente polar e fornecerá à molécula um momento dipolo. Para a vaporização do CH_3F, devem ser superadas as forças dipolo-dipolo.

(c) A estrutura do metanol está também intimamente relacionada à do metano. Aqui substituímos um dos átomos de hidrogênio no CH_4 por um grupo —OH.

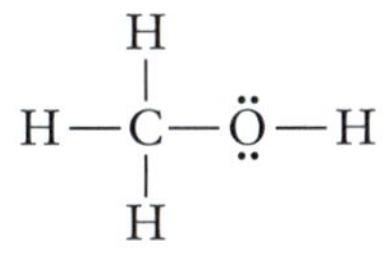

Do mesmo modo que no CH_3F, a molécula terá um momento dipolo, mas o dipolo surge do grupo —OH, o qual apontará que a ligação de hidrogênio será possível aqui. O átomo de hidrogênio no grupo —OH de uma molécula pode ser fortemente atraído pelo átomo de oxigênio em uma outra molécula. Logo, para a vaporização do metanol, precisamos superar as interações de ligação de hidrogênio.

Discussão A identificação das forças envolvidas nos permite prever a ordem dos pontos de ebulição para esses líquidos. Com apenas forças de dispersão fracas envolvidas, o CH_4 deve ter um ponto de ebulição muito baixo. As interações dipolo-dipolo devem dificultar ainda mais a vaporização do CH_3F, conferindo-lhe um ponto de ebulição mais alto. (As forças de dispersão também seriam um pouco mais fortes que para o CH_4 por causa do aumento da massa.) Por fim, a ligação de hidrogênio no CH_3OH deve conferir-lhe o mais alto ponto de ebulição dentro desse grupo. Essas previsões estão corretas, já que os pontos de ebulição são –164°C (CH_4), –78°C (CH_3F) e 65°C (CH_3OH).

Verifique seu entendimento Classifique as seguintes espécies em ordem crescente de pontos de ebulição, considerando as forças intermoleculares importantes em cada uma delas: Ne, CO, CH_4 e NH_3.

As forças que consideramos aqui – dispersão, interações dipolo-dipolo e ligação de hidrogênio – produzem muitas das interações que podem ocorrer entre moléculas e nos permitem entender tanto a existência quanto as propriedades das fases condensadas. Nenhuma dessas forças é tão forte quanto a mais fraca das ligações químicas. As interações da ligação de hidrogênio são normalmente as mais fortes das interações moleculares, mas mesmo elas estão em uma ordem de grandeza mais fraca que a ligação covalente média. Apesar dessa aparente fraqueza, ao considerarmos uma amostra macroscópica, o número completo de tais interações pode torná-las fator-chave para a determinação das propriedades como um todo.

POR DENTRO DE A comparação entre forças intermoleculares e intramoleculares pode ser ilustrada bem claramente pelo exame mais detalhado do grafite. (Lembre-se das características gerais da estrutura da Figura 8.8.) Em um plano, os átomos de carbono estão ligados por ligações covalentes fortes, o que é mostrado no quadro à esquerda da **Figura 8.18**. Grande número de estruturas de ressonância poderia ser feito, mas é razoavelmente claro que, em média, a força de cada ligação carbono-carbono estará entre aquela de uma ligação simples e a de uma ligação dupla. Entre as camadas, no entanto, as interações se devem às forças de dispersão, o que as torna significativamente mais fracas. Logo, os átomos de carbono em determinada camada são mantidos unidos por ligações químicas relativamente fortes, enquanto as forças de dispersão bem mais fracas mantêm pares de camadas adjacentes unidas entre si. ▸ O resultado é que as camadas de grafite podem deslizar umas sobre as outras com

Uma única camada com essa estrutura é conhecida como grafeno e muitas aplicações desse material bidimensional têm sido exploradas.

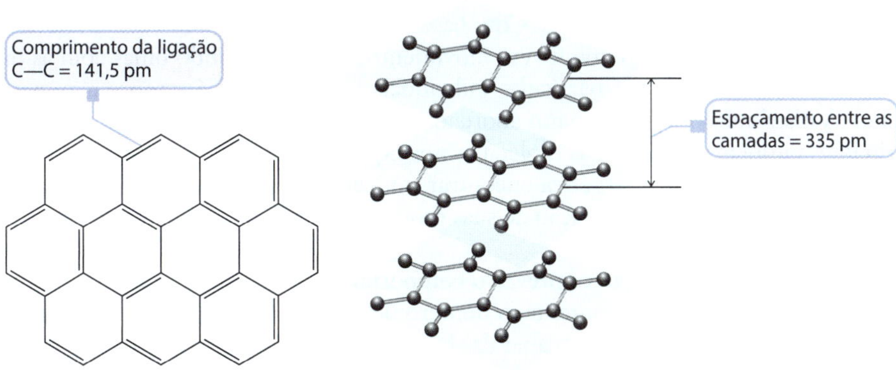

"Vista superior" de uma camada de grafite

"Vista lateral" de uma pilha de três camadas de grafite

Figura 8.18 Os átomos de carbono em cada camada na estrutura do grafite são unidos por fortes ligações covalentes, com uma distância C–C bem pequena. Uma vez que cada átomo de carbono forma quatro ligações dentro de sua própria camada, as forças intermoleculares devem ser responsáveis pela manutenção das camadas unidas, o que é visível pelo espaçamento bem maior entre as camadas. Por serem fracas as forças unindo as camadas umas às outras, o deslizamento de uma camada em relação à seguinte é bastante fácil, e isso explica a maciez e as propriedades lubrificantes do grafite.

relativa facilidade, e esse processo ajuda a explicar por que o grafite é um lubrificante útil. Os lubrificantes devem resistir a grandes forças, e as fortes ligações em uma camada proporcionam essa força. Eles também devem ter um fluxo viscoso, e o movimento de uma camada em relação à seguinte torna isso possível.

Apesar de bem simples, a estrutura do grafite aponta para a importância tanto das ligações químicas quanto das forças intermoleculares para a determinação das propriedades de um sólido. A seguir, voltaremos nossa atenção aos vários tipos de forças que podem existir entre moléculas e a maneira como influenciam as propriedades físicas.

8.5 Fases condensadas – líquidos

Os sólidos não são a única fase condensada da matéria. As forças intermoleculares dos tipos que acabamos de descrever em geral resultam na formação de líquidos tanto quanto de sólidos. Com base em uma perspectiva estrutural, os líquidos não são tão "organizados" quanto os sólidos, mas podemos examinar algumas de suas características importantes.

A diferença-chave entre líquidos e sólidos repousa na maior mobilidade dos átomos ou das moléculas em um líquido. Para um sólido, a posição média de cada partícula permanece essencialmente inalterada. Mesmo que haja significativa vibração em torno da posição média, os átomos permanecem em arranjo fixo por todo o tempo. Em contraste, as partículas em um líquido estão livres para se movimentar umas em relação às outras, o que é feito constantemente. Esse movimento constante tem um importante papel no fato de os líquidos frequentemente servirem como solventes que podem dissolver outros produtos químicos. As partículas dissolvidas, como aquelas do próprio líquido, também se tornam capazes de se movimentar. Esse processo permite que as partículas dissolvidas se encontrem com outros materiais dissolvidos (ou sólidos em contato com o líquido), o que pode provocar a ocorrência de reações químicas.

Se, neste momento, restringirmos nossa abordagem aos líquidos puros, o que poderemos aprender sobre suas propriedades por meio do exame das forças intermoleculares? Consideremos algumas propriedades físicas que podem ser importantes para a compreensão do comportamento dos líquidos.

Pressão de vapor

Após uma chuva de primavera, as calçadas ficam cobertas de poças. Essas poças desaparecem, mas a água nunca evapora. A evaporação dessas poças é indicativa de um fenômeno conhecido por pressão de vapor, que é, na verdade, característico tanto de líquidos quanto de sólidos. A **pressão de vapor** é a pressão da fase gasosa de uma substância em equilíbrio com o líquido puro em recipiente vedado. Trata-se de propriedade característica de substância em particular, em temperatura específica. Uma poça do mesmo tamanho irá evaporar mais rapidamente em um dia quente que em dia mais fresco. Se o líquido nas calçadas fosse acetona em vez de água, as poças desapareceriam bem mais rapidamente.

Podemos chegar a uma descrição qualitativa para a ideia da pressão de vapor, considerando as interações intermoleculares dos vários tipos que apresentamos na seção anterior. Em qualquer sólido ou líquido, essas interações intermoleculares atrativas mantêm as moléculas unidas. Com base em uma perspectiva molecular, o sistema consiste em um grande número de moléculas, constantemente em movimento, mas interagindo umas com as outras. Em qualquer sistema molecular, as velocidades das partículas individuais variam, mas há sempre algumas partículas com energia cinética alta. (A distribuição de Boltzmann abordada na Seção 5.6 para as moléculas de gás é um exemplo disso. Ideias semelhantes também se aplicam às moléculas nos líquidos, apesar de sua forma exata ser mais complicada.) Se uma molécula especialmente energética encontrar seu caminho até a superfície do líquido, ela pode ter energia suficiente para superar as forças de atração de suas moléculas vizinhas e escapar para a fase de vapor. Essa é a origem molecular da evaporação.

Esse ponto de vista molecular nos permite prever o comportamento da pressão de vapor com as variações de temperatura. À medida que a temperatura aumenta, o número de moléculas com energia cinética alta também aumenta. Logo, mais moléculas serão capazes de escapar das forças atrativas da interação intermolecular. Desse modo, a pressão de vapor deve aumentar à medida que a temperatura aumenta, o que é comprovado experimentalmente. Nossa descrição molecular também nos permite compreender as pressões de vapor relativas de diferentes moléculas. Para escaparem de um líquido, as moléculas devem ter energia cinética suficientemente alta para superar as interações intermoleculares no líquido. Portanto, a intensidade dessas forças intermoleculares define a barreira que as moléculas em evaporação devem superar para que possam escapar. Se um sistema tem fortes interações intermoleculares, as moléculas precisarão de quantidades de energia cinética particularmente grandes. Há simplesmente menos moléculas capazes de escapar quando as interações intermoleculares são fortes, e então a pressão de vapor

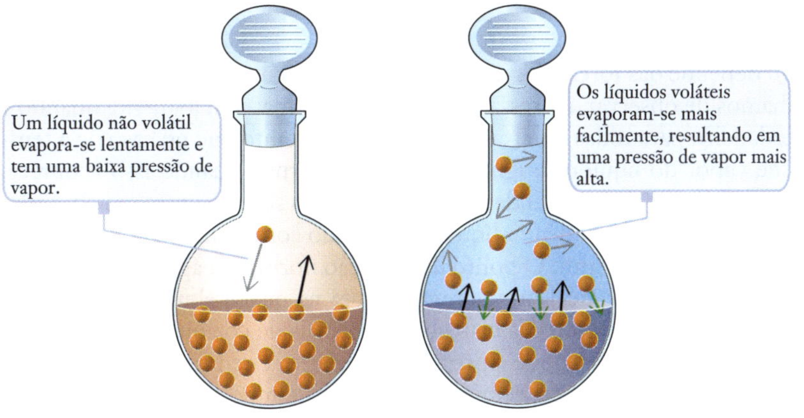

Figura 8.19 Quando um líquido é mantido em recipiente fechado, estabelecerá um equilíbrio com sua fase de vapor. A pressão de vapor proporciona uma medida da facilidade com que um líquido específico se evapora.

será baixa. Os líquidos com altas pressões de vapor evaporam-se rapidamente e são chamados **voláteis**. Muitos projetos de engenharia, incluindo os de motores movidos a gasolina, devem levar em conta a volatilidade de alguns componentes, como o combustível. Às vezes, a volatilidade é um recurso quando, por exemplo, o combustível está sendo injetado em um cilindro para combustão. Ela também pode ser uma desvantagem, por exemplo, quando se tenta minimizar a liberação de combustível não queimado de um tanque de armazenamento para a atmosfera.

Isso nos fornece visão qualitativa razoavelmente útil da pressão de vapor. Mas como essa pressão pode ser quantificada? A água tem uma pressão de vapor mais baixa que a acetona, mas quanto mais baixa? Para medir a pressão de vapor de um líquido ou de um sólido é necessário que o sistema atinja o equilíbrio. Em outras palavras, as moléculas que estão escapando do líquido devem ser substituídas por outras que estão sendo capturadas, como demonstra a **Figura 8.19**. Uma vez que esse equilíbrio foi estabelecido, a pressão das moléculas na fase gasosa permanecerá constante e poderá ser mensurada de forma bem fácil. ▸ Este processo, no qual o estado líquido do sistema está inalterado, porém ainda há moléculas escapando e sendo capturadas pelo líquido, é chamado **equilíbrio dinâmico**. Estudaremos o assunto em detalhes no Capítulo 12, porque é importante em muitas outras circunstâncias além da pressão de vapor. Os valores da pressão de vapor para diversos líquidos próximos à temperatura ambiente são fornecidos na **Tabela 8.1**.

As medidas de pressão de vapor são feitas em recipientes evacuados, logo a única forma de pressão é a exercida pelo vapor.

Tabela ▪ 8.1 Algumas pressões de vapor e pontos de ebulição

Pressões de vapor a 22°C e pontos de ebulição normais de uma variedade de substâncias

Substância	Pressão de vapor (torr) ▸	Ponto de ebulição normal (°C)
Acetona	202	56,2
Br_2	185	58,8
$CClF_3$	24.940	–81,1
CCl_2F_2	4448	–29,8
CCl_3F	717	23,8
CCl_4	99,0	76,54
HCN	657	26
Formaldeído	3.525	–21
Metanol	108	64,96
n-Pentano	455	36,07
Neopentano	1.163	9,5
Isobutano	2.393	–11
n-Butano	1.658	–0,5
Propano	6.586	–42,07
Etano	29.380	–88,63
Água	19,8	100

Lembre-se de que 760 torr = 1 atm.

Ponto de ebulição

O ponto de ebulição de um líquido também depende das forças das interações intermoleculares e está intimamente relacionado à pressão de vapor. Como acabamos de observar, a pressão de vapor de um material aumenta quando a temperatura aumenta. Esse fenômeno é verdadeiro para todas as faixas de temperatura, tanto que no caso de a temperatura continuar a aumentar, a pressão de vapor do líquido se iguala à pressão externa. Quando isso acontece, pequenas bolhas de vapor se formam dentro do líquido e o sistema entra em ebulição. ◂ O **ponto de ebulição normal** de um líquido é definido como a temperatura na qual sua pressão de vapor é igual 1 atm. O ponto de ebulição normal da água é 100°C. Se a pressão externa estiver abaixo de 1 atm, a temperatura na qual a ebulição irá ocorrer será mais baixa. Esse é o princípio das instruções especiais de cozimento para as pessoas que moram nas montanhas, onde a pressão atmosférica é reduzida. Caso se deseje cozinhar um ovo em alta altitude, será necessário mais tempo que ao nível do mar, porque a água estará fervendo em uma temperatura mais baixa. A pressão de vapor da água como uma função da temperatura é mostrada na **Figura 8.20**. A diferença na temperatura de ebulição entre o nível do mar e as montanhas é um resultado direto da dependência que a temperatura tem da pressão de vapor. Em uma altitude maior, a pressão atmosférica é mais baixa, e a ebulição ocorre sempre que a pressão de vapor é igual à pressão externa. Observe também a forma da curva. A pressão aumenta rapidamente quando as temperaturas excedem 100°C, e a água normalmente entra em ebulição. ◂

A formação de bolhas de gás em um líquido não é automática, portanto é possível "superaquecer" um líquido acima de seu ponto de ebulição sob determinadas circunstâncias.

O fato de a pressão de vapor continuar a crescer depois do ponto de ebulição é importante para itens como a pipoca ou as panelas de pressão.

Os pontos de ebulição normais de diversos líquidos estão listados na Tabela 8.1. Observe que aqueles líquidos com baixas pressões de vapor têm pontos de ebulição altos. É possível, portanto, avaliar a força das interações intermoleculares observando o ponto de ebulição normal dos líquidos: quanto mais alto o ponto de ebulição, maiores são as forças intermoleculares. Também é possível separar moléculas de diferentes forças de interação intermolecular por meio da destilação, uma importante etapa no refino de petróleo.

Tensão superficial

A natureza atrativa das interações intermoleculares significa que um líquido irá, em geral, se comportar de modo que maximize o número de interações. Um efeito disso é que o número de moléculas na superfície do líquido é minimizado. Essas moléculas da superfície se encontrarão em ambiente diferente daqueles do grosso do líquido. Se a superfície do líquido está em contato com um gás, há menos moléculas disponíveis para interagir com as moléculas da superfície, uma vez que os gases são menos densos que os sólidos (**Figura 8.21**). Por serem atrativas as interações intermoleculares típicas, o fato de essas moléculas da superfície terem menos vizinhos significa que se encontram em um estado de mais alta energia que o grosso das moléculas. O sistema irá naturalmente minimizar o número de moléculas nesse ambiente de mais alta energia, dando origem a um fenômeno chamado **tensão superficial**. Algo

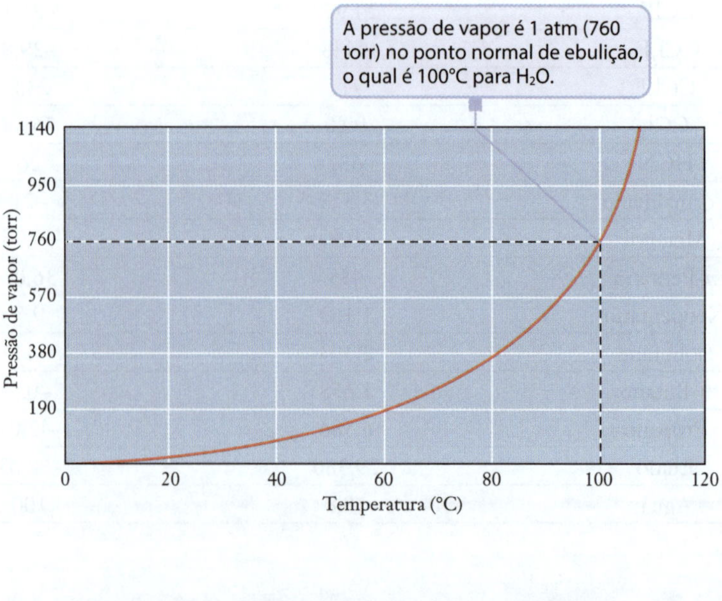

Figura 8.20 A pressão de vapor da água varia significativamente como uma função da temperatura.

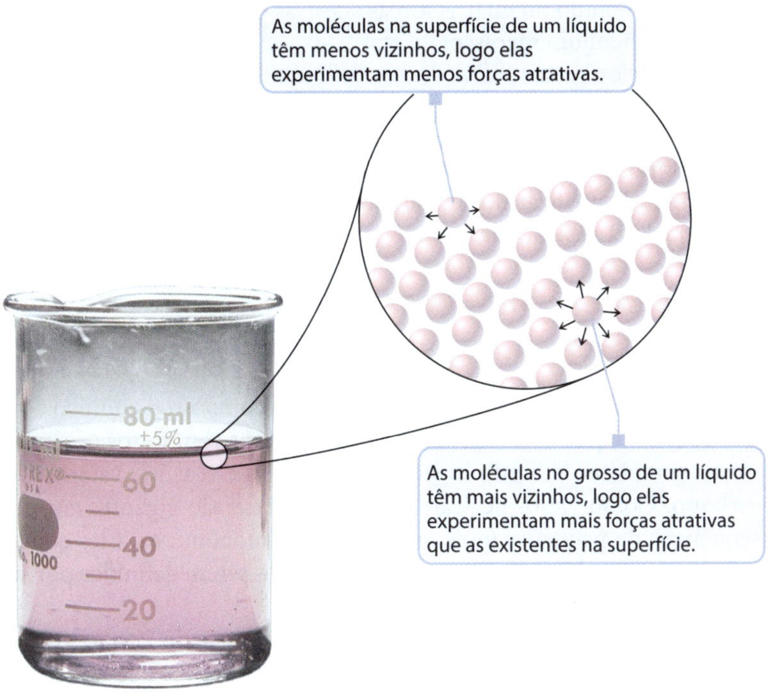

Figura 8.21 As moléculas na superfície de um líquido têm menos vizinhos próximos que as localizadas no grosso do líquido. A tensão superficial surge por causa dessa diferença no ambiente da escala molecular.

Figura 8.22 A proveta mostrada nesta fotografia contém camada de água acima de uma camada de mercúrio. O menisco acima da coluna de mercúrio é convexo, significando que está mais alto no centro da proveta que nas paredes. O menisco na superfície da água é côncavo com a água mais alta ao longo das paredes que no centro da proveta. Essas formas resultam das diferenças na força das interações de adesão e coesão entre os líquidos e o vidro da proveta.

sob tensão está em estado mais alto de energia. Aqui, a origem do "estado alto de energia" é a existência da superfície e o fato de as moléculas na superfície terem menos vizinhos mais próximos que as moléculas no grosso do líquido.

A tensão superficial explica uma variedade de fenômenos observáveis, incluindo o fato de a água tender a "granular" em gotas esféricas (ou quase esféricas). A energia de qualquer determinada amostra de líquido será reduzida se menos moléculas estiverem na superfície. A forma que encerra o maior volume com a menor quantidade de superfície é uma esfera. O fato de a água sofrer interações intermoleculares fortes por causa das ligações de hidrogênio significa que sua tensão superficial é relativamente alta e fornece uma força maior para formar gotas esféricas. Esse efeito é mais bem visto em uma superfície encerada, pois as moléculas polares de água não interagem fortemente com a cera apolar. ▸ Em outras superfícies, inclusive um capô de carro empoeirado, as fortes interações entre as moléculas de água e as substâncias na superfície podem superar a tensão superficial, produzindo um filme mais uniforme de água.

Em aplicações de engenharia nas quais a tensão superficial pode criar problemas, são frequentemente adicionadas moléculas chamadas surfactantes para diminuir a tensão superficial. Os surfactantes também se apoiam em entendimento das forças intermoleculares em seus designs.

Quando a superfície de um líquido interage com um sólido, em vez de interagir com um gás, devemos considerar as interações concorrentes. As moléculas do líquido interagem entre si, mas também interagem com as moléculas no sólido. As interações líquido-líquido são denominadas **coesão**, e as interações líquido-sólido, **adesão**. As intensidades relativas dessas forças ditarão a forma da superfície curvada, ou menisco, que se forma no líquido. A **Figura 8.22** mostra uma comparação entre dois líquidos diferentes em tubo de vidro. A água (no topo) tem interações fortes com o vidro, o qual tem diversas ligações polares em sua superfície. Portanto, as forças de adesão são maiores que as de coesão, e o menisco é côncavo. O líquido na parte de baixo do tubo é o mercúrio, o qual não interage fortemente com a superfície polar do vidro. Logo, a adesão é baixa em relação à coesão, resultando em um menisco convexo. Espera-se que um líquido no qual as forças adesivas e coesivas são igualmente fortes mostre superfície horizontal, com, virtualmente, nenhum menisco.

As estruturas de carbono que observamos na seção de abertura "Por dentro de" neste capítulo não existe facilmente nas fases líquidas. A fusão do diamante ou do grafite requer temperaturas bastante altas para não haver consequências práticas das fases líquidas. Há, no entanto, materiais à base de carbono que têm importantes propriedades tanto no estado sólido quanto no líquido, e eles compreendem uma porção relativamente grande dos materiais utilizados nos projetos modernos de engenharia. Antes de finalizarmos nosso estudo de materiais, precisamos fazer mais um exame dos polímeros – particularmente aqueles à base de carbono.

8.6 Polímeros

A importância do carbono na química e na ciência de materiais deve-se aos incontáveis compostos químicos que pode formar, e não às formas elementares que vimos até aqui neste capítulo. Apesar de haver compostos orgânicos mais que suficientes para proporcionar um curso completo dedicado às suas propriedades e reações, vamos considerar aqui apenas os polímeros à base de carbono. Como vimos no Capítulo 2, polímeros são gigantes entre as moléculas, construídos pelo encadeamento sequencial de pequenas moléculas chamadas monômeros. Eles constituem o principal componente dos materiais que chamamos plásticos – apesar de os plásticos serem definidos por sua habilidade de serem moldados e geralmente incluírem aditivos.

POR DENTRO DE A utilidade dos polímeros e plásticos nas aplicações de engenharia surge do fato de os químicos e engenheiros de materiais poderem controlar suas propriedades físicas. Os principais fatores que podem ser empiricamente ajustados para modificar polímeros são os monômeros usados, o tipo de reação necessária para a produção dos polímeros e os catalisadores empregados para dar velocidade às reações. Uma escolha cuidadosa desses fatores pode controlar as propriedades físicas do polímero resultante.

Polímeros de adição

Agora que entendemos um pouco sobre ligações e reações químicas, não deve parecer surpreendente que o modo como os polímeros são gerados depende em grande parte das características dos monômeros envolvidos. Na Seção 2.8, mostramos como os monômeros que contêm uma ou mais ligações duplas sofrem reações de adição de radicais livres para formar polímeros. Como mostra a **Figura 8.23**, uma **polimerização de adição** se inicia com a geração de um radical livre. (Essa etapa é normalmente realizada com o aquecimento de uma molécula que se decompõe em dois radicais.) ◂ Esse radical livre ataca a ligação dupla em uma molécula do monômero, formando novo radical que agora inclui a unidade de monômero. O radical resultante ataca a ligação dupla de um outro monômero, quebrando-a e formando uma ligação simples adicional. O importante é que o produto ainda é um radical, agora contendo duas unidades de monômero. Esse radical pode ainda atacar um outro monômero, e, com suficientes etapas dessas, o polímero pode ser formado. Em razão da quantidade de vezes que essa reação se repete, é possível controlar o comprimento da cadeia polimérica. Mais cedo ou mais tarde, um radical será eliminado, ou pelo encontro com um outro radical ou por alguma outra reação, o que impedirá que a molécula de polímero cresça mais. Esse processo é chamado de *finalização da cadeia*. Uma vez que a ocorrência dessas etapas de finalização é um pouco aleatória, nem todas as cadeias poliméricas terão o mesmo comprimento. Pelo contrário, há normalmente uma faixa de comprimentos e uma distribuição de massas moleculares. Essa distribuição pode ser descrita de forma aproximada em termos do **grau de polimerização**, que é o número médio de unidades repetidas no polímero. Esse grau é em geral calculado em termos de massa:

Os peróxidos contêm um par de átomos de oxigênio unidos por uma ligação simples.

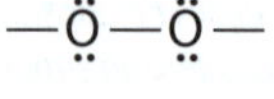

$$\text{Grau de polimerização} = \frac{\text{massa do polímero}}{\text{massa molar do monômero}}$$

Uma razão para os polímeros serem materiais de engenharia comuns é que suas propriedades podem ser moldadas em uma variedade de maneiras. A mais óbvia é a escolha da unidade de monômero, porque sabemos que polímeros diferentes podem oferecer características vastamente diversas. Mas também é possível ter propriedades diferentes em polímeros derivados do mesmo monômero. Uma variável é o grau de polimerização que pode ser

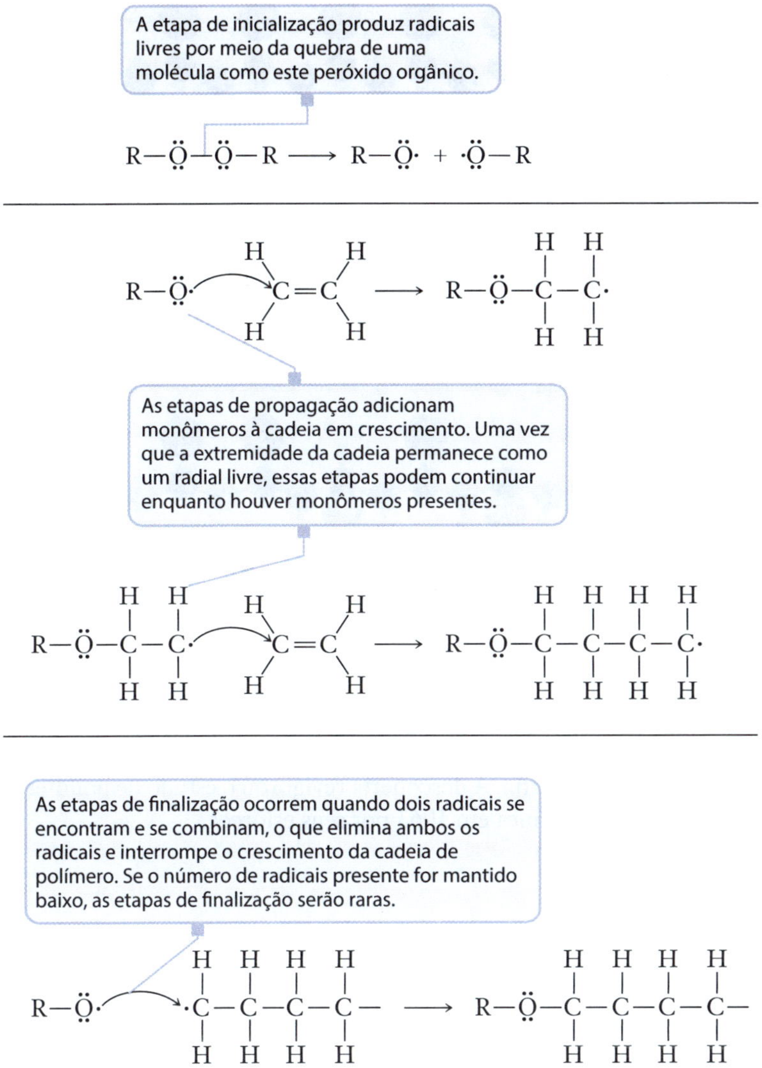

Figura 8.23 Com frequência, a polimerização de adição prossegue por meio de um mecanismo de radicais livres, caracterizando as etapas de inicialização, propagação e finalização. As condições são escolhidas para que as etapas de inicialização e de finalização ocorram raras vezes. Cada etapa de propagação adiciona uma unidade de monômero à cadeira de polímero em crescimento.

controlado pela variação de parâmetros utilizados na reação de síntese. Outra abordagem é controlar o modo como os monômeros são ligados. Talvez o mais importante exemplo disso seja a formação tanto do polietileno de baixa densidade (PEBD) quanto do polietileno de alta densidade (PEAD), que abordamos na Seção 2.8.

Quando o monômero é menos simétrico que o etileno, há variabilidade adicional que pode resultar do processo de polimerização. Por exemplo, o propileno tem uma estrutura semelhante à do etileno, mas com um grupo metila ($-CH_3$) substituindo um átomo de hidrogênio. Essa variação indica que o polímero resultante pode ter grupos metila ligados à espinha dorsal de carbono em três maneiras diferentes, resultando nos diversos arranjos geométricos mostrados na **Figura 8.24**. É importante notar que a geometria em cada átomo de carbono na cadeia é tetraédrica, portanto os grupos metila estão ou à frente ou atrás do plano da página nessa ilustração. Se todos os grupos metila apontam para a frente [como na Figura 8.24(a)] ou para trás, então, um **polímero isotático** é produzido. Se a posição dos grupos metila se alterna sistematicamente para a frente e para trás, o resultado é um **polímero sindiotático**. No terceiro caso, o arranjo do grupo metila é aleatório, passando para "dentro" e para "fora" da página, sem um padrão regular, produzindo um **polímero atático**.

As propriedades físicas de um polímero podem ser fortemente influenciadas por esse tipo de variabilidade. ▸ Uma vez que a estrutura dos polímeros atáticos não é muito bem definida, suas propriedades físicas podem variar consideravelmente de uma amostra para outra. O arranjo regular dos monômeros em polímeros isotáticos e sindiotáticos em geral leva a propriedades mais previsíveis e controláveis. Portanto, nossa

O poliestireno é um exemplo de um polímero comercial cujas propriedades dependem se ele é sindiotático ou atático.

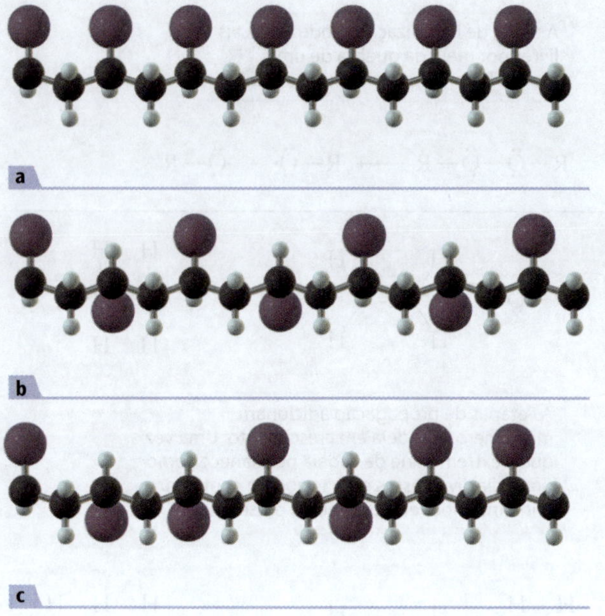

Figura 8.24 Para monômeros com estruturas mais complicadas, tornam-se possíveis várias maneiras diferentes de uni-los. Aqui vemos o polipropileno, que se difere do polietileno no sentido de que todo átomo de carbono tem um grupo metila no lugar de um átomo de hidrogênio. As bolas roxas representam aqui esses grupos metilas. Em (a), todos os grupos metila estão arranjados do mesmo lado da cadeia polimérica, fornecendo um polipropileno isotático. Em (b), os grupos metila estão em lados alternados da cadeia polimérica, produzindo um polipropileno sindiotático. Por fim, o arranjo aleatório dos grupos metila em (c) é um polipropileno atático.

habilidade em produzir seletivamente polímeros em um desses arranjos oferece ferramenta poderosa para o cientista ou engenheiro de materiais. Essa habilidade em controlar a configuração específica de um polímero foi inicialmente conquistada por Karl Ziegler e Giulio Natta nos anos 1950. Esses cientistas descobriram novos catalisadores para a reação de polimerização de adição, que aumentava a velocidade de reação e também controlava a estrutura. Esses catalisadores vieram a ser conhecidos como catalisadores Ziegler-Natta. A descoberta revigorou o estudo de polímeros, e Ziegler e Natta foram agraciados com o Prêmio Nobel de Química em 1963 por seus esforços.

Polímeros de condensação

O segundo tipo de reação comumente observado para a formação de polímeros é chamado *condensação*. Nessa reação, há dois grupos funcionais no monômero que podem reagir juntos para formar pequenas moléculas. Essas pequenas moléculas se dividem, e partes remanescentes dos dois monômeros são ligadas. (A expressão **polímero de condensação** origina-se do fato de a pequena molécula eliminada geralmente ser a água.) A **Figura 8.25** apresenta as reações de condensação que produzem dois polímeros importantes na fabricação de fibras: Nylon® e Dacron®. O náilon é chamado de poliamida, e o dácron é um poliéster. Esses nomes se referem às ligações características de amida e éster encontradas nas moléculas, como destacado na Figura 8.25. Quando se examinam esses dois exemplos, pode-se ver os grupos funcionais que devem estar presentes em monômeros para a polimerização por condensação. O Problema-modelo 8.4 examina alguns aspectos de outros polímeros de condensação.

PROBLEMA-MODELO ◂ 8.4

Cada um dos seguintes monômeros ou pares de monômeros pode sofrer reações de polimerização por condensação. Desenhe as estruturas e mostre as unidades repetidas e ligações em cada um dos polímeros resultantes.

(a) glicina:

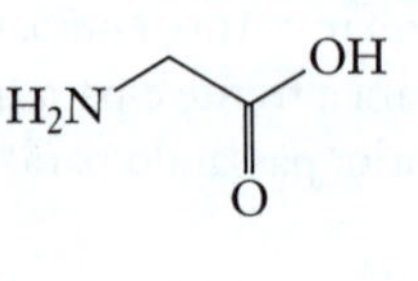

(b) ácido 6-aminocaproico:

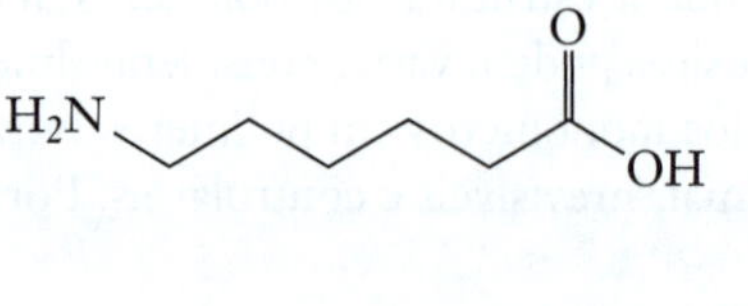

(c) *p*-fenilenodiamina e ácido tereftálico:

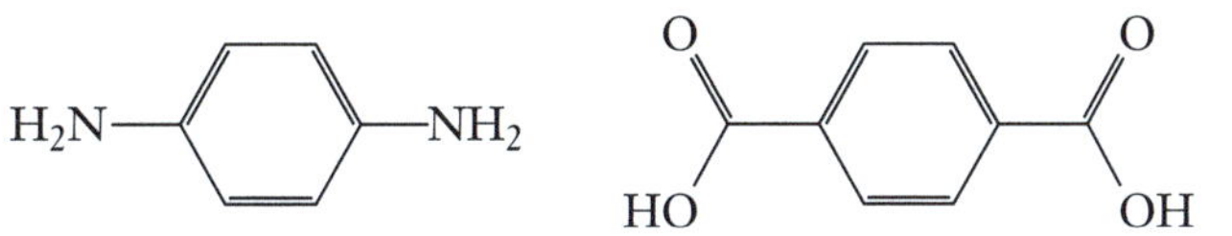

Estratégia A polimerização por condensação envolve a eliminação de uma pequena molécula – em geral a água – à medida que cada monômero é adicionado à cadeia em crescimento. Podemos procurar grupos funcionais nas extremidades dos monômeros que podem sofrer tal reação.

Solução

(a) Temos um grupo amina (—NH_2) em uma extremidade do monômero e um grupo carboxila (—COOH) em outra. A eliminação de H_2O desses grupos produzirá uma ligação amida. O polímero terá a seguinte estrutura, com os monômeros conectados por ligações de amida:

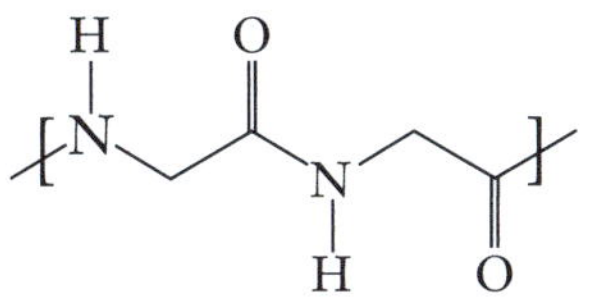

(b) Este é semelhante ao (a):

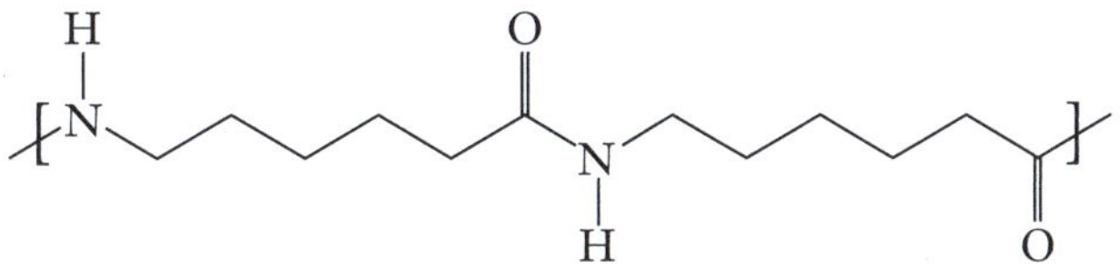

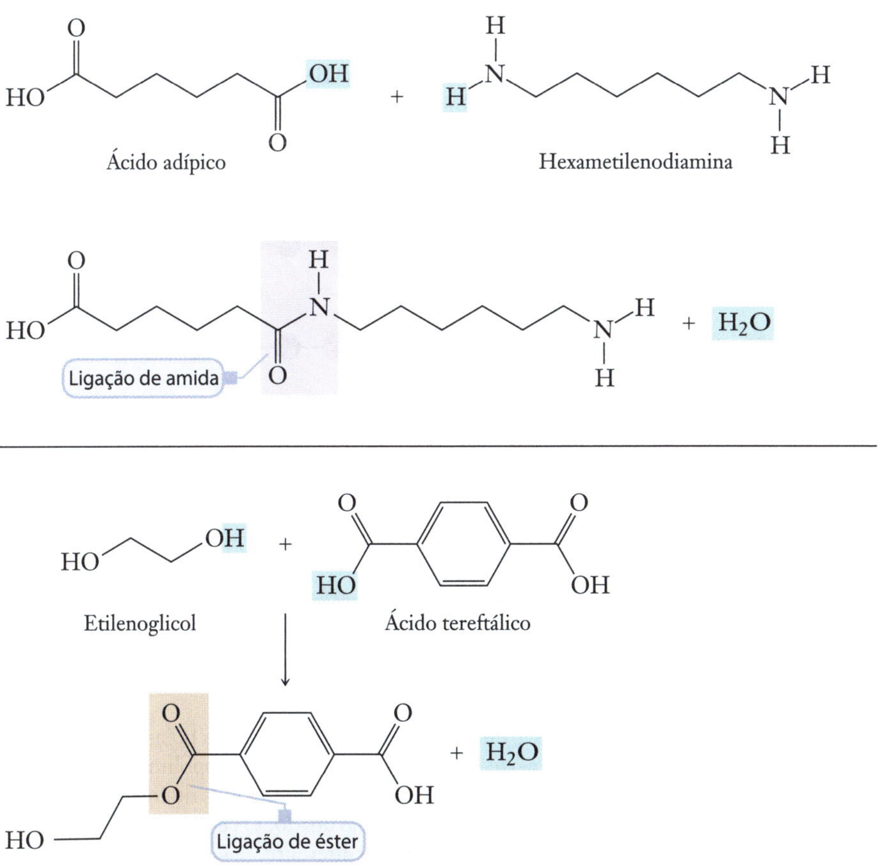

Figura 8.25
Na polimerização por condensação, uma molécula de água é eliminada à medida que cada monômero é adicionado à cadeia. Aqui mostramos as primeiras etapas na formação do náilon (painel superior) e do dácron (painel inferior). Ambos são copolímeros, com duas moléculas de monômeros diferentes combinando-se para formar o polímero. Uma vez que cada monômero contribui com seu próprio grupo funcional para a etapa de condensação, a alternância regular de monômeros é assegurada. Outras polimerizações por condensação podem envolver um único monômero com grupos funcionais diferentes em cada extremidade.

(c) Aqui, temos grupos amida no primeiro monômero e grupos carboxila no segundo. Ainda formaremos ligações de amida com os diferentes monômeros alternados. (O polímero formado aqui é o Kevlar®.)

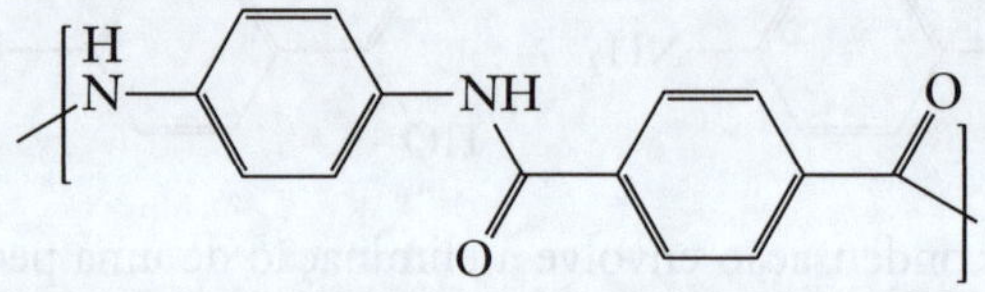

Verifique seu entendimento O polímero cuja estrutura é mostrada a seguir é produzido por uma reação de condensação na qual a água é eliminada. Desenhe a estrutura do monômero correspondente.

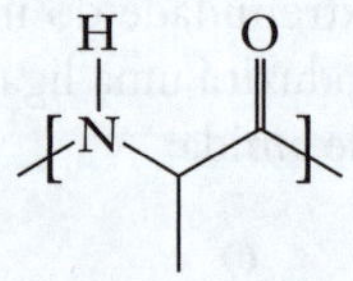

Copolímeros

O náilon e o dácron são dois exemplos de **copolímeros** feitos de mais de um tipo de monômero. Nesses casos, como os monômeros são arranjados em uma série regular alternada, podem ser ainda classificados como **copolímeros alternados**. Há outros tipos importantes de copolímeros (**Figura 8.26**). ◂ Uma das formas mais criativas de construir materiais é projetar copolímeros de bloco. Um **copolímero de bloco** tem regiões no material onde uma única unidade de monômero é repetida, entremeada com outras regiões em que um monômero diferente é a unidade repetida. O *spandex* é exemplo de um copolímero de bloco. Nesse material, algumas regiões do polímero são relativamente firmes e outras flexíveis. O material resultante é tanto forte quanto flexível, levando a um uso difundido em equipamentos e estilo esportivos.

Com a exceção do copolímero alternado, estes diagramas são esquemáticos. Os segmentos reais de cada tipo de monômero seriam frequentemente mais longos que o que está mostrado aqui.

Outro material de engenharia que é um copolímero é comumente chamado ABS, porque as unidades de monômeros envolvidas são acrilonitrila, butadieno e estireno. Esse material é um **copolímero de enxerto**, no qual tanto

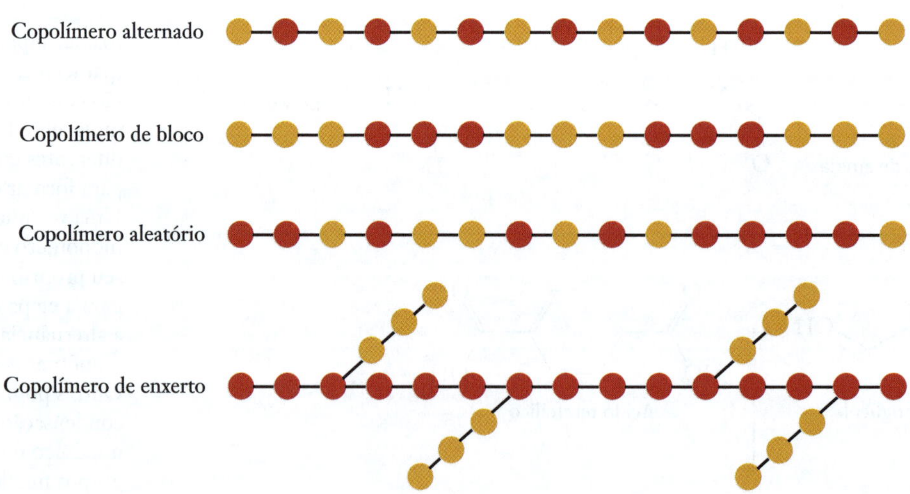

Figura 8.26 Os copolímeros podem ser desenvolvidos com diferentes arranjos de monômeros. Aqui, as bolas em cores diferentes representam dois monômeros diferentes. Na maior parte, os nomes desses tipos de copolímeros são autoexplicativos. Os diferentes monômeros se alternam no copolímero alternado ou estão combinados de forma aleatória no copolímero aleatório. Em um copolímero de bloco, cada tipo de monômero pode ser agrupado. Os copolímeros de enxerto envolvem cadeias laterais de um polímero unido a uma espinha dorsal de um polímero diferente.

o butadieno quanto a acrilonitrila são ligados a uma espinha dorsal de poliestireno. O polímero resultante oferece uma combinação das propriedades de seus três constituintes. O poliestireno proporciona facilidade de processamento, lustro e rigidez. A acrilonitrila adiciona resistência química e firmeza, e o butadieno fornece resistência a impactos. A composição específica pode ser moldada para uma aplicação específica. O ABS é o material padrão de escolha para os compartimentos de plástico rígido dos computadores, das televisões e de outros produtos eletrônicos e, às vezes, é usado como alternativa ao PVC para encanamentos.

Propriedades físicas

Há duas razões-chave para a importância dos polímeros como materiais de engenharia. A primeira e mais óbvia é que oferecem propriedades físicas, como resistência e elasticidade, que podem ser necessárias para vasta gama de usos. A segunda razão é que as propriedades podem ser controladas ou moldadas a um grau bem mais alto do que é em geral possível nos metais ou outras classes de materiais. Por meio da escolha de um polímero em particular e dos detalhes de sua síntese e processamento, os engenheiros de materiais podem selecionar as propriedades de que precisam com um grau impressionante de especificidade. Nesta seção, examinaremos alguns exemplos dos tipos de escolhas que podem ser feitas. ▸

Existem vários níveis de estrutura polimérica, como a formação de regiões ordenadas com o polímero dobrado para trás em torno de si mesmo, que não consideramos aqui.

Para começarmos, consideraremos as propriedades térmicas dos polímeros. Ao escolher um polímero para um projeto específico, você naturalmente deve se certificar se seu produto acabado será adequado para a faixa de temperatura na qual será usado. Porém, um engenheiro experiente também perceberá a necessidade de pensar sobre o modo como o produto será produzido. Muitos componentes plásticos são formados a altas temperaturas, e diferentes polímeros respondem de modos significativamente diferentes ao calor. Os polímeros são frequentemente divididos em duas grandes categorias: termoplásticos e termocurados. **Polímeros termoplásticos** derretem-se ou se deformam com o aquecimento. Isso pode parecer deficiência, pois tudo indica que esses polímeros não são adequados para aplicações em altas temperaturas. Porém, grande número de objetos plásticos, incluindo brinquedos infantis e muitos tipos de garrafas, é geralmente utilizado em temperatura ambiente. Portanto, o fato de que se derreteriam se aquecidos consideravelmente não chega a ser desvantagem. Quando pensamos sobre como fabricar esses objetos, às vezes em formatos bem complicados, a habilidade de derreter o polímero em temperaturas razoáveis se torna grande vantagem. Dependendo de sua complexidade, os produtos feitos de polímeros termoplásticos são tipicamente prensados ou colocados em formas ou prensas. O fato de o material amolecer ou derreter ao ser aquecido permite dar-lhe a forma que se deseja. Uma vez resfriado, o polímero se solidifica e recupera suas propriedades estruturais.

Se a intenção for projetar um objeto que precisa ser usado em temperaturas mais altas, o fato de os termoplásticos amolecerem e derreterem-se fará que tais materiais não sejam boa escolha. Nesse caso, devem-se utilizar os **polímeros termocurados**, que podem manter sua forma e resistência ao serem aquecidos. O nome "termocurado" vem do fato de que esses polímeros devem ser aquecidos para ajustar ou "prender" suas estruturas. Porém, uma vez que isso é feito, os materiais oferecem resistência aumentada e não perdem sua forma ao serem aquecidos novamente. Mais do que serem prensados, os polímeros termocurados, em sua maioria, são moldados. A origem molecular da diferença entre polímeros termoplásticos e termocurados é mostrada na **Figura 8.27**. O aquecimento inicial e o ajuste de um polímero termocurado produzem variedade de ligações entre sítios na espinha dorsal de carbono de diferentes cadeias moleculares. Essas ligações são chamadas de ligações cruzadas porque se *cruzam* entre as fitas moleculares individuais do polímero e as *unem*. Quimicamente, essas ligações cruzadas são covalentes adicionais que ligam as cadeias de polímeros umas às outras. Como a maioria das ligações covalentes, são suficientemente fortes para não se enfraquecerem facilmente com o aquecimento. Portanto, o polímero de ligação cruzada mantém sua forma.

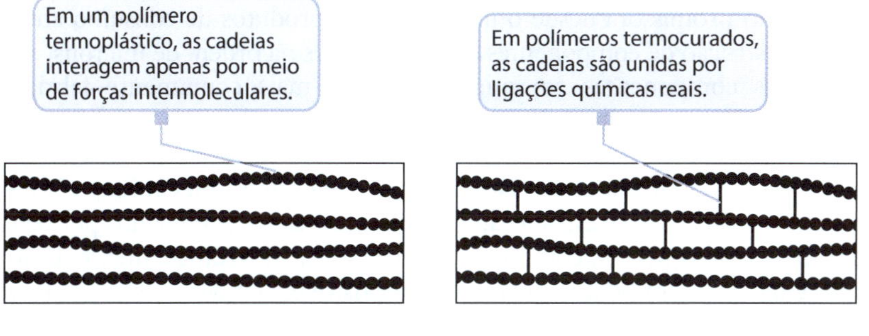

Figura 8.27 As diferentes propriedades dos polímeros termoplásticos e termocurados são resultado das maneiras como as cadeias de polímeros interagem entre si.

Um grande exemplo da importância na engenharia das ligações cruzadas na história industrial norte-americana é a descoberta da vulcanização, em que a borracha natural é aquecida na presença de enxofre. Esse processo produz ligações cruzadas e leva a um material mais rígido notadamente mais resistente ao calor. Até a vulcanização ser descoberta, a borracha natural era difícil de ser utilizada em aplicações como pneus automotivos, pois ela se tornava viscosa ao ser aquecida. A borracha natural não é mais largamente empregada e foi substituída por formas sintéticas. Porém, o desenvolvimento em larga escala de pneus vulcanizados e a liberdade que engenheiros de automóveis tiveram na elaboração de seus projetos foram importantes componentes do desenvolvimento da indústria automobilística e de pneus nos Estados Unidos.

Outra propriedade física crucial dos polímeros é a elasticidade. A habilidade de muitos materiais poliméricos sofrerem tensão e serem deformados, mas voltarem à sua forma original, é uma característica frequentemente valiosa para engenheiros. As fibras, em particular, devem ser elásticas. Os polímeros flexíveis e elásticos são às vezes denominados elastômeros. Quando se examina a estrutura molecular dos elastômeros, observa-se que tendem a compartilhar alguns traços em comum. Em particular, a geometria da espinha dorsal de carbono é geralmente tal que o elastômero forma um sólido amorfo em vez de cristalino. As forças entre as moléculas de polímeros em um sólido amorfo não são tão intensas quanto aquelas em um sistema mais cristalino, logo podem ser deformadas e restauradas com menos força.

Polímeros e aditivos

Apesar da gama de propriedades úteis, os polímeros sozinhos não têm, normalmente, as características necessárias para um projeto em particular. Felizmente, os aditivos podem ser incluídos no material para controlar ainda mais as propriedades dos polímeros. Alguns aditivos têm apenas efeitos mecânicos modestos. Os pigmentos, por exemplo, podem ser adicionados somente para alterar a coloração do material e não influenciam a estrutura molecular básica de um polímero. Outros aditivos têm papel decisivo no desempenho dos materiais. O PVC sozinho, por exemplo, é frágil demais para muitas aplicações. Para corrigir isso, moléculas relativamente pequenas chamadas plastificantes são adicionadas para melhorar sua flexibilidade. Um plastificante deve ter diversas características importantes. É fundamental que seja capaz de ser incorporado ao polímero sólido, portanto sua estrutura deve se parecer com a do polímero que está sendo utilizado. Um plastificante não pode ser volátil, pois, do contrário, escapará do sólido rápido demais e não concederá mais a flexibilidade desejada. Entretanto, os plastificantes escapam lentamente, e em geral o cheiro associado a materiais plásticos surge da liberação de pequenas quantidades desses aditivos. Entre outros aditivos regularmente utilizados, estão os agentes antiestáticos, de preenchimentos, retardadores de fogo e estabilizadores de luz e calor.

Há muito mais características de polímeros que você aprenderá quando prosseguir em seu estudo da engenharia. Da perspectiva da química, eles servem como um extraordinário exemplo da impressionante variabilidade estrutural possível com as moléculas à base de carbono. Apesar de outros elementos poderem formar materiais poliméricos, são as características químicas do carbono que tornam a indústria moderna de plásticos possível.

POR DENTRO DE

8.7 Sistemas microelétricos-mecânicos (MEMS)

As formas exóticas de carbono como o C_{60} e os nanotubos forneceram nossa introdução à nanociência neste capítulo e, nos anos seguintes à descoberta deles, a noção de considerar e controlar as propriedades de materiais até na escala nanomérica têm levado a tremendas atividades em pesquisa. De muitas maneiras, esta área relativamente nova é uma extensão natural de esforços passados para reduzir o tamanho dos itens operando em vários projetos de engenharia. Esse caminho para a miniaturização tem ocorrido por décadas e uma parceria entre a engenharia e a química nestes esforços têm sido promissora desde o início. Muitos produtos de consumo atual baseiam-se na construção de componentes com dimensões na ordem de mícrons.

Um mícron é 1 μm ou 10^{-6} m.

Como esses componentes em microescala são mais comumente fabricados? E como as técnicas usadas para gerá-los poderiam ser melhoradas para fornecer estruturas ainda menores que em escala nanomérica?

Uma classe desses componentes minúsculos é chamada de **sistemas microelétricos-mecânicos (MEMS)**, que podem ser definidos como dispositivos mecânicos ou eletromecânicos miniaturizados, produzidos por técnicas de microfabricação. Atualmente, a faixa de tamanho para os componentes MEMS vai aproximadamente de alguns mícrons a poucos milímetros. Portanto, embora sejam bem pequenos, os dispositivos MEMS são muito maiores

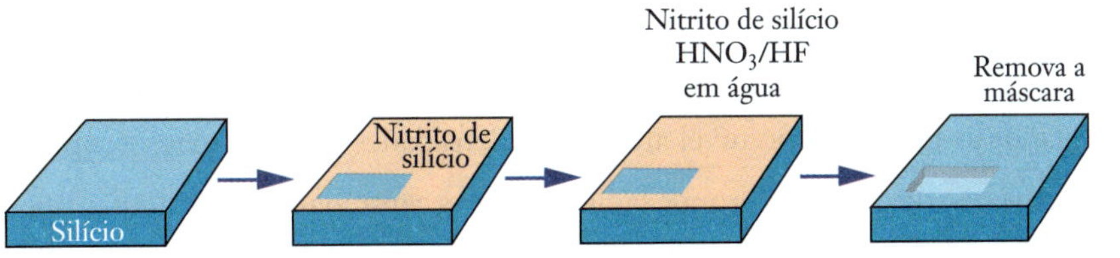

Figura 8.28 São mostradas as etapas de gravação de silício por uma mistura de HNO_3 e HF. Uma máscara de nitrito de silício é aplicada ao substrato de silício. Os ácidos misturados são aplicados e reagem para remover o silício de algumas áreas que não foram cobertas pela máscara. A máscara é então removida, deixando o padrão de silício. Uma sequência destas etapas pode levar a estruturas altamente complexas.

que um nanofio hipotético considerado na Seção 8.3. Entretanto, a pesquisa atual está empurrando rapidamente a aplicação de técnicas usadas para produzir MEMS no sentido da escala nanomérica. Quais são essas técnicas e como um entendimento da química ajuda a melhorar a utilidade delas no futuro?

Muitos dispositivos MEMS atuais começam com o silício como o componente principal, e as estruturas necessárias são fabricadas através de um processo chamado gravação. Na **gravação**, as camadas de átomos são removidas seletivamente usando reações químicas (gravação úmida) ou bombardeamento com íons energéticos produzidos em descarga incandescente (gravação por plasma). A gravação é análoga a esculpir um bloco de madeira, no sentido de que o bloco inicial é maior que a peça terminada porque o processo remove material. É fácil ver como um artista controla o entalhe da madeira, mas como os químicos e engenheiros controlam a remoção de material na gravação?

O conceito fundamental é usar mascaramento. Como representado na **Figura 8.28**, o material original, chamado de *substrato*, é coberto com um material não reativo, chamado de *máscara*, que tem o padrão desejado. Quando ocorre a gravação, a peça do substrato não é exposta às espécies reativas e consequentemente não é removida. Após a finalização da gravação, a máscara é removida e a arquitetura desejada para aquela peça do dispositivo MEMS é obtida. Para muitos dispositivos MEMS, o processo de gravação é acoplado com outros eventos químicos, como deposição de metais em áreas selecionadas do substrato, para construir estruturas mais complicadas.

A química de microfabricação em geral baseia-se na geração de produtos químicos que são altamente reativos com o substrato sendo gravado. Em um tipo de gravação úmida, a química usa dois ácidos, ácido nítrico e ácido fluorídrico. Há, consequentemente, duas reações que correm para remover o silício:

$$Si + HNO_3 + H_2O \rightarrow SiO_2 + HNO_2 + H_2$$

$$SiO_2 + 6\,HF \rightarrow H_2SiF_6 + 2H_2O$$

Embora exista alguma variabilidade nos detalhes da superfície de silício exposta, essas reações podem remover aproximadamente 1 μm de silício por minuto. A máscara de nitrito de silício, em contraste, é gravada a uma velocidade de menos de 5 nm h^{-1}. Existem muitas reações diferentes utilizadas na gravação úmida ou na gravação por plasma, mas a química-chave está em tirar vantagem de uma grande diferença na qual as reações ocorrem. ▸

As velocidades das reações químicas serão consideradas em detalhes no Capítulo 11.

A variedade e a elegância de estruturas que podem ser criadas via métodos de microfabricação são bastante impressionantes. Em estruturas de MEMS, as amostras muito pequenas fluiriam através de canais em um substrato de silício como parte de um esquema de análise química. Dentre outras estruturas, talvez o dispositivo mais importante fabricado inclua microssensores e microatuadores. Por exemplo, controladores de pressão semelhantes àqueles abordados no Capítulo 5 podem ser fabricados com microssensores e incorporados nos projetos que não acomodariam sensores de pressão feitos com componentes macroscópicos. Outras aplicações da tecnologia MEMS incluem acelerômetros encontrados em *smartfones* modernos e componentes de laboratório no chip para análises de DNA.

ENFOQUE NA RESOLUÇÃO DE PROBLEMAS

Questão Todos os metais nos grupos 11 e 12 têm estruturas cúbicas de faces centradas. Eles estão também entre os metais menos reativos. Com exceção de consultar a densidade, o que você poderia consultar para determinar qual metal seria o mais denso e como essa informação o ajudaria a determinar a densidade?

Estratégia Esta questão apresenta dois componentes: conceitual e computacional. Inicialmente, precisamos entender como uma rede está relacionada à densidade. Em seguida, é fundamental identificar o caminho computacional que relaciona as estruturas no nível atômico às densidades no nível macroscópico.

Solução O conhecimento de que a estrutura é cúbica de faces centradas aponta alguns aspectos relacionados à geometria dos átomos – como eles estão conectados. Se é possível consultar o comprimento da aresta do cubo, pode-se então calcular o número de átomos em determinado volume (relacionado ao volume da célula unitária). Precisaríamos consultar a massa atômica para converter o número de átomos em determinado volume na massa desses átomos. A densidade é massa por unidade de volume, logo essas etapas forneceriam uma estimativa de densidade que poderia ser utilizada para calcular qual metal teria a maior densidade.

Resumo

A compreensão das ligações químicas é de vital importância para a capacidade de planejar modelos para os materiais, incluindo aqueles importantes em aplicações da engenharia. Na maior parte dos materiais, no entanto, as forças que devem ser consideradas se estendem além de uma ligação localizada entre dois átomos. Desse modo, uma compreensão das interações que produzem as propriedades globais dos materiais exige que consideremos ideias adicionais.

Para materiais sólidos, o empacotamento das partículas constituintes em arranjo regular, ou rede, em geral fornece o primeiro componente simplificador para a construção de um modelo. Há importantes sólidos desordenados ou amorfos, mas a ordem nos sólidos cristalinos os torna bem mais fáceis de serem compreendidos. Um sólido cristalino pode ser descrito no nível atômico/molecular quanto à sua eficiência de empacotamento ou número de coordenação.

Para entendermos muitas das propriedades dos sólidos, inclusive a condutividade elétrica, devemos considerar o empacotamento dos átomos e também a maneira como os elétrons são compartilhados ou distribuídos. Assim, seremos capazes de estender nossa noção de ligações químicas e considerar os metais e outros sistemas estendidos, usando modelos com variados níveis de sofisticação. O modelo simples de mar de elétrons explica alguns comportamentos metálicos, mas um modelo de ligação mais completo, denominado teoria de bandas, permite um nível adicional de detalhes. Com o uso da teoria de bandas, podemos entender metais e sua condutividade, também os semicondutores e os isolantes. A habilidade de manipular materiais – particularmente os semicondutores – por meio de sua dopagem com pequenos níveis de impurezas para a obtenção de características desejadas é geralmente atributo da teoria de bandas.

Os sólidos cristalinos não são a única forma de fase condensada, no entanto, e para considerar outros sólidos ou líquidos, devemos definir a natureza da interação entre as moléculas. Diversos tipos de forças intermoleculares foram enumerados, como forças de dispersão, dipolo-dipolo e ligações de hidrogênio. A intensidade dessas forças intermoleculares ajuda a explicar propriedades macroscópicas observáveis, como pressão de vapor, ponto de ebulição e tensão superficial. Do ponto de vista da engenharia, uma classe de materiais para a qual a natureza das interações intermoleculares tem um papel imenso é a dos polímeros. Aqui, devemos considerar as ligações químicas em uma única molécula do polímero e também a interação entre cadeias de polímeros via forças intermoleculares. A consideração cuidadosa desses fatores pode tornar possível a produção de materiais com propriedades físicas específicas. Desse modo, quando um engenheiro de materiais precisa de um plástico para uma aplicação específica, a escolha dos monômeros e o modo como são polimerizados fornecem as duas variáveis cruciais que podem ser manipuladas para levar a um polímero com as propriedades físicas necessárias.

Termos-chave

adesão (8.5)
banda de condução (8.3)
banda de valência (8.3)
célula unitária (8.2)
coesão (8.5)
copolímero (8.6)
copolímero de bloco (8.6)
copolímero de enxerto (8.6)
copolímeros alternados (8.6)
cúbica de corpo centrado (ccc) (8.2)
cúbica de faces centradas (cfc) (8.2)
cúbica simples (cs) (8.2)
diagrama de fases (8.1)
dopagem (8.3)
dúcteis (8.3)
eficiência de empacotamento (8.2)
equilíbrio dinâmico (8.5)
espaço de bandas (8.3)

forças de dispersão (8.4)
forças dipolo-dipolo (8.4)
forças intermoleculares (8.4)
grau de polimerização (8.6)
gravação (8.7)
isolantes (8.3)
junção *p–n* (8.3)
ligação de hidrogênio (8.4)
maleáveis (8.3)
modelo do mar de elétrons (8.3)
nanotubos (8.1)
nível doador (8.3)
nível receptor (8.3)
número de coordenação (8.2)
orbital molecular antiligante (8.3)
orbital molecular ligante (8.3)
polarizabilidade (8.4)
polimerização de adição (8.6)
polímero atático (8.6)
polímero de condensação (8.6)
polímero isotático (8.6)
polímero sindiotático (8.6)
polímeros termocurados (8.6)
polímeros termoplásticos (8.6)
ponto de ebulição normal (8.5)
pressão de vapor (8.5)
semicondutor do tipo *n* (8.3)
semicondutor do tipo *p* (8.3)
sistemas microelétricos-mecânicos (MEMS) (8.7)
sólido amorfo (8.2)
sólido cristalino (8.2)
tensão superficial (8.5)
teoria de bandas (8.3)
voláteis (8.5)

Problemas e exercícios

POR DENTRO DE Carbono

8.1 Quantas formas sólidas do carbono elementar são conhecidas?

8.2 Por que a forma do carbono C_{60} é chamada *buckminsterfulereno*?

8.3 Qual propriedade do diamante leva à maioria das aplicações de engenharia? Quais tipos de aplicações se beneficiariam dessa propriedade?

8.4 Quais variáveis devem ser controladas e de que maneira para a produção do diamante a partir do grafite?

8.5 Qual é a relação entre a estrutura do *buckminsterfulereno* e a dos nanotubos de carbono?

8.6 Utilize a internet para coletar informações sobre nanotubos. Faça a distinção entre nanotubos de parede simples e de parede dupla.

8.7 Utilize a internet para obter informações sobre as condições experimentais requeridas para a síntese de *buckminsterfulereno* em um arco elétrico. O movimento de um arco no ar funcionaria?

Fases condensadas – sólidos

8.8 Qual é a diferença entre um sólido amorfo e um sólido cristalino?

8.9 Defina *eficiência de empacotamento*.

8.10 Utilizando círculos, mostre que uma estrutura cúbica (quadrados em 2D) tem um número de coordenação mais baixo que uma estrutura hexagonal.

8.11 Calcule as eficiências de empacotamento para ambos os arranjos bidimensionais mostrados na Figura 8.3.

8.12 Explique por que as estruturas ehd e ecd têm o mesmo número de coordenação.

8.13 Qual é o número de coordenação dos átomos na estrutura do diamante?

8.14 Explique por que o grafite é descrito com uma estrutura em camadas.

8.15 O polônio é o único metal que forma uma estrutura cristalina cúbica simples. Use o fato de a densidade do polônio ser de 9,32 g cm^{-3} para calcular seu raio atômico.

8.16 O irídio forma uma rede cúbica de faces centradas, e um átomo de irídio tem diâmetro de 271,4 pm. Calcule sua densidade.

8.17 O európio forma uma célula unitária cúbica de corpo centrado e tem uma densidade de 4,68 g cm^{-3}. Com base nessas informações, determine o comprimento da aresta da célula cúbica.

8.18 O manganês tem uma célula unitária cúbica de corpo centrado e densidade de 7,88 g cm^{-3}. Com base nessas informações, determine o comprimento da aresta da célula cúbica.

8.19 O espaçamento em uma rede cristalina pode ser medido com muita precisão por meio da difração de raios X, o que fornece um modo de determinar o número de Avogadro. Uma forma do ferro tem uma rede cúbica de corpo centrado, e cada lado da célula unitária apresenta comprimento de 286,65 pm. A densidade desse cristal a 25°C é de 7,874 g cm^{-3}. Use essas informações para determinar o número de Avogadro.

Ligações nos sólidos: metais, isolantes e semicondutores

8.20 Quantos elétrons por átomo estão deslocalizados no modelo de mar de elétrons para os seguintes metais: **(a)** ferro, **(b)** vanádio e **(c)** prata?

8.21 Uma importante propriedade física dos metais é sua maleabilidade. Como o modelo de mar de elétrons explica essa propriedade?

8.22 O modelo de mar de elétrons em geral não é utilizado para previsões quantitativas das propriedades. Que fatores são deixados de fora desse modelo que poderiam impedir a precisão quantitativa?

8.23 Como o modelo de mar de elétrons de ligações metálicas explica o fato de os metais serem bons condutores de eletricidade?

8.24 Qual é a diferença-chave entre ligação metálica (no modelo de mar de elétrons) e a ligação iônica (descrita no Capítulo 7) que explica o porquê de os metais conduzirem eletricidade e os sólidos iônicos não?

8.25 Faça uma representação da estrutura de bandas de um metal. Marque a banda de valência e a de condução.

8.26 Em termos da teoria de bandas, qual é a diferença entre um condutor e um isolante? E entre um condutor e um semicondutor?

8.27 A condutividade dos semicondutores se eleva à medida que a temperatura aumenta. Com base na teoria de bandas, explique essa observação.

8.28 Use a internet para obter informações sobre o que é um semicondutor "III-V". De que modo esse tipo de semicondutor está relacionado ao silício?

8.29 Explique como a dopagem afeta as propriedades eletrônicas de um semicondutor.

8.30 Que tipo de átomo é necessário como um dopante em um semicondutor do tipo *n*? Por que ele é chamado tipo *n*?

8.31 Que tipo de átomo é necessário como um dopante em um semicondutor do tipo *p*? Por que ele é chamado tipo *p*?

8.32 Um semicondutor do tipo *n* é realmente carregado negativamente?

8.33 Como uma junção *p-n* serve como interruptor de tensão de entrada?

8.34 Suponha que um dispositivo esteja usando uma amostra de 15,0 mg de silício dopada com 1×10^{-5}% (em massa) de fósforo. Quantos átomos de fósforo há na amostra?

Forças intermoleculares

8.35 O que é um *dipolo instantâneo*?

8.36 Por que as forças de dispersão são atrativas?

8.37 Se uma molécula não é muito polarizável, como responderá a um campo elétrico externo?

8.38 Qual é a relação entre polarizabilidade e forças de dispersão?

8.39 Sob quais circunstâncias as forças íon-dipolo são importantes?

8.40 Qual dos compostos se espera que irá formar ligações de hidrogênio intermolecular no estado líquido? **(a)** CH_3OCH_3 (éter dimetílico), **(b)** CH_4, **(c)** HF, **(d)** CH_3CO_2H (ácido acético), **(e)** Br_2, **(f)** CH_3OH (metanol).

8.41 Qual é a característica única de N, O e F responsável pelo importante papel na ligação de hidrogênio que eles têm?

8.42 Qual o tipo de forças intermoleculares deve ser superado para converter cada um dos seguintes de líquido em gás? **(a)** CO_2, **(b)** NH_3, **(c)** $CHCl_3$, **(d)** CCl_4.

8.43 Identifique os tipos de forças intermoleculares (dispersão de London, dipolo-dipolo ou ligação de hidrogênio) mais importantes em cada uma das seguintes substâncias: **(a)** metano (CH_4), **(b)** metanol (CH_3OH), **(c)** clorofórmio ($CHCl_3$), **(d)** benzeno (C_6H_6), **(e)** amônia (NH_3), **(f)** dióxido de enxofre (SO_2).

8.44 Arranje as seguintes moléculas em ordem crescente de forças intermoleculares nas substâncias puras. **(a)** $CH_3CH_2CH_2CH_3$ (butano), **(b)** CH_3OH (metanol), **(c)** He.

Fases condensadas – líquidos

8.45 Descreva como as interações entre moléculas afetam a pressão de vapor de um líquido.

8.46 O que faz um composto químico ser volátil?

8.47 Responda cada uma das seguintes questões com *aumenta*, *diminui* ou *não varia*.

(a) Se as forças intermoleculares em um líquido aumentam, o ponto de ebulição normal do líquido ________.

(b) Se as forças intermoleculares em um líquido diminuem, o ponto de ebulição normal do líquido ________.

(c) Se a área superficial de um líquido diminui, a pressão de vapor ________.

(d) Se a área superficial de um líquido aumenta, a pressão de vapor ________.

8.48 Por que a pressão de vapor de uma substância deve ser medida apenas depois que o equilíbrio dinâmico foi atingido?

8.49 Qual membro de cada um dos seguintes pares de compostos tem o ponto de ebulição mais alto? **(a)** O_2 ou N_2, **(b)** SO_2 ou CO_2, **(c)** HF ou HI, **(d)** SiH_4 ou GeH_4.

8.50 Preveja a ordem crescente da pressão de vapor em determinada temperatura para os seguintes compostos. **(a)** FCH_2CH_2F, **(b)** $HOCH_2CH_2OH$, **(c)** FCH_2CH_2OH.

8.51 Suponha que três substâncias puras desconhecidas sejam líquidos na temperatura ambiente. Você determina que o ponto de ebulição da substância A é de 53°C, da B, 117°C e da C, 77°C. Com base nessas informações, classifique as três substâncias pela ordem de suas pressões de vapor em temperatura ambiente.

8.52 Classifique os seguintes hidrocarbonetos em ordem crescente de pressão de vapor: C_2H_6, $C_{10}H_{22}$, CH_4, C_7H_{16} e $C_{22}H_{46}$.

8.53 Faça um desenho do menisco de um fluido em recipiente onde as interações entre as moléculas do líquido são mais fracas que aquelas entre o líquido e as moléculas do recipiente.

8.54 Quando a água está em um tubo como uma bureta, em qual direção estará a curva do menisco? O que essa observação informa sobre a grandeza relativa da adesão e da coesão naquele sistema?

Polímeros

8.55 Por que a temperatura é aumentada para iniciar a maioria das reações de polimerização de adição?

8.56 O que significa *finalização de cadeia* em uma reação de polimerização?

8.57 O monômero do cloreto de polivinila é o $H_2C{=}CHCl$. Desenhe um exemplo de um polímero PVC isotático.

8.58 Por que os polímeros isotáticos ou sindiotáticos são frequentemente materiais mais atrativos para o desenvolvimento de materiais?

8.59 Quais são os produtos de uma reação de polimerização por condensação?

8.60 O náilon-6 é feito de um único monômero:

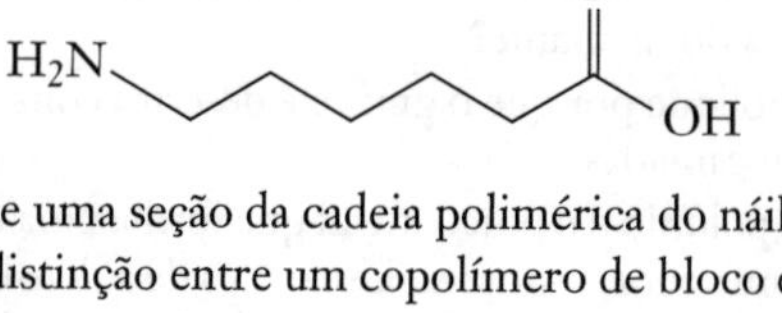

Desenhe uma seção da cadeia polimérica do náilon-6.

8.61 Faça a distinção entre um copolímero de bloco e um de enxerto.

8.62 Utilize a internet para obter informações sobre os polímeros usados para seis fibras sintéticas. Classifique os polímeros como **(a)** de adição ou de condensação e **(b)** alternados, de bloco ou de enxerto, caso sejam copolímeros.

8.63 Qual é a propriedade física mais importante que caracteriza um polímero termoplástico?

8.64 Quais condições proibiriam a utilização de um polímero termoplástico?

8.65 O que acontece em termos moleculares em um polímero termocurado quando é aquecido?

8.66 Quais características estruturais são necessárias para aditivos como os plastificantes?

8.67 Utilize a internet para descobrir do que são feitas as borrachas de lápis. Seria possível obter uma nova forma de borracha derretendo-a e colocando-a em um molde?

8.68 Utilize a internet para encontrar uma aplicação em que a presença de polímeros isotáticos, sindiotáticos ou atáticos afeta as propriedades físicas importantes para uma aplicação de um polímero.

POR DENTRO DE Sistemas microelétricos-mecânicos (MEMS)

8.69 Defina o termo *substrato* e *máscara* no contexto da microfabricação de dispositivos MEMS.

8.70 O nitrito de silício é normalmente usado como material mascarante na microfabricação. Com base nas posições do silício e do nitrogênio na tabela periódica, qual é a fórmula química mais provável para o nitrito de silício? Justifique sua resposta.

8.71 O dióxido de silício também é usado como material mascarante na microfabricação. Se o substrato com uma máscara de silício é gravado úmido por HNO_3/HF, uma das reações que ocorre será entre o SiO_2 e o HF. Forneça uma explicação razoável para o porquê de o SiO_2 poder ser usado como uma máscara mesmo que ele reaja com o material de gravação.

8.72 Quais as similaridades entre as gravações úmida e por plasma?

8.73 Faça uma estimativa do número de átomos que teria de ser removido de um substrato de silício para produzir um canal retangular de 5 μm de largura, 10 μm de profundidade e 20 μm de comprimento. (A densidade do silício é 2,330 g cm^{-3}.)

8.74 Uma importante categoria de dispositivos MEMS são os microatuadores. Esses dispositivos produzem movimentos mecânicos em resposta a algum sinal elétrico. Procure informações na internet e escreva um parágrafo curto explicando uma maneira do funcionamento de tal dispositivo.

Problemas conceituais

8.75 Utilizando pentágonos, desenhe arranjos que demonstrem baixa e mais alta eficiência de empacotamento.

8.76 Utilizando círculos, desenhe arranjos bidimensionais regulares que demonstrem baixa e alta eficiência de empacotamento.

8.77 Qual é a diferença entre um orbital ligante e um antiligante?

8.78 Descreva como a combinação de orbitais atômicos produz bandas no limite de grandes números de átomos.

8.79 A maioria dos compostos gasosos consiste em pequenas moléculas, enquanto os polímeros nunca são gasosos em temperatura ambiente. Explique essa observação com base nas forças intermoleculares.

8.80 Por que as forças dipolo-dipolo são normalmente mais intensas que as forças de dispersão?

8.81 O tetracloreto de carbono (CCl_4) é um líquido na temperatura e pressão ambientes, enquanto a amônia (NH_3) é um gás. Como essas observações podem ser justificadas quanto às forças intermoleculares?

8.82 Explique, com base em uma perspectiva molecular, por que o grafite tem propriedades úteis para lubrificação.

8.83 Observa-se que uma substância tem alta tensão superficial. Quais previsões você pode fazer sobre a pressão de vapor e o ponto de ebulição?

8.84 Suponha que três substâncias puras desconhecidas sejam líquidos em temperatura ambiente. Você faz medidas da pressão de vapor e descobre o seguinte: a substância Q tem uma pressão de 110 torr, a R, uma pressão de 42 torr, e a S, uma pressão de 330 torr. Se você aumentar a temperatura lentamente, qual substância entrará em ebulição primeiro e qual será a última?

8.85 Se fossem mostradas estruturas de monômeros que provavelmente polimerizam, o que você procuraria para determinar se o tipo de polimerização seria a adição?

8.86 Por que não há forma isotática ou sindiotática do polietileno?

Problemas adicionais

8.87 Use as curvas de pressão de vapor ilustradas aqui para responder às questões a seguir.

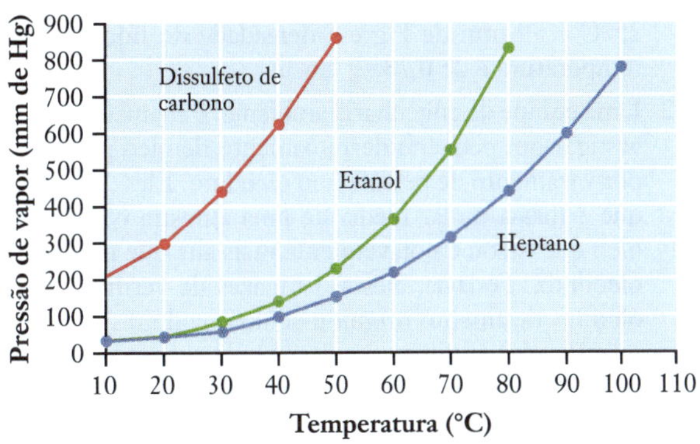

(a) Qual é a pressão de vapor do etanol (C_2H_5OH) a 60°C?

(b) Considerando apenas o dissulfeto de carbono (CS_2) e o etanol, qual tem as forças intermoleculares mais fortes no estado líquido?

(c) Em qual temperatura a pressão de vapor do heptano (C_7H_{16}) é 500 mm de Hg?

(d) Quais são os pontos de ebulição normais de cada uma das três substâncias?

(e) Em uma pressão de 400 mm de Hg e uma temperatura de 70°C, cada uma das substâncias é um líquido, um gás ou uma mistura de gás e líquido?

8.88 Os cilindros de gás comprimido são equipados com reguladores de pressão que permitem o usuário monitorar a quantidade de gás remanescente. Mas tais reguladores não são úteis para substâncias como o propano ou dióxido de carbono, estocados como líquidos. Portanto, cilindros de propano ou dióxido de carbono são algumas vezes montados em balanças para permitir que o usuário veja a taxa de consumo. Use as ideias deste capítulo para explicar o porquê disso.

8.89 Os dados a seguir mostram a pressão de vapor do propano líquido como uma função da temperatura. **(a)** Faça um gráfico da pressão de vapor do propano e use-o para estimar o ponto de ebulição normal. **(b)** Use sua curva para estimar a pressão (em atm) no cilindro de propano que fornece combustível para uma churrasqueira em um dia quente de verão quando a temperatura está em 95°F. **(c)** Quais as implicações que sua resposta para o item **(b)** poderá ter para um engenheiro projetando um cilindro de armazenamento de propano?

T (°C)	(–100	–80	–60	–40	–20	0	20)
P (torr)	22,4	100,6	328,8	856,9	1888,6	3665,6	6445,9

8.90 As lagartixas são conhecidas pela habilidade em escalar paredes ou janelas lisas. Pesquisas recentes têm mostrado que esse traço incomum resulta das forças de van der Waals entre a superfície e os minúsculos pés sedosos da lagartixa semelhantes ao cabelo. Muitos grupos de ciências de materiais e engenharia trabalham para desenvolver fitas e outros adesivos projetados para imitar esse comportamento. Faça uma pesquisa na internet para encontrar informação sobre tais esforços e escreva um resumo explicando como um adesivo resultante está relacionado às ideias que exploramos neste capítulo.

8.91 Se você coloca 1,0 L de etanol (C_2H_5OH) em uma sala de 3,0 m de comprimento por 2,5 m de largura e 2,5 m de altura, todo o álcool irá evaporar? Se restar algum líquido, quanto será? A pressão de vapor do etanol a 25°C é 59 mm de Hg e a densidade do líquido nessa temperatura é de 0,785 g cm^{-3}.

8.92 Uma equipe de engenharia ambiental é chamada para investigar um pequeno derramamento de óleo provocado por vazamento de petróleo no oleoduto. Eles descobrem que a massa molar média de uma amostra coletada do óleo que vazou é notavelmente mais alta que no óleo no oleoduto. Todavia, eles são capazes de verificar que o óleo no vazamento originou-se do oleoduto. Use ideias relacionadas às forças intermoleculares para explicar a diferença entre o óleo do vazamento e o do oleoduto.

8.93 Faça uma pesquisa na internet para descobrir como os semicondutores do tipo *n* e *p* podem ser usados no projeto de painéis solares. Escreva um parágrafo curto explicando o que você aprendeu. Quais novos tipos de materiais estão sendo considerados para uso em sistemas de painéis solares?

8.94 Os fluidos hidráulicos são líquidos que se movem em espaço confinado sob pressão e eles podem servir a muitos propósitos de projetos de engenharia. Um uso dos fluidos hidráulicos é a lubrificação. Suponha que você precise escolher um hidrocarboneto para usar como lubrificante. Qual tamanho de moléculas forneceria alta viscosidade para um lubrificante em um projeto?

8.95 É possível produzir poliestireno sindiotático, embora a maioria do poliestireno seja atático. O poliestireno sindiotático funde a 270°C, enquanto o poliestireno atático funde próximo a 240°C. **(a)** Por que essa diferença na estrutura poderia resultar em diferentes pontos de fusão? **(b)** Se o seu fornecedor cobra 20% a mais pelo poliestireno sindiotático, quais fatores de um projeto exigiriam o uso desse material independentemente do custo mais alto?

8.96 Um gerente de negócios quer fornecer ampla gama de semicondutores do tipo *p* e *n* como estratégia de melhorar as vendas. Você é o engenheiro de materiais chefe designado para falar com esse gerente. Como você explicaria por que existem mais maneiras de construir um semicondutor do tipo *p* a partir do silício que para construir um semicondutor do tipo *n* do silício?

8.97 A dopagem de semicondutores pode ser feita com precisão suficiente para ajustar o tamanho da banda de espaçamento no material. Se você é um engenheiro de materiais e precisa de um semicondutor que tem condutividade mais baixa que o silício puro, qual(is) elemento(s) poderia usar como seu dopante? (Você não quer um material do tipo *n* nem do tipo *p*.) Explique seu raciocínio.

Exercícios de enfoque na resolução de problemas

8.98 Se você sabe a densidade de um material e o comprimento da aresta da sua rede cúbica, como você determinaria se ela é cúbica de face centrada ou cúbica simples? Você teria que procurar alguma informação?

8.99 Se um alfinete passar por um ímã diversas vezes, ele ficará magnetizado. De que maneira esse fenômeno poderia ser usado como uma analogia para descrever a polarização em átomos e moléculas?

8.100 Você entra no laboratório para procurar uma garrafa lavadeira contendo acetona. Encontra dois frascos sem rótulo com tampas de diferentes cores, o que sugere que sejam líquidos diferentes. Infelizmente, você está terrivelmente gripado e não consegue perceber qual possa ser a acetona. Que simples teste poderia utilizar para determinar qual líquido é a acetona e qual é água? Como esse teste lhe fornecerá tal informação?

8.101 Um engenheiro de materiais, com um olho no custo, quer obter um material cujo grau de polimerização seja alto. Que medidas devem ser feitas no laboratório para determinar se o grau de polimerização é aceitável?

Problemas acumulativos

8.102 De que modo a polarizabilidade está relacionada com as tendências periódicas dos elementos na tabela periódica?

8.103 A criolita (Na_3AlF_6) é utilizada no refino de alumínio. Utilize a internet para procurar o que essa adição faz no processo e a relacione aos conceitos de forças intermoleculares deste capítulo.

8.104 Utilize a internet para obter informações sobre a porcentagem de dopante para um semicondutor do tipo *p* comercialmente disponível. Imagine que você estivesse montando um processo para dopar 1 tonelada de silício com esse dopante. **(a)** Qual massa seria necessária? **(b)** Qual seria a fração em quantidade de matéria do dopante?

8.105 Utilize a internet para obter informações sobre a porcentagem de dopante para um semicondutor do tipo *n* comercialmente disponível. Imagine que você estivesse montando um processo para dopar 1 tonelada de silício com esse dopante. **(a)** Qual massa seria necessária? **(b)** Qual seria a fração em quantidade de matéria do dopante?

Energia e química

9

Kevan O'Meara/Shutterstock.com

As fazendas de vento como a mostrada aqui são uma das várias tecnologias de energia alternativa que têm crescido em importância em anos recentes. Apesar dos avanços, os combustíveis fósseis continuarão a fornecer o grosso da nossa energia para o futuro próximo.[1]

Se você listar as aplicações da química importantes na sua vida, constatará que muitas delas envolvem energia e transformação de energia. No Capítulo 4, estudou-se a queima de combustíveis como aplicação da combustão química. Todas as baterias de que você depende para fornecer energia a seus aparelhos elétricos portáteis também são baseadas em reações químicas. Neste capítulo, abordaremos a energia e seu papel na química. Estudaremos a produção e o uso da energia na América do Norte, um componente da vida no mundo desenvolvido ao qual nos referiremos como o **sistema econômico de energia**.

Objetivos do capítulo

Após dominar o assunto deste capítulo, você deverá ser capaz de:

- explicar a importância econômica das conversões entre as diferentes formas de energia e a inevitabilidade de perdas no processo.
- definir *trabalho* e *calor* por meio das convenções padrão de sinais.
- definir as *funções de estado* e explicar a importância de cada uma.
- expressar a primeira lei da termodinâmica em palavras e como equação.

[1] Este não é o caso brasileiro. A matriz energética brasileira é composta em grande parte pelas hidrelétricas. (NRT)

- usar dados calorimétricos para obter valores para ΔE e ΔH para reações químicas.
- definir $\Delta H_f°$ e escrever as reações de formação para os compostos.
- explicar a lei de Hess com suas próprias palavras.
- calcular $\Delta H°$ para as reações químicas com base em dados tabulados.

POR DENTRO DE

9.1 O uso de energia e a economia mundial

As maneiras pelas quais podemos extrair e explorar recursos energéticos têm sido tema recorrente em vários capítulos, refletindo a importância da energia para muitas áreas de nossas vidas. Quer estejamos pensando em reações de combustão que alimentam nossos carros ou considerando a extração de gás natural por fraturamento, encontrar fontes de energia e converter eficientemente essa energia em formas utilizáveis está entre os aspectos mais importantes de uma economia moderna. O fluxo de energia através de uma economia ou sociedade também representa, talvez, o melhor exemplo de pensamento sistêmico que encontramos. Novos desenvolvimentos na economia de energia frequentemente exigem uma estreita colaboração entre químicos, engenheiros e geólogos. Mesmo além dos componentes científicos desse sistema, no entanto, o papel da energia na economia de um país, ou mesmo do mundo, significa que os economistas e outros formuladores de políticas também têm um papel a desempenhar. Começamos observando a conexão entre energia e economia.

O PIB normalmente é definido como o valor total dos bens e serviços produzidos anualmente em uma região.

A **Figura 9.1** ilustra a ligação entre o crescimento econômico (como medido pelo produto interno bruto) e o uso de energia. Os dados estão assinalados para vários países como consumo de energia por dólar de PIB de 1980 a 2015. ◂ Está claro, na figura, que as linhas mostradas são praticamente horizontais, o que confirma a correlação entre desempenho econômico e consumo de energia, porque uma linha horizontal neste gráfico implica que o uso de energia é proporcional ao Produto Interno Bruto (PIB). E, de fato, as linhas da Figura 9.1 para México, Coreia do Sul e Taiwan são, em grande parte, horizontais. Os dados dos Estados Unidos e do Canadá, ao contrário, mostram que a quantidade de energia utilizada por dólar do PIB vem diminuindo constantemente. Isto se dá por causa de uma combinação de maior eficiência e se desloca da fabricação para uma economia mais orientada ao serviço. Diferenças na intensidade energética entre os países também são influenciadas por fatores como clima e geografia.

Podemos aprender mais sobre o papel fundamental da energia em um sistema econômico examinando as fontes e os usos da energia. Apesar de existirem diferenças entre os países, adotaremos os Estados Unidos como exemplo de produção e uso de energia em uma nação industrializada.

A **Figura 9.2** é uma representação do padrão de produção e uso de energia nos Estados Unidos em 2016. À primeira vista, ela pode parecer um tanto complicada, mas uma análise mais atenta revela muitas informações.

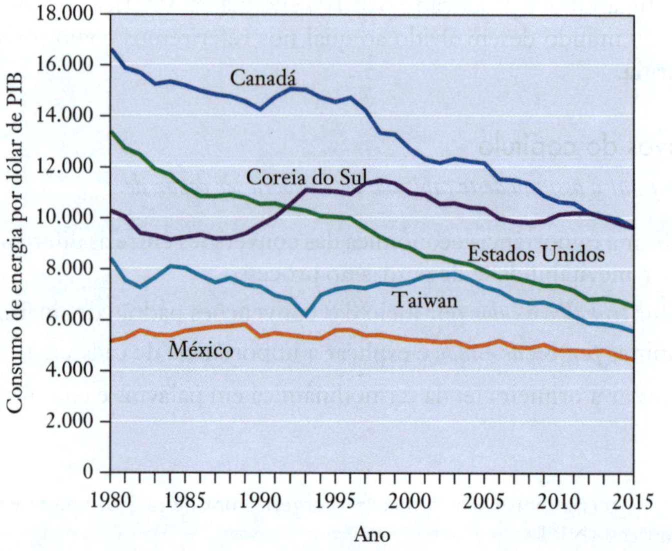

Figura 9.1 O gráfico demonstra a ligação entre o consumo de energia e o produto interno bruto, que é um indicador comum da força econômica. Os dados são apresentados em unidades de BTU por dólar dos Estados Unidos, com todos os dados convertidos em valores de dólares constantes (2005). O fato de as linhas serem todas praticamente horizontais confirma a conexão entre uso de energia e crescimento econômico.

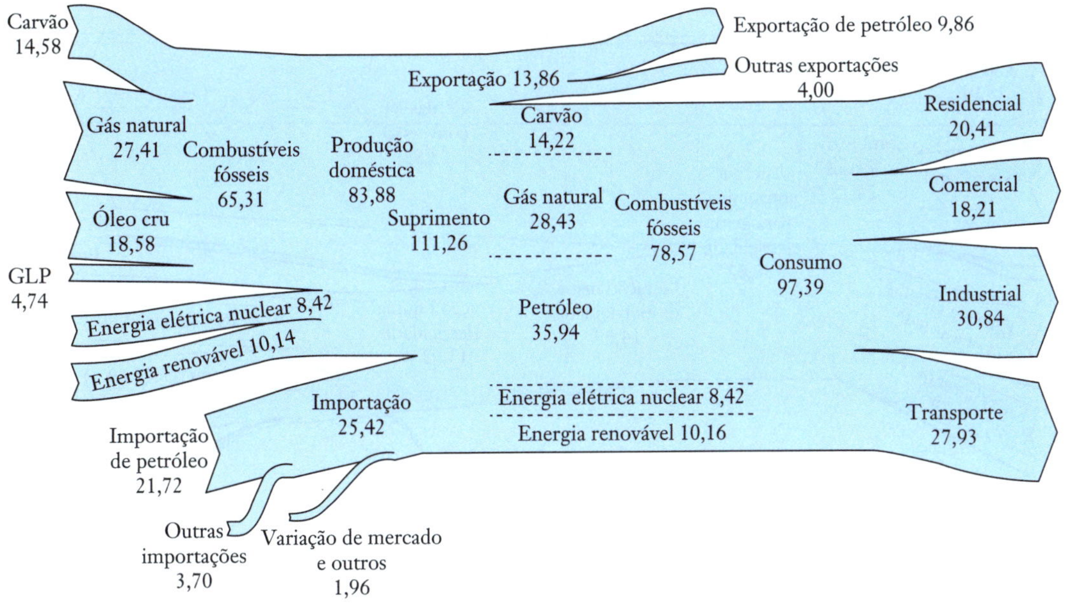

Figura 9.2 A produção e o consumo de energia (em quadrilhões de BTU) nos Estados Unidos durante o ano de 2016. A discussão no texto explica como ler esta figura complexa, que contém enorme quantidade de informações sobre o sistema econômico de energia. Os dados apresentados são do Departamento de Energia dos Estados Unidos e nem sempre se somam exatamente como esperado, em razão do arredondamento e de outros fatores.

Comece observando cada extremidade: o lado esquerdo representa as fontes de energia e o lado direito mostra o consumo. Portanto, a figura como um todo representa o fluxo de fontes em todo o sistema econômico de energia dos Estados Unidos. Todos os números são fornecidos em unidades de quadrilhão de BTU. (Um quadrilhão é 10^{15}, e o **BTU** é a unidade de energia. A sigla significa **unidade térmica britânica**, e 1 BTU = 1.055,06 J.) No canto superior esquerdo, podemos examinar as fontes de produção de energia. O carvão responde por 14,58 quadrilhões de BTU, ou 17,4% da produção doméstica total de 83,88 quadrilhões de BTU. O gás natural e o óleo cru fornecem 32,7% e 22,2% do total, respectivamente. Contribuições menores vêm da energia nuclear e de fontes de energia renováveis, que incluem usinas hidrelétricas, madeira, energia solar e eólica. A importação de energia aparece no canto inferior esquerdo da figura, onde vemos que as importações principais são óleo cru e produtos de petróleo relacionados. Combinando a produção doméstica e as importações, chega-se ao total do suprimento de energia, que foi de 111,26 quadrilhões de BTU em 2016. À direita, a figura divide esse suprimento para mostrar como a energia foi consumida. Os quatro componentes principais do uso são classificados como (1) residencial, (2) comercial, (3) industrial e (4) transporte, contabilizando aproximadamente 21%, 19%, 32% e 29% do uso total de energia, respectivamente. ▸

São feitas algumas suposições na divisão dos usos nessas três categorias, portanto os números absolutos não são tão importantes quantos os comparativos.

Aproximadamente metade de todo o uso doméstico de energia destina-se à produção de eletricidade. A geração e o consumo de eletricidade estão detalhados na **Figura 9.3**. (Esse diagrama é similar àquele da Figura 9.2, portanto você deve examiná-lo da mesma maneira.) Essa figura mostra que as "perdas na conversão" respondem por cerca de dois terços da energia consumida para gerar eletricidade. Essas perdas de conversão na geração de eletricidade significam que mais de 25% do consumo doméstico total de energia é "perdido" pelo sistema econômico, o que permite algumas perguntas importantes: como a energia de outras fontes é convertida em eletricidade e por que essa conversão é necessária? Por que se perde ou se desperdiça tanta energia nesse processo e como podemos minimizar ou eliminar essa perda?

Outras perguntas surgem quando consideramos os papéis relativos de vários combustíveis fósseis no sistema econômico de energia. A **Figura 9.4** mostra a história recente do consumo doméstico de energia nos Estados Unidos com base em várias fontes. O consumo norte-americano de combustíveis fósseis continua crescendo, como tem sido durante toda a história do país. Entretanto, esse crescimento pode ser esporádico e com períodos nos quais houve redução substancial do consumo de petróleo e gás natural. Uma variedade de fatores contribui para essas tendências no consumo, particularmente matéria-prima, preço e disponibilidade de combustíveis importados. A diminuição no

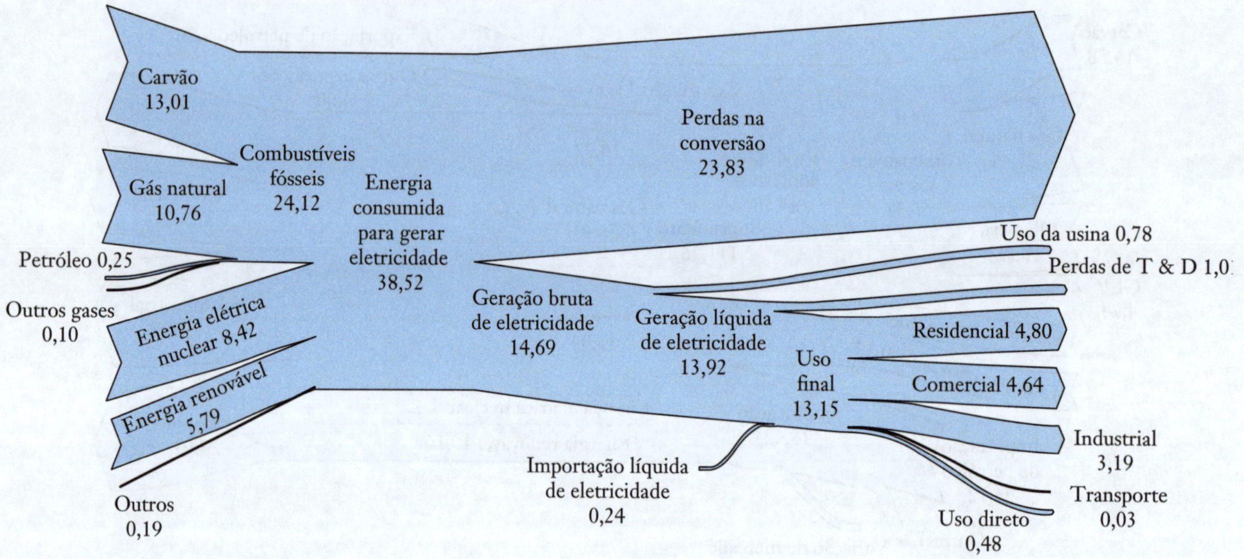

Figura 9.3 Resumo visual da geração e do consumo de eletricidade nos Estados Unidos durante o ano de 2016, apresentado de maneira similar à Figura 9.2.

Figura 9.4 O consumo de energia nos Estados Unidos segundo várias fontes tem mudado lentamente com o tempo. O gráfico mostra o consumo real para 1980-2016 e o uso projetado para 2017-2050.

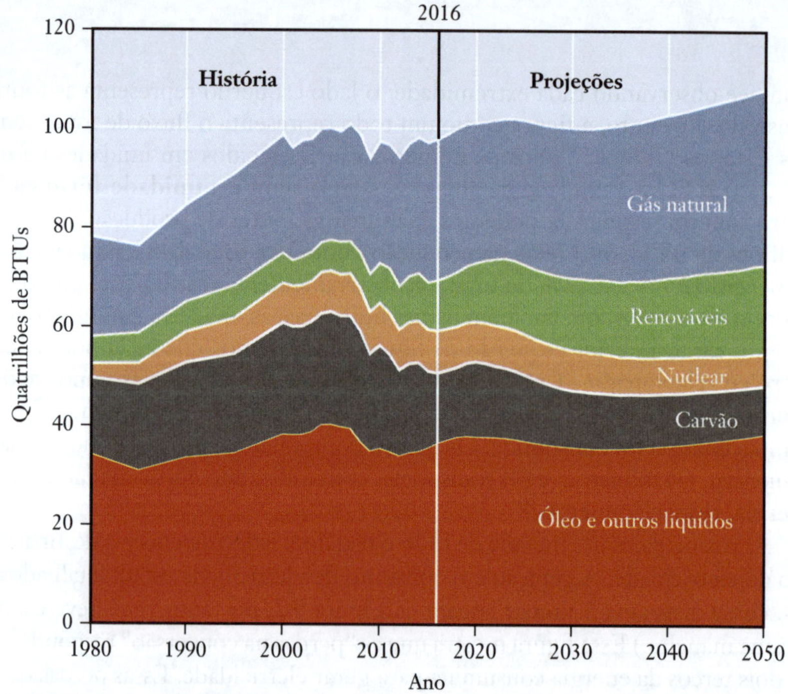

consumo de petróleo nos anos 1980 e no final de 2000, por exemplo, coincide com a recessão daquela época, um período no qual a diminuição da atividade econômica levou a uma menor demanda por óleo. Mais recentemente, os preços mais altos para o óleo disparou uma ênfase na conservação da energia. Como nosso interesse aqui é a química, é importante questionar se existem diferenças fundamentais entre esses combustíveis quanto à produção e transformação de energia. Qual é o papel da química na decisão de qual desses combustíveis fósseis é o mais atrativo em determinado conjunto de circunstâncias? Para respondermos a essas perguntas, devemos considerar alguns aspectos de **termoquímica** – o estudo das consequências energéticas da química.

9.2 Definindo energia

As perguntas apresentadas na Seção 9.1 nos levam ao estudo de energia. A maioria das pessoas tem um conceito subjetivo do que seja energia. Os cereais do café da manhã anunciam a capacidade deles de fornecer energia na manhã. Nos esportes, os reservas são descritos como impulsionadores de energia de suas equipes. A crise de energia trazida pelos embargos do petróleo nos anos 1970 é um componente crítico da história daquela década, e a energia permanece central em temas políticos importantes à medida que entramos no século XXI. Esse uso difundido do conceito de energia ressalta sua importância. Também sugere que precisaremos ser muito cuidadosos ao definirmos energia e termos relacionados, porque é aparente que um uso eventual da palavra "energia" transmite muitos significados relacionados, mas discretamente diferentes.

Formas de energia

Grande parte da energia existente pode ser dividida em duas grandes categorias: potencial e cinética. A **energia potencial** está associada à posição relativa de um objeto. Por exemplo, um carro de montanha-russa ganha energia potencial à medida que é içado à subida inicial, porque adquire posição mais alta em relação ao solo e a gravidade está atraindo-o para baixo. Mas a gravidade não é a única força responsável pelo fato de os objetos terem energia associada às suas posições. A atração e a repulsão entre as cargas elétricas também levam à energia potencial, como vimos na nossa abordagem da estrutura de átomos e moléculas. A **energia cinética** está associada ao movimento. Quando o carro da montanha-russa se direciona para baixo na primeira descida, transforma a energia potencial em energia cinética. Você provavelmente está acostumado com a Equação 9.1, que fornece uma definição matemática para a energia cinética de um objeto quanto a sua massa (m) e sua velocidade (v).

$$\text{Energia cinética} = \frac{1}{2}mv^2 \qquad (9.1)$$

O exemplo da montanha-russa mostra as energias cinética e potencial em uma escala macroscópica. No entanto, em um nível microscópico, todas as substâncias e objetos, de combustíveis ao papel no qual estas palavras estão impressas, têm as mesmas formas de energia. Qualquer substância ou objeto é constituído de átomos e moléculas, os quais apresentam energia cinética associada a seus constantes movimentos, além da energia potencial decorrente das várias forças que exercem uns sobre os outros. As energias cinética e potencial combinadas dos átomos e moléculas que compõem um objeto constituem a sua **energia interna**. Portanto, os carros da montanha-russa têm três formas básicas de energia: cinética (de seu movimento), potencial (de suas posições em relação ao solo) e interna (das moléculas que compõem os materiais dos quais eles são feitos).

Grande parte da energia interna de um objeto, seja um carro de montanha-russa ou um pedaço de carvão, está associada à energia potencial que se origina das posições relativas dos átomos que constituem o objeto. Como vimos no Capítulo 7, a formação ou quebra de ligações químicas varia de acordo com sua energia potencial. Na maioria das reações químicas, as ligações são quebradas nos reagentes e novas ligações se formam nos produtos. Se a quantidade de energia liberada na formação da ligação é maior que a energia consumida na quebra da ligação, o processo como um todo libera energia. Em geral, referimo-nos à energia liberada como **energia química**, e o aproveitamento dessa energia é um aspecto importante da superposição entre a química e a engenharia. ▸

A energia química é uma forma de energia potencial.

Ocasionalmente, consideramos útil ter também mais termos específicos para várias formas de energia. A *energia radiante* está associada à luz ou à radiação eletromagnética. A energia radiante do Sol é basicamente responsável pela maioria das fontes de energia neste planeta, como vimos quando consideramos biocombustíveis no Capítulo 3. A *energia mecânica* está associada ao movimento de objetos macroscópicos. A *energia térmica* surge da temperatura de um objeto. (Podemos associar a energia térmica ao movimento no nível molecular de átomos e moléculas.) A *energia elétrica* resulta do movimento de cargas – normalmente de elétrons em um metal. A *energia nuclear*, que pode ser liberada nos processos de fusão e de fissão nucleares, é uma forma de energia potencial associada ao arranjo de prótons e nêutrons nos núcleos atômicos.

Calor e trabalho

Apesar de podermos usar grande variedade de classificações para os tipos de energia, todo fluxo de energia é calor ou trabalho. É necessário entender ambas as formas de transferência de energia para avaliar o sistema econômico de energia do mundo e o papel da química nesse sistema. O **calor** é o fluxo de energia entre dois objetos, de um mais morno para um mais frio, por causa de uma diferença nas suas temperaturas. Assim, se estamos falando cuidadosamente, calor é um *processo* e não uma *grandeza*. Apesar de ouvirmos rotineiramente afirmações como "Ligue o calor", calor não é uma entidade que possamos bombear para dentro de um cômodo ou para uma xícara de café. Um objeto não possui calor. Em um senso estritamente científico, um forno não produz calor, mas um corpo de ar morno ou água quente que tem temperatura mais alta que o ar frio em um cômodo produz calor. O que surge de um respiradouro no assoalho não é "calor", mas ar morno. Apesar de essas distinções serem essencialmente semânticas, podem ser muito importantes em muitos casos.

Trabalho é a segunda forma de transferência de energia. O **trabalho** é a transferência de energia realizada por uma força movendo uma massa por uma distância contra a resistência. Elevar um conjunto de carros de montanha-russa para o topo de uma subida contra a força de tração da gravidade é exemplo de trabalho. Quando consideramos exemplos macroscópicos, estamos em geral visualizando o trabalho em termos de energia mecânica. No entanto, trabalho inclui uma gama maior de fenômenos do que apenas o movimento mecânico de objetos macroscópicos. O tipo mais comum de trabalho que encontraremos nos processos químicos é o **trabalho pressão-volume (trabalho PV)**. Quando um gás se expande, ele pode realizar trabalho. Se um balão cheio é liberado antes de ser amarrado, ele voa ao redor à medida que o gás dentro do balão se expande para o volume maior do cômodo. Uma vez que o balão voador tem massa, é fácil ver que o gás em expansão está realizando trabalho no balão, isto é, trabalho pressão-volume.

Para um exemplo mais produtivo de trabalho sendo realizado por uma reação química, devemos examinar a queima da gasolina em um motor de carro. Aprendemos na Seção 4.1 que a gasolina é na realidade uma mistura complexa de hidrocarbonetos. A energia necessária para impulsionar um carro é liberada pela combustão desses hidrocarbonetos nos cilindros do motor:

$$\text{Hidrocarboneto} + O_2(g) \rightarrow CO_2(g) + H_2O(g)$$

Essa combustão produz dióxido de carbono e vapor d'água, e esses gases realizam trabalho PV à medida que se expandem contra o pistão no cilindro. Esse trabalho PV é então transmitido através da biela para movimentar o carro.

Unidades de energia

Usamos uma grande variedade de unidades para medir e discutir energia, e várias disciplinas de ciências e engenharia tendem a favorecer escolhas de unidades específicas. A unidade SI de energia é o **joule** (J), e 1 joule é igual a 1 kg m^2 s^{-2}. A constatação de que o trabalho deve ter unidades de energia nos ajuda a compreender essa unidade. O trabalho é a força vezes a distância, e força é massa vezes aceleração. Portanto, trabalho é

$$\text{Massa} \times \text{aceleração} \times \text{distância}$$

ou

$$\text{kg} \times \frac{\text{m}}{\text{s}^2} \times \text{m} = \frac{\text{kg m}^2}{\text{s}^2}$$

Em geral, é útil desenvolver uma percepção da grandeza de uma unidade em particular. Um joule é aproximadamente a quantidade de energia usada para levantar um livro de 1 kg (cerca de 2 libras) 10 cm (4 pol.) acima do tampo da mesa. Se pensarmos sobre química em um nível molecular, um joule é uma quantidade muito grande de energia. Quebrar uma única ligação química normalmente exige apenas algo em torno de 10^{-18} J, mas raramente quebramos apenas uma ligação de cada vez. Quando examinamos uma reação do ponto de vista macroscópico, devemos considerar a quebra de um mol de ligações. Nesse caso, o joule parece uma medida muito pequena de energia, devemos usar kJ (ou kJ mol^{-1}). Quebrar um mol de ligações C—H, por exemplo, requer 410 kJ.

Muitas unidades mais antigas de energia apoiavam-se em alguma propriedade facilmente observável para a definição delas. Assim o BTU, ainda largamente utilizado em várias disciplinas de engenharia, foi inicialmente definido como a quantidade de energia necessária para aquecer 1 lb de água em 1°F. Outra unidade de energia tradicional é a **caloria**, originalmente definida como a quantidade de energia necessária para aquecer 1 g de água de 14,5°C para 15,5°C.

O joule tem se tornado a unidade mais largamente aceitável, e assim essas outras unidades são agora definidas com relação ao joule. Uma caloria é definida como 4,184 J e um BTU como 1.055,06 J. Uma fonte de confusão constante ao comparar unidades de energia é que a Caloria relatada para alimentos é na realidade uma quilocaloria. (A Caloria de alimentos deve ser escrita com um "C" maiúsculo.) Portanto, 1 Caloria é na verdade equivalente a 4.184 J ou 4,184 kJ.

A energia normalmente consumida por grandes economias é enorme, como vimos ao analisarmos as Figuras 9.2 e 9.3.

9.3 Transformação e conservação de energia

Temos introduzido várias maneiras de classificar a energia, mas essas múltiplas formas não são igualmente úteis. Em muitos casos, é desejável transformar a energia de uma forma em outra. Por exemplo, a luz no seu quarto funciona com eletricidade, mas essa eletricidade provavelmente foi gerada pela liberação de energia química por meio da combustão de carvão. A menos que queira tentar acender a luz do seu quarto por meio da queima de um pedaço de carvão, você precisa de um meio de aproveitar a energia química liberada à medida que o pedaço de carvão se queima e então convertê-la em energia elétrica. Essa energia elétrica deve ser transportada para o seu quarto, onde a lâmpada a converte em energia radiante. Já observamos a realidade do desperdício de energia nesse processo na Seção 9.1.

Agora começamos a considerar as leis da natureza que se aplicam quando uma forma de energia é convertida em outra. A primeira e principal restrição na transformação de energia é que a energia total deve ser conservada. Se contabilizarmos apropriadamente toda a conversão e processos de transferência de energia, a quantidade total de energia presente deve permanecer constante. Para contabilizarmos apropriadamente todos os tipos de energia, precisaremos definir um número de termos com bastante cuidado. Inicialmente, devemos especificar de modo preciso o que está sendo estudado. O **sistema** é definido como a parte do universo que está sendo considerada. O restante do universo são as **vizinhanças**, apesar de em geral não ser necessário considerar tudo no universo real. ▸ Essas definições asseguram que o sistema mais as vizinhanças devam se igualar ao **universo**. O sistema e as vizinhanças são separados por um limite. Em alguns casos, esse limite pode ser um recipiente físico e, em outros, uma separação mais abstrata.

A definição cuidadosa do sistema e suas vizinhanças é também importante em muitos problemas de engenharia.

Essas ideias podem parecer óbvias, mas a escolha de sistema e vizinhanças nem sempre é clara. Por exemplo, se o sistema a ser estudado é "a atmosfera da terra", a definição de limite é algo desafiador. A atmosfera torna-se gradualmente menos densa, e devemos tomar algumas decisões arbitrárias a respeito de onde termina. Em muitos casos, a principal exigência é que sejamos coerentes. A mesma escolha de sistema e vizinhanças *deve* ser usada durante todo um problema, mesmo que a escolha seja algo arbitrário.

Uma vez que uma escolha apropriada foi feita, o conceito de conservação de energia torna-se útil. Como dissemos que calor e trabalho são as únicas formas possíveis de transferência de energia, podemos atribuir a variação total na energia, E, de um sistema a esses dois componentes. O calor é normalmente designado como q e trabalho como w, logo podemos escrever

$$\Delta E = q + w \tag{9.2}$$

O símbolo Δ (delta) é apresentado aqui como uma notação com o significado de "variação na". Esse símbolo, que usaremos com frequência em nosso estudo de termodinâmica, é sempre definido como a diferença entre o estado final e o estado inicial:

$$\Delta E = E_{\text{final}} - E_{\text{inicial}} \tag{9.3}$$

A Equação 9.2 é ilusoriamente simples porque inclui escolhas arbitrárias para o significado dos sinais para as grandezas de calor e trabalho. De novo, a chave é escolher definições consistentes para esses sinais. A convenção determina que, para a energia transferida *para dentro de* um sistema, dá-se um sinal positivo e a energia fluindo *para fora* de um sistema carrega um sinal negativo. Assim, quando o calor flui para dentro de um sistema a partir das vizinhanças, o valor de q é positivo, e quando um trabalho é realizado em um sistema, o valor de w é positivo. Contrariamente, quando o calor flui para fora de um sistema ou um trabalho é realizado pelo sistema nas vizinhanças, q e w serão negativos. O Problema-modelo 9.1 demonstra o uso dessa equação.

PROBLEMA-MODELO ◄ 9.1

Se 515 J de calor são adicionados a um gás, este realiza 218 J de trabalho. Qual é a variação na energia do sistema?

Estratégia O fluxo de energia ocorre como calor ou trabalho, e a Equação 9.2 relaciona esses elementos à energia total. Apresentaram-se as grandezas de q e w, mas devemos determinar o sentido para cada processo a fim de atribuir os sinais corretos.

Solução

Calor adicionado AO sistema significa que $q > 0$, logo $q = +515$ J.
Trabalho realizado PELO sistema significa que $w < 0$, logo $w = -218$ J.

$$\Delta E = q + w = 515\text{ J} + (-218\text{ J}) = +297\text{ J}$$

Observe que, na maioria dos casos, quando um valor é positivo, o sinal "+" não é colocado na frente do número.

Discussão Apesar de razoavelmente simples numericamente, este problema aponta para a necessidade de considerar os sinais de q e w de forma cuidadosa.

Verifique seu entendimento Realizam-se 408 J de trabalho em um sistema que libera 185 J de calor. Qual é a variação de energia no sistema?

Nesse exemplo, vemos que ΔE não é zero. Como isso pode ser consistente com a ideia de que a energia deve ser conservada? De acordo com nossas convenções de sinal para q e w, consideramos o processo de calor e trabalho pela perspectiva do sistema (nesse caso, um gás não especificado). Logo, o valor de ΔE que calculamos é também a variação na energia interna do sistema. Essa variação na energia interna do sistema é precisamente compensada nas vizinhanças: $\Delta E_{\text{vizinhanças}} = -\Delta E_{\text{sistema}}$. (Normalmente, escrevemos apenas ΔE em vez de $\Delta E_{\text{sistema}}$, porque, por definição, o sistema é o ponto no qual estamos mais interessados.) Portanto, a energia do universo permanece constante:

$$\Delta E_{\text{universo}} = \Delta E_{\text{vizinhanças}} + \Delta E_{\text{sistema}} = 0$$

A energia pode ser transformada de uma forma em outra, mas não pode ser criada ou destruída. Esse processo é conhecido como a **primeira lei da termodinâmica**.

Desperdício de energia

POR DENTRO DE Já fizemos referência à conversão de energia de uma forma em outra algumas vezes neste capítulo. Qualquer pessoa que se senta em frente a uma fogueira para se aquecer numa noite de frio pode defender as virtudes do calor, mas, na maioria dos casos, a civilização prefere sua energia na forma de trabalho. A combustão da gasolina não é inerentemente útil, mas, quando o calor liberado é aproveitado no motor de um automóvel, o trabalho resultante nos leva para onde precisamos ir. No entanto, todas as observações disponíveis apontam para a ideia de que é impossível converter o calor completamente em trabalho. (E isso leva à segunda lei da termodinâmica, que examinaremos em detalhes no Capítulo 10.) O motor do carro torna-se quente quando em funcionamento. O calor que aquece o motor não impulsiona o carro na direção de seu destino. Portanto, uma parte da energia liberada pela combustão da gasolina não contribui para o trabalho desejado de movimentar o carro. Quanto ao sistema econômico de energia, essa energia pode ser considerada "desperdiçada". ◄

Obviamente, em um dia frio de inverno, parte do calor desperdiçado pelo motor é usado para aquecer o interior do veículo. Portanto, a engenharia mais inteligente pode colocar calor "desperdiçado" para ser usado.

Uma maneira comum de obter trabalho de um sistema é aquecê-lo: o calor flui para o sistema e este realiza trabalho. Mas, na prática, a quantidade de fluxo de calor sempre excederá a quantidade de trabalho útil atingido. O excesso de calor pode contribuir para a poluição térmica. (*Poluição térmica* é o aumento ou a diminuição da temperatura da água em rios, lagos ou oceanos para cima ou para baixo das faixas normais da estação, a partir da descarga de fluxos de esgotos quentes ou frios na água.) A eficiência da conversão de calor em trabalho pode ser expressa como porcentagem.

As eficiências típicas de alguns processos de conversão comuns são mostradas na **Tabela 9.1**. A perspectiva de melhorar as eficiências dos aparelhos é frequentemente discutida como um importante meio de conservação de

Tabela ▪ 9.1

Eficiências típicas de alguns dispositivos comuns de conversão de energia

Dispositivo	Conversão de energia	Eficiência típica (%)
Aquecedor elétrico	Elétrica → térmica	~100
Secador de cabelo	Elétrica → térmica	~100
Gerador elétrico	Mecânica → elétrica	95
Bateria	Química → elétrica	90
Caldeira (usina de energia)	Química → térmica	85
Forno a gás doméstico	Química → térmica	85
Forno a óleo doméstico	Química → térmica	65
Motor elétrico (pequeno)	Elétrica → mecânica	65
Turbina a vapor	Térmica → mecânica	45
Turbina a gasolina	Química → mecânica	30
Motor de automóvel	Química → mecânica	25
Lâmpada fluorescente	Elétrica → luminosa	20
Células solares de silício	Solar → elétrica	15
Lâmpada incandescente	Elétrica → luminosa	5

energia no futuro. Muitas tecnologias domésticas comuns, que vão desde iluminação a eletrodomésticos e sistemas de aquecimento e refrigeração, são de fato muito mais eficientes do que as das gerações passadas. Mas esses ganhos tendem a ser compensados pelo fato de que o número de dispositivos em nossas casas cresce à medida que novas tecnologias se tornam populares. Uma típica casa norte-americana na década de 1970 poderia ter uma única televisão pequena, enquanto uma família moderna poderia ter várias TVs muito maiores, além de computadores, equipamentos de rede e outros eletrônicos. O consumo de energia residencial por pessoa permaneceu relativamente estável nos últimos 45 anos. E, como vimos na Figura 9.3, há considerável ineficiência no processo de conversão de outras formas de energia em eletricidade. A geração de eletricidade sempre resultará em energia sendo perdida como calor, de modo que a produção de energia elétrica de uma usina de energia sempre será menor do que sua entrada de energia química ou nuclear.

9.4 Capacidade calorífica e calorimetria

Afirmativas gerais sobre os recursos de energia nacionais e mundiais e suas consequências podem parecer abstratas em muitos aspectos, unicamente porque os números são tão grandes. Fazer a conexão entre essa escala global e os sistemas que podemos observar em um laboratório exige uma maneira sistemática de medir o fluxo de energia. Podemos fazer isso observando o fluxo de calor para dentro ou para fora de um sistema por meio de um conjunto de técnicas, as quais são denominadas coletivamente **calorimetria**.

Capacidade calorífica e calor específico

Suponha que desejemos elevar a temperatura de dois sistemas ou objetos diferentes. Em geral, os diferentes sistemas absorverão diferentes quantidades de energia com base em três fatores principais: quantidade, tipo de material e variação de temperatura. Uma maneira de observar a importância da quantidade de material é comparar o comportamento de um copo de água e de um oceano. Em um dia quente de verão na praia, um copo de água gelada rapidamente se torna morna, enquanto a temperatura da água do mar não varia apreciavelmente com o tempo. Uma pequena quantidade de água em um copo comporta-se de maneira diferente de uma quantidade grande no oceano. O tipo de material também é importante nesse processo, e uma praia no verão é um bom exemplo para ilustrar isso também. A areia, na maioria das praias, é predominantemente dióxido de silício, que se aquece muito mais rápido que até a água rasa. Ambos os materiais são expostos a quantidades similares de energia da luz do sol, mas comportam-se de maneiras diferentes. Por fim, a quantidade de energia fornecida e a variação de temperatura também estão relacionadas. Em um dia nublado na praia, a areia não esquenta tanto: é fornecida menos energia para a areia porque as nuvens absorvem alguma energia do Sol. Em suma, se quisermos calcular o calor associado a determinada variação de temperatura, precisaremos levar em conta a quantidade e a identidade do material em aquecimento, bem como a extensão da variação da temperatura.

Essa ideia pode facilmente ser expressa como uma equação, e usaremos duas versões ligeiramente diferentes dessa relação. Há duas opções para expressar a quantidade de material: por meio da massa ou da quantidade de matéria. Qualquer escolha leva a uma equação utilizável. Você já deve estar acostumado com o uso da massa, porque isso é normalmente feito nas aulas de física ou de ciências físicas. Nesse caso, a identidade da substância é incluída por meio da expressão capacidade calorífica específica (*c*, geralmente chamado apenas de calor específico), o que leva à Equação 9.4.

$$q = mc\Delta T \tag{9.4}$$

O **calor específico** é a propriedade física de um material que mede quanto de calor é necessário para elevar a temperatura de um grama desse material em 1°C. De maneira similar, a **capacidade calorífica em quantidade de matéria** é uma propriedade física que descreve quanto de calor é necessário para elevar a temperatura de um mol de uma substância em 1°C. Portanto, se escolhermos expressar a quantidade de material em termos de quantidade de matéria em vez de massa, nossa equação mudará apenas ligeiramente:

$$q = nC_p\Delta T \tag{9.5}$$

(O índice inferior "p" em C_p indica que esta é a capacidade calorífica à pressão constante. Em outras condições, como volume constante, o valor da capacidade calorífica pode diferir ligeiramente.)

Qualquer uma das equações fornece a mesma informação sobre o calor necessário para produzir determinada variação na temperatura. Desde que saibamos a massa molar da substância, deve ser simples fazer a conversão entre calor específico e capacidade calorífica em quantidade de matéria. A **Tabela 9.2** fornece uma lista de calores específicos e capacidades caloríficas para alguns materiais. Uma tabela mais extensa pode ser encontrada no Apêndice D.

Os Problemas-modelo 9.2 e 9.3 mostram aplicações dessas equações. À medida que você trabalha esses exemplos, observe que a capacidade calorífica terá o mesmo valor numérico se a temperatura for expressa em K ou em °C. Apesar de parecer estranho à primeira vista, isso faz sentido quando você percebe que o calor depende apenas da *diferença* de temperatura e não da temperatura em si. Verifique se, quando a temperatura de um pedaço de metal aumenta de 20°C para 30°C, ΔT pode ser escrito corretamente como 10°C ou 10K.

Observe que a água tem uma capacidade calorífica mais alta que os metais mostrados nesta tabela. Isso é verdade para muitos metais.

Tabela ▪ 9.2

Valores específicos de calor e de capacidade de calor ◂

Substância	Calor específico, *c* (J g^{-1} K^{-1})	Capacidade calorífica específica, C_p (J mol^{-1} K^{-1})
Al(*s*)	0,900	24,3
Cu(*s*)	0,385	24,5
$H_2O(s)$	2,09	37,7
$H_2O(\ell)$	4,18	75,3
$H_2O(g)$	2,03	36,4

PROBLEMA-MODELO ◀ 9.2

O aquecimento de uma lata de alumínio de 24,0 g aumenta a sua temperatura em 15,0°C. Encontre o valor de q para a lata.

Estratégia O fluxo de calor depende da capacidade calorífica do material em aquecimento, do tamanho da amostra e da variação na temperatura. Uma vez que a informação dada está em massa, será mais fácil usar o calor específico em vez da capacidade calorífica em quantidade de matéria. O valor do calor específico do alumínio deve ser encontrado na Tabela 9.2. Pelo fato de a variação de temperatura ter sido dada em°C, escreveremos as unidades como J $g^{-1}°C^{-1}$.

Solução

$$
\begin{aligned}
q &= mc\Delta T \\
&= 24{,}0 \text{ g} \times \frac{0{,}900 \text{ J}}{\text{g °C}} \times 15{,}0\text{°C} \\
&= 324 \text{ J}
\end{aligned}
$$

Analise sua resposta Pode ser necessária alguma prática para obter uma percepção da grandeza correta para o aquecimento. Sabemos que q deve ter unidades de energia, e as unidades em nosso cálculo estão consistentes com isso. Podemos também observar a ordem de grandeza para as quantidades envolvidas para ter certeza de que nossa aritmética faz sentido. Tanto a massa quanto a temperatura variam na ordem de 10^1, enquanto o calor específico está na ordem de 10^0 ou 1. Logo, o produto dos três deve ser na ordem de 10^2, e uma resposta em centenas de joules faz sentido.

Verifique seu entendimento Um bloco de ferro pesando 207 g recebe 1,50 kJ de calor. Qual é a variação na temperatura do ferro?

PROBLEMA-MODELO ◀ 9.3

A capacidade calorífica em quantidade de matéria da água líquida é de 75,3 J mol^{-1} K^{-1}. Se 37,5 g de água são resfriados de 42,0°C para 7,0°C, qual é o q para a água?

Estratégia O fluxo de calor é proporcional à quantidade de água e à variação da temperatura. Como antes, podemos fazer o cálculo com a quantidade de água expressa em gramas ou em quantidade de matéria. A capacidade calorífica em quantidade de matéria é dada, mas a quantidade de água está em gramas. Logo, usaremos a massa molar para converter a quantidade de gramas em mols. (Poderíamos também deixar a quantidade em gramas e converter a capacidade calorífica em calor específico.) Deve-se ter cuidado também ao definir a variação na temperatura. Tais variações são sempre o estado final menos o estado inicial. Uma vez que a água aqui está sendo resfriada, ΔT será negativo.

Solução

$$
\begin{aligned}
q &= nC_{\text{P}}\Delta T \\
&= 37{,}5 \text{ g} \times \frac{1 \text{ mol}}{18{,}0 \text{ g}} \times \frac{75{,}3 \text{ J}}{\text{mol °C}} \times -35{,}0\text{°C} \\
&= -5{,}49 \times 10^3 \text{ J} = -5{,}49 \text{ kJ}
\end{aligned}
$$

O valor negativo indica que o sistema (nesse caso, a água) perdeu energia para as vizinhanças. Observe que, desde que expressemos ΔT corretamente como $T_{\text{final}} - T_{\text{inicial}}$, o sinal correto para q será obtido automaticamente.

Verifique seu entendimento Se 226 kJ de calor aumentam a temperatura de 47,0 kg de cobre em 12,5°C, qual é a capacidade calorífica em quantidade de matéria do cobre?

Nesses exemplos, apenas afirmamos que determinada quantidade de calor foi adicionada ou removida de nosso sistema, sem considerar a fonte desse calor. Apesar de tal processo nos deixar familiarizado com as equações, não é muito realístico. Em uma aplicação mais comum, podemos usar os mesmos tipos de equações para determinar o fluxo de calor entre dois objetos, como mostra o Problema-modelo 9.4.

PROBLEMA-MODELO ◄ 9.4

Um copo contém 250,0 g de água quente a 78,0°C. Um pedaço de ouro a 2,30°C é colocado na água. A temperatura final atingida por esse sistema é de 76,9°C. Qual era a massa do ouro? O calor específico da água é 4,184 J g^{-1}°C^{-1} e o do ouro, 0,129 J g^{-1} °C^{-1}.

Estratégia Precisaremos supor que o calor flui apenas entre o ouro e a água, sem nenhuma perda ou ganho do copo ou das vizinhanças. Então, os calores devem se balancear; o calor ganho pelo ouro foi o calor perdido pela água. Cada um desses pode ser calculado usando-se a Equação 9.3, e os dois devem ser iguais e de sinais contrários.

Solução

$$q_{\text{ouro}} = -q_{\text{água}}$$

$$m_{\text{ouro}} \times c_{\text{ouro}} \times \Delta T_{\text{ouro}} = -m_{\text{água}} \times c_{\text{água}} \times \Delta T_{\text{água}}$$

$$m_{\text{ouro}} \times \frac{0{,}129 \text{ J}}{\text{g °C}} \times 74{,}6\text{°C} = -250{,}0 \text{ g} \times \frac{4{,}184 \text{ J}}{\text{g °C}} \times -1{,}1\text{°C}$$

Rearranjando, obtemos

$$m_{\text{ouro}} = \frac{-250{,}0 \text{ g} \times \frac{4{,}184 \text{ J}}{\text{g °C}} \times -1{,}1\text{°C}}{\frac{0{,}129 \text{ J}}{\text{g °C}} \times 74{,}6\text{°C}} = 120 \text{ g}$$

Analise sua resposta Com base no enunciado do problema original, podemos observar que a temperatura da água quente não varia muito. Esse pequeno ΔT para a água quente implica que a amostra de ouro deve ser relativamente pequena. Em seguida, consideramos que a capacidade calorífica da água é aproximadamente 40 vezes maior que a do ouro, e a variação de temperatura do ouro é quase 80 vezes maior que a da água. Essas duas observações sugerem que a amostra de ouro deve ter cerca da metade do tamanho da amostra de água, e nosso resultado calculado confirma isso.

Verifique seu entendimento Uma amostra de água fria de 125 g e uma de água quente de 283 g são misturadas em uma garrafa térmica isolada para que se possa atingir o equilíbrio. Se a temperatura inicial da água fria é de 3,0°C, e a temperatura inicial da água quente é de 91,0°C, qual será a temperatura final?

Esses exemplos fornecem uma maneira de calcular o fluxo de calor ou informações relacionadas. Mas temos ainda que ver como podemos na realidade fazer medidas de fluxo de calor no laboratório.

Calorimetria

Calorimetria é o termo usado para descrever a medida do fluxo de calor. Os experimentos são realizados em dispositivos chamados *calorímetros*, que se baseiam no conceito estabelecido no Problema-modelo 9.4. O calor liberado ou absorvido pelo sistema de interesse é determinado medindo-se a variação da temperatura nas suas vizinhanças. Todo esforço é feito para isolar termicamente o calorímetro, prevenindo fluxo de calor entre as vizinhanças imediatas e o resto do universo. A **Figura 9.5** mostra um calorímetro típico. Se o instrumento é isolado termicamente do resto do universo, o único fluxo de calor a ser considerado é aquele existente entre o sistema estudado e as vizinhanças imediatas, cuja temperatura pode ser medida.

Existem muitos tipos especializados de calorímetros, mas todos envolvem este tipo de calibração.

Um processo em duas etapas é usado para fazer uma medida calorimétrica. A primeira etapa é calibração, na qual uma quantidade conhecida de calor é gerada no aparelho. ◄ A segunda etapa é a medida real, na qual determinamos a quantidade de calor

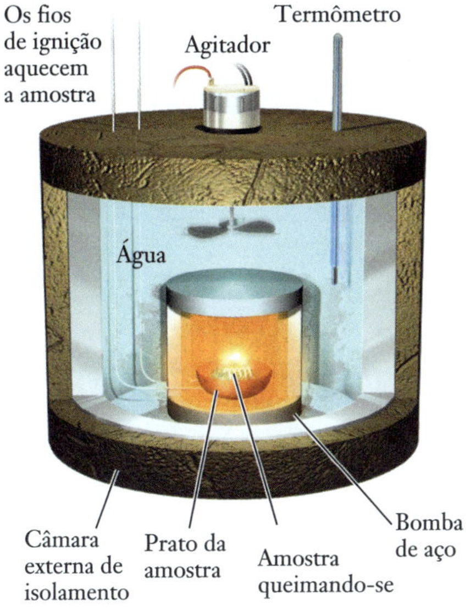

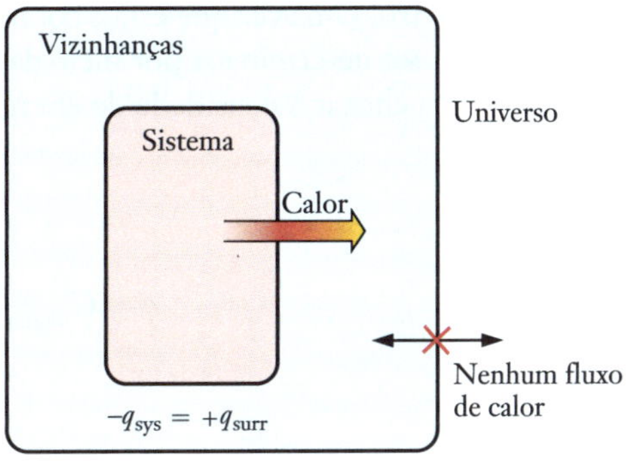

Figura 9.5 Uma bomba calorimétrica é um equipamento razoavelmente complicado, como mostra o diagrama à esquerda. Mas a premissa geral do dispositivo é simplesmente realizar uma reação a volume constante e sem nenhum fluxo de calor entre o calorímetro e o mundo exterior. O diagrama à direita mostra a escolha padrão de sistema e vizinhanças para um experimento de calorimetria de bomba. O sistema consiste nos conteúdos da bomba em si. As vizinhanças incluem a bomba e o banho de água em torno dela. Supomos que não haja troca de calor com o resto do universo, a não ser com as paredes isoladas do aparelho.

absorvida ou liberada na reação de uma quantidade conhecida de material. A calibração pode ser feita por meio da queima de uma quantidade conhecida de material bem caracterizado ou pelo aquecimento resistente, no qual uma quantidade conhecida de corrente é passada através de um fio que se aquece em razão de sua resistência elétrica. A capacidade calorífica do calorímetro como um todo pode ser obtida medindo-se a variação na temperatura das vizinhanças resultante de uma entrada de calor conhecida:

$$\text{Quantidade conhecida de calor} = \text{constante calorimétrica} \times \Delta T$$

ou

$$q = C_{\text{calorímetro}} \times \Delta T \tag{9.6}$$

Observe que, em contraste às nossas equações anteriores relacionando q e ΔT, aqui não existe termo de massa nem de quantidade de matéria para a quantidade de material. A constante calorimétrica é a capacidade calorífica de um *objeto* específico (ou conjunto de objetos), em vez da de um *material*. Pode ser útil pensar nela como a capacidade calorífica "por calorímetro" e então imaginar que temos apenas um calorímetro. Para alguém que usa rotineiramente o mesmo calorímetro, essa abordagem é muito mais simples que manter o rastro das massas de aço, água e outros materiais no calorímetro. No caso da bomba calorimétrica apresentada na Figura 9.5, a constante do calorímetro é em grande parte atribuída à água que circunda a bomba, mas também inclui as capacidades caloríficas do termômetro, do sistema de agitação e da própria bomba.

Uma vez que a constante do calorímetro é conhecida, já estamos prontos para usar o calorímetro para nossa medida real. Colocamos as quantidades conhecidas de reagente(s) no calorímetro, iniciamos a reação e medimos a variação da temperatura resultante do calorímetro. A constante do calorímetro nos permite determinar a quantidade de calor liberada ou absorvida na reação. O Problema-modelo 9.5 mostra como o processo funciona.

PROBLEMA-MODELO ◀ 9.5

Um calorímetro é usado para comparar o conteúdo de energia de alguns combustíveis. Na calibração do calorímetro, um aquecedor de resistência elétrica fornece 100,0 J de calor, e observa-se um aumento de 0,850°C na temperatura. Então 0,245 g de um combustível específico é queimado nesse mesmo calorímetro, e verifica-se um aumento de temperatura de 5,23°C. Calcule a densidade de energia desse combustível, a qual é a quantidade de energia liberada por grama de combustível queimado. ◂

Exploraremos a ideia de densidade de energia em mais detalhes na Seção 9.7.

Estratégia A etapa de calibração nos permite determinar a constante do calorímetro. Uma vez que esta é conhecida, a quantidade de calor liberada do combustível pode ser determinada por meio da Equação 9.6. Por fim, dividimos esse calor pela massa de combustível que o gerou para chegar à densidade de energia pedida.

Solução

***Etapa 1**: Calibração*

$$q = C_{\text{calorímetro}} \times \Delta T$$

logo

$$\begin{aligned} C_{\text{calorímetro}} &= q/\Delta T \\ &= 100{,}0\ \text{J}/0{,}850°\text{C} \\ C_{\text{calorímetro}} &= 118\ \text{J}\ °\text{C}^{-1} \end{aligned}$$

***Etapa 2**: Determinação do calor liberado pelo combustível*

$$\begin{aligned} q_{\text{calorímetro}} &= C_{\text{calorímetro}} \times \Delta T \\ &= 118\ \text{J}\ °\text{C}^{-1} \times 5{,}23°\text{C} \\ &= 615\ \text{J} \end{aligned}$$

E

$$q_{\text{combustível}} = -q_{\text{calorímetro}} = -615\ \text{J}$$

***Etapa 3**: Cálculo da densidade de energia*

$$\begin{aligned} \text{Densidade de energia} &= -q_{\text{combustível}}/m \\ &= -(-615\ \text{J})/0{,}245\ \text{g} \\ &= 2.510\ \text{J g}^{-1} \times 2{,}51\ \text{kJ g}^{-1} \end{aligned}$$

Discussão Este problema ilustra a necessidade de tomar cuidado com os sinais nos cálculos termodinâmicos. Uma vez que a queima de combustível libera calor, *q* para o combustível deve ser negativo. A densidade de energia, no entanto, seria relatada como número positivo, resultando no sinal negativo adicional na etapa final.

Verifique seu entendimento A combustão do naftaleno ($C_{10}H_8$), que libera 5.150,1 kJ mol^{-1}, é frequentemente usada para calibrar calorímetros. Uma amostra de 1,05 g de naftaleno é queimada em um calorímetro, produzindo um aumento na temperatura de 3,86°C. A queima de uma amostra de 1,83 g de carvão no mesmo calorímetro provoca uma variação de temperatura de 4,90°C. Qual é a densidade de energia do carvão?

9.5 Entalpia

O conceito de fluxo de calor é razoavelmente intuitivo. Objetos frios tornam-se mais aquecidos à custa de objetos mais quentes. No entanto, cientificamente esse processo natural exige um exame muito cuidadoso. As condições sob as quais ocorre fluxo de calor terão impacto nas medições feitas. Por exemplo, quando um mol de octano, C_8H_{18}, se queima para formar dióxido de carbono gasoso e água líquida sob condições de volume constante, são liberados 5,45 × 10³ kJ de calor. A mesma reação sob condições de pressão constante libera 5,48 × 10³ kJ. A diferença percentual entre as duas condições é pequena, mas considere as consequências de engenharia ao projetar sistemas seguros para recipientes grandes de armazenamento. Tais recipientes podem comportar um excesso de 1.000 mols de octano. Cada mol libera 30 kJ a mais de energia sob condições de combustão a pressão constante contra volume constante.

Quando milhares de mols se queimam, a diferença na energia total liberada pode ser importante fator para a segurança. Por que ambos os casos liberam quantidades diferentes de calor, e como podemos explicar propriamente essas diferenças?

Definindo entalpia

Por causa da observação de que os calores da reação dependem das condições de reação, está provado que é vantajoso definir duas funções matemáticas para energia. A energia interna já foi introduzida. Usando a definição de energia interna, podemos mostrar que, em condições de volume constante, a variação na energia interna iguala-se ao fluxo de calor. Comece com

$$\Delta E = q + w$$

Nas reações químicas, geralmente precisamos considerar apenas o trabalho PV. Quando um gás se expande, ele realiza uma quantidade de trabalho igual a $P\Delta V$ nas suas vizinhanças. Mas, se o gás expandindo é o nosso sistema, podemos querer que w seja o trabalho realizado *no* gás, e este será $-P\Delta V$. Logo, podemos substituir w na equação anterior por $-P\Delta V$.

$$\Delta E = q - P\Delta V \tag{9.7}$$

Essa equação nos permite agora ver como a energia interna está relacionada com o calor. Se o volume é mantido constante, ΔV é zero, logo o segundo termo é zero. Tudo isso permanece em

$$\Delta E = q_v \tag{9.8}$$

onde o índice inferior "v" é adicionado para indicar que a equação está correta *apenas* sob condições de volume constante. A Equação 9.8 nos diz que, se fizermos um experimento de calorimetria a volume constante, obteremos uma determinação direta de ΔE.

Mas realizamos o experimento a uma pressão constante? Seria útil ter uma função que fosse igual para o fluxo de calor sob condições de pressão constante. Essa função, conhecida como **entalpia**, é definida como

$$H = E + PV \tag{9.9}$$

Com base nessa definição, podemos mostrar que a variação na entalpia (ΔH) será igual ao fluxo de calor sob condições de pressão constante. Segundo essa definição, a variação na entalpia (ΔH) deve ser

$$\Delta H = \Delta E + \Delta(PV)$$

Podemos expandir isso substituindo ΔE usando a Equação 9.7.

$$\Delta H = (q - P\Delta V) + \Delta(PV)$$

Se a pressão é mantida constante, o termo $\Delta(PV)$ transforma-se simplesmente em $P\Delta V$, fornecendo

$$\Delta H = q - P\Delta V + P\Delta V$$

O segundo e terceiro termos claramente se cancelam e fornecem o resultado desejado.

$$\Delta H = q_p \tag{9.10}$$

A variação de entalpia consequentemente se iguala ao fluxo de calor sob pressão constante. (Isso é representado com um índice inferior "p", exatamente como fizemos anteriormente para volume constante.)

Agora temos duas maneiras de definir o fluxo de calor em um sistema, sob dois conjuntos diferentes de condições. Para um processo a volume constante, o fluxo de calor mensurável é igual a ΔE, a variação na energia interna. Para um processo a pressão constante, o fluxo de calor mensurável é igual à variação na entalpia, ΔH. De muitas formas, a entalpia é o termo mais útil porque as condições de pressão constante são mais comuns. Uma reação realizada em um béquer no laboratório de química, por exemplo, ocorre sob condições de pressão constante (ou muito próxima disso). Portanto, quando nos referimos ao "calor de" um processo, estamos normalmente nos referindo a uma variação na entalpia, ΔH. Como nas definições anteriores, ΔH refere-se a $H_{final} - H_{inicial}$.

Quando o calor é liberado de um sistema, o processo é denominado **exotérmico** e o valor de ΔH é menor que zero. Um processo exotérmico pode "parecer" quente: se você pegar o béquer no qual está ocorrendo uma reação exotérmica, o calor fluirá do sistema reagente para a sua mão. Inversamente, quando o calor é absorvido pelo sistema, o processo é chamado de **endotérmico**, e o valor de ΔH é maior que zero. Os processos endotérmicos podem "parecer" frios porque retiram calor de suas vizinhanças.

ΔH de mudanças de fases

O fluxo de calor para uma substância nem sempre aumenta sua temperatura. Se o calor flui para um cubo de gelo a 0°C, por exemplo, o gelo fundirá para formar água líquida a 0°C. (Se o calor continua a fluir para a água resultante, sua temperatura começará a aumentar, obviamente.) Como a temperatura pode permanecer constante independentemente do influxo de calor? Para entendermos, precisamos lembrar que as forças intermoleculares são mais extensivas em um sólido do que em um líquido. Logo, à medida que o cubo funde, a energia deve ser gasta para vencer as atrações intermoleculares. A energia interna da água líquida é maior que a do sólido, mesmo ambas estando na mesma temperatura.

Por razões similares, existirá fluxo de calor em qualquer mudança de fases. Os nomes das mudanças de fases entre sólidos, líquidos e gases estão indicados na **Figura 9.6**. Uma vez que essas mudanças de fases em geral ocorrem em pressão constante, os fluxos de calor correspondentes devem ser visualizados como variações na entalpia. Algumas mudanças de fase são tão comuns que suas variações de energia têm nomes e símbolos específicos. O calor necessário para fundir uma substância é o calor de fusão, ΔH_{fus}. ◂ A variação de entalpia para converter um líquido em um gás é conhecida como o calor de vaporização, ΔH_{vap}. Sabemos que, quando um líquido é convertido em um gás, todas as moléculas em uma amostra devem vencer quaisquer forças intermoleculares que estejam presentes. Isso significa que a energia deve fluir para a substância a fim de vaporizá-la, logo o calor de vaporização sempre será positivo. Segue-se que o processo reverso, a condensação, sempre liberará calor. Os valores das variações de entalpia em sentidos contrários têm o mesmo valor numérico e diferem apenas em seus sinais. Como a intensidade das forças intermoleculares varia de uma substância para outra, a grandeza da variação de entalpia para qualquer transição de fases sempre dependerá da substância envolvida. ◂ Os valores podem ser encontrados em muitas tabelas padrão, incluindo a indicada no Apêndice D. Os dados para a água são fornecidos na **Tabela 9.3**.

O termo fusão *aqui significa derretimento.*

Para qualquer substância, o calor de fusão é normalmente muito menor que o calor de vaporização.

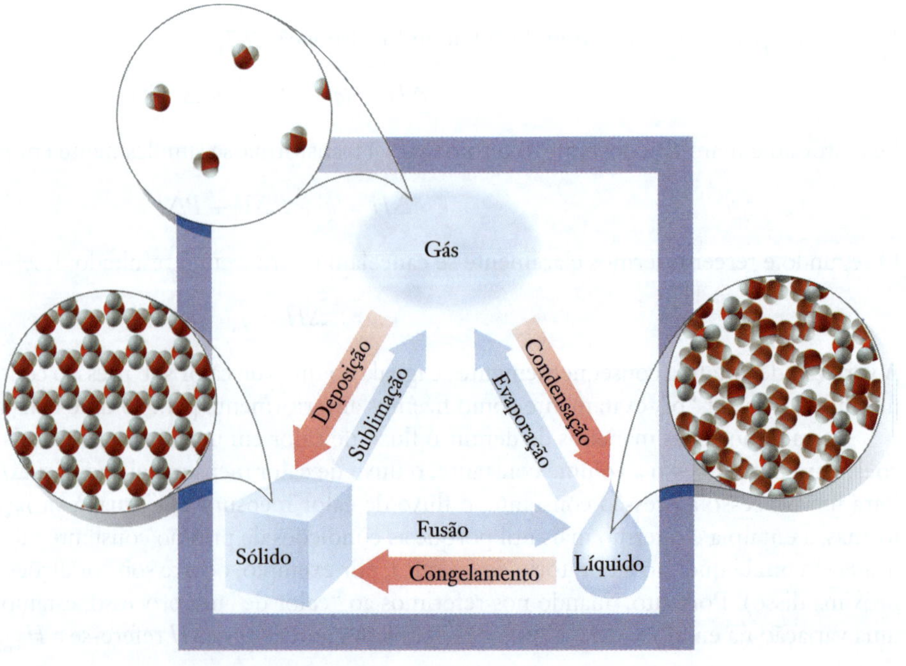

Figura 9.6 Visualizações no nível microscópico das fases de sólido, de líquido e de gás são mostradas junto com os termos normalmente usados para as possíveis transições entre essas fases.

Tabela ▪ 9.3 Dados de mudança de fase para a água

Entalpias molares padrão e temperaturas para as mudanças de fases da água

Mudança de fases	Fusão	Congelamento	Vaporização	Condensação
Temperatura de transição	0°C	0°C	100°C	100°C
ΔH **(J mol⁻¹)**	6.009,5	–6.009,5	40.700	40.700

Por meio desses dados, é possível calcular o calor necessário para uma transição de fases que envolva qualquer amostra de água em particular. Exatamente como fizemos quando consideramos as variações de temperatura, o calor dependerá da quantidade de substância que sofre a transição: será gasto mais calor para fundir um bloco grande de gelo do que um cubo pequeno. Os valores na Tabela 9.3 são fornecidos em unidades de J mol^{-1}, logo é possível especificar a quantidade de água em termos de quantidade de matéria, o que resultará na seguinte equação:

$$\Delta H = n \times \Delta H_{\text{mudança de fases}} \tag{9.11}$$

Aqui n é a quantidade de matéria, como sempre. Observe que essa relação não inclui ΔT, em contraste com as Equações 9.4 e 9.5. Isso pode fazer sentido se mantivermos em mente que as mudanças de fases ocorrem a uma temperatura constante, logo não existe ΔT na transição. Por exemplo, o Problema-modelo 9.6 mostra o cálculo do calor associado a uma mudança de fase.

PROBLEMA-MODELO ◀ 9.6

Calcule a variação de entalpia quando 245 g de gelo se fundem.

Estratégia O valor do ΔH_{fus} na Tabela 9.3 está em J mol^{-1}, logo a quantidade de gelo deve ser convertida em quantidade de matéria. A multiplicação da quantidade de matéria pelo ΔH_{fus} fornecerá a quantidade desejada.

Solução

$$245 \text{ g } H_2O \times \frac{1 \text{ mol}}{18{,}015 \text{ g}} = 13{,}6 \text{ mol de } H_2O$$

$$\Delta H = n \times \Delta H_{\text{fus}}$$

$$= 13{,}6 \text{ mol} \times 6.009{,}5 \text{ J mol}^{-1}$$

$$= 8{,}17 \times 10^4 \text{ J}$$

Analise sua resposta A entalpia de fusão é uma constante a 6 kJ mol^{-1}, logo a variação de entalpia depende do tamanho da amostra. Uma vez que a massa molar da água é 18 g mol^{-1}, uma amostra que tem 240 g é um pouco mais que 10 mols. Isso significa que devemos esperar uma resposta que seja um pouco maior que 60 kJ, o que está consistente com o nosso resultado.

Verifique seu entendimento Calcule a variação de entalpia quando 14,5 g de vapor d'água são condensados em água líquida.

Exatamente como para a variação de temperatura, não existe razão fundamental para não podermos expressar a quantidade de material em massa, em vez de em quantidade de matéria. Mas é essencial que sejamos consistentes na escolha das unidades: se a quantidade está em massa, precisaremos de um valor de variação de entalpia expresso também em massa. Uma vez que você conhece a massa molar da água, deve ser fácil converter os valores na Tabela 9.3 de J mol^{-1} em J g^{-1}. Se você repetir os cálculos do último exemplo dessa maneira, obterá o mesmo resultado. Na maioria dos campos da engenharia, é mais comum usar massa, e não mols, para especificar a quantidade de uma substância. O conceito fundamental é o mesmo, independentemente das unidades utilizadas.

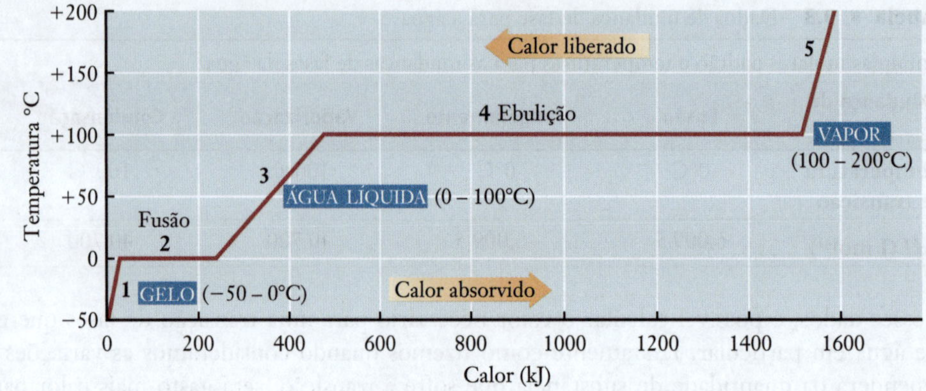

Figura 9.7 A figura mostra como a temperatura de uma amostra de 500 g de água varia à medida que absorve calor. Aqui começamos com gelo a – 50°C. No segmento do gráfico marcado com (1), a temperatura do gelo aumenta até que atinja o ponto de fusão a 0°C. Na região (2), o gelo funde-se a uma temperatura constante de 0°C até que seja convertido em água. Na região (3), está presente apenas água líquida, e sua temperatura aumenta até que atinja o ponto de ebulição a 100°C. Na região (4), a água entra em ebulição a uma temperatura constante de 100°C até que seja convertida em vapor. Finalmente, na região (5), o vapor resultante continua a absorver calor, e sua temperatura aumenta.

Neste ponto, podemos combinar o que aprendemos sobre fluxo de calor tanto para mudanças de fases quanto para variações de temperatura a fim de obter a variação de entalpia para a água, convertendo gelo em líquido e vapor. A **Figura 9.7** apresenta um gráfico de temperatura *versus* fluxo de calor para tal processo. As transferências de calor nas regiões (1), (3) e (5) da figura são para variações de temperatura, e (2) e (4) representam as mudanças de fases. Observe que as seções (1), (3) e (5) têm declives diferentes, refletindo o fato de que as fases sólida, líquida e gasosa têm diferentes capacidades caloríficas.

Vaporização e produção de eletricidade

POR DENTRO DE A grande quantidade de energia necessária para converter água de um líquido em gás, como mostra a série de processos da Figura 9.7, é explorada na conversão de energia química em eletricidade. As características básicas de uma usina de eletricidade movida por combustível fóssil são apresentadas esquematicamente na **Figura 9.8**.

Figura 9.8 Os elementos importantes de uma usina de energia elétrica padrão são mostrados neste diagrama esquemático. O processo explora o alto calor de vaporização da água.

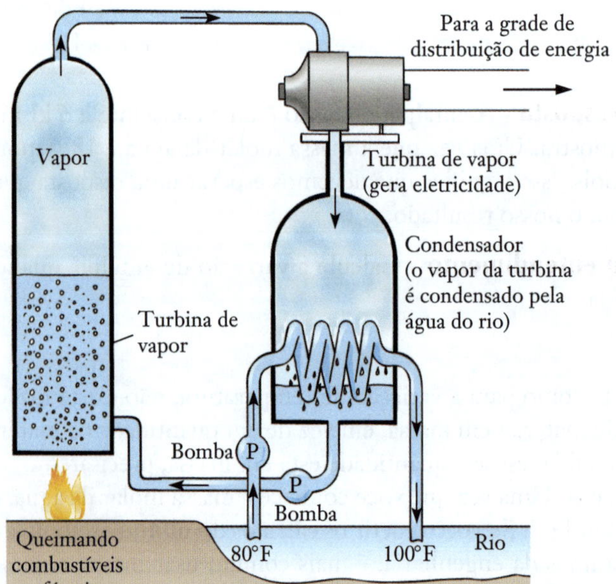

Quando o combustível – normalmente carvão ou gás natural – se queima, a energia química é liberada como calor. O objetivo da usina de energia é converter a maior quantidade dessa energia em eletricidade. A etapa crítica nesse processo é "aprisionar" o calor expelido na reação de combustão. A água é o material de escolha para esse processo, porque tem alto calor de vaporização. Na Seção 8.4, indicou-se que as forças intermoleculares são normalmente fortes na água por causa das ligações de hidrogênio. Essas ligações de hidrogênio entre as moléculas de água no líquido levam a valores grandes de ΔH_{vap}. Se um material com um calor de vaporização pequeno fosse substituir a água, seria necessário muito mais dele para absorver a mesma quantidade de calor. O alto calor de vaporização acoplado com a relativa abundância de água tem levado ao seu uso difundido no setor de energia da economia.

Calor de reação

Até aqui consideramos as variações de entalpia para processos físicos simples como variações de temperatura e transições de fases. No entanto, a importância da química para o sistema econômico de energia surge do fato de existirem variações de entalpia também nas reações químicas. As variações de entalpia são geralmente chamadas de **calor de reação**. Uma vez que muitas reações são realizadas sob condições de pressão constante, esse termo é perceptível, mesmo se ligeiramente impreciso.

Ligações e energia

As reações químicas envolvem variações de energia porque as ligações são quebradas e formadas quando os reagentes se transformam em produtos. Considere uma reação razoavelmente simples – a combustão do metano:

$$CH_4(g) + 2\ O_2(g) \rightarrow CO_2(g) + 2\ H_2O(\ell)$$

Estamos familiarizados com todas essas moléculas, portanto podemos facilmente escrever as estruturas de Lewis para elas:

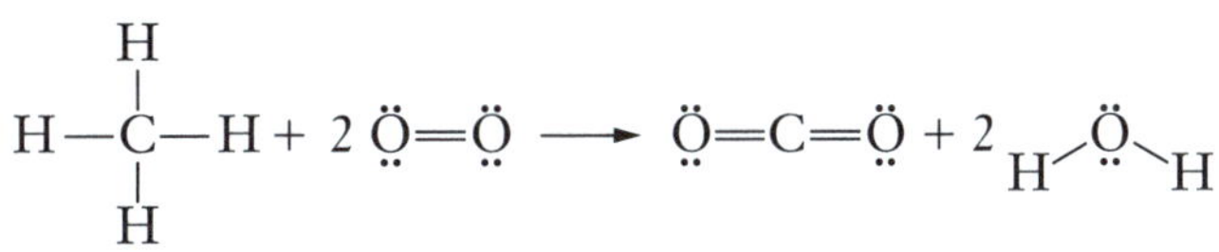

No lado dos reagentes da equação, temos quatro ligações simples C—H e duas ligações duplas O═O. No lado dos produtos, temos duas ligações C═O e quatro ligações simples O—H. Durante o curso da reação, todas as ligações nos reagentes devem ser quebradas, e isso vai exigir um fornecimento de energia. Por sua vez, todas as ligações nos produtos devem ser formadas, e isso liberará energia. (Lembre-se de que a formação de ligação é *sempre* exotérmica e a quebra de ligação é *sempre* endotérmica.) Se a energia liberada na formação de novas ligações é maior que a energia necessária para quebrar as ligações originais, a reação como um todo deve ser exotérmica. Contrariamente, se a energia necessária para quebrar as ligações é maior que aquela liberada para formar as ligações, a reação será endotérmica. Pelo fato de o metano ser o principal componente do gás natural, sabemos que a sua queima deve liberar energia. Portanto, podemos antecipar que essa reação deve ser exotérmica, e medidas calorimétricas confirmam isso; o ΔH para a combustão de um mol de metano é – 890,4 kJ.

Devemos nos atentar em usar estimativas para as energias de ligação para calcular um valor aproximado do ΔH para uma reação, o que é, algumas vezes, feito com o propósito de obter uma estimativa para reações que envolvam compostos em que não existem dados termodinâmicos disponíveis. No entanto, a precisão dessa abordagem não é muito boa porque os valores tabulados para as energias de ligação representam médias. Como veremos na próxima seção, existe uma alternativa simples e precisa em muitos casos.

O balanço energético de uma reação química pode ser resumido em uma **equação termoquímica**. Para a combustão do metano, a equação termoquímica é

$$CH_4(g) + 2\ O_2(g) \rightarrow CO_2(g) + 2\ H_2O(\ell) \qquad \Delta H = -\ 890{,}4\ \text{kJ}$$

Essa equação nos informa duas coisas importantes. Primeiro, podemos imediatamente ver se a reação é exotérmica ou endotérmica, porque o ΔH possui um sinal. Sabemos que a combustão do metano deve ser exotérmica, e o sinal negativo no ΔH confirma isso. Segundo, a equação termoquímica inclui o valor numérico para o ΔH, logo podemos dizer exatamente quanto calor será liberado. É importante perceber que o calor de reação mostrado é para a equação exatamente como escrita; se 1 mol de metano reage com 2 mols de oxigênio, serão liberados 890,4 kJ. Entretanto, se for queimado mais combustível, mais calor será liberado. Portanto, se os coeficientes estequiométricos são multiplicados pelo mesmo fator, o calor de reação também deve ser multiplicado por esse fator. Assim, outra equação termoquímica para a combustão do metano é

$$2\,CH_4(g) + 4\,O_2(g) \rightarrow 2\,CO_2(g) + 4\,H_2O(\ell) \qquad \Delta H = -\,1.780{,}8\ kJ$$

Calores de reação para algumas reações específicas

Algumas classes de reações químicas são suficientemente comuns ou úteis e recebem seu próprio rótulo para os calores de reação. A reação-modelo para o metano que já usamos pertence à categoria combustão. Por ser a combustão uma parte comum do sistema econômico de energia, as variações de entalpia para reações de combustão são usadas para comparar vários combustíveis. Algumas vezes, esses calores de combustão são designados como ΔH_{comb}. De maneira similar, as reações de neutralização entre ácidos e bases têm calores de reação que são chamados de calores de neutralização, ΔH_{neut}.

Outra classe de reações, as reações de formação, tem calores de reação especialmente designados como **calores de formação**, ΔH_f°, embora muitas delas não tenham sido realizadas na prática. ◂ Elas são importantes em decorrência da utilidade computacional derivada da seguinte definição: uma **reação de formação** é a reação química pela qual 1 mol de um composto é formado a partir de seus elementos nos seus estados padrão. O **estado padrão** é a forma mais estável do elemento em temperatura (25°C) e pressão (1 atm) ambientes. A reação de formação do monóxido de carbono é

O sinal de grau que aparece neste símbolo para o calor de formação indica que o valor é para um processo ocorrendo sob condições padrão de 25°C e 1 atm.

$$C(s) + \frac{1}{2}O_2(g) \rightarrow CO(g) \qquad \Delta H^\circ = \Delta H_f^\circ[CO(g)]$$

Como necessitamos de apenas 1 mol de CO do lado direito, devemos usar um coeficiente fracionário no O_2 para balancear a equação, mesmo que isso possa parecer esquisito. Dois erros muito comuns quando se escrevem as reações de formação são incluir elementos que não estão nas suas formas padrão ou ter mais de 1 mol de composto como produto. Para o monóxido de carbono, esses erros podem produzir uma das seguintes reações de "formação" *incorretas*:

$$C(s) + O(g) \rightarrow CO(g) \qquad \Delta H^\circ \neq \Delta H_f^\circ[CO(g)]$$

$$2\,C(s) + O_2(g) \rightarrow 2\,CO(g) \qquad \Delta H^\circ \neq \Delta H_f^\circ[CO(g)]$$

Apesar de ambas serem equações químicas válidas, *não* descrevem a reação de formação para o CO. A primeira reação não está correta porque o oxigênio não é mostrado no seu estado padrão, como uma molécula diatômica. A segunda reação não está correta porque são formados 2 mols de monóxido de carbono. As reações de formação são bastante úteis para determinar os calores de reação, como veremos na seção a seguir.

Observe que a definição da reação de formação implica imediatamente que o calor de formação, para qualquer elemento no seu estado padrão, deve ser zero. Para tanto, suponha uma reação de formação para um elemento em seu estado padrão, como o $O_2(g)$. Precisaríamos de 1 mol de $O_2(g)$ como o produto e oxigênio no seu estado padrão como o reagente. No entanto, como o estado padrão do oxigênio *é* $O_2(g)$, nossa reação de formação na realidade não é nenhuma reação.

$$O_2(g) \rightarrow O_2(g) \qquad \Delta H^\circ = \Delta H_f^\circ[O_2(g)] = 0$$

Uma vez que ambos os lados dessa equação são os mesmos, não pode haver variação na entalpia. Logo, o ΔH° deve ser zero. Isso será verdadeiro para qualquer elemento no seu estado padrão.

9.6 Lei de Hess e calores de reação

As variações de entalpia nas reações químicas têm um papel importante em uma variedade de situações. As comparações dos possíveis combustíveis ou explosivos novos são exemplos óbvios. Em muitos casos, poderia ser desejável determinar a variação da entalpia em uma reação sem necessariamente realizar a reação em si. A síntese de um novo explosivo pode ser muito difícil e perigosa, por exemplo. Portanto ajudaria saber com antecedência se a sua utilidade potencial justificaria o esforço. Em outros casos, pode apenas ser muito difícil realizar uma determinação calorimétrica direta de um calor de reação. Por uma variedade de razões, frequentemente precisamos obter calores de reação de maneira indireta.

Lei de Hess

Para obtermos informações sobre calores de reação de maneira indireta, usamos o que é conhecido como **lei de Hess**: a variação de entalpia para qualquer processo é independente da maneira específica como o processo é realizado. O conceito fundamental sobre como se constrói essa ideia é que a entalpia é uma **função de estado**. Uma função de estado é uma variável cujo valor depende apenas do estado do sistema, e não de sua história. ▸ Quando você dirige, sua localização é uma função de estado, mas a distância que percorreu para chegar lá não é. Para uma reação química, o conceito de funções de estado pode ser muito importante. Raramente conhecemos os detalhes microscópicos sobre como as moléculas de reagente são na realidade convertidas em moléculas de produtos, mas é relativamente fácil determinar quais foram os reagentes e produtos. Uma vez que a entalpia é uma função de estado, se pudermos encontrar uma maneira de determinar a variação na entalpia para *qualquer* caminho em particular que leve dos reagentes aos produtos desejados, saberemos que o resultado se aplicará a *qualquer* caminho real que a reação possa tomar. O diagrama de blocos na **Figura 9.9** ilustra o conceito.

Pressão, volume e temperatura são todos funções de estado.

Para a situação da Figura 9.9, a variação de entalpia desejada poderia ser obtida por meio de um dos caminhos alternativos:

$$\Delta H_{\text{desejado}} = \Delta H_{\text{A}_\text{i}} + \Delta H_{\text{A}_\text{f}}$$
$$\Delta H_{\text{desejado}} = \Delta H_{\text{B}_\text{i}} + \Delta H_{\text{B}_\text{f}}$$

Podemos desenvolver mais essa ideia especificando um sistema e incluindo um eixo de entalpia na figura. A **Figura 9.10** apresenta o **diagrama de entalpia** para a combustão do metano. Como vimos na Seção 4.1, essa combustão pode ser completa, produzindo diretamente dióxido de carbono, ou incompleta, produzindo monóxido de carbono. Uma maneira de visualizar o processo completo de combustão seria começar com a combustão incompleta e reagir ao CO com oxigênio adicional para produzir CO_2. Como mostra a Figura 9.10, se soubéssemos os valores de ΔH para ambas as etapas, poderíamos somar os valores para obter ΔH para a combustão completa.

A lei de Hess tem implicações práticas importantes. Muitas vezes, podemos quebrar uma reação química em uma série de etapas cujo resultado líquido é idêntico àquele da reação original. De acordo com a lei de Hess, nesse caso, podemos estimar a entalpia da reação original usando as reações sequenciais.

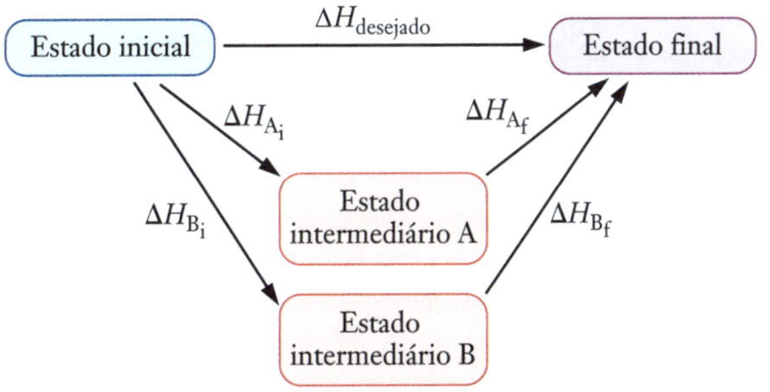

Figura 9.9 Diagrama conceitual representando a lei de Hess. Como a entalpia é uma função de estado, podemos escolher qualquer caminho conveniente do estado inicial para o estado final e usar esse caminho para calcular a variação de entalpia.

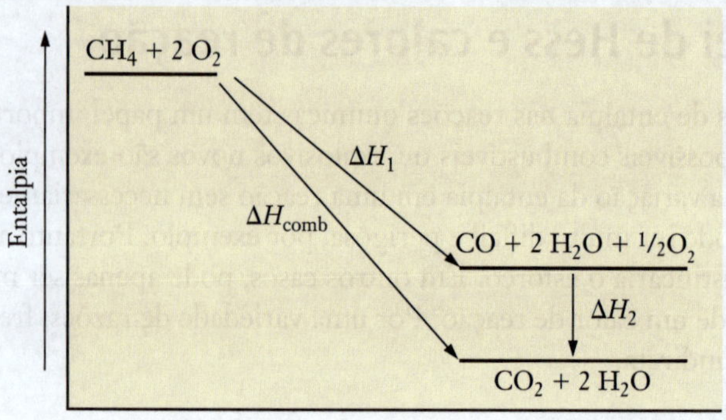

Figura 9.10 Diagrama de entalpia para a combustão do metano. Aqui imaginamos que 1 mol de CH_4 seja inicialmente convertido em CO (etapa 1) e que o CO continue reagindo para formar CO_2 (etapa 2). Se soubermos os valores de ΔH_1 e ΔH_2, podemos usá-los para calcular o ΔH_{comb}.

PROBLEMA-MODELO 9.7

O trióxido de enxofre reage com água para formar ácido sulfúrico, um contribuinte principal da chuva ácida. Uma origem do SO_3 é a combustão do enxofre, que está presente em pequenas quantidades no carvão, de acordo com a seguinte equação.

$$S(s) + \frac{3}{2}O_2(g) \rightarrow SO_3(g)$$

Fornecidas as seguintes informações termodinâmicas, determine o calor de reação para este processo:

$$S(s) + O_2(g) \rightarrow SO_2(g) \qquad \Delta H° = -296{,}8 \text{ kJ}$$

$$2\,SO_2(g) + O_2(g) \rightarrow 2\,SO_3(g) \qquad \Delta H° = -197{,}0 \text{ kJ}$$

Estratégia Precisamos usar as reações cujas entalpias são conhecidas para construir um caminho que resulte na reação desejada. Nesse caso, podemos ver que o SO_2 é formado na primeira reação que nos foi fornecida e, então, consumido na segunda. É decisivo prestar atenção na estequiometria exata das reações fornecidas e desejadas. A reação de interesse produz apenas 1 mol de SO_3, enquanto a segunda reação que nos é fornecida produz 2 mols. Portanto, precisaremos corrigir isso.

Solução Começamos com a primeira das duas reações:

$$S(s) + O_2(g) \rightarrow SO_2(g) \qquad \Delta H° = -296{,}8 \text{ kJ}$$

Em seguida, multiplicamos a segunda reação por meio. Isso responde pelo fato de a reação desejada produzir apenas 1 mol de SO_3:

Observe que o $\frac{1}{2}$ multiplica os coeficientes estequiométricos e a variação de entalpia.

$$\frac{1}{2} \times [2\,SO_2(g) + O_2(g) \rightarrow 2\,SO_3(g) \qquad \Delta H° = -197{,}0 \text{ kJ}]$$

Isso nos fornece uma equação na qual 1 mol de SO_2 é consumido, junto com a sua variação de entalpia:

$$SO_2(g) + \frac{1}{2}O_2(g) \rightarrow SO_3(g) \qquad \Delta H° = -98{,}5 \text{ kJ}$$

Somando essa à primeira equação apresentada, temos a quantidade de SO_3 e o calor de reação:

$$S(s) + O_2(g) \rightarrow SO_2(g) \qquad \Delta H° = -296{,}8 \text{ kJ}$$

$$SO_2(g) + \frac{1}{2}O_2(g) \rightarrow SO_3(g) \qquad \Delta H° = -98{,}5 \text{ kJ}$$

$$S(s) + \frac{3}{2}O_2(g) \rightarrow SO_3(g) \qquad \Delta H° = -395{,}3 \text{ kJ}$$

Analise sua resposta Provavelmente não temos nenhuma percepção em relação às reações químicas específicas envolvidas, portanto, teremos de observar a estrutura do problema para verificar se a nossa resposta faz sentido. Ambas as reações adicionadas são exotérmicas, logo faz sentido que a combinação seja mais exotérmica que qualquer uma das reações individuais.

Verifique seu entendimento Use as seguintes equações termoquímicas para encontrar o calor de formação do diamante:

$$\text{C(diamante)} + O_2(g) \rightarrow CO_2(g) \qquad \Delta H° = -395{,}4 \text{ kJ}$$

$$2\ CO_2(g) \rightarrow 2CO(g) + O_2(g) \qquad \Delta H° = 566{,}0 \text{ kJ}$$

$$\text{C(grafite)} + O_2(g) \rightarrow CO_2(g) \qquad \Delta H° = -393{,}5 \text{ kJ}$$

$$2\ CO(g) \rightarrow \text{C(grafite)} + CO_2(g) \qquad \Delta H° = -172{,}5 \text{ kJ}$$

Reações de formação e lei de Hess

O tipo de cálculo apresentado no exemplo anterior tem aplicação ocasional na química, mas a lei de Hess é também útil em outra abordagem comum. Os calores de formação para muitas substâncias são amplamente tabulados (veja o Apêndice E). ▸ A lei de Hess nos permite usar esses valores tabulados para calcular a variação de entalpia para praticamente qualquer reação química. O diagrama de blocos na **Figura 9.11** mostra como surge esse esquema útil.

Calores de formação e outros dados termodinâmicos podem ser encontrados em livros de referência como o Handbook of chemistry and physics, *ou em fontes on-line como o NIST WebBook.*

A Etapa 1 é a decomposição dos reagentes nos seus elementos nos seus estados padrão. Mas isso é exatamente o contrário da reação de formação dos reagentes, logo a variação de entalpia do processo é $-\Delta H_f°$ (reagentes). De maneira similar, na Etapa 2, a formação dos produtos a partir dos elementos em seus estados padrão tem uma variação de entalpia de $\Delta H_f°$ (produtos). No entanto, lembre-se de que a reação de formação é definida pela geração de *1 mol* do composto. Consequentemente, quando usamos calores de formação tabulados, devemos multiplicá-lo pelos coeficientes estequiométricos da equação balanceada para levar em conta a quantidade de matéria de reagentes consumidos ou produtos gerados. Considerar esses fatores nos conduz a uma das equações mais úteis na termoquímica:

$$\Delta H° = \sum_i v_i\, \Delta H_f°(\text{produto})_i - \sum_i v_j\, \Delta H_f°(\text{reagente})_j \qquad (9.12)$$

Nessa equação, apontamos os coeficientes estequiométricos pela letra grega ν. O primeiro somatório é sobre todos os produtos, e o segundo é sobre todos os reagentes. Os Problemas-modelo seguintes mostrarão como os calores de formação são usados no entendimento da termoquímica de reações úteis na produção de energia.

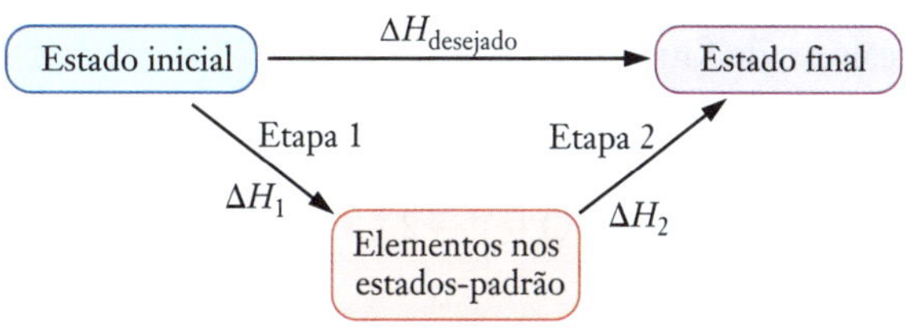

Figura 9.11 Este diagrama conceitual mostra como usar as entalpias de formação tabuladas para calcular a variação de entalpia para uma reação. Imaginamos que inicialmente os reagentes são convertidos em seus elementos nos seus estados padrão, e então esses elementos recombinam-se para formar os produtos. Uma vez que a entalpia é uma função de estado, não precisamos saber nada sobre o caminho real que a reação segue.

PROBLEMA-MODELO ◂ 9.8

Use os dados tabulados para encontrar o calor de combustão de 1 mol de propano, C_3H_8, para formar dióxido de carbono gasoso e água líquida.

Estratégia Precisaremos de valores para os calores de formação dos reagentes e produtos para determinar o calor de combustão desejado. Inicialmente, devemos escrever uma equação química balanceada para o processo. Podemos usar a Equação 9.12 para calcular o calor de reação (neste caso, o calor de combustão) procurando os calores de formação na tabela do Apêndice E. Os coeficientes estequiométricos necessários serão obtidos da equação balanceada. Lembre-se de que o calor de formação de um elemento no seu estado padrão – como o O_2 nessa equação – será sempre zero.

Solução

$$C_3H_8(g) + 5\ O_2(g) \rightarrow 3CO_2(g) + 4\ H_2O(\ell)$$

$$\begin{aligned}\Delta H° &= 3\text{ mol } \Delta H_f°\ [CO_2(g)] + 4\text{ mol } \Delta H_f°\ [H_2O(\ell)]\\ &\quad - 1\text{ mol } \Delta H_f°\ [C_3H_8(g)] - 5\text{ mol } \Delta H_f°\ [O_2(g)]\\ &= 3\text{ mol } (-393{,}5\text{ kJ mol}^{-1}) + 4\text{ mol } (-285{,}8\text{ kJ mol}^{-1})\\ &\quad - 1\text{ mol } (-103{,}8\text{ kJ mol}^{-1}) - 5\text{ mol } (0\text{ kJ mol}^{-1})\\ &= -2.219{,}9\text{ kJ}\end{aligned}$$

Discussão Usamos unidades de kJ mol^{-1} para o calor de formação de uma substância. No entanto, para escrevermos a variação de entalpia de uma reação química, usaremos kJ como nossa unidade preferida, não kJ mol^{-1}. A reação nesse exemplo ilustra por que fazemos isso. O valor que calculamos, $\Delta H° = -2.219{,}9$ kJ, é para uma reação na qual 1 mol de propano reage com 5 mols de oxigênio para formar 3 mols de dióxido de carbono e 4 mols de água. Portanto, se fôssemos dizer "–2.219,9 kJ mol^{-1}", precisaríamos especificar cuidadosamente a que substância esse "mol" se refere. Escolhemos escrever o valor de ΔH em kJ, com o entendimento de que ele se refere à reação como escrita, o que é também consistente em termos dimensionais com a Equação 9.12, desde que tratemos os coeficientes estequiométricos com mols como unidades. Outros livros referem-se aos valores como "por mol de reação".

Verifique seu entendimento Use os dados de calor de formação do Apêndice E para calcular o $\Delta H°$ para a seguinte reação: $ClO_2(g) + O(g) \rightarrow ClO(g) + O_2(g)$

PROBLEMA-MODELO ◂ 9.9

O etanol, C_2H_5OH, é usado para introduzir oxigênio em algumas misturas de gasolina. Ele tem um calor de combustão de 1.366,8 kJ mol^{-1}. Qual é o calor de formação do etanol?

Estratégia Sabemos a relação entre o calor de combustão de uma reação e os calores de formação das substâncias envolvidas. Precisaremos de uma equação química balanceada para a combustão e devemos reconhecer que a combustão do etanol produz os mesmos produtos que a de hidrocarbonetos. Podemos escrever a equação balanceada e então usar a Equação 9.12 para determinar a quantidade desejada. Nesse caso, conhecemos o calor de reação e resolveremos para encontrar um dos calores de formação.

Solução

$$C_2H_5OH(\ell) + 3\ O_2(g) \rightarrow 2\ CO_2(g) + 3\ H_2O(\ell) \qquad \Delta H° = -1.366{,}8\text{ kJ}$$

Usando a Equação 9.12:

$$\begin{aligned}\Delta H° &= 2\text{ mol } \Delta H_f°[CO_2(g)] + 3\text{ mol } \Delta H_f°[H_2O(\ell)]\\ &\quad - 1\text{ mol } \Delta H_f°[C_2H_5OH(\ell)] - 3\text{ mol } \Delta H_f°[O_2(g)]\end{aligned}$$

$$-1.366,8 \text{ kJ} = 2 \text{ mol } (-393,5 \text{ kJ mol}^{-1}) + 3 \text{ mol } (-285,8 \text{ kJ mol}^{-1})$$
$$- \Delta H_f^\circ[C_2H_5OH(\ell)] - 3 \text{ mol } (0 \text{ kJ mol}^{-1})$$

Rearranjando e resolvendo, obtém-se $\Delta H_f^\circ[C_2H_5OH(\ell)] = -277,6 \text{ kJ mol}^{-1}$

Analise sua resposta Neste ponto, vimos calores de formação suficientes para saber que os valores em centenas de kJ mol^{-1} parecem razoavelmente típicos. Observe que é muito importante manusear cuidadosamente os sinais ao resolver este tipo de problema: o fato de estarmos adicionando e subtraindo grandezas que podem ser positivas ou negativas dá margem a muitos erros.

Verifique seu entendimento A combustão incompleta de hidrocarbonetos leva à geração de monóxido de carbono, e não de dióxido de carbono. Como consequência, fornos não ventilados apropriadamente podem envenenar as pessoas que vivem em um prédio afetado, por causa da toxicidade do CO. Calcule o calor de reação para a combustão incompleta do metano, $CH_4(g)$, para produzir água líquida e $CO(g)$.

9.7 Energia e estequiometria

A habilidade para prever as consequências energéticas de uma reação química é uma perícia importante na química e tem muitas aplicações práticas. Escrever uma equação termoquímica permite um tratamento da energia similar em muitas formas aos problemas de estequiometria que aprendemos a resolver no Capítulo 4. Para uma reação exotérmica, podemos tratar a energia como um produto, e, em uma reação endotérmica, a energia pode ser pensada como um reagente. Devemos ter em mente que o valor declarado do ΔH corresponde à reação que ocorre exatamente como foi escrita, com as indicadas quantidades de matéria de cada uma das substâncias que estão reagindo.

A ênfase na importância do mol como o cerne do problema de estequiometria permanece quando resolvemos problemas que envolvem a energia de reações. Portanto, se quisermos calcular a quantidade de energia liberada pela queima de determinada massa ou volume de metano, deveremos começar convertendo essa quantidade em mols. Então, devemos utilizar a equação termoquímica balanceada para relacionar a quantidade de energia à quantidade de matéria de metano realmente queimada. ▸ Na resolução de problemas de estequiometria, usamos a equação química balanceada para converter quantidade de matéria de um composto em quantidade de matéria de um outro. Agora podemos usar a equação termoquímica para converter quantidade de matéria de um reagente ou produto na quantidade de energia liberada ou absorvida. A **Figura 9.12** mostra esquematicamente essa abordagem. Os fatores de conversão necessários para obter a quantidade de matéria são os mesmos de antes: massa molar, densidade, pressão do gás ou volume etc.

Lembre-se de que a equação termoquímica nos informa o calor para a reação das quantidades molares específicas como escrita.

Vamos considerar, por exemplo, a reação entre o gás nitrogênio e o oxigênio para formar óxido nítrico. Esse processo ocorre regularmente como uma reação lateral quando os hidrocarbonetos são queimados como combustíveis. A reação de combustão exotérmica que impulsiona um automóvel usa o ar em vez do

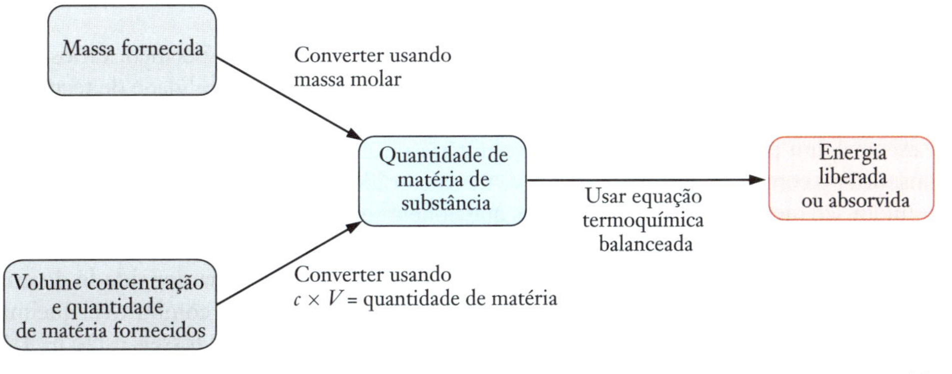

Figura 9.12 Este fluxograma detalha a sequência de etapas necessárias para calcular a quantidade de energia liberada ou absorvida quando uma reação química é realizada usando determinada quantidade de material.

oxigênio puro, portanto existe sempre uma grande quantidade de nitrogênio presente. Em altas temperaturas produzidas em um motor funcionando, parte do nitrogênio reage com o oxigênio para formar NO:

$$N_2(g) + O_2(g) \rightarrow 2\ NO(g) \qquad \Delta H^\circ = 180{,}5\ kJ$$

O óxido nítrico gasoso formado dessa maneira é uma espécie importante em vários caminhos de poluição e é por si só uma molécula irritante. Por exemplo, o NO(*g*) continua reagindo com o oxigênio para formar dióxido de nitrogênio, cuja cor marrom é altamente responsável pela neblina escura típica do *smog* urbano. O Problema-modelo 9.10 mostra como esse tipo de reação pode ser usado para determinar os calores de reação de quantidades específicas de substâncias.

PROBLEMA-MODELO ◀ 9.10

Um motor gera 15,7 g de óxido nítrico gasoso durante um teste de laboratório. Quanto calor foi absorvido na produção desse NO?

Estratégia Para essa reação, a equação termoquímica foi apresentada anteriormente. Ela fornece uma conexão para converter a quantidade de NO formada em energia absorvida. Como em qualquer outro problema de estequiometria, trabalharemos com quantidade de matéria de substância, a qual podemos obter a partir da massa fornecida. Observe que o valor de ΔH° expresso é para a produção de 2 mols de NO, uma vez que aparecem 2 mols na equação.

Solução

$$15{,}7\text{g NO} \times \frac{1\text{ mol de NO}}{30{,}0\text{ g NO}} = 0{,}523\text{ mol de NO}$$

$$0{,}523\text{ mol de NO} \times \frac{180{,}5\text{ kJ}}{2\text{ mol de NO}} = 47{,}2\text{ kJ}$$

Analise sua resposta A equação termoquímica nos fornece o ΔH para a reação como escrita. Isso significa que são absorvidos 180 kJ para cada 2 mols de NO formados. A massa molar de NO é muito próxima de 30 g mol^{-1}, logo a quantidade formada no problema é um pouco maior que 1 mol e meio, isto é, aproximadamente um quarto da quantidade formada na equação termoquímica. Nossa resposta é também aproximadamente um quarto do valor do ΔH da equação termoquímica, portanto ela é provavelmente correta.

Verifique seu entendimento Se 124 kJ de calor são absorvidos em uma reação que forma óxido nítrico a partir de nitrogênio e oxigênio, qual a massa de NO que deve ser produzida? Qual a massa de N_2 consumida?

Esse tipo de manipulação pode fornecer também uma visão mais interna dos méritos relativos de vários combustíveis.

Densidade de energia e combustíveis

POR DENTRO DE Quando se trata dos méritos econômicos de um combustível específico, vários fatores devem ser considerados. Entre as características típicas de um combustível útil estão a disponibilidade de tecnologia para extraí-lo, a quantidade de poluição liberada pela sua combustão e a sua segurança relativa. (Como os combustíveis são queimados, sempre existe algum perigo de combustão involuntária ou descontrolada.) Do ponto de vista econômico, a facilidade de transportar o combustível é um fator-chave nessa consideração. Os combustíveis caros ou perigosos para levar até o consumidor são menos atrativos que aqueles que podem ser entregues a um custo mais modesto. Os custos de transporte para as mercadorias são impostos em grande parte pela massa transportada. Por causa desse importante custo, a característica-chave de um combustível é a sua **densidade de energia**, a quantidade de energia que pode ser liberada por grama de combustível queimado. ◀

Introduzimos a ideia de densidade de energia no Problema-modelo 9.5.

As densidades de energia de alguns combustíveis fósseis estão na **Tabela 9.4**, junto com as de alguns combustíveis alternativos. É fácil ver por que o petróleo é uma notável fonte de energia. Considere os fatores positivos para o uso do petróleo: (1) ele é um líquido, o que o torna fácil de transportar e distribuir ao consumidor; (2) é relativamente seguro; as explosões podem ocorrer, mas são evitáveis quando se utilizam projetos de custo moderado; (3) os produtos de sua combustão são gases: enquanto um combustível líquido é fácil de transportar, os produtos de combustão gasosos são fáceis de descartar; (4) tem uma alta densidade de energia.

Além desses fatores de pontos de custo de transporte já abordados, isso significa que os motores dos automóveis podem ser projetados para produzir quantidades relativamente grandes de energia sem que o combustível aumente muito o peso total do veículo. Imagine as complicações se um tanque de combustível do seu carro pesasse tanto quanto o próprio carro. Você usaria uma parte significativa de seu combustível apenas para carregar seu próprio peso, e a segurança do veículo estaria significativamente comprometida se a massa do carro fosse aumentada em uma quantidade grande apenas pelo fato de o tanque de combustível estar cheio.

Tabela ▪ 9.4

Densidades de energia

Combustível	Densidade de energia (MJ kg^{-1})
Hidrogênio	142,0
Metano	55,5
Octano	47,9
Propano	50,3
Gasolina de aviação	43,1
Carvão, antracite	31,4
Diesel	45,3
Óleo, cru (petróleo)	41,9
Óleo, aquecimento	42,5
Gasolina, automotiva	45,8
Querosene	46,3
Madeira, seca no forno	20,0

POR DENTRO DE

9.8 Distribuição de energia e a grade elétrica

Por todo este capítulo, examinamos maneiras nas quais o fluxo de energia associado com processos químicos ou físicos podem ser quantificados e potencialmente colocados em uso. Como vimos na Seção 9.1, a escala econômica global de combustível é vasta. Só nos Estados Unidos existem mais de 7.600 usinas com capacidade de geração elétrica de pelo menos 1 megawatt. E, de forma não surpreendente, há tremendos desafios técnicos associados com a produção e distribuição de energia em uma escala tão grande. Um exemplo especificamente importante disso pode ser encontrado na geração e entrega de eletricidade para as necessidades do consumidor. Esperamos que haja eletricidade disponível na demanda para colocar em funcionamento muitos aparelhos em nossas casas e empresas. Mas como exatamente a energia liberada em uma usina de energia acha o caminho até a tomada?

O sistema complicado e de múltiplas partes projetado para equilibrar a demanda por eletricidade com a sua produção é chamado de **grade elétrica**. Tanto a demanda quanto o fornecimento de eletricidade variam de maneira complexa. Talvez as variações mais óbvias ocorram à medida que mudam as estações do ano. Mas a demanda por eletricidade também depende de fatores de prazos mais curtos, incluindo a hora do dia, tempo e condições de funcionamento das usinas de energia. De forma não surpreendente, a grade é crescentemente dependente de vários sistemas controlados por computador para gerenciar o delicado equilíbrio entre todos esses fatores. Embora possa parecer que a química associada com a produção e entrega de eletricidade para a sua televisão tenha sido há muito retirada da engenharia de computação, a conexão é realmente bastante importante. Quais são os componentes importantes na grade e como os computadores os mantêm funcionando juntos?

A **Figura 9.13** mostra os elementos-chave na grade elétrica. O sistema começa com a produção de eletricidade em uma *estação de geração*. Como observamos na Figura 9.8, para qualquer usina que usa combustíveis fósseis, a geração de eletricidade é uma transformação de energia química liberada por reações exotérmicas em energia elétrica. ▸ A saída de uma estação de geração típica é em voltagens razoavelmente altas, na ordem de milhares de volts. O primeiro componente fora da usina de geração é uma *subestação de transmissão*. A subestação de transmissão eleva ou aumenta a voltagem a níveis na ordem de 10^5 V, porque fazendo isso reduz a perda de energia durante a transmissão. A subestação de transmissão então passa a energia elétrica para uma *subestação de distribuição*. Como o nome diz, as subestações de distribuição são onde a eletricidade pode chegar de vários pontos (estações de geração) e ser enviada aos consumidores nos locais de indústria, comércio e residências. A subestação de distribuição diminui a voltagem antes de transmitir a energia por distâncias relativamente mais curtas para usuários residenciais ou comerciais. Todo o movimento de elétrons ocorre através das linhas de energia de capacidades variadas. De acordo com a Figura 9.3, a quantidade de energia "perdida" durante o caminho é bastante grande, portanto melhorias na eficiência da grade poderia produzir grandes economias de energia.

As usinas de energia nuclear serão abordadas no Capítulo 14.

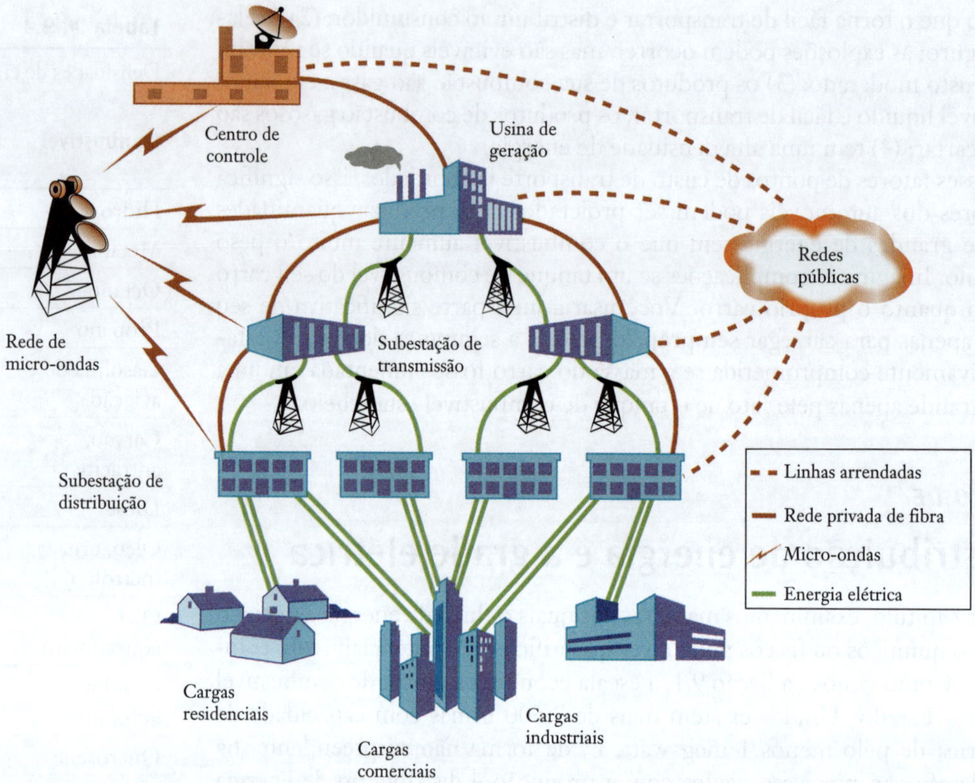

Figura 9.13 Os principais componentes do sistema de grade elétrica são mostrados esquematicamente. À medida que a energia flui dos geradores através das várias subestações para os consumidores, os dados fluem através de uma rede de controle que gerencia a operação global do sistema.

Além da infraestrutura geral para a distribuição de eletricidade, uma estrutura de controle sobreposta tem um papel central na grade. As subestações de controle agem como uma espécie de nervo central para o movimento global de eletricidade, implementando decisões sobre como combinar fornecimento e demanda. Os serviços locais devem fazer escolhas diariamente de quanto de fornecimento de energia elétrica necessitarão para atingir as necessidades de seus consumidores e de onde comprar essa eletricidade. Como você pode imaginar com um sistema como esse a grade elétrica tem sido construída gradualmente por décadas, a maneira exata na qual as estações de controle se comunicam e controlam os vários componentes pode variar enormemente de uma estação para outra. Por exemplo, algumas subestações mais antigas ainda utilizam *modems* discados para acesso ao pessoal técnico para realizar uma manutenção. Componentes mais novos da grade são mais prováveis de ter acesso sem fio. Mas os componentes mais antigos podem depender de protocolos de comunicação mais antigos ou simplesmente não serem capazes de transmitir dados. ◂

Muitos serviços locais nos Estados Unidos têm mudado para os chamados medidores inteligentes que relatam os dados de uso através de uma rede em tempo real.

Toda essa complexidade impõe demandas por programas e estruturas de computador. Os recursos da grade elétrica são largamente distribuídos geograficamente, de tal forma que os sistemas de comunicação baseados em rede são essenciais. Mas esses mesmos sistemas de comunicação também representam significativa vulnerabilidade a ataques cibernéticos. Tais ataques podem destruir fisicamente geradores ou outros componentes da grade. Uma vez que a energia nos Estados Unidos é baseada em corrente alternada, todos os componentes devem operar em fase. Em um experimento de 2007 feito por cientistas no Departamento de Energia do Laboratório Nacional de Idaho, um ataque cibernético simulado foi capaz de fazer com que um gerador ficasse fora de fase com a grade à qual estava conectado, e ele falhou cataclismicamente, enchendo a sala de fumaça. As economias modernas são tão fortemente conectadas à necessidade de energia que o potencial impacto econômico de uma falha espalhada da grade seria enorme.

A necessidade de melhorar e manter a segurança de pontos da grade aponta para a importância de pesquisa continuada na ciência da computação em segurança cibernética. Encontrar caminhos para ter certeza de que se permite a comunicação necessária entre as partes da grade enquanto quaisquer tentativas maliciosas de alterar são dissolvidas representa alta prioridade para os governos. A Estratégia Conjunta de Segurança e Resiliência da Rede Elétrica dos Estados Unidos e Canadá, divulgada em 2016, aponta para a importância de possíveis vulnerabilidades da rede "não apenas como uma preocupação de segurança energética, mas por razões de segurança nacional". O desenvolvimento, implementação e defesa da tecnologia de grade inteligente, é mais um exemplo de como os avanços tecnológicos da sociedade dependem dos esforços colaborativos que abrangem muitos campos diferentes da ciência e da engenharia.

ENFOQUE NA RESOLUÇÃO DE PROBLEMAS

Questão Durante o acidente do reator nuclear em Three Mile Island, em 1979, uma massa desconhecida de grânulos de combustível fundido e o combustível fundido caíram na água, no fundo do reator. Suponha que os grânulos de combustível fundido fossem UO_2 puro e estavam inicialmente a 900°C. Suponha ainda que a água estivesse inicialmente a 8°C e que os sensores indicassem que a temperatura final da água fosse de 85°C.

(a) Qual informação você terá de procurar para determinar a massa dos grânulos de combustível que se fundiu?

(b) O que você deveria saber para usar essa informação para determinar a porcentagem do combustível que se fundiu no acidente? Como calcularia a porcentagem?

Estratégia

(a) A primeira pergunta que deve ser feita é: "Quais fontes de calor aumentaram a temperatura da água?". Os grânulos de combustível foram as únicas coisas que se fundiram? Uma vez que não temos nenhuma outra informação, assumiremos que o único fluxo de calor importante foi entre os grânulos e a água. Se isso não fosse verdade, precisaríamos levar em consideração outros materiais em nosso trabalho neste problema. Se a suposição se mostrar incorreta, superestimaremos a quantidade de combustível que se fundiu no acidente.

Uma vez feita a suposição de que o combustível fundido é a única fonte de calor para a água, ajustaríamos um balanço de calor entre a água e os grânulos de combustível. Assim

$$q_{\text{grânulos}} = -q_{\text{água}}$$

e

$$(mc\Delta T)_{\text{grânulos}} = -(mc\Delta T)_{\text{água}}$$

Podemos ver que existem seis variáveis possíveis nessa equação. Quais conhecemos e quais podem ser encontradas? Ambos os valores de ΔT são conhecidos. As temperaturas iniciais tanto da água quanto dos grânulos de combustível foram fornecidas no problema e ambos compartilham a temperatura final de 85°C. O calor específico (c) não é fornecido nem para a água nem para os grânulos de combustível. Essa é a informação que devemos encontrar, mas ela deve estar disponível em fontes de referência padrão.

Sobram as duas massas, e claramente o objetivo do exercício é encontrar a massa dos grânulos de combustível fundido. Mas também não sabemos a massa de água envolvida. Logo, devemos encontrar uma maneira de procurar esse valor ou fazermos uma estimativa razoável.

(b) Esta parte da questão supõe que podemos encontrar a massa a partir do item (a). Se isso for verdade, precisaremos saber a massa total de grânulos de combustível presente inicialmente. Esse número deve ser encontrado ou estimado com base em alguma informação confiável.

Resposta

(a) Teremos de encontrar as capacidades caloríficas da água e dos grânulos de combustível e a massa de água no reator (inicialmente a 8°C) para que possamos responder a esta pergunta.

(b) A porcentagem fundida pode ser calculada com base na equação:

$$\text{Porcentagem fundida} = \frac{m_{fundida}}{m_{total}} \times 100\%$$

Aqui estamos supondo que obtivemos valores tanto para a massa fundida quanto para a massa total de grânulos de combustível. Você deve também ter em mente que nosso resultado somente será tão bom quanto a suposição de que o combustível fundido era a única fonte de calor para a água.

Resumo

A energia tem um papel central na ciência e também no desenvolvimento da economia e avanço social. Muitas tecnologias relacionadas com energia apoiam-se no fato de que as reações químicas podem liberar energia armazenada nas ligações químicas. O estudo da termodinâmica química concentra-se nessas variações de energia nas reações químicas.

Ao desenvolvermos um entendimento científico de energia, devemos ser especialmente cuidadosos ao definirmos nossos termos de maneira precisa. Para palavras como *trabalho* e *calor*, os significados científicos são muito mais específicos do que os significados cotidianos. No uso científico, trabalho é o movimento de uma massa contra uma força contrária, e calor é a transferência de energia entre objetos em diferentes temperaturas. Como em qualquer outro cálculo, devemos ter cuidado em usar unidades consistentes ao trabalharmos com valores de energia.

Um conceito familiar é que a "energia é conservada", o que é uma declaração resumida da primeira lei da termodinâmica. No entanto, para usarmos a energia, devemos convertê-la de uma forma em outra. Essa conversão invariavelmente envolve algum desperdício de energia e tem um impacto significativo no sistema econômico global. As medidas experimentais das variações de energia nas reações químicas são feitas pela calorimetria, o estudo do fluxo de calor. O fluxo de calor é importante em projetos de engenharia, e a habilidade para relacionar fluxo de calor com a variação de temperatura, por exemplo, é uma aptidão-chave tanto na termoquímica quanto na engenharia.

A termodinâmica das reações químicas é frequentemente descrita como entalpia. A entalpia é uma função de estado, significando que seu valor depende apenas do estado atual de um sistema. A variação de entalpia é igual ao fluxo de calor para um processo em pressão constante. As variações de entalpia para alguns processos específicos, incluindo mudanças de fases, são tabuladas. Mas não seria prático tentar catalogar a variação de entalpia para toda reação química possível. Em vez disso, os valores para o calor de formação dos compostos são tabulados. Desde que esses valores estejam disponíveis para todas as substâncias envolvidas, podem ser usados para calcular a variação de entalpia em qualquer reação. A variação de entalpia também pode ser relacionada com a estequiometria de uma reação, e tais cálculos podem ser usados para encontrar a quantidade de combustível necessária para produzir determinada quantidade de energia.

Termos-chave

calor (9.2)
calor de formação (9.5)
calor de reação (9.5)
calor específico (9.4)
caloria (cal) (9.2)
calorimetria (9.4)
capacidade calorífica em quantidade de matéria (9.4)
densidade de energia (9.7)
diagrama de entalpia (9.6)
endotérmico (9.5)
energia cinética (9.2)
energia interna (9.2)
energia potencial (9.2)
energia química (9.2)
entalpia (9.5)
equação termoquímica (9.5)
estado padrão (9.5)
exotérmico (9.5)
função de estado (9.6)
grade elétrica (9.8)
joule (J) (9.2)
lei de Hess (9.6)
primeira lei da termodinâmica (9.3)
reação de formação (9.5)
sistema (9.3)
sistema econômico de energia termoquímica (9.1)
trabalho (9.2)
trabalho PV (9.2)
unidade térmica britânica (BTU) (9.1)
universo (9.3)
vizinhanças (9.3)

Problemas e exercícios

POR DENTRO DE O uso de energia e a economia mundial

9.1 Liste as razões pelas quais poderia haver uma ligação entre a quantidade de energia usada por um país e o seu desenvolvimento econômico.

9.2 Quais são as vantagens da eletricidade como um tipo de energia cuja geração seja vantajosa apesar das perdas consideráveis que ocorrem durante esse processo?

9.3 Quais diferenças (se há alguma) você esperaria encontrar entre os padrões de uso dos Estados Unidos mostrados nas Figuras 9.2 e 9.3 e o uso nos **(a)** países europeus e **(b)** países em desenvolvimento?

9.4 O suprimento total de energia para os Estados Unidos no ano de 2016, como mostrado na Figura 9.2, foi de $111{,}26 \times 10^{15}$ BTU. **(a)** Qual porcentagem dessa energia foi obtida de importações? **(b)** Qual porcentagem foi usada para gerar eletricidade?

9.5 Usando o valor que você calculou no item **(a)** do problema anterior e o fato de que um barril médio de petróleo tem uma energia equivalente a 5,85 milhões de BTU, quantos barris de óleo, em média, devem ser importados por dia?

Definindo energia

9.6 Diferencie energia cinética de energia potencial.

9.7 Defina *energia interna.*

9.8 Quão rápido (em metros por segundo) deve se movimentar uma bola de ferro com uma massa de 56,6 g para ter uma energia cinética de 15,75 J?

9.9 Qual é a energia cinética de uma única molécula de oxigênio se ela está se movendo a $1{,}5 \times 10^3$ m s^{-1}?

9.10 A energia cinética de moléculas é frequentemente usada para induzir reações químicas. A energia de ligação em uma molécula de O_2 é $8{,}22 \times 10^{-19}$ J. Uma molécula de O_2 se movendo a 780 m s^{-1} pode ter energia suficiente para quebrar a ligação O═O? Qual é a velocidade mínima de uma molécula de O_2 que forneceria energia cinética capaz de quebrar a ligação se ela é convertida com 100% de eficiência?

9.11 Analise as unidades da quantidade (pressão × volume) e mostre que são unidades de energia consistentes com a ideia de trabalho PV.

9.12 Quantos quilojoules são iguais a 3,27 L atm de trabalho?

9.13 Defina *hidrocarboneto.*

9.14 Quais são os produtos da combustão completa de um hidrocarboneto?

9.15 Realize as seguintes conversões de unidades de energia: **(a)** 14,3 BTU em calorias, **(b)** $1{,}4 \times 10^5$ cal em joules e **(c)** 31,6 mJ em BTU.

9.16 De acordo com a Figura 9.2, o suprimento total de energia nos Estados Unidos em 2016 foi de $111{,}26 \times 10^5$ BTU. Expresse esse valor em joules e calorias.

Transformação e conservação de energia

9.17 Se uma máquina realiza $4{,}8 \times 10^3$ kJ de trabalho após uma entrada de $7{,}31 \times 10^4$ kJ de calor, qual é a variação na energia interna para a máquina?

9.18 Calcule **(a)** q quando um sistema realiza 54 J de trabalho e sua energia diminui de 72 J e **(b)** ΔE para um gás que libera 38 J de calor e faz 102 J de trabalho nele.

9.19 Se o sinal algébrico de ΔE é negativo, em qual sentido a energia fluiu?

9.20 Expresse em suas próprias palavras e de forma resumida a primeira lei da termodinâmica.

9.21 Qual tipo de energia, calor ou trabalho, é mais valioso para a sociedade? Que evidência confirma a sua resposta?

9.22 O trabalho PV ocorre quando o volume varia e a pressão permanece constante. Se o volume é mantido constante, pode ser realizado trabalho PV? O que acontece com a Equação 9.2 quando o volume é mantido constante?

9.23 Qual sistema realiza mais trabalho: **(a)** $\Delta E = -436$ J, $q = 400$ J; ou **(b)** $\Delta E = 317$ J, $q = 347$ J?

9.24 Em qual caso é adicionado calor ao sistema: **(a)** $\Delta E = -43$ J, $w = 40$ J; ou **(b)** $\Delta E = 31$ J, $w = 34$ J?

9.25 Os aparelhos modernos são muito mais eficientes energeticamente que os de uma geração anterior, e essa tendência deve continuar. Esses ganhos de eficiência levarão, necessariamente, à redução da demanda por energia doméstica? Quais fatores podem exercer pressão para aumentos contínuos no uso de energia doméstica?

9.26 Os fornos a gás atingiram níveis de eficiência impressionantes, em grande parte por meio da adição de um segundo trocador de calor que condensa o vapor d'água, que de outra forma escaparia através do sistema de exaustão ligado ao forno. Como esse processo melhora a eficiência?

9.27 Quando os programas de conservação de energia são promovidos, algumas vezes incluem estratégias como apagar as luzes. Use a internet para obter informação sobre como determinar o percentual médio do uso de energia doméstica nos Estados Unidos atribuído à iluminação. Utilize a informação para comentar sobre quão eficiente deve ser a estratégia de "apague as luzes".

9.28 Quando um aparelho elétrico cuja potência de uso é X watts é usado por Y segundos, ele usa $X \times Y$ joules de energia. A unidade de energia utilizada pelos aparelhos elétricos em suas contas mensais é em *quilowatt-hora* (kWh, isto é, 1 quilowatt usado em 1 hora). Quantos joules existem em 1 quilowatt-hora? Se a eletricidade custa \$ 0,09 por quilowatt-hora, quanto custa por megajoule?

Capacidade calorífica e calorimetria

9.29 Defina *calorimetria.*

9.30 Para o exemplo das águas rasas e das praias de areia, qual material tem uma capacidade calorífica ou calor específico maior? Como um dia ensolarado na praia fornece evidência para a sua resposta?

9.31 Um aquecedor metálico é feito de 26,0 kg de ferro. O calor específico do ferro é 0,449 J g^{-1} °C^{-1}. Quanto calor deve ser fornecido ao aquecedor para aumentar a sua temperatura de 25,0°C para 55,0°C?

9.32 O material normalmente usado para esquentar aquecedores metálicos é a água. Se uma caldeira gera água a 79,5°C, qual a massa de água necessária para fornecer o calor exigido no problema anterior? A água tem um calor específico de 4,184 J g^{-1} °C^{-1}.

9.33 Os fios de cobre usados para transportar corrente elétrica se aquecem por causa da resistência no fio. Se um fio de 140 g ganha 280 J de calor, qual é a variação na temperatura do fio? O cobre tem um calor específico de 0,384 J g^{-1} °C^{-1}.

9.34 Um prego de cobre e um de ferro de mesma massa e inicialmente na mesma temperatura ambiente são colocados em um recipiente de água fervente. Qual deles atingirá 100°C primeiro? Por quê?

9.35 Um pedaço de titânio metálico com massa de 20,8 g é aquecido em água fervente até 99,5°C e então é colocado em um calorímetro de xícara de café contendo 75,0 g de água a 21,7°C. Quando o equilíbrio térmico é atingido, a temperatura final é de 24,3°C. Calcule a capacidade calorífica específica do titânio.

9.36 Defina *calibração*.

9.37 Um calorímetro continha 75,0 g de água a 16,95°C. Uma amostra de 93,3 g de ferro a 65,58°C foi colocada nele, fornecendo uma temperatura final de 19,68°C para o sistema. Calcule o capacidade calorífica do calorímetro. Os calores específicos são 4,184 J g^{-1} $°C^{-1}$ para a H_2O e 0,444 J g^{-1} $°C^{-1}$ para o Fe.

9.38 A seguir, listam-se as densidades de energia de vários tipos de carvão:

Antracito 35 kJ g^{-1}	Sub-betuminoso 31 kJ g^{-1}
Betuminoso 28 kJ g^{-1}	Lignito 26 kJ g^{-1}

Uma amostra desconhecida de um desses carvões é queimada em um aparelho com uma constante calorimétrica de 1,3 kJ $°C^{-1}$. Quando uma amostra de 0,367 g é usada, a variação de temperatura é de 8,75°C. Qual é o tipo de carvão da amostra?

9.39 Quanto de energia térmica é necessário para aquecer toda a água de uma piscina em 1°C se as dimensões são 4 pés de profundidade por 20 pés de largura e 75 pés de comprimento? Relate seus resultados em megajoules.

9.40 Como o calor específico da água explica por que cidades nas costas de grandes corpos de água tendem a ser mais frias no verão que cidades a várias milhas no interior do continente?

Entalpia

9.41 Sob quais condições a variação de entalpia se iguala ao calor do processo?

9.42 Por que a entalpia em geral é mais útil que a energia interna na termodinâmica de sistemas do mundo real?

9.43 Defina os termos *exotérmico* e *endotérmico*.

9.44 Liste pelo menos duas mudanças de fases que são processos exotérmicos.

9.45 O que acontece com a temperatura de um material à medida que sofre mudança de fases endotérmica? Se é adicionado calor, como a temperatura se comporta nessa situação?

9.46 O calor de fusão do silício puro é de 43,4 kJ mol^{-1}. Qual seria a energia necessária para fundir uma amostra de 5,24 g de silício no seu ponto de fusão de 1.693K?

9.47 Se são liberados 14,8 kJ de calor quando 1,6 g de HCl se condensa de vapor para líquido, qual é o ΔH_{cond} para a substância?

9.48 Calcule a energia necessária para converter 1,70 g de gelo originalmente a –12,0°C em vapor a 105°C.

9.49 O ΔH_{vap} = 31,3 kJ mol^{-1} para a acetona. Se 1,40 kg de água fosse vaporizado em uma caldeira, quanto de acetona (em kg) precisaria ser vaporizada para usar a mesma quantidade de calor?

9.50 Quando uma amostra de 13,0 g de NaOH (*s*) se dissolve em 400,00 mL de água em um calorímetro de xícara de café, a temperatura da água varia de 22,6°C para 30,7°C. Supondo que a capacidade calorífica específica da solução seja a mesma que a da água, calcule **(a)** o calor transferido do sistema para a vizinhança e **(b)** o ΔH para a reação

$$NaOH(s) \rightarrow Na^+(aq) + OH^-(aq)$$

9.51 Defina *reação de formação*.

9.52 Escreva a reação de formação para cada uma das seguintes substâncias: **(a)** $CH_4(g)$, **(b)** $C_3H_8(\ell)$, **(c)** $HCl(g)$, **(d)** $C_6H_{12}O_6(s)$, **(e)** $NaF(s)$.

Lei de Hess e calores de reação

9.53 Usando estas reações, encontre a variação de entalpia padrão para a formação de 1 mol de PbO(*s*) a partir de chumbo metálico e oxigênio gasoso:

$$PbO(s) + C(\text{grafite}) \rightarrow Pb(s) + CO(g) \qquad \Delta H° = 106{,}8 \text{ kJ}$$

$$2\,C(\text{grafite}) + O_2(g) \rightarrow 2\,CO(g) \qquad \Delta H° = -221{,}0 \text{ kJ}$$

Se 250 g de chumbo reage com oxigênio para formar óxido de chumbo(II), qual a quantidade de energia térmica (em kJ) absorvida ou liberada?

9.54 A mudança de fases entre grafite e diamante é difícil de observar diretamente. No entanto, ambas as substâncias podem ser queimadas. Com base nas seguintes equações, calcule o $\Delta H°$ para a conversão de diamante em grafite.

$$C(s, \text{grafite}) + O_2(g) \rightarrow CO_2(g) \qquad \Delta H° = -393{,}51 \text{ kJ}$$

$$C(s, \text{diamante}) + O_2(g) \rightarrow CO_2(g) \qquad \Delta H° = -395{,}94 \text{ kJ}$$

9.55 O gás hidrogênio reagirá com acetileno ou etileno gasosos. As equações termoquímicas para essas reações são fornecidas a seguir. Escreva a equação termoquímica para a conversão de acetileno em etileno pelo gás hidrogênio.

$$C_2H_2(g) + 2\,H_2(g) \rightarrow C_2H_6 \qquad \Delta H° = -311 \text{ kJ}$$

$$C_2H_4(g) + H_2(g) \rightarrow C_2H_6 \qquad \Delta H° = -136 \text{ kJ}$$

9.56 Usando os calores de formação tabulados no Apêndice E, calcule os calores de reação para o seguinte:

(a) $C_2H_2(g) + \frac{5}{2}\,O_2(g) \rightarrow 2\,CO_2(g) + H_2O(\ell)$

(b) $PCl_3(g) + Cl_2(g) \rightarrow PCl_5(g)$

(c) $C_2H_4(g) + H_2O(g) \rightarrow C_2H_5OH(g)$

(d) $Fe_2O_3(s) + 2\,Al(s) \rightarrow Al_2O_3(s) + 2\,Fe(\ell)$

9.57 O calor de combustão do butano é –2.877 kJ mol^{-1}. Utilize esse valor para encontrar o calor de formação do butano. (Você pode também precisar usar os dados termoquímicos do Apêndice E.)

Energia e estequiometria

9.58 Para a reação $C_2H_2(g) + 2\,H_2(g) \rightarrow C_2H_6$, $\Delta H° = -136$ kJ, quais proporções entre quantidade de matéria de substância e energia podem ser definidas?

9.59 Para a reação $N_2(g) + O_2(g) \rightarrow 2\,NO(g)$, $\Delta H° = 180{,}5$ kJ, qual a energia necessária para gerar 35 mols de NO(*g*)?

9.60 A nitroglicerina, $C_3H_5(NO_3)_3(\ell)$, é um explosivo muito frequentemente usado em minas ou pedreiras. É um explosivo poderoso porque são formados quatro gases (N_2, O_2, CO_2 e vapor) quando a nitroglicerina é detonada. Além disso, são liberados 6,26 kJ de calor por grama de nitroglicerina detonada. **(a)** Escreva uma equação termoquímica balanceada para a reação. **(b)** Qual é o ΔH quando são formados 4,65 mols de produtos?

9.61 O silano, SiH_4, queima-se de acordo com a seguinte reação: $SiH_4 + 2\ O_2 \rightarrow SiO_2 + 2\ H_2O$, com $\Delta H° = -1.429$ kJ. Qual a energia liberada se 15,7 g de silano são queimados?

9.62 O trióxido de enxofre pode ser removido dos gases de exaustão de usinas de energia pela reação com cal, de acordo com a equação: $CaO(s) + SO_3(g) \rightarrow CaSO_4(s)$, com $\Delta H° = -886$ kJ. Se 240 kg de SO_3 devem ser removidos, quanto calor será liberado?

9.63 As reações de hidrocarbonetos frequentemente são estudadas na indústria do petróleo. Uma das reações é $2\ C_3H_8(g) \rightarrow C_6H_6(\ell) + 5\ H_2(g)$, com um $\Delta H° = 698$ kJ. Se 35 L de propano a 25°C e 0,97 atm devem reagir, quanto de calor deve ser fornecido?

9.64 A princípio, o ozônio poderia ser consumido em uma reação com chumbo e carbono com a equação termoquímica: $Pb(s) + C(s) + O_3(g) \rightarrow PbCO_3(s)\ \Delta H° = -841{,}0$ kJ. Qual a energia necessária se 110 g de ozônio reagem com excesso de chumbo e carbono?

9.65 Quando 0,0157 g de um composto com um calor de combustão de $-37{,}6$ kJ mol^{-1} é queimado em um calorímetro, são liberados 18,5 J de calor. Qual é a massa molar do composto?

9.66 Defina *densidade de energia*.

9.67 Por que a densidade de energia é tão importante no transporte de combustíveis?

9.68 Quais são as características do petróleo que o tornam um combustível tão atrativo?

POR DENTRO DE Distribuição de energia e a grade elétrica

9.69 Quais são os papéis similares das subestações de transmissão e distribuição na grade elétrica? Como elas se diferem?

9.70 O serviço elétrico residencial nos Estados Unidos geralmente opera em 120 V, mas as subestações de transmissão alimentam a energia na grade em 110 kV ou mais. Qual vantagem é obtida ao transmitir a eletricidade em uma voltagem tão alta?

9.71 Em anos recentes, surgiu a noção de "grade inteligente". Faça uma pesquisa na internet sobre o conceito de grade inteligente. Qual a diferença entre a grade inteligente e a grade tradicional?

9.72 Embora possa ser um incômodo quando o *notebook* trava e precisa ser reiniciado, aceitamos isso como inevitável. Mas claramente a necessidade de ocasionalmente reiniciar o sistema de controle da grade de energia não seria aceitável. Use a internet para pesquisar maneiras como os engenheiros garantem a confiabilidade de sistemas cruciais como o controle de infraestrutura da grade e escreva um parágrafo resumindo as principais estratégias empregadas.

Problemas conceituais

9.73 Sem consultar nenhum dado numérico ou fazer cálculos, preveja se a mudança de entalpia para cada uma das seguintes reações deve ser positiva, negativa ou zero.
(a) $H_2O(\ell) \rightarrow H_2O(s)$
(b) $N_2(g) \rightarrow 2\ N(g)$
(c) $CH_4(g) + 2O_2(g) \rightarrow CO_2(g) + 2H_2O(\ell)$
(d) $CO_2(s) \rightarrow CO_2(g)$

9.74 Sem consultar nenhum dado numérico ou fazer cálculos, preveja se as seguintes mudanças de entalpia serão positivas, negativas ou zero.
(a) $\Delta H_f°$ para $H_2(g)$
(b) $\Delta H_f°$ para O(g)
(c) $\Delta H_{fusão}$ para H_2O
(d) $\Delta H_{combustão}$ para $C_3H_8(g)$

9.75 Explique por que cada uma das seguintes equações químicas *não* é uma reação de formação correta:
(a) $4\ Al(s) + 3\ O_2(g) \rightarrow 2\ Al_2O_3(s)$
(b) $N_2(g) + \frac{3}{2}\ H_2(g) \rightarrow NH_3(g)$
(c) $2\ Na(s) + O(g) \rightarrow Na_2O(s)$

9.76 Qual dos seguintes são funções de estado? **(a)** o volume de um balão, **(b)** o tempo que leva para dirigir da sua casa até a sua escola ou universidade, **(c)** a temperatura da água na sua xícara de café, **(d)** a energia potencial de uma bola mantida na sua mão.

9.77 Quando uma reação química é exotérmica, qual somatório das energias de ligação é maior: dos produtos ou dos reagentes?

9.78 Quando uma ligação química se quebra, a energia é absorvida ou liberada?

9.79 Se você está projetando um componente que precisa ser capaz de alterar a temperatura rapidamente, você deve usar um material com um calor específico alto ou baixo? Explique sua resposta.

9.80 Use o conceito de que a entalpia é uma função de estado para explicar por que, quando uma equação termoquímica é invertida, a magnitude de $\Delta H°$ permanece a mesma, mas o sinal muda.

9.81 Uma substância tem as seguintes propriedades:

$$\Delta H_{fusão} = 10{,}0 \text{ kJ mol}^{-1} \qquad \Delta H_{vaporização} = 20{,}0 \text{ kJ mol}^{-1}$$
$$C_p(\text{sólido}) = 30 \text{ J mol}^{-1}\text{ K}^{-1}$$
$$C_p(\text{líquido}) = 60 \text{ J mol}^{-1}\text{ K}^{-1}$$
$$C_p(\text{gás}) = 30 \text{ J mol}^{-1}\text{ K}^{-1}$$

Qual dos quatro gráficos a seguir seria o mais consistente com esses dados? Explique como você é capaz de identificar o gráfico correto.

9.82 O calor específico do ouro é de 0,13 J g^{-1} K^{-1}, e o do cobre é de 0,39 J g^{-1} K^{-1}. Suponha que aqueçamos tanto uma amostra de 25 g de ouro quanto uma de 25 g de cobre a 80°C e então coloquemos cada uma em béqueres idênticos contendo 100 mL de água fria a 10°C.

Quando cada béquer atingir o equilíbrio térmico, qual das seguintes afirmativas será verdadeira e por quê? Você não deve precisar fazer nenhum cálculo aqui.
(a) Ambos os béqueres estarão na mesma temperatura.
(b) O béquer com a amostra de cobre estará a uma temperatura mais alta.

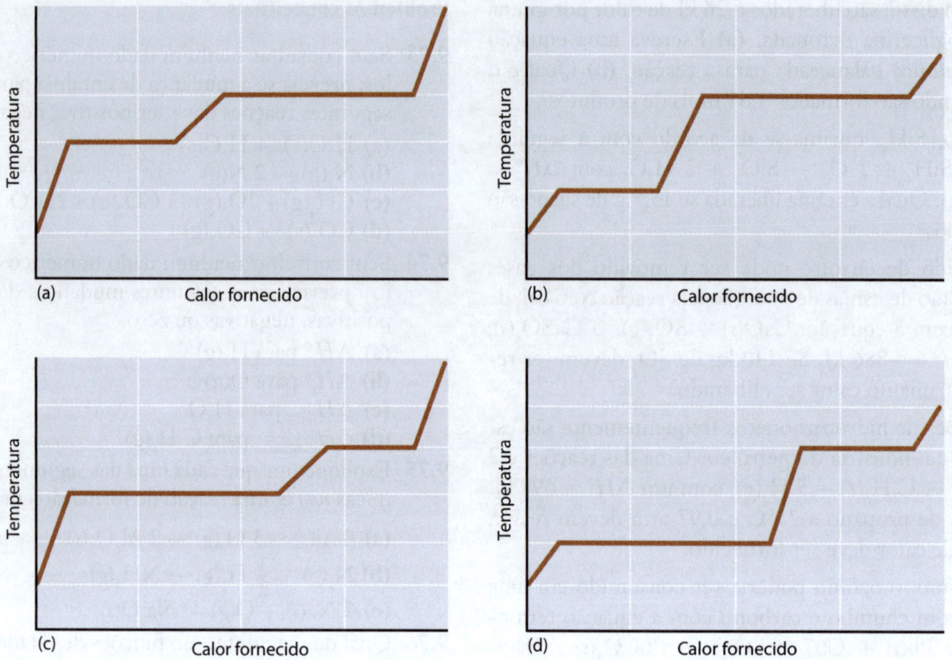

(c) O béquer com a amostra de ouro estará a uma temperatura mais alta.

9.83 Na realização de um experimento de calorimetria, um estudante combinou 100,0 mL de HCl 0,50 mol L^{-1} e 100,0 mL de NaOH 0,50 mol L^{-1} em um calorímetro de copo Styrofoam®. Ambas as soluções estavam inicialmente a 20,0°C, mas, quando foram misturadas, a temperatura subiu para 23,2°C.

(a) Suponha que o experimento seja repetido no mesmo calorímetro, mas, desta vez, usando 200 mL de HCl 0,50 mol L^{-1} e 200,0 mL de NaOH 0,50 mol L^{-1}. O ΔT observado será maior, menor ou igual àquele no primeiro experimento? Por quê?

(b) Suponha que o experimento seja repetido mais uma vez no mesmo calorímetro, desta vez usando 100 mL de HCl 1,00 mol L^{-1} e 100,0 mL de NaOH 1,00 mol L^{-1}. O ΔT observado será maior, menor ou igual àquele no primeiro experimento? Por quê?

9.84 Alguns afirmam que seria mais lógico usar aquecedores de atomização, a energia necessária para converter qualquer molécula em seus átomos separados, ao invés de aquecedores de formação para fazer cálculos com a lei de Hess. Se você tivesse uma tabela de calores de atomização e calculou a energia de combustão de um combustível, você obteria a mesma resposta que obteria usando aquecedores de formação? Explique sua resposta.

Problemas adicionais

9.85 A figura seguinte mostra uma seção transversal de uma lata de bebidas "autorrefrigerante".

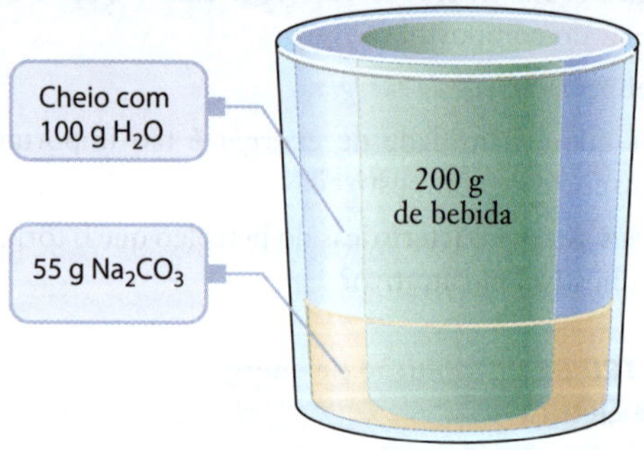

A lata é equipada com um revestimento externo contendo carbonato de sódio (Na_2CO_3), que se dissolve na água rapidamente de maneira endotérmica.

$$Na_2CO_3(s) \rightarrow 2\ Na^+(aq) + CO_3^{2-}(aq) \qquad \Delta H° = 67{,}7\ kJ$$

O usuário adiciona água ao revestimento externo, e o calor absorvido na reação química resfria a bebida. A lata contém 200 g de bebida, o revestimento contém 55 g de Na_2CO_3 e são adicionados 100 g de água. Se a temperatura inicial da lata e da água é 32°C em um dia de verão, qual é a temperatura mais baixa que a bebida pode atingir? A lata em si tem uma capacidade calorífica de 40 J °C^{-1}. Suponha que tanto a solução de Na_2CO_3 quanto a bebida tenham a mesma capacidade calorífica que a água pura, 4,184 J g^{-1}°C^{-1}. (DICA: Trate esta questão como um problema de calorimetria.)

9.86 Você prepara um pouco de chá gelado adicionando 134 g de gelo em 500,0 mL de chá morno em um jarro isolado. Se o chá está inicialmente a 20,0°C e os cubos de gelo estão inicialmente a 0,0°C, quantos gramas de gelo ainda estarão presentes quando o conteúdo do jarro atingir a temperatura final? O chá é na sua maioria água, logo suponha que tenha densidade (1,0 g mL^{-1}), massa molar, capacidade calorífica (75,3 J K^{-1} mol^{-1}) e calor de fusão (6,0 kJ mol^{-1}) idênticos à água pura. A capacidade calorífica do gelo é de 37,7 J K^{-1} mol^{-1}.

9.87 Qual será a temperatura final de uma mistura feita de massas iguais das seguintes substâncias: água a 25,0°C, etanol a 35,5°C e ferro a 95°C?

9.88 Os engenheiros químicos frequentemente devem incluir maneiras de dissipar a energia em forma de calor em seus projetos. O que esse fato informa sobre a variação de entalpia de reações químicas que estão sendo usadas?

9.89 Uma amostra de gás natural tem 80,0% de CH_4 e 20,0% de C_2H_6 em massa. Qual é o calor de combustão de 1,00 g dessa mistura? Suponha que os produtos sejam $CO_2(g)$ e $H_2O(\ell)$.

9.90 Muitos projetos de engenharia devem incorporar maneiras de dissipar a energia na forma de calor. Os evaporadores de água são comuns para esse objetivo. **(a)** Qual propriedade da água a torna um bom material para evaporadores? **(b)** Se uma aplicação não pudesse usar água, mas em vez disso fosse forçada a usar um material com um valor para a propriedade em **(a)** que fosse metade daquele da água, quais mudanças necessitariam ser feitas no projeto?

9.91 Você quer aquecer o ar na sua casa com gás natural (CH_4). Suponha que a sua casa tenha 275 m^2 (aproximadamente 2.800 ft^2) de área de piso e que o teto esteja a 2,50 m do chão. O ar na casa tem uma capacidade calorífica molar de 29,1 J mol^{-1} K^{-1}. (A quantidade de matéria de ar na casa pode ser encontrada supondo-se que a massa molar média do ar seja de 28,9 g mol^{-1} e que a densidade do ar nestas temperaturas seja de 1,22 g L^{-1}.) Qual a massa de metano você deve queimar para aquecer o ar de 15,0°C para 22,0°C?

9.92 A cura do concreto libera energia como calor. **(a)** O que essa observação sugere que acontece em termos de ligações químicas à medida que o concreto é curado? **(b)** Que tipo de estratégias um engenheiro civil deve empregar nos projetos e especificações de construção para aliviar a expansão por calor do concreto à medida que é curado?

9.93 Um engenheiro está projetando um produto no qual um fio de cobre irá transportar grandes quantidades de eletricidade. Espera-se que o aquecimento resistivo de 65 g de cobre adicione 580 J de energia de calor durante um ciclo de operação de 10 minutos. O calor específico do cobre é de 0,385 J g^{-1} $°C^{-1}$, a densidade é de 8,94 g cm^{-3}, e o coeficiente de expansão térmica é de 16,6 μm m^{-1} K^{-1}. **(a)** Qual é o aumento de temperatura do fio? **(b)** Qual é o comprimento inicial do fio, supondo que ele seja um cilindro com raio de 0,080 cm? Em qual porcentagem o comprimento aumentará em virtude do aumento da temperatura? Você acredita que o engenheiro poderá considerar essa expansão no projeto?

9.94 Os picos de preços na gasolina em 2008 levaram a um interesse renovado nos projetos de gaseificação de carvão, no qual o carvão é convertido em gasolina. Examinando a densidade de energia relativa da gasolina e do carvão na Tabela 9.4, qual é mais provável de exigir um *design* de engenharia para esse projeto: a habilidade para liberar calor ou a necessidade de dissipar calor? Explique seu raciocínio.

9.95 Quanto calor é necessário para converter 250 g de água do líquido a 238°C em vapor a 1.078°C? (As capacidades caloríficas e as alterações de entalpia necessárias podem ser encontradas no capítulo ou on-line.)

9.96 Muitas "bolsas frias" de primeiros socorros são baseadas na dissolução exotérmica de nitrato de amônio em água:

$$NH_4NO_3(s) \rightarrow NH_4^+(aq) + NO_3^-(aq) \qquad \Delta H° = 25,69 \text{ kJ}$$

Uma bolsa fria específica contém 50,0 g de NH_4NO_3 e 125,0 g de água. Quando a bolsa é esprimida, o NH_4NO_3 se dissolve em água. Se a bolsa e seu conteúdo estão inicialmente a 24,0°C, qual é a temperatura mais baixa que a bolsa poderia atingir? (Suponha que a solução de nitrato de amônio tenha um calor específico de 4,25 J g^{-1} K^{-1} e que a capacidade calorífica da bolsa seja pequena o suficiente para ser desprezada.)

Exercícios de enfoque na resolução de problemas

9.97 Suponha que o fluido circulante dentro de um refrigerador industrial absorva 680 J de energia para cada grama de material que vaporiza no evaporador. A unidade refrigeradora usa esse fluxo de energia como parte de um sistema cíclico para manter os alimentos gelados. Um novo carregamento de frutas com uma massa de 500 kg é colocado no refrigerador. Suponha que o calor específico da fruta seja o mesmo da água pura, uma vez que a fruta é em sua grande parte água. Descreva como você determinaria a massa do fluido circulante que teria de ser evaporada para baixar a temperatura da fruta em 15°C. Relacione qualquer informação que você teria de medir ou procurar.

9.98 O hidrogênio combina-se com o oxigênio em células de combustível de acordo com a seguinte equação termoquímica:

$$2\ H_2(g) + O_2(g) \rightarrow 2\ H_2O(g) \qquad \Delta H° = -571,7 \text{ kJ}$$

Suponha que você esteja trabalhando com uma empresa que esteja usando células de combustível para fornecer energia a satélites. O satélite precisa de 4,0 × 10^5 kJ de energia durante sua vida útil para estabilizar sua órbita. Descreva como determinaria a massa de hidrogênio necessária na sua célula de combustível para esse satélite específico.

9.99 A reação química $BBr_3(g) + BCl_3(g) \rightarrow BBr_2Cl(g) + BCl_2Br(g)$ tem uma variação de entalpia muito próxima de zero. Usando estruturas de Lewis das moléculas, especialmente aquelas que têm o átomo de boro como central, forneça uma descrição do nível molecular e explique por que o $\Delta H°$ para essa reação deve ser muito pequeno.

9.100 Duas assadeiras são feitas de metais diferentes. Você compra as duas e assa biscoitos em cada uma delas ao mesmo tempo em seu forno. Após 9 minutos, você percebe que os biscoitos em uma assadeira estão ligeiramente queimados no fundo, enquanto os da outra estão perfeitos. (Você está curioso e varia as condições, de forma que entenda que o resultado não é provocado pelo forno.) **(a)** Como pode usar essa observação para inferir algo sobre o calor específico do material nas assadeiras? **(b)** Qual é o raciocínio matemático (equação) necessário para sustentar sua conclusão?

9.101 O nitrito de silício, Si_3N_4, tem propriedades físicas, químicas e mecânicas que o tornam um material industrial útil. Para um projeto de engenharia em particular, é crucial que você conheça o calor de formação dessa substância. Um experimento inteligente permite a determinação direta do $\Delta H°$ da seguinte reação:

$$3\ CO_2(g) + Si_3N_4(s) \rightarrow 3\ SiO_2(s) + 2\ N_2(g) + 3\ C(s)$$

Baseado no fato de que você conhece a variação de entalpia nessa reação, expresse quais dados adicionais devem ser procurados ou medidos para determinar o $\Delta H_f°$ para o nitrito de silício.

9.102 Um corredor gera 418 kJ de energia por quilômetro a partir da oxidação celular de alimentos. O corpo do atleta deve dissipar esse calor ou irá superaquecer. Suponha que a evaporação de suor seja o único mecanismo importante de resfriamento. Se você estimar a entalpia de evaporação da água como 44 kJ mol^{-1} e supor que o suor pode ser tratado como água, descreva como estimaria o volume de suor que teria de ser evaporado se o atleta estivesse participando de uma corrida de 10 km.

9.103 Uma razão pela qual a densidade de energia de um combustível é importante é que, para movimentar um veículo, alguém tem também de mover o seu combustível não queimado. O octano é o principal componente da gasolina. Ele se queima de acordo com a reação:

$$2\ C_8H_{18}(\ell) + 25\ O_2(g) \rightarrow 16\ CO_2(g) + 18\ H_2O(g)$$

$$\Delta H° = -1{,}10 \times 10^4\ kJ$$

Partindo dessa equação termoquímica, descreva como determinaria a densidade de energia, em kJ g^{-1}, para o octano. Tenha certeza de indicar o que você precisaria calcular ou procurar para completar este problema.

9.104 Um engenheiro está usando sódio metálico como agente refrigerante em um projeto, porque tem propriedades térmicas úteis. Ao procurar a capacidade calorífica, o engenheiro encontra o valor de 28,2 J mol^{-1} $°C^{-1}$. Desatentamente, esse número foi escrito sem as unidades. Como uma consequência, ele foi mais tarde tomado como calor específico. **(a)** Qual seria a diferença entre esses dois valores? **(b)** O engenheiro teria superestimado a habilidade do sódio em remover calor do sistema ou o teria subestimado por causa desse erro? Explique adequadamente o seu raciocínio.

9.105 No aquecimento solar passivo, o objetivo é absorver calor do sol durante o dia e liberá-lo durante a noite. Qual material seria melhor para essa aplicação: um com alta capacidade calorífica ou um com baixa capacidade calorífica? Justifique sua opção.

9.106 Uma amostra de 1,0 kg de aço inoxidável é aquecida a 400°C. Suponha que você coloque essa amostra quente em um balde isolado que contenha água a uma temperatura inicial conhecida. Supondo que não exista dificuldade em transferir calor do aço para a água, descreva como pode determinar a massa máxima de água que seria evaporada com apenas o calor fornecido por essa amostra de aço. Certifique-se de relacionar quaisquer grandezas que você precisaria procurar para resolver este problema.

Problemas acumulativos

9.107 No início de 2016, os Estados Unidos tinham 32,3 bilhões de barris de reservas comprovadas de petróleo. Um barril de petróleo pode produzir aproximadamente 19,5 galões de gasolina. Suponha que o galão de gasolina seja octano puro, com uma densidade de 0,692 g mL^{-1}. Se todos os 32,3 bilhões de barris de petróleo fossem convertidos em gasolina e queimados, que energia seria liberada?

9.108 Para um carro que pesa 980 kg, quanto trabalho deve ser realizado para movimentá-lo por 24 milhas? Ignore fatores como perda pelo atrito e suponha uma aceleração média de 2,3 m s^{-2}.

9.109 Suponha que o carro do problema anterior tenha uma eficiência de 24 milhas por galão de combustível. Qual a energia liberada na queima de 1 galão de gasolina (supondo que todo o combustível seja octano)? Baseado nesse cálculo e no trabalho necessário para movimentar o carro por 24 milhas, qual porcentagem da energia liberada na combustão é desperdiçada (não contribui diretamente para o trabalho de movimentar o carro)? Como as suposições feitas na realização desses cálculos afetam o valor obtido por você?

9.110 Suponha que existam 2,43 mols de gás nitrogênio em um recipiente de 31,7 L isolado e selado inicialmente a 285K. O calor específico do gás nitrogênio é de 1,04 kJ $kg^{-1}K^{-1}$ (observe as unidades). Se um bloco de ferro de 5,44 kg a 755K é colocado nesse recipiente e é selado de novo (sem perda de nitrogênio), qual é a pressão final do gás nitrogênio?

Entropia e a segunda lei da termodinâmica

10

Thomas A. Holme

Os programas de reciclagem seletiva normalmente coletam materiais "misturados", como visto aqui em um local em Milwaukee. Os plásticos que constituem 85% da pilha devem ser separados e classificados para reciclagem.

Em nosso estudo sobre ligação química, introduzimos a ideia de que as ligações se formam porque elas reduzem a energia global do conjunto de átomos envolvidos. Temos visto vários exemplos de reações químicas, como as de combustão e explosões, que também reduzem a energia global dos átomos e das moléculas envolvidos. No entanto, se você atentar por apenas um momento, é bem provável que pense em muitos processos físicos e químicos nos quais a energia do sistema claramente aumenta, como os cubos de gelo que fundem e as baterias de seu computador portátil ou do tocador de MP3 que são recarregáveis. No mínimo, algumas reações químicas endotérmicas ocorrem regularmente. Como cada um desses casos mostra, a energia de um sistema nem sempre diminui, apesar de nosso senso intuitivo para minimizá-la. Portanto, como podemos entender e prever quais variações a natureza, na realidade, favorecerá? Precisaremos estender nosso entendimento introduzindo a segunda lei da termodinâmica e explorar suas ramificações. Embora as aplicações existam em abundância em praticamente todos os campos da ciência e da engenharia, o impacto da termodinâmica no nosso entendimento de reações químicas tem sido muito intenso. Exploraremos as implicações da segunda lei da termodinâmica com base na reciclagem de plásticos.

Objetivos do capítulo

Após dominar o assunto deste capítulo, você será capaz de:

- descrever os obstáculos científicos e econômicos para a maior difusão da reciclagem de plásticos.
- explicar o conceito de entropia com suas próprias palavras.
- deduzir o sinal de ΔS para muitas reações químicas ao examinar o estado físico dos reagentes e produtos.
- indicar a segunda lei da termodinâmica em palavras e equações e utilizá-la adequadamente.
- expressar a terceira lei da termodinâmica.
- usar os dados tabulados para calcular a variação de entropia em uma reação química.
- derivar a relação entre a variação de energia livre de um sistema e a variação de entropia no universo.
- usar dados tabulados para calcular a variação de energia livre em uma reação química.
- explicar o papel da temperatura para determinar se uma reação é espontânea.
- usar dados tabulados para determinar a faixa de temperatura para a qual uma reação será espontânea.

POR DENTRO DE

10.1 Reciclagem de plásticos

A partir do Capítulo 1, notamos ocasionalmente a importância do pensamento sistêmico como uma maneira de considerar as implicações mais amplas da química que aprendemos. O papel da energia na química e nas aplicações da química na engenharia é um exemplo particularmente útil dessa ideia. Analisamos as matérias-primas a partir das quais determinados materiais ou dispositivos são produzidos e consideramos a ideia de que, se essas matérias-primas forem escassas ou caras, isso pode influenciar nas escolhas de projeto. Mas uma questão que não consideramos até agora é a seguinte: o que acontece com os materiais quando utilizamos um produto ou um recipiente? A termodinâmica dos processos químicos nos fornece uma maneira de julgar a vida útil de um produto a partir de matérias-primas por meio do uso e, em seguida, do descarte. A síntese, o uso e a possível reciclagem de plásticos representam um exemplo útil dessa visão do pensamento sistêmico. Garrafas de refrigerante de plástico padrão são feitas de poli (tereftalato de etileno) ou PET. Na síntese em escala industrial de PET, os materiais de partida usuais são o tereftalato de dimetila e o etilenoglicol (Figura 10.1). Estes compostos reagem para formar tereftalato de bis- (2-hidroxietilo) (BHET) e metanol. O metanol evapora à temperatura da reação (tipicamente ao redor de 210°C), deixando o BHET razoavelmente puro. Então, o BHET é aquecido ainda mais em torno de 270°C, onde sofre uma reação de condensação para formar o polímero PET. ◂ O etilenoglicol é um subproduto nesta segunda etapa e pode, assim, ser reutilizado dentro da planta para produzir mais BHET.

Reações de condensação serão introduzidas na Seção 8.6.

O polímero resultante pode ser fundido, moldado por sopro ou conformado em garrafas da forma desejada. Essas garrafas são envasadas, tampadas, despachadas e vendidas. Talvez você pegue sua garrafa de refrigerante em uma máquina de venda a caminho de sua aula. Assim que ela é esvaziada, você a joga em

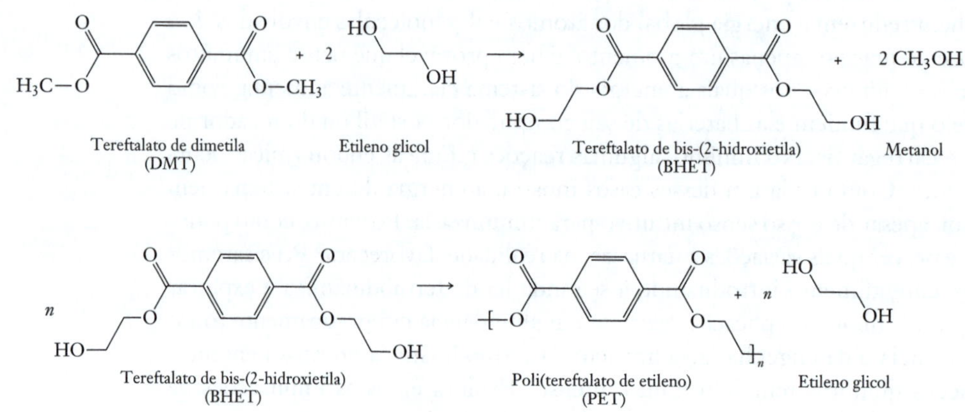

Figura 10.1 Etapas na síntese industrial de PET. Os valores típicos de *n* na fórmula do polímero são 130-150, fornecendo uma massa molar em torno de 25.000 para o polímero.

um lixo para reciclagem e sente-se bem em ter feito a sua parte para ajudar a preservar o ambiente. É provável que você nunca tenha pensado muito sobre o que acontece com a garrafa dali em diante.

Normalmente, os conteúdos do lixo para reciclagem são vendidos para um reciclador, um negócio especializado no processamento de plásticos. Em geral, o material do lixo deve ser classificado em diferentes tipos de plásticos, e quaisquer materiais distintos que possam ter sido jogados no lixo são descartados. Uma parte dessa classificação é feita manualmente e outra se vale das diferenças de densidade entre os vários polímeros que possam estar presentes. Os plásticos são, então, esmagados para reduzir seus volumes antes de serem despachados para o processamento adicional. ▸ A próxima etapa é chamada regeneração, na qual os plásticos classificados e comprimidos são processados em uma forma utilizável. Na maioria dos processos de regeneração, os plásticos são inicialmente picados em flocos pequenos e uniformes. Eles são lavados, secos, fundidos e finalmente prensados em tubos em formato de espaguete. Depois, são cortados em grânulos menores e vendidos para os fabricantes para elaborar novos produtos. Os usos mais importantes para o PET reciclado incluem enchimento de fibras para sacos de dormir e casacos, tecidos de lã para roupas usadas ao ar livre, tapetes e cintas industriais.

Nos dias atuais, parte do esmagamento e da classificação é feita automaticamente nas "máquinas de venda reversas" projetadas para coletar as garrafas para reciclagem.

Você deve ter notado que um material não aparece na lista de usos: novas garrafas de bebidas. Apesar de tais garrafas serem a fonte dominante de PET para a reciclagem, apenas quantidades muito limitadas de PET reciclado são usadas para produzir novas garrafas. Assim, a reciclagem de PET está longe de ser um processo de "ciclo fechado"; grandes quantidades de plástico virgem continuam sendo usadas no engarrafamento, apesar da crescente quantidade de garrafas utilizadas pelos consumidores. Por que isso acontece? A resposta mais simples e mais curta refere-se ao sistema econômico: as garrafas podem ser produzidas de plástico virgem a custo global mais baixo. Vários fatores contribuem para isso. Em muitos casos, existem restrições legais no uso de materiais reciclados para recipientes de alimentos e bebidas em razão de possíveis contaminações. Satisfazer essas regulamentações acrescenta custo à equação global. A degradação do plástico durante os processos de reciclagem é outra preocupação. O comprimento médio da cadeia das moléculas de polímero tende a ser um pouco menor após a reciclagem. Assim, se as garrafas forem fabricadas de PET 100% reciclado, elas serão mais grossas e mais pesadas. ▸ Apesar de haver progresso no conteúdo reciclado de garrafas de bebidas, muitas garrafas nos Estados Unidos ainda contêm no mínimo 90% de plástico virgem.

O aperfeiçoamento do design *reduziu o peso médio de uma garrafa de água de meio litro em quase 50% nos últimos 15 anos.*

Uma maneira de atingir um ciclo fechado, no qual as garrafas de plástico, por meio da reciclagem, poderiam gerar outras novas, seria converter os polímeros em monômeros e polimerizar os monômeros para produzir novo plástico. Em quais circunstâncias tal esquema pode ser factível? Antes de explorar esse tipo de pergunta, será necessário aprender mais sobre termodinâmica.

10.2 Espontaneidade

Sentido da natureza

A ideia do percurso de tempo impulsiona o enredo de muitas histórias de ficção científica. A perspectiva de se movimentar para a frente e para trás no tempo e viver em outro período apela para a nossa imaginação, tanto que fornece um pretexto fértil aos autores. Contudo, nossa experiência real é que o tempo marcha inexoravelmente do passado para o futuro e que esse sentido não é reversível. De certa forma, o tempo é uma seta que aponta no sentido para o qual a natureza é dirigida. Vimos que moléculas grandes de hidrocarbonetos, como as da gasolina, podem reagir facilmente com o oxigênio para produzir dióxido de carbono e água. No entanto, nossa experiência nos diz que a reação reversa não acontece; o vapor d'água e o dióxido de carbono estão sempre presentes no ar, só que nunca reagem para produzir gasolina. A natureza "sabe" o sentido correto para esse processo. Essa percepção de direção da vida e nossa experiência do universo são aspectos intuitivos importantes nas propostas apresentadas neste capítulo. Mas o que fornece à natureza esse conhecimento? Como podemos converter nossa intuição em um modelo quantitativo para prever quais reações químicas na realidade ocorrerão? Tentaremos responder a essas perguntas conferindo um pouco de rigor matemático às nossas observações.

Processos espontâneos

Uma maneira mais formal de expressar o sentido da natureza é observar que nossa intuição é baseada no fato de que algumas coisas "apenas acontecem", mas outras não. Alguns processos ocorrem sem intervenção externa, e dizemos que tais processos são espontâneos. De uma perspectiva termoquímica, um **processo espontâneo** é aquele que ocorre sem intervenção contínua. A distinção entre reações espontâneas e não espontâneas pode parecer óbvia, mas veremos que ela não é tão simples assim.

É muito comum estudantes interpretarem de forma errônea a palavra "espontânea" como um indicativo de que um processo ou reações ocorrerão mais rapidamente. Mas observe que nossa definição atual não se refere em nenhum momento à velocidade do processo. Alguns processos espontâneos são mais rápidos, mas outros ocorrem apenas em escalas de tempo muito longas. ◂ Entendemos que os compostos químicos em alguns materiais de rejeito, como o papel, podem reagir espontaneamente para a decomposição com o passar do tempo. (Esse processo pode ser mais complicado que uma reação química simples por causa do envolvimento de bactérias.) Entretanto, algumas reações espontâneas são tão lentas que é difícil observá-las. A combustão do diamante é espontânea termodinamicamente, mas mesmo assim pensamos no diamante como um composto eterno. Outras reações ocorrem rapidamente assim que se iniciam, mas não sem ajuda. A gasolina, por exemplo, pode ficar mais ou menos indefinidamente contida numa lata na garagem em contato com o oxigênio do ar e não ter nenhuma reação. Contudo, ao ser misturada com o ar nos cilindros do motor do seu carro e incendiada pela vela de ignição, a reação prossegue até praticamente toda a gasolina ser queimada. Essa reação é espontânea? A resposta é sim. Ainda que a reação precise de uma chama ou faísca para iniciá-la, uma vez iniciada, a reação continua sem nenhuma intervenção. Esse exemplo enfatiza a importância da expressão "intervenção contínua" em nossa definição. Uma analogia que pode ser utilizada é aquela de uma pedra equilibrada de maneira precária em um desfiladeiro. Se for cutucada na beirada, cai até o chão. Ela não para no meio do caminho, a menos que seja um objeto usado em um desenho animado do Papa-Léguas!

Alguns processos espontâneos ocorrem em escalas geológicas, como a formação do petróleo utilizado como matéria-prima dos plásticos.

POR DENTRO DE As reações usadas para produzir muitos polímeros comportam-se de forma muito similar à combustão da gasolina. Uma vez iniciada, a reação geralmente é espontânea e pode prosseguir sem "intervenção". A produção de poli(metacrilato de metila) – Plexiglas ou PMMA – é um bom exemplo: ◂

Mencionamos na Seção 7.1 que o PMMA foi usado no passado como um dos primeiros cimentos de ossos.

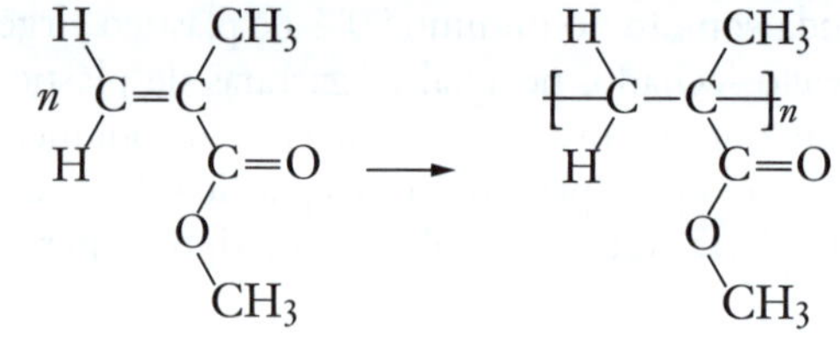

Monômero de metacrilato de metila — Poli(metacrilato de metila)

Essa reação ocorre por processo de radical livre, como aquele descrito na Seção 2.8 para o polietileno. São necessários pequenos traços de um iniciador para que a reação se inicie e prossiga até que todo o monômero disponível tenha sido convertido em polímero.

Vamos supor que queiramos converter o polímero de volta em monômero. Nesse caso, a reação necessária é o reverso da polimerização, e não se trata de um processo termodinamicamente espontâneo em temperaturas ordinárias. Ainda assim poderíamos conduzir a reação "de volta" para produzir o monômero metacrilato de metila. No entanto, precisaríamos manter uma temperatura alta e fornecer energia suficiente para que as moléculas possam ir contra o sentido preferido da natureza. Então, qual é o papel da energia no sentido da natureza?

Entalpia e espontaneidade

No Capítulo 9, vimos que a variação de entalpia em uma reação química é igual ao fluxo de calor em pressão constante:

$$\Delta H = q_p$$

Quando ΔH é negativo, a reação é exotérmica, e um valor positivo de ΔH aponta para uma reação endotérmica. O que pode ser dito sobre uma espontaneidade de reação com base na sua variação de entalpia? Se relacionarmos processos espontâneos que observamos em torno de nós e determinarmos se eles são exotérmicos ou endotérmicos, a probabilidade é que a maioria seja exotérmica. Isso implica a existência de uma relação entre a entalpia e a espontaneidade. Entretanto, a relação não é exclusiva. Se você pensar por um momento, será capaz de apontar algumas reações endotérmicas que ocorrem espontaneamente. A fusão de um cubo de gelo em temperatura ambiente é um exemplo simples. Então, podemos concluir que as reações exotérmicas são, de alguma forma, preferidas. Mas deve haver outras coisas além da energia ou da entalpia atuando para determinar se um processo é espontâneo ou não. Para desenvolver uma maneira de prever a espontaneidade de uma reação, devemos inicialmente introduzir uma função adicional de estado termodinâmico: a entropia.

10.3 Entropia

Como acabamos de ver, o fluxo de energia não indica se um processo ocorrerá ou não espontaneamente. Logo, devemos também considerar outra função de estado termodinâmica, a **entropia** (*S*). Histórica e inicialmente, o conceito de entropia foi introduzido quando se considerou a eficiência de motores a vapor. A **Figura 10.2** ilustra o ciclo de Carnot, um sistema-modelo importante no qual um gás passa por uma variação cíclica na pressão e no volume. As etapas rotuladas como 1 e 3 são processos isotérmicos, ou seja, ocorrem em uma temperatura constante. Na Etapa 1, o gás se expande em temperatura constante, um processo no qual q deve ser positivo. Na Etapa 3, o gás é comprimido em temperatura constante, em que q deve ser negativo. Pode-se mostrar que q/T para a Etapa 1 e para a Etapa 3 é igual em magnitude e contrário em sinal. As Etapas 2 e 4 são processos adiabáticos, nos quais não há troca de calor. Isso significa que, para as Etapas 2 e 4, $q = 0$ e, consequentemente, q/T para essas etapas devem ser zero. Combinando as quatro etapas, notamos que a soma de q/T em torno do caminho fechado deve ser zero. ▸ Segue que q/T define uma nova função de estado à qual chamamos de entropia. Veremos brevemente que as variações na entropia de um sistema e suas vizinhanças nos permitem prever se um processo é ou não espontâneo. O que é entropia e como ela pode nos ajudar a entender a produção ou a reciclagem de polímeros?

Uma função de estado não depende da história do sistema. Logo, não pode haver variação em qualquer função de estado para um processo no qual os estados iniciais e finais são os mesmos.

Probabilidade e variação espontânea

Podemos observar um padrão em muitas variações que ocorrem na vida cotidiana que são análogas a eventos em nível molecular. Para um exemplo familiar, pensemos no outono. Apesar de as folhas que caem serem bem-vindas como um sinal de temperaturas mais baixas, elas também significam mais uma tarefa, que é juntar as folhas em pilhas. Para início de conversa, por que elas não podem simplesmente cair direto em uma pilha? Tal evento vai contra nossa intuição porque é tão improvável que sabemos que nunca veremos isso acontecer. Esse exemplo macroscópico com milhares de folhas serve de analogia razoável para sistemas moleculares com o número de Avogadro de partículas. Vamos observar o conceito de probabilidade matemática para solidificar nosso entendimento.

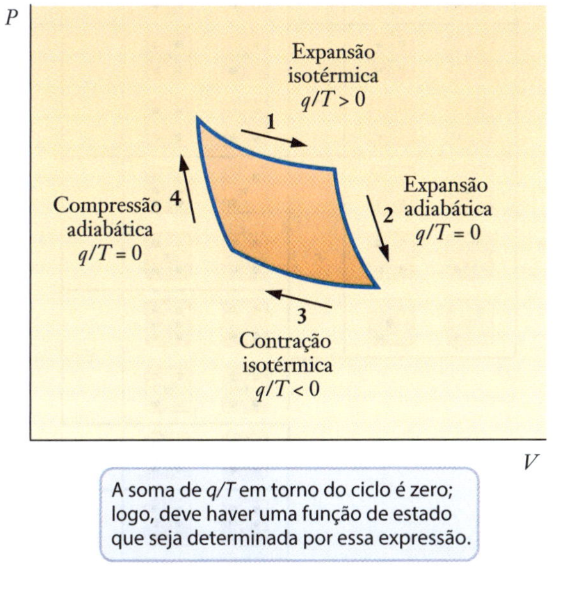

Figura 10.2 No ciclo de Carnot, um gás ideal sofre uma série de quatro processos. Dois deles (rotulados como 1 e 3 na figura) são isotérmicos, ou seja, ocorrem em temperatura constante. Os outros dois processos (2 e 4) são adiabáticos, em que $q = 0$ para essas duas partes do ciclo. Carnot mostrou que a soma da quantidade q/T para todo o ciclo é igual a zero. Uma vez que o ciclo começa e termina com o sistema no mesmo estado, isso significa que deve haver uma função de estado igual a q/T. Chamamos essa função de estado de entropia.

O exemplo de as folhas não caírem em uma pilha, apesar de óbvio, é algo desafiador de descrever matematicamente. Para estabelecer uma base de ideias de probabilidade, utilizemos agora dados. Se você pegar apenas um dado e o jogar, qual é a chance de sair quatro? Com seis resultados possíveis, a chance é 1 em 6. Já para dois dados, qual é a chance de sair um par de quatros? Desta vez, a contagem é um pouco mais emaranhada, mas podemos rapidamente ver na **Figura 10.3** que a chance é 1 em 36. Se um terceiro dado for adicionado, a chance de obter três quatros em uma jogada é 1 em 216. Observe que a relação está aumentando para quatro dados. Existe apenas uma maneira de atingi-la, e a probabilidade de esse resultado vir a ser menor é indicada na seguinte relação:

$$\text{Probabilidade} = \left(\frac{1}{6}\right)^N \text{, onde } N \text{ é o número de dados jogados}$$

Devemos observar que essa relação se aplica ao caso em questão, mas não é geral. O fator 1 no numerador está presente porque buscamos um único registro específico (de um número quatro) em cada dado, e o 6 no denominador está lá porque existem seis registros possíveis para cada dado. Com essa relação, poderíamos facilmente prever que a chance de registrar o mesmo número com cinco dados em uma jogada é 1 em 1.296. (Observe que a possibilidade de obter um número *especificado* em cinco dados – digamos, todos quatros – é 1 em 7.776. No entanto, se não especificarmos antecipadamente quais dos seis números possíveis queremos nos cinco dados, então existirão seis resultados possíveis, em vez de apenas um.) Nossa experiência com dados é que esperamos ter alguma seleção aleatória de números presentes quando cinco dados são jogados. Por quê? Existem muitas maneiras de obter um registro "aleatório". Ele ocorre muito mais vezes de maneira precisa porque é mais provável.

Nosso desenvolvimento da matemática da probabilidade tem duas características importantes. Primeiro, ele mostra que, para obter a probabilidade de uma coleção de eventos com base em um evento individual, devemos multiplicar. Essa observação torna-se importante quando consideramos apenas quantas moléculas estão envolvidas em algo na natureza ou no laboratório. Segundo, o número de maneiras de fazer uma observação regular (quando todos os dados mostrarem "quatro") é menor que o número de maneiras de fazer uma observação mais aleatória (nenhum

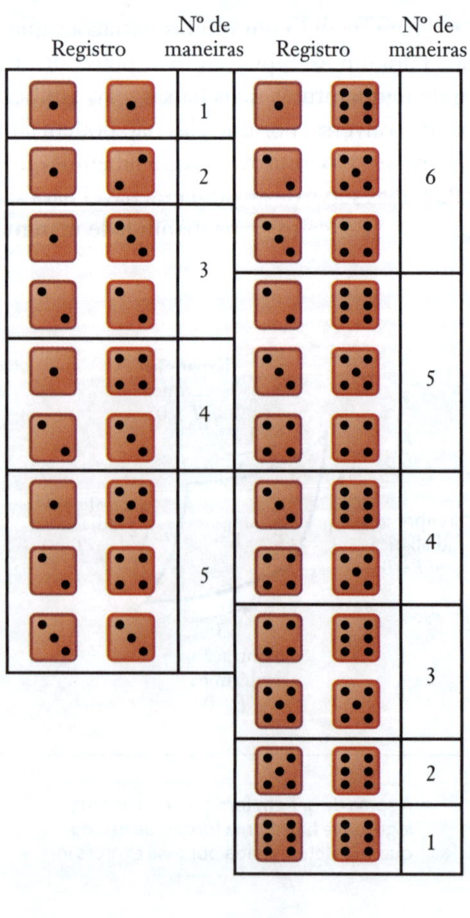

Figura 10.3 A probabilidade de registrar determinado valor total em um par de dados depende do número de combinações diferentes que produzem esse total. Os registros menos prováveis são 2 e 12, por exemplo, porque existe apenas uma única combinação possível que fornece cada um desses totais. O total mais provável é sete porque existem seis registros diferentes que resultam nesse número. (Observe que, para registros nos quais os dois dados individuais mostram valores diferentes, existem duas possibilidades. Para um registro total de três, por exemplo, as duas combinações seriam 1, 2 e 2, 1.)

padrão particular presente nos dados). Quando aplicamos essas observações em uma coleção de moléculas com $\sim 10^{23}$ partículas presentes, as chances de arranjos altamente especificados tornam-se muito pequenas. Para começar a discutir números com mais relevância química, imagine jogar o número de Avogadro de dados. A probabilidade de todos eles darem quatro é $\left(\frac{1}{6}\right)^{6{,}02\times10^{23}}$. Esse número é inimaginavelmente pequeno. Se usássemos todos os zeros após a vírgula para substituir *todas* as letras em *todos* os livros do planeta, ainda teríamos zeros deixados para trás!

Definição de entropia

Para grandes números de partículas, então, a probabilidade favorece os arranjos aleatórios. Com base nessa ideia, podemos definir por tentativa a *entropia* como uma medida da aleatoriedade ou desordem de um sistema. No entanto, ainda temos de estabelecer uma definição que pode ser usada quantitativamente e de uma perspectiva molecular. Para fazer isso, voltamos para um ramo da físico-química chamado **mecânica estatística**, ou termodinâmica estatística, no qual encontramos uma adição sutil à definição. A probabilidade de eventos que devem ser considerados não se refere às formas como as partículas podem ser arranjadas fisicamente, e sim às formas como elas podem alcançar a mesma energia. (Essas duas possibilidades estão frequentemente relacionadas entre si.)

Se recordarmos a distribuição de Maxwell-Boltzmann de velocidades moleculares (veja a Seção 5.6), em qualquer gás na temperatura ambiente, algumas partículas devem se movimentar lentamente e outras, de forma muito rápida. Não podemos, no entanto, afirmar com toda certeza quais partículas estão se movendo mais rapidamente e quais de maneira mais lenta (**Figura 10.4**). Há diversas formas, com partículas diferentes assumindo as várias velocidades exigidas, nas quais a amostra pode ter a mesma energia total e, consequentemente, a mesma temperatura. Na mecânica estatística, a forma como o conjunto de partículas assume determinada energia está associada a um

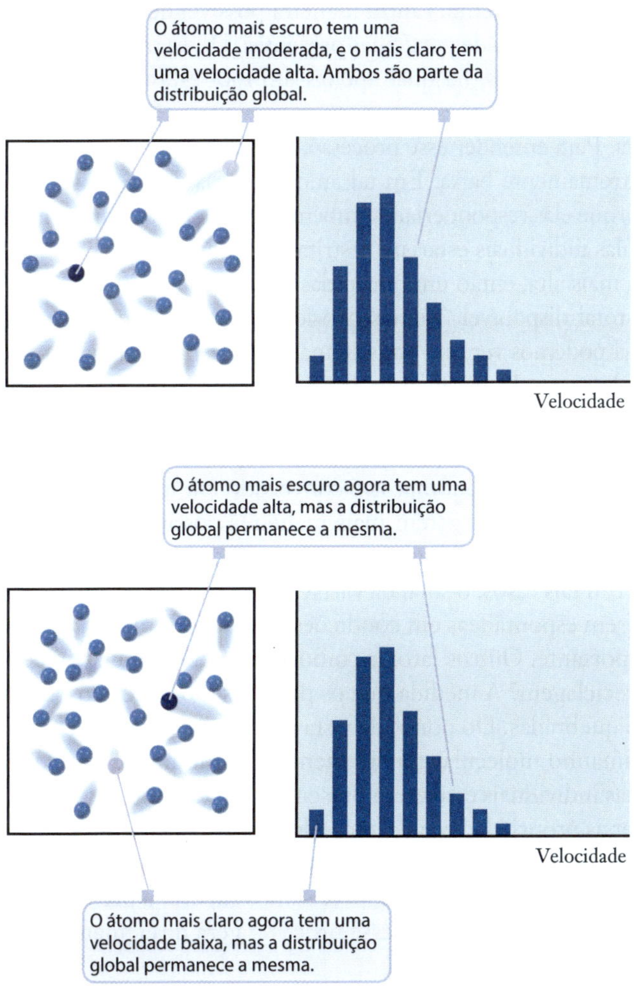

Figura 10.4 A distribuição de Maxwell-Boltzmann nos fornece a coleção global de velocidades moleculares, mas não especifica a velocidade de nenhuma partícula individual. A troca de energia durante as colisões moleculares pode variar a velocidade de moléculas individuais sem perturbar a distribuição global.

conceito denominado **microestado**. O número de microestados para determinada energia é normalmente designado pela letra grega maiúscula ômega (Ω), e a entropia (*S*) de um sistema está relacionada ao número de microestados por meio da equação

$$S = k_B \ln \Omega \tag{10.1}$$

Aqui k_B é uma constante numérica chamada constante de Boltzmann. Não é fácil ter uma intuição sobre o número de microestados de um sistema, então será difícil empregar essa equação diretamente neste estágio de seu estudo da química. Veremos em breve que não precisaremos usá-la. Mas é importante perceber que, à medida que um sistema se torna "mais aleatório", o valor de Ω aumentará. Portanto, a entropia de um sistema aumenta à medida que um sistema se move na direção de distribuições mais aleatórias das partículas que ele contém, porque tal aleatoriedade aumenta o número de microestados.

Julgando as variações de entropia nos processos

Apesar de o conceito de um microestado ser abstrato, podemos afirmar que determinados tipos de variação levarão a aumentos na entropia (porque existem mais microestados disponíveis). Vamos ver por que isso ocorre. Inicialmente, considere a fusão de um sólido para formar um líquido. Como um sólido, as partículas são mantidas no lugar rigidamente, então o número de possibilidades para obter uma energia específica é limitado. Quando se forma o líquido, o movimento de partículas em relação umas às outras apresenta um número muito maior de maneiras para alcançar uma energia específica, logo o número de microestados aumenta e também a entropia. Raciocínio similar pode ser aplicado à ebulição, quando as moléculas originalmente confinadas próximas entre si em um líquido tornam-se muito mais aleatoriamente distribuídas na fase gasosa. ◂ O aumento no movimento molecular aleatório corresponde a mais microestados, portanto a entropia aumenta. Outra maneira possível de elevar a entropia de um sistema é aumentar o número de partículas presentes. Desse modo, uma reação química que gera dois mols de gás, na qual apenas um mol estava presente inicialmente, aumentará a entropia.

A entropia de 1 mol de gás geralmente é muito maior que aquela de 1 mol de líquido ou sólido.

A entropia também varia com a temperatura. Para entender esse processo, devemos, por exemplo, considerar uma amostra de moléculas em uma temperatura extremamente baixa. Em tal amostra, seria muito pouco provável haver moléculas movendo-se com velocidades altas porque elas responderiam também por uma porcentagem grande da energia disponível. Logo, as velocidades das moléculas individuais estariam restritas pela baixa energia total disponível. Se o sistema fosse aquecido para uma temperatura mais alta, então um pouco das moléculas poderia movimentar-se com velocidades altas porque haveria mais energia total disponível. Temos considerado apenas uma pequena porção da distribuição de velocidades das moléculas, mas já podemos ver que um sistema mais quente tem mais maneiras de distribuir sua energia. Esse tipo de raciocínio estende-se a toda distribuição de velocidades, e o resultado importante é que *o aquecimento de um sistema aumenta a sua entropia.*

POR DENTRO DE Quais são as implicações da entropia para a síntese ou para a reciclagem de polímeros? Quando um polímero é formado, um grande número de monômeros é convertido em uma molécula gigante. Em muitos casos, isso diminuirá a entropia do sistema porque existem mais maneiras possíveis de arranjar os monômeros que não reagiram. (Observe que, em muitas reações de polimerização, outras pequenas moléculas, como a água, podem ser formadas como subprodutos. Em tais casos, o sinal da variação de entropia pode não ser tão óbvio.) O fato de as reações de polimerização ainda serem espontâneas em condições apropriadas mostra que a entropia do sistema sozinha não é a única consideração importante. Outros fatores como a energia devem favorecer a formação do polímero. E qual é o papel da entropia na reciclagem? À medida que os plásticos são reciclados, existe a possibilidade de as cadeias poliméricas grandes serem quebradas. Do ponto de vista da entropia, esse deve ser um processo favorável. A quebra das cadeias fornece um tamanho molecular médio menor, e o mesmo sistema de átomos terá mais microestados disponíveis se mais moléculas individuais estiverem presentes. No entanto, a redução do comprimento da cadeia polimérica tende a enfraquecer as propriedades mecânicas dos plásticos, uma vez que as mais curtas não interagem entre si tão fortemente. Portanto, a entropia fornece um desafio para o processo de reciclagem. Para reciclar polímeros sem uma perda constante na qualidade do material, precisamos superar a preferência da natureza pelo aumento da entropia. E como veremos ao final deste capítulo, esse processo gera diretamente obstáculos econômicos reais para a reciclagem.

10.4 A segunda lei da termodinâmica

No Capítulo 9, ressaltamos a importância da termodinâmica na forma como a sociedade humana usa a energia. Observamos que, quando existe um esforço para converter uma forma em outra, alguma energia é "perdida" ou "desperdiçada". Em outras palavras, nem toda a energia potencialmente disponível é dirigida para o processo desejado. Como esse fato surge da termodinâmica? A entropia fornece a chave para o entendimento de que a perda de energia "útil" é inevitável.

A segunda lei

Quando consideramos o sistema econômico de energia, fazemos referência à segunda lei em conjunção com a noção de que é impossível converter completamente o calor em trabalho. Essa é uma maneira de expressar a **segunda lei da termodinâmica**. ▸ Agora, vamos entender por que isso é verdade. Inicialmente considere o calor. O calor flui por causa das colisões aleatórias das moléculas, e um aumento na temperatura eleva os movimentos aleatórios das moléculas. O trabalho, por sua vez, exige que uma massa seja movida por alguma distância. Para produzir um movimento líquido, deve haver uma direção associada a um movimento, e essa direção implica que exista uma ordem para o movimento. Converter calor em trabalho, consequentemente, é um processo que passa dos movimentos aleatórios em direção a movimentos mais ordenados. Acabamos de ver como esse tipo de mudança vai contra a tendência da natureza em favorecer um estado mais provável (aquele mais aleatório). Como podemos conectar essas ideias com a entropia?

Existem várias maneiras equivalentes para expor a segunda lei, mas todas levam às mesmas interpretações.

Para fazer essas conexões, devemos ser cuidadosos em perceber que as variações no universo envolvem tanto o sistema como as vizinhanças. Se nos concentrarmos apenas no sistema, não poderemos entender de forma alguma como a ordem é criada. De novo, a síntese de polímeros mostra que a ordem é estabelecida da mesma maneira como ocorrem as situações cotidianas, tal qual o crescimento das plantas, dos animais e das pessoas. Para expressar a segunda lei da termodinâmica em termos de entropia, devemos focar na variação total na entropia para o universo, ΔS_u:

$$\Delta S_u = \Delta S_{sis} + \Delta S_{viz} \tag{10.2}$$

Como a natureza sempre tende a prosseguir em direção a um estado mais provável, podemos apresentar uma forma equivalente da segunda lei da termodinâmica: *Em qualquer processo espontâneo, a variação total de entropia do universo é positiva*, ($\Delta S_u > 0$). Não é tão óbvio assim que essa afirmação da segunda lei seja equivalente à nossa versão original. Lembre-se de que a energia não convertida em trabalho (um processo que diminuiria a energia) é transferida para as vizinhanças como calor. Assim, a entropia das vizinhanças aumenta, e a variação total de entropia no sistema e nas vizinhanças é positiva.

Implicações e aplicações

As implicações dessa expressão da segunda lei são de grande proporção para calcular e prever os resultados de reações químicas e outros processos que estudaremos. Podemos, inicialmente, nos concentrar nessas implicações de forma qualitativa, considerando uma reação de polimerização da perspectiva da termodinâmica; mais à frente, desenvolveremos uma abordagem quantitativa.

POR DENTRO DE Retornemos à polimerização do metacrilato de metila para o PMMA. Quando se observam essas estruturas, constata-se que a maioria das ligações não muda durante essa reação. A única exceção é a ligação dupla C═C no monômero, que é convertida em duas ligações simples C—C no polímero. Com base em nosso conhecimento sobre energias de ligação, podemos então afirmar que essa reação deve ser exotérmica. Duas ligações simples C—C são mais fortes que uma ligação dupla C═C. Uma vez que a reação converte um grande número de moléculas monoméricas em uma única molécula polimérica, também podemos prever que a variação de entropia para o sistema deve ser negativa. Assim, por que a reação é espontânea? O fato de a reação ser exotérmica significa que o sistema deve liberar calor, o qual deve fluir externamente. Isso provocará um aumento na entropia das vizinhanças. Desde que esse aumento na entropia das vizinhanças seja maior que a diminuição na entropia do sistema, a variação total na entropia para todo o processo ainda pode ser positiva.

Podemos levar esse raciocínio um pouco adiante, para começar a entender o papel da temperatura na determinação da espontaneidade de um processo. As vizinhanças absorverão uma quantidade de calor igual a $-\Delta H$. Mas elas representam um reservatório muito grande, portanto esse calor não produzirá uma variação de temperatura mensurável, o que significa que a variação de entropia para as vizinhanças é dada por

$$\Delta S_{\text{viz}} = -\frac{\Delta H}{T}$$

A variação de entropia para o sistema é apenas ΔS. Apesar de não conhecermos seu valor, sabemos que ela será negativa. O critério para uma polimerização espontânea é

$$\Delta S_{\text{u}} = \Delta S + \Delta S_{\text{viz}} > 0$$

Isso será verdadeiro desde que o valor absoluto de ΔS_{viz} seja maior que o de ΔS. (Lembre-se de que ΔS é negativo e ΔS_{viz} é positivo.) As grandezas de ΔS e ΔH são basicamente independentes da temperatura, mas ΔS_{viz} diminuirá à medida que a temperatura aumentar. Assim, em alguma temperatura suficientemente alta, ΔS_{u} não será mais positivo, e a reação deixará de ser espontânea.

Esse mesmo argumento aponta para uma possível rota para a despolimerização, que poderá ser útil na reciclagem. Suponha que aumentemos a temperatura alta o bastante de tal forma que ΔS_{u} para a reação de polimerização torne-se negativo. Isso deve significar que ΔS_{u} para a reação inversa, na qual o polímero é convertido de volta no monômero, deve tornar-se positivo. Portanto, se aquecermos o polímero acima de alguma temperatura limiar, poderemos ser capazes de regenerar o monômero metacrilato de metila. Quando o PMMA é aquecido acima de 400°C, ele é convertido no monômero com uma eficiência muito alta. Esse processo, conhecido como *termólise*, é um exemplo do que frequentemente é chamado *reciclagem avançada* ou *reciclagem de retroalimentação*. Uma vez que o monômero recuperado pode ser purificado por destilação ou outros meios, ele pode ser polimerizado novamente para produzir PMMA, que é indistinguível do material virgem. ◂ No entanto, a termólise não é prática para a maioria dos plásticos porque os próprios monômeros se quebram com frequência ou sofrem reações indesejadas nas altas temperaturas que são necessárias. No caso específico do PMMA, a termólise é usada principalmente nas fábricas para recuperar sucatas que foram deixadas para trás na produção de itens como lanternas automotivas.

A purificação envolve a separação do monômero das outras substâncias. A destilação é um método comum para a separação de misturas de produtos químicos.

10.5 A terceira lei da termodinâmica

Até aqui adotamos uma abordagem puramente qualitativa para as variações de entropia e não identificamos os valores numéricos para ΔS. Para prosseguirmos na direção de uma visão quantitativa, no entanto, tudo o que precisamos é definir algum ponto de referência com um valor fixo de entropia. Então, desde que calculemos as variações de entropia, poderemos ser capazes de obter valores de interesse. Quando procuramos calcular variações de entropia para reações químicas, o método mais conveniente vem com a **terceira lei da termodinâmica**, que expressa que *a entropia de um cristal perfeito de qualquer substância pura aproxima-se de zero à medida que a temperatura chega ao zero absoluto*. Uma implicação da terceira lei é que é impossível atingir uma temperatura de zero absoluto, apesar de os cientistas terem chegado muito perto desse valor. Uma vez que todas as substâncias podem ser resfriadas a temperaturas próximas de zero (pelo menos em princípio), é possível estimar a entropia de um mol de qualquer substância em condições padrão, determinando a variação na entropia de 0K para 298K a uma pressão de 1 atm. Esse processo produz a **entropia molar padrão ($S°$)**. A **Tabela 10.1** fornece os valores de $S°$ para algumas substâncias. Uma lista mais completa é fornecida no Apêndice E.

Uma vez que a entropia é uma função de estado e como a terceira lei nos permite obter um valor para a entropia molar padrão de qualquer substância, podemos derivar uma equação útil para a variação de entropia em uma reação. A **Figura 10.5** mostra como a variação de entropia em uma reação pode ser determinada por um método que é recordativo do modo como usamos os calores de formação e a lei de Hess no Capítulo 9.

$$\Delta S° = \sum_i \nu_i S°(\text{produto})_i - \sum_j \nu_j S°(\text{reagente})_j \qquad (10.3)$$

Tabela ▪ 10.1 Valores de entropias molares padrão

Entropias molares padrão ($S°$) para algumas substâncias. Uma lista muito maior aparece no Apêndice E. Os valores para muitos compostos também podem ser encontrados no NIST Chemistry WebBook, em: http://webbook.nist.gov/chemistry

Composto	S° (J mol⁻¹ K⁻¹)	Composto	S° (J mol⁻¹ K⁻¹)
$H_2(g)$	130,6	$CO_2(g)$	213,6
$O_2(g)$	205,0	$C_4H_{10}(g)$	310,03
$H_2O(\ell)$	69,91	$CH_4(g)$	186,2
$H_2O(g)$	188,7	$C_2H_4(g)$	219,5
$NH_3(g)$	192,3	$C_3H_3N(\ell)$	178,91

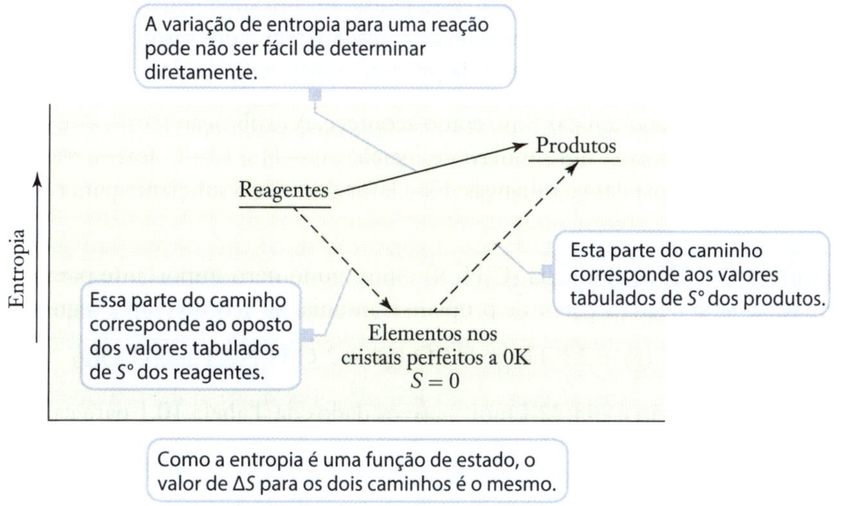

Figura 10.5 A entropia é uma função de estado, logo o valor de ΔS deve ser independente do caminho seguido pelos reagentes até os produtos. Quando trabalhamos com entropias molares padrão tabuladas, escolhemos implicitamente um caminho no qual os reagentes são convertidos em cristais perfeitos puros de elementos a 0K, seguido pela reação daqueles elementos para formar os produtos desejados. Obviamente tal caminho não é factível. Todavia, ele nos permite obter valores exatos das variações de entropia.

Como na Equação 9.12, designamos o coeficiente estequiométrico pela letra grega ν, e os índices inferiores i e j referem-se às espécies individuais do produto e do reagente. Na prática, essa equação é usada muito mais de modo similar à lei de Hess, como mostrado no Problema-modelo 10.1. Uma diferença sutil entre esta e a Equação 9.12 é que aqui usamos os valores de entropia *absoluta* ($S°$) em contraste às *variações* de entalpia para as reações de formação ($\Delta H_f°$).

PROBLEMA-MODELO ◂ 10.1

As reações de polimerização são um pouco complicadas porque envolvem números muito grandes de moléculas, mas podemos demonstrar as características gerais da termodinâmica de polimerização considerando um sistema de modelo muito menor. Em vez de considerar a formação do polietileno, por exemplo, podemos começar com a seguinte reação, na qual duas moléculas de etileno combinam-se com o hidrogênio para formar o butano:

$$2\ C_2H_4(g) + H_2(g) \rightarrow C_4H_{10}(g)$$

Use os dados da Tabela 10.1 para calcular o $\Delta S°$ para essa reação.

Estratégia Sempre que nos pedirem para calcular a variação de entropia padrão para uma reação, nossa primeira ideia deve ser a de procurar os valores para a entropia molar padrão e usá-los na Equação 10.3. Nesse processo, dois aspectos precisam ser avaliados atentamente: (1) observar o estado das substâncias (nesse caso, todas são gases) e (2) certificar-se de que os coeficientes estequiométricos foram incluídos nos cálculos. Diferentemente dos calores de formação, a entropia molar padrão de um elemento no seu estado padrão *não* é zero, portanto precisamos ter certeza de incluir tudo o que aparece na equação.

Solução

$$\begin{aligned}\Delta S^\circ &= 1\text{ mol } S^\circ[C_4H_{10}(g)] - 2\text{ mol } S^\circ[C_2H_4(g)] - 1\text{ mol } S^\circ[H_2(g)]\\ &= 1\text{ mol }(310{,}03\text{ J K}^{-1}\text{ mol}^{-1}) - 2\text{ mol }(219{,}5\text{ J K}^{-1})\\ &\quad - 1\text{ mol }(130{,}6\text{ J K}^{-1}\text{ mol}^{-1}) = -259{,}6\text{ J K}^{-1}\end{aligned}$$

Analise sua resposta Você provavelmente ainda não tem uma intuição da grandeza de uma variação de entropia, mas no mínimo pode pensar no sinal. Faz sentido essa reação ter um sinal negativo para a variação de entropia? A resposta é "sim", porque diminuímos a quantidade de gás presente como um resultado dessa reação. Três mols de reagentes gasosos são consumidos, e apenas um mol de produto gasoso é formado.

Discussão Essa reação pode ser espontânea? Sim, como acontece. A explicação localiza-se na variação da entropia nas vizinhanças. Uma vez que ela forma um número de ligações C—H e C—C fortes, essa reação é exotérmica. O calor liberado aumentará a entropia das vizinhanças. Esse fator deve ser o suficiente para compensar a diminuição na entropia do próprio sistema.

Verifique seu entendimento A acrilonitrila (C_3H_3N) é um monômero importante para a produção de muitas fibras acrílicas. Ela pode ser sintetizada a partir de propeno e amônia, de acordo com a seguinte reação:

$$2\ C_3H_6(g) + 2\ NH_3(g) + 3\ O_2(g) \rightarrow 2\ C_3H_3N(\ell) + 6\ H_2O(g)$$

Dado que o ΔS° para essa reação é –43,22 J mol^{-1}, use os dados da Tabela 10.1 para calcular a entropia molar padrão (S°) do $C_3H_6(g)$.

O Problema-modelo 10.1 mostra um dos perigos de tentar usar o ΔS para prever a espontaneidade. A necessidade de considerar *tanto* o sistema *quanto* as vizinhanças cria mais trabalho, o qual também permite tirar uma conclusão incorreta se esquecermos de incluir as vizinhanças. Como você pode imaginar, considerar as vizinhanças raramente é conveniente. Além do mais, por definição, o sistema é o aspecto no qual realmente estamos interessados! O ideal seria poder utilizar uma função de estado que fosse capaz de prever a espontaneidade com um único cálculo para o sistema. Felizmente, tal função de estado existe, portanto passaremos agora para a introdução do conceito de energia livre.

10.6 Energia livre de Gibbs

Em muitos aspectos, a termodinâmica é um dos exemplos mais poderosos da aplicação da matemática à ciência. Se você continuar na engenharia, existe uma boa chance de que eventualmente tenha um curso completo de termodinâmica, no qual desenvolverá uma perspectiva matemática muito mais rigorosa. Por ora, apenas introduziremos os frutos dos esforços matemáticos de um dos cientistas que inventaram a termodinâmica, J. Willard Gibbs, que, motivado pelo seu interesse em prever os processos espontâneos, definiu uma nova função de estado denominada **energia livre de Gibbs (*G*)**:

Uma função alternativa chamada energia livre de Helmholtz é útil para condições de volume constante. Essa é menos comum nas aplicações de engenharia, portanto não a consideraremos.

$$G = H - TS$$

Como *H*, *T* e *S* são, todas, funções de estado, segue-se que *G* também deve ser uma função de estado. E como Gibbs percebeu, a mudança nessa nova função de estado pode prever se um processo é ou não espontâneo em condições de pressão e temperatura constantes. Essa restrição não é tão exigente porque muitos processos de laboratório ocorrem nessas condições (ou próximo disso). Agora, se focarmos na variação na energia livre de Gibbs para um processo em temperatura constante, teremos o seguinte resultado:

$$\Delta G = \Delta H - T\Delta S \tag{10.4}$$

De um ponto de vista prático, essa poderia ser a equação mais importante neste capítulo.

Energia livre e variação espontânea

Como essa variação na energia livre está ligada à espontaneidade de um processo? Já estabelecemos que a entropia total do sistema mais as suas vizinhanças devem aumentar para um processo espontâneo. Podemos escrever a variação total de entropia como a seguir:

$$\Delta S_u = \Delta S_{sis} + \Delta S_{viz}$$

Em geral, nós nos referimos à variação de entropia no sistema simplesmente como ΔS, portanto abandonaremos o índice inferior "sis":

$$\Delta S_u = \Delta S + \Delta S_{viz}$$

A variação de entropia das vizinhanças é em razão do fluxo de calor, e, uma vez que T é constante, pode ser mostrado que ΔS_{viz} é exatamente q_{viz}/T, e $q_{viz} = -q_{sis}$. Para um processo em pressão constante, q_{sis} é ΔH. Combinando essas ideias, estabelecemos agora que

$$\Delta S_{viz} = -\frac{\Delta H}{T}$$

Podemos inserir isso na nossa equação anterior para ΔS_u:

$$\Delta S_u = \Delta S - \frac{\Delta H}{T}$$

Se multiplicarmos ambos os lados dessa equação por T, poderemos observar uma conexão com o ΔG:

$$T\Delta S_u = T\Delta S - \Delta H$$

Comparando essa equação com

$$\Delta G = \Delta H - T\Delta S$$

podemos ver que

$$\Delta G = -T\Delta S_u$$

Em todas essas equações, T é a temperatura absoluta, logo o seu valor é sempre positivo. Isso significa que a última equação garante que o sinal de ΔG sempre seja o oposto daquele para ΔS_u. Portanto, se ΔS_u é positivo – como deve ser para qualquer processo espontâneo – então ΔG deve ser negativo.

Todo esse processo explica por que os químicos consideram o ΔG uma grandeza termodinâmica tão útil. Ela é uma função de estado do sistema, logo pode ser calculada de forma razoavelmente fácil. O sinal de ΔG é suficiente para nos dizer se um processo será ou não espontâneo.

Podemos também usar a Equação 10.4 para formalizar nosso entendimento sobre o papel do ΔH e do ΔS na determinação da espontaneidade de uma reação. Já vimos que as reações exotérmicas, com $\Delta H < 0$, parecem ter preferência sobre as endotérmicas, e também que as reações nas quais o ΔS é positivo parecem ser as preferidas. A Equação 10.4 mostra que se o ΔH é negativo e o ΔS positivo, então o ΔG *sempre* será negativo. Entretanto, nem todo processo espontâneo se encaixa nesse padrão específico. A **Tabela 10.2** apresenta as quatro combinações possíveis de sinais para ΔH e ΔS. Se um processo é exotérmico, mas a entropia diminui, o sinal de ΔG depende da temperatura. À medida que T aumenta, a importância relativa do termo $-T\Delta S$ também aumenta, logo tal processo será espontâneo apenas em temperaturas mais baixas, nas quais o termo ΔH é dominante. Os processos que ocorrem espontaneamente apenas em temperaturas mais baixas são algumas vezes considerados como **dirigidos pela entalpia**, já que o termo de

Tabela ▪ 10.2 Efeitos da temperatura na espontaneidade

As quatro combinações possíveis para os sinais de ΔH e ΔS

Sinal de ΔH	Sinal de ΔS	Implicações para a espontaneidade
−	+	Espontâneo em todas as temperaturas
+	−	Nunca é espontâneo
−	−	Espontâneo apenas a temperaturas baixas
+	+	Espontâneo apenas a temperaturas altas

A palavra "dirigido" é usada aqui para implicar que o termo entropia ou o termo entalpia são dominantes na determinação do sinal de ΔG. Não existe força por causa da entalpia ou da entropia responsável por dirigir as variações espontâneas.

entalpia é responsável pelo valor negativo de ΔG. ◂ Para os processos endotérmicos, se a entropia do sistema diminuir, o sinal de ΔG será sempre positivo, e o processo nunca será espontâneo. No entanto, um processo endotérmico que aumenta a entropia pode ser espontâneo a altas temperaturas, em que o termo $-T\Delta S$ se torna maior que o termo ΔH da Equação 10.4. Diz-se que esses processos são **dirigidos pela entropia**. O raciocínio associado à Tabela 10.2 pode ser utilizado para entender a natureza das mudanças de fases, como demonstra o Problema-modelo 10.2.

PROBLEMA-MODELO ◂ 10.2

Use os sinais de ΔH e ΔS para explicar por que o gelo se funde espontaneamente na temperatura ambiente, mas não do lado de fora em um dia muito frio de inverno.

Estratégia Este problema recorre ao mesmo tipo de raciocínio usado para construir a Tabela 10.2. Devemos determinar se o processo é endotérmico ou exotérmico e se ele aumenta ou diminui a entropia do sistema. Então, por meio dos sinais do ΔH e do ΔS em conjunção com a Equação 10.4, podemos tentar explicar o comportamento descrito.

Solução A fusão é um processo endotérmico ($\Delta H > 0$) porque devemos aquecer o sistema para realizar a mudança. Ela também é um processo que aumenta a entropia porque as moléculas anteriormente mantidas no lugar em um sólido têm liberdade de movimento maior em um líquido e estão consequentemente menos ordenadas. Portanto, tanto o ΔH quanto o ΔS têm valores positivos, e o ΔG será negativo a temperaturas altas, em que o termo $T\Delta S$ é maior. Portanto, a fusão tende a ocorrer em temperaturas mais altas. No mínimo para a água, sabemos que a temperatura ambiente é suficiente para produzir a fusão espontânea. A temperaturas mais baixas, o termo de ΔH é mais importante, então, em um dia muito frio, o sinal de ΔG é positivo. A fusão não é espontânea e consequentemente não é observada. No ponto de congelamento, o ΔG é igual a zero, e o gelo e a água podem coexistir em quaisquer proporções.

Discussão O resultado de que o gelo se funde se ele está morno, mas não está frio, é intuitivamente óbvio. Só que esse problema enfatiza a importância de obter um entendimento qualitativo das variações de entropia.

Verifique seu entendimento Em quais temperaturas você esperaria um gás condensar? Explique por que a variação de energia livre é negativa para esse processo nessas temperaturas.

Se os valores reais de ΔH e ΔS são conhecidos, então o mesmo tipo de argumento usado no Problema-modelo 10.2 também pode ser estendido para obter informação quantitativa, como mostrado no Problema-modelo 10.3.

PROBLEMA-MODELO ◂ 10.3

O calor de fusão do polietileno cristalino é aproximadamente de 7,7 kJ mol^{-1}, e a variação de entropia correspondente para a fusão é de 19 J mol^{-1} K^{-1}. Use esses dados para estimar o ponto de fusão do polietileno.

Estratégia Uma vez que tanto o ΔH quanto o ΔS são positivos, sabemos que ΔG deve ser positivo em temperaturas baixas e negativo em temperaturas mais altas. O ponto de fusão marca a linha divisória entre temperaturas "baixas" e "altas". Portanto, no próprio ponto de fusão, o ΔG deve ser igual a zero. Podemos, então, começar com a Equação 10.4 e estabelecer $\Delta G = 0$, o que deixa T como a única incógnita, logo podemos resolver para achar o ponto de fusão desejado.

Solução Começamos com a Equação 10.4 e estabelecemos $\Delta G = 0$. (A inclusão de um índice inferior "f" na temperatura ajudará a nos lembrar de que essa equação só é válida na temperatura de fusão.)

$$\Delta G = \Delta H - T_f \Delta S = 0$$

Rearranjando isso, obtemos

$$\Delta H = T_f \Delta S$$

Como ΔH e ΔS já são conhecidos, a resolução para achar T_f é simples. (Precisamos ter cuidado no manuseio das unidades, uma vez que o ΔH esteja em kJ e o ΔS em J.)

$$T_f = \frac{\Delta H}{\Delta S} = \frac{7.700 \text{ J mol}^{-1}}{19 \text{ J mol}^{-1} \text{ K}^{-1}} = 410\text{K}$$

Analise sua resposta O resultado parece razoável: 410K é 140°C, ou 280°F, que é um ponto de fusão plausível para um plástico. Observe que, se tivéssemos sido descuidados com as unidades e não convertêssemos o ΔH de kJ mol^{-1} em J mol^{-1}, teríamos obtido uma resposta de 0,4K. Uma temperatura extremamente baixa teria nos induzido a erro.

Discussão Em nosso cálculo, supomos que o ΔH e o ΔS não variam com a temperatura. Isso normalmente é uma suposição razoável, mas não estritamente verdadeira. Portanto, o valor que encontramos pode ser considerado como uma estimativa do ponto de fusão real. Você deve se lembrar das nossas discussões sobre polímeros de que suas moléculas geralmente não têm o mesmo comprimento de cadeia. Assim, existe um pouco de dificuldade em especificar as grandezas por mol. Os valores usados aqui foram na realidade medidos por mol de unidade monomérica.

Verifique seu entendimento O poli(tetrafluoretileno) funde-se a aproximadamente 327°C. Se o calor de fusão é $\Delta H_{fus} = 5{,}28$ kJ mol^{-1}, qual é a variação da entropia molar da fusão (ΔS_{fus})?

Energia livre e trabalho

Você deve estar curioso sobre o título neste momento. Por que ela é denominada *energia livre*? Pode-se demonstrar que a variação na energia livre de Gibbs é igual ao trabalho útil máximo que pode ser realizado pelo sistema

$$\Delta G = -w_{\text{máx}} \tag{10.5}$$

Devemos incluir um sinal de menos nessa expressão para ser consistente com a convenção de que w é o trabalho realizado *no sistema*. Essa relação sugere que ΔG diz quanta energia está "livre" ou disponível para fazer alguma coisa útil. Para um engenheiro interessado em fazer uso prático de uma reação química, as implicações devem estar claras.

Tenha sempre em mente que trabalho não é uma função de estado. Logo, o trabalho máximo será realizado apenas se conduzirmos o processo por um caminho específico. Nesse caso, a exigência é que a variação seja realizada ao longo de um caminho **reversível**, o que significa que o sistema está próximo do equilíbrio, e uma pequena variação com incremento em uma variável trará o sistema de volta ao seu estado inicial. O trabalho máximo é possível apenas para processos reversíveis. Os sistemas que estão longe do equilíbrio normalmente sofrem mudanças irreversíveis. Em uma mudança **irreversível**, uma pequena variação com incremento de qualquer variável não restaura o estado inicial. A quantidade de trabalho disponível em uma mudança reversível é sempre menor que o trabalho máximo. ▸ Desse modo, embora a variação da energia livre possa ser usada para estabelecer um limite superior para a quantidade de trabalho obtida de um processo, o trabalho real produzido em qualquer aplicação real pode ser consideravelmente menor. Misturas de reagentes, como aquelas para as reações de

Os cálculos para as variações irreversíveis são desafiadores e não tentaremos nenhum desses exercícios.

combustão, em geral estão muito longe do equilíbrio. Os sistemas que estão distantes do equilíbrio frequentemente mudam de maneira muito rápida, e as variações rápidas tendem a ser irreversíveis.

Para usar quantitativamente esses conceitos de energia livre, ainda precisamos de um método simples para obter valores acurados das variações de energia livre.

10.7 Energia livre e reações químicas

A energia livre é uma função de estado, então o valor da energia livre de um sistema depende de variáveis específicas, por exemplo, concentração e pressão. Como sempre, para fornecer comparação consistente, definimos um estado padrão como uma atmosfera de pressão e concentrações de soluções de 1 mol L^{-1}. A variação da energia livre nessas condições é a **variação da energia livre de Gibbs padrão ($\Delta G°$)**. Apesar de ser plausível calcular esse valor a partir de $\Delta H°$ e $S°$ a determinada temperatura usando a Equação 10.4, a maneira mais conveniente para calcular a variação na energia livre para muitas reações é usar uma formulação análoga à lei de Hess para as variações de entalpia: ◂

A lei de Hess relacionando as variações de entalpia aos calores de formação foi determinada na Equação 9.12.

$$\Delta G° = \sum_i \nu_i \Delta G_f°(\text{produto})_i - \sum_j \nu_j \Delta G_f°(\text{reagente})_j \qquad (10.6)$$

De novo, na Equação 10.6, usamos o conceito da reação de formação do Capítulo 9. Os valores tabulados das energias livres de formação para algumas substâncias estão na **Tabela 10.3**, e uma lista mais extensiva aparece no Apêndice E. Observe que o $\Delta G_f°$ é zero para os elementos nos seus estados padrão pela mesma razão que seus calores de formação são zero. Uma vez que a reação de formação usa elementos em seus estados padrão para definir os reagentes, uma reação de formação de um elemento teria as mesmas espécies químicas tanto como reagentes quanto como produtos, e esse processo claramente não teria variação em nenhuma função de estado termodinâmica. Podemos usar a Equação 10.6 para calcular as variações de energia livre padrão, como demonstra o Problema-modelo 10.4.

Tabela ▪ 10.3 Mudanças de energia livres de formação

Valores da variação de energia livre de formação, $\Delta G_f°$, para compostos selecionados. Uma lista muito maior aparece no Apêndice E.

Composto	$\Delta G_f°$ (kJ mol^{-1})	Composto	$\Delta G_f°$ (kJ mol^{-1})
$H_2(g)$	0	$CO_2(g)$	–394,4
$O_2(g)$	0	$C_4H_{10}(g)$	–15,71
$H_2O(\ell)$	–237,2	$CH_4(g)$	–50,75
$H_2O(g)$	–228,6	$C_2H_4(g)$	68,12
$NH_3(g)$	–16,5	$C_3H_6(g)$	62,75

PROBLEMA-MODELO ◂ 10.4

No Problema-modelo 10.1, consideramos uma reação de adição envolvendo duas moléculas de etileno e descobrimos que a variação de entropia era negativa. Sugerimos naquele momento que essa reação mesmo assim seria espontânea porque ela é fortemente exotérmica. Confirme isso pelo cálculo da variação de energia livre padrão para a mesma reação usando valores da Tabela 10.3.

$$2\,C_2H_4(g) + H_2(g) \rightarrow C_4H_{10}(g)$$

Estratégia Qualquer problema que exija o cálculo de uma função de estado usando valores de uma tabela geralmente significa que estaremos utilizando uma formulação semelhante à Equação 10.6. Energia livre é a terceira função de estado encontrada que pode ser tratada dessa maneira. Se formos cuidadosos em observar os estados das moléculas presentes e os coeficientes estequiométricos, esse tipo de problema pode ser resolvido rapidamente.

Solução

$$\Delta G° \text{ 1 mol} = \Delta G_f°[C_4H_{10}(g)] - 2 \text{ mol } \Delta G_f°[C_2H_4(g)] - \Delta G_f°[H_2(g)]$$

$$= 1 \text{ mol } (-15{,}71 \text{ kJ mol}^{-1}) - 2 \text{ mol } (68{,}12 \text{ kJ mol}^{-1}) - 1 \text{ mol } (0) = -151{,}95 \text{ kJ}$$

Analise sua resposta Esse valor é negativo, o que indica que essa reação seria espontânea em condições padrão, como havíamos apontado. Muitas reações têm variações de energia livre na ordem de 10^2 kJ mol^{-1}, logo nosso resultado parece plausível.

Discussão Entretanto, vale a pena apontar que isso *não* significa que a reação ocorrerá prontamente se misturarmos os reagentes. O simples fato de uma reação ter um valor negativo para $\Delta G°$ não significa que observaremos uma conversão espontânea. Em alguns casos, a velocidade da reação é tão lenta que, apesar da indicação termodinâmica de espontaneidade, ela não é observada. A termodinâmica não nos diz quão rapidamente um processo espontâneo ocorrerá.

Verifique seu entendimento Para a reação apresentada a seguir, $\Delta G° = -1.092{,}3$ kJ. Descubra o $\Delta G_f°$ para a acrilonitrila líquida (C_3H_3N).

$$2\ C_3H_6(g) + 2\ NH_3(g) + 3\ O_2(g) \rightarrow 2\ C_3H_3N(\ell) + 6\ H_2O(g)$$

Implicações de $\Delta G°$ para uma reação

POR DENTRO DE Agora que temos um método para calcular a variação de energia livre padrão, o que esse valor nos diz? Uma resposta é que a variação de energia livre informa o trabalho útil máximo que pode ser obtido de uma reação, mas a variação de energia livre tem também implicações muito importantes para muitas reações químicas que podem ser forçadas a ir em qualquer direção. Neste capítulo, consideramos a despolimerização térmica (ou termólise) do PMMA como uma possível alternativa para a reciclagem mecânica. Agora, podemos usar as variações de energia livre para explorar essa ideia quantitativamente. A polimerização do metacrilato de metila tem $\Delta H° = -56$ kJ e $\Delta S° = -117$ JK^{-1}. Podemos usar esses valores na Equação 10.4 para encontrar $\Delta G° = -21$ kJ. (Usamos a temperatura padrão de 298K, que nos fornece a variação de energia livre padrão.) O valor negativo nos diz que a formação do polímero é espontânea a 298K. Isso significa que a reação inversa, na qual o PMMA é quebrado em monômeros, não pode ser espontânea nessa temperatura. Uma vez que a despolimerização equivale a realizar a reação de polimerização de trás para a frente, podemos concluir que ela tem um $\Delta G° = +21$ kJ.

Polimerização: monômero de metacrilato de metila → polímero PMMA

$$\Delta G° = -21 \text{ kJ}$$

Despolimerização: polímero PMMA → monômero de metacrilato de metila

$$\Delta G° = +21 \text{ kJ}$$

O fato de os valores numéricos dessas variações de energia livre serem relativamente pequenos alude a um deslocamento reduzido na temperatura que pode inverter os sinais, tornando a despolimerização o processo termodinamicamente preferido. Podemos também quantificar essa ideia. Com o mesmo tipo de cálculo utilizado no Problema-modelo 10.3, podemos encontrar a temperatura na qual $\Delta G°$ será igual a zero:

$$T = \frac{\Delta H}{\Delta S} = \frac{-56 \text{ kJ}}{-0{,}117 \text{ kJ K}^{-1}} = 480\text{K}$$

Acima dessa temperatura, a entropia vence a entalpia, e a reação será dirigida de trás para a frente, no sentido do monômero. O fato de esse limiar de temperatura ser razoavelmente baixo é importante para considerar a despolimerização uma estratégia de reciclagem viável para o PMMA. Muitas reações de polimerização têm valores de $\Delta S°$ em torno de -100 JK^{-1}, mas muitas são mais fortemente exotérmicas que aquela para o PMMA. Examinando a equação anterior, pode-se observar que isso leva a uma exigência de temperatura mais alta para a despolimerização. Assim, a termólise é menos plausível por duas razões. Primeiro, a necessidade de temperaturas mais altas implica custo mais alto. Segundo, as temperaturas mais altas aumentam a possibilidade de que reações químicas adicionais, como a quebra dos monômeros em outros compostos, possam competir com a termólise.

POR DENTRO DE

10.8 O sistema econômico da reciclagem

De acordo com dados de grupos associados à indústria de recipientes, cerca de quase 57% de todas as latas de alumínio para bebidas vendidas nos Estados Unidos em 2015 foram recicladas. Mas no mesmo ano apenas aproximadamente 31% das garrafas PET foram recicladas. ◂ Parece justo supor que os consumidores estão mais inclinados a reciclar latas de alumínio do que garrafas de plástico. Há uma razão para a diferença entre esses dois números: a economia. O negócio de reciclagem nada mais é que vender lixo. E como é possível imaginar, vender lixo pode ser um negócio difícil. Nesta seção, abordaremos alguns fatores que tornam a reciclagem do alumínio mais atrativa que a reciclagem do plástico.

As taxas de reciclagem variam significativamente de um local para outro e são mais altas nos estados com leis de descarte de lixo. Os números citados aqui são médias nacionais.

De início, trataremos da reciclagem do alumínio que atualmente responde por quase todas as latas de bebidas vendidas nos Estados Unidos. A química do alumínio torna esse elemento um excelente alvo para a reciclagem. O alumínio reage rapidamente como o oxigênio, formando ligações químicas fortes que não são facilmente quebradas. Extrair alumínio de minérios requer temperaturas muito altas e, consequentemente, há muito consumo de energia. No entanto, quando as latas de alumínio são recicladas, a pintura e outros revestimentos usados podem ser removidos facilmente, permitindo que o alumínio seja fundido de novo e reprocessado em uma nova lata. ◂ As estimativas industriais atuais apontam que a fabricação de quatro latas novas de alumínio reciclado utiliza a mesma quantidade de energia destinada à produção de uma lata do minério de alumínio bruto, o que fornece incentivos econômicos significativos a todo o processo. Para começar, a economia de custo significa que a indústria de bebidas tem forte motivação para encorajar a reciclagem e buscar alumínio reciclado para produzir novas latas. Isso, por sua vez, demonstra que as comunidades e as companhias privadas no negócio de reciclagem têm à sua disposição um bom mercado para qualquer lata de alumínio recolhida. Essa é uma preocupação importante porque sempre existirão custos na coleta de recicláveis. Também há outros fatores positivos na equação da reciclagem para o alumínio. Como praticamente todas as latas de bebida em uso são feitas de alumínio, significa que não existe necessidade de separar as latas coletadas em tipos diferentes. Já que as latas de alumínio podem ser facilmente amassadas, o material coletado pode ser comprimido de modo que o armazenamento e o transporte sejam mais fáceis e menos caros. No final, o alumínio é um candidato perfeito para a reciclagem.

O papel-alumínio feito totalmente de alumínio reciclado foi também introduzido recentemente.

Agora, vamos contrastar isso com a reciclagem de plástico. Podemos começar considerando os custos de produção de polímeros virgens, já que isso definirá o padrão contra o qual o preço do plástico reciclado será medido. Os estoques de alimentação para praticamente todas as reações de polimerização comerciais têm sua raiz no petróleo. Portanto, o custo das matérias-primas para sintetizar a maioria dos plásticos está ligado ao preço do petróleo. O petróleo é uma mistura complexa de compostos, e nosso entendimento de entropia deve tornar claro que tal mistura é improvável de se separar espontaneamente em seus vários componentes. Diversos métodos de separação e purificação são usados para obter as moléculas de monômero necessárias. Muitos desses esquemas envolvem o craqueamento e a destilação, que exigem aquecer o petróleo cru até que os vários componentes entrem em ebulição e possam ser recuperados da fase de vapor. Essa necessidade significa que existe também um custo de energia para produzir os estoques de alimentação para a polimerização. Como há um suprimento do monômero apropriado (e quaisquer outros reagentes que possam ser necessários), teremos de pagar para transportá-lo para a fábrica onde o polímero será produzido. Esse custo poderá ser minimizado, obviamente, se a fábrica onde o polímero será feito estiver localizada perto de uma refinaria na qual o petróleo é processado.

Muitas reações de polimerização são espontâneas em condições ordinárias, mas, como aprendemos, isso não significa necessariamente que essas reações sejam rápidas. Se o nosso negócio for produzir plásticos, não ficaremos satisfeitos se a produção de polímero exigir dias ou até anos. Entretanto, muitas reações ocorrem mais rapidamente quando aquecidas, como veremos quando examinarmos cinética química no Capítulo 11. Portanto, provavelmente vamos querer realizar nossa polimerização em temperaturas mais altas, o que acrescentará mais custo de energia à conta para a produção de nosso polímero.

Como isso será assimilado ao custo de reciclar plásticos? Exatamente como para as latas de alumínio, existirão alguns custos para coletar as garrafas a serem recicladas. No entanto, o fato de as garrafas de plásticos serem feitas de uma enorme gama de polímeros complica um pouco mais. Geralmente, os vários tipos de polímeros devem ser separados antes que possam ser processados. Os consumidores podem ser estimulados a fazer parte dessa separação com base nos códigos de reciclagem normalmente encontrados nas garrafas (veja a **Tabela 10.4**). Só que as diferentes

Tabela ▪ 10.4 Informações sobre reciclagem de plásticos

Símbolos, estruturas, fontes e usos para vários plásticos reciclados

Símbolo	Polímero	Unidade que se repete	Fontes	Produtos reciclados
1 PETE	Tereftalato de polietileno	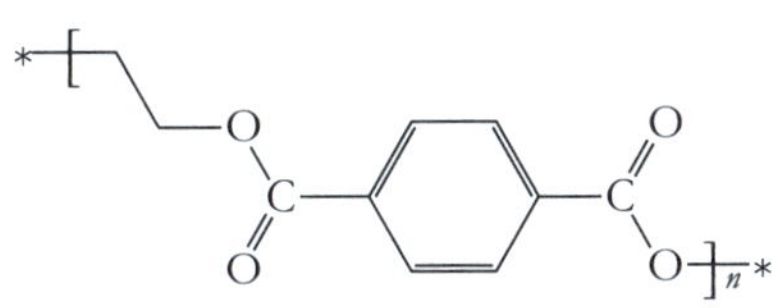	Garrafas de refrigerantes, potes de manteiga de amendoim, garrafas de óleo vegetal	Fibras, sacolas de compras não descartáveis, roupas, películas e lâminas, potes para alimento e bebida, tapete, roupas de lã
2 HDPE	Polietileno de alta densidade	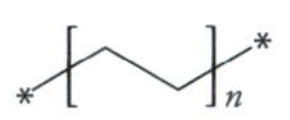	Jarros de leite e água, garrafas de sucos e alvejantes	Garrafas para detergentes de lavanderia, xampu, óleo de motor; cano, baldes, engradados, potes de flores, utensílios de jardim, películas e lâminas, lixo para reciclagem, bancadas, casas de cachorro, compensado de plástico
3 PVC	Cloreto de polivinila	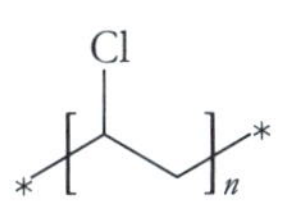	Garrafas de detergentes e purificadores, canos	Pacotes, capas de fichários, pisos de piscinas, painéis, canaletas, cerâmica de piso e capachos, pavimento elástico, caixas de luz, cabos, cones de trânsito, mangueira de jardim
4 PEBD	Polietileno de baixa densidade	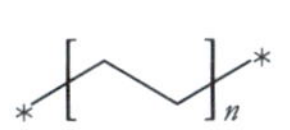	Embalagens de plástico para garrafas e latas, sacolas de pão, sacos de sanduíche	Envelopes, sacos de lixo, cerâmica de piso, móveis, películas e lâminas, potes de adubo, painéis, potes de lixo, "madeira" de exteriores, compensado
5 PP	Polipropileno	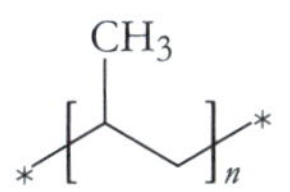	Tubos de margarina, canudos, tampas de rosca	Caixas de baterias automotivas, sinais luminosos, cabos de bateria, vassouras, escovas, removedores de gelo, funis de óleo, suporte para bicicleta, rodos, potes, paletas, forro de plástico, bandejas
6 PS	Poliestireno	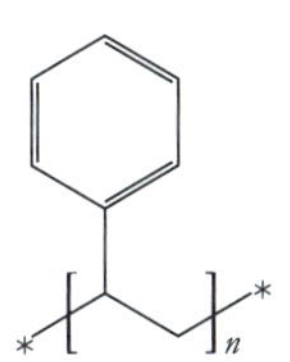	Styrofoam, pacotes de amendoim, cartelas de ovos, copos de isopor	Termômetros, espelhos para tomadas, isolamento térmico, cartelas de ovos, respiradouros, bandejas de mesa, réguas, estrutura para placa de carro, empacotamento com isopor, placas de espuma, xícaras, utensílios
7 Outro	Miscelânea e plásticos de multicamadas	N/D	Potes de *ketchup* e garrafas de mel	Garrafas, compensado de plástico

cores do mesmo tipo de plástico podem ser incompatíveis, resultando, inevitavelmente, em alguma mistura de tipos de garrafa nos lixos de coleta. Assim, o reciclador deverá classificar os materiais antes que eles possam ser vendidos, o que, na maioria das vezes, é feito à mão, embora flutuação e separação baseadas na densidade sejam possíveis. Independentemente do método, essa separação acrescenta custo ao esforço global da reciclagem. Uma vez separadas as garrafas de um tipo específico, elas estão prontas para serem processadas, o que normalmente incluiria esmagar, lavar e fundir o plástico antes de transformá-lo em grânulos a serem revendidos. De novo, cada uma dessas etapas acrescenta algum custo.

Ao mesmo tempo que consumidores jogam fora uma garrafa em um lixo de reciclagem e têm a sensação de "fazer uma boa ação", uma companhia interessada em comprar grânulos de plásticos reciclados pode estar mais preocupada com os custos. Para os grânulos reciclados serem atrativos, eles terão de ter preços competitivos com o polímero virgem. E aqui as coisas não são tão favoráveis quanto para o alumínio. A produção da maioria dos plásticos a partir da matéria-prima é, em geral, menos cara que o processamento do alumínio a partir do minério. Portanto, economicamente, o padrão no qual o plástico reciclado será mantido é mais exigente. Existe também uma importante diferença na habilidade da reciclagem para produzir materiais de alta qualidade. A partir do momento em que o alumínio foi recuperado de uma lata reciclada e fundido, ele é indistinguível de um alumínio "novo" recentemente extraído do minério. No entanto, para os plásticos, o processo de reciclagem provoca a degradação do polímero, o que é realmente apenas um efeito da segunda lei: a entropia de uma molécula polimérica geralmente aumentará se a cadeia longa for quebrada em pedaços mais curtos. Os comprimentos da cadeia nos plásticos reciclados invariavelmente são mais curtos que nos materiais virgens, e isso pode apontar preocupações quanto à possibilidade de o material reciclado oferecer resistência suficiente para satisfazer às exigências de projeto. ◂ No balanço, então, muitos negociantes descobrem que é menos oneroso usar plásticos virgens que polímeros reciclados.

Lembre-se de que amostras normais contêm uma faixa de comprimentos de cadeia polimérica. A degradação associada com a reciclagem desloca essa distribuição na direção de cadeias mais curtas.

As decisões nos negócios são dirigidas pela economia, então variações nos custos associados com a produção de plástico novo ou plástico velho reciclado poderiam deslocar esse balanço. Um fator que poderia alterar o sistema econômico da reciclagem de plásticos seria mudanças na política pública para forçar as indústrias a considerar os custos ambientais nos modelos econômicos. Estudos recentes sugerem que apenas metade do plástico produzido a cada ano foi reciclada ou enterrada em aterros. Até 150 milhões de toneladas de plástico por ano não respondem a isso. A maioria dos plásticos acaba nos oceanos, onde os efeitos no ecossistema marinho podem ser significativos e danosos. As correntes oceânicas formam grandes círculos ou fluxos semelhantes a redemoinhos por muitos quilômetros. Esses círculos tendem a concentrar os plásticos que entram no oceano em regiões relativamente pequenas, como mostrado na **Figura 10.6**. Sob as batidas mecânicas das ondas oceânicas, os plásticos normalmente se quebram em partículas muito pequenas, com tamanhos na ordem de alguns mícrons. Pequenos animais marinhos confundem esses pequenos pedaços de plásticos com plânctons e os comem. Assim que o plástico é consumido, ele acha seu caminho na cadeia alimentar na direção de animais maiores. O acúmulo resultante de substâncias químicas nos animais afetados pode ser substancial. Descobriu-se que os pássaros marinhos que ingerem lixo plástico, por exemplo, têm concentrações de bifenilas policloradas, ou PCB, no organismo três vezes mais altas que os pássaros que não comeram plástico.

Já que os oceanos e os ecossistemas marinhos que eles suportam são recursos globais compartilhados, os tópicos ambientais relacionados a eles levam a discussões internacionais. Tais discussões são frequentemente consumidoras de tempo, e é mais fácil que a ação possa ocorrer dentro de um único país. Entretanto, é completamente concebível que o sistema econômico em longo prazo da produção e da reciclagem de plásticos incluirá diretrizes normativas internacionais. Os engenheiros e cientistas serão chamados para ajudar a limitar os danos resultantes dos plásticos que entram nos oceanos e as considerações econômicas da reciclagem de plásticos podem tornar-se mais alinhadas com os argumentos ambientais que frequentemente vêm à mente quando os programas de reciclagem são propostos.

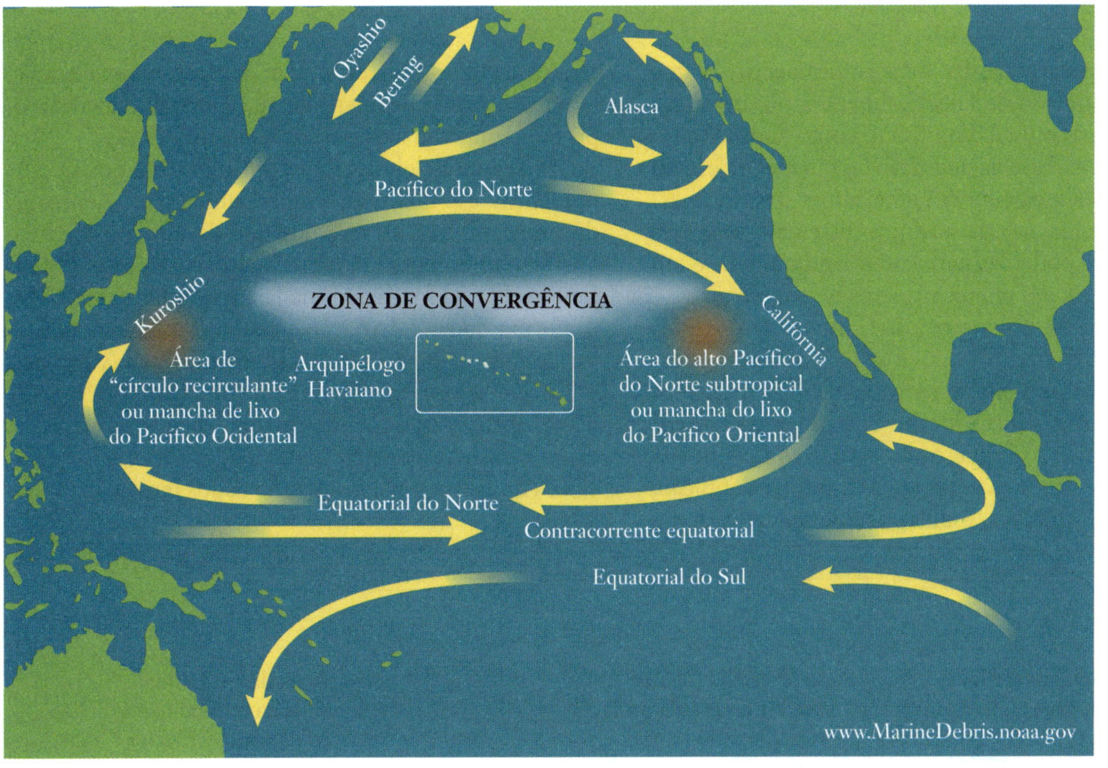

Figura 10.6 Esta ilustração mostra uma versão simplificada das correntes no oceano Pacífico. As áreas mostradas na cor branca são chamadas "manchas de lixo" por causa das grandes quantidades de entulhos que tendem a se acumular lá. ▸ O tamanho real e a localização dessas manchas variam com a estação e com os padrões climáticos globais.

Manchas de lixo similares foram observadas recentemente nos Grandes Lagos.

ENFOQUE NA RESOLUÇÃO DE PROBLEMAS

Questão Suponha que você precise saber o ponto de fusão de um óleo para um projeto de pacote de alimento que possa ser usado no micro-ondas. Você não tem nenhuma amostra do óleo, logo não pode medir o ponto de fusão. No entanto, é possível encontrar dados termodinâmicos tabulados para o óleo tanto na fase sólida quanto na líquida. Quais valores específicos você precisaria procurar na tabela e como eles seriam utilizados para a determinação do ponto de fusão do óleo?

Estratégia Essa questão faz pensarmos sobre como uma mudança de fases é descrita termodinamicamente e como podemos usar os dados tabulados com as equações para obter o ponto de fusão. Será útil se você pensar na fusão do óleo como uma reação simples:

$$\text{Óleo } (s) \rightarrow \text{Óleo } (\ell)$$

Resposta Do Problema-modelo 10.3, sabemos que o ponto de fusão é determinado pela razão $\Delta H/\Delta S$. Se temos os dados tanto para a forma sólida quanto para a líquida do óleo, podemos determinar a entalpia de fusão (ΔH_{fus}) subtraindo o calor de formação do sólido daquele do líquido. De maneira similar, podemos obter a variação de entropia para a fusão (ΔS_{fus}) subtraindo a entropia absoluta do sólido daquela do líquido. Tomando a razão entre esses dois números, teremos a temperatura de fusão.

Resumo

A termodinâmica pode dar mais informações do que apenas a quantidade de energia liberada ou absorvida em um processo químico ou físico, como abordado no Capítulo 9. Com base na definição de funções de estado adicionais, podemos também determinar o sentido espontâneo de mudança de qualquer sistema – uma ferramenta muito poderosa para entender a química e um fator importante em muitos projetos de engenharia.

Para prever a espontaneidade, introduzimos dois novos conceitos e funções de estado: entropia e energia livre. Podemos definir a entropia de duas maneiras: como a razão entre o fluxo de calor e a temperatura ou como uma medida do número de formas como um sistema pode ter a mesma energia. Essa última definição, por propósitos práticos, é uma medida da extensão da aleatoriedade do sistema. Um sistema mais aleatório terá mais formas de distribuir sua energia, logo a entropia aumenta com a extensão da aleatoriedade.

A segunda lei da termodinâmica mostra que as mudanças espontâneas sempre aumentam a entropia do universo, mas os cálculos que devem considerar o universo raramente são práticos. Logo, definimos outra função de estado, denominada energia livre de Gibbs, de forma que sua variação prevê a espontaneidade. A variação na energia livre de Gibbs, dada por $\Delta G = \Delta H - T\Delta S$, é sempre negativa para um processo espontâneo. Tanto as variações de entropia quanto as variações de energia livre podem ser calculadas para muitos processos químicos e físicos usando dados termodinâmicos tabulados.

Termos-chave

dirigidos pela entalpia (10.6)
dirigidos pela entropia (10.6)
energia livre de Gibbs (*G*) (10.6)
entropia (*S*) (10.3)
entropia molar padrão ($S°$) (10.5)
irreversível (10.6)
mecânica estatística (10.3)
microestado (10.3)
processo espontâneo (10.2)
reversível (10.6)
segunda lei da termodinâmica (10.4)
terceira lei da termodinâmica (10.5)
variação da energia livre de Gibbs padrão ($\Delta G°$) (10.7)

Problemas e exercícios

POR DENTRO DE Reciclagem de plásticos

10.1 "Reduzir, reutilizar e reciclar" é uma propaganda comum entre os ambientalistas, e a ordem das três palavras indica seus benefícios relativos observados. Por que a reciclagem é a menos desejável dessas três abordagens para reduzir o desperdício?

10.2 A reciclagem de muitos plásticos é basicamente um processo químico ou físico? Justifique a sua resposta.

10.3 Liste alguns produtos de consumo fabricados de PET reciclado.

10.4 Por que o PET reciclado é raramente usado para fabricar novas garrafas de refrigerante?

10.5 Use a internet para obter informações sobre uma empresa especializada na reciclagem de plásticos. Verifique se a empresa enfatiza preocupações ambientais, científicas ou econômicas. Escreva um breve ensaio sobre as posturas adotadas por essa empresa e explique como elas se encaixam com as ideias expressas neste capítulo.

10.6 Use a internet para obter informações sobre a quantidade de plástico reciclado em sua cidade por ano. Como esse valor mudou durante a última década?

Espontaneidade

10.7 Com base na sua experiência, preveja quais das seguintes reações são espontâneas.

(a) $CO_2(s) \rightarrow CO_2(g)$ a 25°C
(b) $NaCl(s) \rightarrow NaCl(\ell)$ a 25°C
(c) $2\ NaCl(s) \rightarrow 2\ Na(s) + Cl_2(g)$
(d) $CO_2(g) \rightarrow C(s) + O_2(g)$

10.8 Na definição termodinâmica de um processo espontâneo, por que é importante que a frase "intervenção contínua" seja usada, em vez de apenas "intervenção"?

10.9 Se a combustão do butano é espontânea, como você pode carregar com segurança um isqueiro de butano no seu bolso ou em sua bolsa?

10.10 Identifique cada um dos processos listados como espontâneo ou não espontâneo. Para cada processo não espontâneo, descreva o processo espontâneo correspondente no "sentido oposto".

(a) Um grupo de líderes de torcida constrói uma pirâmide humana.
(b) O sal de cozinha dissolve-se na água.
(c) Uma xícara de café frio em um quarto torna-se bastante quente.
(d) As moléculas de água no ar são convertidas em gases hidrogênio e oxigênio.
(e) Uma pessoa descasca uma laranja, e você sente o cheiro dela do outro lado da sala.

10.11 Identifique cada um dos processos listados como espontâneo ou não espontâneo. Para cada processo não espontâneo, descreva o processo espontâneo correspondente no "sentido oposto".

(a) As moléculas de oxigênio dissociam-se para formar átomos de oxigênio.
(b) Uma bandeja de água é colocada ao sol em um dia quente e congela-se.
(c) Uma solução de água salgada forma uma camada de ácido no topo de uma camada de base.
(d) Nitrato de prata é adicionado a uma solução de cloreto de sódio e forma um precipitado.
(e) O ácido sulfúrico deixado em um béquer transforma-se em água, desprendendo SO_3 gasoso.

10.12 Treinadores de atletas usam "pacotes de gelo instantâneo" que podem ser resfriados rapidamente quando necessário. Quando se aperta o pacote, quebra-se um recipiente interno, o que permite que os dois componentes se misturem e reajam. Essa reação faz com que o pacote torne-se frio. Escreva o fluxo de calor para esse processo espontâneo.

10.13 Alguns dos seguintes processos exotérmicos são não espontâneos em quaisquer circunstâncias?
(a) Forma-se neve da água líquida.
(b) A água líquida condensa-se em vapor d'água.
(c) Os combustíveis fósseis queimam-se para formar dióxido de carbono e água.
(d) Os monômeros reagem para formar polímeros.

10.14 As variações de entalpia frequentemente ajudam a prever se um processo será ou não espontâneo. Que tipo de reação é mais provável de ser espontâneo: um processo exotérmico ou um endotérmico? Forneça dois exemplos que apoiam sua afirmação e um contraexemplo.

10.15 Quando um combustível fóssil se queima, este é o sistema? Justifique sua resposta.

10.16 Segundo a lei de Murphy, se alguma coisa tiver que dar errado, isso certamente ocorrerá. Em um artigo do *Journal of Chemical Education*, Frank Lambert escreveu: "A lei de Murphy é uma fraude. [...] A segunda lei da termodinâmica é a seta do tempo, mas a cinética química é o seu relógio". Leia o artigo de Lambert (*J. Chem. Ed.*, v. 74, n. 8, p. 947, 1997) e escreva um ensaio explicando, no contexto da última citação, por que ele alega que a lei de Murphy é uma fraude. (Para mais visões singulares do professor Lambert sobre termodinâmica, consulte: http://www.secondlaw.com/.)[1]

Entropia

10.17 Qual observação sobre o motor de Carnot levou este a propor a existência de uma nova função de estado?

10.18 Alguns jogos incluem dados com mais de seis faces. Se você jogar dois dados de oito faces, com faces numeradas de um a oito, qual é a probabilidade de obter dois oitos? Qual é o registro mais provável?

10.19 Como a probabilidade se relaciona à espontaneidade?

10.20 Defina o conceito de microestado. Como esse conceito se relaciona à ordem ou à desordem de um sistema?

10.21 Para cada par de itens, diga qual tem a maior entropia e explique por quê.
(a) Item 1, uma amostra de CO_2 sólido a –78°C, ou item 2, vapor de CO_2 a 0°C.
(b) Item 1, açúcar sólido, ou item 2, o mesmo açúcar dissolvido em uma xícara de chá.
(c) Item 1, uma amostra de 100 mL de água pura e uma amostra de 100 mL de álcool puro, ou item 2, as mesmas amostras de água e álcool após elas terem sido colocadas juntas e misturadas.

10.22 Para cada processo, diga se a variação de entalpia do sistema é positiva ou negativa. **(a)** Um vidreiro aquece o vidro (o sistema) até sua temperatura de amaciamento. **(b)** Uma colher de chá de açúcar dissolve-se em uma xícara de chá. **(c)** O carbonato de cálcio se precipita da água em uma caverna para formar estalactites e estalagmites. (Considere apenas o carbonato de cálcio como o sistema.)

10.23 Sem fazer cálculo, preveja se a variação de entropia será positiva ou negativa quando ocorrer cada uma das seguintes reações no sentido escrito.
(a) $CH_3OH(\ell) + 3/2\ O_2(g) \rightarrow CO_2(g) + 2\ H_2O(g)$
(b) $Br_2(\ell) + H_2(g) \rightarrow 2\ HBr(g)$
(c) $Na(s) + 1/2\ F_2(g) \rightarrow NaF(s)$
(d) $CO(g) + 2\ H_2(g) \rightarrow CH_3OH(\ell)$
(e) $2\ NH_3(g) \rightarrow N_2(g) + 3\ H_2(g)$

10.24 Para as seguintes reações químicas, preveja o sinal de ΔS para o sistema. (Observe que isso não deve exigir nenhum cálculo detalhado.)
(a) $Fe(s) + 2\ HCl(g) \rightarrow FeCl_2(s) + H_2(g)$
(b) $3\ NO_2(g) + H_2O(\ell) \rightarrow 2\ HNO_3(\ell) + NO(g)$
(c) $2\ K(s) + Cl_2(g) \rightarrow 2\ KCl(s)$
(d) $Cl_2(g) + 2\ NO(g) \rightarrow 2\ NOCl(g)$
(e) $SiCl_4(g) \rightarrow Si(s) + 2\ Cl_2(g)$

A segunda lei da termodinâmica

10.25 O que acontece à entropia do universo durante um processo espontâneo?

10.26 Por que precisamos considerar as vizinhanças de um sistema ao aplicar a segunda lei da termodinâmica?

10.27 Uma afirmativa da segunda lei da termodinâmica é que o calor não pode ser completamente transformado em trabalho. Outra é que a entropia do universo sempre aumenta. Como essas duas afirmativas se relacionam?

10.28 De acordo com a segunda lei da termodinâmica, como o sinal de ΔS_u se relaciona ao conceito de que a energia é "desperdiçada" ou perdida para as vizinhanças quando tentamos converter calor em trabalho?

10.29 Quando uma reação é exotérmica, como isso influencia o ΔS do sistema? E das vizinhanças?

10.30 Que reação ocorre com um aumento maior na entropia? Explique seu raciocínio.
(a) $2\ H_2O(\ell) \rightarrow 2\ H_2(g) + O_2(g)$
(b) $C(s) + O_2(g) \rightarrow CO_2(g)$

10.31 Que reação ocorre com um aumento maior na entropia? Explique seu raciocínio.

[1] Como os endereços da internet podem sofrer alterações, a editora não se responsabiliza por nenhum problema nas conexões dos sites publicados. (NE)

(a) $2\ NO(g) \rightarrow N_2(g) + O_2(g)$

(b) $Br_2(g) + Cl_2(g) \rightarrow 2\ BrCl(g)$

10.32 O metanol é queimado como combustível em alguns carros de corrida. Isso torna claro que a reação é espontânea desde que o metanol seja incendiado. Contudo, a variação de entropia para a reação $2\ CH_3OH(\ell) + 3\ O_2(g) \rightarrow 2\ CO_2(g) + 4\ H_2O(\ell)$ é negativa. Por que isso viola a segunda lei da termodinâmica?

10.33 A cal é predominantemente $CaCO_3$, que pode sofrer a reação $CaCO_3(s) \rightarrow CaO(s) + CO_2(g)$. Sabemos de nossa experiência que essa reação não é espontânea, contudo o ΔS para a reação é positivo. Como a segunda lei da termodinâmica explica o fato de essa reação não ser espontânea?

A terceira lei da termodinâmica

10.34 Suponha que você descubra que um sistema tem uma entropia absoluta de zero. O que mais pode concluir sobre ele?

10.35 Use os dados termodinâmicos tabulados para calcular a variação de entropia padrão de cada uma das seguintes reações.

(a) $Fe(s) + 2\ HCl(g) \rightarrow FeCl_2(s) + H_2(g)$

(b) $3\ NO_2(g) + H_2O(\ell) \rightarrow 2\ HNO_3(\ell) + NO(g)$

(c) $2\ K(s) + Cl_2(g) \rightarrow 2\ KCl(s)$

(d) $Cl_2(g) + 2\ NO(g) \rightarrow 2\ NOCl(g)$

(e) $SiCl_4(g) \rightarrow Si(s) + 2\ Cl_2(g)$

10.36 Se você observar os valores de $S°$ no Apêndice E, perceberá que vários íons aquosos têm valores menores que zero. A terceira lei da termodinâmica afirma que para uma substância pura a entropia vai a zero apenas a 0K. Use o seu entendimento sobre solvatação de íons em água para explicar como pode surgir um valor negativo de $S°$ para uma espécie aquosa.

10.37 Calcule o $\Delta S°$ para a dissolução do cloreto de magnésio: $MgCl_2(s) \rightarrow Mg^{2+}(aq) + 2\ Cl^-(aq)$. Use seu próprio entendimento da solvatação de íons no nível molecular para explicar o sinal de $\Delta S°$.

10.38 Calcule a variação de entropia padrão para a reação $CO_2(g) + 2\ H_2O(\ell) \rightarrow CH_4(g) + 2\ O_2(g)$. O que o sinal de $\Delta S°$ diz sobre a espontaneidade dessa reação?

10.39 Através da fotossíntese, as plantas constroem moléculas de açúcar contendo vários átomos de carbono a partir do dióxido de carbono. No processo, a entropia é diminuída. A reação de CO_2 com o ácido fórmico para formar ácido oxálico fornece um exemplo simples de uma reação na qual o número de átomos de carbono em um composto aumenta:

$$CO_2(aq) + HCOOH(aq) \rightarrow H_2C_2O_4(aq)$$

(a) Calcule a variação de entropia padrão para essa reação e justifique o sinal de $\Delta S°$.

(b) Como as plantas realizam reações que aumentam o número de átomos de carbono em um açúcar, dadas as variações na entropia para reações como essas?

10.40 Descubra sites da internet que descrevam duas tentativas diferentes para atingir a temperatura mais baixa já registrada. Quais características esses experimentos têm em comum?

10.41 Procure o valor da entropia padrão para as seguintes moléculas: $CH_4(g)$, $C_2H_5OH(\ell)$ e $H_2C_2O_4(s)$. Coloque esses compostos em ordem crescente de entropia e explique por que essa classificação faz sentido.

10.42 Procure o valor da entropia padrão para as seguintes moléculas: $SiO_2(s)$, $NH_3(g)$ e $C_2H_6(g)$. Coloque esses compostos em ordem crescente de entropia e explique por que essa classificação faz sentido.

Energia livre de Gibbs

10.43 Em quais condições o ΔG permite prever se um processo é espontâneo?

10.44 Existe outra função de estado de energia livre, a energia livre de Helmholtz (A), definida como $A = E - TS$. Comparando esta com a definição de G, vemos que a energia interna substituiu a entalpia na definição. Em quais condições essa energia livre nos diria se um processo é ou não espontâneo?

10.45 Calcule o $\Delta G°$ a 45°C para as reações as quais

(a) $\Delta H° = 293$ kJ; $\Delta S° = -695$ J K^{-1}

(b) $\Delta H° = -1.137$ kJ; $\Delta S° = 0{,}496$ kJ K^{-1}

(c) $\Delta H° = -86{,}6$ kJ; $\Delta S° = -382$ J K^{-1}

10.46 Discuta o efeito da variação de temperatura na espontaneidade das seguintes reações a 1 atm.

(a) $Al_2O_3(s) + 2\ Fe(s) \rightarrow 2\ Al(s) + Fe_2O_3(s)$
$\Delta H° = +851{,}5$ kJ; $\Delta S° = +38{,}5$ J K^{-1}

(b) $N_2H_4(\ell) \rightarrow N_2(g) + 2\ H_2(g)$
$\Delta H° = -50{,}6$ kJ; $\Delta S° = 0{,}3315$ kJ K^{-1}

(c) $SO_3(g) \rightarrow SO_2(g) + 1/2\ O_2(g)$
$\Delta H° = 98{,}9$ kJ; $\Delta S° = +0{,}0939$ kJ K^{-1}

10.47 A reação

$$CO_2(g) + H_2(g) \rightarrow CO(g) + H_2O(g)$$

não é espontânea na temperatura ambiente, mas torna-se espontânea em uma temperatura mais alta. O que você pode concluir a partir disso em relação aos sinais de $\Delta H°$ e de $\Delta S°$, supondo que as variações de entalpia e entropia não são muito afetadas pela variação de temperatura? Explique seu raciocínio.

10.48 Por que a mudança de energia livre de um sistema é igual ao trabalho *máximo* em vez de apenas o trabalho?

10.49 Distinga um processo reversível de um irreversível.

10.50 Para a reação $NO(g) + NO_2(g) \rightarrow N_2O_3(g)$, use dados termodinâmicos tabulados para calcular o $\Delta H°$ e o $\Delta S°$. Então, utilize esses valores para responder às seguintes questões:

(a) Essa reação é espontânea a 25°C? Justifique sua resposta.

(b) Se a reação não é espontânea a 25°C, ela se tornará espontânea a temperaturas mais altas ou mais baixas?

(c) Para mostrar que sua previsão está acurada, escolha uma temperatura que corresponda à sua previsão no item **(b)** e calcule o ΔG. (Suponha que tanto a entalpia quanto a entropia são independentes da temperatura.)

10.51 A combustão do acetileno é usada nos maçaricos de soldadores porque ela produz uma chama muito quente:

$$C_2H_2(g) + \frac{5}{2} O_2(g) \rightarrow 2CO_2(g) + H_2O(g) \qquad \Delta H° = -1.255{,}5 \text{ kJ}$$

(a) Use os dados do Apêndice E para calcular o $\Delta S°$ para essa reação.

(b) Calcule o $\Delta G°$ e mostre que a reação é espontânea a 25°C.

(c) Existe alguma faixa de temperatura na qual essa reação não é espontânea?

(d) Você acha que a Equação 10.4 poderia ser usada para calcular tal faixa de temperatura com confiança? Justifique sua resposta.

10.52 O gás natural (metano) está sendo usado em veículos experimentais como um combustível de queima limpa.

(a) Escreva a equação balanceada para a combustão do $CH_4(g)$ supondo que todos os reagentes e produtos estão na fase gasosa.

(b) Use os dados do Apêndice E para calcular o $\Delta S°$ para essa reação.

(c) Calcule o $\Delta G°$ e mostre que a reação é espontânea a 25°C.

10.53 O silício forma uma série de compostos que é análoga aos alcanos e tem a fórmula geral Si_nH_{2n+2}. O primeiro desses compostos é o silano, SiH_4, que é usado na indústria eletrônica para produzir filmes finos de silício ultrapuro. É um pouco difícil de trabalhar com o $SiH_4(g)$ porque ele é *pirofórico* em temperatura ambiente – o que significa que ele se queima em chamas espontaneamente quando exposto ao ar.

(a) Escreva uma equação para a combustão do $SiH_4(g)$. (A reação é análoga à combustão de hidrocarboneto, e o SiO_2 é um sólido em condições padrão. Suponha que a água produzida seja um gás.)

(b) Use os dados do Apêndice E para calcular o $\Delta S°$ para essa reação.

(c) Calcule o $\Delta G°$ e mostre que a reação é espontânea a 25°C.

(d) Compare o $\Delta G°$ para essa reação com aquele para a combustão do metano. (Veja o problema anterior.) As reações nesses dois exercícios são dirigidas pela entalpia ou pela entropia? Explique.

Energia livre e reações químicas

10.54 Explique por que o $\Delta G_f°$ do $O_2(g)$ é zero.

10.55 Usando os dados termodinâmicos tabulados, calcule o $\Delta G°$ para essas reações.

(a) $Fe(s) + 2\ HCl(g) \rightarrow FeCl_2(s) + H_2(g)$

(b) $3\ NO_2(g) + H_2O(\ell) \rightarrow 2\ HNO_3(\ell) + NO(g)$

(c) $2\ K(s) + Cl_2(g) \rightarrow 2\ KCl(s)$

(d) $Cl_2(g) + 2\ NO(g) \rightarrow 2\ NOCl(g)$

(e) $SiCl_4(g) \rightarrow Si(s) + 2\ Cl_2(g)$

10.56 Usando os dados termodinâmicos tabulados, calcule o $\Delta G°$ para essas reações.

(a) $Mg_3N_2(s) + 6\ H_2O(\ell) \rightarrow 2\ NH_3(g) + 3\ Mg(OH)_2(s)$

(b) $4\ CH_3NH_2(g) + 9\ O_2(g) \rightarrow 4\ CO_2(g) + 10\ H_2O(\ell) + 2\ N_2(g)$

(c) $Fe_3O_4(s) + 4\ CO(g) \rightarrow 3\ Fe(s) + 4\ CO_2(g)$

(d) $P_4O_{10}(s) + 6\ H_2O(\ell) \rightarrow 4\ H_3PO_3(aq)$

10.57 Calcule o $\Delta G°$ para a dissolução tanto do cloreto de sódio quanto do cloreto de prata usando dados do Apêndice E. Explique como os valores que você obtém se relacionam com as regras de solubilidade para essas substâncias.

10.58 O fósforo existe em múltiplas fases sólidas, incluindo duas conhecidas como fósforo vermelho e fósforo branco. **(a)** Baseado em seus respectivos calores de formação, qual fórmula do fósforo é definida como estado padrão? **(b)** Agora, considere a transição de fases entre os fósforos branco e vermelho: P_4(*s*, branco) → 4 P (*s*, vermelho). Use os dados do Apêndice E para determinar qual forma do fósforo é mais estável a 25°C. (Seu resultado deveria revelar que o fósforo é uma exceção à convenção tradicional para definir o estado padrão.) **(c)** Essa forma do sólido é mais estável em todas as temperaturas? Caso contrário, quais temperaturas são necessárias para tornar a outra forma mais estável?

10.59 O ponto de fusão normal do benzeno, C_6H_6, é 5,5°C. Para o processo de fusão, qual é o sinal de cada um dos seguintes? **(a)** $\Delta H°$, **(b)** $\Delta S°$, **(c)** $\Delta G°$ a 5,5°C, **(d)** $\Delta G°$ a 0,0°C, **(e)** $\Delta G°$ a 25,0°C.

10.60 Calcule o $\Delta G°$ para a combustão completa de um mol dos seguintes combustíveis fósseis: metano (CH_4), etano (C_2H_6), propano (C_3H_8) e *n*-butano (C_4H_{10}). Identifique quaisquer tendências que são aparentes a partir desses cálculos.

10.61 Estime a faixa de temperatura na qual cada uma das seguintes reações é espontânea:

(a) $2\ Al(s) + 3\ Cl_2(g) \rightarrow 2\ AlCl_3(s)$

(b) $2\ NOCl(g) \rightarrow 2\ NO(g) + Cl_2(g)$

(c) $4\ NO(g) + 6\ H_2O(g) \rightarrow 4\ NH_3(g) + 5\ O_2(g)$

(d) $2\ PH_3(g) \rightarrow 3\ H_2(g) + 2\ P(g)$

10.62 Lembre-se de que a combustão incompleta de combustíveis fósseis ocorre quando está presente pouco oxigênio e resulta na produção de monóxido de carbono, em vez de dióxido de carbono. A água é o outro produto em cada caso.

(a) Escreva equações químicas balanceadas para a combustão completa e incompleta do propano.

(b) Usando essas equações, preveja qual terá a maior variação na entropia.

(c) Use os dados termodinâmicos tabulados para calcular o $\Delta G°$ para cada reação.

(d) Baseado nesses resultados, preveja o sinal e o valor de $\Delta G°$ para a combustão do monóxido de carbono para formar dióxido de carbono.

POR DENTRO DE O sistema econômico da reciclagem

10.63 Durante a polimerização, o sistema normalmente se torna mais ordenado à medida que os monômeros se unem. Uma reação de polimerização endotérmica pode alguma vez ocorrer espontaneamente? Explique.

10.64 Se uma reação de polimerização específica vem a ser endotérmica, como ela jamais poderia ter ocorrido? Onde teria de surgir o aumento na entropia do universo?

10.65 Quando os polímeros são reciclados, as extremidades das moléculas poliméricas de cadeia longa tendem a se desprender, e esse processo eventualmente resulta em uma degradação das propriedades físicas, produzindo o polímero reciclado inútil. Explique por que a quebra das extremidades das moléculas poliméricas é favorável do ponto de vista da entropia do sistema.

10.66 A reciclagem de polímeros representa apenas um processo industrial que permite criar ordem em um local por meio da produção de maior desordem em outro local, frequentemente em uma usina de energia. Liste três outros processos industriais que devem criar desordem nas vizinhanças para gerar o material desejado.

Problemas conceituais

10.67 O recipiente à esquerda contém uma mistura de oxigênio e nitrogênio em pressão atmosférica. O recipiente à direita está evacuado.

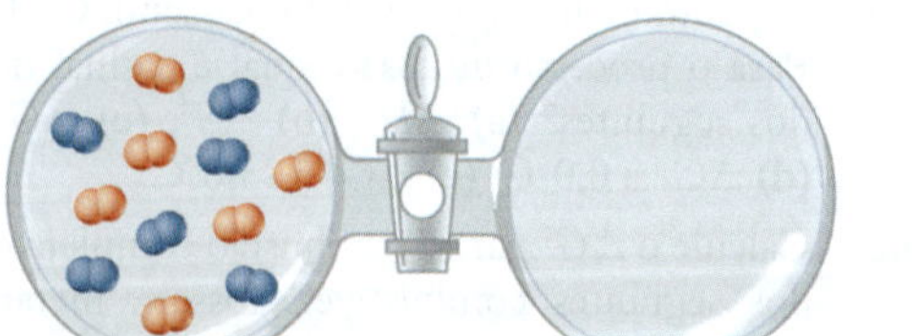

(a) Descreva o que acontecerá quando a torneira estiver aberta.

(b) Se você pudesse ver as moléculas individuais, o que observaria após ter passado um período de tempo?

(c) Explique suas respostas para **(a)** e **(b)** quanto à probabilidades.

(d) Qual é a probabilidade de que a qualquer momento todas as moléculas de oxigênio estejam em um recipiente e todas as moléculas de nitrogênio estejam no outro? Explique.

10.68 Quando o gelo se funde, seu volume diminui. Apesar desse fato, a entropia do sistema aumenta. Explique **(a)** por que a entropia aumenta e **(b)** por que, na maioria das circunstâncias, uma diminuição no volume resulta em diminuição da entropia.

10.69 Se uma amostra de ar fosse separada em moléculas de nitrogênio e oxigênio (ignorando os outros gases presentes), qual seria o sinal de ΔS para esse processo? Justifique sua resposta.

As próximas quatro questões se relacionam ao seguinte parágrafo (LAMBERT, Frank L. *Journal of Chemical Education*, v. 76, n. 10, p. 1385, 1999).

"O movimento de macro-objetos de um local para outro por um agente externo não envolve variação na entropia física (termodinâmica) do objeto. O agente do movimento sofre um aumento de entropia termodinâmica no processo."

10.70 Um estudante abre um pacote de cartas de baralho e as embaralha. À luz do texto de Lambert, as cartas tiveram a entropia aumentada? Justifique sua resposta quanto à termodinâmica. Explique por que o agente (o embaralhador) sofre um aumento na entropia.

10.71 Uma explosão derruba um prédio antigo, deixando uma pilha de entulho. Isso faz com que a entropia termodinâmica aumente? Em caso afirmativo, onde? Escreva um parágrafo explicando seu raciocínio.

10.72 Escreva dois exemplos observados por você que ilustrem o conceito no parágrafo anterior.

10.73 De acordo com Lambert, as folhas que caem no jardim e as cartas de baralho que estão em desordem em cima de uma mesa não sofrem um aumento em suas entropias termodinâmicas. Sugira outra razão pela qual as folhas e as cartas de baralho podem não ser uma boa analogia para a entropia de um sistema contendo, por exemplo, apenas moléculas de H_2O ou apenas moléculas de O_2.

10.74 Um pesquisador aquece uma amostra de água em um recipiente fechado até ela entrar em ebulição.

(a) A entropia da água aumenta?

(b) A aleatoriedade da água aumentou? (Em outras palavras, existem mais posições físicas que as moléculas possam ocupar?)

(c) O que mais aumentou que afeta a entropia do sistema?

O pesquisador agora aquece o vapor d'água de 400K para 500K, mantendo o volume constante.

(d) A entropia do sistema aumenta?

(e) A aleatoriedade das moléculas aumentou? (Em outras palavras, existem mais posições físicas que as moléculas possam ocupar?)

(f) Por que um aumento na temperatura do gás em volume constante provocou aumento na entropia?

(Para pesquisar mais sobre o conceito de entropia, leia o artigo de John P. Lowe "Entropy: Conceptual Disorder", no *Journal of Chemical Education*, v. 65, n. 5, p. 403-406, 1988.)

10.75 Como a segunda lei da termodinâmica explica uma mudança espontânea em um sistema que se torna mais ordenado quando esse processo é exotérmico?

10.76 Alguns dizem que o trabalho de um engenheiro é lutar contra a natureza e as tendências de entropia. **(a)** A afirmativa parece exata de alguma forma? **(b)** Como qualquer engenheiro pode criar ordem sem violar a segunda lei da termodinâmica?

10.77 Um béquer de água a 40°C (à esquerda no desenho) e um béquer de água com gelo a 0°C são colocados lado a lado em um recipiente isolado. Passado algum tempo, a temperatura da água no béquer à esquerda é 30°C e a temperatura da água com gelo ainda é 0°C.

Descreva o que está acontecendo em cada béquer **(a)** no nível molecular e **(b)** em termos da segunda lei da termodinâmica.

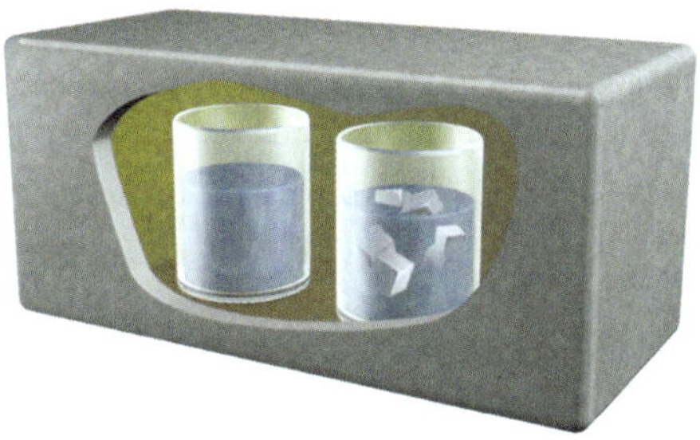

10.78 Descreva por que é mais fácil usar o ΔG para determinar a espontaneidade de um processo em vez do ΔS_u.

10.79 As imagens em escala molecular, a seguir, mostram momentos instantâneos de um ácido forte em três instantes diferentes depois de ser adicionado à água. Coloque as três imagens na ordem correta para que elas mostrem o progresso do processo espontâneo que ocorre quando o ácido se dissolve na água. Explique sua resposta quanto à entropia.

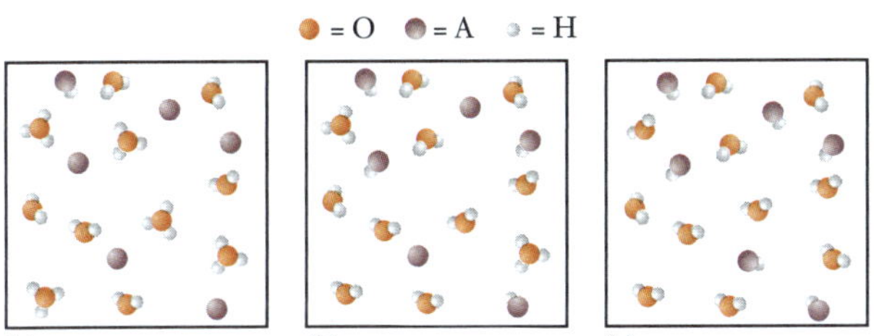

(a) (b) (c)

10.80 Os desenhos em escala molecular a seguir representam as três fases do iodo (I_2), que é um sólido à temperatura e pressão normais. **(a)** Em que sequência as imagens devem ser colocadas para ficarem em ordem decrescente quanto à entropia? **(b)** Assumindo que a pressão é a mesma nos três casos, qual deve ser sua sequência para que fiquem em ordem crescente de temperatura? **(c)** Qual figura descreve uma situação em que a entalpia é o fator mais importante para a energia livre, e em qual figura a entropia é o fator mais importante?

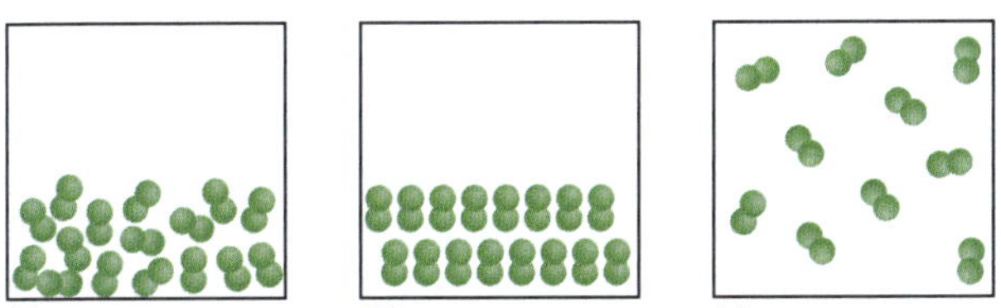

(a) (b) (c)

Problemas adicionais

10.81 O éter dietílico é um líquido em temperatura e pressão normais, que entra em ebulição a 35°C. Dado que o ΔH é 26,0 kJ mol^{-1} para a vaporização do éter dietílico, descubra a sua variação de entropia molar para a vaporização.

10.82 Calcule a variação de entropia, $\Delta S°$, para a vaporização do etanol, C_2H_5OH, no ponto de ebulição de 78,3°C. O calor de vaporização do etanol é 39,3 kJ mol^{-1}.

$$C_2H_5OH(\ell) \rightarrow C_2H_5OH(g) \qquad \Delta S° = ?$$

10.83 O gálio metálico tem um ponto de fusão de 29,8°C. Use as informações a seguir para calcular o ponto de ebulição do gálio em°C.

Substância	$\Delta H_f°$ (kJ mol^{-1})	$\Delta G_f°$ (kJ mol^{-1})	$S°$ (J mol^{-1} K^{-1})
Ga(*s*)	0	0	40,83
Ga(ℓ)	5,578	0,0888	59,25
Ga(*g*)	271,96	233,76	169,03

Para um metal, o gálio tem um ponto de fusão muito baixo.

10.84 O metano pode ser produzido a partir de CO e H_2. O processo pode ser realizado em duas etapas, como mostrado a seguir, com cada etapa realizada em um recipiente de reação separado dentro da usina de produção.

Reação nº 1 $CO(g) + 2\,H_2(g) \rightarrow CH_3OH(\ell)$ $\quad \Delta S° = -332$ J K^{-1}

Reação nº 2 $CH_3OH(\ell) \rightarrow CH_4(g) + \frac{1}{2}O_2(g)$ $\quad \Delta S° = +162$ J K^{-1}

Substância	$\Delta H_f°$ (kJ mol^{-1})	$\Delta G_f°$ (kJ mol^{-1})	$S°$ (J mol^{-1}K^{-1})
CO(*g*)	–110,5		197,674
$CH_3OH(\ell)$	–238,7	–166,4	126,8
$CH_4(g)$	–74,8		186,2

Observação: Você deve ser capaz de trabalhar esse problema *sem* usar nenhum dado adicional tabulado.

(a) Calcule o $\Delta H°$ para a reação nº 1.

(b) Calcule o $\Delta G_f°$ para o CO(*g*).

(c) Calcule a $S°$ para o $O_2(g)$.

(d) Em quais temperaturas a reação nº 1 é espontânea?

(e) Sugira por que essas duas etapas precisariam ser realizadas separadamente.

10.85 O iodo não é muito solúvel em água, mas ele se dissolve rapidamente em uma solução contendo íons iodeto pela seguinte reação:

$$I_2(aq) + I^-(aq) \rightarrow I_3^-(aq)$$

O gráfico a seguir mostra os resultados de um estudo da dependência do $\Delta G°$ na temperatura para essa reação. (A linha sólida é um melhor encaixe aos pontos de dados reais.) Observe que a grandeza no eixo *y* é $\Delta G°/T$, não apenas $\Delta G°$. Dados adicionais relevantes para essa reação também são fornecidos na tabela que acompanha o gráfico.

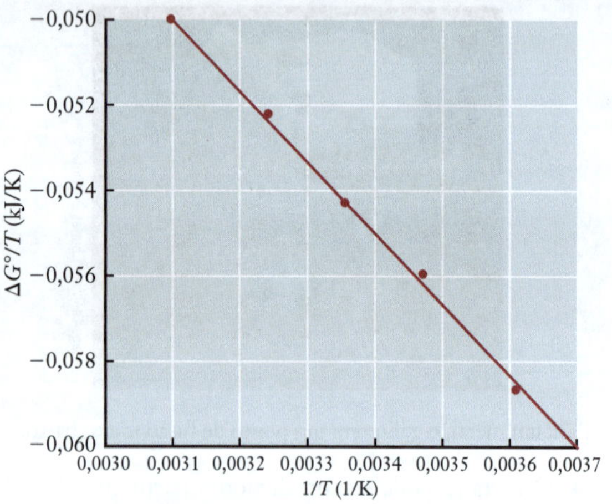

Substância	$\Delta G_f°$ (kJ mol^{-1})
$I_2(aq)$	16,37
$I^-(aq)$	–51,57
$I_3^-(aq)$	–51,4

(a) Calcule o $\Delta G°$ para essa reação a 298K. (NÃO leia esse valor do gráfico. Use os dados fornecidos para calcular um valor mais acurado.)

(b) Determine o $\Delta H°$ para essa reação. Suponha que o $\Delta H°$ é independente de *T*. (DICA: Você precisará usar o gráfico fornecido para encontrar $\Delta H°$. Pode ser útil se você perceber que o gráfico é uma linha reta e então tentar escrever uma equação para essa linha.)

10.86 A entalpia de vaporização da água é 40,65 kJ mol^{-1}. Como um engenheiro de *design* para um projeto em um clima desértico, você está explorando a opção de uso de um resfriamento evaporativo. **(a)** Se o ar tem uma capacidade calorífica volumétrica média de 0,00130 J cm^{-3} K^{-1}, qual é a massa mínima de água que precisaria ser evaporada para resfriar uma sala de 5 m × 5 m com uma altura de 3 m em 5°F usando esse método? **(b)** Esse processo é espontâneo ou não espontâneo?

10.87 Determine se cada uma das seguintes afirmativas é verdadeira ou falsa. Caso seja falsa, modifique para torná-la uma afirmativa verdadeira.

(a) Uma reação exotérmica é espontânea.

(b) Quando o $\Delta G°$ é positivo, a reação não pode ocorrer em nenhuma condição.

(c) O $\Delta S°$ é positivo para uma reação na qual existe um aumento na quantidade de matéria.

(d) Se $\Delta H°$ e $\Delta S°$ são ambos negativos, o $\Delta G°$ será negativo.

10.88 O níquel metálico reage com monóxido de carbono para formar o tetracarbonilníquel, $Ni(CO)_4$:

$$Ni(s) + 4\ CO(g) \rightarrow Ni(CO)_4(g)$$

Essa reação é explorada no processo de Mond para separar o níquel puro de outros metais. A reação acima separa o níquel das impurezas, dissolvendo-o na fase gasosa. As condições são mudadas de tal forma que a reação ocorra no sentido contrário para recuperar o metal purificado.

(a) Preveja o sinal de $\Delta S°$ para a reação escrita acima.

(b) Use os dados termodinâmicos tabulados para calcular $\Delta H°$, $\Delta S°$ e $\Delta G°$ para a reação.

(c) Encontre a faixa de temperatura na qual essa reação é espontânea no sentido direto.

10.89 O polietileno tem uma capacidade calorífica de 2,3027 J g^{-1} °C^{-1}. Você precisa decidir se 1,0 onça de polietileno pode ser usada para empacotar um material que estará liberando calor quando utilizado. As especificações de segurança do consumidor indicam que a temperatura máxima permitida para o polietileno é 45°C; pode-se assumir que o plástico está inicialmente na temperatura ambiente. **(a)** Que temperatura o polietileno atingirá se o produto gerar 1.500 J de calor e toda essa energia for absorvida pelo pacote plástico? **(b)** Esta é uma estimativa realista da temperatura que o pacote de polietileno atingiria? **(c)** Qual é a variação de entalpia do polietileno? **(d)** Estime a variação de entropia do polietileno. (Você precisará supor que a temperatura do plástico é constante.)

10.90 Um componente-chave em muitos projetos de engenharia é a separação de misturas de produtos químicos. **(a)** O que acontece com a entropia do sistema na separação de uma mistura de produtos químicos? **(b)** Os projetos para a separação de produtos químicos baseiam-se em processos espontâneos ou não espontâneos?

10.91 A reação mostrada a seguir está envolvida no refino do ferro. (A tabela que se segue fornece todos os dados termodinâmicos que você poderá precisar para este problema.)

$$2\ Fe_2O_3(s) + 3\ C(s,\ \text{grafite}) \rightarrow 4\ Fe(s) + 3\ CO_2(g)$$

Composto	$\Delta H_f°$ (kJ mol^{-1})	$S°$ (J mol^{-1}K^{-1})	$\Delta G_f°$ (kJ mol^{-1})
$Fe_2O_3(s)$	–824,2	?	–742,2
C(*s*, grafite)	0	5,740	0
Fe(*s*)	0	27,3	0
$CO_2(g)$	–393,5	213,6	–394,4

(a) Encontre o $\Delta H°$ para a reação.

(b) O $\Delta S°$ para essa reação é 557,98 J K^{-1}. Encontre $S°$ para o $Fe_2O_3(s)$.

(c) Calcule o $\Delta G°$ para a reação na temperatura padrão de 298K. (Existem duas maneiras que você poderia fazer isso.)

(d) Em quais temperaturas esta reação seria espontânea?

10.92 Usando apenas os dados fornecidos abaixo, determine $\Delta G°$ para a seguinte reação:

$$NO(g) + O(g) \rightarrow NO_2(g)$$

(Lembre-se de que ΔG é uma função de estado, exatamente como ΔH.)

$2\ O_3(g) \rightarrow 3\ O_2(g)$ $\quad \Delta G° = -326$ kJ

$O_2(g) \rightarrow 2\ O(g)$ $\quad \Delta G° = 463,6$ kJ

$NO(g) + O_3(g) \rightarrow NO_2(g) + O_2(g)$ $\quad \Delta G° = -198,3$ kJ

10.93 O gráfico a seguir mostra $\Delta G°$ como uma função da temperatura para a síntese da amônia a partir do nitrogênio e do hidrogênio.

$$N_2(g) + 3\ H_2(g) \rightarrow 2\ NH_3(g)$$

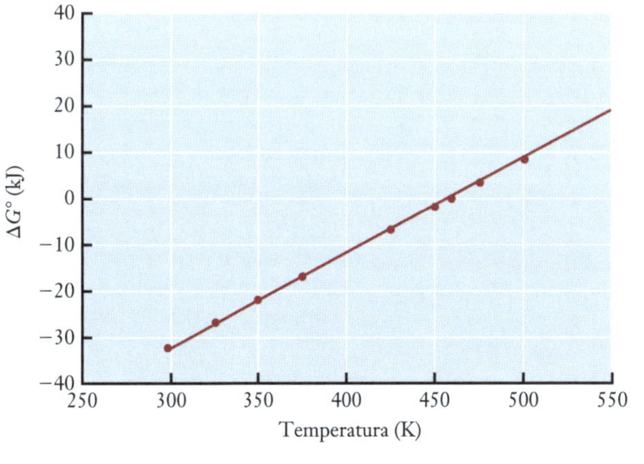

(a) Use o gráfico para estimar o $\Delta S°$ para a reação de síntese da amônia.

(b) Dada que a variação de energia livre padrão da formação da amônia ($\Delta G_f°$) é –16,50 kJ mol^{-1}, estime $\Delta H°$ para a reação de síntese da amônia.

Exercícios de enfoque na resolução de problemas

10.94 Suponha que você precise saber o calor de formação do 2-penteno, C_5H_{10}, mas as tabelas que você tem não fornecem o valor. Você tem uma amostra do composto. O que poderia fazer para determinar o calor de formação?

10.95 Suponha que você precise saber o calor de formação do cicloexano, C_6H_{12}, mas as tabelas que você tem não fornecem o valor. Você tem uma amostra do composto. O que poderia fazer para determinar o calor de formação?

10.96 Você tem uma tabela de variáveis termodinâmicas que inclui os calores de formação e entropias padrão, mas não as energias livres de formação. Como você usaria as informações que tem para estimar a energia livre de formação de uma substância que está listada na sua tabela?

10.97 Você tem uma tabela de variáveis termodinâmicas que inclui as entropias e as energias livres de formação, mas não os calores de formação. Como você usaria as informações que tem para estimar os calores de formação de uma substância que está listada na sua tabela?

10.98 Com base em uma série de hidrocarbonetos contendo apenas ligações simples carbono-carbono, como você identificaria uma tendência para o calor de formação para a formação sucessiva de ligação carbono-carbono?

10.99 A termodinâmica fornece uma maneira de interpretar ocorrências cotidianas. Se você vive em locais com climas do Hemisfério Norte, uma experiência comum é que, durante os primeiros dias de inverno, a neve cai, mas funde-se quando atinge o chão. Tanto a formação quanto a fusão acontecem espontaneamente. Como a termodinâmica explica esses dois eventos aparentemente opostos?

10.100 Suponha que você esteja projetando um reator químico e precise saber o calor de vaporização para um solvente. Você não tem nenhuma tabela de termodinâmica à mão, mas conhece o ponto de ebulição do líquido, e seu programa CAD pode calcular as entropias da terceira lei. Como você determinaria o calor de vaporização?

Problemas acumulativos

10.101 O flúor reage com a água líquida para formar fluoreto de hidrogênio gasoso e oxigênio. **(a)** Escreva uma equação química balanceada para essa reação. **(b)** Use os dados tabulados para determinar a variação de energia livre para a reação e comente sobre a sua espontaneidade. **(c)** Utilize os dados tabulados para calcular a variação de entalpia da reação. **(d)** Determine quanto calor flui e em qual sentido quando 34,5 g de flúor gasoso são borbulhados através de excesso de água.

10.102 A amônia pode reagir com o oxigênio gasoso para formar dióxido de nitrogênio e água. **(a)** Escreva uma equação química balanceada para essa reação. **(b)** Use os dados tabulados para determinar a variação de energia livre para a reação e comente sobre sua espontaneidade. **(c)** Utilize os dados tabulados para calcular a variação de entalpia da reação. **(d)** Determine quanto calor flui e em qual sentido quando 11,4 g de amônia gasosa são queimados em um excesso de oxigênio.

10.103 Considere os seguintes dados termodinâmicos para os óxidos de manganês.

Substância	$\Delta H_f°$ (kJ mol⁻¹)	$\Delta G_f°$ (kJ mol⁻¹)	$S°$ (J mol⁻¹K⁻¹)
MnO	−385,2	−362,9	59,71
MnO_2	−520,0	−465,2	53,05
Mn_2O_3	−959,0	−881,2	110,5
Mn_3O_4	−1.388	−1.283	155,6

(a) Qual é a nomenclatura correta para cada um dos três primeiros óxidos? **(b)** Escreva e faça o balanceamento das equações químicas para a conversão de cada um desses óxidos em Mn_3O_4. **(c)** Com base nas variações de energia livre dessas reações, qual óxido é o mais estável em temperatura ambiente?

10.104 **(a)** Quando se forma uma ligação química, o que acontece à entropia do sistema? **(b)** Termodinamicamente, o que faz com que qualquer formação de ligação ocorra? **(c)** Com base em suas respostas para os itens **(a)** e **(b)**, o que deve ser considerado verdade sobre a formação de ligações químicas para que a regra do octeto seja válida?

Cinética química

11

©iStockphoto.com/Daniel Stein

A poluição urbana, como a que é visível em Los Angeles, resulta de uma série complexa de reações químicas. Como a poluição se forma quando vários poluentes estão presentes simultaneamente, a velocidade em que várias reações ocorrem desempenham um papel importante no processo.

Quando consideramos a termodinâmica, concentramo-nos naquilo que deve *eventualmente* acontecer a um sistema químico. No entanto, ainda não demos atenção ao tempo necessário para alcançar esse resultado ou exatamente *como* um grupo de reagentes pode ser transformado em produtos. A química trata, fundamentalmente, de mudança. Então, se o nosso propósito é compreendê-la, precisaremos examinar tanto o processo de mudança quanto a velocidade na qual ela ocorre. É divertido assistir às reações explosivas de oxidação dos fogos de artifício no dia 31 de dezembro, mas um evento para ver a oxidação do ferro provavelmente não atrairia uma multidão! Quais fatores determinam se uma reação prossegue com velocidade explosiva ou imperceptível? Poderíamos aprender a manipular esses fatores para forçar que uma reação ocorra na velocidade que escolhermos? A área da química que aborda questões referentes a "como esse processo ocorre" ou "em que velocidade" é chamada cinética química, e iniciaremos o assunto vendo bem rapidamente sobre o ozônio estratosférico e sua destruição.

Objetivos do capítulo

Após dominar o assunto deste capítulo, você será capaz de:

- explicar o papel da cinética química na formação do ozônio e de outros poluentes no ar urbano.
- definir a velocidade de uma reação química e expressar a velocidade quanto às concentrações dos reagentes ou produtos individuais.

- usar o método de velocidades iniciais para determinar as leis de velocidade com base em dados experimentais.
- usar métodos gráficos para determinar as leis de velocidade com base em dados experimentais.
- explicar a diferença entre reações elementares e de múltiplas fases.
- descobrir a lei de velocidade prevista para um mecanismo de reação em particular.
- usar uma perspectiva molecular para explicar o significado dos termos na equação de Arrhenius.
- calcular a energia de ativação para uma reação com base em dados experimentais.
- explicar o papel de um catalisador no planejamento de reações químicas práticas.

POR DENTRO DE

11.1 Poluição atmosférica urbana

A poluição do ar é um dos efeitos colaterais não intencionais, mas inevitáveis, da sociedade moderna. E as questões em torno do monitoramento, prevenção e remediação da poluição do ar envolvem uma interação extremamente complexa entre ciência, negócios e políticas públicas. Nossa discussão aqui será bastante limitada, mas tentaremos explorar algumas das maneiras pelas quais a ciência química pode nos ajudar a entender a complexidade da situação.

Devemos começar olhando para a composição química do ar "limpo". Como você provavelmente sabe, o ar é uma mistura, e não uma substância pura. O nitrogênio e o oxigênio são responsáveis pela maioria das moléculas presentes, e outros componentes importantes incluem dióxido de carbono e vapor de água. A quantidade de água no ar varia de lugar para lugar e de um dia para o outro, conforme descrito pela umidade em um boletim meteorológico. Por isso, será conveniente usar o "ar seco" como ponto de referência em nossa discussão. A **Tabela 11.1** elenca as frações molares dos principais componentes do ar seco. Os quatro gases mencionados representam mais de 99,99% das moléculas presentes, com apenas N_2 e O_2 perfazendo cerca de 99%.

Tabela ▪ 11.1

Composição do ar seco

Gás	Fração molar
N_2	$7{,}8084 \times 10^{-1}$
O_2	$2{,}0946 \times 10^{-1}$
Ar	$9{,}340 \times 10^{-3}$
CO_2	4×10^{-4}
Vestígios de outros gases	5×10^{-5}

Os gases no ar seco não reagem uns com os outros em nenhum grau apreciável. Se, no entanto, coletássemos uma amostra de ar em uma área urbana moderna e a analisássemos cuidadosamente, poderíamos detectar dezenas de compostos em níveis de vestígios. Alguns desses outros componentes vestigiais podem ser vinculados a fontes naturais, mas a maioria é diretamente atribuída a atividades humanas, como transporte e fabricação. Do grande número de compostos químicos encontrados no ar urbano, a Agência de Proteção Ambiental dos Estados Unidos (EPA, na sigla em inglês) identificou seis principais **poluentes-critério**: CO, NO_2, O_3, SO_2, Pb e material particulado (MP). ◂ Essas seis substâncias são comumente encontradas em todo o país e demonstraram ter uma variedade de efeitos negativos sobre a saúde, o meio ambiente e propriedades. O termo *poluentes-critério* vem do fato de que a EPA estabeleceu um conjunto de padrões ou critérios com base na ciência para os níveis aceitáveis desses poluentes. Os **padrões primários** são destinados a proteger nossa saúde e os **padrões secundários**, destinados a proteger nosso meio ambiente e propriedades. Em muitos casos, os níveis permitidos desses poluentes correspondem a menos de uma parte por milhão, ou seja, uma molécula por cada milhão de moléculas de ar. Os níveis desses poluentes são monitorados periodicamente em todo o país. Se as concentrações detectadas em uma determinada região excederem o padrão primário, essa área será designada como **área de não realização** para esse poluente específico, e uma ação regulatória adicional poderá ser tomada.

O material particulado disperso no ar inclui fuligem, poeira e outras pequenas partículas sólidas, bem como gotículas de líquido.

Como um exemplo para ilustrar a complexidade dos problemas de poluição e as reações que devem ocorrer para a formação dos poluentes, vamos considerar um dos poluentes-critério, o NO_2. Podemos começar perguntando de onde esse poluente vem. O dióxido de nitrogênio é emitido como parte do gás do escapamento dos nossos automóveis. À temperatura ambiente, as moléculas de nitrogênio e oxigênio no ar colidem com frequência, mas quase nunca reagem umas com as outras. Nas altas temperaturas nas quais os motores operam, no entanto, os gases de nitrogênio e oxigênio presentes no ar reagem uns com os outros para formar uma variedade de óxidos de nitrogênio. ◂ Esta é a nossa primeira indicação de que a temperatura é uma consideração importante quando pensamos sobre a velocidade com que as reações ocorrem. Quando os motores ficam mais quentes – por exemplo, em um

Os vários óxidos de nitrogênio são frequentemente chamados coletivamente de "NO_x".

engarrafamento – eles tendem a produzir ainda mais óxidos de nitrogênio. Uma vez presente no ar, o NO_2 representa um risco para a saúde, porque ataca as membranas em nossos pulmões. Em muitas cidades, a cor marrom da poluição também se dá, em grande parte, devido ao NO_2. Moléculas de dióxido de nitrogênio absorvem parte do espectro visível do Sol, deixando passar as cores que produzem marrom.

Os efeitos prejudiciais do NO_2 no ar se estendem muito além dessa cor bastante desagradável. A energia luminosa do Sol também pode iniciar mudanças químicas por meio do que é conhecido como **reação fotoquímica**. Isso nos mostra que a energia – neste caso, a energia solar – desempenha seu papel nas velocidades das reações químicas. No caso dos óxidos de nitrogênio, esses processos fotoquímicos levam a produtos que podem reagir ainda mais para desencadear a formação de ozônio no nível do solo.

Contudo, o acúmulo de ozônio e outros produtos químicos nocivos na poluição exige mais do que óxidos de nitrogênio. Os principais componentes adicionais necessários são moléculas coletivamente chamadas de **compostos orgânicos voláteis**, ou COVs. Sabemos que os compostos orgânicos contêm predominantemente carbono e hidrogênio. Compostos voláteis tendem a evaporar facilmente. Os COVs combinam essas duas características, o que significa que elas são moléculas com base no carbono, que evaporam prontamente. Muitos COVs diferentes estão presentes no ar urbano. A principal fonte desses produtos químicos são os combustíveis. Na Seção 4.1, aprendemos que a gasolina que queimamos em nossos automóveis e cortadores de grama é uma mistura complexa de moléculas orgânicas. Todos os motores de combustão liberam alguns COVs quando estão operando e os veículos mais antigos tendem a liberar mais. Nossos narizes detectam esse fenômeno toda vez que estamos perto de um veículo que produz grandes quantidades de COVs.

Reações químicas entre óxidos de nitrogênio ativados fotoquimicamente e COVs podem dar origem a uma mistura de gases que é coletivamente denominada poluição. Muitos dos compostos presentes na poluição são irritantes para os pulmões humanos. O ozônio (O_3) é o problema mais significativo. Quando presente no nível do solo, ele representa uma série de riscos para a saúde, mesmo para adultos jovens saudáveis. Pessoas com problemas respiratórios, como a asma, são particularmente suscetíveis a problemas associados ao ozônio. A **Figura 11.1** mostra um gráfico das concentrações de vários poluentes associados ao *smog* fotoquímico em função da hora do dia em uma cidade grande. Observe que os óxidos de nitrogênio e COVs estão presentes antes do aumento da concentração de ozônio. Se qualquer uma dessas moléculas não estiver presente em níveis suficientes, o ozônio não se formará. O que sugere que as concentrações dos reagentes também podem desempenhar um papel na determinação da velocidade de reação. Como veremos, essa conjectura não é apenas verdadeira, é um princípio central da cinética química, e também aponta para uma maneira de combater a formação de ozônio. Muitas cidades adotaram programas que visam a um ou mais dos principais constituintes do *smog* fotoquímico, na esperança de evitar a formação de seus componentes mais perigosos.

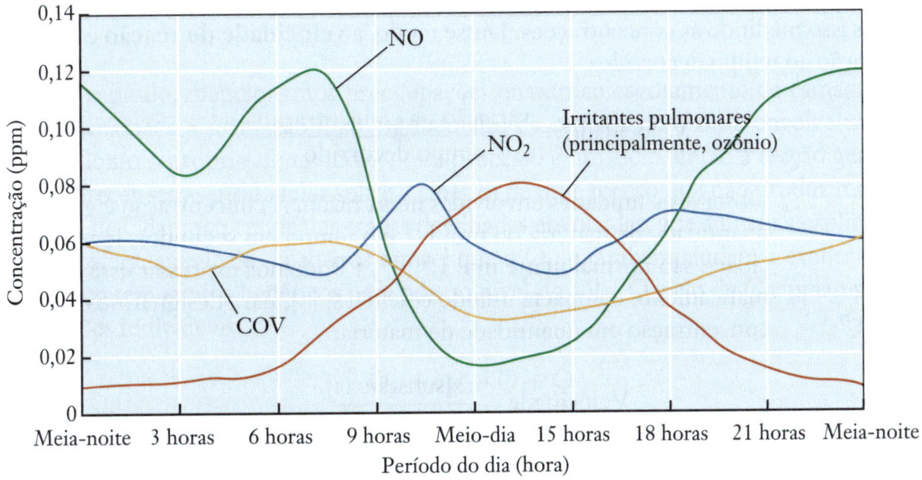

Figura 11.1 O gráfico mostra como os níveis de muitos poluentes do ar em uma área urbana variam ao longo do dia. Os níveis de óxidos de nitrogênio e COVs aumentam nas horas da manhã, principalmente por causa das emissões dos veículos. A presença de NOx e COVs leva ao aumento da produção de irritantes pulmonares, como o ozônio, cujos níveis atingem um máximo durante as horas da tarde.

Mesmo nesta breve visão geral, verificamos que um único poluente – o NO_2, neste caso – pode ter um impacto complexo no ar ao nosso redor. Também vimos que os efeitos de vários poluentes podem ser associados de maneiras inesperadas; a presença simultânea de NO_2 e COVs leva à geração de O_3, outro dos poluentes-critério. Claramente, a química da poluição do ar é bastante complexa, por isso não poderemos aprofundá-la detalhadamente aqui. Mas à medida que aprendemos mais sobre os fatores que regem as velocidades de reação, revisitaremos algumas das maneiras pelas quais a cinética química pode influenciar a qualidade do ar ao nosso redor. Focaremos primeiro nos conceitos de velocidade de reação e em como a velocidade de reação pode ser medida.

11.2 Velocidades de reações químicas

Sugerimos que as velocidades de diferentes reações químicas influenciam quais poluentes estão presentes na atmosfera, em diferentes momentos do dia. Se NO_2 – ou qualquer outra coisa – é produzido mais rapidamente do que é consumido, ele se acumulará. Para abordarmos essas ideias de modo quantitativo, devemos inicialmente apontar duas questões fundamentais na cinética química: como definimos a velocidade da reação? E como podemos mensurá-la?

Conceito de velocidade e velocidades de reação

Salvo nosso interesse na velocidade da produção de poluentes, temos alguma experiência genérica com velocidades. Quando viajamos 55 milhas de nossa casa e levamos uma hora para percorrer essa distância, dizemos que nossa velocidade média é de 55 milhas por hora.

$$\text{Velocidade média} = \frac{\text{distância percorrida}}{\text{tempo decorrido}}$$

Nessa razão, há uma indicação de progresso (distância percorrida) relacionada ao tempo necessário para fazer esse percurso. Uma vez que a distância medida era de zero milha (em casa) para 55 milhas de casa, a variação na distância de casa pode ser simbolizada por Δd, onde Δ é o símbolo para variação. O tempo variou de $t = 0$ (em casa) para $t = 1$ hora depois em nosso destino. Logo, o tempo decorrido pode ser representado por Δt.

$$\text{Velocidade média} = \frac{\Delta d}{\Delta t} = \frac{55 \text{ milhas}}{1 \text{ hora}}$$

Como traduzimos essa razão em uma que faça sentido para as reações químicas?

Precisamos de uma razão do progresso da reação em relação ao tempo que ela leva para fazer esse progresso. Em uma reação química, em vez da distância percorrida, são as identidades dos produtos químicos que variam. Portanto, para definirmos a velocidade química, devemos medir a variação no conteúdo químico que ocorre durante a reação. Geralmente, fazemos isso medindo as concentrações. Desse modo, a **velocidade de reação** é a razão da variação na concentração em relação ao tempo decorrido:

$$\text{Velocidade} = \frac{\text{variação na concentração}}{\text{tempo decorrido}} \tag{11.1}$$

A taxa de crescimento na cinética química pode variar muito de picossegundos a anos.

Observe as unidades envolvidas nessa razão. A concentração é geralmente medida em quantidade de matéria ou mol L^{-1} e o tempo em segundos, logo as unidades de velocidade são normalmente mol L^{-1} s^{-1}. Podemos expressar essa razão de forma matematicamente compacta usando colchetes, [ ], para designarmos uma concentração ou concentração em quantidade de matéria:

$$\text{Velocidade} = \frac{\Delta[\text{substância}]}{\Delta t}$$

Usando agora nosso exemplo da formação do dióxido de nitrogênio no motor dos carros, podemos começar a escrever uma expressão para a velocidade de reação

$$\text{Velocidade} = \frac{\Delta[NO_2]}{\Delta t}$$

Estequiometria e velocidade

Uma das reações na formação da poluição é a produção de NO_2 a partir de N_2 e O_2.

$$N_2 + 2O_2 \rightarrow 2NO_2$$

Como vimos, a velocidade dessa reação pode ser dada pela velocidade na qual o dióxido de nitrogênio é produzido:

$$\text{Velocidade} = \frac{\Delta[NO_2]}{\Delta t}$$

Suponha, no entanto, que tivéssemos monitorado a diminuição na concentração de N_2 por um tempo, em vez do aumento da concentração de NO_2. A variação na concentração que mediríamos seria diferente, ainda assim ela também deve ser determinada pela velocidade da mesma reação. À medida que a reação prossegue, a concentração de nitrogênio diminui mais rapidamente que a concentração de NO_2, já que 2 moléculas de NO_2 se formam para cada duas moléculas de nitrogênio destruídas. Qual velocidade devemos medir: a velocidade da produção de NO_2 ou a do desaparecimento de N_2? A resposta é "qualquer uma", mas, para fazermos isso de modo consistente, devemos levar em conta a estequiometria da reação.

Se estivermos medindo o aumento da concentração do produto, a velocidade de uma reação será naturalmente um número positivo. Quando observamos uma *diminuição* na concentração de um reagente, devemos incluir um sinal negativo na sentença da velocidade para obtermos um valor positivo para a velocidade. Desse modo, a velocidade pode ser assim definida:

$$\text{Velocidade} = \frac{\Delta[\text{produto}]}{\Delta t}$$

ou

$$\text{Velocidade} = -\frac{\Delta[\text{reagente}]}{\Delta t}$$

Mas isso ainda não explica o fato de o número de moléculas de NO_2 produzidas em um determinado tempo ser maior que o número de moléculas de N_2 consumidas. Para explicarmos esse processo, também incluímos o coeficiente estequiométrico no denominador da expressão de velocidade:

$$\text{Velocidade} = -\frac{\Delta[\text{produto}]}{v_{\text{prod}}\Delta t} \qquad (11.2a)$$

ou

$$\text{Velocidade} = -\frac{\Delta[\text{reagente}]}{v_{\text{reag}}\Delta t} \qquad (11.2b)$$

Aqui, ν_{prod} é o coeficiente estequiométrico do produto medido, e ν_{reag} é o coeficiente do reagente. ▸ Ao considerar a estequiometria desse modo, garantimos que a mesma velocidade de reação seja obtida utilizando-se ou a velocidade do desaparecimento dos reagentes ou a de surgimento dos produtos. O Problema-modelo 11.1 ilustra a conexão entre estequiometria e velocidades.

Usamos também o símbolo ν para representar os coeficientes estequiométricos em várias equações termodinâmicas.

POR DENTRO DE

PROBLEMA-MODELO ◂ 11.1

A produção de NO_2 a partir de nitrogênio e oxigênio, $N_2 + 2\ O_2 \rightarrow 2\ NO_2$, foi estudada em um experimento, e a velocidade do consumo de nitrogênio foi medida como $2{,}5 \times 10^{-5}$ mol L^{-1} s^{-1}. Qual foi a velocidade da produção de NO_2 nesse experimento?

Estratégia Use a estequiometria da reação para relacionar as respectivas expressões de velocidade. Uma vez que a velocidade da reação é a mesma, independentemente da quantidade medida, podemos ajustar as expressões para a velocidade do dióxido de nitrogênio que aparece e do nitrogênio que desaparece, as quais são iguais entre si, e encontrar a quantidade desconhecida.

Solução Comece escrevendo as expressões para a velocidade de reação em termos das concentrações de NO_2 e de N_2.

$$\text{Velocidade} = -\frac{\Delta[N_2]}{2\,\Delta t} = \frac{\Delta[NO_2]}{3\,\Delta t}$$

Lembre-se de que a variação na concentração do reagente é uma grandeza *negativa* e substitua $-2{,}5 \times 10^{-5}$ mol L^{-1} s^{-1} por $\frac{\Delta[N_2]}{\Delta t}$:

$$2{,}5 \times 10^{-5}\,\text{mol L}^{-1}\text{s}^{-1} = \frac{\Delta[NO_2]}{2\,\Delta t}$$

Encontre o resultado para a velocidade de formação de NO_2:

$$\begin{aligned}\frac{\Delta[NO_2]}{\Delta t} &= 2(2{,}5 \times 10^{-5}\,\text{mol L}^{-1}\text{s}^{-1}) \\ &= 5{,}0 \times 10^{-5}\,\text{mol L}^{-1}\text{s}^{-1}\end{aligned}$$

Discussão Para alguns estudantes, a parte mais trabalhosa dessa descrição matemática da velocidade é o sinal negativo quando as concentrações de reagentes são usadas. Ao recordarmos nossa definição padrão para Δ, no entanto, podemos observar mais explicitamente a importância desse sinal. Nesse caso, estamos interessados no $\Delta[N_2]$, que é $[N_2]_{final} - [N_2]_{inicial}$. A concentração inicial de um reagente é maior que sua concentração algum tempo depois, logo $\Delta[N_2]$ é negativo. Precisamos do sinal negativo na equação para que a velocidade não seja um número negativo.

Verifique seu entendimento O nitrogênio forma inúmeros diferentes óxidos; o pentóxido de dinitrogênio se decompõe para formar O_2 (juntamente com dióxido de nitrogênio) por meio da reação $2\,N_2O_5 \rightarrow 4\,NO_2 + O_2$. Se a velocidade de desaparecimento do N_2O_5 é $4{,}0 \times 10^{-6}$ mol L^{-1} s^{-1}, qual é a velocidade de surgimento de cada produto?

Velocidade média e velocidade instantânea

Pensemos em um experimento simples como o que é mostrado na **Figura 11.2**. Pegue um frasco de vidro e coloque uma vela dentro. Acenda a vela, deixe-a queimar por alguns momentos e cubra o frasco com uma tampa. Observe

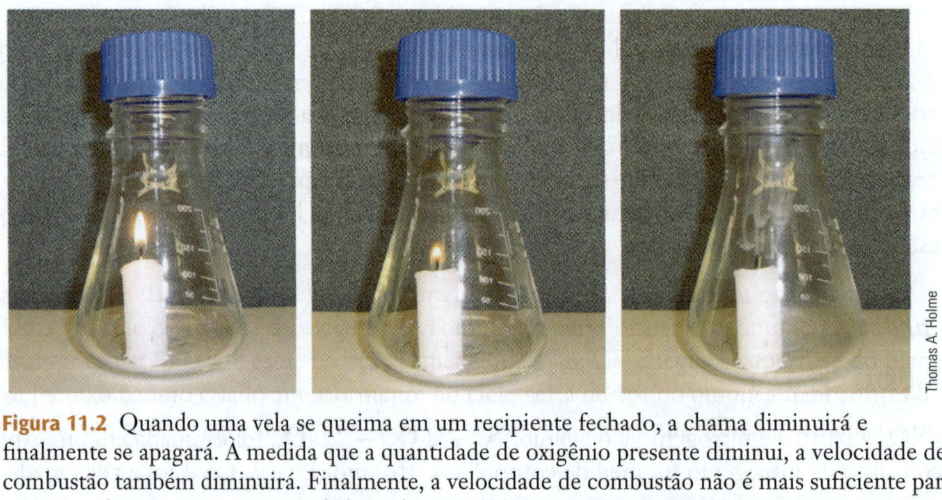

Figura 11.2 Quando uma vela se queima em um recipiente fechado, a chama diminuirá e finalmente se apagará. À medida que a quantidade de oxigênio presente diminui, a velocidade de combustão também diminuirá. Finalmente, a velocidade de combustão não é mais suficiente para manter a chama, mesmo que ainda haja algum oxigênio presente no recipiente.

a chama. O que acontece? A chama brilhante gradualmente diminui de tamanho até que se apague, já que a concentração de um reagente, o oxigênio, diminuiu. Durante esse experimento, a velocidade da reação de combustão diminui até que a reação acabe. Qual é a velocidade da reação? Ela é a velocidade na qual o oxigênio é consumido na chama brilhante ou aquela em que a chama se extinguiu? Esse simples experimento mostra que a velocidade que observamos depende de quando ou como fazemos nossas observações.

A **Figura 11.3** apresenta um gráfico da concentração de ozônio como uma função do tempo em um experimento no laboratório. Examinando essa figura de perto, podemos ver a sutil diferença entre a velocidade média de reação e a velocidade instantânea de reação. A diferença entre esses dois métodos de definição da velocidade está na quantidade de tempo necessária para fazer a observação. Para a **velocidade média**, duas concentrações são medidas em tempos separados por uma diferença finita, e o grau de inclinação da linha entre elas fornece a velocidade. A **velocidade instantânea** se refere à velocidade em um único momento e é dada pelo grau de inclinação de uma linha tangente à curva definida pela variação na concentração *versus* tempo. ▸ Como mostra a Figura 11.3, essas duas inclinações podem diferir. (Voltando à analogia da viagem de automóvel, sua velocidade instantânea a qualquer momento, durante um longo percurso, pode ser bem diferente de sua velocidade média durante o mesmo percurso. Você pode acelerar para ultrapassar outro carro ou parar em um sinal de trânsito, por exemplo.) Na maioria dos casos, preferimos trabalhar em cinética com velocidades instantâneas. Uma velocidade comumente medida é a velocidade inicial: a velocidade instantânea da reação no momento em que ela se inicia. Na Figura 11.3, a linha tangente e a curva de concentração coincidem pelo menos por curto período no início da reação, portanto a velocidade instantânea inicial é relativamente fácil de ser medida.

Se você estiver familiarizado com cálculo, perceberá que a velocidade instantânea é a derivada da concentração em relação ao tempo.

POR DENTRO DE Para determinarmos as velocidades de reação em sistemas complicados como aqueles responsáveis pela poluição atmosférica fotoquímica, em geral tentamos medir independentemente as velocidades das mesmas reações no laboratório. Assim, para considerar as reações que ocorrem em um motor de combustão interna para produzir óxidos de nitrogênio, um químico teria que planejar um experimento que medisse as velocidades de reação de alguma espécie bem reativa, tal como os átomos de oxigênio. A espécie reativa é inicialmente criada (talvez usando um pulso de luz a *laser* para quebrar a ligação no O_2), e então seu rápido consumo é monitorado. Essa pode ser uma medição difícil, já que a reação pode ocorrer com extrema rapidez. Espécies reativas como átomos de oxigênio reagem com a maioria dos produtos químicos no recipiente da reação, portanto muito cuidado deve ser tomado para isolar a espécie reagente a fim de garantir que ocorra somente a reação de interesse. Uma vez que as concentrações das espécies reagentes são medidas, uma equação pode ser formulada para descrever como a velocidade depende dessas concentrações.

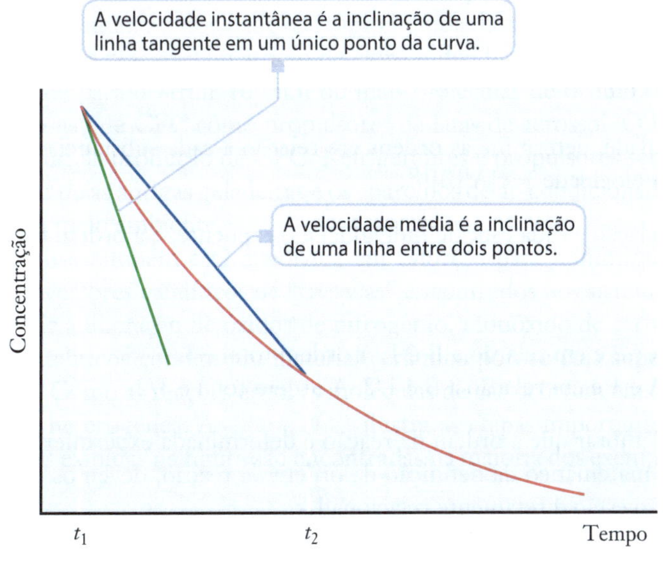

Figura 11.3 A distinção entre a velocidade instantânea da reação e a velocidade média medida por alguns períodos de tempo é ilustrada aqui. A inclinação da linha verde à esquerda fornece a velocidade instantânea no tempo t_1. A inclinação da linha azul à direita fornece a velocidade média para o período entre o tempo t_1 e o tempo t_2.

11.3 Leis de velocidade e a dependência da concentração em relação às velocidades

Vimos na Figura 11.2 que, à medida que o O_2 é consumido, a velocidade de combustão diminui. E também vimos algumas evidências de que a velocidade de uma reação química depende de vários fatores. Um desses fatores, a concentração das espécies reagentes, pode nos ajudar a entender por que a velocidade de formação de ozônio aumenta drasticamente quando maiores quantidades de NO e COVs estão presentes. Para começar a explorar essa questão, vamos primeiro investigar como as velocidades de reação medidas em um laboratório dependem da concentração.

A lei de velocidade

As observações de muitas reações químicas mostram que a dependência da velocidade de reação referente à concentração geralmente segue relações matemáticas relativamente simples. Esse comportamento pode ser resumido em uma equação matemática conhecida como **lei de velocidade**. Existem duas formas úteis da lei de velocidade, e começamos com a **lei de velocidade diferencial** (o nome e a relação são provenientes do cálculo). Para uma reação entre as substâncias X e Y, a velocidade de reação pode normalmente ser descrita por uma equação da forma

$$\text{Velocidade} = k[\text{X}]^m[\text{Y}]^n \qquad (11.3)$$

onde a velocidade depende de uma **constante de velocidade (*k*)** e das concentrações dos reagentes [X] e [Y]. Os expoentes m e n são geralmente números inteiros ou meio inteiros. *Os valores reais dos expoentes* m *e* n *devem ser medidos experimentalmente*. (Em alguns casos, esses valores podem estar relacionados aos coeficientes estequiométricos da reação, mas nem sempre!)

Os valores dos expoentes, determinados experimentalmente, nesse caso m e n, são chamados **ordem da reação**. Por exemplo, se $m = 1$, a reação é de primeira ordem em relação ao reagente X; se $m = 2$, a reação é de segunda ordem em relação a X. Não é comum um expoente na lei de velocidade ter um valor maior que dois. Quando uma lei de velocidade depende de mais de uma concentração de reagente, podemos fazer a distinção entre a ordem total da reação e a ordem em relação a reagentes individuais. Assim, uma lei de velocidade tal como

$$\text{Velocidade} = k[\text{A}][\text{B}]$$

é de segunda ordem total, mas de primeira ordem em relação ao reagente A e de primeira ordem em relação ao reagente B. (Subentende-se que cada expoente seja 1.) O Problema-modelo 11.2 ilustra mais a terminologia usada para descrever as ordens de reação.

PROBLEMA-MODELO ◂ 11.2

Nas seguintes leis de velocidade, determine as ordens em relação a cada substância e a ordem total da reação. (a) Velocidade = $k[\text{A}]^2[\text{B}]$, (b) Velocidade = $k[\text{A}][\text{B}]^{1/2}$.

Estratégia A ordem em relação a cada espécie individual é o expoente, e a ordem total é a soma das ordens individuais.

Solução

(a) A ordem em relação a A é 2 e em relação a B é 1. A ordem total é 3.
(b) A ordem em relação a A é 1 e em relação a B é 1/2. A ordem total é 3/2.

Discussão É importante lembrar que a ordem da reação é determinada experimentalmente. Apesar de esse problema focalizar um detalhe matemático da definição da ordem da reação, devemos ter em mente que a ordem da reação e a estequiometria não estão diretamente relacionadas.

Verifique seu entendimento As seguintes reações foram estudadas no laboratório e determinaram-se suas respectivas leis de velocidade. Encontre as ordens de reação em relação a cada reagente e a ordem total em cada uma das seguintes reações:

(a) $H_2(g) + Br_2(g) \rightarrow 2\ HBr$; velocidade = $k[H_2][Br_2]$
(b) $2\ N_2O_5 \rightarrow 4\ NO_2 + O_2$; velocidade = $k[N_2O_5]$

A constante de velocidade fornece informações valiosas sobre a cinética de uma reação química. Talvez o mais importante seja que a magnitude da constante de velocidade mostre se uma reação se desenvolve ou não rapidamente. Se a constante de velocidade é pequena, a reação provavelmente se desenvolve de forma lenta. Em contraste, uma constante de velocidade grande indica uma reação rápida. As constantes de velocidade para reações químicas se estendem por muitas ordens de grandeza. Devemos ainda salientar que o valor da constante de velocidade depende da temperatura da reação. (Abordaremos a dependência em relação à temperatura adiante, na Seção 11.5, mas pode levar um tempo até nos acostumarmos com a ideia de uma "constante" que é uma função de uma variável.) A dependência da temperatura em relação à velocidade de reação é descrita quanto à constante de velocidade, como veremos na Seção 11.5.

As unidades de uma constante de velocidade dependem da ordem total da reação. Já estabelecemos que a velocidade tem unidades de mol L^{-1} s^{-1} quando as concentrações são dadas em mol L^{-1}. As unidades da constante de velocidade devem ser escolhidas de forma que elas se equilibrem na lei de velocidade. Você deve ser capaz de verificar que as unidades para a constante de velocidade de uma reação de primeira ordem devem ser s^{-1}, enquanto para reações de segunda ordem a constante de velocidade tem unidades L mol^{-1} s^{-1}.

Você provavelmente já ouviu falar sobre preocupações com a destruição da camada de ozônio na estratosfera. Uma reação importante nessa depleção do ozônio é a conversão do O_3 em um alótropo de O_2 mais estável.

$$2\ O_3(g) \rightarrow 3\ O_2(g)$$

Essa reação tem sido amplamente estudada, e sua velocidade depende das concentrações do reagente, O_3, e do produto, O_2. O aumento da concentração de O_2, no entanto, reduz a velocidade da reação, em vez de aumentá-la. Essa observação requer um expoente negativo para o oxigênio na lei de velocidade. Assim, a lei de velocidade para $2\ O_3 \rightarrow 3\ O_2$ é dada por

$$\text{Velocidade} = k\frac{[O_3]^2}{[O_2]}$$

ou

$$\text{Velocidade} = k[O_3]^2[O_2]^{-1}$$

É também incomum encontrar ordens de 1/2 ou –1/2 em leis de velocidade para algumas reações.

Determinação da lei de velocidade

Como já observamos, uma lei de velocidade deve ser determinada experimentalmente. Há dois modos comuns de fazer isso. Um deles é usar uma série de gráficos para comparar dados para diversas leis de velocidade possíveis, e esse método é enfatizado na Seção 11.4. Inicialmente, examinaremos a outra abordagem, que é medir a velocidade inicial da reação enquanto se ajustam as concentrações dos diversos reagentes.

Para vermos a lógica necessária para determinar uma lei de velocidade, vamos pensar em uma reação simples na qual alguma substância que marcaremos como A é o único reagente. A velocidade para tal reação deve ser dada por uma constante de velocidade vezes a concentração de A elevada a alguma potência.

$$\text{Velocidade} = k[A]^n$$

Tenha sempre em mente que a ordem da reação (n) é, em geral, um número inteiro e raramente maior que dois. Isso nos dá três ordens prováveis: 0, 1 e 2. Em cada um desses casos, se a concentração de A for dobrada, a velocidade variará de um modo simples e previsível.

1. Se $n = 0$, ao dobrarmos a concentração de A, não alteraremos a velocidade em nada, porque qualquer grandeza elevada à potência 0 é 1.
2. Se $n = 1$, ao dobrarmos a concentração de A, *dobraremos* a velocidade.
3. Se $n = 2$, ao dobrarmos a concentração de A, aumentaremos a velocidade em um *fator de 4* (porque $2^2 = 4$).

Outras ordens de reação são também possíveis e podem criar relações mais complicadas. Porém, esses três casos cobrem a grande maioria das reações que encontraremos. O Problema-modelo 11.3 mostra como podemos usar o método de velocidades iniciais para determinar a lei de velocidade para uma reação que envolve apenas um reagente.

PROBLEMA-MODELO ◂ 11.3

Neste capítulo, já mencionamos a decomposição de N_2O_5:

$$2\,N_2O_5(g) \rightarrow 4\,NO_2(g) + O_2(g)$$

Considere os seguintes dados para a cinética desta reação:

Experimento	$[N_2O_5]$ inicial (mol L^{-1})	Velocidade inicial da reação (mol L^{-1} s^{-1})
1	$3{,}0 \times 10^{-3}$	$9{,}0 \times 10^{-7}$
2	$9{,}0 \times 10^{-3}$	$2{,}7 \times 10^{-6}$

Determine a lei de velocidade e a constante de velocidade para essa reação na temperatura desses experimentos.

Estratégia Para estabelecer a lei de velocidade, determine a ordem em relação ao reagente por meio da percepção do modo como a velocidade altera com a variação da concentração. Escreva a lei de velocidade e calcule k substituindo a concentração e a velocidade de um dos experimentos na lei de velocidade.

Solução Quando examinamos os dados, vemos que a concentração inicial triplica do primeiro para o segundo experimento:

$$3(3{,}0 \times 10^{-3}) = 9{,}0 \times 10^{-3}\ \text{mol L}^{-1}$$

E a velocidade também triplica:

$$3(9{,}0 \times 10^{-7}) = 2{,}7 \times 10^{-6}\ \text{mol L}^{-1}\ \text{s}^{-1}$$

Já que ao triplicarmos a concentração triplicamos a velocidade, a reação deve ser de primeira ordem em relação a N_2O_5:

$$\text{Velocidade} = k[N_2O_5]$$

Agora, use os valores de cada experimento para determinar k. Utilizando o Experimento 1 da tabela,

$$9{,}0 \times 10^{-7}\ \text{mol L}^{-1}\ \text{s}^{-1} = k(3{,}0 \times 10^{-3}\ \text{mol L}^{-1})$$

Logo, $k = 3{,}0 \times 10^{-4}\ \text{s}^{-1}$.

Analise sua resposta Nesse problema, não temos muito que intuir logo de início, mas podemos examinar rapidamente os números e ver que eles são razoáveis, pois focalizam as ordens de grandeza. Observando apenas as potências de 10, as velocidades medidas e as concentrações usadas nos experimentos têm diferenças de 10^{-3} ou 10^{-4}. Obter um valor para k dentro dessa faixa, então, faz sentido.

Discussão O tamanho absoluto da concentração inicial não importa quando realizamos esse tipo de experimento. Nem a escolha de dobrar ou triplicar essa concentração inicial. Poderíamos ter igualmente escolhido cortar a concentração inicial pela metade e medir uma nova velocidade. A lógica usada para determinar a lei de velocidade permanece a mesma. Se estivéssemos fazendo o experimento, provavelmente escolheríamos alterar a concentração por um fator de 2 ou 3, em vez de um valor arbitrário, mas isso não é necessário. Esse processo apenas facilita o reconhecimento dos efeitos esperados para cada ordem de reação possível.

Verifique seu entendimento O resultado mudaria se usássemos o Experimento 2 para determinar a constante de velocidade?

Agora, vamos confrontar a situação na qual são usados dois reagentes. Para tanto, precisamos determinar a ordem em relação a cada um deles. Nesse caso, nossa lei de velocidade terá três incógnitas: a constante de velocidade e as duas ordens de reação. Para determinarmos valores para esses três parâmetros, devemos realizar ao menos três experimentos. (Isso resulta da ideia de que ao menos três equações são necessárias para resolver as três incógnitas.) Ao trabalhar com um sistema que depende de diversas variáveis, é sempre bom tentar separar a influência de uma variável das outras, o que pode ser feito mantendo uma concentração de reagente constante enquanto variamos a outra para determinar seu efeito na velocidade, como mostrado no Problema-modelo 11.4.

POR DENTRO DE

PROBLEMA-MODELO ◀ 11.4

No tipo de mistura complexa de gases que podemos encontrar no ar urbano, muitas reações químicas podem ocorrer. Por exemplo, o NO_2, que mencionamos como uma espécie-chave na formação do ozônio, também pode reagir com o ozônio.

$$NO_2 + O_3 \rightarrow NO_3 + O_2$$

Em um estudo desta seção foram realizados e obtiveram-se os seguintes dados:

Experimento	$[NO_2]$ inicial (mol L^{-1})	$[O_3]$ inicial (mol L^{-1})	Velocidade inicial da reação (mol L^{-1} s^{-1})
1	$2{,}3 \times 10^{-5}$	$3{,}0 \times 10^{-5}$	$1{,}0 \times 10^{-5}$
2	$4{,}6 \times 10^{-5}$	$3{,}0 \times 10^{-5}$	$2{,}1 \times 10^{-5}$
3	$4{,}6 \times 10^{-5}$	$6{,}0 \times 10^{-5}$	$4{,}2 \times 10^{-5}$

Determine a lei de velocidade e a constante de velocidade para essa reação.

Estratégia Para determinar a ordem em relação a cada um dos reagentes, procure pares de experimentos que diferem apenas na concentração de um reagente e compare suas velocidades. Qualquer diferença na velocidade *é* por causa do efeito do reagente cuja concentração variou. Escreva a lei de velocidade e utilize-a para determinar k.

Solução

Ordem em relação a NO_2

Com base nos Experimentos 1 e 2, vemos que, se dobrarmos $[NO_2]$ enquanto mantemos $[O_3]$ constante, dobraremos a velocidade (nos limites do erro experimental). ▶ Assim, a ordem em NO_2 é 1.

Uma vez que as velocidades são determinadas experimentalmente, a variação na velocidade pode não ser um múltiplo exato de um número inteiro.

Ordem em relação a O_3

Com base nos Experimentos 2 e 3, vemos que, se dobrarmos $[O_3]$ enquanto mantemos $[NO_2]$ constante, dobraremos a velocidade. Assim, a ordem em O_3 também deve ser 1. A lei de velocidade é

$$\text{Velocidade} = k[NO_2][O_3]$$

Avalie k usando os dados de qualquer um dos três experimentos. Aqui, usaremos o Experimento 2:

$$\text{Velocidade} = k[NO_2][O_3]$$

$$2{,}1 \times 10^{-5} \text{ mol L}^{-1} \text{ s}^{-1} = k(4{,}6 \times 10^{-5} \text{ mol L}^{-1})(3{,}0 \times 10^{-5} \text{ mol L}^{-1})$$

$$k = 1{,}5 \times 10^{4} \text{ L mol}^{-1} \text{ s}^{-1}$$

Analise sua resposta Mais uma vez, podemos observar rapidamente se os números são razoáveis concentrando nossa atenção nas potências de 10. Temos dois fatores de 10^{-5} (as concentrações) no lado direito da equação e um fator de 10^{-5} (a velocidade) à esquerda. A obtenção de um valor para k que compense aproximadamente uma das concentrações faz sentido.

Discussão A chave para resolver esse tipo de problema está no reconhecimento de quais concentrações variam e quais permanecem as mesmas. Às vezes, quando as velocidades são relatadas usando-se notação científica, é fácil não perceber uma variação no expoente. Esses detalhes organizacionais são a única complicação adicional desse tipo em relação ao Problema-modelo 11.3.

Verifique seu entendimento Por que as unidades para *k* nesse exemplo são diferentes das unidades no Problema-modelo 11.3?

11.4 Leis de velocidade integrada

A lei de velocidade determinada pelo método descrito na seção anterior permite prever a velocidade de uma reação para dado conjunto de concentrações. Mas, uma vez que as concentrações das substâncias reagentes variarão com o tempo, a lei de velocidade não permite prever facilmente as concentrações ou a velocidade em um tempo posterior. Para fazermos isso, precisamos formular uma equação que nos diga explicitamente como as concentrações variarão como uma função do tempo. Essa nova equação, chamada **lei de velocidade integrada**, pode ser deduzida da própria lei de velocidade. (Veja o quadro "Conexões matemáticas", a seguir.) O raciocínio por trás da lei de velocidade integrada é este: se conhecemos todas as concentrações em um sistema reagente em dado momento e sabemos como a velocidade de reação varia com o tempo, então somos capazes de prever quais serão as concentrações em um momento posterior. Isso é semelhante em conceito a um problema físico no qual você pode calcular a posição de um projétil a partir de sua posição e velocidade iniciais.

As formas diferenciais e integrais da lei de velocidade são iguais e válidas. A lei de velocidade integrada é útil se queremos considerar as concentrações como uma função do tempo.

A forma da lei de velocidade integrada depende da ordem da reação. Se soubermos as leis de velocidade integrada para algumas poucas ordens de reação, poderemos utilizá-las como modelos de comparação com os dados. Como veremos adiante, isso fornece um conveniente meio alternativo de determinar a lei de velocidade para uma reação.

Conexões matemáticas

Você provavelmente já estudou integral em cálculo. Se sim, pode imaginar pelo nome que a lei de velocidade integrada é encontrada pela integração da lei de velocidade. Vamos examinar como isso é feito. (Caso não tenha visto integral ainda, não se preocupe, pois você pode trabalhar com a lei de velocidade integrada sem saber como deduzi-la.) O caso mais simples para começarmos é uma reação de ordem zero com um único reagente que chamaremos outra vez de A. Para tal caso, a lei de velocidade é apenas

$$\text{Velocidade} = k[\text{A}]^0 = k$$

Agora, lembre-se de que a velocidade é a variação na concentração durante a variação do tempo. Temos escrito isso em termos de variações macroscópicas, usando a notação "Δ":

$$\text{Velocidade} = -\frac{\Delta[A]}{\Delta t} = k$$

Porém, se simplesmente deixarmos que as variações se tornem infinitesimais, podemos converter deltas em derivadas.

$$-\frac{d[A]}{dt} = k$$

Podemos rearranjar isso e colocar um dos termos diferenciais em cada lado:

$$d[\text{A}] = -kdt$$

(continua)

Agora, podemos fazer a integral de ambos os lados para eliminarmos as diferenciais. Começaremos no início da reação, quando $t = 0$ e $[A] = [A_0]$, e integrar a partir daqui até algum tempo posterior quando os valores correspondentes forem apenas t e $[A]_t$:

$$\int_{[A]_0}^{[A]_t} d[A] = -k\int_0^t dt$$

Essas duas integrais são simples de calcular, e chegamos ao seguinte resultado:

$$[A]_t - [A]_0 = -kt$$

Essa é a lei de velocidade integrada para a reação de ordem zero.

Se você estiver familiarizado com integração, deve ser capaz de seguir o mesmo procedimento para derivar as leis de velocidade integrada para cinéticas de primeira e segunda ordens.

Lei de velocidade integrada de ordem zero

A lei de velocidade mais simples é para uma **reação de ordem zero.** ▸

As leis de velocidade de ordem zero são relativamente raras.

$$\text{Velocidade} = k[A]^0 = k$$

Em tais casos, a velocidade de reação não variará à medida que os reagentes forem consumidos. A lei de velocidade integrada para esse tipo de cinética é dada por

$$[A]_t = [A]_0 - kt \tag{11.4a}$$

Rearranje ligeiramente essa equação e compare-a com a equação para uma linha reta com a forma $y = mx + b$.

$$[A]_t = -kt + [A]_0 \tag{11.4b}$$
$$y = mx + b$$

Uma vez que as formas dessas expressões se combinam, podemos ver que, se representarmos [A] graficamente (no eixo y) como uma função de t (no eixo x), obteremos uma linha reta. Também veremos que a inclinação da linha (m) deve ser igual a $-k$ e que a interseção de y (b) deve ser igual a $[A]_0$, a concentração inicial do reagente A. A Equação 11.4 fornece um modelo do comportamento esperado para um sistema que obedece à lei de velocidade de ordem zero. Para testarmos esse modelo, temos simplesmente que compará-lo com os dados de uma reação específica. Portanto, poderíamos medir a concentração do reagente A como uma função do tempo e então representar graficamente [A] *versus* t. Se o gráfico for linear, poderemos concluir que estamos estudando uma reação de ordem zero. A destruição catalítica do N_2O na presença de ouro é um exemplo desse tipo de cinética. ▸ Uma análise gráfica da reação é mostrada na **Figura 11.4**.

Catálise e outras reações catalíticas são discutidas na Seção 11.7.

Lei de velocidade integrada de primeira ordem

Para uma **reação de primeira ordem** de algum reagente, A, a lei de velocidade integrada é dada pelas equações:

$$\ln\frac{[A]_t}{[A]_0} = -kt \tag{11.5}$$

ou

$$[A]_t = [A]_0 e^{-kt} \tag{11.6}$$

$[A]_0$ representa a concentração inicial do reagente no tempo $t = 0$. Com essas equações, se conhecermos a constante de velocidade e a concentração inicial, poderemos prever a concentração em qualquer tempo subsequente, como mostrado no Problema-modelo 11.5.

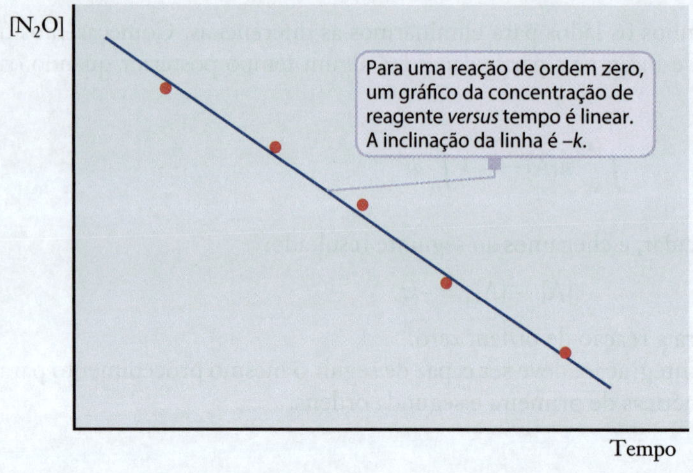

Figura 11.4 A decomposição de N_2O por ouro é um processo de ordem zero, para o qual a concentração diminui linearmente como uma função do tempo.

POR DENTRO DE

PROBLEMA-MODELO ◂ 11.5

A fotodissociação do NO_2 pelos comprimentos de onda ultravioleta da luz solar inicia a formação de *smog* fotoquímico. É uma reação de primeira ordem com uma constante de velocidade de $2{,}95 \times 10^{-3}\ \text{min}^{-1}$ em um dado nível de exposição à luz.

$$NO_2 + h\nu \rightarrow NO + O$$

Considere um experimento de laboratório no qual uma amostra de dióxido de nitrogênio é exposta à radiação UV em uma intensidade escolhida para imitar as condições para a formação de poluição em um dia de verão. ◂ Se a concentração inicial de NO_2 for 7,5 mmol L^{-1}, qual será a concentração após 2 horas?

A estimativa da exposição solar é bastante complexa e requer o uso do fluxo actínico, que inclui luz solar direta e luz difusa.

Estratégia Converta o tempo dado em segundos para combinar as unidades da constante de velocidade e, então, use a lei de velocidade integrada de primeira ordem para encontrar [NO_2] no tempo desejado. (Note que mmol L^{-1} é o mesmo que 10^{-3} mol L^{-1}.)

Solução

$$2{,}0 \text{ horas} \left(\frac{60 \text{ min}}{1 \text{ hora}}\right) = 120 \text{ min}$$

$$[NO_2] = [NO_2]_0 e^{-kt}$$

$$= 7{,}5 \text{ mmol L}^{-1}\left(e^{-(2{,}95\times10^{-3}\text{ min}^{-1})(120\text{ min})}\right)$$

$$= 5{,}3 \text{ mmol}$$

Discussão Esse problema nos lembra da importância de usar unidades consistentes. O argumento de um expoente nunca pode ter unidades, logo, quando colocamos em valores para *k* e *t*, eles devem ter a mesma unidade de tempo (segundos ou minutos, por exemplo).

Verifique seu entendimento Outra reação fotoquímica importante ocorre na estratosfera, onde o ozônio interage com a radiação UV e é decomposto em átomos de O_2 e O. A 40 km acima da superfície da Terra, essa reação prossegue com uma constante de velocidade de primeira ordem de $1{,}0 \times 10^{-3}\ s^{-1}$. Se um experimento fosse simular a essas condições, quanto tempo levaria para uma concentração inicial de ozônio de 5,0 mmol L^{-1} cair para 2,1 mmol L^{-1}?

A **Figura 11.5** mostra um gráfico de [NO_2] *versus* tempo para o experimento descrito no Problema-modelo 11.5.

Uma olhada rápida nas Figuras 11.4 e 11.5 mostra uma diferença muito clara entre os dois gráficos de concentração *versus* tempo: um é linear e o outro claramente não é. A curva mostrada para a reação de primeira ordem na

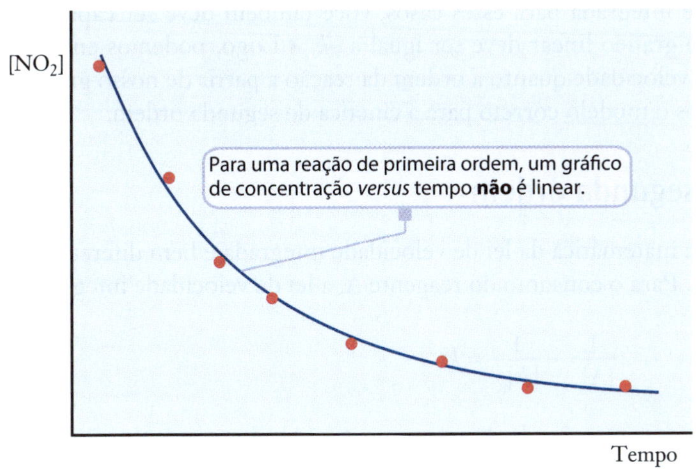

Figura 11.5 Este gráfico de $[NO_2]$ *versus* tempo mostra que a dissociação do NO_2 não segue uma lei de velocidade de ordem zero, já que o gráfico é claramente não linear.

Figura 11.5 é um exemplo do que é conhecido como decaimento exponencial. Você provavelmente está familiarizado com esse tipo de curva visto em aulas de matemática e verá muitos outros fenômenos físicos que mostram esse tipo de comportamento à medida que prossegue em seus estudos de engenharia.

Suponha que tivéssemos medido os dados mostrados na Figura 11.5, mas que ainda não soubéssemos a ordem da reação. O fato de o gráfico de concentração *versus* tempo não ser linear mostra que a reação *não* é de ordem zero; ela não se encaixa no modelo da lei de velocidade. Em seguida, poderíamos perguntar se a reação é de primeira ordem. Podemos responder a essa pergunta comparando os dados ao modelo de comportamento de primeira ordem. Um modo de fazer isso é tentar encaixar um decaimento exponencial (Equação 11.6) nos dados, o que pode ser feito com uma calculadora gráfica, uma planilha ou alguma outra ferramenta que seja apropriada para funções não lineares. Porém, se estivermos examinando os dados visualmente, um gráfico curvo não será tão fácil de avaliar como uma linha reta, então poderemos querer manipular os dados para que resultem em uma linha reta. ▸ Esse processo requer apenas um pouco de álgebra para ordenar a lei de velocidade integrada de uma forma linear.

Transformar dados para fornecer um gráfico linear é uma maneira conveniente de comparar os dados com o modelo.

$$\ln[A] = -kt + \ln[A]_0$$

Agora temos uma equação que fornece uma linha reta quando representamos graficamente ln[A] *versus* tempo. A **Figura 11.6** mostra os mesmos dados da Figura 11.5, só que manipulados para resultarem nesse gráfico de linha reta.

Neste ponto, podemos ver que, (1) se um gráfico de [A] *versus* tempo é linear, a reação é de ordem zero; e (2) se um gráfico de ln[A] *versus* tempo é linear, a reação é de primeira ordem. A partir da forma das equações da lei

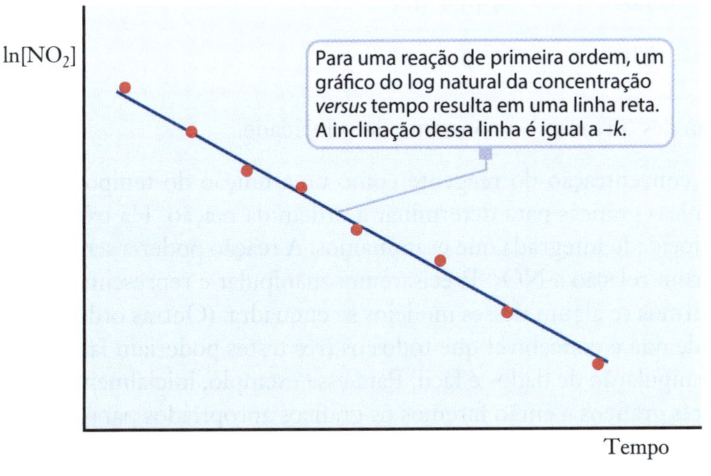

Figura 11.6 A lei de velocidade integrada de primeira ordem prevê que um gráfico do logaritmo natural da concentração do reagente *versus* tempo deve ser linear. Aqui vemos que este é o caso para a dissociação do NO_2.

A grandeza ln[A] não tem unidades, logo as unidades para a inclinação – e da constante de velocidade de primeira ordem – são simplesmente 1/tempo.

de velocidade integrada para esses casos, você também deve ser capaz de ver que a inclinação do gráfico linear deve ser igual a $-k$. ◂ Logo, podemos encontrar tanto a constante de velocidade quanto a ordem da reação a partir de nosso gráfico. A seguir, examinaremos o modelo correto para a cinética de segunda ordem.

Lei de velocidade integrada de segunda ordem

Para **reações de segunda ordem**, a forma matemática da lei de velocidade integrada é bem diferente daquela que usamos para as reações de primeira ordem. Para o consumo do reagente A, a lei de velocidade integrada é

$$\frac{1}{[A]_t} - \frac{1}{[A]_0} = kt \tag{11.7}$$

Como apontado anteriormente, $[A]_t$ é a concentração de A no tempo t e $[A]_0$ é a concentração inicial. Se conhecemos o valor de k, podemos usar essa equação e as mesmas estratégias utilizadas no Problema-modelo 11.5 para estudarmos reações de segunda ordem. Essa equação fornece um modelo matemático para uma reação de segunda ordem como uma função do tempo. E como vimos nos casos anteriores, um bom modo de comparar dados para esse modelo é nos basearmos em um gráfico de linha reta. A forma da lei de velocidade integrada para cinética de segunda ordem sugere, imediatamente, a natureza de um gráfico linear; nesse caso, devemos representar graficamente 1/[A] *versus* tempo. Se tal gráfico for linear, então a reação será de segunda ordem. O Problema-modelo 11.6 proporciona prática no uso de técnicas gráficas para determinar a ordem das reações.

POR DENTRO DE

PROBLEMA-MODELO ◂ 11.6

A fotodissociação por radiação UV não é o único destino possível do NO_2 na atmosfera urbana. Uma reação de decomposição comum, na qual NO_2 reage para formar NO e O_2, também é possível. Essa reação foi estudada a 370°C por um aluno, e os seguintes dados foram obtidos.

Tempo (s)	$[NO_2]$ (mol L^{-1})
0,0	$3,00 \times 10^{-1}$
5,0	$1,97 \times 10^{-2}$
10,0	$1,00 \times 10^{-2}$
15,0	$7,00 \times 10^{-3}$
20,0	$5,20 \times 10^{-3}$
25,0	$4,10 \times 10^{-3}$
30,0	$3,50 \times 10^{-3}$

Com base nesses dados, determine a ordem dessa reação e a constante de velocidade.

Estratégia A informação disponível é a concentração do reagente como uma função do tempo para um único experimento, então precisaremos usar técnicas gráficas para determinar a ordem da reação. Há três possibilidades que podemos explorar usando as leis de velocidade integrada que examinamos. A reação poderia ser de ordem zero, de primeira ordem ou de segunda ordem com relação a NO_2. Precisaremos manipular e representar em gráfico os dados de diversas maneiras para determinarmos se algum desses modelos se enquadra. (Outras ordens também são possíveis, portanto devemos estar cientes de que é concebível que todos os três testes poderiam falhar.) Com uma planilha ou uma calculadora gráfica, tal manipulação de dados é fácil. Para esse exemplo, inicialmente calcularemos todos os dados necessários para todos os três gráficos e então faremos os gráficos apropriados para encontrarmos a relação linear e determinarmos a lei de velocidade.

Solução As três versões de concentração de que precisamos para representar graficamente *versus* o tempo são $[NO_2]$ (modelo de ordem zero), $\ln[NO_2]$ (modelo de primeira ordem) e $1/[NO_2]$ (modelo de segunda ordem). A tabela a seguir fornece os dados necessários para o gráfico.

Tempo	$[NO_2]$	$\ln[NO_2]$	$1/[NO_2]$
0,0	$3,00 \times 10^{-1}$	−1,20	3,33
5,0	$1,97 \times 10^{-2}$	−3,93	50,8
10,0	$1,00 \times 10^{-2}$	−4,61	100,
15,0	$7,00 \times 10^{-3}$	−4,96	140,
20,0	$5,20 \times 10^{-3}$	−5,26	190,
25,0	$4,10 \times 10^{-3}$	−5,50	240,
30,0	$3,50 \times 10^{-3}$	−5,65	290,

Inicialmente, represente a concentração *versus* o tempo para determinar se a reação é de ordem zero:

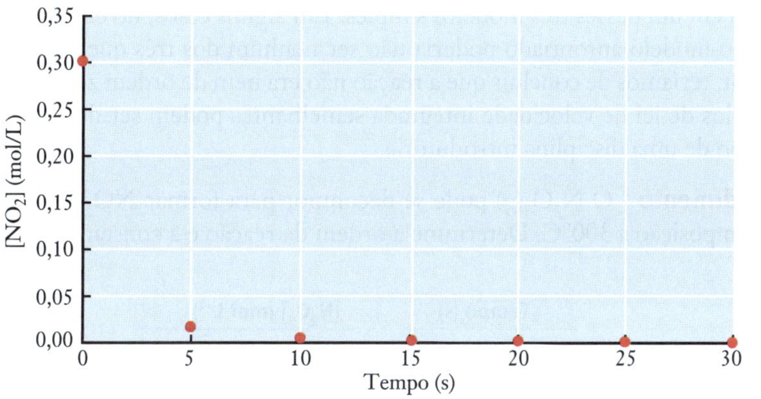

Esse gráfico claramente não é linear, logo devemos prosseguir para as outras possibilidades. Para verificar a cinética de primeira ordem, precisamos representar $\ln[NO_2]$ *versus* tempo:

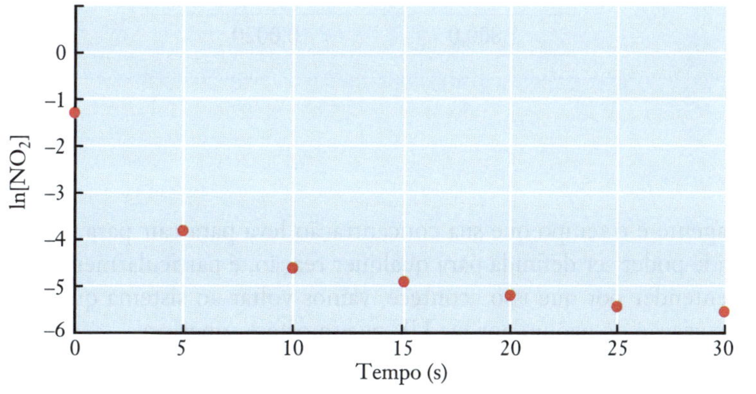

Do mesmo modo que o gráfico para a cinética de ordem zero, este gráfico não é linear, portanto a reação não é de primeira ordem. Nossa opção final é representarmos $1/[NO_2]$ *versus* tempo para verificar se a reação é de segunda ordem:

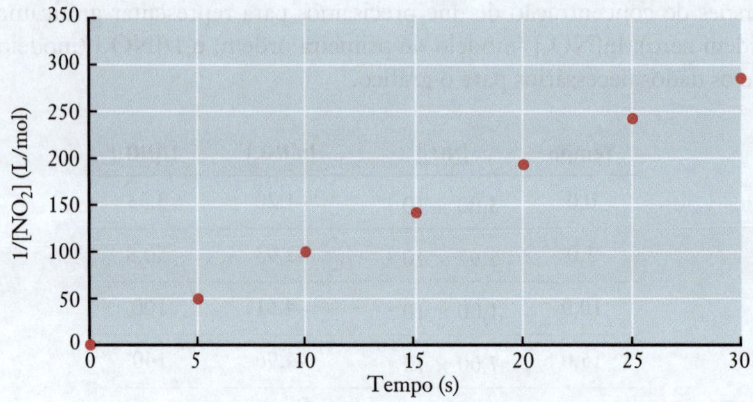

As funções de regressão linear em uma calculadora ou planilha de cálculo podem determinar a inclinação de uma reta de melhor encaixe.

O gráfico é linear, então, a reação deve ser de segunda ordem. Para determinarmos a constante de velocidade, precisaremos determinar a inclinação da linha. ◂ Avaliando o gráfico, a linha cruza 50 a 5 segundos e 200 a 21 segundos. Calculando a inclinação (ordenada/abscissa) a partir desses números, temos 150/16, que é 9,4 L mol^{-1} s^{-1}. (As unidades também são dadas pelo conceito ordenada/abscissa a partir do gráfico.)

Discussão Uma vez que este é um livro introdutório, escolhemos nossos exemplos para que se enquadrem em um desses três modelos simples. Em alguns casos, no entanto, a cinética de reação pode ser bem complicada e o modelo apropriado poderia não ser nenhum dos três que tentamos aqui. Se nenhum dos três gráficos fosse linear, teríamos de concluir que a reação não era nem de ordem zero, nem de primeira ou nem de segunda ordem. Modelos de lei de velocidade integrada semelhantes podem ser deduzidos para outros casos, mas isso está além do escopo de uma disciplina introdutória.

Verifique seu entendimento O $N_2O_5(g)$ pode se decompor para formar NO_2 e O_2. Os dados a seguir foram obtidos para essa decomposição a 300°C. Determine a ordem da reação e a constante de velocidade.

Tempo (s)	$[N_2O_5]$ (mol L^{-1})
0,0	0,1500
300,0	0,0729
600,0	0,0316
900,0	0,0203
1.200,0	0,0108
1.500,0	0,0051
1.800,0	0,0020

Meia-vida

A **meia-vida** de um reagente é o tempo que sua concentração leva para cair para a metade de seu valor original. Apesar de essa quantidade poder ser definida para qualquer reação, é particularmente significativa para reações de primeira ordem. Para entender por que isso acontece, vamos voltar ao sistema que consideramos no Problema-modelo 11.5, a fotodissociação do ozônio por luz UV na atmosfera superior:

$$O_3 + h\nu \rightarrow O + O_2$$

Devido às diferenças na quantidade de luz UV presente, esta reação tem velocidades diferentes em diferentes altitudes. A 10 km acima do nível do solo, por exemplo, essa reação de primeira ordem tem uma constante de velocidade de $1{,}0 \times 10^{-5} s^{-1}$. Suponha que planejássemos um experimento de laboratório no qual os níveis de temperatura e de luz àquela altitude pudessem ser reproduzidos. A **Figura 11.7** mostra o tipo de resultados que poderíamos obter.

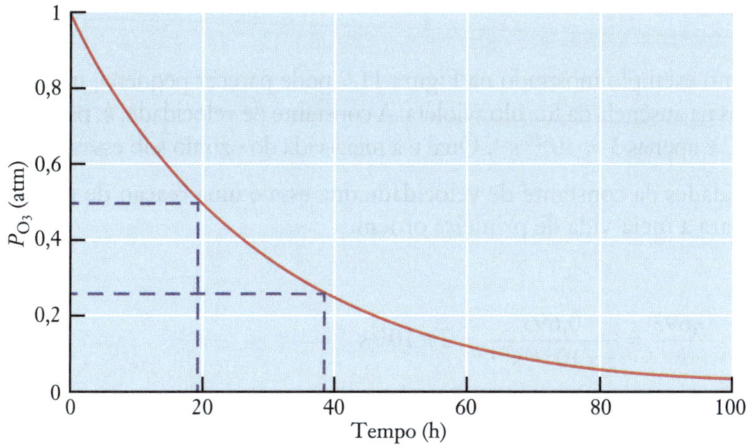

Figura 11.7 A pressão do ozônio em função do tempo em um experimento planejado para exibir a destruição do ozônio na estratosfera. A pressão do ozônio diminui pela metade a cada 19 horas.

O experimento começa com $P_{O_3} = 1$ atm e então P_{O_3} diminui com o tempo. As linhas pontilhadas na figura mostram que a pressão parcial atinge a metade de seu valor inicial após aproximadamente 19 horas. A reação continua, e a pressão cai ainda mais, atingindo 0,25 atm, ou um quarto de seu valor inicial após quase 38 horas. No primeiro período de 19 horas, a pressão do ozônio diminuiu pela metade seu valor de 1 para 0,5. Entre 19 horas e 38 horas aproximadamente no gráfico, a pressão diminuiu outra vez pela metade, dessa vez caindo de 0,5 para 0,25. Para as condições desse experimento em particular, a pressão do ozônio diminui em um fator de 2 a cada 19 horas. Logo, a meia-vida é constante, independentemente da quantidade de ozônio inicial.

Podemos obter uma expressão matemática para a meia-vida de uma reação de primeira ordem substituindo na lei de velocidade integrada (Equação 11.5). Por definição, quando a reação estiver se desenvolvendo por uma meia-vida ($t_{1/2}$), a concentração do reagente deve ser $[A] = \frac{1}{2}[A]_0$. Desse modo, temos

$$\ln\left(\frac{\frac{1}{2}[A]_0}{[A]_0}\right) = \ln\left(\frac{[A]_0}{2[A]_0}\right) = -kt_{1/2}$$

que, simplificando, fica

$$\ln\frac{1}{2} = -kt_{1/2}$$
$$\ln 1 - \ln 2 = -kt_{1/2}$$

ou

$$\ln 2 = kt_{1/2}$$

Resolvendo essa equação para achar a meia-vida, obtemos

$$t_{1/2} = \frac{\ln 2}{k} = \frac{0{,}693}{k} \qquad (11.8)$$

A Equação 11.8 relaciona a meia-vida de *qualquer reação de primeira ordem* à sua constante de velocidade. Uma vez que k não depende da quantidade de substância presente, $t_{1/2}$ também não dependerá. A meia-vida é mais utilizada para descrever a cinética de decaimento nuclear. Todos os processos de decaimento radioativo seguem a cinética de primeira ordem, e as pessoas que trabalham com processos nucleares normalmente usam meias-vidas em vez de constantes de velocidade para abordar esses sistemas. ▸ De acordo com a Equação 11.8, podemos facilmente converter a meia-vida em constante de velocidade (ou vice-versa), portanto o conhecimento de qualquer um desses dois valores fornece a mesma quantidade de informação sobre a cinética da reação. (Para o decaimento nuclear, a meia-vida também depende da temperatura.) O Problema-modelo 11.7 demonstra a conexão entre a constante de velocidade e a meia-vida.

O decaimento radiativo e sua cinética são discutidos em detalhes no Capítulo 14.

PROBLEMA-MODELO ◂ 11.7

A velocidade de fotodissociação do ozônio no exemplo mostrado na Figura 11.9 pode parecer pequena, mas ela é tremendamente maior que aquela que veríamos na ausência da luz ultravioleta. A constante de velocidade, *k*, para a decomposição térmica do ozônio no escuro a 25°C é apenas 3×10^{-26} s^{-1}. Qual é a meia-vida do ozônio sob essas condições?

Estratégia Podemos ver a partir das unidades da constante de velocidade que essa é uma reação de primeira ordem. Portanto, podemos usar a equação para a meia-vida de primeira ordem.

Solução

$$t_{1/2} = \frac{0{,}693}{k} = \frac{0{,}693}{3 \times 10^{-26}\,\text{s}^{-1}} = 2 \times 10^{25}\,\text{s}$$

Analise sua resposta Um número tão grande assim pode parecer desconcertante. No entanto, se considerarmos que a constante de velocidade e a meia-vida são inversamente proporcionais entre si, esse número faz sentido. Se a constante de velocidade é pequena, a meia-vida deve ser longa.

Discussão A comparação desse resultado com a meia-vida de 19 horas (ou aproximadamente 68.000 s) que vimos anteriormente mostra a importância dos fótons UV na reação de fotodissociação. Na ausência de luz, a constante de velocidade é menor em mais de 20 ordens de grandeza, tornando a meia-vida tremendamente longa.

Verifique seu entendimento A meia-vida da decomposição fotoquímica do N_2O_5 na estratosfera (a 40 km) é de aproximadamente 43.000 s. Qual é a constante de velocidade para a reação?

11.5 Temperatura e cinética

POR DENTRO DE Notamos que a formação de óxidos de nitrogênio em motores de automóveis é uma etapa importante na formação da poluição urbana. Os reagentes a partir dos quais esses óxidos de nitrogênio se formam são nitrogênio e oxigênio do ar em que o combustível dos carros queima. No entanto, nossa experiência no dia a dia é que o nitrogênio e o oxigênio no ar não reagem um com o outro. Realizamos nossas atividades diárias sem preocupação de que o ar ao nosso redor possa reagir para gerar compostos que são perigosos à nossa saúde. A principal diferença entre o motor do carro e nossa experiência é a temperatura do ar.

Nos motores de carros, as reações de combustão exotérmicas que alimentam o veículo também resultam em temperaturas muito altas. Todas as moléculas de gás presentes nos cilindros do motor experimentam essas altas temperaturas, incluindo o ar que é misturado com o combustível à medida que é injetado. Como podemos utilizar nosso conhecimento de gases – e, particularmente, os efeitos da alta temperatura nas moléculas de gás – para entender como a temperatura afeta a cinética da reação? E como podemos usar essas ideias para quantificar o papel da temperatura?

Efeitos da temperatura e moléculas que reagem

Discutimos a teoria cinética molecular na Seção 5.6.

Podemos pesquisar o papel da temperatura na cinética apresentando o mais útil modelo para a descrição do movimento das moléculas – a teoria cinética molecular. ◂ Consideremos os eventos que levam a uma reação química entre duas moléculas em fase gasosa. (As mesmas ideias também se aplicam a reações que envolvem sólidos e líquidos. O caso de fase gasosa é apenas mais fácil para discutirmos.)

De acordo com a teoria cinética molecular, as moléculas interagem entre si somente nas colisões. Portanto, para que duas moléculas reajam, elas têm inicialmente que colidir. No entanto, não devemos esperar que todas as colisões entre moléculas resultem em reações químicas. Nossa experiência sugere que o ar que nos rodeia é estável, apesar de moléculas de N_2 e de O_2 estarem constantemente colidindo entre si. Logo, quando o nitrogênio e o oxigênio colidem, a probabilidade de reação deve ser bem baixa. Se as colisões sozinhas não podem explicar a reatividade, quais variáveis adicionais vêm à mente? Uma possibilidade é a energia cinética das moléculas na colisão. Moléculas que se movimentam lentamente colidem com impactos suaves que geralmente não resultam em reação, enquanto moléculas que se movem rapidamente são mais prováveis de reagir.

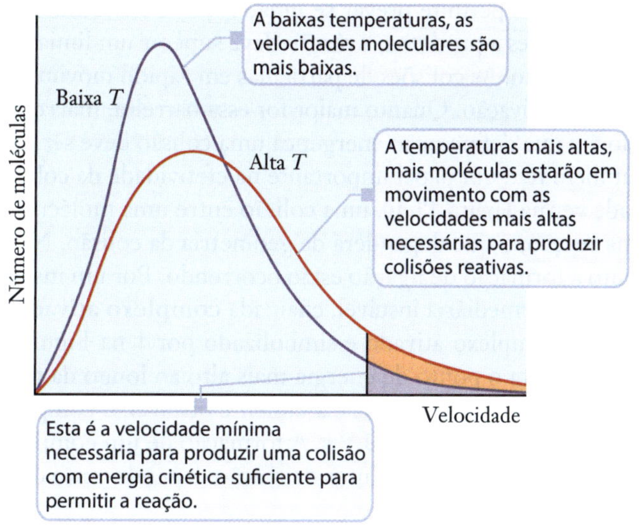

Figura 11.8 As duas curvas mostram a distribuição Maxwell-Boltzmann das velocidades moleculares para duas temperaturas. As áreas sombreadas representam o número de moléculas se movendo rápido o bastante para colidirem com energia suficiente para reagirem. Observe que há muito mais moléculas em movimento rápido a uma temperatura mais alta.

Na Seção 5.6 vimos que a distribuição de Boltzmann descreve as velocidades das moléculas. A **Figura 11.8** mostra as distribuições de velocidade para moléculas de gás em duas temperaturas. Na temperatura mais alta, uma fração maior das moléculas se movimenta em altas velocidades. Desse modo, em temperaturas mais altas, as reações tendem a prosseguir mais rapidamente porque mais colisões entre os reagentes têm as altas energias necessárias para levar a uma reação.

Por que as reações precisam de colisões de alta energia? As reações químicas envolvem a quebra e a formação de ligações químicas. Da termodinâmica sabemos que a quebra de ligações requer absorção de energia e que a formação de ligações libera energia. A intuição sugere que, antes que novas ligações possam ser feitas, as antigas devem se quebrar ou, ao menos, começar a se quebrar. Portanto, muitas reações químicas precisam absorver energia no início para começarem a quebrar as ligações nos reagentes. A **Figura 11.9** mostra como esse processo ocorre. A energia

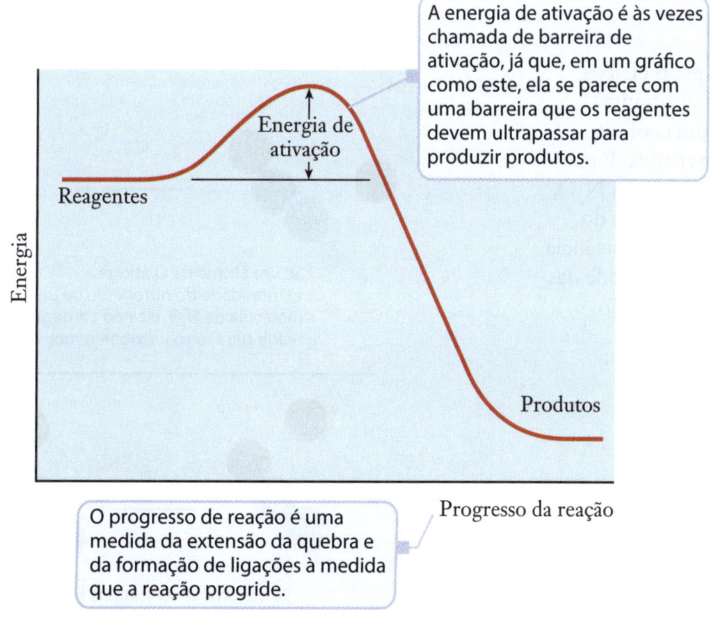

Figura 11.9 Gráfico de energia potencial para uma reação química exotérmica. Para progredir dos reagentes para os produtos, as moléculas devem colidir com energia suficiente que permita que elas ultrapassem a barreira de ativação.

inerente em reagentes ou produtos nos permite prever se uma reação é exotérmica ou endotérmica, como vimos no Capítulo 9. Mas, para ir de reagentes a produtos, a reação deve superar um limiar de energia, chamado **energia de ativação (E_a)** ou barreira de ativação. As colisões de partículas em rápido movimento fornecem energia cinética suficiente para superar a barreira de ativação. Quanto maior for essa barreira, mais energia cinética será necessária. Portanto, a energia de ativação é o que define quão energética uma colisão deve ser para levar à reação.

A geometria de colisão também tem um papel importante na efetividade da colisão entre moléculas em movimento rápido. Como você pode ver na **Figura 11.10**, uma colisão entre uma molécula de N_2O e um átomo de oxigênio pode ou não levar a uma reação, o que dependerá da geometria da colisão. No momento da colisão efetiva, tanto a quebra de ligação quanto a formação de ligação estão ocorrendo. Por um instante, à medida que ocorre um rearranjo de ligação, uma espécie intermediária instável, chamada **complexo ativado**, existe na mistura de reação. (Esse complexo ativado é simbolizado por ‡ na Figura 11.10.) O complexo ativado representa o ponto de energia mais alto ao longo da rota dos reagentes para os produtos. ◂ Uma vez que ele é altamente instável, o complexo ativado pode ter uma vida útil tão curta quanto 10^{-15} s. A formação de um complexo ativado e sua subsequente decomposição em produtos de reação depende tanto da energia quanto da geometria da colisão.

Mais especificamente, o complexo ativado é o ponto de energia mais alto ao longo do caminho de energia mínima para os produtos.

Comportamento de Arrhenius

A dependência da cinética química em relação à temperatura tem sido estudada por muitos anos. Para muitas reações, uma relação empírica, chamada **equação de Arrhenius**, pode ser usada para descrever a dependência da constante de velocidade, k, em relação à temperatura: ◂

Svante Arrhenius também estudou ácidos e bases. A noção de que ácidos formam H^+ e bases formam OH^- em água é atribuída a ele.

$$k = Ae^{-E_a/RT} \tag{11.9}$$

Aqui, E_a é a energia de ativação; R, a constante universal dos gases; T, a temperatura (em kelvins) e A, uma constante de proporcionalidade chamada **fator de frequência** ou **fator pré-exponencial**. Observamos anteriormente que uma grande energia de ativação deve obstruir uma reação. A Equação 11.9 mostra esse efeito: à medida que E_a aumenta, k será menor, e constantes de velocidades menores correspondem a reações mais lentas. Note que, uma vez que a temperatura e a energia de ativação aparecem no expoente, a constante de velocidade será muito sensível a esses parâmetros. É por isso que mesmo pequenas variações na temperatura podem ter drásticos efeitos sobre a velocidade de uma reação.

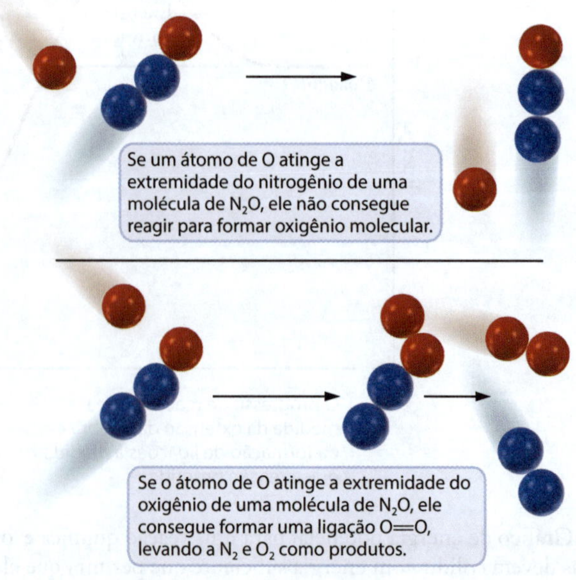

Figura 11.10 Fatores geométricos também podem ser importantes na determinação de uma colisão molecular ser ou não reativa. Para o átomo de oxigênio reagir com N_2O, ele deve atingir a extremidade do oxigênio na molécula. A importância da geometria de colisão depende das formas das moléculas na reação.

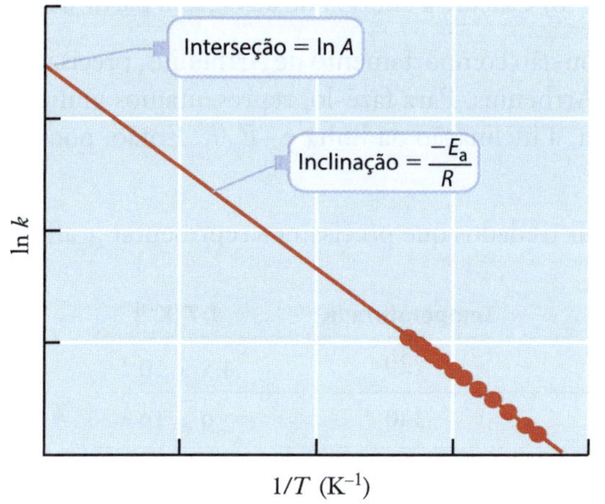

Figura 11.11 De acordo com a equação de Arrhenius, um gráfico de ln k *versus* $1/T$ deve fornecer uma linha reta, com uma inclinação igual a $-E_a/R$. Tal gráfico é frequentemente usado para determinar a energia de ativação de uma reação. ▸

A grandeza ln k é considerada sem unidade, uma vez que o logaritmo de uma unidade não tem significado físico. Logo as unidades da inclinação deste gráfico serão kelvins.

A equação de Arrhenius pode ser usada para determinar experimentalmente a energia de ativação. A temperatura é um parâmetro que geralmente podemos controlar em um experimento, portanto pode ser útil removê-la do expoente. Podemos fazer isso tirando o logaritmo natural de ambos os lados da Equação 11.9:

$$\ln k = \frac{-E_a}{RT} + \ln A$$

Rearranjando, temos

$$\ln k = \frac{-E_a}{R}\left(\frac{1}{T}\right) + \ln A$$

Isso nos mostra como podemos determinar valores para E_a ou A. Precisaremos medir k para, no mínimo, duas temperaturas, mas já conhecemos formas de fazer isso. A equação rearranjada está na forma conhecida de uma linha, $y = mx + b$, logo um gráfico de ln k *versus* $1/T$ deve ser uma linha reta. A inclinação da reta é $-E_a/R$, onde R é a constante dos gases, cujo valor é conhecido. ▸ Portanto, podemos fazer uma estimativa da energia de ativação a partir da inclinação, como mostrado na **Figura 11.11** e no Problema-modelo 11.8. Esse tipo de problema é facilmente resolvido com uma calculadora gráfica ou uma planilha, e existem vários problemas desses no final deste capítulo.

Ao trabalhar com a equação de Arrhenius, a forma de R mais utilizada é 8,314 J K^{-1} mol^{-1}. É fundamental que todas as unidades sejam escolhidas de tal forma que a grandeza (E_a/RT) não tenha unidades.

POR DENTRO DE

PROBLEMA-MODELO ◂ 11.8

Uma vez que o ozônio se forma no *smog* fotoquímico, há uma série de reações pelas quais ele é subsequentemente destruído. Uma dessas reações ocorre quando as moléculas de ozônio encontram os radicais hidroxila:

$$HO\cdot\,(g) + O_3(g) \rightarrow HO_2\cdot\,(g) + O_2(g)$$

Os seguintes valores para a constante de velocidade, k, para essa reação foram medidos em experimentos em diversas temperaturas:

k (L mol^{-1} s^{-1})	Temperatura (K)
$1{,}0 \times 10^7$	220
$5{,}1 \times 10^7$	340
$1{,}1 \times 10^8$	450

(a) Essa reação exibe comportamento de Arrhenius? (b) Calcule a energia de ativação a partir desses dados.

Estratégia Para determinarmos se a reação exibe ou não comportamento de Arrhenius, precisaremos comparar os dados com o modelo apresentado pela equação de Arrhenius. Para fazê-lo, representamos graficamente ln *k versus* $1/T$. Se os dados no gráfico formam uma linha reta, a inclinação da linha é $-E_a/R$. Então, podemos determinar a energia de ativação a partir dessa inclinação.

Solução Inicialmente, expanda a tabela para incluir os dados que precisamos representar graficamente.

k (L mol^{-1} s^{-1})	ln k	Temperatura (K)	$1/T$ (K^{-1})
$1,0 \times 10^7$	16,1	220	$4,5 \times 10^{-3}$
$5,1 \times 10^7$	17,7	340	$2,9 \times 10^{-3}$
$1,1 \times 10^8$	18,5	450	$2,2 \times 10^{-3}$

Agora, represente graficamente ln k (eixo y) *versus* $1/T$ (eixo x).

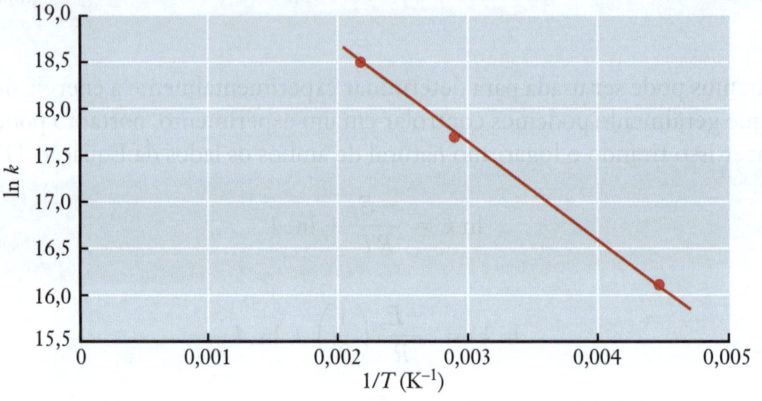

Os dados realmente parecem levar a uma linha reta. Logo, nossa resposta à questão (a) é sim, a reação de fato exibe comportamento de Arrhenius. (Seria melhor se tivéssemos mais que três pontos de dados para basearmos essa conclusão.) Para determinarmos a inclinação da linha reta, poderíamos utilizar a rotina de ajuste de curva construída em uma calculadora gráfica ou em um programa de planilha. Ou podemos determinar a inclinação a partir de dois pontos na linha. Se nossa linha reta para esses dados inclui o primeiro e o último pontos, o que o gráfico sugere ser uma avaliação razoável, podemos usar diretamente os dados de nossa tabela expandida.

$$\text{Inclinação} = \frac{\text{Ordenada}}{\text{Abscissa}} = \frac{\Delta \ln k}{\Delta\left(\frac{1}{T}\right)} = \frac{18,5 - 16,1}{(2,2 \times 10^{-3} - 4,5 \times 10^{-3})\ \text{K}^{-1}}$$

$$= -1,04 \times 10^3\,\text{K} = -\frac{E_a}{R}$$

Podemos inserir $R = 8,314\ \text{J K}^{-1}\ \text{mol}^{-1}$ e encontrar o resultado para E_a:

$$E_a = (1,04 \times 10^3\ \text{K})\ (8,314\ \text{J K}^{-1}\ \text{mol}^{-1})$$

$$= 8,7 \times 10^3\ \text{J mol}^{-1} = 8,7\ \text{kJ mol}^{-1}$$

Analise sua resposta Para avaliar essa resposta, precisamos ter alguma familiaridade com a grandeza das energias de ativação. Os valores típicos de E_a são da ordem de dezenas de kJ mol^{-1}, portanto é um pouco pequeno. Porém, os radicais livres são muito reativos, e isso é consistente com uma energia de ativação pequena.

Discussão Com frequência, a linha que melhor se ajusta aos dados experimentais não cruza explicitamente nenhum dos pontos de dados. Calculadoras gráficas ou programas de planilhas fornecem o meio mais simples e melhor para determinar a inclinação de tal linha. No entanto, é importante ter em mente que o cálculo da inclinação somente é significativo se o modelo de linha reta proporciona um ajuste razoável aos dados. É sempre uma boa ideia examinar os dados e a linha que melhor se ajustam ao mesmo gráfico para verificar se está satisfeito com a qualidade do ajuste. Se os dados não sugerem uma relação linear, então não devemos confiar no significado de uma inclinação ou outro parâmetro tirado de um ajuste linear.

Verifique seu entendimento Uma vez gerado, o $HO_2\cdot$ pode reagir com monóxido de carbono para formar novamente o radical de hidroxila e dióxido de carbono. Essa reação tem importante papel na poluição de ozônio em cidades grandes. Suponha que um experimento para a determinação da constante de velocidade dessa reação forneça os dados da tabela a seguir. Qual é a energia de ativação dessa reação?

k (L mol^{-1} s^{-1})	Temperatura (K)
5,9	301
$4{,}7 \times 10^4$	650

Para a maioria dos estudantes, as conexões mentais mais difíceis que são forjadas em química geral são aquelas entre as propriedades macroscópicas como um todo e as origens no nível molecular dessas propriedades globais. A equação de Arrhenius fornece uma boa oportunidade de focalizar esse tipo de conexão mental.

$$k = Ae^{-E_a/RT}$$

Há dois fatores importantes nessa equação: o argumento do expoente e o fator de frequência, A. A **Figura 11.12** mostra como esses dois componentes da equação surgem de considerações no nível molecular. A figura mostra uma reação na qual duas moléculas de NO são convertidas em N_2 e O_2:

$$2\ NO \rightarrow N_2 + O_2$$

Mantendo nosso código de cor usual, a figura mostra os átomos de nitrogênio em azul e os átomos de oxigênio em vermelho. Essa reação foi escolhida porque ela está relacionada com a química atmosférica da poluição do ar. No entanto, os mesmos argumentos podem ser aplicados a qualquer outra reação.

Talvez o efeito da temperatura na distribuição de Boltzmann agora seja familiar, mas o mostramos para dois casos separados: baixa temperatura (2) e temperatura mais alta (3). Observamos anteriormente que as distribuições de Boltzmann implicam que mais moléculas podem reagir a temperaturas mais altas. Nas três ilustrações finais, representamos a conexão entre velocidades moleculares que estão incorporadas em (2) e (3) e a reatividade.

A ilustração (4) mostra que as moléculas em movimento lento têm energia insuficiente para reagir; a energia de colisão não excede a energia de ativação. Em (5), no entanto, as moléculas com velocidade alta têm grandes energias de colisão – em excesso em relação à energia de ativação – e ocorre a reação. Poderíamos apenas ter desenhado essa colisão efetiva originando-se da distribuição de Boltzmann de temperatura mais alta, na qual ainda mais moléculas sofrerão essas colisões de alta energia. O quadro "Conexões matemáticas", a seguir, examina como a equação torna essas ideias quantitativas.

Conexões matemáticas

A Figura 11.12 mostra quão importante é para a energia de colisão ultrapassar a barreira de ativação. Mas como esse conceito é expresso na equação de Arrhenius? O argumento da função exponencial é a razão desses dois valores. Na Seção 5.6, apresentamos a teoria da cinética do gás, na qual a velocidade média (a velocidade média quadrática, para ser mais preciso) é dada pela equação

$$\left[v_{vmq} = \sqrt{\frac{3RT}{MM}} \right]$$

(continua)

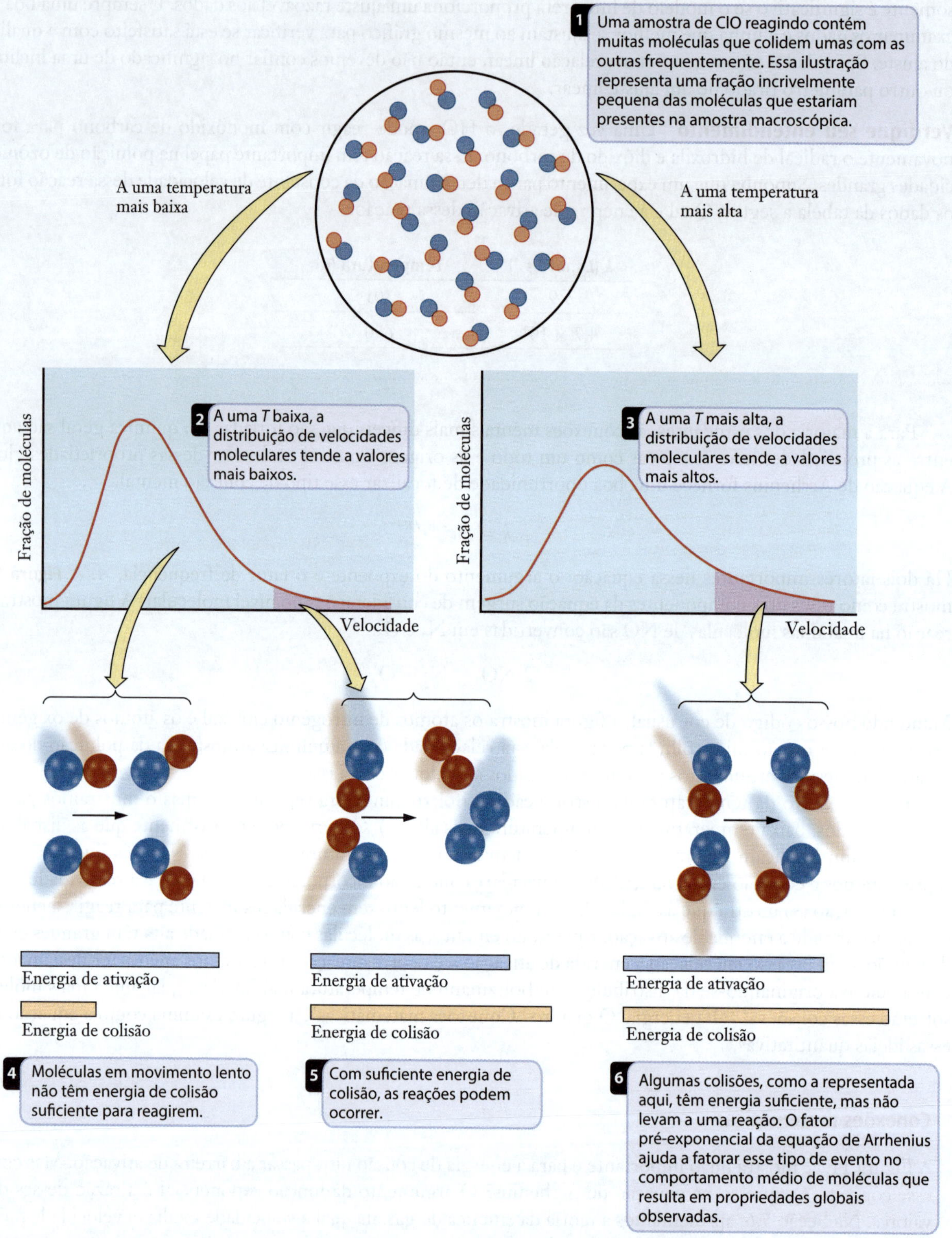

Figura 11.12 A conexão entre temperatura, energia de colisão e velocidade de reação é desenvolvida aqui. A energia de ativação estabelece um limiar mínimo que deve ser ultrapassado antes que uma colisão possa levar a uma reação. O número de moléculas energéticas aumenta com a temperatura, de acordo com a distribuição de Boltzmann.

MM é a massa molar do gás. Se elevarmos ao quadrado os dois lados dessa equação, poderemos isolar *RT*:

$$\left[RT = \frac{1}{3}MMv_{\text{rms}}^2\right]$$

Observando que a massa molar é a massa de uma molécula (m) vezes o número de Avogadro (N_A), podemos ver que

$$RT = \frac{N_A}{3}mv_{\text{rms}}^2$$

Uma vez que a energia cinética é expressa como $\frac{1}{2}mv^2$, *RT* é diretamente proporcional à energia cinética média:

$$RT = \frac{2N_A}{3}\left(\frac{1}{2}mv_{\text{rms}}^2\right) = \frac{2N_A}{3}\text{ EC}_{\text{med}}$$

Assim, a equação macroscópica de Arrhenius é baseada na energia cinética média das moléculas em uma amostra. A distribuição de Boltzmann pode ser avaliada para quantificar esse comportamento médio, e a conexão entre macroscópico e microscópico é feita. A equação de Arrhenius contém uma proporção de

$$\frac{\text{Energia de ativação}}{\text{Energia cinética}}$$

Quando variamos a parte da energia cinética dessa proporção alterando a temperatura, a energia de ativação permanece a mesma.

O fator de frequência, *A*, responde pela frequência de colisão, que dependerá dos tamanhos das moléculas envolvidas. Ele também reflete o fato de que, mesmo em altas temperaturas e altas energias de colisão, nem todas as colisões resultam em reação por causa dos efeitos geométricos como aqueles mostrados na Figura 11.10. Para a reação considerada na Figura 11.12, uma colisão efetiva pode exigir que as extremidades de oxigênio das moléculas de NO colidam diretamente entre si, por exemplo, para permitir que a ligação O=O comece a se formar.

11.6 Mecanismos de reação

Anteriormente, neste capítulo, mencionamos preocupações quanto ao esgotamento da camada de ozônio na estratosfera. A química relacionada à formação e ao esgotamento da camada de ozônio envolve um processo chamado **ciclo de Chapman**. Como o próprio nome indica, esse processo é um ciclo, então a reação geral não é uma reação: $3\ O_2 \rightarrow 3\ O_2$. Pode parecer sem sentido falar sobre a cinética de uma reação que não produz mudanças líquidas, mas a importância do ciclo de Chapman reside nas etapas detalhadas envolvidas, que ajudam a explicar por que o O_3 pode se acumular na estratosfera, apesar de ser menos estável que o O_2; e também ajudam a explicar por que a existência do ozônio estratosférico tem efeitos benéficos para nós no nível do solo. O ciclo de Chapman pode ser descrito pela seguinte série de reações individuais:

$$O_2 + h\nu \rightarrow O + O$$
$$O + O_2 + M \rightarrow O_3 + M^*$$
$$O_3 + h\nu \rightarrow O_2 + O$$
$$O + O_3 \rightarrow 2\ O_2$$

Na segunda reação, incluímos uma espécie não identificada, escrita como "M". Isso significa que algum outro átomo ou molécula deve estar presente para transportar a energia liberada pela formação de uma ligação química para produzir ozônio. A designação M* ao lado direito dessa reação significa que a espécie M está em um estado de maior energia. Se nenhuma outra espécie estiver presente para transportar a energia, a molécula de ozônio vai desmoronar quase imediatamente.

O estudo de mecanismos de reação em um nível molecular é chamado dinâmica química.

Esse conjunto de etapas representa o **mecanismo de reação** do ciclo de Chapman. ◂ No contexto da cinética química, um mecanismo é uma coleção de uma ou mais etapas moleculares que explicam como os reagentes se tornam produtos. Se a equação total é como uma lista de componentes e um produto finalizado, então o mecanismo é como as instruções de montagem. Em muitos casos, tal como o ciclo de Chapman, se quisermos entender a cinética do processo, teremos de considerar o mecanismo de reação. Qual é o processo em etapas da quebra de ligações e da formação de ligações por trás da reação total?

Etapas elementares e mecanismos de reação

Já concluímos que as reações químicas ocorrem quando os reagentes colidem. Com base na teoria cinética molecular, as colisões entre duas partículas devem ser bem comuns. As colisões de três partículas são bem menos prováveis, uma vez que elas exigem que três espécies em movimento aleatório cheguem ao mesmo lugar na mesma hora. E as colisões de quatro partículas são praticamente desconhecidas. No entanto, quando examinamos os coeficientes estequiométricos das equações químicas, eles parecem implicar que as colisões podem ocorrer entre diversas partículas: equações balanceadas frequentemente envolvem coeficientes estequiométricos bem maiores que dois ou três. Para entendermos os mecanismos de reações, precisaremos fazer a distinção entre a estequiometria total de uma reação e as etapas nos mecanismos da reação.

É muito importante lembrar que podemos usar os coeficientes estequiométricos como as ordens de reação apenas quando consideramos uma etapa elementar!

As etapas individuais em um mecanismo de reação são chamadas **etapas elementares**. Diferentemente da equação estequiométrica total, os coeficientes para os reagentes em uma etapa elementar *de fato* fornecem os expoentes na lei de velocidade para aquela etapa. ◂ De acordo com o raciocínio apresentado, somente três tipos de etapas elementares são prováveis de ocorrer: aquelas que envolvem uma, duas ou três moléculas. Etapas com um reagente são chamadas **unimoleculares**, e aquelas com dois e três reagentes são denominadas **bimoleculares** e **termoleculares**, respectivamente. A molecularidade mostra a ordem total da lei de velocidade para a etapa elementar, como resumido na **Tabela 11.2**.

Este mecanismo é denominado mecanismo de Zeldovich para a formação de NO.

POR DENTRO DE Vamos considerar um mecanismo em particular para a formação de monóxido de nitrogênio a altas temperaturas. ◂ Em um motor de combustão interna operando, há um número relativamente grande de moléculas que se movem rapidamente. Ocasionalmente, uma dessas moléculas colide com uma molécula de oxigênio, quebrando a ligação O=O e formando dois átomos de O. Uma vez formados, esses átomos de O participam de outras reações:

$$O + N_2 \rightarrow NO + N$$
$$N + O_2 \rightarrow NO + O$$
$$\text{Líquido: } N_2 + O_2 \rightarrow 2NO$$

Tabela ▪ 11.2 Tipos de reações elementares

Resumo de molecularidade de reações elementares

Tipo de reação elementar	Molecularidade	Lei de velocidade
A → produtos	Unimolecular	Velocidade = k[A]
A + B → produtos	Bimolecular	Velocidade = k[A][B]
2 A → produtos		Velocidade = $k[A]^2$
A + B + C → produtos	Termolecular	Velocidade = k[A][B][C]
2 A + B → produtos		Velocidade = $k[A]^2[B]$
A + B + C + D → produtos	Não observado	

Observe que as equações para as etapas elementares se parecem muito com aquelas para qualquer outra reação química. Portanto, é importante lembrar que, quando escrevemos um mecanismo de reação, cada equação é sempre uma etapa elementar. No mecanismo apresentado, podem-se observar duas importantes características dos mecanismos de reação:

1. O átomo de N gerado na primeira reação é consumido na segunda reação. Uma espécie química que é gerada em uma etapa e consumida na etapa seguinte é chamada intermediário ou **intermediário reativo**. Muitos mecanismos envolvem um ou mais intermediários. ▸
2. Quando as etapas do mecanismo são somadas adequadamente, elas fornecem a estequiometria observada da reação total.

Um intermediário na reação global será um produto em uma etapa elementar e um reagente em outra.

Por causa do enorme número de colisões que ocorrem a qualquer momento em uma reação na fase gasosa e da rápida formação e decomposição de intermediários reativos, os mecanismos de reação nunca poderão ser conhecidos ao certo. No entanto, observando as velocidades de reação e comparando mecanismos propostos com velocidades experimentais e com a estequiometria total, podemos sugerir um mecanismo que se enquadre nos dados disponíveis. Se mais de um mecanismo parece plausível, podemos planejar mais experimentos para tentarmos escolher entre eles. O Problema-modelo 11.9 fornece uma prática na identificação de mecanismos válidos e os termos associados a eles.

PROBLEMA-MODELO ◂ 11.9

A decomposição do N_2O_5 é dada pela equação

$$2\ N_2O_5(g) \rightarrow 4\ NO_2(g) + O_2(g)$$

O seguinte mecanismo é proposto para essa reação:

$$N_2O_5 \rightarrow NO_2 + NO_3$$
$$NO_2 + NO_3 \rightarrow NO_2 + NO + O_2$$
$$NO + NO_3 \rightarrow 2\ NO_2$$

(a) Esse mecanismo, assim escrito, fornece a estequiometria correta? Caso contrário, qual é o ajuste necessário? (b) Identifique todos os intermediários no mecanismo. (c) Identifique a molecularidade de cada etapa no mecanismo.

Estratégia Considere as definições para o mecanismo de reação e veja como esse exemplo de um mecanismo ilustra essas definições.

Solução

(a) Uma simples soma do mecanismo fornece

$$N_2O_5 + NO_3 \rightarrow O_2 + 3\ NO_2$$

Não se trata da estequiometria desejada, mas, se multiplicarmos a primeira etapa por 2, teremos

$$2\ N_2O_5 \rightarrow 2\ NO_2 + 2\ NO_3$$

Adicionando isso às etapas 2 e 3,

$$2\ N_2O_5 \rightarrow 2\ NO_2 + 2\ NO_3$$
$$NO_2 + NO_3 \rightarrow NO_2 + NO + O_2$$
$$NO + NO_3 \rightarrow 2\ NO_2$$

obteremos

$$2\ N_2O_5 \rightarrow O_2 + 4\ NO_2$$

Logo, o mecanismo fornece, *de fato*, a estequiometria correta, desde que percebamos que algumas etapas possam precisar ocorrer com mais frequência que outras.

(b) Os intermediários nesse caso são NO_3 e NO.

(c) A primeira etapa é unimolecular, enquanto as etapas dois e três são bimoleculares.

Discussão Esse tipo de solução de problema é realmente realizado "de trás para a frente". Sabíamos o que a reação-alvo tinha de ser (o final do problema) e tivemos que voltar a outros dados fornecidos para solucionar o problema. Certamente utilizaremos essa estratégia de solução em outros problemas da química geral. Pare por um momento e tente pensar em outro tipo de problema químico em que faz mais sentido trabalhá-lo "de trás para a frente".

Verifique seu entendimento O seguinte mecanismo foi uma vez proposto para a decomposição do N_2O_5:

$$N_2O_5 \rightarrow N_2O_3 + O_2$$
$$N_2O_3 \rightarrow NO_2 + NO$$
$$NO + N_2O_5 \rightarrow 3\,NO_2$$

(a) Esse mecanismo é plausível? (b) Identifique os intermediários na reação. (c) Determine a molecularidade de cada etapa.

Mecanismos e velocidade: a etapa determinante de velocidade

Para uma etapa elementar, as ordens de reação são dadas pelos coeficientes na equação balanceada.

Uma vez que propusemos um mecanismo, é fácil escrever a lei de velocidade para cada etapa elementar. O que podemos medir experimentalmente, no entanto, é a lei de velocidade para a reação total. Como podemos relacionar a lei de velocidade total observada com as leis de velocidade para as etapas elementares individuais em um mecanismo? A resposta está no fato de que a maior parte dos mecanismos inclui uma etapa que é bem mais lenta que todas as outras. Essa etapa lenta é chamada **etapa determinante da velocidade**, que dita a lei de velocidade. Por que a etapa mais lenta tem esse papel?

Considere esta analogia: suponha que você almoce em uma lanchonete popular onde a comida é ótima e os preços são baixos. O único problema é que o serviço é um pouco lento. Quando a fila anda, cada pessoa leva 5 minutos para receber a comida e outros 30 segundos para pagar a conta. Se observarmos o caixa nessa lanchonete, podemos ver um cliente saindo com comida a cada 5 minutos – a velocidade da etapa lenta no "mecanismo" para obter o almoço. Podemos levar essa analogia um pouco mais longe: imagine que o proprietário esteja preocupado com fato de a fila estar muito longa, pois isso provavelmente espanta os clientes. Para acelerar as coisas, ele compra uma nova caixa registradora que diminui o tempo de pagamento para apenas 15 segundos por cliente. Para sua surpresa, ele descobre que um cliente ainda sai do caixa a cada 5 minutos! A aceleração da parte rápida do processo não tem nenhum impacto na velocidade total porque a velocidade é determinada pela etapa lenta. É por isso que chamamos a etapa lenta em um mecanismo de reação de "determinante da velocidade". Em uma reação química, as etapas rápidas podem ser de diversas ordens de grandeza mais rápidas que a etapa lenta.

Na formação do ozônio pelo ciclo de Chapman, a etapa lenta é a última, a reação do ozônio com o oxigênio atômico:

$$O + O_3 \rightarrow 2\,O_2$$

É por ser essa etapa a determinante da velocidade para a reação cíclica que há uma camada de ozônio protetora na estratosfera. Uma vez que os átomos de oxigênio se combinam para formar o ozônio, o O_3 sobrevive tempo suficiente para absorver radiação UV, e essa absorção impede que a luz UV chegue à superfície do planeta. Se a última etapa não fosse lenta, o ozônio criado anteriormente no ciclo seria destruído quimicamente antes de encontrar um fóton de luz UV. Sem o ozônio para absorvê-la, aquela luz passaria pela estratosfera e prejudicaria organismos vivos na troposfera.

11.7 Catálise

Você provavelmente já percebeu que os efeitos ambientais do ozônio são complicados e um pouco contraditórios. Já discutimos o papel que ele desempenha na poluição do solo, reconhecendo também que a formação de ozônio na atmosfera superior é benéfica. Se você já leu sobre o esgotamento da camada de ozônio – ou o chamado buraco na camada de ozônio –, deverá lembrar-se que a destruição do ozônio na estratosfera é, em grande parte, o resultado de substâncias químicas produzidas pelo homem liberadas na atmosfera. Especificamente, os clorofluorocarbonetos usados como refrigerantes têm sido citados como a causa da destruição do ozônio. Ainda assim, um exame do ciclo de Chapman não evidencia a participação dos CFC. Como essas moléculas aceleram a destruição do ozônio se elas nem aparecem nas equações químicas básicas? A catálise é um processo no qual uma velocidade de reação é influenciada pela presença de substâncias que não são nem reagentes nem produtos na equação total. Um **catalisador** é uma substância que aumenta a velocidade de reação, porém não é criado nem destruído no processo. Como os CFC podem catalisar a destruição de ozônio?

Catalisadores homogêneos e heterogêneos

Os catalisadores podem ser divididos em duas grandes categorias: os **catalisadores homogêneos** são aqueles que estão na mesma fase das substâncias reagentes, enquanto os **catalisadores heterogêneos** estão em uma fase diferente das espécies reagentes. Para as reações em fase gasosa, o catalisador é normalmente uma superfície sólida. Ambos os tipos de catálise são importantes nos processos atmosféricos.

A destruição catalítica do ozônio na estratosfera envolve reações entre gases, portanto ela é um exemplo de catálise homogênea. O catalisador mais importante para esse processo é o cloro. Grande parte do cloro presente na estratosfera vem de moléculas de CFC que foram liberadas na troposfera e lentamente migraram para a estratosfera. (Por não serem reativas no nível do solo, quase todos os CFC que são liberados na atmosfera acabam encontrando seu caminho para a estratosfera.) Através da absorção de luz UV, os CFC iniciam um mecanismo de reação catalisada: ▸

O trabalho da Dra. Susan Solomon no National Oceanic and Atmospheric Administration mostra que essas reações ocorrem na superfície de partículas de gelo.

Etapa 1: $CF_2Cl_2 + h\nu \rightarrow CF_2Cl + Cl\cdot$

Etapa 2: $Cl\cdot + O_3 \rightarrow ClO\cdot + O_2$

Etapa 3: $ClO\cdot + O_3 \rightarrow Cl\cdot + 2\ O_2$

Já vimos a segunda e a terceira reações em nossa abordagem de mecanismos. Os átomos de cloro servem como um catalisador para a decomposição do ozônio porque (a) eles não são parte da estequiometria da reação, (b) não são consumidos pela reação e (c) aumentam a velocidade da reação líquida. Uma vez que o átomo de cloro é regenerado na Etapa 3, ele pode catalisar outra reação. Um átomo de cloro individual pode ocorrer em ciclos por esse mecanismo com frequência suficiente para destruir 100 mil ou mais moléculas de ozônio. Por causa disso, os Estados Unidos proibiram, em 1978, o uso de CFC como propulsores de latas de aerossol. O Protocolo de Montreal, um tratado internacional, pede o fim da produção de CFC. Refrigerantes e propulsores sem CFC são agora utilizados em equipamentos novos, apesar de as antigas geladeiras e os aparelhos de ar-condicionado ainda conterem CFC que podem um dia ser liberados no meio ambiente.

POR DENTRO DE A catálise também está envolvida em esforços para minimizar a formação de ozônio na poluição do ar urbano. Os conversores catalíticos de "três vias" encontrados nos sistemas de exaustão dos automóveis são projetados para reduzir a liberação de óxidos de nitrogênio, monóxido de carbono e hidrocarbonetos não queimados. Os conversores catalíticos contêm um material cerâmico poroso cuja superfície é revestida com uma fina camada de platina e ródio. Como as reações entre as moléculas de gás ocorrem em contato com essa superfície, este é um exemplo de catálise heterogênea. A **Figura 11.13** ilustra as etapas importantes na conversão de NO em nitrogênio e oxigênio. As etapas exibidas na figura são encontradas na maioria dos exemplos de catálise heterogênea.

1. A espécie reativa adsorve, ou se adere, na superfície do catalisador. (Quando uma molécula é *adsorvida*, ela se adere à superfície. Quando uma molécula ou substância é *absorvida*, ela penetra no conjunto do material, como água em uma esponja. A dessorção é o oposto da adsorção.)
2. As espécies migram na superfície até se encontrarem.

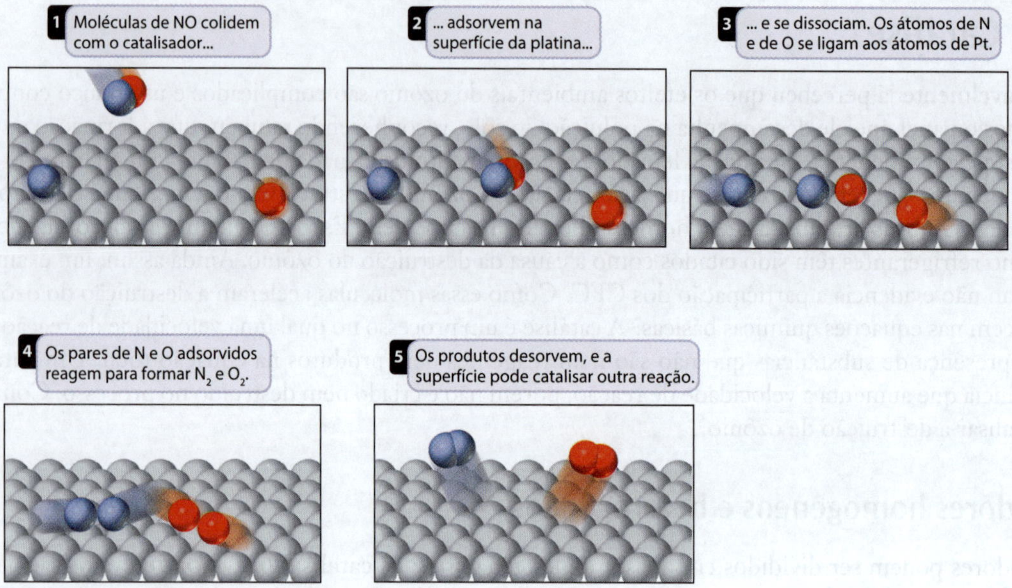

Figura 11.13 Modelo esquemático das etapas envolvidas na remoção catalítica de NO do gás de escapamento.

3. A reação ocorre na superfície.
4. Os produtos dessorvem da superfície do catalisador.

Perspectiva molecular da catálise

Observamos anteriormente que a energia de ativação de uma reação química tem um papel fundamental em sua cinética. Os catalisadores aumentam a velocidade de reação fornecendo um novo caminho para ela que diminui a energia de ativação. A **Figura 11.14** ilustra esse conceito para a conversão de duas moléculas de ozônio em três moléculas de oxigênio. Apesar de a adição de átomos de cloro requerer uma etapa extra em relação a colisões diretas de duas moléculas de ozônio, a energia líquida necessária para a reação é menor, logo a reação catalisada é mais rápida.

Vimos na Seção 11.5 que a energia necessária para ultrapassar a barreira de ativação é normalmente adquirida pelas colisões de partículas em movimento rápido. Quando um catalisador é introduzido, a quantidade de energia

Figura 11.14 Os catalisadores aumentam a velocidade de reação e fornecem um caminho de reação alternativo com menor energia de ativação.

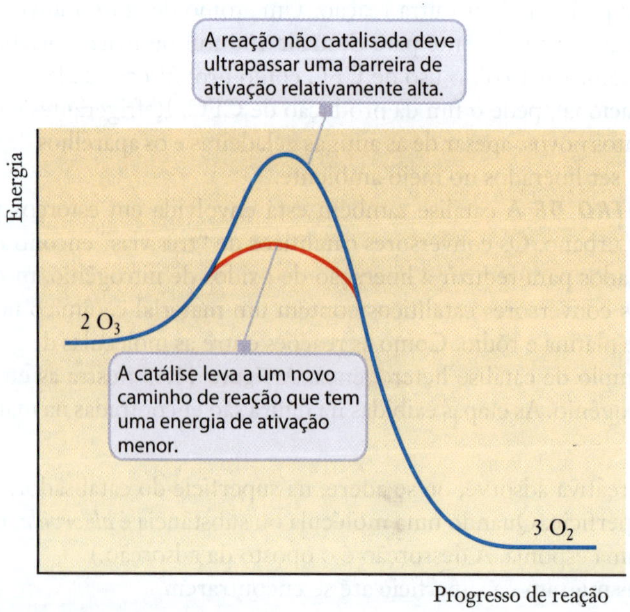

necessária diminui e maior fração das moléculas tem velocidades que são altas o suficiente para fornecer a energia necessária. Logo, o efeito direto de um catalisador no nível molecular é diminuir a energia de ativação, e o resultado líquido é uma velocidade de reação aumentada.

Catálise e engenharia de processos

Um dos mais evidentes desafios da química moderna e da ciência de materiais é o projeto racional de catalisadores para os processos industriais. Os catalisadores são importantes em indústrias como de refino de petróleo, onde bilhões de dólares estão em jogo, portanto os incentivos para a pesquisa nessas áreas são grandes. Como em qualquer processo de projetos, podemos começar listando algumas características desejáveis para um catalisador. Ele deve ter longevidade suficiente ou durabilidade para perdurar em muitos ciclos de reação. Apesar de a definição de um catalisador parecer implicar que ele deva durar indefinidamente, em geral, na prática, isso não ocorre. Muitos catalisadores sofrem degradação química ou mecânica e acabam se tornando inúteis. Um bom catalisador deve também ter um alto "número de rotação", o que significa que ele pode gerar grandes quantidades de produtos em curtos tempos. (**Número de rotação** é definido como o número de moléculas que podem reagir por sítio de ligação do catalisador por unidade de tempo.) Outra propriedade crucial dos catalisadores é a seletividade. Frequentemente queremos que o catalisador acelere apenas uma reação para minimizar a formação de derivados indesejáveis. Um catalisador altamente seletivo alcançará esse objetivo. Historicamente, os catalisadores têm sido escolhidos por tentativa e erro. Mas, como nossa compreensão sobre mecanismos de reação, estrutura molecular e propriedades de materiais aumentou, muitos pesquisadores percebem que agora está se tornando possível aplicar princípios padrão de projetos de engenharia para aperfeiçoar os catalisadores.

POR DENTRO DE

11.8 Monitoramento da qualidade do ar

Vimos que a formação e o acúmulo de gases poluentes no ar urbano dependem da cinética de um conjunto complexo de reações envolvendo várias espécies diferentes. Reações individuais podem ser estudadas em experimentos de laboratório, mas uma compreensão da poluição do ar também requer dados detalhados sobre a composição real do ar. Nos Estados Unidos, a responsabilidade pelo estudo e gestão dos problemas de poluição do ar recai sobre a EPA. Com tantas reações diferentes envolvidas na formação do *smog* fotoquímico, não é surpresa que a EPA monitore a concentração de vários gases, bem como diversas formas de material particulado, a fim de avaliar a qualidade do ar. Quais métodos são utilizados para esse monitoramento? E o que é realmente medido? Como as informações resultantes são utilizadas para informar a tomada de decisões, tanto por formuladores de políticas quanto por engenheiros que projetam produtos que podem afetar a qualidade do ar?

Talvez, o primeiro passo para considerar como funciona um programa de amostragem – particularmente um que tenha abrangência nacional – seja ter certeza de seus objetivos. No caso da poluição do ar, existem vários objetivos relacionados que podem ser identificados:

- Obter dados que ajudem a estabelecer a necessidade potencial de medidas de controle e avaliar a eficácia de tais medidas.
- Obter dados que ajudem a validar e calibrar modelos de formação de poluição e os parâmetros usados nos modelos.
- Determinar onde e quando a poluição está excedendo as diretrizes e se tornou perigosa.
- Ser capaz de informar decisões sobre a emissão de avisos de emergência.

Mesmo com esses objetivos identificados, há muitas questões possíveis sobre a melhor forma de alcançá-los.

Entre as questões de monitoramento mais importantes está onde monitorar. Especificamente, é preciso escolher entre métodos de amostragem fixos e móveis. Como está implícito em seu nome, uma estação fixa de monitoramento tem um único local, o que limita as observações geograficamente. Mas essas instalações geralmente podem ser projetadas para fazer observações o tempo todo. Por outro lado, os métodos de amostragem móvel permitem a observação em uma área geográfica mais ampla. Pelo menos até que as melhorias na robótica mudem a situação, no entanto, elas exigem que profissionais as movam (normalmente conduzindo-as em veículos) e, portanto, são utilizadas com frequência apenas em horários limitados durante o dia. Cada vez mais, as limitações de localização para um método fixo de amostragem são compensadas pela capacidade de coletar dados a partir de um grande número de sites e apresentá-los em tempo quase real.

Uma das formas mais poderosas de analisar os resultados da gestão da qualidade do ar é combinar os dados para mais de um poluente-critério e compará-los com os níveis de risco para a saúde humana que estão associados a esses níveis. A ferramenta mais importante utilizada para esse tipo de informação é chamada **Índice de Qualidade do Ar (IQAr)**. O IQAr essencialmente converte as medidas registradas em um índice do risco à saúde que esses níveis representam. O índice em si é comumente apresentado visualmente, como mostra a **Figura 11.15**.

Uma das principais vantagens dos níveis codificados por cores é que eles fornecem um método visual rápido para avaliar os riscos associados à distribuição geográfica dos poluentes. Há vários anos, o site AirNow.gov apresenta os níveis atuais do IQAr e mantém arquivos dos níveis do IQAr nos Estados Unidos em transmissões de 20 minutos. Dois exemplos dessas informações são mostrados na **Figura 11.16**. Cada um desses mapas mostra um IQAr combinado de ozônio e material particulado em um determinado momento no verão de 2016. Pode-se esperar que preocupações com a qualidade do ar surjam no litoral leste densamente povoado, mostrado na Figura 11.16(a). A hora do dia nessa ilustração sugere que o ozônio poderia ser um fator-chave. Talvez mais surpreendente seja a má qualidade do ar nos estados ocidentais mais rurais, na Figura 11.16(b). Nesse caso, a principal preocupação era o material particulado, decorrente principalmente dos incêndios ocorridos naquela região.

Como a disponibilidade desse tipo de informação influencia os engenheiros e seus projetos? Em muitos locais, particularmente em áreas mais urbanas, quando novas fábricas, estradas ou outros projetos de infraestrutura são planejados, os impactos na qualidade do ar são uma parte importante do processo de projeto. Os estados e municípios normalmente exigem licenças de emissões atmosféricas para novas fontes de poluição, e as diretrizes para obter essas licenças se baseiam nas diretrizes da EPA. Tais diretrizes, por sua vez, estão ligadas a aspectos como o IQAr. Em muitos projetos, para que a construção de uma usina seja aprovada, os requisitos para reduzir as emissões exigem o projeto e a instalação de dispositivos de mitigação de emissões, como purificadores de ar.

É importante lembrar que a qualidade do ar é inerentemente uma questão internacional, conforme refletido em acordos internacionais entre dois países – como Estados Unidos e Canadá; em continentes como a Europa, por meio da União Europeia; e até mesmo globalmente, por intermédio das Nações Unidas. Já em 1983, os Estados Unidos e o Canadá começaram a cooperar em estudos científicos relacionados a poluentes do ar e à produção de chuva ácida, por exemplo. O Acordo para a Qualidade do Ar Canadá-Estados Unidos foi assinado em 1991, e os relatórios são gerados por ambos os países a cada dois anos para avaliar o progresso em questões de qualidade do ar. A cooperação internacional é ainda mais importante na Europa, onde os países menores denotam que os poluentes

Valor do IQAr		Descrição da qualidade do ar
0–50	Bom	A qualidade do ar é considerada satisfatória, e a poluição do ar representa pouco ou nenhum risco.
51–100	Moderado	A qualidade do ar é aceitável; contudo, quanto a alguns poluentes pode haver uma preocupação moderada com a saúde para um número muito pequeno de pessoas que são incomumente sensíveis.
101–150	Insalubre para grupos sensíveis	Membros de grupos sensíveis podem sofrer efeitos na saúde. O público em geral não é suscetível de ser afetado.
151–200	Insalubre	Todos podem começar a sentir efeitos na saúde; membros de grupos sensíveis podem sofrer efeitos mais sérios.
201–300	Muito insalubre	Alerta: todos podem sofrer efeitos de saúde mais sérios.
301–500	Perigoso	Alerta para condições de emergência. Toda a população apresenta maior probabilidade de ser afetada.

Figura 11.15 Os seis níveis do Índice de Qualidade do Ar (IQAr).

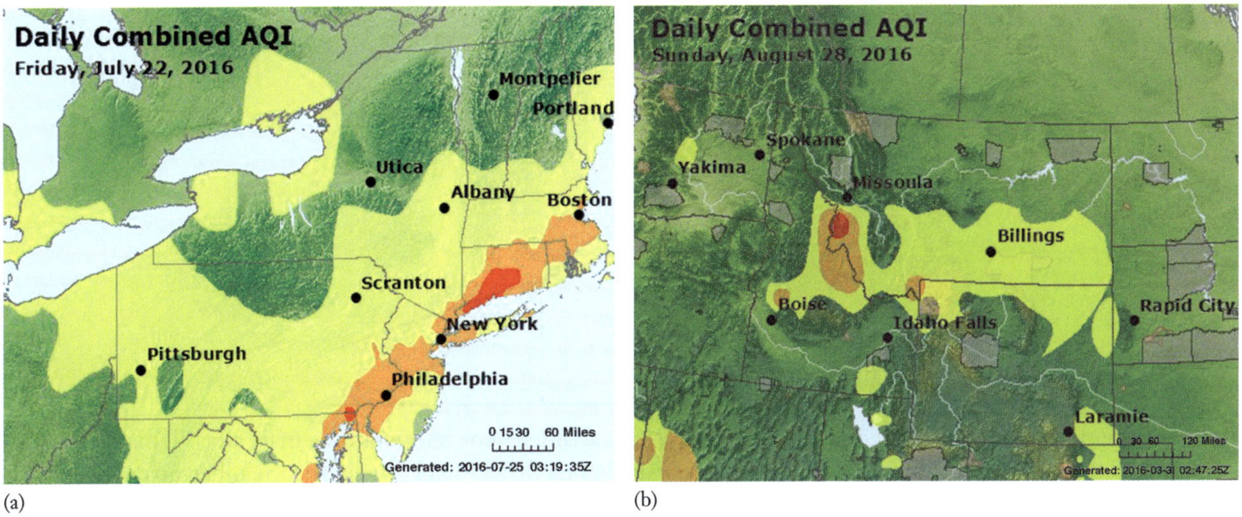

(a) (b)

Figura 11.16 Mapas como os mostrados aqui utilizam os níveis do IQAr codificados por cores para fornecer uma maneira fácil de visualizar dados sobre a qualidade do ar.

atmosféricos criados em uma área podem afetar mais facilmente o ar em vários países. A União Europeia criou diretrizes e sistemas de monitoramento, bem como mecanismos legais para lidar com disputas sobre a qualidade do ar. Essas diretrizes são implementadas pelos países-membro e têm influência sobre como os engenheiros desses países consideram a qualidade do ar e o monitoramento da qualidade do ar. Em última análise, os protocolos mundiais que tratam da poluição do ar são negociados por meio de agências associadas às Nações Unidas. Um exemplo particularmente importante é o Protocolo de Gotemburgo, que estabeleceu diretrizes para os poluentes-critério que foram identificados anteriormente neste capítulo.

ENFOQUE NA RESOLUÇÃO DE PROBLEMAS

Questão Suponha que você realize experimentos cinéticos em duas reações diferentes (A e B) e descubra que ambas têm a mesma constante de velocidade na temperatura ambiente (23°C). Simulações computacionais sugerem que a energia de ativação da reação A deve ser aproximadamente duas vezes maior que a da reação B. Qual reação terá a maior constante de velocidade em 50°C?

Estratégia Essa questão envolve velocidades e temperaturas e sabemos que a ligação entre estas é dada pela equação de Arrhenius. Temos informações suficientes para calcular as velocidades a 50°C e compará-las. Logo, teremos de pensar conceitualmente por meio das implicações da equação de Arrhenius, em vez de numericamente. Em casos como este, métodos gráficos podem ser mais úteis. Recorde-se de que o gráfico de ln k *versus* $1/T$ é uma reta, com uma inclinação igual a E_a. Se imaginarmos como será a aparência do gráfico para cada reação, seremos capazes de responder à pergunta.

Solução Para visualizar o gráfico, precisamos usar duas partes de informações que nos foram fornecidas. Inicialmente, as constantes de velocidade das duas reações são as mesmas a 23°C, logo as linhas que obtemos quando fazemos um gráfico ln k *versus* $1/T$ devem se interceptar nessa temperatura. Em seguida, uma reação tem uma energia de ativação mais alta que a outra, o que significa que ela terá uma inclinação maior. Isso é suficiente para que possamos esboçar o gráfico:

(continua)

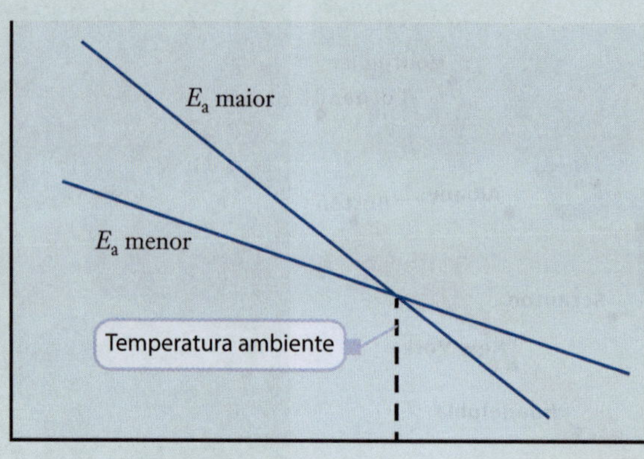

Para responder à pergunta, precisamos entender o que acontece em temperaturas mais altas. Uma vez que estamos colocando em gráfico $1/T$, a temperatura crescerá da direita para a esquerda. Se olharmos para a esquerda do ponto de interseção, podemos ver que a reação com maior energia de ativação terá maior constante de velocidade à medida que a temperatura aumenta. Esse resultado pode ser contraintuitivo, mas por meio do uso dos dados que tínhamos e da construção de uma interpretação gráfica podemos chegar à conclusão correta.

Resumo

Uma vez que as reações químicas são exemplos de mudança, é natural que a compreensão da velocidade da mudança possa ser importante. O estudo da cinética química inclui medições de velocidades de reações, bem como estudos dos mecanismos detalhados pelos quais elas ocorrem.

A velocidade de uma reação é expressa em termos das variações na concentração por unidade de tempo, e uma definição cuidadosa deve levar em consideração a estequiometria da reação. As velocidades de reação variam à medida que a reação progride, logo precisamos também fazer a distinção entre velocidades média e instantânea.

Diversos fatores influenciam a velocidade de uma reação química. A concentração de reagentes presentes é um fator crítico, e a determinação experimental desse efeito resulta em uma expressão chamada lei de velocidade. Podemos trabalhar com as leis de velocidade de duas formas: a lei de velocidade diferencial e a lei de velocidade integrada. A lei de velocidade diferencial mostra a velocidade se soubermos as concentrações adequadas, enquanto a lei de velocidade integrada prevê a concentração de um reagente como uma função de tempo.

A temperatura também afeta a velocidade das reações químicas. Um aumento na temperatura geralmente resulta em um aumento da velocidade da reação. Isso pode ser compreendido observando-se que a maior parte das reações, vista a partir de uma perspectiva molecular, necessita de absorção de energia para começar. O aumento da temperatura cria mais colisões moleculares energéticas, e a velocidade aumenta. Estudos experimentais de velocidades de reação como uma função da temperatura fornecem dados necessários para a medição da energia de ativação.

Para muitas reações, a compreensão sobre o nível molecular é mais complicada que saber se os reagentes colidem com energia suficiente para ultrapassar a barreira de ativação. Muitas reações se desenvolvem por mecanismos que podem compreender diversas etapas elementares. Os mecanismos são difíceis de provar experimentalmente, mas qualquer mecanismo deve ser consistente com evidências experimentais para que seja útil como um modelo que explique como uma reação se desenvolve. O entendimento de mecanismos de reação nos ajuda a explicar a catálise. Um catalisador proporciona um mecanismo alternativo para uma reação. Ele diminui a energia de ativação e aumenta a velocidade.

Termos-chave

área de não realização (11.1)
biomoleculares (11.6)
catalisador (11.7)
catalisadores heterogêneos (11.7)
catalisadores homogêneos (11.7)
ciclo de Chapman (11.6)
complexo ativado (11.5)
compostos orgânicos voláteis (COVs) (11.1)

constante de velocidade (k) (11.3)
energia de ativação (E_a) (11.5)
equação de Arrhenius (11.5)
etapa determinante da velocidade (11.6)
etapas elementares (11.6)
fator de frequência (11.5)
fator pré-exponencial (11.5)
Índice de Qualidade do Ar (IQAr) (11.8)
intermediário reativo (11.6)
lei de velocidade (11.3)
lei de velocidade diferencial (11.3)
lei de velocidade integrada (11.4)
mecanismo de reação (11.6)
meia-vida (11.4)
número de rotação (11.7)
ordem da reação (11.3)
padrões primários (11.1)
padrões secundários (11.1)
poluentes-critério (11.1)
reação de ordem zero (11.4)
reação de primeira ordem (11.4)
reação fotoquímica (11.1)
reações de segunda ordem (11.4)
smog fotoqímico (11.1)
termoleculares (11.6)
unimoleculares (11.6)
velocidade de reação (11.2)
velocidade instantânea (11.2)
velocidade média (11.2)

Problemas e exercícios

POR DENTRO DE Poluição atmosférica urbana

11.1 Por que a poluição é adequadamente rotulada como poluição *fotoquímica*?

11.2 Enumere dois tipos de compostos químicos que devem estar presentes no ar para que a poluição fotoquímica se forme. Quais são as fontes mais comuns desses compostos?

11.3 O que é um COV? Qual é o papel dos COVs na poluição fotoquímica?

11.4 Por que as concentrações de ozônio ficam atrasadas em relação a outros poluentes no *smog* fotoquímico?

11.5 Um estudante diz que os óxidos de nitrogênio normalmente não se formam na atmosfera porque não há colisões suficientes entre as moléculas de nitrogênio e oxigênio. O que o aluno não mencionou nessa explicação?

11.6 Em comparação com 1990, quando a Lei do Ar Limpo foi modificada pela última vez, como as concentrações dos poluentes-critério mudaram?

11.7 O asfalto é composto de uma mistura de produtos químicos orgânicos. Um estacionamento asfaltado contribui diretamente para a formação de *smog* fotoquímico? Explique sua resposta.

11.8 Um artigo de jornal sobre a poluição do ar afirma que os compostos orgânicos voláteis são chamados de voláteis porque reagem facilmente. Escreva uma breve declaração que possa ser apropriada para a seção de comentários do artigo explicando por que essa declaração é enganosa.

11.9 Em 2015, a EPA definiu o padrão primário de ozônio em 0,070 ppm. Se uma amostra de ar contiver 8 moléculas de ozônio para cada 10^8 moléculas de ar, ela atende a esse padrão? Explique sua resposta.

Velocidades de reações químicas

11.10 Para cada um dos seguintes casos, sugira unidades de velocidades adequadas.
(a) Dirigir de um lugar para outro.
(b) Secar manualmente louças.
(c) As asas de um pernilongo batendo.
(d) Olhos piscando.

11.11 Para cada um dos seguintes casos, sugira uma unidade de velocidade adequada.
(a) Batimento cardíaco.
(b) Árvore crescendo.
(c) Rodas de um automóvel rodando.
(d) Emissão de gás em uma reação química muito rápida.

11.12 Classifique os itens seguintes em ordem crescente de velocidade de reação:
(a) Dinamite explodindo.
(b) Ferro oxidando.
(c) Papel queimando.

11.13 Faça a distinção entre velocidade instantânea e velocidade média. Em cada uma das seguintes situações, a velocidade medida é a velocidade instantânea ou a velocidade média?
(a) Em um campeonato de cachorro-quente, o vencedor levou apenas 4 minutos para comer 20 sanduíches, portanto ele comeu 5 por minuto.
(b) No minuto 1,0, o vencedor estava comendo 6 cachorros-quentes por minuto, mas no minuto 3,0 ele diminuiu para apenas 3 sanduíches por minuto.

11.14 A cera da vela é uma mistura de hidrocarbonetos. Na reação de oxigênio com cera de vela na Figura 11.2, a velocidade de consumo de oxigênio diminuiu com o tempo após o recipiente ser coberto e finalmente a chama se apagou. Com base na teoria cinética molecular, descreva o que está acontecendo dentro do recipiente.

11.15 Na descrição da vela na Figura 11.2, mencionamos o consumo de oxigênio. Admitindo que a cera da vela seja uma mistura de hidrocarbonetos com a fórmula geral C_nH_{2n+2}, que outras variáveis poderiam ser medidas além da concentração de oxigênio para determinar a velocidade da reação?

11.16 A reação para o processo de Haber, a produção industrial da amônia, é

$$N_2(g) + 3\,H_2(g) \rightarrow 2\,NH_3(g)$$

Suponha que em certas condições em laboratório a amônia seja produzida na velocidade de $6{,}29 \times 10^{-5}$ mol L^{-1} s^{-1}. Em que velocidade o nitrogênio é consumido?

11.17 A amônia pode reagir com oxigênio para produzir óxido nítrico e água:

$$4\,NH_3(g) + 5\,O_2(g) \rightarrow 4\,NO(g) + 6\,H_2O(g)$$

Se a velocidade na qual a amônia é consumida em um experimento de laboratório é de $4{,}23 \times 10^{-4}$ mol L^{-1} s^{-1}, em que velocidade o oxigênio é consumido? Em que velocidade o NO é produzido? Em que velocidade o vapor de água é produzido?

11.18 Os seguintes dados foram obtidos na decomposição de $H_2O_2(aq)$ em $O_2(g)$ e $H_2O(\ell)$. Mediu-se a velocidade na qual o gás oxigênio foi produzido. (Nenhum oxigênio estava presente inicialmente.)

Tempo (min)	Volume de O_2 (mL)
3,3	10,4
6,9	17,3

(a) Calcule a velocidade média em mL min^{-1} para os primeiros 3,3 minutos.
(b) Calcule a velocidade média em mL min^{-1} para os primeiros 6,9 minutos.

11.19 Um gás, AB, se decompõe e o volume de B_2 produzido é medido como uma função do tempo. Os dados obtidos são os seguintes:

Tempo (min)	0	8,3	15,4	19,0
Volume (L)	0	4,2	8,6	11,5

Qual é a velocidade média de produção de B_2 para os primeiros 8,3 min? E para os primeiros 19 min?

11.20 São listados aqui os dados experimentais para a reação $A \rightarrow 2\,B$:

Tempo (s)	[B] (mol L^{-1})
0,00	0,000
10,0	0,326
20,0	0,572
30,0	0,750
40,0	0,890

(a) Prepare um gráfico desses dados, ligue os pontos com uma linha suave e calcule a velocidade de variação de [B] para cada intervalo de 10 s de 0,0 até 40,0 s. A velocidade diminui de um intervalo de tempo para o seguinte? Sugira uma razão para esse resultado.
(b) Como a velocidade de variação de [A] se relaciona com a velocidade da variação de [B] em cada intervalo de tempo? Calcule a velocidade da variação de [A] para o intervalo de tempo de 10,0 a 20,0 s.
(c) Qual é a velocidade instantânea, $\Delta[B]/\Delta t$, quando $[B] = 0{,}750$ mol L^{-1}?

11.21 O azometano, CH_3NNCH_3, não é um composto estável e, uma vez gerado, ele se decompõe. A velocidade da decomposição foi medida monitorando-se a pressão parcial do azometano em torr.

Tempo (min)	0	15	30	48	75
Pressão (torr)	36,2	30,0	24,9	19,3	13,1

Represente graficamente os dados e determine a velocidade instantânea da decomposição do azometano em $t = 20$ min.

Leis de velocidade e a dependência da concentração em relação às velocidades

11.22 Em um método experimental de velocidades iniciais, a velocidade medida é média ou instantânea? Explique.

11.23 Uma reação tem uma equação de velocidade experimental Velocidade $= k[A]^2$. Como a velocidade variará se a concentração de A é triplicada? E se a concentração for diminuída pela metade?

11.24 Constantes de velocidade de segunda ordem usadas na modelagem de química atmosférica são geralmente reportadas em unidades de cm^3 $molécula^{-1}$ s^{-1}. Converta as seguintes constantes de velocidade em L mol^{-1} s^{-1}:
(a) $3{,}5 \times 10^{-14}$ cm^3 $molécula^{-1}$ s^{-1}.
(b) $7{,}1 \times 10^{-18}$ cm^3 $molécula^{-1}$ s^{-1}.
(c) $6{,}1 \times 10^{-30}$ cm^3 $molécula^{-1}$ s^{-1}.

11.25 Para cada uma das leis de velocidade a seguir, qual é a ordem de reação às substâncias hipotéticas X, Y e Z? Qual é a ordem de reação total?
(a) Velocidade $= k[X][Y][Z]$
(b) Velocidade $= k[X]^2[Y]^{1/2}[Z]$
(c) Velocidade $= k[X]^{1,5}[Y]^{-1}$
(d) Velocidade $= k[X]/[Y]^2$

11.26 A reação de $CO(g) + NO_2(g)$ é de segunda ordem em relação ao NO_2 e de ordem zero em relação ao CO em temperaturas abaixo de 500K.
(a) Escreva a lei de velocidade para esta reação.
(b) Como será a variação de velocidade se a concentração de NO_2 for diminuída pela metade?
(c) Como será a variação de velocidade se a concentração de CO for dobrada?

11.27 Mostre que, se as unidades de velocidade são mol L^{-1} s^{-1}, as unidades da constante de velocidade na seguinte reação de segunda ordem são L mol^{-1} s^{-1}:

$$H_2(g) + Br_2(g) \rightarrow 2\,HBr \qquad \text{velocidade} = k\,[H_2][Br_2]$$

11.28 Uma reação que destrói moléculas de O_3 na estratosfera é

$$NO + O_3 \rightarrow NO_2 + O_2$$

Quando essa reação foi estudada em laboratório, descobriu-se que ela era de primeira ordem com relação tanto ao NO quanto ao O_3, com uma constante de velocidade de $1{,}9 \times 10^4$ L mol^{-1} s^{-1}. Se $[NO] = 1{,}2 \times 10^{-5}$ mol L^{-1} e $[O_3] = 2{,}0 \times 10^{-5}$ mol L^{-1}, qual é a velocidade dessa reação?

11.29 A reação hipotética $A + B \rightarrow C$ tem a lei de velocidade:

$$\text{Velocidade} = k[A]^x[B]^y$$

Quando [A] dobra e [B] é mantida constante, a velocidade dobra. Mas a velocidade aumenta quatro vezes quando [B] dobra e [A] é mantida constante. Quais são os valores de *x* e *y*?

11.30 A velocidade de decomposição do peróxido de hidrogênio, H_2O_2, depende da concentração do íon iodeto presente. A velocidade de decomposição foi medida em temperatura e pressão constantes para diversas concentrações de H_2O_2 e de KI. Os dados aparecem a seguir. Determine a ordem de reação para cada substância, escreva a lei de velocidade e avalie a constante de velocidade.

Velocidade (mL min^{-1})	$[H_2O_2]$ (mol L^{-1})	[KI] (mol L^{-1})
0,090	0,15	0,033
0,178	0,30	0,033
0,184	0,15	0,066

11.31 Forneça a ordem em relação a cada reagente e a ordem total para a reação hipotética

$$A + B + C \rightarrow D + E$$

a qual obedece à lei de Velocidade $= k[A][B]^2$.

11.32 Os seguintes dados experimentais foram obtidos para a reação

$$2\,A + 3\,B \rightarrow C + 2\,D$$

[A] (mol L^{-1})	[B] (mol L^{-1})	Velocidade $= \Delta[C]/\Delta t$ (mol L^{-1} s^{-1})
0,127	0,15	0,033
0,127	0,30	0,132
0,255	0,15	0,066

Determine a ordem de reação para cada reagente e o valor da constante de velocidade.

11.33 Os seguintes dados experimentais foram obtidos para a reação de NH_4^+ e NO_2^- em solução ácida.

$$NH_4^+(aq) + NO_2^-(aq) \rightarrow N_2(g) + 2\,H_2O(\ell)$$

$[NH_4^+]$ (mol L^{-1})	$[NO_2^-]$ (mol L^{-1})	Velocidade $= \Delta[N_2]/\Delta t$ (mol L^{-1} s^{-1})
0,0092	0,098	$3,33 \times 10^{-7}$
0,0092	0,049	$1,66 \times 10^{-7}$
0,0488	0,196	$3,51 \times 10^{-6}$
0,0249	0,196	$1,80 \times 10^{-6}$

Determine a lei de velocidade para essa reação e calcule a constante de velocidade.

11.34 Os dados de velocidade foram obtidos a 25°C para a reação a seguir. Qual é a lei de velocidade para esta reação?

$$A + 2\,B \rightarrow C + 2\,D$$

Exper.	[A] inicial (mol L^{-1})	[B] inicial (mol L^{-1})	Velocidade inicial de formação de C (mol L^{-1} min^{-1})
1	0,10	0,10	$3,0 \times 10^{-4}$
2	0,30	0,30	$9,0 \times 10^{-4}$
3	0,10	0,30	$3,0 \times 10^{-4}$
4	0,20	0,40	$6,0 \times 10^{-4}$

11.35 Para a reação

$$2\,NO(g) + 2\,H_2(g) \rightarrow N_2(g) + 2\,H_2O(g)$$

a 1.100°C, os seguintes dados foram obtidos:

[NO] (mol L^{-1})	$[H_2]$ (mol L^{-1})	Velocidade $= \Delta[N_2]/\Delta t$ (mol L^{-1} s^{-1})
$5,0 \times 10^{-3}$	0,32	0,012
$1,0 \times 10^{-2}$	0,32	0,048
$1,0 \times 10^{-2}$	0,64	0,096

Deduza a lei de velocidade para a reação e determine o valor da constante de velocidade.

11.36 A reação

$$NO(g) + O_2(g) \rightarrow NO_2(g) + O(g)$$

tem um papel importante na formação do dióxido de nitrogênio em motores de automóveis. Suponha que uma série de experimentos mediu a velocidade dessa reação a 500K e produziu os dados mostrados na seguinte tabela:

[NO] (mol L^{-1})	$[O_2]$ (mol L^{-1})	Velocidade $= -\Delta[NO]/\Delta t$ (mol L^{-1} s^{-1})
0,002	0,005	$8,0 \times 10^{-17}$
0,002	0,010	$1,6 \times 10^{-16}$
0,006	0,005	$2,4 \times 10^{-16}$

Deduza a lei de velocidade para a reação e determine o valor da constante de velocidade.

11.37 Em um sistema heterogêneo como a queima de uma tora de madeira em oxigênio, a área superficial do sólido pode ser um fator na velocidade da reação. O aumento da área superficial da tora de madeira significa aumento de colisões com moléculas de oxigênio. Para compreender como a superfície aumenta quando o sólido é dividido, faça o seguinte:

(a) Desenhe um cubo com 2 cm de lado. Qual é sua área superficial total?

(b) Divida cada face do cubo em quatro seções iguais. Se você pudesse desmontar o cubo nas linhas que acabou de desenhar, quantos cubos teria?

(c) Quais são as dimensões dos novos cubos?

(d) Qual é a área superficial total de todos os novos cubos? O que acontecerá se você dividir os cubos mais uma vez?

(e) Agora considere a queima da tora de madeira ou de todos os palitos de dente que poderiam ser feitos da tora. Qual efeito a área de superfície teria na velocidade em que cada um queima? Você preferiria tentar começar uma fogueira com uma tora ou com palitos de dente?

11.38 Em áreas de plantação de trigo, como as planícies centrais dos Estados Unidos e do Canadá, o trigo colhido é armazenado em altos elevadores de grãos que são visíveis a milhas de distância na campina plana. O trigo é descarregado de caminhões em uma área mais baixa do elevador. Em seguida, o elevador leva o trigo para as áreas de armazenagem. A poeira combustível produzida quando os grãos de trigo são friccionados entre si já causou explosões no elevador de grãos. Use a analogia do cubo no Problema 11.37 para explicar por que a poeira de trigo dispersa no ar em um elevador de grãos reage explosivamente se estimulada e por que isso não ocorre com os grãos de trigo.

Leis de velocidade integrada

11.39 A decomposição de N_2O_5 em solução de tetracloreto de carbono é uma reação de primeira ordem:

$$2\,N_2O_5 \rightarrow 4\,NO_2 + O_2$$

A constante de velocidade a dada temperatura é 5,25 × 10^{-4} s^{-1}. Se a concentração inicial de N_2O_5 é de 0,200 mol L^{-1}, qual é sua concentração após exatos 10 minutos?

11.40 No Exercício 11.39, se a concentração inicial de N_2O_5 for 0,100 mol L^{-1}, quanto tempo levará para a concentração cair para 0,0100 vez do seu valor original?

11.41 Para um medicamento ser eficiente no tratamento de uma doença, seus níveis na corrente sanguínea devem ser mantidos por um período de tempo. Um modo de mensurar o nível de um medicamento no corpo é medir sua velocidade de ocorrência na urina. A velocidade de excreção da penicilina é de primeira ordem, com uma meia-vida de cerca de 30 min. Se uma pessoa recebe uma injeção de 25 mg de penicilina em $t = 0$, qual quantidade de penicilina permanece no corpo após 3 horas?

11.42 A amoxicilina é um antibiótico acondicionado como pó. Quando ela é utilizada para tratar bebês ou pequenos animais, o farmacêutico ou veterinário deve suspendê-la em água, para que possa ser administrada oralmente com uma seringa. A bula diz para descartar a suspensão não utilizada após 14 dias. Ela também aponta a necessidade de refrigeração. No contexto deste capítulo, o que se pode deduzir pelas duas últimas afirmativas?

11.43 Como qualquer medicamento, a aspirina (ácido acetilsalicílico) deve permanecer na corrente sanguínea por tempo suficiente para ser eficaz. Suponha que a remoção da aspirina da corrente sanguínea pela urina seja uma reação de primeira ordem, com meia-vida de cerca de 3 horas. As instruções no frasco de aspirina dizem para tomar 1 ou 2 comprimidos a cada 4 horas. Se uma pessoa tomar 2 comprimidos de aspirina, qual a quantidade de aspirina que permanece na corrente sanguínea quando chega o momento da segunda dose? (Um comprimido padrão contém 325 mg de aspirina.)

11.44 Uma possível reação para a degradação do pesticida DDT em um composto menos prejudicial foi simulada em laboratório. Descobriu-se que a reação é de primeira ordem, com $k = 4{,}0 \times 10^{-8}\ s^{-1}$ a 25°C. Qual é a meia-vida para a degradação do DDT nesse experimento em anos?

11.45 A concentração inicial do reagente em uma reação de primeira ordem A → produtos é 0,64 mol L^{-1} e a meia-vida é 30,0 s.

(a) Calcule a concentração do reagente exatamente a 60 s após o início da reação.

(b) Quanto tempo levaria para a concentração do reagente cair para um oitavo do seu valor inicial?

(c) Quanto tempo levaria para a concentração do reagente cair para 0,040 mol L^{-1}?

11.46 Uma substância sofre decomposição de primeira ordem. Após 40,0 min a 500°C, permanecem apenas 12,5% da amostra original. Qual é a meia-vida da decomposição? Se a amostra original pesava 243 g, quanto ainda restaria após 2,00 horas?

11.47 Mostre que a meia-vida de uma reação de segunda ordem é dada por

$$t_{1/2} = \frac{1}{k[A]_0}$$

De que forma fundamental a meia-vida de uma reação de segunda ordem difere daquela de uma reação de primeira ordem?

11.48 Os seguintes dados foram coletados para a decomposição de N_2O_5:

Tempo, t (min)	$[N_2O_5]$ (mol L^{-1})
0	0,200
5	0,171
10	0,146
15	0,125
20	0,106
25	0,0909
30	0,0777
35	0,0664
40	0,0570

(a) Use os gráficos apropriados para determinar a constante de velocidade para esta reação.

(b) Encontre a meia-vida da reação.

11.49 A velocidade da fotodecomposição do herbicida picloram em sistemas aquosos foi determinada pela exposição à luz solar por um número de dias. Tal experimento produziu os seguintes dados (HEDLUND, R. T., YOUNGSON, C. R. The Rates of Photodecomposition of Picloram in Aqueous Systems, *Fate of Organic Pesticides in the Aquatic Environment*, Advances in Chemistry Series, nº 111, American Chemical Society (1972), 159-172.):

Tempo de exposição t (dias)	[Picloram] (mol L^{-1})
0	$4{,}14 \times 10^{-6}$
7	$3{,}70 \times 10^{-6}$
14	$3{,}31 \times 10^{-6}$
21	$2{,}94 \times 10^{-6}$
28	$2{,}61 \times 10^{-6}$
35	$2{,}30 \times 10^{-6}$
42	$2{,}05 \times 10^{-6}$
49	$1{,}82 \times 10^{-6}$
56	$1{,}65 \times 10^{-6}$

Determine a ordem de reação, a constante de velocidade e a meia-vida para a fotodecomposição do picloram.

11.50 A velocidade de decomposição do SO_2Cl_2 de acordo com a reação

$$SO_2Cl_2(g) \rightarrow SO_2(g) + Cl_2(g)$$

pode ser seguida pelo monitoramento da pressão total no recipiente de reação. Considere os seguintes dados:

Tempo, *t* (s)	Pressão Total (torr)
0,0	491,7
185,3	549,6
429,5	617,2
682,6	675,7
971,2	731,3
1.295,0	781,8
1.682,7	829,1
2.038,4	862,7

O que você deve fazer para converter essas pressões totais em variações na pressão de SO_2Cl_2? Manipule os dados como necessário, utilize uma calculadora gráfica ou uma planilha para representar graficamente os dados e determine a ordem de reação e a constante de velocidade.

11.51 O nitrato de peroxiacetila (PAN) tem a fórmula química $C_2H_3NO_5$ e é um importante irritante pulmonar no *smog* fotoquímico. Um experimento para determinar a cinética de decomposição do PAN forneceu os dados apresentados a seguir. Determine a ordem da reação e calcule a constante de velocidade de decomposição do PAN.

Tempo, *t* (min)	Pressão parcial de PAN (torr)
0,0	$2{,}00 \times 10^{-3}$
10,0	$1{,}61 \times 10^{-3}$
20,0	$1{,}30 \times 10^{-3}$
30,0	$1{,}04 \times 10^{-3}$
40,0	$8{,}41 \times 10^{-4}$
50,0	$6{,}77 \times 10^{-4}$
60,0	$5{,}45 \times 10^{-4}$

11.52 O peróxido de hidrogênio (H_2O_2) se decompõe em água e oxigênio:

$$H_2O_2(aq) \rightarrow H_2O(\ell) + \frac{1}{2}O_2(g)$$

Normalmente, essa reação se desenvolve bem lentamente, mas, na presença de alguns íons de iodeto (I^-), a decomposição é bem mais rápida. A decomposição na presença de iodeto foi estudada a 20°C, e os dados foram representados graficamente de diversas maneiras. Utilize os gráficos apresentados a seguir, nos quais as concentrações estão em mols por litro e o tempo está em segundos, para depois responder às perguntas.

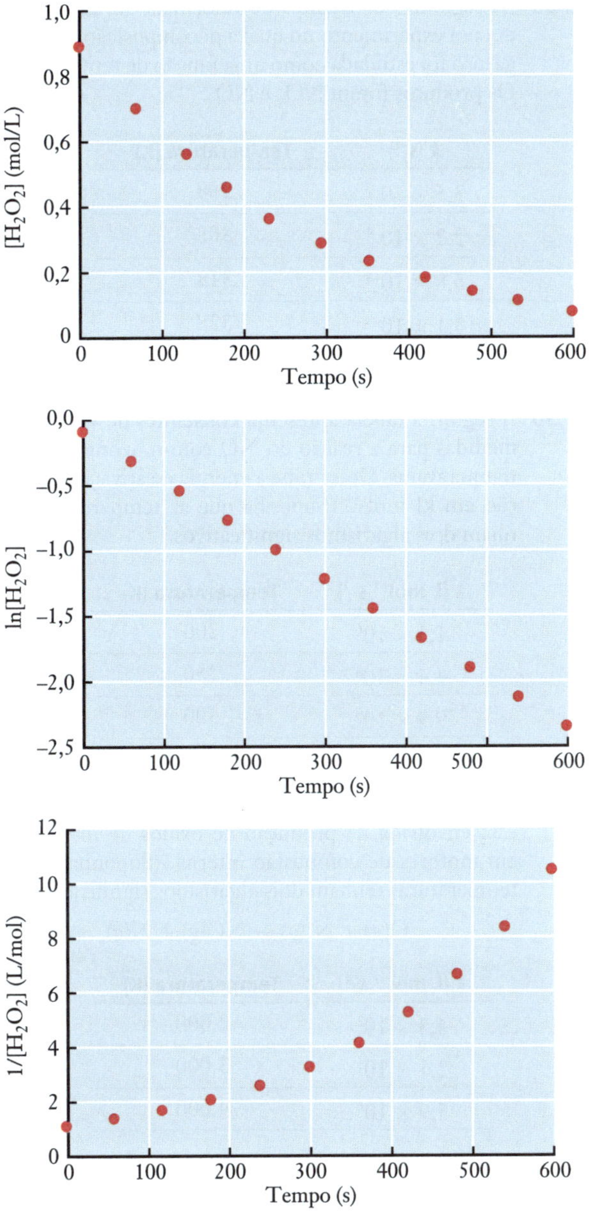

(a) Qual é a ordem de reação para a decomposição do peróxido de hidrogênio?

(b) Encontre o valor numérico da constante de velocidade a 20 °C, incluindo as unidades corretas.

(c) Obtenha uma estimativa da velocidade de reação inicial no experimento que produziu os gráficos (isto é, a velocidade em $t = 0$ nos gráficos).

Temperatura e cinética

11.53 A reação na qual o CO_2 se decompõe em CO e um radical livre de átomo de oxigênio, O, tem uma energia de ativação de 460 kJ mol^{-1}. O fator de frequência é 2×10^{11} s^{-1}. Qual é a constante de velocidade para essa reação a 298K?

11.54 Utilize a teoria cinética molecular para explicar por que um aumento na temperatura aumenta a velocidade de reação.

11.55 As seguintes constantes de velocidade foram obtidas em um experimento no qual a decomposição de N_2O_5 gasoso foi estudada como uma função de temperatura. Os produtos foram NO_2 e NO_3.

k (s^{-1})	Temperatura (K)
$3{,}5 \times 10^{-5}$	298
$2{,}2 \times 10^{-4}$	308
$6{,}8 \times 10^{-4}$	318
$3{,}1 \times 10^{-3}$	328

Determine E_a para essa reação em kJ mol^{-1}.

11.56 A seguir, a tabela apresenta constantes de velocidade medidas para a reação do NO com o ozônio em três temperaturas. Determine a energia de ativação da reação em kJ mol^{-1}. (Suponha que as temperaturas tenham dois algarismos significativos.)

k (L mol^{-1} s^{-1})	Temperatura (K)
$1{,}3 \times 10^6$	200
$4{,}4 \times 10^6$	250
$9{,}9 \times 10^6$	300

11.57 A seguir, a tabela apresenta constantes de velocidade medidas em três temperaturas para a reação, a qual está envolvida na produção de óxidos de nitrogênio em motores de combustão interna. (Suponha que as temperaturas tenham dois algarismos significativos.)

$$O(g) + N_2(g) \rightarrow NO(g) + N(g)$$

k (L mol^{-1} s^{-1})	Temperatura (K)
$4{,}4 \times 10^2$	2.000
$2{,}5 \times 10^5$	3.000
$5{,}9 \times 10^6$	4.000

Determine a energia de ativação da reação em kJ mol^{-1}.

11.58 Muitas reações ocorrem na formação do *smog* fotoquímico, incluindo a reação do ozônio com diversos produtos orgânicos voláteis ou COV. A tabela a seguir mostra a expressão de Arrhenius para quatro dessas reações.

Produto orgânico volátil	Expressão de Arrhenius
Aleno	$9{,}6 \times 10^5 \exp(-2.750/T)$
Propano	$6{,}6 \times 10^6 \exp(-1.970/T)$
1-buteno	$1{,}7 \times 10^6 \exp(-1.696/T)$
cis-2-buteno	$1{,}9 \times 10^6 \exp(-956/T)$

(a) Qual reação será a mais rápida a 310K?
(b) Qual reação tem a menor energia de ativação?
(c) Qual tem a maior energia de ativação?

Mecanismos de reação

11.59 Um mecanismo de reação pode ser comprovadamente correto? Ele pode ser comprovadamente incorreto?

11.60 Qual é a lei de velocidade para cada uma das seguintes reações elementares?
(a) $Cl(g) + ICl(g) \rightarrow I(g) + Cl_2(g)$
(b) $O(g) + O_3(g) \rightarrow 2\ O_2(g)$
(c) $2\ NO_2(g) \rightarrow N_2O_4(g)$

11.61 Descreva como o ciclo de Chapman é um mecanismo de reação. Qual é a molecularidade de cada reação nesse ciclo?

11.62 Quais são os intermediários de reação no ciclo de Chapman?

11.63 O seguinte mecanismo é proposto para uma reação:

$NO + Br_2 \rightarrow NOBr_2$ (lento)
$NOBr_2 + NO \rightarrow 2\ NOBr$ (rápido)

(a) Escreva a equação total para a reação.
(b) Qual é a etapa determinante de velocidade?
(c) Qual é o intermediário nessa reação?
(d) Qual é a molecularidade de cada etapa da reação?
(e) Escreva a expressão de velocidade para cada etapa.

11.64 O HBr é oxidado na seguinte reação:

$$4\ HBr(g) + O_2(g) \rightarrow 2\ H_2O(g) + 2\ Br_2(g)$$

Um mecanismo proposto é

$HBr + O_2 \rightarrow HOOBr$ (lento)
$HOOBr + HBr \rightarrow 2\ HOBr$ (rápido)
$HOBr + HBr \rightarrow H_2O + Br_2$ (rápido)

(a) Demonstre como esse mecanismo pode explicar a estequiometria correta.
(b) Identifique todos os intermediários nesse mecanismo.
(c) Qual é a molecularidade de cada etapa elementar?
(d) Escreva a expressão de velocidade para cada etapa elementar.
(e) Identifique a etapa determinante de velocidade.

11.65 Acredita-se que a reação de $NO_2(g)$ com $CO(g)$ ocorra em duas etapas:

Etapa 1: $NO_2(g) + NO_2(g) \rightarrow NO(g) + NO_3(g)$ (lenta)
Etapa 2: $NO_3(g) + CO(g) \rightarrow NO_2(g) + CO_2(g)$ (rápida)

(a) Qual é a equação estequiométrica geral correspondente a este mecanismo?
(b) Qual é a molecularidade de cada etapa?
(c) Para este mecanismo ser consistente com os dados cinéticos, qual deve ser a equação de velocidade experimental?
(d) Identifique quaisquer intermediários nesta reação.

Catálise

11.66 No processo pelo qual os CFC contribuem para a destruição do ozônio estratosférico, a luz é um catalisador? Justifique sua resposta.

11.67 O que distingue a catálise homogênea da catálise heterogênea?

11.68 Defina os termos *adsorvido* e *dessorvido*. Os processos aos quais esses termos se referem ocorrem somente na catálise heterogênea?

11.69 No Capítulo 3, discutimos a conversão de biomassa em biocombustíveis. Uma área importante da pesquisa associada com biocombustíveis é a identificação e o desenvolvimento de catalisadores adequados para aumentar a velocidade na qual os combustíveis podem ser produzidos. Faça uma pesquisa na internet para encontrar um artigo descrevendo catalisadores de biocombustível. Então, escreva uma ou duas sentenças e suas reações sendo catalisadas e identifique o catalisador como homogêneo ou heterogêneo.

11.70 O rótulo em um frasco de peróxido de hidrogênio, H_2O_2, 3% (por volume) comprado em um mercado, informa que a solução deve ser armazenada em local fresco e escuro. O H_2O_2 se decompõe lentamente, e a velocidade de decomposição se eleva com o aumento na temperatura e na presença de luz. No entanto, a velocidade de decomposição aumenta significativamente se uma pequena quantidade de MnO_2 em pó for adicionada à solução. Os produtos de decomposição são H_2O e O_2. O MnO_2 não é consumido na reação.

(a) Escreva a equação para a decomposição do H_2O_2.
(b) Qual é o papel do MnO_2?
(c) No laboratório de química, um estudante substituiu o composto em pó por um pedaço de MnO_2. A velocidade de reação não foi aumentada significativamente. Qual é uma possível explicação para essa observação?
(d) O MnO_2 é parte da estequiometria da decomposição do H_2O_2?

POR DENTRO DE Monitoramento da qualidade do ar

11.71 Quais são as vantagens e desvantagens relativas do monitoramento da qualidade do ar móvel *versus* estacionário?

11.72 A Lei do Ar Limpo não foi substancialmente alterada desde 1990, mas novas regulamentações de qualidade do ar ainda são planejadas e implementadas. Utilize a internet para pesquisar o processo que é empregado para fazer mudanças no modo como a poluição do ar é monitorada e regulada sem que novas leis sejam promulgadas.

11.73 O IQAr inclui tanto intervalos numéricos quanto uma escala de cores para transmitir informações. Que tipo de informação é mais útil para se comunicar com o público em geral e por quê?

11.74 O IQAr apresenta seis níveis, incluindo vários que descrevem o ar que não é saudável para respirar. Quais são as possíveis vantagens e desvantagens de propor a redução do IQAr para apenas quatro níveis?

11.75 O monitoramento da poluição em países para além dos Estados Unidos não utiliza necessariamente o IQAr, mas pode ser traduzido para o mesmo índice. Utilize a internet para determinar o que significa quando um dia com atmosfera poluída é considerado "além do índice". Uma cidade dos EUA já registrou um IQAr acima do índice?

11.76 Suponha que um político tenha proposto que o monitoramento da qualidade do ar só precisa ser realizado em cidades com 500.000 ou mais pessoas, na esperança de economizar dinheiro. A perda de capacidade de monitoramento em áreas mais rurais teria possíveis consequências para o entendimento da qualidade do ar? Explique sua resposta.

11.77 Suponha que você fosse um engenheiro trabalhando em um projeto a ser construído na área de Detroit. Por que você pode precisar consultar tratados internacionais relacionados à qualidade do ar em seus projetos de engenharia?

Problemas conceituais

11.78 Qual dos seguintes teria mais probabilidade de ter uma constante de velocidade muito grande? Qual teria uma constante de velocidade bem pequena?
(a) Dinamite explodindo.
(b) Ferro oxidando.
(c) Papel queimando.

11.79 Qual é a diferença entre velocidade média e velocidade instantânea? Existem circunstâncias que exigem o uso de uma velocidade ou outra para descrever adequadamente a cinética de uma reação?

11.80 Um estudante observa a vela acesa na Figura 11.2 e vê que a chama diminui conforme a reação avança. Com base nessa observação, o estudante elabora a hipótese de que a diminuição da temperatura está fazendo com que a reação diminua. Proponha uma hipótese alternativa para explicar essa observação. Que outras medições poderiam ser feitas para permitir que você decida quais dessas duas hipóteses explica melhor o experimento?

11.81 A seguinte série de ilustrações representa o progresso de uma reação na qual moléculas de A_2 se dissociam em átomos: $A_2 \rightarrow 2\ A$. Cada ilustração representa uma "foto" da mistura de reação no tempo indicado.

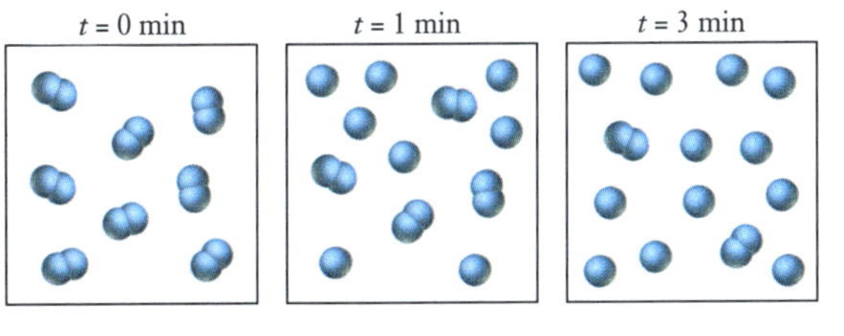

Essas figuras são consistentes com a lei de velocidade de primeira ordem? Explique.

11.82 Geralmente, as bulas informam que o medicamento deve ser armazenado em local fresco e escuro. No contexto deste capítulo, explique por que essa orientação é correta.

11.83 As bactérias fazem com que o leite azede, gerando ácido lático. Planeje um experimento que poderia medir a energia de ativação para a produção de ácido lático por bactéria no leite. Descreva como seu experimento fornecerá as informações de que precisa para determinar esse valor. Quais suposições devem ser feitas sobre essa reação?

11.84 Defina o termo *intermediário* no contexto de mecanismos de reação.

11.85 O propano é usado como um combustível doméstico em áreas onde o gás natural não está disponível. A combustão do propano é dada pela equação

$$C_3H_8 + 5\ O_2 \rightarrow 3\ CO_2 + 4\ H_2O$$

Essa equação representa um mecanismo provável para a reação? Justifique sua resposta.

11.86 Cinco pessoas são responsáveis pela limpeza após um grande banquete. Duas estão limpando as mesas, enquanto uma lava as louças e duas secam. Qual etapa será a determinante de velocidade?

11.87 Se um livro definisse um catalisador como "uma substância que aumenta a velocidade de uma reação", essa definição seria adequada?

11.88 A palavra *catalisador* foi adotada fora da ciência. Em esportes, um reserva que entra no jogo pode ser apontado como o catalisador para uma vitória de virada. Argumente de que modo esse uso da palavra é semelhante àquele utilizado cientificamente. De que modo ele é diferente do uso científico da palavra?

11.89 Qual seria a ação de um catalisador em uma reação que é o oposto de alguma reação que dizemos ser catalisada?

11.90 Faça um diagrama hipotético de energia de ativação para uma reação não catalisada. No mesmo grupo de coordenadas, faça um gráfico similar para a reação catalisada. Por que a velocidade de reação aumenta com o uso do catalisador?

Problemas adicionais

11.91 De acordo com um artigo publicado em 1966 no *Journal of Chemical Education*, o xenônio reage fotoquimicamente com o flúor em temperatura ambiente (298K) para produzir XeF_2. Uma parte de uma tabela que mostra as proporções de gases no recipiente de reação para quatro experimentos foi reproduzida a seguir. (Considere que a pressão atmosférica seja exatamente 1 atm.) A reação é a seguinte:

$$Xe(g) + F_2(g) \rightarrow XeF_2(s)$$

Experimento	1	2	3	4
Volume de Xe em mL, na pressão atmosférica	300,	350,	400,	450,
Volume de F_2 em mL, na pressão atmosférica	271	260	262	183

(Dados de John H. Holloway, *F. Chem. Ed.*, v. 43, p. 203, 1966.)

(a) Desenhe a estrutura de Lewis de XeF_2 e preveja o arranjo da molécula.

(b) Calcule a pressão parcial de cada gás no Experimento 3 se as quantidades mostradas forem combinadas de tal modo que a pressão total permaneça 1 atm.

(c) Calcule o rendimento teórico de XeF_2 no Experimento 3.

(d) Depois que os reagentes foram introduzidos, o bulbo foi colocado sob a luz do sol. O XeF_2 começou a cristalizar-se na superfície interna do bulbo aproximadamente 24 horas depois. Compare a velocidade dessa reação com a velocidade de precipitação de CaF_2 de soluções de $Ca^{2+}(aq)$ e $F^-(aq)$ no laboratório.

11.92 No problema anterior, a reação que produz XeF_2 ocorre fotoquimicamente na temperatura ambiente. No entanto, para a produção de $XeF_4(s)$, são necessárias temperatura e pressão mais altas. A produção de XeF_6 requer pressões ainda mais altas. Examine as diferenças nas condições de reação para essas três reações em termos de energia de ativação e de teoria de colisão.

11.93 Num determinado dia, o nível de ozônio em Milwaukee excedeu em 10 ppb o padrão de 0,12 ppm em 1 hora da EPA. Quantas moléculas de ozônio estariam presentes em 1 litro de ar no local da detecção?

11.94 O padrão de ozônio em 8 horas da EPA para comunidades é de 0,075 ppm. Num determinado dia, a concentração de ozônio na atmosfera em Denver era de $1{,}5 \times 10^{-9}$ mol L^{-1}. Nesse dia, Denver estava em conformidade com os regulamentos da EPA?

11.95 A seguir está descrito um experimento pensado. Imagine que você coloque um pouco de água em um tubo de ensaio e adicione alguns cristais de NaF. Imediatamente após adicionar NaF, você observa que os cristais começam a se dissolver. A quantidade de NaF sólido diminui, mas logo parece que o NaF não está mais se dissolvendo. A solução está saturada.

(a) A equação para a dissolução de NaF em água é $NaF(s) \rightarrow Na^+(aq) + F^-(aq)$. À medida que o NaF se dissolve, o que você acha que acontece com a velocidade de dissolução? Descreva o que está ocorrendo no nível molecular.

(b) Considere que a reação inversa, $Na^+(aq) + F^-(aq) \rightarrow NaF(s)$, também ocorre à medida que o cristal se dissolve. Em outras palavras, tanto a dissolução quanto a precipitação estão ocorrendo. Quando parece não haver mais alteração na quantidade de NaF dissolvendo (a solução está saturada), o que aconteceu com as velocidades das reações direta e inversa? Justifique sua resposta.

11.96 As seguintes afirmativas relacionam a reação para a formação de HI:

$$H_2(g) + I_2(g) \rightarrow 2\ HI(g) \qquad \text{Velocidade} = k[H_2][I_2]$$

Determine quais das seguintes afirmativas são verdadeiras. Se uma afirmativa for falsa, indique por que ela está incorreta.

(a) A reação deve ocorrer em uma única etapa.

(b) Esta é uma reação de segunda ordem total.

(c) O aumento da temperatura fará com que o valor de *k* diminua.

(d) O aumento da temperatura diminui a energia de ativação para esta reação.

(e) Se as concentrações de ambos os reagentes são dobradas, a velocidade dobrará.

(f) A adição de um catalisador na reação fará com que a velocidade inicial aumente.

11.97 O processo de Haber, que produz amônia a partir de nitrogênio e hidrogênio, é uma das reações químicas industriais mais importantes:

$$N_2(g) + 3\ H_2(g) \rightarrow 2\ NH_3(g)$$

Para a reação, tanto $\Delta H°$ quanto $\Delta S°$ são negativos, significando que a formação do produto é termodinamicamente favorecida por baixas temperaturas. Mesmo assim a reação industrial é normalmente realizada em temperaturas entre 400°C e 600°C. Essas altas temperaturas exigem um fornecimento significativo de energia; algumas estimativas indicam que a produção industrial de amônia é responsável por 1% do consumo de energia total do mundo. Sugira uma razão para serem empregadas altas temperaturas.

11.98 Experimentos mostram que a reação do dióxido de nitrogênio com o flúor,

$$2\ NO_2(g) + F_2(g) \rightarrow 2\ FNO_2(g)$$

tem a lei de velocidade

$$\text{Velocidade} = k[NO_2][F_2]$$

Imagina-se que a reação ocorra em duas etapas.

Etapa 1: $NO_2(g) + F_2(g) \rightarrow FNO_2(g) + F(g)$

Etapa 2: $NO_2(g) + F(g) \rightarrow FNO_2(g)$

(a) Mostre que a soma dessa sequência de reações fornece a equação balanceada para a reação global.

(b) Qual é a etapa determinante da velocidade?

11.99 As substâncias que envenenam um catalisador apresentam uma preocupação importante para muitos projetos de engenharia, incluindo os conversores catalíticos. Um conceito de projeto é adicionar materiais que reagem com envenenadores potenciais antes que eles possam atingir o catalisador. Entre os envenenadores de catalisadores normalmente encontrados estão o silício e o fósforo, que normalmente formam íons fosfato e silicatos no ambiente oxidante de um motor. Os elementos do Grupo 2 são adicionados ao catalisador para reagir com esses contaminantes antes que eles atinjam a porção de funcionamento do conversor catalítico. Se as estimativas mostram que um conversor catalítico será exposto a 625 g de silício durante sua vida útil, que massa de berílio seria necessária para incluir no projeto?

11.100 O projeto de engenharia química normalmente usa %mol como uma medida de concentração. Um reator de combustão tem um fluxo de entrada de 5,50 %mol de propano ao ar. A análise do fluxo de produto do reator mostra 6,25 %mol de CO_2. Essa medida indica combustão completa? Quais outras espécies você sugeriria monitorar para determinar se a cinética de reação está funcionando de uma maneira prevista?

11.101 A luz de vaga-lumes é o resultado de uma reação química e a velocidade da luz pode ser descrita pela equação de Arrhenius. Observou-se que determinada quantidade de vaga-lumes acende a uma velocidade de 16,0 vezes por minuto a 25°C e a uma velocidade de 5,5 vezes por minuto a 15°C. Use esses dados para encontrar a energia de ativação aparente para a reação que faz com que os vaga-lumes acendam.

Exercícios de enfoque na resolução de problemas

11.102 Suponha que você está estudando uma reação e precisa determinar sua lei de velocidade. Explique o que você precisaria medir para realizar a tarefa em um único experimento e como você poderia utilizar métodos gráficos para obter os dados experimentais para uma lei de velocidade completa.

11.103 Você mede um espécime arqueológico e descobre que a proporção da contagem de carbono-14 é x% daquela vista em organismos vivos. De que modo essa informação permite que você estabeleça a idade do artefato? O que você precisaria saber ou consultar?

11.104 Na temperatura ambiente, leva aproximadamente 3 dias para um recipiente de leite azedar. Um recipiente idêntico guardado em uma geladeira azeda apenas após 11 dias. Como você poderia usar essa informação para estimar a energia de ativação da reação química que faz com que o leite azede? Qual informação você teria de procurar ou estimar?

11.105 Você está fazendo um projeto de um pacote de autoaquecimento de alimentos. Os produtos químicos que você está usando parecem se exaurir muito rapidamente. Quais experimentos poderiam ser realizados para planejar as condições que permitiriam que o pacote de aquecimento durasse mais?

Problemas acumulativos

11.106 Utilize a internet para obter informações sobre a velocidade de reação para diversos metais alcalinos com água. Como você pode explicar essa tendência conforme os conceitos apresentados neste capítulo?

11.107 O flúor, em geral, reage explosivamente. O que esse fato sugere sobre as reações do flúor na perspectiva molecular?

11.108 No Capítulo 4, observamos que a compressibilidade é um fator importante para os combustíveis e que alguns hidrocarbonetos são mais compressíveis que outros. Se um combustível não é muito compressível, o que podemos inferir sobre a energia de ativação para sua reação de combustão?

11.109 Um radical livre é geralmente utilizado como um catalisador para reações de polimerização. Tais reações normalmente precisam ser realizadas em altas temperaturas. Explique esse fato pela perspectiva molecular e pela energia de ativação dos reagentes.

11.110 Quando o ácido fórmico é aquecido, ele se decompõe em hidrogênio e dióxido de carbono em um decaimento de primeira ordem:

$$HCOOH(g) \rightarrow CO_2(g) + H_2(g)$$

A velocidade de reação é monitorada medindo-se a pressão total no recipiente de reação.

Tempo (s)	Pressão (torr)
0	220
50	324
100	379
150	408
200	423
250	431
300	435

Calcule a constante de velocidade e a meia-vida em segundos para a reação. No começo da reação (tempo = 0), apenas o ácido fórmico está presente. (DICA: Encontre a pressão parcial do ácido fórmico usando a lei de Dalton de pressão parcial e a estequiometria da reação para encontrar P_{HCOOH} em cada tempo.)

Equilíbrio químico

12

A ponte Natchez Trace Parkway, no condado de Williamson, Tennessee, é em arco duplo de concreto. O projeto aberto único coloca exigências de resistência estrita no concreto usado. O peso da ponte está concentrado na coroa de cada arco.

No nosso estudo de cinética, vimos que a velocidade de uma reação varia com o tempo, sempre diminuindo à medida que a reação progride. Se fôssemos observar muitas reações, esse comportamento estaria sempre evidente. O que isso sugere? Eventualmente, a velocidade líquida de qualquer reação química aproxima-se de zero. Quando isso acontece, a reação atingiu um estado de equilíbrio. O conceito de equilíbrio químico é criticamente importante e examinaremos brevemente vários aspectos de equilíbrio neste capítulo. Vamos começar considerando um material de construção muito familiar – o concreto.

Objetivos do capítulo

Após dominar o assunto deste capítulo, você será capaz de:

- listar várias reações químicas importantes na produção e no desgaste do concreto.
- explicar que o equilíbrio químico é dinâmico e que no equilíbrio as velocidades da reação direta e inversa são iguais.
- escrever a constante de equilíbrio para qualquer reação reversível.
- calcular as constantes de equilíbrio com base em dados experimentais.
- calcular a composição de equilíbrio com base em dados iniciais e no valor numérico da constante de equilíbrio.
- calcular a solubilidade molar a partir do K_{ps} ou vice-versa.

- escrever as constantes de equilíbrio para a dissociação de ácidos e bases fracas e usá-las para calcular o pH ou o grau de ionização.
- usar o princípio de LeChatelier para explicar a resposta de um sistema em equilíbrio a uma força aplicada.
- calcular a nova composição de equilíbrio de um sistema após uma força aplicada.
- explicar a importância das considerações tanto cinéticas quanto de equilíbrio no projeto de processos químicos industriais.

POR DENTRO DE

12.1 Produção e desgaste do concreto

Existem poucos materiais mais onipresentes que o concreto. Quando as pessoas pensam no concreto, normalmente o associam com peculiaridades como durabilidade e resistência. Você pode nunca ter associado o concreto com a química, mas há na realidade um número de sistemas químicos complexos que devem ser considerados em muitos projetos de engenharia que usam o concreto. Parte da química mais interessante ocorre no desgaste do concreto devido à exposição prolongada ao ambiente. Antes de podermos considerar o desgaste do concreto, precisaremos examinar sua produção.

Tradicionalmente, o concreto tem sido composto por cimento, água e agregados. A preparação do concreto moderno inclui o uso de componentes tradicionais, chamados de ***admixtures***, que ajudam na manipulação do concreto para a obtenção de propriedades desejadas, sendo ele despejado ou usado em longo termo. Da perspectiva química, as reações mais interessantes surgem na preparação do cimento e das *admixtures*.

O nome cimento Portland *foi usado pela primeira vez em 1824 em uma patente na Inglaterra por Joseph Aspdin, que pensou que o material se parecia com um tipo de calcário extraído próximo a Portland, na Inglaterra.*

A maioria dos concretos usa **cimento Portland.** ◂ O cimento Portland começa com a produção de CaO a partir do calcário, principalmente carbonato de cálcio, $CaCO_3$:

$$CaCO_3 \rightarrow CaO + CO_2$$

A primeira etapa na produção do cimento para concreto responde por uma estimativa de 5% da quantidade total de CO_2 liberado anualmente na atmosfera.

Além do CaO, o cimento inclui óxidos de silício e alumínio. Esses materiais combinados são então hidratados (com a adição de água) quando o concreto é misturado. A mistura resultante tem uma faixa de composição razoavelmente ampla, portanto as equações que representam a química são frequentemente escritas de modo que seja incluída uma variável x. Essa variável pode supor diferentes valores dependendo da composição de um concreto em particular, mas não altera fundamentalmente a natureza da reação química. Três reações representativas para o processo de hidratação são

$$Ca_3Al_2O_6 + 6\ H_2O \rightarrow Ca_3Al_2(OH)_{12}$$

$$Ca_2SiO_4 + xH_2O \rightarrow Ca_2SiO_4{\cdot}xH_2O$$

$$3\ CaO + SiO_2 + (x + 1)H_2O \rightarrow Ca_2SiO_4{\cdot}xH_2O + Ca(OH)_2$$

Se você contar as ligações químicas nos reagentes e produtos dessas reações, não será uma surpresa que elas liberam energia como calor, porque o resultado líquido do processo é a formação de ligações químicas adicionais. A **Figura 12.1** mostra um gráfico da energia liberada pela hidratação do concreto como função do tempo. Observe que a reação é razoavelmente lenta: a escala de tempo do gráfico é mais de um mês. Isso ajuda a explicar por que os engenheiros que usam concreto precisam especificar os tempos de cura para atingir as características necessárias do concreto em seus projetos.

Recentemente, o uso de partículas de cinza para substituir o cimento Portland tem se tornado crescentemente mais comum. As partículas de cinza são geradas quando o carvão é queimado em usinas de geração de energia. Os minerais presentes no carvão reagem com o oxigênio em altas temperaturas e produzem o resíduo conhecido como partícula de cinza. A composição média da partícula de cinza é similar àquela do cimento Portland, com os quatro principais componentes sendo SiO_2, Al_2O_3, Fe_2O_3 e CaO. A partícula de cinza consiste normalmente em

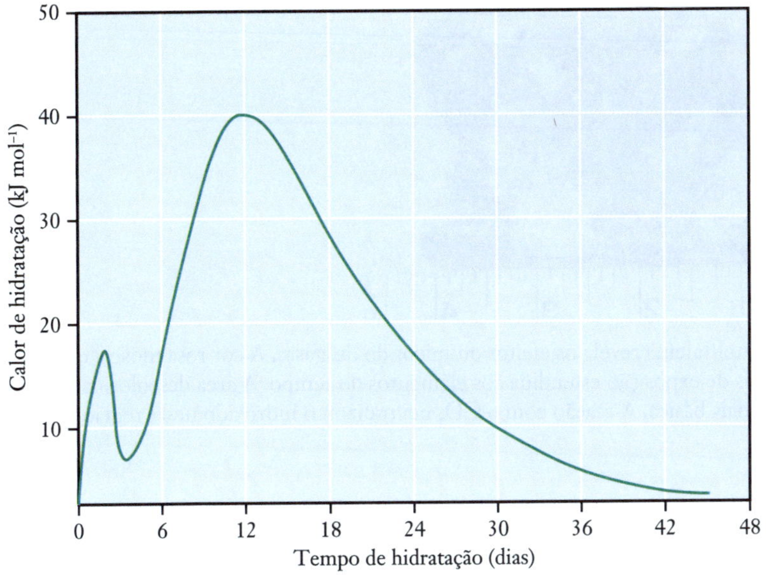

Figura 12.1 A reação de hidratação para a formação do concreto é exotérmica e ocorre em períodos relativamente longos. Depois do aumento rápido da temperatura, chamado de período de produção, a principal liberação de energia acontece em aproximadamente uma semana após a mistura original do concreto.

pequenas partículas esféricas, e a incorporação dessas partículas pode melhorar a resistência do concreto. A inclusão de partículas de cinza também fornece uso para um material que poderia de outra forma ser considerado lixo. O uso da partícula de cinza é crescentemente sugerido como uma maneira mais ambientalmente amigável para fabricar o cimento de concreto.

Da perspectiva de considerações de projeto, os engenheiros modernos têm notavelmente mais opções nas especificações de concreto por causa do uso de *admixtures*. A **Tabela 12.1** indica os usos e produtos químicos comuns que fornecem as características desejadas. Os redutores de água são usados para diminuir a quantidade de água no concreto, sem reduzir a habilidade para trabalhar com o material. As *admixtures* carregadoras de ar melhoram a durabilidade do cimento, estabilizando pequenas bolhas de ar dentro da porção de cimento do concreto, especialmente quando o concreto é exposto à água durante os ciclos de congelamento-degelo. Outras formas de *admixtures* combatem os efeitos da umidade com proteção à prova d'água. Por fim, algumas *admixtures* são úteis como aceleradores do processo de endurecimento ou de retardo deste. ▸ Uma vez no concreto, quaisquer dessas *admixtures* podem exercer um papel de como ele funciona no ambiente.

Muitos retardantes servem também como admixtures *de redução de água.*

Tabela ■ 12.1 Aditivos comuns para o concreto

Composição química de algumas *admixtures*

Função	Composto	Origem
Redução de água	Lignosulfonato	Subproduto de madeira/polpa
Redução de água	Ácidos hidroxicarboxílicos	Produção de produtos químicos
Carregamento de ar	Ácidos abiéticos e piméricos	Resinas de madeira
Carregamento de ar	Sulfonatos de alquila-arila	Detergentes industriais
À prova d'água	Ácidos graxos	Gorduras vegetais e animais
Aceleração	Cloreto de cálcio	Produção de produtos químicos
Aceleração	Formato de cálcio	Subprodutos da produção de produtos químicos
Aceleração	Trietanolamina	Produção de produtos químicos
Retardo	Boratos	Mineração do bórax
Retardo	Sais de magnésio	Produção de produtos químicos

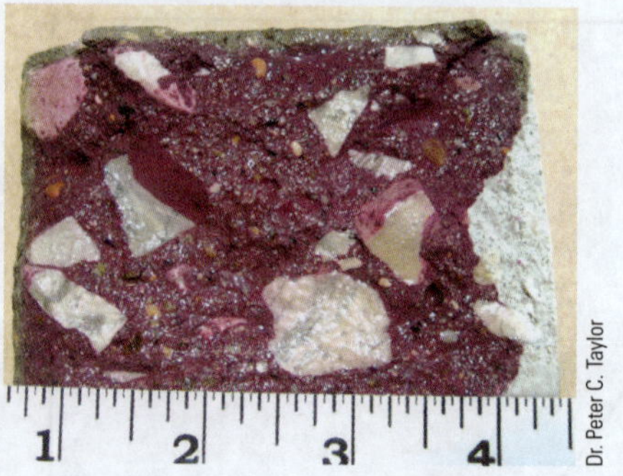

Figura 12.2 O tratamento do concreto com fenolftaleína revela os efeitos químicos do desgaste. A cor rosa mostra que o grosso desta amostra permanece básica, mesmo depois de exposição estendida aos elementos do tempo. A área descolorida no topo, a superfície que foi na realidade exposta, não é mais básica. A reação com o CO_2 neutralizou o hidróxido nesta região superficial.

O desgaste do concreto tem vários componentes, incluindo o ciclo de congelamento-degelo observado como parcialmente abrandado pelas *admixtures* carregando ar. Nós nos concentraremos nos componentes cujos efeitos são principalmente químicos desde o início.

Uma reação química-chave relacionada ao envelhecimento é a carbonação. Na carbonação, o CO_2 do ar difunde-se para o concreto. Uma vez lá, ele pode reagir com o hidróxido de cálcio em um processo de duas etapas representado pelas seguintes reações:

$$Ca(OH)_2(s) \rightarrow Ca^{2+}(aq) + 2OH^-(aq)$$

$$Ca^{2+}(aq) + 2\,OH^-(aq) + CO_2(g) \rightarrow CaCO_3(s) + H_2O(\ell)$$

Introduzimos os conceitos de ácidos e bases na Seção 3.3 e os exploraremos mais neste capítulo.

Como observado anteriormente, a presença de íons hidróxido significa que uma solução é básica. ◂ Portanto, é possível observar a carbonação do concreto usando um indicador ácido-base. A **Figura 12.2** mostra uma seção transversal de um pedaço de concreto tratado com um indicador chamado fenolftaleína, que na foto aparece na cor rosa, quando está na presença de uma base. O grosso dessa amostra aparece na cor rosa, confirmando que o interior do concreto permanece básico. Mas a 1/8 polegada do topo, a superfície que foi na realidade exposta não está colorida. Isso indica que o CO_2 do ambiente reagiu e neutralizou o hidróxido originalmente presente no concreto. Como é verdadeiro na exposição da maioria dos projetos de engenharia, as reações que ocorrem no concreto têm períodos longos para acontecer e, como consequência, são capazes de atingir o equilíbrio químico.

12.2 Equilíbrio químico

Os equilíbrios em sistemas químicos aplicados como o concreto são inevitavelmente complexos. Mas ainda podemos entender muito da sua química em termos de poucos princípios fundamentais. Portanto, à medida que começamos nossa explicação de equilíbrios, usaremos sistemas mais simples para nos permitir focar nesses princípios.

Reações diretas e inversas

Se colocarmos uma taça de água em uma mesa e a deixarmos durante a noite, de manhã você poderá encontrar uma taça vazia ou, no mínimo, descobrir que o nível de água diminuiu (**Figura 12.3**). Isso não será uma surpresa porque você sabe que a água "perdida" evaporou. Tente esse experimento de novo. Desta vez, cubra a taça e descobrirá que toda a água permanece na taça. Em um sistema fechado – como a taça coberta – é estabelecido um equilíbrio dinâmico entre a água líquida e o vapor de água (**Figura 12.4**). No equilíbrio, a velocidade na qual as moléculas de água deixam a superfície do líquido é igual à velocidade na qual retornam à superfície. A velocidade de evaporação será determinada pela distribuição das velocidades moleculares no líquido. Apenas aquelas moléculas com energia cinética suficiente podem romper as forças intermoleculares no líquido e escapar para a fase de vapor. Supondo que a água esteja a uma temperatura constante, a velocidade de evaporação será constante. E sobre a velocidade de condensação? Cada vez que uma molécula na fase gasosa se choca com a superfície de um líquido, ela tem alguma probabilidade de "aderir-se" àquela superfície e retornar à fase líquida. A velocidade na qual as moléculas de gás se chocam com a superfície do líquido é proporcional ao número de moléculas de gás presentes ou à pressão do gás. Se apenas líquido

Figura 12.3 Esta sequência de fotos mostra o nível de água em duas taças ao longo do tempo. A taça à esquerda está coberta, enquanto a da direita está aberta ao ar. Na foto da esquerda, os copos estão com o mesmo nível de água. Na segunda foto, tirada 10 dias depois, o nível de água na taça da direita está visivelmente mais baixo, enquanto na taça da esquerda permanece sem modificação. A tendência continua na última foto.

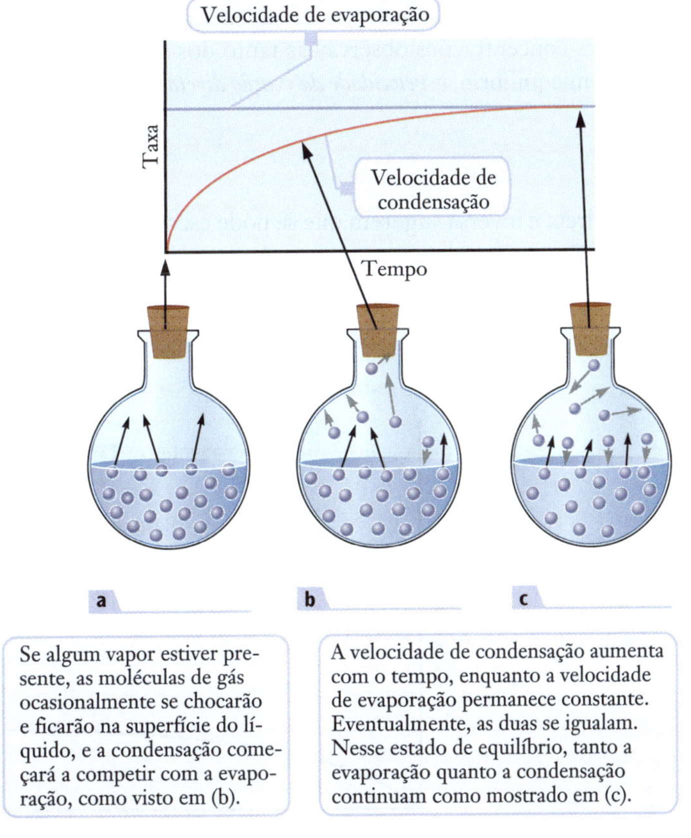

Figura 12.4 O equilíbrio entre o líquido e o vapor em um recipiente fechado é regulado pela cinética de evaporação e condensação. Aqui um líquido é colocado em um recipiente fechado sem nenhuma fase de vapor presente. As moléculas na superfície do líquido podem movimentar-se para a fase gasosa, como mostrado em (a). Se algum vapor estiver presente, as moléculas de gás ocasionalmente se chocarão e ficarão na superfície do líquido, e a condensação começará a competir com a evaporação, como visto em (b). A velocidade de condensação aumenta com o tempo, enquanto a velocidade de evaporação permanece constante. Eventualmente, as duas velocidades se igualam. Nesse estado de equilíbrio, tanto a evaporação quanto a condensação continuam, como mostrado em (c).

está presente, a velocidade de condensação será zero. Mas, uma vez que a evaporação está ocorrendo, após curto período de tempo haverá algum vapor no recipiente, o que significa que a condensação começará. Desde que a velocidade (constante) de evaporação seja maior que a de condensação, o efeito líquido será o aumento da pressão da fase de vapor, o que, por sua vez, aumentará a velocidade de condensação. Eventualmente, as duas velocidades se tornarão iguais e, após esse ponto, nenhuma variação líquida nas quantidades de líquido ou vapor será vista.

Introduzimos a ideia de equilíbrio dinâmico quando discutimos pressão de vapor na Seção 8.5.

Chamamos esse processo de **equilíbrio dinâmico**, porque a evaporação e a condensação não param no equilíbrio. ◂ As velocidades desses processos em competição se igualam, mas *não* vão a zero. Assim, no nível microscópico, as moléculas individuais continuam a se movimentar do líquido para a fase de vapor e vice-versa. No entanto, da perspectiva macroscópica, as quantidades observáveis de líquido e vapor não variam mais.

Voltando às reações químicas, a forma como temos escrito as equações químicas até aqui tem considerado apenas o sentido *direto* da reação. Na reação *inversa*, as substâncias denominadas "produtos" reagem para formar os "reagentes". Em alguns casos, a reação inversa pode ocorrer em grande extensão, e em outros casos em extensão infinitesimal e imensurável, mas a princípio pode ocorrer em *qualquer* reação. Isso significa que, em um sistema fechado, qualquer reação atingirá eventualmente um equilíbrio dinâmico análogo àquele que acabamos de descrever para a evaporação.

No instante em que iniciamos a reação química entre dois reagentes, não existem produtos presentes (**Figura 12.5**). Já vimos que a velocidade de uma reação química depende das concentrações de reagentes, logo, inicialmente a velocidade da reação inversa deve ser zero. Portanto, quando inicialmente misturamos os reagentes, a velocidade da reação direta é maior que a da reação inversa. Com o passar do tempo, as concentrações dos reagentes diminuem, e aquelas dos produtos aumentam. Essas variações na concentração são acompanhadas pelas variações nas velocidades: a da reação direta diminui e a da reação inversa aumenta a velocidade. Basicamente, o equilíbrio é atingido quando as duas velocidades se igualam, e as concentrações observáveis tanto dos reagentes quanto dos produtos tornam-se constantes. Em qualquer sistema em equilíbrio, *a velocidade da reação direta iguala-se à velocidade da reação inversa.*

Relações matemáticas

As leis de velocidade das reações direta e inversa sugerem que se pode escrever uma relação matemática para descrever o equilíbrio. Para qualquer reação que envolva os reagentes R e os produtos P, escrevemos a equação química no equilíbrio com duas setas, uma apontando em cada sentido, para enfatizar o caráter dinâmico do processo:

$$R \rightleftarrows P$$

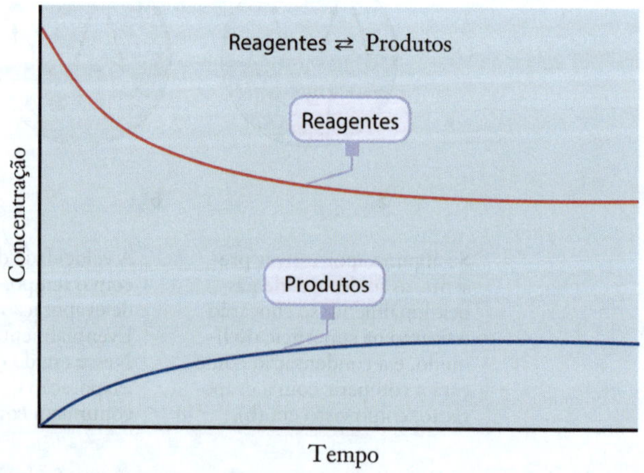

Figura 12.5 O gráfico representa a aproximação de um sistema químico ao equilíbrio. Inicialmente, estão presentes apenas os reagentes; a reação direta prossegue e forma os produtos. À medida que as concentrações dos produtos aumentam, a reação inversa torna-se muito importante. Eventualmente, as velocidades das reações direta e inversa se igualam, e as concentrações medidas dos reagentes e dos produtos tornam-se constantes no equilíbrio. ◂

Este gráfico implica que a reação não prossegue muito na direção dos produtos. Veremos em seguida como esse tipo de observação pode ser quantificado.

Para simplificarmos, supomos que essa reação prossiga em cada sentido por uma etapa elementar única. (Veja a Seção 11.6. O resultado de nossa dedução aqui não depende na realidade dessa suposição, mas é mais fácil de entender dessa forma.) Podemos escrever a lei de velocidade para a reação direta dessa reação como:

$$\text{Velocidade}_{\text{dir}} = k_{\text{dir}}[\text{R}]$$

De modo similar, para a reação inversa, podemos escrever:

$$\text{Velocidade}_{\text{inv}} = k_{\text{inv}}[\text{P}]$$

Sabemos que essas duas velocidades devem ser iguais no equilíbrio, portanto

$$\text{Velocidade}_{\text{dir}} = \text{Velocidade}_{\text{inv}}$$

Consequentemente,

$$k_{\text{dir}}[\text{R}]_{\text{eq}} = k_{\text{inv}}[\text{P}]_{\text{eq}}$$

Uma vez que as velocidades são iguais apenas se o sistema está em equilíbrio, designamos explicitamente aqui as concentrações como concentrações no *equilíbrio* adicionando um índice inferior "eq". Podemos manipular essa equação para obter

$$\frac{k_{\text{dir}}}{k_{\text{inv}}} = \frac{[\text{P}]_{\text{eq}}}{[\text{R}]_{\text{eq}}}$$

Tanto k_{dir} quanto k_{inv} são constantes de velocidade, portanto, desde que a temperatura seja constante, o lado esquerdo dessa equação também é constante. Isso significa que a determinada temperatura a razão $[\text{P}]_{\text{eq}}/[\text{R}]_{\text{eq}}$ é uma constante. (Lembre-se de que as constantes de velocidade variam com a temperatura, logo essa razão pode também variar como uma função da temperatura.) Essa expressão estará no cerne do nosso tratamento matemático de equilíbrio na Seção 12.3.

POR DENTRO DE Para tornar essa ideia mais concreta, considere o que acontece quando o ácido salicílico, $C_6H_4(OH)COOH$, um componente de *admixture* redutor de água, é dissolvido em água:

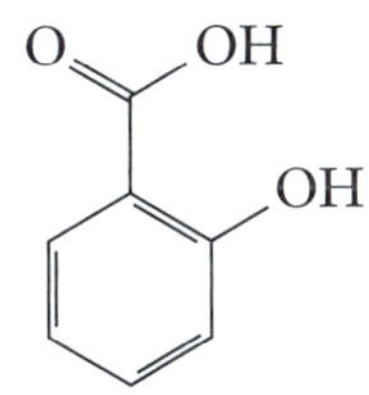

ácido salicílico

Como visto na Seção 3.3, um ácido se dissolve em água para formar íons hidrogênio e um ânion, nesse caso o $C_6H_4(OH)COO^-$:

$$C_6H_4(OH)COOH\ (aq) \rightleftarrows H^+(aq) + C_6H_4(OH)COO^-(aq)$$

Se considerarmos que as reações em ambos os sentidos são processos elementares, as leis de velocidade direta e inversa poderão ser escritas assim:

$$\text{Velocidade}_{\text{dir}} = k_{\text{dir}}[C_6H_4(OH)COOH]$$
$$\text{Velocidade}_{\text{inv}} = k_{\text{inv}}[H^+][C_6H_4(OH)COO^-]$$

Igualando entre si essas duas velocidades no equilíbrio, obtemos

$$k_{\text{dir}}[C_6H_4(OH)COOH] = k_{\text{inv}}[H^+][C_6H_4(OH)COO^-]$$

Podemos rearranjar isso de forma que as duas constantes estejam em um lado e as concentrações do outro:

$$\frac{k_{\text{dir}}}{k_{\text{inv}}} = \frac{[H^+]_{eq}[C_6H_4(OH)COO^-]_{eq}}{[C_6H_4(OH)COOH]_{eq}} = \text{constante}$$

12.3 Constantes de equilíbrio

POR DENTRO DE Mencionamos anteriormente que o cimento Portland inclui óxido de cálcio misturado com outros materiais. A decomposição do calcário, $CaCO_3$, observada na Seção 12.1, ocorre em uma estufa através da seguinte reação:

$$CaCO_3(s) \rightleftarrows CaO(s) + CO_2(g)$$

Este é um processo de equilíbrio, portanto, a extensão do prosseguimento dessa reação determina a quantidade de CaO recuperada para uso no cimento. Para essa reação ser usada em um processo industrial como a fabricação de cimento, é importante saber quanto de CaO está disponível. E por causa das preocupações ambientais associadas ao crescente nível de CO_2 na atmosfera, a quantidade desse gás que é liberada é também relevante.

A necessidade de respostas quantitativas para esse tipo de questão exige modelo matemático para o equilíbrio. Na seção anterior, vimos que existe uma relação entre as concentrações de reagentes e produtos. Essa relação, inicialmente proposta por Cato Maximilian Guldberg e Peter Waage em 1864, é frequentemente chamada de lei da ação da massa.

A expressão de equilíbrio (ação da massa)

Para uma reação química geral,

$$a\,\text{A} + b\,\text{B} \rightleftarrows c\,\text{C} + d\,\text{D}$$

onde A, B, C e D representam as espécies químicas envolvidas, e *a*, *b*, *c* e *d* representam os coeficientes estequiométricos, podemos definir uma proporção de concentrações, no equilíbrio ou não:

$$Q = \frac{[\text{C}]^c[\text{D}]^d}{[\text{A}]^a[\text{B}]^b} \qquad (12.1)$$

Referimo-nos a essa proporção como o **quociente da reação (*Q*)**. As concentrações dos produtos aparecem no numerador da expressão, e os reagentes, no denominador. Cada concentração é elevada a uma potência correspondente ao coeficiente estequiométrico daquela espécie na equação química balanceada para o equilíbrio. No equilíbrio, entretanto, essa proporção transforma-se na **expressão de equilíbrio**, e o valor correspondente de Q é chamado **constante de equilíbrio (K_{eq})**.

Aqui usamos o índice inferior "eq" para enfatizar que o sistema está em equilíbrio. Esse índice inferior é normalmente omitido e o uso de K em vez de Q implica equilíbrio.

$$K_{eq} = \frac{[\text{C}]^c_{\text{eq}}[\text{D}]^d_{\text{eq}}}{[\text{A}]^a_{\text{eq}}[\text{B}]^b_{\text{eq}}} \qquad (12.2)$$

Para determinarmos o valor de K para uma reação específica, devemos medir as concentrações dos reagentes e produtos no equilíbrio. Observe que, diferentemente das expressões de velocidade na cinética química, *a expressão para a constante de equilíbrio é sempre baseada diretamente na estequiometria da reação.* O Problema-modelo 12.1 mostra como escrever uma expressão de equilíbrio.

POR DENTRO DE

PROBLEMA-MODELO 12.1

O concreto usado em chaminés tem de ser projetado para algumas vezes suportar condições cáusticas. Os óxidos de enxofre são produzidos em alguns casos, por exemplo, e estabeleceriam o equilíbrio se não se dispersassem:

$$2\,SO_2(g) + O_2(g) \rightleftarrows 2\,SO_3(g)$$

Escreva a expressão de equilíbrio para essa reação.

Estratégia Usamos a definição da expressão de equilíbrio. Escreva os produtos no numerador e os reagentes no denominador. O expoente para cada termo de concentração é dado pelo coeficiente estequiométrico correspondente da equação química.

Solução

$$K = \frac{[SO_3]^2}{[SO_2]^2[O_2]}$$

Analise sua resposta A única maneira de avaliar uma resposta como essa é certificando-se de que usamos a definição da constante de equilíbrio corretamente. Temos os produtos (SO_3) no numerador e os reagentes (SO_2 e O_2) no denominador, o que está correto, e temos os expoentes combinando com os coeficientes estequiométricos. Portanto, nossa resposta está correta.

Verifique seu entendimento Os óxidos de nitrogênio na atmosfera podem acidificar a água da chuva. Escreva a expressão de equilíbrio para a seguinte reação, na qual o ácido nitroso gasoso se forma na atmosfera:

$$NO(g) + NO_2(g) + H_2O(g) \rightleftarrows 2\ HNO_2(g)$$

Equilíbrios de fase gasosa: K_p *versus* K_c

Muitas reações de equilíbrio, incluindo a do exemplo anterior, ocorrem em fase gasosa. A expressão de equilíbrio que escrevemos no Problema-modelo 12.1 inclui as concentrações em quantidade de matéria de três gases. Apesar de não existir nada de "errado" com tais concentrações, é normalmente mais fácil descrever gases usando pressões parciais em vez de concentrações em quantidade de matéria. Consequentemente, uma definição alternativa da constante de equilíbrio, na qual as pressões parciais substituem as concentrações em quantidade de matéria, é algumas vezes usada para reações na fase gasosa. O símbolo K_p é utilizado para indicar tal constante de equilíbrio. Vamos retornar ao equilíbrio geral usado para desenvolver as Equações 12.1 e 12.2 e modificá-las ligeiramente para mostrar todas as espécies como gases:

$$a\ A(g) + b\ B(g) \rightleftarrows c\ C(g) + d\ D(g)$$

Com base nisso, podemos escrever uma expressão para K_p:

$$K_p = \frac{(P_C)_{eq}^c (P_D)_{eq}^d}{(P_A)_{eq}^a (P_B)_{eq}^b} \tag{12.3}$$

Pelo fato de agora termos duas definições alternativas para as constantes de equilíbrio, é apropriado perguntar se levarão aos mesmos valores. Para respondermos a essa pergunta, precisamos relacionar a concentração em quantidade de matéria de um gás à sua pressão parcial. Essa conexão pode ser feita por meio da lei de gás ideal e mais especificamente pela Equação 5.5, que define a pressão parcial de um gás i:

$$P_i = \frac{n_i RT}{V}$$

A concentração em quantidade de matéria desse gás é exatamente $(n_i\ V)$. Trocando "i" por "A" para combinar com nossa reação generalizada, podemos escrever

$$P_A = \frac{n_A}{V}RT = [A]RT$$

Expressões similares podem ser escritas para os gases restantes na nossa reação (B, C e D). Inserindo todos esses na Equação 12.3, teremos:

$$K_p = \frac{([C]_{eq}RT)^c([D]_{eq}RT)^d}{([A]_{eq}RT)^a([B]_{eq}RT)^b}$$

$$= \frac{[C]_{eq}^c[D]_{eq}^d}{[A]_{eq}^a[B]_{eq}^b} \times RT^{(c+d-a-b)}$$

$$= K_c \times RT^{(c+d-a-b)}$$

Aqui o índice inferior "c" no último K é adicionado para enfatizar que essa é uma constante de equilíbrio escrita em concentrações em quantidade de matéria. Fica logo claro que, a menos que $RT^{(c+d-a-b)} = 1$, K_p e K_c não serão iguais. O expoente $(c + d - a - b)$ naquele termo representa a variação na quantidade de matéria de gás dos reagentes para os produtos. Analogamente à maneira como temos escrito as variações nas várias grandezas termodinâmicas, podemos escrever essa como "$\Delta n_{gás}$", definido como a quantidade de matéria de gás no lado dos produtos menos a quantidade de matéria no lado dos reagentes. Usando essa definição, escrevemos

$$K_p = K_c \times RT^{(\Delta n_{gás})} \tag{12.4}$$

As duas constantes de equilíbrio, K_p e K_c serão iguais apenas se $\Delta n_{gás} = 0$. Ao trabalhar com constantes de equilíbrio na fase gasosa, é sempre importante estar certo de que você sabe se o valor que procura é K_p ou K_c. Para simplificar, *todas as constantes de equilíbrio neste livro serão baseadas nas concentrações em quantidade de matéria, não nas pressões*. Portanto, não usaremos o índice inferior "p" ao escrevermos esses valores de K.

Equilíbrios homogêneos e heterogêneos

Os equilíbrios examinados até aqui são todos exemplos de **equilíbrios homogêneos**, nos quais os reagentes e produtos estão na mesma fase, gasosa ou aquosa. Entretanto, se qualquer um desses reagentes ou produtos estiver na fase sólida ou líquida, precisaremos ajustar ligeiramente nossa formulação da expressão de equilíbrios. A concentração de um sólido ou líquido puro não irá variar à medida que a reação prossegue. De fato, a frase "concentração de um sólido ou líquido puro" deve soar bastante estranha; diferentemente de gases ou soluções, os sólidos e líquidos não têm concentrações variáveis. Por exemplo, suponha que a decomposição do carbonato de cálcio, que ocorre na fabricação do cimento Portland, tenha sido feita em sistema fechado (**Figura 12.6**):

$$CaCO_3(s) \rightleftarrows CaO(s) + CO_2(g)$$

Uma vez que o equilíbrio tenha sido estabelecido em uma temperatura específica, a concentração de CO_2 gasoso poderá ser expressa em mol L^{-1}. Se o sistema é aquecido, mais CaO e CO_2 se formam, e, se o volume do sistema é mantido constante, a concentração de CO_2 em mol L^{-1} aumenta à medida que o equilíbrio é estabelecido em temperatura mais alta. No entanto, as concentrações dos sólidos não variam, porque, à medida que a quantidade de matéria de cada um varia, variam também seus volumes. As densidades dos sólidos variam muito pouco com uma variação na temperatura, e a proporção entre a quantidade de matéria (e massa), por exemplo, e o volume de $CaCO_3$ permanece constante. Uma concentração de sólido não varia, nem de um líquido. Esse fato leva a uma maneira diferente de descrever a expressão de equilíbrio para o **equilíbrio heterogêneo** em sistema múltiplo. Uma vez que suas concentrações são constantes, os reagentes e os produtos líquidos ou sólidos não aparecem na expressão, logo a expressão de equilíbrio para esse sistema inclui apenas a concentração de dióxido de carbono.

$$K = [CO_2]$$

No Problema-modelo 12.2, você pode verificar como essa ideia pode ser aplicada a reações de precipitação.

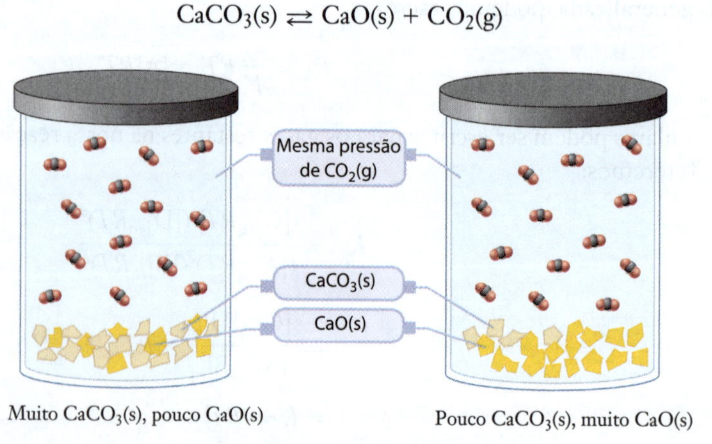

Figura 12.6 Como os sólidos não têm concentrações variáveis, a constante de equilíbrio para essa reação é apenas a concentração de CO_2. Isso significa que a pressão de CO_2 a determinada temperatura é independente das quantidades de $CaCO_3$ e CaO presentes. Aqui, a pressão de CO_2 é a mesma sobre duas misturas diferentes dos dois sólidos.

PROBLEMA-MODELO ◂ 12.2

O hidróxido de cálcio precipitará de uma solução pelo seguinte equilíbrio:

$$Ca^{2+}(aq) + 2\ OH^-(aq) \rightleftarrows Ca(OH)_2(s)$$

Escreva a expressão de equilíbrio para essa reação.

Estratégia Escreva a expressão de equilíbrio como antes, mas não inclua um termo para a concentração do produto hidróxido de cálcio sólido.

Solução

$$K = \frac{1}{[Ca^{2+}][OH^-]^2}$$

Analise sua resposta Essa resposta pode parecer incômoda, porque não existem termos de concentração no numerador. No entanto, quando se observa a reação, constata-se que o único produto é um sólido. Como as substâncias puras não aparecem na expressão da constante de equilíbrio, ficamos apenas com um "1" no numerador, e a resposta está correta.

Verifique seu entendimento Escreva a equação química para a precipitação de fosfato de cobre(II) a partir de uma solução contendo íons cobre(II) e fosfato e então escreva a expressão de equilíbrio correspondente.

Importância numérica da expressão de equilíbrio

Ser capaz de escrever uma expressão relacionando as concentrações no equilíbrio nas reações químicas fornece ferramenta poderosa para entender o equilíbrio químico. Veremos em breve como avaliar essas expressões para várias classes de reações. Mas, inicialmente, vejamos o que podemos aprender a partir dos valores numéricos das constantes de equilíbrio. Por exemplo, podemos fazer a seguinte pergunta, "Qual composto de cálcio é mais provável de se formar se estão presentes mais de um ânion?". Como podemos usar as constantes de equilíbrio para essas reações para responder à pergunta?

As constantes de equilíbrio variam em muitas ordens de grandeza. Valores tão baixos quanto 10^{-99} são conhecidos, como são também conhecidos valores tão altos quanto 10^{99} ou maiores. ▸ O que o tamanho da constante de equilíbrio nos diz sobre a reação? Se observarmos a expressão de equilíbrio para uma reação como uma relação algébrica, a resposta se tornará aparente:

Algumas vezes, a potência de 10 em uma constante de equilíbrio excede 99, provocando erros em algumas calculadoras. Tais casos podem ser controlados algebricamente manipulando os expoentes.

$$K = \frac{[\text{produtos}]}{[\text{reagentes}]}$$

As concentrações dos produtos estão no numerador e as dos reagentes, no denominador. Para um valor muito grande de K, as concentrações dos produtos devem ser grandes e as dos reagentes, pequenas. Contrariamente, para o valor de K ser pequeno, as concentrações dos reagentes devem ser grandes e aquelas dos produtos, pequenas.

$$K = \frac{[\text{produtos}]}{[\text{reagentes}]} = \text{grande valor} \quad K = \frac{[\text{produtos}]}{[\text{reagentes}]} = \text{pequeno valor}$$

Portanto, o valor de K pode nos dizer o sentido no qual uma reação química é provável de prosseguir. Para valores grandes de K, os produtos são favorecidos, enquanto valores pequenos de K (significando $K \ll 1$) indicam que no equilíbrio a maioria dos reagentes permanecerá intacta. Se K é na ordem de um, o equilíbrio tem concentrações significativas tanto de reagentes quanto de produtos. O Problema-modelo 12.3 fornece alguma prática para interpretar os valores das constantes de equilíbrio.

PROBLEMA-MODELO ◄ 12.3

No Problema-modelo 12.2, vimos que os íons hidróxido precipitam com cálcio. Os íons magnésio mostram comportamento similar. Os dois equilíbrios pertinentes são:

$$Ca^{2+}(aq) + 2\ OH^-(aq) \rightleftarrows Ca(OH)_2(s) \quad K = 1{,}3 \times 10^5$$

$$Mg^{2+}(aq) + 2\ OH^-(aq) \rightleftarrows Mg(OH)_2(s) \quad K = 6{,}7 \times 10^{10}$$

Qual íon é mais provável de precipitar o hidróxido da solução, supondo concentrações aproximadamente iguais de íons cálcio e magnésio?

Estratégia A provável extensão de cada reação pode ser prevista pelo tamanho da constante de equilíbrio. Pela comparação dos dois números, podemos verificar qual cátion é mais provável de precipitar o hidróxido.

Solução Ambas as constantes de equilíbrio são muito maiores que um, mas o valor para a reação com íons magnésio é significativamente maior que aquele para o cálcio. Assim, o hidróxido de magnésio tem uma tendência muito maior para ser formado e será o produto mais provável.

Verifique seu entendimento O hidróxido de manganês(II) precipita de acordo com a seguinte equação:

$$Mn^{2+}(aq) + 2\ OH^-(aq) \rightleftarrows Mn(OH)_2(s) \quad K = 2{,}17 \times 10^{13}$$

Em relação aos íons cálcio e magnésio, como os íons manganês(II) se classificam quanto a sua habilidade de precipitar os íons hidróxido?

Manipulação matemática de constantes de equilíbrio

Quando trabalhamos com reações de precipitação como aquelas do exemplo anterior, precisamos procurar valores para as constantes de equilíbrio. No entanto, os valores que encontramos em um livro de referência normalmente se relacionam ao processo inverso – solubilidade. Logo, precisaremos saber como uma constante de equilíbrio varia se modificamos a equação química à qual ela se refere.

Invertendo a equação química

Quando escrevemos equações químicas para reações que se completam, a escolha de "reagentes" e "produtos" parece logicamente óbvia. Entretanto, para uma reação de equilíbrio, o fato de tanto a reação direta quanto a inversa serem importantes faz a escolha parecer muito mais arbitrária. Nenhuma dessas escolhas está "errada", desde que também percebamos que a constante e a expressão de equilíbrio que usamos devem coincidir com a equação escolhida. Considere a precipitação do hidróxido de cálcio vista nos problemas-modelo anteriores. Podemos escrever as expressões de equilíbrio para ambas as formas da equação química:

$$Ca^{2+}(aq) + 2\ OH^-(aq) \rightleftarrows Ca(OH)_2(s) \qquad K = \frac{1}{[Ca^{2+}][OH^-]^2}$$

$$Ca(OH)_2(s) \rightleftarrows Ca^{2+}(aq) + 2\ OH^-(aq) \qquad K' = [Ca^{2+}][OH^-]^2$$

Com base nessas duas expressões, podemos ver que as expressões de equilíbrio são inversas uma da outra. Assim, quando invertemos uma equação química trocando os reagentes pelos produtos, invertemos a expressão da constante de equilíbrio e seu valor:

$$K' = \frac{1}{K}$$

Ajustando a estequiometria da reação química

Os coeficientes estequiométricos têm um papel direto na expressão de equilíbrio, e, se são feitos ajustes na estequiometria, eles irão afetar o valor da constante de equilíbrio. Por exemplo, a reação para o processo de Andrussow, que produz HCN para uso na indústria de polímeros, pode ser escrita como

$$2\ NH_3(g) + 2\ CH_4(g) + 3\ O_2(g) \rightleftarrows 2\ HCN(g) + 6\ H_2O(g)$$

ou

$$NH_3(g) + CH_4(g) + \frac{3}{2}\ O_2(g) \rightleftarrows HCN(g) + 3\ H_2O(g)$$

Como a expressão de equilíbrio é afetada por essa variação na estequiometria? As duas expressões são

$$K_1 = \frac{[HCN]^2[H_2O]^6}{[NH_3]^2[CH_4]^2[O_2]^3} \quad e \quad K_2 = \frac{[HCN][H_2O]^3}{[NH_3][CH_4][O_2]^{3/2}}$$

Como você pode notar, K_2 é a raiz quadrada de K_1. Portanto, dividir por dois a estequiometria leva à divisão por dois dos *expoentes* da expressão de equilíbrio. Está claro que devemos observar cuidadosamente a maneira como uma reação química é escrita quando consideramos o valor da constante de equilíbrio. O Problema-modelo 12.4 explora um pouco mais essa ideia.

PROBLEMA-MODELO ◀ 12.4

A amônia é um material de partida importante para vários processos industriais, inclusive na produção de fertilizantes, polímeros e componentes de *admixtures* para cimentos. Assim, a produção de amônia a partir de nitrogênio e de hidrogênio é uma das mais importantes reações industriais no mundo:

$$N_2(g) + 3\ H_2(g) \rightleftarrows 2\ NH_3(g)$$

Escreva as expressões de equilíbrio para: (a) a reação como escrita; (b) a reação inversa; e (c) a reação como escrita, mas com todos os coeficientes na equação divididos por dois.

Estratégia Escreva a expressão de equilíbrio para a reação como escrita e manipule a expressão como necessária para coincidir com outras condições. Se não estamos confiantes com essas manipulações, podemos sempre escrever as versões especificadas das equações de equilíbrio e usá-las para obter as expressões de equilíbrio necessárias.

Solução

(a) $K = \dfrac{[NH_3]^2}{[N_2][H_2]^3}$

(b) $K' = \dfrac{1}{K} = \dfrac{[N_2][H_2]^3}{[NH_3]^2}$

(c) $K'' = K^{1/2} = \dfrac{[NH_3]}{[N_2]^{1/2}[H_2]^{3/2}}$

Verifique seu entendimento Considere a seguinte reação em um sistema fechado:

$$2\ NH_3(g) + \frac{5}{2}O_2(g) \rightleftarrows 2\ NO(g) + 3\ H_2O(g)$$

Escreva as expressões de equilíbrio para (a) a reação como escrita; (b) a reação inversa; e (c) a reação como escrita, mas com todos os coeficientes na equação multiplicados por dois.

Constantes de equilíbrio para uma série de reações

Em sistemas químicos complicados, um produto de uma reação pode ser um reagente em uma reação subsequente. Por causa da natureza da expressão de equilíbrio, se conhecemos a constante de equilíbrio para duas reações separadas, podemos determinar um valor global para a combinação das duas. Considere, por exemplo, a reação por etapas de íons fosfato com íons hidrogênio: ◂

Os fosfatos são ocasionalmente usados como admixtures *para concreto.*

$$PO_4^{3-}(aq) + H^+(aq) \rightleftarrows HPO_4^{2-}(aq) \qquad K_1 = \frac{[HPO_4^{2-}]}{[PO_4^{3-}][H^+]}$$

$$HPO_4^{2-}(aq) + H^+(aq) \rightleftarrows H_2PO_4^-(aq) \qquad K_2 = \frac{[H_2PO_4^-]}{[HPO_4^{2-}][H^+]}$$

$$PO_4^{3-}(aq) + 2\,H^+(aq) \rightleftarrows H_2PO_4^-(aq) \qquad K_3 = \frac{[H_2PO_4^-]}{[PO_4^{3-}][H^+]^2}$$

A terceira equação é a soma das duas primeiras. Como as constantes de equilíbrio estão relacionadas? Para obtermos a equação química associada a K_3, somamos as equações químicas para K_1 e K_2. No entanto, para obtermos a constante de equilíbrio para a equação 3, devemos multiplicar as expressões:

$$K_3 = K_1 \times K_2$$

$$K_3 = \frac{[HPO_4^{2-}]}{[PO_4^{3-}][H^+]} \times \frac{[H_2PO_4^-]}{[HPO_4^{2-}][H^+]} = \frac{[H_2PO_4^-]}{[PO_4^{3-}][H^+]^2}$$

A dependência de K em relação à estequiometria é um caso especial desta relação. Dobrar todos os coeficientes eleva ao quadrado da constante de equilíbrio.

Essa relação mantém-se verdadeira sempre que somamos equações químicas para obter nova equação: multiplicar as constantes de equilíbrio para a reação de interesse. ◂ O Problema-modelo 12.5 fornece experiência adicional com essa ideia.

PROBLEMA-MODELO ◂ 12.5

Fornecidos os seguintes equilíbrios:

$$CO_2(g) \rightleftarrows CO(g) + \frac{1}{2}\,O_2(g)$$
$$H_2(g) + \frac{1}{2}\,O_2(g) \rightleftarrows H_2O(g)$$

determine a expressão de equilíbrio para a soma das duas reações.

Estratégia Escreva as expressões de equilíbrio para as duas reações. Multiplique-as para obter a expressão de equilíbrio para a soma das duas reações. Confira sua resposta somando as duas reações e compare a soma com a expressão de equilíbrio que você determinou.

Solução

$$CO_2(g) \rightleftarrows CO(g) + \frac{1}{2}O_2(g) \quad K_1 = \frac{[CO][O_2]^{1/2}}{[CO_2]}$$

$$H_2(g) + \frac{1}{2}O_2(g) \rightleftarrows H_2O(g) \quad K_2 = \frac{[H_2O]}{[H_2][O_2]^{1/2}}$$

$$K_3 = \frac{[CO][O_2]^{1/2}}{[CO_2]} \times \frac{[H_2O]}{[H_2][O_2]^{1/2}} = \frac{[CO][H_2O]}{[CO_2][H_2]}$$

Analise sua resposta A soma das reações é

$$CO_2(g) + H_2(g) \rightleftarrows CO(g) + H_2O(g)$$

Logo, é razoavelmente fácil verificar que a expressão de equilíbrio obtida está correta.

Verifique seu entendimento Dadas as seguintes expressões de equilíbrio para um par de reações em fase gasosa, encontre a expressão de equilíbrio para a soma das duas reações e escreva a sua equação química.

$$K_1 = \frac{[NO_2]^2}{[N_2][O_2]^2}$$

$$K_2 = \frac{[NO]^2[O_2]}{[NO_2]^2}$$

Unidades e a constante de equilíbrio

Como já começamos a perceber, a constante de equilíbrio pode ser usada em várias expressões matemáticas. Mais tarde, veremos casos em que uma constante de equilíbrio surge como o argumento em função logarítmica natural. Quando uma variável aparece como um argumento de tal função, ela deve ser adimensional. Para produzirmos constantes de equilíbrio sem unidades, ajustamos as concentrações de todas as espécies comparando-as a uma concentração padrão de 1 mol L^{-1}. Portanto, a concentração do íon hidróxido utilizada nas expressões que encontramos na realidade serão $[OH^-] = [OH^-]_{eq}/1$ mol L^{-1}. Isso significa que os números que usamos nos cálculos da constante de equilíbrio são adimensionais e, consequentemente, a constante de equilíbrio também será adimensional. Uma vez que escolhemos 1 mol L^{-1} como a concentração padrão, a manipulação não tem consequências numéricas. No entanto, ajuda a evitar confusão mais tarde quando usarmos a constante de equilíbrio nas equações matemáticas.

12.4 Concentrações no equilíbrio

Em geral, as concentrações no equilíbrio são medidas em experimentos de laboratório para determinar o valor das constantes de equilíbrio. Entretanto, outras situações pedem a previsão das concentrações baseada no nosso conhecimento das constantes de equilíbrio. ▸ Podemos procurar a constante de equilíbrio para a dissociação do ácido salicílico em água, mas como ela nos informa a concentração dos vários íons em determinada solução? Podemos abordar esse tipo de questão realizando cálculos por meio da expressão da constante de equilíbrio e a estequiometria da reação química que ela descreve.

As previsões das concentrações no equilíbrio podem ser úteis nos estágios iniciais de elaboração de um processo.

Os cálculos baseados nos equilíbrios químicos tendem a ser um pouco complicados e frequentemente envolvem grande quantidade de dados. Assim, é uma boa ideia abordar esses problemas de maneira sistemática. Neste capítulo, ilustraremos como manusear alguns tipos específicos de problemas. No entanto, inicialmente, vale a pena observar três características básicas da estratégia que empregaremos em *qualquer* cálculo de equilíbrio:

- Escreva uma equação química balanceada para o equilíbrio ou equilíbrios relevantes.
- Escreva a expressão ou expressões de equilíbrio correspondentes.
- Crie uma tabela de concentrações para todas as espécies que reagem.

A tabela que montamos na terceira etapa em geral conterá uma coluna para cada espécie envolvida no equilíbrio. A primeira linha contém as concentrações iniciais; a segunda, as variações nessas concentrações que ocorrem à medida que o sistema caminha para o equilíbrio; e na terceira devem constar as concentrações finais no equilíbrio. Muitas dessas informações não serão conhecidas no início do problema, mas a tabela fornece uma maneira conveniente de organizar todos os dados relevantes. À medida que trabalhamos com o problema, mais e mais células dessa tabela serão preenchidas.

Concentrações no equilíbrio a partir das concentrações iniciais

Uma reação em "série" é aquela que é realizada em um recipiente fechado, sem material adicionado ou removido durante a reação. ▸ Se um processo é realizado em um modo em série, como as concentrações de reagentes e produtos no equilíbrio estariam

As reações industriais são normalmente realizadas em modo de fluxo, em que uma corrente de reagentes e produtos é constantemente bombeada através de um recipiente de reação.

relacionadas às concentrações iniciais? É possível encontrar respostas para questões como essa, o que representará importante ponto de partida no projeto de muitos processos industriais. Para entender esse tipo de questão, o Problema-modelo 12.6 examina um exemplo algebricamente simples que envolve hidrogênio e iodo. Isso nos permitirá ilustrar o uso da estrutura de resolução do problema que aplicaremos para cálculos de equilíbrio. Uma vez que tivermos dominado essa estrutura, seremos capazes também de aplicá-la a sistemas mais complicados, como aqueles responsáveis pelo desgaste do concreto.

PROBLEMA-MODELO ◀ 12.6

Quando o gás hidrogênio reage com o iodo gasoso a temperaturas elevadas, é estabelecido o seguinte equilíbrio:

$$H_2(g) + I_2(g) \rightleftarrows 2\ HI(g)$$

Um estudante mediu a constante de equilíbrio como 59,3 a 400°C. Se alguém tentar começar com uma mistura que inclui 0,050 mol L^{-1} de hidrogênio e 0,050 mol L^{-1} de iodo, quais serão as concentrações dos reagentes e produtos no equilíbrio?

Estratégia Pode ser útil começar resumindo as informações do problema.

Dados: $[H_2]_{inicial} = [I_2]_{inicial} = 0{,}050$ mol L^{-1}; $K = 59{,}3$ Procuram-se: $[H_2]_{eq}$, $[I_2]_{eq}$ e $[HI]_{eq}$

Usaremos (e esclareceremos) a estratégia dos três pontos destacados anteriormente. A equação química para o equilíbrio é dada no problema. Com base nessa equação, podemos escrever a expressão de equilíbrio de maneira bem fácil:

$$K = \frac{[HI]^2}{[H_2][I_2]} = 59{,}3$$

Em seguida, construímos a tabela de concentrações, com locais para colocar as concentrações iniciais, as variações na concentração e as concentrações finais (equilíbrio) para as três espécies. Até aqui, apenas as concentrações iniciais fornecidas são conhecidas. (Como apenas H_2 e I_2 estão presentes inicialmente, a concentração inicial de HI é zero.)

	H_2	I_2	HI
Concentração inicial	0,050 mol L^{-1}	0,050 mol L^{-1}	0 mol L^{-1}
Variação na concentração			
Concentração final			

O resto da tabela será preenchido à medida que seguimos nosso caminho até a solução.

Neste ponto, o problema parece assustador: temos três concentrações no equilíbrio desconhecidas e apenas uma equação real para trabalhar – a expressão de equilíbrio. Precisaremos usar a estequiometria da reação para relacionar entre si as variações na concentração.

Solução Uma vez que apenas H_2 e I_2 estão inicialmente presentes, sabemos que suas concentrações devem diminuir (e a concentração de HI deve aumentar) à medida que o sistema caminha para o equilíbrio. Podemos também ver pela equação balanceada que cada molécula de H_2 deve reagir com uma molécula de I_2 para formar duas moléculas de HI. Isso nos fornece a relação que precisamos para expressar as variações na concentração em termos de uma única variável. Vamos chamar a variação em $[H_2]$ de "$-x$". (O sinal negativo mostra que a concentração diminui.) A proporção molar 1:1 entre H_2 e I_2 significa que a variação em $[I_2]$ deve também ser $-x$, e a proporção molar 1:2 entre H_2 e HI significa que a variação em [HI] deve ser $+2x$. Esse resultado nos fornece a segunda linha na tabela.

	H_2	I_2	HI
Concentração inicial	0,050 mol L^{-1}	0,050 mol L^{-1}	0 mol L^{-1}
Variação na concentração	$-x$	$-x$	$+2x$
Concentração final			

Em seguida, podemos preencher a terceira linha. Para fazer isso, usamos a relação simples: a concentração de cada espécie no equilíbrio será a sua concentração inicial mais a variação na concentração. Portanto, precisamos apenas somar cada coluna para obter as expressões para a terceira linha.

	H_2	I_2	HI
Concentração inicial	0,050 mol L^{-1}	0,050 mol L^{-1}	0 mol L^{-1}
Variação na concentração	$-x$	$-x$	$+2x$
Concentração final	$0,050 - x$	$0,050 - x$	$2x$

Obviamente, nosso objetivo é encontrar os valores reais para essas três concentrações no equilíbrio, logo, ainda precisamos descobrir uma maneira de achar a variável (x). Para tanto, retornamos para a expressão de equilíbrio. Se inserirmos as expressões da terceira linha da nossa tabela na expressão de equilíbrio, obteremos a seguinte equação:

$$K = \frac{[HI]^2}{[H_2][I_2]} = \frac{(2x)^2}{(0,050 - x)(0,050 - x)} = 59,3$$

ou

$$\frac{(2x)^2}{(0,050 - x)^2} = 59,3$$

Essa equação tem apenas uma incógnita, logo devemos ser capazes de resolvê-la para encontrar x e então usar esse resultado para obter os valores para as concentrações finais. Poderíamos multiplicar todo o denominador e resolver como equação do segundo grau. Ou poderíamos economizar um pouco de álgebra percebendo que o lado esquerdo é um quadrado perfeito. Isso nos leva a extrair a raiz quadrada de ambos os lados para obter uma equação linear, que podemos resolver mais facilmente:

$$\frac{2x}{0,050 - x} = 7,70$$

$$9,70x = 0,39$$

$$x = 0,040$$

Por fim, usamos esse valor de x para calcular todas as concentrações no equilíbrio:

$$[H_2] = [I_2] = 0,050 - 0,040 = 0,010 \text{ mol L}^{-1}$$
$$[HI] = 2x = 0,080 \text{ mol L}^{-1}$$

Analise sua resposta Podemos comparar esse resultado às quantidades iniciais para ter certeza de que ele parece razoável. Sabemos que x não pode ser maior que 0,05 porque isso tornaria $[H_2]$ e $[I_2]$ negativos. Observando um pouco mais, podemos ver também que, uma vez que podemos notar que K é maior que um, esperamos que a maioria do H_2 e do I_2 inicial termine no lado do produto como HI. Isso está coerente com nossa resposta.

Verifique seu entendimento O mesmo estudante mede a constante de equilíbrio para essa reação a uma temperatura mais alta e obtém um valor de $K = 51,4$. Um experimento é iniciado com 0,010 mol L^{-1} de cada um dos reagentes, ou seja, hidrogênio e iodo. Preveja as concentrações no equilíbrio de todas as espécies.

Dois fatores específicos nos ajudam a simplificar os cálculos no Problema-modelo 12.6. Primeiro, a estequiometria da reação, na qual um mol de cada um dos dois reagentes produziu dois mols, contribuiu para a obtenção de quadrados perfeitos tanto no numerador quanto no denominador. Segundo, começamos com as mesmas concentrações iniciais de cada reagente. Se essas quantidades iniciais fossem diferentes umas das outras, não teríamos um quadrado perfeito no denominador substituído na expressão de equilíbrio. Quando não somos tão favorecidos na nossa reação de interesse, talvez tenhamos de usar a equação de segundo grau para resolver a equação algébrica resultante. Apesar de isso poder ser um incômodo maior, não se trata do obstáculo principal. Consideraremos essa situação no próximo exemplo.

PROBLEMA-MODELO 12.7

A constante de equilíbrio para a reação do gás cloro com tricloreto de fósforo para formar pentacloreto de fósforo é 33 a 250°C. Se um experimento é iniciado com concentrações de 0,050 mol L^{-1} de PCl_3 e 0,015 mol L^{-1} de Cl_2, quais são as concentrações no equilíbrio de todos os três gases?

$$Cl_2(g) + PCl_3(g) \rightleftarrows PCl_5(g)$$

Estratégia A abordagem aqui é a mesma do Problema-modelo 12.6. A única mudança ocorre quando precisamos achar x depois de ajustarmos a expressão da constante de equilíbrio. A estequiometria e as quantidades iniciais nesse caso nos forçarão a usar a fórmula de equação de segundo grau para achar x.

Solução Construa uma tabela de concentrações, como fizemos no Problema-modelo 12.6. Inseriremos as concentrações iniciais e as variações na concentração. Uma vez que a estequiometria dessa reação é 1:1:1, as variações podem ser escritas como $-x$ tanto para o Cl_2 quanto para o PCl_3, e como $+x$ para o PCl_5.

	Cl_2	PCl_3	PCl_5
Concentração inicial	0,015 mol L^{-1}	0,050 mol L^{-1}	0 mol L^{-1}
Variação na concentração	$-x$	$-x$	$+x$
Concentração final	$0{,}015 - x$	$0{,}050 - x$	x

Substituindo na expressão de equilíbrio:

$$K = \frac{[PCl_5]}{[Cl_2][PCl_3]} = 33$$

$$\frac{x}{(0{,}015 - x)(0{,}050 - x)} = 33$$

Para resolvermos isso, devemos usar a fórmula de equação de segundo grau, portanto inicialmente a expandimos:

$$33x^2 - 3{,}145x + 0{,}025 = 0$$

Usando a fórmula de equação de segundo grau,

$$x = \frac{-b \pm \sqrt{b^2 - 4ac}}{2a}$$

$$= \frac{3{,}145 \pm \sqrt{9{,}89 - 3{,}3}}{66}$$

$$x = 0{,}087 \text{ ou } x = 0{,}0088$$

Pode parecer perturbador obter duas respostas numéricas para um problema como este. Como decidimos qual raiz está correta? As concentrações no equilíbrio resultantes devem ser fisicamente razoáveis. Entre outras coisas, significa que nenhuma delas pode ser negativa. Mas, se escolhêssemos o primeiro valor para $x = 0{,}087$, obteríamos concentrações negativas tanto para o Cl_2 quanto para o PCl_3. Portanto, a raiz correta deve ser a segunda, que nos fornece os seguintes resultados:

$$[PCl_5] = x = 0{,}0088 \text{ mol L}^{-1}$$

$$[Cl_2] = 0{,}015 - x = 0{,}015 - 0{,}0088 = 0{,}006 \text{ mol L}^{-1}$$

$$[PCl_3] = 0{,}050 - x = 0{,}050 - 0{,}0088 = 0{,}041 \text{ mol L}^{-1}$$

Analise sua resposta Uma conferência que podemos sempre fazer para esse tipo de problema de equilíbrio é colocar os valores finais de volta na constante de equilíbrio e certificar-nos de que produzem um valor razoável para K. Nesse caso, isso fornece $K = (0{,}0088)/(0{,}006)(0{,}041) = 36$. Esse número não é exatamente 33, mas, como todos os nossos dados têm apenas dois algarismos significativos, não devemos esperar uma combinação exata. Estar bem perto do valor original de K é tranquilizador e significa que provavelmente realizamos corretamente a aritmética.

Verifique seu entendimento Esta reação também pode ser considerada a decomposição do $PCl_5(g)$, para a qual a constante de equilíbrio é 0,030 (na mesma temperatura). Se você iniciar um experimento com 0,040 mol L^{-1} de $PCl_5(g)$, quais serão as concentrações esperadas de todas as espécies no equilíbrio?

Técnicas matemáticas para cálculos de equilíbrio

A abordagem geral que apresentamos nesses problemas-modelo funcionará para qualquer cálculo de equilíbrio. Entretanto, é importante mencionar que os exemplos foram escolhidos porque podem ser resolvidos com relativa facilidade. Mesmo o caso mais complicado exige nada mais que a fórmula de equação de segundo grau, mas nem todos os equilíbrios se prestam a soluções simples. Considere o processo de Andrussow para a produção de HCN, que mencionamos anteriormente. A equação global é apresentada adiante. Uma vez que todas as espécies são gases sob condições de temperatura alta necessária para a reação, aparecem cinco termos de concentração na expressão de equilíbrio, junto com expoentes tão altos quanto seis:

$$2\,NH_3 + 2\,CH_4 + 3\,O_2 \rightleftarrows 2\,HCN + 6\,H_2O$$

$$K = \frac{[HCN]^2[H_2O]^6}{[NH_3]^2[CH_4]^2[O_2]^3}$$

Se fôssemos construir um problema similar àqueles que resolvemos anteriormente, mas com base nesse equilíbrio, estaríamos nos defrontando com uma equação que inclui termos como x^8. Claramente, apresentaria desafios bem além do que resolver uma equação de segundo grau. Mesmo assim, programas de computador modernos oferecem esperança na resolução de tais equações. O Maple®, o Mathematica® e outros pacotes fornecem ferramentas para encontrar soluções para equações desse tipo. Não perderemos nosso tempo com tais cálculos aqui, porque preferimos nos concentrar nos conceitos químicos fundamentais.

Ser capaz de determinar a concentração de equilíbrio de um reagente desejado fornece um ponto de partida útil para explorar processos industriais semelhantes à produção de cianeto de hidrogênio, mas o rendimento de um produto no equilíbrio pode não ser suficiente para tornar um processo economicamente viável. Em tais casos, um engenheiro de processos precisa encontrar maneiras de manipular o equilíbrio e permitir altos níveis de produção e maior eficiência. Como o equilíbrio pode ser manipulado? Nossa próxima seção aborda essa questão.

12.5 Princípio de LeChatelier

Para a produção de artigos químicos, os engenheiros químicos e industriais, sempre que possível, escolhem reações cujas constantes de equilíbrio favorecem os produtos. Frequentemente, esse tipo de escolha não está disponível. Por exemplo, o equilíbrio entre H_2, N_2 e NH_3 na produção de amônia não favorece sua formação. Contudo, a fabricação de amônia é comercialmente viável, pois se trata de um componente fundamental na indústria química – sobretudo por causa da importância da amônia nos fertilizantes e em outros produtos químicos agrícolas. Quais são as variáveis que podem ser controladas nas indústrias químicas e como influenciam os equilíbrios?

O **princípio de LeChatelier** resume as maneiras nas quais um sistema em equilíbrio responde às variações. ▸ *Quando um sistema em equilíbrio é submetido à tensão, ele responde reestabelecendo o equilíbrio para reduzir a tensão aplicada.* Existem três meios comuns para introduzir tais tensões nos equilíbrios químicos: variações nas concentrações, na pressão e na temperatura. Estudaremos cada um desses processos, abordando-os no contexto de um sistema em equilíbrio simples único: a dimerização de NO_2 para formar N_2O_4.

O francês Henri Louis LeChatelier veio de uma família de arquitetos e engenheiros. Ele realizou seu trabalho em química de 1880 até o início do século XX.

O efeito no equilíbrio de uma variação na concentração de reagente ou produto

O equilíbrio químico resulta em um balanço entre as concentrações das várias espécies envolvidas. A maneira mais direta de perturbar um sistema químico em equilíbrio é variar a concentração de um ou mais reagentes ou produtos.

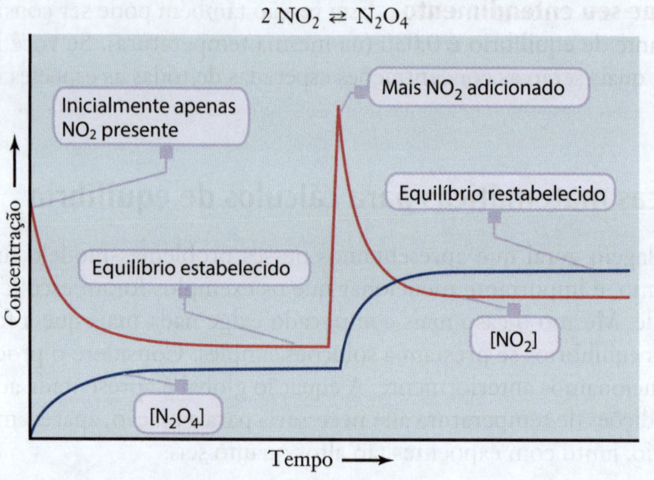

Figura 12.7 O gráfico ilustra a resposta de um equilíbrio a um aumento na concentração de reagente. Inicialmente, apenas o NO_2 está presente, e a formação de N_2O_4 estabelece o equilíbrio. No ponto médio de tempo no gráfico, uma grande quantidade de NO_2 é adicionada ao sistema, perturbando o equilíbrio. O sistema responde formando mais N_2O_4 e estabelecendo um novo equilíbrio.

Suponha que um frasco fechado contenha uma mistura em equilíbrio dos gases NO_2 e N_2O_4. Se de alguma forma injetarmos mais NO_2 no sistema, como o equilíbrio responderá? O gráfico na **Figura 12.7** mostra o efeito esperado: N_2O_4 adicional deve se formar para reduzir a tensão aplicada ao equilíbrio.

Mas como essa resposta compensa a tensão aplicada? Quando começamos nossa discussão da constante de equilíbrio na Seção 12.3, inicialmente definimos o quociente de reação, Q, e consideramos a constante de equilíbrio como um caso especial dessa razão. Assim, no equilíbrio, temos a relação $Q = K$. No entanto, se variarmos as concentrações com base em seus valores no equilíbrio, Q não mais será igual a K. Imediatamente seguindo um aumento na concentração de um reagente, como na Figura 12.7, Q deve se tornar menor que K. Logo, estabelecemos um novo equilíbrio, e o valor da razão deve aumentar. Portanto, o sistema deve responder aumentando as concentrações no numerador e diminuindo aquelas no denominador. Uma vez que os produtos estão no numerador, isso significa que, quando $Q < K$, a reação deve se deslocar no sentido dos produtos para atingir o equilíbrio. Raciocínio similar sugere que, quando $Q > K$, a reação deve se deslocar no sentido dos reagentes. A **Tabela 12.2** resume a maneira como um sistema em equilíbrio responde aos quatro tipos possíveis de variações de concentração, e o Problema-modelo 12.8 explora o fato um pouco mais.

Tabela ▪ 12.2 Deslocamentos de equilíbrio impulsionados por mudanças de concentração

Os efeitos no equilíbrio de variações na concentração podem ser racionalizados considerando o quociente de reação Q e comparando-o à constante de equilíbrio K.

Tipo de variação na concentração	Variação resultante em Q	Resposta do sistema
[Produtos] aumentada	$Q > K$	Mais reagentes formados
[Produtos] diminuída	$Q < K$	Mais produtos formados
[Reagentes] aumentada	$Q < K$	Mais produtos formados
[Reagentes] diminuída	$Q > K$	Mais reagentes formados

POR DENTRO DE

PROBLEMA-MODELO ◂ 12.8

O ácido acético, CH_3COOH, tem uma propriedade peculiar de ser um agente retardante para o concreto em concentrações baixas e um acelerador em altas concentrações. Uma solução de ácido acético no equilíbrio com íons hidrogênio e íons acetato, CH_3COO^-, pode ser perturbada de várias maneiras. Preveja a variação no quociente de reação, Q, quando (a) acetato de sódio é adicionado ao sistema, (b) mais ácido acético é adicionado ao sistema e (c) hidróxido de sódio é adicionado ao sistema. Então, use essas previsões para explicar como o equilíbrio se desloca em resposta a cada tensão.

Estratégia Em cada caso, determine qual variação a substância adicionada induz nas concentrações no equilíbrio. Observando se a variação afeta o numerador ou o denominador na expressão de equilíbrio, podemos julgar se o quociente de reação resultante é maior ou menor que *K*. Comparando o *Q* esperado com *K*, podemos prever o sentido para o qual o equilíbrio se deslocará para compensar a tensão.

Solução O equilíbrio é

$$CH_3COOH(aq) \rightleftarrows H^+(aq) + CH_3COO^-(aq)$$

(a) O acetato de sódio é adicionado e se dissociará em Na^+ e CH_3COO^-. O íon sódio não está envolvido nesse equilíbrio, mas a adição de CH_3COO^- aumentará a concentração de um produto. Este por sua vez aumenta o valor de Q, logo $Q > K$. O equilíbrio deve se deslocar no sentido dos reagentes, logo formará mais CH_3COOH.
(b) É adicionado mais ácido acético. Uma vez que CH_3COOH é um reagente, o aumento na concentração do ácido aumenta o valor de Q. Q torna-se menor que K, logo o equilíbrio se desloca no sentido dos produtos. Parte do CH_3COOH adicionado se dissociará e a concentração tanto de H^+ quanto de CH_3COO^- aumentará.
(c) É adicionado hidróxido de sódio. De novo o íon sódio não tem um papel significativo nessa perturbação e, à primeira vista, o íon hidróxido também não. Mas se você usar um pouco mais da intuição química que tem desenvolvido até este ponto da disciplina, poderá perceber que os íons H^+ e OH^- reagirão entre si para formar água. Isso diminuirá a concentração de H^+. Pelo fato de a concentração de um produto ser reduzida, a grandeza do numerador diminui, tornando $Q < K$. Portanto, o equilíbrio se desloca para formar mais produtos.

Verifique seu entendimento Descreva duas maneiras com as quais poderia fazer com que esse equilíbrio se deslocasse no sentido dos reagentes que ainda não foram abordadas neste problema. Justifique seu raciocínio.

O efeito no equilíbrio de uma variação na pressão quando estão presentes gases

Vários aspectos da produção e desgaste do concreto envolvem gases. Mas, vamos considerar um exemplo muito mais familiar para ilustrar o efeito da pressão. Pense no dióxido de carbono dissolvendo-se na água. Ocorre uma reação química, e o equilíbrio é estabelecido:

$$CO_2(g) + H_2O(\ell) \rightleftarrows H_2CO_3(aq)$$

Você deve até ter um exemplo na sua mesa enquanto lê este texto – sua lata de refrigerante. A carbonação de refrigerantes resulta da dissolução de CO_2 gasoso na água a pressões altas. O que acontece quando você abre a lata de refrigerante? O volume disponível para o dióxido de carbono torna-se muito maior, logo a pressão diminui. À medida que a pressão diminui, o refrigerante assobia, sinalizando que o dióxido de carbono está saindo da solução. Como essa observação se adapta ao princípio de LeChatelier?

De acordo com o princípio de LeChatelier, o equilíbrio será deslocado de maneira que tenda a compensar a tensão aplicada. Nesse caso, reduzimos a pressão de CO_2 sobre o refrigerante. Como o sistema poderia tentar aumentar essa pressão? Tendo mais gás dissolvido deixando a solução (o refrigerante) e entrando na fase gasosa, consequentemente contribuindo para a pressão. Quando o refrigerante assobia, o sistema desloca-se no sentido que produz mais gás. Uma vez que o recipiente está aberto para a atmosfera, a pressão de CO_2 na realidade nunca aumenta, e o gás continua a ser liberado até que o refrigerante "fique choco".

Esse efeito pode ser generalizado para qualquer reação química que inclua gases. Se a quantidade de matéria de gases difere entre reagentes e produtos, um deslocamento na pressão (decorrente de variação de volume) resultará em variação na posição do equilíbrio. ▸ O dióxido de carbono que se dissolve na água é um exemplo, porque, como a estequiometria mostra, existe mais quantidade de matéria de reagentes na fase gasosa (um mol de CO_2) que de produtos na fase gasosa (nenhum mol de gás). Se a quantidade de matéria total de reagentes gasosos se iguala à quantidade de matéria de produtos gasosos, induzir uma variação de pressão não produz variação na posição de equilíbrio.

A variação de pressão pela adição de um gás inerte não afeta o equilíbrio porque ele não muda as pressões parciais dos gases na reação.

Agora vamos retornar ao equilíbrio entre o NO_2 e o N_2O_4: 2 mols de NO_2 gasoso combinam-se para formar 1 mol de N_2O_4 gasoso. Logo, se a pressão é aplicada, o sistema responde produzindo mais N_2O_4. Isso está ilustrado na **Figura 12.8**, e o Problema-modelo 12.9 estende a mesma ideia para outros sistemas.

Figura 12.8 Efeito de um aumento de pressão no equilíbrio NO_2/N_2O_4. Um sistema está inicialmente equilibrado em um volume de 10 L a uma pressão total de 1,0 atm. A diminuição do volume para 2 L provocaria aumento imediato de pressão para 5,0 atm. O equilíbrio responde produzindo mais N_2O_4, que reduz a quantidade de matéria total de gás presente e a extensão do aumento de pressão. A pressão parcial de NO_2 no volume de 2,0 L ainda será maior que o volume original de 10 L, logo o gás aparecerá com uma cor marrom mais escura. (A pressão final real de 4,6 atm foi calculada usando o valor numérico da constante de equilíbrio.)

PROBLEMA-MODELO ◄ 12.9

O HCN é um reagente químico industrial importante, mas potencialmente perigoso. Ele pode ser produzido de várias maneiras, inclusive através das reações mostradas a seguir. Supondo que cada sistema esteja inicialmente em equilíbrio, preveja o sentido no qual a reação irá responder à tensão indicada.

(a) $NH_3(g) + CH_4(g) \rightleftarrows HCN(g) + 3\,H_2(g)$; a pressão é aumentada

(b) $2\,NH_3(g) + 2\,CH_4(g) + 3\,O_2(g) \rightleftarrows 2\,HCN(g) + 6\,H_2O(g)$; a pressão é diminuída

Estratégia Contabilize a quantidade de matéria de gás em cada lado da equação. Se a pressão é aumentada, a reação que produz quantidade de matéria menor de gás é favorecida; se a pressão é diminuída, a reação que produz maior quantidade de matéria de gás é favorecida.

Solução

(a) Existem 2 mols de gás à esquerda e 4 mols de gás à direita. Se a pressão for aumentada, o equilíbrio se deslocará para a esquerda.

(b) Existem 7 mols de gás à esquerda e 8 mols de gás à direita. A diminuição da pressão favorece a reação que produz maior quantidade de matéria de gás, logo a reação para a direita é favorecida.

Analise sua resposta Este tipo de problema recorre ao seu entendimento conceitual, portanto precisamos de abordagem qualitativa para conferir a resposta. Nossa estratégia é perguntar o que aconteceria se respondêssemos à questão de maneira contrária. Se disséssemos que o equilíbrio se desloca para a direita no item (a), por exemplo, o que isso implicaria? Diria que temos muito mais gás presente, e mais gás aumentaria a pressão. Uma vez que o problema inicialmente indicou um aumento na pressão, esse resultado não seria contrário à variação aplicada – logo o sentido oposto de nossa resposta está claramente errado, e nossa resposta deve fazer sentido.

Verifique seu entendimento Em cada um dos seguintes itens, determine o sentido no qual o equilíbrio se deslocará em resposta à tensão indicada.

(a) $N_2(g) + 3\,H_2(g) \rightleftarrows 2\,NH_3(g)$; a pressão é diminuída

(b) $CO_2(g) + H_2(g) \rightleftarrows CO(g) + H_2O(g)$; a pressão é aumentada

O efeito no equilíbrio de uma variação na temperatura

No Problema-modelo 5.7, mostramos que a reação do CaO com o CO_2 é um método possível para a captura de dióxido de carbono. Neste capítulo, observamos que a reação inversa – a decomposição de $CaCO_3$ em uma estufa – é a primeira etapa na produção de concreto. Para ter uma ideia de como a temperatura irá afetar um sistema, a ideia-chave é pensar na variação de temperatura como um fluxo de calor para dentro ou para fora do sistema de reação. Quando colocamos nesses termos, você pode reconhecer que uma ligação entre as reações químicas e o calor vem da termodinâmica. Desde que saibamos se uma reação é exotérmica ou endotérmica, podemos prever como ela responderá a variações de temperatura.

Para uma reação exotérmica, o calor flui para fora do sistema. Podemos dizer que esse calor é um produto da reação. Podemos observar isso explicitamente numa equação termodinâmica: ▸

A adição da palavra "calor" em uma equação nos ajuda a ver em qual sentido a reação se deslocará. Mas não deve implicar que o calor seja a quantidade que uma substância possa possuir.

$$\text{Reação exotérmica: reagentes} \rightleftarrows \text{produtos} + \text{calor}$$

Feito isso, a situação começa a se assemelhar à nossa discussão da adição ou remoção de um produto da mistura de reação. Quando a temperatura é aumentada, submetemos à tensão o equilíbrio adicionando calor. De acordo com o princípio de LeChatelier, o sistema responderá para compensar a tensão e absorverá o excesso de calor, movendo o equilíbrio no sentido dos reagentes. Quando a temperatura é reduzida, o calor flui para fora do sistema, e este responde gerando calor adicional – movendo-se no sentido dos produtos.

O equilíbrio entre NO_2 e N_2O_4 que consideramos deve ser uma reação exotérmica, porque se forma uma ligação entre dois átomos de nitrogênio e nenhuma ligação é quebrada. Assim, podemos prever que a formação de N_2O_4 é favorecida a temperaturas mais baixas, e a **Figura 12.9** confirma isso.

Para um processo endotérmico, podemos escrever

$$\text{Reação endotérmica: reagentes} + \text{calor} \rightleftarrows \text{produtos}$$

Usando um raciocínio similar, se a temperatura for aumentada, o sistema endotérmico se deslocará na direção que absorve calor – no sentido dos produtos. Se a temperatura é diminuída, um deslocamento muda de direção para os reagentes e libera calor para compensar essa tensão. Resumimos as possíveis respostas às variações de temperatura na **Tabela 12.3**.

Diferentemente das variações nas concentrações de reagentes e produtos, nas quais a constante de equilíbrio não é afetada, um deslocamento de temperatura também muda o *valor* da constante de equilíbrio. (Como para as constantes de velocidade, estamos de novo diante de uma "constante" que varia como uma função da temperatura!)

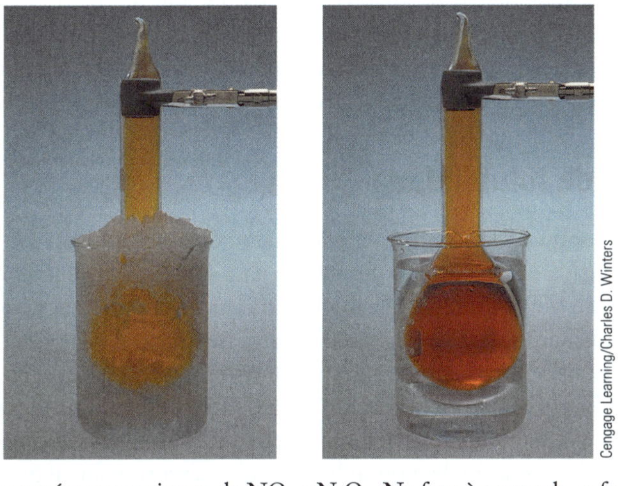

Figura 12.9 O frasco nestas fotos contém uma mistura de NO_2 e N_2O_4. Na foto à esquerda, o frasco é mantido em um banho de gelo e o conteúdo tem uma cor mais clara. Na foto da direita, o mesmo frasco é mantido em um banho de água a 50°C e a cor é visivelmente mais escura. Esse escurecimento indica que mais NO_2 está presente a uma temperatura mais alta, como previsto pelo princípio de LeChatelier.

Tabela ▪ 12.3 Deslocamentos de equilíbrio impulsionados por mudanças de temperatura

Os efeitos das variações de temperatura em um sistema químico em equilíbrio dependem do fato de a reação ser exotérmica ou endotérmica. Diferentemente das variações de concentração ou de pressão, as variações de temperatura também alteram o *valor* da constante de equilíbrio.

Tipo de reação	Tipo de variação de temperatura	Resposta do sistema
Exotérmica	T aumenta	Mais reagentes formados
Exotérmica	T diminui	Mais produtos formados
Endotérmica	T aumenta	Mais produtos formados
Endotérmica	T diminui	Mais reagentes formados

O fato de as constantes de equilíbrio variarem com a temperatura, entretanto, é importante na maneira como as reações químicas ocorrem nos processos industriais. Frequentemente, são necessárias altas temperaturas por razões cinéticas. No entanto, o que ocorrerá se a constante de equilíbrio for menos favorável? Em tais casos, químicos e engenheiros trabalham juntos para encontrar combinações de fatores que tornem uma reação comercialmente viável. Aproximadamente todo ajuste afeta a reação pelo princípio de LeChatelier.

Efeito de um catalisador no equilíbrio

O equilíbrio é estabelecido quando a velocidade da reação direta se iguala à velocidade da reação inversa. Mas, em geral, a posição do equilíbrio não nos diz nada sobre a velocidade na qual o equilíbrio foi atingido. O que acontece quando um catalisador é adicionado a um sistema em equilíbrio? Um catalisador aumenta igualmente as velocidades tanto da reação direta quanto da inversa e consequentemente não afeta a posição de equilíbrio ou as concentrações.

12.6 Equilíbrios de solubilidade

POR DENTRO DE Anteriormente, mencionamos que, quando os íons hidróxido encontram íons cálcio, forma-se um precipitado. Essa reação tem um papel em como o cimento se forma e outras reações de precipitação, como aquelas de fosfatos e carbonatos, podem ocorrer com uma variedade de cátions. O concreto é uma mistura muito complexa, logo até mesmo classificar os detalhes de todas as possíveis reações de precipitação que possam ocorrer é um desafio para químicos e engenheiros de materiais. A habilidade de manipular as propriedades do concreto baseado na adição de *admixtures* depende da variação da natureza dos equilíbrios químicos que surgem durante a hidratação e o processo de acomodação. Avanços na produção de novos cimentos e concretos com frequência seguem estudos da solubilidade de compostos específicos e de reações de equilíbrio que estabelecem.

Constante do produto de solubilidade

Na Seção 3.3, introduzimos o termo *solubilidade* para medir quanto de um soluto um solvente em particular pode dissolver. Essa ideia é em geral traduzida em regras de solubilidade para substâncias iônicas, as quais apresentamos na Seção 3.3. Tais regras classificam tanto o hidróxido de cálcio quanto o hidróxido de magnésio como insolúveis. Entretanto, no Problema-modelo 12.3, concluímos que havia uma diferença mensurável na solubilidade entre esses dois compostos. Assim, precisamos refinar nossa noção do que significa um composto ser "insolúvel". Seremos mais exatos se nos referirmos a esses sais, como hidróxido de cálcio e hidróxido de magnésio, como **ligeiramente solúveis**. Fornecido tempo suficiente e um solvente constantemente restaurador (em outras palavras, *sem* condições de equilíbrio), mesmo o sal mais insolúvel se dissolverá. A dissolução de montanhas pela chuva representa tal processo, embora seja um processo que exige centenas de milhares de anos. Portanto, como podemos especificar exatamente quão solúvel um composto é?

Definindo a constante do produto de solubilidade

Vamos utilizar o hidróxido de cálcio e o hidróxido de magnésio como exemplos. Se essas substâncias são colocadas em água e o sistema é deixado assentar sem ser perturbado, será estabelecido um equilíbrio dinâmico entre o sal e seus íons constituintes. Os equilíbrios que descrevem essas reações são heterogêneos, como são aqueles de qualquer processo de solubilidade. Logo, a expressão da constante de equilíbrio não contém a concentração do sal sólido; apenas o produto das concentrações dos íons dissolvidos aparecerá. Uma vez que essa forma é universalmente empregada para as expressões de constante de solubilidade, ela recebeu o nome de **constante do produto de solubilidade**, K_{ps}. Assim, para os dois sais que estamos considerando, podemos escrever as seguintes expressões: ▸

A partir de valores muito baixos dessas constantes de equilíbrio, podemos ver que esses compostos não são muito solúveis.

$$Ca(OH)_2(s) \rightleftarrows Ca^{2+}(aq) + 2\ OH^-(aq) \qquad K_{ps} = [Ca^{2+}][OH^-]^2 = 7{,}9 \times 10^{-6}$$

$$Mg(OH)_2(s) \rightleftarrows Mg^{2+}(aq) + 2\ OH^-(aq) \qquad K_{ps} = [Mg^{2+}][OH^-]^2 = 1{,}5 \times 10^{-11}$$

As constantes do produto de solubilidade são importantes para ampla variedade de aplicações e têm sido determinadas para muitos sais ligeiramente solúveis. A **Tabela 12.4** relaciona alguns sais comuns e seus valores de K_{ps}. Uma tabela mais extensa está no Apêndice H. O Problema-modelo 12.10 mostra como escrevemos a expressão do produto de solubilidade para um composto iônico.

Tabela ▪ 12.4 Valores K_{ps}

Os valores para alguns compostos ilustram a extensa faixa sobre a qual as constantes do produto de solubilidade podem variar

Sal	K_{ps}
Ag_2CO_3	$8{,}1 \times 10^{-12}$
Ag_3PO_4	$1{,}3 \times 10^{-20}$
AgBr	$5{,}3 \times 10^{-13}$
AgCl	$1{,}8 \times 10^{-10}$
AgCN	$6{,}0 \times 10^{-17}$
$Ca_3(PO_4)_2$	$2{,}0 \times 10^{-33}$
$CaCO_3$	$4{,}8 \times 10^{-9}$
$FeCO_3$	$3{,}5 \times 10^{-11}$
$Mg_3(PO_4)_2$	$9{,}9 \times 10^{-25}$
$PbCO_3$	$1{,}5 \times 10^{-13}$
PtS	$9{,}9 \times 10^{-74}$
ZnS	$1{,}1 \times 10^{-21}$

PROBLEMA-MODELO ◂ 12.10

Escreva a expressão da constante do produto de solubilidade para o fluoreto de cálcio.

Estratégia Identifique a fórmula para o sal e escreva a equação química que representa o equilíbrio de solubilidade. Escreva a expressão da constante do produto de solubilidade com base na equação química.

Solução Uma vez que o flúor forma um íon 1− e o cálcio forma um íon 2+, o fluoreto de cálcio é CaF_2. O equilíbrio de solubilidade é

$$CaF_2(s) \rightleftarrows Ca^{2+}(aq) + 2\ F^-(aq)$$

portanto,

$$K_{ps} = [Ca^{2+}][F^-]^2$$

Verifique seu entendimento Escreva as expressões das constantes do produto de solubilidade para os seguintes sais ligeiramente solúveis: (a) hidróxido de manganês(II), (b) sulfeto de cobre(II), (c) iodeto de cobre(I), (d) sulfato de alumínio.

A relação entre K_{ps} e a solubilidade molar

Temos nos referido regularmente à solubilidade dos sais de cálcio neste capítulo. No Capítulo 3, definimos solubilidade em termos da massa de soluto que se dissolve em 100 g de solvente, mas essa foi apenas uma escolha possível de unidade de concentração. A **solubilidade molar** é a concentração de um sólido dissolvido presente em uma solução saturada, expressa em concentração em quantidade de matéria. Podemos converter entre essas duas expressões diferentes para a solubilidade se necessário. A solubilidade molar é facilmente determinada a partir do K_{ps}, como você pode ver no Problema-modelo 12.11.

PROBLEMA-MODELO ◄ 12.11

Qual é a solubilidade molar do fosfato de cálcio, sabendo-se que $K_{ps} = 2{,}0 \times 10^{-33}$? Supondo que a densidade da solução saturada seja 1,00 g cm^{-3}, qual é a solubilidade em gramas do $Ca_3(PO_4)_2$ por 100 g de solvente?

Estratégia Este problema nos pede para encontrar a concentração no equilíbrio de íons em uma solução saturada. Portanto, é na realidade similar aos que resolvemos anteriormente neste capítulo. Consequentemente, usaremos a mesma abordagem geral. Para encontrarmos a solubilidade molar, devemos criar uma tabela de equilíbrio para uma solução com concentrações desconhecidas no equilíbrio e resolver a expressão de equilíbrio resultante para a incógnita. Converta as unidades de concentração em gramas de soluto por 100 g de solvente, usando a massa molar do soluto e a densidade da água. (Como a solução será muito diluída, assumiremos que em sua densidade não haja diferença significativa entre 100 g de solução e 100 g de solvente.)

Solução O equilíbrio relevante é a dissolução do fosfato de cálcio:

$$Ca_3(PO_4)_2(s) \rightleftarrows 3\ Ca^{2+}(aq) + 2\ PO_4^{3-}(aq)$$

Precisaremos trabalhar com a expressão do produto de solubilidade para essa reação, e o valor de K_{ps} é fornecido:

$$K_{ps} = [Ca^{2+}]^3[PO_4^{3-}]^2 = 2{,}0 \times 10^{-33}$$

Podemos visualizar o processo começando com apenas um sólido presente. A dissolução de parte do sólido leva à presença dos íons na solução saturada no equilíbrio. Ao montarmos nossa tabela, devemos considerar a estequiometria 3:2. Para cada mol de $Ca_3(PO_4)_2(s)$ que se dissolve, são liberados para a solução 3 mols de íon cálcio e 2 mols de íons fosfato.

	$Ca_3(PO_4)_2(s)$	$Ca^{2+}(aq)$	$PO_4^{3-}(aq)$
Concentração inicial	Sólido	0 mol L^{-1}	0 mol L^{-1}
Variação na concentração	Sólido	$+3x$	$+2x$
Concentração final	Sólido	$3x$	$2x$

Substitua na expressão de equilíbrio:

$$K_{ps} = 2{,}0 \times 10^{-33} = [Ca^{2+}]^3[PO_4^{3-}]^2 = (3x)^3(2x)^2$$

Podemos resolver essa equação para achar x:

$$2{,}0 \times 10^{-33} = 108x^5$$
$$x = 1{,}1 \times 10^{-7}$$

Isso significa que a solubilidade molar de fosfato de cálcio é $1{,}1 \times 10^{-7}$ mol L^{-1}. Agora converta as unidades para encontrar a solubilidade em termos de massa:

$$\text{Solubilidade} = \frac{1{,}1 \times 10^{-7}\text{mol } Ca_3(PO_4)_2}{\text{L}} \times \frac{1\text{ L}}{10^3\text{cm}^3} \times \frac{1\text{ cm}^3}{1{,}0\text{ g}} \times \frac{310{,}2\text{ g } Ca_3(PO_4)_2}{1\text{ mol } Ca_3(PO_4)_2}$$
$$= 3{,}5 \times 10^{-8}\text{ g de soluto/g de } H_2O$$

Multiplicando isso por 100, obtemos uma solubilidade de $3{,}5 \times 10^{-6}$ g de $Ca_3(PO_4)_2$ por 100 g de H_2O.

Analise sua resposta A solubilidade molar obtida é muito pequena. Isso faz sentido? O valor para K_{ps} é muito pequeno, logo podemos esperar que o equilíbrio favoreça fortemente os reagentes. Favorecer os reagentes significa poucos íons em solução, logo uma solubilidade pequena faz sentido.

Verifique seu entendimento Calcule a solubilidade molar do cianeto de prata. Qual é o valor correspondente em gramas de soluto por 100 gramas de solvente? Quais suposições devem ser feitas?

Efeito do íon comum

Quando examinamos o produto de solubilidade do hidróxido de cálcio ou do hidróxido de magnésio, presumimos que seja estabelecido um equilíbrio para o sal em água pura. E se mais íon hidróxido fosse introduzido no sistema pela adição de NaOH? Como a presença de um íon que é parte de um equilíbrio, mas é introduzido no sistema por uma outra fonte, influencia a solubilidade de um sal? Essa questão é importante na produção de cimento, porque a mistura complexa pode ter fontes múltiplas de alguns íons presentes. A resposta pode ser deduzida com base no princípio de LeChatelier. Os íons que fazem parte de um equilíbrio, mas são introduzidos por uma fonte "externa", são chamados *íons comuns*, porque são comuns à solução e ao sólido. Se fôssemos adicionar um íon comum (OH^- em nosso exemplo) a uma solução de $Mg(OH)_2$ já no equilíbrio, o deslocamento resultante seria no sentido que consome o íon adicionado, formando mais sólido $Mg(OH)_2$. Trata-se do **efeito do íon comum (Figura 12.10)**. Se, em vez, adicionarmos um sólido ligeiramente solúvel a uma solução na qual os íons comuns já estão presentes, a presença deles anulará a solubilidade do sólido (uma vez que tendem a criar tensão no sistema no sentido da produção de reagentes). Exploraremos essa ideia no Problema-modelo 12.12.

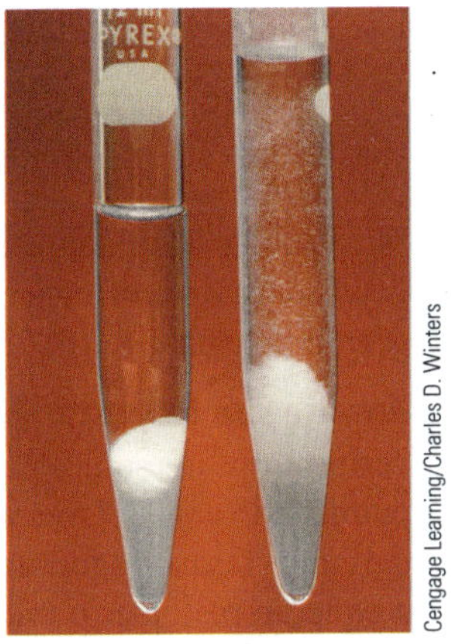

Figura 12.10 O tubo de ensaio à esquerda contém uma solução saturada de acetato de prata. A adição de $AgNO_3$ aquoso faz com que mais acetato de prata precipite devido ao efeito do íon comum, como visto no tubo à direita.

PROBLEMA-MODELO ◀ 12.12

O K_{ps} do $Ca_3(PO_4)_2$ é $2{,}0 \times 10^{-33}$. Determine sua solubilidade molar em $(NH_4)_3PO$ 0,05 mol L^{-1}. Compare sua resposta à solubilidade molar do $Ca_3(PO_4)_2$ em água, que foi calculada no Problema-modelo 12.11.

Estratégia O $(NH_4)_3PO_4$ é muito solúvel em água, logo a $[PO_4^{3-}]$ em $(NH_4)_3PO_4$ 0,05 mol L^{-1} é 0,05 mol L^{-1}. Quando o $Ca_3(PO_4)_2$ sólido for adicionado e o equilíbrio estabelecido, encontraremos a solubilidade molar a partir da quantidade de $[Ca^{2+}]$ na solução. Escreva a reação de interesse e monte a tabela de equilíbrio usual. Como o valor de K_{ps} é muito pequeno, podemos usar uma aproximação simples para achar a solubilidade molar.

Solução Vamos fazer x = quantidade de matéria de $Ca_3(PO_4)_2$ que se dissolve por litro (isto é, a solubilidade molar que queremos calcular). A concentração inicial de Ca^{2+} é zero, mas a do PO_4^{3-} é agora 0,05 mol L^{-1}. Isso nos fornece a seguinte tabela de equilíbrio:

$$Ca_3(PO_4)_2(s) \rightleftarrows 3\ Ca^{2+}(aq) + 2\ PO_4^{3-}(aq)$$

	$Ca_3(PO_4)_2(s)$	$Ca^{2+}(aq)$	$PO_4^{3-}(aq)$
Concentração inicial	Sólido	0 mol L^{-1}	0,05 mol L^{-1}
Variação na concentração	Sólido	$+3x$	$+2x$
Concentração final	Sólido	$3x$	$0{,}05 + 2x$

Substitua na expressão do produto de solubilidade:

$$K_{ps} = 2{,}0 \times 10^{-33} = [Ca^{2+}]^3[PO_4^{3-}]^2 = (3x)^3(0{,}05 + 2x)^2$$

Isso parece assustador: a multiplicação nos fornece um termo envolvendo x^5. No entanto, podemos levar vantagem de uma aproximação mais inteligente. Sabemos do nosso último Problema-modelo que a solubilidade em água pura era na ordem de 10^{-7} mol L^{-1}. Nesse caso, a presença de um íon comum deve diminuir consideravelmente a partir desse nível. Portanto, sabemos que x será menor que 10^{-7}, o que significa que podemos desprezar a parte $+2x$ do último termo em comparação a 0,05:

$$0{,}05 + 2x \approx 0{,}05$$

Isso simplifica consideravelmente o problema:

$$2.0 \times 10^{-33} = (3x)^3(0{,}05)^2$$
$$x = 3 \times 10^{-11} \text{ mol L}^{-1}$$

No Problema-modelo anterior, calculamos a solubilidade molar do $Ca_3(PO_4)_2$ em água como $1{,}1 \times 10^{-7}$ mol L^{-1}. A presença de uma concentração alta de íon fosfato em solução diminuiu a solubilidade em quase quatro ordens de grandeza, para 3×10^{-11} mol L^{-1}.

Analise sua resposta Sempre que fizermos uma aproximação de simplificação do tipo da usada aqui, é importante verificar que a resolução eventual está consistente com a suposição fundamental. Aqui, supomos que $2x$ era desprezível comparado a 0,05. Uma vez que encontramos que x era na ordem de 10^{-11}, essa suposição certamente se justifica. Poderíamos ter usado ferramentas de programas de computador apropriadas para encontrar uma solução numérica para a equação real, mas o trabalho adicional não teria melhorado nosso resultado de maneira discernível. Observe que a razão fundamental pela qual essa suposição pode ser feita era o fato de o valor de K_{ps} ser um número muito pequeno.

Verifique seu entendimento O produto de solubilidade do CaF_2 é $1{,}7 \times 10^{-10}$. Calcule a sua solubilidade em água e em NaF 0,15 mol L^{-1}.

Confiabilidade no uso de concentrações em quantidade de matéria

Precisamos estar atentos ao fato de que os cálculos que temos realizado têm sido simplificados de várias maneiras para torná-los compatíveis com o nível da nossa disciplina. Essas simplificações são razoáveis sob muitas circunstâncias típicas, mas podem introduzir erros significativos sob outras condições. Uma das simplificações fundamentais que temos feito é usar a concentração em quantidade de matéria das espécies iônicas em todos os cálculos de problemas de equilíbrio de solubilidade. No entanto, em alguns casos, a utilidade da concentração em quantidade de matéria decresce. Quando as concentrações de íon são altas, as interações entre partículas de cargas opostas, mesmo de outros íons que não são parte de um equilíbrio específico, alteram o comportamento iônico. Para considerarmos esses efeitos, usaríamos a atividade de um íon, a concentração *efetiva* do íon, em vez da concentração em quantidade de matéria. A atividade não é uma modificação particularmente intuitiva da concentração em quantidade de matéria de uma espécie, e não tentaremos nenhum cálculo usando-a aqui. No entanto, devemos observar que os tipos de cálculos apresentados têm limitações. Na química industrial, os modelos utilizados para entender um processo sintético frequentemente exigem maior exatidão do que aqueles produzidos pelo uso da concentração em quantidade de matéria, portanto os códigos de computador frequentemente oferecem a opção de empregar a atividade em seu lugar.

As atividades são em geral obtidas a partir das concentrações em quantidade de matéria através da multiplicação por um coeficiente de atividade, cujo valor é obtido experimentalmente.

12.7 Ácidos e bases

Apontamos lá atrás no Capítulo 2 que as moléculas contendo um grupo funcional – COOH são chamadas de ácidos carboxílicos. Neste capítulo, vimos vários exemplos ilustrando a ideia de que esses compostos de fato agem como ácidos em solução aquosa. Apresentamos alguns conceitos fundamentais de ácidos e bases no Capítulo 3, mas o contexto de equilíbrio nos permite explorá-los um pouco mais. Lembre-se de que distinguimos ácidos (ou bases) fortes, que se dissociam completamente em solução, de ácidos (ou bases) fracos, que se dissociam apenas parcialmente. Neste ponto do nosso estudo da química, devemos perceber que tal dissociação parcial de eletrólitos fracos foi um exemplo de sistema atingindo o equilíbrio. Logo, podemos usar as constantes de equilíbrio para caracterizar as forças relativas de ácidos ou bases fracos. Uma maneira comum de fazer isso é usar a escala de pH, que definiremos nesta seção.

A teoria de Brønsted-Lowry de ácidos e bases

Nossa definição inicial de ácidos e bases na Seção 3.3 envolveu a formação de íons hidrônio (para ácidos) ou íons hidróxido (para bases). Essa definição é atribuída a Svante Arrhenius, mas pode ser expandida para incluir soluções não aquosas, entre outras coisas. Formulada independentemente em 1923 por dois químicos, Johannes Brønsted, na Dinamarca, e Thomas Lowry, na Inglaterra, a teoria de Brønsted-Lowry faz exatamente isso. ▸ De acordo com essa definição, um **ácido de Brønsted-Lowry** é um doador de próton (H^+) e uma **base de Brønsted-Lowry** é um receptor de próton.

Brønsted colou grau na graduação em engenharia química em 1899.

Essa definição mais geral de um ácido também inclui os ácidos e as bases de Arrhenius. Portanto, o HCl, por exemplo, deve se encaixar tanto na teoria de Arrhenius quanto na de Brønsted-Lowry. Para verificar se ele se encaixa, vamos dar uma olhada no que acontece quando o HCl reage com água. À medida que o HCl gasoso se dissolve na água, as forças dipolo-dipolo entram em cena, e o hidrogênio parcialmente positivo da molécula de HCl é atraído pelo oxigênio parcialmente negativo de uma molécula de água. A atração é forte o suficiente para provocar a transferência do íon hidrogênio do HCl para a molécula de água. O resultado é um próton hidratado ou íon hidrônio, H_3O^+.

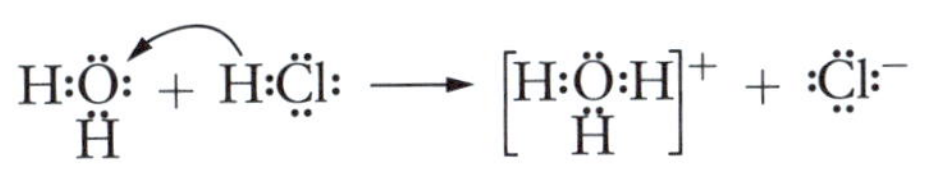

O HCl *doou* um próton para a molécula de água, que *recebeu* o próton, e podemos escrever uma equação que reflete esse processo:

$$HCl(g) + H_2O(\ell) \rightarrow H_3O^+(aq) + Cl^-(aq)$$ ▸

Lembre-se de que usamos uma seta única quando uma reação prossegue extremamente para a direita.

Na teoria de Brønsted-Lowry, uma base é um receptor de próton. O íon $OH^-(aq)$ produzido pela ionização do NaOH(*s*) é uma base porque pode receber um próton de qualquer doador de próton:

$$OH^-(aq) + H^+(aq) \rightleftarrows H_2O(\ell)$$

O papel da água na teoria de Brønsted-Lowry

Em seguida, vamos considerar a ionização do HCN na água:

$$HCN(aq) + H_2O(\ell) \rightleftarrows H_3O^+(aq) + CN^-(aq)$$

A molécula de HCN doa um próton, logo ela é claramente um ácido. No entanto, a molécula de água recebe esse próton. Isso torna a água uma base? Pela teoria de Brønsted-Lowry, sim. Entretanto, pela mesma teoria, a água também pode reagir como um ácido, como você pode ver na seguinte reação entre a amônia e a água:

$$NH_3(g) + H_2O(\ell) \rightleftarrows NH_4^+(aq) + OH^-(aq)$$

A molécula de água (um ácido) doa um próton para a molécula de amônia (uma base), que recebe o próton. Logo, a água pode agir tanto como ácido quanto como base, dependendo da identidade do outro reagente. Usamos o termo **anfótero** para nos referir a uma substância que pode ser um ácido ou uma base. ▸

O termo anfiprótico *tem sido crescentemente usado e lentamente vai substituindo o termo* anfótero.

A amônia é uma base fraca, então a reação de ionização estará em equilíbrio dinâmico. Uma vez que a reação inversa também envolve um próton doado (desta vez, do íon amônio), tanto a reação direta quanto a inversa são reações do tipo ácido-base:

$$\underset{Base_1}{NH_3(aq)} + \underset{Ácido_2}{H_2O(\ell)} \rightleftarrows \underset{Ácido_1}{NH_4^+(aq)} + \underset{Base_2}{OH^-(aq)}$$

A equação contém dois pares de ácidos e bases: NH_4^+/NH_3 e H_2O/OH^-, que são denominados **pares ácido-base conjugados**. O **ácido conjugado** de uma base é o ácido formado quando a base recebe um próton. De maneira similar, a **base conjugada** de um ácido é a base formada quando o ácido doa um próton. O NH_3 é a base conjugada do NH_4^+, e o NH_4^+, o ácido conjugado do NH_3; H_2O é o ácido conjugado do OH^-, e o OH^-, a base conjugada de H_2O. Podemos conectar os pares usando linhas sob a equação para realçar essas relações.

$$\underset{\text{Base}_1}{NH_3(aq)} + \underset{\text{Ácido}_2}{H_2O(\ell)} \leftrightarrows \underset{\text{Ácido}_1}{NH_4^+(aq)} + \underset{\text{Base}_2}{OH^-(aq)}$$

O Problema-modelo 12.13 examina outro conjunto de pares ácido-base conjugados.

PROBLEMA-MODELO ◂ 12.13

Quando dissolvido em água, o CH_3COOH é chamado de ácido acético. Escreva o equilíbrio para esta reação em água e identifique os pares ácido-base conjugados.

Estratégia Pelo fato de o ácido acético estar se comportando como um ácido de Brønsted-Lowry, exigirá alguma espécie que receba um próton. Aqui o receptor de próton é a água, como frequentemente é o caso. Isso nos permite escrever o equilíbrio para a solução de CH_3COOH. Uma vez escrito, identificamos os pares conjugados observando quais espécies diferem apenas pela adição ou subtração de um próton.

Solução

$$\underset{\text{Ácido}_1}{CH_3COOH(aq)} + \underset{\text{Base}_2}{H_2O(\ell)} \leftrightarrows \underset{\text{Base}_1}{CH_3COO^-(aq)} + \underset{\text{Ácido}_2}{H_3O^+(aq)}$$

Verifique seu entendimento Identifique os pares ácido-base conjugados na reação entre o íon carbonato e a água para formar hidrogenocarbonato e íons hidróxido.

Ácidos e bases fracos

Muitos ácidos, incluindo todos os ácidos hidroxicarboxílicos, usados como *admixtures* redutoras de água na produção de concreto, não reagem completamente em água. Aprendemos na Seção 3.3 que esses compostos são ácidos fracos. Um ácido fraco e a água reagem para produzir um sistema ácido-base conjugado no qual o ácido e a base à direita são mais fortes que seu ácido e base conjugados à esquerda. Isso significa que o equilíbrio irá favorecer o lado esquerdo, e apenas uma pequena porcentagem das moléculas de ácido ionizará. Podemos escrever uma equação geral para a dissociação de qualquer ácido fraco, denominado aqui como HA:

$$\underset{\substack{\text{Ácido}\\\text{mais fraco}}}{HA(aq)} + \underset{\substack{\text{Base}\\\text{mais fraca}}}{H_2O(\ell)} \rightleftarrows \underset{\substack{\text{Ácido}\\\text{mais forte}}}{H_3O^+(aq)} + \underset{\substack{\text{Base}\\\text{mais forte}}}{A^-(aq)}$$

A expressão de equilíbrio para essa reação deve ser escrita como

$$K = \frac{[H_3O^+][A^-]}{[HA][H_2O]}$$

A água na reação de equilíbrio é um líquido puro, obviamente. Portanto, como os sólidos puros nos equilíbrios de solubilidade, sua concentração é constante. Logo, $[H_2O]$ é retirada da expressão, e o K resultante é chamado de **constante de ionização ácida (K_a)**:

$$K_a = \frac{[H_3O^+][A^-]}{[HA]}$$

A **Tabela 12.5** lista as constantes de ionização ácida a 25 °C para alguns ácidos fracos comuns, e valores adicionais podem ser encontrados no Apêndice F.

Para bases fracas, o equilíbrio de ionização pode ser escrito como

$$\underset{\text{mais fraca}}{\underset{\text{Base}}{B(aq)}} + \underset{\text{mais fraco}}{\underset{\text{Ácido}}{H_2O(\ell)}} \rightleftarrows \underset{\text{mais forte}}{\underset{\text{Ácido}}{BH^+(aq)}} + \underset{\text{mais forte}}{\underset{\text{Base}}{OH^-(aq)}}$$

Exatamente como para os ácidos fracos, a expressão da constante de equilíbrio é escrita sem incluir um termo de concentração para a água pura. A constante de equilíbrio resultante é chamada **constante de ionização básica, K_b**:

$$K_b = \frac{[BH^+][OH^-]}{[B]}$$

Os valores de K_b para bases comuns podem ser encontrados no Apêndice G.

Tabela ▪ 12.5 Valores de constante de ionização ácida (K_a)

Constantes de ionização ácida para alguns ácidos comuns a 25 °C. Valores maiores de K_a indicam ácidos mais fortes

Nome do ácido	Fórmula	K_a
Ácidos orgânicos		
Fórmico	HCOOH	$1{,}8 \times 10^{-4}$
Acético	CH_3COOH	$1{,}8 \times 10^{-5}$
Propanoico	CH_3CH_2COOH	$1{,}3 \times 10^{-5}$
Butanoico	$CH_3CH_2CH_2COOH$	$1{,}5 \times 10^{-5}$
Salicílico	$C_6H_4(OH)COOH$	$1{,}1 \times 10^{-3}$
Glucônico	$HOCH_2(CHOH)_4COOH$	$2{,}4 \times 10^{-4}$
Heptanoico	$HOCH_2(CHOH)_5COOH$	$1{,}3 \times 10^{-5}$
Ácidos Inorgânicos		
Hidrofluorídrico	HF	$6{,}3 \times 10^{-4}$
Carbônico	H_2CO_3	$4{,}4 \times 10^{-7}$
Cianídrico	HCN	$6{,}2 \times 10^{-10}$

Deve ficar claro que essas reações de ácidos e bases fracos são um caso especial do equilíbrio que temos explorado por todo o capítulo. Quando qualquer ácido se dissolve em água, os íons hidrônio são sempre formados como um dos produtos. Essa espécie é tão comum que foi inventada mais uma maneira de descrever sua concentração. Para evitar lidar com pequenos números com notação científica, frequentemente usamos a escala de pH, na qual o pH é definido como o negativo do logaritmo da concentração do íon hidrônio:

$$pH = -\log[H_3O^+] \tag{12.5}$$

Figura 12.11 A escala de pH fornece maneira fácil de medir a acidez ou basicidade relativa de soluções aquosas, incluindo muitas substâncias comuns de nosso cotidiano. A água pura tem um pH 7,0 a 25°C. Portanto, as substâncias com pH < 7 são ácidas, e aquelas com pH > 7, básicas. Uma vez que o pH é medido em uma escala logarítmica, ele pode descrever as concentrações de H_3O^+ que variam em uma faixa grande de ordem de grandeza sem usar a notação científica. Observe que os valores de pH menores que zero ou maiores que 14 também são possíveis.

	pH	$[H_3O^+]$ mol/L	Substâncias comuns na faixa de pH
Aumentando a acidez ↑	0	10^0	1.0 *M* HCl
	1	10^{-1}	HCl no estômago humano
	2	10^{-2}	
	3	10^{-3}	Vinagre: $CH_3COOH(aq)$
	4	10^{-4}	Refrigerantes
	5	10^{-5}	
	6	10^{-6}	Leite
	7	10^{-7}	Água pura, sangue
Aumentando a basicidade ↓	8	10^{-8}	Água do mar
	9	10^{-9}	
	10	10^{-10}	Leite de magnésia: $Mg(OH)_2(aq)$
	11	10^{-11}	Amônia doméstica
	12	10^{-12}	
	13	10^{-13}	
	14	10^{-14}	NaOH 1,0 mol L^{-1}

Considere uma solução com uma concentração de íon hidrônio de 0,1 mol L^{-1} (ou 10^{-1} mol L^{-1}). Essa solução teria um pH = $-\log(10^{-1})$; o logaritmo de 10^{-1} é -1, logo pH = 1. Aplicando a mesma lógica a outras concentrações de íon hidrônio em solução aquosa, o resultado é a escala de pH (**Figura 12.11**). ◂ Pela tabela, você pode ver que se a concentração do íon hidrônio é 1×10^{-x}, o pH = x. Instrumentos especiais de laboratório chamados medidores de pH nos permitem determinar o pH diretamente.

Muitos estudantes têm conceitos equivocados sobre pH. Por exemplo, o pH pode ser menor que 0 ou maior que 14.

Se conhecemos o K_a de um ácido e sua concentração inicial, podemos calcular a concentração de íon hidrônio e por conseguinte o pH da solução, como demonstra o Problema-modelo 12.14.

PROBLEMA-MODELO ◂ 12.14

O K_a do ácido acético, CH_3COOH, é $1{,}8 \times 10^{-5}$. Calcule o pH de uma solução de ácido acético de 0,10 mol L^{-1}.

Estratégia Começamos, como de praxe, construindo uma tabela de equilíbrio e determinando as concentrações de todas as espécies. Conhecidas as concentrações de H_3O^+, podemos encontrar o pH.

Solução A concentração inicial de ácido acético é 0,10 mol L^{-1} e a dos íons são zero, levando à seguinte tabela de equilíbrio:

$$CH_3COOH(aq) + H_2O(\ell) \rightleftarrows H_3O^+(aq) + CH_3COO^-(aq)$$

	$CH_3COOH(aq)$	$H_3O^+(aq)$	$CH_3COO^-(aq)$
Concentração inicial	0,10	0	0
Variação na concentração	$-x$	$+x$	$+x$
Concentração final	$0{,}10 - x$	x	x

Escreva a expressão da constante de equilíbrio e substitua os valores da tabela:

$$K_a = \frac{[H_3O^+][CH_3COO^-]}{[CH_3COOH]}$$

$$K_a = \frac{(x)(x)}{(0{,}10 - x)} = \frac{x^2}{(0{,}10 - x)} = 1{,}8 \times 10^{-5}$$

Devemos esperar que a extensão da dissociação seja pequena para um ácido fraco. Logo, poderemos simplificar o cálculo se admitirmos que x é pequeno o suficiente para que $(0{,}10 - x) \approx 0{,}10$. Dessa forma, podemos reescrever a equação anterior sem precisar usar a fórmula de equação de segundo grau:

$$K_a \approx \frac{x^2}{0{,}10} = 1{,}8 \times 10^{-5}$$

Resolvendo para achar x:

$$x^2 = 1{,}8 \times 10^{-5}(0{,}10) = 1{,}8 \times 10^{-6}$$
$$x = 1{,}3 \times 10^{-3} \text{ mol L}^{-1}$$

Consequentemente, $[H_3O^+] = [CH_3COO^-] = 1{,}3 \times 10^{-3}$ mol L^{-1}. Uma vez que conhecemos $[H_3O^+]$, é fácil encontrar o pH:

$$\text{pH} = -\log(1{,}3 \times 10^{-3}) = 2{,}87$$

Analise sua resposta Devemos confirmar que a suposição que fizemos foi razoável. Supomos que $(0{,}10 - x) \approx 0{,}10$. Logo, podemos testar isso subtraindo o valor obtido para x da concentração inicial de CH_3COOH:

$$0{,}10 \text{ mol L}^{-1} - 1{,}3 \times 10^{-3} \text{ mol L}^{-1} = 0{,}0987 \approx 0{,}10 \text{ mol L}^{-1}$$

Nossa concentração inicial foi dada apenas com dois algarismos significativos, portanto nossa simplificação está razoavelmente válida.

Verifique seu entedimento Use o método de aproximação mostrado anteriormente para determinar a ionização em porcentagem de uma solução 0,10 mol L^{-1} de ácido salicílico. A aproximação é válida nesse caso?

Observando a escala de pH na Figura 12.11, vemos que a água pura tem um pH de 7. A aplicação da definição de pH nos diz que a concentração de íons H_3O^+ em água pura deve ser 10^{-7} mol L^{-1}. De onde vêm esses íons hidrônio? A resposta é que eles são o resultado de um processo chamado **autoionização** da água.

$$H_2O(\ell) + H_2O(\ell) \rightarrow H_3O^+(aq) + OH^-(aq)$$

Nesta reação, a água anfotérica atua como ácido e como base. Seu ácido e base conjugados no lado do produto são OH^- e H_3O^+, respectivamente. Se escrevermos uma constante de equilíbrio para essa reação, deveremos omitir termos para a concentração da água líquida à esquerda, assim como fizemos ao escrevermos K_a e K_b. Nesse caso, isso nos deixa apenas o produto do hidróxido e concentrações do íon hidrônio. Uma vez que essa constante de equilíbrio descreve a autoionização da água, ela é denotada como K_w.

$$K_w = [H_3O^+][OH^-]$$

Como observamos anteriormente, a concentração de íons hidrônio em água pura a 25°C é $1{,}0 \times 10^{-7}$ mol L^{-1}. Esses íons hidrônio são formados pela autoionização, e a estequiometria dessa reação nos diz que uma concentração igual de íons hidróxido também deve ser formada. Então, temos $[H_3O^+] = [OH^-] = 10^{-7}$, e podemos utilizar essas concentrações em K_w

$$K_w = [H_3O^+][OH^-] = (1{,}0 \times 10^{-7})(1{,}0 \times 10^{-7}) = (1{,}0 \times 10^{-14})$$

Como K_w é uma constante de equilíbrio, seu valor depende da temperatura.

Como o equilíbrio representado pela expressão de K_w deve ser mantido em qualquer solução aquosa, as concentrações de íons hidrônio e hidróxido não são independentes umas das outras. ◂ Se conhecermos $[OH^-]$ em uma solução básica, por exemplo, poderemos usar a expressão K_w para encontrar $[H_3O^+]$ e depois o pH.

PROBLEMA-MODELO ◂ 12.15

Qual é o pH de NaOH 0,10 mol L^{-1}?

Estratégia Sabemos que o NaOH é uma base forte, então ela será completamente dissociada em solução. Isso nos dá $[OH^-]$. Podemos usar a relação K_w entre $[OH^-]$ e $[H_3O^+]$ para obter $[H_3O^+]$, o que nos permitirá encontrar o pH desejado.

Solução Como NaOH é uma base forte, teremos $[OH^-] = 0{,}10$ mol L^{-1}. Insira esta informação na relação de K_w e resolva para $[H_3O^+]$.

$$K_w = [OH^-][H_3O^+] = 1{,}0 \times 10^{-14}$$

$$[H_3O^+] = \frac{K_w}{[OH^-]} = \frac{1{,}0 \times 10^{-14}}{0{,}10} = 1{,}0 \times 10^{-13}$$

Utilize $[H_3O^+]$ para encontrar o pH.

$$pH = -\log[H_3O^+] = -\log(1{,}0 \times 10^{-13}) = 13{,}00$$

Analise sua resposta Estamos tentando descobrir o pH de uma solução de uma base forte, portanto, devemos esperar um pH razoavelmente alto, e nossa resposta parece razoável. Note que devido ao nosso valor de $[H_3O^+]$ ter dois algarismos significativos, o valor do pH tem dois algarismos significativos após a casa decimal.

Verifique seu entendimento Qual é a concentração de íons $[OH^-]$ em uma solução com um pH de 4,24?

Titulações ácido forte-base forte

Introduzimos a ideia de titulação no Capítulo 4 como uma ilustração da estequiometria da solução. Agora que aprendemos mais sobre ácidos, bases e as reações entre eles, podemos observar as titulações com mais detalhes. Começamos por considerar a titulação de um ácido forte com uma base forte.

Suponha que comecemos exatamente com 25 mL de HCl 0,1 mol L^{-1} e titulemos com NaOH 0,1 mol L^{-1}. Como o pH mudará à medida que a titulação progride? No início da titulação, o pH da solução ácida será 1. À medida que a base é adicionada, ela irá reduzir gradualmente a concentração de H_3O^+ enquanto a neutralização prossegue. Então o pH começará a subir lentamente. Este aumento gradual do pH deve continuar à medida que adicionamos mais NaOH. Eventualmente alcançaremos um **ponto de equivalência**, no qual as concentrações de H_3O^+ e OH^- são iguais entre si. Como nosso ácido e base têm concentrações em quantidade de matéria iguais e porque reagem na proporção de 1:1, podemos ver que esse ponto de equivalência ocorrerá quando tivermos adicionado exatamente 25 mL da solução de NaOH. Nesse ponto, nossa mistura de reação consiste em NaCl dissolvido em água, então teríamos um pH de 7. Se continuarmos adicionando mais base além do ponto de equivalência, nossa solução conterá o excesso de OH^-, então o pH aumentará ainda mais.

Em seguida, vamos pegar essa descrição da titulação e torná-la mais quantitativa. Podemos utilizar as concentrações de ácido e base juntamente com a estequiometria da reação para calcular o pH em função do volume da base que foi adicionada. Para obter uma imagem completa de como o pH muda, consideraremos vários aspectos antes e depois do ponto de equivalência. Como estamos fazendo reagir um ácido forte com uma base forte, a equação iônica líquida é simplesmente

$$H_3O^+(aq) + OH^-(aq) \rightarrow 2H_2O(\ell)$$

No início da titulação, o nosso frasco contém 25,00 mL de HCl 0,100 mol L^{-1}. Como o HCl é um ácido forte, sabemos que o $[H_3O^+]$ deve ser 0,100 mol L^{-1}, então o pH é de 1.000. Começamos a titulação adicionando 5,00 mL de NaOH 0,100 mol L^{-1} ao frasco. Como podemos encontrar o pH neste momento? Primeiro, precisaremos saber a quantidade de matéria de H_3O^+ com as quais começamos e a de OH^- que adicionamos.

$$\text{quantidade de matéria } H_3O^+ = 0{,}100\frac{\text{mol}}{\text{L}} \times 0{,}02500 \text{ L} = 2{,}50 \times 10^{-3} \text{mol } H_3O^+$$

$$\text{quantidade de matéria } OH^- = 0{,}100\frac{\text{mol}}{\text{L}} \times 0{,}00500 \text{ L} = 5{,}00 \times 10^{-4} \text{mol } OH^-$$

Os íons OH^- adicionados consumirão uma quantidade de matéria igual de H_3O^+, então podemos subtrair esses números para encontrar o excesso de H_3O^+ presente.

$$\text{Excesso de } H_3O^+ = 2{,}50 \times 10^{-3} \text{ mol} - 5{,}00 \times 10^{-4} \text{ mol} = 2{,}00 \times 10^{-3} \text{ mol}$$

O volume total de solução no frasco agora é de 30,00 mL, e podemos usar esse volume para encontrar a concentração em quantidade de matéria do H_3O^+ e depois o pH.

$$[H_3O^+] = \frac{2{,}00 \times 10^{-3} \text{mol}}{0{,}03000 \text{ L}} = 6{,}67 \times 10^{-2} \text{mol L}^{-1}$$

$$\text{pH} = -\log(6{,}67 \times 10^{-2}) = 1{,}176$$

Poderíamos então repetir esse cálculo para sucessivas adições de base. Para qualquer ponto antes do ponto de equivalência, o excesso de H_3O^+ está presente. Assim como fizemos anteriormente, podemos encontrar a concentração do excesso de H_3O^+ a partir das concentrações em quantidade de matéria e dos volumes conhecidos.

$$[H_3O^+] = \frac{\text{Quantidade de matéria inicial de ácido} - \text{quantidade de matéria de base adicionada}}{\text{Volume inicial de ácido (L)} + \text{Volume da base adicionada (L)}}$$

Uma vez que conhecemos $[H_3O^+]$, podemos facilmente encontrar o pH. Você deve ser capaz de confirmar os seguintes resultados por si mesmo.

Volume 0,100 mol L^{-1} NaOH adicionado (mL)	$[H_3O^+]$ (mol L^{-1})	pH
10,00	$4{,}29 \times 10^{-2}$	1,368
20,00	$1{,}11 \times 10^{-2}$	1,955
24,00	$2{,}04 \times 10^{-3}$	2,690

No ponto de equivalência, ocorreu a reação de quantidades de matéria iguais de H_3O^+ e OH^-, então a solução resultante deve ser neutra, com um pH de 7,000. Além do ponto de equivalência, o excesso de OH^- está presente. Nesse caso, podemos usar a relação de K_w para obter $[H_3O^+]$ e, em seguida, o pH. Quando foram adicionados 30,00 mL de NaOH, por exemplo, fizemos reagir $3{,}00 \times 10^{-3}$ mol de OH^- com $2{,}50 \times 10^{-3}$ mol de HCl, deixando $5{,}0 \times 10^{-4}$ mol de OH^- que não reagiu. O volume total é de 55,00 mL nesse ponto, então podemos encontrar $[OH^-]$.

$$[OH^-] = \frac{5{,}0 \times 10^{-4} \text{mol}}{0{,}05500 \text{ L}} = 9{,}1 \times 10^{-3} \text{mol L}^{-1}$$

Quando, então, utilizamos K_w para obter $[H_3O^+]$ e o pH.

$$K_w = [H_3O^+][OH^-] = 1{,}0 \times 10^{-14}$$

$$[H_3O^+] = \frac{K_w}{[OH^-]} = \frac{1{,}0 \times 10^{-14}}{9{,}1 \times 10^{-3}} = 1{,}1 \times 10^{-12}$$

$$\text{pH} = -\log(1{,}1 \times 10^{-12}) = 11{,}96$$

Repetir esse cálculo para adições subsequentes de NaOH fornece os seguintes resultados, que novamente você deverá ser capaz de verificar.

Volume 0,100 mol L^{-1} NaOH adicionado (mL)	$[OH^-]$ (mol L^{-1})	$[H_3O^+]$ (mol L^{-1})	pH
26,00	$2{,}0 \times 10^{-3}$	$5{,}0 \times 10^{-12}$	11,30
35,00	$1{,}7 \times 10^{-2}$	$5{,}9 \times 10^{-13}$	12,23
45,00	$2{,}9 \times 10^{-2}$	$3{,}4 \times 10^{-13}$	12,47

Se pegarmos todos esses cálculos e representarmos em um gráfico o pH *versus* o volume de base que foi adicionado (**Figura 12.12**), obteremos o que é conhecido como **curva de titulação**. Observe que próximo do ponto de equivalência, o pH se modifica com muita intensidade, e por isso é necessário adicionar o titulante (NaOH, neste caso) em quantidades muito pequenas nesta região.

Titulações ácido fraco-base forte

Para a titulação de um ácido forte com uma base forte, os cálculos que fizemos para encontrar o pH em vários pontos são bastante simples. Isso ocorre porque podemos tratar a reação como se prosseguisse até ser concluída, o que significa que somente precisávamos descobrir que a quantidade do reagente estava em excesso. Se considerarmos a titulação de um ácido fraco com uma base forte, no entanto, a situação será um pouco mais complicada, porque devemos tratar a reação como um equilíbrio. Podemos ilustrar o processo considerando a titulação de ácido acético com hidróxido de sódio. Para fazer a comparação mais direta com nosso exemplo anterior, utilizaremos as mesmas concentrações e quantidades, mas substituiremos o HCl por CH_3COOH.

Começamos nossa titulação com 25,00 mL de CH_3COOH 0,100 mol L^{-1}. Já consideramos essa solução no Problema-modelo 12.14, em que descobrimos que seu pH é 2,87. Suponha que começamos a titulação, adicionando 5,00 mL de NaOH 0,100 mol L^{-1} à solução. O que vai acontecer? Os íons OH^- adicionados reagirão com o CH_3COOH, convertendo-o em CH_3COO^-.

$$CH_3COOH(aq) + OH^-(aq) \rightarrow CH_3COO^-(aq) + H_2O(\ell)$$

A estequiometria dessa reação nos diz que a quantidade de matéria de CH_3COO^- formado deve ser igual à quantidade de matéria de OH^- adicionado.

$$\text{quantidade de matéria de } CH_3COO^- = \text{quantidade de matéria de } OH^- \text{ adicionados} = 0{,}00500 \text{ L} \times 0{,}100 \text{ mol L}^{-1} = 5{,}00 \times 10^{-4} \text{ mol}$$

Também sabemos que o volume total agora é 30,00 mL, portanto, podemos descobrir a concentração do CH_3COO^-.

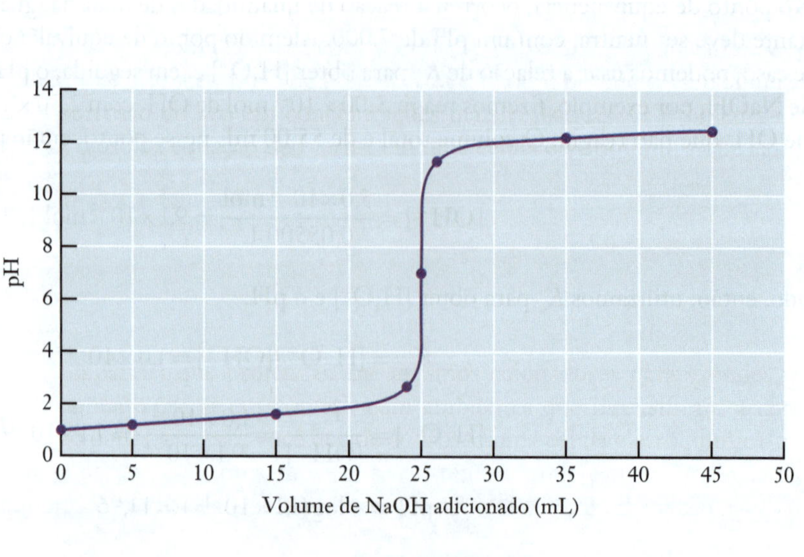

Figura 12.12 Esta curva de titulação mostra o pH em função da quantidade de base adicionada para a titulação de 25,00 mL de HCl a 0,100 mol L^{-1} com NaOH a 0,100 mol L^{-1}.

$$[CH_3COO^-] = \frac{5,00 \times 10^{-4} \text{mol}}{0,03000\text{L}} = 1,67 \times 10^{-2} \text{mol L}^{-1}$$

O CH_3COO^- formado deve estar em equilíbrio com o CH_3COOH restante. Conhecemos a quantidade de CH_3COOH presente inicialmente.

$$25,00 \text{ mL} \times \frac{1\text{L}}{1000 \text{ mL}} \times \frac{0,100 \text{ mol } CH_3COOH}{1\text{L}} = 2,50 \times 10^{-3} \text{mol } CH_3COOH$$

Também sabemos que convertemos $5,00 \times 10^{-4}$ mol de CH_3COOH em CH_3COO^-, por isso, podemos subtrair para encontrar a quantidade de CH_3COOH^- intacto restante na solução.

quantidade de matéria de CH_3COOH = (quantidade de matéria de $CH_3COOH)_{\text{inicial}}$ – (quantidade de matéria de CH_3COO^-) = $2,50 \times 10^{-3}$ mol – $5,00 \times 10^{-4}$ mol = $2,00 \times 10^{-3}$mol

O volume total é de 30,00 mL, portanto, a concentração é

$$[CH_3COOH] = \frac{2,00 \times 10^{-3} \text{mol}}{0,03000 \text{ L}} = 6,67 \times 10^{-2} \text{ mol L}^{-1}$$

Uma vez que conhecemos $[CH_3COOH]$ e $[CH_3COO^-]$, podemos utilizar o equilíbrio de ionização do ácido acético para encontrar $[H_3O^+]$ e então o pH.

$$CH_3COOH_{(aq)} + H_2O(\ell) \rightarrow H_3O^+(aq) + CH_3COO^-(aq) \quad K_a = 1,8 \times 10^{-5}$$

$$K_a = 1,8 \times 10^{-5} = \frac{[H_3O^+][CH\ COOH^-]}{[CH_3COOH]}$$

$$[H_3O^+] = 1,8 \times 10^{-5} \times \frac{[CH_3COOH]}{[CHCOO^-]}$$

$$= 1,8 \times 10^{-5} \times \frac{[6,67 \times 10^{-2}]}{[1,67 \times 10^{-2}]} = 7,2 \times 10^{-5} \text{mol L}^{-1}$$

$$\text{pH} = -\log(7,2 \times 10^{-5}) = 4,14$$

Este cálculo pode ser repetido para qualquer ponto antes do ponto de equivalência, e os resultados aparecem na **Tabela 12.6**.

Tabela ▪ 12.6 Titulação de CH_3COOH 0,100 mol L^{-1} com NaOH 0,100 mol L^{-1}

Volume de CH_3COOH 0,1 mol L^{-1} (mL)	Volume de NaOH 0,1 mol L^{-1} (mL)	Volume total (mL)	$[CH_3COOH]$ (mol L^{-1})	$[CH_3COO^-]$ (mol L^{-1})	$[H_3O^+]$ (mol L^{-1})	pH
25,00	0	25,00			$1,3 \times 10^{-3}$	2,87
25,00	5,00	30,00	$6,67 \times 10^{-2}$	$1,67 \times 10^{-2}$	$7,2 \times 10^{-5}$	4,14
25,00	15,00	40,00	$2,50 \times 10^{-2}$	$3,75 \times 10^{-2}$	$1,2 \times 10^{-5}$	4,92
25,00	24,00	49,00	$2,00 \times 10^{-4}$	$4,99 \times 10^{-2}$	$7,2 \times 10^{-7}$	6,12
25,00	26,00	51,00			$5,0 \times 10^{-11}$	11,29
25,00	35,00	60,00			$6,0 \times 10^{-13}$	12,22
25,00	45,00	70,00			$3,5 \times 10^{-13}$	12,46

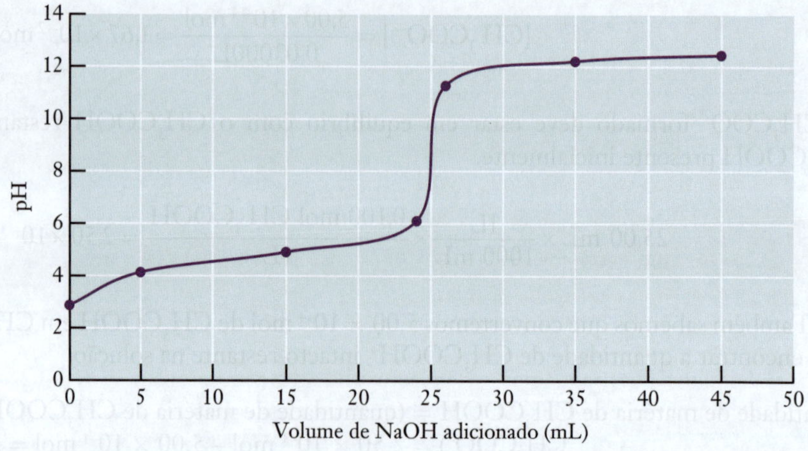

Figura 12.13 Esta curva de titulação mostra o pH em função da quantidade de base adicionada para a titulação de 25,00 mL de CH_3COOH 0,100 mol L^{-1} com NaOH 0,100 mol L^{-1}.

Um aspecto particularmente interessante na titulação acontece quando estamos na metade do caminho para o ponto de equivalência. Para o nosso exemplo, isso ocorre quando adicionamos 12,5 mL de NaOH. Nesse ponto temos $1{,}25 \times 10^{-3}$ mol de CH_3COOH e $1{,}25 \times 10^{-3}$ mol de CH_3COO^- em um volume total de 37,5 ml. As concentrações de CH_3COOH e CH_3COO^- são, ambas, iguais a 0,0333 mol L^{-1}. Isso significa que $[H_3O^+]$ é igual a K_a e $pH = -\log K_a$. Este resultado é verdadeiro para qualquer titulação de um ácido fraco com uma base forte: o pH no ponto de meia equivalência é igual a $-\log K_a$, que muitas vezes é denominado pK_a.

Uma vez que passamos do ponto de equivalência, a situação se torna mais simples: todo o CH_3COOH foi convertido em CH_3COO^-, então o excesso de OH^- permanecerá, transformando a solução em uma base forte. Quando 30,00 mL de NaOH tiverem sido adicionados, por exemplo, terá ocorrido a reação de $3{,}00 \times 10^{-3}$ mol de OH^- com $2{,}50 \times 10^{-3}$ mol de CH_3COOH, formando $2{,}50 \times 10^{-3}$ mol de CH_3COO^- e deixando $5{,}0 \times 10^{-4}$ mol de OH^- que não reagiu. Comparando isso com nossos cálculos para a titulação de HCl, vemos que esta é exatamente a mesma situação que tivemos anteriormente. Isso deve fazer sentido porque, em ambos os casos, uma vez que passamos do ponto de equivalência, todo o ácido foi neutralizado e o pH é controlado pela quantidade de NaOH em excesso que foi adicionado.

A **Figura 12.13** mostra a curva de titulação para nosso exemplo utilizando ácido acético–hidróxido de sódio. Sabemos que o ponto de equivalência deverá ocorrer quando 25 mL de NaOH tiverem sido adicionados. Se você observar atentamente o gráfico, verá que o pH neste ponto é próximo de 9. Por que a solução é básica neste ponto de equivalência? A resposta é que à medida que o CH_3COOH reage, ele é convertido em CH_3COO^-. Mas o CH_3COO^- é a base conjugada de CH_3COOH e pode reagir com água em um processo conhecido como **hidrólise**.

$$CH_3COO^-(aq) + H_2O(\ell) \rightarrow OH^-(aq) + CH_3COOH(aq)$$

É esta reação de hidrólise que faz com que a solução seja ligeiramente básica no ponto de equivalência na titulação de um ácido fraco com uma base forte. ◂

Um cálculo baseado no equilíbrio para a hidrólise do íon acetato prevê um pH de 8,72 no ponto de equivalência.

POR DENTRO DE A química de ácido-base tem um papel importante no desgaste do concreto. Lembre-se da Seção 12.1, em que o CO_2 reagirá com o $Ca(OH)_2$ para formar carbonato de cálcio e água. A princípio, isso pode não parecer com a química de ácido-base, mas o CO_2 está agindo como um ácido nesse caso. Se o CO_2 inicialmente se dissolveu na água, o ácido carbônico resultante claramente reagirá com o hidróxido de cálcio básico: ◂

O CO_2 é algumas vezes chamado de ácido anidro, no sentido de ser um ácido "sem água".

$$H_2CO_3(aq) + Ca(OH)_2(aq) \rightarrow CaCO_3(s) + 2\ H_2O(\ell)$$

Observe que os produtos dessa reação são os mesmos daquelas que vimos para a carbonação do concreto – isto é, carbonato de cálcio e água. A difusão de CO_2 no concreto e sua reação com o cimento presente é chamada *ingresso* da zona carbonatada, como mostra a **Figura 12.14**. Quando essa zona atinge os reforços de ferro no concreto, ela acelera as reações de corrosão que ocorrem – um tópico que examinaremos em mais detalhes no próximo capítulo.

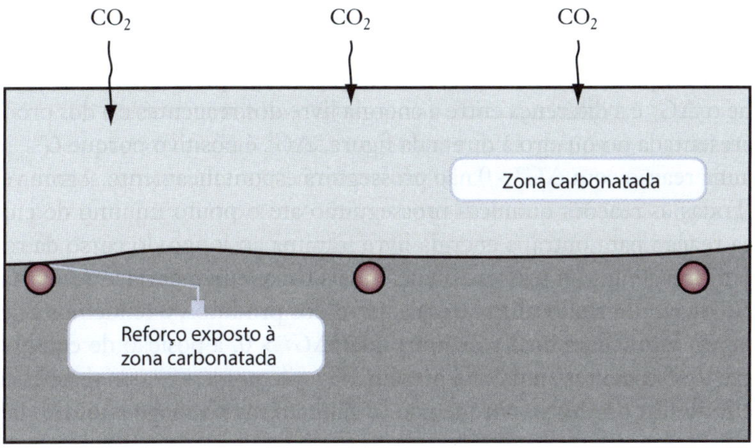

Figura 12.14 O desgaste químico do concreto pela exposição ao CO_2 atmosférico resulta na carbonação. Quando a zona carbonatada atinge o reforço metálico (barra, mostrada como círculos brancos nesta seção transversal) dentro do concreto, ela pode levar a um aumento na velocidade de corrosão do reforço – um tópico que será explorado em mais detalhes no Capítulo 13.

12.8 Energia livre e equilíbrio químico

Temos abordado equilíbrio químico da perspectiva da cinética das reações direta e inversa. No entanto, como o equilíbrio é o efeito eventual de qualquer sistema fechado, ele deve de alguma forma estar também conectado à energia livre. Qual é a relação entre a energia livre e o equilíbrio? *Equilíbrio é um estado de energia livre mínima.* Todos os sistemas caminham no sentido do equilíbrio, porque, ao fazerem isso, diminuirão suas energias livres. Quando atingem o equilíbrio, a energia livre não mais varia. Consequentemente $\Delta G = 0$ no equilíbrio.

Perspectiva gráfica

Os gráficos na **Figura 12.15** mostram a energia livre como uma função do progresso junto com o caminho da reação. (Isso é similar em alguns aspectos aos diagramas de energia potencial que vimos no Capítulo 11.) Apesar de o eixo vertical ser a energia livre de Gibbs, tenha em mente que não podemos determinar um valor absoluto para a energia livre de um sistema em nenhum ponto. Em vez disso, podemos apenas medir as *variações* na energia livre.

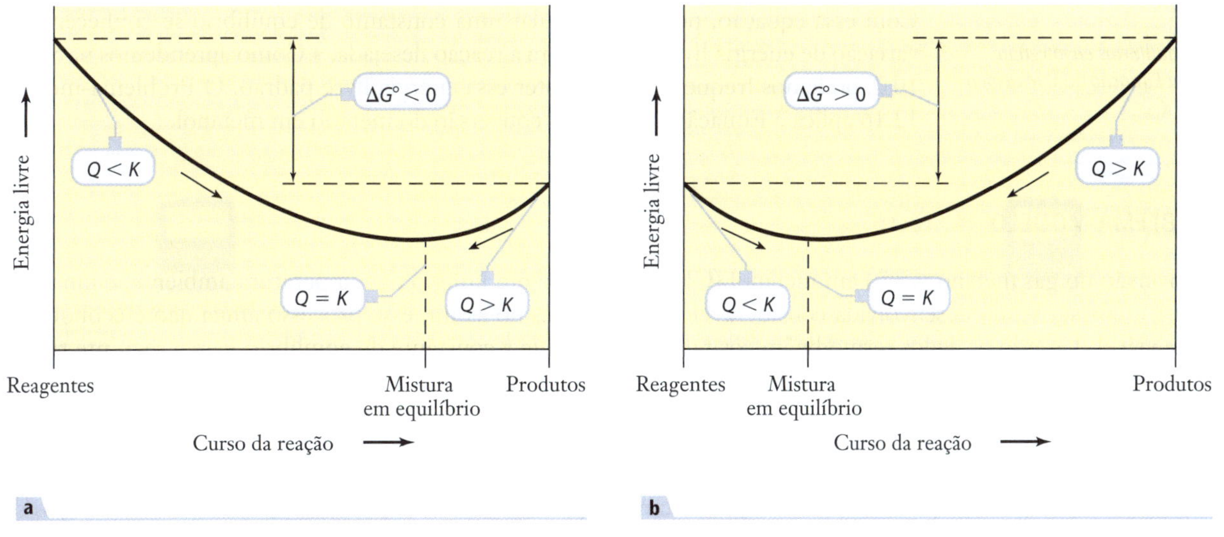

Figura 12.15 As reações químicas sempre prosseguem no sentido de um mínimo na energia livre. O gráfico da esquerda ilustra o que isso significa para uma reação com $\Delta G° < 0$. Nesse caso, a constante de equilíbrio será maior que um, e o equilíbrio favorece os produtos. A figura da direita mostra uma reação com $\Delta G° > 0$. Aqui a constante de equilíbrio será menor que um, e o equilíbrio favorecerá os reagentes. Em qualquer caso, o equilíbrio ocorrerá no ponto no qual a energia livre é minimizada.

O propósito desse gráfico, consequentemente, é ajudá-lo a entender que a energia livre diminui à medida que você caminha para o equilíbrio a partir de qualquer sentido (reagentes ou produtos). *Um sistema químico tende a caminhar mais espontaneamente para o equilíbrio.* Quando o equilíbrio for atingido, a variação na energia livre será zero.

A Figura 12.15 também nos lembra que o $\Delta G°$ é a diferença entre a energia livre dos reagentes e a dos produtos nos seus estados padrão. Para a reação representada no quadro à direta da figura, $\Delta G°$ é positivo porque $G°_{produtos} > G°_{reagentes}$. No Capítulo 10, afirmamos que uma reação com $\Delta G° > 0$ não prosseguirá espontaneamente. Agora vemos que isso foi um pouco de simplificação. Todas as reações químicas prosseguirão até o ponto mínimo de energia livre. Contudo, existe inconstância de uma reação para outra, a energia livre mínima ao longo do curso da reação tende a encontrar-se mais próxima ao estado (reagentes ou produtos) que é mais baixo em energia livre. Portanto, para uma reação na qual $\Delta G° < 0$, a posição de equilíbrio localiza-se mais perto dos produtos, e tendemos a ver tal reação como prosseguindo no sentido dos produtos. Para uma reação na qual $\Delta G° > 0$, a posição de equilíbrio é normalmente atingida quando a maior parte dos reagentes ainda está presente. Tendemos a ver essas reações como não prosseguindo espontaneamente no sentido dos produtos, porque não caminham muito longe naquele sentido antes de atingir o equilíbrio.

Energia livre e condições não padrão

Para obtermos uma relação matemática entre o $\Delta G°$ e a constante de equilíbrio, *K*, inicialmente devemos reconhecer que o estado de equilíbrio não corresponde às condições padrão. Não podemos esperar que todos os reagentes e produtos estejam presentes a uma atmosfera de pressão e uma concentração de um mol L^{-1} para qualquer reação em equilíbrio! A dedução da relação matemática que se ajusta para as condições não padrão é uma que você aprenderá se continuar a estudar química. Por ora, apenas oferecemos a expressão em si:

$$\Delta G = \Delta G° + RT \ln Q \tag{12.6}$$

Nesse caso, *R* é a constante universal dos gases; *T*, a temperatura; e *Q*, o quociente de reação. Entretanto, lembre-se da Seção 12.3, de que *Q* se aproxima de *K* à medida que o sistema atinge o equilíbrio. A combinação disso com o fato de $\Delta G = 0$ no equilíbrio significa que a Equação 12.6 se transforma em:

$$0 = \Delta G° + RT \ln K$$

Rearranjando isso, obtemos

$$\Delta G° = -RT \ln K \tag{12.7}$$

Para equilíbrios envolvendo gases, a Equação 12.7 relaciona $\Delta G°$ a K_p.

Com essa equação, podemos calcular uma constante de equilíbrio se conhecemos a variação de energia livre padrão para a reação desejada. ◂ Como aprendemos na Seção 10.7, podemos frequentemente obter essa energia livre padrão. O Problema-modelo 12.16 aplica a Equação 12.7 para a conversão do metano em metanol.

PROBLEMA-MODELO ◂ 12.16

A conversão do gás metano (CH_4) em metanol (CH_3OH), que é um líquido na temperatura ambiente, é uma área sobre a qual está sendo desenvolvida considerável pesquisa. Mesmo assim, esse processo ainda não é economicamente viável. Usando os dados termodinâmicos tabulados, calcule a constante de equilíbrio para a seguinte reação a 25°C:

$$CH_4(g) + \frac{1}{2} O_2(g) \rightleftarrows CH_3OH(\ell)$$

Comente se a posição de equilíbrio dessa reação é ou não a provável fonte do problema para a comercialização do processo.

Estratégia Para resolvermos o problema, devemos usar a relação entre o $\Delta G°$ e a constante de equilíbrio fornecida na Equação 12.7. Podemos usar os valores tabulados da energia livre de formação para os reagentes e produtos para calcular o $\Delta G°$ e então obter *K*. Observe que o valor que obtemos será K_p em vez de K_c.

Solução

$$\Delta G° = \Delta G_f°[CH_3OH(\ell)] - \{\Delta G_f°[CH_4(g)] + \frac{1}{2}\Delta G_f°[O_2(g)]\}$$
$$= -166,27 \text{ kJ mol}^{-1} - (-50,75 \text{ kJ mol}^{-1}) - \frac{1}{2}(0 \text{ kJ mol}^{-1})$$
$$= -115,52 \text{ kJ mol}^{-1}$$

Ao usarmos a Equação 12.7, devemos nos certificar de que as unidades de energia do $\Delta G°$ e de R estão consistentes. Aqui, é fácil escrever $\Delta G°$ em joules e não em quilojoules.

$$-115,52 \times 10^3 \text{ J mol}^{-1} = -(8,3145 \text{ J mol}^{-1} \text{ K}^{-1})(298,15 \text{ K}) \ln K$$

logo,

$$\ln K = 46,600$$

e

$$K = e^{46,600} = 1,73 \times 10^{20}$$

Discussão Essa reação pode ser pensada como a oxidação parcial do metano, e o equilíbrio favorece claramente os produtos. O problema que cientistas e engenheiros enfrentam com esse processo é que o metano também tem forte tendência a se oxidar completamente e forma dióxido de carbono e água. Esse tema é explorado com mais detalhes no problema "Verifique seu entendimento".

Verifique seu entendimento Calcule a constante de equilíbrio para a combustão completa do metano:

$$CH_4(g) + 2\ O_2(g) \rightarrow CO_2(g) + 2\ H_2O(\ell)$$

Compare a constante de equilíbrio para a combustão completa com aquela para a oxidação parcial calculada anteriormente. Esse resultado ajuda a explicar por que é tão difícil de realizar o processo de oxidação parcial?

O Problema-modelo 12.16 mostra que a constante de equilíbrio pode ser enorme se a energia livre é grande e negativa. Contrariamente, uma reação com uma constante de equilíbrio extremamente pequena terá uma variação de energia livre padrão grande e positiva. Só quando a magnitude de $\Delta G°$ é pequena, achamos as constantes de equilíbrio próximas de um.

POR DENTRO DE

12.9 Concreto flexível

Vimos por todo este capítulo que existem muitas propriedades químicas que podem ser usadas para caracterizar a produção e o envelhecimento do concreto. Mesmo assim, pode ser uma propriedade física do concreto – quebradiço – que representa a maior restrição de como é usado nos projetos de engenharia. Você pode ver o efeito disso quase toda vez que caminha ao longo de uma calçada ou pista: o concreto se quebra sob tensão. E embora os reforços com aço ou outros materiais possam minimizar o impacto da quebra, este permanece sendo um importante tópico no projeto de estruturas de concreto. O que torna o concreto quebradiço e alguma coisa pode ser feita para mudar isto? Existe uma maneira de deixar o concreto flexível?

A principal maneira de distinguir entre um material quebradiço e um mais dúctil é observar como ele racha. Se um material quebradiço é colocado sob tensão, o mecanismo básico de falha é a formação e propagação de rachaduras. Enquanto os detalhes de rachaduras devido a quebras são coisas prováveis de encontrar em uma disciplina de engenharia mais à frente, uma característica-chave se uma rachadura levará a uma quebra é o seu tamanho. Uma única rachadura grande é mais provável de contribuir para a quebra que muitas rachaduras menores. Infelizmente, o concreto tradicional é um tipo de material propenso à formação de rachaduras maiores.

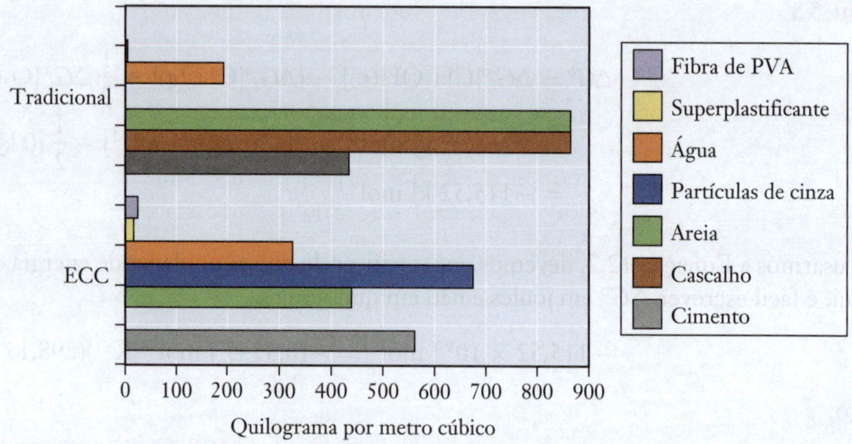

Figura 12.16 As composições típicas do concreto ECC e do tradicional são comparadas. A inclusão de quantidades relativamente pequenas de fibras de PVA tornam o ECC muito mais resistente à formação de rachaduras grandes.

Para tornar o concreto menos quebradiço, consequentemente, a chave é alterar a composição de tal forma que aquelas rachaduras menores, algumas vezes chamadas microrrachaduras, sejam mais prováveis de formar. Um grupo de materiais conhecidos como *engineered cement composite*, ou ECC, mostra significativa promessa em atingir esse objetivo. A **Figura 12.16** compara as composições do concreto tradicional e do ECC e mostra que muitos dos mesmos materiais constituintes são usados em ambos os casos. Mas também existem diferenças. O concreto tradicional inclui quantidades substanciais de cascalho, enquanto o ECC não. O ECC inclui partículas de cinza, enquanto o concreto tradicional não. Talvez mais importante, o ECC inclui fibras de álcool polivinílico (PVA). Mesmo presentes em quantidades relativamente pequenas, a inclusão dessas fibras altera significativamente como as rachaduras se formam no material.

Quando colocado sob tensão, o material ECC forma muitas rachaduras pequenas e poucas ou nenhuma maior. E tais rachaduras pequenas são muito menos prováveis de levar à quebra da estrutura. A capacidade de tensão do concreto tradicional é bastante pequena, normalmente na ordem de 0,01%, indicando que o material é muito quebradiço. Em contraste, o concreto de ECC pode ser projetado com capacidade de tensão de aproximadamente 5%. A **Figura 12.17** mostra uma amostra de ECC em teste e ilustra a incrível flexibilidade que o material oferece.

Nicole Casal Moore, U-M News Service and College of Engineering

Figura 12.17 Uma amostra de concreto flexível passa por um teste de tensão em um laboratório da Universidade de Michigan. A formação de muitas microrrachaduras em vez de uma rachadura grande permite que o material dobre sob a tensão que quebraria o concreto tradicional. (A escala nas réguas vistas na foto é em polegada.)

O desenvolvimento de materiais como o ECC é uma área de pesquisa em andamento e trabalho recente sugere que é possível produzir materiais nos quais microrrachaduras podem até ser capazes de se consertarem com o tempo. Portanto, enquanto o concreto flexível soa exótico neste momento, os projetos de engenharia do futuro podem ser capazes de rotineiramente tirar vantagem de tais materiais. Uma vez que propriedades melhoradas são derivadas basicamente da inclusão de pequenas quantidades de fibras de polímeros no concreto, é provável que as propriedades possam ser ajustadas, fazendo-se mudanças na composição do concreto ou na identidade química das fibras usadas. Como vimos por todo este livro, as conexões entre a química e a engenharia encontram-se em muitos lugares inesperados.

ENFOQUE NA RESOLUÇÃO DE PROBLEMAS

Questão Você está projetando um pacote de calor instantâneo para uma aplicação alimentícia. Seu projeto inclui um sal iônico atóxico que se dissolve exotermicamente em água. Você precisa controlar a quantidade de calor liberada. Os protótipos iniciais ficam muito quentes, mesmo com quantidade razoavelmente pequena de sal. O que mais você poderia fazer para reduzir o calor liberado no seu produto? Identifique quaisquer limitações-chave que teriam de ser respeitadas.

Estratégia Essa é uma questão conceitual que exige que identifiquemos tanto as propriedades químicas importantes quanto as práticas. Para uma aplicação alimentícia, por exemplo, a toxicidade é um importante tema. Qualquer ajuste feito ainda deve ser seguro para o consumidor.

Solução O primeiro princípio químico a identificar no caso é que a dissolução, como qualquer processo químico, continua até o equilíbrio ser atingido. Para um sal iônico, esperamos que o sólido se dissocie em íons na solução. O equilíbrio resultante pode ser ajustado adicionando-se um íon comum em vez de água pura para o solvente. As restrições-chave incluirão certificar-se de que o solvente com o íon comum possa ser produzido economicamente, e ele tem de ser bem-sucedido em reduzir a quantidade de sólido que se dissolve. Pode parecer mais prático apenas reduzir a quantidade de sólido usado, mas, se o pacote deve se manter quente por algum período de tempo, uma quantidade mínima de sal será inicialmente necessária.

Resumo

Apesar de frequentemente falarmos sobre reações químicas quanto aos reagentes e produtos, todas as reações podem prosseguir em qualquer sentido. A mistura exata de reagentes e produtos resultante de uma reação em um sistema fechado representa equilíbrio, um estado no qual as velocidades das reações direta e inversa são iguais.

Podemos descrever matematicamente a mistura em equilíbrio usando a expressão para a constante de equilíbrio, K. Essa expressão é útil em várias formas. Fornece uma maneira fácil de estimar a provável extensão de uma reação: um valor grande de K indica uma reação que favorece a formação de produto, e um valor pequeno de K indica que os reagentes são favorecidos. A expressão de equilíbrio também fornece uma maneira de prever a quantidade de cada espécie presente no equilíbrio, dado um conjunto de concentrações iniciais.

O conceito de equilíbrio dinâmico é também importante maneira de organizar nosso pensamento sobre reações. Se quisermos atingir um resultado específico de uma reação que está em equilíbrio, talvez seja necessário ajustar o ambiente para atingir esse objetivo. O princípio de LeChatelier, que diz que um equilíbrio se deslocará para compensar qualquer tensão aplicada, nos orienta em tais escolhas. As tensões que podem ser aplicadas incluem adicionar ou remover produtos químicos, variações na temperatura e variações na pressão.

Exemplos específicos de sistemas de equilíbrio importantes abrangem sais ligeiramente solúveis, ácidos fracos e bases fracas. Para sais, a constante do produto de solubilidade, K_{ps}, fornece a maneira de calcular as concentrações no equilíbrio e as solubilidades em quantidade de matéria. Os ácidos e bases fracos também têm nomes específicos para as constantes de equilíbrio: a constante de ionização ácida, K_a, e a constante de ionização básica, K_b.

A posição do equilíbrio é ditada pela termodinâmica da reação, e a constante de equilíbrio está diretamente relacionada à variação de energia livre padrão para a reação. Portanto, podemos determinar as constantes de equilíbrio com base em informações termodinâmicas tabuladas. Como alternativa, medidas experimentais de K também podem fornecer uma rota para os dados termodinâmicos.

Termos-chave

ácido conjugado (12.7)
ácido de Brønsted-Lowry (12.7)
admixtures (12.1)
anfótero (12.7)
autoionização (12.7)
base conjugada (12.7)
base de Brønsted-Lowry (12.7)
cimento Portland (12.1)
constante de equilíbrio (K_{eq}) (12.3)
constante de ionização ácida (K_a) (12.7)
constante de ionização básica (K_b) (12.7)
constante do produto de solubilidade (K_{ps}) (12.6)
curva de titulação (12.7)
efeito do íon comum (12.6)
equilíbrio dinâmico (12.2)
equilíbrio heterogêneo (12.3)
equilíbrios homogêneos (12.3)
expressão de equilíbrio (12.3)
hidrólise (12.7)
ligeiramente solúveis (12. 6)
pares ácido-base conjugados (12.7)
ponto de equivalência (12.7)
princípio de LeChatelier (12.5)
quociente de reação (Q) (12.3)
solubilidade molar (12.6)

Problemas e exercícios

POR DENTRO DE Produção e desgaste do concreto

12.1 Identifique a primeira etapa química na produção do cimento Portland. Como essa reação se relaciona com a química que ocorre na carbonação do concreto?

12.2 Explique por que o processo de hidratação para o concreto é exotérmico considerando as ligações químicas nos reagentes e produtos.

12.3 Qual fração da liberação anual de $CO_2(g)$ na atmosfera é resultante da produção de concreto? Qual é a principal etapa que leva à produção de CO_2?

12.4 Em qual região geográfica do país um engenheiro civil provavelmente usaria concreto com *admixtures* de arraste de ar em um projeto? Justifique sua resposta.

12.5 No Capítulo 11, abordamos vários fatores que podem influenciar a cinética química. Use seu entendimento desses fatores para dar uma explicação de por que a hidratação do concreto leva dias para ocorrer.

12.6 Com qual reagente químico no concreto o CO_2 realmente reage durante a carbonação?

12.7 Uma estudante encontra um pedaço de concreto antigo que quebrou recentemente de um meio-fio ao longo de uma rua. Descreva o que ela esperaria observar se borrifasse uma solução de fenolftaleína em todas as superfícies desse pedaço de concreto.

Equilíbrio químico

12.8 Na sua mesa, há um copo cheio pela metade com água e uma placa de vidro quadrada para ser utilizada como cobertura para o copo.

(a) Como você montaria um equilíbrio dinâmico usando o copo, a água e a placa de vidro?

(b) Uma vez estabelecido o equilíbrio em (a), descreva o processo que está ocorrendo no nível molecular.

12.9 Existe um equilíbrio envolvendo os íons carbonato e bicarbonato na água natural:

$$HCO_3^-(aq) \rightleftarrows H^+(aq) + CO_3^{2-}(aq)$$

Supondo que as reações em ambos os sentidos sejam processos elementares:

(a) escreva as expressões de velocidade para as reações direta e inversa;

(b) escreva uma expressão de constante para o equilíbrio, baseada nas velocidades das reações direta e inversa.

12.10 Uma pequena quantidade de sal solúvel é colocada em água. O equilíbrio entre o sal dissolvido e o não dissolvido pode ou não ser atingido. Explique.

12.11 No equilíbrio em água de lago apresentado a seguir, qual das seguintes conclusões podem ser extraídas apenas da equação?

$$HCO_3^-(aq) \rightleftarrows H^+(aq) + CO_3^{2-}(aq)$$

(a) A velocidade da reação direta iguala-se à da reação inversa.

(b) As concentrações no equilíbrio de todas as espécies são iguais.

(c) O equilíbrio foi atingido começando com apenas $HCO_3^-(aq)$ em solução.

Constantes de equilíbrio

12.12 Escreva as expressões de equilíbrio (ação de massa) para cada uma das seguintes reações:

(a) $H_2(g) + I_2(g) \rightleftarrows 2\,HI(g)$

(b) $2\,NO(g) + O_2(g) \rightleftarrows 2\,NO_2(g)$

(c) $N_2(g) + 3\,H_2(g) \rightleftarrows 2\,NH_3(g)$

(d) $CO(g) + NO_2(g) \rightleftarrows CO_2(g) + NO(g)$

(e) $2\,CO(g) + O_2(g) \rightleftarrows 2\,CO_2(g)$

12.13 Escreva as expressões de equilíbrio (ação de massa) para cada uma das seguintes reações:

(a) $2\ NOBr(g) \rightleftarrows 2\ NO(g) + Br_2(g)$

(b) $4\ HCl(g) + O_2(g) \rightleftarrows 2\ H_2O(g) + 2\ Cl_2(g)$

(c) $SO_2(g) + \frac{1}{2}\ O_2(g) \rightleftarrows SO_3(g)$

(d) $CH_4(g) + 2\ O_2(g) \rightleftarrows CO_2(g) + 2\ H_2O(g)$

(e) $C_2H_5OH(g) + 3\ O_2(g) \rightleftarrows 2\ CO_2(g) + 3\ H_2O(g)$

12.14 Qual é a diferença entre *equilíbrio homogêneo* e *equilíbrio heterogêneo*?

12.15 Escreva as expressões de equilíbrio para cada um dos seguintes equilíbrios heterogêneos:

(a) $CaCO_3(s) \rightleftarrows Ca^{2+}(aq) + CO_3^{2-}(aq)$

(b) $AgCl(s) \rightleftarrows Ag^+(aq) + Cl^-(aq)$

(c) $Mg_3(PO_4)_2(s) \rightleftarrows 3\ Mg^{2+}(aq) + 2\ PO_4^{3-}(aq)$

(d) $Zn(s) + Cu^{2+}(aq) \rightleftarrows Cu(s) + Zn^{2+}(aq)$

12.16 Escreva as expressões de equilíbrio para cada um dos seguintes equilíbrios:

(a) $2\ C(s) + O_2(g) \rightleftarrows 2\ CO(g)$

(b) $Zn^{2+}(aq) + H_2S(g) \rightleftarrows ZnS(s) + 2\ H^+(aq)$

(c) $HCl(g) + H_2O(\ell) \rightleftarrows H_3O^+(aq) + Cl^-(aq)$

(d) $H_2(g) + \frac{1}{2}\ O_2(g) \rightleftarrows H_2O(g)$

12.17 Qual das alternativas a seguir tem maior probabilidade de precipitar íons sulfato?

$PbSO_4(s) \rightleftarrows Pb^{2+}(aq) + SO_4^{2-}(aq) \qquad K = 1{,}8 \times 10^{-8}$

$CaSO_4(s) \rightleftarrows Ca^{2+}(aq) + SO_4^{2-}(aq) \qquad K = 9{,}1 \times 10^{-6}$

12.18 A reação $3\ H_2(g) + N_2(g) \rightleftarrows 2\ NH_3(g)$ tem as seguintes constantes de equilíbrio nas temperaturas fornecidas:

a $T = 25\,°C$, $K = 2{,}8 \times 10^4$

a $T = 500\,°C$, $K = 2{,}4 \times 10^{-7}$

(a) Em qual temperatura os reagentes são favorecidos?

(b) Em qual temperatura os produtos são favorecidos?

(c) O que você pode dizer sobre a reação se a constante de equilíbrio é 1,2 a 127 °C?

12.19 Para cada uma das seguintes equações, escreva a expressão de equilíbrio para a reação inversa:

(a) $2\ C(s) + O_2(g) \rightleftarrows 2\ CO(g)$

(b) $AgCl(s) \rightleftarrows Ag^+(aq) + Cl^-(aq)$

12.20 Considere os seguintes equilíbrios envolvendo $SO_2(g)$ e suas correspondentes constantes de equilíbrio:

$$SO_2(g) + \frac{1}{2}\ O_2(g) \rightleftarrows SO_3(g) \qquad K_1$$

$$2\ SO_3(g) \rightleftarrows 2\ SO_2(g) + O_2(g) \qquad K_2$$

Quais das seguintes expressões relaciona K_1 com K_2?

(a) $K_2 = K_1^2$

(b) $K_2^2 = K_1$

(c) $K_2 = K_1$

(d) $K_2 = 1/K_1$

(e) $K_2 = 1/K_1^2$

12.21 Para os equilíbrios dados abaixo, determine:

(a) as expressões de equilíbrio K_1 e K_2;

(b) a equação para a reação que é a soma das duas equações;

(c) a expressão de equilíbrio K_3 para a soma das duas equações.

$CO_3^{2-}(aq) + H^+(aq) \rightleftarrows HCO_3^-(aq) \qquad K_1 = ?$

$HCO_3^-(aq) + H^+(aq) \rightleftarrows H_2CO_3(aq) \qquad K_2 = ?$

12.22 **(a)** No Exercício 12.21, se $K_1 = 2{,}1 \times 10^{10}$ e $K_2 = 2{,}3 \times 10^6$, qual é o valor de K_3?

(b) Qual é a constante de equilíbrio K_3' para a reação inversa?

12.23 Um engenheiro está considerando o uso de uma bactéria chamada metanotrofo para remediar a produção de pequenas quantidades de metano em uma mina. A reação que ocorre pode ser resumida como $CH_4(g) + 2\ O_2(g) \rightleftarrows CO_2(g) + 2H_2O(\ell)$. Qual é a expressão da constante de equilíbrio para esta reação?

12.24 Usando as seguintes equações:

$HAsO_4^{2-}(aq) \rightleftarrows AsO_4^{3-}(aq) + H^+(aq) \qquad K_1 = 3{,}0 \times 10^{-13}$

$HAsO_4^{2-}(aq) + H^+(aq) \rightleftarrows H_2AsO_4^-(aq) \qquad K_2 = 1{,}8 \times 10^7$

determine a constante de equilíbrio para a seguinte reação:

$$H_2AsO_4^-(aq) \rightleftarrows AsO_4^{3-}(aq) + 2\ H^+(aq)$$

12.25 No Exercício 12.24, qual reação tem a maior tendência de seguir até o final como escrita: a reação 1 ou a 2?

12.26 Os seguintes dados foram coletados para a reação $H_2(g) + I_2(g) \rightleftarrows 2\ HI(g)$ em equilíbrio a 25 °C:

$[H_2] = 0{,}10$ mol L^{-1}, $[I_2] = 0{,}20$ mol L^{-1}, $[HI] = 4{,}0$ mol L^{-1}

Calcule a constante de equilíbrio para essa reação.

12.27 Os seguintes dados foram coletados para um sistema em equilíbrio a 140 °C. Calcule a constante de equilíbrio a essa temperatura para a reação $3\ H_2(g) + N_2(g) \rightleftarrows 2\ NH_3(g)$.

$[H_2] = 0{,}10$ mol L^{-1}, $[N_2] = 1{,}1$ mol L^{-1}, $[NH_3] = 3{,}6 \times 10^{-2}$ mol L^{-1}

12.28 A constante de equilíbrio para a reação $3\ H_2(g) + N_2(g) \rightleftarrows 2\ NH_3(g)$ a determinada temperatura é $1{,}4 \times 10^{-7}$. Calcule a concentração da amônia no equilíbrio se $[H_2] = 1{,}2 \times 10^{-2}$ mol L^{-1} e $[N_2] = 3{,}2 \times 10^{-3}$ mol L^{-1}.

Concentrações no equilíbrio

12.29 O cloreto de nitrosila, NOCl, decompõe-se em NO e Cl_2 a altas temperaturas:

$$2\ NOCl(g) \rightleftarrows 2\ NO(g) + Cl_2(g)$$

Suponha que você coloque 2,00 mol de NOCl em um frasco de 1,00 L e aumente a temperatura para 462 °C. Quando for estabelecido o equilíbrio, 0,66 mol de NO estará presente. Calcule a constante de equilíbrio K_c para a reação de decomposição a partir desses dados.

12.30 O hidrogênio e o iodo gasosos reagem via a seguinte equação:

$H_2(g) + I_2(g) \rightleftarrows 2HI(g) \qquad K_c = 76$ (a 600K)

Se 0,050 mol de HI é colocado em um frasco vazio de 1,0 L a 600 K, quais serão as concentrações de HI, I_2 e H_2 no equilíbrio?

12.31 Um sistema consistindo em 0,100 mol de oxigênio gasoso, O_2, é colocado em um frasco fechado de 1,00 L e trazido ao equilíbrio a 600K:

$O_2(g) \rightleftarrows 2\ O(g) \qquad K = 2{,}8 \times 10^{-39}$

Quais são as concentrações no equilíbrio de O e de O_2?

12.32 A constante de equilíbrio da reação de $Cl_2(g)$ com $PCl_3(g)$ para produzir $PCl_5(g)$ é 51 a determinada temperatura. Se a concentração inicial de PCl_3 é 0,012 mol L^{-1} e a concentração inicial de Cl_2 é 0,125 mol L^{-1}, quais são as concentrações no equilíbrio de todas as espécies?

12.33 A seguinte reação estabelece o equilíbrio a 2.000K:

$N_2(g) + O_2(g) \rightleftarrows 2\ NO \qquad K = 4{,}1 \times 10^{-4}$

Se a reação começou com 0,100 mol L^{-1} de N_2 e 0,100 mol L^{-1} de O_2, quais eram as concentrações no equilíbrio de todas as espécies?

12.34 A reação no Exercício 12.33 foi repetida. Desta vez, começou quando apenas o NO foi injetado no frasco de reação. Se 0,200 mol L^{-1} de NO foi injetado, quais eram as concentrações de equilíbrio de todas as espécies?

12.35 Na reação do Exercício 12.33, outra tentativa foi realizada. A reação começou com uma concentração inicial de N_2 igual à concentração inicial de NO. Cada um tinha uma concentração de 0,100 mol L^{-1}. Quais eram as concentrações no equilíbrio de todas as espécies?

12.36 O experimento no Exercício 12.33 foi reprojetado com 0,15 mol de N_2 e 0,15 mol de O_2 sendo injetados em um recipiente de 1,0 L a 2.500K. A constante de equilíbrio a 2.500K é $3{,}6 \times 10^{-3}$. Qual era a composição da mistura de reação após o equilíbrio ter sido atingido?

12.37 Novamente o experimento do Exercício 12.33 foi reprojetado. Dessa vez, 0,15 mol de N_2 e 0,15 mol de O_2 sendo injetados em um recipiente de 5,0 L a 2.500K, no qual a constante de equilíbrio é $3{,}6 \times 10^{-3}$. Qual era a composição das mistura de reação no equilíbrio?

12.38 A uma temperatura em particular, a constante de equilíbrio K para a dissociação do N_2O_4 em NO_2 é 133. Se a concentração inicial de N_2O_4 é 0,100 mol L^{-1}, quais são as concentrações de todas as espécies no equilíbrio?

$$N_2O_4 \rightleftarrows 2\ NO_2$$

12.39 Uma estudante está simulando o equilíbrio ácido carbônico – hidrogenocarbonato em um lago:

$H_2CO_3(aq) \rightleftarrows H^+(aq) + HCO_3^-(aq) \qquad K = 4{,}4 \times 10^{-7}$

Ela começa com ácido carbônico 0,1000 mol L^{-1}. Quais são as concentrações de todas as espécies no equilíbrio?

12.40 Uma vez que o ácido carbônico sofre uma segunda ionização, a estudante do Exercício 12.39 está preocupada se a concentração do íon hidrogênio que ela calculou está correta. Ela procura a constante de equilíbrio para a reação

$$HCO_3^-(aq) \rightleftarrows H^+(aq) + CO_3^{2-}(aq)$$

Ao descobrir que a constante de equilíbrio para essa reação é $4{,}8 \times 10^{-11}$, ela decide que sua resposta no Exercício 12.39 está correta. Explique o raciocínio dela.

12.41 Uma vez que o carbonato de cálcio é um escoadouro para o CO_3^{2-} em um lago, a estudante do Exercício 12.39 decide ir para uma etapa adiante e examinar o equilíbrio entre o íon carbonato e o $CaCO_3$. A reação é

$$Ca^{2+}(aq) + CO_3^{2-}(aq) \rightleftarrows CaCO_3(s)$$

A constante de equilíbrio para essa reação é $2{,}1 \times 10^8$. Se a concentração inicial de íon cálcio é 0,02 mol L^{-1} e a de carbonato é 0,03 mol L^{-1}, quais são as concentrações dos íons no equilíbrio?

Princípio de LeChatelier

12.42 A seguinte reação está em equilíbrio em água de lago:

$$HCO_3^-(aq) + H^+(aq) \rightleftarrows H_2CO_3(aq)$$

Preveja a variação no quociente de reação, Q, para cada perturbação apresentada a seguir e use essa previsão para explicar como o equilíbrio é deslocado pela tensão.

(a) É adicionado $NaHCO_3$ ao lago.
(b) É adicionado H_2CO_3.
(c) É adicionado NaOH.

12.43 Para cada uma das seguintes reações, explique como o equilíbrio responde a um aumento na pressão.

(a) $CaCO_3(s) \rightleftarrows CaO(s) + CO_2(g)$
(b) $N_2O_4(g) \rightleftarrows 2\ NO_2(g)$
(c) $HCO_3^-(aq) + H^+(aq) \rightleftarrows H_2CO_3(aq)$

12.44 Como um aumento na temperatura afetaria cada um dos seguintes equilíbrios?

(a) $AgNO_3(s) \rightleftarrows Ag^+(aq) + NO_3^-(aq)$, $\Delta H° = 22{,}6$ kJ mol^{-1}
(b) $C(s) + O_2(g) \rightleftarrows 2\ CO(g)$, $\Delta H° = -209$ kJ mol^{-1}

12.45 O seguinte equilíbrio é estabelecido em recipiente fechado:

$C(s) + O_2(g) \rightleftarrows CO_2(g) \qquad \Delta H° = -\ 393$ kJ mol^{-1}

Como o equilíbrio se desloca em resposta a cada uma das seguintes tensões?

(a) A quantidade de carbono sólido é aumentada.
(b) Uma pequena quantidade de água é adicionada e o CO_2 dissolve-se nela.
(c) O sistema é resfriado.
(d) O volume do recipiente é aumentado.

Equilíbrios de solubilidade

12.46 Escreva a expressão de K_{ps} para cada um dos seguintes equilíbrios, para a dissolução do sal em água:

(a) $AgI(s) \rightleftarrows Ag^+(aq) + I^-(aq)$
(b) $PbI_2(s) \rightleftarrows Pb^{2+}(aq) + 2\ I^-(aq)$
(c) $Hg_2I_2 \rightleftarrows Hg_2^{2+}(aq) + 2\ I^-(aq)$
(d) $Cu(IO_3)_2 \rightleftarrows Cu^{2+}(aq) + 2\ IO_3^-(aq)$

12.47 Escreva uma equação de equilíbrio e uma expressão de K_{ps} para a dissolução em água de cada um dos seguintes sais: **(a)** AgBr, **(b)** $Cu(OH)_2$, **(c)** $BaSO_4$, **(d)** $PbCrO_4$, **(e)** $Mg_3(PO_4)_2$.

12.48 Calcule a solubilidade molar dos seguintes compostos. **(a)** MgF_2, **(b)** $Fe(OH)_3$, **(c)** $Mg_3(PO_4)_2$.

12.49 O Decreto sobre Água Potável Segura de 1974 do governo dos Estados Unidos estabeleceu a concentração de íon prata máxima permitida em 0,05 ppm. Qual é a concentração de Ag^+ em partes por milhão em uma solução saturada de AgCl? (Nota: 1 ppm = 1 mg de soluto/L de solução.)

12.50 No Exercício 12.49, qual é a concentração de AgCl permitida em g por 100 g de água?

12.51 Calcule a solubilidade do $ZnCO_3$ em **(a)** água, **(b)** $Zn(NO_3)_2$ 0,050 mol L^{-1} e **(c)** K_2CO_3 0,050 mol L^{-1}, K_{ps} do $ZnCO_3 = 1{,}5 \times 10^{-11}$.

12.52 Uma vez que o sulfato de bário é opaco aos raios X, ele é suspenso em água e admitido internamente para tornar o trato intestinal visível em uma radiografia por raios X. Apesar de o íon bário ser bastante tóxico, o K_{ps} do sulfato de bário de $1{,}1 \times 10^{-10}$ fornece-lhe solubilidade tão baixa que ele pode ser consumido de forma segura.

(a) Qual é a solubilidade molar do $BaSO_4$?

(b) Qual é a sua solubilidade em gramas por 100 g de água?

12.53 O minério cinábrio (HgS) é uma importante fonte de mercúrio. O cinábrio é um sólido vermelho cuja solubilidade em água é $5{,}5 \times 10^{-27}$ mol L^{-1}.

(a) Calcule seu K_{ps}.

(b) Qual é a sua solubilidade em gramas por 100 g de água?

12.54 Calcule o K_{ps} dos seguintes compostos, sabendo suas solubilidades molares.

(a) AgCN, $7{,}73 \times 10^{-9}$ mol L^{-1},

(b) $Ni(OH)_2$, $5{,}16 \times 10^{-6}$ mol L^{-1},

(c) $Cu_3(PO_4)_2$, $1{,}67 \times 10^{-8}$ mol L^{-1}

12.55 A partir dos dados de solubilidade fornecidos para os seguintes compostos, calcule suas constantes do produto de solubilidade.

(a) CuBr, brometo de cobre(I), $1{,}0 \times 10^{-3}$ g L^{-1}

(b) AgI, iodeto de prata, $2{,}8 \times 10^{-8}$ g mL^{-1}

(c) $Pb_3(PO_4)_2$, fosfato de chumbo(II), $6{,}2 \times 10^{-7}$ g L^{-1}

(d) Ag_2SO_4, sulfato de prata, 5,0 mg mL^{-1}

12.56 A solubilidade do fluoreto de magnésio, MgF_2, em água é 0,016 g L^{-1}. Qual é a solubilidade, em gramas por litro, do fluoreto de magnésio em uma solução 0,020 mol L^{-1} de fluoreto de sódio, NaF?

12.57 O Na_2SO_4 sólido é adicionado lentamente a uma solução 0,10 mol L^{-1} de $Pb(NO_3)_2$ e 0,10 mol L^{-1} de $Ba(NO_3)_2$. Em qual ordem haverá a formação de $PbSO_4$ e $BaSO_4$? Calcule a porcentagem de Ba^{2+} que se precipita exatamente antes de o $PbSO_4$ começar a precipitar.

12.58 O $Mg(OH)_2$ se precipitará quando 25,0 mL de NaOH 0,010 mol L^{-1} é combinado com uma solução de 75,0 mL de cloreto de magnésio 0,10 mol L^{-1}?

12.59 Utilize a internet para procurar incrustações de caldeira e explicar quimicamente por que é um problema no equipamento onde a água é aquecida (como nas caldeiras).

12.60 Um aluno está estudando uma solução do sal ligeiramente solúvel, Ag_2SO_4, para o qual o K_{ps} é $1{,}2 \times 10^{-5}$. A solubilidade do Ag_2SO_4 é alta o suficiente para que os íons prata frequentemente encontrem os íons sulfato em solução. Qual seria o efeito na medida da solubilidade do Ag_2SO_4 se um grande número de pares de íons existisse em solução? Justifique sua resposta.

Ácidos e bases

12.61 Escreva a fórmula da base conjugada de cada um dos seguintes ácidos: **(a)** HNO_3, **(b)** H_2O, **(c)** HSO_4^-, **(d)** H_2CO_3 **(e)** H_3O^+.

12.62 Escreva a fórmula do ácido conjugado de cada uma das seguintes bases: **(a)** OH^-, **(b)** NH_3, **(c)** CH_3NH_2, **(d)** HPO_4^{2-}, **(e)** CO_3^{2-}.

12.63 Para cada uma das seguintes reações, indique os ácidos e bases de Brønsted-Lowry. Quais são os pares conjugados ácido-base?

(a) $CN^-(aq) + H_2O(\ell) \rightleftarrows HCN(aq) + OH^-(aq)$

(b) $HCO_3^-(aq) + H_3O^+(aq) \rightleftarrows H_2CO_3(aq) + H_2O(\ell)$

(c) $CH_3COOH(aq) + HS^-(aq) \rightleftarrows CH_3COO^-(aq) + H_2S(aq)$

12.64 Quais são os produtos de cada uma das seguintes reações ácido-base? Indique o ácido e sua base conjugada e a base e seu ácido conjugado.

(a) $HClO_4 + H_2O \rightarrow$

(b) $NH_4^+ + H_2O \rightarrow$

(c) $HCO_3^- + OH^- \rightarrow$

12.65 Escreva as equações químicas e as expressões de equilíbrio para as reações de cada um dos seguintes ácidos fracos com a água: **(a)** ácido acético, CH_3COOH; **(b)** ácido propanoico, C_2H_5COOH; **(c)** ácido fluorídrico, HF; **(d)** ácido hipocloroso, HClO; **(e)** ácido carbônico, H_2CO_3.

12.66 Escreva as equações químicas e as expressões de equilíbrio para as reações de cada uma das seguintes bases fracas com a água: **(a)** amônia, NH_3; **(b)** metilamina, CH_3NH_2; **(c)** íon acetato, CH_3COO^-; **(d)** íon hidrogenocarbonato, HCO_3^-; **(e)** anilina, $C_6H_5NH_2$.

12.67 O ácido fluorídrico é um ácido fraco usado na indústria da construção para gravar padrões em vidros para janelas elegantes. Uma vez que ele dissolve o vidro, é o único ácido inorgânico que deve ser armazenado em recipientes de plástico. Uma solução 0,1 mol L^{-1} de HF tem um pH de 2,1. Calcule $[H_3O^+]$ nessa solução.

12.68 O pH de uma solução 0,129 mol L^{-1} de um ácido fraco, HB, é 2,34. Qual é o K_a para o ácido fraco?

12.69 Calcule o pH de uma solução de ácido propanoico 0,10 mol L^{-1} e determine sua ionização percentual.

12.70 Calcule o pH de uma solução de $NH_3(aq)$ 0,115 mol L^{-1}.

12.71 O ácido acrílico é usado na indústria de polímeros para a produção de acrilatos. Seu K_a é $5{,}6 \times 10^{-5}$. Qual é o pH de uma solução 0,11 mol L^{-1} de ácido acrílico, $CH_2CHCOOH$?

12.72 A constante de ionização de um ácido fraco, HA, é $4{,}0 \times 10^{-9}$. Calcule as concentrações no equilíbrio de H_3O^+, A^- e HA em em uma solução 0,040 mol L^{-1} do ácido.

12.73 A morfina, um narcótico derivado da papoula do ópio (gênero *Papaver*), tem a fórmula molecular $C_7H_{19}NO_3$. Ela é uma amina fracamente básica, com um K_b de 1,6 × 10^{-6}. Qual é o pH de uma solução de morfina 0,0045 mol L^{-1}?

12.74 Considere a titulação de 50,0 mL de HNO_3 0,250 mol L^{-1} com KOH 0,500 mol L^{-1}. Calcule o pH da solução em cada um dos seguintes pontos.

(a) Antes que qualquer quantidade de KOH tenha sido adicionado.
(b) Depois que KOH suficiente tiver sido adicionado para neutralizar metade do ácido.
(c) No ponto de equivalência.
(d) Depois que 50,0 mL de KOH foram adicionados.

12.75 O ácido ciano (HOCN) é um ácido fraco com $K_a = 3{,}5 \times 10^{-4}$. Considere a titulação de 25,0 mL de HOCN 0,125 mol L^{-1} com 0,125 NaOH mol L^{-1}. Calcule o pH da solução em cada um dos seguintes pontos.

(a) Antes de qualquer NaOH ser adicionado.
(b) Após 12,5 mL de NaOH serem adicionados.
(c) Após 23,0 mL de NaOH serem adicionados.
(d) Após 27,0 mL de KOH serem adicionados.
(e) Use sua calculadora ou uma planilha para representar a curva de titulação e use seu gráfico para estimar o pH no ponto de equivalência.

Energia livre e equilíbrio químico

12.76 Em um experimento específico, a constante de equilíbrio medida para a reação $Cl_2(g) + NO_2(g) \rightleftarrows Cl_2NO_2(g)$ é 2,8.

(a) Com base nessa medida, calcule o $\Delta G°$ para essa reação.
(b) Calcule o $\Delta G°$ usando os dados do Apêndice E no final deste livro e discuta a concordância entre os seus dois cálculos.

12.77 Para a reação $PCl_5(g) \rightleftarrows PCl_3(g) + Cl_2(g)$, a constante de equilíbrio medida é $7{,}7 \times 10^{-3}$ a 25 °C. **(a)** Com base nessa informação, preveja se o $\Delta G°$ é positivo ou negativo. Justifique sua resposta. **(b)** Calcule o $\Delta G°$ com base nessa informação.

12.78 Use os valores do Apêndice E no final do livro para calcular a constante de equilíbrio K_p, para as seguintes reações gasosas:

(a) $H_2(g) + Cl_2(g) \rightleftarrows 2\ HCl(g)$
(b) $CH_4(g) + H_2O(g) \rightleftarrows CO(g) + 3\ H_2(g)$
(c) $SO_2(g) + Cl_2(g) \rightleftarrows SO_2Cl_2(g)$
(d) $2\ HCl(g) + F_2(g) \rightleftarrows 2\ HF(g) + Cl_2(g)$

12.79 Um grupo de estudantes trabalhando nas tarefas de química calcula as constantes de equilíbrio para três reações. A reação 1 tem $\Delta G° = -50$ kJ, a reação 2 tem $\Delta G° = -30$ kJ e a reação 3 tem $\Delta G° = -10$ kJ. Os estudantes ficam surpresos quando as respostas deles para cada reação estão muito próximas a $K = 1$. Sugira que erro os estudantes podem ter cometido e calcule os valores reais de K para essas reações.

POR DENTRO DE Concreto flexível

12.80 O que significa o termo *propagação de rachadura*? Como a propagação de rachadura em um material quebradiço difere daquela em um material menos quebradiço?

12.81 Materiais dúcteis, como fios metálicos, são bem diferentes de materiais quebradiços como o concreto. Se você tem um pedaço de fio e não tem um alicate de corte, como o quebraria em dois pedaços? Como isso se difere de quebrar um pedaço de material quebradiço como o vidro?

12.82 Se o concreto flexível estivesse amplamente disponível, seria ideal para todos os projetos de engenharia que atualmente usam concreto? Quais tipos de estruturas poderiam beneficiar-se de haver concreto flexível? Quais tipos de projetos seriam improváveis de se beneficiarem pela substituição do concreto tradicional por material ECC?

12.83 O monômero do álcool polivinílico foi descrito no Problema-modelo 7.6. **(a)** Represente uma pequena seção do polímero resultante como um diagrama de linhas. **(b)** Baseado no seu entendimento de forças intermoleculares, como podem interagir entre si em uma fibra de PVA diferentes moléculas de polímeros adjacentes umas com as outras?

Problemas conceituais

12.84 Em uma temperatura específica, o vapor de iodo, I_2, é adicionado a um bulbo contendo $H_2(g)$. Descreva o que está acontecendo com as concentrações de reagentes no nível molecular:

(a) no momento em que o I_2 entra no bulbo;
(b) à medida que a reação prossegue;
(c) no equilíbrio.

12.85 Na figura seguinte, os peixes amarelos são colocados em um aquário e os verdes em um aquário adjacente. Os dois tanques são separados por uma divisória removível que inicialmente está fechada.

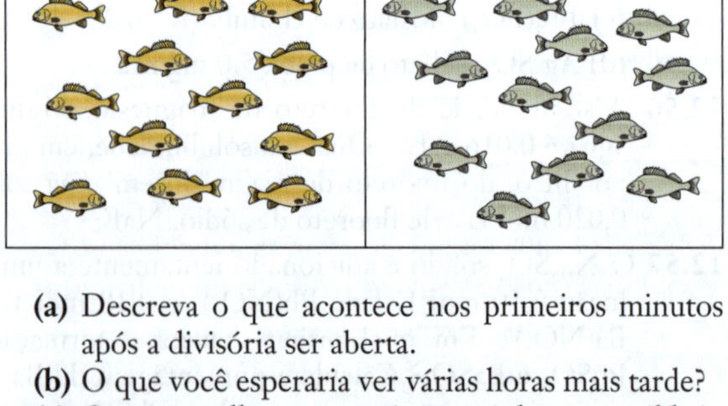

(a) Descreva o que acontece nos primeiros minutos após a divisória ser aberta.
(b) O que você esperaria ver várias horas mais tarde?
(c) Quão semelhante esse sistema é de um equilíbrio dinâmico?

12.86 Para o sistema no problema anterior, mostre a condição de equilíbrio em termos das velocidades das reações direta e inversa.

12.87 O gráfico a seguir representa o curso da reação $A(g) \rightleftarrows B(g)$, que começa apenas com o reagente A presente. Coloque os rótulos nas duas linhas para mostrar qual representa A e qual representa B. Faça um breve comentário sobre o que está ocorrendo em cada um dos momentos indicados (**(a)**, **(b)**, e **(c)**).

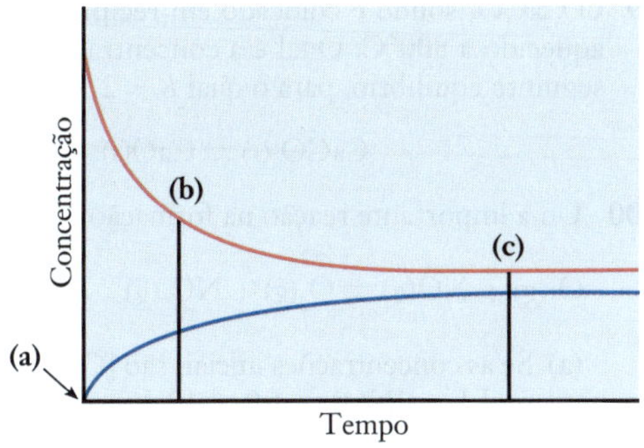

12.88 Qual das seguintes reações é mais provável de precipitar o íon hidróxido?

(a) $Cu(OH)_2(s) \rightleftarrows Cu^{2+}(aq) + 2\ OH^-(aq)$ $K = 1{,}6 \times 10^{-19}$

(b) $Ca(OH)_2(s) \rightleftarrows Ca^{2+}(aq) + 2\ OH^-(aq)$ $K = 7{,}9 \times 10^{-6}$

12.89 Para cada uma das seguintes equações, quem são os produtos ou reagentes favorecidos?

(a) $AgCl(s) \rightleftarrows Ag^+(aq) + Cl^-(aq)$ $K = 1{,}8 \times 10^{-10}$

(b) $Ca^{2+}(aq) + CO_3^{2-}(aq) \rightleftarrows CaCO_3(s)$ $K = 2{,}1 \times 10^8$

(c) $N_2O_4(g) \rightleftarrows 2\ NO_2(g)$ $K = 1{,}10$

12.90 Em cada uma das seguintes reações, como o equilíbrio responde a um aumento na pressão?

(a) $2\ SO_2(g) + O_2(g) \rightleftarrows 2\ SO_3(g)$

(b) $H_2(g) + I_2(g) \rightleftarrows 2\ HI(g)$

(c) $3\ H_2(g) + N_2(g) \rightleftarrows 2\ NH_3(g)$

12.91 No seguinte equilíbrio em um sistema fechado, indique como o equilíbrio é deslocado pela tensão indicada:

$$HF(g) + H_2O(\ell) \rightleftarrows H_3O^+(aq) + F^-(aq)$$

(a) É adicionado mais HF(*g*) ao sistema.

(b) É adicionada água.

(c) É adicionada solução de $Ca(NO_3)_2$, e o CaF_2 se precipita.

(d) O volume é reduzido.

(e) É adicionado KOH

(f) É adicionado um catalisador.

12.92 Considere o seguinte sistema:

$$4\ NH_3(g) + 3\ O_2(g) \rightleftarrows 2\ N_2(g) + 6\ H_2O(\ell) \qquad \Delta H° = -1.530{,}4\ kJ$$

(a) Como a quantidade de amônia no equilíbrio será afetada pela

(1) remoção de $O_2(g)$?

(2) adição de $N_2(g)$?

(3) adição de água?

(4) expansão do recipiente a pressão constante?

(5) aumento da temperatura?

(b) Quais desses fatores aumentarão o valor de *K*? Quais o diminuirão?

12.93 A decomposição de NH_4HS

$$NH_4HS(s) \rightleftarrows NH_3(g) + H_2S(g)$$

é um processo endotérmico. Usando o princípio de LeChatelier, explique como o aumento da temperatura afetaria o equilíbrio. Se mais NH_4HS for adicionado ao frasco no qual existe esse equilíbrio, como o equilíbrio é afetado? E se mais NH_3 for adicionado ao frasco? O que acontecerá à pressão de NH_3 se algum H_2S for removido do frasco?

12.94 Você está projetando um processo para remover o carbonato de um sistema aquoso por precipitação. Se a eficácia do processo for a única preocupação (ou seja, se não houver questões ambientais ou outros aspectos envolvidos), qual dos seguintes metais seria a melhor escolha: Ca^{2+}, Fe^{2+}, Pb^{2+} ou Ag^+? Explique sua resposta.

Sal	K_{sp}
$CaCO_3$	$4{,}8 \times 10^{-9}$
$FeCO_3$	$3{,}5 \times 10^{-11}$
$PbCO_3$	$1{,}5 \times 10^{-13}$
Ag_2CO_3	$8{,}2 \times 10^{-12}$

12.95 Quantidades iguais de dois gases, A e B_3, são colocados em um recipiente evacuado e reagem para formar AB e B_2.

$$A(g) + B_3(g) \rightleftarrows AB(g) + B_2(g)$$

O diagrama em escala molecular representa as quantidades relativas de cada substância presente uma vez que o equilíbrio é atingido.

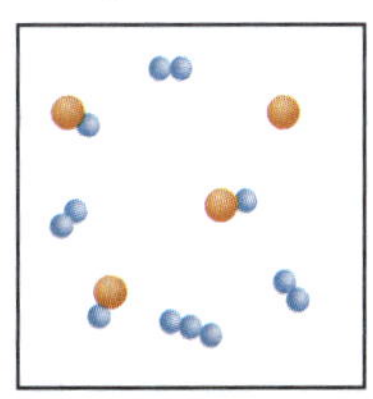

Qual dos seguintes gráficos descreve melhor o progresso da reação à medida que ela se equilibra? Explique por que o gráfico que você escolheu deve ser o correto.

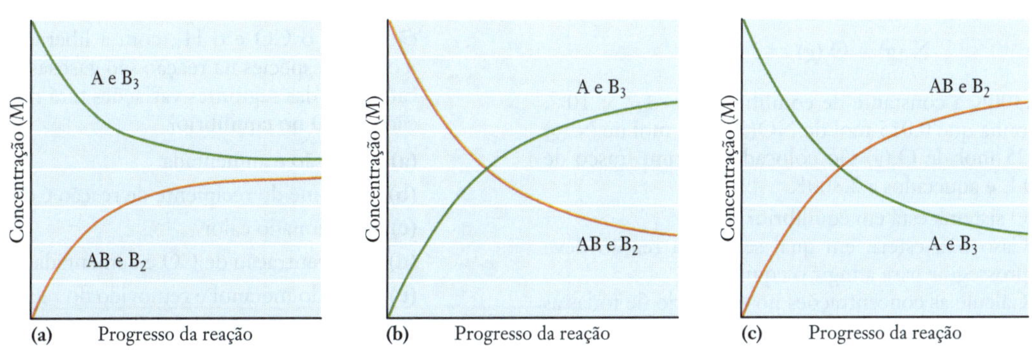

12.96 Considere dois frascos. Ambos contêm volumes iguais de solução e as concentrações em quantidade de matéria das duas soluções também são iguais. O frasco A contém um ácido forte e o frasco B contém um ácido fraco com $K_a = 1 \times 10^{-6}$. Cada frasco é titulado com NaOH 0,10 mol L^{-1}. Preencha os espaços em branco nas instruções a seguir com "maior que", "menor que" ou "igual a".

(a) Antes do início das titulações, o pH no Frasco A é ________ o pH no Frasco B.

(b) Quando ambas as titulações estiverem na metade do ponto de equivalência, o pH no Frasco A é ________ o pH no Frasco B.

(c) Quando ambas as titulações estiverem no ponto de equivalência, o pH no Frasco A é ________ o pH no Frasco B.

(d) O volume de NaOH necessário para atingir o ponto de equivalência no Frasco A é ________ o volume necessário para atingir o ponto de equivalência no Frasco B.

12.97 Dois ácidos fracos, A e B, são, cada um deles, titulado com a mesma solução de uma base forte, produzindo as seguintes curvas de titulação.

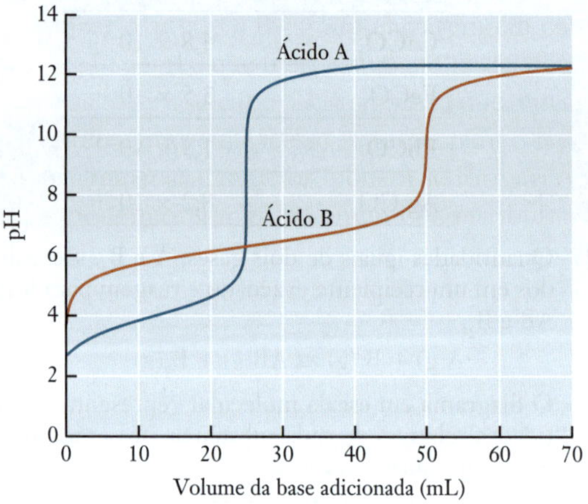

(a) Qual ácido tem um maior valor de K_a, A ou B? Explique.

(b) Use as curvas de titulação para estimar o pH no ponto de equivalência para cada ácido. Explique por que esses valores não são os mesmos.

(c) Se volumes iguais do Ácido A e do Ácido B forem utilizados, qual deles terá a maior concentração inicial? Explique.

Problemas adicionais

12.98 Considere o equilíbrio

$$N_2(g) + O_2(g) \rightleftarrows 2\,NO(g)$$

A 2.300K a constante de equilíbrio $K_c = 1,7 \times 10^{-3}$. Suponha que 0,015 mol de $NO(g)$, 0,25 mol de $N_2(g)$ e 0,25 mol de $O_2(g)$ são colocados em um frasco de 10,0 L e aquecidos a 2.300K.

(a) O sistema está em equilíbrio?

(b) Caso não esteja, em qual sentido a reação deve prosseguir para atingir o equilíbrio?

(c) Calcule as concentrações no equilíbrio de todas as três substâncias.

12.99 O $CaCO_3$ sólido é colocado em recipiente fechado e aquecido a 800°C. Qual é a concentração de CO_2 no seguinte equilíbrio, para o qual $K = 2,5 \times 10^{-3}$?

$$CaCO_3(s) \rightleftarrows CaO(s) + CO_2(g)$$

12.100 Uma importante reação na formação do *smog* é

$$O_3(g) + NO(g) \rightleftarrows O_2(g) + NO_2(g) \quad K = 6,0 \times 10^{34}$$

(a) Se as concentrações iniciais são $[O_3] = 1,0 \times 10^{-6}$ mol L^{-1}, $[NO] = 1,0 \times 10^{-5}$ mol L^{-1}, $[NO_2] = 2,5 \times 10^{-4}$ mol L^{-1} e $[O_2] = 8,2 \times 10^{-3}$ mol L^{-1}, o sistema está em equilíbrio? Caso não esteja, em qual sentido a reação prossegue?

(b) Se a temperatura é aumentada, como em um dia muito quente, as concentrações dos produtos aumentam ou diminuem? (Dica: Você pode ter de calcular a variação de entalpia da reação para descobrir se é exotérmica ou endotérmica.)

12.101 Um engenheiro trabalhando em um projeto para extrair petróleo de um reservatório térmico profundo deseja capturar gases tóxicos de sulfeto de hidrogênio presentes pela reação com nitrato de ferro(II) aquoso para formar sulfeto de ferro(II) sólido. **(a)** Escreva a equação química para esse processo, supondo que ele atinja o equilíbrio. **(b)** Qual é a expressão para a constante de equilíbrio para esse sistema? **(c)** Como o processo pode ser manipulado de tal forma que não atinja o equilíbrio, permitindo a contínua remoção de sulfeto de hidrogênio?

12.102 Um engenheiro químico está trabalhando para otimizar a produção de acrilonitrila para ser usada na fabricação de fibras de carbono. A reação utilizada é a combinação de gás propeno, amônia e oxigênio. A reação normalmente é realizada a temperaturas moderadamente altas de tal forma que todas as espécies estejam na fase gasosa.

$$2\,CH_3{-}CH{=}CH_2(g) + 2\,NH_3(g) + 3\,O_2(g) \rightleftarrows 2\,CH_2{=}CH{-}C{\equiv}N(g) + 6\,H_2O(g)$$

(a) Escreva a expressão da constante de equilíbrio para esta reação.

(b) O ponto de ebulição da acrilonitrila é 77°C e o do propeno é – 48°C. Qual seria a expressão de equilíbrio se a reação fosse realizada a temperatura ambiente?

(c) Qual característica dessa reação poderia fazer com que o engenheiro a realizasse na temperatura ambiente?

12.103 O metanol, CH_3OH, pode ser produzido pela reação entre o CO e o H_2, com a liberação de calor. Todas as espécies na reação são gasosas. Qual efeito cada uma das seguintes variações terá na concentração de CO no equilíbrio?

(a) a pressão é aumentada

(b) o volume do recipiente de reação é diminuído

(c) é adicionado calor

(d) a concentração de CO é aumentada

(e) parte do metanol é removido do recipiente

(f) é adicionado H_2.

12.104 O seguinte equilíbrio é estabelecido em recipiente fechado:

$$C(s) + O_2(g) \rightleftarrows CO_2(g) \qquad \Delta H° = -393 \text{ kJ}$$

Monte uma tabela como a apresentada a seguir e indique se as concentrações no equilíbrio aumentam, diminuem ou permanecem as mesmas.

Variação aplicada ao sistema	C(s)	$O_2(g)$	$CO_2(g)$
A pressão é diminuída			
A temperatura é aumentada			
É adicionado carbono			
É adicionado oxigênio			
É adicionado dióxido de carbono			
O volume do sistema é aumentado			
É adicionado catalisador			
É removida a fonte de calor			

12.105 Usando a teoria cinética molecular, explique por que um aumento na pressão produz mais N_2O_4 no seguinte sistema:

$$N_2O_4(g) \rightleftarrows 2\ NO_2(g)$$

12.106 A solubilidade do KCl é 34,7 g em 100 g de água a 20°C. Calcule a sua solubilidade molar em **(a)** água pura e **(b)** em NaCl 0,10 mol L^{-1}.

12.107 Para preparar a água de esgoto da comunidade para ser despejada em um lago, os íons fosfato devem ser removidos. O $Al_2(SO_4)_3$ pode ser usado para essa finalidade, precipitando $AlPO_4$, para o qual o K_{ps} a 25°C é $1,3 \times 10^{-20}$. Qual massa de $Al_2(SO_4)_3$ deve ser adicionada por galão de água para garantir que a concentração de PO_4^{3-} na água despejada no lago não seja maior que $1,0 \times 10^{-12}$ mol L^{-1}?

12.108 Um engenheiro nuclear está considerando o efeito de descarregar o calor perdido de uma usina de energia em um lago e estima que isso poderá aquecer a água localmente para 25°C. Uma questão a ser considerada é o efeito dessa variação de temperatura no levantamento de CO_2 pela água. A constante de equilíbrio para a reação $CO_2 + H_2O \rightleftarrows H_2CO_3$ é $K = 1,7 \times 10^{-3}$ a 25°C. Uma vez que se formam ligações, a reação é exotérmica.

(a) Essa reação progredirá no sentido dos produtos a altas temperaturas perto da descarga de água, com sua água mais quente do que seria na água do lago mais fria? Explique seu raciocínio.

(b) O ácido carbônico tem um K_a de $2,5 \times 10^{-4}$ a 25°C. Qual é a constante de equilíbrio para a reação $CO_2 + 2\ H_2O \rightleftarrows HCO_3^- + H_3O^+$?

(c) Qual fator adicional sobre o gás CO_2 que o engenheiro deve considerar, provavelmente, antes de considerar essa reação química?

12.109 O iodato de cobre(II) tem uma solubilidade de 0,136 g por 100 g de água. Calcule a sua solubilidade molar na água e seu K_{ps}.

12.110 No Exercício 12.109, o que aconteceria a um equilíbrio de iodato de cobre(II) aquoso se fosse adicionado íon sulfeto, S^{2-}? O K_{ps} do CuS é $8,7 \times 10^{-36}$.

Exercícios de enfoque na resolução de problemas

12.111 Você tem três sólidos brancos. Qual experimento poderia realizar para classificá-los em ordem crescente de solubilidade?

12.112 Você encontra uma garrafa no laboratório. Sabe que é um ácido e o rótulo informa que é uma solução 1,05 mol L^{-1}, mas não indica qual é o ácido. Suponha que o rótulo esteja correto para a concentração, como você poderia determinar que ácido é esse? O que teria de ser medido e o que você teria de procurar?

12.113 Você encontra uma garrafa de ácido no laboratório, e ela está rotulada como $H_2C_2O_4$. Não existe concentração fornecida, e você não tem reagentes para realizar uma titulação. Que outra medida poderia ser feita e que informação você precisaria procurar para determinar a concentração do ácido?

12.114 Você precisa descobrir a constante de equilíbrio para uma reação em um processo industrial. Descreva como pode estimar esse valor usando apenas dados termodinâmicos.

Problemas acumulativos

12.115 Uma mistura de 1,00 mol de PCl_3 e 2,00 mol de PBr_3 é colocada em um frasco de reação de 1,00 L. Na temperatura do experimento, $K = 2,0$ para a seguinte reação:

$$PCl_3 + PBr_3 \rightleftarrows PCl_2Br + PClBr_2$$

(a) Qual é a concentração no equilíbrio de cada espécie no frasco?

(b) Uma vez que o número de ligações é o mesmo em ambos os lados da equação, essa reação está perto da termoneutralidade, o que significa que não é nem exotérmica nem endotérmica. O que dirige essa reação?

12.116 O dióxido de enxofre pode ser gerado pela reação do hidrogenossulfito de sódio com o ácido clorídrico. **(a)** Escreva a equação química balanceada para a reação, sabendo que os outros produtos são o cloreto de sódio e a água. **(b)** Se houve reação de 1,9 g de hidrogenossulfito de sódio com excesso de HCl, qual é a massa de SO_2 produzida? **(c)** Se o gás gerado está em um frasco de 100 mL a 25°C e 0,05 mol de O_2 é introduzido, será estabelecido um equilíbrio entre SO_2, O_2 e SO_3.

$$SO_2 + \frac{1}{2}\ O_2 \rightleftarrows SO_3 \qquad K = 2,6 \times 10^{12}$$

Calcule a concentração no equilíbrio de cada espécie.

12.117 A pressão de vapor da água a 80,0°C é 0,467 atm. Encontre o valor de K_c para o processo

$$H_2O(\ell) \rightleftarrows H_2O(g)$$

a essa temperatura.

12.118 Embora a amônia seja preparada em quantidades enormes pelo processo de Haber-Bosch, o ácido sulfúrico é produzido em quantidades ainda maiores pelo *processo de contato*. Uma versão simplificada desse processo pode ser representada por estas três reações:

$$S(s) + O_2(g) \rightleftarrows SO_2(g)$$

$$2\ SO_2(g) + O_2(g) \rightleftarrows 2\ SO_3(g)$$

$$SO_3(g) + H_2O(\ell) \rightleftarrows H_2SO_4(\ell)$$

(a) Use os dados tabulados para calcular o $\Delta H°$ para cada reação.

(b) Quais reações são exotérmicas? Quais são endotérmicas?

(c) Em quais reações a entropia aumenta? Em quais diminui? Em quais permanece aproximadamente a mesma?

(d) Para qual(ais) reação(ões) as baixas temperaturas favorecem a formação de produtos?

Eletroquímica

13

Thomas A. Holme

A ferrugem é claramente parte do projeto para esta escultura no centro de Milwaukee. Mas em muitos projetos de engenharia, a corrosão extensiva vista aqui poderia mostrar-se desastrosa. Para prevenir a corrosão, engenheiros precisam entender a química das reações de oxirredução.

A eletroquímica lida diretamente com os elétrons e seus movimentos. Se os elétrons se movem sob forças de processos químicos espontâneos ou respondem a um potencial elétrico externo aplicado, seu movimento gera todo um conjunto de oportunidades e desafios. Introduzimos o capítulo com o tópico sobre corrosão, um resultado da eletroquímica que custa à economia dos Estados Unidos cerca de $ 400 bilhões por ano.

Objetivos do capítulo

Após dominar o assunto deste capítulo, você será capaz de:

- descrever ao menos três tipos de corrosão e identificar reações químicas responsáveis por ela.
- definir *oxidação* e *redução*.
- escrever e balancear semirreações para processos redox simples.

- descrever as diferenças entre células galvânicas e eletrolíticas.
- usar potenciais padrão de redução para calcular potenciais de célula sob condições padrão e não padrão.
- usar potenciais padrão de redução para prever o sentido espontâneo de uma reação redox.
- calcular a quantidade de metal depositado, a quantidade de corrente necessária ou o tempo necessário para um processo de eletrólise.
- distinguir a bateria primária da secundária.
- descrever a química de alguns tipos comuns de bateria e explicar o motivo de cada tipo de bateria ser adequado para uma aplicação em particular.
- descrever pelo menos três técnicas comuns para a prevenção da corrosão.

POR DENTRO DE

13.1 Corrosão

Por toda a história do programa espacial dos Estados Unidos, a Nasa usou o Centro Espacial Kennedy (Kennedy Space Center – KSC), na costa da Flórida, como sua principal área de lançamento. Em total contraste, o local do centro espacial usado por cosmonautas russos foi construído no meio do Deserto de Moyunqum. Apesar de muitos fatores serem considerados ao escolher um lugar para tais instalações, o contraste entre os ambientes nesses dois espaços é surpreendente. A colocação do KSC tão próximo do oceano significa que a ferrugem tem sido há muito uma importante questão para o programa espacial norte-americano. A ferrugem é uma preocupação tão significativa para a Nasa que, nos anos 1960, fundou-se o Local de Teste de Corrosão de Praias, para estudar o efeito da atmosfera sobre estruturas utilizadas em lançamento de foguetes. Quando a ferrugem se forma sobre o aço, ela enfraquece o metal, e materiais mais fracos são mais suscetíveis a falhas. Portanto, a Nasa estuda a ferrugem e a **corrosão**, a degradação de metais através de reações químicas com o ambiente. ◂ A corrosão geralmente envolve lenta combinação de oxigênio com metais para a formação de óxidos (**Figura 13.1**).

Engenheiros perceberam que vários metais corroem. A formação da ferrugem – óxido de ferro – é apenas o exemplo mais familiar.

Pesquisadores identificaram muitas formas diferentes de corrosão. A oxidação de latarias de automóveis é um exemplo de **corrosão uniforme** e é uma das formas mais visíveis de corrosão. Quais condições são necessárias para esse processo ocorrer? Outra forma importante de corrosão é a **corrosão galvânica**, que ocorre somente quando dois metais diferentes entram em contato na presença de um eletrólito adequado. O que torna o contato entre dois metais diferentes tão

À esquerda: © Cengage Learning/Charles D. Winters; À direita: Thomas A. Holme

Figura 13.1 A corrosão ocorre em uma variedade de formas. A corrente à esquerda mostra corrosão uniforme, enquanto a tampa da grelha à direita mostra corrosão apenas onde a alça está presa. Isso é chamado de corrosão de frestas e pode ocorrer se existirem pequenos espaços entre os itens metálicos.

especial? Outras formas de corrosão tendem a requerer condições específicas, mas ainda assim muitas dessas situações são comuns nos projetos de maquinaria. A **corrosão em frestas** é um grande problema em muitas máquinas de grande porte. Quando duas peças de metal se tocam, tendem a deixar uma pequena fresta (a não ser que a junção esteja coberta por revestimento, como tinta). Naquela fresta, ou rachadura, os metais têm mais probabilidade de corroerem-se. Como podemos entender a tendência a corroer usando os princípios básicos da eletroquímica?

Uma característica enigmática sobre a corrosão é a diferença entre o ferro (ou aço) e outros metais em seu comportamento em relação à corrosão. O alumínio, por exemplo, tem uma tendência maior de corroer do que o ferro, mas a corrosão do alumínio não é problemática. Por que não? Como veremos, a resposta está na natureza dos produtos da reação de corrosão. Quais são as diferenças entre a formação corrosiva do óxido de alumínio e do óxido de ferro(III)? Como podemos considerar a corrosão em um nível atômico para explicar essas diferenças?

Apesar de a corrosão ser importante exemplo de processos eletroquímicos, precisamos perceber que ela sozinha não define a eletroquímica. Há diversas aplicações importantes da eletroquímica que fornecem produtos úteis para a sociedade em vez de degradá-la. O refino de alguns minérios de metais em materiais utilizáveis e a produção de baterias são dois exemplos óbvios da utilidade prática da eletroquímica. No entanto, mesmo na produção de baterias, precisamos considerar as etapas adicionais de fabricação para reduzir o impacto da corrosão na vida útil da bateria. Onde ocorre corrosão em uma bateria e o que pode ser feito para combatê-la? O estudo dos princípios eletroquímicos nos ajudará a responder a essas perguntas.

13.2 Reações de oxirredução e células galvânicas

POR DENTRO DE O que acontece com um pedaço de aço que fica ao tempo, sem proteção? Na maior parte dos lugares, ele enferruja. Você esperaria observar a mesma coisa se esse pedaço de aço estivesse dentro de uma casa ou no deserto? Talvez não. Deve haver algumas condições especiais que promovam a reação do ferro com o oxigênio para formar óxido de ferro(III). Poderíamos planejar um conjunto de experimentos para estudarmos a formação da ferrugem, porém, pela perspectiva de laboratório, ela é bem lenta. Para descobrirmos mais sobre as bases da eletroquímica, vamos começar com reações mais facilmente examinadas e então aplicaremos o que aprendemos aos exemplos de corrosão.

Reações de oxirredução e semirreações

As reações que envolvem a transferência de elétrons são conhecidas como **reações de oxirredução**. (O termo é em geral invertido e abreviado para **reações redox**.) Para investigarmos mais a fundo a eletroquímica, precisaremos ampliar a compreensão dessa classe de reações químicas e definir alguns termos relevantes. **Oxidação** é a perda de elétrons de alguma espécie química, enquanto **redução** é o ganho de elétrons. Nesse meio tempo, você perceberá que os elétrons não podem simplesmente ser "perdidos". Eles têm de ir a algum lugar para manter a conservação de carga e matéria. Esse processo leva diretamente a um dos mais importantes princípios da química redox: os elétrons "perdidos" na oxidação devem sempre ser "ganhos" na redução simultânea de alguma outra espécie. Em outras palavras, não podemos ter oxidação a não ser que também tenhamos redução. Para ilustrarmos essa ideia, vamos considerar a reação que ocorre quando colocamos um fio de cobre em uma solução de nitrato de prata – uma popular demonstração em sala de aula (**Figura 13.2**).

Como você pode ver nas fotografias, a solução original de nitrato de prata é clara e incolor, e o fio de cobre é liso (Figura 13.2a). Pouco tempo após o fio de cobre ser colocado na solução, ele parece felpudo (Figura 13.2b). Essas observações são mais visíveis com o tempo. Na foto final, há uma óbvia formação de lascas de prata metálica sobre o fio (Figura 13.2c). O que aconteceu quimicamente? Os íons devem ser provenientes do fio de cobre, já que não há nenhuma outra fonte de cobre disponível. Portanto, ao formarem os cátions, os átomos de cobre devem ter perdido elétrons. Dizemos que o cobre foi oxidado e podemos escrever uma equação para descrever tal variação:

$$\mathrm{Cu}(s) \rightarrow \mathrm{Cu}^{2+}(aq) + 2\mathrm{e}^-$$

Porém, se são produzidos cátions no fio, para onde foram seus elétrons? O acúmulo de prata no fio de cobre nos fornece a resposta. O único modo aparente de formar prata metálica nesse sistema é a partir dos íons prata na solução original. Logo, devemos concluir que os cátions prata na solução receberam os elétrons perdidos pelo cobre. Dizemos que a prata foi reduzida, e outra vez podemos escrever uma equação para mostrar a variação:

Figura 13.2 Quando um fio de cobre limpo é colocado em uma solução incolor de nitrato de prata, fica rapidamente aparente a ocorrência da reação. Nessa reação, o cobre metálico é oxidado para Cu^{2+} e os íons Ag^{+} são reduzidos à prata metálica.

$$Ag^{+}(aq) + e^{-} \rightarrow Ag(s)$$

As duas equações descrevem as **semirreações** para a oxidação do cobre e redução da prata. Nenhuma delas pode ocorrer sozinha, porque a oxidação e a redução devem acontecer em combinação.

Ao examinar as semirreações com isso em mente, você talvez note pequena discrepância. O cobre perde dois elétrons na semirreação de oxidação, enquanto a prata ganha apenas um elétron na semirreação de redução, o que significa que, para conservar os elétrons, dois íons prata devem ser reduzidos para cada átomo de cobre oxidado. Podemos multiplicar a redução por dois e tornar esse processo explícito, fornecendo o seguinte par de semirreações:

$$Cu(s) \rightarrow Cu^{2+}(aq) + 2e^{-}$$
$$2\,Ag^{+}(aq) + 2\,e^{-} \rightarrow 2\,Ag(s)$$

Aqui podemos ver com mais clareza que a prata ganha os dois elétrons que o cobre perde. Se somarmos as duas semirreações, os elétrons se anularão e ficaremos com a equação iônica líquida para a reação redox global:

$$2\,Ag^{+}(aq) + Cu(s) \rightarrow 2\,Ag(s) + Cu^{2+}(aq)$$

De acordo com a Seção 3.3, poderíamos também escrever essa reação como uma equação molecular, incluindo os íons espectadores (nesse caso, NO_3^{-}):

$$2\,AgNO_3(aq) + Cu(s) \rightarrow 2\,Ag(s) + Cu(NO_3)_2(aq)$$

Examinando o exemplo anterior, poderíamos descrever o processo dizendo que os íons prata oxidam o cobre metálico. Ou poderíamos dizer que o cobre metálico reduz os íons prata. Nenhuma dessas afirmativas é mais ou menos correta que a outra, já que ambos os processos devem ocorrer conjuntamente. A mesma ideia pode ser generalizada para fornecer a seguinte terminologia:

A espécie que sofre oxidação é chamada agente redutor.

A espécie que sofre redução é chamada agente oxidante.

Um agente neste sentido é algo que permite que o processo ocorra. Na linguagem cotidiana, por exemplo, um agente de mudança é alguém ou alguma coisa que ajuda a facilitar a mudança.

Muitos estudantes consideram esse processo confuso, mas deve fazer sentido se você prestar atenção às palavras.

Construindo uma célula galvânica

As semirreações que acabamos de apresentar nos fornecem uma maneira de entender a reação como oxidação e redução, mas parece uma ideia bem artificial. Afinal, ambas as semirreações ocorreram no mesmo béquer. Mas o que aconteceria se pudéssemos realizar essas semirreações em dois recipientes separados? Considere o seguinte experimento.

Coloque um pedaço de cobre metálico em uma solução de íons cobre(II). (**Figura 13.3a**; o íon espectador não é importante – o sulfato poderia ser usado porque o sulfato de cobre(II) é um reagente comum de laboratório.) Em um béquer separado, coloque um pedaço de prata metálica ou um fio de prata em uma solução de íons prata. (Mais uma vez, o íon espectador não é essencial. Poderíamos usar íons nitrato uma vez que o nitrato de prata é outro reagente comum.) Não observamos nenhuma reação nos béqueres individuais. Agora, conecte as soluções por um fio condutor e conecte um voltímetro entre o cobre e a prata, como mostrado. Se você tiver um bom aparelho de medição, poderá notar uma ligeira corrente elétrica, caso contrário, não haverá nenhuma alteração observável no sistema. Por quê? O fio não pode permitir um fluxo contínuo de carga entre as soluções porque as partículas carregadas nas soluções são íons, e não elétrons livres. Qualquer fluxo inicial de elétrons da solução que contém o cobre no sentido da solução que contém a prata é rapidamente impedido pelo acúmulo de carga negativa no béquer da solução de prata. A conexão dos dois béqueres de uma segunda maneira, com uma ponte salina, pode suavizar o acúmulo de carga (**Figura 13.3b**). Uma **ponte salina** contém um eletrólito forte que permite que cátions ou ânions migrem para a solução na qual são necessários para manter a neutralidade de carga. ▸ Nesse caso, suponha que a ponte salina seja preenchida com NH_4Cl. Os íons amônio irão fluir para o béquer de solução de prata para compensar a *remoção* de $Ag^+(aq)$, e íons cloreto irão fluir para o béquer da solução de cobre para compensar a *produção* de $Cu^{2+}(aq)$ no béquer da solução de cobre. Na Figura 13.3b, podemos ver as diversas cargas em movimento nesse arranjo. O instrumento que construímos desse modo é um exemplo de *célula galvânica*. ▸

Nada flui pela ponte salina. Ela simplesmente fornece íons em cada extremidade.

A palavra "galvânica" origina-se do físico italiano do século XVIII Luigi Galvani, que usou sapos para conduzir os primeiros experimentos no papel da eletricidade em sistemas vivos.

Para definirmos formalmente uma célula galvânica, devemos primeiro observar sua característica mais importante. Ao separarmos as duas semirreações, inserirmos uma ponte salina entre as soluções, e ao permitirmos que os elétrons fluam ao longo de um fio que conecta os metais, geramos uma corrente elétrica sustentável. Uma **célula galvânica** é uma célula eletroquímica na qual uma reação química espontânea pode ser usada para gerar uma corrente elétrica. A observação de uma corrente elétrica nessa célula levou ao nome **eletroquímica**. Essa conexão entre eletricidade e química foi de importância vital para o desenvolvimento dos princípios químicos modernos.

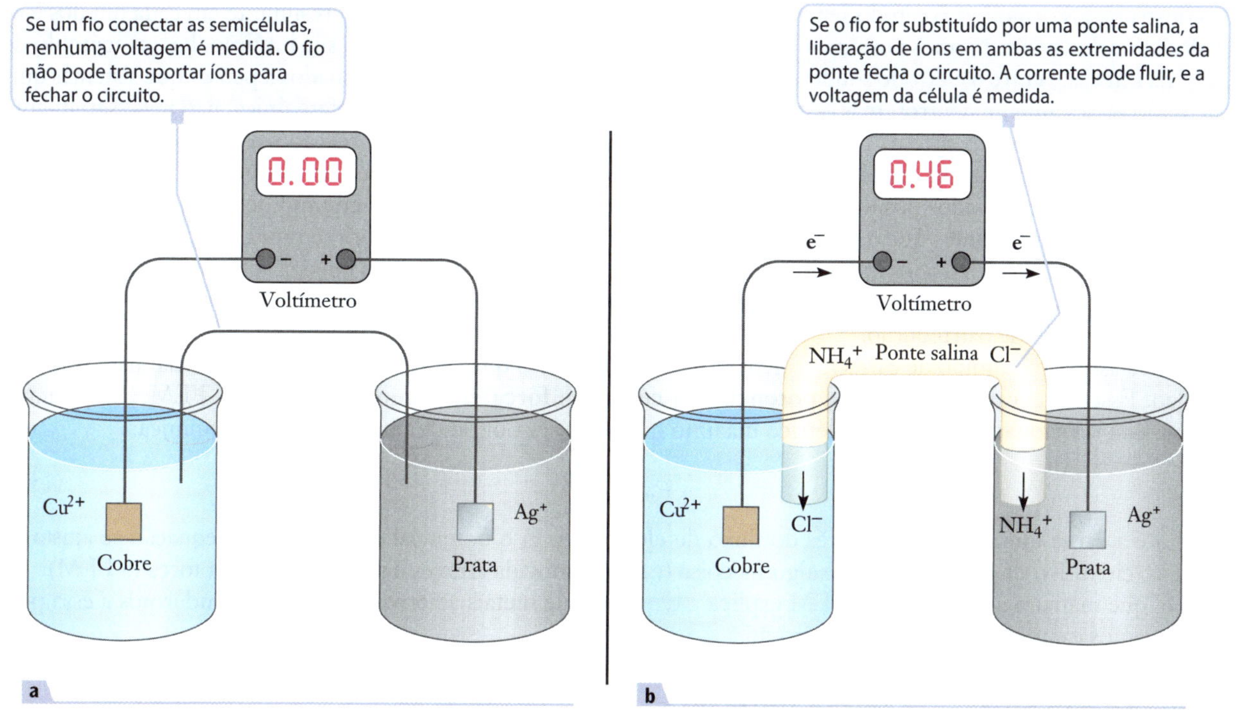

Figura 13.3 A ponte salina é crucial em uma célula galvânica. Ao permitir que os íons fluam para cada semicélula, a ponte fecha o circuito e permite que a corrente flua. Um fio pode transportar uma corrente de elétrons, mas não pode transportar os íons necessários para completar o circuito.

Terminologia para células galvânicas

O número de possíveis células galvânicas que poderiam ser desenvolvidas é quase ilimitado. Todas elas têm características comuns, e uma terminologia foi inventada para descrever tais características. Os sítios de condutividade elétrica nos quais a oxidação ou a redução ocorrem são chamados **eletrodos**. A oxidação ocorre no **anodo** e a redução, no **catodo**. Esses termos são também utilizados em outros tipos de células eletroquímicas, não só nas galvânicas.

Uma vez que há tantas células eletroquímicas possíveis, definiu-se uma notação abreviada para representar sua química específica. Essa **notação de célula** lista os metais e íons envolvidos na reação. Uma linha vertical, |, indica uma fronteira de fase, e uma linha dupla, ||, representa a ponte salina. O anodo é sempre escrito à esquerda, e o catodo, à direita:

Anodo | eletrólito do anodo || eletrólito do catodo | catodo

O exemplo anterior de cobre e prata seria escrito assim:

$$Cu(s)\,|\,Cu^{2+}(aq)(1\ mol\ L^{-1})\,||\,Ag^{+}(aq)(1\ mol\ L^{-1})\,|\,Ag(s)$$

Mais uma vez, vemos que os íons espectadores não são identificados nessa notação. A concentração do eletrólito é em geral incluída, por razões que veremos brevemente. No exemplo anterior, incluímos concentrações de 1 mol L^{-1}. Esses valores têm significado especial, já que a eles são designadas concentrações para o **estado padrão** de uma célula eletroquímica. Se a semirreação eletroquímica inclui a produção ou o consumo de um gás, o estado padrão é uma pressão de 1 atm. Um estado padrão também implica que o material do eletrodo está em seu estado padrão termodinâmico, o que é comumente o caso, já que os materiais de eletrodo são, em sua maioria, sólidos em temperatura ambiente.

Perspectiva atômica das células galvânicas

Para examinarmos a natureza penetrante da corrosão ou para entendermos como a eletroquímica pode ser aproveitada em uma bateria, precisamos entender algumas leis fundamentais. Já observamos que os elétrons fluem em uma célula adequadamente construída, mas o que provoca a ocorrência desse fluxo? Para compreendermos essa questão, "construiremos" de novo uma célula galvânica, porém, desta vez, daremos enfoque ao que acontece no nível atômico. Se construirmos o anodo e o catodo separadamente, qual será a aparência do sistema resultante em cada um dos eletrodos *antes* de os conectarmos por uma ponte salina? Apesar de poder conflitar com sua intuição, há um acúmulo de carga na interface entre o eletrodo sólido e a solução que o circunda. Estamos acostumados a pensar que sistemas químicos são eletricamente neutros, mas esse limite é verdadeiro apenas dentro de uma fase única, não necessariamente entre fases. Portanto, um sistema que não tem ainda um circuito completo sofre reação parcial. No anodo, ocorre alguma oxidação e cátions se dissolvem na solução, deixando para trás uma carga negativa no anodo. No catodo, a redução traz íons carregados positivamente para o eletrodo, e o resultado é um acúmulo de carga positiva naquele eletrodo. Desse modo, antes que o circuito esteja completo, uma forma de equilíbrio é rapidamente alcançada onde a carga se acumula nos eletrodos individuais, e ele é localmente compensado pelos íons na solução, como demonstra a **Figura 13.4**. Poderíamos considerar esse estado de equilíbrio em cada eletrodo como *o equilíbrio de semirreação* – mas *não* é um equilíbrio de oxirredução.

Ainda assim, o acúmulo de carga nos eletrodos é importante, já que significa que há um potencial para trabalho elétrico. Esse potencial é chamado de **potencial da célula** ou **força eletromotriz (FEM)**. A FEM é importante porque está relacionada ao trabalho elétrico máximo que pode ser obtido de uma célula eletroquímica:

$$w_{\text{máx}} = qE \tag{13.1}$$

Aqui, q é a carga que se moveu (através do fluxo de elétrons) e E, o potencial da célula. Essa equação se ajusta ao conceito científico de trabalho porque alguma coisa (carga) é movida através da ação de alguma força (a FEM).

De que maneira a existência da FEM explica a tendência de metais à corrosão? Para respondermos a essa pergunta, vamos examinar dois tipos de corrosão.

Corrosão galvânica e corrosão uniforme

POR DENTRO DE Apesar de alguns casos de corrosão serem geralmente mais sutis do que células de laboratório, os metais em contato com uma solução podem estabelecer o tipo de oxidação de "equilíbrio de semirreação" que

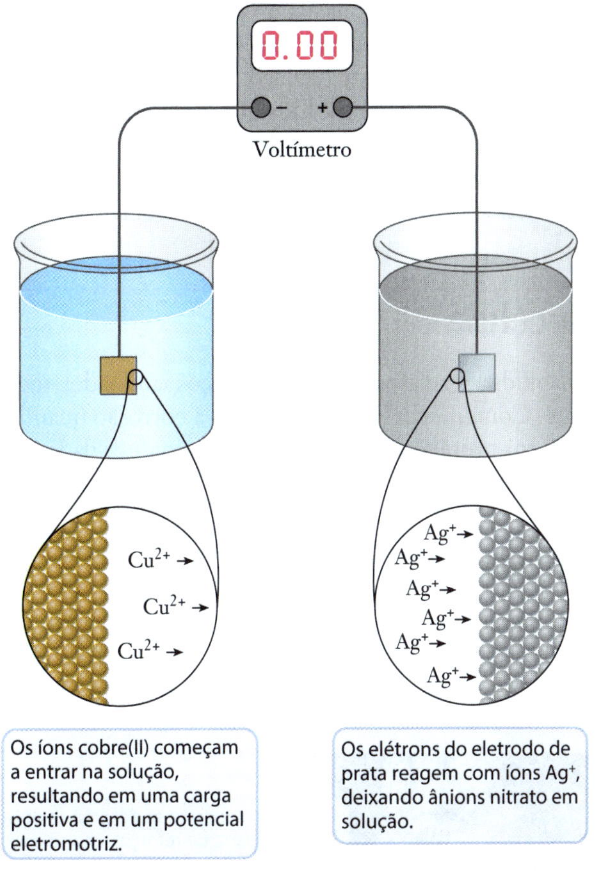

Figura 13.4 Sem uma ponte salina para fechar o circuito, as cargas locais se acumularão em torno de ambos os eletrodos. Nenhuma reação do eletrodo pode ocorrer em extensão significativa, portanto nenhuma voltagem da célula pode ser medida.

acabamos de descrever. Se a solução contém uma substância que pode sofrer redução, pode ocorrer uma reação redox. Sob certas condições, quando dois metais estão em contato, há a possibilidade de corrosão galvânica, o que lembra a célula galvânica em relação ao fato de a oxidação e a redução ocorrerem em locais (ao menos ligeiramente) diferentes, mas há uma conexão de metais que "completa o circuito". No entanto, a separação da oxidação e redução pode ser bem sutil, como demonstra a **Figura 13.5**. A lata de "latão" comum é em sua maioria de aço, apesar de este, em alguns casos, ser laminado com estanho. Se houver um arranhão na lata e o aço encoberto (basicamente ferro) for exposto ao ar e à água, ocorrerá corrosão rapidamente. Por quê? Porque o equilíbrio da semirreação do estanho participa do processo pelo qual o ferro é oxidado, um exemplo de corrosão galvânica. O aço puro sofrerá uma corrosão mais lenta, e o aço laminado com zinco terá uma corrosão ainda mais lenta.

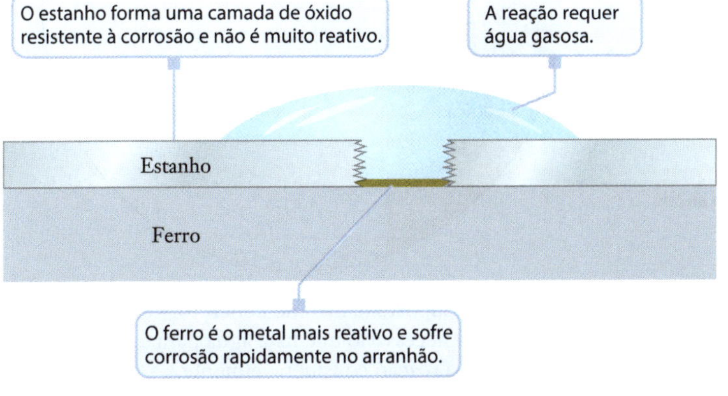

Figura 13.5 Uma lata de "latão" é em geral de aço laminado com estanho. Se o revestimento de estanho for arranhado para expor o aço encoberto, o ferro no aço sofrerá corrosão rapidamente.

A experiência mostra que uma pilha de pregos deixada no pátio enferruja sem contato com outro metal (**Figura 13.6**), o que significa que a segunda semicélula nessa reação redox no pátio deve envolver um ametal. Na corrosão uniforme, a ferrugem pode cobrir a superfície do ferro ou aço. O segundo eletrodo é uma segunda região do ferro em si, localizada a alguma distância do primeiro ponto. Íons que podem conduzir corrente facilitam esse processo, logo, quando íons cloreto do sal estão presentes, a velocidade de corrosão é acentuada.

Tanto a corrosão galvânica quanto a uniforme envolvem o conceito de força eletromotriz ou potencial da célula, mas, para compreendermos esse processo completamente, precisamos quantificar o potencial da célula.

13.3 Potenciais da célula

Nossa observação sobre as corrosibilidades relativas de diversos aços laminados sugere que precisamos expressar o potencial da célula numericamente. Com que força o aço é levado à corrosão quando conectado ao estanho? A tendência de um metal como o zinco em proteger o aço pode ter alguma utilidade prática? Para as respostas a essas perguntas, voltamos ao conceito de potencial da célula.

Medindo o potencial da célula

Se tomarmos os eletrodos carregados de uma célula galvânica e conectá-los a um voltímetro de alta impedância, o que acontecerá? Vamos pensar inicialmente sobre o que acontecerá se conectarmos um voltímetro a uma bateria co-

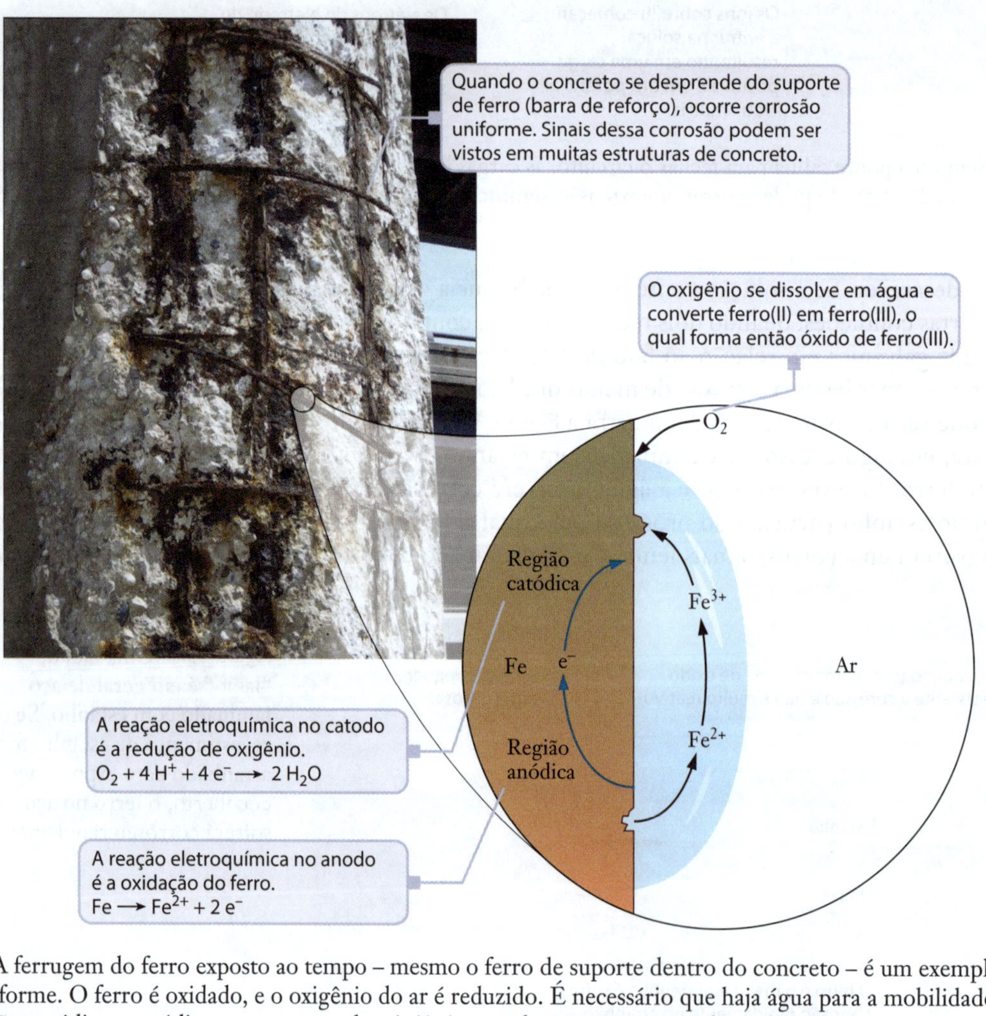

Figura 13.6 A ferrugem do ferro exposto ao tempo – mesmo o ferro de suporte dentro do concreto – é um exemplo de corrosão uniforme. O ferro é oxidado, e o oxigênio do ar é reduzido. É necessário que haja água para a mobilidade iônica entre as regiões anódica e catódica, e a presença de sais iônicos acelera a reação consideravelmente.

mum. (Veremos em breve que essa bateria é realmente apenas uma célula galvânica bem construída.) De acordo com a **Figura 13.7**, o resultado depende de qual terminal no voltímetro está ligado a qual eletrodo. Essa observação nos remete ao fato de que o voltímetro mede o tamanho do potencial elétrico e também sua polaridade – as localizações da carga negativa (polo negativo) e da carga positiva (polo positivo).

Podemos sempre alterar o terminal do voltímetro ao qual conectamos um eletrodo, portanto, para o momento, vamos apenas ajustar a medição para mostrar uma voltagem positiva toda vez. Se aplicarmos essa técnica ao exemplo do cobre e da prata, o que observamos? A célula $Cu(s) \mid Cu^{2+}(1\ mol\ L^{-1}) \parallel Ag^{+}(1\ mol\ L^{-1}) \mid Ag(s)$ tem um potencial de 0,462 V. Se tomarmos a mesma semicélula de cobre e a conectarmos a uma semicélula que reduz ferro(III) a ferro(II), encontraremos que o potencial da célula medido é 0,434 V. Se esse eletrodo de ferro for conectado ao de prata, o potencial da célula resultante será 0,028 V. Os números estão claramente relacionados: 0,462 = 0,434 + 0,028 (**Figura 13.8**). Essa observação é importante por duas razões. Primeiro, porque mostra um comportamento de potenciais de célula semelhante àquele de uma função de estado. Segundo, porque sugere que, se escolhermos um eletrodo padrão específico ao qual comparamos todos os outros eletrodos, podemos planejar um sistema prático para a determinação do potencial da célula.

A escolha do componente padrão em medições de potencial da célula é o **eletrodo padrão de hidrogênio (EPH)**, ilustrado na **Figura 13.9**. Um fio ou uma lâmina de platina é a fonte condutora de elétrons. O gás hidrogênio é borbulhado no eletrodo a uma pressão de 1 atm, e a solução do eletrólito é $HCl(aq)$ 1 mol L^{-1}. A semirreação resultante é

$$2\ H^{+}(aq) + 2\ e^{-} \rightarrow H_2(g)$$

e a notação da semicélula é

$$Pt(s) \mid H_2(g,\ 1\ atm) \mid H^{+}(1\ mol\ L^{-1})$$

Por convenção, a essa semirreação é designado um potencial de exatamente zero volt. Para determinar o potencial de semicélula de qualquer outro sistema de eletrodo/eletrólito, ele pode ser conectado ao EPH e o potencial da célula medido. Uma vez que ao EPH é atribuído um valor de 0,00 V, o potencial da célula observado é atribuído à outra semirreação. ▸

O terminal positivo do medidor está conectado ao fio vermelho e o negativo, ao fio preto nestas fotos.

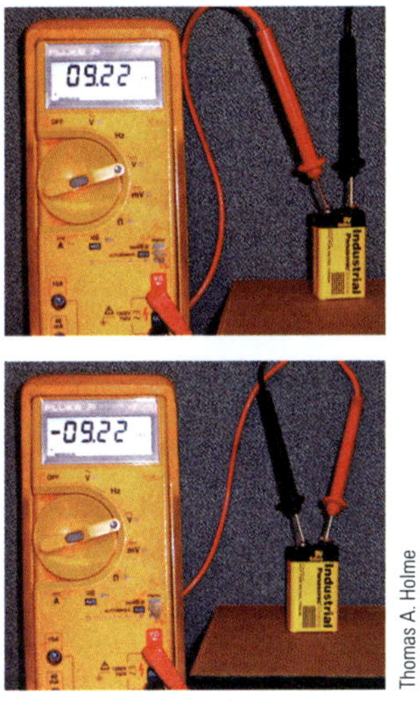

Thomas A. Holme

Figura 13.7 Um potencial elétrico tem polaridade e voltagem fixas. A inversão dos polos de uma bateria em relação a um voltímetro altera o sinal da voltagem medida, mas não influencia a reação eletroquímica na bateria.

Embora o EPH seja o padrão para estabelecer potenciais de célula, ele é um dispositivo incômodo. Outros padrões são frequentemente usados em aplicações práticas.

A célula com cobre e Fe(II)/Fe(III) tem um potencial-padrão de 0,43 V.

A célula com prata e Fe(II)/Fe(III) tem um potencial-padrão de 0,03 V.

A célula com cobre e prata tem um potencial-padrão de 0,46 V.

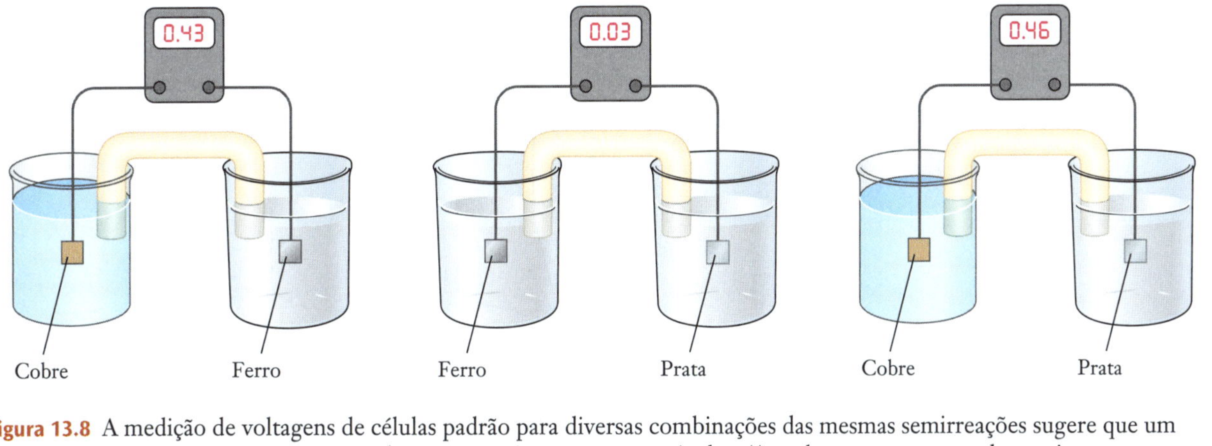

Figura 13.8 A medição de voltagens de células padrão para diversas combinações das mesmas semirreações sugere que um potencial característico possa ser associado a uma semirreação em particular. (As voltagens são mostradas aqui com menos algarismos significativos do que no texto.)

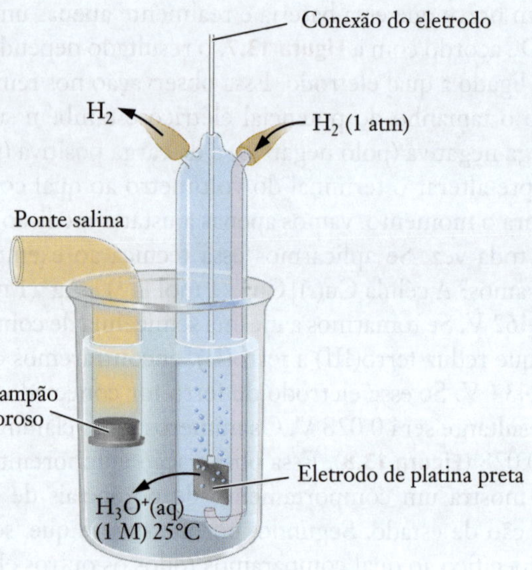

Figura 13.9 O eletrodo padrão de hidrogênio foi escolhido como o ponto de referência para a escala de potenciais padrão de redução, e a ele atribuiu-se um potencial de exatamente zero volt. Todos os outros potenciais de eletrodo são medidos em relação a esse padrão.

Podemos agora voltar à questão do sentido do potencial elétrico. Já estabelecemos o EPH em um potencial de 0,00 V e podemos especificar mais além nossas observações conectando sempre o EPH ao terminal positivo do voltímetro. Quando uma variedade de outros eletrodos está ligada ao terminal negativo do voltímetro, tanto valores positivos quanto negativos são observados. Qual é a conexão dessa afirmação com a química que está ocorrendo? O anodo é o sítio de oxidação, logo os elétrons são liberados ali. O anodo tem uma carga negativa em uma célula galvânica. Em um circuito elétrico que contém diversos componentes, o polo negativo de um componente é conectado ao polo positivo do componente seguinte. Portanto, se o anodo é conectado ao terminal positivo do voltímetro, o voltímetro mostra uma leitura positiva. Em contraste, os elétrons são consumidos na reação de redução, no catodo de uma célula galvânica. O catodo tem uma carga positiva. Se ele for conectado ao terminal positivo, violamos a convenção de fio de um circuito elétrico, e o voltímetro mostra uma voltagem negativa (**Figura 13.10**).

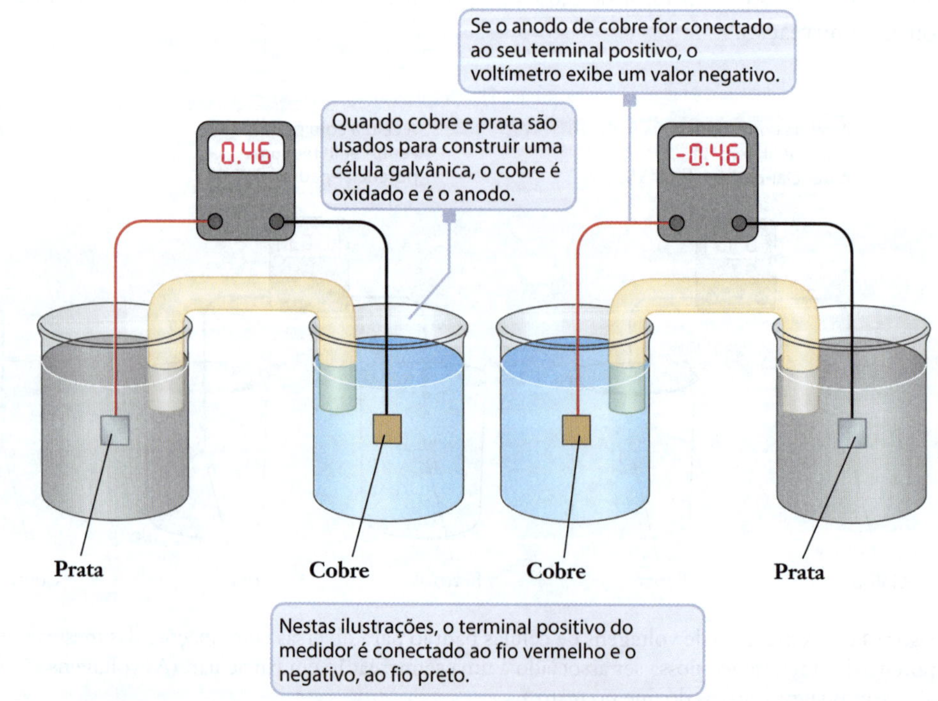

Figura 13.10 Do mesmo modo que uma bateria comercial, uma célula galvânica tem polaridade fixa. Os elétrons fluem através do circuito externo do anodo para o catodo. A inversão dos fios elétricos condutores do voltímetro altera o sinal da leitura, mas não influencia o fluxo da corrente.

Se aplicarmos esse raciocínio à medição de potenciais padrão, em que o eletrodo padrão de hidrogênio está sempre conectado ao terminal positivo, o sinal do potencial medido nos dirá sobre o sentido da reação redox. Quando o potencial da célula medido é positivo, o EPH é o anodo, e sabemos que o H_2 é oxidado em $H^+(aq)$:

$$H_2(g) \rightarrow 2\ H^+(aq) + 2\ e^-$$

Quando o potencial da célula é negativo, o EPH é o catodo, e H^+ é reduzido a H_2. Esse raciocínio nos permite usar medições eletroquímicas para avaliar a tendência de os materiais sofrerem oxidação ou redução.

Potenciais padrão de redução

Assim como alguns ácidos são mais fortes que outros, as forças de oxidação e de redução de diversos produtos químicos também têm uma faixa de valores. Para ajudar a organizar as tendências de oxidação-redução de espécies usadas em eletroquímica, todos os potenciais de semicélulas são tabulados como reduções. Desse modo, uma tabela de **potenciais padrão de redução** mostra o potencial de qualquer semirreação quando conectada a um EPH. Note que todos os eletrodos devem ser construídos para atender às condições de estados padrão, isto é, todos os materiais estão nos estados termodinâmicos padrão, as soluções têm uma concentração de 1 mol L^{-1}, e os gases têm pressão de 1 atm. Uma lista parcial de potenciais padrão de redução é dada na **Tabela 13.1**, e outra, mais extensa, aparece no Apêndice I. Vale a pena mencionar diversas características dessa tabela. Primeiro, apesar de as semirreações estarem todas listadas como reduções, uma semirreação em qualquer célula eletroquímica deve ser uma oxidação. Segundo, algumas semirreações têm potenciais positivos, ao passo que outras apresentam potenciais negativos. Lembre-se de que essas medições são feitas com o EPH conectado ao terminal positivo. Se a voltagem é positiva, o EPH é o anodo – o sítio de oxidação. Portanto, uma voltagem positiva no potencial padrão de redução significa que a semirreação se desenvolve como escrito (ocorre redução). Se o valor é negativo, a semirreação se desenvolve como uma oxidação quando conectada ao EPH, já que o EPH está servindo como o catodo (veja a Figura 13.10).

Essas observações têm implicações sobre a tendência para a oxidação e a redução dos produtos químicos envolvidos em uma semirreação. Um valor grande e positivo para o potencial padrão de redução implica que a substância é reduzida facilmente e é então um bom agente oxidante. De modo inverso, se um potencial de redução tem um valor relativamente grande e negativo, a reação se desenvolve facilmente ao contrário – a substância é oxidada. Assim, potenciais padrão de redução negativos identificam bons agentes de redução. O produto da semirreação como escrito na tabela é o agente redutor, já que a reação inversa é a oxidação. Em cada caso, a grandeza do valor é importante na decisão sobre o que é oxidado e o que é reduzido. *Em qualquer célula galvânica, a semirreação com o potencial de redução mais positivo será o catodo.* A relação entre o potencial padrão de redução e o sentido da reação redox pode ser imaginada se pensarmos nos potenciais de redução ao longo de um eixo, como demonstra a **Figura 13.11**. ▸

Tal sequência de reatividades baseada em potenciais padrão de redução é algumas vezes chamada série eletroquímica.

Com essas informações, podemos determinar o potencial padrão da célula para qualquer par de semirreações utilizando a equação:

$$E^\circ_{cel} = E^\circ_{red} - E^\circ_{ox} \tag{13.2}$$

Tabela ▪ 13.1 Alguns potenciais padrão de redução

Potenciais padrão de redução para diversas das semirreações envolvidas nas células abordadas no livro. Uma tabela mais extensa de potenciais aparece no Apêndice I

Semirreação	Potencial padrão de redução (V)
$Zn^{2+} + 2\ e^- \rightarrow Zn$	–0,763
$Fe^{2+} + 2\ e^- \rightarrow Fe$	–0,44
$2\ H^+ + 2\ e^- \rightarrow H_2$	0,000
$Cu^{2+} + 2\ e^- \rightarrow Cu$	+0,337
$Fe^{3+} + e^- \rightarrow Fe^{2+}$	+0,771
$Ag^+ + e^- \rightarrow Ag$	+0,7994

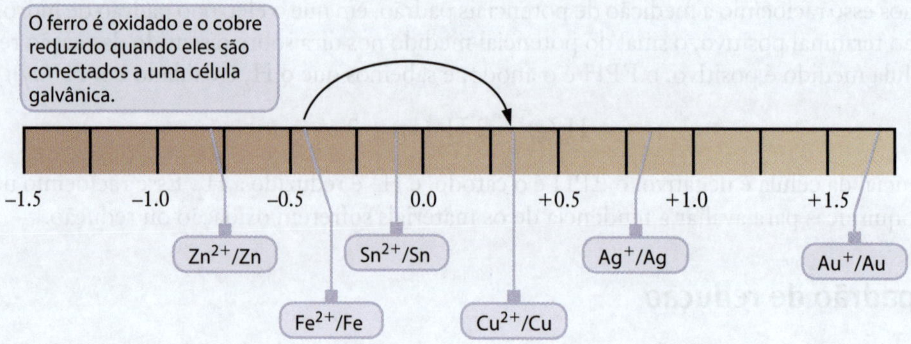

Figura 13.11 Se pensarmos em potenciais padrão de redução arranjados horizontalmente, como mostrado aqui, podemos facilmente identificar o anodo e o catodo em uma célula galvânica. Para qualquer par de eletrodos, o que aparece mais distante à esquerda em tal escala será o anodo, e o mais distante à direita será o catodo em uma célula galvânica.

$E°_{red}$ é o potencial padrão de redução do catodo, e $E°_{ox}$, o potencial padrão de redução do anodo. O sinal negativo é necessário porque a oxidação é o oposto do potencial de redução tabulado. O Problema-modelo 13.1 examina esse conceito no contexto de materiais importantes na corrosão galvânica.

PROBLEMA-MODELO ◀ 13.1

Cobre e ferro (em geral na forma de aço) são dois dos diversos metais usados em projetos de maquinário. (a) Por meio dos potenciais padrão de redução, identifique o anodo e o catodo e determine o potencial da célula para uma célula galvânica composta por cobre e ferro. Considere condições padrão. (b) Podemos também construir uma célula galvânica usando cobre e prata. Confirme que o potencial da seguinte célula galvânica é 0,462 V:

$$Cu(s)\,|\,Cu^{2+}(1\ mol\ L^{-1})\,||\,Ag^{+}(1\ mol\ L^{-1})\,|\,Ag(s)$$

Estratégia Devemos interpretar a natureza de um sistema eletroquímico com base nas informações disponíveis em uma tabela de potenciais padrão de redução. Com duas semirreações há apenas dois resultados possíveis – e um resultado produz um valor negativo para o potencial da célula. Uma vez que sabemos que uma célula galvânica não pode ter um valor negativo para $E°$, devemos determinar a combinação de semirreações que fornece um valor positivo para $E°$.

Solução

(a) Utilizando a Tabela 13.1, encontramos as duas semirreações a seguir:

$$Fe^{2+}(aq) + 2\ e^- \rightarrow Fe(s) \qquad E° = -0{,}44\ V$$

$$Cu^{2+}(aq) + 2\ e^- \rightarrow Cu(s) \qquad E° = 0{,}337\ V$$

O ferro deve ser oxidado para que uma combinação dessas duas semirreações forneça um potencial de célula positivo:

$$Fe(s) + Cu^{2+}(aq) \rightarrow Fe^{2+}(aq) + Cu(s) \qquad E°_{cel} = ?$$

Usando a Equação 13.2,

$$E°_{cel} = 0{,}337\ V - (-0{,}44\ V) = 0{,}78\ V$$

O cobre é o catodo nessa célula porque ele é reduzido; o ferro é o anodo porque ele é oxidado.

(b) Encontre as duas semirreações na Tabela 13.1:

$$Ag^{+}(aq) + e^- \rightarrow Ag(s) \qquad E° = 0{,}7994\ V$$

$$Cu^{2+}(aq) + 2\ e^- \rightarrow Cu(s) \qquad E° = 0{,}337\ V$$

A partir dos valores dos potenciais padrão de redução, podemos ver que o cobre é oxidado e a prata, reduzida. Usamos, então, a Equação 13.2 para encontrar o potencial da célula:

$$Cu(s) + 2\ Ag^{+}(aq) \rightarrow Cu^{2+}(aq) + 2\ Ag(s) \qquad E°_{cel} = 0{,}7994\ V - 0{,}337\ V = 0{,}462\ V$$

Analise sua resposta Ao calcularmos $E°$ para uma célula galvânica, a verificação mais simples da nossa resposta é nos certificarmos de que ela é positiva. Se obtivermos um valor positivo, então, desde que tenhamos começado dos potenciais de redução corretos, podemos estar confiantes de que fizemos a aritmética correta.

Discussão O cálculo do potencial da célula pode parecer mais complicado quando ambos os potenciais de redução são negativos. Se tivermos em mente que o potencial da célula global deve ser positivo para uma célula galvânica, apenas uma das duas opções estará correta, independentemente de quais valores sejam fornecidos.

Verifique seu entendimento Suponha que você queira fazer uma célula de 1,00 V usando cobre como um dos materiais do eletrodo. Dos eletrodos listados na Tabela 13.1, quais forneceriam um potencial da célula mais próximo a 1,00 V quando unido ao cobre? Qual é o anodo e qual é o catodo em sua célula?

POR DENTRO DE O problema-modelo 13.1a, no qual o cobre e o ferro são usados para construir uma célula eletroquímica, nos aponta a origem da corrosão galvânica. Até aqui, deduzimos que a separação dos eletrodos é algo cuidadosamente construído e alcançado por uma ponte salina. A decisão sobre qual eletrodo é o anodo e qual é o catodo e a identificação das reações celulares são tarefas relativamente simples. Porém, nas aplicações do mundo real, a separação pode ser muito mais sutil.

Como ponto de partida, vamos considerar a corrosão galvânica que pode ocorrer em uma junção entre materiais de cobre e ferro. A degradação resultante do ferro torna óbvio que ele age como o anodo, o que significa que o cobre deve ser o catodo. Mas o que está sendo reduzido? Acontece que duas reações estão envolvidas no catodo, e ambas envolvem a redução da água. Saber qual delas ocorrerá depende da quantidade de oxigênio presente na água e dos potenciais de célula. Se o cobre não está reagindo, será que é importante que o material seja o cobre? Se for a água que está realmente reagindo, o que aconteceria se algum outro metal, como o zinco, estivesse presente? Aqui os potenciais padrão de redução se tornam úteis.

Vamos adicionar a redução do zinco à lista de semirreações do Problema-modelo 13.1:

$$Fe^{2+}(aq) + 2\ e^{-} \rightarrow Fe(s) \qquad E° = -0{,}44\ V$$
$$Cu^{2+}(aq) + 2\ e^{-} \rightarrow Cu(s) \qquad E° = 0{,}34\ V$$
$$Zn^{2+}(aq) + 2\ e^{-} \rightarrow Zn(s) \qquad E° = -0{,}763\ V$$

Se o ferro é unido ao zinco em uma célula eletroquímica, qual eletrodo será o anodo? Aquele que é o mais negativo é sempre o anodo, nesse caso, o zinco. Portanto, se o zinco e o ferro estão ambos presentes, o ferro não se corrói porque o zinco serve como o anodo. O cobre, no entanto, é um agente oxidante melhor que o ferro, logo o ferro em contato com o cobre irá corroer-se via corrosão galvânica. O fato de o zinco poder impedir a corrosão fornece um método comum de proteger o ferro. O **aço galvanizado** inclui uma fina camada de zinco como revestimento, tornando-o notavelmente menos propenso à ferrugem. ▸

A indústria de eletrogalvanização é construída a partir da ideia de que os revestimentos metálicos em objetos podem fornecer propriedades úteis, incluindo a resistência à corrosão.

Proteção catódica

O fato de alguns materiais serem mais facilmente oxidados que o ferro fornece um meio de construir as condições para a corrosão galvânica intencionalmente para proteger o ferro. Se escolhermos um metal, como o magnésio, cujo potencial de redução é mais negativo que o do ferro, o magnésio é oxidado e o ferro, reduzido:

$$Fe^{2+} + 2\ e^{-} \rightarrow Fe \qquad E° = -0{,}41\ V$$
$$Mg^{2+} + 2\ e^{-} \rightarrow Mg \qquad E° = -2{,}39\ V$$

Se desejarmos prevenir a corrosão do ferro, podemos usar um pedaço de magnésio como um **anodo de sacrifício**. A conexão do pedaço de magnésio ao ferro força o ferro a ser o catodo, prevenindo, assim, a oxidação do ferro. Esse

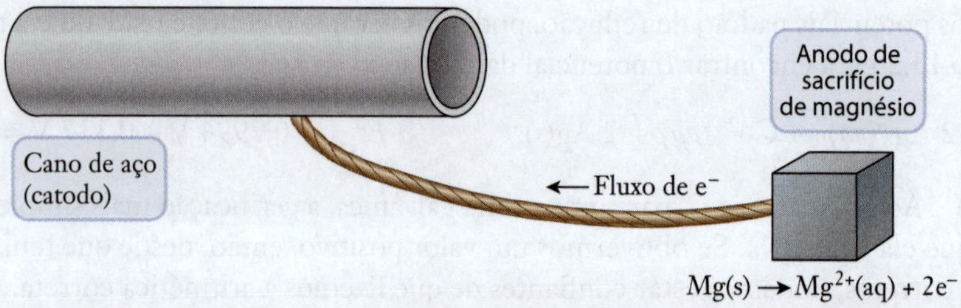

Figura 13.12 Os anodos de sacrifício são um método efetivo de prevenção à corrosão. Um cano de ferro ou aço não protegido enterrado no solo estaria em grande risco de corrosão. Conectando-se o cano enterrado a um metal como o magnésio, o qual é oxidado mais facilmente, uma célula galvânica é criada com o cano como o catodo. No caso de um cano enterrado, o próprio solo serve como o eletrólito. O anodo é chamado "de sacrifício" porque será corroído com o tempo. Porém, a substituição do anodo – o qual pode ser nada mais que um bloco ou uma estaca de metal – é bem mais fácil do que a do cano enterrado.

processo é chamado **proteção catódica**. Ao fazermos do ferro um catodo, certificamo-nos de que não pode ser um anodo e, portanto, não sofrerá corrosão. Para ser efetivo, o anodo de sacrifício deve ser substituído periodicamente, mas esse método tem muitas utilidades, como a proteção de encanamentos de ferro e aço (**Figura 13.12**).

Condições não padrão

Um pensamento que você pode ter sobre a corrosão é que não podemos esperar condições padrão em aplicações do mundo real. O que devemos fazer para explicar as diferenças que surgem quando as condições padrão não estão presentes? Essa é uma questão muito importante, claramente vinculada à termodinâmica. A equação que descreve potenciais de célula sob condições não padrão é chamada **equação de Nernst**:

$$E = E° - \frac{RT}{nF} \ln Q \tag{13.3}$$

Aqui, Q é o quociente de reação com o qual trabalhamos no Capítulo 12: uma razão entre as concentrações dos reagentes e produtos, cada um elevado à potência de seus coeficientes estequiométricos. Assim, para a reação genérica

$$a\,\mathrm{A} + b\,\mathrm{B} \rightleftarrows c\,\mathrm{C} + d\,\mathrm{D}$$

$$Q = \frac{[\mathrm{C}]^c[\mathrm{D}]^d}{[\mathrm{A}]^a[\mathrm{B}]^b} \tag{13.4}$$

Na Equação 13.3, n é o número de elétrons transferidos na reação redox. A **constante de Faraday (*F*)**, que recebeu este nome em homenagem a Michael Faraday, tem o valor de 96.485 J V^{-1} mol^{-1} ou 96.485 C mol^{-1}. (Lembre-se de que 1 J = 1 C V.) ◂ A Equação 13.3 se assemelha à Equação 12.7, a qual usamos para deduzir a relação entre $\Delta G°$ e a constante de equilíbrio. Podemos aplicar a equação de Nernst para estimar o potencial eletroquímico do sistema na corrosão do aço em concentrações mais realísticas. O Problema-modelo 13.2 explora o uso da equação de Nernst em uma célula eletroquímica que exibe corrosão.

Faraday é responsável por muitas das terminologias de eletroquínica. Seguindo o aconselhamento de um amigo linguista (Willian Whewell), ele abandonou ideias como "eletrodo do leste" e "eletrodo do oeste" e ficou com catodo e anodo.

POR DENTRO DE

PROBLEMA-MODELO ◂ 13.2

Suponha que você trabalhe para uma companhia que projeta os mecanismos acionadores para grandes navios. Os materiais nesse mecanismo irão obviamente entrar em contato com ambientes que intensificam a corrosão. Para calcular as dificuldades que a corrosão poderia causar, você decide construir uma célula eletroquímica-modelo usando concentrações de eletrólito que poderiam estar presentes em seu sistema quando estiver funcionando. Suponha que você tenha uma célula com uma concentração de ferro(II) de 0,015 mol L^{-1} e uma concentração de H^+

de $1,0 \times 10^{-3}$ mol L^{-1}. A temperatura da célula é de 38°C, e a pressão do gás hidrogênio é mantida a 0,04 atm. Qual seria o potencial da célula sob essas condições?

Estratégia Este problema define condições não padrão que devem ser tratadas com o uso da equação de Nernst. Praticamente, sempre que forem fornecidas concentrações de eletrólitos presentes em uma célula (diferente de 1 mol L^{-1}), você precisará dessa equação. Este problema também apresenta o desafio de identificar as reações envolvidas. O ferro será o anodo, mas precisaremos examinar de perto a tabela de potenciais padrão de redução para identificar a possível reação do catodo. A suspeita mais provável é a redução de H^+ em H_2. Uma vez que conhecemos as duas semirreações, podemos calcular o potencial padrão da célula para preencher a equação de Nernst com os valores adequados.

Solução

Reação do anodo: $Fe^{2+}(aq) + 2\ e^- \rightarrow Fe(s)$ $\qquad E° = -0,44$ V

Reação do catodo: $2\ H^+(aq) + 2e^- \rightarrow H_2(g)$ $\qquad E° = 0,00$ V

Essas reações nos apontam dois aspectos: primeiro, o potencial padrão da célula será

$$E° = 0,00\ V - (-0,44\ V) = 0,44\ V$$

Segundo, há dois elétrons transferidos na reação redox global:

$$Fe(s) + 2\ H^+(aq) \rightarrow H_2(g) + Fe^{2+}(aq)$$

Esses aspectos, mais os valores dados no problema e aqueles das constantes nos permitem usar a equação de Nernst para encontrarmos o potencial da célula:

$$E = 0,44\ V - \frac{(8,314\ J\ mol^{-1}K^{-1} \times 311\ K)}{(2 \times 96.485\ J\ V^{-1}mol^{-1})} \ln\left[\frac{(0,015)(0,04)}{(0,0010)^2}\right] = 0,35\ V$$

Discussão A correção feita no potencial da célula é bem pequena, apesar de estarmos distantes das condições padrão. Mas o que acontece quando a reação se desenvolve? A concentração de H^+ diminui e a do Fe^{2+} aumenta. Portanto, o potencial não é uma constante – ln Q se torna maior (um número menor no denominador, maior no numerador), até que o potencial chegue a zero (ao menos em princípio). Logo podemos ver que ele pode ser vital para responder a condições não padrão para aplicações fora do laboratório.

Verifique seu entendimento Suponha que você queira construir uma célula galvânica a partir de níquel e cádmio para um projeto de química. Você toma todas as precauções necessárias para lidar com um metal tóxico e pesado como o cádmio e decide utilizar uma solução de 0,01 mol L^{-1} de nitrato de cádmio como um dos eletrólitos. Se você precisa de um potencial da célula de 0,17 V para esse sistema, qual concentração de $NiCl_2$ deverá utilizar? (Para um projeto de pesquisa de seguimento na internet, compare este sistema níquel-cádmio com aquele usado em uma bateria de Ni-Cd comercial.)

13.4 Potenciais da célula e equilíbrio

Diversos metais são encontrados na natureza como minérios de óxido. Dois minérios de ferro comuns são a hematita, Fe_2O_3, e magnetita, Fe_3O_4. A lavra de metal de ferro a partir de seus óxidos no processo de refino requer grande quantidade de energia. No processo de conversão de um óxido em um elemento puro, a entropia do sistema diminui. O resultado é que o refino *não* é um processo espontâneo; a variação de energia livre no processo de refino é positiva.

A corrosão pode ser pensada como o inverso do processo de refino de um metal. Quando um metal corrói, ele está voltando a seu estado natural (oxidado), o que faz espontaneamente. Se colocarmos um prego de ferro em uma solução de água salgada aerada, sabemos que observaremos a formação de ferrugem. Com base em nossa experiência do Capítulo 10, a variação em energia livre para esse processo deve ser negativa. Podemos determinar a variação de energia livre na corrosão ou na operação de uma célula galvânica?

Potenciais da célula e energia livre

Lembre-se de que a energia livre está relacionada à quantidade máxima possível de trabalho que pode ser realizado pelo sistema. No caso de uma célula galvânica, o trabalho realizado é o elétrico, logo podemos determinar a relação entre energia livre e o potencial da célula como

$$\Delta G° = -nFE° \tag{13.5}$$

Aqui substituímos a carga, q, da Equação 13.1 por nF porque em geral podemos determinar quantidade de matéria mais facilmente do que carga em um problema químico. O sinal negativo é necessário devido às nossas convenções de sinais. Uma célula galvânica sempre tem um potencial de célula positivo, logo todos os três termos à direita são positivos. A reação da célula é espontânea, logo $\Delta G°$ deve ser negativo, como requerido para qualquer processo espontâneo. Essa equação nos permite calcular a variação da energia livre padrão para uma reação eletroquímica, desde que possamos consultar os potenciais padrão de redução. O Problema-modelo 13.3 mostra como isso funciona.

POR DENTRO DE

PROBLEMA-MODELO ◀ 13.3

Suponha que queiramos estudar a possível corrosão galvânica entre zinco e cromo, então construímos a seguinte célula

$$\mathrm{Cr}(s)\,|\,\mathrm{Cr^{2+}}(aq)\,||\,\mathrm{Zn^{2+}}(aq)\,|\,\mathrm{Zn}(s)$$

Qual reação química ocorre e qual é a variação de energia livre padrão para essa reação?

Estratégia Para calcularmos a variação de energia livre, devemos saber duas coisas: o potencial da célula e o número de elétrons transferidos na reação. Então, podemos apenas usar esses valores na Equação 13.5 para obtermos a variação de energia livre.

Solução Primeiro, precisamos da equação química balanceada que, nesse caso, pode ser escrita imediatamente, já que dois elétrons são transferidos em cada semirreação ($n = 2$):

$$\mathrm{Zn^{2+}}(aq) + \mathrm{Cr}(s) \rightarrow \mathrm{Cr^{2+}}(aq) + \mathrm{Zn}(s)$$

Agora, se consultarmos os potenciais padrão de redução, encontraremos

$$\mathrm{Zn^{2+}}(aq) + 2\,\mathrm{e^-} \rightarrow \mathrm{Zn}(s) \qquad E° = -0{,}763\ \mathrm{V}$$
$$\mathrm{Cr^{2+}}(aq) + 2\,\mathrm{e^-} \rightarrow \mathrm{Cr}(s) \qquad E° = -0{,}910\ \mathrm{V}$$

De acordo com a Equação 13.2, o potencial da célula é:

$$E°_{\mathrm{cel}} = -0{,}763\ \mathrm{V} - (-0{,}910\ \mathrm{V}) = 0{,}147\ \mathrm{V}$$

Inserindo isso na Equação 13.5,

$$\Delta G° = -nFE° = -2\ \mathrm{mol} \times 96{,}485\ \mathrm{J\ V^{-1}mol^{-1}} \times 0{,}147\ \mathrm{V}$$
$$= -2{,}84 \times 10^4\ \mathrm{J} = -28{,}4\ \mathrm{kJ}$$

Discussão O erro mais comum que os estudantes cometem nesse tipo de problema é o de não incluir n, o número de elétrons transferidos. Lembre-se de que, mesmo se você tiver de multiplicar uma equação química que representa a reação dada no potencial padrão de redução por algum valor para combinar com o número de elétrons entre oxidação e redução, você *não* multiplica o potencial padrão de redução. Os potenciais de redução não são como grandezas termoquímicas nesse caso.

Verifique seu entendimento Se essa reação pudesse ser revertida, qual seria o valor da variação de energia livre? O que esse valor lhe informa sobre a espontaneidade do processo reverso?

POR DENTRO DE Como podemos compreender a espontaneidade de corrosão usando esse tipo de cálculo? O que devemos fazer é identificar as semirreações envolvidas e imaginá-las como uma célula galvânica. Então, o potencial dessa célula imaginária nos informa a variação da energia livre padrão da reação de corrosão. Vamos retornar à ferrugem do ferro em água aerada, que é claramente o exemplo mais comum de corrosão. O ferro é inicialmente oxidado a seu estado 2+, e o oxigênio na água realiza a redução necessária. Logo, temos as seguintes semirreações: ▸

O processo de ferrugem é mais complicado que essas semirreações sugerem, logo devemos considerar nosso resultado como uma aproximação grosseira da variação de energia livre.

$$2\,H_2O + O_2 + 4e^- \rightarrow 4OH^- \qquad E° = 0{,}40\ V$$
$$Fe^{2+} + 2\,e^- \rightarrow Fe \qquad E° = -0{,}44\ V$$

O potencial de uma célula galvânica compreendendo essas duas reações de eletrodo seria 0,84 V logo a variação de energia livre $\Delta G° = -320$ kJ. Esse valor grande e negativo nos informa que o equilíbrio favorece fortemente a oxidação do ferro metálico.

Constantes de equilíbrio

Também aprendemos no Capítulo 12 que o $\Delta G°$ está relacionado à constante de equilíbrio, *K*, pela Equação 12.7: $\Delta G° = -RT \ln K$. Substituindo o lado direito dessa equação pelo $\Delta G°$ como dado na Equação 13.5, podemos obter uma relação entre o potencial da célula e a constante de equilíbrio:

$$E° = \frac{RT}{nF} \ln K \qquad (13.6)$$

Aqui dividimos os dois lados da equação por nF para isolar o potencial da célula na equação. Essa equação também lembra a equação de Nernst (Equação 13.4), e é fácil ver como surge. No equilíbrio, a variação de energia livre é zero e o quociente da reação, *Q*, é igual à constante de equilíbrio, *K*.

Podemos ter uma importante percepção sobre as reações eletroquímicas em geral e sobre a corrosão em particular substituindo o logaritmo natural pelo log (base 10) comum para obtermos uma forma um pouco diferente da Equação 13.6:

$$E° = \frac{2{,}303\ RT}{nF} \log K \qquad (13.7)$$

O fator de 2,303 é o resultado da conversão da função do log natural em log comum: ln (10) = 2,303. Essa conversão para a função de log na base 10 nos permite pensar em ordens de grandeza. Tanto *R* quanto *F* são constantes, desse modo podemos simplificar a Equação 13.7, absorvendo seus valores no termo numérico. Uma vez que estamos mais frequentemente interessados em experimentos realizados na temperatura padrão de 25°C (298K), podemos inserir aquele valor também. (É claro que a versão resultante da equação estará correta *apenas* nesta temperatura.)

$$E° = \frac{0{,}0592\ V}{n} \log K$$ ▸

Essa forma da Equação 13.7 é válida apenas a 25 °C.

Se escolhermos uma reação eletroquímica que transfere somente um elétron a um potencial de 1,0 V e determinarmos o valor de *K*, obteremos:

$$K = 10^{\frac{(1)(1{,}0\ V)}{0{,}0592\ V}} = 7{,}8 \times 10^{16}$$

Assim, um potencial de célula modesto de apenas 1 V resulta em um valor bem grande para *K*, mesmo quando apenas um elétron é transferido. Lembre-se de que valores grandes de *K* indicam que o equilíbrio favorece fortemente os produtos. Na corrosão, é bem comum haver reações transferindo dois, três ou quatro elétrons, o que tenderá a tornar o valor de *K* ainda maior. Isso está ilustrado na **Figura 13.13**. O eixo vertical no gráfico da figura é o log da constante de equilíbrio, (log *K*), portanto um aumento de 20, por exemplo, é na realidade um aumento de 10^{20} em

Figura 13.13 Variação da constante de equilíbrio em relação ao potencial da célula. As linhas diferentes correspondem a reações que envolvem a transferência de um, dois ou três elétrons, como indicado.

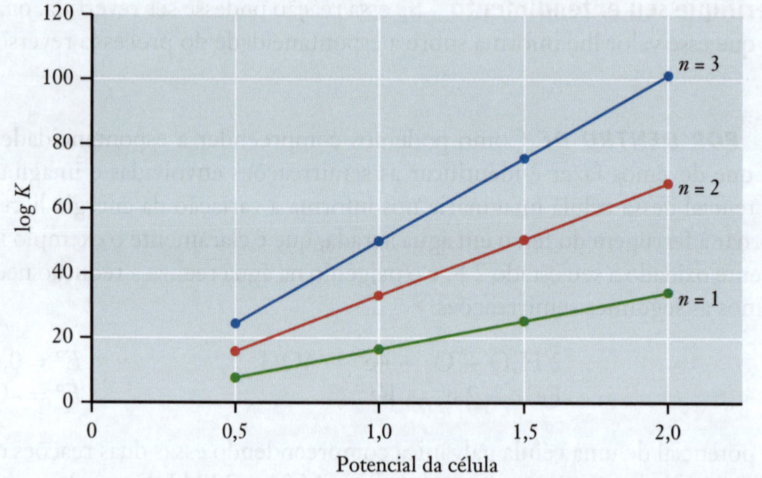

K. Perceba como um potencial da célula maior ou um número maior de elétrons transferidos rapidamente empurra a constante de equilíbrio para valores grandes, indicando reações que tendem a prosseguir fortemente no sentido dos produtos. Da perspectiva do equilíbrio, a corrosão favorece muito a formação de produtos de óxido metálico.

13.5 Baterias

A tendência de diversas reações eletroquímicas para se moverem no sentido da completa formação de produtos apresenta desafio significativo no caso da corrosão, mas também fornece oportunidades para a utilização dessas reações de modo positivo. O exemplo mais familiar disso é a **bateria**, uma célula ou série de células que gera corrente elétrica. As baterias são compostas por diversos materiais diferentes e têm diversas utilidades, mas todas apresentam uma propriedade em comum – fornecem um meio pelo qual aproveitamos o trabalho elétrico de uma célula galvânica e o utilizamos produtivamente.

Alessandro Volta, em homenagem a quem foi criado o nome volt, foi a primeira pessoa a perceber que as diferenças nas reatividades químicas dos metais poderiam ser usadas para gerar eletricidade. O trabalho dele foi precursor para o desenvolvimento da bateria.

As baterias são algumas vezes classificadas como "primárias" ou "secundárias". Uma **célula primária** como a típica pilha alcalina torna-se inútil assim que a reação química fundamental chega ao final. A vida útil da pilha é determinada pelas quantidades de reagentes presentes, portanto uma pilha D grande duraria mais que uma menor AA na mesma aplicação. A pilha "morre" quando os reagentes foram convertidos em produtos, trazendo a reação para o fim. Na prática, produção de voltagem de uma bateria normalmente começa a diminuir próximo ao fim da sua vida útil e a célula em geral falhará antes que os reagentes tenham sido completamente consumidos.

Uma **célula secundária** é aquela que pode ser recarregada, permitindo um ciclo de vida mais longo. Para fabricar bateria recarregável, temos de ser capazes de reverter a reação redox, convertendo os produtos de volta em reagentes. Uma vez que sabemos que a reação deve ser exotérmica para fornecer energia, podemos então perceber que a reação inversa deve ser endotérmica. Portanto, será necessária alguma fonte de energia externa para "empurrar" a reação de volta no sentido dos reagentes. Esse é o papel de um carregador de bateria, que normalmente usa a energia elétrica de outra fonte para dirigir a reação redox no sentido de "subida de montanha" energética. A questão de determinada reação poder ou não se tornar reversível dessa forma determina se um tipo específico de bateria pode ser facilmente recarregado.

Para desenvolvermos essas ideias um pouco mais, examinemos mais de perto a química e a engenharia envolvida em alguns tipos comuns de bateria.

Células primárias

O tipo mais corrente de bateria primária em uso hoje é a **pilha alcalina**. Lanternas quase sempre se apoiam em pilhas alcalinas, e muitos brinquedos, rádios e outros dispositivos também as utilizam. O uso difundido dessas baterias leva à competição acirrada entre os fabricantes, como evidenciado pelo número de comerciais de televisão de marcas específicas. Ainda assim, além de alguns detalhes de engenharia menos importantes, essa pilhas alcalinas se baseiam todas na mesma química.

O anodo em uma pilha alcalina é um eletrodo de zinco, e a semirreação de oxidação pode ser escrita:

$$Zn(s) + 2\ OH^-(aq) \rightarrow Zn(OH)_2(s) + 2\ e^-$$

O catodo é derivado do óxido de manganês(IV), e a semirreação é

$$2\ MnO_2(s) + H_2O(\ell) + 2\ e^- \rightarrow Mn_2O_3(s) + 2\ OH^-(aq)$$

Podemos combinar essas duas semirreações para produzir uma equação líquida que representa a química de uma pilha alcalina de célula seca.

$$Zn(s) + 2\ MnO_2(s) + H_2O(\ell) \rightarrow Zn(OH)_2(s) + Mn_2O_3(s)$$

As características de projeto essenciais de uma pilha alcalina estão na **Figura 13.14**. O eletrólito utilizado é o KOH, mas, em vez de dissolver o eletrólito em água líquida, ele está na forma de pasta ou gel – daí o termo *célula seca*. O MnO_2 para o catodo é misturado com grafite para aumentar a condutividade. O anodo é uma pasta que contém zinco em pó. (A pulverização do zinco aumenta a área superficial e melhora a performance.) O estojo da bateria também é importante no projeto. Os elétrons gerados por oxidação são "coletados" por uma peça de latão revestido de estanho conectado à base do estojo da bateria. O restante do estojo da bateria está em contato com o catodo, mas uma protrusão na parte de cima permite que o consumidor identifique o terminal positivo. Todos esses elementos de projeto são utilizados para facilitar a química existente que dá energia à bateria.

Outras células primárias são também utilizadas como baterias para determinadas aplicações. Em alguns casos, a bateria deve ser bem pequena. Para um dispositivo médico, como um marca-passo cardiológico, uma bateria não deve ser apenas pequena, mas também de longa duração. As **baterias de lítio** vieram para cumprir esse papel. ▸ No tipo mais comum de bateria de lítio, mostrado na **Figura 13.15**, o lítio metálico é o anodo:

Essas baterias de lítio são distintas das recarregáveis de íon lítio, abordadas na Seção 13-8.

$$Li(s) \rightarrow Li^+ + e^-$$

Como na pilha alcalina, o catodo usa óxido de manganês(IV). Mas nesse caso o MnO_2 reage com os íons lítio:

$$MnO_2(s) + Li^+ + e^- \rightarrow LiMnO_2$$

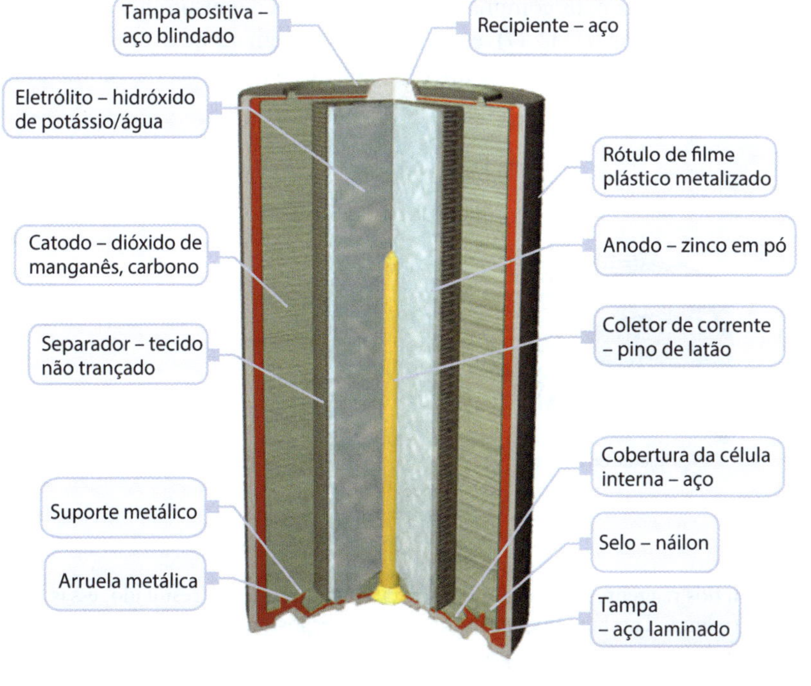

Figura 13.14 Construção de uma pilha alcalina típica.

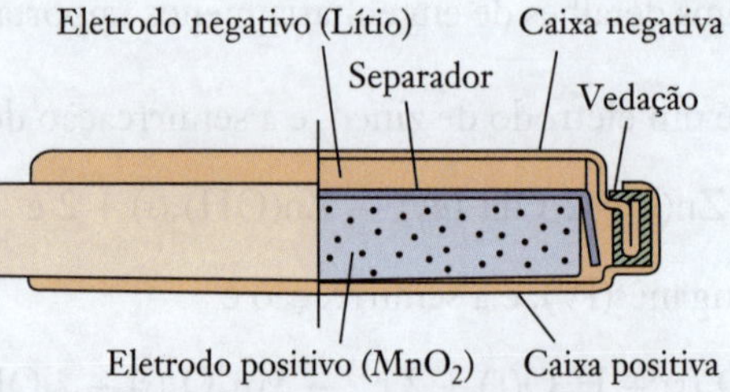

Figura 13.15 A bateria de lítio mostrada aqui tem uma potência de voltagem que é extremamente estável por longo tempo. Essas baterias são em geral utilizadas em aparelhos nos quais trocas frequentes de bateria significariam um transtorno ou um risco.

Nessa semirreação, o manganês(IV) é reduzido a manganês(III). A reação global de célula é consequentemente:

$$Li(s) + MnO_2(s) \rightarrow LiMnO_2(s)$$

O eletrólito é um sal de lítio dissolvido em solvente orgânico, que pode se difundir através do separador de polipropileno. Toda a bateria está incluída em uma caixa do tipo de botão. A característica importante dessa bateria é que ela fornece uma corrente estável e potencial elétrico por longos períodos, apesar de seu pequeno tamanho.

Outra célula interessante com um anodo de zinco é a **bateria de zinco-ar**, representada na **Figura 13.16**. Essas baterias são vendidas como de utilização única, produtos de longa duração para uso emergencial em telefones celulares. A reação do catodo nessa bateria é

$$Zn(s) + 2\ OH^-(aq) \rightarrow Zn(OH)_2(s) + 2\ e^-$$

No catodo, o oxigênio do ar é reduzido:

$$\frac{1}{2}O_2(g) + H_2O(\ell) + 2\ e^- \rightarrow 2\ OH^-$$

Com uma porção significativa do material de trabalho obtido do ar circundante, as perspectivas para as pilhas alcalinas leves de zinco-ar são intrigantes. Há, no entanto, obstáculos para o uso difundido dessa tecnologia, uma vez que fatores ambientais, como a umidade, afetam sua performance.

Células secundárias

As baterias recarregáveis estão se tornando cada vez mais comuns em produtos para o consumidor.

As **baterias de níquel-hidreto metálico** (**Figura 13.17**) estão disponíveis em muitos tamanhos padrão e podem ser usadas para substituir as pilhas alcalinas em muitas aplicações. Versões maiores servem como as baterias

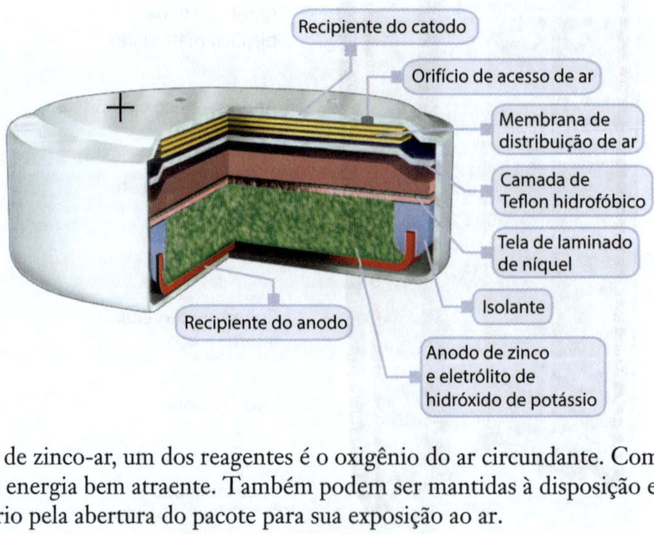

Figura 13.16 Em uma bateria de zinco-ar, um dos reagentes é o oxigênio do ar circundante. Como resultado, essas baterias podem oferecer densidade de energia bem atraente. Também podem ser mantidas à disposição em pacotes lacrados e "carregadas" quando necessário pela abertura do pacote para sua exposição ao ar.

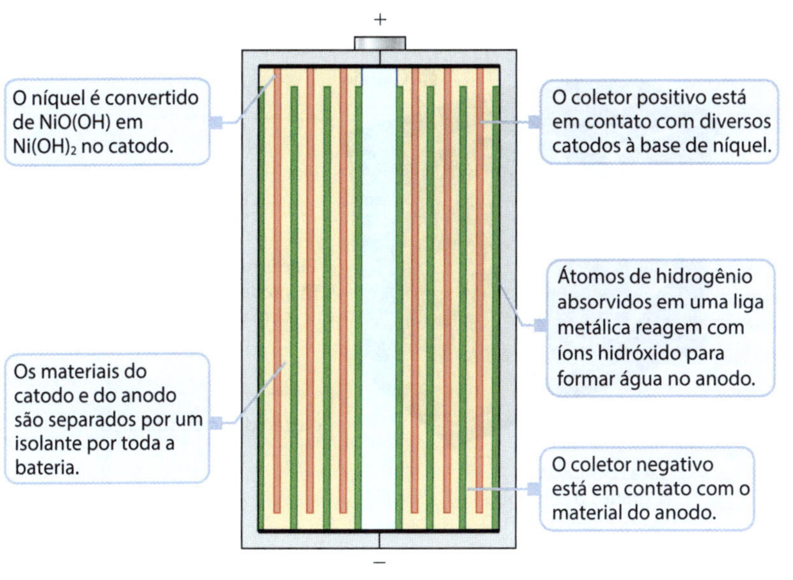

Figura 13.17 Baterias de níquel-hidreto metálico têm se tornado populares como células recarregáveis e podem ser usadas no lugar das pilhas alcalinas em muitas aplicações.

principais em carros híbridos como o Toyota Prius. Nessa bateria, a reação do catodo é complexa, mas é mais bem representada pela equação

$$NiO(OH)(s) + H_2O(\ell) + e^- \rightarrow Ni(OH)_2(s) + OH^-(aq)$$

A reação do anodo é

$$MH(s) + OH^-(aq) \rightarrow M + H_2O(\ell) + e^-$$

onde M representa qualquer metal ou liga metálica. Algumas das ligas usadas em baterias de níquel-hidreto metálico contêm sete metais diferentes. A razão para o forte desempenho dessas ligas ainda não é bem entendida e é uma área de pesquisa ativa.

Apesar de essas baterias serem importantes por sua utilidade em eletrônicos pessoais, não são as baterias recarregáveis mais largamente vendidas. Essa distinção ainda vem da bateria de armazenamento de chumbo em automóveis, que têm utilizado a mesma tecnologia por cerca de 100 anos. ▸ A reação do anodo nessa bateria é

As baterias de armazenamento de chumbo respondem por 88% de todo o chumbo consumido anualmente nos Estados Unidos.

$$Pb(s) + HSO_4^-(aq) \rightarrow PbSO_4(s) + H^+(aq) + 2\ e^-$$

e a reação do catodo é

$$PbO_2(s) + 3\ H^+(aq) + HSO_4^-(aq) + 2\ e^- \rightarrow PbSO_4(s) + 2\ H_2O(\ell)$$

Embora essas equações não mostrem explicitamente, o eletrólito para essa bateria é o ácido sulfúrico. Podemos deduzir isso pela presença de íons hidrogenosulfato (HSO_4^-) nas equações; o íon sulfato é convertido em HSO_4^- sob as condições altamente ácidas da bateria. Por causa da importância do ácido sulfúrico nessas baterias, elas são às vezes chamadas **baterias de armazenamento de chumbo-ácido**.

A célula designada pelas reações apresentadas anteriormente gera um potencial de aproximadamente 2,0 V. Assim, para obtermos uma bateria de automóvel padrão de 12 V, precisaremos de seis células ligadas em série, para que suas voltagens sejam aditivas. A **Figura 13.18** mostra um diagrama de bateria de armazenamento de chumbo. Essas baterias são recarregáveis porque o produto sulfato de chumbo tende a aderir às superfícies do eletrodo. A passagem da corrente elétrica (obtida do alternador do automóvel) para conduzir as reações redox no sentido não espontâneo recarrega a bateria. A condução das reações em uma bateria no sentido inverso para recarregá-la algumas vezes requer voltagem maior que a de descarga para certificar que todas as espécies químicas retornem a seus estados originais. Quando a bateria experimenta choques mecânicos de impactos e dissonância durante o uso normal de um carro, o sulfato de chumbo decai dos eletrodos. Por fim, a bateria não pode mais ser recarregada e deve ser substituída.

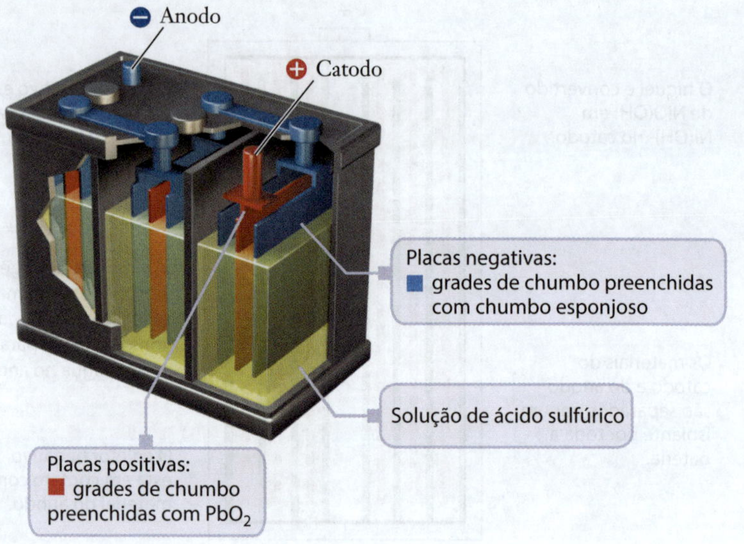

Figura 13.18 A bateria de armazenamento chumbo-ácido consiste em anodos de Pb se alternando com catodos de PbO_2, todos imersos em ácido sulfúrico. Apesar de a química essencial ter permanecido a mesma por muitos anos, os avanços na engenharia melhoraram significativamente a vida útil e a confiabilidade da bateria de chumbo-ácido moderna.

Têm sido introduzidos muitos tipos de baterias nos últimos anos, à medida que crescem as demandas de energia para dispositivos eletrônicos como celulares, tocadores de música e *notebooks*. Quais fatores influenciam na escolha dos tipos de bateria para uma aplicação específica? Uma das mais importantes considerações é a densidade de energia, exatamente como abordamos anteriormente para os combustíveis no Capítulo 9. A **Tabela 13.2** resume as características e usos típicos de vários tipos de baterias.

Os fabricantes de baterias normalmente relatam as densidades de energia em unidades de W h kg^{-1}. Uma vez que um watt é 1 J s^{-1} e uma hora tem 3.600 s, 1 Wh = 3.600 J. O custo também tem papel importante na escolha de um tipo de bateria. Embora muitas pessoas possam estar dispostas a pagar centenas de dólares por uma boa bateria para um *notebook* caro, você provavelmente não quer a mesma bateria para dispositivos menos caros ou menos importantes. Os consumidores estão muito mais dispostos a pagar mais por baterias recarregáveis para itens que eles sabem que precisarão de novas baterias com mais frequência devido ao alto consumo de energia, pois antecipam economias de custo ao longo do tempo.

Tabela ▪ 13.2 Baterias primárias e recarregáveis

Comparação de algumas características de tipos de baterias primárias comuns e recarregáveis

Comparação de bateria primária			
Característica	**Zinco-ar**	**Alcalina**	**Lítio**
Densidade de energia	Alta	Média	Alta
Armazenamento de energia	Alto	Médio	Médio
Custo	Baixo	Baixo	Alto
Segurança	Alta	Alta	Média
Comparação de bateria recarregável			
Característica	**Chumbo-ácido**	**Níquel-hidreto metálico**	**Íon lítio**
Densidade de energia	Baixa	Média	Alta
Armazenamento de energia	Médio	Médio	Médio
Vida do ciclo	Alta	Alta	Alta
Custo	Baixo	Médio	Alto
Segurança	Alta	Alta	Média

Células de combustível

Uma **célula de combustível** é voltaica quando os reagentes podem ser fornecidos continuamente e os produtos da reação da célula são continuamente removidos. Como uma bateria, usa uma reação química para produzir energia elétrica. Mas diferentemente de uma bateria, pode ser reabastecida em base contínua. As células de combustível mais comuns são baseadas na reação do hidrogênio e oxigênio para produzir água. O hidrogênio gasoso flui para o compartimento do anodo e o oxigênio gasoso flui para o compartimento do catodo. Os eletrodos em cada compartimento em geral são carbono poroso, impregnado com um catalisador de platina. O oxigênio é reduzido no catodo:

$$O_2 + 4\,H^+ + 4\,e^- \rightarrow 2\,H_2O$$

O hidrogênio é oxidado no anodo:

$$H_2 \rightarrow 2\,H^+ + 2\,e^-$$

Exatamente como em outras células voltaicas, as duas semirreações estão separadas fisicamente. Os elétrons fluem do anodo para o catodo através de um circuito externo, enquanto os prótons passam através de membrana especial trocadora de próton separando os dois compartimentos de eletrodo.

A reação total da célula é apenas a combustão de hidrogênio e oxigênio para formar água:

$$2\,H_2 + O_2 \rightarrow 2\,H_2O$$

Observamos no Capítulo 3 que essa reação pode produzir uma explosão, portanto pode liberar quantidades significativas de energia. O fato de seus reagentes e produtos serem substâncias comuns ambientalmente benignas é também vantajoso. As células de combustível usando combustíveis alternativos como o metanol ou metano em vez do hidrogênio também estão sendo exploradas.

As células de combustível são utilizadas em uma variedade de aplicações especializadas, incluindo instrumentação de fornecimento de energia em aeronaves. Estão em andamento consideráveis esforços de pesquisa visando a produção de células de combustíveis para dispositivos eletrônicos ao consumidor como *notebooks*. ▸ Desafios significativos no projeto de células de combustível surgem do fato de que os reagentes são em geral gases e consequentemente têm densidade de energia mais baixa que os sólidos e líquidos encontrados em baterias tradicionais. A necessidade de catalisadores de metais preciosos nos eletrodos é também desvantagem porque tais catalisadores elevam o custo da célula de combustível.

A pesquisa em bateria tem sido importante há anos na indústria dos Estados Unidos. Thomas Edison tinha 147 patentes em tecnologia de bateria.

Limitações das baterias

POR DENTRO DE A indústria de baterias é muito importante, e as empresas desse negócio realizam pesquisas consideráveis em tecnologia relevante. Baterias de mais longa duração, com melhor desempenho ou mais leves podem ser vendidas a preço mais elevado por sua maior qualidade. Com exceção do gasto de materiais que compõem os catodos ou anodos, a próxima causa química mais comum para a perda de desempenho de uma bateria é a corrosão. Talvez você já tenha se esquecido de remover as pilhas de um rádio ou lanterna que não utilizou por muitos meses. Quando examinou o compartimento de pilhas, provavelmente percebeu que sofreram corrosão extensiva, talvez permitindo que fluidos vazassem das células. Condições ideais para a corrosão estão presentes em muitas baterias. De fato, as antigas pilhas de célula seca eram ainda mais suscetíveis à corrosão do que as alcalinas comuns hoje. De que modo os fabricantes tentam limitar os efeitos de diminuição de desempenho de corrosão nas baterias? Um método é o banho de proteção de materiais utilizados nas baterias por outro processo eletroquímico chamado eletrólise.

13.6 Eletrólise

Com base em nossa abordagem de equilíbrio, sabemos que as reações químicas podem se desenvolver tanto nos sentidos dos reagentes quanto dos produtos. Em nossas discussões anteriores, no entanto, nós nos encontramos meramente observando o sentido que a natureza utilizaria para estabelecer o equilíbrio. Talvez, se os sinais matemáticos em ΔH e ΔS fossem os mesmos, pudéssemos manipular o sentido do equilíbrio por meio da elevação ou diminuição da temperatura.

Na química ácido-base ou na formação de precipitados, não parecia que pudéssemos superar a energia livre e fazer que a reação fosse no sentido que desejássemos. Em contraste, as reações redox podem ser manipuladas de modo bem simples. O sentido espontâneo de uma reação redox pode ser explorado em uma célula galvânica para fornecer corrente elétrica, ou podemos usar corrente elétrica externa para forçar uma reação redox no sentido não espontâneo. A **eletrólise** é o processo de passagem de corrente elétrica através de solução iônica ou sal fundido para a produção de uma reação química.

Um dispositivo usado para realizar a eletrólise é chamado célula eletrolítica.

As células eletrolíticas podem ser divididas em duas categorias com base na natureza dos eletrodos usados. Se estes são materiais quimicamente inertes que apenas fornecem um caminho para os elétrons, o processo é chamado de **eletrólise passiva**. Quando os eletrodos constituem parte da reação eletrolítica, temos a **eletrólise ativa**. A eletrólise passiva é usada na indústria para a purificação de metais que sofrem corrosão facilmente. A eletrólise ativa é usada para banhar materiais para fornecer resistência à corrosão. Consideraremos um exemplo de cada forma de eletrólise, mas antes precisamos tratar a questão da polaridade elétrica em células eletrolíticas.

Eletrólise e polaridade

A eletrólise altera a polaridade dos eletrodos em um sistema. Em vez das reações que ocorreriam espontaneamente nos eletrodos, o suprimento externo de energia provoca a ocorrência de reações reversas. Assim, para a redução, os elétrons são forçados para o catodo em reação eletrolítica. O catodo ainda é o sítio de redução, mas na eletrólise está carregado negativamente, uma vez que o suprimento externo de energia força os elétrons (e suas cargas negativas) para o local da reação. O anodo ainda é o sítio de oxidação, mas na eletrólise é carregado positivamente. Ao forçar a oxidação do material, o suprimento externo de força remove os elétrons da região da reação de oxidação. A **Figura 13.19** ilustra as cargas do eletrodo na eletrólise.

Eletrólise passiva no refino de alumínio

POR DENTRO DE O alumínio metálico tem uso difundido como material estrutural porque é resistente ao definhamento catastrófico pela corrosão. No entanto, isso não implica que o alumínio não sofra corrosão. O alumínio metálico puro reage com oxigênio muito rapidamente, como apontamos no Capítulo 1. Entretanto, quando ocorre a corrosão, uma fina camada de Al_2O_3 é formada na superfície do metal. A superfície de óxido, fortemente unida ao alumínio puro por baixo, o protege e o torna conveniente para uma variedade de aplicações. A rápida formação de Al_2O_3 pode ser prevista a partir do potencial padrão de redução da semirreação $Al(s)|Al^{3+}$. Com $E° = -1{,}66$ V, o

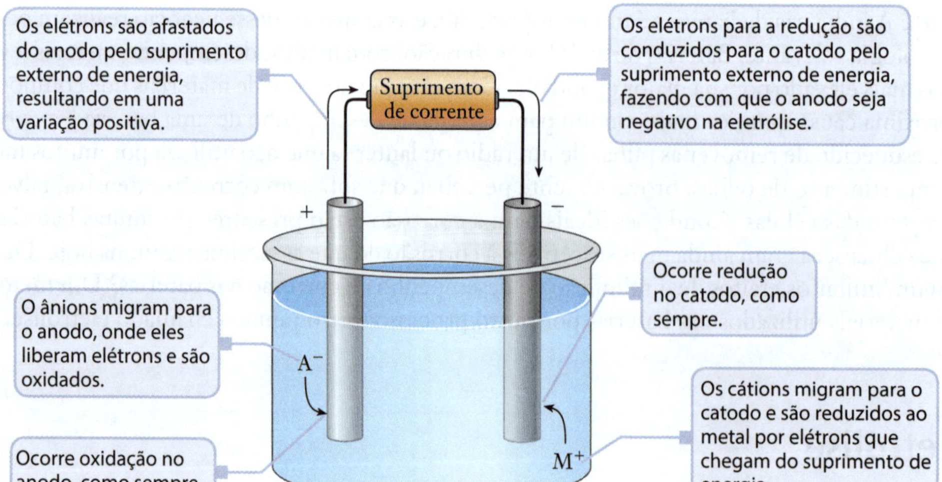

Figura 13.19 Na eletrólise, uma fonte externa de corrente conduz uma reação redox que, de outra forma, não seria espontânea. O fluxo de íons através da solução completa o circuito. A eletrólise é útil para a galvanoplastia e para a purificação de diversos metais.

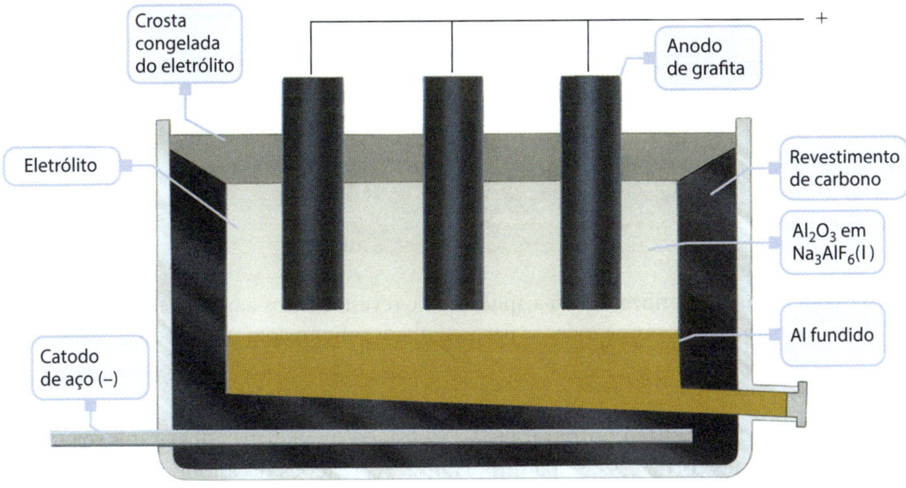

Figura 13.20 O processo Hall-Heroult envolve o refino eletrolítico do alumínio a partir do Al_2O_3. A realização da eletrólise em um banho de criolita (Na_3AlF_6) diminui significativamente a temperatura necessária, tornando o processo economicamente viável.

alumínio é um agente redutor consideravelmente mais forte que o ferro, cuja semirreação Fe(*s*) | Fe^{2+} tem um potencial de $E° = -0{,}44$ V. Se a reação para a formação de íons alumínio for termodinamicamente favorável, a reação inversa não será espontânea. (O refino do alumínio a partir de seu minério é tão difícil que esse metal era considerado precioso até meados do século XIX, apesar de grandes fontes de Al_2O_3 contendo minério serem conhecidas.)

A eletrólise fornece o meio de superar a reação não espontânea para separar alumínio do oxigênio. O processo industrial para realizar essa tarefa foi descoberto simultaneamente nos Estados Unidos por Charles Martin Hall e na França por Paul Heroult, em 1886. O processo Hall-Heroult usa eletrodos de carbono como sítios inertes para a eletrólise passiva, como mostra a **Figura 13.20**. Três componentes desse processo são importantes para sua utilidade. O primeiro é a inclusão de Na_3AlF_6, ou criolita, no reator, que diminui o ponto de fusão de 2.045°C para o Al_2O_3 a uma temperatura próxima de 1.000°C para a mistura. ▸ Temperaturas mais baixas podem ser atingidas rapidamente, tornando, então, o refino de alumínio economicamente viável. Segundo, o processo requer grandes quantidades de corrente elétrica para a produção de quantidades substanciais de alumínio. Tais quantidades vastas de eletricidade se tornaram disponíveis a partir de grandes projetos hidrelétricos na América do Norte, no início do século XX. Por fim, apesar de as reações precisas não serem conhecidas, as reações eletrolíticas basicamente produzem gás oxigênio. Isso representa custos adicionais à produção do alumínio, uma vez que o oxigênio reage lentamente com o carbono nos bastões de grafite para formar dióxido de carbono. A destruição dos eletrodos de grafite com o tempo significa que devem ser substituídos regularmente. Ainda assim, o alumínio é um material familiar em nossa vida cotidiana, porque a eletrólise do minério que contém alumínio é tanto possível quanto economicamente viável. Por causa da enorme necessidade de eletricidade para esse processo, a reciclagem do alumínio é significativamente menos dispendiosa que a recuperação do alumínio de seu minério. ▸ A reciclagem de uma lata de alumínio pode poupar eletricidade suficiente para acender uma lâmpada de 100 watts com a qual você pode estudar química por quatro horas!

A criolita é chamada de material fundente – substância que diminui o ponto de fusão de um material.

Abordamos vários aspectos da reciclagem de alumínio na Seção 10.8.

Eletrólise ativa e galvanoplastia

Em muitos aparelhos, um fino revestimento de metal em cima de outro é necessário. Em alguns casos, esse revestimento é cosmético, ao passo que em outros é vital para alguma funcionalidade da peça revestida. O processo de depósito de um fino revestimento de metal pelo uso da eletricidade é chamado **galvanoplastia**. Mas onde encontramos produtos laminados? Um lugar é nas baterias que abordamos na última seção. O coletor de elétrons que possibilita a conexão externa para o anodo é laminado. O revestimento metálico fornece a essa peça de uma bateria tanto proteção à corrosão quanto propriedades desejadas de condutividade. Pequenas partes como essa são revestidas no todo ao colocá-las em um cilindro e então colar o cilindro na solução de eletrólito. Como esse processo funciona? Vamos considerar o revestimento de prata para fazer peças para aparelhos elétricos.

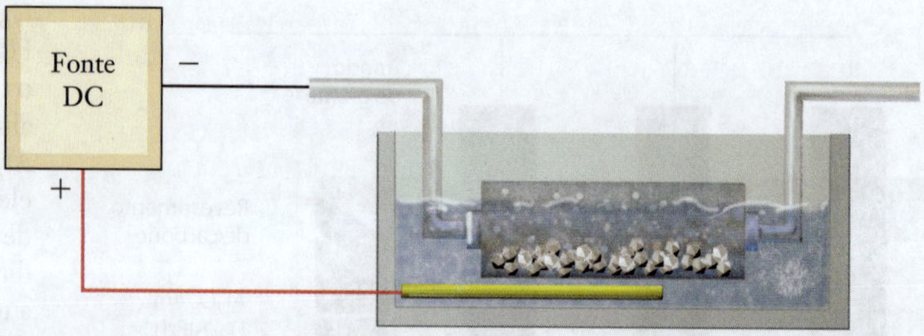

Figura 13.21 A laminação por cilindro é com frequência utilizada para a aplicação de revestimentos a pequenas partes. O catodo do cilindro gira durante a eletrólise para certificar que todas as partes tenham contato com o eletrodo.

A solução na qual a prata é laminada normalmente contém íons, $CN^-(aq)$, os quais formam complexos com a prata. A necessidade de revestimentos uniformes torna essa etapa importante. As reações do anodo e do catodo são apresentadas a seguir:

$$\text{Anodo:} \quad Ag(s) + 2\ CN^-(aq) \rightarrow Ag(CN)_2^-(aq) + e^-$$

$$\text{Catodo:} \quad Ag(CN)_2^-(aq) + e^- \rightarrow Ag(s) + 2\ CN^-(aq)$$

É comum que as reações sejam o inverso uma da outra em operações de galvanoplastia. Apesar de uma célula galvânica não poder ser construída a partir de tal combinação – ela teria um potencial de célula zero –, o fato de uma corrente externa conduzir a eletrólise significa que o potencial da célula não é crítico. No entanto, os processos de galvanoplastia, em sua maioria, são projetados para ocorrer em baixas voltagens, então um potencial de célula zero é vantajoso. O projeto básico de um sistema de cilindro para a laminação está ilustrado na **Figura 13.21**. O cilindro é girado durante o processo de laminação para que todas as partes pequenas que ele contém tenham contato elétrico com o catodo, tornando-se, desse modo, parte dele durante o tempo de contato. O processo total em geral envolve diversas etapas preliminares, não mostradas aqui, para a preparação das partes para a laminação de prata. Para muitas aplicações, uma base de cobre é laminada primeiro, e assim a prata é laminada por cima do cobre. A laminação de prata é industrialmente importante porque ela é um bom condutor, resistente à corrosão e geralmente considerada atraente.

POR DENTRO DE O uso da laminação para a prevenção da corrosão em um aparelho elétrico mostra como uma compreensão da corrosão pode ser importante. Uma vez que muitos aparelhos modernos são construídos a partir de um grande número de peças, inevitavelmente há locais em que metais diferentes entrarão em contato. Como já vimos, isso pode levar à corrosão galvânica. Para impedi-la, sem prejudicar o desempenho elétrico do aparelho, as peças são em geral laminadas. Algumas vezes, uma área limitada de uma peça é laminada. Por exemplo, porcas podem ser laminadas com prata apenas na parte interna das roscas. Isso impede a corrosão galvânica entre a porca e o parafuso, uma vez que os metais que estão em contato são resistentes à corrosão. Já que os revestimentos de prata são relativamente caros, a laminação apenas da parte interna reduz os custos. A área externa da porca não entra em contato com outros metais e, portanto, não precisa da laminação.

13.7 Eletrólise e estequiometria

A laminação com prata da parte interna de uma porca sugere a importância de saber a quantidade de material que está sendo depositada na superfície. Se o revestimento de prata ficasse muito espesso, a porca poderia não se encaixar no parafuso – as roscas poderiam se tornar muito estreitas. Portanto, na galvanoplastia, pode ser de importância vital usar quantidades de materiais cuidadosamente controladas. Felizmente, o fluxo de elétrons em corrente elétrica fornece fonte rápida de informações. Vamos revisar alguns fatos sobre a eletricidade e aplicá-los às células eletrolíticas.

Corrente e carga

Quando a corrente é medida em um circuito elétrico, a observação é o fluxo de carga por um período de tempo. A unidade base de corrente, o ampere (A), é uma unidade combinada definida como um coulomb por segundo:

$1\ A = 1\ C\ s^{-1}$. Aparelhos denominados amperímetros (ou amperômetros) medem a corrente. Se uma corrente conhecida passa através de um circuito por tempo conhecido, a carga pode ser facilmente calculada.

$$\text{Carga} = \text{corrente} \times \text{tempo}$$
$$Q = I \times t \tag{13.8}$$

Normalmente, Q está em coulombs, I em amperes (coulombs/segundo) e t em segundos. Já apresentamos a constante de Faraday, que é a carga de um mol de elétrons: $F = 96.485\ C\ mol^{-1}$. Se pudermos calcular a carga que passa através de uma célula eletrolítica, saberemos a quantidade de matéria de elétrons que passa. Supondo que saibamos quantos elétrons foram necessários para reduzir cada cátion do metal, é simples calcular a quantidade de matéria do material laminado, como mostra o Problema-modelo 13.4.

PROBLEMA-MODELO ◂ 13.4

Em um processo denominado galvanoplastia "instantânea", uma corrente de $2{,}50 \times 10^3$ A passa através de uma célula eletrolítica por 5,00 minutos. Qual é a quantidade de matéria de elétrons conduzida pela célula?

Estratégia Uma vez que conhecemos tanto a corrente quanto o tempo pelo qual ela foi aplicada, podemos usar a relação entre carga e corrente na Equação 13.8 para obtermos a carga. Então, a constante de Faraday nos permitirá converter aquela carga em quantidade de matéria de elétrons. Entretanto, devemos ser cuidadosos com as unidades, porque o ampere é carga por segundo e o tempo é dado aqui em minutos.

Solução

$$Q = 2.500\ A \times 300\ s = 7{,}50 \times 10^5\ C$$

Agora, use a constante de Faraday:

$$7{,}50 \times 10^5 C \times \left(\frac{1\ \text{mol } e^-}{96{,}485\ C}\right) = 7{,}77\ \text{mol de } e^-$$

Discussão Essa manipulação em duas etapas é realmente um problema estequiométrico, à medida que nos permite encontrar a quantidade de matéria de algo (elétrons, nesse caso) em uma reação química. A importância central da quantidade de matéria nos problemas de estequiometria está bem estabelecida neste ponto em nosso estudo da química. Do mesmo modo que para outros tipos de problemas de estequiometria que já vimos, às vezes precisamos usar essas relações "ao contrário". Por exemplo, se você precisa saber por quanto tempo fazer circular determinada corrente para obter quantidade desejada de material laminado, essas relações ainda seriam usadas, apenas a grandeza conhecida seria quantidade de matéria de elétrons.

Verifique seu entendimento Você precisa de 0,56 mol de elétrons para depositar um revestimento fino de prata em uma peça que está usando para um protótipo de um mecanismo. Por quanto tempo precisaria fazer circular uma corrente de 5,0 A para obter essa quantidade de matéria?

Apesar de a corrente poder ser medida rapidamente, o uso da eletricidade é quase sempre considerado em termos de potência. A potência elétrica é a taxa do consumo de eletricidade, e cargas de utilidade são baseadas no consumo. A unidade SI para potência é o watt:

$$1\ \text{watt} = 1\ J\ s^{-1}$$

Desse modo, o consumo em watts é a taxa de uso de energia em $J\ s^{-1}$. Para determinarmos a quantidade de energia utilizada, multiplicamos essa taxa pelo tempo durante o qual ela ocorre. Para obterem números de grandeza conveniente, as companhias de eletricidade normalmente determinam o consumo de energia em quilowatt-hora (kWh). Um quilowatt-hora é igual a $3{,}60 \times 10^6$ J. No Capítulo 2, observamos a relação entre potencial elétrico e energia:

$$1\ J = 1\ C\ V$$

Portanto, uma segunda perspectiva da eletrólise, muito importante para a empresa de galvanoplastia por causa de sua relação com o custo da produção, está relacionada ao dispêndio de energia. ◀ A partir dessa relação, podemos entender por que as empresas de galvanoplastia preferem aplicações de baixa voltagem. O Problema-modelo 13.5 investiga o custo energético da eletrólise.

O tratamento de rejeitos é outra fonte de custo que não trataremos aqui, embora a remoção dos rejeitos claramente envolva estequiometria.

PROBLEMA-MODELO ◀ 13.5

Suponha que um lote de peças seja laminado com cobre em um banho eletrolítico funcionando a 0,15 V e 15,0 A por exatamente duas horas. Qual é o custo energético desse processo se a companhia de eletricidade cobra da empresa \$ 0,0500 por kWh?

Estratégia Podemos determinar a energia gasta porque conhecemos a corrente, o tempo e a voltagem. A corrente multiplicada pelo tempo nos fornece a carga, a qual, quando multiplicada pela voltagem, fornece a energia. Uma vez que sabemos o gasto de energia, podemos converter o valor que calculamos (em J) em kWh a fim de obtermos o custo da eletricidade.

Solução

$$Q = I \times t = 15{,}0 \text{ C s}^{-1} \times 7.200 \text{ s} = 1{,}08 \times 10^5 \text{ C}$$

$$\text{Energia} = \text{carga} \times \text{voltagem} = 1{,}08 \times 10^5 \text{ C} \times 0{,}15 \text{ V} = 1{,}6 \times 10^4 \text{ J}$$

Agora, converta em kWh e determine o custo:

$$(1{,}6 \times 10^4 \text{ J}) \times \left(\frac{1 \text{ kWh}}{3{,}60 \times 10^6 \text{ J}}\right) \times \left(\frac{\$\ 0{,}0500}{1 \text{ kWh}}\right) = \$\ 0{,}00023$$

Analise sua resposta Esse valor parece pequeno – mas faz sentido? Dois fatores contribuem para tal resultado: um quilowatt-hora é uma unidade de energia bem grande, e o custo por kWh é baixo. Desse modo, um custo muito pequeno não é problemático. Ele aponta para a importância de efetuar a galvanoplastia em baixa voltagem: o aumento da voltagem levaria diretamente a um custo mais alto. Este exemplo não é representativo dos custos na indústria de galvanoplastia, mas ajuda-nos a obter uma maneira de lidar com algumas das variáveis que a indústria deve considerar ao implementar técnicas de eletroquímica.

Verifique seu entendimento Se você precisa de 25.000 A de corrente para realizar eletrólise por 15 minutos, de qual voltagem precisaria se tivesse de utilizar 1,7 kWh para o processo?

Cálculos com a utilização de massas de substâncias na eletrólise

Agora que revisamos os importantes conceitos elétricos em aplicações quantitativas da eletrólise, podemos acrescentar esses fatores à nossa abordagem habitual sobre problemas de estequiometria. Em problemas como esses, em geral nos confrontamos com uma das seguintes questões: Quanto material é laminado dada uma corrente especificada ou um dispêndio de energia elétrica? Por quanto tempo determinada corrente deve passar através da célula para produzir massa desejada ou material laminado? Os Problemas-modelo 13.6 e 13.7 ilustram essas questões.

PROBLEMA-MODELO ◀ 13.6

Uma célula de eletrólise que deposita ouro (a partir de $Au^+(aq)$) opera por 15,0 minutos com uma corrente de 2,30 A. Qual é a massa de ouro depositada?

Estratégia Como em qualquer problema estequiométrico, precisamos de uma equação química balanceada, portanto começaremos escrevendo a semirreação para a redução do ouro. Para determinarmos a massa de ouro depositada, devemos calcular a quantidade de matéria de elétrons usada da corrente e o tempo. Podemos usar a semirreação para obtermos proporção molar e convertermos quantidade de matéria de elétrons em quantidade de matéria de ouro. Com a quantidade de matéria de ouro, convertemos em massa usando a massa molar, como fizemos muitas vezes em problemas estequiométricos.

Solução Inicialmente, escreva a semirreação balanceada:

$$Au^+(aq) + e^- \rightarrow Au(s)$$

Depois, calcule a quantidade de matéria de elétrons com base na corrente e no tempo:

$$Q = I \times t = (2{,}30\ C\ s^{-1})(900\ s) = 2{,}07 \times 10^3 C$$

$$(2{,}07 \times 10^3 C) \times \left(\frac{1\ mol\ e^-}{96.485\ C}\right) = 2{,}15 \times 10^{-2} mol\ e^-$$

Agora observamos que a proporção molar de elétrons para o ouro é 1:1, o que significa que também temos $2{,}15 \times 10^{-2}$ mol de Au. Por fim, convertemos quantidade de matéria em massa:

$$(2{,}15 \times 10^{-2}\ mol\ Au) \times (197\ g\ mol^{-1}) = 4{,}23\ g\ Au$$

Discussão A última parte deste problema parece familiar, já que temos trabalhado com problemas estequiométricos semelhantes desde o Capítulo 3. As únicas variações nas nossas experiências anteriores foram o uso de semirreação (para podermos ver os elétrons explicitamente) e de algumas leis físicas que governam a eletricidade para obtermos a quantidade de matéria de elétrons em primeiro lugar.

Verifique seu entendimento Suponha que a peça de uma máquina exija 400 mg de cobre para fornecer revestimento espesso o suficiente para determinada função elétrica. Se você realizar uma eletrólise utilizando íons cobre(II) por dez minutos com uma corrente de 0,5 A, atenderá à exigência?

Agora podemos considerar um exemplo em que abordamos o problema a partir da outra direção.

PROBLEMA-MODELO ◀ 13.7

Suponha que você tenha uma peça que requer revestimento de estanho. Você calculou que precisa depositar 3,60 g de estanho para conseguir revestimento adequado. Se sua célula de eletrólise (usando Sn^{2+}) funciona a 2,00 A, por quanto tempo deverá operar a célula para obter o revestimento desejado?

Estratégia Este problema é diferente do último porque requer que utilizemos a semirreação balanceada para relacionar quantidade de matéria de elétrons e quantidade de matéria de uma substância desejada, nesse caso, o estanho. Uma vez que nos é fornecida a massa de estanho necessária, podemos obter a quantidade de matéria de estanho, e isso nos dirá a quantidade de matéria de elétrons necessários. Determinamos, então, a carga desses elétrons com a constante de Faraday e podemos usar nosso conhecimento de eletricidade para conseguir o tempo necessário com a corrente dada.

Solução

$$Sn^{2+}(aq) + 2\ e^- \rightarrow Sn(s)$$

$$3{,}60\ g\ Sn \times \left(\frac{1\ mol\ Sn}{118{,}7\ g\ Sn}\right) \times \left(\frac{2\ mol\ e^-}{1\ mol\ Sn}\right) \times \left(\frac{96.485\ C}{1\ mol\ e^-}\right) = 5{,}85 \times 10^3 C$$

Agora, lembre-se de que $Q = I \times t$, então $t = Q/I$.

$$t = \frac{5{,}85 \times 10^3\ C}{2{,}00\ C\ s^{-1}} = 2.930\ s = 48{,}8\ min$$

Analise sua resposta Isso pode parecer tempo longo para realizar um experimento. Portanto, essa resposta faz sentido? Em geral, a laminação de alguns gramas de material a baixas correntes requer na ordem de milhares de segundos (como no último problema sobre o ouro). O fato de o estanho requerer dois elétrons nesse processo responde em grande parte por mais do dobro do tempo em comparação ao último problema, logo, a resposta não é exorbitante.

Discussão Talvez este problema pareça mais complicado que alguns outros de estequiometria, porque o dividimos em duas etapas. Ainda assim, os seus componentes fundamentais são os mesmos de sempre. Usamos uma equação química balanceada para relacionar quantidade de matéria de uma substância (estanho) com quantidade de matéria de elétrons. Então, usamos a relação $Q = I \times t$ para encontrar o tempo.

Verifique seu entendimento Suponha que você precise de revestimento de ródio (um metal precioso) em peça que será usada como espelho em um laser. Uma vez que o ródio é tão caro, você deseja depositar apenas 4,5 mg na superfície da peça. Se você fizer um aparelho eletrolítico funcionar por 5,0 min, de qual corrente precisará para depositar a quantidade desejada de uma solução que contém íons de Rh^{3+}?

Um tipo adicional de cálculo que os engenheiros e os químicos em empresas de galvanoplastia às vezes têm de fazer é determinar a quantidade de material com base na espessura do revestimento. Nesse caso, a área de superfície da peça também deve ser conhecida. A multiplicação da espessura do revestimento pela área superficial fornece um volume, e, então, a multiplicação pela densidade do material fornece a massa. Ao considerar a laminação de peças de uma bateria para protegê-la da corrosão, esses cálculos ficam mais complicados pelo fato de, na laminação por cilindro, centenas ou mesmo milhares de peças serem laminadas ao mesmo tempo. ◂ Ainda assim, muitas empresas de galvanoplastia estabelecem porção significativa de seus negócios para proteger peças dos efeitos da corrosão, logo esse tipo de informação quantitativa é bem importante.

Fatores adicionais como a velocidade de revestimento afetam a qualidade do produto, portanto a laminação nem sempre usa as reações mais simples. As soluções de cianeto, por exemplo, são utilizadas para controlar a velocidade de deposição na laminação de prata.

POR DENTRO DE

13.8 Baterias no projeto de engenharia

Como observamos várias vezes neste capítulo, o desenvolvimento de dispositivos eletrônicos portáteis poderosos têm impelido avanços significativos na tecnologia de baterias. Um tipo relativamente novo de bateria largamente adotado é a **bateria de íon lítio**, encontrada em produtos desde iPhone até os carros elétricos da Tesla. Às vezes, a bateria de íon lítio tem sido questionada em termos de segurança por causa de falhas em aplicações de alto perfil. Em 2013, o Boeing 787 *Dreamliner* foi banido, pelo menos temporariamente, meses após seu primeiro voo comercial depois de as baterias de íon lítio sobreaquecerem e pegarem fogo durante o percurso (**Figura 13.22**). Mais recentemente, a Samsung foi forçada a cancelar a produção de seu Galaxy Note 7 e recuperar milhões de aparelhos vendidos após uma série de incidentes nos quais elas pegaram fogo. Que fatores levaram a esses problemas com as baterias no *Dreamliner* e no Note 7 e quais implicações poderiam ter para as baterias de íon lítio em outras aplicações?

Todos os aviões modernos têm sistemas elétricos que se sustentam na energia de baterias, logo uma questão razoável pode ser: por que o 787 é diferente? Inicialmente, o *Dreamliner* exige níveis mais altos de energia elétrica que as aeronaves convencionais. Isso é devido em grande parte a uma decisão de substituir o sistema hidráulico tradicional para controlar o voo do avião por alternativa toda eletrônica. Em segundo lugar, uma eficiência aumentada em termos de combustível foi o objetivo principal no projeto do *Dreamliner*, portanto, tornou-se importante minimizar o peso. As demandas competitivas por capacidade de energia alta e baixo peso levaram à decisão de usar baterias de íon lítio.

Essas mesmas demandas são importantes no projeto de um *smartphone* moderno, como o Note 7, e é por isso que as baterias de íons lítio também são utilizadas nesse produto. ◂ A característica mais atraente da bateria de íon lítio é a sua alta densidade de energia em comparação a outras baterias. Mesmo as de tecnologias avançadas, como as de níquel-hidreto metálico, usadas em muitos carros híbridos, têm cerca da metade da densidade de energia das baterias de íon lítio. Entretanto, empacotar grande quantidade de energia potencial elétrica em pequeno volume carrega certos riscos, como a experiência da Boeing ilustra. De que maneira as baterias de íon lítio se comparam àquelas descritas anteriormente neste capítulo?

A demanda por materiais utilizados em baterias de íons lítio desempenha um grande papel na definição de materiais críticos, como vimos no Capítulo 1.

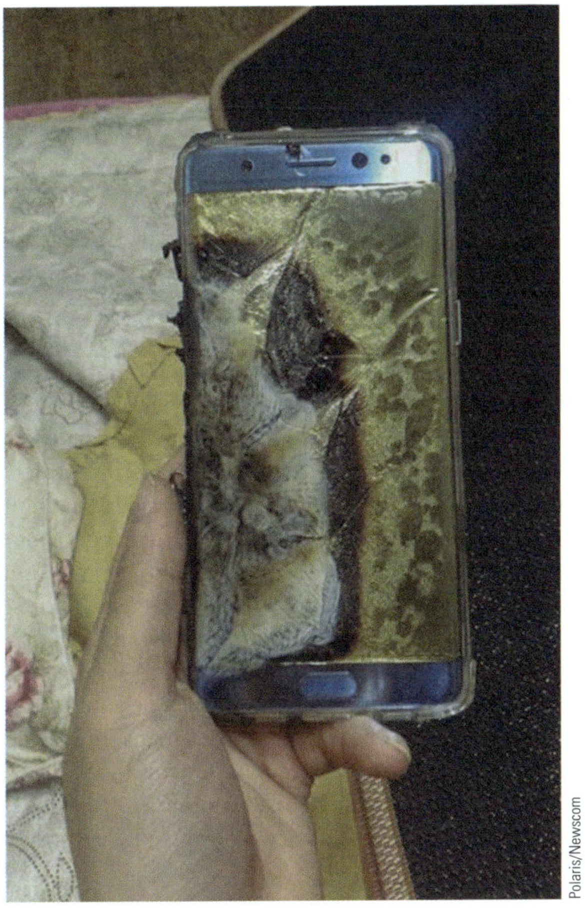

Figura 13.22 Ocorrências mundiais como esta, nas quais as baterias dos aparelhos pegaram fogo e explodiram, levaram a Samsung a retirar do mercado seu celular Galaxy Note 7 logo após ser lançado em 2016.

Como é verdade para qualquer célula galvânica, o anodo e o catodo em uma bateria de íon lítio estão separados fisicamente. Nesse caso, um separador semipermeável permite o fluxo de íons lítio entre os compartimentos do anodo e do catodo, como mostra a **Figura 13.23**. O anodo é uma forma de grafite no qual os átomos de lítio foram incorporados, ou "intercalados". O catodo é o óxido de cobalto e também tem lítio incorporado. (Outros projetos utilizam diferentes óxidos metálicos para o catodo.) Uma vez que ambos os eletrodos consistem em sólidos com

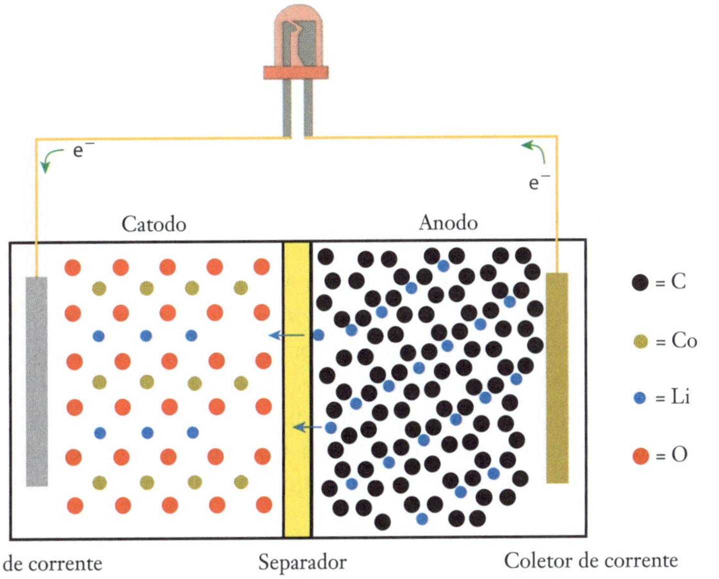

Figura 13.23 É mostrado um diagrama esquemático da química de uma bateria de íon lítio. Os íons lítio movimentam-se através do separador entre o anodo e o catodo durante a reação de célula espontânea. Quando a bateria é recarregada, uma fonte de energia externa força os íons a fluir no sentido oposto, do catodo para o anodo.

lítio embutido, é difícil escrever uma equação química única para a reação de célula. Mas a química é razoavelmente resumida pelas seguintes reações:

$$\text{Anodo:} \quad Li_nC_6 \rightarrow nLi^+ + n\,e^- + 6\,C$$

$$\text{Catodo:} \quad Li_{1-n}CoO_2 + n\,Li^+ + n\,e^- \rightarrow LiCoO_2$$

Existem duas razões pelas quais a densidade de energia para uma bateria baseada nessas duas semirreações é alta. Primeira, o potencial para Li^+/Li está entre os maiores observados, como visto no Apêndice I. Segunda, tanto o lítio quanto o carbono, dois dos importantes materiais na bateria, são relativamente leves. Logo, a combinação de alto potencial de célula e baixa massa leva à densidade de energia desejável.

Em parte por causa dessas características de energia desejáveis, as baterias de íon lítio também são um pouco mais suscetíveis ao seu ambiente que outras baterias avançadas. Em particular, altas temperaturas farão com que as de íon lítio degradem razoavelmente de forma mais rápida, portanto os projetos de engenharia que as usam devem levar isso em conta. E, em casos raros, como os incidentes do *Dreamliner* e no Note 7, as baterias podem pegar fogo. As estimativas sugerem que, aproximadamente, pode-se esperar que uma bateria em 10 milhões pode pegar fogo. Além do uso em aeronave, as baterias de íon lítio são largamente encontradas em celulares, *notebooks* e outros dispositivos portáteis, portanto é importante reconhecer que o perigo de pegar fogo é algo que deve ser minimizado com projeto apropriado. Nos casos envolvendo o *Dreamliner* e o Note 7, no entanto, uma combinação de erros de projeto e defeitos de fabricação causou taxas de falha inaceitavelmente elevadas. No caso da Samsung, por exemplo, a empresa identificou dois problemas distintos com o projeto e fabricação das baterias, os quais poderiam fazer o anodo e o catodo entrarem em contato, efetivamente provocando curto-circuito na célula. Outra preocupação geral é que o erro humano pode afetar a operação segura das baterias. Por exemplo, a natureza recarregável das baterias de íons lítio significa que, em algumas circunstâncias, elas podem ser sobrecarregadas. Quando isso acontece, lítio em excesso se move para o lado anodo da bateria e pequenas estruturas de lítio semelhantes a bigodes, chamadas dendritos, podem se formar. Ao preencher a lacuna entre o anodo e o catodo, essas estruturas também podem causar curto-circuito, contribuindo para os tipos de falhas que levam a incêndios.

ENFOQUE NA RESOLUÇÃO DE PROBLEMAS

Questão Você está trabalhando no projeto de uma bateria e precisa ter um pequeno botão laminado com prata (porque ela tem propriedades condutoras úteis e é resistente à corrosão). Você determina que um revestimento de 1 mm seja suficiente para o projeto. O que teria de consultar para estimar um custo inicial para esse processo?

Estratégia Trata-se de uma questão sobre eletrólise com base em perspectiva prática. Custo *versus* espessura de revestimento pode ser determinado descobrindo-se quais materiais são usados para laminar a prata, quanto de prata é necessário na peça e o custo aproximado do processo de laminação. Diversas variáveis teriam de ser consultadas.

Solução A primeira, e provavelmente a mais importante, estimativa seria determinar a quantidade de prata que deve ser depositada. A área superficial do botão necessitaria ser medida, e a quantidade de prata requerida para cobri-la com uma espessura de 1 mm poderia ser calculada. Conhecida a quantidade de material, podemos examinar a química da laminação com prata. Há algumas opções, mas o estado de oxidação do qual a prata é laminada terá de ser Ag^+. (Em muitos casos, complexos que contêm Ag^+ são empregados para ajudar a garantir que o revestimento seja regular.) Com base nesse fato, poderíamos calcular o número de elétrons necessário para laminar a quantidade desejada com prata (um elétron por átomo de prata) e utilizar esse valor para ajustar os parâmetros de corrente para o processo de galvanoplastia. Desse modo, o que seria preciso consultar ou medir inclui: (1) a área superficial do botão, (2) as reações químicas usadas na laminação com prata e o custo dos materiais utilizados, (3) a eficiência da operação de galvanoplastia, (4) o custo da eletricidade onde a laminação será realizada e (5) o custo do tratamento e do descarte de quaisquer resíduos gerados.

Resumo

Muitas reações químicas podem ser entendidas como transferência de elétrons entre as espécies envolvidas. Tais reações são chamadas de oxirredução ou redox. Uma vez que os elétrons também se movimentam na geração e no fornecimento de eletricidade, as reações de oxirredução fornecem conexão com os sistemas elétricos.

Se o processo de oxidação (ou semirreação) for fisicamente separado da semirreação de redução, os elétrons poderão ser forçados a atravessar um circuito. Uma reação química empregada para gerar corrente elétrica é denominada célula galvânica, e um exemplo comercialmente importante de tal célula é a bateria. Um número de fatores influencia a natureza e a função de uma célula galvânica. O mais importante é que os produtos químicos envolvidos têm diferentes propensões a sofrer reações redox, e o potencial da célula (ou voltagem) é uma medida prática dessas diferentes reatividades. Uma vez que a concentração de materiais também afeta a voltagem, definiram-se condições padrão, e os potenciais padrão da célula podem ser calculados para muitos pares possíveis de semirreações a partir de dados tabulados. Condições não padrão também podem ser levadas em conta usando-se a equação de Nernst.

Como qualquer sistema químico, as reações de oxirredução irão progredir no sentido do equilíbrio. Desse modo, o potencial da célula fornece meio de medir as constantes de equilíbrio ou as variações de energia livre.

Importantes manifestações da eletroquímica incluem tecnologia de bateria e corrosão. Tipos diferentes de baterias podem ser identificados pelas semirreações envolvidas. As baterias são classificadas como baterias primárias, as quais não podem ser recarregadas, ou como baterias secundárias, que são recarregáveis. A origem química dessas diferenças é que a reação em uma célula primária resulta em produtos que não podem ser revertidos para regenerar os reagentes originais, enquanto nas células secundárias a reação pode ser conduzida em reverso por voltagem aplicada. A corrosão é outro exemplo de eletroquímica com implicações práticas, mas não produtivas. Na corrosão, a reação eletroquímica pode ser similar àquelas de uma bateria. Porém, o fluxo de elétrons não é capturado em um circuito, e os produtos da reação em geral não são tão úteis quanto o material original.

As reações eletroquímicas também podem ser conduzidas por fontes de voltagem externa em um processo chamado eletrólise. A eletrólise tem importantes aplicações industriais para revestir materiais com metais. A quantidade de material em um revestimento pode ser determinada precisamente por meio de um cálculo estequiométrico no qual a corrente e o tempo nos indicam o número de elétrons envolvidos no processo.

Termos-chave

aço galvanizado (13.3)
anodo (13.2)
anodo de sacrifício (13.3)
bateria (13.5)
bateria de lítio (13.5)
bateria de íon lítio (13.8)
bateria de zinco-ar (13.5)
baterias de armazenamento de chumbo-ácido (13.5)
baterias de níquel-hidreto metálico (13.5)
catodo (13.2)
célula de combustível (13.5)
célula galvânica (13.2)
célula primária (13.5)
célula secundária (13.5)
constante de Faraday (*F*) (13.3)
corrosão (13.1)
corrosão em frestas (13.1)
corrosão galvânica (13.1)
corrosão uniforme (13.1)
eletrodo padrão de hidrogênio (EPH) (13.3)
eletrodos (13.2)
eletrólise (13.6)
eletrólise ativa (13.6)
eletrólise passiva (13.6)
eletroquímica (13.2)
equação de Nernst (13.3)
estado padrão (célula) (13.2)
força eletromotriz (FEM) (13.2)
galvanoplastia (13.6)
notação de célula (13.2)
oxidação (13.2)
pilha alcalina (13.5)
ponte salina (13.2)
potenciais padrão de redução (13.3)
potencial da célula (13.2)
proteção catódica (13.3)
reações de oxirredução (13.2)
reações redox (13.2)
redução (13.2)
semirreações (13.2)

Problemas e exercícios

***POR DENTRO DE* Corrosão**

13.1 Quando você examina diversos carros mais velhos que estão exibindo sinais iniciais de formação de ferrugem, onde espera encontrar mais ferrugem? De que forma essa observação está relacionada às condições que provocam corrosão?

13.2 Que tipo de corrosão está associada a cada uma das seguintes circunstâncias?

(a) Dois metais estão se tocando.
(b) Uma pequena rachadura separa dois metais.
(c) Uma lataria de automóvel enferruja na atmosfera.

13.3 Usando a internet, encontre três casos nos quais a corrosão foi a causa de algum tipo de falha ou mau funcionamento de um aparelho ou de uma estrutura.

13.4 Usando a internet, encontre três casos em que a preocupação com a corrosão é usada para ajudar a anunciar um produto ou para convencer as pessoas a comprar um produto.

Reações de oxirredução e células galvânicas

13.5 Para as seguintes reações de oxirredução, identifique as semirreações e marque-as como oxidação ou redução:
(a) $Cu(s) + Ni^{2+}(aq) \rightarrow Ni(s) + Cu^{2+}(aq)$
(b) $2\ Fe^{3+}(aq) + 3\ Ba(s) \rightarrow 3\ Ba^{2+}(aq) + 2\ Fe(s)$

13.6 Qual semirreação ocorre no anodo de uma célula eletroquímica? Qual semirreação ocorre no catodo?

13.7 Se uma ponte salina contém KNO_3 como seu eletrólito, quais íons se difundem na solução no compartimento do anodo da célula galvânica? Explique sua resposta.

13.8 Se uma ponte salina contém KNO_3 como seu eletrólito, quais íons se difundem na solução no compartimento do catodo da célula galvânica? Explique sua resposta.

13.9 As seguintes reações de oxirredução são usadas em células eletroquímicas. Escreva-as usando notação de célula.
(a) $2\ Ag^+(aq)(0{,}50\ mol\ L^{-1}) + Ni(s) \rightarrow 2\ Ag(s) + Ni^{2+}(aq)(0{,}20\ mol\ L^{-1})$
(b) $Cu(s) + PtCl_6^{2-}(aq)(0{,}10\ mol\ L^{-1}) \rightarrow Cu^{2+}(aq)(0{,}20\ mol\ L^{-1}) + PtCl_4^{2-}(aq)(0{,}10\ mol\ L^{-1}) + 2\ Cl^-(aq)(0{,}40\ mol\ L^{-1})$
(c) $Pb(s) + SO_4^{2-}(aq)(0{,}30\ mol\ L^{-1}) + 2\ AgCl(s) \rightarrow PbSO_4(s) + 2\ Ag(s) + 2\ Cl^-(aq)(0{,}20\ mol\ L^{-1})$
(d) Em uma célula galvânica, uma semicélula contém 0,010 mol L^{-1} de HCl e um eletrodo de platina, sobre o qual H_2 é borbulhado a uma pressão de 1,0 atm. A outra semicélula é composta por um eletrodo de zinco em solução de 0,125 mol L^{-1} de $Zn(NO_3)_2$.

13.10 Escreva uma equação balanceada para a reação global em cada uma das seguintes células galvânicas.
(a) $Ag(s)\,|\,Ag^+(aq)\|Sn^{4+}(aq), Sn^{2+}(aq)\,|\,Pt(s)$
(b) $Al(s)\,|\,Al^{3+}(aq)\|Cu^{2+}(aq)\,|\,Cu(s)$
(c) $Pt(s)\,|\,Fe^{2+}(aq), Fe^{3+}(aq)\|MnO_4^-(aq), Mn^{2+}(aq)\,|\,Pt(s)$

13.11 Para as reações em **(a)** e **(b)** do exercício anterior, nenhum ânion é exibido na notação de célula. Explique por que isso não é um problema.

13.12 Explique por que os termos *potencial da célula* e *força eletromotriz* significam a mesma coisa em células eletroquímicas.

13.13 De que modo a corrosão galvânica difere da uniforme do ferro?

13.14 De que modo cada um dos seguintes itens serve tanto como catodo quanto como anodo de uma célula eletroquímica: **(a)** um único pedaço de metal ou **(b)** dois pedaços de metal conectados?

13.15 Uma estudante que tem amálgama de mercúrio em alguns de seus dentes está comendo uma bala. Acidentalmente morde um pedaço do papel de alumínio e experimenta uma sensação dolorida em sua boca. Explique o que aconteceu em termos de eletroquímica.

Potenciais da célula

13.16 Com base no potencial da célula medido para as células

$Co(s)\,|\,Co^{2+}(aq)\|Cu^{2+}(aq)\,|\,Cu(s) \qquad E° = 0{,}614\ V$

$Fe(s)\,|\,Fe^{2+}(aq)\|Cu^{2+}(aq)\,|\,Cu(s) \qquad E° = 0{,}777\ V$

qual potencial se deve esperar que seja encontrado para a seguinte célula?

$Fe(s)\,|\,Fe^{2+}(aq)\|Co^{2+}(aq)\,|\,Co(s)$

13.17 Se a reação em um eletrodo padrão de hidrogênio é $2\ H^+ + 2\ e^- \rightarrow H_2$, por que há uma folha metálica de platina no sistema?

13.18 São montadas quatro células voltaicas. Em cada uma delas, uma semicélula contém um eletrodo padrão de hidrogênio. A segunda semicélula é uma das seguintes: $Cr^{3+}(aq, 1{,}0\ mol\ L^{-1})\,|\,Cr(s)$, $Fe^{2+}(aq, 1{,}0\ mol\ L^{-1})\,|\,Fe(s)$, $Cu^{2+}(aq, 1{,}0\ mol\ L^{-1})\,|\,Cu(s)$ ou $Mg^{2+}(aq, 1{,}0\ mol\ L^{-1})\,|\,Mg(s)$.
(a) Em qual das células voltaicas o eletrodo de hidrogênio serve como catodo?
(b) Qual célula voltaica produz a voltagem mais alta? Qual produz a voltagem mais baixa?

13.19 Para a maioria das tabelas de potenciais padrão de redução que começam dos valores positivos grandes no topo e prosseguem através de 0,0 V para os valores negativos na base, os metais alcalinos estão normalmente na base da tabela. Use seu conhecimento da química de metais alcalinos e o modo como se comportam nas ligações para explicar por que isso ocorre.

13.20 Na tabela de potencias padrão de redução, localize as semirreações de redução para a redução dos seguintes íons metálicos para o metal: $Sn^{2+}(aq)$, $Au^+(aq)$, $Zn^{2+}(aq)$, $Co^{2+}(aq)$, $Ag^+(aq)$ e $Cu^{2+}(aq)$. Entre os íons metálicos e os metais que constituem essas semirreações:
(a) Qual íon metálico é o agente oxidante mais fraco?
(b) Qual íon metálico é o agente oxidante mais forte?
(c) Qual metal é o agente redutor mais forte?
(d) Qual metal é o agente redutor mais fraco?
(e) O $Sn(s)$ reduzirá o $Cu^{2+}(aq)$ a $Cu(s)$?
(f) O $Ag(s)$ reduzirá o $Co^{2+}(aq)$ a $Co(s)$?
(g) Quais íons metálicos na lista podem ser reduzidos pelo $Sn(s)$?
(h) Quais metais podem ser oxidados pelo $Ag^+(aq)$?

13.21 Usando valores das tabelas de potenciais padrão de redução, calcule os potenciais da célula das seguintes células:
(a) $Ga(s)\,|\,Ga^{3+}(aq)\|Ag^+(aq)\,|\,Ag(s)$
(b) $Zn(s)\,|\,Zn^{2+}(aq)\|Cr^{3+}(aq)\,|\,Cr(s)$
(c) $Fe(s), FeS(s)\,|\,S^{2-}(aq)\|Sn^{2+}(aq)\,|\,Sn(s)$

13.22 Usando valores das tabelas de potenciais padrão de redução, calcule os potenciais de célula das seguintes células:

(a) $Fe(s) | Fe^{2+}(aq) || Hg^{2+}(aq) | Hg(\ell)$

(b) $Pt(s) | Fe^{2+}(aq), Fe^{3+}(aq) || MnO_4^-(aq), H^+(aq), Mn^{2+}(aq) | Pt(s)$

(c) $Pt(s) | Cl_2(g) | Cl^-(aq) || Au^+(aq) | Au(s)$

13.23 Uma semicélula em uma célula voltaica é construída de um fio de cobre mergulhado em uma solução $4{,}8 \times 10^{-3}$ mol L^{-1} de $Cu(NO_3)_2$. A outra semicélula consiste em um eletrodo de zinco em uma solução 0,40 mol L^{-1} de $Zn(NO_3)_2$. Calcule o potencial da célula.

13.24 Quatro metais, A, B, C e D exibem as seguintes propriedades:

(i) Apenas A e C reagem com ácido clorídrico 1,0 mol L^{-1} para fornecer $H_2(g)$.

(ii) Quando C é adicionado a soluções de íons dos outros metais, são formados B, D e A metálicos.

(iii) O metal D reduz B^{n+} para dar B e D^{n+}.

Com base nessas informações, coloque os quatro metais em ordem crescente de habilidade para agir como agentes redutores.

13.25 Use a equação de Nernst para calcular os potenciais da célula das seguintes células a 298K:

(a) $2\ Ag^+(aq)(0{,}50\ mol\ L^{-1}) + Ni(s) \rightarrow 2\ Ag(s) + Ni^{2+}(aq)(0{,}20\ mol\ L^{-1})$

(b) $Cu(s) + PtCl_6^{2-}(aq)(0{,}10\ mol\ L^{-1}) \rightarrow Cu^{2+}(aq)(0{,}20\ mol\ L^{-1}) + PtCl_4^{2-}(aq)(0{,}10\ mol\ L^{-1}) + 2\ Cl^-(aq)(0{,}40\ mol\ L^{-1})$

(c) $Pb(s) + SO_4^{2-}(aq)(0{,}30\ mol\ L^{-1}) + 2\ AgCl(s) \rightarrow PbSO_4(s) + 2\ Ag(s) + 2\ Cl^-(aq)(0{,}20\ mol\ L^{-1})$

13.26 Uma semicélula em uma célula voltaica é construída a partir de um fio de prata mergulhado em solução de $AgNO_3$ de concentração desconhecida. A outra semicélula consiste em um eletrodo de zinco em solução de $Zn(NO_3)_2$ 1,0 mol L^{-1}. Mede-se um potencial de 1,48 V para essa célula. Use essa informação para calcular a concentração de $Ag^+(aq)$.

13.27 Observamos que uma lata de aço laminada com estanho pode se corroer mais rapidamente que uma lata de aço não laminada. Em casos de corrosão galvânica, não se podem esperar condições padrão. Suponha que você queira estudar a corrosão galvânica de aço laminado com estanho construindo uma célula com baixas concentrações dos íons. Você tem partes de estanho e ferro. E também uma solução de cloreto de estanho(II) 0,05 mol L^{-1} e uma de nitrato de ferro(II) 0,01 mol L^{-1}.

(a) Descreva as semirreações que construiu para esse experimento.

(b) Qual semirreação será o anodo e qual será o catodo?

(c) Com base nas soluções que você tem, calcule o potencial da célula para seu experimento.

13.28 As seguintes semicélulas estão disponíveis: $Ag^+(aq$, 1,0 mol $L^{-1}) | Ag(s)$; $Zn^{2+}(aq$, 1,0 mol $L^{-1}) | Zn(s)$; $Cu^{2+}(aq$, 1,0 mol $L^{-1}) | Cu(s)$; e $Co^{2+}(aq$, 1,0 mol $L^{-1}) | Co(s)$. A conexão de duas semicélulas produz uma célula voltaica. Dadas as quatro semicélulas, são possíveis seis células voltaicas. Estas são rotuladas, para simplicidade, como Ag-Zn, Ag-Cu, Ag-Co, Zn-Cu, Zn-Co e Cu-Co.

(a) Em qual das células voltaicas o eletrodo cobre serve como catodo? Em qual das células voltaicas o eletrodo cobalto serve como anodo?

(b) Qual combinação de semicélulas gera o maior potencial? Qual combinação gera o menor potencial?

13.29 Você é um engenheiro químico em empresa que fabrica *chips* de computador. Um novo contador, que entende de orçamentos, não de química, envia o seguinte memorando:

> "Por causa do alto preço do ouro, a empresa deve substituir os pinos laminados com ouro em nossos *chips* de computador por pinos feitos de cobre, que são bem mais baratos."

Escreva um memorando para seu chefe explicando por que a escolha do contador pelo cobre é inadequada e por que o ouro deve continuar a ser utilizado na fabricação do pino.

13.30 Imediatamente após uma pessoa colocar *piercing* nas orelhas (ou em outras partes do corpo), um pino sólido de ouro 14 quilates deve ser usado para manter o orifício aberto até que cicatrize.

(a) Explique por que o ouro sólido é preferível a outros metais como o aço.

(b) Por que você acha que um pino de aço laminado com ouro poderia não oferecer a mesma proteção que aquele de ouro sólido?

(c) O aço cirúrgico é frequentemente usado como o pino metálico em uma orelha que acabou de receber *piercing*, uma vez que ele é menos caro que o ouro. Utilize a internet e outros recursos para encontrar a composição do aço cirúrgico.

13.31 Em maio de 2000, uma passarela de pedestres de concreto ruiu na Carolina do Norte, ferindo mais de 100 pessoas. Investigações revelaram que $CaCl_2$ tinha sido misturado à argamassa que preenchia os orifícios em torno dos cabos de reforço de aço dentro do concreto, resultando em corrosão dos cabos e enfraquecendo, assim, a estrutura. Com base em seu conhecimento de corrosão, explique por que o uso de compostos de cloro em concreto reforçado por aço é desencorajado pela indústria de concretos.

Potenciais da célula e equilíbrio

13.32 Calcule a variação de energia livre para as seguintes células:

(a) $Ga(s) | Ga^{3+}(aq) || Ag^+(aq) | Ag(s)$

(b) $Zn(s) | Zn^{2+}(aq) || Cr^{3+}(aq) | Cr(s)$

(c) $Fe(s), FeS(s) | S^{2-}(aq) || Sn^{2+}(aq) | Sn(s)$

13.33 Calcule a variação de energia livre padrão para as seguintes reações usando os potenciais da célula padrão para as semirreações que estão envolvidas:

(a) $Fe(s) + Hg_2^{2+}(aq) \rightarrow Fe^{2+}(aq) + 2\ Hg(\ell)$

(b) $Fe^{3+}(aq) + Ag(s) + Cl^-(aq) \rightarrow Fe^{2+}(aq) + AgCl(s)$

(c) $2\ MnO_4^-(aq) + 5\ Zn(s) + 16\ H_3O^+(aq) \rightarrow 2\ Mn^{2+}(aq) + 5\ Zn_2^+(aq) + 24\ H_2O(\ell)$

13.34 Suponha que você não consiga encontrar uma tabela de potenciais padrão de redução. Você se lembra de que o potencial padrão de redução do $Cu^{2+} + 2\ e^- \rightarrow Cu(s)$ é de 0,337 V. Sabendo-se que $\Delta G_f°(Cu^{2+}) = 65{,}49$ kJ mol^{-1} e que $\Delta G_f°(Ni^{2+}) = -45{,}6$ kJ mol^{-1}, determine o potencial padrão de redução do $Ni|Ni^{2+}$ com base nesses dados.

13.35 Use o potencial da célula galvânica $Co(s)|Co^{2+}||Pb^{2+}|Pb(s)$ para determinar $\Delta G_f°(Pb^{2+})$, dado que $\Delta G_f°(Co^{2+}) = -54{,}4$ kJ mol^{-1}.

13.36 Qual(is) das seguintes reações é(são) espontânea(s) em condições padrão?

(a) $Zn(s) + 2\ Fe^{3+}(aq) \rightarrow Zn^{2+}(aq) + 2\ Fe^{2+}(aq)$

(b) $Cu(s) + 2\ H^+(aq) \rightarrow Cu^{2+}(aq) + H_2(g)$

(c) $2\ Br^-(aq) + I_2(s) \rightarrow Br_2(\ell) + 2\ I^-(aq)$

13.37 Consulte uma tabela de potenciais padrão de redução e determine quais das seguintes reações são espontâneas sob condições eletroquímicas padrão.

(a) $Mn(s) + 2\ H^+(aq) \rightarrow H_2(g) + Mn^{2+}(aq)$

(b) $2\ Al^{3+}(aq) + 3\ H_2(g) \rightarrow 2\ Al(s) + 6\ H^+(aq)$

(c) $2\ Cr(OH)_3(s) + 6\ F^-(aq) \rightarrow 2\ Cr(s) + 6\ OH^-(aq) + 3\ F_2(g)$

(d) $Cl_2(g) + 2\ Br^-(aq) \rightarrow Br_2(\ell) + 2\ Cl^-(aq)$

13.38 A constante de equilíbrio para uma reação é 3×10^{-15}. **(a)** Sem realizar nenhum cálculo, examine se o $\Delta G°$ para a reação é positivo ou negativo. **(b)** Calcule o $\Delta G°$ para essa reação.

13.39 Algumas calculadoras não podem exibir resultados de um cálculo de antilog se a potência de 10 for maior que 99. Essa deficiência pode entrar e comprometer a determinação das constantes de equilíbrio de reações redox, que são às vezes bem grandes. Solucione as seguintes expressões para K: **(a)** $\log K = 45{,}63$, **(b)** $\log K = 25{,}00$ e **(c)** $\log K = 20{,}63$. Qual é a relação entre as três expressões e as três respostas? De que modo você pode usar essa relação para solucionar problemas que excedam 10^{99}, mesmo que sua calculadora não realize o cálculo diretamente?

13.40 Calcule a constante de equilíbrio para as seguintes reações usando dados das tabelas de potencial padrão de redução fornecidas no Apêndice I:

(a) $Cl_2(g) + 2\ Br^-(aq) \rightarrow Br_2(g) + 2\ Cl^-(aq)$

(b) $Ni(s) + 2\ Ag^+(aq) \rightarrow 2\ Ag(s) + Ni^{2+}(aq)$

(c) $I_2(s) + Sn^2+(aq) \rightarrow 2\ I^-(aq) + Sn^{4+}\ (aq)$

13.41 Utilize os potenciais padrão de redução para as reações

$$AgCl(s) + e^- \rightarrow Ag(s) + Cl^-(aq) \text{ e}$$
$$Ag^+(aq) + e^- \rightarrow Ag(s)$$

para calcular o valor de K_{ps} para o cloreto de prata a 298K. De que modo sua resposta se compara ao valor listado na Tabela 12.4?

13.42 O peróxido de hidrogênio é geralmente armazenado na geladeira para ajudar a impedir sua decomposição de acordo com a reação,

$$2\ H_2O_2(\ell) \rightarrow 2\ H_2O(\ell) + O_2(g)$$

Use as informações dos potenciais padrão de redução para determinar a constante de equilíbrio dessa reação.

13.43 Calcule a constante de equilíbrio para as reações redox que poderiam ocorrer nas seguintes reações e use esse valor para explicar se alguma reação pode ou não ser observada.

(a) Um pedaço de ferro é laminado em uma solução de 1,0 mol L^{-1} de $NiCl_2(aq)$.

(b) Um fio de cobre é colocado em uma solução de 1,0 mol L^{-1} de $Pb(NO_3)_2(aq)$.

13.44 Uma barra de magnésio com uma massa de 6,0 kg é ligada a um cano de ferro enterrado para servir como anodo de sacrifício. Uma corrente média de 0,020 A flui entre a barra e o cano. **(a)** Qual reação ocorre na superfície da barra de magnésio? **(b)** Qual reação ocorre na superfície do cano de ferro? **(c)** Em qual sentido os elétrons fluem entre as duas superfícies? **(d)** Quantos anos levaria para toda a barra de magnésio ser consumida?

13.45 Um engenheiro é designado para projetar uma célula eletroquímica que gerará um potencial de exatamente 1,52 V. Projete e faça um esboço de uma célula para fornecer essa voltagem, detalhando as soluções, as suas concentrações e os eletrodos que você necessitará. Escreva equações relevantes para todas as reações.

13.46 O zinco é usado como revestimento para o aço galvanizado, em que ele ajuda a prevenir a corrosão. Explique por que o zinco também seria um anodo de sacrifício adequado para um encanamento de aço. Esses dois usos estão relacionados em termos da ciência que eles dão origem para a utilidade deles?

13.47 Os anodos de sacrifício são algumas vezes conectados ao aço usando um fio de cobre. Se o anodo é completamente corroído e não é substituído, de tal forma que só o fio de cobre permaneça, o que poderia acontecer onde o ferro e o cobre se encontram? Justifique sua resposta.

Baterias

13.48 Qual é a principal diferença entre uma célula primária e uma secundária?

13.49 Baseado na química que ocorre, explique por que uma pilha alcalina é chamada de "alcalina".

13.50 Se você colocar uma bateria de 9 volts em um detector de fumaça em sua casa ou apartamento, você não estará instalando uma célula galvânica única. Explique como e por que isso ocorre.

13.51 Se as pilhas alcalinas não fossem alcalinas, mas sim ácidas (como nas antigas pilhas de célula seca), quais dificuldades extras você poderia visualizar em relação à corrosão, com base nas reações que são parte da tabela de potenciais padrão de redução?

13.52 O que aconteceria à voltagem de uma pilha alcalina se o zinco fosse substituído por aço? Suponha que a reação do zinco seja simplesmente $Zn|Zn^{2+}$ e que o aço seja ferro.

13.53 Que produto é formado a partir dos componentes de chumbo de uma bateria de armazenamento de chumbo? Por que o choque mecânico (impacto) degrada, no final das contas, o desempenho da bateria de armazenagem de chumbo?

13.54 A solução de eletrólito em uma bateria de zinco-ar (Figura 13.16) é KOH aquoso. Para uma bateria de zinco-ar obter O_2 do ar, há pequenas aberturas nela. No entanto, essas aberturas também permitem que o vapor d'água escape e entre na bateria à medida que a umidade é alterada. A umidade relativa ótima para o funcionamento eficiente da bateria de zinco-ar, na qual o eletrólito de KOH está em equilíbrio com a água no ar circundante, é de 60% a 25°C. No nível molecular, descreva o que acontecerá a uma bateria de zinco-ar se usada consistentemente em **(a)** um ambiente árido e **(b)** um ambiente extremamente úmido.

13.55 Você é um engenheiro elétrico investigando diferentes baterias de botão para possíveis usos em um projeto. Você obtém as curvas de descarga mostradas a seguir para quatro baterias diferentes sob as mesmas condições e carga de descarga.

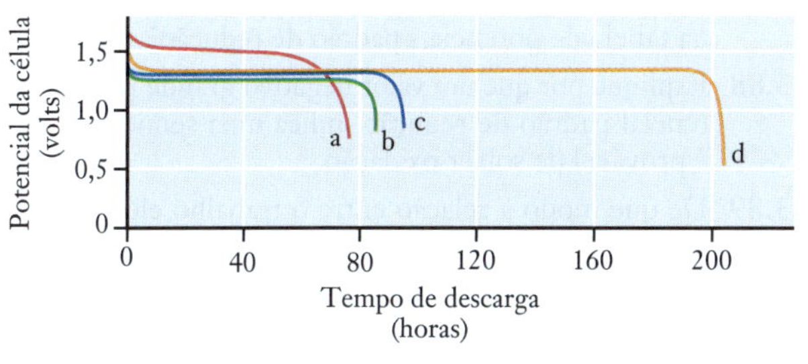

(a) Escreva um parágrafo no qual você interpreta as curvas **(a)** e **(d)** para um cliente que procura uma bateria para um aparelho eletrônico.

(b) Tanto **(b)** quanto **(d)** representam células de zinco-ar. Explique por que há uma diferença nessas duas curvas. (Dicas: Qual eletrodo em uma célula de zinco-ar tem vida ilimitada? Compare a área aproximada do outro eletrodo para as duas células.)

13.56 Suponha que as especificações de uma célula voltaica de Ni-Cd incluem a entrega de 0,25 A de corrente por 1,00 h. Qual é a massa mínima do cádmio que deve ser usada para fazer o anodo nessa célula?

13.57 Na internet, acesse o site de um fabricante de baterias conhecido, como Rayovac, Duracell ou Eveready (Energizer). Busque um tipo de bateria que não tenha sido mencionado neste capítulo. Descubra tudo o que puder sobre ela, com base em dados de engenharia ou de especificações. Imprima as folhas de especificações que incluam gráficos de características de descarga, informações de temperatura de operação etc. Faça um resumo e interprete o que encontrou em um relatório de uma página, à qual anexará as folhas de especificações.

Eletrólise

13.58 Qual é a diferença entre eletrólise ativa e passiva? Com base nos significados comuns das palavras *ativo* e *passivo*, que parte da eletrólise é o foco do nome?

13.59 Quando o alumínio é refinado por eletrólise a partir de seus minérios de óxido, o processo usado é a eletrólise ativa ou passiva? Explique sua resposta.

13.60 Qual complicação surge no refino eletrolítico do alumínio por causa da produção de oxigênio?

13.61 Em uma operação de galvanoplastia, o potencial da célula é às vezes 0 V. Por que é possível um potencial zero na eletrólise, mas não em uma célula galvânica?

13.62 Quando um fio de cobre é colocado em uma solução de nitrato de prata, dizemos que a prata blinda o cobre, mas não chamamos o processo de galvanoplastia. Explique a diferença.

13.63 Na laminação por cilindro, por que o cilindro que contém as peças pequenas é girado?

13.64 Quando um revestimento é depositado em um metal, dois metais diferentes estão em contato entre si. Por que a corrosão galvânica não ocorre nessa interface?

13.65 Use a internet para encontrar empresas de galvanoplastia que realizam laminação com prata. A impressão popular é que a laminação com prata é feita principalmente por razões cosméticas, tornando os objetos (como talheres) mais atraentes. Com base em sua pesquisa na internet, você acredita que essa impressão popular reflete com precisão a indústria de laminação?

13.66 Com base na reação usada para a laminação com prata, sugira uma razão para haver desafios ambientais associados às empresas de laminação industrial. Use a internet para descobrir como algumas empresas de galvanoplastia tratam de suas responsabilidades para proteger o ambiente.

Eletrólise e estequiometria

13.67 Se uma corrente de 15 A passa por uma célula de eletrólise por 2,0 horas, qual quantidade de matéria de elétrons se moveu?

13.68 Suponha que alguém em um laboratório não tenha desligado bem a corrente em uma célula de eletrólise de tal forma que 4,2 mA de corrente continua a fluir. Se a célula é então intocada por exatamente três semanas, qual a quantidade de matéria de elétrons que fluiu através da célula no período?

13.69 Se o funcionamento de uma laminação por cilindro usa 200,0 A por exatamente 6 horas para uma aplicação de galvanoplastia a 0,30 V, quantos quilowatts-hora são gastos no funcionamento? Se a voltagem é de 0,90 V, qual é o uso de potência (em kWh)?

13.70 Uma engenheira eletricista está analisando um processo de galvanoplastia e deseja calcular a carga que foi utilizada. Ela sabe que a voltagem da célula é 0,25 V e que 10,3 kWh foram despendidos. Qual era a carga? Se a corrente do aparelho é de 3,0 A, por quanto tempo funcionou?

13.71 Em um experimento de laminação com cobre no qual o metal de cobre é depositado a partir de solução de íon cobre(II), o sistema é processado por 2,6 horas a uma corrente de 12,0 A. Qual é massa de cobre depositada?

13.72 Um metalúrgico quer uma folha fina laminada com ouro com as seguintes dimensões: 1,5 in × 8,5 in × 0,0012 in. A laminação com ouro deve ter 0,0020 de espessura.

(a) Qual é a massa, em gramas, de ouro necessária (d = 19,3 g cm^{-3})?

(b) Quanto tempo levará para laminar a placa a partir de AuCN usando uma corrente de 7,00 A? (Suponha uma eficiência de 100%.)

13.73 O aço laminado com estanho é utilizado para "latas de latão". Suponha que, na produção das chapas de aço laminado com estanho, uma linha em uma fábrica opere com uma corrente de 100,0 A por exatamente 8 horas em uma folha de aço não laminado alimentada continuamente. Se o eletrólito contém íons de estanho(II), qual é a massa total de estanho depositada nessa operação?

13.74 Uma célula de eletrólise para a produção de alumínio opera a 5,0 V e uma corrente de 1,0 × 10^5 A. Calcule o número de quilowatts-hora de energia necessária para produzir 1 tonelada (1,0 × 10^3 kg) de alumínio. (1 kWh = 3,6 × 10^6 J e 1 J = 1 C V.)

13.75 Se uma linha de laminação que deposita níquel (a partir de soluções de $NiCl_2$) opera a uma voltagem de 0,40 V com uma corrente de 400,0 A e uma massa total de 49,0 kg de níquel é depositada, qual é o número mínimo de kWh consumido nesse processo?

13.76 O cromo é banhado a partir de soluções de íons de cromo (III). Se uma aplicação específica requer 13,7 g de cromo no revestimento e o processo leva 90 minutos, qual corrente foi usada?

13.77 Quando uma bateria de armazenagem de chumbo é recarregada por uma corrente de 12,0 A por 15 minutos, qual é massa de $PbSO_4$ consumida?

13.78 Uma pequena peça com uma área superficial de 2,62 cm^2 é laminada com um revestimento de ouro de 5,00 × 10^{-4} mm de espessura. A densidade do ouro é 19,32 g cm^{-3}. Qual é a massa de ouro nesse revestimento? Se um processo de laminação por cilindro tem 5.000 dessas peças em um único cilindro, quanto tempo o processo levaria se a corrente fosse de 15,0 A? (O ouro é efetivamente laminado a partir de Au^+(*aq*).)

13.79 Um engenheiro está projetando um espelho para um sistema ótico. Um pedaço de metal que mede 1,3 cm por 0,83 cm terá um revestimento de ródio laminado em sua superfície para servir de espelho. A espessura do ródio será de 0,00030 mm, e o eletrólito contém íons Rh^{3+}. Se a corrente operacional da eletrólise é 0,10 A, por quanto tempo deve ser operada para que se obtenha o revestimento desejado? Qual é a massa de ródio depositada? (A densidade do ródio é 12,4 g cm^{-3}.)

POR DENTRO DE Baterias no projeto de engenharia

13.80 Quais são as duas características das baterias de íon lítio responsáveis pelo desejo de que constem em aplicações de aeronaves?

13.81 Explique por que as baterias de íon lítio tendem a ser relativamente leves.

13.82 Qual característica dos íons lítio faz com que seja prático construir um separador semipermeável que os permite fluir em uma bateria íon lítio? Por que uma bateria de íon sódio seria mais difícil de projetar mesmo se as reações de oxirredução fossem similares?

13.83 Examinando a Figura 13.23, descreva como a operação de uma bateria de íon lítio não leva a um acúmulo de carga em um lado da bateria ou do outro?

Problemas conceituais

13.84 Use a internet para pesquisar como a Boeing tratou o tópico do incêndio no *Dreamliner* e escreva um parágrafo curto resumindo a solução da companhia para o problema.

13.85 Qual é o papel de uma ponte salina na construção de uma célula galvânica?

13.86 Explique por que uma substância oxidada é chamada de agente redutor.

13.87 Se ao EPH fosse atribuído um valor de 3,00 V em vez de 0,00 V, o que aconteceria a todos os valores listados na tabela de potenciais padrão de redução?

13.88 Explique por que um valor negativo grande para o potencial padrão de redução indica uma semicélula que é provável de sofrer oxidação.

13.89 De que modo a relação entre o trabalho elétrico máximo e o potencial da célula é usada para determinar a variação de energia livre para células eletroquímicas?

13.90 Um aluno de engenharia química está estudando o efeito do pH sobre a corrosão do ferro. Os seguintes dados são coletados.

Taxa de corrosão (mm/ano)	pH
0,03	13,00
0,06	12,00
0,16	11,00
0,22	10,00
0,25	9,00
0,25	8,00
0,25	7,00
0,25	6,00
0,25	5,00
0,27	4,00
0,37	3,00
0,38	2,80
0,63	2,80
1,00	2,80

Represente graficamente a taxa de corrosão *versus* pH. (Dica: Marque o eixo x com pH *decrescente*.)

(a) Como você descreveria a dependência da corrosão em relação ao pH?

(b) Quando o pH vai abaixo de 3, aparecem bolhas na solução. Qual variação ocorre na semirreação de redução em pH baixo?

(c) Como você explica a forma da curva no pH mais baixo?

(Baseado em um gráfico na *Kirk-Othmer encyclopedia of chemical technology*. 4. ed. Nova York: John Wiley & Sons. v. 7, p. 559.)

13.91 O níquel seria um anodo de sacrifício adequado para proteger o aço? Justifique sua resposta.

13.92 Se uma escala logarítmica não tivesse sido usada para o gráfico na Figura 13.13, como seriam os gráficos?

13.93 Fabricantes de pilhas frequentemente avaliam baterias em termos de sua energia específica (ou capacidade energética). A capacidade de peso de uma bateria é definida como $q \times V$/massa. Por que um fabricante de baterias estaria interessado nessa quantidade?

13.94 Suponha que você tenha uma bateria nova e quisesse medir sua capacidade de peso, como descrito no problema anterior. Planeje e descreva um experimento que poderia realizar para fazer essa medição. Você acha que realizar seu experimento em uma única bateria produziria resultados confiáveis?

13.95 Por que é mais fácil forçar uma reação de oxirredução a se desenvolver no sentido não espontâneo do que forçar uma reação ácido-base no sentido não espontâneo?

13.96 Em qualquer célula eletroquímica, a redução ocorre no catodo. Por que o catodo tem uma carga negativa, quando ocorre a eletrólise, em vez da carga positiva que ele carrega em uma célula galvânica?

13.97 À medida que a célula voltaica mostrada aqui funciona, a solução azul fica gradualmente mais clara e a solução cinza fica mais escura.

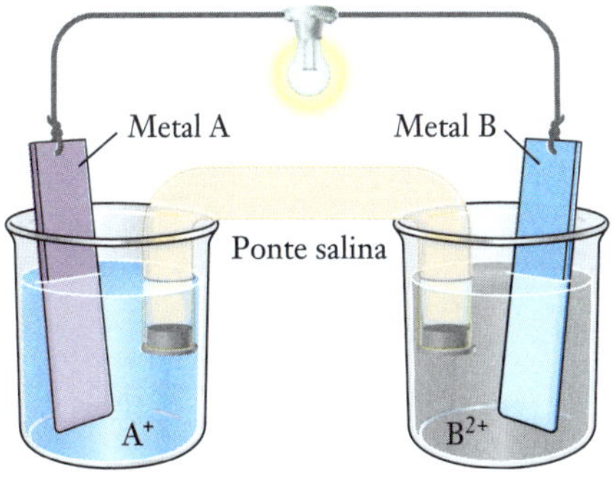

(a) Qual espécie é oxidada e qual é reduzida?
(b) Qual eletrodo é o anodo e qual é o catodo?
(c) Qual eletrodo de metal ganha massa?
(d) Em qual sentido os elétrons fluem através do circuito externo?

13.98 Suponha que um estudante pense, erroneamente, que o cobre seja laminado a partir de soluções que contenham íons cobre(I) em vez de íons cobre(II). De que modo esse erro afetaria a resposta que o estudante obteria para a massa de cobre laminado por determinado tempo e determinada corrente? (Ela é muito alta, muito baixa e por qual fator?)

Exercícios de enfoque na resolução de problemas

13.99 Para uma aplicação sensível à voltagem, você está trabalhando em uma bateria que deve ter uma voltagem de funcionamento de 0,85 V. Os materiais a serem utilizados têm um potencial padrão de célula de 0,97 V. O que deve ser feito para atingir a voltagem correta? Quais informações precisaria buscar?

13.100 Para uma aplicação de bateria, você precisa obter a maior voltagem por célula possível. Se a voltagem fosse a única preocupação, quais reações químicas escolheria? Use a internet ou seus próprios conhecimentos para especular sobre as consequências práticas prováveis de uma escolha conduzida unicamente pela voltagem.

13.101 Foi proposta uma reação de oxirredução usando Sn(*s*) para remover $N_2O(g)$ de um recipiente de reação, e é necessário que se encontre sua constante de equilíbrio. Você não consegue encontrar nenhuma informação termodinâmica sobre um produto da reação $NH_3OH^+(aq)$. Como poderia calcular a constante de equilíbrio da reação?

13.102 Você está projetando um sistema para um ambiente bem corrosivo e está usando uma liga cara composta basicamente por titânio. De que modo você escolheria um anodo de sacrifício para ajudar a proteger esse componente caro em seu projeto? Quais informações você teria de procurar?

13.103 Você precisa usar um conector laminado com ouro em um projeto para tirar proveito da condutividade e resistência à corrosão do ouro. Para justificar essa escolha para o diretor de projetos, você deve fazer uma projeção de custo para diversos níveis de laminação. Quais variáveis poderiam ser alteradas? Quais informações você teria de procurar para fornecer as informações de custo necessárias?

Problemas acumulativos

13.104 **(a)** O que acontece quando uma corrente passa através de uma solução de ácido sulfúrico diluído para a realização da eletrólise? **(b)** Uma corrente de 5,00 A passa por uma solução de ácido sulfúrico diluído por 30,0 minutos. Qual é a massa de oxigênio produzida?

13.105 Uma corrente passa por uma solução de sulfato de cobre(II) por tempo suficiente para depositar 14,5 g de cobre. Qual volume de oxigênio é também produzido se o gás é medido a 24°C e 0,958 atm de pressão?

13.106 A hidrazina, N_2H_4, foi proposta como o combustível em uma célula de combustível na qual o oxigênio é o agente oxidante. As reações são

$$N_2H_4(aq) + 4\,OH^-(aq) \rightarrow N_2(g) + 4\,H_2O(\ell) + 4\,e^-$$
$$O_2(g) + 2\,H_2O(\ell) + 4\,e^- \rightarrow 4\,OH^-(aq)$$

(a) Qual reação ocorre no anodo e qual ocorre no catodo?
(b) Qual é a reação líquida da célula?
(c) Se a célula tem de produzir 0,50 A de corrente por 50,0 h, qual é a massa em gramas de hidrazina que deve estar presente?
(d) Qual é a massa em gramas de O_2 que deve estar disponível para reagir com a massa de N_2H_4 determinada no item **(c)**?

13.107 Um estojo de "botão" para uma pequena bateria deve ser laminado com prata. O botão é um cilindro perfeito com um raio de 3,0 mm e uma altura de 2,0 mm. Para simplificar, considere que a solução de prata usada para a laminação é nitrato de prata. (Processos industriais geralmente utilizam outras soluções.) Considere que a laminação com prata seja perfeitamente uniforme e realizada por 3,0 min a uma corrente de 1,5 A. **(a)** Qual é a massa de prata laminada na peça? **(b)** Quantos átomos de prata se depositaram na peça? **(c)** Calcule uma estimativa para a espessura (em átomos) do revestimento de prata. (A prata tem uma densidade de 10,49 g cm^{-3} e um raio atômico de 160 pm.)

Química nuclear

14

O Telescópio Espacial Spitzer, que detecta a radiação no infravermelho, é mostrado aqui contra uma imagem de infravermelho do céu. Uma vez que a intensidade dos raios cósmicos na troposfera aumenta com a altitude, o equipamento eletrônico em satélites como o Spitzer é especialmente suscetível a estragos, causados pela radiação de ionização.

Cortesia da Nasa, JPL/Caltech

Por todo o livro, focamos nas maneiras que os átomos interagem entre si para formar moléculas. Apesar de termos abordado o fato de os átomos serem constituídos de partículas subatômicas menores, consideramos esses átomos como partículas estáveis que não podem ser convertidas de um elemento em outro. Como vimos, essa abordagem é bem útil para entender uma gama de fenômenos na química e na tecnologia.

Mas quando pensamos nos átomos como imutáveis, evitamos também considerar outros fenômenos e tecnologias importantes. Não podemos tentar entender radioatividade ou reações nucleares sem reconhecer que os átomos de um elemento *podem* ser convertidos em átomos de outro elemento. Neste capítulo, exploraremos o campo da química nuclear, o cerne de aplicações como a energia nuclear, terapia médica de radiação e datação de carbono. Começamos por um exame rápido em um resultado de reações nucleares no universo: raios cósmicos.

Objetivos do capítulo

Após dominar o assunto deste capítulo, você será capaz de:

- descrever os raios cósmicos e algumas das maneiras como eles influenciam a Terra e sua atmosfera.
- escrever, balancear e interpretar equações para reações nucleares simples.

- definir e distinguir entre vários modos de decaimento nuclear, incluindo decaimento alfa, decaimento beta, emissão de pósitron e captura de elétrons.
- interpretar a cinética de decaimento radioativo usando equações de velocidade de primeira ordem.
- usar o quadro dos nucleotídeos para entender e explicar como os processos de decaimento radioativo aumentam a estabilidade nuclear.
- usar a equação de Einstein para calcular as energias de união de núcleos e as variações de energia de reações nucleares.
- descrever a fissão e a fusão nuclear e explicar como ambos os processos podem ser altamente exotérmicos.
- discutir o potencial tanto da fissão quanto da fusão como fontes de energia e identificar os prós e contras das duas tecnologias.
- explicar como a energia penetrante e a ionizante se combinam para determinar o efeito da radiação em materiais, incluindo tecidos vivos.
- descrever como os radioisótopos podem ser usados nas técnicas de imagem médicas para monitorar a função de um órgão.

POR DENTRO DE

14.1 Raios cósmicos e datação de carbono

A definição usual de raios cósmicos restringe o termo a partículas e exclui os fótons.

A Terra é constantemente bombardeada por **raios cósmicos** – partículas viajando em altas velocidades. ◂ Os raios cósmicos são núcleos atômicos porque, a essas altas energias, os elétrons foram despojados. No espaço, aproximadamente 87% dos raios cósmicos são núcleos de hidrogênio (isto é, prótons) e cerca de 12% são núcleos de hélio. O resto são núcleos mais pesados. De onde vêm essas partículas e quais são seus efeitos?

Alguns raios cósmicos emanam do Sol, onde as explosões solares podem acelerar cátions altamente carregados até que se aproximem da velocidade da luz. A distribuição dos elementos nesses raios cósmicos reflete a composição do próprio Sol. Embora o hidrogênio e o hélio sejam os predominantes, isótopos do carbono, nitrogênio, oxigênio, neônio, silício e ferro também estão presentes. Outros raios cósmicos originam-se fora do sistema solar.

As energias dos raios cósmicos são bem mais altas que aquelas em quaisquer outras áreas da química que estudamos. As energias químicas são normalmente expressas em quilojoules por mol, mas as dos raios cósmicos são comumente expressas em **elétron volts (eV)**, com 1 eV = 96,4853 kJ mol^{-1}. Uma ligação química típica ou a energia liberada em uma reação química é na ordem de alguns elétron volts, enquanto a energia de um raio cósmico é tipicamente na faixa de megaelétron volt ou gigaelétron volt. Têm sido relatadas partículas com energias tão altas quanto 10^{20} eV. Estas são muitas vezes a energia de ionização de átomos e tal fato ajuda a explicar por que os raios cósmicos consistem em núcleos expostos em vez de átomos. Mas com energias tão grandes, quais processos reativos se tornam possíveis? Existem problemas de engenharia cujas soluções de projeto devem levar em conta o possível impacto dos raios cósmicos?

À medida que os raios cósmicos entram na atmosfera, a probabilidade de colisões com as moléculas de gás aumenta enormemente. As colisões podem induzir **reações nucleares** na atmosfera, de tal modo que as partículas que realmente atingem a superfície da Terra possam ser bastante diferentes daquelas entrando na atmosfera. A reação nuclear leva à formação de isótopos radioativos de ^{14}C, usados na datação de carbono de artefatos arqueológicos.

E de onde o carbono-14 se origina? Na atmosfera mais superior da Terra, os raios cósmicos de alta energia atingem os núcleos e induzem as reações nucleares. Nesses processos, por exemplo, um nêutron livre é absorvido pelo núcleo de nitrogênio. O resultado é um núcleo de carbono e um próton.

O decaimento radioativo é qualquer processo pelo qual um átomo ou núcleo instável emite partículas subatômicas.

O carbono terrestre natural tem 98% de carbono-12, $^{12}_{6}C$, e 1,11% de carbono-13, $^{13}_{6}C$. Ambos são estáveis. O carbono-14, $^{14}_{6}C$, é instável; ele sofre **decaimento radioativo** ou desintegração espontaneamente, ejetando partículas do núcleo e formando um átomo de nitrogênio. ◂ Como o processo possibilita a datação por radiocarbono? Para abordarmos tais questões, precisaremos entender alguns dos fundamentos da química nuclear.

14.2 Radioatividade e reações nucleares

Decaimento radioativo

POR DENTRO DE Observamos que as energias extremamente altas dos raios cósmicos podem induzir reações nucleares na atmosfera e uma de tais reações é responsável pela formação do ^{14}C. Na descrição do processo, observamos que *um nêutron livre é absorvido por um núcleo de nitrogênio e que o resultado é um núcleo de carbono e um próton.* A linguagem empregada aqui é muito similar àquela que deveríamos usar para uma reação química: o nêutron e o núcleo do nitrogênio são reagentes e o núcleo do carbono e o próton são os produtos. É conveniente resumir essa informação em uma equação nuclear apropriada. Como deveríamos escrever tal equação? Da mesma maneira que para uma reação química ordinária. Ou seja, colocamos os materiais de partida do lado esquerdo e os produtos finais do lado direito, com uma seta separando os dois. No caso, entretanto, nossos reagentes e produtos serão átomos ou partículas subatômicas em vez de moléculas.

No Capítulo 2, vimos que o símbolo de um **nuclídeo**, E, com um número de massa A e número atômico Z, pode ser escrito na seguinte forma: ▸

O termo nuclídeo *inclui átomos, íons e núcleos. As reações nucleares em geral envolvem espécies altamente ionizadas.*

$$^{\text{número de massa}}_{\text{número atômico}}\text{E ou } ^{A}_{Z}\text{E}$$

O isótopo mais comum do nitrogênio é o nitrogênio-14, para o qual o símbolo é $^{14}_{7}N$.
Se reconhecermos que o número atômico é realmente a carga exata no núcleo, podemos também escrever símbolos similares para as partículas subatômicas, incluindo os nêutrons ($^{1}_{0}n$), prótons ($^{1}_{1}p$) e elétrons ($^{0}_{-1}e$). Por meio dessa ideia, podemos montar a seguinte equação para a reação nuclear anterior:

$$^{14}_{7}N + ^{1}_{0}n \rightarrow ^{14}_{6}C + ^{1}_{1}p$$

É fácil perceber que a equação não está balanceada da mesma maneira que uma reação química normal. Temos o nitrogênio no lado dos reagentes e o carbono no lado dos produtos. Uma vez que as reações nucleares podem converter átomos de um elemento em átomos de outro, as regras usuais de balanceamento não podem ser aplicadas. Mas as equações nucleares devem obedecer a seu próprio conjunto de regras de conservação. A soma dos números de massa de cada lado da equação é 15, enquanto a soma das cargas em cada lado é 7. Cada equação nuclear deve ser balanceada em relação tanto ao número de massa quanto à carga. Embora o aparecimento de prótons e nêutrons nessa equação possa a princípio parecer estranho, no mínimo podemos dizer que a equação contém apenas espécies familiares: átomos, nêutrons e prótons. Para outras reações nucleares, precisaremos também levar em conta diferentes tipos de radioatividade.

Logo após a descoberta da radioatividade emanando do urânio, o físico Ernest Rutherford demonstrou que dois tipos distintos de radiação poderiam ser distinguidos, como mostra a **Figura 14.1(a)**. ▸ Um tipo era parado por peças finas de alumínio, enquanto outro penetrava as folhas metálicas. Aqueles que eram parados pelo metal foram chamados **raios alfa** e os que atravessavam foram chamados **raios beta**. Em um campo magnético ou elétrico, os dois tipos de radiação eram desviados em diferentes direções, indicando que tinham cargas opostas (**Figura 14.1(b)**). Uma das partículas desviava-se mais que as outras, indicando que suas razões carga-massa eram diferentes. O experimento revelou um terceiro tipo de radiação, que passou através do campo sem ser desviado. Rutherford o chamou de **raio gama**.

A radiação *se refere a partículas ou fótons emitidos no decaimento nuclear.*

Desde que essas observações foram feitas, os cientistas nucleares têm caracterizado detalhadamente tais formas de radiação. A partícula com maior massa e carregada positivamente é uma **partícula alfa** (α), que na realidade é um núcleo de hélio, $^{4}_{2}He$. A partícula com carga negativa é um elétron, $^{0}_{-1}e$, mas os elétrons emitidos do núcleo são normalmente chamados **partículas beta** (β^- ou $^{0}_{-1}\beta$). (Existe também uma partícula beta positiva, chamada **pósitron** ($^{0}_{1}\beta$), que examinaremos adiante nesta seção.) As partículas não afetadas pelo campo magnético são os **raios gama** (γ), fótons de alta energia de radiação eletromagnética.

Decaimento alfa

Quando um núcleo sofre **decaimento alfa**, ejeta uma partícula alfa de tal modo que seu número de massa diminui em 4 e seu número atômico aumenta em 2. O urânio-238 é um exemplo de nuclídeo que decai por emissão alfa:

$$^{238}_{92}U \rightarrow ^{234}_{90}Th + ^{4}_{2}He$$

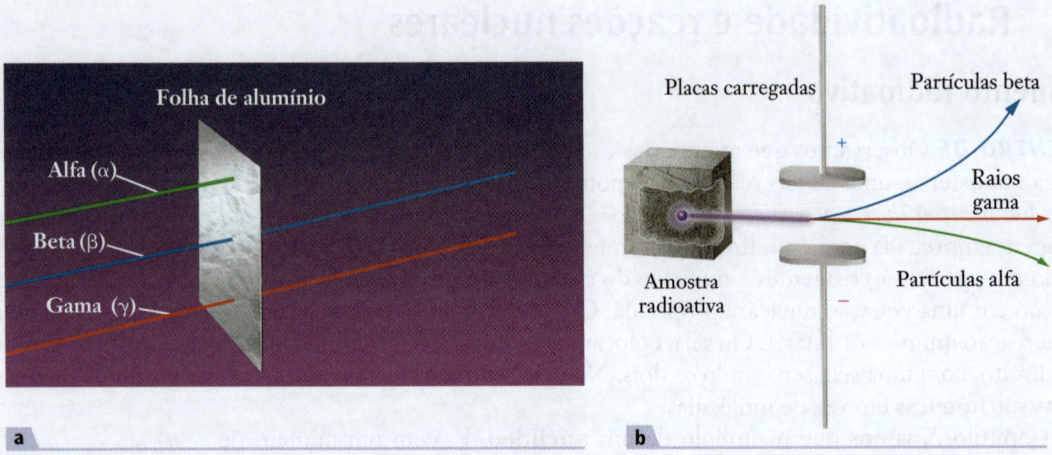

Figura 14.1 **(a)** Em estudos mais antigos de radioatividade, Rutherford observou dois tipos de radiação, os quais chamou de raios alfa e beta. Uma folha fina de alumínio bloqueou os raios alfa, mas os beta passaram pela folha. **(b)** Rutherford também estudou o efeito de um campo elétrico na radiação e viu que os raios alfa e beta eram desviados em direções opostas. O experimento também revelou um terceiro tipo de radiação, os raios gama, que passaram sem desvios pelo campo. (Da mesma forma que os raios beta, os gama passam através da folha no experimento mostrado em **(a)**.)

O número atômico do novo núcleo o identifica como tório, e seu número de massa é 234. No decaimento radioativo, é comum se referir ao núcleo do reagente como o *pai* e ao núcleo do produto como *filho*. Portanto, aqui diríamos que o ^{238}U é o pai e o ^{234}Th, o filho. Para nos certificarmos de que levamos em conta todas as partículas, comparamos os números de massa nos lados esquerdo e direito da equação (238 = 234 + 4). Repetimos o processo para os números atômicos (92 = 90 + 2). O Problema-modelo 14.1 fornece prática adicional com esse conceito.

PROBLEMA-MODELO ◄ 14.1

Complete as equações para cada um dos seguintes processos de decaimento:

$$^{210}_{84}\text{Po} \rightarrow {}^{206}_{82}\text{Pb} + \ ?$$

$$^{230}_{90}\text{Th} \rightarrow \ ? \ + {}^{4}_{2}\text{He}$$

Estratégia As equações nucleares devem ser balanceadas em relação tanto ao número de massa quanto à carga total. Desde que apenas uma partícula esteja faltando em cada equação, podemos usar os dois critérios para determinar sua identificação.

Solução Considere a primeira reação. Examinando os dois isótopos mostrados, a diferença na massa atômica é 84 – 82 = 2, e a diferença no número de massa é 210 – 206 = 4. Isso significa que a partícula que falta deve ter massa 4 e número atômico 2, tornando-a uma partícula alfa. A equação completa é

$$^{210}_{84}\text{Po} \rightarrow {}^{206}_{82}\text{Pb} + {}^{4}_{2}\text{He}$$

Em seguida, consideramos a segunda reação. De novo, examinando as duas espécies mostradas, a diferença no número atômico é 90 – 2 = 88 e a diferença no número de massa, 230 – 4 = 226. O fato de o número atômico ser 88 nos informa que ele deve ser o rádio-226. Isso nos leva à equação completa:

$$^{230}_{90}\text{Th} \rightarrow {}^{226}_{88}\text{Ra} + {}^{4}_{2}\text{He}$$

Discussão Este tipo de problema para o decaimento alfa normalmente é bem direto. Adiante, encontraremos reações nucleares nas quais, por exemplo, são obtidos vários nêutrons como produtos. Aquele tipo de problema é um pouco mais complicado porque a estequiometria muda das simples razões um-para-um vistas aqui.

Verifique seu entendimento Identifique o elemento e o isótopo do reagente que falta na seguinte equação nuclear:

$$? \rightarrow {}^{205}_{82}\text{Pb} + {}^{4}_{2}\text{He}$$

Decaimento beta

Um núcleo de ^{14}C sofre decaimento espontâneo através da emissão de partículas beta, β^- ou ${}^{0}_{-1}\beta$, um elétron é ejetado do núcleo. Mas como um elétron pode ser ejetado *do núcleo*? A resposta é que no decaimento beta, um nêutron deve decair para um próton e um elétron. Estudo energético detalhado do **decaimento beta** mostra que uma partícula adicional, sem carga e virtualmente nenhuma massa, deve também ser emitida. Essa partícula, chamada *antineutrino*, é escrita como $\bar{\nu}$. ▸

Um neutrino e seu antineutrino têm massas idênticas, estimadas na ordem de um milhão de vezes menor que a massa de um elétron.

$${}^{1}_{0}n \rightarrow {}^{1}_{1}p + {}^{0}_{-1}\beta + \bar{\nu}$$

O próton permanece no núcleo e aumenta o número atômico em 1.

POR DENTRO DE Lembre-se de que na seção "Por dentro de" dissemos que o ^{14}C é produzido pela absorção de um nêutron por um núcleo de nitrogênio-14:

$${}^{14}_{7}N + {}^{1}_{0}n \rightarrow {}^{14}_{6}C + {}^{1}_{1}p$$

O carbono-14 é radioativo e eventualmente sofre decaimento beta:

$${}^{14}_{6}C \rightarrow {}^{14}_{7}N + {}^{0}_{-1}\beta + \bar{\nu}$$

Nesse processo – e em qualquer decaimento β^- – *o número atômico aumenta em 1* porque um próton tomou o lugar do nêutron que decaiu. Assim que a partícula beta é liberada, podemos detectá-la com razoável facilidade. Os esquemas de datação de carbono baseiam-se no fato de que o decaimento prossegue em velocidade conhecida, como veremos na Seção 14.3. O Problema-modelo 14.2 fornece exemplo com equações nucleares para o decaimento β^-.

PROBLEMA-MODELO ◂ 14.2

Vimos a equação nuclear para o decaimento beta envolvido na datação de radiocarbono. Agora complete as equações para cada uma das seguintes reações de decaimento β^-, usando ${}^{0}_{-1}\beta$ para representar a partícula beta:

$${}^{234}_{90}Th \rightarrow {}^{234}_{91}Pa + \quad ?$$

$${}^{234}_{91}Pa \rightarrow \quad ? \quad + {}^{0}_{-1}\beta + \bar{\nu}$$

Estratégia Podemos usar tanto os números de massa quanto as cargas dadas para determinar as partículas que faltam nas equações, muito como visto no exemplo anterior para decaimento alfa.

Solução Considere cada equação separadamente, começando com o decaimento do tório-234:

$${}^{234}_{90}Th \rightarrow {}^{234}_{91}Pa + ?$$

O fato de tanto Th quanto Pa terem número de massa de 234 indica que a outra partícula na equação deve ter número de massa zero. ▸ Isso está de acordo com o decaimento beta. O balanceamento das cargas nos lados de reagentes e produtos exige que a incógnita tenha uma carga de -1 (de tal maneira que $91 - 1 = 90$). Uma vez que esse é um decaimento beta, é também emitido um antineutrino. A equação é

Um número de massa zero não significa que uma partícula tem massa zero!

$${}^{234}_{90}Th \rightarrow {}^{234}_{91}Pa + {}^{0}_{-1}\beta + \bar{\nu}$$

Em seguida, passamos para o decaimento do protactínio-234:

$${}^{234}_{91}Pa \rightarrow ? + {}^{0}_{-1}\beta + \bar{\nu}$$

Pelo fato de a partícula beta dada como um produto não ter massa, sabemos que a partícula desconhecida tem uma massa de 234. A partícula beta tem uma carga 1–, logo a partícula desconhecida deve ter um número atômico de 92 ($92 - 1 = 91$). A partícula que falta é ^{234}U, portanto a equação é

$${}^{234}_{91}Pa \rightarrow {}^{234}_{92}U + {}^{0}_{-1}\beta + \bar{\nu}$$

Verifique seu entendimento A única maneira que falta para examinar esse tipo de questão resulta quando a incógnita é o reagente. Suponha que você observe o decaimento beta e então determine que o produto é o nuclídeo ^{218}At. Qual era o nuclídeo reagente?

Decaimento gama

Lembre-se do Capítulo 6, em que um fóton é um quantum de energia eletromagnética.

O decaimento gama é a emissão de um fóton de alta energia e tende a acompanhar outros tipos de decaimento. No núcleo, os prótons e nêutrons ocupam níveis de energia análogos aos ocupados pelos elétrons em um átomo. Como abordado na Seção 6.3, quando um átomo está em um estado excitado, ele pode emitir um fóton à medida que um elétron passa de um orbital de energia mais alta para um de energia mais baixa. Similarmente, quando partículas alfa e beta deixam o núcleo, alguns níveis de energia no núcleo não estão mais ocupados. O núcleo é um estado excitado, e para retornar ao seu estado fundamental, emite um fóton. Por ser muito grande o espaçamento entre os níveis de energia, esse fóton tomará a forma de uma radiação gama de alta energia. O comprimento de onda da radiação gama é na ordem de 10^{-12} m e a frequência é cerca de 3×10^{20} s^{-1}. Isso corresponde à energia de 10^8 kJ mol^{-1}, que são várias ordens de grandeza maiores que as energias de reações químicas normais.

A radiação gama, que não muda o número de massa nem o número atômico de um nuclídeo, acompanha o decaimento beta, incluindo o carbono-14. Podemos reescrever o decaimento do carbono-14 como a seguir, mostrando explicitamente a emissão de radiação gama:

$$^{14}_{6}C \rightarrow {}^{14}_{7}N + {}^{0}_{-1}\beta + \bar{\nu} + {}^{0}_{0}\gamma$$

Observe que o balanceamento da equação não muda pela emissão de radiação gama: os raios gama são radiação eletromagnética e dessa forma não têm massa nem carga.

Captura de elétrons

Na **captura de elétrons**, o núcleo captura um elétron do primeiro nível ($n = 1$) no átomo. Uma vez que o primeiro nível também é chamado "nível K", a captura de elétron é em geral chamada **captura K.** O resultado é que um próton no núcleo é convertido em um nêutron. De fato, a captura de elétron é o inverso da emissão beta. Como no decaimento beta, é necessária uma partícula adicional para conservar a energia; nesse caso, a partícula é um neutrino, ν:

$$^{1}_{1}p + {}^{0}_{-1}e \rightarrow {}^{1}_{0}n + \nu$$

O resultado da captura de elétron é que a carga nuclear diminui em 1, como ilustrado pela equação a seguir para a captura de elétrons pelo alumínio-26:

$$^{26}_{13}Al + {}^{0}_{-1}e \rightarrow {}^{26}_{12}Mg + \nu$$

Emissão de pósitron

O neutrino e o antineutrino são um par matéria–antimatéria, da mesma forma que o pósitron e o elétron.

Um pósitron é um elétron carregado positivamente, β^+ ou ${}^{0}_{1}\beta$. Um pósitron e um elétron formam um par *matéria-antimatéria*; eles são idênticos em massa e *spin* e opostos na carga. Colisões de partículas e suas antipartículas, como o elétron e o pósitron, resultam na aniquilação de ambas as partículas e na conversão das massas combinadas em energia (**Figura 14.2**). A colisão de um pósitron com um elétron produz dois fótons de raio gama de 511 keV, viajando em sentidos opostos. (Esses raios gama são a base para a tomografia de emissão de pósitron, que abordaremos na Seção 14.8.) No decaimento β^+, um próton decai em um nêutron e um pósitron:

$$^{1}_{1}p \rightarrow {}^{1}_{0}n + {}^{0}_{1}\beta + \nu$$

O decaimento de pósitron tem o mesmo efeito que a captura de elétron: *a carga nuclear diminui em 1.*

O Problema-modelo 14.3 fornece alguma prática na escrita de equações nucleares que envolvem a emissão de pósitron e captura de elétrons.

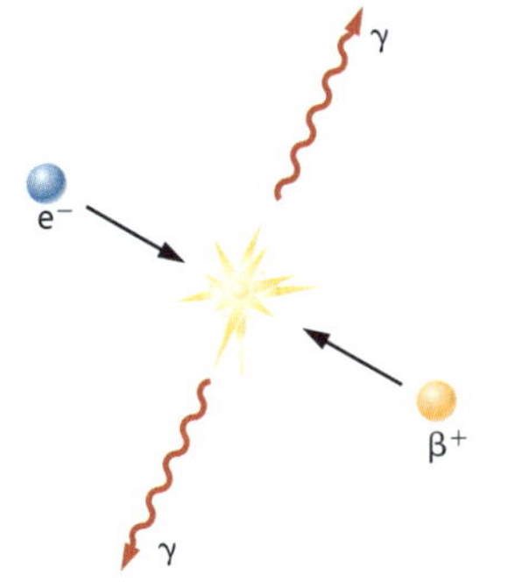

Figura 14.2 A colisão de qualquer partícula com sua antipartícula resulta na aniquilação de ambas as partículas e na completa conversão de suas massas em energia. A aniquilação de um pósitron e de um elétron produz dois fótons de raio gama de 511 keV.

PROBLEMA-MODELO ◀ 14.3

Complete as seguintes equações com as partículas corretas e identifique o modo de decaimento.

(a) $^{15}_{8}\text{O} \rightarrow {}^{15}_{7}\text{N} + \; ?$

(b) $^{40}_{19}\text{K} \rightarrow \; ? \; + {}^{0}_{-1}\beta + \bar{\nu}$

(c) $^{40}_{19}\text{K} + \; ? \rightarrow {}^{40}_{18}\text{Ar} + \bar{\nu}$

Estratégia Como antes, nós nos baseamos tanto nas massas quanto nas cargas para identificar as espécies que faltam. Pelo fato de cada espécie ter sido identificada, podemos usar nossas definições das várias reações nucleares para identificar o modo de decaimento.

Solução Considere uma equação de cada vez.

(a) $^{15}_{8}\text{O} \rightarrow {}^{15}_{7}\text{N} + \; ?$

Não há variação no número de massa do oxigênio-15 para o nitrogênio-15, logo a partícula desconhecida tem número de massa zero. Para a soma das cargas no lado do produto se igualar a zero, a partícula desconhecida deve ter carga de 1+. Os dois fatos nos informam que a partícula desconhecida é um pósitron e o evento é uma emissão de pósitron. É necessário também um neutrino para completar a equação:

$$^{15}_{8}\text{O} \rightarrow {}^{15}_{7}\text{N} + {}^{0}_{1}\beta + \nu$$

(b) $^{40}_{19}\text{K} \rightarrow \; ? \; + {}^{0}_{-1}\beta + \bar{\nu}$

Estamos examinando um decaimento beta, logo o número de massa do isótopo decaindo não muda. O número de massa do produto deve ser 40. A soma das cargas dos produtos deve ser 19, logo a incógnita deve ter um valor de 20 (19 = 20 −1). A incógnita é ^{40}Ca e o processo, o decaimento beta:

$$^{40}_{19}\text{K} \rightarrow {}^{40}_{20}\text{Ca} + {}^{0}_{-1}\beta + \bar{\nu}$$

(c) $^{40}_{19}\text{K} + \; ? \rightarrow {}^{40}_{18}\text{Ar} + \nu$

Não há variação no número de massa do potássio para o argônio nessa reação, logo o número de massa da partícula que falta deve ser zero. Para a soma das cargas dos reagentes se igualar a 18, é necessária uma carga 1 −. A partícula que falta é um elétron, e o evento é a captura de elétron:

$$^{40}_{19}\text{K} + {}^{0}_{-1}\text{e} \rightarrow {}^{40}_{18}\text{Ar} + \nu$$

Discussão Os exemplos aqui apontam que nem sempre é fácil distinguir entre os vários processos de decaimento possíveis. Escrevemos a última equação como captura de elétrons, por exemplo, mas o $^{40}_{19}\text{K}$ poderia também decair para o $^{40}_{18}\text{Ar}$ por emissão de pósitron:

$$^{40}_{19}\text{K} \rightarrow {}^{40}_{18}\text{Ar} + {}^{0}_{1}\beta + \nu$$

Observe também que, nas duas últimas equações, temos o mesmo núcleo pai ($^{40}_{19}\text{K}$) decaindo para dois núcleos filho diferentes ($^{40}_{20}\text{Ca}$ e $^{40}_{18}\text{Ar}$). Vimos comportamento similar em reações químicas normais. As combustões completa e incompleta são um exemplo no qual os mesmos reagentes podem produzir conjuntos diferentes de produtos.

Verifique seu entendimento O carbono-11 é outro isótopo instável do carbono. Ele decai por emissão de pósitron. Escreva a equação para esta reação nuclear.

14.3 Cinética do decaimento radioativo

No Capítulo 11, aprendemos que a velocidade de uma reação química pode ser expressa em termos da taxa na qual um reagente é consumido ou da taxa na qual o produto é formado. Estudamos as velocidades das reações químicas monitorando a concentração de uma ou mais substâncias envolvidas. Entretanto, no estudo do decaimento radioativo, podemos normalmente medir a velocidade diretamente. Cada decaimento produz uma partícula ou fóton de alta energia, que nos permite contar os decaimentos em determinado período de tempo. A velocidade na qual uma amostra decai é chamada *atividade* da amostra. Para uma amostra de N núcleos, a velocidade de desintegração é dada por $\Delta N/\Delta t$. A unidade SI de atividade nuclear é o **bequerel (Bq)**, definido como desintegração nuclear por segundo. Um termo mais antigo, o **curie (Ci)**, é uma unidade muito maior, originalmente definida como o número de desintegrações por segundo em 1 grama de rádio-226. De acordo com a definição hoje aceita, 1 Ci é exatamente $3{,}7 \times 10^{10}$ Bq.

Para explorarmos a cinética do decaimento radioativo, vamos considerar o decaimento de ^{131}I, um isótopo usado no diagnóstico de irregularidades na tireoide. Ele decai por emissão beta:

$$^{131}_{53}\text{I} \rightarrow {}^{131}_{54}\text{Xe} + {}^{0}_{-1}\beta + \bar{\nu}$$

Se começarmos com exatamente 100 μg de ^{131}I e monitorarmos sua reatividade, a leitura inicial será $4{,}60 \times 10^{11}$ Bq. Mas uma vez que cada decaimento diminui o número de átomos de ^{131}I que permanece na amostra, a atividade diminuirá com o tempo. Se monitorarmos a atividade por 40 dias, obteremos os dados mostrados na **Figura 14.3**.

Examinando o gráfico da Figura 14.3, ficará aparente que a atividade diminui exponencialmente com o tempo. Uma vez que a atividade é proporcional ao número de núcleos presentes, N também diminui exponencialmente. A cada oito dias, o valor de N cai pela metade, como se pode ver nas linhas pontilhadas no gráfico. A equação para esta curva é

$$N = N_0 e^{-kt} \tag{14.1}$$

onde N_0 é o número de núcleos e k, a **constante de decaimento.**

A constante de decaimento para o decaimento nuclear é em geral designada como λ. Usamos k aqui para enfatizar a similaridade com outras constantes de velocidade.

Tomando o logaritmo natural de cada lado e rearranjando, a equação se transforma em

$$\ln N = \ln N_0 - kt$$

$$\ln N_0 - \ln N = kt$$

$$\ln \frac{N_0}{N} = kt \tag{14.2}$$

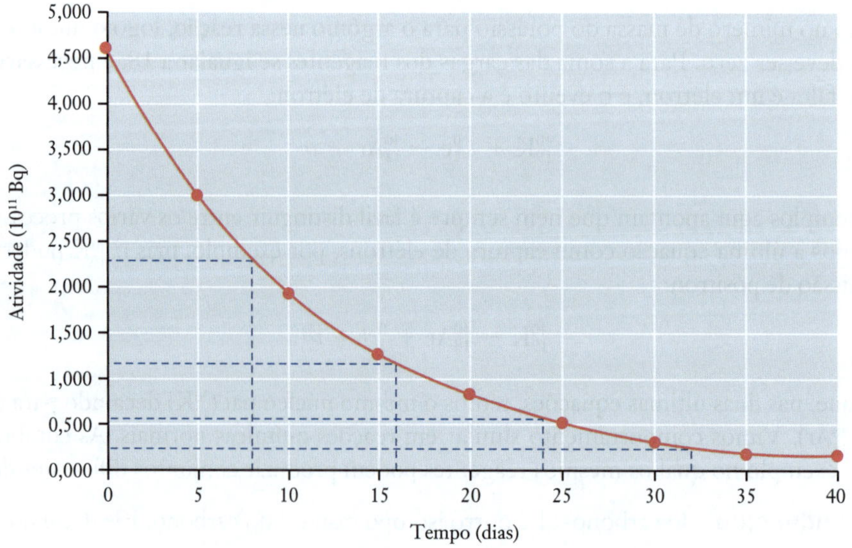

Figura 14.3 O decaimento radioativo sempre segue a cinética de primeira ordem. Isso significa que a meia-vida é constante para qualquer radioisótopo dado. O decaimento beta do ^{131}I tem uma meia-vida de oito dias, como mostrado aqui.

Recordando nosso tratamento da cinética do Capítulo 11, entendemos que o decaimento radioativo é um processo de primeira ordem (Seção 11.4) e que a **meia-vida** do ^{131}I pode ser encontrada descobrindo-se o tempo $t_{1/2}$, que leva para metade da amostra se desintegrar.

O tempo que leva para N_0 decair para metade de seu valor original é dado por

$$\ln\left(\frac{N_0}{\frac{1}{2}N_0}\right) = \ln\left(\frac{2N_0}{N_0}\right) = \ln(2) = kt_{1/2}$$

Resolvendo a equação para a meia-vida, obtemos

$$t_{1/2} = \frac{\ln 2}{k} = \frac{0{,}693}{k} \tag{14.3}$$

Essas equações para a cinética de primeira ordem são largamente utilizadas na química nuclear, como ilustra o Problema-modelo 14.4.

POR DENTRO DE

PROBLEMA-MODELO ◀ 14.4

A meia-vida do carbono-14, usada na datação de radiocarbono, é de 5.730 anos. Qual é a constante de decaimento para o carbono-14?

Estratégia A meia-vida e a constante de decaimento são maneiras alternativas de caracterizar a velocidade de decaimento, logo, conhecendo uma delas, encontramos a outra. A relação necessária é dada pela Equação 14.3.

Solução

$$t_{1/2} = \frac{0{,}693}{k}$$

$$k = \frac{0{,}693}{t_{1/2}} = \frac{0{,}693}{5.730\text{ anos}} = 1{,}21 \times 10^{-4}\text{ ano}^{-1}$$

Analise sua resposta Essa resposta faz sentido? Inicialmente precisamos reconhecer que a meia-vida e a constante de decaimento são inversamente proporcionais entre si. Portanto, com uma meia-vida na ordem de 10^3 anos, devemos esperar que a constante de decaimento seja na ordem de 10^{-3} ano. A constante de proporcionalidade, 0,693, é um pouco menor que 1, assim, um valor da ordem de 10^{-4} faz sentido.

Verifique seu entendimento O carbono-15 tem uma meia-vida de 2,45 segundos. Calcule a constante de decaimento do carbono-15 e compare-a com a do carbono-14.

Datação de radiocarbono

POR DENTRO DE Com as equações de cinética em mãos, podemos agora ver de que modo a datação de radiocarbono permite determinar a idade de artefatos. Como mencionamos na seção "Por dentro de" na abertura do capítulo, o ^{14}C é constantemente formado através da interação de raios cósmicos com a atmosfera. Esse ^{14}C é incorporado nos vegetais e animais, de tal forma que a razão $^{14}C/^{12}C$ nos organismos *vivos* permanece relativamente constante com o tempo. Com a morte do vegetal ou do animal, o decaimento do ^{14}C continua. Portanto, a razão $^{14}C/^{12}C$ diminui à medida que o tempo passa. A quantidade de ^{14}C formada na atmosfera depende da própria composição da atmosfera, bem como do fluxo de raios cósmicos penetrantes. Se examinarmos a composição elementar da atmosfera nos últimos 70.000 anos, veremos pouca mudança. ▸ Logo é razoável esperar que a produção e disponibilidade de ^{14}C para os vegetais (e assim a razão $^{14}C/^{12}C$) permaneçam praticamente constantes durante os tempos. Quando os vegetais ou animais morrem, essa razão torna-se o ponto inicial para o decaimento porque é o ponto onde a razão $^{14}C/^{12}C$ começa a diminuir devido ao decaimento do ^{14}C. Se podemos determinar o valor atual dessa razão, consequentemente, temos todas

Um aumento notável na quantidade de ^{14}C ocorreu no século XX devido aos testes nucleares, um efeito chamado de "pulso de bomba".

as informações de que precisamos para usar as equações cinéticas para o decaimento radioativo e determinar a idade de artefatos. O Problema-modelo 14.5 fornece prática com esse tipo de exercício.

POR DENTRO DE

PROBLEMA-MODELO ◀ 14.5

Um pedaço de roupa é descoberto enterrado em um cemitério no sudoeste dos Estados Unidos. Uma amostra minúscula da roupa é queimada para fornecer CO_2 e a razão $^{14}C/^{12}C$ é 0,250 vezes a razão da atmosfera hoje. Qual a idade da roupa?

Estratégia Temos a constante de decaimento, *k*, para o processo relevante a partir do Problema-modelo 14.4. Esta nos permite determinar *t*, o tempo que passou desde que a fibra na roupa foi colhida.

Solução Lembre-se do Problema-modelo 14.4:

$$t_{1/2} = \frac{0{,}693}{k}$$

$$k = \frac{0{,}693}{t_{1/2}} = \frac{0{,}693}{5.730 \text{ anos}} = 1{,}21 \times 10^{-4} \text{ ano}^{-1}$$

A Equação 14.2 relaciona a quantidade de ^{14}C com o tempo, que nesse caso é a idade do artefato:

$$\ln \frac{N_0}{N} = kt$$

Uma vez que a quantidade de ^{12}C não variou com o tempo, podemos usar a razão $^{14}C/^{12}C$ para encontrar N_0/N. Foi-nos dito que a razão $^{14}C/^{12}C$ medida é 25,0% da razão atual na atmosfera, logo podemos montar $N_0/N = 1/0{,}25$. Resolvendo *t*, obtemos

$$t = \frac{1}{k} \ln \frac{N_0}{N}$$

$$= \frac{1}{1{,}21 \times 10^{-4} \text{ ano}^{-1}} \ln \frac{1}{0{,}250}$$

$$= 11.500 \text{ anos}$$

Analise sua resposta Podemos considerar essa resposta com o mesmo raciocínio de ordem de grandeza usado no Problema-modelo 14.4. O tempo é inversamente proporcional à constante de decaimento. (As unidades fornecem boa dica se você se esqueceu disso.) Com a constante de decaimento na ordem de 10^{-4}, nossa resposta seria na ordem de 10^4, que é isso. Podemos também referir ao contexto deste problema: a maioria da datação de carbono é realizada em artefatos arqueológicos, logo, um tempo na ordem de 10.000 anos parece razoável.

Verifique seu entendimento Podemos também usar a atividade de uma amostra em particular para resolver um problema de datação de radiocarbono. A atividade de ^{14}C na atmosfera (e consequentemente nos seres vivos) hoje é 0,255 Bq g^{-1} de carbono *total*. Suponha que os arqueólogos encontrem grãos de milho carbonizados em uma fogueira em sítio escavado nas planícies do nordeste do Colorado. A medida da velocidade de decaimento mostrou 0,070 Bq g^{-1} de carbono. Há quanto tempo o trigo foi colhido?

Embora a datação de radiocarbono não produza uma idade exata (sua margem de erro é de aproximadamente ±40 a 100 anos), a técnica é um método inestimável de determinar as idades de objetos com menos de 60.000 anos. ◀ Núcleos de vida mais longa, como o urânio, podem ser usados para datar minerais e formações rochosas mais antigas. A **Tabela 14.1** contém meias-vidas de alguns núcleos comuns.

A dendrocronologia, baseada na contagem de anéis de crescimento em árvores antigas, tem sido usada para calibrar a datação de carbono.

Tabela ▪ 14.1

Meias-vidas de alguns isótopos radioativos

Isótopo	Processo de decaimento	Meia-vida
^{3}H	$^{3}_{1}H \rightarrow ^{3}_{2}He + ^{0}_{-1}\beta + \bar{\nu}$	12,33 anos
^{8}Be	$^{8}_{4}Be \rightarrow 2\,^{4}_{2} \rightarrow He$	~10^{-16} s
^{14}C	$^{14}_{6}C \rightarrow ^{14}_{7}N + ^{0}_{-1}\beta + \bar{\nu}$	5.730 anos
^{15}O	$^{15}_{8}O \rightarrow ^{15}_{7}N + ^{0}_{1}\beta + \nu$	122,24 s
^{18}F	$^{18}_{9}F \rightarrow ^{18}_{8}O + ^{0}_{1}\beta + \nu$	1,83 h
^{131}I	$^{131}_{53}I \rightarrow ^{131}_{54}Xe + ^{0}_{-1}\beta + \bar{\nu}$	8,02 d
^{235}U	$^{235}_{92}U \rightarrow ^{231}_{90}Th + ^{4}_{2}He$	$7{,}04 \times 10^{8}$ anos
^{238}U	$^{238}_{92}U \rightarrow ^{234}_{90}Th + ^{4}_{2}He$	$4{,}47 \times 10^{9}$ anos
^{259}Sg	$^{259}_{106}Sg \rightarrow ^{255}_{104}Rf + ^{4}_{2}He$	0,9 s

14.4 Estabilidade nuclear

Embora a datação de carbono forneça ferramenta interessante e útil para a arqueologia, também levanta algumas questões importantes. Por exemplo, por que o ^{14}C decai, enquanto o ^{12}C e o ^{13}C não? Para abordarmos detalhadamente a questão, é necessário mais conhecimento da ciência nuclear que podemos incluir aqui, mas podemos procurar padrões de comportamento que nos permitirão prever alguns aspectos da química nuclear e do decaimento radioativo.

Temos nos baseado na tabela periódica para nos ajudar a entender muitas tendências e padrões no comportamento químico dos elementos. Para entendermos a estabilidade nuclear, podemos tentar examinar os mesmos tipos de tendências e padrões no comportamento nuclear. Uma maneira de visualizar esses padrões é através do **quadro de nuclídeos**, gráfico do número de prótons *versus* o número de nêutrons em todos os núcleos estáveis conhecidos, como mostra a **Figura 14.4**.

Está claro que virtualmente todos os nuclídeos estáveis caem em uma região central no quadro de nuclídeos. Esta área (mostrada como pontos pretos na Figura 14.4) é frequentemente chamada **banda de estabilidade**. A região fora da banda é chamada **mar de instabilidade**. Para números atômicos menores, os nuclídeos estáveis localizam-se ao longo de uma linha com Z e N aproximadamente iguais. Mas examinando a figura, podemos ver que, à medida que movemos na direção dos números atômicos maiores (começando em cerca de $Z = 20$), a banda de estabilidade começa a desviar daquela linha. Um núcleo com mais prótons parece exigir nêutrons adicionais para manter sua estabilidade. Eventualmente, quando $Z > 83$, nenhum número de nêutrons pode estabilizar o núcleo e sua grande coleção de cargas positivas.

Isso está de acordo com exemplos que já vimos. Para um elemento leve como o carbono, podemos esperar isótopos com números aproximadamente iguais de prótons e nêutrons para ser estável. Portanto, o ^{12}C, com seis prótons e seis nêutrons, é estável, enquanto o ^{14}C, que tem oito nêutrons, é instável e sofre decaimento beta produzindo o ^{14}N com sete prótons e sete nêutrons. Se examinarmos os muitos mais isótopos e seus modos de decaimento, descobriremos que os isótopos *abaixo* ou *à direita* da banda de estabilidade tendem a emitir partículas beta para ganhar estabilidade, enquanto aqueles *acima* ou *à esquerda* sofrem emissão de pósitron ou captura de elétron. Os isótopos à direita da banda têm mais nêutrons que o necessário, logo ocorre a emissão beta para produzir um próton adicional (Seção 14.2). Os isótopos à esquerda da banda, em contraste, têm mais prótons que o necessário, portanto ocorrem a emissão de pósitron e captura de elétrons para produzir um nêutron adicional e aumentar a estabilidade.

A razão nêutron-próton estável aumenta para aproximadamente 1:5:1 quando atingimos $Z = 83$ (bismuto), no fim da banda de estabilidade. Os núcleos mais pesados tendem a emitir partículas alfa, decaindo sucessivamente, em geral com emissões de partículas beta também, até que um núcleo estável seja formado. A emissão alfa é uma

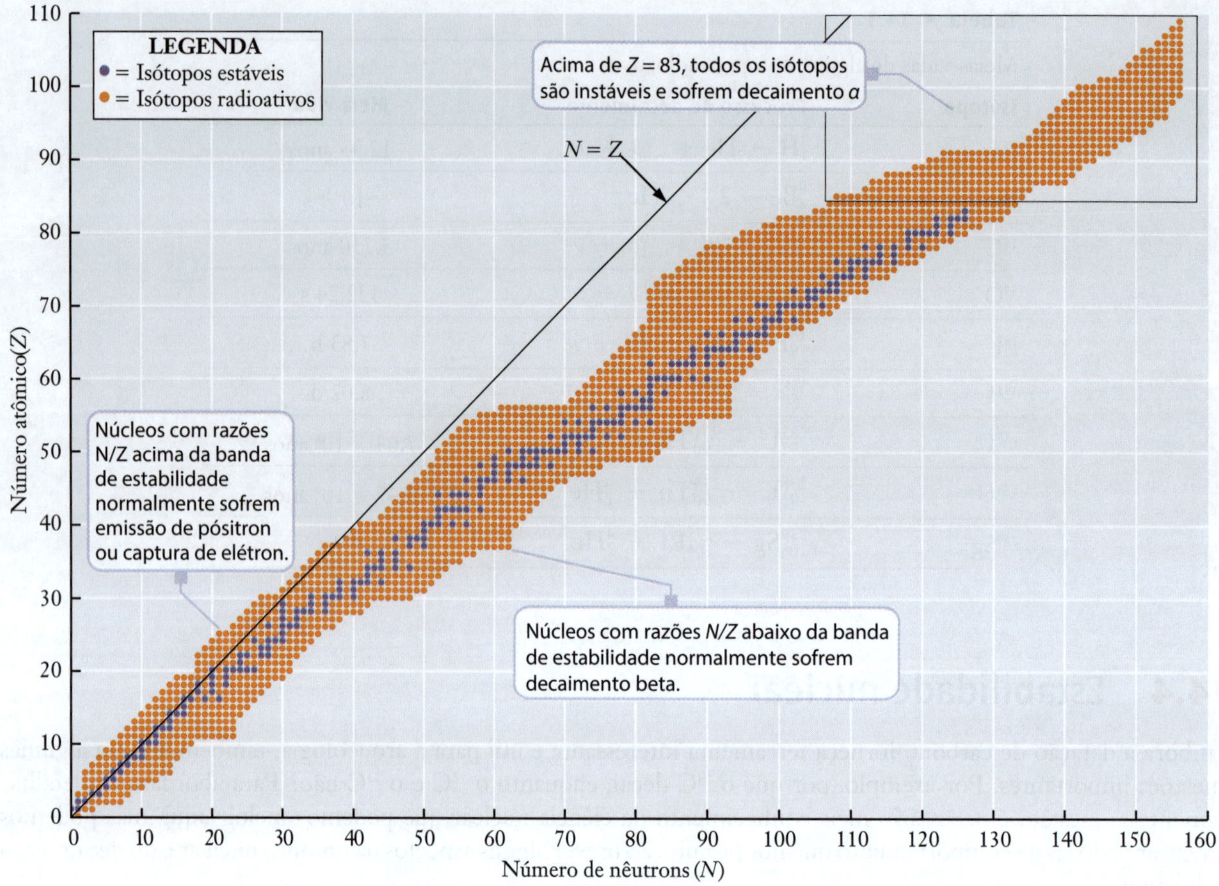

Figura 14.4 O quadro dos nuclídeos é um gráfico de número atômico (Z) *versus* número de nêutrons (N) para todos os nuclídeos conhecidos. Todos os isótopos estáveis são mostrados como pontos pretos e localizam-se em uma região chamada banda de estabilidade. Muitos livros de química geral invertem os eixos neste quadro de tal forma que N fique no eixo y e Z no eixo x. Mas a forma mostrada aqui é usada por todo o campo da ciência nuclear, e escolhemos seguir a convenção.

maneira bem rápida para diminuir tanto o número de prótons quanto de nêutrons. Na Figura 14.5 a **série de decaimento** para o ^{238}U ilustra o papel da emissão alfa para atingir um isótopo estável de chumbo.

A partir da forma do quadro de nuclídeos, parece claro que os nêutrons têm papel importante na estabilidade nuclear. Mas por quê? Para explorarmos o tema, precisaremos examinar as forças no núcleo.

Na Seção 7.2, discutimos a lei de Coulomb, a qual afirma que a força eletrostática entre dois íons é uma função do inverso do quadrado da distância entre eles. No núcleo, as distâncias entre os núcleons são tão pequenas que a força repulsiva entre um par de prótons é enorme. Nossa intuição nos diz que o núcleo não poderia existir – deveria se desintegrar. Mas não se desintegra. Claramente, deve existir alguma força atrativa em ação para compensar a repulsão coulômbica.

Os cientistas nucleares sabem que uma das forças que mantém o núcleo unido é a **força forte**, que age em distâncias muito curtas (isto é, nucleares) entre quaisquer dois núcleons. A atração devida à força forte supera as forças coulômbicas repulsivas entre os prótons e une o núcleo.

A força forte surge das interações entre partículas fundamentais chamadas quarks *e* glúons.

E qual é o papel do nêutron? A força forte não é dependente da carga, logo ela age entre *quaisquer* pares de núcleons: próton-próton, próton-nêutron ou nêutron-nêutron. Portanto, os nêutrons ajudam a manter o núcleo junto. Outra função do nêutron pode ser para "diluir" os fótons, mantendo-os pouco mais afastados e diminuindo as repulsões. As duas funções dos nêutrons podem ajudar a explicar a necessidade de uma grande proporção entre nêutrons e prótons nos núcleos mais pesados.

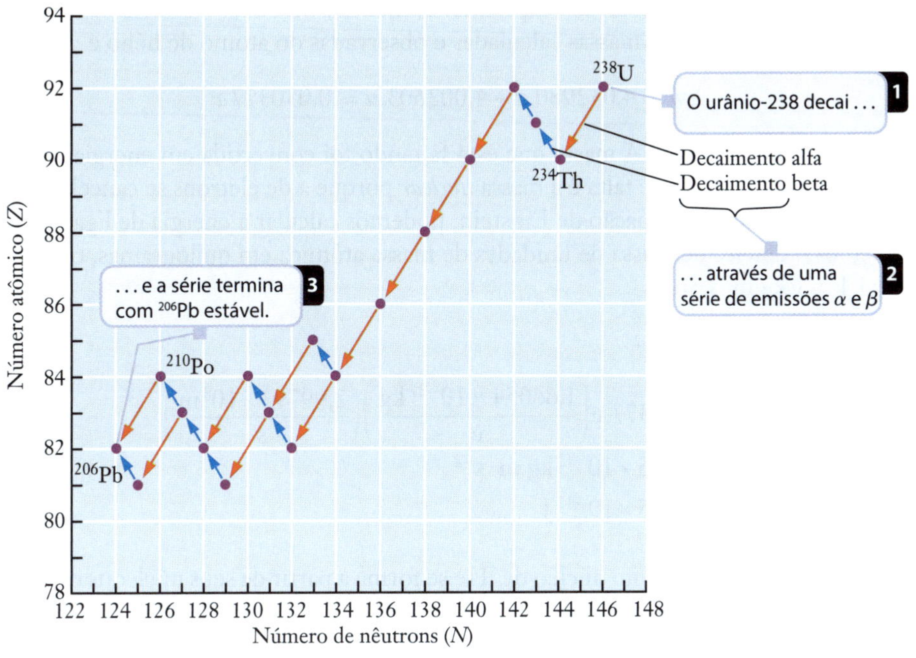

Figura 14.5 A série de decaimento começando com o ^{238}U envolve uma série de emissões alfa e beta antes que ele eventualmente produza um produto estável ^{206}Pb.

14.5 Energética de reações nucleares

Introduzimos as reações nucleares considerando os efeitos dos raios cósmicos de alta energia entrando na atmosfera. Você indubitavelmente está familiarizado com a noção de que a tecnologia nuclear, nas formas tanto de armas quanto de usinas nucleares, pode ser usada para liberar tremendas quantidades de energia. Mas de onde vem a energia e por que as energias de reações nucleares são tão maiores que aquelas em reações químicas normais? Para considerarmos essas questões, precisaremos voltar nossa atenção para os núcleos e as forças que os mantêm juntos.

Sabemos que o núcleo estável não se desintegra, assim qual quantidade de energia deve ser necessária para desintegrá-lo? A **energia de ligação nuclear** é a energia que seria liberada se o núcleo fosse formado a partir de uma coleção de núcleons livres. De onde vem essa energia?

Energia de ligação

A resposta está na famosa equação de Einstein, que descreve a interconversão entre massa e energia:

$$E = mc^2 \tag{14.4}$$

A velocidade da luz, c, é $2{,}9979 \times 10^8$ m s^{-1}. A equação pode ser familiar, mas normalmente não é entendida. Especificamente, a que massa se refere? Para respondermos, vamos calcular a massa de um átomo de hélio-4. Ele tem dois prótons, dois nêutrons e dois elétrons, logo consideraremos que a massa é a soma de dois átomos de hidrogênio e dois nêutrons. (Lembre-se de que um átomo de hidrogênio consiste em um próton e um elétron.) Valores determinados experimentalmente para aquelas massas são:

$$^{1}H = 1{,}007825\ u$$
$$^{1}n = 1{,}008665\ u$$

Consequentemente, a soma das massas de dois átomos de hidrogênio e dois nêutrons é

$$2(1{,}007825\ u) + 2(1{,}008665\ u) = 4{,}032980\ u$$

Mas a massa de um átomo de hélio-4 observada experimentalmente é 4,002603 u, obviamente em desacordo com nosso cálculo. A diferença, Δm, entre as massas calculadas e observadas do átomo de hélio é

$$\Delta m = 4{,}032980\ u - 4{,}002603\ u = 0{,}030377\ u$$

Esse Δm é chamado **defeito de massa**. A massa que está faltando foi convertida em energia de ligação de acordo com a equação de Einstein. (A massa que falta é a massa *nuclear* porque a de elétrons se cancela durante a subtração das massas dos átomos.) Por meio da equação de Einstein, podemos calcular a energia de ligação, E_l, do núcleo. Se primeiro converteremos o defeito de massa de unidades de massa atômica em quilogramas, o valor resultante para mc^2 será em joules (1 J = 1 kg m² s⁻²)

$$\begin{aligned} E_\ell &= (\Delta m)c^2 \\ &= 0{,}030377\ \mathrm{u}\left(\frac{1{,}66054\times10^{-27}\,\mathrm{kg}}{\mathrm{u}}\right)\left(\frac{2{,}99792\times10^{8}\,\mathrm{m}}{\mathrm{s}}\right)^2 \\ &= 4{,}5335\times10^{-12}\,\mathrm{kg\ m^2\,s^{-2}} \\ &= 4{,}5335\times10^{-12}\,\mathrm{J} \end{aligned}$$

Encontramos a energia liberada quando um núcleo de ^{4}He se forma a partir de seus núcleons constituintes. Para um mol de núcleos de ^{4}He, a energia liberada é

$$\begin{aligned} E_l &= (4{,}5335 \times 10^{-12}\ \mathrm{J})(6{,}02214 \times 10^{23}\ \mathrm{mol^{-1}}) \\ &= 2{,}7301 \times 10^{12}\ \mathrm{J\ mol^{-1}} \\ &= 2{,}7301 \times 10^{9}\ \mathrm{kJ\ mol^{-1}} \end{aligned}$$

A energia de ligação de 1 mol (ou apenas 4 g) de hélio é equivalente à energia necessária para dirigir um automóvel médio por aproximadamente 30 vezes em torno da Terra na Linha do Equador! Obviamente, isso é muito mais energia que poderia ser derivada quimicamente pela queima de uma quantidade comparável de qualquer combustível concebível. (Recorde-se de que a energia liberada em uma reação química exotérmica é normalmente na ordem de centenas de kJ por mol.)

O cálculo e a comparação das energias de ligação de vários núcleos podem nos fornecer alguma visão adicional da estabilidade nuclear. Uma maneira conveniente de visualizar é através de um gráfico da energia de ligação por núcleon *versus* o número de massa para os isótopos mais estáveis de cada elemento (**Figura 14.6**). (As energias nesta figura estão em megaelétron volts, ou MeV. 1 MeV = $1{,}60 \times 10^{-13}$ J.) O gráfico mostra que a energia de ligação por núcleon passa por um

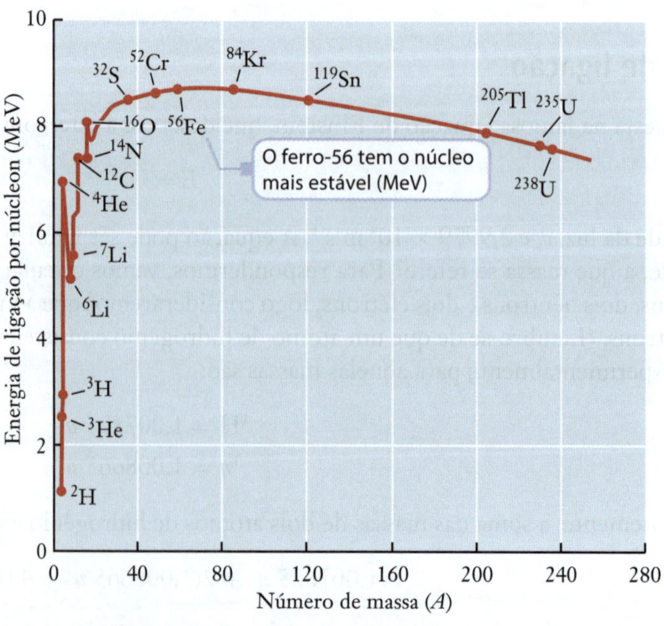

Figura 14.6 A energia de ligação por núcleon é colocada em um gráfico como função do número de massa para os elementos do hidrogênio até o urânio. A curva passa por um máximo no ^{56}Fe, o que significa que o ^{56}Fe é o mais estável de todos os núcleos.

máximo, indicando que existe uma região de estabilidade nuclear máxima. ▸ A região está centrada em torno do ^{56}Fe, indicando que este é o mais estável de todos os núcleos.

Note que, na Figura 14.6, uma energia de ligação mais positiva significa que o núcleo é mais estável. Não foi assim que descrevemos as energias nos capítulos anteriores, mas optamos por usar a forma comumente vista na comunidade de ciência nuclear.

O gráfico sugere que dois processos podem produzir maior estabilidade. Se dois núcleos mais leves podem ser combinados, o resultado seria um núcleo de maior estabilidade. Tal processo é chamado **fusão nuclear**. Por outro lado, alguns dos núcleos mais pesados podem se dividir, resultando em dois núcleos mais leves que podem cair na região de maior estabilidade. Este é chamado **fissão nuclear**. Examinaremos ambos os processos detalhadamente adiante.

Números mágicos e níveis nucleares

No Capítulo 6, abordamos a estabilidade relativa de níveis ou subníveis preenchidos de orbitais atômicos. Os gases nobres, com números atômicos 2, 10, 18, 36, 54 e 86, fornecem os exemplos mais claros desse comportamento. Esses elementos, com suas configurações np^6 características, são tão estáveis que são quase completamente não reativos.

Da mesma forma que a tabela periódica revela padrões na estabilidade dos elementos, o exame de uma lista de isótopos estáveis também mostra vários padrões. Dos mais de 260 núcleos estáveis, muitos têm números pares de prótons e nêutrons. Apenas uma mão cheia, incluindo o ^{14}N, têm números ímpares de ambos. O resto tem números pares de prótons e ímpares de nêutrons, ou vice-versa.

É também possível identificar um conjunto de isótopos que mostram estabilidade especial. Tais isótopos de estabilidade incomum têm números atômicos, *Z*, ou números de nêutrons, *N*, de 2, 8, 20, 28, 50, 82, 126 ou 184. Os cientistas nucleares referem-se as esses valores como **números mágicos**. Espera-se que qualquer isótopo no qual *Z* ou *N* é um número mágico seja especialmente estável. Se tanto *Z* quanto *N* têm valores de números mágicos, o efeito pode ser ainda maior e diz-se que o núcleo é duplamente mágico.

Essas observações, junto com estudos mais detalhados das energias de ligação nuclear, apontam na direção de que os núcleons ocupam camadas ou níveis de energia. Ideia muito similar àquela que vimos para os elétrons no modelo da mecânica quântica do átomo. ▸

Da mesma forma que os elétrons, muitos núcleos também têm spin. *Os* spins *nucleares são a chave para as técnicas de ressonância magnética por imagem (RMI).*

Embora não tenha sido ainda observado, o elemento de número 126 é de interesse particular para os químicos e físicos nucleares. Seu número atômico mágico pode indicar um núcleo extraordinariamente estável pelo seu tamanho. Os então chamados elementos superpesados (aqueles após o férmio, Fm, na tabela periódica) apresentam problemas incomuns para os pesquisadores por causa de suas meias-vidas extremamente curtas e porque apenas alguns poucos átomos podem ser produzidos por vez.

14.6 Transmutação, fissão e fusão

O fato de o nitrogênio poder ser convertido em carbono pelos raios cósmicos na atmosfera aponta para um importante paralelo entre as reações nucleares e químicas. Nas reações químicas, os átomos são rearranjados para formar novas moléculas. Nas reações nucleares, os núcleons são rearranjados para formar novos núcleos. Como vimos nas equações nucleares que temos escrito, isso significa que as identidades dos átomos na realidade mudam nas reações nucleares. Podemos identificar três categorias distintas de reações nucleares que mudam a identidade de um núcleo. Na **transmutação**, um núcleo muda para outro por decaimento natural ou em resposta a alguma intervenção externa, como bombardeamento de nêutrons. Na fissão, um núcleo pesado se divide em núcleos mais leves e na fusão núcleos mais leves fundem-se para originar um núcleo mais pesado.

Transmutação: mudando de um núcleo para outro

Um dos objetivos dos alquimistas medievais era usar meios químicos para transformar a base metálica, como chumbo, em ouro, um metal precioso. Os alquimistas fracassaram, obviamente. Como sabemos, tal transmutação de um elemento em outro pode ocorrer apenas através de uma reação nuclear.

A produção de ^{14}C na atmosfera é uma transmutação natural. Outra reação nuclear interessante surge da captura de nêutrons pelo ^{10}B:

$$^{10}_{5}\text{B} + ^{1}_{0}\text{n} \rightarrow ^{11}_{5}\text{B}^* \rightarrow ^{7}_{3}\text{Li} + ^{4}_{2}\text{He}$$

O núcleo intermediário instável ($^{11}_{5}B^*$ na equação anterior) é chamado **núcleo composto**. Da mesma maneira que um complexo ativado em uma reação química, ele decai quase instantaneamente, emitindo partículas e energia para produzir um núcleo estável. Nesse caso, o núcleo composto decai por emissão de partícula alfa. A reação é especialmente interessante porque em geral o ^{11}B é um isótopo estável. Entretanto, a reação nuclear produz um núcleo composto com o mesmo número de massa que um isótopo estável, mas o qual, entretanto, decai porque é formado em estado altamente excitado.

As reações de transmutação são usadas para produzir um número de radioisótopos de utilidade médica. Examinaremos aplicações de alguns desses isótopos na seção "Por dentro de" de fechamento do capítulo.

Fissão

Anteriormente, discutimos a ideia de que se um núcleo grande e instável pudesse se dividir em dois menores, o núcleo resultante poderia cair em uma região de maior estabilidade (**Figura 14.7**). Na fissão, essa divisão de um núcleo é exatamente o que acontece. Nem todos os núcleos podem sofrer fissão, e aqueles que podem são chamados *fissionáveis* ou *fissíveis*. Algumas reações de fissão são espontâneas, significando que um núcleo grande apenas se quebra em pedaços menores. Outras reações de fissão devem ser induzidas por bombardeamento de nêutrons. (O bombardeamento de nêutrons também pode ser usado para aumentar a velocidade de decaimento para o que já pode ser um núcleo espontaneamente fissionável.)

Na fissão induzida, um nêutron é absorvido por um núcleo fissionável grande, como o ^{235}U, produzindo um núcleo composto intermediário instável, como o ^{236}U. Esse núcleo composto separa-se em duas partes menores, emitindo nêutrons no processo. Um dos muitos possíveis pares fissionáveis que poderiam ser formados a partir do ^{236}U é o bário e o criptônio:

$$^{235}_{92}U + ^{1}_{0}n \rightarrow ^{236}_{92}U^* \rightarrow ^{141}_{56}Ba + ^{92}_{36}Kr + 3\,^{1}_{0}n$$

Já observamos que as reações nucleares convertem massa em energia. A fissão de ^{235}U está no coração da indústria de energia nuclear, portanto podemos perguntar qual a quantidade de energia liberada por essa reação. O Problema-modelo 14.6 responde a questão e fornece prática na determinação da energia liberada pela fissão.

PROBLEMA MODELO ◀ 14.6

Calcule a energia liberada por um núcleo de urânio-235 se ele se divide em um núcleo de bário-141 e um de criptônio-92 de acordo com equação anterior.

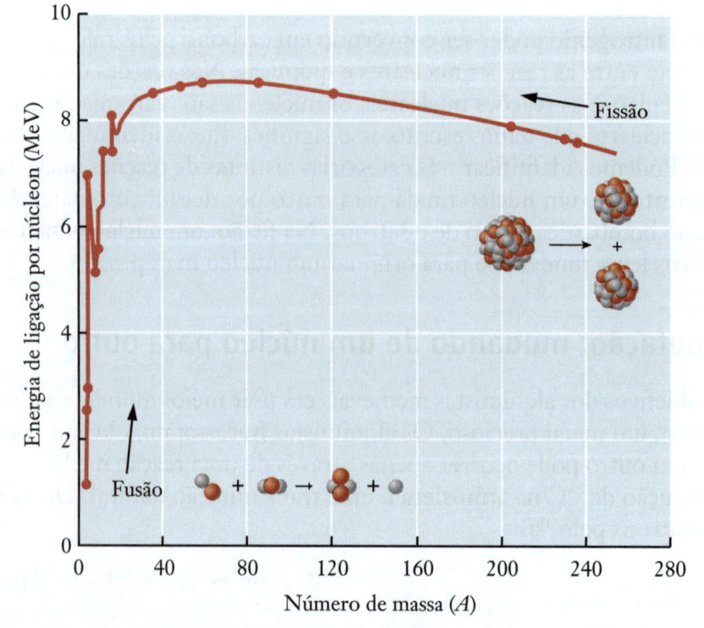

Figura 14.7 Tanto a fissão quanto a fusão levam a núcleos estáveis. Na fissão, os núcleos leves se combinam para formar produto mais pesado, movendo-se, no gráfico, na direção do máximo de energia de ligação nuclear. Na fissão, um núcleo muito pesado se divide em peças mais leves, movendo-se de volta para o máximo de energia de ligação no gráfico.

Estratégia A equação de Einstein ($E = mc^2$) relaciona a energia liberada à diferença na massa entre um nuclídeo fissionável de urânio e os produtos de fissão resultantes. A reação de fissão é descrita pela equação anterior, logo precisamos apenas levar em conta as massas de todas as partículas participantes.

Solução As massas das várias partículas envolvidas estão na seguinte tabela:

Partícula	Massa, u
^{235}U	235,0439231
^{141}Ba	140,9144064
^{92}Kr	91,9261528
^{1}n	1,0086649

Podemos somar as massas aproximadas das partículas dos reagentes e produtos:

$$\text{Massa de reagentes} = 235{,}0439231\ u + 1{,}0086649\ u = 236{,}0525880\ u$$

$$\text{Massa de produtos} = 140{,}9144064\ u + 91{,}9261528\ u + 3(1{,}0086649\ u) = 235{,}8665539\ u$$

Agora, subtraímos para encontrar o defeito de massa.

$$\Delta m = 235{,}8665539\ u - 236{,}0525880\ u = -0{,}1860341\ u$$

$$E = (\Delta m)c^2$$

$$= -0{,}1860341\ u\left(\frac{1{,}66053886 \times 10^{-27}\ \text{kg}}{u}\right)\left(\frac{2{,}99792458 \times 10^{8}\ \text{m}}{\text{s}}\right)^2$$

$$= -2{,}776406 \times 10^{-11}\ \text{kg m}^2\ \text{s}^{-2}$$

$$= -2{,}776406 \times 10^{-11}\ \text{J}$$

Analise sua resposta A primeira coisa que notamos sobre nossa resposta é que ela é negativa. Isso faz sentido? Observe que calculamos Δm como a massa dos produtos menos a massa dos reagentes, mantendo-se as convenções usadas na nossa discussão de termodinâmica. Isso significa que o valor resultante, e a energia correspondente, também seguirão as convenções de sinais da termodinâmica. Portanto, o fato de termos uma energia negativa confirma que esta é a quantidade de energia *liberada* na reação de fissão, como esperado. Como podemos avaliar a grandeza de nossa resposta? Inicialmente, mantenha em mente que esta é a energia liberada pela fissão de um átomo de ^{235}U. Então, lembre-se de que esperamos que uma reação nuclear libere muito mais energia que uma reação química normal. Sabemos que a energia liberada em uma reação química exotérmica é em geral na ordem de centenas ou talvez milhares de kJ mol^{-1}. Logo, podemos converter nossa resposta em kJ mol^{-1} para fazer uma comparação. O resultado acima corresponde a 10^{10} kJ mol^{-1}. Isso é claramente muito superior ao valor que seria visto em qualquer reação química, portanto parece plausível para a reação nuclear considerada aqui.

Verifique seu entendimento Um único nêutron pode também induzir a fissão de ^{235}U para produzir ^{90}Sr e ^{143}Xe. Calcule a energia liberada quando 1,00 kg de ^{235}U sofre essa reação. As massas determinadas experimentalmente são $m_{Sr} = 89{,}9077376\ u$, $m_{Xe} = 142{,}9348900\ u$.

Se você examinar a equação que estamos usando para a fissão de ^{235}U, deve observar uma característica incomum: os nêutrons aparecem em ambos os lados da equação. O bombardeamento de nêutron original inicia o processo, mas a reação de fissão subsequente libera três nêutrons. Uma vez que cada um dos nêutrons pode induzir fissão adicional, é possível uma **reação em cadeia** (**Figura 14.8**). Para tal reação em cadeia ser sustentável, deve haver átomos fissionáveis suficientes para garantir que os nêutrons induzam a fissão antes que escapem da amostra.

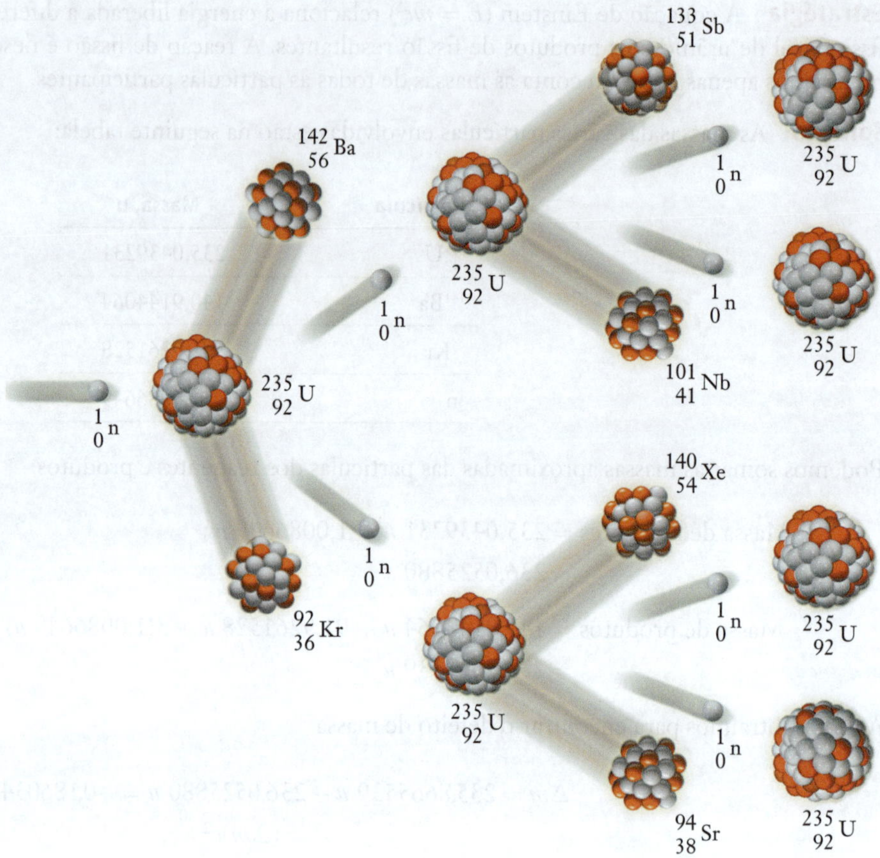

Figura 14.8 O bombardeamento de urânio enriquecido com nêutrons induz a fissão de ^{235}U e cada decaimento produz nêutrons adicionais. Uma vez que cada um desses nêutrons pode induzir fissão adicional, é possível uma cadeia autossustentável.

A quantidade de material necessária para uma reação em cadeia sustentável é chamada **massa crítica** e depende do combustível físsil específico em uso. A massa crítica para o ^{235}U é de apenas alguns quilogramas. Uma reação iniciada com uma massa crítica de ^{235}U resulta em uma reação em cadeia incontrolável na qual é liberada quantidade enorme de energia quase instantaneamente. ◂ Mas se a reação puder ser controlada de tal forma que se deixa apenas um número limitado dos nêutrons liberados induzir decaimentos adicionais, a fissão controlada pode ser usada para gerar eletricidade.

Muitas estratégias para controlar a proliferação de armas nucleares baseiam-se na prevenção de obtenção de uma massa crítica de material fissionável.

Reatores nucleares

Os reatores nucleares comerciais baseiam-se na fissão controlada de ^{235}U como a fonte deles de energia. Apenas cerca de 0,72% dos átomos de urânio encontrados na natureza são ^{235}U fissionáveis. Para ser usado como combustível de reator, o urânio deve ser primeiro enriquecido para aumentar a percentagem. O enriquecimento do urânio requer separar o isótopo ^{235}U do ^{238}U, que constitui mais de 99% do urânio natural. A separação isotópica é tecnologicamente desafiante, mas pode produzir urânio no qual a porcentagem de ^{235}U é melhorada significativamente. O urânio em grau de armas normalmente contém > 90% de ^{235}U, enquanto aquele usado no tipo mais comum de reator nuclear contém de 3% – 5% de ^{235}U.

Os grânulos de óxido de urânio enriquecido são fixados em **tubos de combustíveis** e cobertos com água (**Figura 14.9**) no **núcleo do reator**. Para iniciar a fissão, uma fonte de nêutrons deve ser incorporada no projeto do reator. Uma vez que a fonte inicia a fissão, a reação em cadeia é autossustentada. Os **tubos de controle** compostos de cádmio e boro absorvem os nêutrons extras, regulando o número de nêutrons que se choca com os núcleos de ^{235}U e mantendo a velocidade de fissão constante. Os tubos de controle podem ser inseridos entre os tubos de combustíveis para diminuir ou parar a reação. A água circundando os tubos de combustíveis resfria e modera o reator; os nêutrons rápidos interagem com as moléculas de água e diminuem a velocidade, de tal modo que as colisões efetivas possam ocorrer com os núcleos de ^{235}U. Outros materiais incluindo o grafite e a "água pesada" (óxido de deutério,

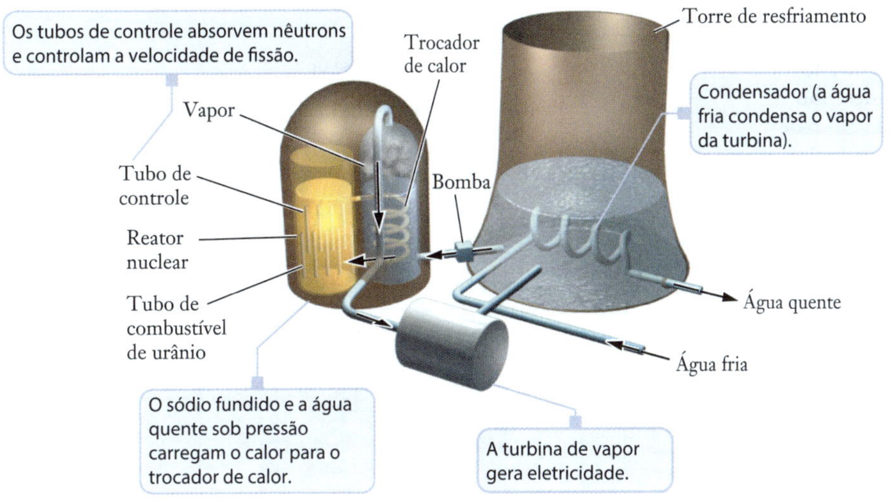

Figura 14.9 Este desenho mostrado aqui é utilizado em todas as usinas nucleares dos Estados Unidos.

D_2O, também escrita como ^2H_2O) são algumas vezes usados como moderadores em diferentes tipos de reatores. A água de resfriamento transporta o calor liberado na reação para a turbina a vapor. O vapor gira a turbina e a eletricidade é gerada.

Como você pode imaginar, os reatores nucleares apresentam significativos desafios de projetos de engenharia. A integridade estrutural, a retenção do material radioativo e o resfriamento eficaz são todos essenciais para a operação segura de um reator nuclear. O desastre na usina japonesa Fukushima Daiichi em 2011 forneceu ilustração distinta da importância de planejamento para eventos altamente improváveis. Quando um terremoto e um tsunami atingiram a região, os reatores tinham de suportar a choque físico inicial. Sistemas de segurança automatizados rapidamente inseriram os tubos de controle dentro de três reatores operacionais, parando o processo de fissão. Mas o desligamento da reação em cadeia não faz com que o reator pare imediatamente de produzir calor. Muitos dos produtos de fissão são em si radioativos e continuam a decair depois que o reator tenha sido desligado. Considere o par de fissão examinado anteriormente no Problema-modelo 14.6:

$$^{235}_{92}U + ^{1}_{0}n \rightarrow ^{236}_{92}U^* \rightarrow ^{141}_{56}Ba + ^{92}_{36}Kr + 3\ ^{1}_{0}n$$

Tanto o ^{141}Ba quanto o ^{92}Kr se localizam abaixo da banda de estabilidade e sofrerão decaimento beta. As partículas beta emitidas interagirão com os materiais da vizinhança e a energia delas serão convertidas em calor. O **calor de decaimento** resultante continuará a ser produzido mesmo depois que a reação de fissão tenha sido “desligada”. No caso do desastre de Fukushima, a capacidade de resfriamento dos reatores foi comprometida devido ao estrago causado pelo terremoto e à inundação pelo tsunami, resultando na fusão dos tubos de combustível.

Lixo nuclear

Vários dos produtos de fissão em um reator são em si isótopos radioativos. A maioria do material radioativo está concentrada nos tubos usados ou “gastos”. Por causa das grandes quantidades de radioatividade nos tubos, eles são chamados *lixo de alto nível nuclear*. Alguns dos radioisótopos envolvidos têm meias-vidas muito longas, portanto o armazenamento e o descarte do lixo de alto nível apresentam desafios enormes tanto para a engenharia quanto para a política pública.

É possível reprocessar os tubos gastos para produzir novos grânulos de combustível. Mas esse processo não tem sido realizado nos Estados Unidos desde 1970 por causa de preocupações regulatórias e dos tratados de não proliferação nuclear. Todo o lixo de alto nível produzido em reatores nucleares nos Estados Unidos está atualmente armazenado no reator. Mas claramente tal prática não pode continuar indefinidamente e levanta suas próprias preocupações de segurança e proteção. Em 1982, o Congresso estabeleceu a Lei de Política de Lixo Nuclear, determinando que o Departamento de Energia dos Estados encontre e desenvolva uma instalação de descarte apropriada no subsolo. Em 1987, a Montanha Yucca no sudoeste de Nevada foi escolhida como o local para um estudo extensivo de possibilidade (**Figura 14.10**). A Yucca tem várias características que a tornam um local possível para enterrar lixo

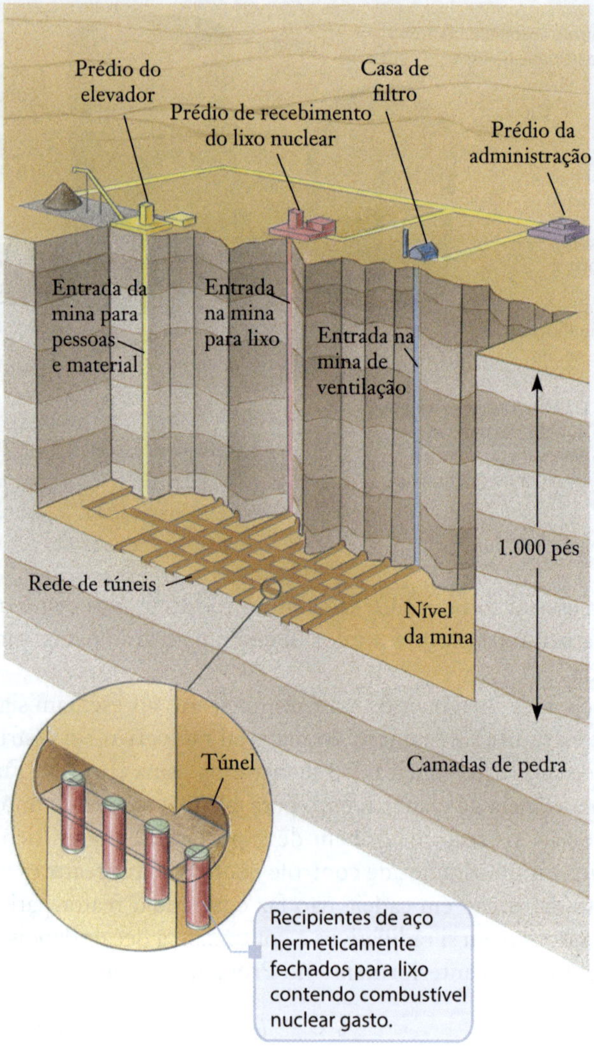

Figura 14.10 A instalação de armazenamento da Montanha de Yucca para lixo nuclear de alto nível é mostrada neste desenho. O lixo seria armazenado em rede de túneis de 3 milhas quadradas, 1.000 pés abaixo do nível do solo.

de alto nível. Ela é extremamente remota, o clima é seco e o lençol de água está aproximadamente 1.000 pés abaixo da potencial galeria de aterro. Entretanto, o projeto encontrou forte oposição dos moradores de Nevada e seus representantes no Congresso, e em 2011 o financiamento para o desenvolvimento do sítio da Montanha de Yucca foi encerrado. Portanto, os Estados Unidos não têm atualmente planos para o armazenamento em longo prazo do lixo nuclear.

Além dos aspectos políticos e diplomáticos desse tema estão os enormes desafios de engenharia. Uma instalação de armazenamento aceitável para lixo nuclear de alto nível terá de ser projetada de tal forma que possa permanecer intacta por milhares de anos. Mesmo a previsão de condições ambientais em tal escala de tempo é obviamente altamente especulativa. Além do mais, os materiais de construção precisarão suportar os efeitos de exposição a altos níveis de radiação em suas vidas úteis longas. Como veremos na Seção 14.7, a radiação pode ter efeitos significativos em muitos materiais.

Fusão

A fissão nuclear tem sido aproveitada para produzir eletricidade por décadas, mas a fusão ainda não percebeu seu potencial como fonte de energia relativamente segura. Em uma reação de fusão, pequenos núcleos se combinam para formar núcleos maiores mais estáveis. A energia do Sol origina-se em uma reação de fusão na qual quatro átomos de hidrogênio combinam-se para formar um núcleo de hélio:

$$4\,^1_1\text{H} \rightarrow \,^4_2\text{He} + 2\,^0_1\beta + 2\nu + \text{energia}$$

Entretanto, como vimos na nossa discussão de cinética química (Seção 11.6), as colisões simultâneas de quatro partículas são muito improváveis. Em vez disso a reação prossegue por etapas, um núcleo de hidrogênio colidindo com outro para produzir um intermediário que colide com um terceiro próton e assim por diante. A reação de quatro prótons é muito lenta para ser usada em um reator de fusão.

Uma abordagem mais prática é fundir dois isótopos mais pesados de hidrogênio, deutério (^{2}H) e trítio (^{3}H):

$$^2_1\text{H} + \,^3_1\text{H} \rightarrow \,^4_2\text{He} + \,^1_0\text{n}$$

Essa reação produz mais energia por núcleo que a fissão e é atraente por inúmeras razões.

O deutério é um isótopo natural; ele constitui 0,015% de todos os átomos de hidrogênio. Portanto, o estoque disponível de deutério é praticamente ilimitado. O trítio pode ser produzido a partir do ^{6}Li:

$$^6_3\text{Li} + \,^1_0\text{n} \rightarrow \,^4_2\text{He} + \,^3_1\text{H}$$

A fusão não produz lixo radioativo de alto nível que a fissão gera. O produto primário é o hélio normal, que não apresenta risco de radiação. O fato de que nêutrons energéticos sejam também produzidos apresenta algum problema. O bombardeamento de nêutrons poderia induzir reações nucleares em materiais na vizinhança do reator de fusão, produzindo algum nível de radioatividade. Mas esse risco também existe nos reatores de fissão, e escolhas cuidadosas de materiais de engenharia podem minimizar o risco envolvido.

O uso da fusão para gerar eletricidade é complicado por inúmeros fatores, um dos quais é a repulsão de núcleos carregados positivamente. É necessária uma enorme energia para forçar os núcleos a se aproximarem o suficiente para superar as forças coulômbicas entre os prótons, logo a reação só pode ser iniciada em temperaturas na ordem de 10^6 K. ▸ Na bomba de hidrogênio – a primeira aplicação da fusão –, o iniciador foi uma bomba de fissão que forçou os núcleos a se aproximarem. Na fusão controlada, os meios de iniciar a reação não devem ser destrutivos. Para produzir fonte de energia economicamente viável, deve-se exigir menos fornecimento de energia que será liberada pela fissão. Por outro lado, a energia é consumida pelo processo em vez de produzida. Por fim, com temperaturas atingindo 10^6 K, a reação tem de ser confinada de alguma maneira apesar do fato de que qualquer material se fundiria.

Quanto à cinética, a fusão tem energia de ativação extremamente alta.

Tomados juntos, esses fatores apresentam enormes desafios de engenharia. Dois meios de resolver o problema inerente de confinamento na fusão controlada estão mostrando promessas. Um é o confinamento magnético, no qual o plasma de alta energia produzido em temperaturas muito altas é controlado magneticamente. Outro é o confinamento inercial, no qual um grânulo de combustível é jogado dentro de uma câmara e implodido por lasers de alta energia. Até agora, embora tenha sido produzida energia em reatores de fusão, conseguiu-se que a reação siga exigindo mais energia que a produzida. A pesquisa em fusão continua, e uma colaboração internacional iniciou a construção preliminar de um reator de geração, conhecido como ITER, em Cadarache na França. (O nome ITER vem da palavra do latim *iter*, que significa "o caminho".) Estima-se que a fusão pode se tornar fonte viável de energia no final do século XXI.

14.7 A interação entre radiação e matéria

Os efeitos da radiação na matéria são governados por três fatores principais. O primeiro é a quantidade de radiação à qual a matéria é exposta. Como você pode esperar, doses mais altas de radiação em geral têm efeitos mais sérios. Mas o impacto de qualquer exposição à radiação também depende decisivamente de duas características da própria radiação, comumente chamadas **potência penetrante** e **potência ionizante**.

Potência penetrante e ionizante da radiação

Qualquer radiação pode ser classificada como *ionizante* ou *não ionizante*; a distinção baseia-se na energia transportada por um fóton ou partícula. Se essa energia for maior que a de ionização de átomos ou moléculas típicos, então se espera que a radiação possa induzir a ionização em qualquer material que encontre. A radiação não ionizante inclui a luz visível, ondas de rádio e micro-ondas; todas têm energias de fóton menores que as de ionização típicas. Os raios X e raios gama, por outro lado, têm energias de fóton muito maiores e dessa forma são radiação ionizante.

As partículas alfa e beta também são radiação ionizante. A radiação ionizante é muito mais provável de provocar danos significativos a quaisquer materiais que encontre, incluindo tecidos vivos.

Consideramos pela primeira vez a reatividade de radicais livres na Seção 2.8 quando abordamos as reações de polimerização.

Quando a radiação ionizante passa através de tecidos vivos, pode ejetar elétrons de átomos e moléculas que ela encontra, produzindo radicais livres. ◂ Essas partículas altamente reativas, átomos ou fragmentos moleculares, podem então varrer elétrons de outras moléculas. Quando os radicais livres reagem no tecido vivo, os resultados podem variar da queimadura superficial a sérios danos genéticos, como parte de uma molécula de DNA ser mudada. Um fragmento molecular comumente formado é o radical da hidroxila altamente reativo, :Ȯ—H. Uma vez formado em uma célula, o radical da hidroxila reagirá com moléculas próximas e a célula pode ser danificada de modo irreparável. Portanto, a radiação ionizante pode levar diretamente à morte da célula.

Entretanto, a potência ionizante sozinha não pode prever o impacto da radiação na matéria. Devemos também considerar a potência penetrante – quanto uma partícula penetra na matéria antes de sua energia ser absorvida ou dissipada. As altas energias de partículas alfa, por exemplo, dão a elas grande potência penetrante. Mas, uma vez que uma partícula alfa é relativamente grande, ela não tende a penetrar profundamente na matéria. Partículas alfa podem ser paradas por células na camada mais externa da pele, onde pegam elétrons para se tornarem átomos de hélio. Na medida em que a energia da partícula alfa é dissipada principalmente na pele, ela pode causar queimaduras superficiais. Mas as partículas alfa que se originam fora do organismo em geral não provocam sérios danos porque não penetram suficientemente para atingir órgãos internos.

As partículas alfa produzidas *dentro* do corpo são muito mais perigosas porque suas energias serão depositadas em órgãos internos. Esse é o risco principal do gás radônio. O radônio é um gás natural, e a quantidade em qualquer área varia com base nos tipos de solo e rochas presentes. Como um membro do grupo 18 – os gases nobres –, o radônio é quimicamente inerte. Mas é radioativo e decai por emissão alfa:

$$^{222}_{86}\text{Rn} \rightarrow {}^{4}_{2}\text{He} + {}^{218}_{84}\text{Po}$$
$$^{218}_{84}\text{Po} \rightarrow {}^{4}_{2}\text{He} + {}^{214}_{82}\text{Pb}$$

Por ser um gás, o radônio pode ser inalado. Se um átomo de radônio inalado sofre decaimento, as partículas alfa serão produzidas nos pulmões. A dissipação da energia dessas partículas alfa podem causar sérios danos ao tecido, levando a risco crescente de câncer de pulmão.

As partículas beta normalmente têm energia mais baixa que as alfa e, assim, podem parecer mais seguras. Mas, por serem menores, podem passar vários centímetros dentro do corpo. Devido a essa maior potência penetrante, a radiação beta é quase sempre mais perigosa que a radiação alfa. Os raios gama podem passar completamente através do corpo e suas interações com átomos e moléculas em órgãos vitais podem causar grande quantidade de dano. A **Figura 14.11** ilustra a potência penetrante de várias formas de radiação ionizante.

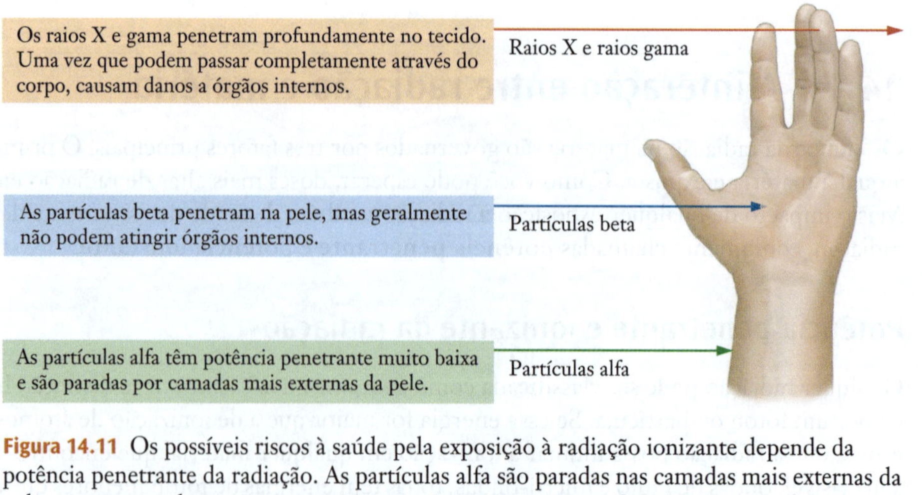

Observe as similaridades entre esta figura e a Figura 14.1.

Figura 14.11 Os possíveis riscos à saúde pela exposição à radiação ionizante depende da potência penetrante da radiação. As partículas alfa são paradas nas camadas mais externas da pele, enquanto as beta penetram vários centímetros no corpo. Os raios gama podem passar completamente pelo corpo. ◂

POR DENTRO DE Como nossa discussão até aqui implica, ideias como potência ionizante e penetrante são importantes em estimar os possíveis efeitos na saúde da exposição à radiação. Mas essas mesmas ideias também governam o efeito da radiação em materiais ou dispositivos eletrônicos e podem também ter implicações de engenharia importantes. Na seção de abertura deste capítulo, aprendemos que a distribuição dos raios cósmicos entrando na atmosfera é muito diferente daqueles que atingem a superfície da Terra. Portanto, os dispositivos eletrônicos no espaço estão expostos a um nível muito mais alto de radiação do que estariam no nível da superfície. À medida que as comunicações modernas se tornam cada vez mais dependentes da eletrônica baseada em satélites, a necessidade de estudar e protegê-los contra os possíveis efeitos de raios cósmicos tem crescido.

Os *chips* de computadores e outros dispositivos eletrônicos de estado sólido baseiam-se em uma distribuição cuidadosamente controlada de elétrons e buracos nos materiais semicondutores. Portanto, a produção de íons nesses materiais pode provocar falhas catastróficas. Os raios cósmicos mais prováveis de induzir a ionização são os núcleos pesados de alta energia, mais prováveis de serem encontrados no espaço que no nível da superfície. Mesmo uma única partícula pode produzir grande número de íons, levando ao que é conhecido como *efeito de evento único*. Em alguns casos, esses efeitos podem ser temporários e talvez exijam reiniciar um dispositivo. Mas outros de evento único podem ser mais sérios provocando dano permanente ao equipamento. Como consequência, os *chips* para uso em satélites são frequentemente empacotados em materiais especiais endurecidos, projetados para protegê-los dos raios cósmicos que encontram. Os perigos da exposição aos raios cósmicos também representam obstáculo significativo para missões tripuladas de longa duração, como viagens a outros planetas.

Métodos de detecção de radiação

Para estimarmos doses, devemos ter métodos adequados para medir o tipo e a quantidade da radiação. Os primeiros experimentos de Rutherford usavam anteparo fluorescente revestido com fósforo de sulfeto de zinco (ZnS). O anteparo fluorescente produzia ponta infinitesimal de luz cada vez que era atingido por partícula alfa. Os *flashes* minúsculos de luz tinham de ser observados e contados por Rutherford e seus assistentes, tarefa árdua e potencialmente inexata. Tal método é claramente inadequado para aplicações modernas em imagens médicas ou datação de carbono.

O contador por cintilação é uma adaptação moderna do pulso de luz gravado visualmente em anteparo. Tal contador usa material fluorescente para detectar a radiação, que produz fótons. Esses fótons podem então ser contados usando-se um tubo fotomultiplicador e eletrônica apropriados.

O **contador Geiger** portátil é em geral usado nos laboratórios e por equipes de segurança de radiação para medir radioatividade (Figura 14.2). Um tubo de vidro contendo gás a baixa pressão (cerca de 0,1 atm) é revestido por dentro com um metal que atua como catodo. Um anodo de fio vai até o centro do tubo e alta voltagem é aplicada através dos eletrodos. As partículas alfa e beta entram em uma janela no tubo e ionizam átomos de gás. Os elétrons liberados dos átomos de gás são atraídos para o anodo e, à medida que viajam em direção a ele, provocam a ionização de mais átomos de gás, liberando mais elétrons. Uma avalanche de elétrons atinge o anodo e um pulso de corrente é gravado. Se ele estiver conectado a um alto-falante, o pulso é registrado como um estalo audível.

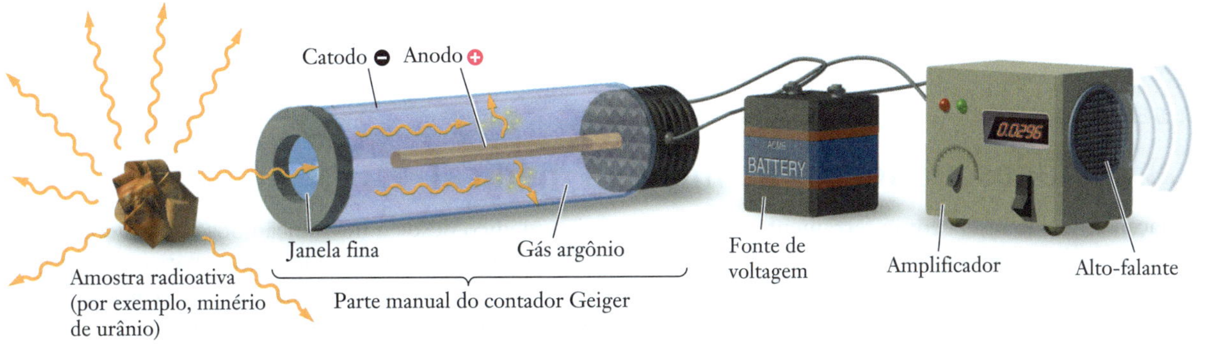

Figura 14.12 Em um tubo de Geiger-Mueller, ou contador Geiger, a radiação passa através de uma janela fina para dentro de um tubo cheio com gás. A energia da radiação produz íons do gás liberando elétrons. Os íons e elétrons resultantes são então atraídos para eletrodos carregados contrariamente, produzindo um pulso de corrente elétrica. Em um contador Geiger típico, o pulso de corrente é convertido em um som de estalo audível.

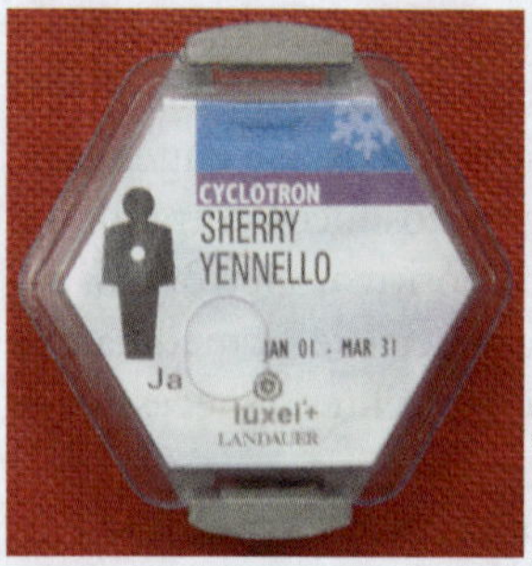

Lawrence S. Brown

Figura 14.13 Pessoas que trabalham em torno de materiais radioativos usam crachás de filme (como o mostrado na figura) para monitorar sua exposição à radiação.

O **dosímetro** de crachá de filme, normalmente usado por pessoas que trabalham com isótopos radioativos, tira vantagem da descoberta de Becquerel de que a radiação escurece as placas fotográficas (**Figura 14.13**). O crachá escurecido, acoplado com uma gravação de cada exposição a espécies radioativas, fornece mecanismo de advertência se são excedidos os níveis seguros de exposição.

Os métodos de detectar a radiação devem apropriadamente levar em conta a **radiação de fundo.** Os raios cósmicos são uma constante fonte de radiação, por exemplo, como são os isótopos naturais no solo, ar e água. Essa radiação está sempre ao nosso redor e deve ser subtraída de medidas de fontes radioativas.

Medindo a dose de radiação

Os detectores de radiação como os descritos anteriormente nos fornecem a habilidade de quantificar o nível de radiação em ambiente específico. Devido à interação entre a potência ionizante e a potência penetrante, existem inúmeras maneiras de expressar a dose de radiação. A **exposição** mede o número de íons produzidos no ar. A **dose absorvida**, como o nome implica, mede a quantidade de radiação realmente absorvida por material específico. A **dose equivalente** tenta quantificar o dano resultante ao tecido humano. Para complicar ainda mais as coisas, dois conjuntos de unidades são geralmente utilizados para explicar as diferenças entre a potência ionizante e a potência penetrante na avaliação da extensão do dano efetivo no tecido humano. Essas quantidades e suas respectivas unidades estão resumidas na **Tabela 14.2**.

Tabela ▪ 14.2

Unidades relacionadas a exposição à radiação

	EUA	SI
Exposição – uma unidade antiga para medir a exposição a fótons (raios X e gama) no ar seco. Ela é uma medida da ionização de moléculas de ar em coulombs kg^{-1} de ar.	Roentgen (R) $1\ R = 2{,}58 \times 10^4$ $C\ kg^{-1}$ de ar seco	
Dose absorvida – quantidade de qualquer tipo de radiação absorvida em qualquer tipo de material. Não descreve efeitos biológicos de tipos diferentes de radiação.	Dose de radiação absorvida (rad) $1\ rad = 1\ erg\ g^{-1}$ $(1\ erg = 10^{-2}\ J)$	Gray (Gy) $1\ Gy = 100\ rad$
Dose equivalente – relaciona a dose absorvida ao dano produzido por tipos diferentes de radiação. Um fator de qualidade, Q, é multiplicado pela dose absorvida para obter a dose equivalente.	Equivalente do homem de Roentgen (rem) $1\ rem = Q \times$ dose absorvida em REM	Sievert (Sv) $1\ Sv = 100\ rem$ $1\ Sv = Q \times$ dose absorvida em Gy

O **fator de qualidade (Q)**, usado no cálculo da dose equivalente é também conhecido como **efetividade biológica relativa (relative biological effectiveness – RBE)**. Ele varia de um valor de 1 para fótons de alta energia (raios X e gama) até aproximadamente 20 para partículas alfa. A definição de dose equivalente tenta incorporar simultaneamente informação sobre a exposição e toxicidade.

POR DENTRO DE

14.8 Métodos modernos de imagem médica

A radiação tem sido usada como ferramenta para o diagnóstico médico desde a introdução dos raios X como meio de ver dentro do corpo. Desenvolvimentos mais recentes incluem o uso de isótopos radioativos para obter imagens de órgãos específicos, bem como técnicas mais elaboradas como a **tomografia de emissão de pósitron (positron emission tomography – PET).** ◂

A radiação é também usada para tratar vários tipos de câncer.

Em raios X tradicionais, a radiação passa através do corpo, e uma imagem fotográfica é produzida com base na extensão à qual a radiação é absorvida. Uma vez que os ossos absorvem os raios X mais fortemente que os órgãos ou outros tecidos, as imagens de raios X são excelentes ferramentas para o diagnóstico ortopédico. Podem também ser usadas para examinar a estrutura de alguns órgãos,

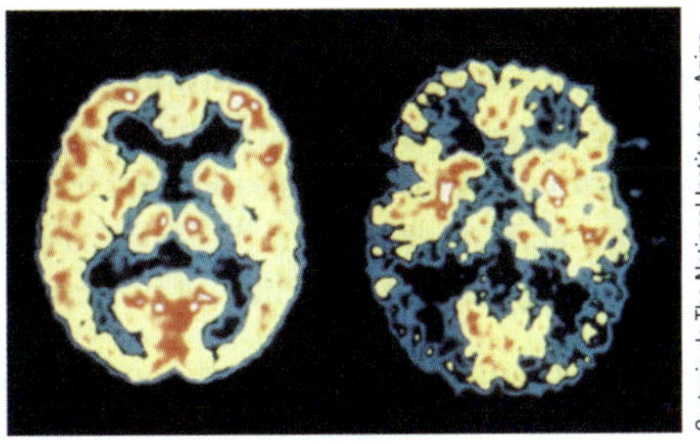

Figura 14.14 A tomografia de emissão de pósitron (PET) produz imagens de alta qualidade do cérebro e outros órgãos. A técnica é baseada na detecção simultânea de pares de raio gama e fótons produzidos quando há colisão de um próton com um elétron. Isso torna possível medir mesmo níveis baixos de sinal com muita exatidão.

como em raios X do tórax para examinar o coração ou pulmões. Mas em geral não são adequados para estudar a função dos órgãos. Em vez disso, uma gama de técnicas tem sido desenvolvida em torno da ideia de que se uma pequena quantidade de radioisótopo pode ser depositada seletivamente no órgão-alvo, então o monitoramento da radiação daquele isótopo pode produzir imagem detalhada do órgão. Se tais imagens podem ser tiradas com resolução de tempo suficiente, torna-se possível monitorar os processos como fluxo de sangue ou o levantamento de oxigênio, fornecendo ferramenta médica poderosa e relativamente não invasiva.

Como os isótopos radioativos podem ser introduzidos em órgãos específicos? A resposta baseia-se no fato de que a bioquímica nos informa que determinados elementos e compostos são tomados especificamente por órgãos específicos. A glândula tireoide usa iodo para produzir o hormônio da tireoide, por exemplo. Portanto, o ^{131}I radioativo é frequentemente utilizado para o diagnóstico de problemas na tireoide. O paciente recebe uma injeção de pequena quantidade do radioisótopo e então os caminhos bioquímicos naturais carregam o ^{131}I para a tireoide. O ^{131}I sofre decaimento beta, portanto a detecção de radiação emanando da tireoide pode ser usada para produzir imagem da glândula. Aqui o próprio órgão torna-se a fonte de luz, portanto apenas um esquema de detecção de radiação é necessário para gravar a imagem. Vários outros isótopos são usados de maneiras similares para fazer imagens de diferentes órgãos. Desde que a dose de radiação seja razoavelmente pequena e a meia-vida do isótopo não seja muito longa, esses procedimentos são extremamente seguros.

Como o nome sugere, as imagens PET (**Figura 14.14**) são baseadas nos isótopos que emitem pósitrons. Lembre-se da Seção 14.4 que a emissão de pósitron tende a ocorrer em isótopos deficientes em nêutrons. Entre os emissores de pósitron disponíveis estão ^{11}C, ^{18}F, ^{13}N e ^{15}O. Uma vez que todos esses elementos são encontrados em moléculas orgânicas comuns, é relativamente fácil incorporá-los em moléculas biológicas apropriadas. O ^{15}O pode ser incorporado na glicose, por exemplo. Uma vez que nosso corpo se apoia na glicose como fonte de energia, ela será usada pela maioria dos órgãos.

Cada decaimento do radioisótopo libera pósitron, mas a meia-vida de um pósitron no organismo é extremamente curta. Em muitos casos, um pósitron viajará não mais que dois milímetros antes de encontrar um elétron. O pósitron e o elétron então sofrem aniquilação matéria–antimatéria, que libera um par de raio gama–fótons trafegando em sentidos opostos. Os detectores registram os raios gama e os computadores mapeiam o caminho tomado pelo composto-alvo. O resultado é um mapa de uma fatia através do corpo. A meia-vida do ^{15}O é de apenas 122 s, logo o decaimento para o estável (e inofensivo) ^{15}N é rápido. A curta meia-vida é benéfica porque a radiação fica no corpo por curto período de tempo. Mas ela também fornece alguns desafios na realização do procedimento, pois o radioisótopo não pode ser armazenado. Por causa disso, as varreduras PET podem ser realizadas apenas em instalações que podem produzir os isótopos necessários no local.

ENFOQUE NA RESOLUÇÃO DE PROBLEMAS

Questão Suponha que você esteja trabalhando para uma companhia que prepara radioisótopos para imagem médica. Você recebe uma ordem de um pesquisador pedindo 15 mg de ^{45}Ti para um experimento. O laboratório do cliente está localizado a aproximadamente 1,5 hora da sua fonte de produção. Como determinaria a massa de isótopo a ser produzida para atender esse pedido?

(continua)

Estratégia O tópico principal aqui é que o isótopo que você produz decairá durante o tempo que estiver em trânsito para o laboratório de pesquisa. Uma vez que o experimento exige um conjunto de massa do isótopo, você deve considerar a cinética e produzir mais que o necessário de tal forma que existirá ^{45}Ti suficiente para a entrega. A peça mais importante de informação a ser procurada é a meia-vida do ^{45}Ti. Sabendo o valor, podemos usar a lei de velocidade combinada para a cinética de primeira ordem para realizar os cálculos necessários.

Solução Por conhecermos a meia-vida, podemos determinar a constante de velocidade, k:

$$k = \frac{0{,}693}{t_{1/2}}$$

Em seguida, voltamos para a lei de velocidade para uma reação de primeira ordem. Na Equação 14.1, escrevemos isso como

$$N = N_0 e^{-kt}$$

Nesse caso, podemos usar as massas no lugar dos termos N e N_0, fornecendo

$$m = m_0 e^{-kt}$$

Nosso objetivo é encontrar m_0, a massa inicial de ^{45}Ti necessário. Precisamos incluir o tempo de entrega e o tempo que levaria para o pacote de isótopo ser entregue. Se considerarmos 30 minutos da produção para obter o isótopo à bordo do veículo de entrega, podemos usar 120 minutos como nosso tempo:

$$m = m_0 e^{-kt}$$

$$m_0 = \frac{m}{e^{-kt}} = \frac{15\text{ mg}}{e^{-k(120\text{ min})}}$$

Resumo

As reações nucleares envolvem a conversão de elemento químico em outro e são normalmente acompanhadas pela emissão de radiação na forma de partículas e fótons de alta energia. Algumas reações nucleares acontecem naturalmente, como no decaimento radioativo, enquanto outras podem ser induzidas por intervenção humana. Os processos de decaimento nuclear podem ser categorizados em termos do tipo de radiação emitida.

Podemos escrever equações para as reações nucleares similares àquelas para reações químicas normais. Mas em uma reação nuclear, o número de átomos de cada elemento não é conservado, logo devemos usar ideias diferentes para balancear as equações. Em uma equação nuclear propriamente balanceada, tanto o número de massa quanto o número de carga devem ser conservados.

Todos os processos de decaimento radioativo seguem a cinética de primeira ordem e suas velocidades são em geral descritas em termos de suas meias-vidas. As equações padrão para as reações de primeira ordem podem ser usadas para prever a atividade de amostra radioativa como função do tempo. As velocidades de decaimento são relatadas em unidades de bequerels ou curies. A datação de carbono baseia-se no fato de que as cinéticas do decaimento de ^{14}C são bem entendidas.

Os químicos nucleares confiam no quadro de nuclídeos para resumir o conhecimento deles sobre a estabilidade de vários isótopos. Todos os isótopos conhecidos caem em uma região conhecida como banda de estabilidade, e a posição dos isótopos instáveis em relação a essa banda pode ser usada para prever o tipo de decaimento esperado.

Em comparação às reações químicas comuns, as nucleares liberam tremendas quantidades de energia. A variação de energia de um processo nuclear pode ser calculada a partir do defeito de massa usando a equação de Einstein, $E = mc^2$. O mesmo tipo de cálculo nos permite encontrar a energia de ligação para determinado núcleo e revela que a energia de ligação nuclear passa por um máximo para o ^{56}Fe. Portanto, núcleos muito pesados podem sofrer fissão, dividindo-se em dois ou mais núcleos mais leves com estabilidade aumentada. Os núcleos mais leves, em contraste, podem ganhar estabilidade sofrendo fusão, na qual dois ou mais núcleos se combinam para formar um núcleo maior e mais estável. A tecnologia atual de reator nuclear é baseada na fissão de ^{235}U. Os reatores de fusão também mantêm grande promessa como futuras fontes de energia, mas ainda se deparam com significativos desafios de engenharia.

Os efeitos da radiação na matéria, incluindo tecidos vivos, dependem tanto do tipo de radiação quanto da extensão da exposição. Na avaliação de seu efeito na matéria, a radiação é caracterizada em termos de potência ionizante e potência penetrante.

Termos-chave

banda de estabilidade (14.4)
bequerel (Bq) (14.3)
calor de decaimento (14.6)
captura de elétrons (14.2)
captura K (14.2)
constante de decaimento (14.3)
contador Geiger (14.7)
curie (Ci) (14.3)
decaimento alfa (14.2)
decaimento beta (14.2)
decaimento radioativo (14.1)
defeito de massa (14.5)
dose absorvida (14.7)
dose equivalente (14.7)
dosímetro (14.7)
efetividade biológica relativa (RBE) (14.7)
elétron volts (eV) (14.1)
energia de ligação nuclear (14.5)
exposição (14.7)
fator de qualidade (Q) (14.7)
fissão nuclear (14.5)
força forte (14.4)
fusão nuclear (14.5)
mar de instabilidade (14.4)
massa crítica (14.6)
meia-vida (14.3)
núcleo composto (14.6)
núcleo do reator (14.6)
nuclídeo (14.2)
números mágicos (14.5)
partículas alfa (14.2)
partículas beta (14.2)
pósitron (14.2)
potência ionizante (14.7)
potência penetrante (14.7)
quadro de nuclídeos (14.4)
radiação de fundo (14.7)
raio alfa (14.2)
raio beta (14.2)
raio cósmico (14.1)
raio gama (14.2)
reação em cadeia (14.6)
reações nucleares (14.1)
série de decaimento (14.4)
tomografia de emissão de pósitron (PET) (14.8)
transmutação (14.6)
tubos de combustíveis (14.6)
tubos de controle (14.6)

Problemas e exercícios

POR DENTRO DE Raios cósmicos e datação de carbono

14.1 Os raios cósmicos são algumas vezes chamados de *raios corpusculares*. Qual a diferença entre esse termo e de outros raios do Sol que atingem o planeta?

14.2 Quem teria maior exposição aos raios cósmicos: um piloto comercial ou um engenheiro que ajuda a construir as estradas que o piloto usa? Justifique sua resposta.

14.3 Use a internet para encontrar informação sobre a composição dos raios cósmicos além do hidrogênio e hélio.

14.4 Uma bola rápida jogada por um lançador profissional de beisebol viaja a 100 mph. Como a energia cinética da bola lançada a essa velocidade se compara à radiação cósmica a 15 MeV? (A massa de uma bola de beisebol é de aproximadamente 145 g.)

14.5 (a) Como o ^{14}C entra em um vegetal vivo?
(b) Escreva a equação química para essa reação.

14.6 Explique:
(a) A razão entre ^{14}C e ^{12}C em um vegetal vivo é constante.
(b) A razão constante citada em (a) é a condição de estado constante, não de equilíbrio.

Radioatividade e reações nucleares

14.7 Reveja a Figura 14.1 e descreva o experimento no qual Ernest Rutherford demonstrou que os diferentes tipos de radiação emanam do urânio.

14.8 Liste duas maneiras nas quais um raio gama se difere de uma partícula alfa ou beta.

14.9 Combine as diferentes formas de decaimento radioativo com o resultado apropriado.

(a) Alfa	1. Nenhuma variação no número de massa ou número atômico
(b) Pósitron	2. O número atômico diminui de 1
(c) Gama	3. O número atômico diminui de 2, o número de massa diminui de 4
(d) Captura K	4. O número atômico aumenta de 1
(e) Beta	

14.10 Qual é o núcleo do produto para cada um dos seguintes processos de decaimento?
(a) ^{67}Ga decai pela captura do elétron.
(b) ^{38}K sofre emissão de pósitrons.
(c) ^{56}Mn decai pela emissão de β.
(d) ^{222}Rn sofre decaimento alfa.

14.11 Complete cada equação e dê o nome da partícula ejetada do núcleo.
(a) $^{20}_{8}O \rightarrow ? + {}^{0}_{-1}\beta + \bar{\nu}$
(b) $? \rightarrow {}^{232}_{92}U + {}^{4}_{2}He$
(c) $^{201}_{82}Pb \rightarrow {}^{201}_{83}Bi + ?$

14.12 Complete as seguintes equações nucleares. Escreva o número de massa, o número atômico e o símbolo para a partícula que falta.
(a) $^{9}_{4}Be + ? \rightarrow {}^{6}_{3}Li + {}^{4}_{2}He$
(b) $? + {}^{1}_{0}n \rightarrow {}^{24}_{11}Na + {}^{4}_{2}He$
(c) $^{40}_{20}Ca + ? \rightarrow {}^{40}_{19}K + {}^{1}_{1}H$

(d) $^{241}_{95}Am + ^{4}_{2}He \rightarrow ^{243}_{97}Bk + ?$

(e) $^{246}_{96}Cm + ^{12}_{6}C \rightarrow 4\,^{1}_{0}n + ?$

(f) $^{238}_{92}U + ? \rightarrow ^{249}_{100}Fm + 5\,^{1}_{0}n$

14.13 Escreva equações para as seguintes reações nucleares:
(a) Decaimento alfa pelo ^{188}Bi
(b) Emissão beta pelo ^{87}Rb
(c) Emissão de pósitron pelo ^{40}K
(d) Captura de elétron pelo ^{138}La

14.14 Escreva equações para as seguintes reações nucleares:
(a) O ^{94}Tc sofre captura de elétron.
(b) O ^{89}Nb ejeta um pósitron.
(c) O ^{217}Fr emite uma partícula alfa.
(d) O ^{220}Ra é formado por emissão alfa.

14.15 Através de qual processo estas transformações ocorrem?
(a) ^{230}Th para ^{226}Ra
(b) ^{137}Cs para ^{137}Ba
(c) ^{38}K para ^{38}Ar
(d) ^{97}Zr para ^{97}Nb

14.16 Uma maneira de converter chumbo em ouro seria irradiar o ^{206}Pb com nêutrons. Existem várias etapas no processo e são necessários três nêutrons para cada átomo de chumbo. Além disso, para o ouro, são produzidas três partículas beta e três partículas alfa. (Este processo requer um acelerador de partículas e o custo é muito maior que o valor do ouro que poderia ser produzido.)
(a) Qual isótopo de ouro este processo produzirá?
(b) Escreva a reação nuclear total para o processo.

Cinética do decaimento radioativo

14.17 Que fração de amostra radioativa permanece após oito meias-vidas?

14.18 Qual é a meia-vida de um radioisótopo se ele decai 12,5% da sua radioatividade em 12 anos?

14.19 O ^{137}Cs tem uma meia-vida de 30,2 anos. Quantos anos levará para uma amostra de 100 g decair para 0,01 g?

14.20 O ^{60}Co é usado extensivamente na medicina como fonte de raios γ. Sua meia-vida é de 5,27 anos.
(a) Quanto tempo levará para uma fonte de ^{60}Co diminuir para 18% da sua atividade original?
(b) Qual porcentagem da sua atividade permanece após 29 meses?

14.21 A meia-vida do ^{110}Sb é 23,0 s.
(a) Determine sua constante de decaimento em s^{-1}?
(b) Calcule a atividade de uma amostra de 1,000 g de ^{110}Sb em Bq e Ci.

14.22 O ^{198}Au é usado no diagnóstico de problemas do fígado. A meia-vida do ^{198}Au é de 2,69 dias. Se você começa com 2,8 μg desse isótopo de ouro, qual massa permanece após 10,8 dias?

14.23 A meia-vida do ^{19}O é de 29 s. Suponha que um cientista deseje incorporar ^{19}O em uma molécula e então use sua radioatividade para rastrear o destino daquela molécula em uma reação. Para uma medida exata, deve haver pelo menos 1,50 mg de ^{19}O deixado ao final do estudo, que levará 2,5 min sempre que o experimento for feito. Qual é a massa mínima de ^{19}O a ser usada cada vez que o experimento é conduzido?

14.24 Os arqueólogos usam o ano de 1950 como a data do presente. Portanto 1000 a.C. é 2950 a.p. (antes do presente). Um arqueólogo encontra que o teor de ^{14}C de uma agulha de madeira é 11% daquela de árvores vivas hoje. Qual é a data a.p. em que a árvore da qual a agulha foi feita foi cortada.

14.25 Um artefato de madeira é queimado e descobre-se que ele contém 21 g de carbono. A atividade de ^{14}C da amostra é 105 desintegrações min^{-1}. Qual é a idade do artefato?

14.26 Descobre-se, por datação de ^{14}C, que alguns ossos de mamute encontrados no Arizona têm $1,13 \times 10^4$ anos. Qual deve ser a atividade do ^{14}C nos ossos em desintegração por minuto por grama? Suponha que a atividade original fosse de 15,3 desintegrações por minuto por grama.

14.27 Um pedaço de cabo de lança é encontrado em escavação arqueológica na América Central. Ele contém 12,5% mais de ^{14}C que uma árvore viva de hoje. Com base apenas na meia-vida de ^{14}C, qual a idade do cabo de lança?

14.28 No começo do século XIX e continuando no século XX, a Revolução Industrial foi abastecida com carvão e cuspiu enormes volumes de CO_2 esgotados de ^{14}C na atmosfera.
(a) Por que o carvão é esgotado de ^{14}C?
(b) Como o aumento de CO_2 esgotado de ^{14}C afetaria a data de muitos objetos antigos nos quais a razão $^{14}C/^{12}C$ foi comparada com a proporção do século XX? Explique.

14.29 O carbono do centro de uma sequoia gigante apresenta 11,3 contagens de ^{14}C por minuto por grama de carbono. A madeira perto do exterior da árvore tem uma taxa de ^{14}C de 15,1 contagens por minuto por grama de carbono. Quantos anos tem a árvore?

Estabilidade nuclear

14.30 Qual é a razão *N/Z* para cada um dos seguintes nuclídeos?
(a) $^{14}_{7}N$ **(b)** $^{114}_{50}Sn$ **(c)** $^{234}_{90}Th$

14.31 Escreva uma equação nuclear para o tipo de decaimento que cada um destes isótopos instáveis têm mais chance sofrer:
(a) ^{19}Ne
(b) ^{230}Th
(c) ^{82}Br
(d) ^{212}Po

14.32 Ocorrem os seguintes decaimentos sucessivos, começando com o ^{24}F, que tem uma meia-vida de 0,3 s, e terminando em um isótopo estável:

$$^{24}_{9}F \xrightarrow{\beta^-, t_{1/2} = 0,3\text{ s}} ? \xrightarrow{\beta^-, t_{1/2} = 3,4\text{ m}} ? \xrightarrow{\beta^-, t_{1/2} = 15\text{ h}} ?$$

(a) Identifique cada um dos produtos de decaimento.
(b) Usando o quadro dos nuclídeos, explique por que as sucessivas emissões beta fazem mais sentido que (i) emissão alfa; (ii) emissão de pósitron: ou (iii)

captura de elétron na produção de um núcleo estável de ^{24}F.

14.33 A série de decaimentos radioativos do ^{232}Th, começando com o ^{232}Th e terminando com o ^{208}Pb, ocorre na seguinte sequência: α, β^-, β^-, α, α, α, α, β^-, β^-, α. Escreva uma equação para cada etapa nessa série.

14.34 Começando com o ^{238}U e terminando com um isótopo de Pb, escreva um esquema de decaimento no qual cada nuclídeo emite apenas uma partícula α. Compare seu esquema com a série de decaimento da Figura 14.5 e sugira uma razão por que as emissões β^- devem ocorrer na série de decaimento do ^{238}U.

14.35 A série do ^{238}U pode ser usada para datar minerais contendo urânio medindo-se a razão entre o ^{238}U e o ^{206}Pb, mas todos os produtos têm de permanecer no mineral através de várias das suas meias-vidas de tal forma que todo o ^{238}U que decaia se torne ^{206}Pb. Um dos produtos de decaimento nessa série é o gás nobre, ^{222}Rn. Como a idade experimentalmente determinada do mineral seria afetada se parte do radônio se difundisse da rocha?

14.36 Tanto o ^{238}U quanto o ^{232}Th decaem para isótopos estáveis de chumbo. O ^{222}Rn ($t_{1/2}$ = 3,8 dias) é um nuclídeo intermediário na série do ^{238}U. O ^{218}Rn ($t_{1/2}$ = 56 s) é um intermediário na série de decaimento do ^{232}Th. Em qual série a difusão do radônio gasoso provocaria maior erro na idade calculada de uma rocha (veja o Exercício 14.35)?

Energética de reações nucleares

14.37 Calcule a energia de ligação de 1 mol de núcleos de ^{14}C. A massa determinada experimentalmente de um átomo de ^{14}C (incluindo seus seis elétrons) é 14,003242 *u*.

14.38 A colisão de um elétron e um pósitron leva à formação de dois raios γ. No processo, suas massas são completamente convertidas em energia.
(a) Calcule a energia liberada da aniquilação de um elétron e um pósitron em quilojoules por mol.
(b) Usando a equação de Planck (Equação 6.2), determine a frequência dos raios γ emitidos nesse processo.

14.39 Calcule a energia de ligação do núcleo de ^{7}Li, cuja massa determinada experimentalmente é de 7,016004 *u*.

14.40 Encontre o defeito de massa na reação na qual um nêutron decai para um próton e um elétron.

14.41 Calcule a energia de ligação do núcleo de ^{14}N, o qual tem massa experimentalmente determinada de 14,003074 *u*.

14.42 A massa real de um átomo de ^{108}Pd é de 107,90389 *u*. **(a)** Calcule o defeito de massa em *u* por átomo e em g por mol para este isótopo. **(b)** Qual é a energia de ligação nuclear em quilojoules por mol para esse isótopo?

14.43 Usa-se 360 kJ para manter uma lâmpada incandescente de 100 watts acesa por 1 hora. Supondo que a lâmpada não queimará, por quantos anos a energia do defeito de massa de 1 mol de ^{14}C manteria a lâmpada acesa?

14.44 O ^{4}He está entre os isótopos mais abundantes no universo, e o ^{208}Pb é o isótopo estável mais pesado. Esclareça como a estabilidade nuclear ajuda a explicar estas observações.

14.45 O chumbo tem um número mágico de prótons. Um nuclídeo duplamente mágico poderia ser excepcionalmente estável. Por que o ^{164}Pb não é estável?

14.46 O estanho tem um número mágico de prótons. Um dos seus isótopos, o ^{132}Sn, também tem um número mágico de nêutrons, mas ele é instável. Explique.

14.47 Use a internet para identificar o elemento mais pesado que tem sido visto formar um composto químico. Que elemento é este e qual composto forma? Os elementos mais pesados são incapazes de formar compostos?

14.48 Glenn Seaborg foi um líder na busca por elementos mais pesados, e o elemento 106 recebeu o nome de Seabórgio (Sg) em sua homenagem. Em um artigo no *Journal of Chemical Education*, Seaborg resumiu a história da pesquisa por elementos transurânicos até meados dos anos 1980 (Glenn T. Seaborg, The transuranium elements. *Journal of Chemical Education*, v. 62, p. 463-467, 1985). Leia o artigo e responda às seguintes perguntas:
(a) Quem foi o responsável pela posição dos lantanídeos na tabela periódica?
(b) O que Enrico Fermi pensou que estivesse sendo produzido quando bombardeou urânio com nêutrons?
(c) Como o artigo de Ida Noddack esclareceu a confusão sobre a identidade dos produtos da reação nuclear de Fermi?
(d) Compare as Figuras 1 e 2 no documento, a tabela periódica de 1930 e a versão de Seaborg de 1945 da tabela periódica. Qual foi a visão de Seaborg que nos deu a tabela periódica moderna?
(e) Declare as duas razões possíveis de Seaborg ao fato de que a “ilha de estabilidade” não foi atingida.
(f) Por que a fusão de dois elementos com um núcleo pesado produz apenas alguns átomos de um novo núcleo superpesado?
(g) Ao responder uma pergunta de um aluno, Seaborg anunciou para o mundo a descoberta de dois novos elementos em 1945 no *The Quiz Kids*, um programa de rádio em Chicago. Seaborg escreveu, “Esta foi a primeira vez na história do mundo que o anúncio da descoberta de elementos químicos foi patrocinada pela Alka Seltzer.” Quais são os números atômicos e os nomes dos dois elementos?

Transmutação, fissão e fusão

14.49 Ernest Rutherford realizou a primeira transmutação em 1919 quando bombardeou ^{14}N com partículas alfa. O resultado foi um núcleo de oxigênio:

$$^{14}_{7}\mathrm{N} + ^{4}_{2}\mathrm{He} \rightarrow ^{18}_{9}\mathrm{F}^* \rightarrow ^{17}_{8}\mathrm{O} + ^{1}_{1}\mathrm{p}$$

Os radioquímicos usam notação abreviada para representar as transmutações. Omitindo o núcleo intermediário $^{18}_{9}$F*, a reação acima pode ser representada como ^{14}N(α, p) ^{17}O. Escreva equações balanceadas para cada um dos bombardeamentos nucleares indicados.

(a) $^{27}Al(p, \gamma)\ ^{28}Si$
(b) $^{40}Ar\ (n, \beta^{-})\ ^{41}K$

14.50 (a) Escreva a equação para a reação que ocorre quando um átomo de ^{200}Hg é bombardeado por um próton. Um dos produtos é uma partícula alfa. (Inclua o núcleo composto.)
(b) Represente a reação acima na notação abreviada introduzida no problema anterior, omitindo o núcleo composto.
(c) A reação deve ocorrer em um acelerador de partículas de tal forma que os prótons possam atingir os núcleos de mercúrio em energias muito altas. Por que esse método de criar produtos de metais preciosos em **(a)** não é a resposta para os sonhos dos alquimistas?

14.51 Nêutrons lentos podem ser absorvidos por alguns núcleos para produzir novos elementos. Por que um nêutron é um melhor projétil para uma reação de transmutação que uma partícula alfa ou beta?

14.52 Qual é o produto que falta em cada uma destas equações de fissão?
(a) $^{235}_{92}U + ^{1}_{0}n \rightarrow ? + ^{93}_{38}Sr + 3\ ^{1}_{0}n$
(b) $^{235}_{92}U + ^{1}_{0}n \rightarrow ? + ^{132}_{51}Sb + 3\ ^{1}_{0}n$
(c) $^{235}_{92}U + ^{1}_{0}n \rightarrow ? + ^{141}_{56}Ba + 3\ ^{1}_{0}n$

14.53 Qual a quantidade de energia liberada na fissão de 1 kg de ^{235}U de acordo com a equação a seguir? As massas determinadas experimentalmente dos produtos são 136,92532 *u* e 96,91095 *u*, respectivamente. (As massas do ^{235}U e do nêutron são dadas no Problema-modelo 14.6.)

$$^{235}_{92}U + ^{1}_{0}n \rightarrow ^{137}_{52}Te + ^{97}_{40}Zr + 2\ ^{1}_{0}n$$

14.54 Identifique cada um dos seguintes itens e indique seu propósito no reator nuclear.
(a) moderador **(c)** tubos de controle
(b) combustível **(d)** refrigerante

14.55 Uma vez que o núcleo fissionável do urânio é ^{235}U, a grande quantidade de ^{238}U em um reator nuclear não é usada. Entretanto, é possível produzir ^{239}Pu a partir de ^{238}U pela reação $^{238}U\ (n, \beta^{-})\ ^{239}Np$. O ^{239}Np decai por emissão β^{-} para ^{239}Pu. Um reator usado para esse propósito é chamado *reator reprodutor*.
(a) Qual é o núcleo composto formado pelo ^{238}U?
(b) Escreva equações balanceadas para a produção de ^{239}Pu.

14.56 **(a)** Que massa de octano, C_8H_{18}, teria de sofrer combustão para fornecer a mesma quantidade de energia que a liberada pela fissão de um quilograma de ^{235}U para produzir ^{90}Sr e ^{143}Xe?
(b) Quantos galões de octano isso representa? (A densidade do octano é de 0,702 g cm^{-1}.)

14.57 De acordo com a Comissão de Controle Nuclear, em 2015 havia 99 reatores nucleares comerciais operando nos Estados Unidos. Em 2015, foram gerados 4,1 × 10^6 gigawatts-hora de eletricidade para uso e 19,5% desta foi gerada por energia nuclear.
(a) Um técnico nuclear assumiu que os produtos da fissão do ^{235}U por um nêutron foram ^{97}Zr e ^{137}Te (veja o Problema 14.53). Ignorando os produtos de decaimento, o técnico estimou a massa total de zircônio e telúrio em toneladas que teria de ser disposta em 2015 como lixo nuclear (1 watt-hora = 3.600 joules; 1 tonelada = 1.000 kg). Qual foi o resultado do técnico?
(b) Procure as meias-vidas do ^{97}Zr e ^{137}Te. Quando o lixo foi disposto, você acredita que houvesse quantidade mensurável dos isótopos? Explique.
(c) Procure o modo de decaimento de cada isótopo e escreva para cada um as séries de decaimento para um isótopo estável. Qual série de decaimento tem um isótopo radioativo que permanecerá no lixo por muitos anos?
(d) Usando os produtos de isótopo estáveis no seu cálculo, quão fora ficou a estimativa do técnico do descarte total? Explique.

14.58 **(a)** Escreva a equação para a reação de deutério e trítio que poderia ser usada em um reator de fusão.
(b) Quais são os obstáculos para essa reação como fonte viável de energia?

14.59 Uma reação de fusão que tem sido proposta envolve o bombardeamento de ^{11}B com próton produzindo um único produto estável.
(a) Escreva a equação para a reação.
(b) Qual dos obstáculos no problema anterior é superado por essa reação?

14.60 Use a internet e outras fontes para encontrar uma estimativa da quantidade de energia elétrica que pode ser exigida mundialmente no ano de 2025. Escreva um texto de 2 a 3 páginas no qual você discute brevemente os prós e contras de cada um dos seguintes métodos da produção de energia elétrica para atingir a demanda estimada: **(a)** energia solar, **(b)** combustíveis fósseis, **(c)** fissão, **(d)** fusão.

14.61 Em 1998, a Comissão de Controle Nuclear sugeriu que os moradores próximos a uma usina nuclear deveriam ter suprimento de iodeto de potássio em mãos no caso de uma emergência na usina. Explique por que a sugestão faz sentido.

14.62 O sítio para enterrar lixo nuclear na Montanha de Yucca foi muito elogiado como solução ideal para o problema do armazenamento de lixo nuclear de alto nível. Usando a internet, encontre informações sobre o sítio e, em uma monografia bem fundamentada, formule argumentos contra e a favor do uso da Montanha de Yucca para o armazenamento de lixo nuclear. Com base nos seus argumentos, se a construção do prédio fosse a sua decisão, o que você faria?

14.63 Uma instalação de armazenamento de lixo nuclear como o sítio da Montanha de Yucca deve durar por aproximadamente 10 mil anos. Quais incertezas de engenharia são introduzidas para o projeto de tal instalação em comparação com o projeto de um túnel para serviços de transporte, por exemplo?

A interação entre radiação e matéria

14.64 Use a informação da Seção 6.7 para estimar qual forma de radiação eletromagnética é a radiação ionizante de menor energia.

14.65 É a produção de íons que faz com que a radiação ionizante seja perigosa para tecidos vivos ou algum outro efeito? Justifique sua resposta.

14.66 Classifique as formas mais comuns de radioatividade em ordem crescente de potência penetrante.

14.67 Tanto a potência penetrante quanto a potência ionizante são importantes na determinação do perigo da radiação ao tecido vivo. O objetivo de entender o perigo da radiação aos tecidos vivos está em limitar esse risco. Se você fosse um engenheiro trabalhando para uma empresa que projeta roupas de segurança e utensílios para trabalhar em ambientes radioativos
(a) sob quais condições a potência ionizante é o fator mais importante a ser considerado?
(b) sob quais condições a potência penetrante é o fator mais importante?

14.68 Como os danos do possível impacto de raios cósmicos em dispositivos eletrônicos em um satélite se relacionam aos materiais dos quais os dispositivos eletrônicos são construídos?

14.69 Uma amostra radioativa usada na medicina registra uma atividade de 10 μCi. Qual é a atividade em Bq?

14.70 Um contador Geiger é ajustado para produzir um estalo para cada 100 desintegrações que detecta. O contador registra 20 ciclos por segundo para uma amostra de isótopo desconhecido. Qual é a atividade da amostra em Ci? E em μCi?

14.71 Uma pessoa média é exposta a aproximadamente 360 milirem de radiação de fundo por ano de uma variedade de fontes naturais e artificiais. Aproximadamente dois terços desta vem tipicamente da inalação de ^{222}Rn produzido no solo pelo decaimento de ^{238}U. Sabendo-se que o ^{222}Rn decai por emissão alfa, estime a dose absorvida em **(a)** joules e **(b)** grays por uma pessoa de 60 kg da inalação de radônio por 1 ano.

14.72 No início do século XX, os relógios eram produzidos com ponteiros pintados a mão que brilhavam no escuro. A tinta continha ZnS, fósforo e rádio que decaía para produzir partículas alfa que excitavam o ZnS para brilhar quando atingidos por uma partícula carregada. As pessoas (na maioria mulheres) que pintavam os ponteiros frequentemente colocavam uma ponta fina em seus pincéis passando o pincel na língua. Muitos trabalhadores nessa indústria subsequentemente morreram de câncer de ossos e leucemia quando suas medulas ósseas foram destruídas. Imagine que você esteja escrevendo uma carta do futuro para um membro de uma família que trabalha na indústria de relógios do início do século XX e explique quais são os perigos e qual o equipamento correto a ser utilizado.

14.73 A preocupação sobre a exposição à radiação tem levado algumas agências locais, estaduais e federais a propor um limite de dose zero acima da radiação de fundo (veja o Problema 14.71). Um limite zero significa que a indústria não poderia permitir a ninguém ser exposto a uma radiação acima da exposição de radiação de fundo média por ano. Por que a radiação de fundo varia com a altitude? Sugira uma razão pela qual uma indústria de aeronaves poderia opor-se a um limite de dose zero.

14.74 O ^{239}Pu é produzido em reatores reprodutores por reações sucessivas nas quais o ^{238}U é bombardeado por nêutrons e o produto decai por emissões beta sucessivas.
(a) Escreva as equações para as três reações nucleares.
(b) A inalação de ^{239}Pu, que decai por emissão alfa, pode causar câncer de pulmão. Explique por que a inalação de ^{239}Pu pode ser mais perigosa que ter uma quantidade igual do isótopo na pele.

POR DENTRO DE Métodos modernos de imagem médica

14.75 Escreva a equação nuclear para o decaimento nuclear de cada um dos seguintes isótopos usados na tomografia por emissão de pósitron (PET). **(a)** ^{18}F, **(b)** ^{11}C, **(c)** ^{13}N.

14.76 Na medicina nuclear, os isótopos radioativos são com frequência ingeridos ou outras vezes introduzidos no corpo humano. Discuta as propriedades que você espera que os isótopos médicos exibam.

14.77 Escreva a equação nuclear para a aniquilação de antimatéria de um elétron por um pósitron para produzir dois raios gama.

14.78 Em terapia de captura de nêutron pelo boro (BNCT), o ^{10}B absorve um nêutron produzindo um núcleo que decai por emissão alfa.
(a) Escreva as equações para esses dois eventos sucessivos, incluindo o núcleo composto.
(b) A emissão alfa pelo ^{239}Pu inalado provoca câncer de pulmão, mas a emissão alfa no BNCT destrói os tumores de câncer. Sugira uma razão para tal diferença.

14.79 A osteoporose (perda óssea) é um problema médico crescente à medida que a idade média da população dos Estados Unidos aumenta. Ela pode ser diagnosticada usando o isótopo ^{153}Gd. Por meio da internet e outras fontes, pesquise e escreva um parágrafo sobre o uso do ^{153}Gd para determinar a densidade do osso.

Problemas conceituais

14.80 Por que o decaimento de pósitron tem o mesmo efeito no núcleo que uma captura de elétron?

14.81 **(a)** Explique por que o trítio, ^{3}H, não pode sofrer decaimento alfa.
(b) Qual tipo de decaimento que você esperaria que o trítio sofresse?
(c) Escreva a equação nuclear para o decaimento esperado.

14.82 O trítio, ^{3}H, é um isótopo radioativo do hidrogênio produzido por raios cósmicos na atmosfera, onde se oxida e se torna parte do ciclo da água. Sua meia-vida é de 12,33 anos. Qual dos seguintes itens poderia ser datado usando trítio? Justifique sua resposta.
(a) Gelo da Antártica de 4.000 anos
(b) Vinho francês novo
(c) Cerveja egípcia antiga de uma tumba no Vale dos Reis

14.83 Explique por que o urânio pode ser usado para datação geológica, mas não para a datação de artefatos de atividade humana na Terra.

14.84 Com base em suas posições relativas à faixa de estabilidade, preveja o tipo de decaimento pelo qual cada um dos seguintes será submetido. Escreva equações para os decaimentos esperados.

(a) $^{114}_{47}Ag$ **(b)** $^{21}_{11}Na$ **(c)** $^{59}_{26}Fe$

14.85 Com base nas suas posições em relação à banda de estabilidade, preveja o tipo de decaimento que cada um dos seguintes isótopos instáveis sofrerá. Escreva as equações para os decaimentos esperados.

(a) $^{73}_{36}Kr$ (b) $^{13}_{8}O$ (c) $^{126}_{50}Sn$

14.86 Qual é a característica crítica da fusão nuclear que exige ideias de retenção especiais, como retenção magnética ou inercial?

14.87 O ^{210}Po é um nuclídeo alfa emissor encontrado na fumaça do cigarro. Como o fato de ele ser encontrado em tal fumaça se relaciona com os riscos à saúde?

14.88 Por que a radiação cósmica ionizante é a maior preocupação para os projetos de engenharia de satélites que para projetos eletrônicos baseados no solo?

14.89 Você é um biólogo estudando a absorção de Cu^{2+} pela água em determinados legumes. Você tem pequena quantidade de $^{67}CuSO_4$ e um contador Geiger. (O ^{67}Cu é um emissor β^- com uma meia-vida de 61 h.) Projete e descreva um experimento que demonstra se o legume absorve Cu^{2+} da água.

Problemas adicionais

14.90 As reações de fissão nos três reatores em operação na usina de Fukushima Daiichi foram desligados imediatamente quando ocorreu o terremoto em 11 de março de 2011. Três dias mais tarde, o calor de decaimento estava sendo produzido a uma taxa de aproximadamente 16 MW. Estime a massa de água que seria vaporizada por minuto por esse calor. (Lembre-se de que 1 W = 1 J s^{-1}, logo 1 MW é 10^6 J s^{-1}. Suponha que a água de resfriamento esteja inicialmente a 10°C e que, uma vez que a água é convertida em vapor a 100°C, ela vaza do reator.)

14.91 Lembre-se de que a definição de curie é 1 Ci = 3,70 × 10^{10} desintegrações por segundo e que esse valor foi originalmente escolhido de tal forma que a atividade de 1,0 g de ^{226}Ra fosse igual a 1 Ci. Sabendo-se que o ^{226}Ra tem uma massa molar de 226,025 g mol^{-1} e uma meia-vida de 1.600 anos, calcule o número de avogrado.

14.92 Vários isótopos radioativos de césio são produzidos na fissão de ^{235}U, incluindo aqueles listados na tabela a seguir. Esses isótopos de césio podem apresentar preocupações significativas em relação à saúde, em grande parte por causa do fato de as propriedades químicas do césio serem similares àquelas do sódio ou potássio, o que significa que o césio pode ser retido pelo organismo por tempos relativamente longos. No resultado do terremoto de Fukushima e em seguida ao desastre nuclear, muitas histórias focaram nos perigos apresentados pela liberação de ^{137}Cs. Explique por que o isótopo de ^{137}Cs é considerado risco à saúde maior que os outros isótopos.

Isótopo	Modo de decaimento	Meia-vida
^{135}Cs	decaimento β^-	2,3 × 10^6 anos
^{136}Cs	decaimento β^-	13,16 dias
^{137}Cs	decaimento β^-	30,17 anos

14.93 O ^{128}Te sofre forma de decaimento radioativo extremamente rara conhecida como decaimento duplo beta:

$$^{128}_{52}Te \rightarrow ^{128}_{54}Xe + 2\ ^{0}_{-1}\beta + 2\,\bar{\nu}$$

Esse é um evento de probabilidade muito baixa; sua meia-vida de 2,2 × 10^{24} anos está entre as meias-vidas mais longas já determinadas. Estime a atividade em uma amostra de 128 g (1 mol) de ^{128}Te. Quantos átomos de ^{128}Te em tal amostra de 1 mol decairia em um dia?

14.94 A radioatividade é normalmente medida pela contagem de eventos e a atividade de uma amostra específica pode ser relatada como taxa de contagem (contagem por segundos etc.). Suponha uma amostra de gálio que contenha ^{70}Ga com a meia-vida de 21,1 minutos. Se a amostra produz inicialmente 455 contagens por segundo, após quanto tempo produziria 115 contagens por segundo?

14.95 Dois isótopos de ferro, ^{52}Fe e ^{53}Fe, são ambos emissores de pósitron com meias-vidas de 8,28 horas e 8,51 minutos, respectivamente. Uma amostra específica de ferro emite inicialmente pósitrons a uma velocidade de 210 contagens por minuto. Qual seria a atividade da amostra após 30 minutos se a amostra original continha o seguinte:

(a) apenas ^{52}Fe, **(b)** apenas ^{53}Fe, **(c)** uma mistura de 50% de cada isótopo

14.96 Tanto o ^{192}Ir quanto o ^{137}Cs são usados na terapia de céfalo, o uso dos isótopos radioativos para tratar vários tipos de câncer. Ambos são emissores beta.

(a) Explique como essa observação é consistente com a informação apresentada na Figura 14.4.

(b) Como as razões *N/Z* para esses dois isótopos médicos se comparam entre si? Como se comparam com os isótopos estáveis mais próximos?

14.97 Resíduos da mineração de urânio contêm rádio, que decai para produzir radônio. O radônio também é radioativo e sofre decaimento adicional. Suponha que o radônio presente seja todo ^{226}Ra e escreva o par de reações para esses dois eventos radioativos. Use a Figura 14.4 para ajudar a escolher o caminho mais plausível para o decaimento do radônio.

14.98 Uma série de decaimento para o radônio é α, α, β, α, β, α, β, β. **(a)** Qual é o isótopo final produzido por essa série de decaimento? **(b)** Outra possível série de decaimento é α, β, β, α, α, β, β, α. Essa série leva ao mesmo isótopo que no item (a)?

14.99 Tanto o ^{192}Ir e quanto o ^{137}Cs são usados nos tratamentos do câncer. A meia-vida do ^{192}Ir é de 74 dias e a do ^{137}Cs é de 137 dias. Suponha que você trabalhe para uma companhia que produza isótopos médicos.

Se a dosagem de radiação necessária desses isótopos é a mesma para determinado tratamento, qual produto requereria uma amostra maior a ser produzida antes do envio para um hospital que está a dois dias de distância de sua fábrica? Explique seu raciocínio.

14.100 O ^{233}U é outro isótopo fissionável de urânio. Ele pode ser produzido através da absorção de nêutron pelo ^{232}Th. O ^{233}Pa é formado ao longo do caminho para a produção do ^{233}U. Proponha um conjunto de reações nucleares para esta rota até o ^{233}U.

14.101 Uma interessante aplicação de decaimento nuclear é o gerador termoelétrico de radioisótopo, ou RTG. Em tal dispositivo, a energia do decaimento radioativo é inicialmente convertida em calor de maneira similar ao calor de decaimento abordado na Seção 14.6. O calor é então convertido em energia elétrica por meio de termoacopladores no qual é conhecido como efeito Seeback. O RTG é uma fonte de vida longa de baixos níveis de energia elétrica e tem sido usado para fornecer energia para várias sondas espaciais, incluindo a *Cassini*, que orbitou Saturno por 13 anos antes de concluir sua missão em 2017. O isótopo mais usado nos RTG é o ^{238}Pu. **(a)** Escreva uma equação nuclear para o decaimento alfa do ^{238}Pu. **(b)** A entrega de energia do decaimento do ^{238}Pu é de cerca de 0,54 kW por quilograma de plutônio. Suponha que o combustível para um RTG em particular seja 7,8 kg de $^{238}PuO_2$ e que a conversão de calor em energia elétrica tem eficiência de aproximadamente 6,5%. Estime a entrega de energia elétrica em watts para tal RTG.

14.102 Um caminho para o decaimento do ^{26}Al é a emissão de pósitron para formar ^{26}Mg. A meia-vida do ^{26}Al é $7{,}17 \times 10^5$ anos. **(a)** Quantos núcleos de ^{26}Al decairiam por segundo em uma amostra de 1 mol de ^{26}Al? **(b)** A massa do ^{26}Al é 25,986892 *u*, a do ^{26}Mg é 25,982593 *u* e a do pósitron é $5{,}486 \times 10^{-4}u$. Qual é a energia liberada em um único evento de decaimento de ^{26}Al? **(c)** Caso assuma que toda a energia liberada seja calor, qual a quantidade de calor liberada em um minuto pelo decaimento de uma amostra de 1 mol de ^{26}Al do item (a)?

14.103 A meia-vida do ^{237}Np é de $2{,}14 \times 10^6$ anos e a Terra tem de $4{,}54 \times 10^9$ anos. Se existia alguma quantidade de ^{237}Np quando a Terra foi formada e nenhum ^{237}Np foi formado desde então, qual a fração do ^{237}Np original que permanece hoje?

Exercícios de enfoque na resolução de problemas

14.104 Um pesquisador quer usar metais radioativos para marcar uma enzima encontrada em alta concentração em células de câncer. O ^{64}Cu ou o ^{68}Ga se ligarão com a enzima. Suponha que você seja o engenheiro designado para a tarefa pela sua companhia. O que precisaria saber sobre esses isótopos e quais perguntas faria ao pesquisador para ajudá-lo com a escolha?

14.105 O ^{201}Tl tem uma longa história de uso na medicina nuclear. Suponha que um consumidor precise de 140 mg do isótopo, mas a entrega levará 18 horas através de um serviço expresso. Você é designado a determinar quanto de isótopo se deve produzir. Qual informação precisaria para responder à pergunta?

14.106 Um cliente pediu 70 mg de radioisótopo de ^{18}F de sua companhia. O caminhão de entrega que normalmente faz a viagem até o cliente em 15 minutos está atrasado, por causa de um engarrafamento, e agora levará um pouco mais de uma hora. Se você empacotou 100 mg do isótopo quando ele saiu da fábrica, haverá quantidade suficiente na entrega? Qual informação teria de procurar?

14.107 Suponha que você queira usar iodo radioativo para realizar um experimento para tratar um tumor. Você pode escolher ^{123}I ou ^{125}I para o trabalho. O que você precisa saber sobre esses isótopos? Quais os parâmetros de projeto para o experimento pesam na sua decisão?

Apêndice A

Tabela internacional de massas atômicas

Número atômico	Símbolo	Nome	Massa atômica	Número atômico	Símbolo	Nome	Massa atômica
89	Ac	Actínio	[227]	31	Ga	Gálio	69,723
13	Al	Alumínio	26,9815385	32	Ge	Germânio	72,630
95	Am	Amerício	[243]	72	Hf	Háfnio	178,49
51	Sb	Antimônio	121,760	108	Hs	Hássio	[270]
18	Ar	Argônio	39,948	2	He	Hélio	4,002602
33	As	Arsênio	74,921595	67	Ho	Hôlmio	164,93033
85	At	Astatínio	[210]	1	H	Hidrogênio*	1,008
56	Ba	Bário	137,327	49	In	Índio	114,818
97	Bk	Berquélio	[247]	53	I	Iodo	126,90447
4	Be	Berílio	9,0121831	77	Ir	Irídio	192,217
83	Bi	Bismuto	208,98040	70	Yb	Itérbio	173,045
107	Bh	Bóhrio	[270]	39	Y	Ítrio	88,90584
5	B	Boro*	10,81	57	La	Lantânio	138,90547
35	Br	Bromo*	79,904	103	Lr	Laurêncio	[262]
48	Cd	Cádmio	112,414	3	Li	Lítio*	6,94
20	Ca	Cálcio	40,078	116	Lv	Livermório	[293]
98	Cf	Califórnio	[251]	71	Lu	Lutécio	174,9668
6	C	Carbono*	12,011	12	Mg	Magnésio*	24,305
58	Ce	Cério	140,116	25	Mn	Manganês	54,938044
55	Cs	Césio	132,90545196	109	Mt	Meitnério	[278]
82	Pb	Chumbo	207,2	101	Md	Mendelévio	[258]
17	Cl	Cloro*	35,45	80	Hg	Mercúrio	200,592
24	Cr	Cromo	51,9961	42	Mo	Molibdênio	95,95
36	Kr	Criptônio	83,798	115	Mc	Moscóvio	[289]
27	Co	Cobalto	58,933194	60	Nd	Neodímio	144,242
112	Cn	Copernício	[285]	10	Ne	Neônio	20,1797
29	Cu	Cobre	63,546	93	Np	Netúnio	[237]
96	Cm	Cúrio	[247]	41	Nb	Nióbio	92,90637
110	Ds	Darmstádio	[281]	113	Nh	Nihônio	[286]
105	Db	Dúbnio	[270]	28	Ni	Níquel	58,6934
66	Dy	Disprósio	162,500	7	N	Nitrogênio*	14,007
99	Es	Einstênio	[252]	102	No	Nobélio	[259]
68	Er	Érbio	167,259	118	Og	Oganessônio	[294]
21	Sc	Escândio	44,955908	76	Os	Ósmio	190,23
50	Sn	Estanho	118,710	79	Au	Ouro	196,966569
38	Sr	Estrôncio	87,62	8	O	Oxigênio*	15,999
16	S	Enxofre*	32,06	46	Pd	Paládio	106,42
63	Eu	Európio	151,964	78	Pt	Platina	195,084
100	Fm	Férmio	[257]	94	Pu	Plutônio	[244]
26	Fe	Ferro	55,845	84	Po	Polônio	[209]
114	Fl	Fleróvio	[289]	19	K	Potássio	39,0983
9	F	Flúor	18,998403163	59	Pr	Praseodímio	140,90766
15	P	Fósforo	30,973761998	47	Ag	Prata	107,8682
87	Fr	Frâncio	[223]	61	Pm	Promécio	[145]
64	Gd	Gadolínio	157,25	91	Pa	Protactínio	231,03588

Número atômico	Símbolo	Nome	Massa atômica	Número atômico	Símbolo	Nome	Massa atômica
88	Ra	Rádio	[226]	73	Ta	Tântalo	180,94788
86	Rn	Radônio	[222]	43	Tc	Tecnécio	[97]
75	Re	Rênio	186,207	52	Te	Telúrio	127,60
45	Rh	Ródio	102,90550	117	Ts	Tenesso	[293]
111	Rg	Roentgênio	[281]	65	Tb	Térbio	158,92535
37	Rb	Rubídio	85,4678	90	Th	Tório	232,0377
44	Ru	Rutênio	101,07	69	Tm	Túlio	168,93422
104	Rf	Rutherfórdio	[267]	22	Ti	Titânio	47,867
62	Sm	Samário	150,36	74	W	Tungstênio	183,84
106	Sg	Seabórgio	[269]	92	U	Urânio	238,02891
34	Se	Selênio	78,971	23	V	Vanádio	50,9415
14	Si	Silício*	28,085	54	Xe	Xenônio	131,293
11	Na	Sódio	22,98976928	30	Zn	Zinco	65,38
81	Tl	Tálio*	204,38	40	Zr	Zircônio	91,224

Os valores apresentados originam-se de *Atomic Weights of the Elements 2015*, http://www.ciaaw.org/atomic_weights.htm (acessado em 19 de maio de 2016). Para os elementos com asterisco, a União Internacional de Química Pura e Aplicada (IUPAC) definiu a massa atômica como um intervalo. Nesses casos, os valores apresentados aqui são massas atômicas convencionais para serem usados em cálculos.

Apêndice B

Constantes físicas

Grandeza	Símbolo ou abreviatura	Valor
Aceleração da gravidade	g	9,80665 m s^{-2}
Unidade de massa atômica	u	1,660539040 × 10^{-27} kg
Número de Avogadro	N_A	6,022140857 × 10^{23} partículas mol^{-1}
Constante de Boltzmann	k	1,38064852 × 10^{-23} J K^{-1}
Razão carga massa do elétron	e/m	1,758820024 × 10^{11} C kg^{-1}
Carga eletrônica	e	1,6021766208 × 10^{-19} C
Massa do elétron em repouso	m_e	9,10938356 × 10^{-31} kg
Constante de Faraday	F	96.485,33289 C (mol $e^-)^{-1}$
Volume molar (TPP)	V_m	22,413962 L mol^{-1}
Massa do nêutron em repouso	m_n	1,674927471 × 10^{-27} kg
Constante de Planck	h	6,626070040 × 10^{-34} J s
Massa do próton em repouso	m_p	1,672621898 × 10^{-27} kg
Velocidade da luz	c	2,99792458 × 10^8 m s^{-1}
Constante universal dos gases	R	8,3144598 J mol^{-1} K^{-1}
		0,082057338 L atm mol^{-1} K^{-1}
		62,363577 L torr mol^{-1} K^{-1}

Apêndice C

Configurações eletrônicas dos átomos no estado fundamental

Z	Elemento	Configuração	Z	Elemento	Configuração	Z	Elemento	Configuração
1	H	$1s^1$	37	Rb	$[Kr]5s^1$	74	W	$[Xe]4f^{14}5d^4 6s^2$
2	He	$1s^2$	38	Sr	$[Kr]5s^2$	75	Re	$[Xe]4f^{14}5d^5 6s^2$
3	Li	$[He]2s^1$	39	Y	$[Kr]4d^1 5s^2$	76	Os	$[Xe]4f^{14}5d^6 6s^2$
4	Be	$[He]2s^2$	40	Zr	$[Kr]4d^2 5s^2$	77	Ir	$[Xe]4f^{14}5d^7 6s^2$
5	B	$[He]2s^2 2p^1$	41	Nb	$[Kr]4d^4 5s^1$	78	Pt	$[Xe]4f^{14}5d^9 6s^1$
6	C	$[He]2s^2 2p^2$	42	Mo	$[Kr]4d^5 5s^1$	79	Au	$[Xe]4f^{14}5d^{10}6s^1$
7	N	$[He]2s^2 2p^3$	43	Tc	$[Kr]4d^6 5s^2$	80	Hg	$[Xe]4f^{14}5d^{10}6s^2$
8	O	$[He]2s^2 2p^4$	44	Ru	$[Kr]4d^7 5s^1$	81	Tl	$[Xe]4f^{14}5d^{10}6s^2 6p^1$
9	F	$[He]2s^2 2p^5$	45	Rh	$[Kr]4d^8 5s^1$	82	Pb	$[Xe]4f^{14}5d^{10}6s^2 6p^2$
10	Ne	$[He]2s^2 2p^6$	46	Pd	$[Kr]4d^{10}$	83	Bi	$[Xe]4f^{14}5d^{10}6s^2 6p^3$
11	Na	$[Ne]3s^1$	47	Ag	$[Kr]4d^{10}5s^1$	84	Po	$[Xe]4f^{14}5d^{10}6s^2 6p^4$
12	Mg	$[Ne]3s^2$	48	Cd	$[Kr]4d^{10}5s^2$	85	At	$[Xe]4f^{14}5d^{10}6s^2 6p^5$
13	Al	$[Ne]3s^2 3p^1$	49	In	$[Kr]4d^{10}5s^2 5p^1$	86	Rn	$[Xe]4f^{14}5d^{10}6s^2 6p^6$
14	Si	$[Ne]3s^2 3p^2$	50	Sn	$[Kr]4d^{10}5s^2 5p^2$	87	Fr	$[Rn]7s^1$
15	P	$[Ne]3s^2 3p^3$	51	Sb	$[Kr]4d^{10}5s^2 5p^3$	88	Ra	$[Rn]7s^2$
16	S	$[Ne]3s^2 3p^4$	52	Te	$[Kr]4d^{10}5s^2 5p^4$	89	Ac	$[Rn]6d^1 7s^2$
17	Cl	$[Ne]3s^2 3p^5$	53	I	$[Kr]4d^{10}5s^2 5p^5$	90	Th	$[Rn]6d^2 7s^2$
18	Ar	$[Ne]3s^2 3p^6$	54	Xe	$[Kr]4d^{10}5s^2 5p^6$	91	Pa	$[Rn]5f^2 6d^1 7s^2$
19	K	$[Ar]4s^1$	55	Cs	$[Xe]6s^1$	92	U	$[Rn]5f^3 6d^1 7s^2$
20	Ca	$[Ar]4s^2$	56	Ba	$[Xe]6s^2$	93	Np	$[Rn]5f^4 6d^1 7s^2$
21	Sc	$[Ar]3d^1 4s^2$	57	La	$[Xe]5d^1 6s^2$	94	Pu	$[Rn]5f^6 7s^2$
22	Ti	$[Ar]3d^2 4s^2$	58	Ce	$[Xe]4f^1 5d^1 6s^2$	95	Am	$[Rn]5f^7 7s^2$
23	V	$[Ar]3d^3 4s^2$	59	Pr	$[Xe]4f^3 6s^2$	96	Cm	$[Rn]5f^7 6d^1 7s^2$
24	Cr	$[Ar]3d^5 4s^1$	60	Nd	$[Xe]4f^4 6s^2$	97	Bk	$[Rn]5f^9 7s^2$
25	Mn	$[Ar]3d^5 4s^2$	61	Pm	$[Xe]4f^5 6s^2$	98	Cf	$[Rn]5f^{10}7s^2$
26	Fe	$[Ar]3d^6 4s^2$	62	Sm	$[Xe]4f^6 6s^2$	99	Es	$[Rn]5f^{11}7s^2$
27	Co	$[Ar]3d^7 4s^2$	63	Eu	$[Xe]4f^7 6s^2$	100	Fm	$[Rn]5f^{12}7s^2$
28	Ni	$[Ar]3d^8 4s^2$	64	Gd	$[Xe]4f^7 5d^1 6s^2$	101	Md	$[Rn]5f^{13}7s^2$
29	Cu	$[Ar]3d^{10}4s^1$	65	Tb	$[Xe]4f^9 6s^2$	102	No	$[Rn]5f^{14}7s^2$
30	Zn	$[Ar]3d^{10}4s^2$	66	Dy	$[Xe]4f^{10}6s^2$	103	Lr	$[Rn]5f^{14}6d^1 7s^2$
31	Ga	$[Ar]3d^{10}4s^2 4p^1$	67	Ho	$[Xe]4f^{11}6s^2$	104	Rf	$[Rn]5f^{14}6d^2 7s^2$
32	Ge	$[Ar]3d^{10}4s^2 4p^2$	68	Er	$[Xe]4f^{12}6s^2$	105	Db	$[Rn]5f^{14}6d^3 7s^2$
33	As	$[Ar]3d^{10}4s^2 4p^3$	69	Tm	$[Xe]4f^{13}6s^2$	106	Sg	$[Rn]5f^{14}6d^4 7s^2$
34	Se	$[Ar]3d^{10}4s^2 4p^4$	70	Yb	$[Xe]4f^{14}6s^2$	107	Bh	$[Rn]5f^{14}6d^5 7s^2$
35	Br	$[Ar]3d^{10}4s^2 4p^5$	71	Lu	$[Xe]4f^{14}5d^1 6s^2$	108	Hs	$[Rn]5f^{14}6d^6 7s^2$
36	Kr	$[Ar]3d^{10}4s^2 4p^6$	72	Hf	$[Xe]4f^{14}5d^2 6s^2$	109	Mt	$[Rn]5f^{14}6d^7 7s^2$
			73	Ta	$[Xe]4f^{14}5d^3 6s^2$			

Apêndice D

Calores específicos e capacidades caloríficas de algumas substâncias comuns

Substância	Calor Específico, *c* ($J\ g^{-1}\ K^{-1}$)	Capacidade Calorífica Molar, *Cp* ($J\ mol^{-1}\ K^{-1}$)
Al(s)	0,900	24,3
Ca(s)	0,653	26,2
Cu(s)	0,385	24,5
Fe(s)	0,444	24,8
Hg(ℓ)	0,138	27,7
H_2O(s), gelo	2,09	37,7
H_2O(ℓ), água	4,184	75,3
H_2O(g), vapor	2,03	36,4
CO_2(g)	0,843	37,1
C_6H_6(ℓ), benzeno	1,74	136
C_6H_6(g), benzeno	1,04	81,6
C_2H_5OH(ℓ), etanol	2,46	113
C_2H_5OH(g), etanol	0,954	420
$(C_2H_5)_2O$(ℓ), éter dietílico	3,74	172
$(C_2H_5)_2O$(g), éter dietílico	2,35	108

Calores e temperaturas para mudanças de fase

Substância	Ponto de fusão (°C)	Calor de fusão ($J\ g^{-1}$)	ΔH_{fus} ($kJ\ mol^{-1}$)	Ponto de ebulição (°C)	Calor de vaporização ($J\ g^{-1}$)	ΔH_{fus} ($kJ\ mol^{-1}$)
Al	658	395	10,6	2.467	10.520	284
Ca	851	233	9,33	1.487	4.030	162
Cu	2.083	205	13,0	2.595	4.790	305
H_2O	0	334	6,01	100	2.260	40,7
Fe	1.530	267	14,9	2.735	6.340	354
Hg	−39	11	23,3	357	292	58,6
CH_4	−182	58,6	0,92	−164	510	8,18
C_2H_5OH	−117	109	5,02	78,3	855	39,3
C_6H_6	5,48	127	9,92	80,1	395	30,8
$(C_2H_5)_2O$	−116	97,9	7,66	35	351	26,0

Apêndice E

Dados termodinâmicos selecionados a 298,15K

Espécies	$\Delta H_f°$ (kJ mol⁻¹)	$S°$ (J mol⁻¹ K⁻¹)	$\Delta G_f°$ (kJ mol⁻¹)
Alumínio			
Al(*s*)	0	28,3	0
$AlCl_3$(*s*)	–704,2	110,7	–628,9
Al_2O_3(*s*)	–1676	50,92	–1582
$AlPO_4$(*s*)	–1.733,8	90,76	–1.617,9
$Al_2(SO_4)_3$(*s*)	–3.440,84	239,3	–3.099,94
Antimônio			
Sb(*s*)	0	45,69	0
Sb_4O_6(*s*)	–1.417,1	246,0	–1.253,0
Sb_2O_5(*s*)	–971,9	125,1	–829,2
$SbCl_5$(ℓ)	–440,2	301	–350,1
$SbCl_3$(*s*)	–382,17	184,1	–259,4
Argônio			
Ar(*s*)	0	154,843	0
Arsênio			
As(*s*)	0	35,1	0
H_3As(*s*)	66,44	222,78	68,93
As_2O_5(*s*)	–924,87	105,4	–782,3
$AsCl_3$(ℓ)	–305,0	216,3	–259,4
Bário			
Ba(*s*)	0	62,8	0
$BaCl_2$(*s*)	–860,1	126	–810,9
$BaCO_3$(*s*)	–1.216,3	112,1	–1.137,6
BaF_2(*s*)	–1.207,1	96,36	–1.156,8
$Ba(NO_3)_2$(*s*)	–992,07	213,8	–796,59
BaO(*s*)	–553,5	70,42	–525,1
$BaSO_4$(*s*)	–1465	132	–1353
Berílio			
Be(*s*)	0	9,54	0
$BeCl_2$(*s*)	–490,4	82,68	–445,6
BeF_2(*s*)	–1.026,8	53,35	–979,4
BeO(*s*)	–609,6	14,14	–580,3
$Be(OH)_2$(*s*)	–907,1	50,2	–817,6
$BeSO_4$(*s*)	–1.205,20	77,91	–1.093,80
Bismuto			
Bi(*s*)	0	56,74	0
$BiCl_3$(*s*)	–379,1	177,0	–315,0
Bi_2O_3(*s*)	–573,88	151,5	–493,7
Bi_2S_3(*s*)	–143,1	200,4	–140,6
Boro			
B(*s*)	0	5,86	0
BCl_3(ℓ)	–427,2	206,3	–387,4
B_2H_6(*g*)	35,6	232,11	86,7
BF_3(*g*)	–1.137,00	254,12	–1.120,33
H_3BO_3(*s*)	–1.094,33	88,83	–968,92
$NaBH_4$(*s*)	–183,34	104,68	–119,54
Bromo			
Br(*g*)	111,8	174,9	82,4
Br_2(ℓ)	0	152,23	0
Br_2(*g*)	30,91	245,4	3,14
BrF_3(*g*)	–255,6	292,4	–229,5
HBr(*g*)	–36,4	198,59	–53,43
Cádmio			
Cd(*s*)	0	51,76	0
$CdCl_2$(*s*)	–391,50	115,27	–343,93
CdO(*s*)	–258,2	54,8	–228,4
CdS(*s*)	–161,9	64,9	–156,5
Cálcio			
Ca(*s*)	0	41,6	0
Ca(*g*)	192,6	154,8	158,9
Ca^{2+}(*aq*)	–542,8	–53,1	–553,5
$CaBr_2$(*s*)	682,8	130	–663,6

Espécies	$\Delta H_f°$ (kJ mol^{-1})	$S°$ (J mol^{-1} K^{-1})	$\Delta G_f°$ (kJ mol^{-1})
$CaC_2(s)$	–62,8	70,3	–67,8
$CaCO_3(s)$	–1.207	92,9	–1.129
$CaCl_2(s)$	–795,0	114	–750,2
$CaF_2(s)$	–1.215	68,87	–1.162
$CaH_2(s)$	–189	42	–150
$CaO(s)$	–635,5	40	–604,2
$CaS(s)$	–482,4	56,5	–477,4
$Ca(NO_3)_2(s)$	–938,39	193,3	–743,07
$Ca(OH)_2(s)$	–986,6	76,1	–896,8
$Ca(OH)_2(aq)$	–1.002,8	76,15	–867,6
$Ca_3(PO_4)_2(s)$	–4.120,8	236,0	–3.884,7
$CaSO_4(s)$	–1.433	107	–1.320
Carbono			
C(*s*, grafite)	0	5,740	0
C(*s*, diamante)	1,897	2,38	2,900
$C(g)$	716,7	158,0	671,3
$CCl_4(\ell)$	–135,4	216,4	–65,27
$CCl_4(g)$	–103	309,7	–60,63
$CHCl_3(\ell)$	–134,5	202	–73,72
$CHCl_3(g)$	–103,1	295,6	–70,37
$CH_2Cl_2(g)$	–121,46	177,8	–67,26
$CH_3Cl(g)$	–80,83	234,58	–57,37
$CF_4(g)$	–925	261,61	–879
$CF_2Cl_2(g)$	–477	301	–440
$CH_3CF_3(\ell)$	–737	280	–668
$CH_4(g)$	–74,81	186,2	–50,75
$C_2H_2(g)$	226,7	200,8	209,2
$C_2H_4(g)$	52,26	219,5	68,12
$C_2H_6(g)$	–84,86	229,5	–32,9
$C_3H_6(g)$	20,41	266,9	62,75
$C_3H_8(g)$	–103,8	269,9	–23,49
$C_4H_{10}(g)$ (n-butano)	–126,5	310,03	–15,71
$C_6H_6(\ell)$	49,03	172,8	124,5
$C_8H_{18}(\ell)$ (n-octano)	–250,3	361,2	16,32
$CH_3OH(\ell)$	–238,66	126,8	–166,27
$C_2H_5OH(\ell)$	–277,7	161	–174,9
$C_2H_5OH(g)$	–235,1	282,6	–168,6
$HCOOH(aq)$	–425,6	92,0	–351
$HCOOH(\ell)$	–424,72	128,95	–361,35
$HCHO(g)$	–108,57	218,77	–102,53

Espécies	$\Delta H_f°$ (kJ mol^{-1})	$S°$ (J mol^{-1} K^{-1})	$\Delta G_f°$ (kJ mol^{-1})
$CH_3CHO(g)$	–166,19	250,3	–128,86
$CH_3COOH(\ell)$	–484,5	159,8	–389,9
$H_2C_2O_4(s)$	–828,93	115,6	–697,2
$H_2C_2O_4(aq)$	–825,1	45,61	–673,9
$HCN(g)$	135,1	201,78	124,7
$CH_3NH_2(g)$	23,0	243,3	32,16
$CO(NH_2)_2(s)$	–334	105	–198
$CH_3CN(\ell)$	54	150	99
$C_5H_5N(\ell)$	172,9	188	208,6
$CO(g)$	–110,5	197,6	–137,2
$CO_2(g)$	–393,5	213,6	–394,4
$CO_2(aq)$	–413,80	117,6	–385,98
$COCl_2(g)$	–223,0	289,2	–210,5
$CS_2(g)$	117,4	237,7	67,15
$(CH_3)_2SO(\ell)$	–203	188	–99
$C_6H_{12}O_6(s)$ (glicose)	–1.274,5	212,1	–910,56
$C_{12}H_{22}O_{11}(s)$ (sacarose)	–2.221,7	360,24	–1.544,3
Césio			
$Cs(s)$	0	85,23	0
$Cs^+(aq)$	–248	133	–282
$CsF(aq)$	–568,6	123	–558,5
Chumbo			
$Pb(s)$	0	64,81	0
$PbCl_2(s)$	–359,4	136	–314,1
PbO(*s*, amarelo)	–217,3	68,70	–187,9
$PbO_2(s)$	–277,4	68,6	–217,33
$Pb(OH)_2(s)$	–515,9	88	–420,9
$PbS(s)$	–100,4	91,2	–98,7
$PbSO_4(s)$	–919,94	148,57	–813,14
Cloro			
$Cl_2(g)$	0	223,0	0
$Cl(g)$	121,7	165,1	105,7
$Cl^-(g)$	–226	—	—
$Cl^-(aq)$	–167,29	56,48	–131,26
$ClO(g)$	101,22		
$ClO_2(g)$	104,60	249,4	123,4

Espécies	$\Delta H_f°$ (kJ mol^{-1})	$S°$ (J mol^{-1} K^{-1})	$\Delta G_f°$ (kJ mol^{-1})
$Cl_2O(g)$	80	266	98
$ClF(g)$	–54,48	217,89	–55,94
$ClF_3(g)$	–163,2	281,61	–123,0
$HCl(g)$	–92,31	186,8	–95,30
$HCl(aq)$	–167,4	55,10	–131,2
Cobalto			
$Co(s)$	0	30,04	0
$CoO(s)$	–237,94	52,97	–214,20
$Co_3O_4(s)$	–891	102,5	–774
$CoCl_2(s)$	–312,5	109,16	–269,8
$CoSO_4(s)$	–888,3	118,0	–782,3
Cobre			
$Cu(s)$	0	33,15	0
$CuBr(s)$	–104,6	96,11	–100,8
$CuCl(s)$	–137,2	86,2	–119,86
$CuCl_2(s)$	–220,1	108,07	–175,7
$CuI(s)$	–67,8	96,7	–69,5
$CuO(s)$	–157	42,63	–130
$Cu_2O(s)$	–168,6	93,14	–146,0
$CuS(s)$	–53,1	66,5	–53,6
$Cu_2S(s)$	–79,5	120,9	–86,2
$CuSO_4(s)$	–771,36	109	–661,8
Cromo			
$Cr(s)$	0	23,8	0
$Cr_2O_3(s)$	–1.139,7	81,2	–1.058,1
$Cr_2Cl_3(s)$	–556,5	123,0	– 486,1
$(NH_4)_2Cr_2O_7(s)$	–1.807	—	—
Enxofre			
$S(s$, rômbico$)$	0	31,8	0
$S(g)$	278,8	167,8	–38,3
$S_8(g)$	102,30	430,98	49,63
$S_2Cl_2(g)$	–18	331	–31,8
$SF_6(g)$	–1209	291,7	–1105
$H_2S(g)$	–20,6	205,7	–33,6
$H_2SO_4(\ell)$	–814,0	156,9	–690,1
$H_2SO_4(aq)$	–907,5	17	–742,0
$SO_2(g)$	–296,8	248,1	–300,2
$SO_3(g)$	–395,6	256,6	–371,1
$SOCl_2(\ell)$	–206	—	—
$SO_2Cl_2(\ell)$	–389	—	—
Estanho			
$Sn(s$, branco$)$	0	51,55	0
$Sn(s$, cinza$)$	–2,09	44,1	0,13
$SnCl_2(s)$	–350	—	—
$SnCl_4(\ell)$	–511,3	258,6	–440,2
$SnCl_4(g)$	–471,5	366	–432,2
$SnO(s)$	–285,8	56,5	–256,9
$SnO_2(s)$	–580,7	52,3	–519,7
Estrôncio			
$Sr(s)$	0	52,3	0
$SrCl_2(s)$	–828,9	114,85	–781,1
$SrCO_3(s)$	–1.220,1	97,1	–1.140,1
$SrO(s)$	–592,0	54,4	–561,9
Ferro			
$Fe(s)$	0	27,3	0
$FeCl_2(s)$	–340,67	117,9	–302,3
$FeCl_3(s)$	–399,49	142,3	–334,00
$FeCO_3(s)$	–741	93	–667
$Fe(CO)_5(\ell)$	–774,0	338	–705,4
$Fe(CO)_5(g)$	–733,8	445,2	–697,3
$FeO(s)$	–272	—	—
Fe_2O_3 (s, hematita)	–824,2	87,40	–742,2
Fe_3O_4 (s, magnetita)	–1118	146	–1015
$Fe(OH)_2(s)$	–569,0	88	–486,5
$Fe(OH)_3(s)$	–823,0	106,7	–696,5
$FeS_2(s)$	–177,5	122,2	–166,7
$FeSO_4(s)$	–928,4	107,5	–820,8
Flúor			
$F^-(g)$	–322	—	—
$F^-(aq)$	–332,6	—	–278,8
$F(g)$	78,99	158,6	61,92
$F_2(g)$	0	202,7	0

Espécies	$\Delta H_f°$ (kJ mol^{-1})	$S°$ (J mol^{-1} K^{-1})	$\Delta G_f°$ (kJ mol^{-1})
HF(*g*)	–271	173,7	–273
HF(*aq*)	–320,08	88,7	–296,8
Fósforo			
P(*g*)	314,6	163,1	278,3
P_4(*s*, branco)	0	177	0
P(*s*, vermelho)	–18,4	22,8	–12,1
P_4(*g*)	58,91	279,98	24,44
PCl_3(*g*)	–306,4	311,7	–286,3
PCl_5(*g*)	–398,9	353	–324,6
PF_3(*g*)	–918,8	273,24	–897,5
PH_3(*g*)	5,4	210,1	13
P_4O_{10}(*s*)	–2984	228,9	–2698
H_3PO_4(*s*)	–1281	110,5	–1119
H_3PO_4(*aq*)	–1.288,34	158,2	–1.142,54
Germânio			
Ge(*s*)	0	3	0
GeH_4(*g*)	91	217	113
$GeCl_4$(*g*)	–496	348	–457
GeO_2(*s*)	–551	55	–497
Hélio			
He(*g*)	0	126,150	0
Hidrogênio			
H(*g*)	218,0	114,6	203,3
H_2(*g*)	0	130,6	0
H_2O(*ℓ*)	–285,8	69,91	–237,2
H_2O(*g*)	–241,8	188,7	–228,6
H_2O_2(*ℓ*)	–187,8	109,6	–120,4
Iodo			
I(*g*)	106,6	180,66	70,16
I_2(*s*)	0	116,1	0
I_2(*g*)	62,44	260,6	19,36
ICl(*g*)	17,78	247,4	–5,52
HI(*g*)	26,5	206,5	1,72
Lítio			
Li(*s*)	0	28,0	0
$LiAlH_4$(*s*)	–116,3	78,74	–44,7
LiCl(*s*)	–408,61	59,33	–384,37
LiF(*s*)	–615,97	35,65	–587,71
LiH(*s*)	–90,54	20,008	–68,35
$LiNO_3$(*s*)	–483,13	90,0	–381,1
LiOH(*s*)	–487,23	50	–443,9
LiOH(*aq*)	–508,4	4	–451,1
Magnésio			
Mg(*s*)	0	32,5	0
Mg^{2+}(*aq*)	–454,668	–138,1	–455,57
$MgBr_2$(*s*)	–524,3	117,2	–503,8
$MgCl_2$(*s*)	–641,8	89,5	–592,3
$MgCO_3$(*s*)	–1.095,8	65,7	–1.012,1
MgF_2(*s*)	–1.123,4	57,24	–1.070,2
MgI_2(*s*)	–364,0	129,7	–358,2
Mg_3N_2(*s*)	–461,1	87,86	–401,1
$Mg(NO_3)_2$(*s*)	–790,65	164,0	–589,4
MgO(*s*)	–601,8	27	–569,6
$Mg(OH)_2$(*s*)	–924,7	63,14	–833,7
$Mg_3(PO_4)_2$(*s*)	–3.780,7	189,20	–3.538,7
MgS(*s*)	–347	—	—
$MgSO_4$(*s*)	–1.284,9	91,6	–1.170,6
Manganês			
Mn(*s*)	0	32,01	0
$MnCl_2$(*s*)	–481,29	118,24	–440,50
MnO(*s*)	–385,22	59,71	–362,90
MnO_2(*s*)	–520,03	53,05	–465,14
Mn_2O_3(*s*)	–959,0	110,5	–881,1
Mn_3O_4(*s*)	–1.387,8	155,6	–1.283,2
$MnSO_4$(*s*)	–1.065,25	112,1	–957,36
Mercúrio			
Hg(*ℓ*)	0	76,02	0
Hg(*g*)	61,32	174,96	31,82
$HgCl_2$(*s*)	–224,3	146	–178,6
Hg_2Cl_2(*s*)	–224	146	–179
HgO(*s*, vermelho)	–90,83	70,29	–58,56
HgS(*s*, vermelho)	–8,2	82,4	–50,6
Neônio			
Ne(*g*)	0	146,328	0

Espécies	$\Delta H_f°$ (kJ mol^{-1})	$S°$ (J mol^{-1} K^{-1})	$\Delta G_f°$ (kJ mol^{-1})
Níquel			
Ni(*s*)	0	30,1	0
$NiCl_2$(*s*)	–82,0	52,97	–79,5
$Ni(CO)_4$(*g*)	–602,9	410,4	–587,3
NiO(*s*)	–244	38,6	–216
NiS(*g*)	–82,0	52,97	–79,5
$NiSO_4$(*s*)	–872,91	92	–759,7
Nitrogênio			
N_2(*g*)	0	191,5	0
N(*g*)	472,704	153,19	455,579
NH_3(*g*)	–46,11	192,3	–16,5
NH_3(*aq*)	–80,29	111,3	–26,50
NH_4^+(*aq*)	–132,51	113,4	–79,31
N_2H_4(ℓ)	50,63	121,2	149,2
$(NH_4)_3AsO_4$(*aq*)	–1268	—	—
NH_4Br(*s*)	–270,83	113	–175,2
NH_4Cl(*s*)	–314,4	94,6	–201,5
NH_4Cl(*aq*)	–300,2	—	—
NH_4HCO_3(*s*)	–847	12,1	–666
NH_4I(*s*)	–201,4	117	–113
NH_4NO_3(*s*)	–365,6	151,1	–184,0
$(NH_4)_2SO_4$(*s*)	–1.180,85	220,1	–901,67
NF_3(*g*)	–125	260,6	–83,3
NO(*g*)	90,25	210,7	86,57
NO_2(*g*)	33,2	240,0	51,30
N_2O(*g*)	82,05	219,7	104,2
N_2O_3(*g*)	83,72	321,28	139,46
N_2O_4(*g*)	9,16	304,2	97,82
N_2O_5(*g*)	11	356	115
N_2O_5(*s*)	–43,1	178	114
NOCl(*g*)	52,59	264	66,36
HNO_3(ℓ)	–174,1	155,6	–80,79
HNO_3(*g*)	–135,1	266,2	–74,77
HNO_3(*aq*)	–206,6	146	–110,5
Ouro			
Au(*s*)	0	48	0
Oxigênio			
O_2(*g*)	0	205,0	0
O(*g*)	249,2	161,0	231,8
O_3(*g*)	143	238,8	163
OF_2(*g*)	23	246,6	41
Potássio			
K(*s*)	0	63,6	0
KBr(*s*)	–393,798	95,90	–380,66
KCl(*s*)	–436,5	82,6	–408,8
$KClO_3$(*s*)	–391,2	143,1	–289,9
$KClO_4$(*s*)	–432,747	82,59	–409,14
K_2CO_3(*s*)	–1.151,02	155,52	–1.063,5
$K_2Cr_2O_4$(*s*)	–1.403,7	200,12	–1.295,7
$K_2Cr_2O_7$(*s*)	–2061,5	291,2	–1.881,8
KF(*s*)	–567,27	66,57	–537,75
KI(*s*)	–327,9	106,4	–323,0
$KMnO_4$(*s*)	–837,2	171,71	–737,6
KNO_3(*s*)	–494,63	133,05	–394,86
KO_2(*s*)	284,93	116,7	–239,4
K_2O_2(*s*)	–494,1	102,1	–425,1
KOH(*s*)	–424,7	78,91	–378,9
KOH(*aq*)	–481,2	92,0	–439,6
K_2SO_4(*s*)	–1.437,79	175,56	–1.321,37
Prata			
Ag(*s*)	0	42,55	0
Ag^+(*aq*)	105,79	73,86	77,12
AgBr(*s*)	–100,37	107,1	–96,90
AgCl(*s*)	–126,904	96,085	–109,8
AgI(*s*)	–61,84	115,5	–66,19
$AgNO_3$(*s*)	–124,39	140,92	–33,41
Ag_2O(*s*)	–31,05	121,3	–11,20
AgS(*s*)	–32,59	144,01	–40,67
AgSCN(*s*)	87,9	131,0	101,36
Ag_2SO_4(*s*)	–715,88	200,4	–618,41
Rubídio			
Rb(*s*)	0	76,78	0
RbOH(*aq*)	–481,16	110,75	–441,24
Selênio			
Se(*s*)	0	42,442	0

Espécies	$\Delta H_f°$ (kJ mol^{-1})	$S°$ (J mol^{-1} K^{-1})	$\Delta G_f°$ (kJ mol^{-1})
$H_2Se(g)$	–9,7	219,02	15,9
Silício			
$Si(s)$	0	18,8	0
$SiBr_4(\ell)$	–457,3	277,8	–443,9
$SiC(s)$	–65,3	16,6	–62,8
$SiCl_4(g)$	–657,0	330,6	–617,0
$SiCl_4(\ell)$	–687,0	239,7	–619,84
$SiH_4(g)$	34,3	204,5	56,9
$SiF_4(g)$	–1615	282,4	–1573
$SiI_4(g)$	– 132	—	—
$SiO_2(s)$	–910,9	41,84	–856,7
$H_2SiO_3(s)$	–1.189	134	–1.092
$H_4SiO_4(s)$	–1.481,1	192	–1.332,9
$Na_2SiO_3(s)$	–1.079	—	—
$H_2SiF_6(aq)$	–2.331	—	—
Sódio			
$Na(s)$	0	51,0	0
$Na(g)$	108,7	153,6	78,11
$Na^+(g)$	601	—	—
$Na^+(aq)$	–240,2	59,0	–261,9
$NaBr(s)$	–359,9	86,82	–348,98
$NaCl(s)$	–411,0	72,38	–384
$NaCl(aq)$	–407,1	115,5	–393,0
$NaClO_4(s)$	–383,30	142,3	–254,85
$NaCN(s)$	–87,49	118,49	–76,4
$NaCH_3COO(s)$	–708,80	123,0	–607,18
$Na_2CO_3(s)$	–1131	136	–1048
$NaF(s)$	–573,647	51,46	–543,494
$NaH(s)$	–56,275	40,016	–33,46
$NaHCO_3(s)$	–950,81	101,7	–851,0
$NaHSO_4(s)$	–1125,5	113,0	–992,8
$NaH_2PO_4(s)$	–1538	128	–1387
$Na_2HPO_4(s)$	–1749	151	–1609
$NaI(s)$	–287,78	98,53	–286,06
$NaNO_3(s)$	–467,85	116,52	–367,00
$Na_2O(s)$	–414,22	75,06	–375,46
$Na_2O_2(s)$	–510,87	95,0	–447,7
$NaOH(s)$	–426,7	64,45	–379,49
$NaOH(aq)$	–469,6	49,8	–419,2
$Na_3PO_4(s)$	–1.917,40	173,80	–1.788,80
$Na_2S(s)$	–364,8	83,7	–349,8
$Na_2SO_4(s)$	–1.387,08	149,58	–1.270,16
$Na_2S_2O_3(s)$	–1.123,0	155	–1.028,0
Telúrio			
$Te(s)$	0	49,71	0
$TeO_2(s)$	–322,6	79,5	–270,3
Titânio			
$Ti(s)$	0	30,6	0
$TiCl_4(\ell)$	–804,2	252,3	–737,2
$TiCl_4(g)$	–763,2	354,8	–726,8
Tungstênio			
$W(s)$	0	32,6	0
$WO_3(s)$	–842,9	75,90	–764,1
Urânio			
$U(s)$	0	50,21	0
$UF_6(s)$	–2.147,4	377,9	–2.063,7
$UO_2(s)$	–1.084,9	77,03	–1.031,7
$UO_3(s)$	–1.223,8	96,11	–1.145,9
Xenônio			
$Xe(g)$	0	169,683	0
$XeF_2(g)$	–130	260	–96
$XeF_4(g)$	–215	316	–138
$XeO_3(g)$	502	287	561
Zinco			
$Zn(s)$	0	41,63	0
$ZnCl_2(s)$	–415,05	111,46	–369,398
$ZnCO_3(s)$	–812,78	82,4	–731,52
$ZnO(s)$	–348,3	43,64	–318,3
$Zn(OH)_2(s)$	–643,25	81,6	–555,07
$ZnS(s)$	–205,6	57,7	–201,3
$ZnSO_4(s)$	–982,8	110,5	–871,5

Apêndice F

Constantes de ionização de ácidos fracos a 25 °C

Ácido	Fórmula e Equação de Ionização	K_a
Acético	$CH_3COOH + H_2O \rightleftarrows CH_3COO^- + H_3O^+$	$1,8 \times 10^{-5}$
Arsênico	$H_3AsO_4 + H_2O \rightleftarrows H_2AsO_4^- + H_3O^+$	K_{a1} 5 $2,5 \times 10^{-4}$
	$H_2AsO_4^- + H_2O \rightleftarrows HAsO_4^{2-} + H_3O^+$	K_{a2} 5 $5,6 \times 10^{-8}$
	$HAsO_4^{2-} + H_2O \rightleftarrows AsO_4^{3-} + H_3O^+$	K_{a3} 5 $3,0 \times 10^{-13}$
Arsenoso	$H_3AsO_3 + H_2O \rightleftarrows H_2AsO_3^- + H_3O^+$	K_{a1} 5 $6,0 \times 10^{-10}$
	$H_2AsO_3^- + H_2O \rightleftarrows HAsO_3^{2-} + H_3O^+$	K_{a2} 5 $3,0 \times 10^{-14}$
Benzoico	$C_6H_5COOH + H_2O \rightleftarrows C_6H_5COO^- + H_3O^+$	$6,3 \times 10^{-5}$
Bórico	$B(OH)_3 + H_2O \rightleftarrows BO(OH)_2^- + H_3O^+$	K_{a1} 5 $7,3 \times 10^{-10}$
	$BO(OH)_2^- + H_2O \rightleftarrows BO_2(OH)_2^- + H_3O^+$	K_{a2} 5 $1,8 \times 10^{-13}$
	$BO_2(OH)_2^- + H_2O \rightleftarrows BO_3^{3-} + H_3O^+$	K_{a3} 5 $1,6 \times 10^{-14}$
Butanoico	$CH_3CH_2CH_2COOH + H_2O \rightleftarrows CH_3CH_2CH_2COO^- + H_3O^+$	$1,5 \times 10^{-5}$
Carbônico	$H_2CO_3 + H_2O \rightleftarrows HCO_3^- + H_3O^+$	K_{a1} 5 $4,4 \times 10^{-7}$
	$HCO_3^- + H_2O \rightleftarrows CO_3^{2-} + H_3O^+$	K_{a2} 5 $4,8 \times 10^{-11}$
Cítrico	$C_3H_5O(COOH)_3 + H_2O \rightleftarrows C_4H_5O_3(COOH)_2^- + H_3O^+$	K_{a1} 5 $7,4 \times 10^{-3}$
	$C_4H_5O_3(COOH)_2^- + H_2O \rightleftarrows C_5H_5O_5COOH^{2-} + H_3O^+$	K_{a2} 5 $1,7 \times 10^{-5}$
	$C_5H_5O_5COOH^{2-} + H_2O \rightleftarrows C_6H_5O_7^{3-} + H_3O^+$	K_{a3} 5 $7,4 \times 10^{-7}$
Ciânico	$HOCN + H_2O \rightleftarrows OCN^- + H_3O^+$	$3,5 \times 10^{-4}$
Glucônico	$HOCH_2(CHOH)_4\ COOH + H_2O \rightleftarrows HOCH_2(CHOH)_4\ COO^- + H_3O^+$	$2,4 \times 10^{-4}$
Heptanoico	$HOCH_2(CHOH)_5\ COOH + H_2O \rightleftarrows HOCH_2(CHOH)_5\ COO^- + H_3O^+$	$1,3 \times 10^{-5}$
Fórmico	$HCOOH + H_2O \rightleftarrows HCOO^- + H_3O^+$	$1,8 \times 10^{-4}$
Hidrazoico	$HN_3 + H_2O \rightleftarrows N_3^- + H_3O^+$	$1,9 \times 10^{-5}$
Cianídrico	$HCN + H_2O \rightleftarrows CN^- + H_3O^+$	$6,2 \times 10^{-10}$
Fluorídrico	$HF + H_2O \rightleftarrows F^- + H_3O^+$	$6,3 \times 10^{-4}$
Peróxido de hidrogênio	$H_2O_2 + H_2O \rightleftarrows HO_2^- + H_3O^+$	$2,4 \times 10^{-12}$
Sulfídrico	$H_2S + H_2O \rightleftarrows HS^- + H_3O^+$	K_{a1} 5 $1,0 \times 10^{-7}$
	$HS^- + H_2O \rightleftarrows S^{2-} + H_3O^+$	K_{a2} 5 $1,0 \times 10^{-19}$
Hipobromoso	$HOBr + H_2O \rightleftarrows OBr^- + H_3O^+$	$2,5 \times 10^{-9}$
Hipocloroso	$HOCl + H_2O \rightleftarrows OCl^- + H_3O^+$	$2,9 \times 10^{-8}$
Hipoiodoso	$HOI + H_2O \rightleftarrows OI^- + H_3O^+$	$2,3 \times 10^{-11}$
Nitroso	$HNO_2 + H_2O \rightleftarrows NO_2^- + H_3O^+$	$4,5 \times 10^{-4}$
Oxálico	$(COOH)_2 + H_2O \rightleftarrows COOCOOH^- + H_3O^+$	K_{a1} 5 $5,9 \times 10^{-2}$
	$COOCOOH^- + H_2O \rightleftarrows (COO)_2^{2-} + H_3O^+$	K_{a2} 5 $6,4 \times 10^{-5}$
Fenólico	$HC_6H_5O + H_2O \rightleftarrows C_6H_5O^- + H_3O^+$	$1,3 \times 10^{-10}$
Fosfórico	$H_3PO_4 + H_2O \rightleftarrows H_2PO_4^- + H_3O^+$	K_{a1} 5 $7,5 \times 10^{-3}$
	$H_2PO_4^- + H_2O \rightleftarrows HPO_4^{2-} + H_3O^+$	K_{a2} 5 $6,2 \times 10^{-8}$
	$HPO_4^{2-} + H_2O \rightleftarrows HPO_4^{3-} + H_3O^+$	K_{a3} 5 $3,6 \times 10^{-13}$
Fosforoso	$H_3PO_3 + H_2O \rightleftarrows H_2PO_3^- + H_3O^+$	K_{a1} 5 $1,6 \times 10^{-2}$
	$H_2PO_3^- + H_2O \rightleftarrows HPO_3^{2-} + H_3O^+$	K_{a2} 5 $7,0 \times 10^{-7}$

Ácido	Fórmula e Equação de Ionização	K_a
Propanoico	$CH_3CH_2COOH + H_2O \rightleftarrows CH_3CH_2COO^- + H_3O^+$	$1,3 \times 10^{-5}$
Selênico	$H_2SeO_4 + H_2O \rightleftarrows HSeO_4^- + H_3O^+$	K_{a1} = Muito grande
	$HSeO_4^- + H_2O \rightleftarrows SeO_4^{2-} + H_3O^+$	$K_{a2} = 1,2 \times 10^{-2}$
Salicílico	$C_6H_4(OH)COOH + H_2O \rightleftarrows C_6H_4(OH)\ COO^- + H_3O^+$	$1,1 \times 10^3$
Selenoso	$H_2SeO_3 + H_2O \rightleftarrows HSeO_3^- + H_3O^+$	$K_{a1} = 2,7 \times 10^{-3}$
	$HSeO_3^- + H_2O \rightleftarrows SeO_3^{2-} + H_3O^+$	$K_{a2} = 2,5 \times 10^{-7}$
Sulfúrico	$H_2SO_4 + H_2O \rightleftarrows HSO_4^- + H_3O^+$	K_{a1} = Muito grande
	$HSO_4^- + H_2O \rightleftarrows SO_4^{2-} + H_3O^+$	$K_{a2} = 1,2 \times 10^{-2}$
Sulfuroso	$H_2SO_3 + H_2O \rightleftarrows HSO_3^- + H_3O^+$	$K_{a1} = 1,2 \times 10^{-2}$
	$HSO_3^- + H_2O \rightleftarrows SO_3^{2-} + H_3O^+$	$K_{a2} = 6,2 \times 10^{-8}$
Teluroso	$H_2TeO_3 + H_2O \rightleftarrows HTeO_3^- + H_3O^+$	$K_{a1} = 2 \times 10^{-3}$
	$HTeO_3^- + H_2O \rightleftarrows TeO_3^{2-} + H_3O^+$	$K_{a2} = 1 \times 10^{-8}$

Apêndice G

Constantes de ionização de bases fracas a 25 °C

Base	Fórmula e Equação de Ionização	K_b
Amônia	$NH_3 + H_2O \rightleftarrows NH_4^+ + OH^-$	$1{,}8 \times 10^{-5}$
Anilina	$C_6H_5NH_2 + H_2O \rightleftarrows C_6H_5NH_3^+ + OH^-$	$4{,}2 \times 10^{-10}$
Dimetilamina	$(CH_3)_2NH + H_2O \rightleftarrows (CH_3)_2NH_2^+ + OH^-$	$7{,}4 \times 10^{-4}$
Etilenodiamina	$(CH_2)_2(NH_2)_2 + H_2O \rightleftarrows (CH_2)_2(NH_2)_2H^+ + OH^-$	$K_{b1} = 8{,}5 \times 10^{-5}$
	$(CH_2)_2(NH_2)_2H^+ + H_2O \rightleftarrows (CH_2)_2(NH_2)_2H_2^{2+} + OH^-$	$K_{b2} = 2{,}7 \times 10^{-8}$
Hidrazina	$N_2H_4 + H_2O \rightleftarrows N_2H_5^+ + OH^-$	$K_{b1} = 8{,}5 \times 10^{-7}$
	$N_2H_5^+ + H_2O \rightleftarrows N_2H_6^{2+} + OH^-$	$K_{b2} = 8{,}9 \times 10^{-16}$
Hidroxilamina	$NH_2OH + H_2O \rightleftarrows NH_3OH^+ + OH^-$	$6{,}6 \times 10^{-9}$
Metilamina	$CH_3NH_2 + H_2O \rightleftarrows CH_3NH_3^+ + OH^-$	$5{,}0 \times 10^{-4}$
Piridina	$C_5H_5N + H_2O \rightleftarrows C_5H_5NH^+ + OH^-$	$1{,}5 \times 10^{-9}$
Trimetilamina	$(CH_3)_3N + H_2O \rightleftarrows (CH_3)_3NH^+ + OH^-$	$7{,}4 \times 10^{-5}$

Apêndice H

Constantes do produto de solubilidade de alguns compostos inorgânicos a 25 °C

Substância	K_{ps}
Compostos de alumínio	
$AlAsO_4$	$1,6 \times 10^{-16}$
$Al(OH)_3$	$1,9 \times 10^{-33}$
$AlPO_4$	$1,3 \times 10^{-20}$
Compostos de antimônio	
Sb_2S_3	$1,6 \times 10^{-93}$
Compostos de bário	
$Ba_3(AsO_4)_2$	$1,1 \times 10^{-13}$
$BaCO_3$	$8,1 \times 10^{-9}$
$BaCrO_4$	$2,0 \times 10^{-10}$
BaF_2	$1,7 \times 10^{-6}$
$Ba_3(PO_4)_2$	$1,3 \times 10^{-29}$
$BaSeO_4$	$2,8 \times 10^{-11}$
$BaSO_3$	$8,0 \times 10^{-7}$
$BaSO_4$	$1,1 \times 10^{-10}$
Compostos de bismuto	
$BiOCl$	$7,0 \times 10^{-9}$
$BiO(OH)$	$1,0 \times 10^{-12}$
BiI_3	$8,1 \times 10^{-19}$
$BiPO_4$	$1,3 \times 10^{-23}$
Bi_2S_3	$1,6 \times 10^{-72}$
Compostos de cádmio	
$Cd_3(AsO_4)_2$	$2,2 \times 10^{-32}$
$CdCO_3$	$2,5 \times 10^{-14}$
$Cd(CN)_2$	$1,0 \times 10^{-8}$
$Cd_2[Fe(CN)_6]$	$3,2 \times 10^{-17}$
$Cd(OH)_2$	$1,2 \times 10^{-14}$
CdS	$3,6 \times 10^{-29}$
Compostos de cálcio	
$Ca_3(AsO_4)_2$	$6,8 \times 10^{-19}$
$CaCO_3$	$4,8 \times 10^{-9}$
$CaCrO_4$	$7,1 \times 10^{-4}$
CaF_2	$1,7 \times 10^{-10}$
$Ca(OH)_2$	$7,9 \times 10^{-6}$
$CaHPO_4$	$2,7 \times 10^{-7}$
$Ca(H_2PO_4)_2$	$1,0 \times 10^{-3}$
$Ca_3(PO_4)_2$	$2,0 \times 10^{-33}$
Compostos de chumbo	
$Pb_3(AsO_4)_2$	$4,1 \times 10^{-36}$
$PbBr_2$	$6,3 \times 10^{-6}$
$PbCO_3$	$1,5 \times 10^{-13}$
$PbCl_2$	$1,7 \times 10^{-5}$
$PbCrO_4$	$1,8 \times 10^{-14}$
PbF_2	$3,7 \times 10^{-8}$
$Pb(OH)_2$	$2,8 \times 10^{-16}$
PbI_2	$8,7 \times 10^{-9}$
$Pb_3(PO_4)_2$	$3,0 \times 10^{-44}$
$PbSeO_4$	$1,5 \times 10^{-7}$
$PbSO_4$	$1,8 \times 10^{-8}$
PbS	$8,4 \times 10^{-28}$
Compostos de cobalto	
$Co_3(AsO_4)_2$	$7,6 \times 10^{-29}$
$CoCO_3$	$8,0 \times 10^{-13}$
$Co(OH)_2$	$2,5 \times 10^{-16}$
CoS (α)	$5,9 \times 10^{-21}$
CoS (β)	$8,7 \times 10^{-23}$
$Co(OH)_3$	$4,0 \times 10^{-45}$
Co_2S_3	$2,6 \times 10^{-124}$
Compostos de cobre	
$CuBr$	$5,3 \times 10^{-9}$
$CuCl$	$1,9 \times 10^{-7}$
$CuCN$	$3,2 \times 10^{-20}$
CuI	$5,1 \times 10^{-12}$
Cu_2S	$1,6 \times 10^{-48}$
$CuSCN$	$1,6 \times 10^{-11}$
$Cu_3(AsO_4)_2$	$7,6 \times 10^{-36}$
$CuCO_3$	$2,5 \times 10^{-10}$
$Cu_2[Fe(CN)_6]$	$1,3 \times 10^{-16}$
$Cu(OH)_2$	$1,6 \times 10^{-19}$
CuS	$8,7 \times 10^{-36}$
Compostos de cromo	
$CrAsO_4$	$7,8 \times 10^{-21}$
$Cr(OH)_3$	$6,7 \times 10^{-31}$
$CrPO_4$	$2,4 \times 10^{-23}$
Compostos de estanho	
$Sn(OH)_2$	$2,0 \times 10^{-26}$
SnI_2	$1,0 \times 10^{-4}$
SnS	$1,0 \times 10^{-28}$
$Sn(OH)_4$	$1,0 \times 10^{-57}$
SnS_2	$1,0 \times 10^{-70}$

Substância	K_{ps}
Compostos de estrôncio	
$Sr_3(AsO_4)_2$	$1,3 \times 10^{-18}$
$SrCO_3$	$9,4 \times 10^{-10}$
$SrCrO_4$	$3,6 \times 10^{-5}$
$Sr_3(PO_4)_2$	$1,0 \times 10^{-31}$
$SrSO_3$	$4,0 \times 10^{-8}$
$SrSO_4$	$2,8 \times 10^{-7}$
Compostos de ferro	
$FeCO_3$	$3,5 \times 10^{-11}$
$Fe(OH)_2$	$7,9 \times 10^{-15}$
FeS	$4,9 \times 10^{-18}$
$Fe_4[Fe(CN)_6]_3$	$3,0 \times 10^{-41}$
$Fe(OH)_3$	$6,3 \times 10^{-38}$
Fe_2S_3	$1,4 \times 10^{-88}$
Compostos de magnésio	
$Mg_3(AsO_4)_2$	$2,1 \times 10^{-20}$
MgC_2O_4	$8,6 \times 10^{-5}$
MgF_2	$6,4 \times 10^{-9}$
$Mg(OH)_2$	$1,5 \times 10^{-11}$
$MgNH_4PO_4$	$2,5 \times 10^{-12}$
Compostos de manganês	
$Mn_3(AsO_4)_2$	$2,1 \times 10^{-20}$
$MnCO_3$	$1,8 \times 10^{-11}$
$Mn(OH)_2$	$4,6 \times 10^{-14}$
MnS	$5,1 \times 10^{-15}$
$Mn(OH)_3$	$1,0 \times 10^{-36}$
Compostos de mercúrio	
Hg_2Br_2	$1,3 \times 10^{-22}$
Hg_2CO_3	$8,9 \times 10^{-17}$
Hg_2Cl_2	$1,1 \times 10^{-18}$
Hg_2CrO_4	$5,0 \times 10^{-9}$
Hg_2I_2	$4,5 \times 10^{-29}$
Hg_2SO_4	$6,8 \times 10^{-7}$
Hg_2S	$5,8 \times 10^{-44}$
$Hg(CN)_2$	$3,0 \times 10^{-23}$
$Hg(OH)_2$	$2,5 \times 10^{-26}$
HgI_2	$4,0 \times 10^{-29}$
HgS	$3,0 \times 10^{-53}$
Compostos de níquel	
$Ni_3(AsO_4)_2$	$1,9 \times 10^{-26}$
$NiCO_3$	$6,6 \times 10^{-9}$
$Ni(CN)_2$	$3,0 \times 10^{-23}$
$Ni(OH)_2$	$2,8 \times 10^{-16}$
NiS (α)	$3,0 \times 10^{-21}$
NiS (β)	$1,0 \times 10^{-26}$
NiS (γ)	$2,0 \times 10^{-28}$
Compostos de ouro	
AuBr	$5,0 \times 10^{-17}$
AuCl	$2,0 \times 10^{-13}$
AuI	$1,6 \times 10^{-23}$
$AuBr_3$	$4,0 \times 10^{-36}$
$AuCl_3$	$3,2 \times 10^{-25}$
$Au(OH)_3$	$1,0 \times 10^{-53}$
AuI_3	$1,0 \times 10^{-46}$
Compostos de prata	
Ag_3AsO_4	$1,1 \times 10^{-20}$
AgBr	$5,3 \times 10^{-13}$
Ag_2CO_3	$8,1 \times 10^{-12}$
AgCl	$1,8 \times 10^{-10}$
Ag_2CrO_4	$9,0 \times 10^{-12}$
AgCN	$6,0 \times 10^{-17}$
$Ag_4[Fe(CN)_6]$	$1,6 \times 10^{-41}$
AgI	$1,5 \times 10^{-16}$
Ag_3PO_4	$1,3 \times 10^{-20}$
Ag_2SO_3	$1,5 \times 10^{-14}$
Ag_2SO_4	$1,2 \times 10^{-5}$
Ag_2S	$1,0 \times 10^{-49}$
AgSCN	$1,0 \times 10^{-12}$
Compostos de zinco	
$Zn_3(AsO_4)_2$	$1,1 \times 10^{-27}$
$ZnCO_3$	$1,5 \times 10^{-11}$
$Zn(CN)_2$	$8,0 \times 10^{-12}$
$Zn_2[Fe(CN)_6]$	$4,1 \times 10^{-16}$
$Zn(OH)_2$	$4,5 \times 10^{-17}$
$Zn_3(PO_4)_2$	$9,1 \times 10^{-33}$
ZnS	$1,1 \times 10^{-21}$

Apêndice I

Potenciais padrão de redução em soluções aquosas a 25 °C

Semirreação, Solução Ácida	Potencial padrão de Redução, $E°$ (volts)
$Li^+(aq) + e^- \rightarrow Li(s)$	–3,045
$K^+(aq) + e^- \rightarrow K(s)$	–2,925
$Rb^+(aq) + e^- \rightarrow Rb(s)$	–2,925
$Ba^{2+}(aq) + 2\ e^- \rightarrow Ba(s)$	–2,90
$Sr^{2+}(aq) + 2\ e^- \rightarrow Sr(s)$	–2,89
$Ca^{2+}(aq) + 2\ e^- \rightarrow Ca(s)$	–2,87
$Na^+(aq) + e^- \rightarrow Na(s)$	–2,714
$Mg^{2+}(aq) + 2\ e^- \rightarrow Mg(s)$	–2,37
$H_2(g) + 2\ e^- \rightarrow 2\ H^-(aq)$	–2,25
$Al^{3+}(aq) + 3\ e^- \rightarrow Al(s)$	–1,66
$Zr^{4+}(aq) + 4\ e^- \rightarrow Zr(s)$	–1,53
$ZnS(s) + 2\ e^- \rightarrow Zn(s) + S^{2-}(aq)$	–1,44
$CdS(s) + 2\ e^- \rightarrow Cd(s) + S^{2-}(aq)$	–1,21
$V^{2+}(aq) + 2\ e^- \rightarrow V(s)$	–1,18
$Mn^{2+}(aq) + 2\ e^- \rightarrow Mn(s)$	–1,18
$FeS(s) + 2\ e^- \rightarrow Fe(s) + S^{2-}(aq)$	–1,01
$Cr^{2+}(aq) + 2\ e^- \rightarrow Cr(s)$	–0,91
$Zn^{2+}(aq) + 2\ e^- \rightarrow Zn(s)$	–0,763
$Cr^{3+}(aq) + 3\ e^- \rightarrow Cr(s)$	–0,74
$HgS(s) + 2\ H^+(aq) + 2\ e^- \rightarrow Hg(\ell) + H_2S(g)$	–0,72
$Ga^{3+}(aq) + 3\ e^- \rightarrow Ga(s)$	–0,53
$2\ CO_2(g) + 2\ H^+(aq) + 2\ e^- \rightarrow (COOH)_2(aq)$	–0,49
$Fe^{2+}(aq) + 2\ e^- \rightarrow Fe(s)$	–0,44
$Cr^{3+}(aq) + e^- \rightarrow Cr^{2+}(aq)$	–0,41
$Cd^{2+}(aq) + 2\ e^- \rightarrow Cd(s)$	–0,403
$Se(s) + 2\ H^+(aq) + 2\ e^- \rightarrow H_2Se(aq)$	–0,40
$PbSO_4(s) + 2\ e^- \rightarrow Pb(s) + SO_4^{2-}(aq)$	–0,356
$Tl^+(aq) + e^- \rightarrow Tl(s)$	–0,34
$Co^{2+}(aq) + 2\ e^- \rightarrow Co(s)$	–0,28
$Ni^{2+}(aq) + 2\ e^- \rightarrow Ni(s)$	–0,25
$[SnF_6]^{2-}(aq) + 4\ e^- \rightarrow Sn(s) + 6\ F^-(aq)$	–0,25
$AgI(s) + e^- \rightarrow Ag(s) + I^-(aq)$	–0,15
$Sn^{2+}(aq) + 2\ e^- \rightarrow Sn(s)$	–0,14
$Pb^{2+}(aq) + 2\ e^- \rightarrow Pb(s)$	–0,126
$N_2O(g) + 6\ H^+(aq) + H_2O(\ell) + 4\ e^- \rightarrow 2\ NH_3OH^+(aq)$	–0,05
$2\ H^+(aq) + 2\ e^- \rightarrow H_2(g)$	0,000
$AgBr(s) + e^- \rightarrow Ag(s) + Br^-(aq)$	0,10
$S(s) + 2\ H^+(aq) + 2\ e^- \rightarrow H_2S(aq)$	0,14
$Sn^{4+}(aq) + 2\ e^- \rightarrow Sn^{2+}(aq)$	0,15
$Cu^{2+}(aq) + e^- \rightarrow Cu^+(aq)$	0,153

Potenciais padrão de redução em soluções aquosas a 25 °C

Semirreação, Solução Ácida	Potencial padrão de Redução, *E*° (volts)
$SO_4^{2-}(aq) + 4\,H^+(aq) + 2\,e^- \rightarrow H_2SO_3(aq) + H_2O(\ell)$	0,17
$SO_4^{2-}(aq) + 4\,H^+(aq) + 2\,e^- \rightarrow SO_2(g) + 2\,H_2O(\ell)$	0,20
$AgCl(s) + e^- \rightarrow Ag(s) + Cl^-(aq)$	0,222
$Hg_2Cl_2(s) + 2\,e^- \rightarrow 2\,Hg(\ell) + 2\,Cl^-(aq)$	0,27
$Cu^{2+}(aq) + 2\,e^- \rightarrow Cu(aq)$	0,337
$[RhCl_6]^{3-}(aq) + 3\,e^- \rightarrow Rh(s) + 6\,Cl^-(aq)$	0,44
$Cu^+(aq) + e^- \rightarrow Cu(aq)$	0,521
$TeO_2(s) + 4\,H^+(aq) + 4\,e^- \rightarrow Te(s) + 2\,H_2O(\ell)$	0,529
$I_2(s) + 2\,e^- \rightarrow 2\,I^-(aq)$	0,535
$H_3AsO_4(aq) + 2\,H^+(aq) + 2\,e^- \rightarrow H_3AsO_3(aq) + H_2O(\ell)$	0,58
$[PtCl_6]^{2-}(aq) + 2\,e^- \rightarrow [PtCl_4]^{2-}(aq) + 2\,Cl^-(aq)$	0,68
$O_2(g) + 2\,H^+(aq) + 2\,e^- \rightarrow H_2O_2(aq)$	0,682
$[PtCl_4]^{2-}(aq) + 2\,e^- \rightarrow Pt(s) + 4\,Cl^-(aq)$	0,73
$SbCl_6^-(aq) + 2\,e^- \rightarrow SbCl_4^-(aq) + 2\,Cl^-(aq)$	0,75
$Fe^{3+}(aq) + e^- \rightarrow Fe^{2+}(aq)$	0,771
$Hg_2^{2+}(aq) + 2\,e^- \rightarrow 2\,Hg(\ell)$	0,789
$Ag^+(aq) + e^- \rightarrow Ag(s)$	0,7994
$Hg^{2+}(aq) + 2\,e^- \rightarrow Hg(\ell)$	0,855
$2\,Hg^{2+}(aq) + 2\,e^- \rightarrow Hg_2^{2+}(aq)$	0,920
$NO_3^-(aq) + 3\,H^+(aq) + 2\,e^- \rightarrow HNO_2(aq) + H_2O(\ell)$	0,94
$NO_3^-(aq) + 4\,H^+(aq) + 3\,e^- \rightarrow NO(g) + 2\,H_2O(\ell)$	0,96
$Pd^{2+}(aq) + 2\,e^- \rightarrow Pd(s)$	0,987
$AuCl_4^-(aq) + 3\,e^- \rightarrow Au(s) + 4\,Cl^-(aq)$	1,00
$Br_2(s) + 2\,e^- \rightarrow 2\,Br^-(aq)$	1,08
$ClO_4^-(aq) + 2\,H^+(aq) + 2\,e^- \rightarrow ClO_3^-(aq) + H_2O(\ell)$	1,19
$IO_3^-(aq) + 6\,H^+(aq) + 5\,e^- \rightarrow I_2(aq) + 3\,H_2O(\ell)$	1,195
$Pt^{2+}(aq) + 2\,e^- \rightarrow Pt(s)$	1,2
$O_2(g) + 4\,H^+(aq) + 4\,e^- \rightarrow 2\,H_2O(\ell)$	1,229
$MnO_2(s) + 4\,H^+(aq) + 2\,e^- \rightarrow Mn^{2+}(aq) + 2\,H_2O(\ell)$	1,23
$N_2H_5^+(aq) + 3\,H^+(aq) + 2\,e^- \rightarrow 2\,NH_4^+(aq)$	1,24
$Cr_2O_7^{2-}(aq) + 14\,H^+(aq) + 6\,e^- \rightarrow 2\,Cr^{3+}(aq) + 7\,H_2O(\ell)$	1,33
$Cl_2(s) + 2\,e^- \rightarrow 2\,Cl^-(aq)$	1,360
$BrO_3^-(aq) + 6\,H^+(aq) + 6\,e^- \rightarrow Br^-(aq) + 3\,H_2O(\ell)$	1,44
$ClO_3^-(aq) + 6\,H^+(aq) + 5\,e^- \rightarrow Cl_2(aq) + 3\,H_2O(\ell)$	1,47
$Au^{3+}(aq) + 3\,e^- \rightarrow Au(s)$	1,50
$MnO_4^-(aq) + 8\,H^+(aq) + 5\,e^- \rightarrow Mn^{2+}(aq) + 4\,H_2O(\ell)$	1,507
$NaBiO_3(s) + 6\,H^+(aq) + 2\,e^- \rightarrow Bi^{3+}(aq) + Na^+(aq) + 3\,H_2O(\ell)$	1,6
$Ce^{4+}(aq) + e^- \rightarrow Ce^{3+}(aq)$	1,61
$2\,HOCl(aq) + 2\,H^+(aq) + 2\,e^- \rightarrow Cl_2(g) + 2\,H_2O(\ell)$	1,63
$Au^+(aq) + e^- \rightarrow Au(s)$	1,68
$PbO_2(s) + SO_4^{2-}(aq) + 4\,H^+(aq) + 2\,e^- \rightarrow PbSO_4(s) + 2\,H_2O(\ell)$	1,685
$NiO_2(s) + 4\,H^+(aq) + 2\,e^- \rightarrow Ni^{2+}(aq) + 2\,H_2O(\ell)$	1,7
$H_2O_2(aq) + 2\,H^+(aq) + 2\,e^- \rightarrow 2\,H_2O(\ell)$	1,77
$Pb^{4+}(aq) + 2\,e^- \rightarrow Pb^{2+}(aq)$	1,8
$Co^{3+}(aq) + e^- \rightarrow Co^{2+}(aq)$	1,82
$F_2(s) + 2\,e^- \rightarrow 2\,F^-(aq)$	2,87

Potenciais padrão de redução em soluções aquosas a 25 °C

Semirreação, Solução Básica	Potencial padrão de Redução, $E°$ (volts)
$SiO_3^{2-}(aq) + 3\ H_2O(\ell) + 4\ e^- \rightarrow Si(s) + 6\ OH^-(aq)$	–1,70
$Cr(OH)_3(s) + 3\ e^- \rightarrow Cr(s) + 3\ OH^-(aq)$	–1,30
$[Zn(CN)_4]^{2-}(aq) + 2\ e^- \rightarrow Zn(s) + 4\ CN^-(aq)$	–1,26
$Zn(OH)_2(s) + 2\ e^- \rightarrow Zn(aq) + 2\ OH^-(aq)$	–1,245
$[Zn(OH)_4]^{2-}(aq) + 2\ e^- \rightarrow Zn(s) + 4\ OH^-(aq)$	–1,22
$N_2(g) + 4\ H_2O(\ell) + 4\ e^- \rightarrow N_2H_4(aq) + 4\ OH^-(aq)$	–1,15
$SO_4^{2-}(aq) + H_2O(\ell) + 2\ e^- \rightarrow SO_3^{2-}(aq) + 2\ OH^-(aq)$	–0,93
$Fe(OH)_2(s) + 2\ e^- \rightarrow Fe(s) + 2\ OH^-(aq)$	–0,877
$2\ NO_3^-(aq) + 2\ H_2O(\ell) + 2\ e^- \rightarrow N_2O_4(g) + 4\ OH^-(aq)$	–0,85
$2\ H_2O(\ell) + 2\ e^- \rightarrow H_2(g) + 2\ OH^-(aq)$	–0,828
$Fe(OH)_3(s) + e^- \rightarrow Fe(OH)_2(s) + OH^-(aq)$	–0,56
$S(s) + 2\ e^- \rightarrow S^{2-}(aq)$	–0,48
$Cu(OH)_2(s) + 2\ e^- \rightarrow Cu(s) + 2\ OH^-(aq)$	–0,36
$CrO_4^{2-}(aq) + 4\ H_2O(\ell) + 3\ e^- \rightarrow Cr(OH)_3(s) + 5\ OH^-(aq)$	–0,12
$MnO_2(s) + 2\ H_2O(\ell) + 2\ e^- \rightarrow Mn(OH)_2(s) + 2\ OH^-(aq)$	–0,05
$NO_3^-(aq) + H_2O(\ell) + 2\ e^- \rightarrow NO_2^-(aq) + 2\ OH^-(aq)$	0,01
$O_2(g) + H_2O(\ell) + 2\ e^- \rightarrow OOH^-(aq) + OH^-(aq)$	0,076
$HgO(s) + H_2O(\ell) + 2\ e^- \rightarrow Hg(\ell) + 2\ OH^-(aq)$	0,0984
$[Co(NH_3)_6]^{3+}(aq) + e^- \rightarrow [Co(NH_3)_6]^{2+}(aq)$	0,10
$N_2H_4(aq) + 2\ H_2O(\ell) + 2\ e^- \rightarrow 2\ NH_3(aq) + 2\ OH^-(aq)$	0,10
$2\ NO_2^-(aq) + 3\ H_2O(\ell) + 4\ e^- \rightarrow N_2O(g) + 6\ OH^-(aq)$	0,15
$Ag_2O(s) + H_2O(\ell) + 2\ e^- \rightarrow 2\ Ag(s) + 2\ OH^-(aq)$	0,34
$ClO_4^-(aq) + H_2O(\ell) + 2\ e^- \rightarrow ClO_3^-(aq) + 2\ OH^-(aq)$	0,36
$O_2(g) + 2\ H_2O(\ell) + 4\ e^- \rightarrow 4\ OH^-(aq)$	0,40
$Ag_2CrO_4(s) + 2\ e^- \rightarrow 2\ Ag(s) + CrO_4^{2-}(aq)$	0,446
$NiO_2(s) + 2\ H_2O(\ell) + 2\ e^- \rightarrow Ni(OH)_2(s) + 2\ OH^-(aq)$	0,49
$MnO_4^-(aq) + e^- \rightarrow MnO_4^{2-}(aq)$	0,564
$MnO_4^-(aq) + 2\ H_2O(\ell) + 3\ e^- \rightarrow MnO_2(s) + 4\ OH^-(aq)$	0,588
$ClO_3^-(aq) + 3\ H_2O(\ell) + 6\ e^- \rightarrow Cl^-(aq) + 6\ OH^-(aq)$	0,62
$2\ NH_2OH(aq) + 2\ e^- \rightarrow N_2H_4(aq) + 2\ OH^-(aq)$	0,74
$OOH^-(aq) + H_2O(\ell) + 2\ e^- \rightarrow 3\ OH^-(aq)$	0,88
$ClO^-(aq) + H_2O(\ell) + 2\ e^- \rightarrow Cl^-(aq) + 2\ OH^-(aq)$	0,89

Apêndice J

Respostas dos exercícios *Verifique seu entendimento*

Capítulo 1

1.1 Veja a Figura 1.4.

1.2 (**a**) 3, (**b**) 1.

1.3 (**a**) 16,10 m, (**b**) 0,005 g.

1.4 $299. (Ignoramos os algarismos significativos aqui, uma vez que em geral não são considerados no cálculo de um preço.) A quantidade comprada deve ainda ser um múltiplo de 5 galões, logo deve exceder a quantidade real necessária.

1.5 $4{,}3 \times 10^9$ W.

1.6 $3{,}34 \times 10^4$ g ou 33,4 kg.

1.7

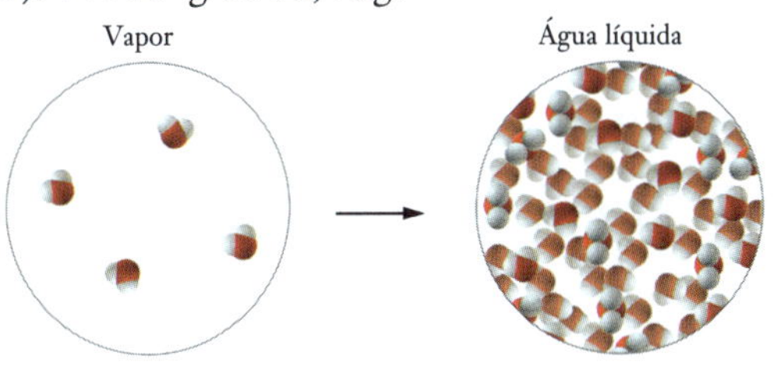

Capítulo 2

2.1 28,1 *u*.

2.2 8 átomos de carbono, 12 átomos de hidrogênio, 4 átomos de nitrogênio; C_2H_3N.

2.3

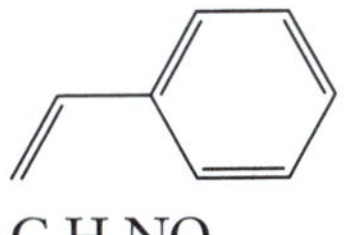

2.4 C_6H_9NO.

2.5 (**a**) dissulfeto de carbono, (**b**) hexafluoreto de enxofre, (**c**) heptóxido de dicloro.

2.6 (**a**) sulfato de cobre(II), (**b**) fosfato de prata, (**c**) óxido de vanádio(V).

Capítulo 3

3.1 $C_3H_8 + 2\ O_2 \rightarrow 3\ CH_2O + H_2O$.

3.2 Compostos (a), (b) e (c) são todos solúveis; (d) é insolúvel.

3.3 Molecular: $2\ HCl(aq) + Ca(OH)_2(aq) \rightarrow CaCl_2(aq) + 2\ H_2O(\ell)$.
Iônica total: $2\ H^+(aq) + 2\ Cl^-(aq) + Ca^{2+}(aq) + 2\ OH^-(aq) \rightarrow Ca^{2+}(aq) + 2\ Cl^-(aq) + 2\ H_2O(\ell)$.
Iônica líquida: $H^+(aq) + OH^-(aq) \rightarrow H_2O(\ell)$.
(Estas poderiam também ser escritas com H_3O^+ em vez de H^+.)

3.4 Molecular: $Na_2SO_4(aq) + Pb(NO_3)_2(aq) \rightarrow PbSO_4(s) + 2\ NaNO_3(aq)$.
Iônica total: $2\ Na^+(aq) + SO_4^{2-}(aq) + Pb^{2+}(aq) + 2\ NO_3^-(aq) \rightarrow PbSO_4(s) + 2\ Na^+(aq) + 2\ NO_3^-(aq)$.
Iônica líquida: $SO_4^{2-}(aq) + Pb^{2+}(aq) \rightarrow PbSO_4(s)$.

3.5 (**a**) 180,112 g mol^{-1}, (**b**) 286,327 g mol^{-1}, (**c**) 133,103 g mol^{-1}.

3.6 41,4 mol.

3.7 6×10^7 toneladas.

3.8 $C_{15}H_{28}O_2$.

3.9 57 mol % Au, 22 mol % Ag e 21 mol % Cu

3.10 6,75 mol.

3.11 0,216 mol L^{-1}.

Capítulo 4

4.1 13,5 mol de H_2O.

4.2 4,39 kg de H_2.

4.3 9,6 g de SO_2.

4.4 $> 4{,}5 \times 10^3$ mol de H_2.

4.5 Mesmo resultado que no exemplo: S_8 é o reagente limitante.

4.6 20,8 g de B_2H_6.

4.7 O combustível restante é 159,7 g de CH_6N_2.

4.8 80,9% de rendimento.

4.9 63,3 mL.

4.10 0,828 mol L^{-1} de NaOH.

Capítulo 5

5.1 82,1 torr.

5.2 310K.

5.3 0,77 pé^3.

5.4 $V = 29{,}6$ L, $P_{O_2} = 0{,}349$ atm, $P_{N_2} = 1{,}78$ atm.

5.5 $P_{C_2H_6} = 0{,}98$ atm, $P_{C_3H_8} = 0{,}42$ atm; 3,0 g C_2H_6, 1,9g C_3H_8.

5.6 8,98 L de SO_2.

5.7 9,67 L de SO_2.

5.8 $P_{ideal} = 0{,}817$ atm, $P_{VdW} = 0{,}816$ atm.

Capítulo 6

6.1 4,207 × 10^{17} s^{-1}.

6.2 1,5405 × 10^{-10} m, ou 154,05 pm.

6.3 2,6 × 10^{-20} J.

6.4 97,27 nm.

6.5 4*d*.

6.6 $1s^2\ 2s^2\ 2p^6\ 3s^2\ 3p^2$.

6.7 [Ar] $4s^2\ 3d^{10}\ 4p^3$.

6.8 [Ar] $4s^2\ 3d^8$.

6.9 F (o menor) < Si < Cr < Sr < Cs (o maior).

6.10 Rb (o menor EI) < Mg < Si < N < He (o maior EI).

Capítulo 7

7.1 A primeira energia de ionização será pequena, a segunda, ligeiramente maior e a terceira, extremamente grande.

7.2 O RbBr tem a menor energia de rede. A rede inclui apenas íons com carga única, e os íons Rb^+ e Br^- são maiores que aqueles no KCl.

7.3 N—Cl.

7.4

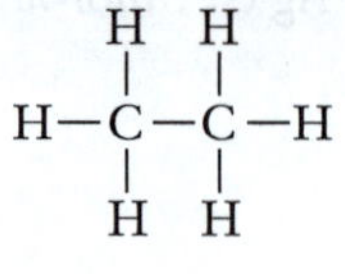

7.5

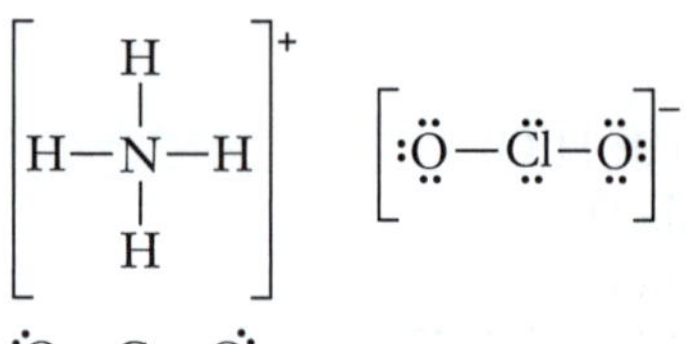

7.6

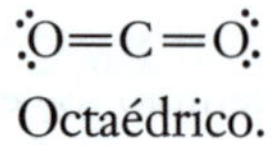

7.7 Octaédrico.

7.8 (**a**) Em T, (**b**) linear.

7.9 (**a**) Trigonal plana, (**b**) linear.

Capítulo 8

8.1 Os valores são fornecidos no texto: 68% para cúbico de face centrada e 52% para cúbico simples.

8.2 O dopante deve ser um elemento com mais de quatro elétrons de valência. O fósforo é a escolha mais provável. O diagrama de bandas será parecido com aquele na Figura 8.12.

8.3 Ne (ponto de ebulição mais baixo) < CH_4 < CO < NH_3 (ponto de ebulição mais alto)

8.4

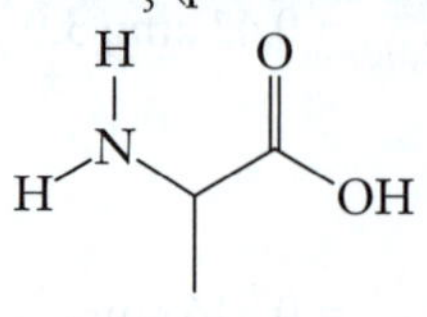

Capítulo 9

9.1 ±223 J.

9.2 16,3°C (ou 16,3K).

9.3 24,4 J mol^{-1} °C^{-1}.

9.4 64,0°C.

9.5 29,3 kJ g^{-1}.

9.6 –3,28 × 10^4 J.

9.7 1,9 kJ mol^{-1}.

9.8 –252,6 kJ.

9.9 –1.214,6 kJ (para a reação de 2 mol de CH_4).

9.10 41,2 g de NO, 19,2 g de N_2.

Capítulo 10

10.1 266,8 J mol^{-1} K^{-1}.

10.2 Os gases condensam-se a temperaturas baixas. O processo é dirigido pela entalpia porque é exotérmico, mas ele diminui a entropia do sistema. A entalpia domina em baixas temperaturas.

10.3 8,80 J mol^{-1} K^{-1}.

10.4 185,9 kJ mol^{-1}.

Capítulo 11

11.1 NO_2: 8,0 × 10^{-6} mol L^{-1} s^{-1}; O_2: 2,0 × 10^{-6} mol L^{-1} s^{-1}.

11.2 (**a**) A reação é de primeira ordem no H_2, primeira ordem no Br_2 e segunda ordem no global. (**b**) A reação é de primeira ordem no N_2O_5 e de primeira ordem global.

11.3 Não, desde que façamos o cálculo corretamente, os resultados estarão de acordo com qualquer erro experimental.

11.4 As unidades para as constantes de velocidade dependem da ordem de reação total.

11.5 870 segundos.

11.6 Reação de primeira ordem, $k = 0{,}0023\ s^{-1}$.

11.7 1,6 × 10^{-5} s^{-1}.

11.8 42 kJ mol^{-1}.

11.9 (**a**) Sim, ele se equipara à estequiometria real e não envolve nenhuma etapa na qual três ou mais moléculas se colidem. (**b**) Tanto o N_2O_3 quanto o NO são intermediários nesse mecanismo. (**c**) As primeiras duas etapas são unimoleculares, e a terceira, é bimolecular.

Capítulo 12

12.1 $K = \dfrac{[HNO_2]^2}{[NO][NO_2][H_2O]}$

12.2 $3\ Cu^{2+}(aq) + 2\ PO_4^{3-}(aq) \rightarrow Cu_3(PO_4)_2(s)$;

$$K = \frac{1}{[Cu^{2+}]^3[PO_4^{3-}]^2}$$

12.3 Uma vez que o valor de K para o Mn^{2+} é maior que para o Ca^{2+} ou para o Mg^{2+}, o Mn^{2+} tem maior habilidade para precipitar o OH^- que um dos outros cátions.

12.4 (a) $K = \frac{[NO]^2[H_2O]^3}{[NH_3]^2[O_2]^{5/2}}$;

(b) $K = \frac{[NH_3]^2[O_2]^{5/2}}{[NO]^2[H_2O]^3}$;

(c) $K = \frac{[NO]^4[H_2O]^6}{[NH_3]^4[O_2]^5}$

12.5 $K = \frac{[NO]^2}{[N_2][O_2]}$ e a reação é $N_2(g) + O_2(g) \rightleftarrows 2\,NO(g)$

12.6 $[H_2] = [I_2] = 0{,}002$ mol L^{-1} $[HI] = 0{,}016$ mol L^{-1}.

12.7 $[Cl_2] = [PCl_3] = 0{,}023$ mol L^{-1}, $[PCl_5] = 0{,}017$ mol L^{-1}.

12.8 As possibilidades incluem a remoção do HCN do sistema ou a adição de um ácido (que não o HCN), que aumentará $[H^+]$.

12.9 (a) Desloca-se no sentido dos reagentes, (b) nenhuma variação.

12.10 (a) $K_{ps} = [Mn^{2+}][OH^-]^2$, (b) $K_{ps} = [Cu^{2+}][S^{2-}]$, (c) $K_{ps} = [Cu^+][I^-]$, (d) $K_{ps} = [Al^{3+}]^2\,[SO_4^{2-}]^3$.

12.11 $7{,}7 \times 10^{-9}$ mol L^{-1}; $1{,}0 \times 10^{-7}$ g/100 g de H_2O.

12.12 $3{,}5 \times 10^{-4}$ mol L^{-1} em H_2O; $7{,}6 \times 10^{-9}$ mol L^{-1} em NaF 0,15 mol L^{-1}.

12.13 O íon hidrogenocarbonato (HCO_3^-) é o ácido conjugado do íon carbonato (CO_3^{2-}), e o íon hidróxido (OH^-) é a base conjugada da água.

12.14 10% ionizado. O cálculo utilizando a fórmula quadrática também fornece 10% ionizado para 2 números significativos, portanto, a aproximação é consistente com a precisão dos dados.

12.16 ln $K = 323$, o que significa que K para essa reação seria na ordem de 10^{140}. Esse número extremamente grande indica que a oxidação completa é o caminho preferido.

Capítulo 13

13.1 O uso do zinco para o outro eletrodo fornecerá um potencial da célula de 1,100 V. O cobre é o catodo e o zinco, o anodo.

13.2 $[Ni^{2+}] = 4 \times 10^{-2}$ mol L^{-1}.

13.3 A inversão da reação mudaria o sinal de ΔG, dando +28,4 kJ. O valor positivo indica que o processo inverso não é espontâneo.

13.4 A corrente de 5 A deve fluir por $1{,}1 \times 10^4$ s, que é de aproximadamente 3 horas.

13.5 0,27 V.

13.6 Não. As condições afirmadas depositariam apenas 100 mg de cobre, logo o revestimento atingiria apenas um quarto da espessura desejada.

13.7 0,042 A.

Capítulo 14

14.1 ${}^{209}_{84}Po \rightarrow {}^{205}_{82}Pb + {}^{4}_{2}He$.

14.2 ${}^{218}Po$.

14.3 ${}^{11}_{6}C \rightarrow {}^{11}_{5}B + {}^{0}_{1}\beta + \nu$.

14.4 0,283 s^{-1}; isso é aproximadamente 11 ordens de grandeza maior que a constante de decaimento para o ${}^{14}C$.

14.5 $1{,}1 \times 10^4$ anos.

14.6 $7{,}03 \times 10^{10}$ kJ.

Apêndice K

Respostas dos problemas e exercícios ímpares

Capítulo 1

1.1 Materiais críticos não são necessariamente raros. Um elemento que é encontrado principalmente em um país instável, por exemplo, seria suscetível a interrupções de sua disponibilidade, por mais que fosse abundante.

1.3 A maioria dos materiais críticos atuais é importante em vários aspectos da indústria eletrônica, incluindo *smartphones*, baterias e ímãs.

1.5 A maioria dos materiais críticos é encontrada entre os metais de transição ou lantanídeos e actinídeos.

1.7 As observações no laboratório em geral são feitas no regime macroscópico da química.

1.9 No nível macroscópico, distinguir fases envolve (1) determinar a habilidade delas em manter suas formas – apenas os sólidos mantêm – e (2) determinar se o sistema preenche todo o volume disponível para ele, ou apenas parte do volume – essa observação ajuda a distinguir líquidos de gases.

1.11 **(a)** Variação química; **(b)** variação física; **(c)** variação física; **(d)** variação química e **(e)** variação física.

1.13 Quando o aço enferruja (uma variação química), ele se torna mais quebradiço e muda de cor. (Outras respostas são possíveis.)

1.15 Se quiséssemos saber quantas cidades estão em um Estado específico, precisaríamos inicialmente definir o que constitui uma cidade. A população é a base ou é a natureza específica de incorporação, por exemplo? (Outras respostas são possíveis.)

1.17 Preciso. As medidas podem estar bem próximas entre si mesmo que não estejam próximas da resposta real.

1.19 No raciocínio dedutivo, consideram-se todas as informações (os fatos) e colocam-se juntas. No raciocínio indutivo, infere-se o que parece exato e imaginam-se maneiras de determinar se as observações subsequentes se encaixam na conclusão inferida.

1.21 Raciocínio indutivo. Os cientistas fazem previsões ou inferências e, depois, buscam provar ou refutar as previsões por meio de observações adicionais. Eles não começam com um número de fatos e, então, tiram as conclusões colocando-os juntos.

1.23 Provavelmente não. Todas as observações que poderiam ser explicadas pelo modelo estão de acordo com as previsões que elas fazem. Quando isso ocorre, um modelo pode inspirar confiança suficiente para ser chamado de teoria.

1.25 Alguém pede para encontrá-lo às 9 horas. Você vai à noite quando ele o esperava pela manhã (mas não foi especificado isso). (Outras respostas são possíveis.)

1.27 Metros e amperes são unidades básicas. Gramas não são (porque o kg é a unidade básica para massa). Tanto joules quanto litros são unidades derivadas.

1.29 Do menor para o maior: nano-, centi-, quilo- e giga-.

1.31 O erg era uma unidade de energia associada ao trabalho em realização, e a caloria era associada ao calor – naquela época, os cientistas pensavam que essas duas formas de energia eram coisas diferentes.

1.33 Um milhão, 1×10^6.

1.35 Estabeleceu-se a temperatura superior, 100, pela temperatura do corpo. Estabeleceu-se a temperatura inferior pela temperatura mais baixa na qual a água congelaria (com sal adicionado) e estabeleceu-se em 0. Isso mostra algumas limitações da medida porque sabemos que a temperatura do corpo varia com o tempo, de uma pessoa para a outra.

1.37 **(a)** 263K **(b)** 273,15K **(c)** 553K **(d)** $1{,}7 \times 10^3$K.

1.39 **(a)** $6{,}213 \times 10^1$, **(b)** $4{,}14 \times 10^{-4}$, **(c)** $5{,}1 \times 10^{-6}$, **(d)** $8{,}71 \times 10^8$, **(e)** $9{,}1 \times 10^3$.

1.41 **(a)** 4, **(b)** 3, **(c)** 4, **(d)** 4, **(e)** 3.

1.43 **(a)** 80,0; **(b)** 0,7615; **(c)** 14,712; **(d)** 0,029 (O 2 e o 4 na fórmula quadrática são números exatos, portanto não limitam os valores significativos no resultado.)

1.45 0,58 g mL^{-1}.

1.47 5,663 g.

1.49 125 g.

1.51 1,73 m, 5 pés e 8,1 polegadas.
1.53 **(a)** 3,47 μg; **(b)** 0,273 mL; **(c)** $7{,}25 \times 10^{-7}$ s; **(d)** $1{,}3 \times 10^{-3}$ km.
1.55 **(a)** 0,0223 L; **(b)** 13,6 in^3; **(c)** 0,0236 qt.
1.57 $2{,}10 \times 10^3$ g L^{-1}
1.59 4,1 L.
1.61 $8{,}97 \times 10^{14}$ L.
1.63 2,35 cm.
1.65 Cada bala deveria ter uma massa de 9.700 mg. (O cálculo fornece uma faixa de 9.696 – 9.744 mg, mas os dados fornecidos têm apenas dois algarismos significativos e, portanto, ambas as extremidades da faixa de arredondamento estão em torno de 9.700 mg.)
1.67 4.900 latas.
1.69 3,84 g cm^{-3}.
1.71 Embora obviamente muito comuns, as telas sensíveis ao toque são sistemas relativamente complexos, fazendo uso de uma variedade de materiais e tecnologias.
1.73 Uma camada de ITO registra a coordenada x na tela e a outra registra a coordenada y.
1.75 Na deposição, átomos ou moléculas gasosos são depositados em uma superfície sólida. No caso do ITO, o óxido de índio e o óxido de estanho são introduzidos como gases e, em seguida, se condensam em sólidos à medida que a superfície aumenta.
1.77 Um pó fino e um líquido têm algumas semelhanças, como o fato de ambos assumirem a forma do recipiente que os contêm. Uma diferença é que um pó é suscetível de ser comprimido porque existe espaço entre os grãos. Portanto, pressionar ou compactar o pó reduzirá seu volume. Outro teste poderia ser derramar um pouco de cada substância sobre uma superfície plana. Um pó poderá formar uma pilha, com lados angulados, enquanto um líquido não.
1.79 A visão no nível molecular de um gás mostraria um grande espaço vazio entre as partículas. Esse espaço vazio não contribui com nada para a massa do sistema, embora represente a maior parte do volume, de modo que a densidade do gás é menor que a do líquido.
1.81 Em um cristal, átomos ou moléculas estão muito próximos e arranjados em rede ordenada. Em um líquido, átomos e moléculas ainda estão razoavelmente próximos, mas o arranjo é muito mais desordenado. Uma figura similar aos dois primeiros quadros da Figura 1.3 ilustraria a diferença.
1.83 Líquido para sólido.
1.85 Se soubéssemos a massa de solução de ácido na bateria, poderíamos multiplicar esta por 0,380 para encontrar a massa de ácido sulfúrico presente na solução. Uma vez que é dada a densidade do ácido da bateria, procurar ou medir a massa ou o volume do ácido da bateria nos permitiria completar o cálculo.
1.87 Poderíamos estimar a porcentagem de etanol se soubéssemos as densidades tanto da água quanto do etanol. A informação dada nos permite encontrar a densidade da solução e então podemos igualar esta à média ponderada das densidades dos dois componentes. Se fizermos x igual à fração de etanol, teremos:

$$\rho_{\text{solução}} = x(\rho_{\text{etanol}}) + (1 - x)(\rho_{\text{água}})$$

Observe que tal cálculo supõe que o volume da solução seja a soma dos volumes dos líquidos individuais, mas isso não é necessariamente verdadeiro.
1.89 Um objeto flutuará na água se sua massa for menor que a massa da água que seria deslocada se todo o objeto fosse afundado. São dadas as dimensões da cortiça e do cubo de chumbo, mas não as massas. Portanto, poderíamos começar procurando as densidades da cortiça e do chumbo. (Uma vez que o chumbo será muito mais pesado, podemos desprezar a massa da cortiça.) Se a massa combinada da cortiça e do chumbo for menor que a da água que ocuparia o volume combinado da cortiça e do chumbo, então eles flutuariam.

Capítulo 2

2.1 Um polímero é uma molécula grande constituída de pequenas unidades de átomos chamadas monômeros, que se repetem e estão unidas entre si. Um monômero é um pequeno grupo de átomos ligados.
2.3 As respostas irão variar. Fibras de tapete, tecido de sofá, copos descartáveis e caixas de calculadoras são exemplos.
2.5 Diferentes átomos carregam diferentes propriedades físicas. Pela construção de polímeros que contêm diferentes tipos de átomos, podemos projetar polímeros com as características desejáveis.
2.7 Para comparar as densidades, devemos primeiro converter o valor dado para as unidades usadas na figura: 1 g cm^{-3} = 1.000 kg m^{-3}. Os metais são agrupados em direção ao centro de cada linha na tabela periódica, e a Figura 2.11 sugere que densidades de alguns kg m^{-3} a vários milhares de kg m^{-3} são típicas. Assim, a substituição de metais por polímeros condutores deve levar a dispositivos mais leves.
2.9 Porque o número de prótons distingue um tipo de átomo de outro. Ele dita quantos elétrons

estão presentes no átomo neutro, e isso é o que torna únicos os átomos de elementos diferentes.

2.11 Isótopos são diferentes formas atômicas de um elemento e se diferem apenas no número de nêutrons no núcleo.

2.13 **(a)** ^{24}Mg: 12 prótons, 12 nêutrons, 12 elétrons. **(b)** ^{119}Sn: 50 prótons, 69 nêutrons, 50 elétrons. **(c)** ^{232}Th: 90 prótons, 142 nêutrons, 90 elétrons. **(d)** ^{13}C: 6 prótons, 7 nêutrons, 6 elétrons. **(e)** ^{63}Cu: 29 prótons, 34 nêutrons, 29 elétrons. **(f)** ^{205}Bi: 83 prótons, 122 nêutrons, 83 elétrons.

2.15 200,59 *u*.

2.17 A abundância percentual do ^{63}Cu é de 69,0%, e a abundância percentual do ^{65}Cu é de 31,0%.

2.19 78,72%.

2.21 Os cátions têm cargas positivas, enquanto os ânions têm cargas negativas.

2.23 **(a)** Na^+: 11 prótons, 10 elétrons. **(b)** Al^{3+}: 13 prótons, 10 elétrons. **(c)** S^{2-}: 16 prótons, 18 elétrons. **(d)** Br^-: 35 prótons, 36 elétrons.

2.25 $^{126}_{52}Te^{2-}$

2.27 **(a)** Ba^{2+}, **(b)** Ti^{4+}, **(c)** PO_4^{3-},**(d)** HCO_3^-, **(e)** S^{2-}, **(f)** ClO_4^-, **(g)** Co^{2+}, **(h)** SO_4^{2-}.

2.29 Um produto químico comum usado para a polimerização iônica é o butilítio. Essa molécula se decompõe em um íon lítio (carga positiva) e um íon butila (carga negativa). Uma vantagem da polimerização iônica é que o polímero resultante é mais fácil de processar para induzir as propriedades desejáveis.

2.31 Na fórmula $Ba(OH)_2$, existem um átomo de Ba, dois átomos de O e dois átomos de H.

2.33 Moléculas são grupos de átomos ligados entre si com ligações covalentes. Os compostos iônicos consistem em redes de íons positivos e negativos mantidos por atração eletrostática (ligações iônicas). Consequentemente, o termo *molécula* não se aplica, e a fórmula de um composto iônico é representada pela combinação dos menores números inteiros de íons que não têm uma carga, a fórmula unitária.

2.35 Ambas envolvem sistemas de rede, mas os metais não alternam íons positivos e negativos. Em vez disso, os metais têm núcleos carregados positivamente (com alguns elétrons) ocupando pontos da rede circundados por um "mar" de elétrons móveis carregados negativamente.

2.37 Os polímeros existem como números grandes (centenas, até milhares) de unidades monoméricas ligadas entre si. É mais conveniente representar um polímero pela fórmula empírica ou unidade monomérica.

2.39 A fórmula empírica para o butadieno, C_4H_6, é C_2H_3.

2.41 A tabela periódica é uma organização dos elementos em relação ao tamanho e à estrutura. Ela permite correlacionar propriedades químicas e físicas e prever as tendências de comportamento.

2.43 **(a)** K: grupo 1, os metais alcalinos. **(b)** Mg: grupo 2, os metais alcalinos terrosos. **(c)** Ar: grupo 18, os gases nobres. **(d)** Br: grupo 17, os halogênios.

2.45 Tanto o enxofre quanto o selênio estão no grupo 16, logo devem exibir propriedades similares.

2.47 Metaloide é um elemento que exibe algumas propriedades de metais e algumas de ametais. Diz-se que são intermediários em termos de caráter e ocupam a região na tabela periódica entre os metais e os ametais.

2.49 **(a)** Si: metaloide, **(b)** Zn: metal, **(c)** B: metaloide, **(d)** N: ametal, **(e)** K: metal, **(f)** S: ametal.

2.51 A química dos metais de transição é mais complicada porque a maioria dos metais de transição forma cátions múltiplos diferentes (cujas cargas variam).

2.53 A *química orgânica* é o campo da química que se concentra nas moléculas que consistem basicamente em átomos de carbono ligados entre si.

2.55 Um *grupo funcional* é um grupo específico de átomos ligados entre si que exibe determinadas propriedades e influencia as propriedades das moléculas orgânicas quando eles estão presentes. As moléculas orgânicas são classificadas e recebem os nomes de acordo com os grupos funcionais presentes.

2.57 A fórmula molecular e empírica para a molécula à esquerda é $C_{15}H_{10}N_2O_2$. A fórmula molecular para aquela à direita é $C_2H_6O_2$; a fórmula empírica é CH_3O.

2.59 A fórmula molecular para o GABA é $C_4H_9NO_2$.

2.61 **(a)** pentóxido de dinitrogênio, **(b)** dicloreto de dienxofre, **(c)** tribrometo de nitrogênio **(d)** decóxido de tetrafósforo.

2.63 **(a)** SF_6, **(b)** BrF_5, **(c)** S_2Cl_2, **(d)** S_4N_4.

2.65 **(a)** cloreto de magnésio, **(b)** nitrato de ferro(II), **(c)** sulfato de sódio, **(d)** hidróxido de cálcio, **(e)** sulfato de ferro(II).

2.67 **(a)** pentacloreto de fósforo **(b)** sulfato de sódio, **(c)** nitreto de cálcio, **(d)** nitrato de ferro(III), **(e)** dióxido de enxofre, **(f)** pentóxido de dibromo.

2.69 O polietileno de baixa densidade (PEBD) é feito de moléculas ramificadas que não podem se empacotar muito densamente, resultando em densidade mais baixa para o polímero. O polietileno de alta densidade (PEAD) consiste em moléculas de cadeia linear que podem se empacotar muito densamente, fornecendo densidade mais alta. O PEBD tem baixa densidade, é mais macio e mais fraco; o PEAD tem alta densidade, é mais duro e muito mais forte.

2.71 De acordo com dados do Conselho de Plásticos Estadunidense, 21 bilhões de libras de PEBD e 8 bilhões de libras de PEAD foram produzidos nos Estados Unidos, em 2016. Como observado anteriormente, o PEAD é usado basicamente para garrafas de produtos de consumo, enquanto o PEBD é utilizado nos revestimentos industriais e sacos de lixo.

2.73 É a média de vários valores que também leva em consideração a frequência de ocorrência de cada valor.

2.75 **(b)**.

2.77 Os elétrons são compartilhados entre átomos para formar ligações químicas covalentes ou são transferidos de um átomo para outro, criando íons mantidos unidos por ligações químicas iônicas.

2.79 As moléculas consistem em átomos que compartilham pares de elétrons em vez de terem elétrons doados de um átomo para outro (compostos iônicos) ou móveis por toda uma rede (metais). Tal par de elétrons compartilhado entre dois átomos cria uma força atrativa conhecida como ligação covalente.

2.81 É observado que o número de átomos de hidrogênio com o qual um átomo individual de vários elementos irá combinar-se varia ciclicamente de um lado da tabela periódica para o outro. Isso demonstra a periodicidade – variações regulares no comportamento dos elementos.

2.83 Nas moléculas, os átomos podem combinar-se em muitas proporções diferentes, e os nomes devem refletir essas fórmulas específicas. Nos compostos iônicos, dois íons específicos podem se combinar de apenas uma maneira, por isso as diferentes regras para denominar os compostos iônicos e moleculares.

2.85 A lei de Coulomb mostra que a força é proporcional a $q_1 \times q_2$. Quando as duas cargas têm o mesmo sinal, o resultado é positivo e indica uma força repulsiva. Quando as cargas têm sinais opostos, o resultado é negativo, indicando uma força atrativa.

2.87 O cálcio tem uma massa atômica de ~40 e um número atômico de 20. Átomos com mais prótons do que o cálcio têm massas maiores que o dobro de seus números atômicos, o que significa que seus núcleos devem conter mais nêutrons do que prótons.

2.89 Você precisa considerar o fato de que o oxigênio quase sempre forma um óxido, íon 2–, nos compostos com metais. Encontre compostos com o metal, observe a fórmula deles e calcule a carga no metal que compensaria a carga presente a partir dos átomos de oxigênio. No caso do ferro, o FeO deve ter Fe^{2+}, e o Fe_2O_3, Fe^{3+} para que os compostos sejam neutros.

2.91 A massa média é mais próxima ao número de massa do isótopo mais pesado, ^{88}Sr. Isso pode apenas ser verdadeiro se o ^{88}Sr for o isótopo mais abundante.

2.93 Uma vez que os óxidos são sempre 2–, esses dois compostos nos informam a carga dos íons ferro nos compostos. O FeO nos informa que temos um íon 2+, e o Fe_2O_3 nos indica que temos um íon 3+. Em seguida, precisamos lembrar que os íons cloreto são sempre 1–, logo podemos dizer que os dois compostos comuns devem ser $FeCl_2$ e $FeCl_3$.

2.95 O aço é em grande parte ferro, logo compararemos as densidades do alumínio, ferro e titânio. O sombreado na Figura 2.12 mostra o alumínio com a densidade mais baixa que os outros dois elementos e isso é consistente com os dados fornecidos. A Figura 2.12 não diferencia entre as densidades do ferro e do titânio. Se fossem usados mais sombreamento, esperaríamos que a figura mostrasse que o ferro é na realidade mais denso que o titânio.

2.97 A densidade é 0,95 g cm^{-3}, logo ele é o PEAD.

Capítulo 3

3.1 **(a)** 0,10%; **(b)** 72% terrestres, 28% aquáticos; **(c)** 83%.

3.3 $6\ CO_2 + 6\ H_2O \rightarrow C_6H_{12}O_6 + 6\ O_2$

3.5 As respostas irão variar dependendo dos sites visitados. Além do etanol, produtos do refino de biocombustível incluem outros combustíveis, como o bio-LPG, bem como outros suprimentos químicos.

3.7 *s*: sólido; *ℓ*: líquido; *g*: gás; e *aq*: aquoso.

3.9 Lei de conservação da matéria – a matéria não é criada nem destruída.

3.11 **(a)** $4\ Al(s) + 3\ O_2(g) \rightarrow 2\ Al_2O_3(s)$.
(b) $N_2(g) + 3\ H_2 \rightarrow 2\ NH_3(g)$.
(c) $2\ C_6H_6(\ell) + 15\ O_2(g) \rightarrow 6\ H_2O(\ell) + 12\ CO_2(g)$.

3.13 $2\ C_3H_6N_6O_6 + 3\ O_2 \rightarrow 6\ H_2O + 6\ CO_2 + 6\ N_2$

3.15 $C_2H_5OH + 3\ O_2 \rightarrow 2\ CO_2 + 3\ H_2O$.

3.17 **(a)** $N_2(g) + 3\ H_2(g) \rightarrow 2\ NH_3(g)$.
(b) $2\ H_2(g) + CO(g) \rightarrow CH_3OH(\ell)$.
(c) $2\ S(s) + 3\ O_2(g) + 2\ H_2O(\ell) \rightarrow 2\ H_2SO_4(\ell)$.

3.19 $3\ SiCl_4 + 16\ NH_3 \rightarrow Si_3N_4 + 12\ NH_4Cl$.

3.21 Solução: uma mistura homogênea de duas ou mais substâncias.
Soluto: o(*s*) componente(*s*) minoritário(*s*) de uma solução, o(*s*) componente(*s*) encontrado(*s*) em quantidade menor.
Solvente: o componente majoritário de uma solução, o componente encontrado em maior quantidade.

3.23 Solução concentrada: solução na qual o número de partículas de soluto é alto.
Solução diluída: solução na qual o número de partículas de soluto é baixo.

3.25 **(a)** K^+, OH^-; **(b)** K^+, SO_4^{2-}; **(c)** Li^+, NO_3^-; **(d)** NH_4^+, SO_4^{2-}.

3.27 $1,40 \times 10^3$ mL.

3.29 **(a)** base forte; K^+, OH^-.
(b) base forte (mas ligeiramente solúvel); Mg^{2+}, OH^-.
(c) ácido fraco, H^+, ClO^-.
(d) ácido forte; H^+, Br^-.
(e) base forte; Li^+, OH^-.
(f) ácido fraco; H^+, HSO_3^-, SO_3^{2-}.

3.31 A equação iônica total mostra todas as espécies presentes. A equação iônica líquida mostra apenas aquelas espécies que sofrem reação – os íons espectadores são removidos.

3.33 (a) $Zn(s) + 2\,HCl(aq) \rightarrow H_2(g) + ZnCl_2(aq)$.
$Zn(s) + 2\,H^+(aq) \rightarrow H_2(g) + Zn^{2+}(aq)$.
(b) $Mg(OH)_2(s) + 2\,HCl(aq) \rightarrow MgCl_2(aq) + 2\,H_2O(\ell)$.
$Mg(OH)_2(s) + 2\,H^+(aq) \rightarrow Mg^{2+}(aq) + 2\,H_2O(\ell)$.
(c) $2\,HNO_3(aq) + CaCO_3(s) \rightarrow Ca(NO_3)_2(aq) + H_2O(\ell) + CO_2(g)$.
$2\,H^+(aq) + CaCO_3(s) \rightarrow Ca^{2+}(aq) + H_2O(\ell) + CO_2(g)$.
(d) $3\,(NH_4)_2S(aq) + 2\,FeCl_3(aq) \rightarrow 6\,NH_4Cl(aq) + Fe_2S_3(s)$.
$3\,S^{2-}(aq) + 2\,Fe^{3+}(aq) \rightarrow Fe_2S_3(s)$.

3.35 O mol é o número de partículas em exatamente 12 gramas de carbono-12. O mol é uma maneira conveniente para os químicos relacionarem números grandes de moléculas/átomos entre si. 1 mol = $6,022 \times 10^{23}$.

3.37 $7,8 \times 10^{19}$ cm³; $7,8 \times 10^{16}$ L.

3.39 **(a)** Fe_2O_3: 159,687 g mol⁻¹.
(b) BCl_3: 117,16 g mol⁻¹.
(c) $C_6H_8O_6$: 176,126 g mol⁻¹.

3.41 **(a)** PbS: 239,3 g mol⁻¹; 86,60% de Pb; 13,40% de S.
(b) C_2H_6: 30,070 g mol⁻¹; 79,887% de C; 20,11% de H.
(c) CH_3COOH: 60,052 g mol⁻¹; 40,002% de C; 6,714% de H; 53,284% de O.
(d) NH_4NO_3: 80,043 g mol⁻¹; 34,999% de N; 5,037% de H; 59,964% de O.

3.43 **(a)** $Mg_3(PO_4)_2$: 262,855 g mol⁻¹.
(b) Na_2S: 78,046 g mol⁻¹.
(c) N_2O_4: 92,010 g mol⁻¹.

3.45 KNO_3: 101,102 g mol⁻¹, portanto, são necessários 202,205 g de KNO_3.

3.47 **(a)** 67 g **(b)** 0,0698 g **(c)** 0,60 g **(d)** $1,32 \times 10^4$ g.

3.49 **(a)** $C_7H_5N_3O_6$: 1,577 mol.
(b) CH_3NO_2: 1,35 mol.
(c) $C_3H_6N_6O_6$: 7,56 mol.

3.51 $6,8 \times 10^{13}$ moléculas de CO_2.

3.53 $4,29 \times 10^{24}$ átomos de O.

3.55 **(a)** $4,7 \times 10^{22}$ moléculas min⁻¹.
(b) $2,8 \times 10^{24}$ moléculas h⁻¹.
(c) $6,8 \times 10^{25}$ moléculas dia⁻¹.

3.57 $C_8H_8O_3$.

3.59 **(a)** 40%at de Cu, 60%at de Al; **(b)** 38%m de NiO, 62%m de MgO; **(c)** 50%mol de MgO, 50%mol de FeO.

3.61 **(a)** 5,80 mol L⁻¹; **(b)** 4,2 mol L⁻¹; **(c)** 3,41 mol L⁻¹; **(d)** 0,71 mol L⁻¹.

3.63 **(a)** 0,16 mol; **(b)** 0,0083 mol; **(c)** 0,11 mol; **(d)** 0,027 mol.

3.65 **(a)** 0,74 mol L⁻¹; **(b)** 0,0646 mol L⁻¹; **(c)** $4,9 \times 10^{-3}$ mol L⁻¹; **(d)** 0,294 mol L⁻¹.

3.67 0,208 L.

3.69 Os gases de efeito estufa absorvem luz no infravermelho e aprisionam a energia na atmosfera.

3.71 Um reservatório de carbono é uma característica natural do solo no qual o carbono pode se acumular. Os dois maiores reservatórios de carbono no solo são os combustíveis fósseis e o reservatório oceânico.

3.73 Embora a queima de combustíveis fósseis contribua com quantidade relativamente pequena de carbono para a atmosfera, esse carbono adicional é o suficiente para inclinar o equilíbrio no sentido do acúmulo de carbono na atmosfera. A grande quantidade de carbono fixada pela fotossíntese já é compensada pela respiração dos vegetais e do solo.

3.75 $2\,AB_2 + B_2 \rightarrow 2\,AB_3$

3.77 **(a)** $6,022 \times 10^{23}$ moléculas de octano; **(b)** 24 mol de F; **(c)** ~6 g de C.

3.79 **(a)** Amostra A **(b)** Amostra B **(c)** Amostra A

3.81 **(a)**

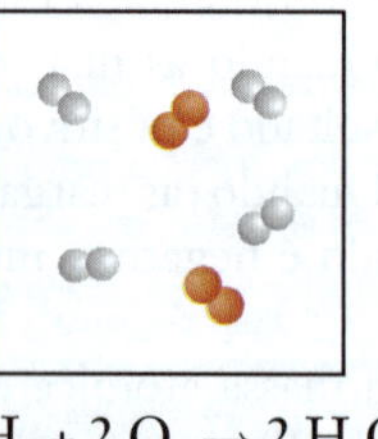

(b) $H_2 + 2\,O_2 \rightarrow 2\,H_2O$.

3.83 Não, o desenho não está correto. O estudante extraiu 8 átomos de nitrogênio nos reagentes e apenas 4 nos produtos, mas sabemos que os átomos devem ser conservados.

3.85 O HA é um ácido fraco, porque há moléculas de HA intactas e íons A^- dissociados, como mostra a figura.

3.87 $3\,NO_2 + H_2O \rightarrow 2\,HNO_3 + NO$.

3.89 $4\,C_5H_5N + 25\,O_2 \rightarrow 20\,CO_2 + 10\,H_2O + 2\,N_2$.

3.91 $2\,NH_3 + 2\,CH_4 + 3\,O_2 \rightarrow 2\,HCN + 6\,H_2O$.

3.93 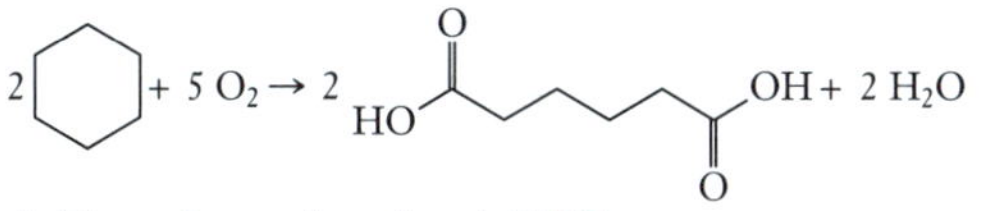

3.95 A fórmula molecular é C_9H_{12}.

3.97 37%.

3.99 A porcentagem atômica e em mol devem ser as mesmas, portanto a faixa seria 34,0-81,8%mol de Pt.

3.101 Apenas o MgS é um eletrólito.

3.103 0,494 g de $KMnO_4$.

3.105 $2{,}5 \times 10^8$ galões.

3.107 4×10^{10} átomos de Cu.

3.109 **(a)** 42,2%at de Zn, 7,85%at de Cd e 50,00%at de O.
(b) 42,2%mol de Zn, 7,85%mol de Cd e 50,00%mol de O.
(c) 62,1%m de Zn, 19,9%m de Cd e 18,0%m de O.

3.111 Sabemos que 1 mol de clorofila contém 1 mol de magnésio. Podemos procurar a massa molar do magnésio. Então podemos dizer que a massa de 1 mol de magnésio deve corresponder a 2,72% da massa molar da clorofila. Isso nos permitirá resolver o problema.

3.113 Podemos calcular a porcentagem em massa de cloro tanto no NaCl quanto no $MgCl_2$. A porcentagem de cloro na amostra será a média ponderada desses dois valores, em que cada um é multiplicado pela fração dos seus componentes que, na realidade, está presente. Desde que NaCl e $MgCl_2$ sejam os únicos componentes, seremos capazes de completar o cálculo.

3.115 Temos a massa total de CO_2 exalada por dia e podemos convertê-la em moléculas. Logo, tudo de que precisamos é uma estimativa do número de exalações por dia. Deve ser fácil de encontrar uma estimativa da taxa média de respiração humana, que nos permita completar o cálculo.

3.117 As massas atômicas de ferro e oxigênio são fixas, logo o composto com a maior proporção entre átomos de oxigênio e átomos de ferro terá a maior porcentagem em massa de oxigênio. Verificando-se as fórmulas, deve ser fácil perceber que esta será o Fe_2O_3 e não há necessidade de informação adicional.

3.119 Espera-se ligação iônica nos precipitados.

3.121 0,0762 mol L^{-1} de $Fe(NO_3)_2$ e 0,152 mol L^{-1} de NO_3^-.

3.123 Se as massas molares a serem usadas têm quatro ou cinco algarismos significativos, elas limitarão a exatidão de um cálculo apenas se os outros dados tiverem cinco ou mais algarismos significativos. Para uma massa na ordem de 100 g, isso será verdadeiro se medirmos as massas com uma resolução além de 0,01 g. Muitas balanças de laboratório podem facilmente fazer isso.

Capítulo 4

4.1 A combustão nem sempre é completa e nem sempre produz dióxido de carbono e água. Além disso, a gasolina não é um composto único. Portanto, descrever o processo com uma única equação química é também uma aproximação.

4.3 Na combustão completa, todo o carbono presente é convertido em dióxido de carbono, enquanto, na combustão incompleta, parte do carbono é convertida apenas em monóxido de carbono.

4.5 Trata-se de gases em temperatura ambiente, logo evaporariam da gasolina líquida.

4.7 **(a)** $\left(\frac{2\text{ mol de }H_2}{1\text{ mol de }O_2}\right)$ ou $\left(\frac{2\text{ mol de }H_2}{2\text{ mol de }H_2O}\right)$ ou
$\left(\frac{1\text{ mol de }O_2}{2\text{ mol de }H_2O}\right)$ ou $\left(\frac{1\text{ mol de }O_2}{2\text{ mol de }H_2}\right)$ ou
$\left(\frac{2\text{ mol de }H_2O}{2\text{ mol de }H_2}\right)$ ou $\left(\frac{2\text{ mol de }H_2O}{1\text{ mol de }O_2}\right)$

(b) $\left(\frac{2\text{ mol de }H_2O_2}{2\text{ mol de }H_2O}\right)$ ou $\left(\frac{2\text{ mol de }H_2O_2}{1\text{ mol de }O_2}\right)$ ou
$\left(\frac{2\text{ mol de }H_2O}{2\text{ mol de }H_2O_2}\right)$ ou $\left(\frac{1\text{ mol de }O_2}{2\text{ mol de }H_2O_2}\right)$ ou
$\left(\frac{1\text{ mol de }O_2}{2\text{ mol de }H_2O}\right)$ ou $\left(\frac{2\text{ mol de }H_2O}{1\text{ mol de }O_2}\right)$

(c) $\left(\frac{1\text{ mol de }P_4}{5\text{ mol de }O_2}\right)$ ou $\left(\frac{1\text{ mol de }P_4}{1\text{ mol de }P_4O_{10}}\right)$ ou
$\left(\frac{1\text{ mol de }P_4O_{10}}{1\text{ mol de }P_4}\right)$ ou $\left(\frac{5\text{ mol de }O_2}{1\text{ mol de }P_4}\right)$ ou
$\left(\frac{5\text{ mol de }O_2}{1\text{ mol de }P_4O_{10}}\right)$ ou $\left(\frac{1\text{ mol de }P_4O_{10}}{5\text{ mol de }O_2}\right)$

(d) $\left(\frac{2\text{ mol de }KClO_3}{2\text{ mol de }KCl}\right)$ ou $\left(\frac{2\text{ mol de }KClO_3}{3\text{ mol de }O_2}\right)$ ou
$\left(\frac{2\text{ mol de }KCl}{2\text{ mol de }KClO_3}\right)$ ou $\left(\frac{3\text{ mol de }O_2}{2\text{ mol de }KClO_3}\right)$ ou
$\left(\frac{3\text{ mol de }O_2}{2\text{ mol de }KCl}\right)$ ou $\left(\frac{2\text{ mol de }KCl}{3\text{ mol de }O_2}\right)$

4.9 **(a)** $S_8 + 8\ O_2 \rightarrow 8\ SO_2$; **(b)** 25 moléculas de S_8; **(c)** 200 moléculas de SO_2.

4.11 11,3 mol.

4.13 **(a)** 13 mol; **(b)** 3,6 mol; **(c)** 4,9 mol; **(d)** $2{,}6 \times 10^{-3}$ mol.

4.15 **(a)** 3,6 g; **(b)** 3,67 g; **(c)** 2,5 mg; **(d)** 12 kg.

4.17 3,2 g de Cl_2.

4.19 0,883 tonelada de C; 5,48 toneladas de Fe.

4.21 910 g de N_2.

4.23 Devemos ter mais de 24 mol de Br_2.

4.25 As condições SÃO úteis para a formação de monóxido de carbono.

4.27 O ácido sulfúrico é o reagente limitante e forma 5,88 g de SO_2.

4.29 O ácido sulfúrico é o limitante e formam-se 790 g de $Al_2(SO_4)_3$.

4.31 O dióxido de nitrogênio é limitante e formam-se 3,3 kg de HNO_3.

4.33 O SiO_2 é limitante e sobrará 11,5 g de C.

4.35 As reações laterais produzem algo diferente do produto desejado. Algumas vezes, a própria reação não prossegue até se completar.

4.37 Reação 1: 36,6%; Reação 2: 1,3%; Reação 3: 34%; Reação 4: 103%.

4.39 88%.

4.41 150 g.

4.43 66,5%.

4.45 H_2S é limitante e o rendimento percentual é 79%.

4.47 **(a)** $6,0 \times 10^6$ g de SiO_2 e $3,6 \times 10^6$ g de C; **(b)** 0,78 tonelada de carvão por tonelada de areia.

4.49 0,302 g H_2.

4.51 Ele muda de cor quando o produto químico adicionado consumiu o produto químico de interesse na solução.

4.53 22,9 mL.

4.55 3,61 g.

4.57 **(a)** H_2SO_4 $7,62 \times 10^{-3}$ mol L^{-1}; **(b)** 50,1 g de $CuFeS_2$; **(c)** 2,2%.

4.59 2,27 g de H_2.

4.61 A octanagem mede a qualidade de uma gasolina quanto à extensão na qual pode ser comprimida antes que se incendeie sem uma faísca. O próprio octano é bastante compressível, logo, se você tivesse octano puro, a octanagem seria 100. É possível ter uma octanagem maior que 100 para um combustível mais compressível que o octano.

4.63 Questão de internet que irá variar dependendo da localização.

4.65 O chumbo reage com metais como ródio, paládio e platina, cobrindo de maneira eficaz esses metais e eliminando suas atividades catalíticas.

4.67 O_2 é limitante.

4.69 Sim, o CO era um reagente limitante. $CO + 2 H_2 \rightarrow CH_3OH$.

4.71 **(a)**

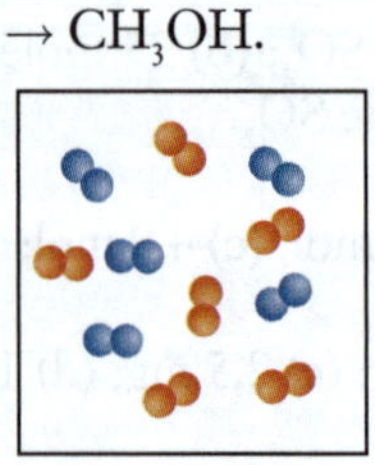

(b) $2 N_2 + 3 O_2 \rightarrow 2 N_2O_3$ **(c)** Como ainda há N_2 presente no final da reação, sabemos que o O_2 foi o reagente limitante.

4.73 **(a)** A equação define quantidades de matéria iguais entre si. Mas em um problema de estequiometria, isso muitas vezes não é verdadeiro. **(b)** Sim, utilizar essa equação resultará em uma resposta correta em qualquer caso em que as quantidades de matéria envolvidas forem realmente iguais. Um exemplo seria se a reação tivesse uma estequiometria de 1:1.

4.75 Uma maneira de expressar isso seria m_O = (% massa de O em HgO) $\times m_{HgO}$.

4.77 104 g mol^{-1}.

4.79 $2,0 \times 10^{13}$ g de $Ca_5(PO_4)_3F$.

4.81 0,031 mol L^{-1}.

4.83 3×10^9 kg de NH_3

4.85 O enxofre é limitante e formam-se 67,4 g de S_2Cl_2.

4.87 HF é limitante e formam-se 1.049 kg de Na_3AlF_6.

4.89 HCl é limitante e forma-se 1,5 g de CO_2. A concentração de Ca^{2+} é 0,050 mol L^{-1}.

4.91 588,2 g.

4.93 13,5 g de CH_4.

4.95 0,041 mol L^{-1} de Ca^{2+}.

4.97 O $CaCO_3$ e o $Ca(OH)_2$ poderiam neutralizar cada um dois mol de HCl para cada mol de base, enquanto o NH_3 e o NaOH poderiam neutralizar apenas 1 mol de base. Uma vez que os custos são dados em termos de massa, precisamos também considerar as massas molares. A combinação da estequiometria de reação com as massas molares nos permite calcular o custo por mol de ácido a ser neutralizado, e os resultados indicam que o NH_3 oferece o custo mais baixo.

4.99 É fornecida a massa de Cr_2O_3, e podemos convertê-la em quantidade de matéria. Podemos ver a partir da equação balanceada que precisamos de 2 mol de Al para cada mol de Cr_2O_3 e essa informação nos permitirá encontrar a quantidade de matéria de Al necessária. Esta pode ser convertida na massa desejada; nenhuma informação adicional deve ser necessária.

4.101 O aumento na massa é devido ao oxigênio, portanto sabemos que 0,5386 g do elemento desconhecido combina-se com 0,1725 g de oxigênio. Podemos converter aquela massa de oxigênio em quantidade de matéria e usar a proporção molar 3:2 da fórmula e encontrar a quantidade de matéria do elemento X na amostra original. Dividindo a massa pela quantidade de matéria, obteremos a massa molar desejada.

4.103 Existem várias maneiras de abordar este problema. Uma seria calcular a porcentagem em massa de selênio no Bi_2Se_3. Isso nos permitiria encontrar a massa de selênio em 5 kg de Bi_2Se_3. Comparar aquela massa com os 560 g disponíveis nos indica se temos selênio suficiente.

4.105 Podemos converter 500 g de O_2 em quantidade de matéria e usar a proporção molar 2:1 da equação balanceada para encontrar a quantidade de matéria de $KMnO_4$ necessária.

4.107 Converta 150 toneladas de Freon-12 para gramas e para quantidade de matéria. Use a proporção molar 2:1 da equação balanceada para encontrar a quantidade de matéria de oxalato de sódio necessária para reagir com todo o Freon-12. A quantidade de matéria de oxalato de sódio necessária poderia então ser convertida em massa, se necessário.

4.109 C_5H_3.

4.111 91,6% de Al.

Capítulo 5

5.1 O gás natural é na verdade uma mistura de vários compostos. A composição exata depende da fonte do gás natural e também muda à medida que o gás é processado.

5.3 Os líquidos de gás natural incluem etano, propano e butano. Esses compostos são utilizados como precursores na síntese de polímeros e também podem ser queimados como combustíveis.

5.5 Os poços tradicionais eram perfurados verticalmente, exigindo um local de perfuração adequado acima do reservatório de gás-alvo. Na perfuração horizontal, a broca é capaz de se mover paralelamente à superfície da Terra. Como resultado, o local de perfuração não precisa estar diretamente acima do reservatório-alvo.

5.7 Os gases tornam-se menos densos à medida que a sua temperatura aumenta. O ar em um balão de ar quente está a uma temperatura mais alta que o ar que o circunda. O resultado é que é menos denso e consequentemente flutua no ar mais frio e mais denso.

5.9 A pressão atmosférica é criada quando a massa dos gases atraída para a superfície da Terra pela gravidade gera uma força que produz pressão (força/unidade de área).

5.11 Para um líquido com a metade da densidade do mercúrio, a pressão atmosférica irá gerar uma coluna duas vezes mais alta que aquela gerada para o mercúrio. A coluna será 750 mm × 2 = 1.500 mm.

5.13 $1,5 \times 10^2$ atm.

5.15 **(a)** 0,950 atm; **(b)** $9,50 \times 10^2$ mm de Hg; **(c)** 542 torr; **(d)** 99,3 kPa; **(e)** 6,98 atm.

5.17 A pressão aumentada decorrente do peso da água comprime o ar em seu ouvido, o que pode causar um "pop" com a expansão.

5.19 113 mL.

5.21 Um balão retornará à sua forma porque o volume é proporcional à temperatura termodinâmica. Em pressão e quantidade de matéria constantes do gás, o abaixamento de *T* diminuirá o volume do balão, mas, ao retornar à temperatura ambiente, ele restaurará sua forma.

5.23 6,9 mL.

5.25 $1,38 \times 10^3$ L.

5.27 61,7 g mol^{-1}.

5.29 **(a)** 5,395 g L^{-1}; **(b)** 1,964 g L^{-1}; **(c)** 1,627 g L^{-1}.

5.31 670K.

5.33 A pressão parcial é aquela exercida por um gás em uma mistura de gases, comportando-se como se ele estivesse sozinho no recipiente.

5.35 $P_i = P_{total}X_i$.

5.37 0,74 atm.

5.39 $1,8 \times 10^{-3}$ mol de NO_2 e $3,3 \times 10^{-3}$ mol de SO_2.

5.41 $P_{CO_2} = 640$ torr, $P_{NO} = 37$ torr, $P_{SO_2} = 5,7$ torr e $P_{H_2O} = 70,0$ torr.

5.43 A pressão total é 2,67 atm: $P_{H_2O} = 0,841$ atm, $P_{O_2} = 0,389$ atm e $P_{N_2} = 1,44$ atm.

5.45 Questão de internet – respostas irão variar, dependendo dos sites encontrados pelos estudantes.

5.47 0,10 g de NH_4Cl.

5.49 1,07 g de Zn.

5.51 160 L de O_2.

5.53 1,00 atm.

5.55 A amônia é o reagente limitante e formam-se 8,0 g de ureia.

5.57 0,525 L.

5.59 74,4 g de NaN_3.

5.61 187 torr.

5.63 3×10^{-17} atm.

5.65 CH_2Cl_2, Kr, N_2, CH_4.

5.67 O parâmetro *b* na equação de van der Waals é responsável pelo volume das moléculas de gás. No termo $(V - nb)$, o trecho $-nb$ subtrai o volume ocupado pelas moléculas do volume através do qual as moléculas de gás podem viajar.

5.69 **(a)** 7,34 atm **(b)** 7,11 atm.

5.71 Uma corrente elétrica é medida. Como o número de íons formados é proporcional ao número de moléculas de gás, a corrente pode ser convertida em pressão.

5.73 As respostas irão variar, dependendo dos tipos de sensores encontrados.

5.75 Jacques Charles inicialmente observou que, quando a pressão e a quantidade de matéria do gás são mantidas constantes, o volume e a temperatura variam inversamente. Essa relação é uma reta quando *T* é colocado em um gráfico *versus V*. Apesar de não ser possível abaixar a temperatura de todos os gases ao zero absoluto, se as linhas que são geradas pelos diferentes gases fossem extrapoladas, todas levariam à mesma temperatura e ela seria o zero absoluto (ou –273°C).

5.77 Em volume constante, a pressão de um gás está diretamente relacionada à temperatura termodinâmica. O aumento da temperatura poderia perigosamente provocar pressão alta e possível ruptura do cilindro.

5.79 Pressão alta e/ou baixa temperatura.

5.81 Em temperatura mais alta, a distribuição desloca-se na direção de velocidades moleculares mais altas, logo a curva azul representa 1.000K.

5.83 Como a temperatura é fixa, a distribuição da velocidade depende da massa molar. Assim, em cada caso, escolhemos o gás com a massa molar mais semelhante. **(a)** O_2 **(b)** H_2O **(c)** H_2O.

5.85 Afirmativas **(a)**, **(b)**, **(c)** e **(d)** são verdadeiras. A afirmativa (e) é falsa.

5.87 2,19 g L^{-1}.

5.89 34,8 torr.

5.91 79% de Zn.

5.93 3×10^4 L de ar.

5.95 **(a)** $4\ Fe^{2+}(aq) + 4\ H^+(aq) + O_2(g) \rightarrow 4\ Fe^{3+}(aq) + 2\ H_2O(\ell)$.
(b) $1,4 \times 10^3$ g de H_2O.
(c) 5,1 atm.

5.97 540 horas.

5.99 443 torr.

5.101 0,314.

5.103 **(a)** O único gás em geral encontrado em aplicações aeroespaciais é o ar. **(b)** 29 g mol^{-1}. **(c)** 290 $m^2\ s^{-2}\ K^{-1}$.

5.105 **(a)** A pressão final será maior. A primeira, segunda e quarta reações não variam a quantidade de matéria de gás, mas a terceira reação gera produtos gasosos a partir de um reagente sólido. A quantidade de matéria aumentará e a pressão também. **(b)** 2,3 atm.

5.107 Para este problema, precisamos determinar se o ar está presente medindo as várias densidades e determinando se existem diferenças. Inicialmente, a lata fechada deve ser pesada e seu volume, determinado (se possível por deslocamento). Em seguida, o refrigerante deve ter sua densidade determinada separadamente, talvez medindo-se a massa de um recipiente volumétrico como uma proveta quando vazio e então cheio com um volume conhecido de refrigerante. Existe alguma chance de a densidade da lata de alumínio poder ser ignorada neste problema, mas, se necessário, ela deveria ser medida. Se a densidade medida para todo o sistema varia daquela medida para o refrigerante sozinho, a fonte mais lógica para a diferença seria o gás no "espaço do topo".

5.109 Para resolver este problema, é necessário inicialmente determinar a quantidade de carbonato presente (multiplicando-se a quantidade de minério pela fração de carbonato). Um problema de estequiometria pode então ser montado, usando-se a equação química para realizar a conversão entre quantidade de matéria de carbonato e quantidade de matéria de dióxido de carbono. Por fim, o volume pode ser determinado usando-se a lei de gás ideal, desde que a temperatura e pressão sejam conhecidas ou medidas.

5.111 **(a)** 2×10^{27} moléculas, **(b)** 4×10^{21} moléculas.

5.113 $C_2H_2F_4$.

Capítulo 6

6.1 O teste não destrutivo pode ser realizado sem danificar o item ou amostra em análise, enquanto outras formas de análise podem exigir que a amostra seja digerida (ou consumida). O teste não destrutivo de um item pode normalmente ser realizado enquanto o item ou dispositivo está em uso.

6.3 As quantidades de luz absorvida em diferentes comprimentos de onda fornecem informação sobre as quantidades relativas de cada elemento presente.

6.5 Por causa da conservação de energia, a energia do fóton emitido nunca pode ser maior que a energia do fóton originalmente absorvido para excitar o átomo emissor.

6.7 Rádio, IV, visível, UV.

6.9 480 nm: $6,2 \times 10^{14}$ Hz luz verde.
530 nm: $5,7 \times 10^{14}$ Hz luz amarela.
580 nm: $5,2 \times 10^{14}$ Hz luz laranja.
700 nm: 4×10^{14} Hz luz vermelha.

6.11 *Fóton* é o termo usado para uma quantidade discreta de energia fornecida pela luz. Algumas vezes, é visto como um pacote de radiação eletromagnética que carrega energia.

6.13 **(d)**, **(c)**, **(a)**, **(b)**

6.15 **(a)** $3,3 \times 10^{-7}$ m (UV) **(b)** $2,3 \times 10^{-4}$ m (IR) **(c)** $6,2 \times 10^{-2}$ m (rádio) **(d)** $1,0 \times 10^3$ m (ondas de rádio longas).

6.17 $3,139 \times 10^{-19}$ J; $1,890 \times 10^5$ J

6.19 Um feixe de luz atinge uma superfície de metal, fazendo com que elétrons sejam emitidos.

6.21 277 nm

6.23 O modelo de Bohr representou os elétrons circulando o núcleo nas órbitas que poderiam estar apenas a determinadas distâncias do núcleo. Uma vez que a energia está relacionada à distância entre partículas carregadas, essas órbitas correspondem aos níveis de energia. Para o elétron excitado no átomo de Bohr retornar à órbita original, o átomo libera um fóton de energia igual à diferença de energia entre as duas órbitas. Os espectros de átomos de hidrogênio consequentemente correspondem às energias específicas liberadas quando os elétrons caem de órbitas de energia mais alta para as de energia mais baixa.

6.25 O estado fundamental ocorre quando todos os elétrons em um átomo estão nos estados mais baixos de energia possíveis.

6.27 493,12 nm.

6.29 **(a)** $4{,}558 \times 10^{-19}$ J para a transição de 435,8 nm, e $3{,}638 \times 10^{-19}$ J para a transição de 546,1 nm. **(b)** $1{,}389 \times 10^{14}$ Hz.

6.31 A função de onda é usada para descrever os elétrons em torno do núcleo de um átomo, porque os elétrons podem ser difratados. A difração está normalmente associada à radiação eletromagnética (luz), mas os elétrons também produzem padrões de difração. Isso significa que também exibem a dualidade partícula-onda. Em alguns casos, os elétrons são tratados como partículas; em outros, como ondas.

6.33 O número quântico principal, n, tem valores inteiros começando em 1 e continuando até o infinito. O número quântico secundário, ℓ, é limitado pelos valores do número quântico principal e tem valores inteiros de 0 a $n - 1$.

6.35 4*d*.

6.37 **(a)** 8, **(b)** 6, **(c)** 2, **(d)** 1.

6.39 Um ponto ou plano onde a amplitude de uma onda é zero.

6.41 **(a)** $n = 3$, $\ell = 2$ **(b)** −2, −1, 0, +1, +2 **(c)** 5 **(d)** 2

6.43 *Spin* emparelhado significa que dois elétrons emparelhados no mesmo orbital têm *spins* opostos, +1/2 e −1/2, ou ⇅.

6.45 A blindagem descreve o efeito que os elétrons mais internos têm na carga nuclear que os elétrons de valência mais externos sofrem. Os elétrons mais internos mascaram parcialmente a carga nuclear no núcleo sobre os elétrons de valência.

6.47 A regra de Hund diz que os dois elétrons devem estar desemparelhados e ter *spins* paralelos, então o desenho à direita está correto.

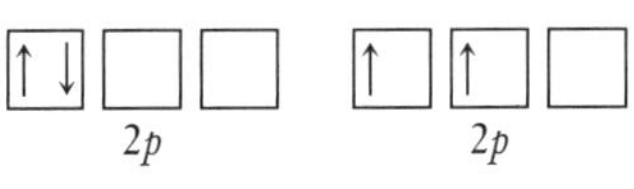

6.49 Configurações de estado fundamental **(a)** e **(b)**. Configurações de estado excitado: **(c)**, (e) e (f). Configuração impossível: **(d)**.

6.51 As configurações eletrônicas para o F, Cl e Br estão listadas a seguir:
$F = 1s^2 2s^2 2p^5$ ou [He] $2s^2 2p^5$.
$Cl = 1s^2 2s^2 2p^6 3s^2 3p^5$ ou [Ne] $3s^2 3p^5$.
$Br = 1s^2 2s^2 2p^6 3s^2 3p^6 4s^2 3d^{10} 4p^5$ ou [Ar] $4s^2 3d^{10} 4p^5$.
A configuração eletrônica de valência de cada um é idêntica: $ns^2\ np^5$ (os elétrons *d* no Br não são de valência porque apenas elétrons *s* e *p* mais externos e em orbitais *d* incompletos são considerados elétrons de valência). Uma vez que esses três halogênios têm configurações eletrônicas de elétron de valência similares, terão químicas similares (os elétrons de valência estão onde a química ocorre). Por exemplo, cada halogênio receberá um elétron para formar um ânion, F^-, Cl^- e Br^-. Quando emparelhados com o Na^+, formam sais de sódio, NaF, NaCl e NaBr.

6.53 O elemento conhecido mais pesado é Og, com $Z = 118$, com um subnível 7*p* preenchido. Adicionar mais 50 elementos preencheria os subníveis 8*s*, 7*d*, 6*f*, 8*p* e 5*g*. Assim, uma linha seria adicionada a cada um dos blocos existentes na tabela periódica e um novo bloco *g* também precisaria ser adicionado.

6.55 O número de colunas em cada bloco corresponde ao número de elétrons que podem ser acomodados no subnível correspondente. Um subnível *s* consiste de apenas 1 orbital, então ele pode conter 2 elétrons. Um subnível *p* contém 3 orbitais, de modo que pode conter até 6 elétrons. Um subnível *d* tem 5 orbitais e pode conter 10 elétrons.

6.57 Li: 1, Be: 0, B: 1, C: 2, N:3, O: 2, F:1, Ne: 0.

6.59 À medida que a carga nuclear efetiva aumenta ao longo da tabela periódica, o tamanho dos orbitais atômicos diminui. A diminuição no tamanho dos orbitais atômicos resulta em um tamanho atômico menor.

6.61 **(a)** Be, Li, Na.
(b) F, N, P.
(c) O, I, Sn.

6.63 O primeiro grande salto nas energias de ionização no Cl ocorreria entre a quinta e a sexta energias de ionização. A quinta energia de ionização removeria o último elétron 3*p*. A sexta energia de ionização removeria o primeiro elétron 3*s*. É mais difícil remover elétrons de um conjunto de orbitais completamente preenchido do que de um conjunto parcialmente preenchido. O próximo grande salto na energia de ionização ocorreria entre a remoção do último elétron 3*s* e o primeiro elétron 2*p* (a sétima e a oitava energias de ionização).

6.65 A configuração eletrônica para o oxigênio é $1s^2\ 2s^2\ 2p^4$. A configuração eletrônica para o nitrogênio é $1s^2\ 2s^2\ 2p^3$. Para o oxigênio, existe um conjunto de elétrons emparelhados nos orbitais 2*p*. Não existem elétrons emparelhados nos orbitais 2*p* para o nitrogênio. Os elétrons emparelhados no oxigênio se repelem. A repulsão eletrônica aumenta a energia desses elétrons emparelhados nos orbitais 2*p* no oxigênio, reduzindo a quantidade de energia necessária para remover um dos elétrons emparelhados para formar um cátion, comparado ao nitrogênio.

6.67 (a) Se, (b) Br^-, (c) Na, (d) N, (e) N^{3-}.

6.69 (a) Na, (b) C, (c) Na, Al, B, C.

6.71 778,0 nm.

6.73 1×10^9 J

6.75 Para uma frequência específica (ou comprimento de onda), a intensidade de uma fonte de luz aumenta à medida que o número de fótons aumenta.

6.77 Um orbital *s* é uma esfera, o que significa que ela pode ser girada em qualquer número de graus e sua aparência não se modifica. Existem três orbitais *p* em um subnível, e esses orbitais devem ser organizados de modo que a repulsão eletrostática dos elétrons nos orbitais seja minimizada. Isso ocorre quando os orbitais *p* estão dispostos ao longo dos eixos *x*, *y* e *z* – ou em direções específicas. O mesmo tipo de raciocínio é verdadeiro para os orbitais 5*d*, embora eles não fiquem ao longo dos eixos *x*, *y* e *z*.

6.79 A regra de Hund afirma que, para um conjunto de orbitais atômicos equivalentes, cada orbital é preenchido com um elétron antes que o emparelhamento ocorra. Quando dois elétrons são colocados no mesmo orbital atômico, ocorre a repulsão eletrônica porque ambos os elétrons estão negativamente carregados. O orbital atômico está agora a uma energia mais alta que antes (a repulsão aumenta a energia). A energia mais baixa é o estado mais estável para um átomo, logo cada orbital atômico, em um conjunto de orbitais equivalentes, recebe um elétron até que todos os orbitais contenham um elétron, logo o átomo permanece no nível de energia mais baixo possível.

6.81 Um elemento imediatamente à direita do magnésio estaria no Grupo 3 e, portanto, seria esperado que tivesse uma configuração eletrônica d^1. Mas para tal elemento estar na terceira linha, seria necessário que o último elétron ocupasse um orbital 2*d*, mas não existem tais orbitais.

6.83 Verde = Na, vermelho = Mg e azul = Al.

6.85 Existe uma grande diferença de energia entre os níveis $n = 1$ e $n = 2$, conforme mostra o diagrama no Problema 6.26. Para qualquer estado inicial com $n = 3$ ou superior, a transição para o nível $n = 1$ terá uma energia significativamente maior do que a transição para o nível $n = 2$. Como resultado, as linhas associadas às transições para o nível $n = 2$ estarão na região UV.

6.87 Por estarem nos mais altos níveis de energia ocupada, os elétrons de valência estão mais distantes do núcleo. Os elétrons centrais (aqueles nas camadas inferiores) estarão mais próximos do núcleo e protegerão os elétrons de valência de grande parte da carga nuclear.

6.89 Um íon rubídio é muito menor do que um átomo de rubídio, ao passo que um íon cloreto é significativamente maior que um átomo de cloro. Portanto, se os íons são semelhantes em tamanho, um átomo de rubídio neutro deve ser muito maior que um átomo de cloro neutro.

6.91 O hélio é o único gás nobre sem uma configuração ns^2np^6. Mas como não existe subnível 1*p*, a configuração $1s^2$ do hélio ainda corresponde a um nível preenchido. O grande aumento na energia do nível 1*s* para o 2*s* significa que as propriedades do hélio são muito similares àquelas dos outros gases nobres.

6.93

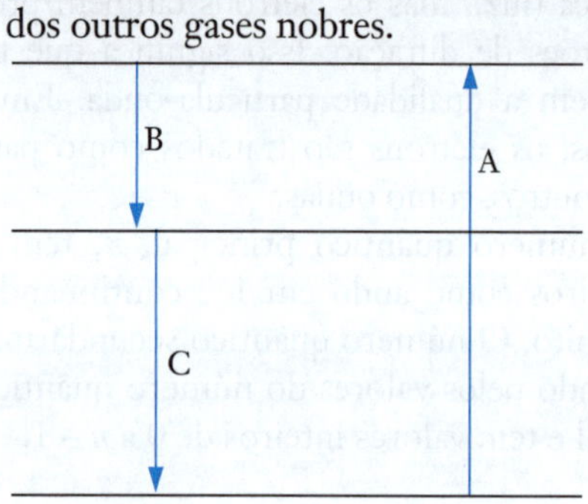

A é o evento de absorção a 185 nm e B, o evento de emissão a $4{,}924 \times 10^{14}$ Hz. C é a diferença de energia entre o estado fundamental e o estado excitado final. Supõe-se que o estado fundamental terá um valor de energia de zero.
$E_C = 7{,}47 \times 10^{-19}$ J.

6.95 O metal desconhecido deve ser o lítio.

6.97 **(a)** Ga^{3+}, Ca^{2+}, K^+.
(b) Be^{2+}, Mg^{2+}, Ca^{2+}, Ba^{2+}.
(c) Al^{3+}, Na^+, Sr^{2+}, Rb^+.
(d) Ca^{2+}, K^+, Rb^+.

6.99 $\nu = 5{,}3 \times 10^{13}\ s^{-1}$, $\lambda = 5{,}7 \times 10^{-6}$ m.

6.101 3×10^3 W, 1×10^{22} fótons s^{-1}.

6.103 A característica-chave é que os átomos de manganês absorvem luz próximo a 403 nm. A quantidade de luz absorvida estará relacionada ao número de átomos de manganês presentes. Logo, se a absorção observada puder ser calibrada contra algum padrão de concentração, a comparação nos indicará a quantidade de manganês na amostra.

6.105 Estamos usando o raciocínio indutivo. Se assumirmos que qualquer nível de energia seja possível, inferiríamos que o espectro seria contínuo, o que está em desacordo com as observações. Consequentemente, usamos o raciocínio indutivo para dizer que os níveis de energia devem ser específicos.

6.107 **(a)** $1{,}91 \times 10^{-7}$ m; **(b)** $6{,}4 \times 10^{18}$ fótons.

Capítulo 7

7.1 Biocompatibilidade é a habilidade de um material coexistir com um sistema biológico natural dentro do qual ele foi implantado.

7.3 O cimento de ossos PMMA funciona como algo parecido com uma argamassa, preenchendo o espaço entre o osso e um implante cirúrgico. Uma massa contendo o metacrilato de metila líquido e outros materiais é aplicada pelo cirurgião e, então, endurece no local à medida que o MMA polimeriza. A composição do cimento deve ser escolhida de tal forma que a polimerização prosseguirá em velocidade razoável.

7.5 Os revestimentos podem ser usados para melhorar a biocompatibilidade. Os reagentes utilizados para gerar tais revestimentos são chamados precursores.

7.7 Porque a remoção de um segundo elétron do íon sódio, Na^+, envolve um elétron mais interno. A energia necessária para realizar isso é bem grande, portanto não é observado na natureza.

7.9 **(a)** N, **(b)** Ba^{2+}, **(c)** Se, **(d)** Co^{3+}.

7.11 **(a)** Cl^-, S^{2-}, P^{3-}.
(b) O^{2-}, S^{2-}, Se^{2-}.
(c) N^{3-}, S^{2-}, Br^-.
(d) Cl^-, Br^-, I^-.

7.13 **(a)** Repulsiva. **(b)** De acordo com a Equação 7.2, o potencial de Coulomb varia com $1/r$. Portanto, à medida que passamos dos primeiros vizinhos mais próximos para os segundos, terceiros ou quartos mais próximos, a magnitude de V deve diminuir e $V_1 > V_2 > V_3 > V_4$.

7.15 Em um composto ligado covalentemente, as ligações fortes mantêm os átomos juntos em moléculas, e as forças entre as moléculas são muito mais fracas. Apenas aquelas forças intermoleculares mais fracas precisam ser superadas para derreter ou ferver a substância. Em compostos iônicos, moléculas discretas não existem. As fortes interações coulômbicas entre íons se estendem por todo o cristal, levando a altos pontos de fusão e ebulição.

7.17 Os elétrons carregados negativamente são atraídos para ambos os núcleos carregados positivamente, portanto as forças envolvidas ainda são coulômbicas.

7.19 O número de ligações que podem ser formadas é limitado pelo número de espaço que cada elemento tem no nível de valência. É possível obter um pouco mais de ligações que o ditado por esse número (normalmente chamado valência) em alguns casos, mas não é possível manter um aumento para sempre. De uma perspectiva física, a repulsão que surgiria de muito acúmulo de densidade eletrônica proíbe a formação de muitas ligações.

7.21 :T̈s·

7.23 Um par solitário é um par de elétrons localizado em um único átomo, não compartilhado entre os átomos.

7.25 Uma ligação dupla é mais forte que duas ligações simples, mas não é duas vezes mais forte. Isso leva a algumas tendências de reatividade, em que a "segunda" é quebrada e substituída por uma nova ligação simples (indo de uma ligação dupla para duas ligações simples).

7.27 A afinidade eletrônica é definida para um átomo isolado e mede a variação de energia pela adição de um elétron. A eletronegatividade é definida dentro de compostos químicos e estima a propensão de um átomo atrair elétrons para si mesmo.

7.29

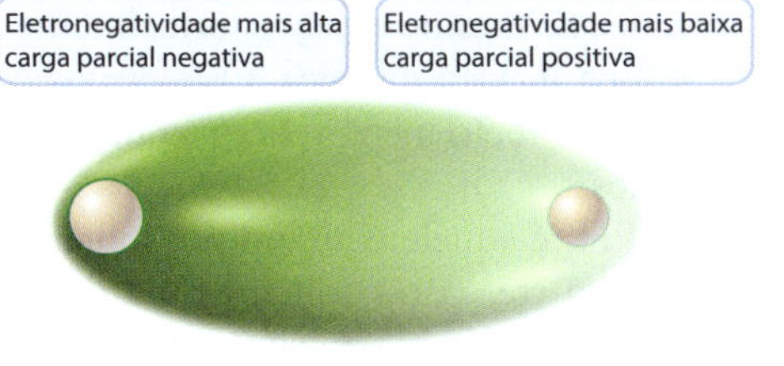

Se permitirmos que a densidade de elétrons seja mostrada pelo sombreamento, existe uma densidade eletrônica maior perto do núcleo à esquerda, e essa parte da ligação teria uma carga negativa.

7.31 Tal ligação é chamada "polar" porque a distribuição assimétrica de elétrons resulta em um dipolo (ou campo) elétrico. A existência de polos é a origem da terminologia "ligação polar".

7.33 **(a)** O—H é a mais polar; C—H e S—H têm polaridade similar porque existe a mesma diferença de eletronegatividade. **(b)** H—Cl é a ligação mais polar e Cl—Cl é a menos (apolar). **(c)** C—F é a mais polar e F—F é a menos polar (apolar). **(d)** N—H é a mais polar e N—Cl é a menos polar.

7.35 $BaCO_3$. (Ligações covalentes dentro do íon carbonato e ligações iônicas entre os íons bário e carbonato.)

7.37 **(a)** :C≡O:

(b) H—S̈—H

(c)

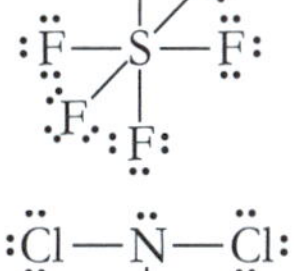

d)

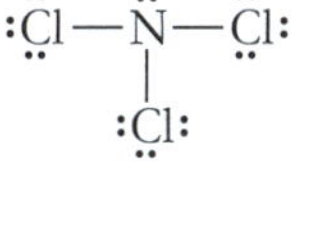

7.39 **(a)** **(b)**

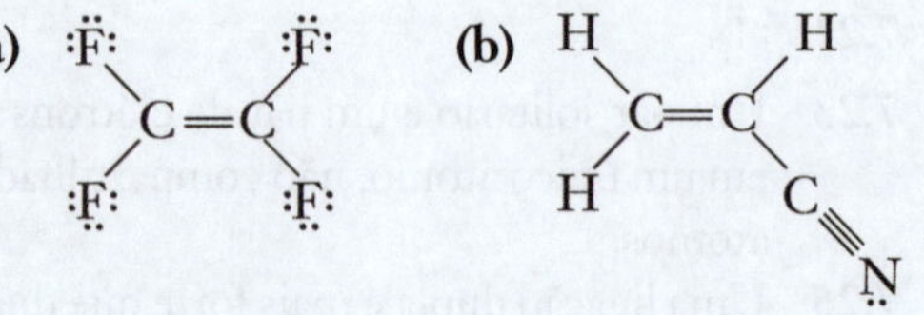

7.41 Nas estruturas de Lewis, a ressonância ocorre quando existem duas ou mais maneiras diferentes de desenhar uma ligação dupla. A estrutura real é uma média de todas as estruturas equivalentes.

7.43 É uma média de todas as estruturas equivalentes. Nas plantas, as variedades mestiças são chamadas híbridas, uma média das duas plantas originais.

7.45 Quando existem estruturas de ressonância de tal forma que há um híbrido, os elétrons envolvidos nesse componente da molécula não estão localizados no mesmo espaço, normalmente associado a uma ligação química. Os elétrons com "mais espaço" terão menos energia que os mais localizados.

7.47 O PH_3 é aquele com um par solitário único. O F_2 tem três pares solitários em cada átomo de flúor, o CH_4 não tem pares solitários e o íon carbonato tem pares solitários em cada átomo de oxigênio.

7.49 **(a)** Existem muitos elétrons de valência mostrados. O O_3 deve ter apenas 18 elétrons de valência. **(b)** Existem poucos elétrons de valência mostrados. Deveria haver 36 e são mostrados apenas 34.

7.51 Interferência de onda é o aumento ou diminuição da amplitude de uma onda decorrente da interação de duas ou mais ondas. O aumento resulta da interferência construtiva, e a diminuição resulta da interferência destrutiva.

7.53 Tanto as ligações sigma quanto pi acumulam densidade eletrônica no espaço entre os núcleos (essa é a similaridade entre elas). Diferem-se com relação à localização exata da densidade eletrônica. Para uma ligação sigma, ela se acumula na linha entre os núcleos, enquanto, para uma ligação pi, o acúmulo de densidade é acima e abaixo dessa linha.

7.55 **(a)** S=C=S 2 ligações pi

(b) 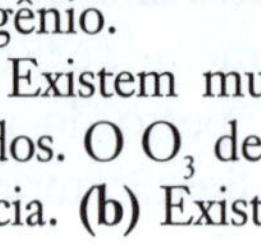 Nenhuma ligação pi

(c) :O—N=O 1 ligação pi

(d) O=S—O: 1 ligação pi

7.57 As geometrias moleculares fornecem motivação para considerar uma extensão para o conceito de orbitais atômicos combinando-se para formar moléculas. Para uma molécula como a água, se estão disponíveis apenas orbitais *p*, o ângulo de ligação deveria ser 90°. Mas esse não é o ângulo observado, portanto devemos ter flexibilidade adicional, e orbitais híbridos fornecem essa flexibilidade.

7.59 Esse tipo de híbrido é chamado híbrido sp^3. Uma vez que são usados quatro orbitais atômicos, deve haver também quatro orbitais híbridos.

7.61 **(a)** sp^3, **(b)** sp^3, **(c)** sp, **(d)** sp^2.

7.63 Cargas semelhantes se repelem. As nuvens de densidades eletrônicas serão todas carregadas negativamente, logo tenderão a repelir-se.

7.65 **(a)** Em T, **(b)** Pirâmide trigonal, **(c)** Gangorra, **(d)** Tetraédrica.

7.67 XeF_2, CO_2 e BeF_2 são lineares; XeF_2 e OF_2 têm pares solitários no átomo central.

7.69

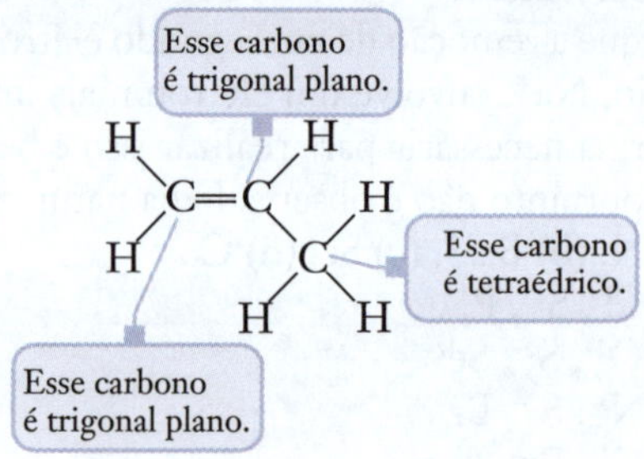

7.71 A estrutura em forma de casa de abelhas mostrada na Figura 7.17 significa que quase todos os grupos SiO_4 estão em uma superfície.

7.73

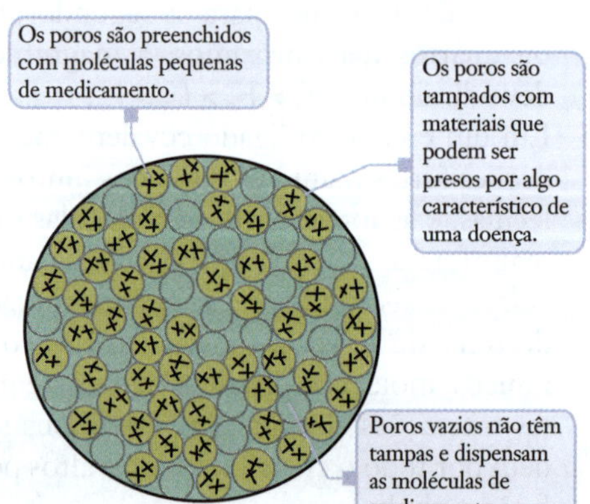

7.75 Por causa da maior carga para Ca^{2+} em comparação com Na^+, a energia de rede do CaF_2 será significativamente maior que a do NaF. Para que um composto iônico se dissolva na água, a energia necessária para superar a energia de rede deve ser superada pela energia liberada pela solvatação dos íons resultantes. Portanto, é provável que a maior energia de rede reduza a solubilidade. A energia de rede para o MgF_2 deve ser semelhante à do CaF_2, portanto, esse raciocínio sugere que MgF_2 deve ser insolúvel – o que ele realmente é.

7.77

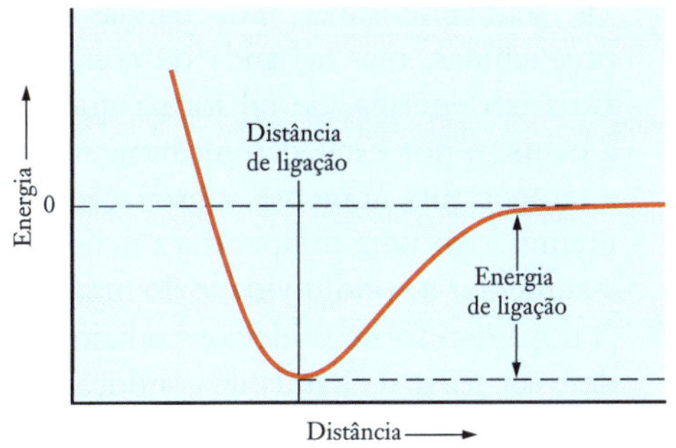

7.79 Não, eles não podem. Uma vez que o flúor é o elemento mais eletronegativo, nenhum outro pode tirar densidade eletrônica de um átomo de flúor.

7.81 **(a)** *sp*, sp^2, sp^3 **(b)** *sp*, sp^2 **(c)** *sp*

7.83 A geometria em torno da ligação dupla C═C é trigonal plana, mas, quando a reação ocorre, a geometria torna-se tetraédrica.

7.85 **(a)** 8 **(b)** trigonal plana **(c)** tetraédrica.

7.87 As ligações triplas são mais fortes e mais curtas que as duplas, que por sua vez são mais fortes e mais curtas que as ligações simples. À medida que uma ligação se fortalece, o mínimo na curva na figura se move para baixo e para a esquerda. Assim, a curva A é a ligação tripla, B é a ligação dupla e C é a ligação simples.

7.89 **(a)**

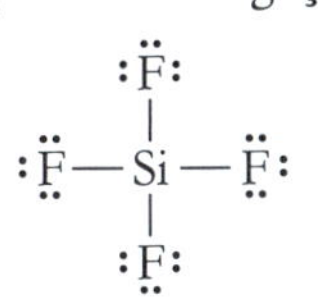

Tetraédrica

(b)

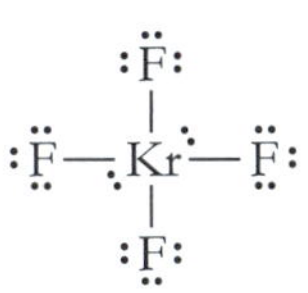

Quadrática plana

(c)

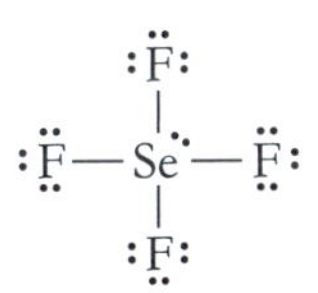

Gangorra

7.91 Com base na valência de cada átomo, uma molécula neutra teria 32 elétrons. Existem 34 elétrons mostrados na estrutura, logo ela deve ter uma carga 2–. Cada carbono tem uma ligação dupla, desse modo a hibridização deve ser sp^2. A estrutura tem cinco ligações sigma e duas pi.

7.93

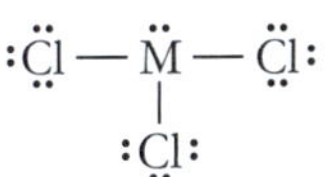

Um metal que faz sentido como M é o bismuto, Bi. Ele está no mesmo grupo que o N, que produz uma estrutura similar. Uma vez que o bismuto é o único metal naquele grupo, torna-se a melhor escolha.

7.95 Em ordem decrescente de caráter iônico, os quatro compostos seriam classificados como a seguir: $SnF_4 > SnCl_4 > SnBr_4 > SnI_4$. Essa ordem baseia-se na diferença de eletronegatividade entre o estanho e cada um dos quatro halogênios.

7.97 **(a)** ~120°. **(b)** Haverá uma ligação mais curta. (A ligação dupla do lado esquerdo do diagrama é a mais curta. As duas ligações N—O à direita seriam equivalentes devido à ressonância, portanto, ambas seriam mais longas que a ligação dupla.)

7.99 Uma vez que ela é linear, uma molécula de CO_2 é apolar. Mesmo assim, cada ligação C═O é polar; devido à diferença de eletronegatividade, os vetores de dipolo das duas ligações cancelam-se entre si.

7.101 Não, o seleneto de chumbo não poderia ser considerado iônico. De acordo com a Figura 7.7, as eletronegatividades são 2,4 para o selênio e 1,7 para o chumbo. Uma diferença de apenas 0,7 não é grande o suficiente para dar origem a uma ligação iônica.

7.103 A estrutura de Lewis do gás nitrogênio mostra que ele tem uma ligação tripla, :N≡N:. Tal ligação é bem forte, logo é relativamente difícil de quebrar. Isso torna o nitrogênio um gás relativamente inerte em temperaturas normais. A ligação tripla pode ser quebrada, entretanto, em temperaturas mais altas como aquelas de motores de combustão interna.

7.105 A característica principal que precisaria estar em qualquer figura é que, para uma corrente fluir, uma carga deve ser capaz de se mover. Em qualquer sólido iônico, íons com cargas contrárias são mantidos no lugar e não podem se mover para conduzir eletricidade. Na água pura, não existem cargas que possam se mover. Quando um sólido iônico se dissolve, entretanto, as cargas agora estão livres para se mover e a eletricidade pode ser conduzida. Qualquer figura do nível molecular tem de mostrar essas características.

7.107 Uma vez que todos têm dois elétrons *ns* e dois *np* nos seus níveis de valência, eles mostram quatro pontos.

7.109

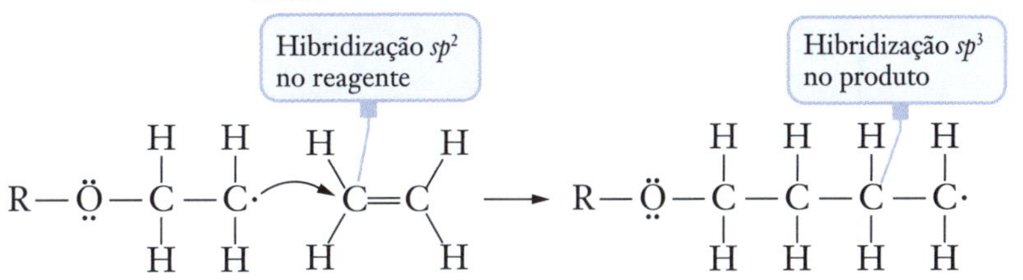

Capítulo 8

8.1 Existem três formas sólidas do carbono: diamante, grafite e buckminsterfulereno (e outras formas de fulerenos e nanotubos).

8.3 Para aplicações de engenharia, a dureza dos diamantes leva a aplicações importantes. Se você considerar um material no qual deseje fazer um buraco, o material que utilizar na ponta de sua broca deve ser mais duro que a substância. Uma vez que o diamante é bastante duro, pode furar a maioria das substâncias – até as mais duras –, portanto tem aplicações úteis.

8.5 Os nanotubos de carbono têm "capacetes" nas suas extremidades, os quais fecham o nanotubo cilíndrico. Os capacetes são um hemisfério de uma molécula de buckminsterfulereno.

8.7 As respostas irão variar ligeiramente com base nos sites encontrados, mas devem indicar que a atmosfera deve ser inerte. Se um arco é conduzido no ar, o oxigênio presente reagirá com o carbono e o buckminsterfulereno não se formará.

8.9 A eficiência de empacotamento nos informa a quantidade de espaço ocupado pelas partículas em um sólido. Quanto mais espaço ocupado, mais eficiente o empacotamento.

8.11 Para o quadrático, ela é 78,5%. Para o hexagonal, é 90,7%.

8.13 O número de coordenação é 4. Cada átomo de carbono está ligado a quatro outros átomos de carbono.

8.15 $r = 1,67 \times 10^{-8}$ cm.

8.17 $a = 4,76 \times 10^{-8}$ cm.

8.19 Com base nos dados fornecidos, o número de Avogadro deve ser $6,022 \times 10^{23}$, de acordo com o valor aceito.

8.21 A maleabilidade requer que o metal permaneça ligado, independentemente de ser deformado. O modelo de mar de elétrons explica essa propriedade porque os elétrons podem se mover rapidamente para ajustar as variações nas posições dos cernes carregados positivamente. A variação da forma do metal muda as posições desses cernes, mas ela não afeta a ligação significativamente.

8.23 Para conduzir eletricidade, o material deve permitir que a carga se mova. No modelo de mar de elétrons, os elétrons no "mar" podem responder a um campo elétrico movendo-se. Logo, os metais conduzem eletricidade.

8.25 A figura apresenta esta forma:

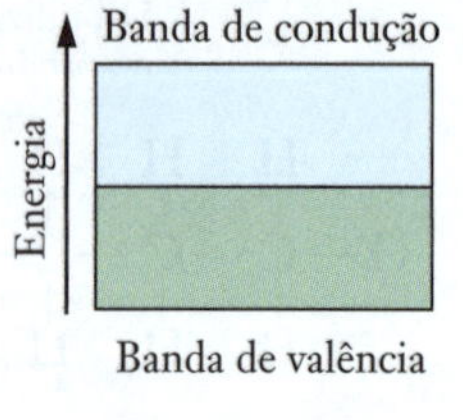

8.27 Os semicondutores têm bandas de valência preenchidas, mas a banda de condução é próxima em energia, de tal forma que os elétrons a ocupem por excitação térmica. À medida que a temperatura aumenta, a excitação térmica aumenta, logo uma temperatura mais alta tenderá a aumentar a condutividade do material.

8.29 A dopagem fornece elétrons adicionais que podem ser parte da banda de condução, ou ela cria buracos que também podem ser utilizados para aumentar a condutividade do material.

8.31 Um semicondutor recebe o nome do tipo *p* porque um dopante cria buracos "positivos" na banda de valência. Para fazer isso, o dopante deve ter menos elétrons de valência que o átomo substituído.

8.33 Para um interruptor de tensão de entrada, o fluxo de carga através de algum plano (nesse caso, a junção entre os dois tipos de semicondutores) é regulado por uma variação na tensão. Uma vez que um semicondutor do tipo *n* age como material com carga negativa e um semicondutor do tipo *p* age como material com cargas positivas, os transportadores de carga desses materiais fluirão no sentido da polaridade de voltagem contrária. Com uma polaridade, a carga fluirá através da junção, e, quando ligada, a carga não fluirá através da junção.

8.35 Um dipolo instantâneo é uma pequena separação de carga (positiva e negativa) que acontece por causa de uma flutuação nas posições dos elétrons de um átomo ou molécula. Se a densidade eletrônica está momentaneamente em uma região, essa parte da molécula estará negativamente carregada, e a parte onde os elétrons "por outro lado estariam" estará carregada positivamente, levando a um dipolo temporário.

8.37 A extensão na qual uma molécula responde a um campo elétrico externo é medida pela sua polarizabilidade. Assim, um material que não é muito polarizável não responderá muito fortemente a tal campo.

8.39 Quando um solvente polar está presente, o dipolo nas moléculas de solvente pode interagir com a carga elétrica e um íon.

8.41 Todos têm eletronegatividade alta.

8.43 **(a)** dispersão.
(b) ligação de hidrogênio.
(c) tanto as forças de dispersão quanto as dipolo-dipolo estão presentes. A dispersão pode ser mais importante devido ao maior tamanho dos átomos de cloro.
(d) dispersão.
(e) ligação de hidrogênio.
(f) dipolo-dipolo.

8.45 Para as moléculas saírem de um líquido e entrarem na fase gasosa, devem superar as interações com as outras moléculas no líquido. Quanto mais fortes as interações, menor a probabilidade de saírem do líquido. Portanto, a pressão de vapor será menor.

8.47 **(a)** aumenta.
(b) aumenta.
(c) não varia.
(d) aumenta.

8.49 **(a)** O_2, **(b)** SO_2, **(c)** HF, **(d)** GeH_4.

8.51 A substância A tem a maior pressão de vapor. A substância C terá a próxima pressão de vapor mais alta, e a substância B terá a pressão de vapor mais baixa.

8.53 O líquido se pareceria com este desenho:

8.55 Temperaturas mais altas aumentam a probabilidade de formação dos radicais livres necessários para iniciar a polimerização.

8.57

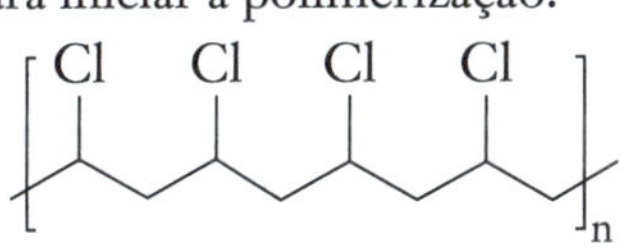

8.59 Sempre existem dois produtos – o polímero que se forma e alguma molécula pequena, geralmente a água.

8.61 Em um copolímero de bloco, os diferentes monômeros estão em grupos que ainda fazem parte da espinha dorsal. Em um copolímero de enxerto, os diferentes grupamentos de monômeros são ligados à espinha dorsal como cadeias laterais.

8.63 Os termoplásticos amolecem (e eventualmente se fundem) em temperaturas altas.

8.65 Quando um polímero termocurado é aquecido, forma pontes ou ligações químicas entre as cadeias. Essas ligações são chamadas ligações cruzadas e tendem a evitar que o polímero amoleça quando aquecido.

8.67 Exige pesquisa na internet. As respostas irão variar, mas é improvável que os estudantes relatem que a fusão de uma borracha de lápis permita que seja remodelada e volte a funcionar.

8.69 O substrato é o sólido original no qual o dispositivo MEMS será fabricado. A máscara é o padrão usado para controlar a deposição de material no substrato.

8.71 A velocidade na qual a máscara de dióxido de silício é gravada deve ser muito menor que a velocidade na qual o substrato de silício abaixo é gravado.

8.73 $\sim 5 \times 10^{13}$ átomos de silício.

8.75 Eficiência mais baixa

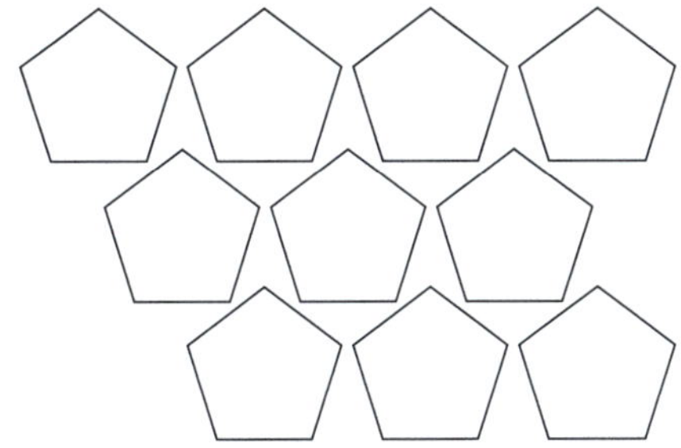

Eficiência mais alta

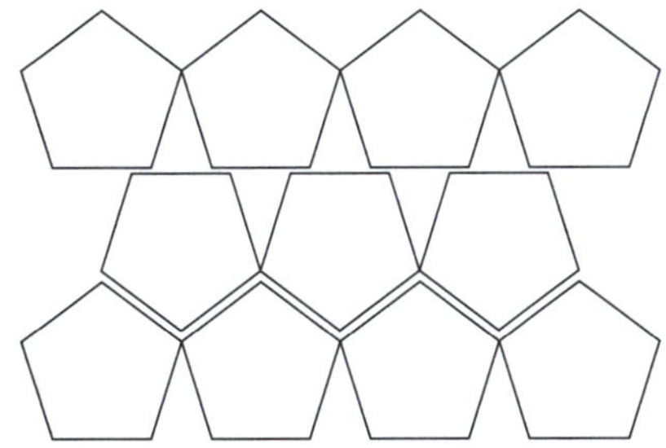

8.77 Em um orbital ligante, há um acúmulo de densidade eletrônica entre os núcleos que estão sendo ligados. Em um orbital antiligante, há um nó – uma região em que os elétrons não podem estar – entre os núcleos envolvidos.

8.79 Para uma substância ser um gás, suas partículas não devem interagir muito intensamente. Moléculas pequenas geralmente têm interações relativamente pequenas. As grandes moléculas de polímero apresentam intensas forças atrativas e existem apenas em fases condensadas.

8.81 O tetracloreto de carbono é bastante grande para uma molécula com apenas cinco átomos, porque os átomos de cloro são bastante grandes. Moléculas grandes tendem a ser polarizáveis, então as forças de dispersão em CCl_4 são grandes o suficiente para serem líquidas à temperatura ambiente. A amônia, com apenas nitrogênio e hidrogênio, tem pequenas forças de dispersão, de modo que suas interações são dominadas por interações de ligação dipolo-dipolo e hidrogênio. O fato de o CCl_4 ser um líquido e o NH_3 ser um gás implica que as grandes forças de dispersão no primeiro são mais fortes que as forças de ligação de hidrogênio e forças dipolo no último.

8.83 A pressão do vapor será baixa e o ponto de ebulição será alto.

8.85 Para que ocorra a polimerização de adição, deve haver uma ligação dupla carbono-carbono presente, de modo que isto é que seria procurado em um monômero.

8.87 **(a)** aproximadamente 360 mm de Hg.
(b) O etanol tem forças intermoleculares mais fortes.
(c) aproximadamente 84°C.
(d) 46°C (CS_2), 78°C (C_2H_5OH), 98°C (C_7H_{16}).
(e) O heptano é um líquido. O dissulfeto de carbono e o etanol são gases.

8.89 **(a)**

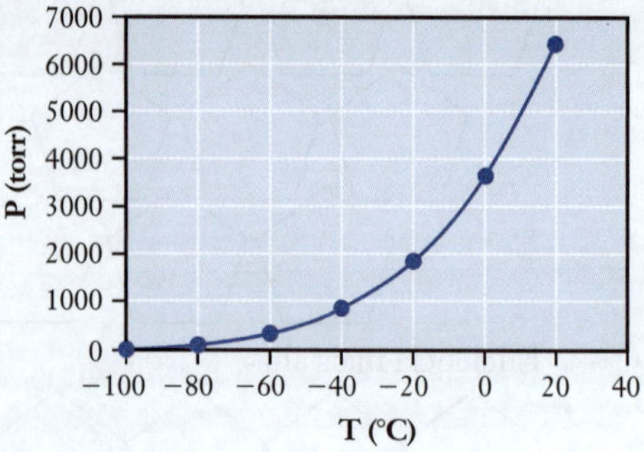

A partir do gráfico, podemos estimar o ponto de ebulição normal como de, aproximadamente, – 45°C.
(b) A temperatura é de, aproximadamente, 35°C, logo podemos extrapolar a partir do gráfico e estimar a pressão como de, aproximadamente, 12.000 torr ou 16 atm.
(c) Os tanques de armazenamento terão de ser fortes o suficiente para suportar uma pressão interna alta.

8.91 A pressão de evaporação da quantidade total em uma sala fechada deste tamanho é cerca de 17 torr. Isso é menor que a pressão de vapor, portanto todo o volume irá evaporar.

8.93 As respostas irão variar dependendo dos sites encontrados. Muitos painéis solares são baseados nas junções p-n com grandes áreas.

8.95 **(a)** A cadeia alternada para o poliestireno sindiotático permite melhor empacotamento dos polímeros de tal forma que o ponto de fusão é mais alto. **(b)** Os projetos que exigem maior eficiência, incluindo um ponto de fusão maior para o plástico, podem exigir o polímero sindiotático. Um possível exemplo seria os dispositivos médicos que devem ser expostos a altas temperaturas para a esterilização.

8.97 Para evitarmos criar um semicondutor do tipo n ou p, devemos nos certificar de que o dopante tenha o mesmo número de elétrons do silício. Para diminuirmos a condutividade, devemos aumentar o tamanho da separação de banda e, portanto, o dopante tem de ser menor que o silício. O único candidato é o carbono, cujos átomos têm quatro elétrons de valência e são menores que o átomo de silício.

8.99 O imã está fornecendo um campo externo que induz um alinhamento de elétrons no alfinete. A polarização é similar no sentido de que o campo externo é usado para alterar a distribuição eletrônica de uma molécula.

8.101 Para medir o grau de polimerização, o engenheiro teria de medir a massa molecular do polímero e dividir pela massa molecular do monômero.

8.103 A criolita é um fluxo muito útil para separar o Al e o O do óxido de alumínio.

8.105 As respostas irão variar dependendo dos sites encontrados. Mas um nível de dopante típico pode estar na ordem de um átomo dopante por 1.000.000 átomos de silício. Para produzirmos um semicondutor dopado, devemos usar fósforo como dopante. Calcularemos nossas respostas usando estas escolhas. **(a)** Dopando 1 tonelada de silício com fósforo em um nível de 1 parte por milhão exigiria exatamente 1,1 g de fósforo. **(b)** A fração em mol do dopante de fósforo seria 10^{-6}.

Capítulo 9

9.1 Existem muitas razões possíveis pelas quais poderia haver uma ligação entre esses dois itens. A ideia principal é que a produtividade de um trabalhador individual aumenta, dependendo da quantidade de energia disponível. Um sistema econômico produtivo é em geral um sistema econômico bem desenvolvido – logo a energia gasta por trabalhador está relacionada ao nível de desenvolvimento em um sistema econômico.

9.3 **(a)** A Europa provavelmente seria relativamente similar. **(b)** A principal diferença entre os Estados Unidos e um país subdesenvolvido seria o tamanho da quantidade de energia. As chances são boas de que a porcentagem de desperdício nos países subdesenvolvidos seja maior.

9.5 As importações de energia mostradas na Figura 9.2 são equivalentes a 4,35 bilhões de barris de óleo por ano. Isso significa que os Estados Unidos devem importar 12 milhões de barris por dia. (Observe que esse número é alto porque parte das importações de energia norte-americana é em outras formas que não o óleo.)

9.7 A energia interna é determinada pelo total da energia cinética e potencial dos átomos no sistema.

9.9 $6{,}0 \times 10^{-20}$ J.

9.11 $P = \dfrac{\text{Força}}{\text{Área}} = \dfrac{\text{kg m s}^{-2}}{\text{m}^2} = \text{kg m}^{-1}\,\text{s}^{-2}$, logo $P = \text{kg m}^2\,\text{s}^{-2}$, que é uma unidade de energia.

9.13 Um hidrocarboneto é um composto constituído apenas de hidrogênio e carbono. Muitos combustíveis são hidrocarbonetos.

9.15 **(a)** $3{,}61 \times 10^3$ cal; **(b)** $5{,}9 \times 10^5$ J; **(c)** $3{,}00 \times 10^{-5}$ BTU.

9.17 $+6{,}83 \times 10^4$ kJ.

9.19 Um sinal negativo no ΔE significa que a energia interna foi perdida (ou deixada) pelo sistema.

9.21 O trabalho tem papel mais importante na sociedade e consequentemente é mais valorizado. Considere como a eficiência do combustível é medida em um carro. Ela é em milhas por galão – milhas percorridas representam trabalho. Existe pouco valor em quão aquecido o motor se tornou.

9.23 **(a)** $w = -836$ J, **(b)** $w = -30$ J. Logo, mais trabalho é realizado no sistema em **(a)**.

9.25 Eficiência aumentada nem sempre implica menor demanda de energia doméstica. Em alguns casos, as pessoas podem escolher ter utensílios como televisões e computadores. Mesmo assim cada utensílio é mais eficiente, porque mais estão presentes e não há diminuição na demanda total de energia.

9.27 De acordo com um site, apenas 7% do uso de energia nos Estados Unidos é atribuído à iluminação, e, dessa pequena porcentagem, apenas 46% são de iluminação residencial. Assim, apenas um pouco mais que 3% da eletricidade em uso nos Estados Unidos pode ser atribuído à iluminação nas residências. Apesar de poder fazer sentido para economizar energia, não é provável que haja um impacto importante no uso total de energia.

9.29 Calorimetria é a ciência de medir o fluxo de calor. É a principal maneira de determinarmos as variações na energia dos sistemas.

9.31 $3{,}50 \times 10^5$ J.

9.33 5,2°C.

9.35 0,52 J g^{-1}°C.

9.37 383 J°C^{-1}.

9.39 700 MJ.

9.41 Sob pressão constante.

9.43 Um processo exotérmico libera calor para as vizinhanças e um endotérmico absorve calor das vizinhanças.

9.45 Uma vez que está ocorrendo uma mudança de fases, não existe variação na temperatura. O calor fluindo para a substância é usado para vencer as forças intermoleculares.

9.47 $-3{,}4 \times 10^2$ kJ mol^{-1}.

9.49 5,87 kg de acetona.

9.51 Uma reação de formação é aquela na qual exatamente 1 mol de um composto químico é formado a partir de seus elementos nos estados padrão.

9.53 – 217,3 kJ mol^{-1}; 262 kJ é liberado.

9.55 $C_2H_2(g) + H_2(g) \rightarrow C_2H_4$ $\Delta H° = -175$ kJ.

9.57 –126 kJ mol^{-1}.

9.59 $3{,}2 \times 10^3$ kJ.

9.61 699 kJ.

9.63 480 kJ.

9.65 31,9 g mol^{-1}.

9.67 Porque no transporte não apenas os produtos (e suas massas) são movidos ao redor, o combustível nos veículos também deve ser movido. Manter a massa do combustível tão baixa quanto exequível significa que é gasta tão pouca energia quanto possível movendo o combustível (e uma grande porcentagem é gasta movendo os produtos).

9.69 As subestações de transmissão e distribuição movem a eletricidade de um ponto para outro na grade. A principal diferença é que as subestações de transmissão diminuem a voltagem para transmissão em longas distâncias, enquanto as subestações de distribuição diminuem a voltagem para níveis mais adequados para transmissão para os clientes.

9.71 Uma grade inteligente usaria a tecnologia para juntar informação e tomar decisões informadas sobre a produção e distribuição de eletricidade. Em contraste com a grade tradicional, a grade inteligente seria capaz de responder às várias situações de maneira automatizada.

9.73 **(a)** negativo **(b)** positivo **(c)** negativo **(d)** positivo.

9.75 **(a)** São formados dois mol do composto. **(b)** A equação não está balanceada. **(c)** O estado padrão do oxigênio é O_2.

9.77 A soma das energias de ligação nos produtos deve ser maior que aquela nos reagentes.

9.79 Um material com um pequeno calor específico experimentará maior mudança de temperatura para uma determinada entrada de calor, e isso provavelmente ajudará a alterar a temperatura mais rapidamente. Um engenheiro nesta situação também pode querer considerar a condutividade térmica, que mede a taxa de transferência de calor através de um material.

9.81 O gráfico A está correto. Os comprimentos dos platôs estão relacionados aos calores de fusão e vaporização, e as inclinações das porções ascendentes do gráfico estão inversamente relacionadas com as capacidades caloríficas dos diferentes estados.

9.83 **(a)** Dentro das tolerâncias experimentais, a variação de temperatura deve ser a mesma. Duas vezes mais calor é liberado, mas duas vezes mais solução está presente para absorvê-la. **(b)** Nesse caso, o aumento de temperatura será maior. Duas vezes mais calor é liberado, e aqui o volume da solução é o mesmo que na tentativa original.

9.85 9°C.

9.87 33,0°C.

9.89 54,7 kJ é liberado.

9.91 110 g de CH_4.

9.93 (a) 23°C.

(b) 360 cm.

(c) 0,038%.

(d) Sobre o comprimento do fio, existe uma expansão de 0,138 cm. Isso provavelmente não é significativo, exceto nos mais rigorosos projetos.

9.95 650 kJ.

9.97 Inicialmente, teríamos de assumir que o processo de transferência de calor é 100% eficiente. Então, devemos calcular a quantidade de calor que ele toma para esfriar 500 kg de fruta (usando algum valor razoável para a temperatura inicial para calcular ΔT), por meio da equação Calor = massa $\times$ calor específico $\times$ ΔT. Essa quantidade de calor evaporaria o refrigerante, cuja massa pode ser calculada, uma vez que sabemos que 680 J são absorvidos por grama evaporado.

9.99 Quando se desenham as estruturas de Lewis, torna-se aparente que o número total de ligações químicas para os reagentes e produtos nessa reação permanece o mesmo – isto é, existem as ligações 3 B—Br e 3 B—Cl tanto nos reagentes quanto nos produtos. Apesar de poderem existir ligeiras variações em razão do ambiente molecular específico, no qual as ligações são encontradas, a variação líquida será pequena.

9.101 Para qualquer reação, o calor da reação é fornecido (de acordo com a lei de Hess) pela soma dos calores de reação multiplicados pelos "coeficientes estequiométricos assinalados". Nesse caso, a variação de entalpia para a reação foi medida. Caso conheçamos qualquer outro calor de formação que não o do nitrito de silício (ou possamos procurar), poderemos resolver o problema de lei de Hess para encontrar o calor de formação do nitrito de silício.

9.103 Essa equação termoquímica se refere à energia da combustão de 2 mol de octano. Para obtermos a energia liberada por grama, devemos determinar a massa molar de octano e converter de quantidade de matéria em gramas.

9.105 Em geral, seria melhor ter um material com alta capacidade calorífica. Tal material poderia absorver grande quantidade de calor sem sofrer grande variação na temperatura de acordo com a equação Calor = massa $\times$ calor específico $\times$ ΔT. Manter a temperatura relativamente estável seria uma vantagem, porque o material não esquentaria muito para uso seguro se as pessoas o tocassem.

9.107 $7{,}90 \times 10^{16}$ kJ.

9.109 $1{,}26 \times 10^5$ kJ por galão. Aproximadamente 69% em eficiência. Suposições como nenhuma perda por atrito etc. são fundamentais e em geral tenderiam a empurrar esse número na direção de eficiência menor.

Capítulo 10

10.1 De uma perspectiva ambiental, o processo de reciclagem envolve a entrada de energia e com frequência outros recursos que podem ter um custo ambiental.

10.3 Muitos usos estão associados à produção de fibras para itens como fibras de tapete ou de isolamento, tal qual fibras de enchimento.

10.5 É necessária uma pesquisa na internet – respostas dependem do site encontrado.

10.7 **(a)** Espontânea: esta é a sublimação do gelo seco.

(b) Não espontânea: o sal comum é sólido na temperatura ambiente.

(c) Não espontânea: o sal comum não se dissocia na temperatura ambiente.

(d) Não espontânea: o CO_2 é estável e não se dissocia nos seus elementos.

10.9 A combustão de um combustível é espontânea, por exemplo, quando ela foi iniciada por uma faísca. Espontâneo não implica instantâneo assim que se mistura.

10.11 **(a)** Não espontâneo. Oposto: Formação de O_2 a partir de átomos de oxigênio. **(b)** Não espontâneo. Oposto: uma bandeja de gelo que se funde em um dia quente. **(c)** Não espontâneo. Oposto: Um ácido e uma base formam uma solução de sal após a reação se completar. **(d)** Espontâneo. **(e)** Não espontâneo. Oposto: SO_3 e água reagem para formar ácido sulfúrico.

10.13 **(a)** Esse processo não é espontâneo a temperaturas altas.

(b) Esse processo não é espontâneo a temperaturas muito altas.

(c) Esse processo é sempre espontâneo.

(d) Esse processo pode ser espontâneo a temperaturas altas.

10.15 Não, no mínimo o sistema deve incluir o oxigênio (em geral o ar).

10.17 Ele descobriu que, quando calculou o calor em torno de todo o caminho dividido pela temperatura (q/T), o resultado era zero.

10.19 A natureza espontaneamente tende a um estado mais provável.

10.21 **(a)** O vapor de CO_2 tem maior entropia porque os gases estão mais aleatoriamente arranjados que os sólidos e, consequentemente, têm mais microestados. **(b)** O açúcar dissolvido em água terá maior entropia porque as moléculas estão dispersas e sistemas dispersos têm mais microestados. **(c)** Os líquidos misturados têm mais entropia porque estão dispersos entre si.

10.23 Em cada caso, o lado da equação com mais quantidade de matéria de gás terá maior entropia. Portanto, os sinais seriam **(a)** positivo **(b)** positivo **(c)** negativo **(d)** negativo e **(e)** positivo.

10.25 Ela aumenta.

10.27 Para converter calor em trabalho, é necessária uma diminuição na aleatoriedade que diminuiria a entropia.

10.29 Isso geralmente não influencia o ΔS do sistema. O calor liberado pelo sistema aumentará a entropia das vizinhanças.

10.31 A reação $Br_2(g) + Cl_2(g) \rightarrow 2\ BrCl(g)$ tem a maior variação de entropia. Existem mais "emparelhamentos" possíveis para as moléculas heteronucleares, logo, em cada caso, estes têm entropia $\Delta S°$ maior.

10.33 O processo é endotérmico.

10.35 **(a)** $\Delta S° = -152{,}4$ J K^{-1}; **(b)** $\Delta S° = -268{,}0$ J K^{-1}; **(c)** $\Delta S° = -185{,}0$ J K^{-1}; **(d)** $\Delta S° = -116$ J K^{-1}; **(e)** $\Delta S° = +\ 134{,}2$ J K^{-1}.

10.37 $\Delta S° = -114{,}6$ J K^{-1}. Esse valor negativo para a variação de entropia surge do fato de as moléculas de água solvatarem os íons na solução, consequentemente criando ordem.

10.39 **(a)** $\Delta S° = -164{,}0$ J K^{-1}. **(b)** As plantas realizam esse tipo de reação em conjunção com outras reações que aumentam a entropia. Desde que a variação total de entropia do universo seja positiva, as reações de acoplamento podem prosseguir espontaneamente.

10.41 $H_2C_2O_4(s) < C_2H_5OH(\ell) < CH_4(g)$. A entropia de um gás é em geral muito maior que a de um líquido, que, por sua vez, é geralmente maior que a de um sólido.

10.43 Quando o processo ocorre em pressão e temperatura constantes.

10.45 **(a)** 514 kJ, **(b)** – 1.295 kJ, **(c)** 35 kJ.

10.47 Tanto a variação de entalpia quanto a variação de entropia são positivas. Em temperaturas mais baixas, o termo de entalpia domina. Mas em temperaturas mais altas, o termo $T\Delta S$ torna-se mais importante, levando a um ΔG negativo.

10.49 Uma mudança reversível é uma pequena variação na qual o sistema pode ser restaurado ao seu estado original. Uma variação irreversível coloca o sistema em estado a partir do qual não pode ser restaurado.

10.51 **(a)** $\Delta S° = -97{,}4$ J K^{-1}; **(b)** $\Delta G° = -1.226{,}5$ kJ. **(c)** Em temperaturas altas o suficiente, o termo $T\Delta S$ poderia dominar essa equação. **(d)** Por meio da equação $\Delta G° = \Delta H° - T\Delta S°$, poderia ser questionável para determinar essa faixa, porque ele requer que $\Delta H \neq f(T)$.

10.53 **(a)** $SiH_4(g) + 2\ O_2(g) \rightarrow SiO_2(s) + 2\ H_2O(g)$; **(b)** $\Delta S° = -195{,}3$ J K^{-1}; **(c)** $\Delta G° = -1.370{,}8$ kJ, logo o processo é espontâneo. **(d)** Para a combustão do metano, $\Delta G° = -800{,}9$ kJ, o qual não é tão negativo quanto para o silano. Ambas as reações são dirigidas pela entalpia.

10.55 **(a)** $\Delta G° = -111{,}7$ kJ; **(b)** $\Delta G° = +\ 8{,}3$ kJ; **(c)** $\Delta G° = -817{,}6$ kJ; **(d)** $\Delta G° = -40{,}42$ kJ; **(e)** $\Delta G° = +617{,}0$ kJ.

10.57 Para a dissolução, $\Delta G°$(NaCl) = –9 kJ e $\Delta G°$(AgCl) = 55,7 kJ. O valor negativo de $\Delta G°$ para o NaCl sugere que se dissolve, enquanto o valor positivo de $\Delta G°$ para o AgCl sugere que não se dissolve.

10.59 **(a)** positivo, **(b)** negativo, **(c)** zero, **(d)** positivo, **(e)** negativo.

10.61 **(a)** espontânea abaixo de ~ 2.793K ($\Delta H < 0$, $\Delta S < 0$).
(b) espontânea acima de ~ 647K ($\Delta H > 0$, $\Delta S > 0$).
(c) não espontânea em qualquer temperatura ($\Delta H > 0$, $\Delta S < 0$).
(d) espontânea acima de ~ 2.077K ($\Delta H > 0$, $\Delta S > 0$).

10.63 Não. Uma reação endotérmica não pode ser espontânea se ela também tem $\Delta S < 0$.

10.65 Se a longa cadeia se quebra em uma cadeia curta e um pedaço pequeno, a aleatoriedade aumentou.

10.67 **(a)** O gás fluirá da alta pressão para a baixa pressão, de modo que as moléculas ocuparão os dois recipientes. **(b)** Após tempo suficiente, as moléculas de O_2 e N_2 deverão estar igualmente distribuídas entre os dois recipientes. Moléculas individuais devem se mover para frente e para trás, gastando metade de seu tempo em cada um dos dois recipientes. **(c)** Abrir a válvula aumentará o volume disponível, criando mais posições nas quais cada molécula pode ser colocada. Um arranjo em que as moléculas estão uniformemente distribuídas é muito mais provável que aquele em que todas as moléculas são encontradas em um dos dois recipientes. **(d)** A probabilidade de encontrar todas as moléculas de N_2 em um recipiente e todas as moléculas de O_2 no outro seria infinitamente pequena. Tal arranjo seria responsável por uma fração extremamente pequena de todos os microestados disponíveis.

10.69 $\Delta S < 0$. Este processo é o oposto da mistura, então o sinal em ΔS deve ser negativo.

10.71 O aumento da entropia termodinâmica ocorre principalmente no aquecimento do ambiente.

10.73 Uma vez em um baralho, as cartas não se tornariam uma pilha desordenada, ao passo que átomos e moléculas constantemente se moveriam e se misturariam, levando ao estado mais provável sem nenhuma intervenção.

10.75 A natureza exotérmica da mudança significa que o calor é liberado para o ambiente. O aumento de entropia resultante para o ambiente é maior que a diminuição de entropia para o sistema.

10.77 **(a)** No nível molecular, as moléculas de água no sólido (gelo) estão se tornando menos ordenadas à medida que o gelo derrete. A água gelada ainda está a 0°C porque todo o calor que flui para dentro derrete o gelo. **(b)** Dentro do recipiente, a entropia deve estar aumentando porque o sistema está isolado.

10.79 Em **(c)**, nenhuma das moléculas de HA se dissociou; em **(a)**, todas, exceto uma molécula de HA, foram dissociadas; e **(b)** está entre esses dois casos. Como a reação progride espontaneamente na direção dos íons dissociados, podemos dizer que a ordem correta é **(c)**, **(b)**, **(a)**. A entropia desempenha um papel aqui porque a entropia dos íons H^+ e A^- dissociados é maior que a da molécula de HA intacta. (Mas tome cuidado ao interpretar mudanças de entropia em solução, porque há também uma mudança de entropia associada à solvatação dos íons pelas moléculas de água.)

10.81 $\Delta S = 84{,}4\ \text{J K}^{-1}\ \text{mol}^{-1}$.

10.83 $T_{pe} = 2.153$°C.

10.85 **(a)** $\Delta G° = -16{,}2$ kJ; **(b)** $\Delta H° = -17$ kJ.

10.87 **(a)** Falsa. Uma reação exotérmica é frequentemente, mas nem sempre, espontânea.
(b) Falsa. Quando $\Delta G°$ é positivo, a reação não pode ocorrer a menos que seja dirigida por um sistema externo.
(c) Falsa. $\Delta S°$ é positivo para a reação na qual existe um aumento na quantidade de matéria de gás ao ir do reagente para os produtos.
(d) Falsa. Se $\Delta H°$ e $\Delta S°$ são negativos, $\Delta G°$ será negativo em temperaturas mais baixas.

10.89 **(a)** Se assumirmos uma temperatura inicial de 25°C, a temperatura máxima será de ~48°C. **(b)** Provavelmente não, uma vez que o calor será dissipado para as vizinhanças e quaisquer produtos que surjam de um processo exotérmico terão também alguma capacidade calorífica. **(c)** Supondo que o processo ocorra a pressão constante, ΔH é +1.500 J. **(d)** $\Delta S = q/T = 1.500/298 = 5{,}0\ \text{J K}^{-1}$.

10.91 **(a)** 467,9 kJ; **(b)** 87,4 J K^{-1}; **(c)** 301,2 kJ; **(d)** $T > 838{,}6$K.

10.93 **(a)** –210 J K^{-1}; **(b)** –95 kJ.

10.95 Use a amostra para realizar uma reação de combustão em um calorímetro. A partir do calor de combustão, junto com os calores de formação dos produtos (dióxido de carbono e água), você pode calcular o calor de formação do cicloexano.

10.97 A equação $\Delta G° = \Delta H° - T\Delta S°$ fornece uma relação entre energia livre, entalpia e entropia. Se pudermos obter valores de quaisquer duas variáveis (nesse caso, as variações de entropia e de energia livre) para determinada reação, podemos calcular a terceira. Assim, se calcularmos $\Delta S°$ para a reação de formação da substância em questão, podemos usar esse valor junto com o valor conhecido de $\Delta G_f°$ para achar $\Delta H_f°$. (Usaríamos a temperatura padrão de 298K.)

10.99 A característica principal encontra-se no sinal da variação de entalpia e entropia. Se elas têm os mesmos sinais (ambos positivos ou ambos negativos), a espontaneidade do processo será dependente da temperatura. A fusão da neve é um processo endotérmico ($\Delta H > 0$), mas aumenta a entropia ($\Delta S > 0$), logo tenderá a ocorrer em temperaturas mais quentes. A formação da neve é exotérmica, mas diminui a entropia, logo tenderá a ocorrer a temperaturas mais baixas.

10.101 **(a)** $2\ F_2 + 2\ H_2O \rightarrow 4\ HF + O_2$. **(b)** $\Delta G° = -618$ kJ, logo a reação é espontânea. **(c)** $\Delta H° = -512$ kJ. **(d)** Portanto, são liberados 233 kJ de calor quando esta quantidade de F_2 é borbulhada através de um excesso de água.

10.103 **(a)** MnO: óxido de manganês(II); MnO_2: óxido de manganês(IV); Mn_2O_3: óxido de manganês(III);
(b) $3MnO + ½\ O_2 \rightarrow Mn_3O_4$; $3\ MnO_2 \rightarrow Mn_3O_4 + O_2$;
$3\ Mn_2O_3 \rightarrow 2\ Mn_3O_4 + ½\ O_2$;
(c) para a reação de MnO, $\Delta G° = -194$ kJ; para a reação de MnO_2, $\Delta G° = +113$ kJ; e para a reação de Mn_2O_3, $\Delta G° = +78$ kJ. Esses números sugerem que o MnO_2 é a forma mais estável.

Capítulo 11

11.1 A principal reação inicial para a formação da poluição requer luz. Então esta é uma reação fotoquímica.

11.3 Um COV é um composto orgânico volátil, o que significa que é um composto à base de carbono com alta pressão de vapor. Reações entre COVs e óxidos de nitrogênio fotoquimicamente ativados levam à formação de poluição.

11.5 A explicação do estudante não inclui o papel da energia na cinética da reação. Na verdade, existem muitas colisões entre as moléculas de N_2 e O_2 na atmosfera, mas a grande maioria dessas colisões não é suficientemente energética para levar à reação.

11.7 Não, isso não contribuiria significativamente para a formação de poluição. Os produtos químicos orgânicos presentes no asfalto não são voláteis, por isso não cumprem o mesmo papel que os COVs na formação da poluição.

11.9 Uma concentração de 8 moléculas de O_3 para cada 10.000 moléculas de ar corresponde a 0,08 ppm, por isso não atende ao padrão de 0,070 ppm.

11.11 **(a)** batidas por minuto, **(b)** pés por segundo, **(c)** rotações por segundo, **(d)** volume por milissegundo.

11.13 Uma velocidade instantânea é medida em um momento, em uma reação, enquanto uma velocidade média é medida durante algum período de tempo finito. O cachorro-quente da competição é um exemplo de velocidade média. As velocidades reportadas de 6 cachorros-quentes por minuto a 1,0 min e 3 cachorros-quentes por minuto a 3,0 minutos são exemplos de velocidades instantâneas nesses pontos na competição.

11.15 A combustão de combustíveis de hidrocarbonetos produz dióxido de carbono e água, portanto a produção dessas substâncias poderia também ser medida para determinar a velocidade de combustão da vela.

11.17 A velocidade do consumo de oxigênio é $5{,}29 \times 10^{-4}$ mol L^{-1} s^{-1}. O NO é produzido a uma velocidade de $4{,}23 \times 10^{-4}$ mol L^{-1} s^{-1}. A água é produzida a uma velocidade de $6{,}35 \times 10^{-4}$ mol L^{-1} s^{-1}.

11.19 Para os primeiros 8,3 minutos, a velocidade é de 0,51 L min^{-1}. Durante todo o experimento de 19 minutos, a velocidade é de 0,605 L min^{-1}.

11. 21 Ao estimarmos a inclinação a partir de um gráfico, obtemos uma velocidade de 0,38 torr min^{-1}.

11.23 A velocidade aumentará por um fator de 9 se [A] for triplicada. A velocidade diminuirá por um fator de 4 se [A] for dividida pela metade.

11.25 **(a)** Primeira ordem em relação a X, primeira ordem em relação a Y e terceira ordem no todo.
(b) Segunda ordem em relação a X, ordem 1/2 em relação a Y; primeira ordem em relação a Z e ordem total de 3/2.
(c) Ordem 1,5 em relação a X e ordem –1 em relação a Y, ordem total 1/2.
(d) Primeira ordem em relação a X e ordem – 2 em relação a Y e ordem total de –1.

11.27 Resolvendo a lei de velocidade para k, temos que k = velocidade/$[H_2][Br_2]$. Inserindo as unidades fornecidas para a velocidade e mol L^{-1} para cada uma das duas concentrações, obtemos as unidades de L mol^{-1} s^{-1} para k.

11.29 $x = 1$ e $y = 2$.

11.31 Primeira ordem em relação a A, segunda ordem em relação a B, ordem zero em relação a C e terceira ordem total.

11.33 Velocidade = $k[NO_2^-][NH_4^+]$. O valor da constante de velocidade é $3{,}7 \times 10^{-4}$ L mol^{-1} s^{-1}.

11.35 Velocidade = $k[NO]^2[H_2]$, e a constante de velocidade é 1.500 L^2 mol^{-2} s^{-1}.

11.37 Ao observarmos a seguinte figura,

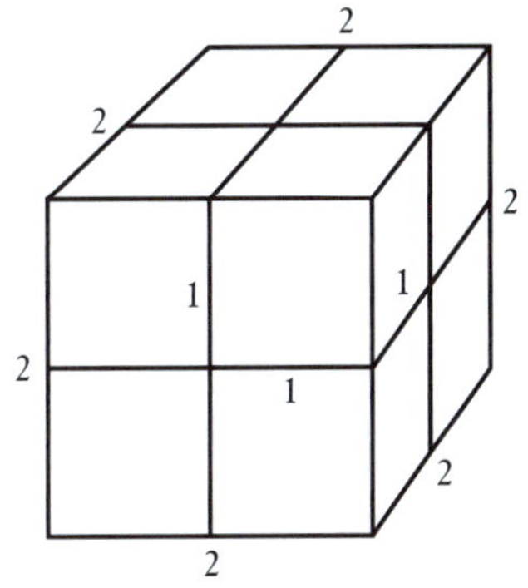

podemos calcular a área superficial do cubo inteiro como $6 \times (2 \times 2) = 24$ cm^2. A área superficial de cada cubo no grupo dos oito cubos menores é $6 \times (1 \times 1) = 6$ cm^2, e, para oito de tais cubos, a área superficial é $8 \times 6 = 48$ cm^2. Se dividirmos os oito cubos pequenos em cubos ainda menores, haverá novamente aumento da área superficial. Considere uma tora de madeira *versus* todos os palitos de dentes que poderiam ser feitos com ela. Os palitos são análogos aos cubos da figura. Eles teriam uma área superficial grande comparada à tora, e seria muito mais fácil começar uma fogueira com os palitos do que com uma tora inteira.

11.39 $[N_2O_5] = 0{,}146$ mol L^{-1}.

11.41 0,4 mg.

11.43 300 mg.

11.45 **(a)** 0,16 mol L^{-1}; **(b)** 90 s; **(c)** 120 s.

11.47 Temos $\frac{1}{[X]_0} = kt_{1/2}$ e $t_{1/2} = \frac{1}{k[X]_0}$. A meia-vida é dependente da concentração e variará durante o curso da reação.

11.49 Quando observamos os vários gráficos possíveis, encontramos uma linha reta para o gráfico ln[picloram] *versus* tempo, logo a reação é de primeira ordem. $k = 1{,}7 \times 10^{-2}$ $dias^{-1}$, e $t_{1/2} = 42$ dias.

11.51 Este problema exige que coloquemos em um gráfico dados para encontrar linhas retas. Os gráficos de teste para cinética de primeira e segunda ordens são os seguintes:

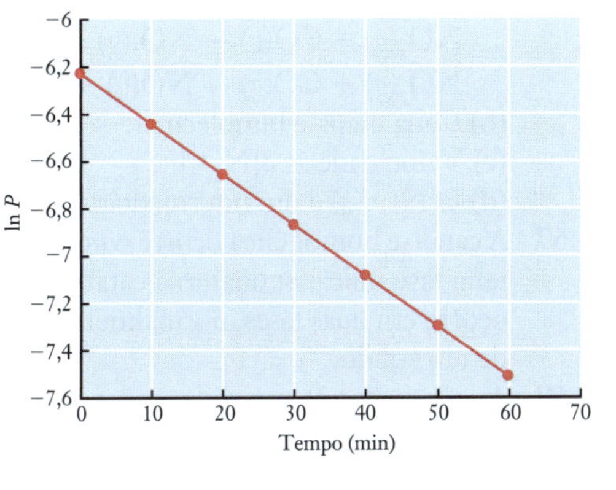

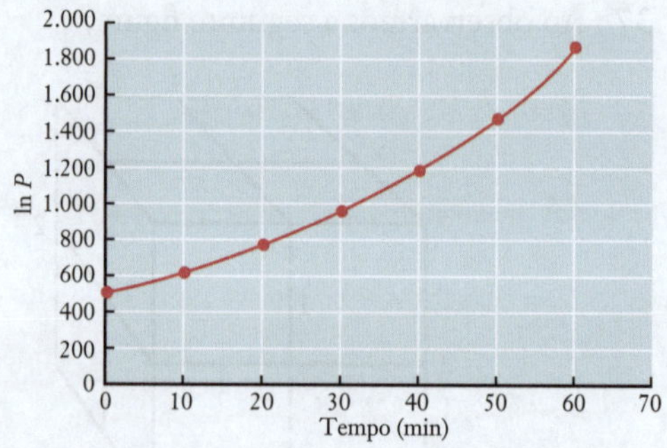

Nessas figuras, podemos ver que o gráfico de ln *P versus* tempo é linear, logo a reação é de primeira ordem. A inclinação desse gráfico é igual a $-k$. Um ajuste de regressão linear para a linha fornece uma inclinação de $-0{,}0217\ \text{min}^{-1}$, logo a constante de velocidade é $k = 0{,}0217\ \text{min}^{-1}$.

11.53 $k = 5 \times 10^{-70}\ \text{s}^{-1}$.

11.55 $E_a = 120\ \text{kJ mol}^{-1}$.

11.57 $E_a = 3{,}2 \times 10^5\ \text{J mol}^{-1} = 320\ \text{kJ mol}^{-1}$.

11.59 Não se pode provar um mecanismo de reação correto. Mesmo observando um intermediário específico, sempre existe a possibilidade de outro mecanismo poder ser proposto e também gerar esse intermediário. Pode-se provar muito mais rapidamente que um mecanismo está incorreto. Por exemplo, qualquer medida que demonstre a existência de um intermediário que não é parte do mecanismo proposto prova que o mecanismo está errado.

11.61 Uma vez que o ciclo de Chapman inclui espécies intermediárias na reação global, a molecularidade das três etapas, em ordem, são
$O_2 \rightarrow 2\ O$ (unimolecular – a luz foi deixada fora dessa equação)
$O_2 + O \rightarrow O_3$ (bimolecular)
$O_3 \rightarrow O_2 + O$ (unimolecular – a luz foi deixada fora dessa equação)
$O_3 + O \rightarrow 2\ O_2$ (bimolecular)

11.63 **(a)** $2\ NO + Br_2 \rightarrow 2\ NOBr$. **(b)** A primeira etapa. **(c)** $NOBr_2$ é o intermediário. **(d)** Ambas são bimoleculares. **(e)** Equação nº 1: Velocidade $= k[NO][Br_2]$, e Equação nº 2: Velocidade $= k[NOBr_2][NO]$.

11.65 **(a)**
$$\begin{array}{l} NO_2(g) + NO_2(g) \rightarrow NO(g) + NO_3(g) \\ \underline{NO_3(g) + CO(g) \rightarrow NO_2(g) + CO_2(g)} \\ NO_2(g) + CO(g) \rightarrow NO(g) + CO_2(g) \end{array}$$
(b) Cada etapa é bimolecular.
(c) Velocidade $= k[NO_2]^2$.
(d) O $NO_3(g)$ é um intermediário.

11.67 A catálise homogênea ocorre completamente em uma fase única, enquanto a catálise heterogênea ocorre em duas fases, normalmente na superfície de um sólido.

11.69 As respostas irão variar dependendo do site visitado.

11.71 O monitoramento estacionário permite que medições sejam feitas a qualquer momento e geralmente podem ser automatizadas. Mas só pode ser utilizado em um número limitado de sites. O monitoramento móvel pode amostrar uma área geográfica mais ampla, mas geralmente requer que um motorista humano mova o equipamento de um lugar para outro.

11.73 Os níveis codificados por cores tendem a ser mais eficazes para a comunicação pública, porque são mais fáceis de entender sem exigir qualquer conhecimento detalhado dos intervalos numéricos.

11.75 Um valor de IQAr acima de 500 é considerado além do índice. Tais leituras já ocorreram na China, mas nenhuma foi registrada nos Estados Unidos.

11.77 Detroit fica na fronteira dos EUA com o Canadá, portanto, um engenheiro que trabalhe em um projeto deve verificar o cumprimento de quaisquer tratados relevantes.

11.79 Uma velocidade instantânea é a velocidade de reação em um determinado momento, ao passo que uma velocidade média é medida ao longo de um período finito. A velocidade instantânea é o que realmente é descrito pelas equações da lei de velocidade, mas geralmente a velocidade média é mais fácil de medir.

11.81 Se utilizarmos o número de moléculas de A_2 na figura para representar $[A_2]$, encontramos valores de 8, 4 e 2 nos momentos 0, 1 e 3, respectivamente. Isso significa que a primeira meia-vida da reação foi de 1 s e a segunda meia-vida foi de 2 s. Como a meia-vida se prolonga à medida que a reação avança, a reação não pode ser de primeira ordem.

11.83 Este experimento precisaria de alguma medida para determinar se o leite azedou – talvez o cheiro do leite pudesse ser notado em um determinado momento durante o dia. O próximo passo seria manter a temperatura constante em vários valores. Então, assumindo que a única fonte de ácido lático seja a reação nas bactérias, a energia de ativação poderia ser estimada utilizando a equação de Arrhenius.

11.85 Não, esta equação claramente não é um mecanismo. Se fosse, implicaria uma colisão de seis corpos.

11.87 Não, essa definição não estaria correta. Reagentes que aparecem na expressão da lei de velocidade aumentam a velocidade da reação, mas não são catalisadores.

11.89 Faria a mesma coisa – diminuiria a energia de ativação das reações direta e reversa.

11.91 **(a)** :F̤̈—Ẍ̤e—F̤̈: É uma molécula linear.

(b) Nesse caso, as pressões parciais podem ser determinadas a partir dos volumes, logo a pressão parcial de Xe é 459 mm de Hg e a de F_2, 301 mm de Hg.

(c) n_{F_2} = 0,0107 mol e n_{Xe} = 0,0164 mol, logo o flúor é o reagente limitante. Existe 0,0107 mol de XeF_2 formado, portanto o rendimento teórico = 1,81 g de XeF_2.

(d) Reações de precipitação são em geral mais rápidas quando comparadas a esta reação. A necessidade de dissociar as moléculas de F_2 na reação na fase gasosa é uma das razões para isso.

11.93 O valor observado é 0,13 ppm. Supondo pressão atmosférica de 1 atm e temperatura de 298K, podemos calcular que existem $3{,}2 \times 10^{15}$ moléculas de O_3.

11.95 **(a)** As chances são de que diminua à medida que o processo continue.
(b) Eventualmente, a velocidade é a mesma em ambos os sentidos.

11.97 A velocidade de formação da amônia é muito maior em altas temperaturas. A reação deve ter alta energia de ativação de tal forma que altas temperaturas são necessárias para produzir colisões com energia suficiente para superar a barreira de ativação. Isso é consistente com o fato de que a ligação tripla no N_2 é extremamente forte.

11.99 A reação deveria ser 2 Be + Si → Be_2Si e seriam necessários 401 g de Be.

11.101 76 kJ mol^{-1}

11.103 Inicialmente, é importante perceber que a radioatividade é basicamente um problema de cinética de primeira ordem. Saber a porcentagem de contagens como uma fração desta, vista para os seres vivos, permite-nos montar a proporção I/I_o, que é igual a e^{-kt}. Para usarmos essa relação, precisamos saber o valor de k ou da meia-vida e então achar o tempo, t, que será a idade do artefato.

11.105 Para resolvermos este problema, precisamos considerar fatores que mudam a velocidade da reação. Em alguns casos, a presença dos produtos diminuirá a velocidade da reação. Outra estratégia seria diminuir a concentração do produto químico ou dos produtos químicos na lei de velocidade da reação ou do processo que está sendo usado.

11.107 Duas coisas. Primeiro, as ligações que os átomos de flúor formam com outros elementos são mais fortes que as ligações F–F, tornando as reações altamente exotérmicas. Segundo, as energias de ativação para as reações provavelmente não são muito grandes.

11.109 Os radicais são muito reativos, logo, para serem úteis, devem ser gerados na mistura da reação (é quase impossível ter uma garrafa deles). As altas temperaturas permitem que as ligações se quebrem e os radicais se formem.

Capítulo 12

12.1 A primeira reação é a decomposição do carbonato de cálcio, $CaCO_3 \rightarrow CaO + CO_2$, e esta é basicamente a reação oposta que ocorre na carbonação do concreto.

12.3 As diferentes fontes estimam este número diferentemente, mas cerca de 5% da produção anual de CO_2 pode ser atribuída à produção de concreto. Isso é em grande parte devido à decomposição do carbonato de cálcio.

12.5 A reação é lenta, logo a energia de ativação para que ocorra deve ser relativamente alta.

12.7 As partes do concreto que estavam expostas ao ar têm maior probabilidade de serem carbonatadas e, consequentemente, não mostram mudança de cor com a exposição à fenoftaleína. As partes que estavam internas não foram expostas ao ar, logo o concreto deve manter sua composição química original e fica rosa quando exposto à fenoftaleína.

12.9 **(a)** velocidade direta = $k_f[HCO_3^-]$; velocidade reversa = $k_r[H^+][CO_3^{2-}]$

(b) $K = \dfrac{k_f}{k_r} = \dfrac{[H^+][CO_3^{2-}]}{[HCO_3^-]}$

12.11 **(a)** Essa inferência pode ser feita porque o símbolo de equilíbrio implica esse fato. **(b)** Isso não é sugerido pelo equilíbrio. Embora as concentrações não variem no equilíbrio, isso não implica que sejam todas iguais. **(c)** Isso também não é sugerido. O equilíbrio químico pode ser abordado de qualquer "sentido" – começando com todos os reagentes ou com todos os produtos. Trata-se de dois possíveis pontos de início.

12.13 **(a)** $K = \dfrac{[NO]^2[Br_2]}{[NOBr]^2}$ **(b)** $K = \dfrac{[H_2O]^2[Cl_2]^2}{[HCl]^4[O_2]}$

(c) $K = \dfrac{[SO_3]}{[SO_2][O_2]^{1/2}}$ **(d)** $K = \dfrac{[CO_2][H_2O]^2}{[CH_4][O_2]^2}$

(e) $K = \dfrac{[CO_2]^2[H_2O]^3}{[C_2H_5OH][O_2]^3}$

12.15 **(a)** $K = [Ca^{2+}][CO_3^{2-}]$ **(b)** $K = [Ag^+][Cl^-]$

(c) $K + [Mg^{2+}]^3[PO_4^{3-}]^2$ **(d)** $K = \dfrac{[Zn^{2+}]}{[Cu^{2+}]}$

12.17 O chumbo é mais provável de precipitar os íons sulfato.

12.19 **(a)** Para a reação inversa, $K = \dfrac{[O_2]}{[CO]^2}$.

(b) Para a reação inversa, $K = \dfrac{1}{[Ag^+][Cl^-]}$.

12.21 **(a)** $K_1 = \frac{[HCO_3^-]}{[H^+][CO_3^{2-}]}$ e $K_2 = \frac{[H_2CO_3]}{[H^+][HCO_3^-]}$
(b) A soma das duas reações leva a $CO_3^{2-} + 2\ H^+ \rightleftarrows H_2CO_3$.
(c) A expressão de equilíbrio é $K_3 = \frac{[H_2CO_3]}{[H^+]^2[CO_3^{2-}]}$, que é o produto de K_1 e K_2.

12.23 $K = \frac{[CO_2]}{[CH_4]\,[O_2]^2}$

12.25 Uma vez que K_2 é maior que K_1, a reação nº 2 (do Problema 12.24) tem maior tendência de ir até o final.

12.27 $K = 1{,}2$.

12.29 $K = 0{,}080$.

12.31 As concentrações de equilíbrio são $[O_2] = 0{,}100$ mol L^{-1} e $[O] = 1{,}2 \times 10^{-20}$ mol L^{-1}.

12.33 $[NO] = 0{,}0020$ mol L^{-1} e $[N_2] = [O_2] = 0{,}098$ mol L^{-1}.

12.35 $[NO] = 0{,}002$ mol L^{-1}, $[N_2] = 0{,}149$ mol L^{-1} e $[O_2] = 0{,}049$ mol L^{-1}.

12.37 $[NO] = 0{,}0017$ mol L^{-1}, $[N_2] = 0{,}029$ mol L^{-1} e $[O_2] = 0{,}029$ mol L^{-1}.

12.39 $[H_2CO_3] = 0{,}0998$ mol L^{-1}, $[H^+] = 0{,}00021$ mol L^{-1} e $[HCO_3^-] = 0{,}00021$ mol L^{-1}.

12.41 $[Ca^{2+}] = 0{,}0$ mol L^{-1} e $[CO_3^{2-}] = 0{,}010$ mol L^{-1}. (Com os algarismos significativos disponíveis, a concentração de íons cálcio é zero.)

12.43 **(a)** Desloca no sentido do reagente. **(b)** Desloca no sentido do reagente. **(c)** Não existe gás envolvido neste equilíbrio, logo a variação de pressão não o afeta diretamente.

12.45 **(a)** Nenhum efeito nas concentrações no equilíbrio. **(b)** Desloca-se no sentido dos produtos. **(c)** Desloca-se no sentido dos produtos. **(d)** Não afeta o equilíbrio.

12.47 **(a)** $AgBr(s) \rightleftarrows Ag^+(aq) + Br^-(aq)$; $K_{ps} = [Ag^+][Br^-]$
(b) $Cu(OH)_2(s) \rightleftarrows Cu^{2+}(aq) + 2\ OH^-(aq)$; $K_{ps} = [Cu^{2+}][OH^-]^2$
(c) $BaSO_4(s) \rightleftarrows Ba^{2+}(aq) + SO_4^{2-}(aq)$; $K_{ps} = [Ba^{2+}][SO_4^{2-}]$
(d) $PbCrO_4(s) \rightleftarrows Pb^{2+}(aq) + CrO_4^{2-}(aq)$; $K_{ps} = [Pb^{2+}][CrO_4^{2-}]$
(e) $Mg_3(PO_4)_2(s) \rightleftarrows 3\ Mg^{2+}(aq) + 2\ PO_4^{3-}(aq)$; $K_{ps} = [Mg^{2+}]^3[PO_4^{3-}]^2$

12.49 1,4 ppm.

12.51 **(a)** $3{,}9 \times 10^{-6}$ mol L^{-1} **(b)** $3{,}0 \times 10^{-10}$ mol L^{-1} **(c)** $3{,}0 \times 10^{-10}$ mol L^{-1}

12.53 **(a)** $K_{ps} = 3{,}0 \times 10^{-53}$; **(b)** $1{,}3 \times 10^{-25}$ g de HgS/100 g de H_2O.

12.55 **(a)** $4{,}9 \times 10^{-11}$; **(b)** $1{,}4 \times 10^{-16}$; **(c)** $2{,}8 \times 10^{-44}$; **(d)** $1{,}6 \times 10^{-5}$.

12.57 O $BaSO_4$ precipitará primeiro. O chumbo começará a precipitar em uma concentração de íons sulfato de $1{,}8 \times 10^{-7}$ mol L^{-1}. Nesse ponto, a concentração de Ba^{2+} terá caído para $6{,}1 \times 10^{-4}$ mol L^{-1}. Isso significa que 99% do Ba^{2+} precipitou.

12.59 Questão de internet, respostas irão variar, dependendo do site encontrado. A ideia principal é que o carbonato de cálcio é menos solúvel na água em temperaturas mais altas, levando à formação de incrustações no equipamento usado para ferver ou aquecer água.

12.61 **(a)** NO_3^-, **(b)** OH^-, **(c)** SO_4^{2-}, **(d)** HCO_3^-, **(e)** H_2O.

12.63 Para simplificar, apenas listaremos as linhas, em vez de desenhá-las. (O ácido conjugado está escrito primeiro em cada caso.)
(a) HCN & CN^- e H_2O & OH^-.
(b) H_3O^+ & H_2O e H_2CO_3 & HCO_3^-.
(c) H_2S & HS^- e CH_3COOH & CH_3COO^-.

12.65 **(a)** $CH_3COOH(aq) + H_2O(\ell) \rightleftarrows H_3O^+(aq) + CH_3COO^-(aq)$
$$K_a = \frac{[H_3O^+][CH_3COO^-]}{[CH_3COOH]}$$
(b) $C_2H_5COOH(aq) + H_2O(\ell) \rightleftarrows H_3O^+(aq) + C_2H_5COO^-(aq)$
$$K_a = \frac{[H_3O^+][C_2H_5COO^-]}{[C_2H_5COOH]}$$
(c) $HF(aq) + H_2O(\ell) \rightleftarrows H_3O^+(aq) + F^-(aq)$
$$K_a = \frac{[H_3O^+][F^-]}{[HF]}$$
(d) $HClO(aq) + H_2O(\ell) \rightleftarrows H_3O^+(aq) + ClO^-(aq)$
$$K_a = \frac{[H_3O^+][ClO^-]}{[HClO]}$$
(e) $H_2CO_3(aq) + H_2O(\ell) \rightleftarrows H_3O^+(aq) + HCO_3^-(aq)$
$$K_a = \frac{[H_3O^+][HCO_3^-]}{[H_2CO_3]}$$

12.67 $[H_3O^+] = 0{,}008$ mol L^{-1}.

12.69 pH = 2,95, 1,1% ionizado.

12.71 pH = 2,61.

12.73 pH = 9,92.

12.75 **(a)** 2,19 **(b)** 3,46 **(c)** 4,52 **(d)** 11,68 **(e)** ~ 8 (O pH real seria 8,13.)

12.77 **(a)** Como valor de K é menor que 1, ele sugere que o equilíbrio se encontra no sentido dos reagentes, e consequentemente $\Delta G°$ deve ser um número positivo. **(b)** Uma vez que queremos a variação de energia livre padrão, usamos T = 298K e $\Delta G° = 12$ kJ mol^{-1}.

12.79 Isso provavelmente foi um erro de unidades. O valor para R é em J e o valor de $\Delta G°$ está em kJ. Se os números obtidos para $\Delta G°$ são convertidos em J, as diferenças entre as reações tornam-se mais óbvias. Os valores corretos para K são $5{,}8 \times 10^8$, $1{,}8 \times 10^5$ e 57, respectivamente.

12.81 O fio pode ser quebrado dobrando-o ou torcendo-o até que eventualmente se quebre. Para um material dúctil, a quebra seria gradual, exigindo a aplicação de tensão por algum tempo. Para um material quebradiço, a quebra ocorreria imediatamente.

12.83 **(a)** 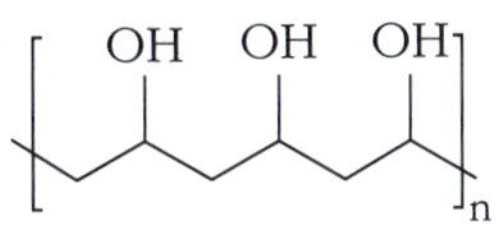

(b) Por causa dos grupos –OH, a ligação de hidrogênio é o modo mais provável de interação entre as moléculas adjacentes de PVA.

12.85 **(a)** Nos primeiros minutos, o peixe laranja tenderá a nadar para a direita e o peixe verde tenderá a nadar para a esquerda. **(b)** Após várias horas, a distribuição deve ser uniforme durante todo o tempo. **(c)** Isto é análogo a um equilíbrio dinâmico porque os peixes nadam em todas as direções, mas não há nenhuma mudança na distribuição das localizações dos diferentes peixes coloridos.

12.87 A curva vermelha é a concentração de A, e a curva azul é a concentração de B. Em **(a)**, apenas A está presente, logo a taxa de desaparecimento de A é grande, assim como a taxa de aparecimento de B. Em **(b)**, a velocidade da reação direta diminuiu um pouco, e a velocidade da reação reversa está se tornando apreciável. Por fim, em **(c)**, as velocidades das reações direta e reversa são as mesmas, portanto não há nenhuma mudança líquida na concentração de nenhuma das duas substâncias.

12.89 **(a)** Reagentes são favorecidos. **(b)** Produtos são favorecidos. **(c)** Reagentes e produtos estão presentes em concentrações aproximadamente iguais.

12.91 **(a)** Desloca o equilíbrio no sentido dos produtos. **(b)** Desloca o equilíbrio no sentido dos produtos. (Adicionar água reduzirá $[H_3O^+]$ e $[F^-]$, tornando $Q < K$.) **(c)** Mais produtos serão formados. **(d)** A mudança de equilíbrio será no sentido dos produtos. **(e)** A mudança de equilíbrio será no sentido dos produtos. **(f)** A adição de um catalisador não tem efeito sobre o equilíbrio.

12.93 Uma vez que o processo é endotérmico, aumentar a temperatura dirigirá a reação para a direita. Adicionar mais NH_4HS no frasco também dirigirá a reação para a direita. Se mais NH_3 é adicionado ao frasco, a reação será dirigida para a esquerda. Se H_2S é removido do frasco, a reação será dirigida para a direita e a pressão do NH_3 aumentará.

12.95 O gráfico correto é **(c)**. Sabemos que a reação começou com apenas A e B_3 presentes. E a partir do desenho em escala molecular, sabemos que em equilíbrio as concentrações de AB e B_2 são maiores que as de A e B_3. Somente **(c)** é consistente com esses fatos.

12.97 **(a)** Na metade do caminho até o ponto de equivalência, o pH será igual a $-\log K_a$. O ácido B tem um valor de pH mais baixo no ponto da meia-equivalência, portanto também deve ter um valor de K_a maior. **(b)** O pH no ponto de equivalência para o ácido A é de cerca de 8,5 e para o ácido B é de cerca de 9,5. O pH no ponto de equivalência é determinado pela hidrólise do sal e o sal de um ácido mais forte é uma base mais fraca. **(c)** O ácido B requer a adição de mais base para atingir o ponto de equivalência. Portanto, se volumes iguais de ácidos fossem usados, o ácido B deveria ter tido a maior concentração.

12.99 $[CO_2] = 2{,}5 \times 10^{-3}$ mol L^{-1}.

12.101 **(a)** $H_2S(g) + Fe(NO)_2(aq) \rightleftarrows FeS(s) + 2\ HNO_3(aq)$

(b) $K = \dfrac{[HNO_3]^2}{[H_2S][Fe(NO_3)_2]}$

(c) A remoção de um ou ambos os produtos evitará que atinja o equilíbrio.

12.103 **(a)** Prossegue no sentido dos produtos. **(b)** Prossegue no sentido dos produtos. **(c)** Prossegue no sentido dos reagentes. **(d)** Desloca o equilíbrio para os produtos. **(e)** Desloca o equilíbrio para os produtos. **(f)** Desloca o equilíbrio para os produtos.

12.105 Um aumento na pressão aumenta a frequência de colisão das moléculas gasosas. Uma vez que 2 moléculas de NO_2 reagem para formar uma de N_2O_4, um aumento no número de colisões tenderá a aumentar a probabilidade de essa reação ocorrer até a frequência de colisão retornar ao seu valor original.

12.107 $8{,}4 \times 10^{-6}$ g de $Al_2(SO_4)_3$ por galão.

12.109 Solubilidade molar $= 3{,}29 \times 10^{-3}$ mol L^{-1} e $K_{ps} = 1{,}42 \times 10^{-7}$.

12.111 Meça a mesma massa pequena dos três sólidos brancos. Adicione água destilada gota a gota a cada um e conte o número de gotas necessárias para dissolver cada um deles. O mais solúvel precisará do menor número de gotas; o menos solúvel precisará do maior número de gotas.

12.113 Se você tiver um medidor de pH, ao ler o pH da solução, será capaz de fazer um cálculo de equilíbrio para determinar a concentração inicial (uma vez que fosse capaz de procurar o K_a deste ácido.)

12.115 **(a)** $[PCl_3] = 0{,}24$ mol L^{-1}; $[PBr_3] = 1{,}24$ mol L^{-1}; $[PCl_2Br] = [PClBr_2] = 0{,}76$ mol L^{-1}. **(b)** Essa reação é dirigida pela entropia.

12.117 $K_c = [H_2O(g)] = 0{,}0161$.

Capítulo 13

13.1 Normalmente, o primeiro local onde aparece a ferrugem é perto da parte de baixo do carro, particularmente nos para-lamas. Essas áreas do carro encontram água (com sal como um eletrólito, onde a remoção da neve é necessária), e a presença de água é necessária para as reações eletroquímicas associadas à corrosão ocorrerem.

13.3 Os exemplos dependerão de pesquisa na internet.

13.5 **(a)** A semirreação de oxidação é $Cu(s) \rightarrow Cu^{2+}(aq) + 2\ e^-$, e a semirreação de redução é $Ni^{2+}(aq) + 2\ e^- \rightarrow Ni(s)$.
(b) A semirreação de oxidação é $Ba(s) \rightarrow Ba^{2+}(aq) + 2\ e^-$, e a semirreação de redução é $Fe^{3+}(aq) + 3\ e^- \rightarrow Fe(s)$.

13.7 O anodo é o local da oxidação. Em geral, o local da oxidação em uma célula galvânica liberará íons positivos para a solução. Para manter a neutralidade da carga global na solução, os íons nitrato da ponte salina seriam liberados para esse compartimento.

13.9 **(a)** $Ni(s)|Ni^{2+}(aq)(0{,}20\ mol\ L^{-1})||Ag^+(aq)(0{,}50\ mol\ L^{-1})|Ag(s)$.
(b) $Cu(s)|Cu^{2+}(aq)(0{,}20\ mol\ L^{-1})||PtCl_6^{2-}(aq)(0{,}10\ mol\ L^{-1}), PtCl_4^{2-}(aq)(0{,}10\ mol\ L^{-1}), Cl^-(aq)\ (0{,}40\ mol\ L^{-1})|Pt(s)$.
(c) $Pb(s)|PbSO_4(s)|SO_4^{2-}(aq)(0{,}30\ mol\ L^{-1})||Cl^-(aq)(0{,}20\ mol\ L^{-1})|AgCl(s)|Ag(s)$.
(d) $Zn(s)|Zn^{2+}(aq)(0{,}125\ mol\ L^{-1})||H^+(aq)(0{,}010\ mol\ L^{-1})||H_2(g)(1{,}0\ atm)|Pt(s)$.

13.11 Nesse caso, os ânions são íons espectadores, logo não precisam ser incluídos na notação da célula.

13.13 O potencial eletromotriz na corrosão galvânica é fornecido em grande parte pelo contato elétrico de dois metais com as diferentes atividades eletromotrizes. Na corrosão uniforme, o mesmo metal (normalmente ferro) sofre tanto a oxidação quanto a redução, portanto apenas um metal é necessário para que ela ocorra.

13.15 O papel de alumínio tem um revestimento de óxido no alumínio, e o óxido de alumínio não é reativo. No entanto, quando uma pessoa morde o alumínio, o alumínio mais reativo é exposto, e ocorre uma reação eletroquímica entre o amálgama na obturação e o alumínio exposto – produzindo uma corrente elétrica observável.

13.17 Deve haver um metal condutor presente para que os elétrons se movam em circuito e forneçam os elétrons para a reação de oxirredução.

13.19 Uma espécie química que aparece na parte de baixo da tabela de potencial padrão de redução com um valor negativo considerável significa que a espécie química em consideração tem forte tendência a ser oxidada (e muito pouca tendência a ser reduzida). Essa observação está de acordo com as expectativas para os metais alcalinos que tendem a perder facilmente um elétron para formar cátions monopositivos.

13.21 **(a)** 1,33 V; **(b)** 0,02 V; **(c)** 0,87 V.

13.23 1,043 V.

13.25 **(a)** $E = 1{,}05$ V; **(b)** $E = 0{,}39$ V; **(c)** $E = 0{,}604$ V.

13.27 **(a)** $Sn^{2+}(aq) + 2\ e^- \rightarrow Sn(s)$ e $Fe(s) \rightarrow Fe^{2+}(aq) + 2\ e^-$.
(b) O ferro será o anodo, e o estanho, o catodo.
(c) $E = 0{,}32$ V.

13.29 O memorando precisaria apontar as propriedades químicas (como a resistência à corrosão) do ouro, que torna seu uso importante. As propriedades físicas do ouro que são úteis nas aplicações de microchip (resistência elétrica, por exemplo) também poderiam ser incluídas.

13.31 Uma vez que a corrosão é exemplo de reação eletroquímica, um eletrólito no concreto auxilia o processo de corrosão. Sais contendo cloro como $CaCl_2$ fornecem íons cloreto como um eletrólito.

13.33 **(a)** –237 kJ; **(b)** –53,0 kJ; **(c)** $-2{,}190 \times 10^3$ kJ.

13.35 $\Delta G_f°\ (Pb^{2+}) = -25\ kJ\ mol^{-1}$.

13.37 **(a)** espontânea.
(b) não espontânea.
(c) não espontânea.
(d) espontânea.

13.39 **(a)** $K = 4{,}3 \times 10^{45}$; **(b)** $K = 1{,}0 \times 10^{25}$; **(c)** $4{,}3 \times 10^{20}$. Analisando esses valores, podemos ver que, primeiro é o produto dos outros dois. Esse resultado sugere que, se uma calculadora não pode manusear o cálculo do inverso do log, precisa-se apenas quebrá-lo em dois cálculos menores e multiplicar os resultados.

13.41 $K_{ps} = 1{,}7 \times 10^{-10}$. Esse valor é bastante próximo daquele tabulado de $1{,}8 \times 10^{-10}$.

13.43 **(a)** $K = 3 \times 10^6$, portanto essa reação poderia ser observada.
(b) $K = 2 \times 10^{-16}$, portanto essa reação não seria observada.

13.45 Uma célula baseada na reação $3\ Ag^+(aq) + Cr(s) \rightarrow 3\ Ag(s) + Cr^{3+}(aq)$ tem $E° = 1{,}54$ V, logo ela é uma boa candidata. Um conjunto de concentrações que funcionaria é deixar a concentração de íon prata ser 0,50 mol L^{-1}, e a de cromo(III) 1,2 mol L^{-1}. O esboço deve refletir um cálculo que utilize a equação de Nernst. Observação: Outras combinações certamente são possíveis.

13.47 O aço seria suscetível à corrosão galvânica porque o cobre tem um valor mais positivo para o seu potencial padrão de redução. Isso significaria que o ferro no aço tenderia a corroer espontaneamente quando em contato com o relativamente bom agente oxidante, o cobre.

13.49 Porque o eletrólito ácido usado nas pilhas antigas é substituído por um eletrólito básico (ou alcalino).

13.51 O eletrólito nas pilhas alcalinas inclui MnO_2. Em solução ácida, a semirreação $MnO_2(s) + 4H^+(aq) + 2\ e^- \rightarrow Mn^{2+}(aq) + 2\ H_2O$ tem um potencial padrão de redução de 1,23 V. Assim, essa reação tenderia a prosseguir quando acoplada com outras semirreações. Também, pelo fato de a semirreação para o $Zn^{2+}|Zn$ ter um potencial padrão de célula negativo, o Zn tenderá a ser oxidado em solução ácida.

13.53 O $PbSO_4(s)$ é formado como um produto. Esse material pode ser convertido de volta a $Pb(s)$ ou $PbO_2(s)$ desde que permaneça no eletrodo. Entretanto, se a bateria leva um choque e o $PbSO_4$ é removido da malha de eletrodo, ele não pode ser convertido de volta e a bateria se degrada lentamente.

13.55 **(a)** O parágrafo deve enfatizar que a bateria (a) tem alta voltagem quando completamente carregada (o que poderia ser benéfico). A vida útil longa da bateria (d) seria o fator proeminente a ser observado. **(b)** O eletrodo de zinco é o componente que limita a vida útil da bateria (porque o oxigênio é obtido do ar). A bateria (d) deve ter uma área superficial maior para o eletrodo de zinco do que aquela na bateria (b).

13.57 Exige pesquisa na internet, e as respostas irão variar dependendo do site encontrado.

13.59 Trata-se de eletrólise passiva. Pode-se observar facilmente esse processo, pois os eletrodos são carbono – apenas fornecem uma maneira para os elétrons se moverem no sistema (apesar de o oxigênio produzido no processo reagir com o carbono e lentamente corroê-lo).

13.61 Uma vez que a energia elétrica está sendo forçada na célula de eletrólise através de um potencial externo, a reação da célula pode ter potencial zero. Uma célula galvânica com potencial zero não é possível porque não haveria força motriz para a reação.

13.63 Girar o cilindro desloca as pequenas partes e consequentemente previne as partes individuais de serem "laminadas" por tempos mais longos que outras. Isso levaria a revestimentos desiguais.

13.65 Depende da pesquisa de internet. Algumas companhias de eletrorrevestimento enfatizam a laminação por prata cosmética, assim o papel poderia apoiar a afirmação. Provavelmente, o site encontrado apresentará mais aplicações industriais para a laminação por prata, e um papel refletiria esse fato.

13.67 1,1 mol e^-.

13.69 0,36 kWh a 0,30 V; 1,1 kWh a 0,90 V.

13.71 37 g de Cu.

13.73 1,772 kg de Sn.

13.75 18 kWh.

13.77 34 de $PbSO_4$.

13.79 Massa de revestimento = $4{,}0 \times 10^{-4}$ g; tempo de laminação = 11 s.

13.81 O lítio é o metal mais leve na tabela periódica, portanto fornece um anodo muito leve. O carbono também tem papel importante no projeto da bateria e também é leve.

13.83 Os íons Li^+ fluem do anodo para o catodo através de um separador, mas os elétrons também fluem do anodo para o catodo através do circuito externo. Os números de elétrons e de íons Li^+ devem ser iguais, assim não existe acúmulo de carga líquida.

13.85 Fornece-se uma fonte de carga para que o circuito elétrico seja completado.

13.87 Desde que o EPH ainda seja o padrão, todos os valores se deslocarão em 3,00 V.

13.89 A relação é $\Delta G° = -nFE°$. Podemos encontrar n a partir da reação celular, e F é uma constante. Portanto, medir $E°$ nos permite determinar $\Delta G°$.

13.91 Não. O aço é em grande parte ferro, com um potencial padrão de redução mais negativo que o níquel, portanto ainda seria o ferro a ser oxidado se estivesse acoplado ao níquel.

13.93 As baterias são usadas para realizar trabalho. Se a bateria em si é maciça, a quantidade de trabalho necessária para movimentá-la (junto com o que quer que seja parte do dispositivo) seria desnecessariamente alta. Além disso, nos produtos de consumo, dispositivos mais leves geralmente são preferidos porque são mais fáceis de transportar.

13.95 Uma vez que as reações de oxirredução já estão movendo elétrons entre vários reagentes para formar produtos, é relativamente fácil forçar os elétrons a se moverem no sentido oposto aplicando um potencial elétrico externo.

13.97 **(a)** B é oxidado e A^+ é reduzido. **(b)** B é o anodo e A é o catodo. **(c)** O eletrodo A ganha massa. **(d)** Os elétrons fluem de B para A.

13.99 Para resolver este problema, você precisa da equação de Nernst. Isso significa que devemos determinar o número de elétrons transferidos e ser capazes de calcular o potencial da célula com base nos dados tabulados. Podemos colocar essas informações na equação de Nernst e ajustar a concentração para obter a voltagem desejada.

13.101 Se você construir uma célula galvânica com o estanho como uma das semicélulas e o N_2O como a outra semicélula, a medida do potencial padrão da célula fornecerá a melhor maneira de determinar a constante de equilíbrio. Você poderá também calcular o potencial da célula se os potenciais de redução necessários para as relevantes semirreações estiverem disponíveis.

13.103 A principal variável é a espessura do revestimento de ouro. Um revestimento mais fino custará menos. Outras possibilidades incluem usar o eletrorrevestimento de baixa voltagem para reduzir os custos de produção e utilizar a laminação de cilindro para aumentar a produtividade de parte da produção com o propósito de diminuir os custos de produção. As principais peças de informações que precisa procurar para fazer estimativas do processo eletrolítico são os potenciais padrão de redução das semirreações envolvidas.

13.105 O oxigênio é produzido a partir do solvente água, $2\ H_2O \rightarrow O_2 + 4\ H^+ + 4\ e^-$. O volume produzido é de 2,90 L.

13.107 **(a)** 0,30 g de Ag; **(b)** $1{,}7 \times 10^{21}$ átomos; **(c)** $\sim 10^6$ camadas de átomos.

Capítulo 14

14.1 Os raios cósmicos são compostos de partículas discretas em vez de radiação eletromagnética (que é contínua).

14.3 A resposta pode variar dependendo do site encontrado e quantas partículas diferentes o site relaciona.

14.5 O meio primário é através da fotossíntese, que pode ser representada pela equação, $6\ CO_2 + 6\ H_2O \rightarrow C_6H_{12}O_6 + 6\ O_2$.

14.7 Rutherford examinou a habilidade da radiação emitida pelo urânio passar através do papel de alumínio fino. Sua observação-chave foi que algumas partículas emitidas pelo urânio passaram pela folha, mas outras foram bloqueadas por ela. Rutherford concluiu que deve haver no mínimo dois tipos de partículas.

14.9 Decaimento alfa: o número atômico diminui de 2, o número de massa diminui de 4. Decaimento de pósitron: o número atômico diminui de 1. Decaimento gama: nenhuma variação no número de massa ou número atômico. Captura K: o número atômico diminui de 1. Decaimento beta: o número atômico aumenta de 1.

14.11 **(a)** ${}^{20}_{9}F$. **(b)** ${}^{236}_{94}Pu$. **(c)** ${}^{0}_{-1}\beta$.

14.13 **(a)** ${}^{188}_{83}Bi \rightarrow {}^{184}_{81}Tl + {}^{4}_{2}He$. **(b)** ${}^{87}_{37}Rb \rightarrow {}^{87}_{38}Sr + {}^{0}_{-1}\beta + \bar{\nu}$. **(c)** ${}^{40}_{19}K \rightarrow {}^{40}_{18}Ar + {}^{0}_{1}\beta + \nu$. **(d)** ${}^{138}_{57}Bi + {}^{0}_{-1}e \rightarrow {}^{138}_{56}Ba + \nu$.

14.15 **(a)** Decaimento alfa **(b)** Emissão beta **(c)** Emissão de pósitrons **(d)** Emissão beta.

14.17 1/256.

14.19 400 anos.

14.21 **(a)** 0,0301 s^{-1}; **(b)** $1{,}6 \times 10^{20}$ Bq, ou $4{,}5 \times 10^{9}$ Ci.

14.23 54 mg.

14.25 9.200 anos.

14.27 17.200 anos.

14.29 $2{,}40 \times 10^{3}$ anos

14.31 **(a)** ${}^{19}_{10}Ne \rightarrow {}^{19}_{9}F + {}^{0}_{1}\beta + \nu$
(b) ${}^{230}_{90}Th \rightarrow {}^{226}_{88}Ra + {}^{4}_{2}He$
(c) ${}^{82}_{35}Br \rightarrow {}^{82}_{36}Kr + {}^{0}_{-1}\beta + \bar{\nu}$
(d) ${}^{212}_{84}Po \rightarrow {}^{208}_{82}Pb + {}^{4}_{2}He$

14.33 ${}^{232}_{90}Th \rightarrow {}^{228}_{88}Ra + {}^{4}_{2}He$
${}^{228}_{88}Ra \rightarrow {}^{228}_{89}Ac + {}^{0}_{-1}\beta + \bar{\nu}$
${}^{228}_{89}Ac \rightarrow {}^{228}_{90}Th + {}^{0}_{-1}\beta + \bar{\nu}$
${}^{228}_{90}Th \rightarrow {}^{224}_{88}Ra + {}^{4}_{2}He$
${}^{224}_{88}Ra \rightarrow {}^{220}_{86}Rn + {}^{4}_{2}He$
${}^{220}_{86}Rn \rightarrow {}^{216}_{84}Po + {}^{4}_{2}He$
${}^{216}_{84}Po \rightarrow {}^{212}_{82}Pb + {}^{4}_{2}He$
${}^{212}_{82}Pb \rightarrow {}^{212}_{83}Bi + {}^{0}_{-1}\beta + \bar{\nu}$
${}^{212}_{83}Bi \rightarrow {}^{212}_{84}Po + {}^{0}_{-1}\beta + \bar{\nu}$
${}^{212}_{84}Po \rightarrow {}^{208}_{82}Pb + {}^{4}_{2}He$

14.35 A perda de radônio pela amostra aumentaria a razão U/Pb, logo a medida subestimaria a idade da rocha.

14.37 $1{,}01585 \times 10^{10}$ kJ mol^{-1}.

14.39 $6{,}2877 \times 10^{-12}$ J $núcleos^{-1}$ ou $3{,}7865 \times 10^{9}$ kJ mol^{-1}.

14.41 $1{,}67682 \times 10^{-11}$ J $núcleos^{-1}$ ou $1{,}00980 \times 10^{10}$ kJ mol^{-1}.

14.43 3.200 anos.

14.45 Com uma razão *N/Z* de 1, o ${}^{164}Pb$ se localizaria bem acima da banda de estabilidade, tornando-o suscetível à emissão de pósitron ou captura de elétron.

14.47 O elemento mais pesado que se sabe que forma um composto é o hássio, à medida que o HsO_4 é observado. Presumivelmente, os elementos mais pesados poderiam formar compostos químicos, mas as pequenas quantidades formadas nos experimentos, combinadas com as curtas meias-vidas de muitos isótopos, tornam a observação de tais isótopos muito difícil.

14.49 **(a)** ${}^{27}_{13}Al + {}^{1}_{1}p \rightarrow {}^{28}_{14}Si + \gamma$.
(b) ${}^{40}_{18}Ar + {}^{1}_{0}n \rightarrow {}^{41}_{19}K + {}^{0}_{-1}\beta + \bar{\nu}$

14.51 Uma vez que ele não tem carga, um nêutron não é repelido pelas cargas nos elétrons ou prótons no átomo-alvo.

14.53 $7{,}6089 \times 10^{13}$ Jkg^{-1} de ${}^{235}U$.

14.55 **(a)** ${}^{239}_{92}U^*$;
(b) ${}^{238}_{93}U + {}^{1}_{0}n \rightarrow {}^{239}_{92}U^* \rightarrow {}^{239}_{93}Np + {}^{0}_{-1}\beta + \bar{\nu}$
${}^{239}_{93}Np + {}^{239}_{94}Pu + {}^{0}_{-1}\beta + \bar{\nu}$

14.57 **(a)** 38 toneladas.
(b) As meias-vidas são 16,9 horas para o ${}^{97}_{40}Zr$ e 2,49 s para o ${}^{137}_{52}Te$. Portanto, virtualmente nenhum desses isótopos se acumularia durante o decorrer de um ano. A maioria dos núcleos filhos decairá enquanto ainda está no

núcleo do reator ou em armazenamento na usina de energia.

(c) $^{97}Zr \xrightarrow{\beta-} {}^{97}Nb \xrightarrow{\beta-} {}^{97}Mo$

$^{137}Te \xrightarrow{\beta-} {}^{137}I \xrightarrow{\beta-} {}^{137}Xe \xrightarrow{\beta-} {}^{137}Cs \xrightarrow{\beta-} {}^{137}Ba$

A meia-vida do ^{137}Cs é de aproximadamente 30 anos. Todos os outros isótopos envolvidos teriam meias-vidas menores que um dia.

(d) A partir das meias-vidas, podemos concluir que virtualmente todo o ^{97}Zr terá decaído para o estável ^{97}Mo antes de o lixo ser descartado. O ^{137}Te terá decaído a ^{137}Cs e ainda estará radioativo devido à meia-vida mais longa desse isótopo. Assim, poderemos estimar que a quantidade de lixo radioativo na realidade seria de 137/(97 + 137) da estimativa original, ou 22 toneladas. Isso supõe que exista uma maneira fácil e disponível para separar o ^{97}Mo do radioativo ^{137}Cs.

14.59 **(a)** ${}^{11}_{5}B + {}^{1}_{1}p \rightarrow {}^{12}_{6}C + \gamma$ (O raio gama leva o excesso de energia.)

(b) O boro-11 ocorre naturalmente, enquanto o trítio teria de ser produzido artificialmente para realizar a fusão deutério-trítio. Também, a reação considerada aqui não libera nêutrons, tornando mais fácil que ele contenha radiação.

14.61 No caso de uma emergência em uma usina nuclear, existe grande chance de que o iodo radioativo pudesse ser liberado. Uma vez que o iodo se acumula na tireoide, poderia danificar as tireoides das pessoas que respiram o ar das proximidades. Comprimidos de iodeto de potássio normal agem saturando a tireoide com iodo normal e prevenindo que a glândula receba quantidades apreciáveis de iodo radioativo.

14.63 Projetar uma estrutura que deve durar por milhares de anos apresenta muitos desafios. Um engenheiro trabalhando em tal projeto deve atentar em antecipar as condições em um futuro muito distante. Variação climática dramática poderia ocorrer nessa escala de tempo, por exemplo, e poderia afetar as exigências estruturais. A previsão de atividade humana em um futuro muito distante é ainda mais difícil. Não se esperava que as estradas construídas na época de carroças puxadas por cavalos suportassem o tráfico moderno, por exemplo.

14.65 A radiação ionizante causa a produção de radicais livres no tecido vivo. Os perigos da radiação ionizante são em grande parte devido à alta reatividade desses radicais livres.

14.67 **(a)** O poder ionizante é a preocupação mais importante quanto à radiação que pode ser emitida de dentro do corpo. **(b)** O poder penetrante é geralmente o fator mais importante para a radiação vinda de fora do corpo.

14.69 $3{,}7 \times 10^5$ Bq

14.71 **(a)** 7,2 J **(b)** $1{,}2 \times 10^{-4}$ Gy

14.73 Uma vez que os raios cósmicos interagem com gases na atmosfera, os níveis de radiação natural tendem a aumentar com a altitude. Os níveis de radiação em altitudes onde as aeronaves comerciais voam são notavelmente mais altos que aqueles no solo; blindar aviões para bloquear tal radiação seria difícil e caro.

14.75 **(a)** ${}^{18}_{9}F \rightarrow {}^{18}_{8}O + {}^{0}_{1}\beta + \nu$. **(b)** ${}^{11}_{6}C \rightarrow {}^{11}_{5}B + {}^{0}_{1}\beta + \nu$. **(c)** ${}^{13}_{7}N \rightarrow {}^{13}_{6}C + {}^{0}_{1}\beta + \nu$.

14.77 ${}^{0}_{1}\beta + {}^{0}_{-1}\beta \rightarrow 2\gamma$.

14.79 As respostas irão variar dependendo das fontes listadas. O método é chamado de absorciometria de fóton, ou DPA, e baseia-se no fato de que quando o ^{153}Gd decai ele emite fótons de raio gama em energias múltiplas. A comparação das intensidades da emissão em duas dessas energias permite calcular a densidade óssea porque o cálcio absorve uma dessas energias de fóton mais fortemente que a outra.

14.81 **(a)** O trítio tem apenas três núcleons, logo ele não pode emitir uma partícula alfa, que por sua vez deve conter quatro núcleos.

(b) A emissão beta. **(c)** ${}^{3}_{1}H \rightarrow {}^{3}_{2}He + {}^{0}_{-1}\beta + \bar{\nu}$.

14.83 A meia-vida do ^{235}U é de 7×10^8 anos, o que é muito maior que a vida dos seres humanos. Portanto, a mudança na atividade do urânio ao longo da história humana seria pequena demais para permitir uma estimativa precisa da idade.

14.85 **(a)** Captura de elétron: ${}^{73}_{36}Kr + {}^{0}_{-1}e \rightarrow {}^{73}_{35}Br + \nu$.

(b) Captura de elétron: ${}^{13}_{6}O + {}^{0}_{-1}e \rightarrow {}^{13}_{5}N + \nu$.

(c) Decaimento beta: ${}^{126}_{50}Sn \rightarrow {}^{126}_{51}Sb + {}^{0}_{-1}\beta + \bar{\nu}$.

14.87 Inalar a fumaça leva o ^{210}Po para dentro dos pulmões, e as partículas alfa emitidas de dentro do corpo são muito mais perigosas que aquelas de fontes externas.

14.89 Use o contador Geiger para verificar se alguma radiação foi emitida pela leguminosa. (Presumivelmente, nada é detectável.) Dissolva o $^{67}CuSO_4$ em água e coloque as raízes da leguminosa na solução radioativa. A meia-vida é de aproximadamente 2,5 dias, então o contador Geiger deve ser capaz de detectar a radioatividade por cerca de 2 semanas. Retire a leguminosa da solução todos os dias e verifique a radioatividade. Se a leguminosa estiver absorvendo água, seu nível de radioatividade aumentará inicialmente e, então, diminuirá à medida que houver o decaimento dos íons de cobre.

14.91 $6{,}1 \times 10^{23}$.

14.93 A atividade seria de $1{,}6 \times 10^{-19}$ Ci, que corresponde a $5{,}2 \times 10^{-4}$ desintegrações por dia (ou um átomo a cada 5,3 anos).

14.95 **(a)** 201 contagens por minuto, **(b)** 18 contagens por minuto, **(c)** 21 contagens por minuto.

14.97 $^{226}_{88}Ra \rightarrow ^{222}_{86}Rn + ^{4}_{2}He$.
$^{222}_{86}Rn \rightarrow ^{218}_{84}Po + ^{4}_{2}He$.

14.99 Seria necessária uma amostra maior para o ^{192}Ir, porque grande parte da amostra originalmente preparada teria decaído no trânsito. (Se compararmos as amostras por massa, devemos também reconhecer que, se as massas das duas amostras são iguais, haveria mais núcleos na amostra de ^{137}Cs por causa de sua menor massa molar.)

14.101 **(a)** $^{238}_{94}Pu \rightarrow ^{234}_{92}U + ^{4}_{2}He$; **(b)** 240 W.

14.103 $0{,}5^{2120} \cong 10^{-638}$

14.105 O pedaço mais importante de informação necessária é a meia-vida do ^{201}Tl. Também pode ser útil saber quão rápido espera-se que o isótopo seja usado assim que ele é entregue.

14.107 A informação relevante encontrada facilmente inclui a meia-vida e o modo de decaimento para cada isótopo. Também seria importante entender qual tipo e qual a energia de radiação teria mais probabilidade de eficácia em matar as células de tumor. Tal informação poderá ser mais difícil de procurar.

Apêndice L

Por Robson Mendes Matos

Funções inorgânicas

Embora a química inorgânica lide com a imensa maioria dos elementos na tabela periódica, são poucos os tipos de compostos formados por esses elementos. Os compostos inorgânicos podem ser classificados em quatro funções inorgânicas: óxidos, ácidos, bases e sais.

L.1 Óxidos

Os compostos binários formados com o oxigênio são chamados de óxidos, com o oxigênio sempre aparecendo à direita da fórmula, uma vez que ele será sempre o elemento mais eletronegativo. Nos óxidos, o oxigênio sempre tem número de oxidação (nox) igual a – 2. Quando, em compostos binários, o oxigênio tem nox igual a – 1, eles são chamados de **peróxidos** e, no caso de ele apresentar nox – ½, os compostos são conhecidos como **superóxidos**.

Os óxidos podem ser classificados como óxidos moleculares ou óxidos iônicos, de acordo com o tipo de ligação com o oxigênio. Os óxidos moleculares são constituídos com elementos representativos do grupo *p* – elementos dos Grupos 13 a 17 da tabela periódica, e suas ligações com o oxigênio tem caráter covalente predominante. Já os óxidos iônicos possuem ligação iônica predominantemente iônica com os metais, ou seja, os elementos dos Grupos 1 e 2, metais de transição e lantanídeos e actinídeos – Grupos 3 a 12.

Os óxidos estão muito presentes no nosso cotidiano e possuem aplicações nas mais diversas áreas, nas indústrias química, alimentícia, automobilística e de eletroeletrônicos; na medicina, na construção civil e na agricultura. O mais comum e abundante dos óxidos é a água e nem é necessário descrever sobre a sua importância. A **Tabela L.1** lista algumas aplicações importantes dos óxidos.

Tabela ▪ L.1 Usos de alguns óxidos

Óxido	Principais aplicações
CO_2	Uso em refrigerantes e água gaseificada; um poluente atmosférico considerável; utilizado na área de entretenimento (gelo seco).
CO	Usado como insumo na indústria química e na metalurgia do aço; poluente atmosférico mais comum nas áreas urbanas; leva à morte quando inalado.
N_2O	Utilizado como anestésico e conhecido como gás hilariante, mas se inalado em grandes quantidades causa danos sérios.
CaO	Conhecido como cal viva; muito utilizada na construção civil como constituinte de argamassa, cimento e cerâmicas; utilizado na agricultura para acertar a acidez do solo.
SO_2	Importante insumo na indústria química; poluente atmosférico importante e um dos causadores da chuva ácida.
H_2O_2	Importante agente bactericida; utilizado para clarear fibras e papéis na indústria; vem sendo muito utilizado no tratamento de águas de piscina; combustível de foguetes.
ZnO	Um dos componentes de protetores solar e de pinturas para o rosto.
MgO	Ao ser misturado com água forma o componente – $Mg(OH)_2$ – do medicamento conhecido como leite de magnésia.
SiO_2	Utilizado na fabricação do vidro e na produção de silício para uso em diodos, transistores, microprocessadores e chips.
Óxidos de lantanídeos e actinídeos	Catalisadores automotivos para captura de CO e NO_x; materiais luminescentes; produção de zeólitas; indústria do vidro; despoluidor de solo etc.

Muitos minerais são óxidos, com vasta aplicação na indústria metalúrgica. A hematita (Fe_2O_3) é utilizada na produção do ferro e do aço, o coríndon (Al_2O_3) na produção de alumínio, a cassiterita (SnO_2) na produção de estanho, o rutilo (TiO_2) na produção de titânio e a pirolusita (MnO_2) na produção de manganês.

O quartzo (SiO_2) é normalmente incolor ou branco, embora existam variações coloridas em função da presença de impurezas. Ele é o segundo mineral mais abundante na crosta terrestre. O quartzo sintético, conhecido como quartzo cultivado, tem muita utilidade nas indústrias eletrônica e de informática.

As pedras preciosas são óxidos e as suas cores características ocorrem pela presença de metais de transição que são incorporados às suas estruturas durante a cristalização. Alguns exemplos são: o rubi é uma variedade do coríndon (Al_2O_3) e a presença de alguns átomos de cromo lhe fornece a cor vermelha; a safira possui a mesma composição (Al_2O_3), mas neste caso estão presentes o ferro ou o titânio, que lhe confere uma cor azul; e a esmeralda contém quantidades mínimas de cromo ou vanádio que fornecem uma cor verde ao ($Be_3Al_2(SiO_3)_6$).

L.1.1 Nomenclatura

Existem três sistemas de nomenclatura para os óxidos formados com elementos que apresentam mais de um número de oxidação e todos são aceitos pela IUPAC. Quando o óxido é formado com um elemento que só possui um número de oxidação (nox), o nome nos três sistemas é idêntico.

Óxidos com elementos que só possuem um nox:

Os nomes desses compostos são formados pela palavra óxido seguida da preposição **de** e do **nome do elemento combinado com o oxigênio**. Alguns exemplos são:

Li_2O – Óxido de lítio
K_2O – Óxido de potássio
CaO – Óxido de cálcio

MgO – Óxido de magnésio
Al_2O_3 – Óxido de alumínio
Ag_2O – Óxido de prata

Óxidos com elementos que só possuem um nox:

Em um sistema mais moderno, os óxidos são nomeados por óxido de seguido pelo **nome do elemento combinado com o oxigênio** e pelo **seu nox em números romanos entre parênteses**.

Cl_2O_7 – Óxido de cloro (VII)
Cl_2O_5 – Óxido de cloro (V)
Cl_2O_3 – Óxido de cloro (III)
Cl_2O – Óxido de cloro (I)

Fe_2O_3 – Óxido de ferro (III)
FeO – Óxido de ferro (II)
Cu_2O – Óxido de cobre (I)
CuO – Óxido de cobre (II)

SO_3 – Óxido de enxofre (VI)
SO_2 – Óxido de enxofre (IV)
N_2O_5 – Óxido de nitrogênio (V)
N_2O_3 – Óxido de nitrogênio (III)

O nome do óxido, em uma nomenclatura mais antiga e ainda muito utilizada, não difere muito da nomenclatura anterior. Nesse sistema, o nox em romanos é substituído pela terminação **ico** – para o maior nox – e **oso** – para o menor. Ou seja, o nome do óxido é constituído da seguinte forma: óxido de + **nome do elemento combinado com o oxigênio + a terminação –ico** ou **–oso**. Todavia, não podemos nos esquecer que alguns elementos possuem mais de dois nox. Nesses casos, acrescenta-se antes do nome do elemento o prefixo **hipo**- para o menor dos números de oxidação e **per-** para o maior.

FeO – Óxido ferroso
Fe_2O_3 – Óxido férrico
Cu_2O – Óxido cuproso
CuO – Óxido cúprico
PbO_2 – Óxido púmblico
PbO – Óxido pumbloso

P_4O_6 – Óxido fosforoso
P_4O_{10} – Óxido fosfórico
SO_3 – Óxido sulfúrico
SO_2 – Óxido sulfuroso
N_2O_3 – Óxido nitroso
N_2O_5 – Óxido nítrico

Cl_2O_7 – Óxido perclórico
Cl_2O_5 – Óxido clórico
Cl_2O_3 – Óxido cloroso
Cl_2O – Óxido hipocloroso

No caso de óxidos moleculares é muito mais comum o uso de um nome composto da seguinte maneira: **prefixo indicando o número de oxigênios** + óxido de + **prefixo indicando o número de átomos do outro elemento.** No caso dos óxidos formados com elementos que compõem diferentes óxidos, mas em todos só tenham um átomo desse elemento, o prefixo antes de seu nome é opcional. É o caso, por exemplo, dos óxidos de carbono.

CO – Monóxido de carbono ou monóxido de monocarbono
CO_2 – Dióxido de carbono ou dióxido de monocarbono

Esse tipo de nomenclatura é mais comumente utilizado para os óxidos dos elementos dos Grupos 14 a 17, embora ele possa ser usado para qualquer tipo de óxido, moleculares ou iônicos.

FeO – Monóxido de monoferro	P_4O_{10} – Tetróxido de decafósforo	N_2O_3 – Trióxido de dinitrogênio
Fe_2O_3 – Monóxido de diferro	SO_3 – Trióxido de enxofre	N_2O_5 – Pentóxido de dinitrogênio
P_4O_6 – hexóxido de tetrafósforo	SO_2 – Dióxido de enxofre	

L.2 Ácidos

Uma das primeiras definições de ácidos era baseada no comportamento dessas substâncias. Ácido é uma substância que tem gosto azedo, muda a cor do tornassol de azul para vermelho, reage com metais ativos produzindo hidrogênio (H_2) gasoso, reage com carbonatos formando CO_2 e água e neutraliza uma base.

Embora esse conceito não esteja errado, os atuais – Arrhenius, Brønsted-Lowry e Lewis – são baseados em aspectos estruturais e bem mais amplos. Eles serão discutidos mais adiante.

Os ácidos podem ser enquadrados em duas classes: **hidrácidos** – ácidos que não possuem hidrogênio em sua molécula – e os **oxiácidos** – aqueles que possuem oxigênio na sua constituição.

Os ácidos são muito utilizados na indústria química como matéria-prima de vários insumos para os mais diversos tipos de indústria. O ácido clorídrico, além de ser encontrado no suco gástrico, é muito utilizado para limpeza de superfícies metálicas antes da soldagem. O ácido sulfúrico é muito importante na produção de fertilizantes e é utilizado nas baterias de automóveis, enquanto o ácido nítrico é muito utilizado na fabricação de explosivos.

L.2.1 Nomenclatura

O sistema de nomenclatura dos hidrácidos é muito simples. Os nomes dos hidrácidos são formados pela palavra ácido, seguida pelo **nome do elemento combinado com o H** e da terminação **–ídrico.**

HCl – Ácido clorídrico	H_2S – Ácido sulfídrico
HF – Ácido fluorídrico	HI – Ácido iodídrico

A reação de um óxido com a água produz oxiácidos e seus nomes são derivados do nome do óxido que lhes deu origem. Assim, para chegarmos ao seu nome, basta substituir a palavra *óxido*, do nome mais antigo, por *ácido*.

Cl_2O_7 Óxido perclórico
\+
H_2O
$HClO_4$ Ácido perclórico

SO_2 Óxido sulfuroso
\+
H_2O
H_2SO_3 Ácido sulfuroso

Cl_2O_5 Óxido clórico
\+
H_2O
$H_2Cl_2O_6$
$HClO_3$ Ácido clórico

SO_3 Óxido sulfúrico
\+
H_2O
H_2SO_4 Ácido sulfúrico

Cl_2O_3 Óxido cloroso
$+$
H_2O
$HClO_4$ Ácido cloroso

P_4O_6 Óxido fosforoso
$+$
$6H_2O$
$4H_3PO_3$ Ácido fosforoso

Cl_2O Óxido hipocloroso
$+$
H_2O
$H_2Cl_2O_2$
$HClO$ Ácido hipocloroso

P_4O_{10} Óxido fosfórico
$+$
$6H_2O$
$4H_3PO_4$ Ácido fosfórico

L.3 Bases

Base é uma substância que tem gosto amargo, é escorregadia ao tato, muda a cor do tornassol de vermelho para azul, reage com CO_2 formando carbonatos e neutraliza um ácido.

As bases têm uma vasta aplicação e são utilizadas na fabricação de produtos químicos, celofane, raiom, sabões e detergentes, no refino do petróleo, no desentupimento de tubulações de esgoto, na extração da celulose e obtenção do papel, no processamento de indústrias têxteis (NaOH); o hidróxido de amônio é utilizado na produção de materiais de limpeza doméstica, na indústria têxtil, na fabricação de fertilizantes, no tratamento de madeira à prova de incêndios, em detergentes; o $Mg(OH)_2$ é o principal componente do leite de magnésia; o $Ca(OH)_2$ – cal hidratada ou extinta – é utilizada na construção civil e o $Al(OH)_3$ é usado na limpeza de piscinas, como antiácido estomacal e é subproduto de extintores de incêndio com espuma à base de CO_2.

L.3.1 Nomenclatura

Para abordarmos a nomenclatura desses compostos, vamos nos valer do conceito mais simples de bases, o conceito de Arrhenius – bases são espécies que em solução aquosa produzem íons OH^-.

Os nomes das bases formadas por cátions que possuem apenas um nox são compostos pela palavra **hidróxido de** seguida pelo **nome do cátion**.

$NaOH$ – Hidróxido de sódio
KOH – Hidróxido de potássio
$Al(OH)_3$ – Hidróxido de alumínio
$Ca(OH)_2$ – Hidróxido de cálcio

Para as bases formadas por cátions que possuem mais de um nox, existem dois sistemas de nomenclatura. Em um deles, o nome é composto de **hidróxido de + nome do cátion + nox em romanos e entre parênteses**.

No outro sistema de nomenclatura, o nome será composto por **hidróxido de + nome do cátion + a terminação –oso** (menor nox) ou **–ico** (maior nox). Veja exemplos das duas nomenclaturas:

$Fe(OH)_2$ – Hidróxido de ferro (II)	$Fe(OH)_2$ – Hidróxido ferroso
$Fe(OH)_3$ – Hidróxido de ferro (III)	$Fe(OH)_3$ – Hidróxido férrico
$CuOH$ – Hidróxido de cobre (I)	$CuOH$ – Hidróxido cuproso
$Cu(OH)_2$ – Hidróxido de cobre (II)	$Cu(OH)_2$ – Hidróxido cúprico
$Sn(OH)_2$ – Hidróxido de estanho (II)	$Sn(OH)_2$ – Hidróxido estanhoso
$Sn(OH)_4$ – Hidróxido de estanho (IV)	$Sn(OH)_4$ – Hidróxido estânico

L.4 Sais

Uma **reação de neutralização** é aquela que ocorre entre um ácido e uma base. O principal produto dessa reação é conhecido como sal inorgânico.

A formação de um sal pode, também, ser visualizada como resultante da combinação de um cátion – oriundo da base – com um ânion – oriundo do ácido. Dessa forma, é mais fácil compreender que uma reação de neutralização pode levar à substituição de um ou mais hidrogênios ionizáveis do ácido pelo cátion presente na base. Quando não ocorre a substituição de todos os hidrogênios ionizáveis, o produto obtido será um sal ácido.

Os sais são extremamente abundantes na natureza e as suas aplicações são as mais diversas possíveis e citaremos aqui algumas das mais importantes aplicações. O NaCl, talvez, seja o mais importante e mais abundante. Ele é extraído pela evaporação da água do mar e posterior cristalização ou retirado de minas subterrâneas (sal-gema). Além de ser o principal componente do sal de cozinha, o cloreto de sódio é utilizado na produção do hipoclorito de sódio (NaClO), do gás cloro (Cl_2) e do hidróxido de sódio (NaOH). O NaCl é um dos componentes do soro fisiológico e do soro caseiro. A principal utilização do carbonato de cálcio (Na_2CO_3) é na produção de vidro, mas tem uso na produção de corantes, no tratamento de piscinas, na produção de sabão e detergentes, de papel e celulose, nas indústrias têxteis e siderúrgicas.

L.4.1 Nomenclatura

O nome dos sais são derivados do nome dos ácidos, eliminando-se a palavra ácido do seu nome e trocando as terminações de ácidos pelas dos sais – de -ídrico para *-eto*; *-ico* para *-ato* e *-oso* para *-ito*. A **Tabela L.2** mostra alguns exemplos de nomes para os sais.

Tabela ▪ L.2 Exemplos de nomenclatura de sais a partir do nome dos ácidos correspondentes

Reação de neutralização	Nome do ácido	Nome do sal
$HCl + NaOH \rightarrow NaCl + H_2O$	Ácido clor**ídrico**	Clor**eto** de sódio
$HF + NaOH \rightarrow NaF + H_2O$	Ácido fluor**ídrico**	Fluor**eto** de sódio
$H_2S + NaOH \rightarrow Na_2S + H_2O$	Ácido sulf**ídrico**	Sulf**eto** de sódio
$HI + NaOH \rightarrow NaI + H_2O$	Ácido iod**ídrico**	Iod**eto** de sódio
$HClO_3 + NaOH \rightarrow NaClO_3 + H_2O$	Ácido clór**ico**	Clor**ato** de sódio
$HClO_2 + NaOH \rightarrow NaClO_2 + H_2O$	Ácido clor**oso**	Clor**ito** de sódio
$HClO_4 + NaOH \rightarrow NaClO_4 + H_2O$	Ácido **per**clór**ico**	**Per**clor**ato** de sódio
$HClO + NaOH \rightarrow NaClO + H_2O$	Ácido **hipo**clor**oso**	**Hipo**clor**ito** de sódio
$H_2SO_3 + NaOH \rightarrow Na_2SO_3 + H_2O$	Ácido sulfur**oso**	Sulf**ito** de sódio
$H_2SO_4 + NaOH \rightarrow Na_2SO_4 + H_2O$	Ácido sulfúr**ico**	Sulf**ato** de sódio

Quando ocorre a substituição de todos os hidrogênios ionizáveis de um ácido, o nome do sal segue o padrão que acabamos de citar. Entretanto, existem duas nomenclaturas aceitas para sais originários de ácidos que não perderam todos os hidrogênios ionizáveis: a adição do termo **hidrogeno** como sufixo ao nome do ânion ou a adição da palavra ácido após o nome do ânion. Qualquer que seja o sistema escolhido, o restante do nome segue o padrão abordado anteriormente. Alguns exemplos são mostrados na **Tabela L.3**.

A nomenclatura de sais com cátions que possuem mais de um nox variam ligeiramente dessa que acabamos de abordar. Seus nomes seguirão o mesmo padrão, entretanto o nome do cátion deve vir acompanhado do nox entre parênteses, ou com a terminação **–oso** para o menor nox e **–ico** para o maior, caso a opção seja pela nomenclatura mais antiga. Os nomes serão então compostos da seguinte forma:

nome do ânion (derivado do nome do ácido) + **nome do cátion** + **(nox)** ou

nome do ânion (derivado do nome do ácido) + **nome do cátion** + **terminação *–ico*** ou ***–oso***.

Tabela ▪ L.3 Exemplos de nomenclatura de sais a partir do nome dos ácidos correspondentes

Ácido	Sal	Nome do ácido	Nome do sal	
			Antigo	Moderno
H_2SO_3	$NaHSO_3$	Ácido sulfur**oso**	Sulf**ito ácido** de sódio	**Hidrogenossulfito** de sódio
H_2SO_4	$NaHSO_4$	Ácido sulf**úrico**	Sulf**ato ácido** de sódio	**Hidrogenossulfato** de sódio
H_2S	$NaHS$	Ácido sulfídrico	Sulf**eto ácido** de sódio	**Hidrogenossulfeto** de sódio
H_3PO_3	NaH_2PO_3	Ácido fosfor**oso**	Fosf**ito** ácido de sódio	**Dihidrogenofosfito** de sódio
H_3PO_3	Na_2HPO_3	Ácido fosfor**oso**	fosf**ito diácido** de sódio	**Hidrogeno**fosf**ito** de sódio
H_3PO_4	NaH_2PO_4	Ácido fosf**órico**	Fosf**ato** ácido de sódio	**Dihidrogenofosfato** de sódio
H_3PO_4	Na_2HPO_4	Ácido fosf**órico**	Fosf**ato** diácido de sódio	**Hidrogeno**fosf**ato** de sódio

A **Tabela L.4** mostra os nomes de alguns sais contendo cátions que possuem mais de um nox.

Tabela ▪ L.4 Nomes para alguns sais contendo cátions que possuem mais de um nox

Fórmula	Nome moderno	Nome mais antigo
$FeCl_2$	Cloreto de ferro (II)	Cloreto ferroso
$FeCl_3$	Cloreto de ferro (III)	Cloreto férrico
$Fe(ClO_4)_2$	Perclorato de ferro (II)	Perclorato ferroso
$Fe(ClO)_2$	Hipoclorito de ferro (II)	Hipoclorito ferroso
$FeSO_4$	Sulfato de ferro (II)	Sulfato ferroso
$Fe_2(SO_4)_3$	Sulfato de ferro (III)	Sulfato férrico
$Fe(HSO_4)_2$	Hidrogenossulfato de ferro (II)	Hidrogenossulfato ferroso
$Fe(HSO_4)_3$	Hidrogenossulfato ácido de ferro (III)	Hidrogenossulfato férrico
$Fe(NO_3)_2$	Nitrato de ferro (II)	Nitrato de ferroso
$Fe(NO_3)_3$	Nitrato de ferro (III)	Nitrato de férrico

L.5 Conceitos de ácidos e bases

Existem quatro conceitos para ácidos e bases: Arrhenius, Brønsted-Lowry, Lewis e o conceito de ácidos e bases duros e macios. Abordaremos apenas os três primeiros conceitos, que são os mais difundidos e mais importantes para o escopo deste livro-texto. Os conceitos de Arrhenius e de Brønsted-Lowry foram tratados nos Capítulos 3 e 12, respectivamente.

L.5.1 Arrhenius

De acordo com a definição de Arrhenius, ácido é uma substância que, em solução aquosa, produz íons $H^+(aq)$; enquanto uma base, em solução aquosa, produz íons $OH^-(aq)$. Se as soluções não são muito concentradas, ácidos e bases fortes estarão completamente dissociados e os ácidos e bases fracas se dissociam parcialmente.

Ácido forte: $HCl(aq) \longrightarrow H^+(aq) + Cl^-(aq)$

Base forte: $NaOH(aq) \longrightarrow Na^+(aq) + OH^-(aq)$

Ácido fraco: $CH_3COOH(aq) \rightleftharpoons H^+(aq) + CH_3COO^-(aq)$

Base fraca: $NH_4OH(aq) \rightleftharpoons NH_4^+(aq) + OH^-(aq)$

L.5.2 Brønsted-Lowry

O conceito de Arrhenius é extremamente útil, mas tem limitações, uma vez que está restrito a soluções aquosas. Em função disso, os químicos Brønsted e Lowry propuseram um conceito mais amplo baseado na transferência de íons H^+.

Segundo o conceito de Brønsted-Lowry, ácido é qualquer espécie capaz de doar um H^+ – chamado de próton por não possuir elétron e apenas um próton – e base é toda espécie capaz de receber próton.

$$HCl(aq) + H_2O(l) \rightarrow H_3O^+(aq) + Cl^-(aq) \qquad \text{(Eq. L.1)}$$

$$NH_3(aq) + H_2O(l) \rightarrow NH_4^+(aq) + OH^-(aq) \qquad \text{(Eq. L.2)}$$

Na Eq. L.1, o HCl é o ácido – doa prótons – e a água é a base, enquanto na Eq. L.2 a água funciona como ácido e o NH_3 como base. Toda espécie que pode atuar como ácido ou como base de Brønsted-Lowry é chamada de anfipróticas ou anfótera.

Para que uma espécie seja um ácido de Brønsted-Lowry, é necessário que ela tenha um hidrogênio que possa ser perdido como H^+ e uma substância para ser uma base precisa possuir um par de elétrons. Em outras palavras, o conceito de Brønsted-Lowry é relativo. Uma espécie só se comportará como ácido se outra se comportar como base.

Quando consideramos um equilíbrio ácido-base, tanto a reação direta quanto a inversa ocorrem com transferência de prótons. Por exemplo, na reação a seguir, HX é o ácido e H_2O é a base na reação direta. Se considerarmos a reação inversa, a espécie H_3O^+ é capaz de doar um H^+ para a espécie X^-. Logo, na reação considerada, temos dois pares ácido/base de Brønsted-Lowry, HX/X^- e H_2O/H_3O^+. Dizemos que X^- é a base conjugada do ácido HX e H_3O^+ é o ácido conjugado da base H_2O.

$$HX(aq) + H_2O(l) \rightleftharpoons X^-(aq) + H_3O^+(aq)$$

A **Figura L.1** mostra alguns exemplos de pares ácido/base conjugados.

$HCOOH(aq)$	+	$H_2O(l)$	$\rightleftharpoons$	$HCOO^-(aq)$	+	$H_3O^+(aq)$
Ácido		Base		Base conjugada		Ácido conjugado
$HNO_3(aq)$	+	$H_2O(l)$	$\rightleftharpoons$	$NO_2^-(aq)$	+	$H_3O^+(aq)$
Ácido		Base		Base conjugada		Ácido conjugado
$HCl(aq)$	+	$H_2O(l)$	$\rightleftharpoons$	$Cl^-(aq)$	+	$H_3O^+(aq)$
Ácido		Base		Base conjugada		Ácido conjugado
$H_2O(aq)$	+	$NH_3(l)$	$\rightleftharpoons$	$OH^-(aq)$	+	$NH_4^+(aq)$
Ácido		Base		Base conjugada		Ácido conjugado

Figura L.1 Exemplos de pares ácido/base conjugados. (©Robson Matos)

Uma espécie que tem mais facilidade em doar um próton será um ácido forte de Brønsted-Lowry e, portanto, irá gerar uma base conjugada fraca, ou seja, uma base que tem mais dificuldade em receber prótons. Por outro lado, uma base forte será aquela que recebe próton com mais facilidade, logo irá gerar um ácido conjugado fraco.

A Eq. L.1 representa uma reação praticamente completa, ou seja, o equilíbrio está quase todo deslocado para a direita. Isso indica que o HCl é um ácido mais forte que o H_3O^+. Por outro lado, H_2O é uma base mais forte que o Cl^-, uma vez que ela ganha a competição pelo H^+ com o Cl^-.

Uma reação de neutralização de Brønsted-Lowry prossegue sempre na direção em que o ácido mais forte reage com a base mais forte para formar o ácido e a base mais fracos. Além disso, quanto mais forte for um ácido, mais fraca será sua base conjugada e vice-versa.

A **Figura L.2** mostra as forças relativas de alguns pares ácido-base. Todos os ácidos que têm maior tendência a doar prótons que H_3O^+ estão completamente dissociados em água. Portanto, o H_3O^+ é o ácido de Brønsted-Lowry mais forte, em solução aquosa. Da mesma forma, qualquer base mais forte que o OH^- se dissocia completamente em água. Logo, OH^- é a base mais forte em solução aquosa.

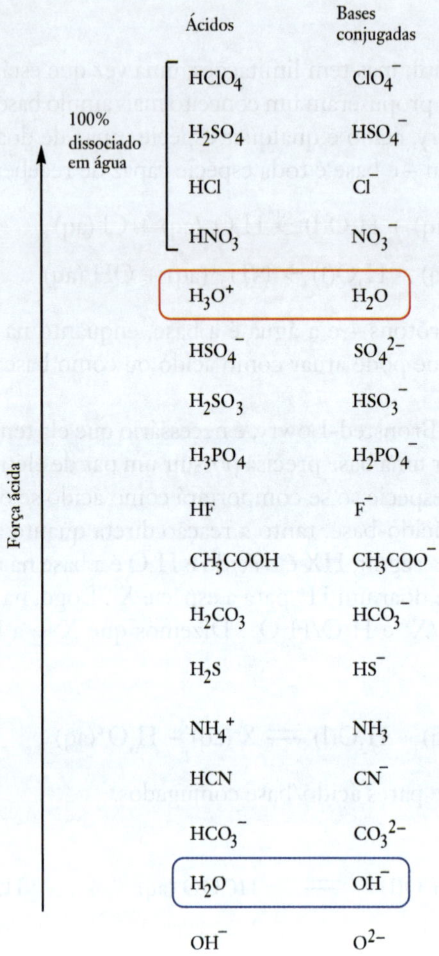

Figura L.2 Forças relativas de alguns pares ácido-base. (©Robson Matos)

Em meio aquoso, todos os ácidos acima do H_3O^+ na Figura L.2 são igualmente fortes, pois todos estão completamente dissociados. Diz-se, então, que a água exerce um efeito nivelador sobre a força dos ácidos.

O conceito de Brønsted-Lowry, como vimos, é muito mais abrangente que o conceito de Arrhenius, uma vez que podemos escrever reações ácido/base em meios não aquosos. Destaca-se, também, o fato de que todo ácido de Arrhenius é um ácido de Brønsted-Lowry. Todavia, a reação de neutralização de Arrhenius leva a espécies neutras, enquanto a mesma reação de Brønsted-Lowry leva a espécies carregadas.

L.5.3 Lewis

Lewis propôs um conceito de ácidos e bases mais abrangente. De acordo com ele, ácido é toda espécie capaz de receber par de elétrons, enquanto base é aquela espécie capaz de doar par de elétrons. Nessa definição, qualquer ácido (ou base) de Arrhenius e de Brønsted-Lowry é também ácido (ou base) de Lewis. No exemplo da **Figura L.3**, a amônia doa um par de elétrons (base) para o próton (ácido) e este par de elétrons formará uma ligação covalente entre N – H.

As reações 2 e 3 da Figura L.3 não poderiam ser classificadas como reações de neutralização de Brønsted-Lowry – reações 2 e 3. Nesses exemplos, a amônia está doando um par de elétrons para o ácido e sempre será a base. Esses pares de elétrons das reações 1, 2 e 3 são usados para a formação de uma ligação covalente entre o nitrogênio da amônia e o H^+, B e o Co^{2+}, respectivamente.

Embora, o conceito de Lewis classifique espécies como o BF_3 e os íons metálicos como ácidos, não dizemos que o BF_3, por exemplo, seja uma espécie ácida. Normalmente a tratamos como ácido de Lewis, ou seja, dentro do contexto do conceito.

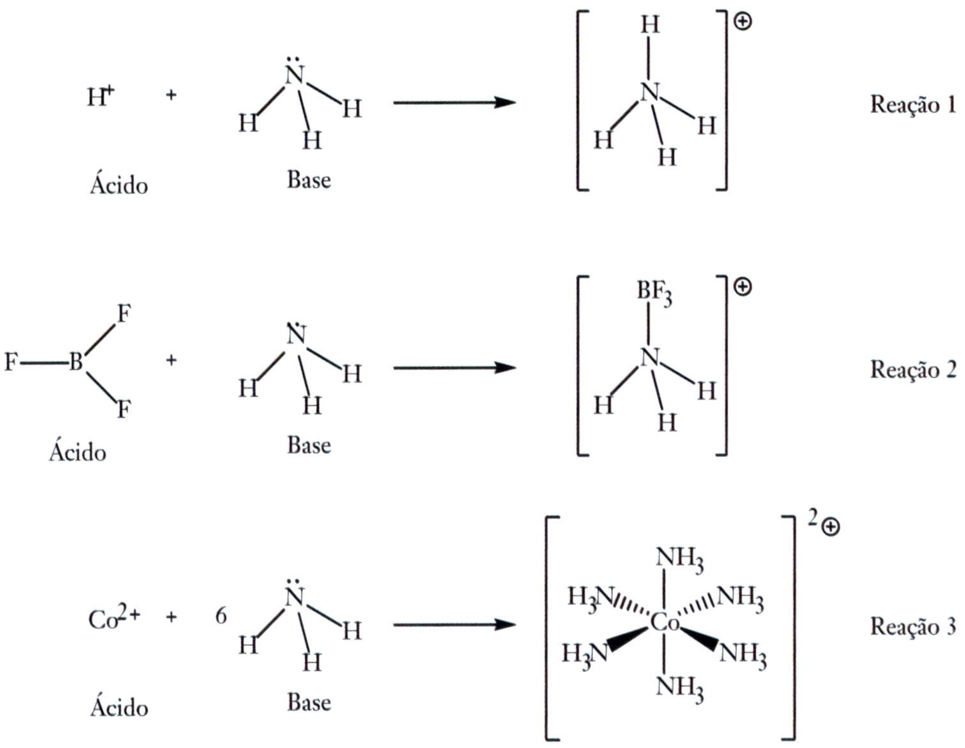

Figura L.3 Algumas reações ácido-base de Lewis. (©Robson Matos)

A importância do conceito de Lewis é ele ser abrangente e permitir classificar reações como as de complexação – formação de complexos metálicos do tipo da Reação 3 na Figura L.3 – como reações de neutralização.

Espécies que possuem ligação múltipla podem se comportar como ácidos de Lewis. É o caso, por exemplo, da reação entre a água e o dióxido de carbono, onde podemos imaginar um par de elétrons do oxigênio da água atacando o carbono do CO_2.

Figura L.4 Formação do H_2CO_3. (© Robson Matos)

L.6 Exercícios propostos

Para os exercícios 1 a 3; 9 e 12, tente responder, sem consultar o texto, utilizando as suas próprias palavras.

1. Defina óxidos, superóxidos e peróxidos e dê um exemplo de cada um deles.
2. Como podemos diferenciar óxidos moleculares de iônicos?
3. Cite três aplicações importantes dos óxidos.
4. Dê o nome para os óxidos listados a seguir. Utilize todos os sistemas de nomenclatura, caso seja possível.

   (a) SnO (b) SrO; (c) Al_2O_3; (d) As_2O_5; (e) Ru_2O_3; (f) SO_2; (g) CO_2; (h) Br_2O_7; (i) SO_3; (j) As_2O_3; (k) PtO_2; (l) RuO; (m) CO_2; (n) Cs_2O; (o) SnO; (p) Na_2O

5. Dê o nome para os ácidos listados a seguir. Utilize todos os sistemas de nomenclatura, caso seja possível.

(a) H_2SO_4; (b) HBr; (c) HNO_2;
(d) $HClO_4$; (e) H_2SO_3; (f) H_2SnO_2;
(g) HBrO; (h) HNO_3; (i) H_2CO_3;
(j) $HAsO_3$; (k) H_2PtO_3; (l) RuO

6. Dê o nome das seguintes bases:
(a) NaOH; (b) $Ca(OH)_2$; (c) $Al(OH)_3$;
(d) $Fe(OH)_2$; (e) $NH_4(OH)$; (g) $Mg(OH)_2$;
(g) $Fe(OH)_3$; (h) LiOH; (i) $Cu(OH)_2$;
(j) $Ru(OH)_3$; (k) NiOH; (l) KOH

7. Quais são as principais aplicações dos sais inorgânicos?

8. Dê o nome para os sais listados a seguir. Utilize todos os sistemas de nomenclatura, caso seja possível.
(a) Na_2SO_4; (b) KBr; (c) $NaNO_2$;
(d) $Ca(ClO_4)_2$; (e) K_2SO_3; (f) $NaClO_4$;
(g) $Ca(BrO)_2$; (h) $Mg(NO_3)_2$; (i) Na_2CO_3;
(j) $NaHSO_4$; (k) $KBrO_3$; (l) $KHSO_3$;
(m) $NaClO_4$; (n) $NaHCO_3$; (o) $KHSO_4$;
(p) NaHS

9. Descreva, com suas próprias palavras, os conceitos de ácidos e bases de Arrhenius, Brønsted-Lowry e Lewis e apresente uma reação de neutralização para cada um dos conceitos.

10. Indique os pares ácidos/bases de cada uma das reações de neutralização a seguir:
(a) $H_2O(l) + H_2SO_4(aq) \rightarrow HSO_4^-(aq) + H_3O^+(aq)$;
(b) $C_2H_5COOH(aq) + H_2O(l) \rightarrow CH_3CH_2COO^-(aq) + H_3O^+(aq)$;
(c) $HNO_3(aq) + H_2O(l) \rightarrow NO_3^-(aq) + H_3O^+(aq)$;
(d) $H_3PO_4(aq) + H_2O(l) \rightarrow H_2PO_4^-(aq) + H_3O^+(aq)$;
(e) $H_2O(l) + HSO_4^-(aq) \rightarrow SO_4^{2-}(aq) + H_3O^+(aq)$;
(f) $C_2H_5OH(l) + H_2O(l) \rightarrow C_2H_5O^-(aq) + H_3O^+(aq)$;
(g) $H_2O(l) + H_2CO_3(aq) \rightarrow HCO_3^-(aq) + H_3O^+(aq)$;
(h) $NH_3(l) + H_2O(l) \rightarrow NH_4^+(aq) + OH^-(aq)$

11. Considere as seguintes espécies: H_2S; NH_4^+, CO_3^{2-}; H_3PO_4; NH_2^-; I_2; Fe^{2+}; HS^-; HCl; $H_3SO_4^+$; H_2SO_4; Co^{2+} e NH_3 na reação $Ni^{2+} + 6NH_3 \rightarrow [Ni(NH_3)_6]^{2+}$ e Ni e CO na reação $Ni + 4CO \rightarrow [NI(CO)_4]$.
(a) Quais dessas espécies podem ser consideradas ácidos (ou bases) segundo o conceito de Lewis? Justifique sua resposta.
(b) Quais dessas espécies podem ser consideradas ácidos (ou bases) segundo o conceito de Brønsted-Lowry?Justifique sua resposta.

12. Explique, com suas próprias palavras, o que é o efeito nivelador do solvente.

13. Foi dito no texto que os ácidos $HClO_4$; H_2SO_4; HNO_3 e HCl têm a mesma força em solução aquosa. Todavia, sabemos que eles têm forças distintas quando estão puros. O que você poderia fazer para diferenciar as forças desses ácidos?

Apêndice M

Por Robson Mendes Matos

Teoria atômica

M.1 Radiação eletromagnética

No Capítulo 6 aprendemos sobre a radiação eletromagnética e que muitas das suas características podem ser explicadas por meio das propriedades ondulatórias. As principais características de uma onda podem ser dadas pelo comprimento de onda, frequência, velocidade e amplitude. O comprimento de onda (λ) é a distância entre pontos correspondentes de ondas adjacentes. A amplitude é a altura da onda. As ondas (a) e (b) da **Figura M.1** possuem a mesma amplitude, mas comprimentos de onda distintos, enquanto as ondas (c) e (d) possuem o mesmo comprimento de onda, mas amplitudes distintas. A frequência (ν) é o número de ciclos completos da onda passando por determinado ponto por segundo. As unidades do comprimento de onda e da amplitude são o metro e a da frequência é s^{-1} ou hertz (Hz). A frequência e o comprimento de onda estão relacionados entre si pela velocidade da luz no vácuo (c), de acordo com a Eq. M.1.

$$c = \lambda \times \nu \qquad \text{(Eq. M.1)}$$

onde $c = 2{,}99792458 \times 10^8$ m s^{-1}.

As radiações eletromagnéticas são dispostas no chamado espectro eletromagnético de acordo com seus comprimentos de onda e a luz visível ocupa uma pequena porção desse espectro (veja a Figura 6.6 do livro-texto).

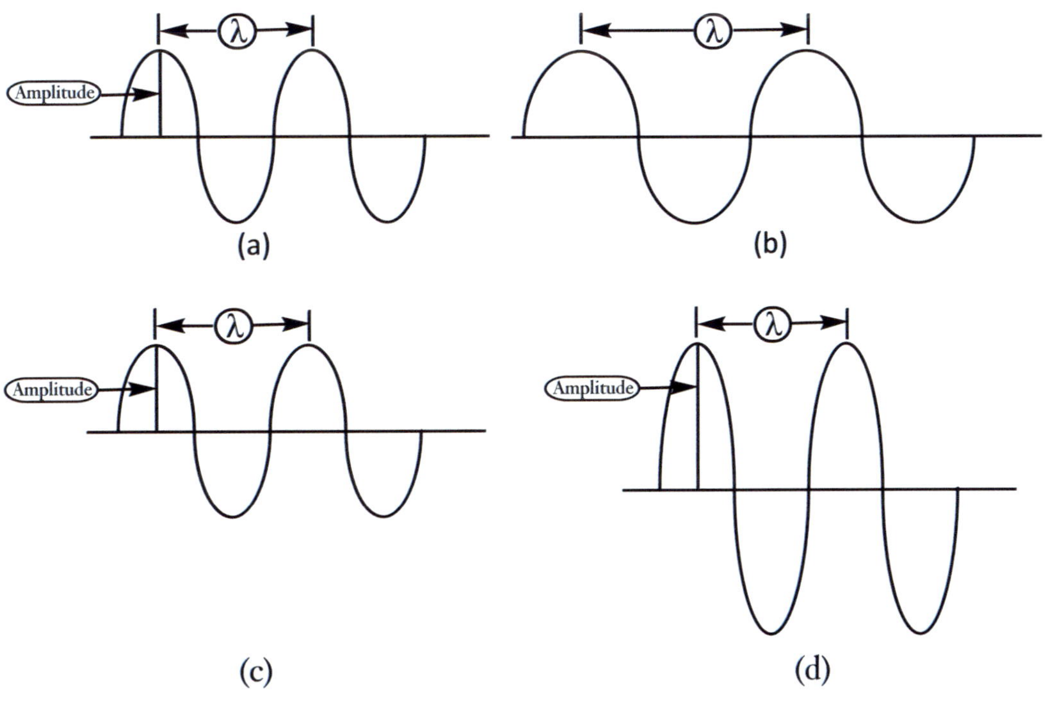

Figura M.1 Comprimento de onda e amplitude para algumas ondas. (©Robson Matos)

M.2 O nascimento da teoria quântica

Segundo a teoria clássica, a luz era composta por ondas eletromagnéticas que se propagavam no espaço e a energia dependia apenas da amplitude da onda. Entretanto, a física clássica não era capaz de explicar, por exemplo, as radiações emitidas por um metal aquecido. A discrepância entre os resultados experimentais obtidos e aqueles previstos pela física clássica é mostrada na **Figura M.2**.

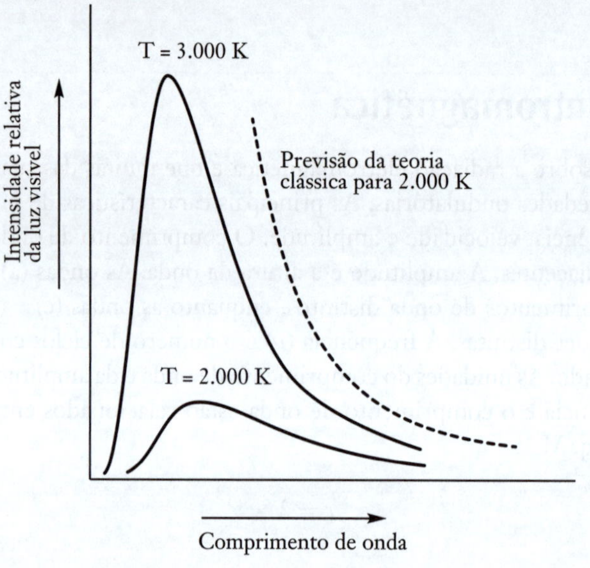

Figura M.2 Intensidade relativa da radiação emitida por um metal aquecido em função do comprimento de onda. (©Robson Matos)

Para tentar explicar essa discrepância, Planck propôs que a energia só poderia ser emitida (ou absorvida) em pacotes de energia de tamanho máximo, os quais ele chamou de **quanta**. A energia mínima emitida (ou absorvida) por um corpo seria um **quantum**. A energia de um quantum é dada por:

$$E = nh\nu \qquad \text{(Eq. M.2)}$$

onde n é um número inteiro positivo, h é a constante de Planck ($h = 6{,}626070040 \times 10^{-34}$ J s^{-1}) e ν é a frequência da luz emitida (ou absorvida) pelo corpo.

A ideia de que a energia era quantizada revolucionou a física e começou a ser utilizada para explicar outros fenômenos, até então inexplicáveis.

M.3 Einstein: o efeito fotoelétrico

O efeito fotoelétrico foi descoberto pelo físico alemão Heinrich Hertz que tinha por objetivo provar que a luz era uma onda eletromagnética. Seu experimento consistia em gerar ondas através de descargas entre dois eletrodos. Ele, então, percebeu que, em alguns casos, ao incidir luz sobre o catodo, a intensidade da descarga de elétrons era mais intensa. Estava, assim, descoberto o efeito fotoelétrico, ou seja, a emissão de elétrons por um metal pela incidência de luz.

Entretanto, a partir dos resultados obtidos por Hertz, descobriu-se que a física clássica não era capaz de explicar o efeito fotoelétrico. A teoria clássica previa que o efeito independia da frequência da radiação e que a energia do elétron expelido aumentaria com a intensidade da radiação utilizada para arrancá-lo.

Após tomar conhecimento dos estudos realizados por Planck, Einstein propôs que a radiação era quantizada e se propagava como partículas, as quais ele denominou de **fótons**. Segundo Einstein, cada um desses fótons, com uma frequência ν, tinha a energia correspondente a um quantum ($h\nu$). A energia prevista por Planck corresponderia à energia de n fótons ($E = nh\nu$).

O efeito fotoelétrico é interpretado como a absorção de um fóton pela matéria, o que leva à ejeção de um elétron. Como a energia é conservada durante o processo, parte da energia do fóton (E_0) é utilizada para romper a força de atração do elétron com a matéria e o restante é transformado em energia cinética para o elétron.

$$h\nu = E_o + \frac{1}{2}m\nu^2$$

As ideias de Einstein previam uma dependência linear entre a variação da energia cinética máxima dos elétrons emitidos e a frequência. A energia cinética máxima dos elétrons depende apenas da frequência da radiação. O aumento da intensidade da radiação leva ao aumento do número de fótons emitidos e consequentemente do número de elétrons ejetados. Por outro lado, se a frequência da radiação não for suficiente para vencer a força de atração entre o elétron e o material, nenhum elétron será ejetado, mesmo que a intensidade da energia radiante seja aumentada.

M.4 O modelo atômico de Bohr

A ideia de Rutherford de que os elétrons se arranjavam ao redor do núcleo do átomo, carregado positivamente, era muito bem aceita. Todavia, esse modelo – modelo planetário – viola a teoria eletromagnética clássica, já que partículas carregadas em movimento emitem radiação eletromagnética. Dessa forma, o elétron girando em torno do núcleo sofre uma força centrípeta e com o passar do tempo se chocará com o núcleo por causa da perda de energia.

O modelo de Rutherford também não foi capaz de explicar os espectros de emissão de diversos gases, obtidos por Bünsen e Kirchhoff. Segundo eles, não havia uma repetição no padrão de linhas espectrais e essas linhas eram separadas por espaços vazios.

Então, Bohr faz uma conexão entre os espectros eletromagnéticos de átomos excitados e as ideias quânticas de Planck e Einstein. Seu modelo era baseado em alguns postulados e com isso conseguiu explicar o espectro do átomo de hidrogênio:

- o elétron move-se em órbitas circulares em torno do núcleo sem irradiar energia. Apenas órbitas com determinados raios, correspondendo a energias definidas podem ser ocupadas. Essas órbitas são denominadas **estados estacionários** e possuem energia fixa e bem definida;
- o elétron emitirá energia quando ele passa de um estado estacionário mais externo para outro mais interno e, contrariamente, ele absorverá energia quando ele passa de um estado estacionário mais interno para outro mais externo. A energia emitida – ou absorvida – é igual a energia de um fóton – $h\nu$;

$$\Delta E = E_f - E_i = h\nu \therefore \nu = \frac{\Delta E}{h}$$

- o tamanho das órbitas é determinado pela quantização do momento angular, ou seja, são permitidas apenas órbitas circulares nas quais o momento angular do elétron é igual a um múltiplo inteiro de $h/2\pi$:

$$m\nu r = \frac{nh}{2\pi}$$

Utilizando uma combinação dos postulados da quantização com as leis de movimento da física clássica, Bohr calculou a energia potencial de um elétron ocupando o nível n do átomo de hidrogênio:

$$E_n = -\frac{Rhc}{n^2} \qquad \text{(Eq. M.3)}$$

onde R é a constante de Rydberg ($1{,}097 \times 10^7\ m^{-1}$), h é a constante de Planck ($6{,}626070040 \times 10^{-34}\ J\ s^{-1}$), c é a velocidade da luz no vácuo ($2{,}99797 \times 10^8\ m\ s^{-1}$) e n é um número inteiro positivo com valores que variam de 1 a ∞ e atualmente chamado de **número quântico principal**.

Observe que a energia potencial do elétron (E_n), calculada por Bohr, tem um valor negativo. Isso é um resultado da Lei de Coulomb que indica uma energia de atração negativa entre cargas contrárias e se tornará mais negativa à medida que as cargas se aproximam. A Eq. M.3 – conhecida como a Equação de Bohr – mostra exatamente isso, um aumento do valor de n leva a uma diminuição da energia potencial do elétron.

A Equação de Bohr (Eq. M.3) foi usada de modo satisfatório para explicar o espectro de emissão do hidrogênio. Sabemos que a diferença de energia entre dois estados é dada por:

$$\Delta E = E_f - E_i = \left(-\frac{Rhc}{n_f^2}\right) - \left(-\frac{Rhc}{n_i^2}\right)$$

Logo, podemos escrever:

$$\Delta E = -Rhc\left(\frac{1}{n_f^2} - \frac{1}{n_i^2}\right) \qquad \text{(Eq. M.4)}$$

Como $c = \lambda\nu$ e $E = h\nu$ podemos trabalhar a Eq. M.4 em função do comprimento de onda:

$$\cancel{h\nu} = -R\cancel{h}\lambda\cancel{\nu}\left(\frac{1}{n_f^2} - \frac{1}{n_i^2}\right)$$

como um comprimento de onda negativo não tem sentido físico, devemos trabalhar com o módulo:

$$\frac{1}{\lambda} = \left|-R\left(\frac{1}{n_f^2} - \frac{1}{n_i^2}\right)\right|$$

$$\frac{1}{\lambda} = R\left(\frac{1}{n_f^2} - \frac{1}{n_i^2}\right) \qquad \text{(Eq. M.5)}$$

Onde, λ é o comprimento de onda de uma linha espectral do átomo de hidrogênio.

Vamos considerar que um elétron passe de $n = 3$ para $n = 2$ e calcular a energia do fóton:

$$\Delta E = -Rhc\left(\frac{1}{n_f^2} - \frac{1}{n_i^2}\right)$$

$$\Delta E = -(1{,}097 \times 10^7\,\text{m}^{-1})(6{,}626 \times 10^{-34}\,\text{J s})(2{,}99797 \times 10^8\,\text{m s}^{-1})\left(\frac{1}{3^2} - \frac{1}{2^2}\right)$$

$$\Delta E = -3{,}0265 \times 10^{-19}\,\text{J}$$

Podemos calcular o comprimento de onda a partir do resultado obtido utilizando a combinação de $E = hv$ e $c = \lambda\nu$ ou aplicando a Eq. M.5:

$$\frac{1}{\lambda} = (1{,}097 \times 10^7\,\text{m}^{-1})\left(\frac{1}{3^2} - \frac{1}{4^2}\right) \therefore \frac{1}{\lambda} = 1{,}5236 \times 10^6 \therefore$$

$$\lambda = 6{,}563 \times 10^{-7}\,\text{m}$$

O comprimento de onda obtido – $6{,}563 \times 10^{-7}$ m = 656,3 nm – corresponde à linha mais à direita no espectro de hidrogênio (**Figura M.3**).

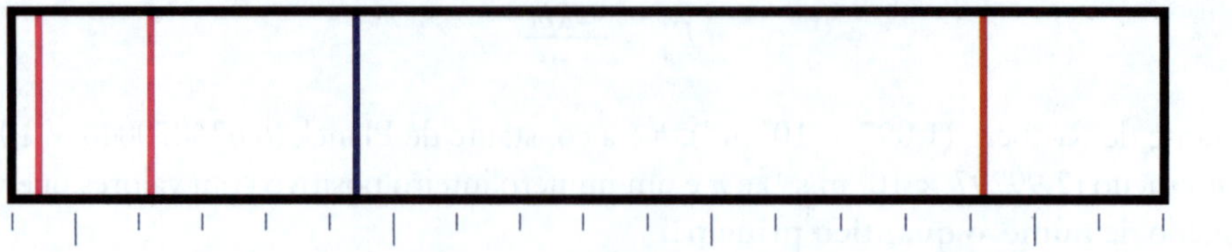

Figura M.3 Espectro de emissão para o átomo de hidrogênio. (©Robson Matos)

Sommerfeld postulou a regra de quantização e estendeu o modelo de Bohr para os chamados átomos hidrogenoides – átomos que se comportam como tendo apenas um elétron. O modelo de Bohr e essa extensão são capazes de explicar os níveis atômicos e as frequências de emissão e absorção. Todavia, o modelo apresentava limitações pois os elétrons não podem ser descritos apenas como partículas.

O modelo de Bohr mostrou-se importante para o esclarecimento da estrutura atômica e introduziu dois importantes conceitos, utilizados no modelo atômico atual: os elétrons ocupam níveis de energia discretos descritos pelos números quânticos e ocorre absorção ou liberação de energia na passagem do elétron de um nível para outro. Bohr, também, cunhou dois termos importantes: estado fundamental e estado excitado, que continuam sendo utilizados exatamente com o mesmo conceito dado por ele.

Após um curto período – apenas 12 anos –, o átomo de Bohr dá lugar a um novo modelo com base na nova mecânica quântica desenvolvida por de Broglie, Heisenberg e Schrödinger.

M.5 O comportamento ondulatório da matéria

O comportamento dual da radiação eletromagnética, após ter causado muita perplexidade, começava a se tornar um conceito mais aceito e familiar. A radiação eletromagnética pode apresentar, em determinadas circunstâncias, um comportamento ondulatório – na difração e interferência – e em outras um comportamento corpuscular – como no efeito fotoelétrico.

O grande responsável pela aceitação da dualidade da radiação foi o físico francês Louis de Broglie. Inicialmente, ele combinou as expressões de Planck e Einstein:

$$E = mc^2 \quad E = h\nu$$
$$mc^2 = h\nu$$

Considerando $c = h\nu$ e atribuindo c à velocidade de um corpo em movimento podemos escrever:

$$m\lambda\nu c = h\nu$$

$$\lambda = \frac{h}{m\nu} \qquad \text{(Eq. M.6)}$$

De acordo com a postulação feita por de Broglie, todo corpo em movimento tem um comportamento ondulatório e o comprimento de onda descrito por esse corpo é dado pela Eq. M.6. Obviamente que corpos que apresentam uma massa muito grande terão comprimentos de onda extremamente pequenos. Entretanto, um elétron teria uma massa bem reduzida para que o comprimento de onda pudesse ser notado e a associação entre o comportamento dual da radiação e o elétron, feita por de Broglie, foi mais tarde comprovada experimentalmente com a descoberta da difração de elétrons.

A teoria de Louis de Broglie conseguiu explicar um dos postulados de Bohr. De acordo com de Broglie, cada elétron tem uma onda estacionária ligada ao seu movimento e assim o seu movimento não contribui para a emissão de radiação eletromagnética.

Outro estudo extremamente importante para o desenvolvimento das ideias do comportamento dual da matéria foi aquele realizado por Heisenberg. Ele enunciou o famoso **princípio da incerteza**: é impossível determinar com precisão a energia e a posição de uma partícula.

Desse modo, o modelo atômico de Bohr começa a ser abandonado. Uma vez que não se pode determinar com precisão a posição de um elétron no átomo, não devemos imaginar o elétron circulando em órbitas ao redor do núcleo. A localização do elétron deve ser tratada como probabilidade.

Os estudos sobre a estrutura atômica, realizados após o surgimento do modelo de Bohr, levaram ao surgimento de uma teoria quântica mais moderna chamada de mecânica quântica ou mecânica ondulatória, incorporando a natureza ondulatória do elétron e o seu comportamento probabilístico e que dá origem ao modelo atômico atual.

M.6 Schrödinger e o átomo de hidrogênio

O físico alemão Erwin Schrödinger, levando em conta os estudos de Heisenberg e de Broglie, propôs uma equação matemática conhecida como **equação de onda** para descrever partículas em sistemas quânticos. Essa equação, agora conhecida como **equação de Schrödinger**, permite encontrar a função de onda (Ψ) de uma partícula conhecendo-se a energia potencial à qual ela está submetida.

A equação de Schrödinger deve ser aceita como uma das leis da natureza, assim como são as leis da termodinâmica. As soluções dessa equação levam a funções de onda (Ψ) e para que elas tenham um significado físico, certas condições devem ser impostas. Ou seja, resolução da equação de Schrödinger deve levar a resultados plausíveis. Por exemplo, se criamos uma equação para descrever o número de pessoas em um estádio de futebol, apenas números inteiros, reais e positivos serão resultados válidos.

Mais tarde, Born descobriu que a probabilidade de se encontrar a partícula numa determinada posição é dada pelo quadrado da função de onda, ou seja, Ψ^2 é a grandeza estatística que representa a densidade de probabilidade.

Para que as funções de onda sejam válidas, elas devem ser unívocas – a probabilidade em cada ponto não pode ter valores diferentes – contínuas – as probabilidades não podem apresentar valores indefinidos em nenhum ponto – e finitas – as probabilidades são finitas.

Aceitemos que a equação de Schrödinger pode ser proposta para o átomo de hidrogênio e que a sua resolução leve a funções de onda válidas. A resolução leva naturalmente a três números quânticos – n, ℓ e m_ℓ. O número quântico n – **número quântico principal** – fornece a energia total do elétron; ℓ – **número quântico secundário ou azimutal** – é a medida do momento angular do elétron e m_l – **número quântico magnético** – está relacionado à orientação no espaço do vetor do momento angular para esse elétron.

Um argumento poderoso em favor da teoria quântica foi o fato de Schrödinger ter obtido os mesmos valores de n obtidos por Bohr, ou seja, n pode ter qualquer valor inteiro entre 1 e ∞; ℓ pode assumir qualquer valor entre 0 e $n - 1$ enquanto m_l pode variar de $-\ell$ a $+\ell$, inclusive zero.

Os valores de ℓ são limitados pelos valores de n e os valores de m_ℓ, por sua vez, são limitados pelos valores de ℓ, portanto apenas algumas combinações são possíveis. Essas combinações determinam os **níveis**, **subníveis** e **orbitais** ocupados pelo elétron.

O conjunto de funções de onda com determinados valores de n nos fornece os níveis de energia e como n fornece a energia total do elétron, um maior valor de n significa que o elétron encontra-se em um **estado excitado**. Quando $n = 1$, o elétron está no **estado fundamental**.

A combinação dos valores permitidos de n e ℓ nos fornece o subnível ocupado pelo elétron. Da mesma forma que existem infinitos níveis – n tem infinitos valores –, teremos infinitos subníveis – os valores de ℓ variam com n. Para representar um subnível, substituímos os valores numéricos de ℓ por letras *s*, *p*, *d*, *f*, *g*, ... (em ordem alfabética a partir do *f*). Assim, o conjunto de funções de onda com valores de $n = 3$ e $\ell = 1$ é representado como *3p*. Não se esqueça, entretanto, que para $n = 3$ os valores permitidos de ℓ são 0; 1 e 2, portanto, o nível 3 possui três subníveis *3s*, *3p* e *3d*. A Tabela M.1 mostra os valores de n, ℓ e m_l com as designações para os subníveis.

A combinação dos valores de n, ℓ e m_l nos fornece um orbital. Assim, no nível $n = 3$ teremos três subníveis – *3s*, *3p* e *3d* – e cada um deles terá 1, 3 e 5 orbitais, respectivamente, como pode ser verificado na **Tabela M.1**.

Os orbitais, como acabamos de ver estão associados aos valores dos números quânticos e consequentemente às funções de onda Ψ, mas eles também podem ser associados com a densidade de probabilidade Ψ^2, ou seja, a probabilidade de encontrar um elétron dividida por um elemento de volume dV em torno de um determinado ponto no espaço. Assim, $\Psi^2 dV$ nos fornece a possibilidade de encontrar o elétron no volume dV.

Posto isso, podemos definir um orbital como sendo o local de maior probabilidade de se encontrar o elétron em torno do átomo. É por isso que muitas vezes os químicos utilizam o termo densidade eletrônica. Embora o conceito de densidade eletrônica não seja muito preciso na mecânica quântica, muitas vezes ele é usado como sinônimo de densidade de probabilidade e, aqui, não faremos essa distinção.

Antes de abordarmos os modos de representar os orbitais, vamos introduzir uma outra característica importante das ondas. Se imaginarmos a representação de uma onda estacionária em um gráfico (Figura M.4), observamos que em alguns pontos a função tem valores onde $y = 0$. Esses pontos – representados por "P" na **Figura M.4** – são chamados de nós. Podemos observar, também, que toda vez que a função "passa" por esse ponto "P", ela muda de sinal. Nos pontos "B" da Figura M.4 a função tem sinais positivos e nos pontos A da mesma figura ela tem sinais negativos. Essas são observações importantes para a abordagem da representação dos orbitais, uma vez que os sinais da função de onda nos orbitais irão influenciar na formação das ligações.

Tabela ▪ M.1 Valores de n, ℓ e m_l, designação do subnível e número de orbitais

n (nível)	ℓ (subnível)	Designação	m_l (orbital)	Nº de orbitais
1	0	*1s*	0	1
2	0	*2s*	0	1
	1	*2p*	− 1, 0, +1	3
3	0	*3s*	0	1
	1	*3p*	− 1, 0, +1	3
	2	*3d*	− 2, − 1, 0, +1, +2	5
4	0	*4s*	0	1
	1	*4p*	− 1, 0, +1	3
	2	*4d*	− 2, − 1, 0, +1, +2	5
	3	*4f*	− 3, − 2, − 1, 0, +1, +2, +3	7
5	0	*5s*	0	1
	1	*5p*	− 1, 0, +1	3
	2	*5d*	− 2, − 1, 0, +1, +2	5
	3	*5f*	− 2, − 1, 0, +1, +2	7
	4	*5g*	− 4, − 3, − 2, − 1, 0, +1, +2, +3, +4	9

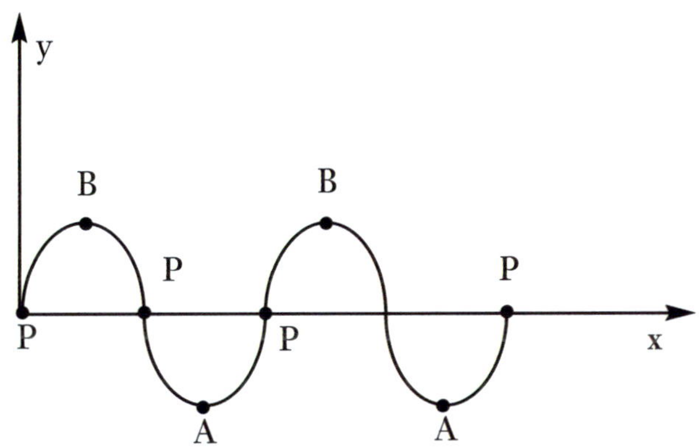

Figura M.4 Representação esquemática de uma onda estacionária. (©Robson Matos)

Os orbitais podem ser representados através de diagramas de superfície limite, diagramas de nuvens de densidade eletrônica, por gráficos $\Psi \times r$ e $\Psi^2 \times r$ ou por mapas de densidade de probabilidade constante. O modo preferido dos químicos são os diagramas de superfície limite (**Figura M.5**) e iremos restringir nossa discussão apenas a esse tipo de representação. Nesse tipo de representação a densidade de probabilidade é limitada à região com 90% de probabilidade. O número de nós em um orbital é dado pelo valor de n, e como veremos, nem todos os nós são representados quando utilizamos diagramas de superfície limite por causa dessa restrição à porcentagem de probabilidade.

O orbital *1s* é esférico e possui apenas um nó que se encontra entre o núcleo e o infinito. Esse nó é representado pela linha que limita a região com 90% de probabilidade de encontrar o elétron (Figura M.5). Os orbitais dos outros níveis – n = 2, 3, 4 etc. – também são esféricos, mas possuem mais nós entre o núcleo e aquele do infinito e como possuem maior energia, são maiores. Todavia, quando representamos os orbitais com valores de n maiores que 1 usando superfícies limite, o fazemos considerando apenas o nó entre o núcleo e o infinito e diferenciando-os apenas pelo tamanho. Essa observação em relação ao número de nós é feita para todos os orbitais dos outros subníveis.

Os orbitais dos subníveis *np* têm forma de halteres e possuem duas superficies nodais, uma contendo o núcleo e a outra entre o núcleo e o infinito. Logo, cada um dos lóbulos possui sinais de função de onda contrários. Os planos nodais estão mostrados na **Figura M.6**, como linhas tracejadas. Os subníveis *np* possuem três obritais *p*, que possuem a mesma forma pois tem o mesmo valor de ℓ. Entretanto, são permitidos três valores de m_ℓ, logo os três orbitais *p* têm orientações diferentes, cada uma delas ao longo de um dos eixos cartesianos.

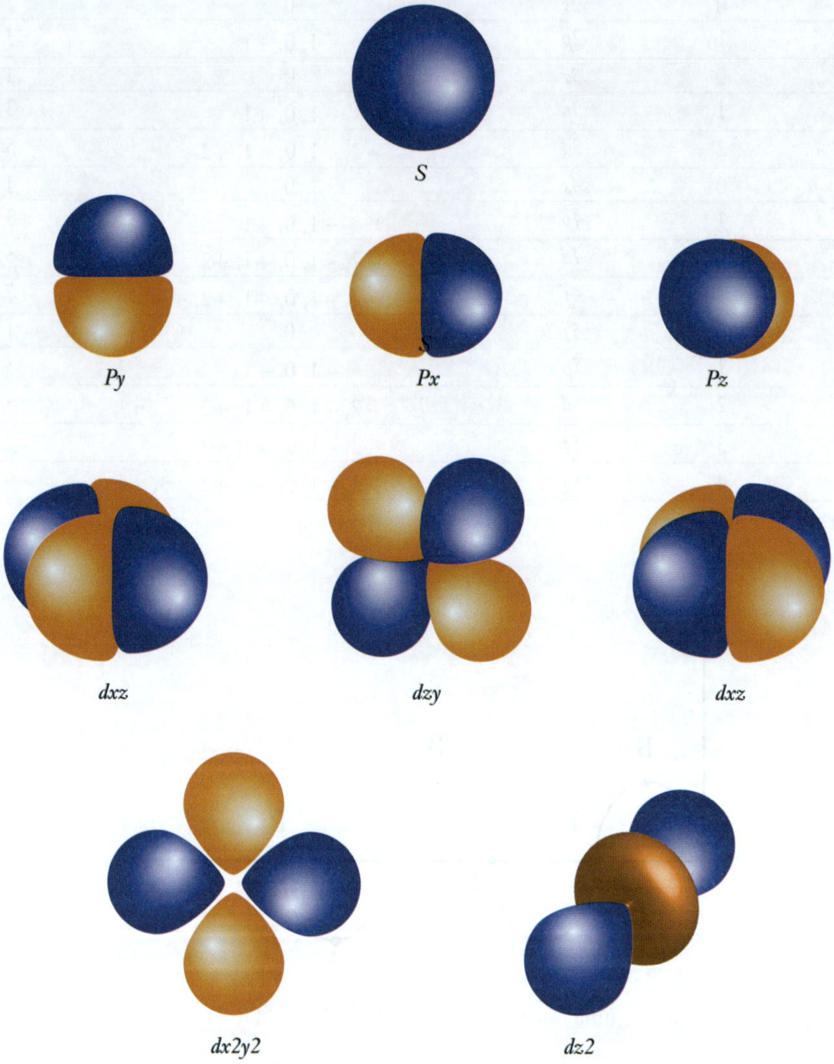

Figura M.5 Representação de superfície limite dos orbitais *s*, *p* e *d* com seus respectivos símbolos. Nos lóbulos de cor laranja, a função de onda tem sinal positivo e naqueles de cor azul, o sinal da função de onda é negativo. (©Robson Matos)

Os subníveis *nd* possuem cinco orbitais com formas aparentemente iguais – o orbital ndz^2 tem a forma ligeiramente diferente – e orientações diferentes, pois eles têm o mesmo valor de ℓ e cinco valores de m_l diferentes. Quatro desses cinco orbitais têm a forma de dois halteres perpendiculares entre si. Três orbitais *nd* estão orientados entre os eixos cartesianos, ou seja, eles estão nos planos *xy*, *xz* e *yz* – nd_{xy}, nd_{xz} e nd_{yz} – e possuem dois planos nodais que contêm os eixos *x* e *y*, *x* e *z* e *x* e *z*, respectivamente (Figura M.6). Um outro orbital $nd - ndx^2 - y^2$ – está orientado ao longo dos eixos *x* e *y* e possuem dois planos nodais coincidentes com as bissetrizes dos eixos cartesianos. O último dos cinco orbitais $nd - ndz^2$ – tem a forma de um haltere ao longo do eixo *z* e um toroide de revolução contido no plano *xy*. O orbital ndz^2 possui duas superfícies nodais representadas por dois cones de revolução, conforme mostrado na Figura M.6.

Na Figura M.5 e na Figura M.6, os sinais das funções de onda estão representados. É importante salientar que os sinais não se referem a cargas, muito menos à probabilidade – não existem probabilidades negativas – e sim ao sinal algébrico das funções de onda.

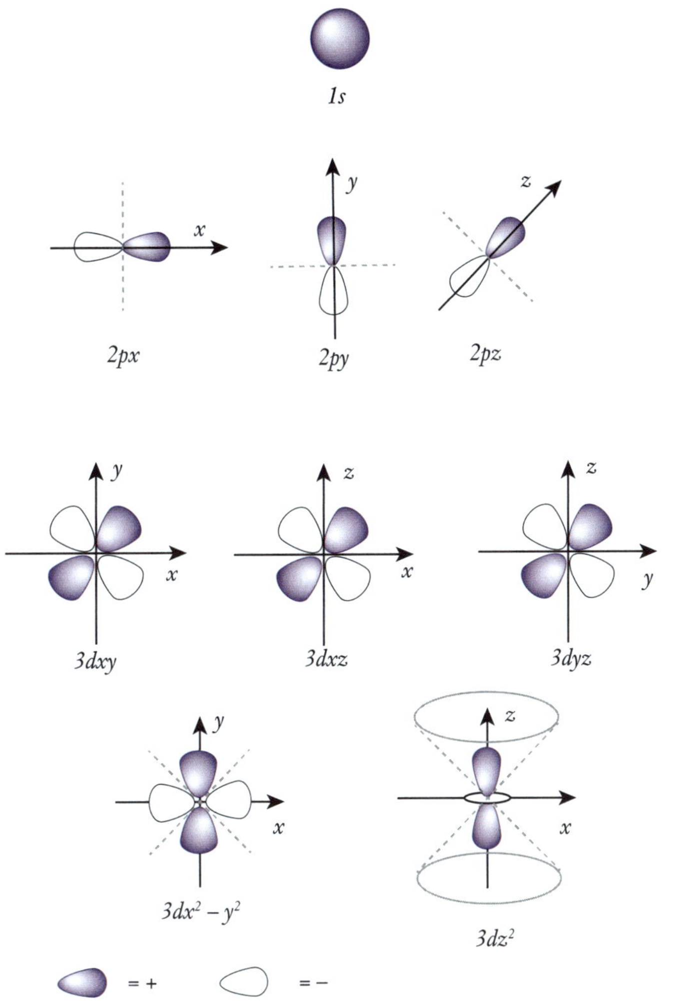

Figura M.6 Representação esquemática de superfícies limite dos orbitais *s*, *p* e *d*. (©Robson Matos)

M.7 Número quântico magnético de *spin* – m_s

A equação de Schrödinger foi resolvida apenas para espécies contendo um elétron – H, Li^{2+}, He^{+}. Contudo, os espectros atômicos dos átomos, quando estudados em mais detalhes, apresentavam linhas duplicadas muito próximas entre si, ao invés de uma única linha como esperado.

Os físicos alemães Otto Stern e Walther Gerlach sugeriram que os elétrons funcionavam como barras magnéticas minúsculas e, por meio de um experimento, comprovaram que diferentemente de ímãs minúsculos, os elétrons só podiam se orientar no sentido do campo magnético ou contrário a ele e não conseguiram uma explicação com base na física clássica para esse fenômeno.

Pauli sugeriu, então, que a duplicação das linhas poderia ser explicada pela atribuição de um novo grau de liberdade atribuído ao elétron. Esse grau de liberdade só poderia assumir dois valores.

Após a sugestão de Pauli, os físicos holandeses Goudsmit e Uhlenbeck, estudando o desdobramento de algumas linhas do espectro do hidrogênio e de outros átomos como o sódio, propuseram a existência de um quarto número quântico, o número quântico magnético de *spin* (m_s). Segundo eles, m_s poderia assumir apenas dois valores (+½ e –½). Os valores de m_s dependiam da orientação do *spin* em relação a um campo magnético.

Embora a resolução da equação de Schrödinger não leve à obtenção de m_s, suas ideias para a mecânica quântica são compatíveis com a existência do *spin*. Foi então que Paul Dirac fez um tratamento da equação de Schrödinger, levando em conta efeitos relativísticos, conseguiu provar que o elétron deve ter um momento angular intrínseco limitando m_s a dois valores. As expressões de Dirac levam naturalmente à obtenção dos valores de m_s.

A consequência é que os elétrons em um átomo podem ter o mesmo *spin* ou *spins* contrários. Quando possuem o mesmo *spin* são chamados de *spins* paralelos ou desemparelhados e, no caso de eles serem contrários, são *spins* antiparalelos ou desemparelhados. Essas orientações têm energia ligeiramente diferentes e levam ao desdobramento das linhas. Os elétrons com o mesmo *spin* repelem-se fortemente e ocupam diferentes posições no espaço.

A partir dessas descobertas, Pauli formulou o famoso **princípio da exclusão de Pauli**: *não pode haver, em um átomo, mais de um elétron com os quatro números quânticos iguais*. Logo, um orbital só pode acomodar o máximo de dois elétrons.

M.8 Configuração eletrônica

A configuração eletrônica de uma espécie é feita seguindo-se o formalismo do princípio da edificação, baseado no princípio da exclusão de Pauli e em uma das três regras de Hund – a regra da multiplicidade máxima. A regra da multiplicidade, de maneira bastante resumida, diz que os elétrons devem ser distribuídos da maneira mais desemparelhada possível.

Assim, os elétrons devem ser distribuídos em ordem crescente da soma $n + \ell$ e se essa soma for igual para dois subníveis, segue-se a ordem crescente de n. É o caso, por exemplo, dos subníveis *4p* e *3d*, como as somas $n + \ell$ são iguais a 5, preenche-se primeiro o subnível *3d*. O diagrama para a sequência de preenchimento dos subníveis de um átomo é apresentado na **Figura M.7**. Talvez você esteja achando estranho a presença, neste diagrama, dos subníneis *8s*, *5g*, *6f* etc. Contudo, esses orbitais existem em todos os átomos, uma vez que os valores de ℓ variam de 0 a ∞, e não são utilizados porque o último elemento na tabela periódica (organessônio) tem configuração eletrônica terminada em $7s^2 7p^6$.

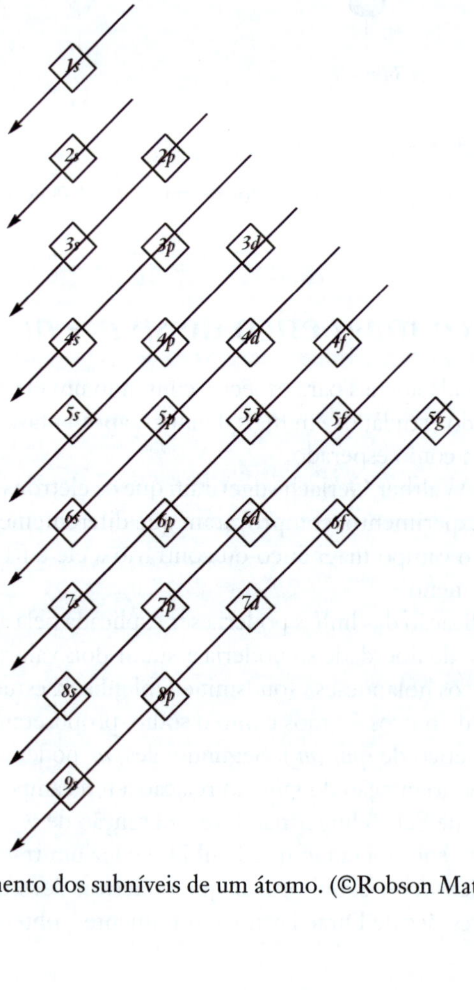

Figura M.7 Diagrama para o preenchimento dos subníveis de um átomo. (©Robson Matos)

É importante também ressaltar que a ordem de preenchimento dos subníveis é diferente da ordem de energia dos elétrons em uma espécie. O elétron com maior valor de *n* será aquele com maior energia, portanto, mais distante do núcleo e é esse elétron que será removido na formação de um cátion. Veja, por exemplo, a configuração eletrônica para as espécies ^{26}Fe e $^{26}Fe^{2+}$:

^{26}Fe: $1s^2 2s^2 2p^6 3s^2 3p^6 \mathbf{4s^2 3d^6}$ – em ordem de preenchimento;

^{26}Fe: $1s^2 2s^2 2p^6 3s^2 3p^6 \mathbf{3d^6 4s^2}$ – em ordem crescente de energia;

logo, os elétrons do subnível *4s* serão removidos na formação do cátion Fe^{2+}

$^{26}Fe^{2+}$: $1s^2 2s^2 2p^6 3s^2 3p^6 3d^6 \mathbf{4s^0}$ – em ordem de preenchimento.

M.9 Exercícios propostos

Para os exercícios 1 a 5; 7 e 8; 11 a 13, 18 e 19, tente responder sem consultar o texto, utilizando as suas próprias palavras.

1. Defina comprimento de onda, amplitude e frequência para uma onda.

2. Por que Planck decidiu estudar a energia emitida por um corpo aquecido? Resuma a proposta de Planck para a energia emitida por um corpo aquecido.

3. Descreva o experimento do efeito fotoelétrico. Por que Einstein resolveu reestudá-lo? Quais foram as suas conclusões?

4. Quais os postulados nos quais Bohr se baseou para formular o seu modelo atômico?

5. Descreva o modelo atômico de Bohr.

6. Calcule a energia correspondendo à transição de um elétron como indicado a seguir. Diga se a energia será emitida ou absorvida e determine a região do espectro eletromagnético que corresponde à transição indicada:

(a) $n = 4 \rightarrow n = 3$; (b) $n = 3 \rightarrow n = 1$;
(c) $n = 6 \rightarrow n = 5$; (d) $n = 6 \rightarrow n = 1$;
(e) $n = 4 \rightarrow n = 7$; (f) $n = 7 \rightarrow n = 2$;
(g) $n = 2 \rightarrow n = 3$; (h) $n = 3 \rightarrow n = 7$;
(i) $n = 1 \rightarrow n = 2$; (j) $n = 2 \rightarrow n = 1$;
(k) $n = 3 \rightarrow n = 7$; (l) $n = 4 \rightarrow n = 2$;
(m) $n = 5 \rightarrow n = 2$; (n) $n = 4 \rightarrow n = 1$;
(o) $n = 2 \rightarrow n = 6$; (p) $n = 1 \rightarrow n = 5$

7. Quais são as limitações do modelo de Bohr? Qual é o principal legado do modelo de Bohr?

8. Descreva o postulado de Louis de Broglie e demonstre matematicamente a expressão proposta por ele para o comprimento de onda descrito por um corpo em movimento.

9. Schrödinger chegou a três números quânticos ao resolver a sua famosa equação. Quais são os valores possíveis para esses números quânticos?

10. O que os números quânticos n, ℓ e m_l nos fornece?

11. Defina estado fundamental e estado excitado.

12. Qual é o significado de orbital?

13. Qual é o significado de nó ou superfície nodal em um orbital?

14. Dê o número de orbitais em cada um dos seguintes subníveis (ou níveis):

(a) *2p*; (b) *3d*; (c) *5g*; (d) $n = 1$;
(e) *4f*; (f) *2s*; (g) $n = 1$; (h) *2p*;
(i) $n = 3$; (j) $n = 8$; (k) *2p*; (l) *6f*

15. Dê todos os valores de n, ℓ e m_l para os subníveis indicados:

(a) *3d*; (b) *2p*; (c) *1s*; (d) *3p*;
(e) *6g*; (f) *9s*; (g) *4f*; (h) *5d*;
(i) *2s*; (j) *8d*; (k) *6f*; (l) *7p*

16. Desenhe os diagramas de superfície limite para os orbitais *3s*, *3p* e *3d*, incluindo seus nomes e as superfícies nodais.

17. Explique o princípio da exclusão de Pauli.

18. Explique o princípio da edificação.

19. Faça a configuração eletrônica para as seguintes espécies:

(a) Ca; (b) Ni; (c) Xe; (d) Cl;
(e) Cl^-; (f) Fe^{2+}; (g) Ca^{2+}; (h) Ni^{2+};
(i) Mg; (j) Na; (k) Ar; (l) Ti;
(m) Na^+; (n) Ti^{4+}; (o) O^{2-}; (p) Sn^{2+}

Apêndice N

Por Robson Mendes Matos

Radioproteção

A descoberta da radiação trouxe inúmeros benefícios com suas aplicações como fonte de energia "limpa", na medicina diagnóstica, no tratamento de algumas doenças, na conservação de alimentos, na agricultura, na engenharia e na arqueologia. Todavia, ela trouxe consigo, também, relatos de danos biológicos causados aos seres vivos e ao ambiente, uma vez que algumas radiações têm capacidade suficiente para provocar ionizações em átomos que constituem células animais.

Assim, em 1928, foi criada a Comissão Internacional de Proteção Radiológica (ICRP – do inglês International Commission on Radiological Protection) que fornece procedimentos de proteção contra a radiação ionizante e já publicou mais de 130 relatórios com atualizações nos procedimentos de proteção. No Brasil, a Comissão Nacional de Energia Nuclear (CNEN) é responsável pela segurança no uso da energia nuclear e nas áreas de radioproteção. A norma CNEN – NN 3.01 estabelece os princípios básicos de radioproteção, os limites de dose e as grandezas utilizadas em radioproteção. Portanto, radioproteção é um conjunto de medidas para proteger os seres vivos contra os efeitos nocivos da radiação ionizante.

No Capítulo 14 vimos que as radiações podem ser classificadas como ionizantes e não ionizantes com base na energia transportada pelo fóton ou partícula. Quando essa energia pode ionizar átomos ou moléculas, ela é classificada como ionizante, pois pode provocar a ionização em qualquer material que encontre. Raios gama, raios X, partículas alfa e beta são radiações ionizantes. Já a luz visível, ondas de rádio e micro-ondas, por terem energia incapazes de ionizar qualquer material, são chamadas de radiação não ionizante.

No entanto, é preciso considerar, também, o poder penetrante das radiações ionizantes para se prever o impacto da radiação na matéria. Vamos contextualizar o resumo apresentado na Figura 14.11:

1. as partículas alfa têm potência penetrante muito baixa e energia bem alta. Elas são facilmente paradas por camadas mais externas da pele e até por uma folha de papel;
2. as partículas beta, embora menos energéticas, são mais penetrantes. Elas atravessam a pele, mas não podem atingir os órgãos. Elas podem atravessar lâminas de chumbo de até 2 mm ou de alumínio de até 5 mm, mas são paradas por placas de madeira com mais de 2,5 cm de espessura;
3. os raios X e gama possuem alta potência penetrante e atingem profundamente o tecido e causam danos a órgãos internos. Eles podem atravessar chapas de aço de até 15 cm de espessura e são parados apenas por chapas grossas de chumbo ou paredes de concreto.

A radiação ionizante pode ser de origem natural – os raios cósmicos e os radionuclídeos provenientes da crosta terrestre, na água potável e no próprio corpo humano –; ou artificial – oriundas de aparelhos médicos, como raios X, tomografia computadorizada e radioterapia, e da geração de energia. A distribuição da origem da radiação ionizante é mostrada na **Figura N.1**.

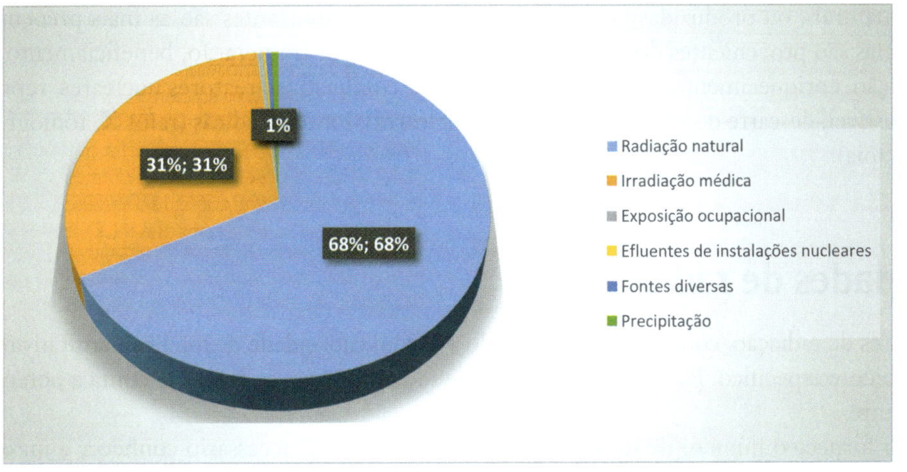

Figura N.1 Distribuição das principais origens da radiação ionizante. (©Robson Matos)

Em torno de 1/3 da radiação natural a que estamos expostos é oriunda dos raios cósmicos (**Figura N.2**). Inúmeros radionuclídeos são produzidos pelos raios cósmicos e eles são encontrados, principalmente, em sedimentos profundos do mar, nas rochas, nas chuvas, no CO_2, em material orgânico, na água do mar e nas esponjas marinhas. O maior fluxo dessa radiação é observado nas zonas polares. Nas zonas equatoriais, a radiação cósmica é desviada pelo campo magnético terrestre. Obviamente que a radiação cósmica aumenta com o aumento da altitude, pois há uma diminuição da proteção oriunda da camada de atmosfera.

A principal fonte de radiação natural é o radônio, um gás natural inerte, inodoro e insípido, sete vezes mais pesado que o ar. Ele apresenta dois radionuclídeos – ^{222}Rn, que é um produto do decaimento do ^{238}U – e o ^{220}Rn, que é um produto do decaimento do ^{232}Th. As doses a que estamos expostos varia de região para região e o grau de exposição ao radônio aumenta com a diminuição da ventilação e dependendo do solo e do material de construção utilizado. Ambos radionuclídeos são chamados simplesmente de radônio, apesar de a maior parte das doses a que estamos submetidos serem causadas não tanto pelo gás, mas principalmente pelos seus produtos de decaimento. O radônio é um gás inerte e não interage com o trato respiratório e os danos devidos à sua inalação são na realidade causados pelos radioisótopos ^{218}Po, ^{214}Pb e ^{214}Bi, originados de sua decomposição e que possuem meia-vida curta.

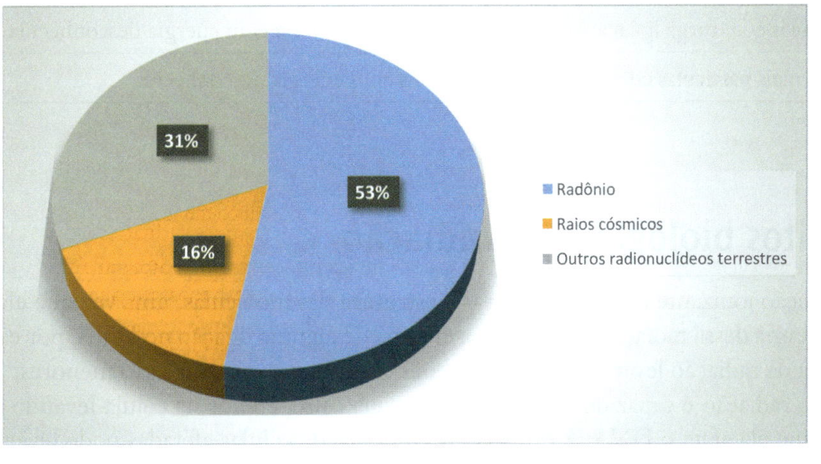

Figura N.2 Distribuição da dose anual individual recebida de radiação natural. (©Robson Matos)

Outras fontes naturais de radiação terrestre são o ^{40}K e o ^{87}Rb, ambos originários do decaimento do ^{238}U e ^{232}Th, mas uma parcela de ^{40}K está incorporada ao potássio não radioativo, um elemento essencial ao nosso organismo.

As substâncias radioativas são transferidas para o homem através da atmosfera, das rochas, do solo, dos animais, das plantas, das águas subterrâneas etc.

Fontes não naturais, ou produzidas pelo homem, de radiações ionizantes são as mais preocupantes fontes de contaminação. Elas são provenientes do ciclo do combustível nuclear (mineração, beneficiamento do urânio, conversão e purificação, enriquecimento, fabricação do elemento combustível, reatores nucleares, reprocessamento do elemento combustível, descarte de rejeitos e explosões nucleares); fontes médicas (raios X, tomografia computadorizada e radioterapia).

N.1 Unidades de radiação

Existem detectores de radiação, como visto no Capítulo 14, com capacidade de medir quantitativamente o nível de radiação em ambiente específico. Para expressar a dose de radiação, deve-se levar em conta a potência ionizante e a potência penetrante.

A **exposição** fornece o número de íons produzidos. Entretanto, é necessário conhecer a massa do volume de material atingido e coletar toda a carga de mesmo sinal em um eletrodo. Portanto, só se pode obter a medida de exposição em uma câmara de ionização a ar e, portanto, só podemos definir a exposição para o ar e para raios X ou gama. As radiações α não conseguem penetrar na câmara para ionizar o ar, e as radiações beta não permitem condições de homogeneidade na coleta dos elétrons.

A **dose absorvida** é a relação entre a energia absorvida e a massa do volume de material atingido. A massa do volume atingido é definida como um quilograma de tecido. A unidade da dose absorvida é o Gray (Gy) em substituição à unidade mais antiga *rad* (*radiation absorved dose* – dose absorvida de radiação). 1 Gy = 100 *rad*.

Dose equivalente é o produto da dose absorvida pelo fator de qualidade (Q). Ela relaciona a dose absorvida ao dano produzido por diferentes tipos de radiação. A sua unidade é o Sievert (Sv = J kg^{-1}). A unidade mais antiga é *rem* (*roentgen equivalente* **men** – equivalente dos homens de Roentgen), mas ainda é utilizada nos Estados Unidos (1 Sv = 100 rem).

O fator de qualidade é também conhecido como Efetividade Biológica Relativa (RBE) e é adimensional e os seus valores médios para alguns tipos de radiação estão listados a seguir:

Tabela ■ N.1 Valores para o fator de qualidade efetivo para alguns tipos de radiação

Tipo de radiação	Q
Raios X, radiação gama e elétrons	1
Prótons e partículas com carga igual a 1 e com massa de repouso > 1 *u* com energia desconhecida	10
Radiação alfa, demais partículas com carga > 1 e nêutrons com energia desconhecida	20

N.2 Os efeitos biológicos da radiação

Como vimos, a radiação ionizante é capaz de alterar a estrutura das moléculas, uma vez que ela é capaz de quebrar uma ligação. Se a energia dessa radiação ultrapassar a energia de alguma ligação no DNA, por exemplo, haverá dano à célula. Se a energia da radiação levar apenas a excitações das ligações, os danos são menores.

Assim, quando a radiação é capaz de quebrar ligações, ela causa efeitos na célula levando à sua morte ou modificação, uma vez que ela afeta o DNA. A extensão do número de células afetadas pode levar a uma disfunção ou morte do órgão.

Quando a radiação ionizante sobre o DNA não leva à morte celular, esses danos podem ser reparados. Entretanto, se o dano não é corrigido, ocorre a mutação celular que afeta as divisões celulares. Essas mutações podem danificar os segmentos que controlam a velocidade de reprodução das células ou até mesmo a função de reprodução e são conhecidas como câncer. As mutações podem atingir as células responsáveis pelas informações hereditárias e levar a desordens genéticas.

O impacto da radiação na saúde pode ser classificado em razão da dose e da forma de resposta – efeito determinístico e efeito estocástico – quanto ao tempo de manifestação – imediatos e tardios – e em função do dano – somáticos ou hereditários.

Os **efeitos determinísticos** ocorrem quando o corpo humano recebe uma dose de radiação que ultrapassa o seu limite e gera a morte celular em um grau que não é compensado pela reposição ou reparo. Isso causa danos no funcionamento do tecido ou órgão e leva a sintomas como fraqueza, náusea, vómitos, eritema etc. Uma dose muito elevada pode agravar os sintomas ou levar à morte. Só ocorrerá o efeito determinístico se a dose ultrapassar um certo nível – o limiar é considerado como 1 Gy.

Os **efeitos estocásticos** são aqueles em que a probabilidade de ocorrência de danos é proporcional à dose de radiação recebida, sem que haja um limiar. Ou seja, mesmo doses abaixo dos limites podem induzir efeitos biológicos, dentre eles, o câncer.

O **efeito imediato**, como o próprio nome diz, ocorre em um período de poucas horas e até algumas semanas após a exposição. Os efeitos que aparecem depois de anos ou mesmo décadas são chamados de **efeitos tardios**.

Os **efeitos somáticos** são oriundos do dano nas células do corpo e se manifestam na própria pessoa que recebeu a irradiação. Eles são dependentes da taxa de absorção da energia da radiação e da área irradiada. Os **efeitos hereditários** surgirão no descendente da pessoa que sofreu a irradiação por causa do dano produzido em células dos órgãos reprodutores. Eles são cumulativos e independem da taxa de absorção da dose.

Doses de uma única exposição superiores a 50 Gy danificam o sistema nervoso central e levam à morte em poucos dias, e as doses inferiores a 8 Gy levam à síndrome aguda da radiação, cujos sintomas são náusea, vômitos, diarreia, cólicas intestinais, salivação, desidratação, fadiga, apatia, letargia, sudorese, febre, dor de cabeça e pressão baixa. Porém, as vítimas podem chegar a óbito mais tarde por um problema gastrointestinal.

Às vezes, doses menores não causam danos gastrointestinais, mas podem levar à morte quando causam danos à medula óssea. Doses menores retardarão o início de doenças e produzirão menos sintomas severos.

N.3 Princípios básicos de proteção radiológica

A proteção radiológica é um conjunto de medidas com o objetivo de proteger o ser humano e o ambiente de efeitos danosos causados por radiações ionizantes. Essas medidas incluem as normas regulatórias, os limites permissíveis e um plano de proteção radiológica e têm por objetivo garantir seu uso correto e seguro. Deve-se definir, também, procedimentos para situações de emergência para o caso de desvio da normalidade de funcionamento de uma instalação ou prática radiológica.

As medidas a serem adotadas em radioproteção – filosofia de trabalho, conceitos, procedimentos e grandezas – são publicadas pela ICRP e pela ICRU – International Commission on Radiation Units and Measurements, em português Comissão Internacional em Unidades e Medidas de Radiação).

A Posição Regulatória 3.01/008:2011 da CNEN trata do Programa de Monitoração Radiológica Ambiental e detalha os procedimentos, os critérios científicos e metodológicos no território brasileiro. O impacto ambiental e radiológico é monitorado pelo aumento da radioatividade nos meios físico e biológico, por meio do aumento da concentração de radionuclídeos no meio ambiente; da transferência e acumulação em diversos meios por fenômenos de transporte, bioacumulação e adsorção.

Além da aplicação na operação de reatores nucleares, a radioproteção serve também para garantir a proteção e a segurança nas diferentes aplicações de radiação ionizante na indústria, medicina e agricultura e no controle do material radioativo, do gerenciamento de rejeitos e do transporte de materiais radioativos, de minérios e minerais nucleares.

Os princípios básicos da radioproteção são a justificação, otimização e limitação dos efeitos da radiação ionizante.

Para que uma prática ou fonte associada a essa prática seja aceita, ela deverá produzir benefícios para os indivíduos expostos ou para a sociedade. Esses benefícios devem ser suficientes para compensar o dano correspondente, levando-se em conta fatores sociais e econômicos e outros fatores pertinentes. Dessa forma, qualquer atividade envolvendo radiação ou exposição deve ser justificada em relação a outras alternativas e produzir um benefício líquido positivo para a sociedade.

A proteção radiológica deve ter como objetivos a prevenção ou a diminuição dos efeitos somáticos e a redução dos efeitos hereditários e, nesse caso, o problema das exposições crônicas é de importância fundamental. A dose acumulada é o fator principal, independentemente de as doses periódicas serem pequenas.

Não se leva em conta as doses oriundas da radiação natural e dos tratamentos médicos nas doses acumuladas, por isso recomenda-se aos profissionais da saúde extremo cuidado no uso de radiações ionizantes, evitando-se exposições desnecessárias.

O outro princípio básico da radioproteção, a otimização, preconiza que as exposições devem ser mantidas tão baixas quanto razoavelmente exequíveis. Ou seja, as exposições causadas por uma fonte associada a uma prática, com exceção das exposições médicas, a radioproteção deve ser otimizada de forma que a magnitude das doses individuais, o número de pessoas expostas e a probabilidade de ocorrência de exposições mantenham-se tão baixas quanto possa ser razoavelmente executada. No processo de otimização, deve ser observado que as doses nos indivíduos decorrentes de exposição à fonte devem estar sujeitas às restrições de dose relacionadas a essa fonte.

Conforme vários estudos mostram, não existe um limiar real de dose para efeitos estocásticos, mesmo em caso de doses baixas. Dessa forma, qualquer exposição envolve um risco carcinogênico. Além disso, qualquer exposição das gônadas pode levar a um dano genético nos descendentes do indivíduo exposto.

O objetivo do princípio da limitação é restringir a exposição normal das pessoas de tal modo que nem a dose efetiva nem a dose equivalente nos órgãos ou tecidos de interesse, causadas pela possível combinação de exposições originadas por práticas autorizadas, excedam o limite de dose especificado na **Tabela N.2**. Algumas circunstâncias especiais podem ser autorizadas pelo órgão regulador, CNEN. O termo dose anual é considerado por esse órgão como dose no ano-calendário – de janeiro a dezembro de cada ano. Para o limite, dose anual para a exposição de corpo inteiro de Indivíduos Ocupacionalmente Expostos (IOE), considera-se a média ponderada em 5 anos consecutivos, desde que não exceda 50 mSv em qualquer ano. Para casos especiais, a dose efetiva para a exposição de corpo inteiro de indivíduo do público poderá chegar a 5 mSv em um ano, desde que a dose efetiva média em um período de 5 anos consecutivos não seja maior que 1 mSv por ano. Para a exposição da pele, considera-se um valor médio em uma área de 1 cm^2 de área, na região mais irradiada.

Tabela ■ N.2 Limites de exposição à radiação ionizante determinados pela CNEN

		Limite de doses anuais	
Grandeza	**Órgão**	**Indivíduo Ocupacionalmente Exposto (IOE)**	**Indivíduo do público**
Dose efetiva	Corpo inteiro	20 mSv	1 mSv
Dose equivalente	Cristalino	20 mSv	15 mSv
	Pele	500 mSv	50 mSv
	Mãos e pés	500 mSv	–

As mulheres grávidas ocupacionalmente expostas não precisam ser afastadas do trabalho com radiação, porém suas tarefas devem ser controladas de tal forma que o feto receba uma dose efetiva menor que 1 mSv durante a gestação. Já os menores de 18 anos estão proibidos de trabalhar com radiação ionizante.

Os acompanhantes e voluntários que eventualmente cuidem de pacientes não estão sujeitos às doses limites estabelecidas, porém estas devem ser restritas de tal forma que eles não recebam mais que 5 mSv durante o período de exame ou tratamento do paciente. A dose para crianças que visitam pacientes que receberam materiais radioativos não pode exceder a 1 mSv.

O titular da instalação é o responsável pela radioproteção e a ele cabe fomentar e manter a cultura de segurança. Não basta instituir um sistema de radioproteção em uma instalação, é importante implementar um sistema de garantia da qualidade para assegurar que os requisitos especificados estão satisfeitos, além de mecanismos e procedimentos para revisar e avaliar se as medidas de proteção radiológica adotadas são efetivas.

Espera-se que sejam adotadas medidas para reduzir a ocorrência de erros humanos causadores de acidentes que possam vir a originar exposições inadvertidas em qualquer indivíduo. A radioproteção é uma atividade dinâmica e exige do responsável por sua implementação uma reavaliação constante das medidas e procedimentos estabelecidos a fim de melhorar a proteção dos indivíduos ocupacionalmente expostos em atividades que envolvam exposições ocupacionais. Os titulares e empregadores devem assegurar também que os demais indivíduos da instalação, que não estejam envolvidos em atividades diretamente relacionadas à radiação, sejam tratados como indivíduos do público e recebam o mesmo nível de proteção. A verificação dos níveis de dose nos IOE deve ser realizada com o estabelecimento e implementação, pelos titulares e empregadores, de um programa de monitoração individual e de área, conforme aplicável, levando-se em conta a natureza e intensidade das exposições normais e potenciais previstas.

Os materiais radioativos naturais são denominados NORM (Naturally Occurring Radioactive Material). Os radionuclídeos naturais de origem terrestre mais importantes do ponto de vista da radioproteção são os radionuclídeos das séries radioativas do ^{238}U, ^{232}Th e ^{40}K. A concentração de atividade desses radionuclídeos em rochas e solos varia muito, mas normalmente são baixas.

O NORM pode ser encontrado em rochas ou areia ou associado aos resíduos de produção de petróleo e gás, da mineração, da produção de cinzas de carvão, além de estar presente em produtos de construção como tijolos e blocos de cimento, bancadas de granito, azulejos, fertilizantes de fosfatos e produtos de tabaco.

A presença de radionuclídeos nas operações de mineração e de processamento podem levar a riscos que precisam ser controlados, embora o nível de exposição seja baixo em comparação ao nível de *background*. O NORM ligado às atividades industriais pode ser encontrado no minério, na matéria-prima, no produto intermediário, no subproduto, no produto final ou nos resíduos. Os resíduos radioativos exigem mais preocupação e atenção.

Os principais radionuclídeos encontrados na mineração são aqueles provenientes de meia-vida muito longa ^{40}K, ^{87}Rb, ^{138}La, ^{142}Sm, ^{176}Lu, ^{238}U, ^{232}Th e ^{235}U. Na indústria de óleo e gás, a maior preocupação está associada ao ^{226}Ra e ^{228}Ra, oriundos do decaimento dos isótopos de ^{238}U e ^{232}Th, respectivamente. Esses radioisótopos estão presentes nas formações dos reservatórios em que o hidrocarboneto é produzido.

As indústrias potencialmente geradoras de NORM e que necessitam de considerações em relação ao controle são: extração de elementos de terras raras; produção e uso de tório e seus compostos; produção de nióbio e ferro-nióbio; mineração com outros minerais diferentes daqueles de urânio e tório; produção de óleo e gás; produção de pigmentos de dióxido de titânio; indústria do fosfato; indústria da zirconita e zircão; produção de estanho, cobre, alumínio, zinco, chumbo, ferro e aço; tratamento de águas do processamento das indústrias NORM.

A legislação sobre o NORM no Brasil é moderna e segue as tendências internacionais e é desenvolvida pela CNEN, que avaliou e preparou vários relatórios sobre as consequências da presença de NORM na mineração – ferro, nióbio, fosfatos, carvão e ouro – e o uso de fosfogesso na agricultura e como material de construção.

Os estudos levaram à elaboração da norma CNEN NN 4.01 sobre Requisitos de Segurança e Proteção Radiológica para Instalações Mínero-industriais. Essa norma estabelece os requisitos de informações preliminares que todo operador deve fornecer à CNEN, que são: o fluxograma simplificado do processo operacional, teores medidos ou estimados dos radionuclídeos, capacidade nominal de produção da instalação, estimativa da solubilidade dos radionuclídeos nos rejeitos, descrição das instalações de armazenamento e a descrição dos sistemas de deposição de resíduos e rejeitos.

Como visto, a radiação ionizante leva aos indivíduos expostos a ela diversos efeitos biológicos de acordo com a dose e a forma de resposta. Logo, a melhor forma de evitar os efeitos estocásticos e determinísticos da radiação ionizante no ambiente de trabalho é por meio de um bom projeto de radioproteção.

N.4 Exercícios propostos

Para os exercícios a seguir, tente responder, sem consultar o texto, utilizando as suas próprias palavras.

1. Quais são as principais aplicações da radioatividade?
2. O que significa radioproteção?
3. Defina radiação ionizante e não ionizante.
4. Quais são os poderes penetrantes das principais radiações ionizantes?
5. Quais são as principais fontes de radiação ionizante e como elas distribuem em termos percentuais?
6. Quais são as principais fontes de radionuclídeos produzidos pelos raios cósmicos?
7. Qual é a principal fonte de radiação natural. Quais são suas características?
8. Quais são as fontes de radiação não natural?
9. Defina exposição, dose absorvida e dose equivalente.
10. Quais são os principais efeitos biológicos da radiação ionizante?

11. Como são classificados os impactos da radiação na saúde?
12. Defina efeitos determinísticos e estocásticos.
13. Defina efeitos somáticos e hereditários.
14. Quais os princípios básicos da radioproteção?
15. Defina justificação, otimização e limitação dos efeitos da radiação ionizante.
16. Quais são os limites de exposição à radiação ionizante determinados pela CNEN?
17. Quais cuidados devem ser observados para mulheres grávidas ocupacionalmente expostas?
18. Quem é o responsável pela radioproteção de uma instalação e quais as suas obrigações?
19. O que é NORM?
20. Quais são os radionuclídeos encontrados na indústria da mineração?
21. Quais indústrias ligadas à mineração precisam de controle em relação ao NORM?
22. Quem produz a legislação de radioproteção na indústria geradora de NORM? O que as normas estabelecem para esses casos?

Apêndice O

Por Robson Mendes Matos

Química ambiental

Não há como negar que o crescente processo de industrialização trouxe contribuições positivas para a economia mundial e para a imensa melhoria na qualidade de vida dos cidadãos. Porém, a industrialização excessiva causou um imenso impacto ambiental ao planeta que a cada dia torna-se mais difícil de ser reparado. O aumento da população mundial levou à necessidade do aumento na produção de alimentos com enorme uso da industrialização. Os recursos naturais passaram a ser usados como se não fossem causar problemas ambientais. Passaram-se décadas até que políticas governamentais globais começassem a ser implementadas e, ainda assim, elas estão muito distantes da solução para a diminuição dos impactos ambientais causados pela industrialização, visíveis na fauna, flora, solo, águas, ar e no ser humano. Para entendermos a forma como o planeta vem sofrendo com esses problemas, vamos abordar um pouco da química que ocorre na atmosfera.

A atmosfera é dividida em quatro regiões, classificadas de acordo com a temperatura. A primeira delas é chamada de troposfera e sua temperatura diminui de acordo com a altitude até atingir um mínimo de – 60°C a 12 km de altitude. É na troposfera que ocorrem o que chamamos de "clima" – ventos, brisas, chuvas etc. O limite superior da troposfera é chamado de tropopausa. A camada seguinte é chamada de estratosfera e sua temperatura máxima atinge 0°C a 50 km de altitude. Acima da estratosfera, temos a mesosfera e termosfera. As regiões limítrofes recebem o sufixo *-pausa* e são nessas regiões que os gases começam a se misturar até atingirem a região imediatamente superior.

A atmosfera, por ser bombardeada constantemente pela radiação e partículas energéticas oriundas do Sol, não tem uma composição uniforme. No nível do mar, o ar seco é composto majoritariamente por N_2 e O_2 (aproximadamente 99%), sendo que o restante é composto, em grande parte, por gases nobres e CO_2.

A parte mais externa da atmosfera – acima da estratosfera – é a responsável pela proteção externa contra a radiação solar. Essa radiação é absorvida por átomos e moléculas ali presentes, que sofrem variações químicas.

A energia radiante oriunda do Sol ocorre em uma faixa muito grande de comprimentos de onda. Aquelas de comprimento de onda menores – de maior energia – têm energia suficiente para provocar variações químicas, como a quebra de uma ligação, ou seja, a fotodissociação. A fotodissociação ocorre quando uma molécula absorve um fóton com energia suficiente para a quebra de uma ligação deixando um elétron para cada um dos átomos na ligação, formando duas partículas neutras.

Uma dessas variações químicas que ocorre na atmosfera mais externa – e talvez uma das mais importantes – é a dissociação da molécula de O_2, conforme a Eq. O.1.

$$O_2(g) + h\nu \rightarrow 2O(g) \qquad \text{(Eq. O.1)}$$

Como a energia de ligação dupla O – O na molécula de O_2 – ~ 495 kJ mol^{-1} – é muito alta, ela é a responsável por proteger a Terra dos raios solares de maior energia. Dessa forma, em altitudes em torno de 400 km, apenas 1% do oxigênio está na forma de O_2.

O N_2, por ter uma energia de ligação ainda mais alta, 945 kJ mol^{-1}, não sofre fotodissociação porque não existem raios com energia suficiente para quebrar a ligação tripla N – N. Entretanto, por ser capaz de sofrer ionização (Eq. O.2), ele também nos protege da radiação de alta energia, na região do ultravioleta. As espécies N_2, O_2 e O são responsáveis por absorver os fótons com comprimentos de onda em torno de 240 nm em altitudes acima de 90 km.

$$N_2(g) + h\nu \rightarrow N_2^+(g) \qquad \text{(Eq. O.2)}$$

Em altitudes abaixo de 90 km, o ozônio é responsável pela absorção de fótons na faixa de comprimentos de onda entre 240 e 310 nm. É na região de altitude entre 30 e 90 km que o ozônio se forma. Nessa região, embora a radiação com energia suficiente para provocar a fotoionização já tenha sido absorvida, ainda existe radiação com energia suficiente para provocar a fotodissociação do O_2, onde esse gás tem uma concentração muito maior que a do oxigênio atômico. Observa-se, então, a formação de átomos de oxigênio com energia suficiente para se chocarem com as moléculas de O_2 e formarem ozônio (Eq. O.3).

$$O_2(g) + O(g) \rightarrow O_3(g) \qquad \text{(Eq. O.3)}$$

A formação da molécula de O_3 ocorre com liberação de 105 kJ mol^{-1} de energia, logo, essa energia precisa ser transferida ou haverá a desintegração da molécula formada. O ozônio pode transferir esse excesso de energia ao colidir com outras espécies – N_2 ou O_2, que são as mais abundantes. Para que o ozônio seja formado, é necessário a existência de átomos de O, que está mais abundante em altitudes mais altas, onde a concentração de moléculas de O_2 é mais baixa. Logo, a formação de O_3 ocorre em altitudes próximas de 50 km. Assim, a maior parte do ozônio é encontrado na estratosfera, entre 10 e 50 km.

O período de existência do ozônio é muito curto, pois, na região onde ele é encontrado em maior abundância, ainda existe a incidência de radiação com energia suficiente para promover a sua decomposição de volta a O_2 e átomos de oxigênio.

Todavia, a camada de ozônio é responsável por absorver radiações de alta energia na faixa entre 200 e 310 nm, que, se penetrassem na superfície terrestre, extinguiram os animais e vegetais.

Fica muito aparente, a partir do exposto, que as moléculas de ozônio representam uma pequena fração dos átomos de oxigênio presentes na estratosfera, uma vez que elas são continuamente formadas e destruídas.

Três pesquisadores, que acabaram recebendo o Prêmio Nobel de Química de 1995, foram os responsáveis por alertar sobre a destruição da camada de ozônio. Paul Crutzen mostrou que os óxidos de nitrogênio naturais agiam como catalisadores na destruição do ozônio. Quatro anos mais tarde (1974), F. Sherwood Rowland e Mario Molina apontaram que os clorofluorocarbonetos (CFC) eram, também, grandes vilões na destruição da camada de ozônio. Dentre os CFCs, destacamos o $CFCl_3$ e o CF_2Cl_2, muito utilizados em recipientes do tipo "spray", como gases refrigerantes em geladeiras e condicionadores de ar e como agentes espumantes para plásticos. Esses gases são praticamente inertes na atmosfera próxima à superfície e insolúveis em água. Com isso, eles acham seu caminho até a estratosfera, onde são expostos a radiações de alta energia capazes de promover a fotodissociação deles. As ligações C – Cl, por serem mais fracas, são rompidas, liberando átomos de cloro livres. Essa reação (Eq. O.4) ocorre em velocidade espantosa na presença de radiação na faixa de comprimentos de onda entre 190 a 225 nm.

$$CF_2Cl_2(g) + h\nu \rightarrow CF_2Cl(g) + Cl(g) \qquad \text{(Eq. O.4)}$$

A formação do átomo de cloro, segundo estudos, ocorre com maior velocidade em altitude em torno de 30 km, exatamente onde a concentração de ozônio é maior, facilitando a sua decomposição de acordo com a Eq. O.5.

$$O_3\,(g) + Cl(g) \rightarrow ClO(g) + O_2(g) \qquad \text{(Eq. O.5)}$$

Por sua vez, o ClO formado pode sofrer fotodecomposição gerando novamente átomos de Cl que podem reagir com mais O_3.

Embora muitas medidas para o banimento do uso de CFCs tenham sido tomadas nos últimos anos, cientistas acreditam que a destruição da camada de ozônio por esses gases deve perdurar por muitos anos por esses gases serem pouco reativos e se difundirem muito lentamente na estratosfera.

Os CFCs têm sido substituídos por hidrofluororbonetos. Nesses compostos, as ligações C – Cl são substituídas por ligações C – H, que não geram átomos de Cl. Embora a substituição dos CFCs seja um processo caro, é fundamental que ela ocorra, evitando-se um mal maior que seria a incidência de radiação com energias muito altas na superfície da Terra.

O N_2 e o O_2 constituem aproximadamente 99% dos componentes da troposfera no nível do mar. Outros gases estão presentes na troposfera, como aqueles mostrados na **Tabela O.1**, e não provocam danos quando presentes em quantidades mínimas, ou seja, quando originados de processos naturais. Em regiões mais industrializadas do planeta, esses gases estão presentes em concentrações mais elevadas e são extremamente danosos não só para o ambiente onde são produzidos, mas para o ambiente de grande parte da Terra, uma vez que esses gases, ou os produtos que eles geram, acabam sendo transportados pelas correntes climáticas e marítimas.

Tabela ▪ O.1 Gases presentes na troposfera em concentrações muito baixas

Gases encontrados na troposfera em baixas concentrações	Fontes	
	Naturais	Não naturais
CO_2	Decomposição de matéria orgânica	Queima de combustíveis fósseis
CO	Decomposição de matéria orgânica	Queima de combustíveis fósseis, processos industriais
SO_2	Erupções vulcânicas, ação de bactérias e incêndios florestais naturais	Queima de combustíveis fósseis, processos industriais
O_3	Descargas elétricas e difusão da estratosfera	A partir de reações com os compostos orgânicos voláteis gerados por motores a combustão – névoa fotoquímica
CH_4	Decomposição de matéria orgânica	Vazamento de gás natural, atividades agropecuária, "lixões"
NO_x	Descargas elétricas	Combustão interna de motores, queima de matéria orgânica

Os compostos de enxofre, especialmente o SO_2, são os gases poluentes mais prejudiciais ao ambiente e à saúde humana, especialmente em pessoas com dificuldade respiratória. Grande parte do SO_2 encontrado na atmosfera é oriundo da queima de carvão e de derivados do petróleo.

O SO_2 pode ser facilmente oxidado a SO_3 (óxido sulfúrico) pela ação de vários gases presentes na atmosfera, como o O_2. Ao se dissolver em água, o óxido sulfúrico leva à formação de H_2SO_4, resultando no processo conhecido como chuva ácida. O ácido nítrico (HNO_3) é também um dos responsáveis pela chuva ácida. A água de chuva sem a presença de contaminantes é naturalmente ácida (pH ≈ 5,6) em função da presença do CO_2, que reage com a água para formar H_2CO_3. A chuva ácida, entretanto, tem pH em torno de 4, o que tem afetado inúmeros ecossistemas naturais. Em contraste, o pH de águas naturais de lagos e rios contendo organismos vivos fica entre 6,5 e 8,5. Valores de pH abaixo de 4,0 resultam na destruição de vertebrados, grande parte dos invertebrados e muitos microrganismos. A mortandade de peixes em lagos ou rios com baixos teores de íons básicos – que podem atuar como tampão e manter o pH próximo da faixa ideal para a vida – pode ocorrer a milhares de quilômetros das áreas mais poluídas por causa da atuação dos ventos que irão carregar os óxidos de enxofre.

Uma vez que os ácidos podem reagir com metais e com o $CaCO_3$, a chuva ácida torna-se um problema constante para a construção civil levando à corrosão tanto de estruturas metálicas quanto do concreto, cujo principal componente são carbonatos.

A solução para a diminuição do SO_2 liberado na atmosfera é a remoção do enxofre dos combustíveis fósseis – principalmente carvão e petróleo – antes de queimá-los. Embora esse seja um processo caro, existem recomendações internacionais indicando que os combustíveis não devam ter um teor de enxofre superior a 0,5% em massa. Algumas indústrias têm optado por remover o SO_2 formado pela injeção de $CaCO_3$ dos altos-fornos, durante a queima de combustíveis fósseis. O carbonato de cálcio é então decomposto em óxido de cálcio (CaO) e CO_2. O CaO por sua vez reage com o SO_2 para formar $CaSO_3$, que pode ser removido, juntamente com o SO_2 que não reagiu, quando o gás do alto-forno passa por uma suspensão aquosa de CaO. Esse, entretanto, não é um processo capaz de eliminar todo o SO_2 formado, mas já contribui para uma boa diminuição nas quantidades liberadas para a atmosfera.

Os óxidos de nitrogênio são, na maioria das vezes, poluentes primários, ou seja, são lançados diretamente pelas fontes de emissão. Todavia, como o NO_x participa de reações fotoquímicas na atmosfera, variando o número de oxidação do nitrogênio, ele acaba sendo um poluente secundário que leva à formação de oxidantes fotoquímicos. Estima-se que em torno de 32% do NO_x nas regiões urbanas brasileiras tenha sua origem nas indústrias e o restante seja oriundo dos veículos.

Os óxidos de nitrogênio são formados durante o processo de combustão – em automóveis e em altos-fornos – pela reação do nitrogênio do ar com o oxigênio (Eq. O.6). O NO (óxido nítrico) é formado em quantidade muito maior que o NO_2 (óxido nitroso). No ar o NO é rapidamente oxidado a óxido nitroso (Eq. O.7), cuja decomposição requer fótons com comprimento de onda de 393 nm. Consequentemente, a luz do sol é capaz de decompor o NO_2

em NO e átomos de O (Eq. O.8). Dentre as várias reações que o oxigênio atômico pode sofrer, destacamos a formação de ozônio (Eq. O.9).

$$2N_2(g) + 2O_2(g) \rightarrow 2NO(g) \quad \text{(Eq. O.6)}$$

$$2NO(g) + O_2(g) \rightarrow 2NO_2(g) \quad \text{(Eq. O.7)}$$

$$NO_2(g) + h\nu \rightarrow NO(g) + O(g) \quad \text{(Eq. O.8)}$$

$$O(g) + O_2(g) \rightarrow O_3(g) \quad \text{(Eq. O.9)}$$

O ozônio só é benéfico ao planeta na atmosfera superior, onde ele funciona como uma proteção contra a radiação solar de alta energia. Na superfície da Terra, ele causa vários danos, principalmente aos praticantes de exercícios físicos, pessoas com problemas respiratórios e aos idosos. O O_3 é extremamente reativo e é um dos responsáveis pela formação da névoa fotoquímica.

Outro componente da névoa química, além do O_3 e do NO_x, são os chamados combustíveis orgânicos voláteis – COV. Os COVs nada mais são que hidrocarbonetos gerados pela combustão incompleta dos combustíveis veiculares. Os COVs são também responsáveis por catalisar a formação do O_3.

A redução da névoa fotoquímica exige que seus componentes principais sejam eliminados das descargas dos veículos, ou seja, NO_x e COV. Com isso, haverá uma redução drástica na formação de O_3. Os veículos, por exigência da legislação vigente, são equipados com catalisadores que eliminam – ou diminuem – a emissão de NO_x e COV. Todavia, ainda existem no Brasil veículos muito antigos circulando pelos grandes centros e esses não possuem um conversor catalítico. Além disso, o conversor catalítico precisa ser trocado periodicamente. Infelizmente, o seu alto custo faz com que proprietários com baixo poder aquisitivo e/ou com baixa consciência de proteção ambiental não realizem a manutenção necessária nos conversores catalíticos automotivos. Em razão disso, a névoa fotoquímica continua sendo um problema nos grandes centros brasileiros.

O monóxido de carbono – CO – é o gás mais abundante dentre os gases poluentes e se origina da combustão parcial de combustíveis fósseis, do etanol e de material contendo carbono. Aproximadamente 70% do CO é produzido por automóveis e estima-se que a quantidade total de CO na atmosfera é de aproximadamente 10^8 toneladas. O CO não apresenta grande risco para o ambiente natural ou para as edificações, por ser uma molécula relativamente inerte. O grande risco do CO na atmosfera é para os humanos por se ligar fortemente à hemoglobina e impedir o transporte de O_2 pelo corpo, levando à morte por asfixia. A ligação do CO com a hemoglobina é em torno de 200 vezes mais forte que com o O_2, com isso basta uma quantidade muito pequena de CO para levar uma pessoa à morte. Por ser um gás inodoro e incolor, o envenenamento por CO ocorre sem muito aviso. Recentemente, muitas mortes têm sido anunciadas no Brasil e em outros países da América do Sul em razão da falta de manutenção e/ou fiscalização nos sistemas domésticos de aquecimento a gás.

Os principais gases do chamado efeito estufa são o metano (CH_4), o vapor de água e o CO_2. Eles são assim denominados por criarem uma camada em torno da superfície da Terra semelhante ao efeito das coberturas usadas nas estufas. Ou seja, eles permitem que parte dos raios solares – os de baixa energia – atinjam a superfície terrestre durante os períodos ensolarados e, na ausência da luz solar, eles impedem que esse calor se dissipe, o que diminuiria drasticamente a temperatura. O papel mais importante dos gases é, sem dúvida, o vapor de água. A água possui uma grande capacidade de absorver a radiação no infravermelho e evita que o calor da superfície se dissipe à noite. Prova disso é que em regiões desérticas, onde a umidade do ar é muito baixa, durante o período diurno as temperaturas são muito elevadas e durante a noite a temperatura cai drasticamente.

Obviamente que um aumento excessivo desses gases na atmosfera faz com que a temperatura na Terra se torne excessivamente elevada, descongelando geleiras e levando o nível do mar a aumentar, além de tornar a sobrevivência de alguns seres vivos mais difíceis.

O metano (CH_4) é o principal componente do gás natural, formado naturalmente pela decomposição da matéria orgânica na presença de pouco oxigênio. Grandes quantidades desse gás são produzidas constantemente em regiões pantanosas. O aumento das concentrações de CH_4 na atmosfera contribui para o aumento do efeito estufa.

A atividade agropecuária é a principal responsável pelo aumento do CH_4 na atmosfera. Na agricultura, os grandes vilões são as plantações de arroz em áreas irrigadas e a queima de resíduos agrícolas. Na pecuária, uma grande quantidade de metano é produzida pelo sistema digestivo de animais ruminantes, sem contar a grande presença desse gás nas fezes desses animais. O aumento da população mundial tem levado a uma pressão cada vez maior pela produção de alimentos. Consequentemente, observa-se um grande aumento nos rebanhos, que leva a um aumento na liberação do gás metano na atmosfera.

Outra origem do metano são os depósitos de lixo, os aterros sanitários e as estações de tratamento de esgoto. Uma forma de diminuir a emissão de CH_4 desses locais seria recolhê-lo para a produção de energia elétrica. Infelizmente, esta é uma prática muito pouco explorada no Brasil.

O dióxido de carbono (CO_2), embora exerça papel secundário, tem grande importância na manutenção da temperatura na superfície terrestre. Ele é, assim como o vapor de água, responsável por absorver e reemitir a radiação na região do infravermelho, impedindo que ela atinja a superfície terrestre. O problema é que a concentração de CO_2 na atmosfera vem aumentando constantemente a cada ano. As origens do excesso de CO_2 na atmosfera são o crescente aumento na queima de combustíveis fósseis, o aumento das atividades industriais e o desmatamento para as atividades agropecuárias.

Há um consenso entre cientistas e políticos que a crescente emissão de CO_2 está afetando o clima na Terra. No último século houve um aumento em torno de 0,5°C na temperatura média global e acredita-se que, sem uma ação efetiva na diminuição dos níveis de emissão de CO_2, a temperatura média global pode aumentar em até 3°C.

No início de 2005 entrou em vigor o Protocolo de Kyoto, um acordo internacional assinado por 141 países. Esse protocolo estabelece que haja uma redução gradativa na emissão de gases do efeito estufa, tomando como base aos níveis emitidos em 1990.

Independentemente de ações governamentais, é importante que cada um de nós contribua efetivamente para a melhoria do planeta. Ações simples no nosso cotidiano podem ajudar muito: dê preferência aos transportes coletivos, utilize menos o seu veículo, economize energia elétrica, recicle seu lixo, economize água, plante ao menos uma árvore na sua região etc. Em suma, pense globalmente e aja na sua comunidade.

O.1 Exercícios propostos

Para os exercícios a seguir, tente responder, sem consultar o texto, utilizando as suas próprias palavras.

1. Por que a radiação de alta energia, oriunda do Sol, não atinge a superfície terrestre?
2. Qual a principal reação química que ocorre na atmosfera mais externa da Terra?
3. Por que o N_2, diferentemente do O_2, não sofre dissociação? O que ocorre com o N_2 na atmosfera mais externa?
4. Como ocorre a formação do O_3 e qual a sua importância na atmosfera mais externa da Terra?
5. Qual a importância do banimento dos CFCs e por que os hidrofluorocarbonetos não representam risco?
6. Quais os principais gases poluentes da troposfera? Quais são as suas origens naturais e artificiais?
7. Quais são os principais danos causados pelo SO_2?
8. O que pode ser feito para a diminuição na emissão de SO_2?
9. Como os óxidos de nitrogênio – NO_x – são formados? Escreva as equações químicas correspondentes.
10. Quais são danos causados pelo acúmulo de O_3 na troposfera?
11. Busque na internet quando a névoa fotoquímica é formada e quais os danos causados por ela.
12. Quais são os principais componentes da névoa fotoquímica e como eles são formados?
13. Quais ações podem levar à diminuição da formação da névoa fotoquímica?
14. Qual o risco da presença de CO na atmosfera? Como ele é formado?
15. O que é o efeito estufa e quais são os principais gases responsáveis por ele?
16. Por que nas regiões desérticas a temperatura no período noturno é muito baixa?
17. Quais medidas podem ser tomadas para a diminuição na emissão do CH_4?
18. Busque na internet uma maneira de diminuir a emissão de gás metano nas atividades agropecuárias.
19. Qual é o problema no crescente aumento na emissão de CO_2?
20. Busque na internet quais são as metas a serem cumpridas pelos países signatários do Protocolo de Kyoto.

Apêndice P

Por Robson Mendes Matos

Relação entre indústria e Química Verde

Na década de 1940, começam a surgir as primeiras preocupações ambientais em relação à crescente expansão industrial. Em face disso, as companhias começaram a aceitar uma mudança em seus posicionamentos sobre os hábitos na produção e no desenvolvimento de produtos. Com a realização de conferências, acordos e avanços na pesquisa química, elas começaram a adotar processos mais sustentáveis.

Desde então, a preocupação com o ambiente nunca deixou de crescer no mundo. Os processos químicos sempre foram vistos como uma grande ameaça ao ambiente por provocar a poluição das águas e do ar. A química, então, decide tentar se tornar uma solução ao invés de um problema. É importante, todavia, frisar que a química está presente em nosso cotidiano para além da poluição. Ela está presente nos alimentos, no ar "puro" que respiramos, na água – tão necessária a todos os seres vivos – na produção de bens de consumo e até em nós mesmos.

A Comissão Mundial sobre o Meio Ambiente e Desenvolvimento introduziu o conceito de desenvolvimento sustentável no Relatório Brundtland – ou "Our Common Future" (1987). Conforme o relatório, o desenvolvimento sustentável deve satisfazer as necessidades presentes, sem comprometer a capacidade das gerações futuras de suprir suas próprias necessidades. O relatório enfatizou, também, os perigos da destruição da camada de ozônio e os efeitos no aquecimento global, afirmando que a habilidade dos cientistas para avaliar e propor soluções estavam abaixo da velocidade de mudança no clima.

A partir de então, surge uma nova linha de pensamento chamado de Química Verde ou Química para o Desenvolvimento Sustentável. A Química Verde surge com o objetivo de desenvolver ações científicas e processos industriais ecologicamente corretos.

A Química Verde começa a se desenvolver no início da década de 1990 nos Estados Unidos, na Inglaterra e na Itália, criando novos conceitos e valores para as atividades fundamentais da química e os diversos setores da atividade industrial e econômica ligados à química. Paul Anastas e John Warner postularam os 12 princípios da Química Verde que se baseiam na diminuição ao mínimo ou nenhum uso de solventes tóxicos nos processos químicos e análises, bem como sem gerar rejeitos a partir desses processos. Esses princípios propõem ações ambientalmente favoráveis no planejamento dos produtos para a síntese, processamento, análises e sua destinação após o uso. O principal objetivo é diminuir os riscos ocupacionais e ambientais nas atividades industriais.

Os 12 princípios da Química Verde são:

- **Eliminação ou diminuição de rejeitos e produtos laterais** – é muito mais vantajoso realizar uma síntese ou processo industrial de maneira que a formação de rejeitos seja mínima ou não exista. Devemos salientar que o custo envolvido no tratamento e disposição dos rejeitos aumenta o custo de produção. Ou seja, devemos evitar ao máximo a formação de rejeitos, porque quando os rejeitos são jogados na atmosfera, no mar ou na terra, eles não só provocam poluição, mas também geram gastos na limpeza.

- **Incorporação máxima dos reagentes no produto final** – muitas vezes chamado de economia ou eficiência atômica, esse princípio considera que toda massa de reagentes deve ser convertida nos produtos, não gerando qualquer resíduo.

- **Desenvolvimento de reagentes seguros** – é fundamental que os produtos sintetizados ou desenvolvidos (corantes, tintas, adesivos, cosméticos, medicamentos etc.) sejam seguros para uso, não trazendo nenhum risco à saúde ou ao ambiente.

- **Prevenção ou diminuição de produtos tóxicos** – o princípio mais importante da Química Verde é prevenir ou diminuir a formação de produtos tóxicos ou danosos ao ambiente. Quando a formação de produtos tóxicos é inevitável, os efeitos dessas substâncias nos trabalhadores devem ser evitados pelo uso de roupas de proteção, mecanismos de controle, máscaras etc.

- **Otimização no uso de energia** – as exigências dos usos de energia em qualquer síntese química ou processo industrial devem ser mantidas em um mínimo. O desenvolvimento de processos que envolvam menos gasto de energia levará a uma diminuição no custo de produção. A energia necessária para uma reação pode ser fornecida por meios fotoquímicos, por micro-ondas ou através de ultrassom, por exemplo.
- **Seleção do solvente mais apropriado** – os solventes escolhidos para as reações químicas ou processos industriais não devem apresentar nenhum risco ao ambiente ou à saúde. O uso de CO_2 líquido deve ser explorado e, sempre que possível, deve-se dar preferência a reações em fase aquosa ou na ausência de solventes.
- **Seleção apropriada da matéria-prima** – deve-se buscar o uso de materiais de partida de fontes renováveis ou resultantes de reciclagem. Os reagentes derivados do petróleo, que é uma fonte não renovável, levam milhões de anos para serem formados.
- **Evitar o uso de grupos protetores** – algumas moléculas orgânicas possuem dois grupos reativos e um deles muitas vezes precisa ser protegido para que a reação desejada se complete e, então, o grupo protetor possa ser removido. Esse processo é muito utilizado na preparação de medicamentos ou de reagentes utilizados na preparação destes. Uma vez que os grupos protetores não são incorporados no produto final, eles tornam a reação menos econômica quanto ao átomo. Portanto, deve-se evitar o uso de grupos protetores, sempre que possível.
- **Uso de catalisadores** – é de conhecimento geral que o uso de catalisadores facilita a transformação sem ser consumido no processo e sem ser incorporado no produto final. Consequentemente, o uso de catalisadores deve ser incentivado, sempre que possível. Outro aspecto importante em seu uso é na economia de energia, uma vez que o uso de um catalisador pode levar a melhores rendimentos, tornar uma reação possível em temperaturas mais baixas e melhorar seletivamente uma reação.
- **Os produtos obtidos devem ser biodegradáveis** – os produtos finais ou até mesmo os produtos laterais de uma reação ou processo industrial devem ser biodegradáveis, ou seja, quando eles sofrerem degradações, devem formar substâncias inócuas ao ambiente e à saúde. O grande problema de produtos não biodegradáveis está muito presente nos inseticidas e polímeros.
- **Desenvolvimento de instalações seguras** – a importância da prevenção de acidentes nas unidades industriais deve ser uma preocupação constante. Todos as etapas de produção devem ser monitoradas com o objetivo de se evitar acidentes de grandes proporções que possam levar a danos ambientais e até a perda de vidas humanas.
- **Análise da poluição** – deve-se reforçar as técnicas analíticas de tal forma que elas usem o mínimo de reagentes químicos, como a reciclagem de reagentes que não reagiram em determinada reação. Além disso, é fundamental o monitoramento na geração de produtos laterais tóxicos.

P.1 A Construção Verde

A construção civil está intimamente ligada à química, seja pelo consumo de energia, seja pelo uso de matéria-prima oriunda de processos químicos etc.

A indústria da construção civil tem grande contribuição socioeconômica na geração de empregos, na contribuição para o PIB e movimenta diversos outros setores da economia. Por outro lado, ela é responsável por inúmeros impactos negativos ao ambiente, dentre os quais podemos citar: aquecimento global, emissão de CO_2, alto consumo de energia e água e geração de resíduos sólidos. A construção civil consome 50% dos recursos extraídos da natureza, gera em torno de 60% dos resíduos sólidos urbanos e consome em torno de 50% do montante da energia gerada. O setor responde por 35% das emissões de carbono através da queima de combustíveis fósseis para a produção de aço, cal, cerâmica e cimento, além da emissão de CO_2 na decomposição do calcário – produto usado na construção. Deve-se levar em conta, também, que os edifícios consomem 50% da energia elétrica, usam 21% da água e provocam a impermeabilização do solo.

Por causa desses impactos e seguindo a ideia do movimento Química Verde, foi criado, em 1993 o primeiro conselho sobre construção sustentável – United State Green Building Council (Conselho da Construção Verde dos Estados Unidos), – que, em sua primeira conferência, estabeleceu seis princípios a serem seguidos:

- minimizar o consumo de recursos;
- elevar ao máximo a reutilização de recursos naturais;

- utilizar recursos renováveis e recicláveis;
- proteger o ambiente natural;
- criar um ambiente saudável e não tóxico;
- promover a qualidade ao criar o ambiente construído.

A busca por maior eficiência energética passou a ser uma demanda da sociedade em todos os setores da economia. E as construções demandam grande quantidade de energia, tanto durante quanto após a construção, para a iluminação, funcionamento, calefação e refrigeração.

No Brasil, o conceito da construção sustentável começa a ganhar força em 2007 com a criação do Conselho Brasileiro de Construção Sustentável (CBCS), que tem como objetivo induzir à utilização de práticas sustentáveis visando a melhoria da qualidade de vida da população, dos trabalhadores e do ambiente no entorno das construções. Desde então, outros conselhos foram criados e vários encontros realizados culminando na produção de um documento, redigido por políticos, especialistas na temática ambiental e representantes da sociedade civil. O documento elenca soluções com propostas ecologicamente corretas para transformar as cidades brasileiras em um exemplo na preocupação com a sustentabilidade e a qualidade de vida dos cidadãos.

No que diz respeito à Química Verde nas construções sustentáveis, podemos citar a utilização de "ecomateriais", ou materiais que causam menos impacto ambiental. Dentre eles, podemos destacar:

- Concreto: adição de resíduos como cinzas, escórias de alto-forno, sílica, resíduos de várias origens – sólidos urbanos, de vidro, da indústria automobilística, de plásticos, têxteis etc.
- Areia artificial: ela é composta por grãos finos acumulados nas pedreiras, que são tratados com tecnologia limpa. Essa nova alternativa permite ainda a obtenção de uma areia com características físicas e químicas constantes levando à diminuição na quantidade de cimento necessária para a preparação do concreto.
- Argamassa ambiental: são resíduos finos resultantes da reciclagem de pó de marmorarias, que substituem substâncias como a cal ou o calcário. Ela também pode ser produzida a partir da queima de lodo sanitário.
- Tintas, vernizes e resinas: o grande problema das tintas, resinas e vernizes é a utilização de solventes orgânicos que geram compostos orgânicos voláteis (COV) que contribuem para o aquecimento global. Esses solventes podem ser substituídos por água, isoparafina, delimoneno (encontrado na laranja), óleos vegetais, cera de carnaúba, caseína, argila, dentre outros.
- Telhas ecológicas: são obtidas a partir de uma mistura de cimento com fibras naturais de eucalipto, sisal, bananeira e malva. Outra alternativa são aquelas obtidas a partir da reciclagem de embalagens Tetra Pak®.
- Ecotijolo: produzido a partir de material reciclado: (argila, areia e serragem). Como ele é obtido por secagem ao sol, sem exigir queima, não produz CO_2 durante a produção.

A tendência mundial é que todos os setores industriais adotem as atitudes da Química Verde e da Construção Sustentável, evitando-se assim o fim do planeta.

P.2 Exercícios propostos

Para os exercícios a seguir, tente responder, sem consultar o texto, utilizando as suas próprias palavras.

1. O que significa desenvolvimento sustentável e quando surgiu esse conceito?
2. Qual é o principal objetivo da Química Verde?
3. Liste os 12 princípios da Química Verde e faça breves comentários sobre ele.
4. Quais são os seis princípios da Construção Verde?
5. Comente sobre os "ecoprodutos" para a Construção Verde?
6. Faça uma busca na internet para encontrar 6 construções consideradas ecologicamente corretas no Brasil. Cite os motivos de essas construções serem consideradas ecologicamente corretas.
7. Utilizando os conceitos utilizados na criação dos movimentos Química Verde e Construção Verde, crie um documento apresentando os princípios para uma "Vida Doméstica Verde".

Apêndice Q

Por Robson Mendes Matos

Novos materiais

Um dos principais objetivos da química nas últimas décadas tem sido o desenvolvimento de novos materiais com propriedades químicas úteis para serem utilizados, especialmente na indústria.

A ciência dos materiais cresce constantemente e a sociedade demanda o desenvolvimento de materiais mais leves, menos agressivos ao ambiente, mais resistentes e principalmente, menores. Os químicos têm desenvolvido muitas substâncias novas que podem ser transformadas em fibras, filmes, revestimentos, adesivos e materiais diversos que têm propriedades elétricas, magnéticas ou óticas especiais. Neste Apêndice, abordaremos alguns desses novos materiais e suas utilidades.

O primeiro dos novos materiais a serem desenvolvidos foram os plásticos. Os plásticos são os materiais mais utilizados no mundo e começam a se transformar em um grande problema ambiental em relação ao seu descarte. Esses materiais poliméricos têm uma vasta aplicação em todos os ramos da indústria, conforme abordado no Capítulo 8, por serem facilmente moldados, leves e resistentes.

Os plásticos sempre foram conhecidos como isolantes elétricos e assim vêm sendo utilizados desde a sua descoberta. Entretanto, uma pesquisa iniciada na década de 1970 levou a uma descoberta importantíssima: os polímeros condutores. Essa descoberta teve uma relevância tão grande que levou o físico Alan J. Heeger e os químicos Alan G. MacDiarmid e Hideki Shirakawa a receberem o Prêmio Nobel de Química no ano 2000.

Os polímeros condutores – também chamados de metais sintéticos – são plásticos orgânicos, na maioria das vezes derivados do petróleo, que possuem capacidade de conduzir a eletricidade. Para que um material conduza corrente elétrica, é necessário que os elétrons envolvidos nas ligações entre os átomos possam fluir quando da aplicação de uma diferença de potencial. A possibilidade desses elétrons se deslocarem depende do tipo de ligação existente entre os átomos. No caso da ligação metálica, os elétrons podem se deslocar facilmente sobre os átomos e por isso os metais são usados como condutores elétricos. Um composto iônico só irá conduzir a corrente elétrica quando fundido ou dissolvido em água, porque nesses casos os íons estão livres e podem se deslocar com a aplicação de uma diferença de potencial.

Nos polímeros, os átomos estão conectados através de ligações covalentes. Quando o polímero possui apenas ligações simples – ligações σ –, os elétrons estão localizados entre dois átomos e possuem uma barreira de energia que impede que os elétrons se desloquem pelo material. Entretanto, a presença de ligações duplas conjugadas ao longo de uma cadeia do polímero é uma propriedade-chave para um polímero condutor. Cada ligação dupla possui uma ligação σ forte localizada e uma ligação π que não é fortemente localizada, consequentemente mais fraca. É a presença de duplas conjugadas, por exemplo, que faz do grafite um material condutor. O grafite é composto por átomos de carbono ligados entre si por ligações covalentes simples e duplas, alternadas. Um átomo pode desfazer a ligação dupla com um vizinho e refazê-la com outro, permitindo assim que o elétron se desloque dentro do material. Todavia, o grafite é um condutor elétrico frágil e quebradiço e a indústria busca condutores de baixo custo, com baixa densidade, que possam ser moldados ou obtidos na forma de fios, tenham alta condutividade e não sejam agressivos ao ambiente.

Para que um polímero seja condutor, não basta ter apenas ligações duplas alternadas, ele precisa ser modificado por meio da remoção de seus elétrons (oxidação) e por meio da inserção de elétrons (redução), ou seja, ele precisa ser "dopado". Essa dopagem pode ser feita da mesma forma que ocorre no caso dos semicondutores inorgânicos, como visto no Capítulo 8, porém, essa dopagem precisa ser feita em maior quantidade, podendo chegar a 50% da massa do polímero.

As aplicações para os polímeros condutores são imensas e eles têm sido usados como eletrodos – em baterias recarregáveis, sensores, capacitores; músculos artificiais – transdutor mecânico para robótica; monitores de LED e OLED; protetor antiestático – na indústria microeletrônica; como anticorrosivos – em tintas; em células solares, e na blindagem eletromagnética – para a absorção de radiação.

Não podemos esquecer, entretanto, que atualmente os polímeros plásticos representam um grande risco à vida marinha em razão do descarte inadequado dos mesmos. Existem hoje "ilhas" de plásticos que foram sendo formadas ao longo dos anos em vários oceanos do planeta.

Pensando no problema da poluição causada pelo descarte dos plásticos, na excessiva emissão de gases do efeito estufa e na escassez do petróleo, um consórcio de empresas holandesas com uma gigante francesa na extração de petróleo desenvolveu o projeto PlasticRoad® para a substituição do asfalto por plástico reciclado. Embora o plástico utilizado nesse projeto não possa ser chamado de "novo material", ele deve ser considerado como um avanço na área. O desenvolvimento desse material exigiu anos de pesquisa em inovação e vai permitir que possamos resgatar plástico de lagos, rios e oceanos para a fabricação de placas de plástico pré-moldadas. Essas placas possuem na sua base um vão de passagem de cabos e tubulações com múltiplas utilidades. Essas tubulações podem ser utilizadas para o acúmulo de água durante tempestades, evitando alagamentos; aquecimento do piso durante os períodos de invernos rigorosos e passagem de cabos de eletricidade, telefonia etc. O consórcio já entregou uma ciclovia com esse material e têm a expectativa de brevemente iniciar a construção de várias vias. As ruas construídas com PlasticRoad® são, segundo a empresa, três vezes mais duráveis, quatro vezes mais leves e podem ser construídas mais rapidamente.

Outro avanço importante no desenvolvimento de materiais sustentáveis vem de uma fabricante de pneus japonesa, que têm usado óleo de casca de laranja na fabricação de alguns de seus pneus para substituir compostos derivados de petróleo. Similarmente, cientistas da Universidade de Ohio (EUA) descobriram que cascas de ovos e de tomates podem substituir o óleo usado para fornecer a coloração negra à borracha. Essas são iniciativas importantes, pois esses novos materiais podem reduzir a massa dos pneus e consequentemente diminuir o consumo de combustíveis e a redução das emissões.

A classe de novos materiais inclui, também, os compósitos. Como o próprio nome sugere, compósitos são materiais formados por duas ou mais fases, sendo essas de diferentes propriedades químicas e físicas. Os compósitos são conhecidos há séculos, podendo ser naturais – como ossos, conchas e madeira – e artificiais. Dentre os exemplos mais antigos de compósitos podemos destacar os tijolos e o concreto armado. Os povos assírios e babilônios adicionavam palha à argila para tornar os tijolos mais duros e resistentes. No caso do concreto armado, o cimento é misturado para manter a brita e a areia unidas e utilizando-se malhas de ferro para aumentar a resistência.

Os compósitos, portanto, possuem propriedades importantes como maior dureza, menor deformação, menor dilatação com variações na temperatura, maior resistência a quebras, a ataques de substâncias químicas e da maresia. Por serem constituídos de misturas de materiais, pode-se desenvolver compósitos com propriedades necessárias para um determinado produto, como condutividade elétrica e graus de dureza específicos. Eles são, *grosso modo*, mais fortes e mais leves.

Os compósitos têm utilidade em diversas áreas, como na aviação – fuselagem e asas de aviões e helicópteros, na indústria aeroespacial – componentes de naves espaciais e satélites artificiais; na indústria automotiva, em materiais esportivos – raquetes de tênis, tacos de golfe, skates, barcos de competição etc.

Esses materiais são constituídos por pelo menos dois componentes – um aglutinante ou matriz e um reforço. O reforço formará a espinha dorsal do material e a matriz mantém o reforço em um local definido. Inúmeros tipos de compósitos são produzidos em camadas, com um reforço de fibra tecida montada entre camadas de plástico como aglutinante e dessa forma eles são facilmente moldáveis. Muitas das fibras são, por si só, materiais compósitos.

Dentre as fibras mais utilizadas, estão a fibra de carbono – cadeias de carbono obtidas pela pirólise controlada de fibras plásticas; a fibra de vidro – fios de vidro obtidos a partir do resfriamento rápido do vidro ainda em estado líquido; a fibra de poliarilamida – um exemplo é o Kevlar, uma poliarilamida pela reação do ácido tereftálico com *p*-benzenodiamina; e fibra cerâmica – a cerâmica formada pela combinação de carbeto de silício (SiC) com nitreto de silício (Si_3N_4) é um exemplo.

As fibras podem estar na forma de folhas ou de fios, que podem ser contínuos ou picados, e elas são unidas pela matriz, que pode ser metálica – alumínio, titânio – ou plástica – polímeros termofixos, policarbonatos, resinas epóxi, poliésteres, poliamidas ou polímeros termoplásticos.

Um material no qual pelo menos um dos seus componentes apresente dimensões nanométricas é chamado de nanocompósito. Como as interações na interface entre a matriz e o reforço são maiores em escalas nanométricas, as propriedades dos nanocompósitos são melhores que aquelas dos compósitos convencionais. Os nonomateriais mais estudados e mais utilizados na produção de nanocompósitos são os fulerenos, os nanotubos de carbono de paredes múltiplas, os nanotubos de carbono de paredes simples e o grafeno.

Até muito recentemente, apenas o grafite e o diamante eram considerados como alótropos do carbono, embora várias formas de carbono amorfo eram conhecidas e pouco entendidas quanto à estrutura. O grafite é constituído de lâminas nas quais os átomos de carbono com hibridização *sp*^{2} formam anéis hexagonais que estão empilhadas e mantidas juntas por interações de van der Waals. Cada uma dessas lâminas são chamadas de grafeno. Sobre cada uma dessas folhas existe um sistema π de elétrons que estão deslocalizados sobre todos os átomos de carbono. Esses elétrons deslocalizados são responsáveis pelas propriedades eletromagnéticas, tanto do grafite quanto do grafeno. Já o diamante é formado por átomos de carbono com hibridização *sp*^{3}, ligados a quatro outros átomos de carbono gerando uma geometria tetraédrica em torno de cada um dos átomos.

Em 1985, os químicos Robert F. Curl Jr., Harold W. Kroto e Richard E. Smalley apresentaram uma nova forma alotrópica do carbono, os fulerenos. Diferentemente de seus alótropos naturais, os fulerenos são uma forma molecular de carbono. Eles são moléculas nanométricas esferoidais constituídas somente por átomos de carbono com hibridização *sp*^{2}. Pela descoberta eles receberam o prêmio Nobel de Química de 1996.

A comunidade científica considera o trabalho publicado pelo pesquisador japonês Sumio Iijima, em 1991, como a primeira descrição dos nanotubos de carbono, embora haja relatos anteriores sobre a preparação desses compostos. O artigo de Iijima foi considerado marco por nele haver um estudo estrutural completo dos nantotubos de carbono.

Nanotubo de carbono é, na realidade, um conjunto de materiais que possuem características distintas entre si. Esses materiais são formados pelo enrolamento de uma ou mais folhas de grafeno a partir do seu próprio eixo, formando estruturas cilíndricas com diâmetros na faixa dos nanômetros e comprimentos que podem se estender de alguns micrometros até vários centímetros. Os nanotubos podem ser classificados como nanotubos de carbono de paredes simples – possuem apenas uma folha de grafeno enrolada formando a sua estrutura; e os nanotubos de carbono de paredes múltiplas – possuem várias folhas de grafeno enroladas concentricamente e com separações muito parecidas entre elas.

A estrutura de um nanotubo de carbono é a grande responsável por suas propriedades. As ligações σ, extremamente fortes entre os carbonos com hibridização *sp*^{2}, fornecem uma resistência muito elevada para esses materiais – eles são 10 vezes mais resistentes que as fibras de carbono, por exemplo. Além disso, eles possuem alta flexibilidade, podendo ser dobrados, tensionados e flexionados sem haver ruptura da sua estrutura. Os nanotubos de carbono de paredes simples podem apresentar características metálicas ou semicondutoras que variam de acordo com o diâmetro e a orientação pela qual a folha de grafeno foi enrolada em relação ao eixo do tubo. Ou seja, as propriedades elétricas podem ser moduladas através das estruturas. Já os nanotubos de paredes múltiplas sempre apresentam condutividade metálica. Os nanotubos de carbono apresentam uma condutividade que é superior àquela observada para o diamante. Os nanotubos de carbono apresentam átomos com ligações incompletas nas extremidades abertas, que representam pontos de alta reatividade e isso possibilita uma série de modificações químicas a partir de reações gerando a adição de novas funcionalidades.

Uma vez que os nanotubos de carbono possuem cavidades ocas, eles podem ser usados como suporte para outros materiais diferentes – metais, óxidos, fulerenos, polímeros etc., o que permite a formação de nanocompósitos com propriedades cooperativas. Os nanotubos de carbono são excelentes candidatos para reforçarem materiais compósitos, por possuírem tamanho pequeno, baixa densidade e propriedades mecânicas superiores.

Em função da variedade de propriedades apresentadas pelos nanotubos de carbono, eles têm muitas aplicações. Podem ser encontrados em novos dispositivos eletrônicos em escala nanométrica, fibras superduras, super capacitores etc. Quando o nanotubo de carbono é condutor, ele chega a transmitir eletricidade com eficiência mil vezes superior a dos fios de cobre. Quando ele é um semicondutor, pode ser usado em circuitos eletrônicos refinados como nanoprocessadores, por causa de suas dimensões, em substituição aos chips de silício.

Os nanotubos são 100 vezes mais resistentes à ruptura sob tração que o aço e possuem 1/6 de sua densidade. Por isso eles podem ser usados na construção civil, na fabricação de fuselagem de aviões, carros, foguetes e ônibus espaciais. Se forem adicionados a tecidos, os nanotubos poderiam torná-los indestrutíveis, sendo mais eficientes que o polímero Kevlar usado em coletes à prova de balas. Como eles possuem excelente condução térmica, podem ser usados em processos de conservação e transmissão de energia solar com maior eficiência que as atuais células fotovoltaicas.

Existem estudos para a utilização dos nanotubos de carbono em sistemas para a remoção de óxidos de nitrogênio oriundos da queima de combustíveis fósseis. Sabe-se que os nanotubos de carbono possuem propriedades superiores na adsorção de NO_x em relação aos materiais usados atualmente, principalmente sob baixas pressões parciais. Os nanotubos de carbono apresentam, também, alta capacidade e excelente eficiência de adsorção na remoção de chumbo de meio aquoso.

O grafeno é considerado um outro alótropo de carbono e também pertence à família dos nanomateriais. Embora tenha sido o último dos alótropos de carbono a ser descoberto, ele pode ser considerado como a unidade básica estrutural que origina o grafite – a partir do empilhamento de folhas; os fulerenos – a partir do enrolamento de uma folha recortada; e os nanotubos de carbono – a partir do enrolamento de uma ou mais folhas de grafeno. Embora considerado como impossível de ser isolado em sua forma livre, o grafeno foi isolado e caracterizado pela primeira vez em 2004 e rendeu aos seus descobridores – André Geim e Konstantin Novoselov – o prêmio Nobel de Física de 2010. O grafeno consiste de uma monocamada plana de átomos de carbono, organizados em anéis hexagonais compostos por átomos de carbono com hibridização sp^2, deixando um elétron livre por átomo de carbono no orbital p, e tornando o grafeno um material utilizável em várias aplicações. Ele foi o primeiro cristal bidimensional estável isolado, e seu longo sistema π conjugado, onde os elétrons estão confinados em duas dimensões, lhe confere propriedades excepcionais: os elétrons no grafeno se comportam como partículas relativísticas de massa zero, o que acarreta um efeito de Quantum Hall bastante anômalo: alta mobilidade eletrônica, condutividade térmica e resistência mecânica similares às dos nanotubos.

Atualmente, o termo grafeno representa uma família de compostos, que incluem folha monoatômica e materiais formados por duas, três, quatro etc. folhas de grafeno empilhadas de maneira organizada. Os materiais formados por várias camadas – grafeno monocamada, grafeno bicamada etc. – apresentam propriedades eletrônicas bem diferentes entre si, uma vez que os acoplamentos eletrônicos entre as várias folhas em cada uma das estruturas serão diferentes.

Geim e Novoselov obtiveram o grafeno através da separação mecânica de folhas de grafeno em camadas individuais a partir de pequenas placas de grafite com espessura de 1 mm. Eles, inicialmente prepararam plataformas com 5 μm de profundidade em cima de plaquetas de grafite pirolítico altamente orientado por meio de ataque químico seco em plasma de oxigênio. Então, pressionaram a superfície das plataformas contra uma camada fotorresistiva sobre um substrato de vidro para colar as plataformas à camada fotorresistente. Em seguida, usando fita adesiva repetidamente foi feita uma descamação de flocos de grafite das plataformas.

Em função das ligações químicas formadas entre os átomos de carbono e da sua espessura, o grafeno apresenta algumas propriedades físicas extraordinárias, dentre as quais destacamos resistência mecânica, condutividades térmica e elétrica.

As propriedades do grafite são completamente diferentes daquelas do grafeno, que tem uma estrutura bidimensional, e pode-se dizer que o grafite seria a sua versão tridimensional. Estudos do grafeno podem ser extremamente importantes na previsão de como outros materiais se comportaram em uma forma bidimensional.

As principais características do grafeno são:

- Propriedades elétricas: ele é o material que apresenta a maior condutividade elétrica. Os elétrons se movem quase livremente sem sofrerem desvios ou colisões sobre as camadas hexagonais formadas por átomos de carbono. A velocidade com a qual os elétrons se movem no grafeno é muito próxima à velocidade da luz. A resistividade elétrica do grafeno, na temperatura ambiente, é mais baixa que a da prata, é o melhor condutor metálico conhecido.
- Propriedades mecânicas: as fortes ligações químicas entre os átomos de carbono no grafeno fazem desse material o de maior resistência que sem tem conhecimento. Ele é capaz de suportar pressões de até 1,30 10^{11} Pa. O aço, por exemplo, é capaz de suportar 1/3 dessa pressão. Além de sua incrível resistência, o grafeno é bastante elástico, podendo ser esticado em até 20% de seu comprimento e retomar o seu tamanho original com relativa facilidade. O grafeno é cerca de mil vezes mais leve que uma folha de papel – sua densidade é de 0,77 g m^{-2}. Ele é ainda excelente material impermeável. A rede é extremamente pequena – a separação entre os carbonos vizinhos em cada hexágono é de apenas 142 pm. Até mesmo o gás hidrogênio (H_2) tem dificuldade de difundir-se através de uma membrana de grafeno, apenas a luz e feixe de elétrons são capazes de atravessá-la.
- Propriedades óticas: embora o grafeno seja uma camada de átomos de carbono com altura de um único átomo, ele é visível a olho nu, uma vez que permite a passagem de 97% da luz incidente sobre ele. O comportamento ótico do grafeno se deve às propriedades relativísticas dos seus elétrons. Assim, a superposição de várias folhas de grafeno pode produzir um corpo negro capaz de absorver praticamente toda a radiação incidente sobre ele.
- Propriedades térmicas: o grafeno é capaz de dissipar calor mais rapidamente que qualquer outro material. As suas propriedades eletrônicas o transformam em um excelente condutor térmico. Junte-se a isso o fato de que, de acordo com alguns estudos, sua temperatura de fusão ser superior a 3.800°C.

Tais propriedades tornam o grafeno um dos mais promissores materiais, com as mais diversas aplicações, de materiais poliméricos a sensores, transistores, dispositivos eletrônicos portáteis até sistemas de armazenamento de energia eletroquímica. Todavia, o grande desafio está no desenvolvimento de métodos de produção em larga escala de amostras que possuam qualidade estrutural e nos quais o número de camadas possa ser controlado.

Os métodos de produção utilizados atualmente, quando levam a amostras com qualidade estrutural, têm baixo rendimento, como é o caso da esfoliação mecânica do grafite com fita adesiva. Já o método de deposição química na fase de vapor – CVD (Chemical Vapor Deposition) – leva à produção de monocamadas de grafeno com poucos defeitos, mas, também, não pode ser considerada uma técnica de produção em larga escala. Entretanto, o número de grupos de pesquisa trabalhando no tema é cada dia mais expressivo, consequentemente, espera-se um avanço rápido na produção do grafeno em quantidade massiva.

A utilização do grafeno em larga escala será extremamente importante, por ele ser atóxico, possuir excelentes propriedades condutoras e ser ambientalmente amigável.

Q.1 Exercícios propostos

Para os exercícios a seguir, tente responder, sem consultar o texto, utilizando as suas próprias palavras.

1. Quais as vantagens e desvantagens dos plásticos?
2. O que são polímeros condutores?
3. O que transforma um plástico em um polímero condutor?
4. Qual descoberta promete eliminar os plásticos acumulados nos oceanos, rios e lagos? Qual a vantagem dessa descoberta?
5. O que tem sido feito para a produção de materiais sustentáveis na área automobilística?
6. O que são compósitos?
7. Busque na internet os compósitos mais utilizados na indústria.
8. O que são nanocompósitos?
9. Busque na internet exemplos de utilização de nanocompósitos na indústria.
10. Quais são as formas alotrópicas do carbono?
11. Descreva a estrutura química dos alótropos do carbono.
12. Discuta sobre as principais propriedades dos nanotubos de carbono de camada simples e de múltiplas camadas.
13. Quais são as principais aplicações dos nanotubos de carbono?
14. Como os nanotubos de carbono podem ser usados para diminuir a poluição?
15. Quais são as principais aplicações dos fulerenos?
16. Como o grafeno foi sintetizado pela primeira vez?
17. Discuta sobre as principais propriedades do grafeno.
18. O que torna o grafeno o "material do futuro"?
19. Quais são as principais aplicações para o grafeno?
20. O que tem impedido a aplicação do grafeno em larga escala?

Glossário

A

Abundância isotópica (2.2): A porcentagem dos átomos em uma amostra natural de um elemento que consiste em um isótopo específico.

Ácido (3.3): Qualquer substância que se dissolve em água para produzir íons H_3O^+ (ou H^+). Veja também *ácido de Brønsted-Lowry*.

Ácido conjugado (12.7): Molécula ou íon formado pela adição de um íon hidrogênio à sua base conjugada.

Ácido de Brønsted-Lowry (12.7): Qualquer espécie que doa um próton (íon H^+) em uma reação química.

Aço galvanizado (13.3): Aço revestido com uma camada fina de zinco para prevenir a corrosão.

Actinídeos (2.5): Os elementos do tório até o laurêncio, com elétrons de valência no subnível 5*f*. Eles aparecem como o segundo período dos elementos abaixo do corpo principal da tabela periódica.

Adesão (8.5): Forças atrativas entre duas substâncias ou superfícies diferentes.

Aditivo de combustível (4.6): Substâncias adicionadas à gasolina ou a outros combustíveis, normalmente com a intenção de melhorar o rendimento ou reduzir as emissões de exaustão.

Admixture (12.1): Substâncias químicas adicionadas ao concreto para fornecer-lhe certas características ou propriedades desejáveis.

Afinidade eletrônica (6.7): A quantidade de energia necessária para adicionar um elétron a um átomo neutro para formar um ânion.

Alcanos (4.1): Hidrocarbonetos nos quais os átomos de carbono estão todos unidos por ligações simples.

Algarismos significativos (1.4): Método para expressar o grau de incerteza em uma medida na qual apenas aqueles dígitos de conhecida exatidão são relatados.

Ametal (2.5): Um elemento que não exibe as propriedades químicas e físicas dos metais.

Amplitude (6.2): O tamanho ou a "altura" de uma onda.

Análise de traços (6.1): Técnicas analíticas altamente sensíveis que podem determinar a composição elementar em partes por bilhão ou abaixo disso.

Análise dimensional (1.5): Estratégia de resolução de problema na qual se inspecionam as unidades em todas as grandezas, em um cálculo para conferir precisão.

Análise elementar (3.5): Medida experimental da porcentagem de massa de cada elemento em um composto.

Anfótero (12.7): Capaz de reagir com ácido ou com base. (Também chamado *anfiprótico*.)

Ânion (2.3): Um átomo ou grupo de átomos carregado negativamente.

Anodo (13.2): Eletrodo no qual a oxidação ocorre.

Anodo de sacrifício (13.3): Um pedaço de um metal reativo usado para proteger outro metal da corrosão. A presença do anodo de sacrifício garante que a parte a ser protegida será o catodo e consequentemente não será oxidado.

Arranjo molecular (7.8): A geometria de uma molécula ou de um íon definida pelas posições de seus átomos constituintes.

Atmosfera (atm) (5.2): Unidade de pressão igual a 760 torr ou 101,325 Pa. A pressão atmosférica normal no nível do mar é de aproximadamente 1 atm.

Átomos (1.2): Partículas inimaginavelmente pequenas, que não poderiam ser menores e, ainda se comportam como sistemas químicos. Os átomos são as menores partículas que podem existir e retêm a identidade química de um elemento.

Autoionização (12.7): Processo no qual a água age tanto como ácido quanto como base, reagindo consigo mesma para produzir pequenas quantidades de íons H_3O^+ e OH^-.

B

Banda de condução (8.3): Uma banda de orbitais ou estados de energia em energia mais alta que a banda de valência e normalmente desocupada no estado fundamental de um sólido.

Banda de estabilidade (14.4): Região no quadro dos nuclídeos na qual estão localizados todos os nuclídeos estáveis conhecidos. A banda de estabilidade localiza-se próxima a $N/Z = 1$ para os núcleos leves, mas arqueia-se na direção de razões N/Z mais altas para elementos mais pesados.

Banda de valência (8.3): Uma banda de orbitais ou estados de energia populados por elétrons de valência no estado fundamental de um sólido como um todo.

Barômetro (5.2): Um dispositivo que mede a pressão atmosférica.

Barreira de ativação (11.5): Veja *Energia de ativação*.

Base (3.3): Qualquer substância que se dissolve em água para produzir íons OH^-. Veja também *Base de Brønsted-Lowry*.

Base conjugada (12.7): Molécula ou íon formados pela remoção de um íon hidrogênio de seu ácido conjugado.

Base de Brønsted–Lowry (12.7): Qualquer espécie que aceite um próton (íon H^+) em uma reação química.

Bateria (13.5): Uma célula ou série de células eletroquímicas na qual uma reação redox gera uma corrente elétrica.

Bateria de armazenamento chumbo-ácido (13.5): Bateria secundária (recarregável) usada no sistema de ignição de automóveis, cujo nome deriva do uso do chumbo nos eletrodos e de ácido sulfúrico como o eletrólito.

Bateria de lítio (13.5): Bateria primária disponível comercialmente com um anodo de lítio e um catodo de dióxido de magnésio. Usada em calculadoras, relógios e dispositivos médicos.

Bateria de níquel-hidreto metálico (NiMH) (13.5): Bateria secundária (recarregável) usada em muitos dispositivos eletrônicos pequenos; envolve a oxidação de hidrogênio de um hidreto metálico e a redução do oxi-hidróxido de níquel (NiO(OH)). Comparada com as baterias nicad, a de NiMH elimina o uso do tóxico cádmio e é menos propensa a efeitos de memória.

Bateria de zinco-ar (13.5): Uma célula primária na qual o zinco é oxidado no anodo, e o oxigênio reduzido no catodo. Uma vez que o oxigênio pode ser obtido por demanda do ar, essas baterias podem ter alta densidade de energia e são apropriadas para usar como suprimento de energia de emergência para celulares ou outros dispositivos.

Bateria íon lítio (13.8): Bateria secundária comum na qual os íons lítio se movem do anodo para o catodo durante o uso e no sentido oposto durante a recarga. Usada em celulares, *notebooks* e outros dispositivos portáteis, bem como em alguns veículos elétricos.

Bequerel (Bq) (14.3): Unidade SI de atividade nuclear igual à desintegração nuclear por segundo.

Biocombustível (3.1): Combustível cujo teor de energia é derivado da fixação de carbono nos vegetais.

Bimolecular (11.6): Descreve uma etapa elementar que envolve uma colisão entre duas moléculas reagentes.

Biocompatibilidade (7.1): Habilidade de um material em coexistir com um sistema biológico natural dentro do qual foi implantado.

Biomassa (3.1): Material biológico de organismos vivos ou recentemente vivos, mais comumente vegetais.

Blindagem (6.5): Redução da carga nuclear efetiva sofrida pelos elétrons de valência, por causa da presença dos elétrons mais internos em um átomo.

C

Calibrador de ionização (5.7): Um sensor de pressão no qual as moléculas de gás são inicialmente ionizadas e então coletadas e medidas como corrente. Adequado para medida de pressões baixas, entre 10^{-5} e 10^{-11} torr.

Calibrador termoacoplado (5.7): Um sensor no qual a condução de calor para longe de um filamento quente é usada para determinar a pressão.

Calor (*q*) (9.2): O fluxo de energia térmica entre dois objetos, de um mais quente para um mais frio, em razão da diferença em suas temperaturas.

Calor de formação ($\Delta H_f°$) (9.5): Variação de entalpia para a formação de um mol de uma substância a partir de seus elementos constituintes em seus estados termodinâmicos padrão.

Calor de decaimento (14.6): Energia térmica produzida pelo contínuo decaimento de produtos de fissão radioativa depois que um reator nuclear foi desativado.

Calor de reação ($\Delta H°$) (9.5): Variação de entalpia para uma reação química.

Calor específico (*c*) (9.4): A quantidade de energia necessária para aumentar a temperatura de um grama de uma substância em um grau (°C ou K).

Caloria (cal) (9.2): Uma unidade de energia originalmente definida como a quantidade de energia necessária para aquecer 1 g de água de 14,5°C para 15,5°C. 1 cal = 4,184 J. (Observe que uma "caloria alimentar", abreviada "cal", é na realidade um quilocaloria. 1 Cal = 4,184 kJ.)

Calorimetria (9.4): Técnica experimental para medir o fluxo de calor para dentro ou para fora de um sistema termodinâmico.

Caminho livre médio (5.6): A distância média que uma partícula percorre entre as colisões com outras partículas.

Capacidade calorífica em quantidade de matéria (*C*) (9.4): A quantidade de calor necessária para aumentar a temperatura de um mol de uma substância em um grau (°C ou K).

Captura de elétron (14.2): Processo de decaimento radioativo no qual um núcleo de átomo captura um elétron de nível mais interno, reduzindo o número atômico em um e deixando o número de massa invariável. Também chamada de *captura K*.

Captura K (14.2): Processo de decaimento radioativo no qual um núcleo de átomo captura um elétron de um nível mais interno, reduzindo o número atômico em um e deixando o número de massa invariável. Também chamada *captura de elétron*.

Carga nuclear efetiva (Z_{ef}) (6.5): Carga positiva líquida "sofrida" pelos elétrons do nível mais externo em um átomo polieletrônico.

Catalisador (11.7): Qualquer substância que aumenta a velocidade de uma reação química, mas não é nem criada nem destruída no processo.

Catalisador heterogêneo (11.7): O catalisador em uma fase diferente das substâncias que estão reagindo.

Catalisador homogêneo (11.7): Catalisador na mesma fase que as substâncias que estão reagindo.

Cátion (2.3): Um átomo ou grupo de átomos carregado positivamente.

Catodo (13.2): Eletrodo no qual ocorre a redução.

Célula de combustível (13.5): Uma célula eletroquímica na qual a reação entre o combustível e um oxidante produz eletricidade. Diferentemente de uma bateria, uma célula de combustível usa um suprimento externo renovável de reagentes.

Célula galvânica (13.2): Uma célula eletroquímica na qual uma reação química espontânea gera uma corrente elétrica.

Célula primária (ou bateria primária) (13.5): Uma bateria de uso único que não pode ser recarregada.

Célula secundária (bateria ou secundária) (13.5): Uma bateria que pode ser recarregada aplicando-se uma corrente elétrica externa para reverter a reação da célula e regenerar os reagentes.

Célula unitária (8.2): A menor coleção de átomos ou moléculas que pode ser repetida em três dimensões para produzir a estrutura global de um sólido.

Ciclo de Chapman (11.6): Uma série de reações químicas responsáveis pela formação e destruição do ozônio na estratosfera.

Cimento Portland (12.1): Cimento mais comumente usado na produção de concreto, consistindo em uma mistura de óxidos de cálcio, silício e alumínio.

Coeficientes estequiométricos (3.2): Os números colocados na frente de cada espécie para balancear a equação química.

Coesão (8.5): Forças atrativas entre duas substâncias ou superfícies similares.

Combustão (1.2): Reação na qual um elemento ou composto se queima no oxigênio do ar. A combustão completa de hidrocarbonetos produz CO_2 e H_2O como produtos.

Combustíveis oxigenados (4.6): Misturas de gasolina ou outros combustíveis às quais se adicionaram aditivos que contêm oxigênio como o metanol, etanol ou TBE, para reduzir as emissões indesejadas da exaustão.

Complexo ativado (11.5): O arranjo dos átomos que corresponde à energia potencial máxima ao longo do caminho de mais baixa energia dos reagentes até os produtos. Também chamado de *estado de transição*.

Composto binário (2.7): Qualquer substância contendo dois elementos diferentes.

Composto orgânico volátil (COV) (11.1): Moléculas à base de carbono que evaporam prontamente são emitidas para a atmosfera e estão envolvidas na formação de *smog*.

Composto químico (2.4): Substância pura constituída de átomos de dois ou mais elementos unidos por ligações químicas.

Comprimento de ligação (7.3): A distância entre os núcleos de dois átomos ligados.

Comprimento de onda (λ) (6.2): A distância entre os pontos adjacentes correspondentes (picos, vales etc.) de uma onda.

Concentração (3.3): Uma medida das quantidades reativas de soluto e solvente em uma solução.

Concentração em quantidade de matéria (mol L^{-1}) (3.5): Unidade de concentração definida como a quantidade de matéria de soluto por litro de solução.

Concentração molar (3.5): Veja *Concentração em quantidade de matéria*.

Configuração eletrônica (6.5): Uma descrição completa da distribuição de elétrons entre os orbitais em um átomo ou íon.

Constante de decaimento (14.3): Constante de velocidade de primeira ordem para um decaimento radioativo. Usamos o símbolo *k* neste livro, mas λ é também normalmente utilizado.

Constante de equilíbrio (K_{eq}, *K*) (12.3): A razão das concentrações de produtos em relação à dos reagentes; cada concentração é elevada a uma potência que coincide com o seu coeficiente estequiométrico na equação química balanceada. As constantes de equilíbrio variam com a temperatura.

Constante de Faraday (*F*) (13.3): A carga elétrica em um mol de elétrons: 96,485 C mol^{-1}.

Constante de ionização ácida (K_a) (12.7): Constante de equilíbrio para a reação de um ácido fraco com a água, produzindo H_3O^+ e a base conjugada do ácido fraco.

Constante de ionização básica (K_b) (12.7): Constante de equilíbrio para a reação de uma base fraca com água, produzindo OH^- e o ácido conjugado da base fraca.

Constante de velocidade (*k*) (11.3): Uma constante de proporcionalidade relacionada à velocidade de uma reação química ao produto apropriado dos termos de concentração para as espécies envolvidas. As constantes de velocidade variam com a temperatura, de acordo com a equação de Arrhenius.

Constante do produto de solubilidade (K_{ps}) (12.6): Constante de equilíbrio para a dissolução de um composto ligeiramente solúvel, consistindo nas concentrações dos íons resultantes elevados às potências estequiométricas apropriadas.

Constante universal dos gases (*R*) (5.1): Constante de proporcionalidade na lei de gás ideal; seu valor no SI é 8,314 J K^{-1} mol^{-1}, e um valor útil frequentemente usado é 0,08206 L atm mol^{-1} K^{-1}.

Contador Geiger (14.7): Detector de radiação geralmente sensível apenas às radiações alfa e beta. Também chamado *contador Geiger-Mueller*.

Copolímero (8.6): Um polímero produzido de mais de um tipo de monômero.

Copolímero alternado (8.6): Polímero no qual as moléculas contêm um padrão alternado regular de dois diferentes polímeros.

Copolímero de bloco (8.6): Polímero no qual as moléculas contêm longas seções ou "blocos" de dois ou mais monômeros diferentes.

Copolímero de enxerto (8.6): Material cujas moléculas contêm grandes segmentos de um tipo de molécula "enxertada" ou ligada às cadeias de um segundo tipo de polímero. O copolímero de enxerto exibirá propriedades de cada um dos polímeros constituintes.

Corrosão (13.1): A degradação de metais expostos ao ambiente através de oxidação química.

Corrosão em frestas (13.1): Corrosão em um pequeno espaço entre dois pedaços de metal.

Corrosão galvânica (13.1): Degradação de partes metálicas através da oxidação que ocorre apenas quando dois metais diferentes estão em contato entre si na presença de um eletrólito apropriado.

Corrosão uniforme (13.1): Degradação de uma superfície metálica pela oxidação decorrente de exposição uniforme à umidade ambiental.

Cúbica simples (sc) (8.2): Rede cristalina na qual as partículas estão arranjadas nos vértices de um cubo. Também chamada de *cúbica primária*.

Cúbica de corpo centrado (ccc) (8.2): Rede cristalina na qual as partículas são arranjadas nos vértices de um cubo e também no centro do cubo.

Cúbica de face centrada (cfc) (8.2): Rede cristalina na qual as partículas estão arranjadas nos vértices de um cubo e também no centro de cada face do cubo. Também denominado *empacotamento cúbico denso*.

Curie (Ci) (14.3): Unidade de atividade nuclear, exatamente igual a $3{,}7 \times 10^{10}$ Bq.

Curva de titulação (12.7): Gráfico no qual o pH de uma mistura de titulação é traçado em função do volume de titulante adicionado.

D

Decaimento alfa (14.2): Processo de decaimento radioativo no qual um núcleo de átomo emite uma partícula alfa (^4_2He) reduzindo o número atômico em dois e o número de massa em quatro.

Decaimento beta (14.2): Processo de decaimento radioativo no qual um nêutron decai em um próton e um elétron (ou partícula beta, $^{0}_{-1}\beta$). A partícula beta e um antineutrino são emitidos enquanto o próton permanece no núcleo, aumentando assim o número atômico em um e deixando o número de massa invariável.

Decaimento radioativo (14.1): Emissão espontânea de partículas subatômicas ou fótons por um núcleo instável, resultando na formação de novos nuclídeos.

Defeito de massa (14.5): Diferença entre a massa de um núcleo e a soma das massas dos nêutrons e prótons que constituem o núcleo. Relacionado à energia de ligação nuclear pela equação de Einstein.

Densidade (ρ) (1.2): A razão da massa em relação ao volume.

Densidade de energia (9.7): A quantidade de energia que pode ser liberada por grama do combustível queimado.

Densidade de massa (1.3): A razão da massa de uma substância em relação ao seu volume. Também conhecida simplesmente como *densidade*.

Deposição de vapor (1.6): Crescimento de uma camada sólida fina pela condensação controlada de substâncias em fase gasosa sobre um substrato sólido.

Diagrama de entalpia (9.6): Dispositivo conceitual para visualizar as variações de entalpia em uma reação química.

Diagrama de fases (8.1): Um diagrama mostrando qual estado de um elemento é o mais estável sob diferentes combinações de temperatura e pressão.

Difração (6.4): Interação de uma onda com um padrão regular de linhas ou fendas.

Diluição (3.5): Processo no qual o solvente é adicionado a uma solução para diminuir a concentração de soluto.

Diodo emissor de luz (LED) (6.8): Dispositivo semicondutor no qual a luz monocromática é produzida à medida que os elétrons sofrem uma transição através do espaço de bandas.

Dipolo (7.4): Duas cargas elétricas iguais e opostas separadas por curta distância.

Dirigido pela entalpia (10.6): Um processo em que tanto ΔH quanto ΔS são negativos, o qual é espontâneo apenas em temperaturas baixas.

Dirigido pela entropia (10.6): Um processo em que tanto ΔH quanto ΔS são positivos, o qual é espontâneo apenas em temperaturas altas.

Distribuição de Maxwell-Boltzmann (5.6): Função matemática que descreve a fração de moléculas viajando a uma velocidade específica em um gás. Depende da massa das moléculas e da temperatura do gás.

Dopagem (8.3): A adição controlada de uma concentração muito pequena de um elemento (o dopante) a um semicondutor intrínseco como o silício ou germânio.

Dose absorvida (14.7): Quantidade de qualquer tipo de radiação absorvida em qualquer tipo de material.

Dose equivalente (14.7): Medida de exposição à radiação que tenta mensurar o dano provável ao tecido por um tipo específico de radiação. Igual à dose absorvida multiplicada pelo *fator de qualidade*.

Dosímetro (14.7): Qualquer dispositivo usado para medir exposição individual cumulativa à radiação.

Dualidade onda-partícula (6.2): Trata-se de notação em que, em algumas situações, luz ou elétrons são mais bem descritos como ondas, enquanto, em outros casos, uma descrição de partícula funciona melhor.

Dúctil (8.3): Puxado ou transformado em um fio com facilidade.

E

Efeito do íon comum (12.6): Deslocamento no equilíbrio em que um ou mais íons que são parte do equilíbrio são introduzidos de uma fonte externa.

Efeito fotoelétrico (6.2): Emissão de elétrons de metais iluminados pela luz de um comprimento de onda apropriado.

Efetividade biológica relativa (RBE) (14.7): Variável para quantificar a habilidade de um tipo específico de radiação provocar dano ao tecido. Usado no cálculo da dose equivalente. Também chamada *fator de qualidade*.

Eficiência de empacotamento (8.2): A porcentagem do volume total que está na realidade ocupado pelos átomos em determinada rede cristalina.

Elemento (1.2): Substância que não pode ser dividida em duas ou mais novas substâncias através de processos químicos ou físicos.

Elementos representativos ou elementos do grupo principal (2.5): Elementos dos Grupos 1, 2 e 13–18, para os quais o elétron de valência mais alto ocupa um orbital *s* ou *p*.

Eletrodo (13.2): Um sítio eletricamente condutor no qual ocorrem a oxidação ou redução.

Eletrodo padrão de hidrogênio (EPH) (13.3): Eletrodo usado para definir a escala de potenciais padrão de redução, consistindo em um eletrodo de platina no qual íons H_3O 1 mol L^{-1} são reduzidos a H_2 gasoso a 1 atm.

Eletrólise (13.6): Processo no qual uma corrente elétrica é usada para dirigir uma reação redox no seu sentido não espontâneo.

Eletrólise ativa (13.6): Eletrólise na qual os materiais do eletrodo são reagentes e produtos na reação da célula.

Eletrólise passiva (13.6): Eletrólise na qual os eletrodos são materiais quimicamente inertes que simplesmente fornecem o caminho para os elétrons entrarem e deixarem a célula eletrolítica.

Eletrólito (3.3): Uma substância que se ioniza ou se dissocia em água para produzir uma solução aquosa que conduz eletricidade.

Eletrólito forte (3.3): Uma substância que se ioniza ou se dissocia completamente em água para produzir uma solução aquosa na qual apenas os íons constituintes, e não as moléculas intactas, estão presentes.

Eletrólito fraco (3.3): Uma substância que se ioniza ou se dissocia apenas parcialmente em água para produzir uma solução aquosa, na qual tanto os íons individuais quanto as moléculas estão presentes.

Eletronegatividade (7.4): Uma medida relativa da tendência de um átomo, em uma molécula, atrair os elétrons compartilhados em uma ligação covalente.

Elétron volt (eV) (14.1): Unidade de energia igual a 96,4853 kJ mol^{-1}.

Elétrons (2.2): Partículas subatômicas carregadas negativamente que ocupam a maior parte do volume de um átomo.

Elétrons centrais (6.5): Elétrons no(s) nível(eis) mais interno(s) de um átomo.

Elétrons de valência (6.5): Os elétrons em um nível quântico principal ocupado de mais alta energia, mais quaisquer elétrons nos subníveis parcialmente preenchidos de número quântico principal mais baixo. Os elétrons disponíveis para a formação da ligação.

Eletroquímica (13.2): O estudo da conexão entre as reações de oxirredução e o fluxo de elétrons.

Endotérmico (9.5): Um processo no qual o calor flui para dentro de um sistema termodinâmico. Para uma reação química à pressão constante, isso significa que ΔH é positivo.

Energia cinética (9.2): Energia do movimento de um objeto dada por $\frac{1}{2} mv^2$, onde *m* é a massa do objeto e *v*, a sua velocidade.

Energia de ativação (E_a) (11.5): A energia mínima que as moléculas de reagentes devem ter para sofrer uma reação química específica.

Energia de ionização (6.7): A quantidade de energia necessária para remover um elétron de um átomo livre na fase gasosa.

Energia de ligação dos elétrons (6.2): Quantidade de energia necessária para remover um elétron de uma superfície metálica. Também chamada “função de trabalho”.

Energia de ligação nuclear (14.5): Quantidade de energia liberada pela formação de um núcleo atômico a partir de núcleons isolados. Também a quantidade de energia necessária para separar um núcleo em seus núcleons constituintes.

Energia de rede (7.2): Variação de entalpia da formação de uma rede cristalina a partir de seus íons constituintes separados.

Energia interna (*E*) (9.2): As energias potencial e cinética dos átomos e das moléculas que constituem uma substância ou um objeto.

Energia livre de Gibbs (*G*) (10.6): Uma função de estado termodinâmica que pode ser usada para prever o sentido da variação espontânea em temperatura e pressão constantes. $\Delta G = \Delta H - T\Delta S$, e $\Delta G < 0$ para qualquer processo espontâneo.

Energia potencial (9.2): A energia que um objeto possui por causa de sua posição.

Energia química (9.2): Energia potencial armazenada nas ligações químicas, as quais podem ser liberadas por uma reação exotérmica.

Entalpia (*H*) (9.5): Uma função de estado definida como $E + PV$ e igual ao fluxo de calor em pressão constante.

Entropia (*S*) (10.3): Uma função de estado que mede a dispersão de energia em um sistema. A entropia está correlacionada com o grau de aleatoriedade ou desordem de um sistema no nível molecular.

Entropia molar padrão ($S°$) (10.5): Entropia absoluta de um mol de uma substância a 25°C.

Equação de Arrhenius (11.5): Descrição matemática da dependência da constante de velocidade em relação à temperatura: $k = Ae^{-E_a/RT}$.

Equação de Nernst (13.3): Equação matemática que relaciona o potencial de célula às concentrações e pressões das espécies químicas na reação da célula.

Equação de Schrödinger (6.4): Equação matemática para as funções de onda permitidas da mecânica quântica para um átomo ou molécula.

Equação de van der Waals (5.6): Equação de estado empírica usada para descrever quantitativamente o comportamento de um gás real, levando em conta o volume das moléculas e a interação entre elas.

Equação iônica líquida (3.3): Uma equação química na qual íons e moléculas realmente envolvidos na reação são mostrados, mas quaisquer íons espectadores são omitidos.

Equação iônica total (3.3): Uma equação química na qual os íons e as moléculas presentes em solução, incluindo os íons espectadores, são mostrados.

Equação molecular (3.3): Equação química na qual todas as substâncias estão mostradas como fórmulas moleculares.

Equação química (3.2): Representação simbólica de uma reação química.

Equação termoquímica (9.5): Uma equação química balanceada que inclui a variação de entalpia para a reação correspondente.

Equilíbrio dinâmico (8.5, 12.2): Estado atingido quando as velocidades dos processos direto e inverso em uma reação química se igualam.

Equilíbrio heterogêneo (12.3): Equilíbrio químico no qual nem todos os reagentes estão na mesma fase.

Equilíbrio homogêneo (12.3): Equilíbrio químico no qual todos os reagentes e produtos estão na mesma fase.

Erro aleatório (1.3): Incerteza associada às limitações do equipamento com o qual uma medida é feita; o erro aleatório pode fazer com que a medida seja muito alta ou muito baixa, e assim ele pode ser minimizado fazendo-se a média das medidas repetidas.

Erro sistemático (1.3): Incerteza decorrente de alguma tendência ou falha desconhecida no equipamento com o qual uma medida é feita; um erro sistemático torna a medida consistentemente muito alta ou muito baixa e não pode ser minimizado pela média das medidas repetidas.

Escala de temperatura (1.4): Sistemas para medir temperatura, os quais são definidos escolhendo-se dois pontos de referência e ajustando um número fixo de graus entre eles. As escalas comuns de temperatura incluem Fahrenheit, Celsius, Kelvin e Rankine.

Espaço de bandas (8.3): Diferença na energia entre a banda de valência e a banda de condução em um sólido.

Espectro atômico (6.3): O padrão de comprimentos de onda de luz absorvidos ou emitidos por um elemento específico.
Espectro eletromagnético (6.2): As várias formas de luz que consistem em campos elétricos e magnéticos oscilantes, movendo-se na velocidade da luz ($2{,}998 \times 10^8$ m s^{-1}).
Espectroscopia de absorção atômica (EAA) (6.1): Técnica analítica que determina a composição elementar a partir de comprimentos de onda específicos de luz por uma amostra.
Espinha dorsal polimérica (2.1): A longa cadeia de átomos – normalmente átomos de carbono – que perfaz o comprimento de uma molécula polimérica.
Estado excitado (6.3): Qualquer estado formado quando um átomo ou uma molécula absorve energia, como quando um elétron é promovido a um orbital de energia mais alta.
Estado fundamental (6.3): O estado mais baixo de energia de um átomo ou uma molécula.
Estado padrão (9.5, 13.2): Na termodinâmica, a forma mais estável de uma substância a 25°C e 1 atm. Em eletroquímica, uma célula na qual todas as soluções têm concentrações de 1 mol L^{-1} e quaisquer gases têm pressões de 1 atm.
Estequiometria (3.2, 4.2): Estudo da relação quantitativa entre as quantidades de reagentes e os produtos em uma reação química.
Estrutura de Lewis (7.3): Representação visual da estrutura de uma molécula ou de um íon ligada covalentemente que mostra a distribuição de todos os elétrons de valência.
Estrutura de linhas (2.6): Representação visual de compostos orgânicos na qual os átomos de carbono e os átomos de hidrogênio ligados a eles não são mostrados explicitamente.
Estrutura de ressonância (7.5): Uma ou mais estruturas de Lewis individuais que contribuem para o híbrido de ressonância para uma molécula. As estruturas de ressonância diferem umas das outras apenas na colocação dos elétrons, mas todas mostram o mesmo arranjo de átomos entre elas.
Etapa determinante da velocidade (11.6): A etapa mais lenta em um mecanismo de reação.
Etapa elementar (11.6): Reação química que ocorre através de uma colisão única entre moléculas, íons ou átomos. Uma série de etapas elementares constitui um *mecanismo de reação*.
Éter *tert*-butilmetílico (MTBE) (4.6): Composto com a fórmula $C_5H_{12}O$ que tem sido usado como um aditivo oxigenante na gasolina.
Exatidão (1.3): A proximidade que o valor observado tem do valor "verdadeiro".
Exotérmico (9.5): Processo no qual o calor flui para fora de um sistema termodinâmico. Para uma reação química, isso significa que ΔH é negativo.
Exposição (14.7): Uma medida da exposição de radiação baseada na ionização de moléculas de ar, expressa em coulombs por quilograma de ar.
Expressão de equilíbrio (12.3): Equação que define a constante de equilíbrio em termos das concentrações das várias substâncias envolvidas na reação.

F

Fase (1.2): Um dos três estados da matéria: sólido, líquido ou gasoso.
Fator de frequência (11.5): O termo pré-exponencial (A) na equação de Arrhenius. Esse termo responde pela frequência de colisões, bem como por quaisquer impedimentos geométricos ou de orientação que influenciem a velocidade de reação. Também chamado *fator pré-exponencial*.
Fator de qualidade (14.7): Variável para quantificar a habilidade de um tipo específico de radiação provocar dano ao tecido. Usado no cálculo da dose equivalente. Também chamado *efetividade biológica relativa*.
Fator pré-exponencial (11.5): Termo pré-exponencial (A) na equação de Arrhenius. Esse termo explica a frequência de colisões, bem como qualquer restrição geométrica ou de orientação que influencia a velocidade da reação. Também chamado *fator de frequência*.
Fissão nuclear (14.5): Processo no qual um único núcleo pesado se divide em dois ou mais núcleos mais estáveis.
Fluorescência de raios X(FRX) (6.1): Técnica analítica não destrutiva altamente sensível que pode determinar a composição elementar de uma amostra, diferenciando comprimentos de onda de raios X emitidos após a extinção com fóton de alta energia.
Força eletromotriz (FEM) (13.2): A diferença no potencial elétrico entre os dois eletrodos em uma célula galvânica. Veja também *Potencial da célula*.
Força forte (14.4): Força que age em distâncias muito curtas e é responsável por manter os núcleos atômicos unidos.
Forças de dispersão (8.4): Forças atrativas entre moléculas resultantes da interação de dipolos (induzidos) transitórios. Também chamada de forças de London ou de Van der Waals.
Forças dipolo-dipolo (8.4): Forças atrativas entre moléculas polares ou entre duas regiões polares de uma única molécula grande.
Forças intermoleculares (8.4): Forças atrativas entre moléculas.
Fórmula empírica (2.4): Fórmula química que mostra a composição de um composto em termos da proporção de números inteiros mais simples dos átomos de cada elemento.
Fórmula molecular (2.4): Fórmula química que mostra o número de átomos de cada elemento em uma molécula de um composto.
Fórmula química (2.4): Descrição simbólica de uma molécula ou composto mostrando seus elementos constituintes e o número relativo de cada um deles.
Fórmula unitária (2.4): A proporção dos menores números inteiros de ânions e cátions em um composto iônico.
Fóton (6.2): Uma "partícula" de luz sem massa cuja energia é igual à constante de Planck vezes a frequência da luz ($h\nu$).
Fração em quantidade de matéria (X) (5.4): A razão da quantidade de matéria de um componente em relação à quantidade total de matéria em uma mistura.
Fraturamento hidráulico (5.1): A fratura forçada de uma rocha pela introdução de líquidos de alta pressão, a fim de facilitar a recuperação de gás natural ou petróleo.
Frequência (ν) (6.2): Número de ciclos completos de uma onda passando em determinado ponto por unidade de tempo.
Função de distribuição (5.6): Função matemática que descreve a variação de alguma propriedade sobre uma população.
Função de estado (9.6): Uma variável termodinâmica cujo valor depende apenas do estado do sistema, não da sua história.
Função de onda (Ψ) (6.4): Uma função matemática que fornece a representação ondulatória da mecânica quântica de um elétron em um átomo. Trata-se de uma solução para a equação de onda de Schrödinger.
Fusão nuclear (14.5): Processo no qual dois ou mais núcleos menores combinam-se para formar um único núcleo mais pesado e mais estável.

G

Galvanoplastia (13.6): Processo de depósito de um fino revestimento de metal pelo uso da eletricidade.
Gás (1.2): Estado da matéria no qual uma substância não tem forma fixa e se expande para ocupar todo o volume de seu recipiente.

Gases raros ou nobres (2.5): Os elementos do Grupo 18 da tabela periódica: He, Ne, Ar, Kr, Xe e Rn.

Gasolina reformulada (RFG) (4.6): Gasolina que contém aditivos para fornecer no mínimo 2% de oxigênio em massa. Atualmente, a gasolina reformulada é utilizada em 17 estados, bem como em Washington, D.C., e responde por cerca de 30% da gasolina vendida nos Estados Unidos.

Grade elétrica (9.8): Sistema interconectado para a entrega de eletricidade do produtor ao consumidor.

Grau de polimerização (8.6): Número médio de unidades que se repetem em um polímero.

Gravação (8.7): Processo químico projetado para remover seletivamente material de um objeto, como na fabricação de dispositivos MEMS.

Grupo (2.5): Coluna vertical da tabela periódica.

Grupo funcional (2.6): Um átomo ou grupo de átomos que fornece propriedades químicas características para qualquer composto orgânico no qual ele é encontrado.

H

Halogênios (2.5): Os elementos no Grupo 17 da tabela periódica: F, Cl, Br, I e At.

Hibridização (7.7): Processo de formação de orbitais híbridos. Quando dois ou mais átomos se aproximam um do outro, próximos o suficiente para formar ligações químicas, as interações podem ser fortes o suficiente para dar uma nova forma aos orbitais daqueles átomos.

Híbrido de ressonância (7.5): A estrutura real de uma molécula representada por uma combinação de duas ou mais estruturas de Lewis diferentes.

Hidrato (2.4): Compostos nos quais uma ou mais moléculas de água estão incorporadas na rede cristalina.

Hidrocarboneto (2.6, 4.1): Moléculas que contêm apenas átomos de carbono e hidrogênio.

Hidrólise (12.7): Processo pelo qual um sal pode reagir com a água para produzir uma solução fracamente ácida ou fracamente básica.

I

Indicador (4.5): Um corante adicionado a uma titulação para mostrar quando uma reação está completa.

Índice de Qualidade do Ar (IQAr) (11.8): Sistema composto de cinco níveis, utilizado pela EPA, dos Estados Unidos, para relatar dados da qualidade do ar.

Insolúvel (3.3): Descrição de um sólido que não se dissolve em solução em qualquer extensão significativa.

Intermediário reativo (11.6): Uma espécie química que é gerada em uma etapa em um mecanismo de reação e consumida em uma etapa posterior. Os intermediários não aparecem na equação química total para uma reação.

Íon (2.3): Um átomo ou grupo de átomos com uma carga elétrica líquida.

Íon monoatômico (2.3): Partícula carregada formada quando um único átomo ganha ou perde um ou mais elétrons.

Íon poliatômico (2.7): Um grupo de átomos que sustenta uma carga elétrica.

Íon espectador (3.3): Íon que está presente em uma solução, mas não participa ativamente em uma reação química.

Irreversível (10.6): Um processo, normalmente distante do equilíbrio, que não pode ser revertido por uma variação com incremento pequeno em qualquer variável.

Isolante (8.3): Um material que não conduz eletricidade, caracterizado por um espaço de energia entre suas bandas de valência e de condução.

Isômeros (4.1): Compostos que têm a mesma fórmula molecular, mas nos quais os átomos estão arranjados de forma diferente.

Isótopos (2.2): Átomos do mesmo elemento que têm diferentes números de nêutrons.

J

Joule (J) (9.2): A unidade do SI de energia; $1\ J = 1\ kg\ m^2\ s^{-2}$.

Junção p-n (8.3): Ponto no qual um pedaço do material do tipo p funde-se a um pedaço de material do tipo n; trata-se de um importante bloco para circuitos integrados.

L

Lantanídeos (2.5): Elementos do cério até o lutécio, cujos elétrons de valência estão em um subnível 4*f*. Eles aparecem como o primeiro período dos elementos abaixo do corpo principal da tabela periódica.

Laser (6.8): Uma fonte de luz de alta intensidade, coerente e monocromática. Originalmente uma acrossemia para a expressão em inglês "*l*ight *a*mplification by *s*timulated *e*mission of *r*adiation" (amplificação de luz pela emissão de radiação).

Lei (1.3): Uma declaração de um princípio científico aceito, baseada na evidência de um número significativo de observações experimentais.

Lei de Avogadro (5.3): Em temperatura e pressão fixas, o volume de um gás é proporcional ao número de moléculas (ou quantidade de matéria) de gás presente.

Lei de Boyle (5.3): Em temperatura constante, a pressão e o volume de uma quantidade fixa de gás são inversamente proporcionais.

Lei de Charles (5.3): O volume e a temperatura de uma quantidade fixa de gás em pressão constante são proporcionais.

Lei de conservação da matéria (3.2): A matéria não é criada ou destruída em reações químicas ordinárias.

Lei de Coulomb (2.3): Descrição matemática da força entre duas partículas carregadas.

Lei de Dalton das pressões parciais (5.4): A pressão total de uma mistura de gases é a soma das pressões parciais dos componentes gasosos.

Lei de velocidade (11.3): Uma equação matemática que relaciona a velocidade de uma equação química às concentrações de reagentes, produtos e outras espécies.

Lei de velocidade diferencial (11.3): Expressão matemática para a velocidade de uma reação química definida em termos da taxa de variação na concentração de um reagente ou produto.

Lei de velocidade integrada (11.4): Equação matemática que mostra como a concentração de um reagente ou produto varia como uma função do tempo.

Lei de Hess (9.6): A variação de entalpia para qualquer processo é independente da maneira como o processo é realizado.

Lei do gás ideal (5.1): Modelo matemático das relações entre temperatura, pressão, volume e quantidade de matéria de um gás, dado pela equação $PV = nRT$.

Lei periódica (2.5): Quando os elementos são arranjados pelo número atômico, eles exibem variação regular e periódica nas suas propriedades químicas.

Ligação covalente (2.4, 7.3): Força atrativa resultante do compartilhamento de elétrons entre pares de átomos.

Ligação de hidrogênio (8.4): Uma interação dipolo-dipolo normalmente forte entre um átomo de hidrogênio ligado a F, N ou O e um par solitário de elétrons em um outro átomo altamente eletronegativo como F, N ou O.

Ligação dupla (7.3): Uma ligação covalente formada pelo compartilhamento de dois pares de elétrons entre o mesmo par de átomos.

Ligação iônica (2.4, 7.2): Ligação na qual um ou mais elétrons são transferidos de uma espécie para outra. Em outras palavras, ligação química formada pela atração eletrostática mútua de íons com cargas opostas.

Ligação metálica (2.4): Ligação em um metal sólido, onde os núcleos e uma fração de seus elétrons compreendem um "cerne" carregado positivamente localizado nesses pontos da rede e os elétrons de valência formam um "mar" circundante de carga negativa.

Ligação pi (π) (7.6): Uma ligação química na qual a densidade eletrônica não está concentrada ao longo da linha dos centros dos dois átomos, uma vez que ela ocorre através de interações "laterais" de dois orbitais *p*.

Ligação polar (7.4): Uma ligação química entre dois átomos que têm diferentes eletronegatividades, de tal forma que uma extremidade da ligação assume uma carga parcial positiva e a outra, uma carga parcial negativa. Também chamada ligação covalente polar.

Ligação química (2.4): Força atrativa entre dois átomos mantidos juntos para formar uma molécula ou parte de uma molécula.

Ligação sigma (σ) (7.6): Uma ligação química na qual a densidade eletrônica está concentrada ao longo da linha dos centros dos dois átomos, como ocorre através da interação de dois orbitais *s* da interação frontal de dois orbitais *p*.

Ligação tripla (7.3): Ligação covalente formada pelo compartilhamento de três pares de elétrons entre o mesmo par de átomos.

Ligações iônicas (7.2): Ligações químicas formadas pela atração eletrostática mútua de íons com cargas opostas.

Ligeiramente solúvel (12.6): Dissolução em água apenas até uma pequena extensão, de acordo com uma constante do produto de solubilidade.

Líquido (1.2): Estado da matéria no qual uma substância tem um volume fixo, mas flui para assumir a forma do seu recipiente.

Líquido de gás natural (LGN) (5.1): Hidrocarbonetos mais pesados removidos durante o processamento do gás natural. Etano, propano, butano e pentano são todos LGNs.

Luz coerente (6.8): Luz na qual todas as ondas estão em fase, como a luz produzida por um laser.

Luz visível (6.2): A parte do espectro eletromagnético que pode ser detectada pelos olhos humanos, normalmente com comprimentos de onda entre 400 nm e 700 nm.

M

Maleabilidade (1.2): Habilidade de um material de ser remodelado ou formado pela aplicação de pressão, como por meio de forjamento ou laminação.

Maleável (8.3): Habilidade de ser remodelado ou formado pela aplicação de pressão, por meio de forjamento ou laminação, por exemplo.

Manômetro de capacitância (5.7): Dispositivo de medição de pressão frequentemente utilizado em sistemas operando a 0,001–1000 torr.

Mar de instabilidade (14.4): Região circundando a banda de estabilidade no quadro dos nuclídeos, na qual são encontrados os nuclídeos instáveis.

Massa crítica (14.6): Massa mínima de um combustível fissionável que pode sustentar uma reação em cadeia.

Massa molar (3.4): A massa média de um mol de qualquer elemento ou composto.

Matéria (1.2): Qualquer coisa que tenha massa e ocupe lugar no espaço.

Material crítico (1.1): Elemento cujas propriedades químicas e físicas o tornam essencial para tecnologias importantes e cujo fornecimento é vulnerável a interrupções.

Mecânica estatística (10.3): Abordagem matemática da termodinâmica que trata de sistemas macroscópicos, considerando as leis estatísticas que regem as interações entre as partículas constituintes.

Mecanismo de reação (11.6): Série de uma ou mais etapas que fornecem o caminho para a conversão de reagentes em produtos.

Meia-vida ($t_{1/2}$) (11.4, 14.3): O tempo necessário para a concentração de um reagente ser reduzida pela metade de seu valor original. Para uma reação de primeira ordem, a meia-vida é independente da concentração inicial.

Metal (2.5): Um elemento que é maleável e dúctil, conduz eletricidade e tende a formar cátions em seus compostos químicos.

Metais alcalinos (2.5): Elementos do Grupo 1, a primeira coluna da tabela periódica, exceto o hidrogênio: Li, Na, K, Rb, Cs e Fr.

Metais alcalinos terrosos (2.5): Elementos do Grupo 2, a segunda coluna da tabela periódica: Be, Mg, Ca, Sr, Ba e Ra.

Metais de transição (2.5): Elementos nos Grupos 3 até o 12 da tabela periódica, nos quais os elétrons de valência ocupam orbitais *d*.

Metaloide (2.5): Um elemento que exibe algumas propriedades de metais e algumas propriedades de ametais. Algumas vezes chamado "semimetal".

Método científico (1.1): Uma abordagem para o entendimento que começa com a observação da natureza, continua até a construção da hipótese ou modelo em resposta àquela observação e finalmente inclui experimentos adicionais que amparam ou refutam a hipótese.

Método fator-marca (1.5): Veja *Análise dimensional.*

Microestado (10.3): Uma maneira possível para uma coleção de partículas assumir determinada energia total.

Modelo de Bohr (6.3): Modelo mais antigo de estrutura atômica que propôs que os elétrons estão restritos às órbitas circulares de tamanhos específicos. Apesar de esse modelo explicar algumas características dos espectros atômicos, ele não é mais visto como correto.

Modelo científico (1.3): Descrições empíricas ou matemáticas que os cientistas criam para compreender uma gama de observações.

Modelo de ligação de valência (7.6): Uma descrição de ligação química na qual todas as ligações resultam da superposição entre orbitais atômicos dos dois átomos, formando a ligação.

Modelo do mar de elétrons (8.3): Descrição simplificada da ligação metálica na qual os elétrons de valência dos átomos metálicos estão deslocalizados e movem-se livremente através do sólido, em vez de estarem presos a qualquer átomo específico.

Mol (mol) (3.4): A quantidade específica pela qual os químicos normalmente escolhem contar átomos ou moléculas. O número de partículas em um mol é definido como o número de átomos em *exatamente* 12 gramas de ^{12}C, e é chamado *número de Avogadro*.

Molécula (1.2, 2.4): A menor partícula de um elemento ou composto que pode existir e manter as propriedades químicas daquele elemento ou composto.

Monocromática (6.8): Luz que consiste apenas em um único comprimento de onda ou cor, como a luz emitida por um laser.

Monômero (2.1): A menor unidade que se repete, da qual uma molécula de polímero é feita.

MTBE (éter *tert*-butilmetílico) (4.6): Composto com a fórmula $C_5H_{12}O$, que tem sido utilizado como um aditivo de oxigenação na gasolina.

N

Nanotubo (8.1): Trata-se de uma molécula longa e cilíndrica de carbono. Os especialistas esperam que, no futuro, os nanotubos possam ser utilizados em maior escala em projetos de engenharia.

Não eletrólito (3.3): Substância que se dissolve em água para produzir uma solução que não conduz eletricidade.

Neutralização (3.3): Uma reação química na qual um ácido e uma base reagem para produzir água e um sal.

Nêutrons (2.2): Partículas subatômicas neutras encontradas em um núcleo de átomo.

Nível (6.4): Conjunto de orbitais em um átomo que têm o mesmo valor do número quântico principal (*n*).

Nível doador (8.3): Estado de energia associado a átomos dopantes e localizando-se ligeiramente abaixo da banda de condução em um semicondutor do tipo n.

Nível receptor (8.3): Estado de energia associado aos átomos dopantes e localizado ligeiramente acima da banda de valência em um semicondutor do tipo p.

Nó (6.4): Um ponto ou plano onde a amplitude de uma onda é igual a zero. Para orbitais atômicos, um ponto ou plano onde existe probabilidade zero de encontrar um elétron.

Nomenclatura química (2.7): Atribuição sistemática de nomes aos compostos químicos com base em seus elementos ou íons constituintes e suas estruturas.

Notação científica (1.4): Representação de um número por meio de um valor entre 1 e 10 vezes uma potência de 10. (Os engenheiros em algumas áreas preferem usar um número entre 1 e 1.000 vezes uma potência de 10.) A notação científica é uma maneira conveniente de exibir números muito grandes ou muito pequenos, bem como uma forma de esclarecer quais dígitos são significativos.

Notação de célula (13.2): Notação abreviada para uma célula eletroquímica que mostra os eletrodos, os gases e as soluções na reação de célula, bem como os limites de fase que os separam.

Núcleo (2.2): O cerne pequeno e denso de um átomo que contém nêutrons e prótons.

Núcleo composto (14.6): Intermediário de alta energia formado em reação nuclear, similar a um complexo ativado em reação química.

Núcleo do reator (14.6): Parte central de um reator nuclear que contém o combustível de urânio, o moderador, o refrigerante e as estruturas de suporte.

Nuclídeo (14.2): Núcleo específico com números de prótons e nêutrons especificados. O núcleo de um isótopo particular.

Número atômico (Z) (2.2): O número de prótons no núcleo de um átomo de um elemento específico.

Número de Avogadro (N_A) (3.4): O número de partículas em um mol de qualquer substância ($6{,}022 \times 10^{23}$).

Número de coordenação (8.2): O número de pontos de rede imediatamente adjacentes a qualquer ponto de rede na estrutura de um sólido.

Número de massa (2.2): Total combinado de prótons e nêutrons em um átomo.

Número de rotação (11.7): A efetividade de um catalisador, expressa como o número de moléculas que pode reagir por sítio ligante do catalisador por unidade de tempo.

Número mágico (14.5): Número de nêutrons ou de prótons associado com núcleos surpreendentemente estáveis. Os números mágicos conhecidos são 2, 8, 20, 28, 50, 82, 126 e 184.

Número quântico (6.4): Um número de índices que identificam um estado quântico específico. Um elétron em um átomo pode ser especificado por um conjunto de quatro números quânticos.

Número quântico de *spin* (m_s) (6.5): Número quântico que especifica o *spin* de um elétron. Os dois valores possíveis (+1/2 e –1/2) geralmente são chamados de "*spin* para cima" e "*spin* para baixo".

Número quântico magnético (m_l) (6.4): Um dos três números quânticos identificando um orbital atômico. Especifica a orientação espacial de um orbital. Os valores permitidos de m_l estão relacionados ao valor do número quântico secundário (l).

Número quântico principal (*n*) (6.4): Um dos três números quânticos identificando um orbital atômico. Especifica o nível no qual um orbital é encontrado. Os valores permitidos para *n* são números inteiros positivos.

Número quântico secundário (l) (6.4): Um dos três números quânticos identificando um orbital atômico. Especifica o subnível no qual um orbital é encontrado. Os valores permitidos de l estão relacionados ao valor do número quântico principal (*n*).

O

Operador (6.4): Notação usada para indicar uma ou mais operações a serem realizadas em uma função matemática.

Orbitais híbridos (7.7): Os orbitais formados pela combinação de dois ou mais orbitais de um mesmo átomo.

Orbital (6.4): A representação ondulatória dos elétrons em um átomo; uma representação matemática ou visual de uma região do espaço na qual existe alta probabilidade de encontrar um elétron.

Orbital molecular antiligante (8.3): Um orbital resultante da combinação de orbitais atômicos de dois ou mais átomos que têm energia mais alta que qualquer de outros orbitais atômicos dos quais ele foi formado.

Orbital molecular ligante (8.3): Um orbital resultante da combinação de orbitais atômicos de dois ou mais átomos. Esse orbital tem energia mais baixa que os orbitais atômicos dos quais ele foi formado.

Ordem de reação (11.3): A maneira como uma velocidade de reação depende da(s) concentração(ões) da substância(s) envolvida(s), expressa como os expoentes no(s) termo(s) de concentração na lei da velocidade. Normalmente, refere-se a um número inteiro pequeno ou uma pequena fração racional.

Oxiânion (2.7): Ânions poliatômicos que contêm oxigênio.

Oxidação (13.2): A perda de elétrons por alguma espécie química em uma reação química.

P

Padrão primário (11.1): Limite com base na ciência estabelecido pela EPA para níveis aceitáveis de *poluentes-critério*, com base unicamente em considerações de saúde. (Veja também *padrão secundário*.) (É também uma substância de pureza muito alta que pode ser usada como uma referência na determinação da concentração de outras substâncias.)

Padrão secundário (11.1): Limite baseado na ciência estabelecido pela EPA para níveis aceitáveis de *poluentes-critério* com base em considerações de nosso ambiente e propriedade. (Veja também *padrão primário*.)

Par ácido-base conjugado (12.7): Duas espécies químicas relacionadas entre si por perda ou ganho de um único íon hidrogênio.

Par ligante (7.3): Um par de elétrons compartilhado em uma ligação covalente entre dois átomos.

Par solitário (7.3): Elétrons de valência emparelhados que estão associados a um único átomo e não estão envolvidos em uma ligação covalente; também chamado *elétrons não ligantes*.

Partes por bilhão (ppb) (1.4): Uma unidade de concentração definida como o número de partículas de um componente específico por bilhão (10^9) de moléculas de uma mistura. Frequentemente usada para descrever os níveis de poluentes ou outros microcomponentes no ar.

Partes por milhão (ppm) (1.4, 5.7): Uma unidade de concentração definida como o número de partículas de um componente específico por milhão (10^6) de moléculas de uma mistura. Frequentemente usada para descrever os níveis de poluentes ou outros microcomponentes no ar.

Partícula alfa (14.2): Partícula energética com uma carga 2+ e um número de massa de 4 emitida em alguns decaimentos radioativos. Um núcleo de hélio.

Partícula beta (14.2): Partícula beta com uma carga de 1 – e um número de massa de zero emitida em alguns decaimentos radioativos. Um elétron emitido do núcleo.

Pascal (Pa) (5.2): A unidade do SI para pressão. 1 Pa = 1 N m^{-2}.

Periodicidade (2.5): Padrões regulares no comportamento químico e físico dos grupos de elementos.

Período (2.5): Linha horizontal da tabela periódica.

Perspectiva macroscópica (1.2): Parte da química que se concentra em amostras de matéria que são grandes o suficiente para serem vistas, medidas ou manuseadas com facilidade.

Perspectiva microscópica (1.2): Parte da química que se concentra nas amostras de matéria no nível atômico e molecular, as quais não podem ser vistas, medidas ou manipuladas facilmente. Observe que essa escala é menor que uma resolução de um microscópio tradicional. Também chamada *perspectiva particulada*.

Perspectiva particulada (1.2): Parte da química que se concentra nas amostras de matéria no nível atômico e molecular, as quais não podem ser vistas, medidas ou manipuladas com facilidade. Também chamada *perspectiva microscópica*.

Perspectiva simbólica (1.2): Parte da química que se concentra nas representações simbólicas das substâncias envolvidas, por meio de fórmulas, equações etc.

Pilha alcalina (13.5): A bateria (primária) de uso único mais comum, assim chamada porque usa uma pasta de KOH como eletrólito.

Polaridade (7.1): Distribuição desigual de carga elétrica na superfície de um material ou em uma molécula como resultado de diferenças na eletronegatividade.

Polarizabilidade (8.4): A suscetibilidade de uma molécula a perturbações da sua distribuição de cargas na presença de um campo elétrico externo.

Polietileno de alta densidade (PEAD) (2.8): Forma de polietileno com moléculas de cadeia linear longa. Porque essas cadeias estão acondicionadas bem próximas, o PEAD é mais duro e mais forte do que o polietileno de baixa densidade.

Polietileno de baixa densidade (10.8, 2.8 PEAD): Forma de polietileno que exibe moléculas de cadeia ramificada. Uma vez que essas cadeias não se empacotam tão densamente, o PEAD é mais macio e mais flexível que o polietileno de alta densidade.

Polietileno de ultra-alta massa molecular PEUAMM (2.8): Polietileno que consiste em cadeias poliméricas extremamente longas e exibe força anormalmente alta.

Polimerização de adição (8.6): Reação na qual os monômeros são adicionados um ao outro para formar um polímero, e nenhum outro produto é formado.

Polímero (2.3): Molécula de cadeia longa formada unindo um grande número de moléculas menores. Polímeros mais comuns são compostos orgânicos.

Polímero atático (8.6): Um polímero no qual os grupos substituintes ligados à cadeia polimérica não estão arranjados de uma maneira regular ou ordenada.

Polímero de condensação (8.6): Um polímero produzido de monômeros que contém dois ou mais grupos funcionais através de uma reação, na qual a água (ou outra molécula pequena) é formada como produto lateral.

Polímero isotático (8.6): Um polímero no qual os grupos substituintes estão todos do mesmo lado da cadeia polimérica.

Polímero sindiotático (8.6): Um polímero no qual os grupos substituintes estão arranjados em lados alternados da cadeia polimérica.

Polímero termocurado (8.6): Um material polimérico ou plástico que forma ligações cruzadas de tal forma que não podem ser fundidas sem decomposição.

Polímero termoplástico (8.6): Um material polimérico ou plástico que pode ser repetidamente amaciado por meio de aquecimento e endurecido pelo resfriamento.

Poluentes-critério (5.1): Compostos químicos encontrados no ar urbano que têm uma variedade de efeitos negativos na saúde, no ambiente e na propriedade. Os seis poluentes-critério identificados pela Agência de Proteção Ambiental dos Estados Unidos (EPA) são CO, NO_2, O_3, SO_2, Pb e matéria particulada (MP).

Ponte salina (13.2): Dispositivo usado para permitir o fluxo de íons para dentro dos compartimentos individuais da semicélula em uma célula eletroquímica e manter a neutralidade de carga.

Ponto de ebulição normal (8.5): A temperatura na qual a pressão de vapor de uma substância é igual a 1 atm.

Ponto de equivalência (12.7): Ponto em uma titulação em que quantidades estequiometricamente iguais das duas espécies reagentes foram introduzidas.

Pósitron (14.2): Antipartícula de um elétron, com a mesma massa de um elétron, mas com carga de 1+. Também chamado partícula β^+.

Potência ionizante (14.7): Medida da habilidade de um tipo específico de radiação produzir íons na matéria com a qual interage.

Potência penetrante (14.7): Medida da profundidade à qual se espera que um tipo de radiação específica penetre na matéria com a qual interage.

Potencial da célula (13.2): A força eletromotriz de uma célula eletroquímica. A quantidade de trabalho que a célula pode fazer por coulomb de carga.

Potencial padrão de redução ($E°$) (13.3): O potencial de uma célula eletroquímica consistindo da semirreação fornecida e de um eletrodo padrão de hidrogênio, medido com o EPH conectado ao terminal positivo do voltímetro; fornece uma medida conveniente da tendência de uma espécie sofrer oxidação ou redução.

Precisão (1.3): Espalhamento nos valores obtidos a partir de uma medida. Uma medida precisa produzirá resultados similares com observações repetidas.

Pressão (P) (5.2): A força exercida em um objeto por unidade de área.

Pressão de vapor (8.5): Pressão da fase gasosa de uma substância no equilíbrio com seu líquido ou sólido puro em um recipiente selado.

Pressão parcial (5.4): A pressão que seria exercida por um componente de uma mistura de gases se apenas aquele componente estivesse presente em mesma temperatura e volume da mistura.

Primeira lei da termodinâmica (9.3): A energia pode ser transformada de uma forma em outra, mas não pode ser criada ou destruída; a energia total do universo é constante.

Princípio da exclusão de Pauli (6.5): Dois elétrons em um átomo não podem ter o mesmo conjunto de quatro números quânticos.

Princípio da incerteza (6.4): É impossível determinar simultaneamente tanto a posição quanto o momento de uma partícula e com exatidão arbitrária. Também chamado *princípio da incerteza de Heisenberg*.

Princípio de Aufbau (ou Princípio da edificação) (6.5): Descrição do processo pelo qual os elétrons preenchem os orbitais em ordem crescente de energia.

Princípio de LeChatelier (12.5): Quando um sistema em equilíbrio sofre uma tensão, ele responde restabelecendo o equilíbrio de tal forma que a tensão aplicada é parcialmente compensada.

Processo espontâneo (10.2): Qualquer processo termodinâmico que ocorre sem intervenção contínua. Observe que ser espontâneo não necessariamente significa que um processo será rápido.

Produtos (3.2): Substâncias formadas em uma reação química que aparecem no lado direito de uma equação química.

Proporção molar (3.4, 4.2): Uma proporção estequiométrica relacionando a quantidade de matéria de um reagente ou produto em uma reação química à quantidade de matéria de algum outro reagente ou produto na mesma reação. Obtida de uma equação química balanceada.

Propriedade física (1.2): Propriedade que pode ser observada ou medida enquanto a substância observada retém a sua composição e identidade.

Propriedade química (1.2): Propriedade de uma substância que está associada aos tipos de variações químicas que a substância sofre.

Proteção catódica (13.3): Um método para prevenir a corrosão pelo qual o metal a ser protegido é conectado eletricamente a um metal mais reativo. Assim, o metal protegido torna-se o catodo, portanto não pode ser oxidado.

Prótons (2.2): Partículas subatômicas carregadas positivamente encontradas no núcleo de um átomo. Também íons H^+.

Q

Quadro de nuclídeos (14.4): Gráfico de número atômico (*Z*) *versus* número de nêutrons (*N*) para todos os núcleos conhecidos.

Quantizada (6.3): Restrito a certos valores permitidos.

Química inorgânica (2.6): O estudo de todos os elementos, exceto o carbono e seus compostos.

Química orgânica (2.6): O estudo de compostos do elemento carbono.

Quociente de reação (*Q*) (12.3): Expressão idêntica em forma à constante de equilíbrio, mas na qual as concentrações não necessariamente correspondem aos valores do equilíbrio. A comparação do quociente de reação com a constante de equilíbrio prevê o sentido de uma variação espontânea.

R

Raciocínio dedutivo (1.3): Um processo de pensamento que toma duas ou mais afirmativas ou declarações e as combina com o propósito de obter uma conclusão clara e irrefutável.

Raciocínio indutivo (1.3): Processo de pensamento que começa com uma série de observações e tentativas de generalizar para uma conclusão mais universal.

Radiação de fundo (14.7): Radiação que se origina tanto de fontes naturais quanto artificiais à qual uma população está rotineiramente exposta.

Radical livre (2.8): Espécies químicas extremamente reativas que contêm um ou mais elétrons desemparelhados.

Raio alfa (14.2): Radiação que consiste partículas alfa.

Raio beta (14.2): Radiação que consiste partículas beta.

Raio cósmico (14.1): Partículas energéticas colidindo na atmosfera além da Terra.

Raio gama (14.2): Radiação que consiste fótons de alta energia.

Reação de adição (2.6): Reação na qual duas ou mais moléculas pequenas combinam-se para formar uma única molécula de produto maior.

Reação de dissociação (3.3): Reação química na qual um sólido iônico se dissolve em água e dissocia-se nos seus íons constituintes.

Reação de formação (9.5): Uma reação química pela qual um mol de um composto é formado a partir de seus elementos constituintes em seus estados padrão.

Reação de ordem zero (11.4): Qualquer reação cuja velocidade é independente das concentrações de todas as substâncias participantes.

Reação de oxirredução (13.2): Reação química que envolve a transferência de elétrons de uma espécie para outra. Também chamada de *uma reação redox*.

Reação de precipitação (3.3): Reação química na qual um sólido insolúvel (chamado de precipitado) é formado pela reação de duas ou mais soluções.

Reação de primeira ordem (11.3): Qualquer reação cuja velocidade é dada por uma lei da forma, Velocidade = $k[A]$, onde A representa uma espécie química na reação (geralmente um reagente).

Reação de segunda ordem (11.4): Qualquer reação cuja velocidade é fornecida por uma lei de velocidade da forma, Velocidade = $k[A]^2$ ou Velocidade = $k[A][B]$, onde A e B representam espécies químicas (normalmente reagentes) presentes na reação.

Reação em cadeia (14.6): Série autossustentável de reações. Na fissão nuclear, uma situação na qual um ou mais nêutrons liberados em um evento de fissão induzem fissões adicionais.

Reação fotoquímica (3.2, 11.1): Uma reação química na qual a luz fornece a energia necessária para iniciar a reação.

Reação nuclear (14.1): Qualquer processo no qual um átomo ou núcleo é convertido em elemento químico diferente.

Reação redox (13.2): Reação química que envolve a transferência de elétrons de uma espécie para outra. Veja também *reação de oxirredução.*

Reação lateral (4.4): Qualquer reação que leva a produtos diferentes daqueles desejados numa síntese industrial ou de laboratório.

Reagentes (3.2): Substâncias presentes no início de uma reação que são consumidas durante o processo. Os reagentes aparecem do lado esquerdo de uma equação química.

Reagente limitante (4.3): Reagente que é completamente consumido em uma reação. A quantidade disponível dele determina o rendimento máximo possível da reação.

Rede (2.4): Um arranjo regular e periódico de átomos, íons ou moléculas em um sólido cristalino.

Redução (13.2): Ganho de elétrons por alguma espécie química em uma reação química.

Refração (6.2): Dobra da luz quando ela se move entre dois meios, como o ar e o vidro de um prisma ou lentes.

Regra de Hund (6.5): Em um subnível de um átomo, os elétrons inicialmente ocupam de forma individual os orbitais antes de emparelhar.

Regra do octeto (7.3): Na formação de ligações químicas, os elementos do grupo principal ganham, perdem ou compartilham elétrons para atingir uma configuração na qual eles estão compartilhados por oito elétrons de valência.

Rendimento percentual (4.4): A razão entre o rendimento real e o teórico em uma reação química específica, expressa em porcentagem.

Rendimento real (4.4): A quantidade de produto obtida em uma reação química.

Rendimento teórico (4.4): A quantidade hipotética máxima de produto que pode ser obtida em uma reação química sob condições ideais.

Reversível (10.6): Descrição de um processo próximo ao equilíbrio que pode ser revertido por um pequeno aumento de alguma variável.

S

Sal (3.3): Composto iônico que pode ser formado pela reação de um ácido com uma base.

Segunda lei da termodinâmica (10.4): A entropia do universo está aumentando constantemente. Para qualquer processo espontâneo, $\Delta S_u > 0$.

Semicondutor do tipo *n* (8.3): Material formado dopando-se o silício ou germânio com um elemento como o fósforo ou arsênio que adiciona elétrons de valência extra. Assim chamados porque os transportadores de carga em um semicondutor do tipo n são elétrons carregados negativamente.

Semicondutor do tipo *p* (8.3): Material formado dopando-se o silício ou o germânio com um elemento como o alumínio ou o gálio que reduz o número de elétrons de valência. É assim chamado porque os transportadores de carga em um semicondutor do tipo p podem ser pensados como vazios carregados ou "buracos" carregados positivamente.

Semimetal (2.5): Elemento que exibe algumas das propriedades de metais e ametais.

Semirreação (13.2): Uma reação que mostra apenas o processo de oxidação ou redução em uma reação redox.

Sequestro de carbono (3.6): Processo de captura de CO_2 atmosférico para armazenagem de longo termo.

Séries de decaimento (14.4): Uma série de decaimento começando com um isótopo instável e eventualmente produzindo um nuclídeo estável.

Símbolo de pontos de Lewis (7.3): Representação visual dos elétrons de valência de um átomo.

Sistema (9.3): A parte do universo que está sendo considerada em um problema de termoquímica.

Sistema econômico de energia (9.1): A produção e o uso de energia no mundo desenvolvido.

Sistemas microelétricos-mecânicos (MEMS) (8.7): Dispositivos mecânicos ou eletromecânicos miniaturizados construídos usando-se técnicas de microfabricação, com dimensões típicas na escala de mícron a milímetros.

Sólido (1.2): Estado da matéria no qual uma substância tem forma e volume fixos.

Sólido amorfo (8.2): Sólido não cristalino em que os arranjos dos átomo ou moléculas não apresenta ordem de longo alcance.

Sólido cristalino (8.2): Sólido exibindo arranjos geométricos repetitivos e regulares de átomos, íons ou moléculas.

Solubilidade (3.3): A habilidade de um composto se dissolver em solução. Ela pode ser expressa em termos da quantidade máxima de soluto por determinada quantidade de solvente a uma temperatura específica.

Solubilidade molar (12.6): A concentração de um sólido em uma solução saturada, expressa em mol por litro.

Solução (3.3): Mistura homogênea de duas ou mais substâncias em uma única fase.

Solução aquosa (3.3): Solução na qual a água é o solvente.

Soluto (3.3): Componente(s) minoritário(s) de uma solução.

Solúvel (3.3): Descrição de um sólido que se dissolve em solução até uma extensão razoavelmente grande.

Solvente (3.3): Componente presente na maior quantidade em qualquer solução.

***Spin* emparelhado** (6.5): Usado para descrever dois elétrons, o que significa que eles têm *spins* opostos. Para ocupar o mesmo orbital, dois elétrons devem ter *spins* emparelhados.

Subnível (6.4): Conjunto de orbitais em um átomo que tem os mesmos valores para os números quânticos n e l.

Superposição de orbitais (7.6): Interação entre orbitais – e consequentemente entre elétrons – de dois átomos diferentes. Esse processo é responsável pela formação de uma ligação covalente.

T

Temperatura e pressão padrão (CNTP) (5.5): Para gás, $T = 0°C$ e $P = 1$ atm.

Temperatura termodinâmica (5.6): A temperatura medida em uma escala cujo ponto zero é o zero absoluto. O Kelvin é a escala de temperatura termodinâmica mais comum, o Rankine é outro exemplo.

Tensão superficial (8.5): Energia necessária para superar as forças atrativas entre as moléculas na superfície de um líquido.

Teoria científica (1.3): Uma explicação de algum aspecto da natureza que foi repetidamente testado através de experimentos ou observações.

Teoria cinética molecular (5.6): Descrição de um gás como uma coleção de um número de átomos ou moléculas muito grande em movimento aleatório e constante.

Teoria da RPENV (7.8): Teoria da repulsão do par de elétrons no nível de valência. Um método simples para prever os arranjos das moléculas. Segundo ela, as moléculas assumem o arranjo que lhes permite minimizar as repulsões entre as ligações e os pares solitários no nível de valência do átomo central.

Teoria de bandas (8.3): Descrição de ligação química nos sólidos em termos de bandas de orbitais. Usada para explicar as propriedades elétricas de metais, isolantes e semicondutores.

Terceira lei da termodinâmica (10.5): A entropia de um cristal perfeito de qualquer substância pura aproxima-se de zero à medida que a temperatura se aproxima do zero absoluto.

Termomolecular (11.6): Descrição de uma etapa elementar na qual três partículas reagentes devem colidir com outra.

Termoquímica (9.1): Estudo das consequências energéticas da química.

Teste não destrutivo (6.1): Técnicas analíticas que podem ser usadas para determinar a composição química de uma amostra ou objeto sem danificá-los no processo.

Titulação (4.5): Um processo pelo qual uma reação em solução é realizada sob condições controladas usando-se uma quantidade conhecida de um reagente, de tal forma que a quantidade do outro reagente pode ser determinada com alta precisão.

Tomografia de emissão de pósitron (PET) (14.8): Técnica de imagem médica na qual quantidades de traço de um isótopo emissor de pósitron são injetadas no corpo de tal forma que se acumulam em um órgão específico. A detecção de raios gama produzidos na aniquilação de pósitrons é usada para construir as imagens do órgão em estudo.

Torr (5.2): Unidade de pressão igual a 1 mm de Hg. 760 torr = 1 atm.

Trabalho (*w*) (9.2): Transferência de energia realizada por uma força que move uma massa por alguma distância contra a resistência.

Trabalho PV (9.2): Trabalho realizado pela expansão de um gás contra uma pressão externa.

Transmutação (14.6): Reação nuclear na qual um núcleo muda para outro por decaimento natural ou em resposta a alguma intervenção externa, como o bombardeamento de nêutrons.

Tubo de combustível (14.6); Componente de reator contendo combustível de urânio fissionável.

Tubo de controle (14.6): Tubo inserido em um reator nuclear para regular a velocidade de fissão. Os tubos de controle são feitos de elementos que podem absorver nêutrons sem sofrer decaimento subsequente.

U

Unidade britânica térmica (BTU) (9.1): Uma unidade de energia definida como a quantidade de energia necessária para elevar a temperatura de 1 libra de água em 1°F.

Unidade de massa atômica (*u*) (2.2): Unidade usada para expressar as massas relativas dos átomos. A u é definida como um doze avos da massa de um átomo de ^{12}C, e $1\ u = 1{,}6606 \times 10^{-24}$ g.

Unidades (1.4): Rótulos que designam o tipo de grandeza medida e a escala específica na qual a medida foi feita. A maioria das medidas não tem significado físico se suas unidades são omitidas.

Unimolecular (11.6): Descrição de uma etapa elementar que envolve uma única partícula reagente.

Universo (9.3): Na termodinâmica, o sistema sob consideração mais as suas vizinhanças.

V

Variação da energia livre de Gibbs padrão ($\Delta G°$) (10.7): Variação da energia livre de Gibbs para uma reação na qual todas as substâncias participantes estão presentes nos seus estados padrão (gases a 1 atm, soluções a 1 mol L^{-1}, T = 25°C). Veja também *energia livre de Gibbs*.

Velocidade de reação (11.2): Variação na concentração de um reagente ou produto como uma função do tempo, normalizada pela estequiometria.

Velocidade instantânea (11.2): A velocidade de uma reação química medida em um momento único.

Velocidade mais provável (5.6): A velocidade na qual a maioria das moléculas se move em um gás; o máximo na distribuição de velocidades de Maxwell-Boltzmann.

Velocidade média (5.6, 11.2): Velocidade de reação medida durante algum período de tempo.

Velocidade média quadrática (5.6): Raiz quadrada da média dos quadrados das velocidades de um conjunto de partículas.

Vizinhança (9.3): A linha ou superfície normalmente hipotética que separa o sistema e as vizinhanças em um problema termodinâmico.

Volátil (8.5): Tendo uma pressão de vapor alta; capaz de vaporizar facilmente.

Índice remissivo

Sufixos: **d** = definição/descrição; **e** = exemplo; **f** = fórmula; **g** = gráfico/figura; **t** = tabela; **p** = problema. Números sem sufixo indicam a descrição em um contexto.

A

D

E

H

I

J

K

L

M

P

Q

R

S

W

X

Z

ALGUMAS CONSTANTES ÚTEIS

(Uma lista mais completa pode ser encontrada no Apêndice B)

Unidade de massa atômica	$1\ u = 1{,}6606 \cdot 10^{-24}$ g
Número de Avogadro	$N = 6{,}02214179 \cdot 10^{23}$ partículas/mol
Carga eletrônica	$e = 1{,}60218 \cdot 10^{-19}$ coulombs
Constante de Faraday	$F = 96.485{,}3399$ coulombs/e^- mol
Constante dos gases	$R = 0{,}082057338 \dfrac{\text{L atm}}{\text{mol K}} = 62{,}363577 \dfrac{\text{L torr}}{\text{mol K}} = 8{,}3144598 \dfrac{\text{J}}{\text{mol K}} = 8{,}3144598 \dfrac{\text{kPa dm}^3}{\text{mol K}}$
Pi	$\pi = 3{,}1415927$
Constante de Planck	$h = 6{,}626066896 \cdot 10^{-34}$ J s
Velocidade da luz (no vácuo)	$c = 2{,}99792458 \cdot 10^{8}$ m/s

ALGUMAS RELAÇÕES IMPORTANTES

Massa e Peso

Unidade básica do SI: Quilograma (kg)

1 quilograma = 1.000 gramas = 2,205 libras
1 grama = 1.000 miligramas
1 libra = 453,59 gramas
$1\ u = 1{,}6605 \cdot 10^{24}$ gramas
1 grama $= 6{,}022 \cdot 10^{23}\ u$
1 tonelada = 2.000 libras

Comprimento

Unidade Básica do SI: Metro (m)

1 polegada = 2,54 centímetros (exatamente)
1 metro = 100 centímetros = 39,37 polegadas
1 jarda = 0,9144 metro
1 milha = 1,609 quilômetro
1 quilômetro = 1.000 metros = 0,6215 milha
1 Ångstrom = $1{,}0 \cdot 10^{-10}$ metros = $1{,}0 \cdot 10^{-8}$ centímetros

Volume

Unidade Básica do SI: Metro cúbico (m^3)

1 litro = 0,001 metro cúbico
1 litro = 1.000 centímetros cúbicos = 1.000 mL
1 litro = 1,056 quartos
1 quarto = 0,9463 litro
1 mililitro = 0,001 litro = 1 centímetro cúbico
pé cúbico = 7,475 galões = 28,316 litros
1 galão = 4 quartos

Energia

Unidade Básica do SI: Joule (J)

1 caloria = 4,184 joules = $4{,}129 \cdot 10^{-2}$ L atm
1 joule = $1 \dfrac{\text{kg m}^2}{\text{s}^2} = 0{,}23901$ caloria
1 joule = $1 \cdot 10^{7}$ ergs
1 elétron volt = $1{,}6022 \cdot 10^{-19}$ joule
1 elétron volt = 96,485 kJ/mol
1 L atm = 24,217 calorias = 101,325 joules

Pressão

Unidade Básica do SI: Pascal (Pa)

1 pascal = $\dfrac{\text{kg}}{\text{m s}^2} = 1$ = 1 Newton/m^2
1 atmosfera = 760 torr
= 760 milímetros de mercúrio
= $1{,}01325 \cdot 10^{5}$ pascal
= 1,01325 bar
= 14,70 libras por polegada quadrada
1 torr = 1 milímetro de mercúrio

Temperatura

Unidade Básica do SI: Kelvin (K)

0 K = –273,15°C
K = °C + 273,15°
°F = 1,8 (°C) + 32°
$°C = \dfrac{°F - 32°}{1{,}8}$

TABELA PERIÓDICA DOS ELEMENTOS

Metais
Ametais
Metaloides

	1	2	3	4	5	6	7	8	9	10	11	12	13	14	15	16	17	18
1	1 H 1.0079																1 H 1.0079	2 He 4.0026
2	3 Li 6.941	4 Be 9.0122											5 B 10.811	6 C 12.011	7 N 14.0067	8 O 15.9994	9 F 18.9984	10 Ne 20.1797
3	11 Na 22.9898	12 Mg 24.3050											13 Al 26.9815	14 Si 28.0855	15 P 30.9738	16 S 32.065	17 Cl 35.453	18 Ar 39.948
4	19 K 39.0983	20 Ca 40.078	21 Sc 44.9559	22 Ti 47.87	23 V 50.9415	24 Cr 51.9961	25 Mn 54.9380	26 Fe 55.85	27 Co 58.9332	28 Ni 58.6934	29 Cu 63.546	30 Zn 65.38	31 Ga 69.723	32 Ge 72.64	33 As 74.9216	34 Se 78.96	35 Br 79.904	36 Kr 83.80
5	37 Rb 85.4678	38 Sr 87.62	39 Y 88.9059	40 Zr 91.224	41 Nb 92.9064	42 Mo 95.96	43 Tc (98)	44 Ru 101.07	45 Rh 102.9055	46 Pd 106.42	47 Ag 107.8682	48 Cd 112.411	49 In 114.82	50 Sn 118.710	51 Sb 121.76	52 Te 127.60	53 I 126.9045	54 Xe 131.29
6	55 Cs 132.9055	56 Ba 137.327	57 La 138.9055 *	72 Hf 178.49	73 Ta 180.9479	74 W 183.84	75 Re 186.207	76 Os 190.2	77 Ir 192.22	78 Pt 195.08	79 Au 196.9665	80 Hg 200.59	81 Tl 204.3833	82 Pb 207.2	83 Bi 208.9804	84 Po (209)	85 At (210)	86 Rn (222)
7	87 Fr (223)	88 Ra (226)	89 Ac (227) **	104 Rf (267)	105 Db (268)	106 Sg (271)	107 Bh (272)	108 Hs (270)	109 Mt (276)	110 Ds (281)	111 Rg (280)	112 Uub (285)	113 Uut (284)	114 Uug (289)	115 Uup (288)	116 Uuh (293)		118 Uuo (294)

*Série dos lantanídeos

58 Ce 140.116	59 Pr 140.9076	60 Nd 144.24	61 Pm (145)	62 Sm 150.36	63 Eu 151.964	64 Gd 157.25	65 Tb 158.9253	66 Dy 162.50	67 Ho 164.9303	68 Er 167.26	69 Tm 168.9342	70 Yb 173.054	71 Lu 174.967

**Série dos actinídeos

90 Th 232.0381	[illegible] a [illegible]31.0359	92 U 238.0289	93 Np (237)	94 Pu (244)	95 Am (243)	96 Cm (247)	97 Bk (247)	98 Cf (251)	99 Es (252)	100 Fm (257)	101 Md (258)	102 No (259)	103 Lr (262)

Observação: As massas atômicas são valores da União Internacional de Química Pura e Aplicada (International Union of Pure and Applied Chemistry – IUPAC) (até quatro casas decimais). Valores mais exatos para alguns elementos são fornecidos na página anterior.